中國歷代天災人禍表

下

陳高傭等◎编

创于1897
商務印書館
The Commercial Press

公曆	年號	天災 水災 災區	天災 水災 災況	天災 旱災 災區	天災 旱災 災況	天災 其他 災區	天災 其他 災況	人禍 內亂 亂區	人禍 內亂 亂情	人禍 外患 患區	人禍 外患 患情	人禍 其他 亂區	人禍 其他 亂情	附註
一一二七	宋高宗建炎元年 金太宗天會五年			汴京	大饑，米升錢三百，一鼠直數百錢，人食水藻、椿槐葉，道殣骼無餘胔。(志)	汴	三月，金人圍汴，汴京城中疫死者幾半。(圖) 十二月，大風拔木。(圖)	河北 襄陽府 荊南 黃州 京西、湖北、淮甯、山東、河北等處	五月，丁順、王善作亂於河北。 李孝忠破襄陽府，入城肆焚掠，盡驅彊壯爲軍。 賊祝靖寇荊南，知公安縣程千秋率邑人及廣西、湖南勤王之兵在邑者禦之，復遣人渡江，焚舟毀機，殺賊甚衆。賊乃去。 賊閻謹犯黃州。 京西、湖北諸州，悉爲賊寇侵犯，淮甯之杜用，山東之李昱，河北之丁順、王善、楊進，皆擁兵數萬，不可招，而拱州、黎驛、單州、魚臺亦有潰卒數千爲亂。帝詔王淵討用，劉光世討昱，韓世忠、張俊分討黎驛、魚臺潰卒，悉殄平。	河間 河中府 解州 洺州 新鄉 磁州	五月，金宗翰既班師，宋命馬忠、張燔將所部合萬人自恩、冀趨河間以襲之。 金人破河中府，貴州防禦使權府事郝仲連死之。 邵興據解州神稷山，屢與金人戰，大破之。 七月，貴州團練使士珸以義兵復洺州。 九月，河北招撫司部統制王彥率裨將岳飛等所部七千人渡河，金兵盛，不敢進，飛獨引所部鏖戰，遂拔新鄉。 王彥及金人戰於新鄉縣，敗績，兵潰，彥奔太行山，岳飛以單騎殺金帥於陳，金人爲退却。 十一月，金人圍磁州。			按是年卽欽宗靖康二年。五月，高宗始卽位，世稱南宋。

公曆年號		
天災 水災	災區	災況
天災 旱災	災區	災況
天災 其他災	災區	災況
人禍 內亂	亂區	亂情
	興州	賊史斌據興州，守臣向子寵棄城遁，斌遂自武興謀入蜀。
	杭州	八月，杭州軍亂，軍士縱火焚掠，殺副將白均等十二人。
	荊南府	李孝忠犯荊南府。
	建州	九月，建州軍亂。軍校張員等作亂，殺福建轉運副使毛奎等，陳桷等討之，不能克。
	福州	范瓊屢與李孝忠戰，敗績，會諸郡兵皆至，瓊與都統制官喬仲福及孝忠戰於福州之雲澤，大敗之。
	秀州、平江府	辛道宗奉詔討杭賊，軍行嘉興，衆怒潰去，道宗奔還鎮江。衆擁高勝爲首，亂兵攻秀州，轉趨平江府。杭賊夜刦提點刑獄周格，
人禍 外患	患區	患情
	汜水關	十二月，金人攻汜水關。宗翰聞帝如維揚，乃約諸軍南侵，宗維自河陽渡河攻河南，宗輔與其弟宗弼自滄州渡河攻山東、陝西諸路，都統洛索與副都統薩里罕自同州渡河攻陝西。時西京統制官翟進扼清河白磊，而帶御器械鄭建雄守河陽，敵不得濟，宗翰乃屯重兵于河陽北城，以疑建雄，而陰遣萬戶尼楚赫自九鼎渡河，背攻南城，破之，建雄遂潰，西京留守陳昭遠遣驍將姚慶拒之于偃師縣，軍敗，慶死之。
	洛陽	金人大入，昭遠引餘兵南去。翟進率軍民上山保險。宗翰據汜水，引軍而東，命尼楚赫分兵攻京西，知階州董庠以勤王兵入援，潰
人禍 其他禍	亂區	亂情
附註		

殺之，提刑司所統蘇、秀兵遂入杭與賊合，時格所部淮南兵不肯從，盡爲浙兵所害。

德安府　李孝義、張世引步騎數萬，陷德安府，守臣陳規大敗之，孝義遁走。

常州、鎮江　軍賊高勝等入常州，大掠三日，賊趙萬入鎮江府境，守臣趙子崧遣將逆擊於丹徒。王淵率統制官張俊等領兵至鎮江府，軍賊趙萬等皆解甲就招，淵尋紿賊以過江勤王，其羅兵先行，每一舟至岸，盡殺之，餘騎兵百餘人，戮于市，無得脫者。李孝義攻德安不下，行至蘄州，張世斬之，餘黨悉降。

池州　十一月，張遇入池州城，縱掠，驅彊壯以益其軍。

密州　安化軍節度使趙野行至密州，衆推野領州事，時山東羣盜縱橫，劇寇宮儀據

散無所歸，宗澤以摩知鄧州，澤聞金兵入境，遣將劉皆援之，未至，摩棄城走，

鄭州　尼楚赫至鄭州，不入城而去，徑如京西，中原大震。

絳州　金人圍絳州，守臣姜剛之率軍民拒守，不拔而去。

韓城　金洛索渡河，拔韓城縣。

同州　洛索攻同州，守臣鄭驤死之。

汝州　尼楚赫破汝州。

公曆	年號	水災災區	水災災況	旱災災區	旱災災況	其他災災區	其他災災況	內亂亂區	內亂亂情	外患患區	外患患情	其他亂亂區	其他亂亂情	附註
一一二八	高宗建炎二年 金太宗天會六年	東南郡國	春，水。		夏，旱。	京師、淮甸	六月，大蝗。		卽墨不退，野患之，棄城去。杜彥時據密州，乃與軍士李逵、吳順，謀自稱權知州事，追執野，殺之。盡刺城中人，以益其軍。	鄧州	金尼楚赫攻鄧州，轉運副使劉汲戰死。			
								壽春	賊丁進圍壽春城，二十五日不能拔，乃引去。	長安	金陝西諸路都統洛索圍長安。長安城破，京兆府路經略使唐重戰死。			
								池州	劉光世討張遇於池州，敗績。遇率衆循江而上，光世整兵追之。		金人侵東京，至白沙鎮，留			
									張遇寇江州，守臣陳彥文固守，不下，遇引去，劉光世截其後軍，破之。					
									張俊自杭州移兵討蘭溪僭居正，破之。					
								鎮江府	張遇陷鎮江府，守臣錢伯言棄城去。					
									王淵招賊張遇，降之。					
									七月，葉穠自福州引兵破甯德縣，復還建州，既而又破政和、松溪二縣。					

浦城	九月，葉濃入浦城縣。
滎州	十月，滎州防禦使楊進叛，以數萬衆攻殘汝、洛間。
	劉光世敗李成于新息縣，成遁走。
	兩浙提點刑獄趙哲與葉濃戰於建州城下，大敗之，濃降。
	涇原兵馬都監兼知懷德軍、吳玠襲叛賊史斌，斬之。
	守宗澤遣兵擊却之。
均州	金尼楚赫破均州，守臣楊彦明遁去。
房州	金人破房州。
	金游騎至京城下，統制官劉衍與金人遇於板橋，敗之，追擊至滑州，又敗之，金人引去。
鄭州	金人破鄭州，趙伯振率兵巷戰而死。
濰州、青州	金人破濰州，周中世等戰死。宗輔破青州，宗弼至千乘縣，市民率土軍、射士、保甲及濰州潰兵葛進等擊敗之，金人棄青、濰去。
延安府	洛索自長安分兵攻延安府，破府東城，權府事劉選率軍民據西城而守。
鄧州	金人焚鄧州，盡驅城中人，擁之而去。
穎昌府	金人破穎昌府，守臣孫默爲所殺。
鳳翔府	洛索既得長安，即鼓行而

公曆年號	天災：水災 災區	天災：水災 災況	天災：旱災 災區	天災：旱災 災況	天災：其他災 災區	天災：其他災 災況	人禍：內亂 亂區	人禍：內亂 亂情	人禍：外患 患區	人禍：外患 患情	人禍：其他亂 亂區	人禍：其他亂 亂情	附註
										西進攻鳳翔府，隴右大震。			
									東京、滑、鄭二州	二月，金再侵東京，宗澤遣統制官李景良、閻中立、統領官郭俊民率領兵萬餘，趨滑、鄭，遇金兵大戰，爲金所敗，中立死之，俊民降金。			
									唐州	金尼楚赫破唐州，遂縱焚掠，城市一空。			
										張撝至滑州，王宣至滑州與金兵大戰於北門，斬首數百，所傷甚衆。			
									蔡州	尼楚赫破蔡州，焚掠城中而去。			
									淮甯府	金人攻淮甯府，城破。			
									陝、華、隴、秦諸州	洛索既破同州，西下陝、華、隴、秦諸州，秦鳳經略使李復生降，陝右大擾。鄜延經略使王庶檄召河南、北豪傑起義兵，擊敵，遠近響應，于是月中破敵五十餘壁。			
									中山府	三月，金人破中山府，時城			

	中糧絕，人皆羸困，不能執兵，城破。
西京	河南統制官翟進，復入西京，金左副元帥宗翰遷西京之民于河北，爇焚西京而去。
滑州	四月，趙世興至滑州，掩敵不備，急攻之，斬首數百，得州以歸。
涇原	京西北路制置使翟進襲金人于河南，敗績。隴右都護張嚴追洛索及鳳翔境上，爲金兵所敗，而死。金游騎攻涇原，吳玠逆拒之，金兵乃去。
洛州	金人攻洛州，城破。鄜延經略王庶兼節制環慶、涇原兵拒敵，既而義兵大起，金人東還，而鳳翔、長安皆爲義兵收復。
絳州	洛索破絳州。
解州	七月，金洛索遣兵攻解州之朱家山，統領忠義軍馬邵興苦戰三日，敗之。

公歷年號	天災 水災 災區	災況	旱災 災區	災況	其他災 災區	災況	人禍 內亂 亂區	亂情	外患 患區	患情	其他 亂區	亂情	附註
									淮西	九月，丁進叛，率衆犯淮西。			
									冀州	金人破冀州。			
									濮州	十月，金人圍濮州，命范瓊率兵救之。			
									延安府	十一月，金人破延安府，通判魏彥明死之。			
									濮州	金人破濮州。殺戮無遺。			
									德州	金人破德州，兵馬都監趙叔皎死之。			
									絳州	邵興敗金人于絳州曲沃縣。			
									東平、濟南	十二月，金人侵東平府，守臣權邦彥遁去。金遂得東平，乃攻濟南府，守臣劉豫遣其子刑曹掾麟與戰，金兵圍之數帀，張柬益兵援之，乃去。			
									北京	金宗翰破北京，			
									虢州	金人破虢州。			

一一二九

高宗建炎三年

金太宗天會七年

山東郡國　大饑，人相食。（圖）

八月，大雨雹。（圖）

地區	人禍
	范瓊屢與山東盜劉忠戰，皆敗績。
青州	濰州軍馬葛進以劉洪道得青州，欲奪之，乃與知濰州向大猷引兵至城下，洪道閉門不納，進怒，攻北城，據之。
淮甯府	京城統制官張用、王善爲杜充所疑，乃引兵去，犯淮甯府。充遣統制馬臯追擊之。用、善併兵擊臯，官軍大敗，尸塡蔡河，人馬皆踐尸而渡，至鐵爐步而還，官軍存者無幾。
眞州	金人去眞州，靳賽引兵復入城，肆殺掠。
通州	靳賽犯通州，張淩招降之。
蔡州	張用自淮甯引衆趨蔡州，至黃離距城二十里，守臣程昌寓度其未食，遣汝陽縣尉杜湛以輕兵誘之，賊果以萬人追至城東，遇伏，大敗。于是用駐于確山，連亙數州，鈔掠糧食，所至一

地區	人禍
京東	金人陷京東諸郡，民聚爲盜，至車載乾尸爲糧。
青州、濰州	正月，金人破青州，權知州魏某爲所殺，又破濰州，焚其城而去。牛頭河土軍閻臯與小校頭張成率衆據濰州，臯自爲知州。
潼關	陝西都統制軍馬邵興及金人戰於潼關，敗之。乘勢攻虢州，又下之。
徐州	金左副元帥宗翰破徐州，守臣王復死之。
沭陽、淮陽	韓世忠兵潰于沭陽，宗翰入淮陽軍，執守臣李寬而去。
泗州	金人破泗州。
楚州	金人攻楚州，守臣朱琳降。
天長軍	金人破天長軍。
瓜州	金游騎至瓜洲，民未渡者尙十餘萬，奔走墮江而死者半之。
揚州	金人入揚州。
眞州	金人入眞州。
滄州	金人破滄州。

公歷	年號	天災 水災 災區	災況	旱災 災區	災況	其他災 災區	災況	人禍 內亂 亂區	亂情	外患 患區	患情	其他亂 亂區	亂情	附註
									空。	晉甯軍	金人破晉甯軍，守臣徐徽言死之。			
								和州	賊張彥寇和州，統領官王德破之。彥遁去，至宣化，爲人所殺。	揚州	金人焚揚州，士民皆死，存者纔數千人。			
									四月，韓世忠與苗翊、馬柔吉戰，翊等敗走。	高郵軍	金人自揚還至高郵軍城下，大掠而去。			
								相廬	苗傅犯相廬縣。	江陰	三月，金人攻江陰。			
								白河渡	苗傅至白沙渡，所過焚橋梁，以遏王師，劉光世遣其前軍統制王德助喬仲福討之。	鄜州	金人趨鄜州，破之。			
										京東	金人破京東諸郡。時山東			
										山東	大饑，人相食，嘯聚蜂起，巨寇宮儀、王江每車載乾尸以爲糧。			
								壽昌	苗傅犯壽昌縣，所至掠居人爲軍。	青州	金再攻青州，守臣劉洪道力不能守，棄城去。金右副元帥宗輔乘勢盡山東地。			
								梅嶺	喬仲福追擊苗傅至梅嶺，與戰，敗之，傅走烏石山。					
								衢州	苗傅犯衢州，守臣胡唐老據城拒之，引去。	徐州	徐州武衞郎趙立復徐州。			
										磁州	六月，金人破磁州。			
								常山	苗傅犯常山縣。	盤石河	閏八月，宮儀屯盤石河，數與金人戰，大敗，衆遂大潰。			
								浦城	苗傅犯浦城縣，韓世忠擊破之。傅棄軍遁去。苗瑀收	南京	九月，金人破南京，守臣淩唐佐爲所執。			
								劍川	餘卒得千六百人，進破劍					

地區	事件
	川縣，又犯虔州。
崇安軍	程安在傅軍爲傅謀與苗瑀、張逵收餘兵入崇安縣，統制官裔仲福、王德共追之，盡降其衆，傅脫身去，爲詹標所得。
光澤	苗傅將韓儁犯光澤縣，陷之，入城焚掠皆盡，遂引兵趨建昌軍。守臣方昭率衆嬰城親督守備，儁攻圍之，凡六晝夜，昭鼓衆益厲，賊死者十三四，一夕遁去，儁乃入城縱掠。
臨川、湖口、蘄州	既陷臨川，又攻湖口縣，遂渡江，至蘄州。劉光世遣人招之，命屯蘄州，因更名世清，尋詔添差蘄州兵馬鈐轄。
漣水軍	閏八月，輔逵攻漣水軍南寨，大掠之。
滁州	十月，李成陷滁州。大肆殺掠，溝澗流血。
襄陽	十一月，桑仲犯襄陽，程千秋不敵，遁去，仲遂據襄陽。
荆南	仲以潰卒寇荆南，李元文

地區	事件
長安	金陝西都統洛索大合兵渡渭攻長安。
壽春府	十月，金人破壽春府。
黃州	金人攻黃州。
黃州、大冶、洪州	金人自黃州濟江，劉光世等不敵而遁。于是，金人自大冶縣徑趨洪州。
廬州	十一月，金人攻廬州，守臣李會以城降。
無爲軍	金人破無爲軍。
采石渡	金人攻采石渡，知太平州郭偉將士拒敵，敗之，翼日又敗之，
蕪湖	金人退攻蕪湖，偉又敗之，金人趨馬家渡。破臨江軍。
眞州	金人破眞州。
	金人過江，杜充遣都統制陳淬率岳飛及劉綱等十七人將兵三萬人與戰，又命御營前軍統制王璞以所部餘三千人往援，金人
溧水	攻溧水，縣尉潘振死之。陳淬與宗弼遇於馬家渡，凡戰十餘合，勝負略相當，王

九二三

公曆	年號	天災 水災 災區	水災 災況	旱災 災區	旱災 災況	其他 災區	其他 災況	人禍 內亂 亂區	內亂 亂情	外患 患區	外患 患情	其他 亂區	其他 亂情	附註
									等不能守，于是京西列城，皆爲仲所據。		瓊引西兵先遁，淬孤軍力不能敵，遂屯蔣山。水軍統制邵青以一舟十八人，當金人於江中，舟師張青中十七矢，遂退於竹篠港。韓世忠聞金人南渡，卽引舟之江陰。			
								蘄州	賊劉忠犯蘄州，韓世清與戰，破之，忠遂轉入湖南。	吉州	金人攻吉州，知州事楊淵棄城去。			
								閩	王瓊部將輔逵在東陽被檄策應，瓊與遇於中塗，遂與逵引其軍，自信州入閩，所過大擾。	太和	隆佑皇太后離吉州，金人遣兵追御舟至太和縣，舟人耿信及龍神衞四廂都指揮使楊惟忠所領衞兵萬人皆潰，其將傅選、司全、胡友、馬琳、楊皋、趙萬、王漣、柴卞、張擬等九人悉去爲盜，金人追至太和縣，太后及自萬安捨舟而陸，遂幸虔州，宮人死者甚衆。			
								鎮江	江淮宣撫司潰卒李選與其徒數千攻陷鎮江府。	撫州	金人分兵攻撫州，守臣以城降，金人令括管內金銀，			
								明州	張俊自越州引兵至明州，頗肆鹵掠，時城中居民少，遂出城以清野爲名，環城三十里皆遭其焚刼。					

	衆。
建康	金人破建康。
建昌軍	金人攻建昌軍，蔡延世擊却之。
廣德軍	金人破廣德軍。
安吉	金人破安吉縣。
臨安	金宗弼攻臨安府，錢塘令朱蹕率民兵迎戰傷甚，猶叱左右擊敵。守臣康允之棄城遁保赭山。金人破臨安府，朱蹕遇害。
洪州	金人屠洪州。
越州	金人破越州。
會稽	金宗弼使宣勒渾追南師於會稽之東關，敗之，遂渡曹娥江。
明州	張俊與金人戰於明州，敗之。
陝府	金洛索將數萬衆圍陝府，守將李彦仙悉力拒之。

公曆	年號	天災：水災 災區	水災 災況	旱災 災區	旱災 災況	其他災 災區	其他災 災況	人禍：內亂 亂區	內亂 亂情	外患 患區	外患 患情	其他亂 亂區	其他亂 亂情	附註
一一三〇	高宗建炎四年（金太宗天會八年）							虔州	虔州諸軍作亂，縱火肆掠。	明州	正月，金人攻明州，張俊與守臣劉洪道遣兵掩擊，殺傷相當，金人奔北。俊急令收兵赴台州，明州終爲金人所破。			
								鼎州之武陵等縣、澧州之澧陽等縣、荊南之枝江等縣、潭州之益陽等縣、峽州之宜都、岳州之華容、辰州之沅陵共十九縣	鼎州人鍾相作亂，鼎、澧、荊南之民嚮應，一方騷然。賊焚官府、城市、寺觀及豪右之家，凡官吏、儒生、僧、道、巫、醫、卜、祝之流，皆爲所殺。自是鼎州之武陵、桃源、辰陽、沅江，澧州之澧陽、安鄉、石門、慈利，荊南之枝江、松滋、公安、石首，潭州之益陽、甯鄉、湘陰、江化，峽州之宜都，岳州之華容，辰州之沅陵，凡十九縣皆爲盜區矣。	陝府	金洛索破陝府，縱兵屠掠，彥仙投河而死，金人取其家闔殺之，陝民無噍類。			
								江北荊湖諸路	五月，江北荊、湖諸路盜起，大者至數萬人，據有州郡，朝廷不能制。	楚州	趙立至楚州，朝廷以立知州事。會金昌親率數萬人圍城，相持四十餘日，遂登城守。金人不能入，遂退，時遣數百騎出沒於城下，以掠取求糧采薪者。			
									軍馬劉晏及戚方戰于宣	潭州	二月，金人破潭州，掠六日，屠其城而去。			
										汴京	金人破京師時，河南之北，			

平麗、竹山　均州

州死。統制官巨師古與戚方戰于宣州城下，方三戰三敗，遂引去。

均房安撫使王彥及桑仲戰于平麗縣之長沙平，敗之，追至竹山縣而還。

十二月，紅巾賊屢犯均州。

秀州、平江

悉爲金所有，睢、洛皆屯重兵，惟汴京及畿邑猶爲宋固守，而糧儲乏絕，四面不通，多饑死。是時城之東有羣盜李濆、蘇大刀等，權留守上官悟皆招入城，既入則焚掠不止，城中亂。悟及副留守趙倫出奔，金人得京師。自是四京皆沒。

金人破秀州。游騎至平江城東，統制官郭仲威兵未交而退，次日與將官晉珏縱火城中，周望及仲威皆遁，其下自城南轉劫居民，北出齊門而去，民之得出郭者，多爲所殺。宗弼入平江，鹵掠金帛子女既盡，又縱火燔城，煙焰見百餘里，火五日乃滅。

三月，洛索與其副帥完顏

公曆年號	天災：水災 災區	水災 災況	旱災 災區	旱災 災況	其他災 災區	其他災 災況	人禍：內亂 亂區	內亂 亂情	外患 患區	外患 患情	其他禍 亂區	其他禍 亂情	附註
									常州	杲長驅入關，宋師敗。			
									鎮江	金人入常州。金人至鎮江府，韓世忠已屯焦山寺以邀之。戰數十合，世忠妻梁氏在行間親執桴鼓，敵終不得濟。			
									楚州、揚州	宗輔遣貝勒托雲率衆圍楚州，守臣趙立乘城禦之，不能下，進圍揚州。世忠及宗弼再戰於江中，金人以火箭射其篷，火烘日爆，被焚與墮江者不可勝數。所焚之舟，蔽江而下。金人鼓櫂，以輕舟追襲之，統制官孫世詢、嚴永吉皆力戰死。世忠與餘軍至瓜步，棄舟而陸，旋還鎮江。			

建康府	五月，金人焚建康府。岳飛聞金人去，以所部邀擊于靜安，勝之，飛還屯溧陽。
定遠	金人破定遠縣。
新塘	六月，和州進士龔楫率民丁襲金人於新塘，入其營，獲敵兵數百，所掠男女盡縱之，楫歸遇敵，爲所殺。
揚州	八月，承川天長軍鎮撫使薛慶及金人戰于揚州城下，死之。
楚州	九月，金人攻楚州，守臣趙立死之。衆以參議官程括權鎮撫使以守，敵益攻之。
富平	張浚以都統制劉錫及金人戰于富平縣，敗績。
楚州	金人急攻楚州，破之。
陽城	十月，翟宗敗金人于陽城縣，遂進之絳州之垣曲。

<table>
<tr><th rowspan="3">公曆</th><th rowspan="3">年號</th><th colspan="6">天災</th><th colspan="6">人禍</th><th rowspan="3">附註</th></tr>
<tr><th colspan="2">水災</th><th colspan="2">旱災</th><th colspan="2">其他</th><th colspan="2">內亂</th><th colspan="2">外患</th><th colspan="2">其他</th></tr>
<tr><th>災區</th><th>災況</th><th>災區</th><th>災況</th><th>災區</th><th>災況</th><th>亂區</th><th>亂情</th><th>患區</th><th>患情</th><th>亂區</th><th>亂情</th></tr>
<tr><td></td><td></td><td></td><td></td><td></td><td></td><td></td><td></td><td></td><td></td><td>泰州
通州</td><td>金人攻泰州,岳飛以泰州不可守,棄城去,率衆渡屯江陰軍沙上。
金人破通州。</td><td></td><td></td><td></td></tr>
<tr><td>一一三一</td><td>高宗紹興元年
金太宗天會九年</td><td></td><td></td><td>越州及東南諸路郡國</td><td>饑。淮南、京東、西民流常州、平江府者多殍死。(圖)</td><td>越州
浙西</td><td>二月,雨雹。(志)
六月,大疫。平江府以北流屍無等。紹興府連年大疫。(圖)</td><td>筠州
江州
鄧州
蘄州
黃梅縣</td><td>江淮招討使張俊復筠州。
馬進敗遁。馬進既敗,張俊追之,至江州,進拒戰不勝,絕江而遁。俊復江州,統制官揚沂中、趙密引兵追擊,又大敗之。李成復還蘄州。
桑仲陷鄧州,殺淮康軍承宣使王俊。
馬進既爲張俊所敗,而李成猶主蘄州,俊引兵渡江,至黃梅縣,成據險而守,俊率衆攻險,賊徒奔潰,進爲追兵所殺,成去以餘衆降僞齊。</td><td>天水縣
碧潭
順德軍
和尚原</td><td>正月,金人掠天水縣,攻揚州。
金人以萬騎攻河南府治所碧潭。
二月,金人至順德軍,經略使劉錫遁去,金人出沿邊掠,熙秦多馬,金人駐兵搜取無遺。
三月,金以舟師攻張榮水寨,榮亦出數十舟迎敵,金人俘馘甚衆。
秦鳳、吳玠及金人烏魯折合戰於和尚原之北,敗之。
十月,吳玠及金人戰于和</td><td>臨安府
越州</td><td>十月,越州大火,民多露處。(圖)
十二月,火焚吏部文書。移蹕錢塘。(圖)
金左副元帥宗翰使右都監耶律伊都將燕、雲、女眞二萬騎攻西遼於和勒城,調山西河北夫,饋餉自雲中至和勒城,經沙漠三千餘里,民無一二得還。</td><td></td></tr>
</table>

上猶、南康等三縣

安南賊吳忠與其徒宋破、壇劉洞天作亂，聚衆數千人，焚上猶南康等三縣，殺巡尉，進犯軍城。統制官張中彥、李山屢舉兵討之，不克。江南提點刑獄公事蘇恪以從事郎田如鼇，通判魏彥杞招捕。未幾，破壇爲彥杞所殺，如鼇尋遣兵焚賊寨，殺洞天。

饒州

七月，呂頤浩諸將與張琪戰于饒州城外，大敗之。琪自徽州引兵犯饒州，頤浩召諸統兵官姚端、崔邦弼、顏孝恭、郝晸等討之，大破之。追奔三十里，殺賊甚衆。

金房鎮撫使王彥敗李忠于秦郊店，忠走降劉豫。

建安

十月，福建民兵統領范汝爲據建安，衆十餘萬，辛企

尙原，大敗之。俘馘首領及甲兵以萬計，宗弼中流矢二，僅以身免。

廬州

僞齊劉豫遣其將王世冲寇廬州，守臣王亨大破其衆。

秦州

十一月，僞齊郭振以千數騎掠白石鎮、王彥與關師古併兵禦之，賊大敗，振爲官軍所獲，遂復秦州。

公歷	年號	天災 水災 災區	水災 災況	旱災 災區	旱災 災況	其他 災區	其他 災況	人禍 內亂 亂區	內亂 亂情	外患 患區	外患 患情	其他 亂區	其他 亂情	附註
一一三二	高宗紹興二年 金太宗天會十年	徽、嚴二州	閏月，水害稼。(圖)	兩浙、福建	饑，斗米千錢。時餫饟繁急，民益囏食。(圖)	臨安府	二月，大雨雹。(圖)		宗用兵連年，不能制，及是汝爲引兵入城。	壽春	二月，劉豫僞安撫使王彥先攻壽春，爲陳卞所敗。	宣州	正月，火燔民居幾半。(圖)	
				常州	大旱。(圖)			安仁	十一月，曹成犯安仁縣。		三月，陝西都統司楊政及金人戰于方山原，敗之。	臨安府	五月，大火亘六七里，燔萬數千家。(圖)	
								道州	十二月，曹成據道州。	汝州	十二月，襄陽鎮撫使李橫敗僞齊于楊石店，遂復汝州。		十二月，行都大火，燔吏、刑、工部、御史臺官府民居軍壘盡。(圖)	
								復州	桑仲遣兵攻復州。	商州	金人攻商州。			
								金州	桑仲圖收金州，大戰凡六日，賊奔潰，彥縱兵追擊，均州平。					
								福建	正月，韓世忠圍建州，范汝爲固守，不下。世忠急擊之，凡六日城遂破，賊衆死者萬餘，汝爲竄回源洞中自焚死。其將葉諒以所部犯邵武軍，世忠擊斬之，餘衆悉平。					
								漢陽軍	三月，水賊翟進犯漢陽軍，殺武功大夫權軍事趙令戣及吏民百餘人，掠舟船而去。四月，楊忠惟討軍賊趙進，降之。					

	一一三三
	高宗紹興三年 金太宗天會十一年
	泉州
	七月，水，壞城郭，廬舍。（圖）
	四月，旱，至于七月。（圖）
	吉、郴、道州、桂陽監、永州
	饑。（志）二月，疫。（圖）
賀州 桂嶺、連州、郴州、邵州 潭州	公安
岳飛引兵擊曹成于賀州境上，大破之。官軍追擊不已，成屢敗，衆死者萬數，成率餘兵屯桂嶺，岳飛敗曹成于桂嶺，成拔寨遁去，遂走連州，又走郴州，轉入邵州。會韓世忠平閩盜旋師，遣將董旼往招之，成以其衆就招。六月，李宏引兵入潭州，執馬友殺之。其將王進、王俊以所部數千人遁去，宏屯潭州。七月，韓世忠進師討劉忠，大敗之，忠遁去，其輜重皆爲世忠所得。	鼎州寇楊么衆益盛，以兵二萬人寇公安縣，命湖南安撫使折彥質督潭、鼎、荆南兵討之。四月，岳飛遣統領官張憲、王貴分道擊虔寇彭友、李
	長葛 潁昌府 金州
	正月，李橫破潁順軍，降僞齊闔和。又敗僞齊兵于長葛縣。李橫復潁昌府。金人破金州，王彥退趨西鄉。
	九月，行都闕門外火，多燔民居。（圖）

公曆年號	水災災區	水災災況	旱災災區	旱災災況	其他災災區	其他災災況	內亂亂區	內亂亂情	外患患區	外患患情	其他禍亂區	其他禍亂情	附註
								滿，獲之。					
					平江府、湖州	八月地震，平江府、湖州尤甚。（志）		官軍與湖寇遇於陽武口，官軍死者不知其數。	眞符	二月，吳玠與金兵遇於眞符縣之饒風關。金人以精兵攻南師之背，南師盡卻，玠不能止。凡六日關破。吳玠收餘兵趨西縣，王彥收餘兵奔達州，四川大震。			
							灃州	劉超據灃州，程昌寓遣兵擊之，敗走。	興化府	金監軍完顏杲入興元府，經制司劉子羽焚其城而遁。			
									伊陽	李吉敗僞齊兵於伊陽。			
									潁昌	三月，劉豫聞橫入潁昌，遣使詣都元帥宗翰求援。橫等軍本羣盜，雖勇而無紀律，見齊師所遺子女金帛，乃縱掠數日，置酒高會，金人聞而易之，豫遣其將李成以二萬人迎敵，金遣宗弼援之，敗之於京城西北。牟寵閭，橫等軍無甲，皆敗走，潁昌復破。			
									虢州	僞齊將李成以衆二萬攻			

一一三四	
高宗紹興四年 金太宗天會十二年	
四川	
地震。（圖）三月，大雨雹傷稼。（志）	
鼎州　長楊　建昌	
正月，鼎州程昌寓遣杜湛、王璣、王渥等共引兵擊楊太，破其皮寨，獲其舟三十餘艘，湖中小寇始懼。二月，鼎寇楊太既爲官軍所敗，其黨漸散，知鼎州、程昌寓乃募人能降者與獲級同，故降者稍衆。軍賊檀成犯長楊縣，荊南鎮撫使解潛遣統領官，捕斬之。七月，建昌軍亂。	
仙人關　鳳、秦、隴州　郢州	金州　固始　鄧州　襄陽　郢州
金左都監宗弼自寶雞侵仙人關，直攻南軍，吳玠自以萬人當其前，其弟璘率輕兵由七方關倍道而至，轉運凡七日，晝夜不息，統制官郭震爲宗弼所襲，破其寨，南軍累敗。三月，吳玠敗金人于仙人關，斬千餘級。四月，吳玠與金人戰，敗之，遂復鳳、秦、隴州。五月，岳飛復郢州。	虢州，陷之。金房鎮撫使王彥復金州。九月，陝宣撫司統領官吳勝敗僞齊兵於黃堆寨。追殺無遺，獲其部將十餘人。僞齊遺將與知光州、許約合兵圍固始縣。十月，僞齊陷鄧州。李橫棄襄陽奔荊南。僞齊將李成遂入襄陽。僞齊引兵犯郢州，守將李簡棄城去。
正月，行都火，燔數千家。（圖）	

九三五

公歷	年號	天災・水災・災區	災況	天災・旱災・災區	災況	天災・其他・災區	災況	人禍・內亂・亂區	亂情	人禍・外患・患區	患情	人禍・其他・亂區	亂情	附註
								鼎州	水賊楊欽攻鼎州杜木寨破之。官軍死者不可勝數。趙詳等,引兵入建昌軍執叛兵,誅之。	襄陽府、唐州	是月,岳飛引兵復襄陽府,初僞齊將李成聞郢州失守,乃棄襄陽去,飛進軍據守,遂復唐州。			
								鼎州	九月,荆南制置司統制官王燮以所部叛於鼎州之城外,西奔桃源縣。縣寨統制官李皋遣小將龔亭率鄉兵擊敗之。	隨州	六月,岳飛復隨州。			
										郢州	岳飛復郢州。			
										大儀	十月,韓世忠邀擊金人于大儀鎮,敗之。			
										濠州	金人圍濠州破之。			
										承州	解元與金人戰於承州敗之。			
										壽春	仇悆遣兵擊金人于壽春府,敗之。遂復安豐縣。十一月,承州水寨首領徐康通等遣兵邀擊金兵,俘女眞數十。			
										滁州	金人破滁州。			
										廬州	十二月,湖北制置司統制官牛皋,徐慶敗金兵於廬州。金兵奔潰,皋率騎追之,金兵自相踐死,餘皆遁去。〔			

公元	年號	水災		旱饑		風雹			內亂	地點	外患
一一三五	高宗紹興五年 金熙宗天會十三年	四川郡國	秋,四川郡國水。	湖南 夏潼川諸路 浙東 西 江東、 湖南 四川	大饑,殍死流亡者衆。(圖) 饑,米斗二千,人食糟糠。興元饑,民流徙,秋,溫、處州饑。 (圖) 五月,旱。 五十餘日。(圖) 六月,旱。 (圖) 秋,四川郡國旱甚。(圖)	秀州華亭縣	大風雹,雨雹,大如荔枝,實,壞舟覆屋。		六月,岳飛破湖賊夏誠,飛入水寨,殺賊衆殆盡。	淮 盱眙 光州 信陽軍 秦州 光州 憲州、神山	正月,淮西宣撫司統制官王進薄金人於淮,降其將程師回、張延壽而還。 淮東統制官崔德明敗金人於盱眙。 淮西統制官酈瓊拔光州。 二月,僞齊將商元率衆千餘,襲信陽軍。 吳璘、楊政復秦州。 八月,僞齊陷光州。 九月,淮西宣撫司統制官華旺復光州。 九月,太原義士張橫者有衆二千來往嵐、憲之間,敗金人於憲州,擒其首將。又有梁青者聚數千人破神山縣,平陽府判官鄭爽以大軍討之,不敢進,居數日,都統制烏瑪喇引騎五百與爽會,乃併其兵與青戰,兵敗,爲青所殺。

公曆	年號	天災 水災 災區	天災 水災 災況	天災 旱災 災區	天災 旱災 災況	天災 其他災 災區	天災 其他災 災況	人禍 內亂 亂區	人禍 內亂 亂情	人禍 外患 患區	人禍 外患 患情	人禍 其他禍 亂區	人禍 其他禍 亂情	附註
一一三六	高宗紹興六年 金熙宗天會十四年	饒州	冬,雨水壞城四百餘丈。	浙東、 福建、湖南、江西、夏、蜀	春,饑。(圖) 大饑,殍死甚衆,民多流徙,郡邑盜起。夔、潼、成都郡縣及湖南衡州皆旱。(圖)	四川	疫。(圖)	濠州、壽州、定遠、宣化	十月,賊衆十萬於濠壽之間,張俊拒之。劉猊以衆數萬過定遠縣,欲趨宣化以犯建康,楊沂中與猊前鋒遇於越家坊,大敗之。	淮陽軍 唐州 淮西 壽春 蔡州	二月,韓世忠圍淮陽軍,敵堅守不下,劉豫遣使入河間求援於金右副元帥宗弼。宗弼至,世忠殺其引戰者二人,諸將乘之,敵敗去。 四月,偽齊將王威攻唐州,陷之。 偽齊、劉豫築劉龍城以窺淮西,劉光世遣王師晟破之。 七月,淮南宣撫使劉光世克壽春。 八月,岳飛遣兵入偽齊地,命牛皋擊之,又引兵至蔡州,焚其積聚。		二月,行都屢火燔千餘家。(圖) 十二月,行都大火燔萬餘家,人有死者。時高宗親征劉豫,都民之暴露者多凍死。(圖)	
一一三七	高宗紹興七年 金熙宗天會十五年			欽、廉、邕州	春,旱七十餘日。六月,又旱,江南尤甚。夏,饑。		二月,霜殺桑稼。			隨州 泗州	五月,偽齊陷隨州。 十月,偽齊遣兵侵泗州,守臣劉綱率官軍拒退之。	鎮江、臨安	二月,火。	

公元	年號												
一一三八	高宗紹興八年 金熙宗天眷元年		七月，金安春河溢，壞廬舍，民多溺死。(志)		冬，不雨。(志)		六月，大雨雹。	嘉州	十二月，盧恨蠻王歷階犯嘉州忠鎮寨。轉掠忠鎮十二村民殆盡。			太平府	二月大火。宣撫司及官舍、民舍帑藏文書皆盡，死者甚衆。(圖)
一一三九	高宗紹興九年 金熙宗天眷二年			江東、西、浙東	饑。斗米千錢，饒、信州尤甚。(志) 六月，旱六十餘日。(志)		二月，雨雹傷麥。				是秋，太行義士蜂起，威勝、遼州以來，道不通行。時金人法苛賦重，加以饑饉，民不聊生，又下令欠債者以人口折還，及藏亡命而被告者皆死。至是將相大臣如昌宗磐之徒，皆被誅，二帥久握重兵，植黨滋衆，至是，悉爲亡命，保衆山谷，官司不能制。		二月，行都火。(圖) 七月，行都又火。(圖)
一一四〇	高宗紹興十年 金熙宗天眷三年			浙東、江南	荐饑，人食草木。(志)		二月，大雨雹。(志)			東京 拱州	五月，金集舉國之兵于祁州元帥府，大閱，遂分四道並進。命鑷呼貝勒出山東，完顏杲入陝石，李成入河南，而宗弼自將精兵十餘萬人與孔彥舟、酈瓊、趙榮抵汴。宗弼入東京，觀文殿學士留守孟庾降。金人破拱州，守臣王慥死	溫州	十月，行都火，燔民居延及省部。 十一月，大火，燔州學、臨征舶等務、永嘉縣治及民居千餘。(圖)

公歷	年號	天災						人禍						附註
		水災		旱災		其他		內亂		外患		其他		
		災區	災況	災區	災況	災區	災況	亂區	亂情	患區	患情	亂區	亂情	
											之。			
										南京	金人破南京。			
										西京	金人破西京。			
										興仁府	統領忠義軍馬李寶與金人戰於興仁府境上，殺數百人，獲其馬甚衆。			
										鳳翔府	金人攻鳳翔府之石壁寨，吳璘遣姚仲等拒之，仲自奮身督戰，殊赫貝勒中傷，退屯武功。吳璘、楊政以書遺金右副元帥完顏杲約日合戰。完顏杲遣古延以三千騎直衝南軍，都統制李師顏等以饒騎擊走之。			
										順昌府	金宗弼攻順昌府，金兵大敗，橫屍盈野。			
										京西	牛皋及金人戰於京西，敗之。			
										醴州	郭浩集鄜延、環慶之兵，攻金人於醴州，敗之，復醴州。			

	王彥拒金人於青溪嶺，卻之。
	孫顯及金人戰於陳、蔡間，敗之。
天興	楊政自汧陽襲金人于天興縣，敗之。
淮陽軍	韓世忠遣統制官王勝北伐，遇金人于淮陽軍南二十里，水陸轉戰，掩金人入沂水死者甚衆，奪其舟二百。
涇州	閏六月，田晟與金人戰于涇州，敗之，再戰敗績。
宿州	王德復宿州。
永興軍	金人遣兵襲永興軍，傅忠信拒破之。
潁昌府	張憲、傅選及金將韓常戰于潁昌府，敗之。
淮甯府	張憲復淮甯府。
海州	王勝克海州。
亳州	張俊克亳州。
伊陽等八縣、汝州、永興軍	七月，李興聚兵先復伊陽等八縣，又復汝州，岳飛遣兵與之會，遂復永興軍。

公曆年號	天災						人禍						附註
	水災		旱災		其他災		內亂		外患		其他		
	災區	災況	災區	災況	災區	災況	亂區	亂情	患區	患情	亂區	亂情	
									郾城	岳飛留大軍于潁昌，命諸將分道出戰，自以輕騎駐郾城，兵勢甚銳金宗弼合諸將逼郾城，以拐子馬萬五千來，飛戒步卒大破之。			
									長安	永興軍路經略副使王俊遣辛鎮與金人戰于長安城下，敗之。			
									朱仙鎮、潁昌、淮甯、蔡、鄭諸州	金宗弼以師十二萬次臨潁，岳飛遣統制楊再興、王蘭、高林以三百騎擊之于小商橋，殺二千餘人，再興、蘭、林俱戰死。張憲繼至，復戰，宗弼夜遁，追奔十五里。飛進軍朱仙鎮，距汴京四十五里，與宗弼對壘而陳，破之。宗弼還汴京，飛檄陵臺令行視諸陵葺治之。會秦檜一日奉十二金字牌令班師，飛乃自郾城引兵還。於是潁昌、淮甯、蔡、鄭諸			朱仙鎮之役。

	州復爲金人所取。
盩厔縣	金將古延引兵攻盩厔縣，王俊卻之。
淮陽軍	八月，韓世忠圍淮陽軍，命諸將齊攻之，敵死者甚衆。
解州	知陝州、吳琦遣統制官侯信渡河劫金人中條山寨，敗之。又戰于解州境上，敗之。
	金人自滕陽來救淮陽軍，韓世忠逆擊于泇口鎮，敗之。
千秋湖	韓世忠遣劉寶、郭宗儀、許世宗以舟師至千秋湖陵，遇金人所遣酈瓊叛卒數千人，寶等與戰大捷，獲戰船二百。
	李成自河陽以五千騎攻西京，知河南府李興敗之。
宿州	淮北宣撫使楊沂中軍潰於宿州，奔壽春府，渡淮而歸。金人遂攻宿州，南師與戰，不利，金人入城，縱屠戮。自是潰兵由淮水下數上

公曆年號	水災災區	水災災況	旱災災區	旱災災況	其他災災區	其他災災況	內亂亂區	內亂亂情	外患患區	外患患情	其他禍亂區	其他禍亂情	附註
										百里間，四散而歸，死亡者甚衆。			
									盩厔	王俊擊金人於盩厔縣東，敗之。			
									隴州	邵俊統領王喜遇金人于隴州汧陽縣牧陽嶺，敗之。			
									鳳翔	九月，統制楊從儀劫金人鳳翔府城南寨，敗之獲戰馬數百。			
									汧陽	統制官楊從儀、統領王喜敗金人於汧陽。			
									陝州	十一月，金將喀齊喀自潼關出侵陝州，守臣吳琦擊卻之。			
									寶雞	鳳翔府同統制軍馬楊從儀敗金人于寶雞。			

一一四一	高宗紹興十一年　金熙宗皇統元年
京西、	饑。(志)
淮南	七月，旱。(志)
渭南	從儀又敗金人于渭南。
壽春	金人攻壽春府，守將孫暉、雷仲合兵拒之。壽春破，殺守兵千餘人。
商州	金人破商州。
含山	王德遇金兵于含山縣東，擊敗之。
全椒	張守忠遇金人于全椒縣，敗之。
	劉錡自東關引兵出清溪，邀擊金人，張俊、楊沂中亦遣統制官王德、張子蓋等會兵取含山縣，復奪昭關。楊沂中、劉錡、王德、田師中、張子蓋及金人戰于柘皋鎭，敗之，敵死者甚衆。
廬州	官軍復廬州。
濠州	三月，金人圍濠州。
昭信	韓世忠舟師至昭信縣，以騎兵遇金人于聞賢驛，敗之。
	金人破濠州，縱兵焚掠，夷其城而去。
	四月，慕容洧破新泉寨，又
婺州	七月，大火，燔州獄、倉場、寺觀暨民居幾半。(志)
建康府	九月，火，燔府治三十餘區，民居三千餘家。(志)
	十一月，宋、金議和。

公曆年號	天災·水災·災區	天災·水災·災況	天災·旱災·災區	天災·旱災·災況	天災·其他·災區	天災·其他·災況	人禍·內亂·亂區	人禍·內亂·亂情	人禍·外患·患區	人禍·外患·患情	人禍·其他·亂區	人禍·其他·亂情	附註
									會州	攻會州，將官朱勇卻之。			
									泗州	九月，宗弼引兵破泗州以脅和，淮南大震。			
									秦州	吳璘引兵至秦州城下，楊政夜引兵入隴州界，徑趨吳山、與金人對壘。吳璘及金統軍呼珊戰于剡家灣，敗之。金人遁去，騎兵追襲，斬首六百三十，生擒七百人。騎將馬廣察敵將潰，越陳挑逐，既而大麾俘馘人馬數千，敵兵降者萬餘人。			
									虢州	邵隆及金知虢州賈澤戰，敗之，復虢州。			
									寶雞	楊政及金萬戶通檢戰于寶雞，敗之。			
									濠州	十月，金人破濠州。			
									陝州	邵隆及金人所命知陝州鄭賦戰，克之，復陝州。			

一一四二	高宗紹興十二年　金熙宗皇統二年			京西、淮東 陝西	三月，旱六十餘日。（志） 秋旱。（志） 十二月，旱，五穀焦枯。涇、渭、灞、滻皆竭，時秦民以饑離散，壯者爲北人所買，郡邑遂空。（志）			鎮江府、太平、池州、蕪湖	二月，火，燔倉米數萬石，芻六萬束，民居尤衆。是月，太平、池州及蕪湖縣皆火。（志）三月，行都火。四月，行都又火。（志）
一一四四	高宗紹興十四年　金熙宗皇統四年	蘭溪	五月，水侵縣市。中夜水暴至，死者萬餘人。（志）				二月，雨雹傷麥。（志）		正月，行都火。（志）

公歷	年號	天災 水災 災區	天災 水災 災況	天災 旱災 災區	天災 旱災 災況	天災 其他 災區	天災 其他 災況	人禍 內亂 亂區	人禍 內亂 亂情	人禍 外患 患區	人禍 外患 患情	人禍 其他 亂區	人禍 其他 亂情	附註
一一四五	高宗紹興十五年 金熙宗皇統五年							虔梅、福建	八月，虔梅及福建劇盜有號管天下者其徒日衆，攻掠縣鎮，鄉民多結砦自保。十二月，福建土寇未平，本路鈐轄李貫領兵討管天下，失利，爲賊所執。				大甯監火，燔官舍、帑藏、文書。(志)九月，行都火經夕。(志)	
一一四六	高宗紹興十六年 金熙宗皇統六年	潼川府	潼川府東南江溢，水入城，浸民廬。(圖)				夏，行都疫。(圖)							
一一四七	高宗紹興十七年 金熙宗皇統七年											建康府	八月火。(志)	
												靜江府	十二月，火燔民舍甚衆。(志)	
一一四八	高宗紹興十八年 金熙宗皇統八年	紹興府	八月，明、婺州水。	浙東、江淮郡國	旱，紹興府大旱。冬，多饑，紹興尤									

			甚。民之仰哺于官者，二十八萬六千人，不給，乃食糟糠草木，殍死殆半。（圖）	
一一四九	高宗紹興十九年 金海陵王天德元年	常州、鎮江府	旱。（圖）	
		紹興府、明州、婺州	春、夏，大饑。（圖）	
一一五〇	高宗紹興二十年 金海陵王天德二年			六月，台州、海寇聚衆連年，其勢益熾。至是犯台之臨門寨、章安鎮，蕭振爲守，奏乞殿前司水軍統制王交捕，許之。交即具艦入海，大敗賊衆，餘黨散去，振以數千緡犒

公曆	年號	天災						人禍						附註
		水災		旱災		其他災		內亂		外患		其他亂		
		災區	災況	災區	災況	災區	災況	亂區	亂情	患區	患情	亂區	亂情	
								建陽	交士卒，爲之奏功，郡境遂甯。自建炎初，劇盜范汝爲竊發於建之甌甯縣，朝廷命大軍討平之。然其民悍而習爲暴，小遇歲饑，卽羣起剽掠，去歲因旱，凶民杜八子者，乘時嘯衆，遂破建陽。是夏，張大一、李大二復於同源洞中作亂。安撫使仍歲調兵擊之。					
一一五一	高宗紹興二十一年 金海陵王天德三年						三月，雹傷禾麥。（志）							
一一五二	高宗紹興二十二年 金海陵王天德四年		淮甸水。					虔州	七月，虔州軍亂，初江西多盜，而虔州尤甚。至是焚居民，逐官吏守臣。八月，詔鄂州諸軍統制田制中往討之。至十一月，亂平。斬軍賊胡明等八人於市，明等據城，凡百有十二日。					

公元	年號	地區	災情
一一五三	高宗紹興二十三年 金海陵王貞元元年	金堂、潼川府、宣州、太平州	金堂縣大水。潼川府江溢，浸城內、外民廬。宣州大水，其流泛溢至太平州。（志）
		光澤	七月，光澤縣大雨，溪流暴涌，平地高十餘丈，人避不及者皆溺。（志）
一一五四	高宗紹興二十四年 金海陵王貞元二年	浙東、西	旱。（志）
		衢州	饑。（志）

公歷	年號	天災 水災 災區	天災 水災 災況	天災 旱災 災區	天災 旱災 災況	天災 其他災 災區	天災 其他災 災況	人禍 內亂 亂區	人禍 內亂 亂情	人禍 外患 患區	人禍 外患 患情	人禍 其他亂 亂區	人禍 其他亂 亂情	附註
一一五五	高宗紹興二十五年 金海陵王貞元三年												汴京宮室悉焚。	
一一五七	高宗紹興二十年 金海陵王正隆二年	鎮江、建康、紹興府、漢陽等地	鎮江、建康、紹興府、眞、太平、池、江、洪、鄂州、漢陽軍大水。(志)	四川	十月，四川諸司察旱傷州縣，捐其稅，振其饑民。(圖)									
一一五八	高宗紹興二十八年 金海陵王正隆三年	興、利二州。大安軍 平江府	六月，興、利二州及大安軍大雨水，流民廬，壞橋棧，死者甚衆。(志) 七月，大	平江府	饑。(志)									

	一一五九
	高宗紹興二十九年 金海陵王正隆四年
江東、淮南、數郡、浙東、西沿江海郡縣、紹興府、湖、常、秀、潤	福州、閩侯、官、懷安
風雨，驚潮漂溺數百里，壞田廬。(志) 九月，江東、淮南數郡水。浙東、西沿江海郡縣大風水平，紹興府、湖、常、秀、潤爲甚。(志)	七月，福州水入城。閩、侯官、懷安三縣，壞田廬。(志)
	紹興府
	荐饑。(志) 二月，旱七十餘日。(志) 秋，江浙郡國旱。(志)
	盱眙軍、楚州、金界、浙東、江東、西郡縣
	二月，雹，損麥。(志) 七月，三十里蝗，爲風所墮，風止，復飛還淮北。(志) 秋，螟。(志)
	鎮江府 夔州
	四月，火焚軍壘民居。(志) 十二月，大火，燔官舍、民居、寺觀，人皆有死者。(志)

公曆	年號	天災：水災 災區	水災 災況	旱災 災區	旱災 災況	其他 災區	其他 災況	人禍：內亂 亂區	內亂 亂情	外患 患區	外患 患情	其他 亂區	其他 亂情	附註
一一六〇	高宗紹興三十年 金海陵王正隆五年	於潛、臨安、安吉三縣	五月，於潛、臨安、安吉三縣山水暴出，壞民廬、田桑，溺死者甚衆。(志)	階成、鳳西、和州江浙郡國	春，旱。(志) 秋，江、浙郡國旱，浙東尤甚。(志)	江浙郡國	十月，螟蝝。(志)			沂州、大名府	金亂政亟行，民不堪命，盜賊蠭起，大者連城邑，小者保山澤。山東賊犯沂州，殺其縣令；大名府賊王九等據城叛，衆至數萬。契丹邊祿錦等皆以十數騎，張旗幟，白晝公行，官軍不敢誰何，所過州縣，開刼府庫，置於市，令人攘取之，小人皆喜賊至，而良民不勝其害。			
一一六一	高宗紹興三十一年 金世宗大定元年	建始	八月，建始縣大水，流民廬，死者甚衆。(志)				正月，大雨雪，禁旅壘舍，有壓者，寒甚。(志)			海州 鳳州 泗州 通化軍	八月，忠義人魏勝復海州。金主分諸道兵爲三十二軍，大舉南侵。 九月，金人至鳳州之黃牛堡，李彥仙、吳璘卻之。吳璘遣將彭清直至寶雞、渭河，夜劫橋頭寨，勝之。 夏俊復泗州。 金人攻通化軍，鐵騎數百入門，游弈軍統制張超閉			

	譙門，令從者率邦人巷戰，金人死者數十乃引去。
秦州	劉海復秦州。
洮州	吳璘遣將官曹琳復洮州。
隴州	彭清破隴州。
安豐軍、蔣州	十月，金主至安軍豐，又破蔣州。
滁州	金人破滁州。
廬州	金人圍廬州。
	劉錡遣前司策應右軍統制王剛等，間以兵數百渡淮，金人退卻，官軍小勝，既而金人悉衆來戰，錡不遣援，節次戰沒者以千數。又遣刀斧手千人渡淮，或進或卻，以退無歸路，死者什七八。
蔣州	江州部統司將官張寶復入蔣州。
樊城	金人侵樊城，都統制吳拱禦之。士卒半掩入水中。
淮、甸	江淮制置使劉錡聞王權敗，乃自淮陰引兵歸揚州，淮、甸之人，初時錡以爲安，及聞退軍，倉卒流離於道，

公曆	年號	天災 水災 災區	災況	旱災 災區	災況	其他 災區	災況	人禍 內亂 亂區	亂情	外患 患區	患情	其他 亂區	亂情	附註
											死者十六七。			
										盩厔	興元府都統制姚仲遣王俊率官兵義士至盩厔縣，遇金人于東洛谷口，破之。			
										豐陽	金州都統制王彥、任天錫、郭湛等領精兵出洵陽至商州、豐陽縣，克之。姚興與金人戰于尉子橋，死之。			
										鄧州	荀琛等復鄧州。			
										眞州	邵宏淵及金蕭琦戰于眞州胥浦橋敗。眞州遂破。			
										蔡州	待衞馬軍司中軍統制趙撙引兵渡淮，攻蔡州。			
										商州	任天錫等復商州。			
										褒信	趙撙破褒信縣。			
										和州	建康府都統制王權自和州遁歸，金人遂進兵入和州，城中糗糧器械，並委於路，敵勢奔突，軍民自相蹂踐，及爭渡溺死者，莫知其			

	數。
新蔡	趙撙至新蔡縣，破金兵。
揚州	劉錡退軍瓜州鎮，金破揚州。
平興	趙撙下平興縣。
伏羌城	忠義統領柳萬克伏羌城。
德順軍	右武大夫興州前軍統制兼主管中軍軍馬吳挺、邵州防禦使知文州節制軍馬向起敗金人于德順軍之治平寨。
揚州	鎮江府左軍統領員琦及金人戰于揚州、草角林，敗之，斬統軍高景山，俘數百人。
膠西	浙西馬步軍副總管李寶與金、舟師遇于密州、膠西縣、陳家島大敗之，其簽軍脫甲而降者三千餘人，獲其副都統，驃騎上將軍益都府總管完顏、正嘉努等五人，斬之。得金詔書印記與器甲糧斛以萬計。
	知均州、武鉅遣將與忠義

公歷年號	天災：水災 災區	天災：水災 災況	天災：旱災 災區	天災：旱災 災況	天災：其他 災區	天災：其他 災況	人禍：內亂 亂區	人禍：內亂 亂情	人禍：外患 患區	人禍：外患 患情	人禍：其他 亂區	人禍：其他 亂情	附註
									盧氏	軍復盧氏縣。			
									虢州	十一月，任天錫攻虢州，金守臣蕭信迎敵不勝，遁去，遂復虢州。			
									瓜州	鎮江府中軍統制劉汜及金人戰于瓜州鎮，敗績。			
									潁昌	江州右軍統制李貴引軍至潁河，焚金人糧舟，獲金帛甚衆，遂進攻潁昌。			
									東采石	中書舍人督視江淮軍馬府參謀軍事虞允文，督舟師敗金兵于東采石。金人所用舟，底闊如箱，行動不穩，且不諳江道，皆不能動，遂盡死於江中。金士卒不死於江者，金主亮悉斂殺之，怒其舟不能出江也。			

任天錫取商洛、豐陽諸縣。

華州	金州都統制王彥遣第七將刑進復華州。
泰州	金人破泰州，縱火鹵掠，城中子女强壯盡被金兵驅而去。
蔡州	十二月，趙邁復蔡州。
鄧州	均州忠義統領晢朝等復據鄧州。
楚州	淮東制置司統制王邁等復楚州。
河南	均州鄉兵總轄莊隱等入河南府。
洪澤	鄂州水軍統制楊欽，以舟師追金人，至洪澤鎮，敗之。
淮陰	鎮江府統制官吳超遣將追金人至淮陰縣，敗之。
	淮西制置使李顯忠與金人戰于揚林渡，卻之，將士死者千四百人，死傷相當，金人乃去。
汝州	金人破汝州，殺戮殆盡，
和州	李顯忠入和州。
	興州左軍統制王中正等

十一月三十日，新金主遣使議和，令各將班師。

公歷	年號	天災 水災 災區	水災 災況	旱災 災區	旱災 災況	其他 災區	其他 災況	人禍 內亂 亂區	內亂 亂情	外患 患區	外患 患情	其他 亂區	其他 亂情	附註
											引兵再攻治平寨,拔之。			
										臨潢	金伊喇扎巴招諭耶律斡罕降,耶律斡罕不降,攻臨潢,敗其守兵,進圍之,衆至五萬,是月斡罕遂稱帝,改			
										泰州	元天正,復攻泰州,屢敗援師,勢益盛。			
一一六二	高宗紹興三十二年 金世宗大定二年		四月,淮溢數百里,漂民田廬,死者尤衆。(志)			江東、淮南、北郡縣	六月,蝗飛入湖州境,聲如風雨。(志)			壽春府	正月,金人攻壽春府,樞密院忠義前軍正將劉泰率所部赴救,轉戰連日,金人引去。			
		浙西郡縣	六月,浙西郡縣山涌,暴水漂民舍,壞田覆舟。(志)			湖州、畿縣、餘杭、仁和、錢塘	自癸巳至于七月,丙申徧于畿縣、餘杭、仁和、錢塘,皆蝗。(志)丙午,蝗入京城。(志)			蔡州	金人攻蔡州,趙撙率諸軍巷戰,自金人敗乃去。			
						温州	七月,大			河州	二月,與州前軍同統領惠逢復河州。			
										來羌城	惠逢復積石軍,又攻來羌城,克之。			
										甯河寨	金人復取甯河寨,盡屠其民,寨之戍兵皆潰,金合兵萬餘圍河州,百姓死守。			
										汝州	王宣與金人戰于汝州,殺			

風，壞屋覆舟、拔屋。(志)

山東　八月，大蝗。(志)

傷相當，翼日，金騎全師來攻，南軍敗衄，士卒死者百餘，亡將官三人。

德順軍　與元都統制姚仲圍德順軍。

蔡州　金人攻蔡州，趙撙擊卻之。

確山、蔡州　王宣敗金人于蔡州、確山縣。金人復取蔡州。

鎮戎軍　姚仲遣副將趙詮、王甯引兵攻鎮戎軍。

河州　閏二月，金人破河州，敵驅父老嬰孺數萬，屠之，遷壯者數千隸軍。

大散關　楊從儀率諸將攻大散關，拔之。

滕州　金兵部侍郎都察珠圖喇及斡罕戰于滕州，敗績。

原州　姚仲統忠義統領段彥，引兵攻平安南寨，克之，進圍原州，拔之。

長濼　四月，金右副元帥完顏默音等敗斡罕於長濼。追北十餘里，斬獲甚衆。契丹、斡罕率衆西走，金右副元帥默音追及奮擊大敗。斡罕約水草蓋地，遂陷靈山、同昌、惠和等，窺取北京，西攻三韓縣，金主命布薩忠義討之，俘斬五萬餘人。

公曆年號	天災：水災 災區	水災 災況	旱災 災區	旱災 災況	其他 災區	其他 災況	人禍：內亂 亂區	內亂 亂情	外患 患區	外患 患情	其他 亂區	其他 亂情	附註
									德順軍	三月，吳璘復德順軍。			
									淮甯府	金人圍淮甯府，城守陳亨祖登城督戰，爲流矢所中，死之。			
									鎮戎軍	金人攻鎮戎軍。			
									會州	忠義軍統制兼知蘭州、王宏引兵拔會州。			
									淮甯府	金人破淮甯府，副都統領戴規部兵巷戰，奪門以出，爲敵所害，守將陳亨祖之母及其家五十餘人皆死。			
									原州	金人圍原州。			
									桒園川	夏人二千餘騎至桒園川俘掠，又二百餘騎寇馬家巉。			
									原州	五月，都統制姚仲以大軍至原州之北嶺，與金人合戰，南兵大敗，人馬死亡，枕			

公元	年號	地區	災情
一一六三	孝宗隆興元年 金世宗大定三年	浙東、西州縣	八月，大風，水。（志）
		紹興、平江、府、湖州及崇德	大風，水。（志）
		紹興府	大饑，四川尤甚。（志）
		平江、襄陽府、隨、泗州、棗陽、盱眙軍	大饑，隨、棗間米斗六七千。（志）
		江浙郡國	旱。（志）
		京西	大旱。（志）
		浙東、西郡國	風，水傷稼。（志）
			七月，大蝗。（志）
		湖三州	八月，飛蝗過都，蔽天日，徽、宣、湖三州及浙東郡縣害稼。（志）
		京東、襄隨	京東大蝗，襄、隨尤甚，民為乏食。

	籍道路。
	鎮江都統制張子蓋與金人遇于石湫堰，金兵大敗，擁于河，溺死幾半，餘騎遁去。
熙州	吳璘遣將攻熙州，拔之。
德順	正月，吳璘奉班師之詔，棄德順，還河池，金人乘其後，璘軍亡失者三萬三千，部將數千人，連營痛哭，聲振原野，秦鳳、熙河、永興三路，新復十三州三軍，皆復為金取。
環州	四月，金人拔環州。
靈壁	五月，李顯忠渡淮至陡溝，金右翼都統蕭琦背顯忠約，用拐子馬來拒，顯忠與之力戰，琦敗走，遂復靈壁。
宿州	李顯忠及邵宏淵敗金人于宿州。
	李顯忠復宿州。

九六三

公歷	年號	天災：水災 災區	水災 災況	旱災 災區	旱災 災況	其他 災區	其他 災況	人禍：內亂 亂區	內亂 亂情	外患 患區	外患 患情	其他 亂區	其他 亂情	附註
						浙東、西郡國、紹興府湖州	秋，蝗害穀。(志)				金左副元帥赫舍哩志甯以神兵萬人，自淮陽攻宿州，李顯忠與之戰，顯忠知不敵，遂夜遁，志甯取宿州。志甯追宋師至符離，宋師大潰，赴水死者，不可勝計。金人乘勝斬首四千餘級，獲甲三萬，宋之軍資殆盡。			
一一六四	孝宗隆興二年　金世宗大定四年	平江、鎮江、建康、甯國府、無爲軍等地	七月平江、鎮江、建康、甯國府、湖、常、秀、池、太平、廬、和、光州、江陰、廣德、壽春、無爲軍、淮東郡，皆大水。	平江府、常、秀州	饑。華亭縣人食粃糠。行都及鎮江府、興化軍、台、徽州亦艱食，淮民流徙江南者數十萬。(志)	餘杭縣	夏，蝗。(志)	廣西	正月，命虞允文調兵討廣西諸盜。(志)	楚州、濠州、滁州、六合	十一月，金兵攻楚州，破之，又破濠州，滁州。步軍司統制崔泉敗金人于六合。			宋割商秦地與金和。

			浸城郭，壞廬舍，圩田軍壘，操舟行市者累日，人溺死者甚衆。八月，積陰苦雨，水患益甚，淮東有流民。(志)	台州	春，旱，興化軍、漳、福州大旱。首種不入，自春至于八月。(志)									
一一六五	孝宗乾道元年（亦即隆興三年）金世宗大定五年	常、湖州	六月，水，壞圩田。(志) 八月，大風雨，漂蕩田廬。(志)	行都、平江、鎮江、紹興府、湖、常、秀州 台、明州、東江諸郡	大饑，殍徙者不可勝計。(志) 皆饑。(志)	淮西 台州	三月，暴寒，損苗稼。(志) 六月，蝗。(志) 螟。(志) 夏，亡麥。(志)	郴州	五月，郴州盜李金復作亂，詔以劉珙爲湖南安撫使兼知潭州，珙令田寶、揚欽討賊，欽與寶連戰破賊，追至莽山，賊黨執金以降。十月，淮北紅巾賊踰淮劫掠，知楚州胡則遣巡尉擊殺其首虛榮。			奉州 德安府應城縣	正月，火燔民舍幾盡。 春，廄驛火。	

公歷	年號	天災：水災 災區	水災 災況	旱災 災區	旱災 災況	其他災 災區	其他災 災況	人禍：內亂 亂區	內亂 亂情	外患 患區	外患 患情	其他禍 亂區	其他禍 亂情	附註
一一六六	孝宗乾道二年 金世宗大定六年	溫州	八月大風，海溢，漂民廬。鹽場龍朔寨覆舟，溺死二萬餘人。江濱胔骼尚七千餘。(志)				春，大雨，寒至于三月，損蠶麥。(志) 夏亡麥。(志)					眞州 六合縣 婺州	冬，武鋒軍壘火。(志) 火。(志)	
一一六七	孝宗乾道三年 金世宗大定七年	廬、舒、蘄州 臨安府	六月，水，壞苗稼，漂人畜。七月，天目山湧暴水，決臨安縣五鄉民廬二百八十餘家，人多		春，四川郡國旱，至于秋。七月，綿、劍、漢州、石泉軍尤甚。(志) 九月，不雨，麥種不入。(志)	江東郡縣 淮、浙諸路	八月，螟螣。(志) 青蟲食穀穗。(志)					泉州	五月，火。(志)	

	一一六八
	孝宗乾道四年 金世宗大定八年
湖、秀州 隆興府四縣	衢州 諸暨
溺死。（志） 八月，湖、秀州上虞縣水，壞民田廬，時積潦至於九月，禾稼皆腐。（圖） 江東山水溢，江西諸郡水，隆興府四縣爲甚。（圖）	七月，衢州大水，敗城三百餘丈，漂民廬，孳牧，壞禾稼。（志） 諸暨縣大水，害
	蜀、邛、綿、劍、漢州、石泉軍 襄陽、隆興、建寧
	春，大饑，邛爲甚。盜延八郡，漢饑民至九萬餘。（志） 夏，旱。（志）
	十二月，石泉軍地震，三日有聲如雷，屋瓦皆落。（志）

公曆	年號	天災 水災 災區	天災 水災 災況	天災 旱災 災區	天災 旱災 災況	天災 其他 災區	天災 其他 災況	人禍 內亂 亂區	人禍 內亂 亂情	人禍 外患 患區	人禍 外患 患情	人禍 其他 亂區	人禍 其他 亂情	附註
		江甯、建康府	稼。江甯、建康府水，饑；信亦水。（志）											
一一六九	孝宗乾道五年 金世宗大定九年	建甯府、溫、台、黃巖	七月，建甯府、瑞應場大漈、山東等山暴水湧出，漂民廬，溺死甚衆，是歲夏秋溫、台州凡三大風，水，漂民廬，壞田稼人畜溺死者	淮東 饒信州 徽州 台、楚州盱眙軍 淮郡	夏秋，淮東旱，盱眙、淮陰爲甚。（志） 夏荐饑，民多流徙。（志） 大饑，人食蕨葛。（志） 饑。（志） 秋冬，不雨，淮郡麥種不入。（志）		二月，雹損麥。（志）		二月，命楚州兵馬鈐轄羊滋專一措置沿海盜賊。					

			甚衆，黃巖縣為甚。（志）							
		台州	十月，大風，水壞田廬。（志）							
一一七〇	孝宗乾道六年 金世宗大定十年	平江、建康、寧國府	五月，平江、建康、寧國府、溫、湖、秀、太平州、廣德軍及江西郡大水，江東城市有深丈餘者，漂民廬，湮田稼，潰圩堤，人多流徙。（志）	浙東、福建路	夏，浙東、福建路旱。（志）溫、台、福、漳、建為甚。（志）	浙西、江東寧國府、廣德軍、太平、湖、秀、池、徽、和州	二月，雹損麥。（志）五月，大風雨傷稼。（志）秋，螟為害。（志）冬，皆饑。（志）			正月，雅州、沙平蠻寇邊，焚碉門砦，四州制置使晁公武調兵討之，失利。

公曆	年號	天災 水災 災區	天災 水災 災况	天災 旱災 災區	天災 旱災 災况	天災 其他 災區	天災 其他 災况	人禍 內亂 亂區	人禍 內亂 亂情	人禍 外患 患區	人禍 外患 患情	人禍 其他 亂區	人禍 其他 亂情	附註
一一七一	孝宗乾道七年 金世宗大定十一年			江西、東、湖南、北、淮南	春，江西東湖南北、淮南、浙、婺、秀州皆旱。（志）									
				洪、筠、潭、南康、興國	夏秋，洪、筠、潭、饒、州、南康、興國、臨江軍尤甚。首種不入，冬不雨。人食草實，流徙淮甸。（志）									
				江東、西、湖南十餘郡、	秋，饑。（志）									
				淮郡、江西、荊南	饑。（志）									

一一七二	孝宗乾道八年 金世宗大定十二年	贛州、南安軍、隆興府、吉、筠州、臨江軍	五月，贛州、南安軍山水暴出，及隆興府、吉、筠、臨江軍皆漂民廬，壞城郭，潰田害稼。(志)	江西	亡麥，荐饑。(志)	惠州	六月，颶風壞海艦三十餘。時樞密院調廣東經略司水軍四艦，覆其三，死者三十餘人。(志)
		四川郡縣	六月，大雨水，嘉、眉、邛、蜀州、永康軍，及金堂縣尤甚，漂民廬，決田畝。(志)	隆興府	南昌、新建饑，民仰給者二萬八千餘。(志)		
				隆興府、江、筠州、臨安、興國軍	大旱。(圖)		

公歷	年號	天災：水災 災區	水災 災況	旱災 災區	旱災 災況	其他 災區	其他 災況	人禍：內亂 亂區	內亂 亂情	外患 患區	外患 患情	其他 亂區	其他 亂情	附註
一一七三	孝宗乾道九年 金世宗大定十三年	建康、隆興府等處	五月，建康、隆興府、嚴、吉、饒、信、池、太平州、廣德軍水，漂民居、壞圩、湮田，分水縣沙塞四百餘畝，采石流民多渡江。（圖）	成都、永康、邛三州 婺、處、溫台、等處	春，饑。 婺、處、溫、台、吉、贛州臨江諸軍、江陵府皆久旱無麥苗。秋，饑。（圖）	吉、贛州 臨江、南安軍	秋，螟。（圖）			盧氏 安靜砦	正月，金洛陽縣賊衆攻盧氏縣，殺縣令，李應才亡入南界。 青羌努爾吉寇安靜砦，推官黎商老戰死，夔州轉運判官趙不悳攝制帥而討之，努爾吉遣其首領率數千人入漢地二百餘里，成都大震，不悳靜以鎮之，率諸部落大破吐蕃於漢源，殺其首領，凡十六日而平。	台州	九月，火經夕，至于翌日晝漏半，燔州獄、縣治、酒務及居民七千餘家。（志）	
一一七四	孝宗淳熙元年 金世宗大定十四年	錢塘 湖北	七月，錢塘大風濤、決臨安府江 六月，水。（志）	浙東、湖南、廣西、江西、	浙東、湖南、廣西、江西、蜀關外皆							泉州	十二月，火燔城樓及五十餘家。（志）	

	隄一千六百六十餘丈，漂居民六百三十餘家，仁和縣瀕江二鄉壞田圃。（圖）
	蜀、關外各地
	饑，台、處、郴、桂、昭、賀尤甚。（圖）

一一七五	孝宗淳熙二年 金世宗大定十五年
江、淮、浙	秋，皆旱。紹興、鎮江、寧國、建康府、常、和、滁、眞、揚州、盱眙、廣德軍爲甚。（志）
浙、江、淮郡縣	秋，螟。
湖北、湖南、江西、廣東	四月，茶寇賴文政起湖北，轉入湖南、江西，官軍數敗，命江州都統皇甫倜招之。旋命鄂州都統李川調兵討捕。六月，茶寇勢日熾，江西總管賈和仲擊之，爲其所敗，詔辛棄疾爲江西提刑，節制諸軍討之。茶寇自湖南犯廣東。閏九月，辛棄疾誘賴文政殺之，茶寇平。
嚴州	八月，火。（圖）
瀘州	十一月，火。（圖）

公曆	年號	天災 水災 災區	天災 水災 災況	天災 旱災 災區	天災 旱災 災況	天災 其他 災區	天災 其他 災況	人禍 內亂 亂區	人禍 內亂 亂情	人禍 外患 患區	人禍 外患 患情	人禍 其他 亂區	人禍 其他 亂情	附註
一一七六	孝宗淳熙三年 金世宗大定十六年	台州、錢塘、餘杭、仁和、婺州、會稽、嵊、建平等縣	八月，台州大風雨。海濤溪流合、激爲大水，決江岸，壞民廬，溺死者甚衆。行都大雨水，壞德勝、江洮、北新三橋及錢塘、餘杭、仁和縣田，流入湖、秀州，害稼，浙東、西、江東郡	常昭、復、隨、郢、金、洋州、江陵、德安、興元府、荊門、漢陽軍	皆旱，冬，饑。（志）	淮甸、天台、臨海二縣、台、復、施、隨、郢州、荊門軍、襄陽、江陵、德安府	饑。（志）四月，雨雹，大風雹傷麥。夏，亡麥。冬大，饑。（志）	靖州	四月，靖州猺寇邊，遣兵討捕之。八月，平。十二月，黎州蠻寇邊，官軍失利，蠻亦遁去。					

一一七七	
孝宗淳熙四年 金世宗大定十七年	
建甯府、臨安府 明州	
五月，建甯府、福、南劍州大雨水，漂民廬數千家。錢塘江濤大溢，敗臨安府隄八十餘丈。又敗隄百餘丈。明州瀕海大風海濤，敗定海縣隄二千	縣多水，婺州、會稽、嵊、廣德、建平三縣尤甚。（志）
襄陽府	
春，旱。（志）	
建康府 昭州	
春，大饑。（志） 正月，雨雹。（志） 五月，雨雹。（志） 秋，螟。（志）	
鄂州	
十一月，南市火，暴風通夕，燔千餘家。（志）	

公曆	年號	天災·水災·災區	天災·水災·災況	天災·旱災·災區	天災·旱災·災況	天災·其他災·災區	天災·其他災·災況	人禍·內亂·亂區	人禍·內亂·亂情	人禍·外患·患區	人禍·外患·患情	人禍·其他禍·亂區	人禍·其他禍·亂情	附註
		福清、興化軍 錢塘、餘姚、上虞、定海	五百餘丈，鄞縣五千一百餘丈。漂沒民田。(志)六月，大風雨，壞官舍、民居、倉庫及海口鎮，人多死者。(志)大風雨，驚海濤，敗錢塘縣隄三百餘丈，餘姚縣溺死四十餘人，											

一一七八	
孝宗淳熙五年 金世宗大定十八年	
古田 階州 興化軍、福清	
六月，大水，漂民廬，圮縣治市橋。（志） 閏月，水，壞城郭。（志） 興化軍及福清縣及海口鎮大隄二千五百六十餘丈，敗上虞縣隄、梁湖堰及運河岸，定海縣敗隄二千五百餘丈，鄞縣敗隄五千一百丈。（志）	
常綿、州、鎮江府、淮南、江東、西郡國	
旱。（志）	
建康府 昭州	
雨雹者再。（志） 荐，有螟螣。	
威州	
二月，威州蠻寇邊，討降之。	
興州 和州	
四月，沙市火，燔三百四十餘家，有死者。（志） 十一月，牧營火，燔一百六十區。（志）	

公曆	年號	天災·水災·災區	天災·水災·災況	天災·旱災·災區	天災·旱災·災況	天災·其他·災區	天災·其他·災況	人禍·內亂·亂區	人禍·內亂·亂情	人禍·外患·患區	人禍·外患·患情	人禍·其他·亂區	人禍·其他·亂情	附註
			水,漂民廬、官舍、倉庫,溺死者甚衆。(志)											
一一七九	孝宗淳熙六年 金世宗大定十九年	衢州、甯國府、溫、台、湖、秀、太平州	夏,水。(志)秋,水壞圩田,樂清縣溺死者百餘人。(志)	衡、永兩州、楚州、高郵軍	旱。(志)冬,饑,人食草木。(志)	和州、通、泰、楚州、高郵軍	正月,雹傷麥。(志)三月,大雨雹。(志)冬,饑。(志)大饑,人食草木。(志)	郴州、道州、桂陽軍諸縣、鬱林州、化州	正月,郴州賊陳峒等連破道州、桂陽軍諸縣。詔以本路兵進討。亂平。六月,廣西妖賊李接破鬱林州,守臣李章卿棄城遁,途圍化州,命經略司討捕之。					

一一八〇	孝宗淳熙七年 金世宗大定二十年
袁州	五月,分宜縣大水,決田、害稼。(志)
江、浙、荆、湘、淮郡	湖南春旱,諸道自四月不雨,行都自七月不雨,皆至于九月。紹興、隆興、建康、江陵府、台、婺、常、潤、江、筠、撫、台、饒、信、徽、池、舒、蘄、黃、和、澤、衡、永州、興國、臨江、南康、無爲軍皆大旱。江、筠、徽、婺州,廣德軍、無錫縣尤甚。(志)
永州,	秋,螟。
盤陀砦;黎州;黎州;黎州	四月,黎州五部蠻犯盤陀砦,兵馬都監高晃以綿、瀘大軍與戰,敗走。蠻人深入,大掠而去。六月,五部落再犯黎州,制置司鈐轄成光延戰敗,官軍死者甚衆。制置司僉兵遣提擧吳總任平之。八月,五部落犯黎州,左軍統領王去惡拒卻之。十一月,黎州戍軍伍進等作亂,折知常遁去,王去惡誘進等,誅之。
江陵府	二月,沙市大火,燔數千家,延及船,死者甚衆。(志)

公曆	年號	天災·水災·災區	天災·水災·災況	天災·旱災·災區	天災·旱災·災況	天災·其他·災區	天災·其他·災況	人禍·內亂·亂區	人禍·內亂·亂情	人禍·外患·患區	人禍·外患·患情	人禍·其他·亂區	人禍·其他·亂情	附註
一一八一	孝宗淳熙八年，金世宗大定二十一年	嚴州	五月大水漂浸民居萬九千五百四十餘家，壘舍六百八十餘區。(志)	臨安建康等處	正月積旱。始雨。七月不雨至于十一月。臨安、建康、鎮江、江陵、德安府、越、婺、衢、嚴、湖、常、饒、信、徽、楚、鄂、復、昌州、江陵、南康、廣德、興國、漢陽、信陽、荊門、長寧軍及京西、淮郡皆	江州甯國等處	春，饑。(志)秋，螟。(志)冬，行都、甯國、建康府、嚴、婺、太平州、廣德軍大饑，流淮郡者萬餘人。(志)	黎州	二月，黎州土丁張百祥等以不堪科役爲亂，統領官劉大年引兵逆擊之，土丁遁去。			楊州	正月，火。(志)	*圖書集成作七月，待考。
		紹興	大水，五縣漂浸民居八萬三千餘家，田稼盡腐，漁浦敗隄五百餘丈，新林敗隄。(志)					潮州	三月，潮州賊沈師爲亂，趙師憲討之。十二月，廣東安撫鞏湘誘潮賊沈師出降，誅之。				九月，行都火。(志)	
		徽、江、二州	徽、江二州亦水。(志)*											

一一八二	
孝宗淳熙九年 金世宗大定二十二年	
紹興府、衢、婺、嚴、明、台、湖、徽州 潼、利、夔三州 江陵、德安、襄陽府、潤、婺、溫、	
春，亡麥，行都饑。（志） 饑。徽州大饑，種稑亦絕。（志） 湖北七郡荐饑。（志） 郡國十八皆饑，流徙者數千人。（志） 五月不雨，至于秋七月。大旱。（志）	旱。冬大饑，流淮郡者萬餘人。（志）
全椒、河陽、烏江、淮甸	
六月，蝗。七月，大蝗。真、揚、泰州窖撲蝗五千斛，餘郡或日捕數十車，羣飛絕江，墮鎮江府，皆害稼。（志）	
合州	
九月，大火，燔民居幾盡，官舍僅有存者。（志）	

公曆	
年號	
天災・水災・災區	
天災・水災・災況	
天災・旱災・災區	處、洪、吉、撫、筠、袁、潭、鄂、復、恭、合、昌、普、資、渠、利、閬、忠、涪、萬州、臨江、建昌、漢陽、荆門、信陽、南平、廣安、梁山軍、江山、定海、
天災・旱災・災況	
天災・其他・災區	
天災・其他・災況	
人禍・內亂・亂區	
人禍・內亂・亂情	
人禍・外患・患區	
人禍・外患・患情	
人禍・其他・亂區	
人禍・其他・亂情	
附註	

	一一八三
	孝宗淳熙十年 金世宗大定二十三年
	信州 襄陽 江東、浙東 雷州 福、漳州、長
	五月，大水入城，沈廬舍、市井。(志) 大水漂民廬，蓋藏爲空，江東、浙東數郡亦水。(志) 八月，大風激海濤，沒瀕海民舍，死者甚衆。(志) 九月，大風雨，
象山、上虞、嵊縣	合昌州 江淮、建康府、和州、興國軍、恭、涪、瀘、合、金州、南平軍
	荐饑，民就振，相蹂死者三千餘人。(志) 冬月，旱，至于七月。
	淮、浙 雷州
	六月，蝗遺種于淮、浙，害稼。(志) 八月，颶風大作，激海潮，傷人，禾稼、林木皆折。(志)
	泉南
	三月，海賊姜大獠寇泉南，兵馬都監姜特立以一舟先進，擒之，已誅其兇黨。

公曆年號	天災 水災 災區	天災 水災 災況	天災 旱災 災區	天災 旱災 災況	天災 其他災 災區	天災 其他災 災況	人禍 內亂 亂區	人禍 內亂 亂情	人禍 外患 患區	人禍 外患 患情	人禍 其他 亂區	人禍 其他 亂情	附註
	溪、甯德縣、吉州龍泉	水暴至，長溪、甯德縣瀕溪，聚落廬舍、人舟皆漂入海，漳城半沒，浸八百九十餘家。吉州龍泉縣大水漂民廬、田畝，溺死者甚衆。(志)											

一一八四			
孝宗淳熙十一年 金世宗大定二十四年			
和州	階州、建康府、太平州	龍泉	明州
四月，水湮民廬，壞圩田。（志）	五月，白江水溢，決堤圮城，浸民廬、壘舍、祠廟、寺觀甚多，建康府，太平州水。（志）	六月，大雨水，浸民舍，壞杜梁匯田害稼。（志）	七月，大風雨，山水暴出，浸民市、圮民廬，覆舟殺人。（志）
興元府、吉、贛、福、泉、汀、漳、潮、梅、循、邕、賓、象、金、洋、西和州、建昌軍等處			
四月，不雨至于八月，旱，興元、吉尤甚。冬不雨，至于明年二月。泉、汀、漳州、興化軍亡禾，邕、賓、原州饑。（志）			
宜州			
正月，安化蠻蒙光漸等犯宜州思立砦，廣西兵馬鈐轄沙世堅討之，獲光漸。			

公曆	年號	天災：水災 災區	天災：水災 災況	天災：旱災 災區	天災：旱災 災況	天災：其他 災區	天災：其他 災況	人禍：內亂 亂區	人禍：內亂 亂情	人禍：外患 患區	人禍：外患 患情	人禍：其他 亂區	人禍：其他 亂情	附註
一一八五	孝宗淳熙十二年 金世宗大定二十五年	富陽 安吉 鄂州 台州	六月，水，浸民廬，害田稼。(志) 八月，暴水發，漂廬舍、寺觀，壞田稼殆盡，溺死千餘人。(志) 自夏徂冬水浸民廬。(志) 九月，水。(志)	福建、江西、廣東、西、金州	饑亡麥。饑。(志)	台州	雨雹。(志) 自十二月至明年正月，或雪，或霰，或雹，或雨水，冰沍尺餘，連日不解。台州雪深丈餘，凍死者甚衆。(志)			安靜砦	青羌、努兒結越大渡河，據安靜砦，侵漳地幾百里，四川制置使留正擒努兒結以歸，盡俘其黨，青羌平。	溫州 鄂州	八月，火燔城樓及四百餘家。(志) 大火，燔萬餘家。江風暴作，結廬堤上、泊舟岸下者焚溺無遺。(志)	
一一八六	孝宗淳熙十三年 金世宗大定二十六年	衛州	金尚書省奏河決，衛州城壞。	利州路	十二月，饑。(志)		閏月，雨雹。(志)							

一一八七	孝宗淳熙十四年 金世宗大定二十七年	汀州	三月，水漂百餘家，軍壘六十餘區。（志）	臨安、鎮江、紹興、隆興府、嚴、常、湖、秀、衢、婺、處、明、台、饒、信、吉、江、撫、筠、袁、州、臨江、興國、建昌軍等處	五月，旱。（志）七月，皆旱。越、婺、台、處、江州，興國軍尤甚。至于九月乃雨。（志）	金洋、階、成、鳳、西和州	人乏食。（志）
						江州、興國軍	秋，螟。（志）
						仁和	七月，蝗。（志）
		成都府	五月，市火燔萬家。（志）六月，行都寶蓮山居民火，延燒七百餘家。（志）				

公曆	年號	天災：水災 災區	天災：水災 災況	天災：旱災 災區	天災：旱災 災況	天災：其他 災區	天災：其他 災況	人禍：內亂 亂區	人禍：內亂 亂情	人禍：外患 患區	人禍：外患 患情	人禍：其他 亂區	人禍：其他 亂情	附註
一一八八	孝宗淳熙十五年 金世宗大定二十八年	廬、濠、楚、復、岳、澧、州、常德、德安府、祈門、浮梁縣等處	五月，淮水溢，廬、濠、楚州、無爲、安豐、高郵、盱眙軍，皆漂廬舍田稼。廬州城圮。荆江溢、鄂州大水、漂軍民壘舍三千餘，江陵、常德、德安府、復、岳、澧州，漢陽軍水。祈門縣羣山	舒州	旱。（志）		二月，雨雪而雹。六月，雨雹。（志）							

建寧、隆興府等處	暴漲爲大水，漂田禾、廬舍、冢墓、桑麻、人畜什六七，浮胔甚衆，餘害及浮梁縣。(志)
	六月，建寧隆興府、袁、撫州、臨江軍水，圮民廬。(志)
番易、黃巖	七月，黃巖縣水敗田，瀦番易湖，番易縣，漂民舍，田稼、有流徙者。

公曆	年號	天災：水災　災區	水災　災況	旱災　災區	旱災　災況	其他　災區	其他　災況	人禍：內亂　亂區	內亂　亂情	外患　患區	外患　患情	其他　亂區	其他　亂情	附註
一一八九	孝宗淳熙十六年 金世宗大定二十九年	紹興府、新昌縣 沅、靖州、常德府、階州	四月，山水暴作，害稼穡，漂民田廬。(志) 五月，沅、靖州山水暴溢，至辰州，常德府城沒一丈五尺，漂民廬舍。汀州大水，浸民廬千五百餘家，溺死者三千人。分宜縣水。階			天水 成、溫、階、城、鳳、泗、和州	二月，雹。(志) 四月，大雨雪，傷麥。(志) 夏，亡麥，秋，螟。(志) 七月，霜殺稼穡盡。冬，荐饑。(志)					南劍州	九月，大火，民居存者無幾。(志)	

鎮江府、潼川府、潼城、中江、縣等處

州白江水溢侵城市民廬。（志）六月，鎮江府大雨水五日，浸軍民壘舍三千餘。潼川府東、南二江溢，決堤毀橋，浸民廬，涪城、中江、射洪、通泉、縣沒田廬。（志）

公曆	年號	天災 水災 災區	天災 水災 災況	天災 旱災 災區	天災 旱災 災況	天災 其他 災區	天災 其他 災況	人禍 內亂 亂區	人禍 內亂 亂情	人禍 外患 患區	人禍 外患 患情	人禍 其他 亂區	人禍 其他 亂情	附註
一一九〇	光宗紹熙元年 金章宗明昌元年			重慶府、蘄、池州	旱。(志)		二月，雹。三月，留寒至立夏不退。(志)	建寗府	十二月，建寗府、査源洞寇張海起，民避入山者多凍死。			處州	八月，火燔數百家。(志)	
一一九一	光宗紹熙二年 金章宗明昌二年	寗化、建寗州、福州、利州、潼川府	三月，連水漂廬舍田畝，溺死二十餘人。(志) 五月，建寗州水。福州水，浸附郭民廬，懷安、侯官縣漂千三百餘家，古田、	夔路五郡及蘄州、眞、揚、通、泰、楚、滁、和、普、隆、涪、渝、遂、高郵、盱眙軍、富順監、簡、資、榮州	饑，渝、涪爲甚。(志) 五月，旱。(志) 大旱。(志)	連寗府、階、成、鳳、西、和州、瑞安	正月，大雨雹。(志) 二月，大風雹，仆屋殺人。(志) 亡麥。(志) 三月，大風壞屋拔木殺人。(志)					徽州、金州	四月，行都傳法寺火，延及民居。大火，夜燔州治、譙樓、官舍、獄宇、錢帑庫務凡十有九所，五百二十餘區，延燒千五百家。(志) 五月，火燔州治、官舍、帑藏、軍器庫，城內外民居甚衆。(志)	

閬清縣亦壞田廬。利州東江溢，壞堤田、廬舍。（志）

潼川府　東南江溢。（志）六月，又溢，再壞堤橋，水入城，沒廬舍七百四十餘家，鄭、涪、射洪、通泉縣匯田爲江者千餘畝。（志）

興州、潼川、　七月，嘉陵江暴

祐川　秋，大風雹，壞粟麥。（志）

泰州、高郵　七月，蝗。（志）

興化軍　海風害稼。（志）

瑞安　三月，大風雨雹，大如桃李實，平地盈尺。壞廬舍五千餘家。禾麻蔬果皆損。瑞安縣，壞屋殺人尤甚。（志）

公曆	
年號	
天災・水災・災區	崇慶府、古松州、龍州江油縣等處
天災・水災・災況	溢，興州圮城門、郡獄、官舍凡十七所，漂民居三千四百九十餘。潼川、崇慶府、縣、果、合、金、龍、漢州、懷安、石泉、大安軍、魚關皆水，時上流西蕃界，古松州江水暴溢，龍州敗
天災・旱災・災區	
天災・旱災・災況	
天災・其他災・災區	
天災・其他災・災況	
人禍・內亂・亂區	
人禍・內亂・亂情	
人禍・外患・患區	
人禍・外患・患情	
人禍・其他亂・亂區	
人禍・其他亂・亂情	
附註	

一一九二	
光宗紹熙三年 金章宗明昌三年	
常德府 潼川府 池州、青陽、貴池 涇縣	
五月，大雨水浸民田廬。(志) 東、南江溢。後六日又溢，浸城外民廬，人徙於山。(志) 大雨水連夕，青陽縣山水暴湧，壞田廬殺人，蓋藏無遺，貴池縣亦水。(志) 大雨水，	橋閣五百餘區，江油縣溺死者衆。(志)
鄂陽、 和州 簡、資、普、榮、叙、隆富、監州 揚州	
夏，大旱。(志) 秋，大旱。(志) 皆大饑，殍死者衆，民流成都府至五千餘人，感遠縣棄皃且六百人。(志) 饑。(志)	
資、榮州 和州、淮西郡國	
亡麥。(志) 九月，隕霜連三日，殺稼。淮西郡國稼皆傷。(志)	
七月，瀘州騎射卒張信等作亂，軍校張明等自稱第一將。張明之子昌與甲士卞進謀討之。執殺造逆者二十餘人，餘黨皆執獲。	
行都 鄂州	
正月，行都火通夕，闤闠焚者半。十一月，又火，燔五百餘家。(志) 十二月，火燔八百餘家。(志)	

公曆	年號	天災：水災 災區	天災：水災 災況	天災：旱災 災區	天災：旱災 災況	天災：其他災 災區	天災：其他災 災況	人禍：內亂 亂區	人禍：內亂 亂情	人禍：外患 患區	人禍：外患 患情	人禍：其他禍 亂區	人禍：其他禍 亂情	附註
		建平 新門 天台 仙居 襄陽、江陵府、復州、荊州、	敗堤圮，縣治廬舍。(志) 六月，水敗堤入城，浸沒民廬。(志) 水。(志) 七月，天台仙居水連夕，漂浸民居五百六十餘，壞田傷稼。(志) 襄陽、江陵府大雨水。漢江溢，敗堤防圮											

		鎮江府三縣	民廬，沒田稼者逾旬。復州、荊門軍水亦如之，水損下地之稼。(志)						
一一九三	光宗紹熙四年 金章宗明昌四年	上高	四月，水浸二百餘家。(志)	綿州	大旱。亡麥。(志)			敘州	七月，敘州蠻寇邊，遣兵討平之。
		奉新	五月，大雷雨水，漂浸八百二十餘家。(志)	紹興府	夏，亡麥。(志)				
		鎮江府、安豐軍、諸暨、蕭山、宣城、寧國、	鎮江府大雨水，浸營壘六千餘區。安豐軍大水，平地三丈餘，漂	安豐軍	亡麥(志)				
				簡、資、普、渠、合州、廣安軍	旱。(志)				
				江浙	自六月不雨至于八月。(志)				
				鎮江、江陵	旱。(志)				

公曆	年號	天災						人禍						附註
		水災		旱災		其他災		內亂		外患		其他禍		
		災區	災況	災區	災況	災區	災況	亂區	亂情	患區	患情	亂區	亂情	
		廣德軍、筠州、進賢、興國軍、江贛州	田廬粟麥皆空。諸暨、蕭山、宣城、甯國縣大水壞田稼，廣德軍屬縣水害稼，筠州水浸民廬。進賢縣水圮百二十餘家。(志)六月，興國軍水，池口鎮及大冶縣漂民廬有溺	府、婺、台、信州、江東、淮西諸郡										

地區	記事
	死者。靖安縣水，漂三百二十餘家，江、贛州、江陵府亦水。（志）
豐城　臨江軍	七月，豐城縣水，臨江軍水，皆圮民廬。新塗縣漂沒二千三百餘家。（志）
江西九州三十七縣	八月，隆興府水，圮千二百七十餘家，吉州水，漂浸民廬及泰和

公曆	年號	天災 水災 災區	天災 水災 災況	天災 旱災 災區	天災 旱災 災況	天災 其他 災區	天災 其他 災況	人禍 內亂 亂區	人禍 內亂 亂情	人禍 外患 患區	人禍 外患 患情	人禍 其他 亂區	人禍 其他 亂情	附註
			縣官舍。自夏及秋，江西九州三十七縣皆水。興化軍大風激海濤，漂沒田廬尤多。(志)											
一一九四	光宗紹熙五年 金章宗明昌五年	石埭、貴池、涇縣、泰州 慈溪、會稽、	五月，石埭、貴池、涇縣皆水，圮民廬，溺死者衆。泰州大水。(志) 七月，慈溪縣大	浙東、西、鎮江府、常、秀州、廬、和、楚州、江西七郡	春，浙東、西自去冬不雨，至于夏秋，鎮江府、常、秀州、江陰軍大旱。廬、和、濠、楚州爲	行都 紹興府 秀州 楚、和州 明州	七月，大風拔木，壞舟甚衆。(志) 大風駕潮害稼。(志) 八月，蝗。(志) 秋，颶風	辰州 雅州	五月，辰州猺賊寇邊。 十月，雅州蠻寇邊，土丁拒退之。					

山陰、蕭山、餘姚、上虞　錢塘、臨安、新城、富陽、安吉、鎮江、江陰軍、武陵、餘姚、杭、甯國府、明、

水漂民廬，決田害稼，人多溺死。會稽、山陰、蕭山、餘姚、上虞縣大風駕海濤，壞堤，傷田稼。（志）　八月，錢塘、臨安、新城、富陽、於潛縣大雨水，餘姚、杭縣尤甚，漂沒田廬，死者無算。安吉縣水，平地

甚。江西七郡亦旱。冬饑，人食草木。（志）

行都

駕海潮，害稼。（志）　十月，大風拔木。冬亡麥苗。（志）

公曆	年號	天災：水災 災區	水災 災況	旱災 災區	旱災 災況	其他災 災區	其他災 災況	人禍：內亂 亂區	內亂 亂情	外患 患區	外患 患情	其他亂 亂區	其他亂 亂情	附註
		台、溫、嚴、常州	丈餘，平江、鎮江、寧國府、明、台、溫、嚴、常州、江陰軍皆水。武陵縣江溢，圮田廬甚衆。(志)											
一一九五	寧宗慶元元年 金章宗明昌六年	台州	六月，大風雨，山洪海濤並作，漂沒田廬無算，死者蔽川，漂沉旬日，至于	常州 楚州	春，饑，民之死徙者衆。(志) 饑，人食糟粕，淮浙民流行都。(志)			正月，黎州蠻寇安靜寨，義勇軍正將楊師傑及將佐王全等戰卻之。						

		黃巖	七月，黃巖縣水尤甚。常平使者莫漳以緩於振恤坐免。（志）											
		臨安	七月，水。（志）											
一一九六	甯宗慶元二年 金章宗承安元年	紹興府、婺州	九月，紹興府屬縣二、婺州屬縣二水害稼。（志）		五月，不雨。	台州	六月，暴風雨，瀉海潮，壞田廬。（志）					永州	八月，火燔三百家。（志）	據宋書五行志：六「月，台州黃巖縣大雨水，有山自徙五十餘里，其聲如雷，草木冢墓皆不動，而故址潰爲淵潭，時臨海縣、清潭山亦自徙移。」

公曆	年號	天災·水災·災區	天災·水災·災況	天災·旱災·災區	天災·旱災·災況	天災·其他·災區	天災·其他·災況	人禍·內亂·亂區	人禍·內亂·亂情	人禍·外患·患區	人禍·外患·患情	人禍·其他·亂區	人禍·其他·亂情	附註
一一九七	甯宗慶元三年 金章宗承安二年			浙東 郡國 台州 襄、蜀、潼、利、夔路、十五郡、金、蓬、普	亡麥(志) 大亡麥，民饑多殍。(志) 饑。(志) 旱。(志) 自四月至于九月，大旱。(志)	浙東、蕭山、山陰、浙西、富陽、鹽官、淳安、永興、嘉興府	二月，雹。 四月，大雨雹。(志) 秋，螟。(志)	大溪山	夏，大溪山島民作亂，掠商旅，殺平民。八月，錢之望遣兵入大溪山，盡殺島民。			金州 紹興府	金州都統司中軍壘舍火，焚千三百餘區，六月又火，燔二千餘區。(志) 冬，紹興府僧寺火，延燒數百家。(志)	
一一九八	甯宗慶元四年 金章宗承安三年					浙東、西 鉛山	秋，荐饑，多道殣。 秋，蟲食穀，無遺穗。(志)							

一一九九	寧宗慶元五年　金章宗承安四年	台、溫、衢、婺州	秋水，漂民廬，人多溺死。（志）				五月，民疫，命臨安府賑之。（志）			
一二〇〇	寧宗慶元六年　金章宗承安五年	建寧府、嚴、衢、婺、饒、信、徽、南劍州及江西郡縣	五月，皆大水。漂民廬，害稼。（志）	鎮江府、常州、淮郡、荊、襄 潤、揚、楚、通、泰州、建康府、江陰軍	四月，旱。五月，大旱。水竭，至冬大饑，仰哺者六十萬人。（志） 自春無雨，首種不入。旱。（志） 乏食。（志）		三月，大風拔木。（志）		徽州	八月戊戌，火燔州獄，官舍，延及八百餘家。（志）

公曆	年號	天災						人禍						附註
		水災		旱災		其他		內亂		外患		其他		
		災區	災況	災區	災況	災區	災況	亂區	亂情	患區	患情	亂區	亂情	
一二〇一	甯宗嘉泰元年 金章宗泰和元年			浙西郡國 常州、鎮江、嘉興府 浙西郡縣及蜀十五郡	荐饑。(志) 饑甚。(志)五月,旱。 皆大旱。(志)		三月,雨雹。(志)五月,雨雹。(志)七月,大雨而雹。(志)	龍州	四月,龍州蕃部寇邊,詔遣官軍討之。					
一二〇二	甯宗嘉泰二年 金章宗泰和二年	上杭、建安、吉溪、古田、劍浦縣	七月,上杭縣水,圮田廬,壞稼,民多溺死。建安縣漂軍民廬舍百二十餘,山摧,覆	四川 廣安、淮安軍、潼川府 衡、彬州、武岡、桂陽軍 浙西、 浙西、湖	饑。(志) 春,旱。至于七月。大亡麥。(志) 乏食。(志)	建安	四月,雨雹傷稼。(志)六月,大風雹而寒。(志)七月,閩、建安縣山摧,民廬之壓							

民廬七十七家，溺壓死者六十餘。長溪縣漂民廬二百八十餘家，古田縣漂官舍民廬甚衆，溺死者二百七十。劍浦縣圮二百五十餘家，死者亦衆。(志)

湖南、江東、鎮江、建康府、常、秀、潭、永州

南、江東旱，鎮江、建康府、常、秀、潭、永州爲甚。(志)

者，六十餘家。(志)

公曆	年號	水災災區	水災災況	旱災災區	旱災災況	其他天災災區	其他天災災況	內亂亂區	內亂亂情	外患患區	外患患情	其他人禍亂區	其他人禍亂情	附註
		天災						人禍						
一二〇三	甯宗嘉泰三年 金章宗泰和三年	江南	四月,水害稼。(志)	邵永州 行都	春,大饑,死徙者衆,民多剽盜。(志) 夏,艱食。五月,旱。(圖)		十月,暴風。(志) 十一月,大風。(志)	大崖鋪、濁水寨 深箐	正月,龍川蕃寇邊,掠大崖鋪。既而陷濁水寨,執知寨范浩,屠其家,知興州吳曦命李好義討之。七月,李好義等討龍川蕃部,以選士二百人深入,渡大魚河,蕃人望見卽走入深箐,官軍追斬八級。蕃人走險,官軍不能進,乃還焚其帳。蕃人怒,復糾合以追官軍。凡三十餘里。					
一二〇四	甯宗嘉泰四年 金章宗泰和四年	江西	四月,水。	撫、袁州、隆興府、臨江軍 浙東、西	春,大饑,殍死者不可勝瘞,有舉家二十七人同赴水死者。(志) 五月,不雨,至于		正月,大風雪而雹。(志)	文昌縣	正月,瓊州西浮洞逃軍作亂,寇掠文昌縣,官軍討平之。					

				江西郡國	七月，江西郡國旱。(志)						
一二〇五	甯宗開禧元年 金章宗泰和五年	荆、襄、淮東、楚州、盱眙軍	九月，漢、淮水溢，荆、襄、淮東郡國水。楚州、盱眙軍爲甚，圮民廬害稼。(志)	浙、衢、婺、嚴、越、鼎、澧、忠、涪州	夏，浙東西不雨百餘日，衢、婺、嚴、越、鼎、澧、忠、涪州大旱。(志)		四月，大風。(志) 九月，大風。(志)			商縣、丹河	十一月，兵入金內鄉，攻洛南之商縣。至丹河爲金商州司獄壽祖所敗。
一二〇六	甯宗開禧二年 金章宗泰和六年 蒙古太祖元年			南康軍、江西、湖南、紹興府、衢、婺州、湖北、京西、淮東、西郡	南康軍、江西、湖南北郡縣旱。(志) 亡麥。(志) 饑，民聚爲剽盜，(志)		正月，雹。(志)	硐門砦 始陽 水渡村 硐門 雅州 硐門	正月，雅州蠻高吟師寇邊，遣官軍討之。 三月，雅州蠻犯硐門砦，知砦曹琦斷其橋，蠻人不得歸，肆掠。 四月，漢州、張師夔率兵次始陽，蠻人懼怒，攻砦門，又掠水渡村。賊焚硐門，官軍失利。 興元統領王鉞將兵六千，往討平雅州蠻入硐門井	抹熟龍堡 壽春 天水界 泗州	正月，吳曦遣兵圍抹熟龍堡，爲金將富鮮長安所敗。 四月，金亳州同知防禦使聖賢努聞宋師圍壽春，率步騎六百赴之，師退。 程松遣兵攻天水界，爲金將劉鐸所敗。 山東、京洛招撫使郭倪遣畢再遇與鎮江都統陳孝慶取泗州，金人大潰。 五月，江州都統王大節引

公曆年號	天災 水災 災區	水災 災況	旱災 災區	旱災 災況	其他 災區	其他 災況	人禍 內亂 亂區	內亂 亂情	外患 患區	外患 患情	其他 亂區	其他 亂情	附註
			國 南康 軍、忠、涪州	皆饑。(志)				殺其酋六十三人。	蔡州	兵攻蔡州，不克，軍大潰。			
									蘄縣、宿州	馬軍司統制田俊邁入蘄縣，率衆往襲宿州，爲金人所敗。			
									徐州	郭倪遣畢再遇取徐州，殺敵甚衆，逐北三十里。			
									唐州	京西北路招撫副使皇甫斌引兵攻唐州，爲金刺史烏克遜鄂屯等所敗。			
									固縣	興元都統秦世輔出師至城固縣，軍大亂。			
									壽州	建康都統李爽以兵圍壽州，爽大敗。			
									和尚原	七月，梁洋義士統制毋思，襲和尚原，取之。			
									東海縣	商榮攻東海縣，金命完顏卞僧福敗之。			
									邳州	統制戚春以舟師攻邳州，金刺史完顏從正敗之。			
									方山原	八月，程松遣將襲取方山原，爲金元帥右都監富察			

	貞所敗。
楚州、盱眙、淮陰	十月，金主召布薩揆赴闕，密授以成策，俾還軍分兵爲九道南下。與宋師戰於楚州、盱眙、淮陰，金師大敗。
棗陽軍	十一月，金完顏匡破棗陽軍。
光化軍	金完顏匡侵炎化軍，及神馬坡。江陵副部統魏友諒突圍趨襄陽。
樊城、	招撫使趙淳焚樊城。
安豐軍、霍邱、合肥	金布薩揆引兵至淮，乃遣完顏薩布等潛渡八疊，騎南岸。南軍不虞其至，遂皆潰走，自相蹂踐，死者不可勝計。揆遂奪潁口，下安豐軍，及霍邱縣，遂攻合肥。
廬州	金人侵廬州，田琳拒卻之。
天水	金攻湫池堡，破天水，肆掠關外四州。
岷州	金人侵舊岷州，守將王喜遁去。

公曆年號	天災：水災 災區	水災 災況	旱災 災區	旱災 災況	其他災 災區	其他災 災況	人禍：內亂 亂區	內亂 亂情	外患 患區	外患 患情	其他亂 亂區	其他亂 亂情	附註
									滁州	金赫舍哩子仁，破滁州。			
									西和州	金富察貞，破西和州。			
									信陽軍、隨州、襄陽	金人破信陽軍及隨州，乂圍襄陽府。			
									和州、德安、安陸、應城、雲夢、孝感、漢川、京山	十二月，金布薩揆進軍攻和州，斬首八千級。進屯瓦梁河以扼眞陽諸路之衝，乃整列軍騎，沿江上下，畢張旗幟，江表大震。金完顏匡圍德安府，別以兵徇下安陸、應城、雲夢、孝感、漢川、京山等縣。			
									成州	金富察貞破成州。			
									六合	金人去和州，攻六合縣。			
									眞州	金赫舍哩子仁破眞州斬首二萬餘級。士民奔逃渡江者十餘萬。			
									楚州	金圍楚州已三月，列屯六十里，畢再遇遣將分道撓擊，遂解圍去，金人死者不可勝計。			

	（續上）	一二〇七
年代		甯宗開禧三年 金章宗泰和七年 蒙古太祖二年
水災地區		東陽 江、浙、淮郡、漢陽軍
水災		五月，大水，山千七百三十餘所同夕崩，洪漂聚落五百四十餘所，湮田二萬餘畝，溺死者甚衆。（志） 江、浙、淮郡邑水，鄂州、漢陽軍尤甚。（志）
旱災		二月，不雨。（志） 七月，大旱。（志）
蝗災地區		浙西
蝗災		七月，飛蝗蔽天，食浙西豆粟皆盡。（志）
戰事地區		襄陽 階州 獻頭嶺、成州、階州、鳳州、大散關、秦州 大散關 秦州
戰事	李好義敗金人於七方關。金完顏綽哈攻鳳州。百姓奔走，自相蹂躪。	正月，金完顏匡攻襄陽，擄掠女子百人，城未下。 金人破階州，吳曦受金詔自稱蜀王，遣將利吉引金兵入鳳州，李好義等率其徒誅叛賊吳曦於僞宮。 三月，李好義進兵次于獻頭嶺，會忠義及民兵夾擊金人。金人死者蔽路，於是張林、李簡復成州，劉昌國復階州，張翼復鳳州，孫忠銳復大散關，金鞏州鈐轄完顏阿實戰死。金主命完顏綱撤五州之兵退保要害。好義進趨秦州，軍聲大振。 四月，金人復破大散關。 五月，李好義攻秦州，圍阜角堡。金都統珠嚕赫果勒齊以兵赴之。凡五戰，士卒多死，好義乃解圍去。 六月，楊巨源與金人戰於
其他		蒙古再伐西夏，克斡囉孩城。

公曆	年號	天災 水災 災區	水災 災況	旱災 災區	旱災 災況	其他災 災區	其他災 災況	人禍 內亂 亂區	內亂 亂情	外患 患區	外患 患情	其他禍 亂區	其他禍 亂情	附註
										鳳山 遵義軍 蘇嶺關 隨州	鳳山之長橋。 十月，復珍州遵義軍。 十月，金陝西宣撫使圖克壞鑑，遣將攻下蘇嶺關。 十二月，金人復破隨州。			
一二〇八	甯宗嘉定元年 金章宗泰和八年 蒙古太祖三年			淮 行都	淮民大饑，食草木。流于江、浙者百萬人。先是淮郡罹兵，農久失業，殍死者十三四。(志) 行都饑。(志) 夏，旱。(志)	浙江	五月，大蝗。(志) 閏月，雨雹害稼。 夏，淮甸大疫。(圖) 九月，大風。(志)	柳州	二月，柳州、黑風洞寇羅世傳作亂，招降之。	鶻嶺關	正月，安丙遣兵襲鶻嶺關，敗還。		三月，行都大火。延燒五萬八千九十七家，城內外亘十餘里，死者五十有九人，踐死者不可計。城中廬舍九燬其七。(志) 冬，蒙古再伐托克托及庫楚類汗時，斡伊喇部等，遇蒙古前鋒，不戰而降。因用爲鄉導，至蘇兒迪實河，討默爾奇部，滅之。托克托中流矢死，庫楚類汗奔契丹。	

公元	年號
一二〇九	甯宗嘉定二年 金衛紹王大安元年 蒙古太祖四年

地區	災況
遂州	五月，大水，敗城郭百餘丈，沒官舍、郡庠、民廬，壞田畝聚落甚多。(志)
西和州	六月，水沒長道縣治、倉庫。(志)
昭化、同谷、縣遂、甯府、閬州	昭化縣水，沒縣治，漂民廬，成州水入城，圮壘舍。皆水。(志)
台州	七月，大風雨，激海濤，漂

地區	災況
兩淮、荆襄、建康府	春，大饑，米斗錢數千，人食草木。民流於揚州者數千家，渡江者聚建康府，殍死百八九十人。(志)
浙西、常潤	四月，旱，首種不入。(志)六月，大旱，常、潤為甚。(志)
淮東、西、江東、湖北	皆旱。(志)
行都	冬，大饑，殍死者

地區	災況
	二月，大風。(志)三月，雨雹。(志)四月，蝗。(志)
浙西諸縣	大蝗自丹陽入武進，若煙霧蔽天，共墮五十餘里。(志)
浙東近郡	蝗。(志)六月，飛蝗入畿縣。(志)夏，都民疫死者甚衆。(圖)
台州	七月，大海雨，濤風潮壞屋殺人。(志)

地區	災況
黎州	二月，黎州蠻蓄卜犯良溪寨，官軍敗績。
郴州	十一月，郴州、黑風峒寇李元礪作亂，衆數萬，連破吉、郴諸縣，江西列城皆震。詔遣江、鄂、荆、池四州軍討之。十二月，安丙討蓄卜，蠻入大呼突出，官軍驚潰。

地區	災況
臨安府	六月，火。(志)
信州	八月，火燔二百家。(志)
吉州	九月，火燔五百餘家。(志)
政和	十一月，政和縣火燔百餘家。
瀘州	瀘州火燔千餘家。(志)

公曆年	號	天災 水災 災區	水災 災況	旱災 災區	旱災 災況	其他 災區	其他 災況	人禍 內亂 亂區	內亂 亂情	外患 患區	外患 患情	其他 亂區	其他 亂情	附註
			圯二千二百八十餘家，溺死尤衆。（志）		橫市道，多棄兒。（志）									
一二一〇	寧宗嘉定三年 金衛紹王大安二年 蒙古太祖五年	新城	四月大水。（志）	建康府	春，大饑，人相食。（志）		四月，都民多疫死。（圖）	黎州	二月，黎州蠻自艮溪寨用皮船渡河，攻相嶺寨。	襄陽府	八月，夏自天會初與金議和八十餘年，未嘗交兵。至是爲蒙古所攻，求救于金。	襄陽府	正月，火作風暴延燒六十餘家。（志）	
		嚴、衢、婺、徽州、富陽、餘杭、鹽官、新城、諸暨、淳安	五月大雨水，溺死者衆，圯田廬市郭，首種皆腐。（志）			臨安府	蝗。（志）		四月，峒寇李元礪僞講降，以書辭侮礪，不許。元礪遂犯南雄州，官軍大敗。	葭州	金主新立，不能出師，夏人怨，遂侵葭州，金慶善努擊卻之。	福州	十一月，火燔四百餘家。（志）	
		行都	大水浸廬舍五千三百，禁旅壘舍之在城外者半沒，西湖溢。（志）				八月大風，拔木折禾穗，隳果實及壞陵殿宮牆。（志）	南雄州	五月，因饑民多聚爲剽盜。		九月，金邊將築烏舍堡，欲以逼蒙古。蒙古主命哲伯襲殺其衆，遂略地而東。			
								淮東	五月，淮東賊悉平。		十一月，金同知興中府事伊喇福僧，督民繕城濬隍，先事爲守禦之備。蒙古兵至，以有備解圍去。			
								池州	六月，李元礪犯江西池州，副都統制許俊江州副都統制劉元鼎戰不利。知潭州曹彥約又與賊戰，爲賊所敗，賊勢益熾。					
								贛州、南安軍	十一月，李元礪迫贛州南安軍，詔以重賞募人討之。					
								黃山、韶州	十二月，許俊敗元礪于黃山，賊懼走韶州，羅世傳擒之以獻降，峒寇悉平。					

一二一一	寧宗嘉定四年 金衛紹王大安三年 蒙古太祖六年	慈溪 山陰	七月，大水，圮田廬，人多溺者。（志） 八月，海水敗堤，漂民田數十里，斥地十萬畝。（志）	資、普、昌、合州	旱。（志）	閏二月，大風。（圖） 三月，疫。（圖）	 嘉定 敘州	三月，河州將劉世雄等謀據仙人原作亂，伏誅。 五月，馬湖蠻攻嘉定犍為之利店寨。知寨段松迎敵，或死或逃，松力戰無援，被執。蠻焚掠而去。 九月，馬湖蠻復寇邊，犯敘州。	大水濼、豐利 宣德、德興 雲內、德興府、宏州、昌平、忻、代等處 山東 邠岐、平涼、北原	二月，蒙古伐金，破其軍，取大水濼、豐利等縣。 蒙古主以精兵攻金，金兵大敗，追至翠屏山，會河堡金兵大潰，進薄宣德，遂克德興。 九月，蒙古兵薄居庸關，金兵迎戰，蒙古懼，驅其馬而歸。 十一月，蒙古主復遣其子卓沁、察罕台、諤格德依分徇雲內、東勝、武朔等州，下之，于是德興府、宏州、昌平、懷來、縉山、豐潤、密雲、撫寧、集寧，東過平濼，南至清滄，由臨潢過遼河，西南抵忻、代，無不殘破。金楊安兒亡歸山東，與張汝楫聚黨攻劫州縣，殺掠官吏，山東大擾。 夏人寇擾邠岐，金陝西安撫使檄同知轉運使事韓玉以鳳翔總管判官為都統府募軍，旬日得萬人，與	紹興府 滁州 盱眙軍 鄂州 撫州 福州	閏二月，嵊縣浦橋火，燔百餘家。（志） 三月，火，燔民居甚多。（志） 三月，行都大火，燔二千七十餘家。 六月，天長縣禁軍營火，鎧械為盡。（志） 八月，外南市火，燔五百餘家。 十月，火。（志） 一夕再火，燔城門、僧寺，延燒千餘家。（志）

公曆	年號	天災：水災 災區	天災：水災 災況	天災：旱災 災區	天災：旱災 災況	天災：其他 災區	天災：其他 災況	人禍：內亂 亂區	人禍：內亂 亂情	人禍：外患 患區	人禍：外患 患情	人禍：其他 亂區	人禍：其他 亂情	附註
											夏人戰，敗之。時夏兵方圍平涼，又戰於北原，夏人疑大軍至，解去。			
一二一二	甯宗嘉定五年 金衛紹王崇慶元年 蒙古太祖七年	嚴州 台州、建德、諸暨、會稽縣	五月，水。（志） 六月，水，壞田廬。（志）						三月，官軍自嘉、敘二州并進而入蠻境，馬湖蠻驚潰，蠻酋米在請降。	雲中、九原、撫州 威甯 葭州 淄州、沂州	正月，蒙古攻雲中、九原諸郡，拔之。進取撫州，金兵三十萬援之，蒙古主麾諸軍力戰并進，大敗金兵，追至澮河，僵尸百里。 蒙古圍威甯。 三月，夏人攻金葭州，侵掠邊境。 五月，金秦安、劉二祖兵起，寇掠淄、沂二州。 八月，蒙古圍金西京，蒙古主中流矢，乃解圍去。 九月，蒙古察罕攻克金奉聖州。 十二月，蒙古左帥哲伯攻金東京，不拔，即引去，後以計卒破之。	和州	五月，火燔二千家。（志）	

公元	年號	地點	水災	地點	旱災	地點	其他天災	地點	內亂	地點	外患
一二一三	甯宗嘉定六年 金宣宗貞祐元年 蒙古太祖八年	淳安 於潛 諸暨 錢塘、臨安、餘杭、於潛、安吉	六月，山涌暴水，漂五鄉田廬百八十里，溺死者無算，巨木皆拔。（志） 大水。（志） 風雷大雨，山涌暴作，漂十鄉田廬，溺死者尤多。（志） 皆水。（志）	江陵、德安、漢陽軍	五月，不雨，至于七月，旱。（志）	浙江 餘姚	夏，多雨雹，害稼。（志） 十二月，風潮壞海隄亘八鄉。（志）		八月，知思州田宗範謀作亂，夔州路安撫司遣兵討平之。 十一月，盧恨蠻寇中鎮寨。	保安州、慶陽府 德興府、懷來、北口、涿、易州 居庸 中都 會州 觀州 涇州 兩河、山東	六月，夏人破金之保安州及慶陽府。 七月，蒙古兵克宣德府，遂攻德興府，進至懷來，金兵敗，僵尸四十餘里。蒙古乘勝至北口，進拔涿、易二州，而下居庸。 八月，金右副元帥赫舍哩執中與其黨完顏綽諾、富察祿錦烏庫哩道喇等作亂。護衞十夫長完顏實古納聞亂，遣召漢軍五百人赴難，與執中戰不勝，皆死之。 十月，蒙古選諸部精兵五千騎，使奇爾台、哈台二將趣中都，金兵大亂。 十一月，夏人寇金會州。 蒙古兵攻金觀州。 十二月，夏取金涇州。 十二月，蒙古主留奇爾台哈台屯金中都城北。遣人分道攻金，凡破金九十餘郡。兩河、山東數千里人民，

公曆	年號	天災：水災 災區	水災 災況	旱災 災區	旱災 災況	其他 災區	其他 災況	人禍：內亂 亂區	內亂 亂情	外患 患區	外患 患情	其他 亂區	其他 亂情	附註
一二一四	甯宗嘉定七年 金宣宗貞祐二年 蒙古太祖九年			台州	大亡麥。(志) 六月旱。(圖)	浙郡	六月，蝗。(志)				殺戮幾盡。金帛、子女、羊畜牛馬席捲而去，屋廬焚燬，城郭邱墟，惟中都、通順、眞定、清沃、大名、東平、德邳、海州十一城不下。			
										泰安	蒙古兵圍中都，金元帥右都監內族額爾克率兵五千，護糧通州，遇蒙古兵輒潰。蒙古破泰安。			
										泰州	正月，四川制置使安丙遣提舉皁郊博馬務何九齡等，率諸將及金人戰於泰州城下，敗還。			
										彰德府、懷州	二月，蒙古兵入攻金彰德府，入懷州，金李英壓與蒙古兵戰，被創召還。			
										嵐州	三月，蒙古兵破金嵐州。五月，金主以國蹙兵溺，財用匱乏，不能守中都，乃決意南遷。蒙古主遣兵入古			

景、薊、檀、順、諸州、濰州、益都、萊陽、登州、甯海、密州、沂、海、等地	北口，徇景、薊、檀、順諸州。楊安兒賊黨日熾，濰州、李全等，并起剽掠。金宣撫使布薩安貞至益都，敗安兒於城東。安兒奔萊陽。萊陽徐汝賢以城降，安兒勢復振，登州刺史耿格開門納州印，郊迎安兒，發帑藏以勞賊。安兒陷甯海，攻濰州。僞元帥郭方三據密州，略沂、海，李全犯臨朐，扼穆陵關，欲取益都。安貞討之。
昌邑	七月，金布薩安貞軍昌邑東，徐汝賢等以三州之衆十萬來拒戰。自午抵暮，轉戰三十里，殺賊數萬。
辛河、密州	賊棘七率衆四萬陳於辛河，安貞令瑠嘉由上流膠西濟，繼以大兵，殺獲甚衆。安貞軍至萊州，僞甯海州

公曆	年號	天災：水災 災區	水災 災況	旱災 災區	旱災 災況	其他災 災區	其他災 災況	人禍：內亂 亂區	內亂 亂情	外患 患區	外患 患情	其他亂 亂區	其他亂 亂情	附註
										順州、成州、遼東 錦州 大沫堌	刺史史潑立以兵二十萬陳於城東。襲殺郭方三，復密州。十月，蒙古兵徇金順州，取成州，攻遼東。錦州、張鯨殺其節度使，自立爲臨海王，降於蒙古。十一月，金蘭州譯人程陳僧叛，西結夏人爲援。十二月，金軍方攻賊於大沫堌，知東平府事烏凌阿以聞赦，卽引軍還，賊衆乘之，復出爲患。蒙古兵徇金懿州，金主遣宣撫萬努領軍四十餘萬，攻之，耶律瑠格迎戰於歸仁縣北河上，金兵大潰，萬努收散卒，奔			

							東京，安東同知阿林懼，遣使求附。于是盡有遼東州郡，遂都咸平，號爲中京。金左副元帥伊喇都以兵十萬攻瑠格，瑠格敗之。		
一二一五	甯宗嘉定八年　金宣宗貞祐三年　蒙古太祖十年	淮、浙、江東、西　江、浙、淮、閩	饑。爲盜者三十六黨。（志）春旱。首種不入。（志）五月，至于八月，乃雨。江、浙、淮、閩皆旱。建康、甯國府、衢、婺、溫、台、明、徽、池、眞、太平州、廣德、興國、南	江淮	四月，飛蝗越淮而南，江淮郡蝗，食禾苗，山林草木皆盡。飛蝗入畿縣，自夏徂秋，諸道捕蝗者以千百石計，饑民競捕，官出粟易之。（志）	璦州　固安　汝州、汴京	正月，金山東安撫使布薩安貞等討紅襖賊劉二祖，擒斬之。夏人攻金璦州。二月，蒙古、穆呼哩遣部將史天祥等進攻北京，烏庫哩奇達運舉城降。金興中府元帥石天應降於蒙古。三月，金中都久被圍。四月，蒙古舒穆嚕明安攻金之萬甯宮，克之。取富昌、豐宜二關，拔固安，中都危在旦夕。五月，蒙古兵破中都，宮室爲亂兵所焚。七月，蒙古取金濟源縣，蒙古主遣徹格巴圖帥萬騎自西夏趨京兆，以攻金潼關，不能下，乃由留山小路趨汝州，赴汴京。金主急召	湖州	火燔寺觀，延燒三百家。（志）

公曆年號	天災 水災 災區	水災 災況	旱災 災區	旱災 災況	其他 災區	其他 災況	人禍 內亂 亂區	內亂 亂情	外患 患區	外患 患情	其他 亂區	其他 亂情	附註
				康、盱眙、安豐軍爲甚，行都百泉皆竭，淮甸亦然。（志）						花帽軍于山東。蒙古兵至花杏宮，距汴京二十里，花帽軍擊敗之。蒙古兵還至陝州，適河冰合，遂渡而北。金人轉守關輔。時蒙古兵所向皆下，金人遣使求和，不成。			
									平州、廣寧府	八月，蒙古以史天倪南伐，取金平州。史進道等攻廣寧府，降之。			
									深州、祁州、等地	九月，紅襖賊周元兒陷金深、祁二州，東鹿、安平、無極等縣，眞定帥府以計破之，斬元兒及其黨五百餘人。			
										秋，蒙古取金城邑，凡八百六十有二。			
									保安、延安、臨洮	十月，夏人攻金保安、延安，陷臨洮。			
									綏德	十一月，夏人攻金綏德及熟羊寨，皆爲守將所敗。			
									彰德府、	蒙古兵徇金彰德府，史天			

地區	記事
興州	詳攻金興州，耶律瑠格破東京，降于蒙古。
錦州、平灤、瑞利、廣甯等州	十二月，張致據錦州，下平灤、瑞利、義懿、廣甯等州稔。呼哩率先鋒蒙古布哈、權帥烏頁爾等軍討之。

一二一六	
甯宗嘉定九年 金宣宗貞祐四年 蒙古太祖十一年	
行都、紹興府、嚴、衢、婺、台、處、信、饒、福、漳、泉州、興化軍	五月，大水，漂田廬，害稼。（志）
行都	饑，閭巷有殍。（志）
浙東	五月，蝗，荐饑，官以粟易蝗者，千百斛。（志）
曹州	正月，蒙古取金曹州
太原府、霍山、河間、滄獻等州	二月，蒙古圍金太原府，攻下霍山諸隘，金同知張開復河間府、滄、獻等州，幷屬縣十三。
恩、邢二州	三月，金復恩、邢二州。
青州等十一城、	四月，金張開復青州等十一城。金知平陽府胥鼎聞蒙古兵度潼關，卽遣必喇阿嚕岱、圖克坦伯嘉帥兵萬五千，由便通濟河趨關、陝，而自以精兵援汴京。又遣布薩固珠帥兵會諸將，以拒蒙古兵之自關而東者。
潼關	
汴京	
來羌城	五月，夏人修來羌城界河橋，金元帥右都監完顏薩
南劍州	七月，沙縣火燔縣門官舍及千一百餘家，民有死者。（志）

公曆年號	天災 水災 災區	災況	旱災 災區	災況	其他 災區	災況	人禍 內亂 亂區	亂情	外患 患區	患情	其他 亂區	亂情	附註
										布遣兵焚之，俘馘甚多。			
									威州、獲鹿	七月，金昭義軍節度使必喇阿嚕岱復威州及獲鹿縣。			
									滕、兗、單、諸州、萊、蕪、新、泰等十餘縣	紅襖渠帥郝定僭號，攻陷滕、兗、單諸州，萊、蕪、新泰等十餘縣，道路不路。金侯摯帥師進擊，執定送南京誅之。			
										閏七月，金復深州。			
									延安	八月，夏人入金安寨堡，蒙古攻金延安，夏人入金結耶脊川，守將擊走之。			
									坊州、代州	九月，蒙古攻金坊州、代州。			
										十月，富鮮萬努降于蒙古，既而復叛，稱東夏。			
										十一月，金元帥左都監完顏薩布奏大敗夏人于定四。			
										十一月，蒙古兵次于澠池，			

潼關、錦州	金右副元帥富察伊爾必斯軍潰而遁。金人復潼關。蒙古穆呼哩遣兵大破張致，進圍錦州。
平陽、大名府太原府	十二月，蒙古攻金平陽、大名府。蒙古兵進自代州、神山、横城及平定承天鎮諸隘，攻太原府，金潞州元帥府平陽、河中、絳、孟宣撫司兵援之。
澄州	奇努、金山、青狗、統古與等，推耶斯布僭帝號于澄州，國號遼，以遼王格通瑠兄喇爲平章，置百官。方閲月，其元帥青狗叛歸于金，耶斯布爲其下所殺。推其丞相奇努監國，與其行元帥錫爾分屯開保州關。金蓋州守將重嘉努引兵敗之。瑠格引蒙古軍數千適至，得兄通喇幷妻姚里氏戶二千。錫爾引敗軍東走，瑠

公曆	年號	天災·水災·災區	天災·水災·災況	天災·旱災·災區	天災·旱災·災況	天災·其他災·災區	天災·其他災·災況	人禍·內亂·亂區	人禍·內亂·亂情	人禍·外患·患區	人禍·外患·患情	人禍·其他亂·亂區	人禍·其他亂·亂情	附註
											格追擊之。還度遼河，招撫懿州、廣甯，徙居臨潢府。奇努走高麗，爲金山所殺。金山又自稱國王，改元天德，統古與復殺金山而自立，赫舍殺之亦自立。			
一二一七	寧宗嘉定十年 金宣宗興定元年 蒙古太祖十二年	川東 蜀、漢二州	六月大水。(志) 冬，浙江瀋溢，圮廬舍，覆舟，溺死甚衆。蜀、漢二州江沒城郭。(志)	台、衢、婺、饒、信州、石泉軍	饑饉，剽盜起。蜀石泉軍饑，殍死殆萬餘人。(志)七月不雨。(志)	楚州	四月，蝗。(志)	海州 青州、莒州	七月，李全等出沒島嶼，寶貨山積而不得食，相率食人。沈鐸與高忠皎各集忠義民兵，攻海州，糧援不繼，退屯東海。十二月，李全及其兄福襲金青、莒州，取之。	觀州 眞安 濟南、泰安等州 光州等地	正月，蒙古攻金觀州。三月，石海據眞安叛金。威州刺史武仙率兵斬石海及其黨二百餘人。四月，金濟南、泰安、滕、兗等州賊并起，皆劉二祖餘黨。侯摯遣完顏霆率兵討之。霆自清河出徐州，破斬崔儀，招降僞元帥石珪、夏全，餘衆皆潰。金帥南使渡淮攻光州中渡鎮，執榷場官盛允升，殺之。慶壽分兵攻樊城，圍棗陽、光化軍，別遣完顏阿林			

	入大散關，以攻西和、階、成州。詔京湖、江淮、四川制置使趙方、李珏、董居誼俱便宜行事以禦之。
襄陽	金人侵襄陽。
	七月，金陝州振威軍萬戶馬寬，逐其刺史李策，據城叛。
遂城	八月，蒙古、穆呼哩自中都南攻遂城及蠡州，皆下之。
隰州、沁州	九月，蒙古兵徇金隰州及汾西縣，攻沁州。
交城、清源	蒙古兵籍金太原城，攻交城、清源。
磁州等地	十月，蒙古兵徇金中山府及新樂縣，旋下磁州。取鄒平、長山及淄州。
棣、淄等州	十一月，蒙古取金濱、棣、博、淄、沂五州，攻太原府。
潞州等地	十二月，蒙古攻金潞州，都統馬甫死之。取益都府、密州，節度使完顏寓死之。李全及其兄福，襲金青莒州，

公曆	年號	天災						人禍						附註
		水災		旱災		其他		內亂		外患		其他		
		災區	災況	災區	災況	災區	災況	亂區	亂情	患區	患情	亂區	亂情	
											取之。金完顏賽以步騎萬人侵四川，迫湫池堡，破天水軍，攻白環堡，破之。迫黃牛堡，統制劉雄，棄大散關遁。			
一二一八	甯宗嘉定十一年 金宣宗興定二年 蒙古太祖十三年	武康、吉安縣	六月，大水，漂官舍、民廬，壞田稼、人畜，死者甚衆。（志）	淮、浙、江東、淮郡、鎭江、建甯府、常州、江陰、廣德軍	饑饉，亡麥苗。（志） 秋，不雨至于冬，旱。（志）					皐郊堡 隨州 棗陽	正月，金人圍皐郊堡，侵隔芽關，興元都統李貴遁，官軍大潰。 二月，金人焚大散關退去。 金人破皐郊堡，死者五萬人。 金人破湫池堡，圍隨州。 完顏薩布擁步騎圍棗陽城，宗政與扈再興合兵角敵，歷三月，大小七十餘戰。 金人戰輒敗。隨州守許國援師至白水，金人奔潰。 三月，金人焚湫池堡而去。 利州統制王逸等，帥師及忠義人十萬，復大散關及		正月，蒙古圍夏興州。（志） 二月，行都火，燔數百家。（志） 九月，禁垣外萬松嶺民舍火，燔四百八十餘家。（志）	

	皁郊堡。追斬金副統軍完顏贇，進攻秦州。至赤谷口，逸傳沔州都統劉昌祖之命退師，且放散忠義人，軍遂大潰。
西和州	金包長壽率長安、鳳翔之衆，復攻皁郊，遂趨西和州。鎭江忠義統制彭惟誠等之兵，敗于泗州。劉昌祖焚西和州遁，守臣楊克家棄城去，遂爲金人所有。
成州	四月，劉昌祖焚成州遁，守臣羅仲甲棄城去。
階州	階州守臣侯頤棄城去。
大散關	金人復侵大散關，守臣王立遁。侵黄牛堡，興元都統吳政，拒追之。政至大散關斬立以徇。
錦州	五月，蒙古徇金錦州，元帥劉仲亨死之。
臨泉	六月，金石州賊馮天羽，據

公曆年號	天災：水災 災區	水災 災況	旱災 災區	旱災 災況	其他災 災區	其他災 災況	人禍：內亂 亂區	內亂 亂情	外患 患區	外患 患情	其他禍 亂區	其他禍 亂情	附註
									代州、隰州、太原府、汾州 密州、壽光 平陽 鄒平、臨朐等縣 潞州	臨泉縣爲亂，刺史赫舍哩公順，遣將王九思攻破之。七月，夏人攻龕谷，金提控瓜勒佳瑞擊走之。已而夏人復至，瑞仍擊破之。八月，蒙古穆呼哩率步騎數萬自太和嶺徇河東，取金代、隰二州。九月，破太原府，元帥烏庫哩德外力拒之。城破。蒙古兵徇金汾州。是月，李全破金密州及壽光縣。十月，蒙古徇金絳潞，攻平陽，提控郭用死之。是月，李全破鄒平、臨朐、安邱等縣，金提控王顯死焉。十一月，金人攻安豐、黃口灘。十一月，蒙古取金潞州。是歲，契丹、陸格據高麗江東城，蒙古遣哈珍札拉率			

（續）	一二一九
	寧宗嘉定十二年　金宣宗興定三年　蒙古太祖十四年
	鹽官
	海失故道，潮汐衝平野二十餘里，至是侵縣治，廬州港瀆及上下管、黃灣岡等鹽場皆圮，蜀山淪入海中，聚落田疇失其半，壞田後六年始平。（志）
	潼川府
	春，饑而不害。（志）　夏，大旱。（志）
	興元、利州、閬州、果州、遂寧、普州、果州　盧山
	閏三月，興元軍士張福、莫簡等作亂，以紅巾爲號。四月，張福、莫簡等衆入利州，掠閬、果二州，四川大震。六月，張福擁衆薄遂寧，權府事程遇孫棄城走。福入遂寧，焚其城，遂入普州，守臣張已之棄城走。福屯於普州之茗山，安丙自果州如遂寧，令諸軍合圍，絕其樵汲以困之。張威引兵至，福窮請降，威執之獻於丙。七月，張福伏誅，張威又捕賊衆千餘人，誅之。莫簡自殺，紅巾賊悉平。十二月，雅州蠻人入盧山縣，焚碉門寨而去。
	成州、西和州、鳳州　興元府、大安軍、洋州
師平之，高麗王瞰遂降，歲貢方物，遂王瑠格引蒙古、契丹軍及東夏國元帥呼圖兵十萬，圍赫舍，高麗助兵四十萬，克之，赫舍自經死，徙其民於西樓。	正月，金人攻成州，都統張威自西和州退守仙人原。金人復侵西和州，守將趙彥吶設伏待之，殲其衆。金人破鳳州，夷其城。興元都統吳政及金人戰於黃牛堡，死之。二月，金人乘勝破武休關，都統李貴遁還。金人破興元府，權府事趙希昔棄城走。金人破大安軍、洋州，四川都統張威使石宣邀擊金人，大破之，殲精兵三千人，俘其將巴圖魯安，乃遁去。金人完顏額爾克復大舉圍棗陽，塹其外繞以土城。趙方遣統制扈再興等引兵三萬餘分道出攻唐、

公曆年號	天災						人禍						附註
	水災		旱災		其他		內亂		外患		其他		
	災區	災況	災區	災況	災區	災況	亂區	亂情	患區	患情	亂區	亂情	
										鄧二州。			
									洋州	三月，金人復入洋州，焚其城而去。			
									安豐軍、滁、濠、光三州	閏三月，金左副元帥布薩安貞圍安豐軍，及滁、濠、光三州，時賈涉以淮東提刑知楚知，遣陳孝忠、夏全、李全等救之。全進至渦口，與金左都監赫舍哩約赫德，連戰于化湖陂，殺金將數人，得其金牌，金人乃解諸州之圍而去。全追擊敗之于曹家莊，金人自是不敢窺淮東。			
									雄、易、保、安、諸州	五月，蒙古使張柔帥兵南下，遂克雄、易、保、安諸州。引兵次滿城，金將武仙，會鎮、定、深、冀兵數萬攻之。柔率壯士突出仙兵後，仙兵大潰。柔追擊之，尸橫數十里，柔乘勝攻定州，下之。祁陽、			

曲陽等帥，皆降於柔。柔遂南掠鼓城、深澤、甯晉諸縣。由是深、冀以北，鎮、定以東，三十餘城，望風悉來降附。

太原府　六月，金人復太原府。

棗陽城　七月，金完顏額爾克，擁步騎傅棗陽城。孟宗政邀戰自晡至三更，殺其衆三萬。金人大潰，額爾克單騎遁，追至馬磴寨，焚其城，入鄧州而還。金人自是不敢窺襄陽、棗陽。中原遺民來歸以萬數。李全引兵至齊州，金守臣王贇以城降。八月，復合、利州東西路各一。

武州、合河　八月，蒙古取金武州，判官郭秀死之，又取合河，縣令喬天翼死之。

岢嵐、吉、隰等州　九月，蒙古穆呼哩，取金岢嵐、吉、隰等州，進攻絳州，拔其城。

晉安府　十一月，蒙古兵破晉安府，金行元帥府事鈕祜祿貞死之。

公曆	年號	天災						人禍						附註
		水災		旱災		其他		內亂		外患		其他		
		災區	災況	災區	災況	災區	災況	亂區	亂情	患區	患情	亂區	亂情	
一二二〇	寧宗嘉定十三年 金宣宗興定四年 蒙古太祖十五年			福州	春，饑人食草木。（志） 秋，旱。（志）					鄧州、唐州、樊城、	正月，扈再興攻鄧州，許國攻唐州，皆不克而還。金人追之，遂攻樊城，趙方督諸將拒御之。	安豐軍	二月，故步鎮火燔千餘家，死者五十餘人。（志）	
										湖陽	孟宗政敗金人于湖陽，蒙古破金好義堡。	慶元府	八月，火燔官舍第宅寺觀民居甚衆。（志）	
										海州	三月，金紅襖賊于忙兒襲海州，據之。	行都	十一月，火燔城內外數萬家，禁壘百二十區。	
										大名府	四月，金人復大名府。		十二月，蒙古主攻西域、蒲華城，尋思干城，斡脫羅兒城皆克之。	
										袞州	五月，蒙古兵徇金袞州，泰定軍節度使完顏昱克死之。			
										樂陵	五月，金紅襖賊寇樂陵，王福擊敗之。			
										大名府	六月，蒙古取金大名府，又			
										開州等	攻開州及東明、長垣等縣。			
										東平	八月，李全合張林軍敗萬襲東平。張林攻金滄州，王福以城降。復海州。			
										會州	八月，夏取金會州。			
											蒙古穆呼哩至滿城，使蒙			

古布哈、將輕騎三千出倒馬關。適金恆山公、武仙遣葛鐵鎗攻璽州。蒙古布哈與之遇，葛鐵鎗戰敗，仙舉城降。

鞏州

九月，夏樞密院使甯子甯率衆二十萬圍鞏州。王仕信等，敗金人于定遠城。王仕信克鹽川鎮。程信、王仕信引兵會夏人于鞏州城下，攻城不克，遂趨秦州。夏人自安遠砦退師。

羌城

十月，程信復羌城。

十一月，金易水公、靖安民出兵至礬山，復取檐車寨。蒙古兵圍安民所居山寨，守寨提控馬豹等出降。

濟南、東平

金兵二十萬，屯黃陵岡，遣步卒二萬襲穆呼哩于濟南，穆呼哩迎戰敗之，遂薄黃陵岡。金兵陳河南岸，穆，

<table>
<tr><th rowspan="3">公曆</th><th rowspan="3">年號</th><th colspan="6">天災</th><th colspan="6">人禍</th><th rowspan="3">附註</th></tr>
<tr><th colspan="2">水災</th><th colspan="2">旱災</th><th colspan="2">其他</th><th colspan="2">內亂</th><th colspan="2">外患</th><th colspan="2">其他</th></tr>
<tr><th>災區</th><th>災況</th><th>災區</th><th>災況</th><th>災區</th><th>災況</th><th>亂區</th><th>亂情</th><th>患區</th><th>患情</th><th>亂區</th><th>亂情</th></tr>
<tr><td></td><td></td><td></td><td></td><td></td><td></td><td></td><td></td><td></td><td></td><td></td><td>呼哩令騎下馬，短兵接戰，金兵大敗，溺死者衆。穆呼哩陷黃陵岡，進取楚邱，由單州趨東平，圍之。</td><td></td><td></td><td></td></tr>
<tr><td>一二二一</td><td>甯宗嘉定十四年
金宣宗興定五年
蒙古太祖十六年</td><td>沔、成、階、利四州
建康府</td><td>水。(圖)
大水。(志)</td><td>浙、閩、廣江西、</td><td>旱。明、台、衢、婺、溫、饒、贛、吉州建昌軍爲甚。(志)</td><td>明、台、溫、婺、衢。</td><td>蟊螣爲災。(志)</td><td></td><td></td><td>天井關</td><td>正月，蒙古兵攻天井關。</td><td></td><td>蒙古主及皇子卓沁、鼎罕台、諤洛德依攻下西域、璧龍、晗實等十餘城。</td><td></td></tr>
<tr><td></td><td></td><td></td><td></td><td></td><td></td><td></td><td></td><td></td><td></td><td>息州</td><td>二月，金布薩安貞出息州，軍於七里鎮，南兵據淨居山，遣兵擊敗之。</td><td></td><td></td><td></td></tr>
<tr><td></td><td></td><td></td><td></td><td></td><td></td><td></td><td></td><td></td><td></td><td>唐州</td><td>三月，鄂州副都統扈再興引兵攻唐州。</td><td></td><td></td><td></td></tr>
<tr><td></td><td></td><td></td><td></td><td></td><td></td><td></td><td></td><td></td><td></td><td>黃州</td><td>金兵破黃州。</td><td></td><td></td><td></td></tr>
<tr><td></td><td></td><td></td><td></td><td></td><td></td><td></td><td></td><td></td><td></td><td>蘄州</td><td>金布薩安貞取蘄州，金人退師，扈再興邀擊，敗之于天長鎮。</td><td></td><td></td><td></td></tr>
<tr><td></td><td></td><td></td><td></td><td></td><td></td><td></td><td></td><td></td><td></td><td>東平</td><td>四月，金東莒公燕甯與蒙古兵戰，敗死。金人渡淮北去，李全遣兵追擊，敗之。五月，蒙古久圍東平，餉道絕。金行省蒙古綱率衆南走，蒙古索嚕呼圖邀擊之，</td><td></td><td></td><td></td></tr>
</table>

（續前）	一二二二
	甯宗嘉定十五年 金宣宗元光元年 蒙古太祖十七年
	蕭山
	七月，大水，時久雨，衢、婺、徽、嚴暴流與江濤合，圮
	岳州
	五月，旱。（志）
	贛州 贛州
	秋，螟。（志） 疫。（志）九月，雨雹。（志）
	青州
	五月，知濟南府种贇討張林，林敗走，李全入青州，據之。
碭山、永城 葭州、綏德 滄州 延安 鄜州、坊州 陳、亳等州	恆州
斬七千餘級。 七月，金義勇軍叛據碭山，旋襲永城。行軍副總領高琬敗之。金主命蒙古綱併力進討。 十月，蒙古太師國王穆呼哩由東勝州沙河引兵而西，入葭州，攻綏德，破馬蹄、克戎兩寨。 十月，金人復滄州。 十一月，穆呼哩進攻延安，金元帥哈達與納邁珠禦之，金兵死七千餘人。 閏十二月，蒙古攻金鄜州。蒙古取金坊州。 金陳、亳等州，鹿邑、城父諸縣盜蠭起。樞府遣官討之。	正月，金元帥惟弼破紅襖賊於張甕店。 二月，金恆州軍變，萬戶呼延棫等十餘人殺掠城中，焚廬舍而去。 三月，金提控李師林敗夏
	蒙古皇子圖壘克西域圖斯尼察烏爾等城。還經大喇伊國，大掠之。渡素克蘭河，克額里等城，

公曆年號	
天災・水災・災區	
天災・水災・災況	田廬害稼。(志)
天災・旱災・災區	
天災・旱災・災況	
天災・其他災・災區	
天災・其他災・災況	
人禍・內亂・亂區	
人禍・內亂・亂情	
人禍・外患・患區	陵州縣 固始、盧州 黎陽 孟州、晉州、
人禍・外患・患情	人于永木嶺。 四月，蒙古兵攻金陵州縣。 四月，金額爾克、時全等由潁、壽渡淮，敗南軍于高塘市，攻固始縣，破盧州。五月，額爾克引衆還，距淮二十里，收淮南麥。適大雨，淮暴漲，乃爲橋以渡。南軍襲之，時金兵大敗，皆覆沒。金之兵財，由是大竭。 六月，紅襖賊掠柳子鎮，驅百姓及驛馬而去。金提控張瑀追擊，奪所掠還。僞監軍王二據黎陽，金提控王泉討之，復其城。 七月，蒙古布哈引兵出秦、隴，穆呼哩率兵道雲中攻
人禍・其他亂・亂區	
人禍・其他亂・亂情	遂與蒙古主會，合兵攻塔爾哈寨，拔之。西域主塔賽鼎出奔，與彌勒汗合，呼圖呼與之戰，不利，蒙古主自將擊之。擒彌勒汗，塔賽鼎遁去，遣巴喇追之不獲。進薄回回國，其王委國而去，逃匿海嶼死。
附註	

地點	事項
霍州、青龍堡	下孟州西歸寨，遷其民于州。拔晉陽、義和寨，進克三清巖，入霍州山堡，遷其民於趙城。攻青龍堡，金平陽公胡天作拒守，金主詔上黨公張開及郭文振等救之，次彈平寨東三十里，不得進，裨將富察鼎珠、監軍王和開壁降，執天作，遷于平陽。
澤州、徐州	金張開復澤州，紅襖賊襲徐州之十八里砦，又襲古城、桃堡，金人擊敗之。
河間府	八月，金河間公、伊喇重嘉努、高陽公張甫復河間府。
德順	夏人攻金德順，旋又掠其神林堡。
東京州縣	九月，大名忠義彭義斌復京東州縣。
	十月，張惠攻金之零子鎮，爲金人所敗。
曹州	金王庭玉復曹州，殺蒙古將石珪。
臨晉、	十月，蒙古穆呼哩兵下榮

公曆	年號	天災：水災 災區	水災 災況	旱災 災區	旱災 災況	其他 災區	其他 災況	人禍：內亂 亂區	內亂 亂情	外患 患區	外患 患情	其他 亂區	其他 亂情	附註
										同州、蒲城、吉州、鳳翔	州之湖壁壘，及臨晉入吉州寨，攻河中府，陷之，渡河攻同州。十一月，拔之，遂下蒲城，徑趨長安。金京兆行省完顏哈達擁兵二十萬，固守不下，穆呼哩令蒙古布哈攻鳳翔。十二月，金簡州提控唐古昉敗夏人於質孤壘。蒙古穆呼哩自將大軍攻鳳翔。			
一二二三	甯宗嘉定十六年 金宣宗元光二年 蒙古太祖十八年	江、浙、淮、荆、蜀郡縣	五月，水，平江府、湖、常、秀、池、鄂、楚、太平州、廣德軍爲甚，漂民廬，害稼，圮城			海州、新附、 山東京東、河北、新附、 山西永、道二州	春，民饑。（志） 民饑。（志） 螟，大饑。（志）			鳳翔 河中 河西	正月，蒙古穆呼哩圍鳳翔，東自扶風、岐山西連汧、隴數百里間皆其營柵。復循渭水南，遣蒙古布哈南越牛嶺關，徇鳳州而還。蒙古石天應作浮橋以通陝西。金侯小叔自中條率山寨兵襲河中，蒙古兵十萬圍河中下之。復下河西		十二月，蒙古兵攻夏。蒙古蘇布特擊奇徹，大掠西番邊部而還。	

		餘杭、錢塘、仁和、福、漳、泉州、興化軍	郭、隄防。溺死者衆。鄂州江、湖合漲，城市沉没，累月不泄。（志）秋，江溢，圮民廬。（志）大水。（志）水，壞稼十五六。（志）	行都、江、淮、閩、浙、郡國、永道二州	皆亡麥禾。（志）疫。（圖）秋，大風，拔木害稼。（志）雨雹。（志）	汾西、河中府、榮州、積石州、邳州	諸堡。四月，金復霍州汾西縣。五月，復河中府及榮州。又復霍州及洪洞縣。蒙古攻諸部落之近者，悉下。七月，夏人攻金積石州。八月，經邳州略使納哈陸格率衆入行省，據州反。金行院總帥赫舍哩約赫德討殺陸格，復其城。		
一二二四	甯宗嘉定十七年 金哀宗正大元年 蒙古太祖十九年	福建	五月，大水，漂水口鎮民廬皆盡。侯官縣甘蔗皆	餘杭、錢塘、仁和三縣及鎮江府	春，饑。（志）		六月，彭義斌侵河北，至恩州，爲蒙古史天倪所敗。九月，金伊喇布哈復澤、潞。	西和州 岳州	四月，焚軍壘及民居二千餘家。（志） 六月丁亥，火燔州獄、帑庫，延及八十家。己丑，又

公曆年號	天災						人禍						附註
	水災 災區	水災 災況	旱災 災區	旱災 災況	其他災 災區	其他災 災況	內亂 亂區	內亂 亂情	外患 患區	外患 患情	其他禍 亂區	其他禍 亂情	
	 建昌軍	漂數百家，人多溺死。建寗府沒平政橋，入城。南劍州圮郡治、城樓、郡獄、官舍、城壞，民避水樓上者皆死。（志） 大水城不沒者三版，漂民廬、圮官舍、城郭、橋梁，害稼。（志）			眞、鄂州 瀘州 鄂州、壽昌軍、江州、興國	乏食。（志） 秋，颶風大作，壞田損稼。（志） 冬，暴風壞戰艦二百餘。壽昌壞戰艦六十餘。						火，燔百餘家。（志）	

一二二五

理宗寶慶元年

金哀宗正大二年

蒙古太祖二十年

滁州

七月，大水。（圖）

湖州

正月，湖州人潘壬、潘丙謀立濟王竑，事敗，壬走至楚州，爲小校明亮所獲，送臨安斬之。

正月，湖州人潘壬糾雜販盜千餘人，夜入州城，發軍資庫金帛，數史彌遠廢立之罪。事敗，壬走至楚州，爲小校明亮所獲，送臨安斬之。

青州、恩州、東平

二月，李全遣劉慶福還楚城，亂兵縱火焚官寺，兩司積蓄，悉爲賊有。

五月，許國既死，李全自青州攻東平不克，乃攻恩州。義斌出兵與戰，全敗走。獲其馬二千，劉慶福引兵來救全，又敗。

六月，彭義斌圍東平。嚴實潛約蒙古將博羅罕，合兵攻之，兵久不至，城中食盡，乃與義斌連和。

趙州、真定

真定

真定

二月，武仙叛蒙古，史天澤與薩訥台率師合勢進攻。乘勝至中山，略無極，拔趙州。仙敗奔西山，遂復真定。

七月，彭義斌下真定，道西山，與博羅罕等軍相望。博羅罕與義斌戰于內黃，義斌兵潰。史天澤以銳卒略其後，遂擒義斌。

八月，金蠡州元帥田瑞反，行省完顏哈達討平之。

十一月，彭義斌既敗，武仙據真定。

公曆	年號	天災						人禍						附註
		水災		旱災		其他災		內亂		外患		其他亂		
		災區	災況	災區	災況	災區	災況	亂區	亂情	患區	患情	亂區	亂情	
一二二六	理宗寶慶二年 金哀宗正大三年 蒙古太祖二十一年							楚州、盱眙 楚州	夏全六掠楚州，趣盱眙，盱眙將張惠、范成進閉城門。全狠狽降於金。 十一月，夏全與李福圍楚州治，焚官寺民舍，殺守藏吏，取貨物。	曲沃、晉安 益都	二月，蒙古藁城守將董俊以銳卒數百授史天澤，天澤夜赴眞定，與薩納台合攻武仙，仙走西山。八月，金伊喇布哈復曲沃及晉安。 九月，李全破益都，蒙古都王岱遜攻之，全戰屢敗，退守益都，蒙古築長圍困之。		正月，蒙古主伐夏，取黑水等城。 四月，行都火，燔數百家。（志） 五月，蒙古取夏甘肅等州。 七月，蒙古主取夏西涼府搠羅河羅等縣。遂踰沙陀，至黃河、九渡，取應里等縣。 十一月，蒙古主攻夏靈州，夏遣威明令公來援，蒙古主渡河擊敗之。	

一二二七

理宗寶慶三年

金哀宗正大四年

蒙古太祖二十二年

浙西

夏秋久旱，大蝗，羣飛蔽天。豆粟皆旣于蝗。（志）

蒙古之征西夏，軍中大疫。（圖）

八月，李全黨以軍糧不繼，怨殺李福等，時相屠者數百人。

積石州、平陽、商州、德順、臨洮、信都、青州、京兆、武階、河州

二月，蒙古攻金積石州。金赫舍哩約赫德復平陽，獲馬三千，未幾蒙古復攻取之。蒙古兵突入商州，金伊喇布哈逆戰至靈寶東。三月，蒙古主攻德順，城中止義兵、鄉兵八九千人，凡攻守二十晝夜，城破。蒙古兵破臨洮。四月，蒙古兵已破洮河、西甯二州，復遣將攻信都，拔之。五月，李全在青州，突圍欲走，蒙古富珠哩遣兵邀擊，大敗之，斬首七千餘級。全出降。七月，蒙古兵自鳳翔向京兆，關中大震。十一月，李全敗額爾克及慶善努於龜山。十二月，蒙古兵入京兆，復破關外諸隘，至武階。四川制置使鄭損棄河州遁，三關不守。

正月，蒙古攻夏王城。六月，蒙古盡克夏城邑，其民穿鑿土石以避鋒鏑，免者百無一二，白骨蔽野。夏亡。

公曆	年號	天災：水災 災區	水災 災況	旱災 災區	旱災 災況	其他 災區	其他 災況	人禍：內亂 亂區	內亂 亂情	外患 患區	外患 患情	其他 亂區	其他 亂情	附註
一二二八	理宗紹定元年 金哀宗正大五年 蒙古皇子監國						五月，雨雹。(志)	海州、青州 江西、湖南、福建	七月，李全由海州趨青州，爲嚴實及石霄格邀擊敗走，遂奪青崖崓，據之。十月，江西、湖南、福建寇盜並起，連破諸縣。	西和州	金人盡棄河北、山東關隘，併力守河南，保潼關。自洛陽、三門、孟津東至邳州之雀鎮，精兵二十萬以守。蒙古史天澤破高公抱犢諸砦，武仙走入汲縣，天澤復取相、衛、蟻、實、武馬等砦。蒙古兵破西和州。		三月，行都火，燔六百餘家。(志)十二月，蒙古皇子圖壘聞燕京盜賊殺掠，遣塔齊爾、耶律楚材窮治其黨，誅首惡十六人，羣盜屏迹。	

一二二九	理宗紹定二年 金哀宗正大六年 蒙古太宗元年	台州	九月，大水。(圖)							慶陽	八月，金伊喇布哈再復澤、潞。 十二月，蒙古圍慶陽。		
一二三〇	理宗紹定三年 金哀宗正大七年 蒙古太宗二年					福建	蝗。(志)	漳州 鹽城 揚州	閏二月，逃卒穆椊竊入皇城，縱火焚御前甲仗庫。衛士捕得之，磔於市。時李全欲銷朝廷兵備，故遣椊爲亂，於是先朝甲仗燒毀殆盡。 四月，漳州連城盜起。 五月，李全以捕盜爲名，水陸數萬，徑擣鹽城。戍將陳益、樓彊、知縣陳遇皆遁。全入城據之。留鄭祥、董友守鹽城，而自提兵還楚州。 十一月，李全突至揚州，副都統丁勝拒之。趙范、趙葵引軍赴援、時金兵攻泰州，知州宋濟迎入郡治，盡收其子女貨幣。將趙揚，范葵戰敗之。	京兆 衛州 陝西	正月，金伊喇布哈遇蒙古兵於大昌原，金人四百騎破蒙古八千之衆，遂解慶陽之圍。自蒙古搆兵二十年，僅有此捷。 六月，蒙古兵圍京兆，金救兵，爲蒙古所敗，城遂破。 八月，武仙既歸金，嚴府衛州，蒙古兵圍之，仙逸出，屯胡嶺關，史天澤遂取衛州。 十月，蒙古圖蠻帥衆入陝西，于京兆、同、華間，破砦柵六十餘所，遂趨鳳翔。金以完顏哈達及布哈行省事于閿鄉，以備潼關。 十一月，蒙古兵攻潼關、藍關，不克。 十二月，蒙古兵拔天全天、勝砦及韓城蒲坂。		

公曆	年號	天災·水災·災區	天災·水災·災況	天災·旱災·災區	天災·旱災·災況	天災·其他·災區	天災·其他·災況	人禍·內亂·亂區	人禍·內亂·亂情	人禍·外患·患區	人禍·外患·患情	人禍·其他·亂區	人禍·其他·亂情	附註
一二三一	理宗紹定四年 金哀宗正大八年 蒙古太宗三年		沿江水災。(志)					閩中、衢 鹽城、淮安	正月，趙范、趙葵大敗李全于揚州。 三月，盜起閩中。朝廷以陳韡爲福建路總捕使，討平之。衢盜汪徐來二，破常山開化，勢强甚。陳韡令淮西將李大聲擊之，衢寇悉平。 五月，趙范、趙葵帥步騎十萬，攻鹽城，屢敗賊衆，遂薄淮安，殺賊萬計。淮安五城俱破，焚其砦柵，斬首數千。淮北賊來援，舟師邀擊，復破之。楊妙眞遁去。	鳳翔府 鳳州、華陽、洋州、武休、興元軍等處	正月，蒙古圍鳳翔府，金完顏哈達、伊喇布哈與渭北軍交戰，以舒鳳翔之急。 四月，蒙古取金鳳翔，完顏哈達、伊喇布哈遷京兆民于河南，使完顏慶善努戍之。金完顏彝敗蒙古將蘇布特于倒回谷。 五月，金八里莊民叛，蒙古逐守將而納之。 八月，蒙古騎兵三萬入大散關，攻破鳳州，徑趨華陽，屠洋州，攻武休，開生山，截焦崖，出武休東南，遂圍興元軍。民散走死于沙窩者數十萬。分軍而西，西軍由別路入沔州，取大安軍路。開魚鼈山，撤屋爲筏，渡嘉陵江，入關堡，竝江趨葭萌，略地至西水縣，破城砦百四十而還。東軍屯于興元	臨安 建昌軍	八月，蒙古走以高麗殺使者，命撒禮塔率衆討之，取四十餘城。高麗王請降。 九月，大火。(志) 火。(志) 十二月，蒙古兵渡漠畢，哈達布哈始進至禹山，逆戰，大敗。	

	（續上頁）	
年份		一二三二
年號		理宗紹定五年　金哀宗天興元年　蒙古太宗四年
天災		九月，雨雹。（志）
地點		汴京　襄城
人禍	洋州之間，以趨饒風關。十二月，蒙古圖壘攻破饒風關，由金州而東，將趨汴京，民皆入保城保險阻以避之。	正月，蒙古兵自唐州趨汴，金元帥完顏兩洛索戰于襄城，敗績，走還汴。金主部民丁壯萬人，開短隄，決河水以衞京城，命瓜勒佳薩哈勒將步騎三萬巡河渡，起近京諸色軍家屬五十萬口，入京城。蒙古自河中由河清縣白坡渡河，蒙古兵掩至，守將莽依蘇等皆死。丁壯得免者僅三百人。
地點	河中	鄭州
人禍	九月，蒙古兵破河中。	蒙古主入鄭州，游騎至汴京，金完顏哈達、伊喇布哈自鄧州率步騎十五萬赴援。蒙古圖壘率軍邀擊，金軍大潰。武仙走密縣，哈達走鈞州。蒙古主在鄭州，聞圖壘與金相持，遣昆布哈、
地點		密縣、鈞州

公曆年號	
天災・水災・災區	
天災・水災・災況	
天災・旱災・災區	
天災・旱災・災況	
天災・其他・災區	
天災・其他・災況	
人禍・內亂・亂區	
人禍・內亂・亂情	
人禍・外患・患區	商、虢、嵩、汝、陜、洛、許、鄭、陳、亳、潁、壽、睢、永等州　饒風關　同、華、二州　靈寶、硤石、
人禍・外患・患情	齊拉袞等赴之。金軍大潰。于是合攻鈞州，城破。蒙古途略商、虢、嵩、汝、陜、洛、許、鄭、陳、亳、潁、壽、睢、永等州。時民北徙者多餓死。東平萬戶嚴實命作糜粥置道傍，全活者衆。二月，金主聞蒙古入饒風關，遣圖克坦烏登行省閿鄉，以備潼關。圖克坦伯嘉馳入陜，榜縣鎮，遷入大城。糧斛輜重，聚之陜州，近山者入山寨避兵。烏登與潼關總帥納哈普舍音、秦藍總帥完顏重喜等帥軍十一萬援汴，盡撤秦、藍諸關之備，從虢入陜。同、華、閿鄉一帶軍糧數十萬斛，備關船二百餘艘，皆順流東下。俄聞蒙古兵近，粮不及載，船悉空下。復盡起州民運
人禍・其他・亂區	
人禍・其他・亂情	
附註	

諸州	靈寶、硤石，倉粟會，蒙古游騎至，殺掠不可勝計。
潼關	金守將李平以潼關降于蒙古。蒙古長驅至陝。金兵大潰。
洛陽	三月蒙古兵礮攻洛陽。蒙古主將北還，使蘇布特攻汴，會和議成，兵退。
睢州 歸德	蒙古將特穆爾岱取金睢州，遂圍歸德府。
徐州 宿州	六月，金徐州總領王佑、張興、都統封仙等夜燒草場作亂，逐行省圖克坦伊都。蒙古國安用率兵入徐州，執王佑等斬之，以封仙爲元帥，主徐州事。圖克坦伊都與諸將駐宿州城南。
汴京	金中京元帥任守眞入援汴京，敗死。中京人推醫巡使齊克紳爲府簽事，與蒙古兵戰，蒙古兵攻三日，不能下，乃退。十月，泗州路，劉虎等焚斷浮橋以遏金兵。

公曆	年號	天災						人禍						附註
		水災		旱災		其他災		內亂		外患		其他亂		
		災區	災況	災區	災況	災區	災況	亂區	亂情	患區	患情	亂區	亂情	
一二三三	理宗紹定六年 金哀宗天興二年 蒙古太宗五年						三月，大雨雹。(志)			徐州 汴京 衞州 白公廟	十一月，金完顏用安攻徐州。三月不能下，退歸漣水，卒多流亡，乃以嚴刑禁亡者，血流滿道。 十二月，蒙古蘇布特聞金主棄汴，復進兵圍之。 正月，金主乘舟濟河，大風，後軍不克濟，蒙古將和爾古納追擊于南岸。金元帥賀德希力戰死，兵溺死者千人。元帥珠爾、都尉赫舍哩謌楞等死之。金主在北岸望之震懼。軍次漚麻岡，遣拜甡帥攻衞州。蒙古自河南渡河，拜甡遂退師。史天澤以騎兵踵其後。戰于白公廟，金師敗績，拜甡棄軍東遁，金主進次蒲城，復還魏樓邨，獨欲俟蒙古兵至決戰。拜甡請幸歸德，	遼東	二月，蒙古遣皇子庫裕克軍討富鮮萬努於遼東。 四月，金崔立以天子袞冕后服，進于蘇布特。又括在城金銀，探索薰灌，訊掠慘酷。富人死者無數。 九月，蒙古庫裕克攻遼東，平之。	

衛州	金主遂與副元帥和爾和等六七人，夜登舟，潛渡河走歸德。翌日，諸軍始聞金主棄師，遂大潰。拜甡往衛州，縱軍四掠，哭聲滿野，所過邱墟，民始思叛。金西南元帥崔立與其黨韓鐸、藥安國等，潛謀作亂於汴。
汴京、亳州、歸德	三月，蒙古特穆爾岱圍亳州，日遣兵薄歸德，民心搖搖。官努請北渡河，再圖恢復，金主不從，因以爲亂。乘隙率衆殺完顏用安、紐勒歡大殺，朝官李蹊以下凡三百人。軍士死者三十人。
鄧州	四月，金唐、鄧州行省武仙次于順陽，與唐州守將武天錫、鄧州守將伊喇瑗相掎角，謀迎金主入蜀，遂侵
光化	光化，其鋒甚銳。
亳州	五月，金主命官努因其母以請和。官努乃詣亳州，密與特穆爾岱言，欲劫金主以降，因定和計。嗣官努乘

公曆年號	
天災・水災・災區	
天災・水災・災況	
天災・旱災・災區	
天災・旱災・災況	
天災・其他災・災區	
天災・其他災・災況	
人禍・內亂・亂區	
人禍・內亂・亂情	
人禍・外患・患區	襄陽 唐州
人禍・外患・患情	其不備，攻之特穆爾不能支，大潰，溺死三千五百餘人，官努盡焚其柵而返。七月，孟珙大敗金武仙于馬蹬山。復遣兵攻離金砦，掩殺幾盡。又令壯士搗王子山砦，斬金將首而出，遂圍馬蹬，殺戮山積。七月，還至沙窩砦西，與金人戰，大捷。丁順復破默候里砦，于是仙之九砦皆破。後又分兵進攻，破之。復戰于銀葫蘆山又敗之。降其衆七萬，珙還襄陽。八月，蒙古都元帥塔齊爾使王檝至襄陽，約攻蔡州，史嵩之先以兵會伐唐州，
人禍・其他禍・亂區	
人禍・其他禍・亂情	
附註	

時城中糧盡人相食。總領烏庫哩黑漢殺其愛妾以啖士，士爭殺其妻子。官屬聚議欲降，黑漢持之益堅。趙醜兒者，開門納南軍，黑漢率兵戰，爲南軍所獲，殺之。南軍駐息州，南降者日衆。

蔡州　十月，孟珙、江海帥師二萬，赴蒙古之約，與塔齊爾共圍蔡州。

徐州　金徐州節度副使郭恩約原州叛將麻琮襲破徐州。

蔡州　十一月，蔡州攻圍益急，金盡藉民丁防守。民丁不足，復括婦人壯健者假男子衣冠，運木石。金主親出撫諭之。

公曆	年號	天災：水災 災區	水災 災況	旱災 災區	旱災 災況	其他災 災區	其他災 災況	人禍：內亂 亂區	內亂 亂情	外患 患區	外患 患情	其他禍 亂區	其他禍 亂情	附註
一二三四	理宗端平元年 金哀宗天興三年 蒙古太宗六年					當塗 當塗	五月，螟。(志) 五月，蝗(志)	建陽縣 江西、閩廣	五月，建陽縣盜發衆數千，焚刼邵武、麻沙、長平。 六月，盜陳三槍起贛州，出沒江西、閩、廣間。與鍾全相結，勢甚熾。討平之。	蔡州 徐州	正月，孟珙同蒙古兵破蔡州，金主自縊于幽蘭軒，臣將與士卒死者無數，金遂亡。 二月，蒙古都元帥張榮，破徐州，楊誼至洛東三十里，方散坐蓐食，蒙古塔齊爾前鋒將劉亨安橫槊躍馬，奮突而前，南師奔潰，擁入洛水死者無數。蒙古兵決黃河寸金淀之水，以灌南軍。南軍多溺死，遂皆引師南還。			
一二三五	理宗端平二年 蒙古太宗七年						五月，雹。(志)	惠陽、建陽、京口	八月，惠陽、建陽、京口諸軍作亂，討平之。	蜀、漢、江淮 唐州 棗陽、襄、鄧、郢 沔州、大安	六月，蒙古主命皇子庫端、庫春等侵蜀漢等地。 七月，蒙古將昆布哈侵唐州。 十月，蒙古、塔斯破棗陽，庫春徇襄、鄧，塔斯引兵攻郢。 十二月，蒙古庫端入沔州，擣大安。	臨安	六月，蒙古主遣師伐西域，伐高麗。 四月，火。(志)	

一二三六	理宗端平三年 蒙古太宗八年	蘄州、英德府、昭州等處	三月，蘄州大雨，水溢民居。英德府、昭州及襄、漢江皆大水。(志)				六月，雨雹。(志)	襄陽、六合、霍邱	三月，王旻、李伯淵焚襄陽城郭倉庫，降於蒙古。李虎因亂劫掠，襄陽一空。十月，淮西將呂文信、杜林率潰卒數萬叛，六安、霍邱皆爲羣盜所據。	淇山、隨、郢二州、荆門軍、襄陽軍、德安府、大安軍、陽平關、固始、宕昌、階州、文州、眞州	正月，蒙古兵連攻淇山。四月，蒙古復破隨、郢二州、荆門軍。八月，蒙古破襄陽軍、德安府。九月，御前諸軍統制曹友聞與蒙古戰于大安軍、陽平關，敗績。蒙古破固始縣。蒙古庫端兵破宕昌、殘階州，攻文州。城破，死者數萬人。十一月，史嵩之破蒙古二十四砦，奪所俘二萬口而歸。蒙古將察罕攻眞州。		
一二三七	理宗嘉熙元年 蒙古太宗九年	饒、信二州	水。(志)	建康府	夏，旱。(志)		二月，雨雹。(志)		十一月，湖南帥臣趙師恕討平衡州酃縣寇。	光州、復州、蘄春、黄州、安豐	十月，蒙古宗王昆布哈圍光州，破之。進攻復州，復州降，乃攻蘄春、黄州、安豐。	臨安府	三月，蒙古主以奇徹部長巴齊瑪克貢固，命皇姪莽賚扣諸王巴因征之。六月，火燔三萬家。(志)

公曆	年號	天災·水災·災區	天災·水災·災況	天災·旱災·災區	天災·旱災·災況	天災·其他·災區	天災·其他·災況	人禍·內亂·亂區	人禍·內亂·亂情	人禍·外患·患區	人禍·外患·患情	人禍·其他·亂區	人禍·其他·亂情	附註
一二三八	理宗嘉熙二年　蒙古太宗十年		浙江溢。(志)				風雹。(志)			廬州	九月,蒙古察罕帥兵號八十萬,圍廬州。杜杲竭力守禦,並敗走蒙古兵。			
一二三九	理宗嘉熙三年　蒙古太宗十一年				旱。(志)		風雹。(志)			信陽軍、樊城、襄陽、光化軍、重慶、歸州、夔州	三月,孟珙與蒙古三戰,遂復信陽軍及樊城、襄陽。尋又復光化軍,息、蔡亦降。六月,蒙古兵攻重慶。十二月,蒙古塔爾海等帥衆號八十萬南下。孟珙遣諸將禦之。蒙古既入蜀,珙增置營砦分布戰艦,遣兵間道抵均州防遏,且設策備禦,未幾,蒙古度萬州湖灘,施、夔震動。珙兄璟時知峽州,帥兵迎拒於歸州大埡砦,勝之,遂復夔州。			

一二四〇	理宗嘉熙四年 蒙古太宗十二年			江、浙、福建	六月,旱蝗。(志)	紹興府 臨安府 嚴州 建康府	荐饑。(志) 大饑。(志) 饑。(志) 蝗。(志)			萬州	二月,蒙古安篤爾窺萬州,蜀帥遣舟師數百艘,遡流迎戰。不能敵,敗績於夔門。		
一二四一	理宗淳祐元年 蒙古太宗十三年									安豐 成都、漢州	十月,蒙古兵圍安豐,淮東提刑余玠以舟師戰卻之。 十一月,蒙古塔爾海部汪世顯復入蜀,進圍成都。拔之,漢州遂爲蒙古所屠。	徽州	八月,火。(志)
一二四二	理宗淳祐二年 蒙古太宗皇后稱制元年	紹興府、處、婺州	水。(志)			兩淮	四月,雨雹。(志)五月,螟蝗。(志)			遂寗、瀘州 揚、滁、和、蕭 諸州 通州 敘州	五月,蒙古兵破遂寗瀘州。 七月,蒙古萬戶張柔自五河口渡淮,攻揚、滁、和、蕭。淮東忠勇軍統領王溫等二十四人,戰于天長縣東,皆沒。 十月,蒙古攻通州,守臣杜霆載其私帑渡江遁,城破,蒙古屠其民。 十二月,蒙古兵連攻敘州。		

公曆	年號	天災：水災：災區	天災：水災：災況	天災：旱災：災區	天災：旱災：災況	天災：其他災：災區	天災：其他災：災況	人禍：內亂：亂區	人禍：內亂：亂情	人禍：外患：患區	人禍：外患：患情	人禍：其他亂：亂區	人禍：其他亂：亂情	附註
一二四三	理宗淳祐三年 蒙古太宗皇后稱制二年							東安	正月，東安寇平。	資州	三月，蒙古兵破資州。			
一二四四	理宗淳祐四年 蒙古太宗皇后稱制三年									壽春	五月，蒙古兵圍壽春，呂文德帥水陸軍禦之。			
一二四五	理宗淳祐五年 蒙古太宗皇后稱制四年				七月，旱。（圖）					五河 淮西	二月，呂文德敗蒙古兵於五河，復其城。 七月，蒙古察罕會張柔掠淮西，至揚州而去。			
一二四六	理宗淳祐六年 蒙古定宗元年									黃州	十二月，蒙古萬戶史權等侵京湖、江淮之境，攻虎頭關寨，至黃州。			

公元	年號													
一二四七	理宗淳祐七年 蒙古定宗二年	福建	水。（志）		旱。（志）					泗州	三月，蒙古張柔攻泗州。		九月，蒙古以高麗歲貢不入，伐之。自後八年，凡四易將，拔其城十有四。	
一二四八	理宗淳祐八年 蒙古定宗三年						二月，雨雹。（志）三月，雨雹。（志）							
一二四九	理宗淳祐九年 蒙古定宗皇后稱制元年						正月，雨雹。（志）							
一二五〇	理宗淳祐十年 蒙古定宗皇后稱制二年	嚴州 台州	九月，水。（志） 八月，大水。（志）											
一二五一	理宗淳祐十一年 蒙古憲宗元年	汀州 江陵	八月，山水暴至，漂人民。（志） 水。江、浙	閩、廣、饒州	旱。（志）									

公曆	年號	天災·水災·災區	天災·水災·災況	天災·旱災·災區	天災·旱災·災況	天災·其他·災區	天災·其他·災況	人禍·內亂·亂區	人禍·內亂·亂情	人禍·外患·患區	人禍·外患·患情	人禍·其他·亂區	人禍·其他·亂情	附註
		江、浙、饒州	多水，饒州亦水。（志）											
一二五二	理宗淳祐十二年　蒙古憲宗二年	建寧府、嚴、衢、婺、信、台、處、劍州、邵武軍	六月大水，冒城郭，漂室廬，死者以萬數。（志）					衢州	六月，賊逼衢州境，命孫子秀知衢，擒賊四十八人，玉山盜平。	隨、郢、安、復	二月，蒙古兵復攻隨、郢、安、復，京西馬步軍副總管馬榮率將士連日拒戰，卻之。		十一月，行都火，一日夜始熄。（志）	
										諸州	三月，馬榮復與蒙古兵戰於大脊山。			
										成都、嘉定	十月，蒙古汪德臣將兵掠成都，薄嘉定，四川大震。余玠率諸將俞興、元用等夜開關力戰，乃解去。			
一二五三	理宗寶祐元年　蒙古憲宗三年	溫、台、處、信、饒州	七月，大水。（志）	朔、汝、湖、閩、府	六月，旱。（圖）					萬州、西柳關	正月，蒙古兵屯漢江，侵萬州，入西柳關。		十二月，蒙古主命宗王哈呼與洪福源征高麗，拔禾山、東州、春州、三角山、楊根、天龍等城。	
										海州	三月蒙古攻海州，守臣王國昌逆戰於城下，敗績。			
										雲南	九月，蒙古皇弟呼必賚征雲南			
											十一月，烏蘭哈達分兵攻			

	一二五四
	理宗寶祐二年　蒙古憲宗四年
	紹興
	九月，水。（志）
	蜀
	春，旱。（志）
	九月，荻浦寇平。
大理	紫金山　合州　利州
白蠻，所在寨柵，以次下之。獨河達喇所居半空和寨依山枕江，牢不可拔。烏蘭哈達率精銳立礮攻之，寨兵潰走，遂幷其弟阿蘇城，俱拔之。十二月，蒙古中道兵薄大理城，權臣高祥率衆遁去，城遂破。蒙古兵出龍首關，獲高祥，斬於姚州。皇弟呼必賚班師，留烏蘭哈達攻諸蠻未下者。	二月，余晦遣都統甘閏以兵數萬城蜀要地紫金山。蒙古汪德臣選精兵銜枚夜進，大破之。蒙古侵合州。六月，利州王佐，堅守孤壘，屢挫敵鋒。七月，蒙古烏蘭哈達攻烏蠻。

公曆	年號	天災						人禍						附註
		水災		旱災		其他		內亂		外患		其他		
		災區	災況	災區	災況	災區	災況	亂區	亂情	患區	患情	亂區	亂情	
一二五五	理宗寶祐三年　蒙古憲宗五年	浙、閩 浙西	四月，大水。(志) 五月，浙西大水。(志)			嘉定府	五月，大雨雹。(志)				七月，蒙古烏蘭哈達自吐蕃進攻西南夷，悉平之。			
一二五六	理宗寶祐四年　蒙古憲宗六年										七月，知敘州史俊調舟師連與蒙古戰，卻之。 十二月，烏蘭哈達征白蠻。			
一二五七	理宗寶祐五年　蒙古憲宗七年										四月，蒙古兵攻苦竹隘。		十月，蒙古烏蘭哈達進兵壓安南，安南人大敗，遂入安南，并屠其城。	
一二五八	理宗寶祐六年　蒙古憲宗八年				四月，旱。(志)						二月，蒙古主自將南侵，由西蜀以入。先遣張柔、皇弟呼必賚攻鄂，趣臨安。塔齊爾攻荊山。又遣烏蘭哈達		二月，蒙古遣諸王實喇爾伐西域。實喇爾以機木諸延、郭侃總	

	一二五九
	理宗開慶元年 蒙古憲宗九年
	婺州 滁、嚴、州
	五月，水，漂民廬。（志） 水。（志）
	五月，雨雹。（志）
海州 重貴山 安西堡	忠雅 利州、隆慶、順慶 合州 涪州
自交廣會于鄂。 四月，益都行省李璮攻海州。 七月，蒙古主留輜重于六盤山，率兵由寶雞攻重貴山，所至輒破。 十月，知隆慶府、楊禮守安西堡，敵兵擣城，率諸將兵射退之。 蒙古主遣史樞攻苦竹隘。 蒙古進圍長寧山，守將王佐、徐昕戰敗。	正月，蒙古兵攻忠雅，漸薄夔境。 蒙古兵破利州，隆慶、順慶諸郡，閬蓬、廣安守將相繼降。 二月，蒙古抵合州城下，俘男女萬餘。師圍城至六月，不克。 三月，蒙古軍中大疫，遂自烏江還北。 六月，呂文德乘風順攻涪州浮梁，力戰得入重慶，即
統諸軍，前後平西域克實密爾十餘國，轉鬥萬里，又西渡海，收富浪國。遣使獻捷，實喇爾途留鎮西域。	

公曆年號	天災：水災·災區	水災·災況	旱災·災區	旱災·災況	其他·災區	其他·災況	人禍：內亂·亂區	內亂·亂情	外患·患區	外患·患情	其他·亂區	其他·亂情	附註
									鄂州、臨安、瑞州	率艨艟千餘，泝嘉陵江而上。蒙古、史天澤分軍爲兩翼，順流縱擊。文德敗績，天澤追至重慶而還。八月，蒙古會兵渡淮。皇弟由大勝關，張柔由虎頭關，分道並進，南軍皆遁。			
									黃陂	九月，蒙古兵至黃陂，董文炳率死士數百人與南軍戰，南軍大敗。遂渡江，進圍鄂州，鄂州中外大震。			
									鄂州、臨安、瑞州、鄂州	蒙古兵至臨安入瑞州。十一月，蒙古兵圍鄂州，焚城外居民。將退，會高達等引兵至，賈似道亦屯漢陽爲援，蒙古乃復進攻，遣徹辰巴圖爾領兵。都統張勝以軍出襲之，蒙古兵勢盛，勝戰死，達嬰城固守。			
									橫山、	蒙古烏蘭哈達率騎兵三千，蠻獠萬人，破橫山，徇內			

	一二六〇
	理宗景定元年 蒙古世祖中統元年
	五月，祈雨。（圖）
	二月，雨雹。（志） 四月，揚州大火。（志）
	德慶府
	七月，冷應澂知德慶府。前守政不立，縱豪吏漁獵峒獠，遂爲變。逼城六十里而營。應澂未入境，馳檄諭之曰，汝等不獲已至此，新太守且上，轉禍爲福，一機也。脅從影附，亦宜早計去就，否則不免矣。獠欲自歸不果，衆稍引去。應澂知其勢解，即厲士馬出不意，一鼓擒之。
賓州、象州、靜江、潭州	淮安
地。守將陳兵六萬以俟。烏蘭哈達使阿珠擊敗之。乘勝蹴賓、象二州，入靜江府。連破長江，直抵潭州。南軍斷其歸路，烏蘭哈達出南軍後，命阿珠夾擊南軍敗走，遂壁潭州城下。十二月，蒙古烏蘭哈達攻潭州甚急，帥臣向士璧極少守禦。聞蒙古後軍且至，遣王輔佑帥五百衆覲之，遇南嶽市，大戰卻之。	正月，蒙古張傑、閻旺作浮橋於新生洲，烏蘭哈達兵至，傑等濟師北還。賈似道用劉整計，命夏貴以舟師攻斷浮橋。進至白鹿磯，殺殿兵七百十人。二月，蒙古兵過分甯、武甯二縣，河湖柴都監張興宗死之。三月，張世傑遇蒙古兵蘋草坪，奪還所俘。六月，李璮攻侵淮安，主管制置使事李庭芝擊敗之。
	七月，蒙古主自將討額將布格。九月，蒙古巴崇、哈坦合軍與琿塔坦大戰於甘州東，殺琿塔哈、阿勒達爾，關隴悉平。

公曆	年號	天災						人禍						附註
		水災		旱災		其他		內亂		外患		其他		
		災區	災況	災區	災況	災區	災況	亂區	亂情	患區	患情	亂區	亂情	
一二六一	理宗景定二年 蒙古世祖中統二年	浙東	水。(志)								七月，蜀帥俞興以劉整叛，移檄討之。蒙古劉元振助整守瀘。興進軍圍之，未幾蒙古援兵至，元振與整出城合擊，興大敗而還。		十一月，蒙古主與額埒布格戰于實默圖諸爾之地，諸王哈坦等斬其將多爾濟及兵三千人。塔齊爾分道奮擊，大破之。額埒布格北遁。	
一二六二	理宗景定三年 蒙古世祖中統三年	臨安、安吉、嘉興	二月，屬邑水，民溺死者衆。(圖)	臨安	二月，饑。	眞定、順天、邢州 浙西 浙東、西 河間、	五月，蝗。(志) 蝗。(志) 八月，螟。(志) 隕霜害			淄州 濟南、	二月，蒙古江淮大都督李璮殲蒙古戍兵，以漣、海三城來歸，獻山東郡縣，引麾下等舟艦還攻益都，入之。發府庫以犒師，遂復淄州。三月，蒙古命史樞、阿珠各將兵赴濟南，李璮帥衆出			

	一二六三
	理宗景定四年 蒙古世祖中統四年
	河間、益都、燕京、眞定、東平諸路
	六月，祈雨。(圖) 六月，蝗。(志) 八月，眞定路旱。
平灤、廣甯、西京、宣德、北京	武州　燕京、河間、開平、隆興、四路屬總　濱、棣二州
稼。(志)	四月，隕霜殺稼。(志) 七月，雨雹害稼。(志) 八月，蝗。(志)
高苑　蘄縣　三齊	
掠輜重將及城北，蒙古兵邀擊大破之，斬首四千，璮退保濟南。戊寅蒙古萬戶韓世安大破李璮兵於高苑。五月，夏貴復蘄縣。蒙古主命諸王哈必齊總諸道兵擊李璮，璮率軍來攻，軍士遇伏皆死。七月，李璮死，城中人已開門迎降，三齊復爲蒙古所有。九月，蒙古濠州萬戶張宏略破宿、蘄二州。	三月，蒙古都元帥汪良臣攻重慶，朱禩孫出師拒之。良臣塞其歸路，引兵橫擊，斷南師爲二。南師敗走，其趨城不及者，悉爲蒙古所殺。
	紹興
	火。(志)
	臨安府
	大火。(志)

公曆	年號	天災：水災 災區	水災 災況	旱災 災區	旱災 災況	其他 災區	其他 災況	人禍：內亂 亂區	內亂 亂情	外患 患區	外患 患情	其他 亂區	其他 亂情	附註
					（志）十一月，東平、大名等旱。（志）	福州	十一月，颶風。（志）							
一二六四	理宗景定五年 蒙古世祖至元元年	蒙古真定、順天、大名、曹、德等府州	是歲，蒙古真定、順天、河間、順德、大名、濟南、東平、泰安、高唐、洛、滋、曹、濮、濟、博、德、濱、棣等府州大水。（志）	蒙古、東平、太原、平陽	四月旱。（志）六月，祈雨。（圖）			常山	六月，知衢州謝堅因土寇詹沔焚掠常山縣，棄城遁。	漢城	四月張喜攻蟠龍城，爲蒙古安撫使楊武安所敗。喜潰師宵遁。夏，夏貴攻虎嘯山，焦德裕擊之，敗貴於鵝谿。			

一二六五	度宗咸淳元年 蒙古世祖至元二年	大名	九月、蒙古、大名大水。（志）			益都	七月，蒙古、益都大蝗，饑。（志）			廬州、安慶 潼川	二月，南軍與蒙古元帥約哈蘇戰于釣魚山而敗，沒戰艦百四十六艘。八月，蒙古元帥阿珠率兵至廬州，及安慶諸路統制范勝，統領張林，正將高迪迎戰，皆死之。夏貴率軍五萬攻潼川，蒙古都元帥劉元禮所領纔數千，出戰，貴軍卻走，復大戰於蓬溪，貴兵大敗。
一二六六	度宗咸淳二年 蒙古世祖至元三年			京兆、鳳翔	旱。（志）七月，祈雨。（圖）	東平、濟南、益都、平灤、眞定、洺磁、順天、中都、河間、北京	是歲，蝗。			開州	十月，蒙古總帥汪惟正遣將由間道襲開州，楊文安遣千戶王福引兵助之，福先登，城遂陷，守將龐彥海投崖死。

公曆	年號	天災：水災 災區	水災 災況	旱災 災區	旱災 災況	其他災 災區	其他災 災況	人禍：內亂 亂區	內亂 亂情	外患 患區	外患 患情	其他亂 亂區	其他亂 亂情	附註
一二六七	度宗咸淳三年 蒙古世祖至元四年									襄陽、南郡	八月,蒙古都元帥阿珠侵襄陽,遂入南郡,取僊人、鐵城等柵,俘生口五萬。軍還,南師邀之襄、樊間,中伏大敗,死者萬餘人。			
一二六八	度宗咸淳四年 蒙古世祖至元五年		十二月,蒙古以中都、南京、北京、州郡大水,免田科。(志)							沿山	十一月,襄陽軍攻沿山諸寨,爲阿珠所敗,被殺甚衆。			
一二六九	度宗咸淳五年 蒙古世祖至元六年	蒙古益都、淄萊	是歲,大水。	恩州、曹州、開元、東昌、大名、東平、濟南、高唐、固安	饑。(志)	河南、河北、山東諸郡	蝗。(志)			復州、臨安府、京山等處	正月,蒙古、阿珠率衆,侵復州、德安府、京山等處,掠萬人而去。			
										樊城	三月,蒙古、阿珠自白河率兵圍樊城,張世傑將兵拒之,戰于赤灘浦,敗績。			
										新郢	七月,夏貴襲蒙古、阿珠于新郢,敗績。士卒溺漢水死			

					七月，祈雨。(圖)						者甚衆，戰艦五十艘，皆沒。范文虎以舟師援貴，至灌子灘，亦爲蒙古所敗。			
一二七〇	度宗咸淳六年 蒙古世祖至元七年	台州 台州 安吉州 嘉興、華亭	五月，大雨水。(志) 九月，台州大水。(圖) 十月，大水。(志) 閏十月，安吉州水。(圖) 十一月，嘉興、華亭兩縣水。(志)	應昌府、及山東淄萊路 南京、河南兩路	江南，大旱。(志) 饑。(志) 旱。(志)					嘉定、重慶等地 光州	二月，襄陽出步騎萬餘人，兵船百餘艘，攻蒙古萬山堡，爲萬戶張宏範等所敗。 五月，四川制置司遣都統牛宣，與伊蘇岱爾、嚴忠範等，戰于嘉定、重慶、釣魚山、馬湖江，皆敗。宣爲蒙古所獲，遂破三砦。 六月，伊蘇岱爾侵光州。			
一二七一	度宗咸淳七年 元世祖至元八年	重慶府等地	※五月，諸暨縣大水，漂廬舍。重慶府江水泛溢者			江南 嘉定府	大饑。(志) 城毀者三。(志)			虎門	六月，范文虎將衞卒及兩淮舟師十萬，進至虎門，時漢水溢，阿珠夾漢東西爲陳，別令一軍擊其前鋒，諸將鼓譟，文虎軍逆戰不利，夜遁去。蒙古俘其軍，獲戰			※注：「本年十一月蒙古建國號曰大元。」

公曆年	號	天災：水災 災區	水災 災況	旱災 災區	旱災 災況	其他災 災區	其他災 災況	人禍：內亂 亂區	內亂 亂情	外患 患區	外患 患情	其他亂 亂區	其他亂 亂情	附註
			三、漂城壁壞樓櫓。（志）								船甲仗，不可勝計。七月，襄陽遣將米興國攻蒙古百丈山營，爲阿珠所敗，追至湍灘，殺傷二千餘人。			
										膠州	九月，統制范廣攻膠州，爲蒙古千戶蔣德所敗。			
一二七二	度宗咸淳八年 元世祖至元九年	紹興府	八月，紹興府六邑水。（圖）			襄陽	冬，饑人相食。（志）			樊城	三月，元阿珠、劉整、阿爾哈雅破樊城外郛，守將堅閉內城，阿珠等圍之。			
										漣州	四月，元庫春侵漣州，破射龍溝、五港口、鹽場、白頭河城堡。			
										襄陽	五月，荊、湖制置使李庭芝遣都統張順、張貴率舟師援襄陽，貴率先，順殿之，乘風破浪，徑犯重圍，至磨洪灘，順等乘銳斷鐵撤栰數百，轉戰百二十里，元兵皆披靡。			

	（續上年）	一二七三
年號		度宗咸淳九年 元世祖至元十年
水災		元諸路大水，賑米凡五十四萬餘石。（志）
地區		沿江制置使所轄四郡
旱災		夏秋旱。（圖）
蝗災		元、諸路蝗。（志）
地區	襄陽	樊城
事件	八月，張貴既入襄陽，欲還郢，乃率所部至小新河，阿珠、劉整分率戰艦邀擊，貴以死戰拒至龍尾洲，與元軍戰，所部殺傷殆盡，貴被執而死。	正月，阿珠以銳師薄樊城，城遂破，都統制范天順死之，部將牛富率死士百人巷戰，元兵死傷者不可計。樊被圍四年，至是淪陷。
地區	成都	襄陽
事件	十二月，西川安撫使昝萬壽遣兵攻成都，元簽省嚴忠範戰敗，同知王世英等八人棄城遁，遂毀其城。	二月，京西安撫副使呂文煥以襄陽叛降元。

公曆	年號	天災						人禍						附註
		水災		旱災		其他災		內亂		外患		其他亂		
		災區	災況	災區	災況	災區	災況	亂區	亂情	患區	患情	亂區	亂情	
一二七四	度宗咸淳十年 元世祖至元十一年	廬州	三月,水。(志)	廬州	旱。(志)	元諸路	蟲災,凡九所,發米七萬五千石,粟四萬石,以賑之。			郢州	九月,巴延與阿珠率軍循漢水趨郢州,不拔,乃舍郢順流而下,遣總管李庭、劉國傑攻黃家灣堡,拔之。十月,元軍之去郢也,副都統趙文義帥精騎二千追,巴延、阿珠還軍迎擊之,及泉子湖,文義力戰而敗,巴延擒殺之,其士卒死者五百人,餘衆皆潰。元軍進至沙洋。			*續資治通鑑:「八月,大霖雨,天目山崩,水涌流安吉、臨安、餘杭,溺死者無算。」
		紹興府	四月,大雨水。(志)	長樂、福清	大旱。(志)					沙洋、新城、雲安、羅拱、高陽	元進薄新城,元楊文安自達州進趨雲安軍,至馬湖江,與南師遇,大破之,遂拔雲安、羅拱、高陽城堡。十二月,巴延遣阿喇罕將奇兵倍道襲沙蕪口,奪之。巴延遣阿爾哈雅督萬戶張宏範等進薄陽邏堡,夏貴引麾下三百艘先遁,沿流東下,縱火焚西南岸大			
		臨安府、安吉、武康	八月,水。*(志)											

			鄂州	掠，還盧州，陽邏堡遂破。王達領所部八千人及定海水軍統制劉成俱戰死。巴延趨鄂州，權守張晏然以州降，程鵬飛亦以其軍降。沿江諸郡皆望風款附。
一二七五	恭宗德祐元年（元世祖至元十二年）	六月，民患疫而死者不可勝計。天甯寺死者尤衆。（圖）	黄州	正月，元兵入黄州。
			禮義城	元東川副都元帥張德潤拔禮義城，殺安撫使張資。
			蕲州	元兵攻蕲州，知州管景模以城降。
			江州	元兵侵江州。
			池州	元兵攻池州，都統張林開門降。賈似道以精鋭七萬餘人盡屬孫虎臣，軍于池州之下流丁家州，夏貴以戰艦二千五百艘横亘江中，似道自將後軍。魯港，巴延、合擊之。似道等大敗，殺溺死者，不可勝計，軍資器械，

公曆年號	天災：水災 災區	天災：水災 災況	天災：旱災 災區	天災：旱災 災況	天災：其他 災區	天災：其他 災況	人禍：內亂 亂區	人禍：內亂 亂情	人禍：外患 患區	人禍：外患 患情	人禍：其他 亂區	人禍：其他 亂情	附註
										盡爲元所獲。			
									饒州	元軍攻饒州，通判萬道同以城降。			
									臨江軍	元兵攻臨江軍，知軍鮑廉死之。			
									嘉定	元兵攻嘉定，都統侯興力禦，死之。			
									建康	三月，元巴延入建康。			
									無錫	元兵攻無錫縣，知縣阮應得出戰，一軍皆沒。			
									廣德軍	知廣德軍令狐槩以城降元，張世傑遣將閻順復廣德軍。四月，元兵入廣德軍。			
									岳州	元阿爾哈雅攻岳州，岳州總制孟子縉舉城降。			
									沙市	元兵入沙市城。			
									江陵等處	元阿爾哈雅攻江陵，湖北制置副使高達累戰敗，遂與朱禩孫等出降，於是歸、峽、郢、復、鼎、澧、辰、沅、靖、隨、常、德、均、房諸州相繼皆降。			

眞州	阿珠攻眞州，知州苗再成，宗子趙孟錆帥兵大戰于老鸛觜，敗績。
揚州	阿珠乘勝進趣揚州，姜才逆之於三里溝，敗之。阿珠乃圍困之。
甯國	五月，元兵攻甯國縣。
常州	環衛官劉師勇復常州。
蒲圻、通城、崇陽	吳繼明復蒲圻、通城、崇陽三縣。
	六月，揚州都統姜才、副將張林率步騎二萬人，乘夜攻，元阿珠大敗才軍，士卒死者萬餘人。
焦山	七月，張世傑與劉師勇、孫虎臣等大出舟師萬餘艘，次於焦山，元阿珠以火攻之，諸軍死戰，欲走不能前，多赴江死，張宏範、董文炳、劉國傑復以銳卒橫衝，世傑不復能軍。
平江	八月，吳繼明復平江縣。
呂城	劉師勇攻呂城，破之。
泰州	九月，元兵入泰州，孫虎臣

公曆	年號	天災 水災 災區	災況	旱災 災區	災況	其他 災區	災況	人禍 內亂 亂區	亂情	外患 患區	患情	其他 亂區	亂情	附註
											自殺。			
											揚州都統姜才率步騎萬五千人，攻元灣頭堡，爲阿朮所敗。			
											元兵攻呂城，張彥被執。			
										常州	元兵攻常州久不下。			
										潭州	十月，李芾至潭州，元游騎已入湘陰、益陽諸縣。			
										揚州	元阿朮攻揚州，築長圍困之，城中食盡，死者枕籍滿道。			
										常州	常州告急，朝廷遣張全將兵二千救之，知平江府，文天祥亦遣部將尹玉、麻士龍、朱華將兵三千，隨全赴援。			
										溧水	十一月，銅關將貝寶、胡巖起攻溧水，敗死。			
										廣德軍	元兵入廣德軍四安鎮。			
											元將宋都木達等長驅而進，所至莫當其鋒，不數日			

江西　取江西十一城，進逼撫州。

興化　元兵入興化縣，知縣胡洪辰死之。

常州　元巴延屠常州。元兵破獨松關。

江陰軍　元董文炳破江陰軍。

平江府　十二月，巴延入平江。

潭州被圍，李芾拒守三月。

一二七六

恭宗德祐二年

元世祖至元十三年

揚州　正月，饑。三月，穀價騰踴，民相食。（志）

潭州　潭州城破，民舉家自盡，城無虛井，縊林木者相望。

安吉州　元兵圍安吉州。元巴延至長安鎮，巴延進次皋亭山，阿喇罕，董文炳之師皆會，游騎至臨安北關。

三月，元兵擁帝至瓜州，南軍謀掇帝，不克。

曆年號	天災						人禍						附註
	水災		旱災		其他		內亂		外患		其他		
	災區	災況	災區	災況	災區	災況	亂區	亂情	患區	患情	亂區	亂情	

公曆	年號	天災 水災 災區	天災 水災 災況	天災 旱災 災區	天災 旱災 災況	天災 其他災 災區	天災 其他災 災況	人禍 內亂 亂區	人禍 內亂 亂情	人禍 外患 患區	人禍 外患 患情	人禍 其他 亂區	人禍 其他 亂情	附註
一二七六	元　世祖至元十三年　宋端宗景炎元年	濟甯	十二月,水。(志)	平陽路	十二月,大旱。(志)				五月,宋陳宜中、張世傑等奉益王昰即帝位於福州府。以趙晉爲江西制置使,進兵邵武,謝枋得爲江東判置使,進兵饒州,李世逵、方興等進兵浙東,吳浚爲浙東招諭使,鄒渢副之,毛統由海道至淮,約兵會合,仍詔傅卓、翟國秀等分道出兵,先後均爲元軍所擊破。					
								重慶	十二月,元東、西川守將合兵萬人圍宋重慶,大肆剽掠。					
一二七七	世祖至元十四年　宋端宗景炎二年	漢甯路、曹州定陶、武清二縣、濮州堂邑	六月,濟甯路雨水,平地丈餘,損稼,曹州定陶、武清二縣、濮州堂邑					兩浙　福建　廣東　江西　諸郡	宋文天祥、張世傑仍與元兵相周旋于江西、福建、廣東各處,軍民死者頗多。元將索多至興化,宋陳瓚閉					

公曆	年號	天災：水災區	天災：水災況	天災：旱災區	天災：旱災況	天災：其他災區	天災：其他災況	人禍：內亂區	人禍：內亂情	人禍：外患區	人禍：外患情	人禍：其他亂區	人禍：其他亂情	附註
			縣雨水沒禾稼。(志)						城堅守，城破，巷戰終日，屠其民，血流有聲。					
		冠州永年	十二月，水。(志)											
一二七八	世祖至元十五年 宋端宗景炎三年 宋帝昺祥興元年			四京 咸淳等郡	正月，饑。(志) 二月，饑。(志)	海州贛榆	閏十一月，雨雹傷稼。(志)	潮州	二月，宋主還廣州。遂春令索多攻潮州，宋知州馬發城守益備，索多日夜攻，凡相拒二十餘日而敗。索多屠其民。					
一二七九	元世祖至元十六年 宋帝昺祥興二年	保楚等路	十二月，水。(志)	臨洮、鞏昌、通安等十驛 趙州	五月，饑。(紀) 七月，旱。(志)	大都等十六路	四月，蝗。(志)		張世傑所部仍與元兵相持，然多爲元兵所敗，惟南安縣李梓發等守城，元兵屢攻不下，死者數千，力不支，十五日而城下，元兵屠之。				七月，范文虎征日本。	

一二八〇	世祖至元十七年	磁州永平、大都、北京、懷孟、保定、東平、濟甯等路	正月，水。（志） 八月，水。（志）	高郵郡	三月，饑。（志）	忻、漣、海、邳、宿等州	五月，蝗。（志）	汀漳二州	八月，漳州陳吊眼聚黨數萬，刼掠汀、漳。十二月，鄂勒哲圖破陳吊眼，復與副帥高興討陳桂龍等，斬首二萬級，桂龍遁走。		十月，鬼國叛，詔雲南、湖廣、四川合兵三萬人討平之。		五月，以萬人征緬國。八月，以日本殺使者，派范文虎及水軍元帥張禧領水軍萬戶征日本，遇颶風，文虎等戰艦悉壞。	
一二八一	世祖至元十八年	遼陽、懿州、蓋州、保定、清苑	二月水。（志） 十一月，水。（志）	浙東 遼陽、懿、蓋、北京、大定諸州 通、泰二州 瓜州 松山	二月，饑。（紀） 二月，旱。（紀） 三月，饑。（紀） 五月，饑。（紀） 十二月，旱。（紀）	高唐、夏津、武城等縣	十二月，蟊害稼。（紀）	漳州 雲南	十月，陳吊眼聚衆十萬，連五十餘寨，扼險自固，爲高興所破，斬之，漳境悉平。 十二月，盜起雲南，號數十萬，不久卽平。				八月，復征日本，渡海遇颶風而逃，爲日本覘知，殺蒙古、高麗、漢人。十萬之衆，得逃還者三人。	
一二八二	世祖至元十九年			燕南、河北、山東、眞定路	旱。（志） 九月，饑。（志）		四月，別十八里部東三百餘里蝗害麥。（志） 八月，雨雹，大如雞卵。（志）							

公曆	年號	天災：水災 災區	水災 災況	旱災 災區	旱災 災況	其他災 災區	其他災 災況	人禍：內亂 亂區	內亂 亂情	外患 患區	外患 患情	其他禍 亂區	其他禍 亂情	附註
一二八三	世祖至元二十年	太原、懷孟、河南等路 衛輝路 南陽府 唐、鄧、裕、嵩四州 涿州	六月，沁河水湧溢壞民田一千六百七十餘頃。（志） 清河溢，損稼。 河水溢，損稼。（志） 十月，巨馬河溢（志）					建寧路 湖南、湖北	六月，以征日本，民間騷動，盜賊竊發。九溪十八洞蠻獠叛。詔四川行省討平之。十月，建寧路管軍總管黃華叛，衆幾十萬，犯崇安、浦城等縣，圍建寧府。命劉國傑討平之。 十二月，湖南、北盜賊，乘舟縱橫刼掠，行省平章哈喇哈斯討平之。				五月，征日本。發萬人。去年六月，占城叛。是月，索多率戰船千艘出廣州伐之。占城迎戰，兵號二十萬，索多率敢死士擊之。斬首幷溺死者五萬餘人。又敗之於大浪湖，斬首六萬級。占城降。 九月，征日本。	
一二八四	世祖至元二十一年	保定、河間、濱、棣州	六月大水。（志）					邕州、賓州、梧州、衡州、韶州 漳州	二月，邕州、賓州民黃大成等叛。梧州、衡州、韶州民相挻而起。湖南宣慰使薩里曼將兵討之。 漳州盜起。命江浙行				二月，命呼圖特穆爾征緬，爲緬所衝潰，敕播田楊二家二千從征緬，平之。命阿塔哈發兵萬五	

	一二八五	一二八六	
	世祖至元二十　年	世祖至元二十三年	
	南京、彰德、大名、河間、順德、濟南等路 高郵、慶元	華陰 杭州、平江二路	
	秋，河水壞田三千餘頃。（志） 大水，傷人民七百九十五戶，破廬舍三千九十區。（志）	六月，大雨，潼谷水湧，平地三丈餘。（志） 水壞民田一萬七千二百	
		汴梁 京畿 宣甯路 涿易二州	
		五月，旱。（志） 七月，饑。（志） 十一月，涿、易二州良鄉、寶	
獲安		婺州	
省調兵進討。十二月，獲安盜起。討平之。		八月，婺州永康縣民陳選四等謀反，平之。	
千人、船二百艘助征占城，船不足，命江西省益之。十二月，鎮南王托歡分六道攻安南。	五月，托歡兵擊陳日烜，敗之，遂入其城。及托歡引還，日烜遣兵來追，素多、李恒戰死。	二月，征交趾。	

公曆	年號	天災·水災·災區	天災·水災·災況	天災·旱災·災區	天災·旱災·災況	天災·其他·災區	天災·其他·災況	人禍·內亂·亂區	人禍·內亂·亂情	人禍·外患·患區	人禍·外患·患情	人禍·其他·亂區	人禍·其他·亂情	附註
		屬縣 大都、涿、順、檀、瀰、薊五州、汴梁、歸德七縣	頃。（志） 水。（志）	大都	坻縣饑。 十二月，饑。（紀）									
一二八七	世祖至元二十四年	霸州益津 東京、誼、靜、威、遼、婆娑等處	六月，雨水。（志） 九月，水。（志）	平陽 平灤路、蘇、常、湖、秀四州	春旱，二麥枯死。（志） 九月，饑。（志）十二月，饑。（志）	大定、金源、高州、武平、興中等處	九月，雨雹。（志）	咸平 處州、溫州 徽州 肇慶	六月，納顏叛。七月，納顏餘黨犯咸平。旋討平之。 十一月，處州盜詹老鷂，溫州盜林雄起，高興討平之。獲二百餘人，斬於溫州。 徽州盜汪千十等亂，平之。 廣東羣盜起，寇肇慶，其魁鄧大獠居前寨，劉大獠居後寨，破之，斬劉、鄧二人，捕民結賊者，皆杖殺之。				正月，詔發江淮、江西、湖廣三省蒙古漢券軍七萬人，船五百艘，雲南兵六千人，海外四川、黎兵萬五千，命海道運糧萬戶張文虎等運糧十七萬石分道而進，征交趾。十二月，烏訥爾從海道經玉山、雙門、安邦口，遇交趾船四百餘	

	一二八八
	世祖至元二十五年
	膠州；太原、汴梁二路
	七月，大水，民采橡爲食。（志）十二月，河溢，害稼。（志）
	東平路須城等六縣、安西路商、耀、乾、華等十六州，兀良合部
	旱。（志）十一月，饑。（志）
	靈壁、虹縣；眞定、汴梁；趙、晉、冀三州
	三月，雨雹如鷄卵，害麥。（志）七月，蝗。（志）八月，蝗。
	封州、梅州、漳浦、長泰、龍溪、汀、贛；廣東循州
	正月，賀州賊七百餘人焚掠封州諸郡，循州賊萬餘人掠梅州。三月，循州賊萬餘人寇漳浦，泉州賊二千人寇長泰、汀、贛，畲民千餘人寇龍溪，皆討平之。四月，廣東民董賢舉，循州民鍾明亮，各擁衆萬餘，相繼起，皆稱大老，明亮勢尤猖獗，詔遣江浙行省丞相
艘，擊之，斬四千餘級，生擒百人。與交趾凡十七戰皆捷。命烏訥爾將水兵，阿巴齊將陸兵徑趨交趾城下。敗其守兵，陳日烜與其子棄城走，敢喃堡，諸軍攻下之。	敕發從諸王珠納北征。九月，哈都犯邊，十一月，巴圖額森托迎擊死之。
	正月，陳日烜復走入海，鎮南王以諸軍追之，不及。又發兵攻其諸寨，破之。三月，阿巴齊率衆攻陳日烜，將士多被疫，不能進。諸蠻復叛，所得險要皆失守，遂謀引還。日烜復集散兵三十萬守禦東關，過

公曆	年號	天災：水災：災區	水災：災況	旱災：災區	旱災：災況	其他災：災區	其他災：災況	人禍：內亂：亂區	內亂：亂情	外患：患區	外患：患情	其他禍：亂區	其他禍：亂情	附註
一二八九	世祖至元二十六年	紹興 東昌	二月，大水。（志） 三月，沙河決。（紀） 五月，御河溢入安山渠漂	合木裏部 安西、甘州等路 遼陽路 絳州	二月，饑。（志） 三月，饑。（志） 四月，饑。（志） 大旱。（志）	平陽、大同、保定等郡	夏，大雨雹。（志）	湖南 青田、麗水 南安、瑞、贛 柳州、 潮州 湖頭 長泰、 浙東	發四省兵討之。 湖南盜詹一仔誘衡、永、寶慶、武岡人嘯聚四望山，久不能討。劉國傑破降之。 六月，處州賊柳世英寇青田、麗水等縣，討平之。 七月，南安、瑞、贛三路連歲盜起，民多失業。 十一月，柳州民黃德清叛， 潮州民蔡猛等拒殺官軍。旋討平之。 十二月，湖頭賊張治囝掠泉州。 賊鍾明亮寇長泰縣，福、漳二州兵討平之。 二月，台州賊楊鎮龍據玉山反，僭稱大興國。有兵十二萬，以七萬攻東陽、義烏、餘姚、		七月，哈都犯邊。		托歡歸路，諸軍且戰且行日數十合，賊據險發毒矢，將士裹瘡以戰，樊楫、阿巴齊皆死。托歡無助而還。	

東昌民廬舍。

平灤路 六月，水壞田稼一千一百頃。（志）七月，御河溢。（紀）

霸州 八月，大水。（紀）

武平路 閏十月，饑。（志）

檀州、灤州 十二月，饑。

河間、保定二路 饑。（志）

嵊、新昌、天台、永康，浙東大震，宗王昂吉爾岱帥師討之。十一月，賊平。

梅州、漳州等 閏月，廣東賊鍾明亮復反，以衆萬人寇梅州，江羅等以八千人寇漳州，又韶雄諸賊二十餘處皆舉兵應之，聲勢甚張，詔福建、江西省合兵討之。

武義 婺州賊葉萬五以衆萬人寇武義縣，殺千戶。

龍巖 漳州賊陳機察等八千人寇龍巖，執千戶張武義，與楓林賊合，福建行省兵大破之，賊降。

肇慶、金林、道州 十二月，太獠爲亂。湖廣行省左丞劉國傑率兵入肇慶，攻閆太獠，尋又攻曾太獠于金林，破走之。國傑鑿

公曆	年號	天災・水災・災區	天災・水災・災況	天災・旱災・災區	天災・旱災・災況	天災・其他災・災區	天災・其他災・災況	人禍・內亂・亂區	人禍・內亂・亂情	人禍・外患・患區	人禍・外患・患情	人禍・其他亂・亂區	人禍・其他亂・亂情	附註
									山而入，賊衆五千人掩殺略盡，軍次賀州，士卒冒瘴疫，國傑亦病，乃移軍道州。廣東盜陳太獠寇道州，國傑討擒之，遂攻拔赤水賊寨。					
一二九〇	世祖至元二十七年	甘州、無爲路	正月水。(紀)	開元路、甯遠	二月，饑。(志)	河北十七郡	四月，蝗。(紀)	樂昌諸縣	二月，江西賊華大老、黃大老等掠樂昌諸縣，討平之。	遼東、海陽	正月，哈坦寇遼東、海陽。四月，哈坦復寇海陽。			
		江陰	五月大水。	平山、眞定、棗強	四月，旱。(紀)	靈壽元氏	大雨雹。(紀)	南豐諸縣	三月，建昌賊鄧元等稱大老，集衆千餘人，掠南豐諸縣，討斬之。	開元	五月，哈坦寇開元。九月，大破哈坦。			
		太康	六月，河溢，沒民田三十一萬九千畝。(志)	浙東、婺州、河間、任丘、保定、永興	饑。(志)	武平	七月，地震，武平尤甚，地陷，黑沙水涌出，壓死按察司官及總管府官王連等及七千餘人。	浙東	楊鎮龍餘衆剽浙東，總兵官討賊者多俘掠良民。					
		泉州	大水。(紀)	滄州、樂陵	七月，旱。(志)			甯國	太平縣賊葉大五集衆百餘，寇甯國，擒斬之。					
		廣州、清遠	八月，沁水溢，大水。(志)	河東、山西道	九月，饑。(志)			贛州	五月，鍾明亮降而復叛，率衆寇贛州。					
		江陰、甯國等路	十月，大水，民流水者四十餘萬戶。(紀)											

十一月，河決祥符義唐灣，太康、通許、陳、潁尤被其患。（紀）

雄霸、任邱、新安　易水溢，雄霸、任邱、新安田廬漂沒。（志）

婺州、永康、東陽、處州、縉雲　五月，賊呂重二、楊元六等反，浙東宣慰使史弼擒斬之。

泉州、南安　泉州、南安賊陳七師反，討平之。

武平　九月，武平盜賊乘地震爲剽掠，民愈憂恐，特穆爾以便宜蠲租，賊盜乃平。

青山　十二月，興化路仙遊賊朱三十五集衆寇青山，萬戶李綱討平之。

溫州平陽　處州青田賊劉甲乙等集衆千餘人，寇溫州平陽。

江西　江西盜起，掠奪男女，討平之。

鄱　龍泉寇爲寇，亂鄱縣，盡殺之。

公曆	年號	天災·水災·災區	天災·水災·災況	天災·旱災·災區	天災·旱災·災況	天災·其他災·災區	天災·其他災·災況	人禍·內亂·亂區	人禍·內亂·亂情	人禍·外患·患區	人禍·外患·患情	人禍·其他亂·亂區	人禍·其他亂·亂情	附註
一二九一	世祖至元二十八年	常德路	二月，水。(志)	杭州等路	三月，杭州等五路饑。(志)	平陽路	八月，地震，壞廬舍萬八百區。(志)							
		浙東	八月，水。(志)	溧陽等五路	饑。(志)	景州等縣	九月，霖雨害稼。(志)							
		婺州、保定、河間、平源三路	九月，大水。(志)	武平	饑。(志)									
				大都	十二月，饑。(志)									
				遼陽	饑。(志)									
一二九二	世祖至元二十九年	龍興路、南昌、新建、進賢	五月，水。(志)	清州、興州	正月，饑。(志)	東昌、濟南、陽、歸德等郡	六月，蝗。(志)	忠州	閏月，思州、黃勝許恃其險遠，與交趾爲表裏，聚衆二萬，據思州。劉國傑討之，十二月，平。				五月，征爪哇。(紀)	
		鎮江、常州、平江、嘉興、湖州、松江、紹興等路	六月，水。(志)	輝州龍山、里州、和中	三月，饑。(志)			湖廣辰州	十二月，變叛。				七月，高興等將萬人征爪哇。	
		揚州、甯國、太平三郡	大水。(志)	東安、固安、薊、棣	饑。(志)								八月，征八百媳婦國。	
		岳州華容	水。(志)	四州、威甯	饑。(志)									
				昌州、南陽懷孟、衛輝等路	閏六月，饑。(志)									

一二九三	世祖至元三十年	浙西平灤路	五月，大水。(紀)十月，大水。(志)	京師	十月，饑。(志)								三月，征爪哇還，士卒死者三千人。(紀)
一二九四	世祖至元三十 年	趙州甯晉、遼陽	八月，水(志)十月，大水。(志)			即墨、東安州、德州德安	四月，雨雹。(志)六月，蝗。(志)八月，大風，雨雹。(志)	遼陽、黔中、澧州、辰州	十月，遼陽行省民饑，起爲盜賊。黔中諸蠻復叛。又巴洞何世雄犯澧州，泊崖洞田萬頃、楠木洞孟再師犯辰州，招之不降，攻之不下。命劉國傑討平之。				
一二九五	成宗元貞元年	建康、溧陽州、太平、當塗、鎮江金壇丹徒等縣、常州、無錫、州、平江長洲、湖州烏程、鄱陽餘干州、常	五月，水。(志)	陝西環州、葭州及咸甯、伏羌、通渭等縣	六月，旱。(紀)旱。(志)	汴梁陳留、太康、考城等縣，睢、許、等州	六月，蝗。(志)						
				河間肅甯、樂壽	七月，旱。(志)								
				泗州、賀州	旱。(志)								

公曆年號	天災						人禍						附註
	水災		旱災		其他災		內亂		外患		其他亂		
	災區	災況	災區	災況	災區	災況	亂區	亂情	患區	患情	亂區	亂情	
	德、沅江、澧州、安鄉等縣												
	泰安州、奉符、曹州濟陰、複州磁陽等	六月，水。(志)											
	歷城	大清河水溢，壞民居。(志)											
	遼東和州、大都、武衛	七月，水。(志)											
	遼陽	八月，水。(紀)											
	廬州、平江二郡	九月，大水。(志)											

一二九六	成宗元貞二年	太原平晉、獻州交河、樂壽、莫州任丘、莫亭等縣、湖南醴陵州	五月，水。（志）	平陽、絳州、太原、陽曲、召州、黃巖、	四月，饑。（志）	濟寧、任城、魚臺、東平、須城、汶上、開州長垣、靖豐、德州齊河、滑州、大和州内黃	六月，蝗。（志）	思州	正月，思州叛賊黃勝許爲亂。
		大都路益津、保定、大興三縣	六月，水，損田稼七千餘頃。（志）	大名、開州、懷孟、武涉、河間	八月，旱。（志）	平陽、大名、歸德、眞德等郡	八月，蝗。（志）	昭、梧、藤、容等州	七月，廣西賊陳飛等寇昭、梧、藤、容等州，湖廣巴特瑪淶心鑾平之。
		眞定、古城、獲鹿、藁城等縣、保定、葛城、歸信、新安、東鹿、汝寧、潁州、濟寧、沛縣、揚廬、岳、澧、建	水。（志）	莫州、獻州	九月，旱。（志）			元江	八月，元江賊掠邊境。討平之
				化州	十月，旱。（志）			贛州	十月，贛州民劉六十聚衆至萬餘，建立名號，朝廷遣將討之。官軍擾民，盜勢益盛，董士選討平之。
				遼東、開元二路	十二月，旱。（志）				

公曆	年號	天災：水災 災區	水災 災況	旱災 災區	旱災 災況	其他災 災區	其他災 災況	人禍：內亂 亂區	內亂 亂情	外患 患區	外患 患情	其他亂 亂區	其他亂 亂情	附註
		康、太平、鎮江、常州、紹興等郡												
		棣州、曹州	八月，水。(志)											
		河南杞、封丘等五縣	九月，河決。(志)											
		開封	十月、河決。(志)											
		江陵潛江、沔陽、玉沙、淮安、海甯、朐山、鹽城等縣	十二月，水。(志)											

公元	年號	地區	水災	地區	旱災	地區	其他災害		內亂		外患		對外	
一二九七	成宗大德元年	歸德、徐州、邳州、宿遷、睢寧、鹿邑、河南、許州、臨潁、郾城、睢州、襄邑、太康、扶溝、陳留、開封、杞	三月，河水大溢，漂沒田廬。（志）	汴梁、南陽	六月，大旱，民鬻子女。（志）	太原、崞州	六月，雨雹害稼。（志）		八月，八百媳婦叛寇，討平之。		十月，擊哈都。哈都大敗。		八百媳婦國侵緬國，車里告急，命雲南省以二千或三千人往救。	
		汴梁	五月，河決，發民夫三萬五千塞之。	廣德路	饑。（志）	歸德、邳州、徐州	蝗。（志）							
		龍興、南康、澧州、南雄、饒州	水。（志）	甯海州	七月，饑。（志）									
		和州歷陽	六月，江水溢，漂廬舍一萬	鎮江、丹陽、金壇二縣	九月，旱。（志）									
				平陽、曲沃	十二月，旱。（志）									

公曆	年號	天災 水災 災區	水災 災況	旱災 災區	旱災 災況	其他災 災區	其他災 災況	人禍 內亂 亂區	內亂 亂情	外患 患區	外患 患情	其他禍亂 亂區	其他禍亂 亂情	附註
			八千五百區。(志)											
		郴州耒陽、衡州、	七月，大水，溺死三百餘人。(志)											
		鄱、溫州、平陽、瑞安二州	水，溺死六千八百餘人。(志)											
		常德、武陵	十一月，大水。(志)											
一二九八	成宗大德二年	汴梁、歸德、大名、東昌、平灤	六月，河決蒲口，凡九十六所，泛溢汴梁、歸德二郡，大名、東昌、平灤等路水。(志)	衛輝、順德、平灤等路	五月，旱。(志)	檀州	二月，雨雹。(志)		八百媳婦國爲小車里胡弄所誘，以兵五萬與夢胡龍甸土官及大車里胡念之子漢綱爭地相殺，又令其部由混干以十萬人侵蒙樣等，雲南省乞以二萬人征之。					
						燕南、山東、兩淮、江、浙、屬縣百五十處	四月，蝗。(志)							
						彰德、安陽	八月，雨雹。(志)							

一二九九	成宗大德三年	河間郡	八月，水。(志)	荆、湖諸郡、及桂陽、寶應、興國三路 揚州、淮安等郡 揚、廬、隨、黃等州	五月，旱。(志) 八月，饑。(志) 十月，旱。(志)	淮安屬縣	五月，蝗。(志)					
一三〇〇	成宗大德四年	保定、眞定二郡、通、薊二州 歸德、睢州	五月，水。(志) 六月，大水。(志)	湖北甯國太平二路 平棘、白馬 建康、常州、江陵等郡	二月，饑。(志) 三月，饑。(志) 旱。(志) 九月，饑。(志)	宣州涇縣、台州臨海	三月，雹。(志)		征八百媳婦。朝議調湖廣、江西、河南、陝西、江浙五省軍二萬人			
一三〇一	成宗大德五年	宣德、保定、河間、屬州、甯海州 濟甯、般陽、益都、	五月，水。(志) 六月，水。(志)	汴梁、南陽、衞輝、大名等路 江甯	六月，旱。(志) 九月，旱。(志)	商州 順德路、淇州 廣平、眞定等路	五月，隕霜殺麥。(紀) 六月，蝗。(志) 七月，蝗。(志)		二月，征八百媳婦，發四川、雲南囚徒從軍。三月，調雲南軍征八百媳婦。五月，調雲南行省自願征八百媳婦者二千人。		八月，哈都及都爾斡入寇。元兵五路合擊，所殺不可勝計。哈都旋死。都爾斡之兵殲盡。	

公曆	年號	天災：水災：災區	天災：水災：災況	天災：旱災：災區	天災：旱災：災況	天災：其他災：災區	天災：其他災：災況	人禍：內亂：亂區	人禍：內亂：亂情	人禍：外患：患區	人禍：外患：患情	人禍：其他亂：亂區	人禍：其他亂：亂情	附註
		東平、濟南、襄陽、平江七郡、大興路	七月，水。(紀)			河南、淮南、睢、陳、唐、和等州、新野、汝陽、江都、興化等縣	八月，蝗。(志)	雲南	五月，雲南土官宋隆濟叛，時劉得將兵由順元入雲南，調雲南右丞伊嚕納調民供饋。隆濟因給其衆。惑其言而叛。					
		崇明、通、泰、眞州、定江	江水暴雨大溢，高四五丈，連崇明、通、泰、眞州定江之地，漂沒廬舍被災者，三萬四千五百餘戶。(志)					貴州	六月，宋隆濟率猫狫、紫江諸蠻四千人攻楊黃寨，殺掠甚衆。攻貴州，知州張懷德戰死。遂圍劉深於窮谷中。梁王遣雲南行省平章綽和爾，參政布埒齊將兵救之，殺賊，斬首五百級，深始得出。八月，遣色辰額埒等將兵征金齒諸國，時征緬師還，爲金齒所遮，士多戰死，金齒地連八百媳婦，諸蠻相					
		遼陽大甯路	水。(紀)											
		浙西	浙西積雨泛溢，大傷民田。(紀)											
		平灤郡、順德路	八月，平灤郡雨，灤河溢，順德路水。(紀)											

公元	一三〇一（續）	一三〇二
年號		成宗大德六年
水災地區		上都 濟南路 歸德府、徐州、邳州、睢寧 東安州 廣平路
水災情況		四月，大水。（志） 五月，大水。（志） 雨五十日，沂、武二河合流，水大溢。（志） 渾河溢，壞民田一千八十餘頃。（志） 六月，大水。（志）
饑荒地區		福州 杭州、嘉興、湖州、廣德、寧國、饒州、太平、紹興、慶元、婺州等郡 大同路 建康路 保定路
饑荒情況		五月，饑。 六月，饑。（志） 饑。（志） 七月，饑。（志） 十一月，饑。（志）
蝗災地區		眞定、大名、河間等路 大都、涿、順、固安三州及濠州鍾離、鎮江丹徒二縣
蝗災情況		四月，蝗。（志） 七月，蝗。（志）
人禍地區	貴州	貴州
人禍情況	賊，不輸稅賦，賊殺官吏。十一月，羅鬼女子蛇節反，烏撒、烏蒙、東川、芒部諸蠻從之皆叛，陷貴州。命劉國傑等率雲南、四川、湖廣各省兵分道進討諸蠻，梁王提兵應之。國傑一鼓破走之，追戰數十里。	正月，宋隆濟累攻圍貴州，不解，劉深等糧盡，道梗不通，遂引兵還。隆濟復率衆遮之，委棄輜重，士卒殺傷殆盡。二月，遣陝西省平章伊蘇岱爾、參政汪惟勤將川、陝軍，湖廣平章劉國傑將湖廣軍征八番、順元諸蠻。三月，烏撒、烏蒙、東川、芒部及武定、威遠、普

公曆	年號	天災・水災・災區	天災・水災・災況	天災・旱災・災區	天災・旱災・災況	天災・其他災・災區	天災・其他災・災況	人禍・內亂・亂區	人禍・內亂・亂情	人禍・外患・患區	人禍・外患・患情	人禍・其他・亂區	人禍・其他・亂情	附註
一三〇三	成宗大德七年	濟南、河間等路	五月，水。(志)	眞定路	二月，饑。(志)	益都、濟南等路	五月，蝗。(志)		安諸蠻因蛇節之亂，起兵攻掠州縣，焚燒堡砦，遣伊蘇岱爾等將兵討之。					
		遼陽、大寧、平灤、昌國、瀋陽、開元、六郡	六月，雨水壞田廬，男女死者百十有九人。(志)	太原、龍興、南康、袁州、瑞州、撫州、等路、高唐、南豐等州	五月，饑。(志)	大寧路、太原、平陽、徐溝、祁縣、汾州、平遙、介休、西河、孝義等縣	六月，蝗。(志)	郴州	十二月，衡州袁舜一等誘集二千餘人侵掠郴州。討平之。					
		脩武、河陽、新野、蘭陽等縣	趙河、湍河、白河、七里河、沁河、潦河皆溢。(志)	淛西	六月，饑。(志)		八月，地震，太原、平陽尤甚。壞官民廬舍十萬計。太原、徐溝、祁縣及汾州、平遙、介休、西河、孝義等縣地震成渠，泉湧黑沙。汾州北城陷長一里，東城							
		海臨、寧海	台州風水大作，寧海、臨海二縣死五百	常德路	七月，饑。(志)									

			五十人。（志）				陷七十餘步。（志）
一三〇四	成宗大德八年	太原、陽武、衛輝、獲嘉、汴梁、祥符	五月，河溢。（志）	烏撒、烏蒙、益州、芒部、東川等路	六月，饑。（志）	益都、臨朐、德州、齊河	四月，蝗。（志）
		大名、滑州、濬州	雨，水壞民田六百十餘頃。（志）	鳳翔、扶風、岐山、寶鷄	旱。（志）	大寧路建州、蔚州、靈仙	五月，雨雹。（志）
		潮陽	八月，颶風，海溢，漂民廬舍。（志）	晉州、饒陽、漢陽、漢川	七月，旱。（志）	太原、大同、隆興屬縣陽曲、天成、懷安、白登、益津	風雹害稼。六月，蝗。（志）
				象州、融州、柳州屬縣	八月，旱。（志）	管州、嵐州、交城、陽曲、懷仁等縣。	八月，雨雹。（志）

公曆	年號	天災：水災災區	水災災況	旱災災區	旱災災況	其他災災區	其他災災況	人禍：內亂亂區	內亂亂情	外患患區	外患患情	其他禍亂區	其他禍亂情	附註
一三〇五	成宗大德九年	汴梁、武陽、思齊口	六月，河決。（志）	常甯州	三月，饑。（志）	大同路懷仁縣	四月，大同路地震，有聲如雷，壞官、民廬舍五千餘間，壓死二千人，懷仁縣地裂二所。（紀）							
		東昌、博平、堂邑	雨水。（志）	寶慶路	五月，饑。（志）	晉甯、冀甯、宣德、隆興、大同等郡	六月，大雨雹，害稼。（志）							
		潼川、鄄縣	雨，綿江、中江溢水，決入城。（志）	晉州饒陽、漢陽、漢川	七月，旱。（志）	通、泰、靖海、武清等州縣	蝗。（志）							
		龍興、撫州臨川三郡	水。（志）	象州、融州、柳州屬縣	八月，旱。（志）	涿州、良鄉、河間、南皮、泗州、天長等縣，及東安、海鹽等州	八月，蝗。（志）							
		泗陽、玉沙	七月，江溢。（志）	揚州	饑。（志）									
		嶧州、揚州、泰興、淮安山陽	水。（志）											
		歸德府甯陵、陳留、通許	八月，河溢。（志）											

		扶溝、太康、杞縣、大名元城縣	大水。(志)						
一三〇六	成宗大德十年	雄州、鄚州	五月，水。(志)	濟州、任城	三月，饑。(志)	大都、眞定、河間、保定、河南等郡	四月，蝗。(志)	雲南羅雄州、普定路	三月，雲南羅雄州、普定路諸蠻爲寇，討平之。
		平江、嘉興二郡	水害稼。(志)	漢陽、淮安、道州、柳州	四月，饑。(志)	鄭州管城	風雹，大如鷄卵，積厚五寸。(志)		十二月，瓊州臨高縣那蓬洞主王文何等作亂，伏誅。
		保定、滿城、清苑	六月，雨水。(志)	京畿	五月，旱。(志)		五月，大雨雹。(志)		
		大名、益都、定興等路	大水。(志)	安西	春夏大旱，二麥枯死。(志)	龍興、南康等郡	六月，蝗。(志)		
		平江路	七月，大風，海溢。(志)	黃州、沅州、永州	七月，饑。(志)	宣德縣	七月，雨雹。(志)		
		吳江州	大水。(志)	成都	八月，饑。(志)				
				揚州、辰州	十一月，饑。(志)				
一三〇七	成宗大德十一年	靖海、容城、束鹿、隆平、新城等縣	六月，水。(志)	杭州、平江等處	十一月，水。(志)	建州	五月，雨雹。(志)		十二月，齊塔察哈等擾檀州民，強取米粟六百餘石。
		冀寧、文水	七月，汾水溢。(志)						

公曆	年號	天災·水災·災區	天災·水災·災況	天災·旱災·災區	天災·旱災·災況	天災·其他災·災區	天災·其他災·災況	人禍·內亂·亂區	人禍·內亂·亂情	人禍·外患·患區	人禍·外患·患情	人禍·其他亂·亂區	人禍·其他亂·亂情	附註
		盧龍、灤河、遷安、昌黎、撫寧等縣	十一月，大饑。（紀）											
一三〇八	武宗至大元年	濟寧路	七月，雨，水平地丈餘，暴決入城，漂廬舍，死者十有八人。（志）	紹興、台州、慶元、廣德、建康、鎭江六路	正月，饑，死者甚衆，饑戶四十六萬有奇。（紀）	紹興、慶元、台州	春，大疫，死者二萬六千餘人。（志）		正月，江浙行省海賊出沒，殺虜軍民。					
		眞定路	淫雨，大水入南門，下注藁城，死者百七十八人。（志）	益都、般陽、濟寧、濟南、東平、泰安	二月，大饑。（志）	般陽、新城、濟南、厭次、益都、高苑	四月，風雹。（志）							
		彰德、衛輝	水，損稻田五千三百七十頃。（志）	山東、河南、江淮等郡	六月，大饑。（志）	管城	五月，大雹，深一尺，無麥禾。（志）							
						晉寧路	蝗。（志）							
						保定、眞定二郡	六月，蝗。（志）							
						大寧縣	八月，雨雹，害稼，斃畜牧。（志）							
						淮東	蝗。（志）							

公元	年號	地點	記事	地點	記事	地點	記事	地點	記事
一三〇九	武宗至大二年	歸德、汴梁、封丘	七月，河決歸德府，又決汴梁、封邱縣。(志)	眞定路、徐州、邳州	二月，饑。(志) 七月，饑。(志)	濟陰、定陶等縣	三月，雨雹。(志)		十一月，八百媳婦及大小徹里諸蠻作亂，詔遣雲南右丞索勒濟爾威往詔撫之，比至爲賊所賂，復肆攻掠，遂以敗還。
						益都、東平、東昌、順德、廣平、大名、汴梁、衞輝等郡	四月，蝗。(志)		
						崞州、金城、延安、精禾、	六月，雨雹，延安、神禾縣大雹一百餘里，擊死人畜。(志)		
						檀、霸、曹、濮、高唐、泰安等州、良鄉、舒城、歷陽、合肥、大安江、甯、句容、溧水、上元等縣	六月，蝗。(志)		
						濟南、濟	七月，蝗。(志)		

公曆	年號	水災災區	水災災況	旱災災區	旱災災況	其他災災區	其他災災況	內亂亂區	內亂亂情	外患患區	外患患情	其他亂區	其他亂情	附註
一三一〇	武宗至大三年	淯川、郢城、汝上三縣	六月，水。	廣平	夏，亢旱。(志)	靈壽、平陰等縣	四月雨雹。(志)	浙東、福建等處	十月，浙東、福建等處百姓騷動。					
		陝州	大雨水，溢死者萬餘人。(志)			甯津、堂邑、茌平、陽穀、平原、齊河、禹城七縣	四月，蝗。(志)							
		荆門州、汝州、六安州	六月，荆門州大水，山崩，壞官廨、民居二萬餘間，死者			磁州、威州、饒陽	七月，蝗。(志)							
						甯、般陽、河中、解、絳、耀、同、華等州，眞定、保定、河間、懷孟等郡	八月，蝗。(志)							
						陽曲	十二月，地震有聲。(志)							

		循州、惠州	二千餘，汝州、六安州、俱大水。七月，大水，漂沒廬舍二百九十區。（志）			元氏、平棘、滏陽、元城、無棣等縣冀甯路	十二月，地震。（志）	
一三一一	武宗至大四年	大都、三河、潞河、	六月，雨水害稼。（志）			甯夏路	三月，地震。（志）	五月，命雲南王及阿岡岱率衆討八百媳婦。
		東祁、懷仁、永平、豐盈屯、東平、濟甯、般陽、保定等路	七月，大水。（志）			南陽	四月，雨雹。（志）	
		江陵、松滋、桂陽、臨武	水。（志）			宣甯路	閏七月，雨雹。（志）	

一一一三

公曆	年號	天災：水災：災區	天災：水災：災況	天災：旱災：災區	天災：旱災：災況	天災：其他：災區	天災：其他：災況	人禍：內亂：亂區	人禍：內亂：亂情	人禍：外患：患區	人禍：外患：患情	人禍：其他：亂區	人禍：其他：亂情	附註
一三一二	仁宗皇慶元年	歸德睢陽	五月，河溢。（志）	濱、棣、德、三州及蒲臺、陽信等縣	六月，旱。（志）	大名、濬州、彰德、安陽、河南、孟津、	四月，雨雹。（志）		八月，雲南省右丞阿固岱等率蒙古兵從雲南王討八百媳婦。					
		大甯、達建路	六月，水。（志）宋瓦江溢，民避居亦母兒乞嶺。（志）	鞏昌、河州路	六月，饑。（志）	開元路	六月，風雹，害稼。（志）	瓊州	九月，黎賊嘯衆反。					
		松江府	八月，大風，海水溢。（志）			彰德、安陽	蝗。（志）							
一三一三	仁宗皇慶二年	原州	五月，水。（紀）	眞定、保定、大甯路	四月，饑。（紀）	京師	十二月，以久旱，民多疾疫。（紀）							
		涿州、范陽等	六月，雨水壞田稼。（志）	順德、莫甯、	五月，饑。（紀）									
		陳、亳、睢、州、陳留	河決陳、亳、睢州，及開封之陳留縣，沒民田廬。（紀）	京師	九月，大旱。									
		楊州路、崇明州	八月，大風，海潮泛溢，漂沒民居。（紀）											

公元	年號	水災地區	水災	饑荒地區	饑荒	地震地區	地震
一三一四	仁宗延祐元年	武陵	五月，霖雨，水溢，溺死居民，漂沒廬舍禾稼。（紀）	眞定、保定、河間	三月，民饑。（紀）	冀寧、汴梁、武安、涉縣	八月，地震，壞官民廬舍，死者三百餘人。（紀）
		涿州范陽、房山	七月，渾河隄決，淹沒民田。（紀）	畿內、歸州	閏三月，饑。（志）		
		沅陵、盧溪	水。（志）	衡州等路	六月，饑。（紀）		
		肇慶、武昌、建康、杭州、建德、南康、江州、臨江、袁州、建昌、贛州、安豐、撫州等路	八月，水。（志）				
		台州、岳州、武岡、常德、道州等路	水。（紀）				

公曆	年號	天災·水災·災區	天災·水災·災況	天災·旱災·災區	天災·旱災·災況	天災·其他·災區	天災·其他·災況	人禍·內亂·亂區	人禍·內亂·亂情	人禍·外患·患區	人禍·外患·患情	人禍·其他·亂區	人禍·其他·亂情	附註
一三一五	仁宗延祐二年		正月,霖雨壞渾河隄,堰居田。(紀)	懷孟、衞輝	正月,饑。				二月,吳千道爲寇,敕調兵捕之。					
		鄭州	六月,河決。(紀)	檀、薊、濠三州	春,旱。(志)			贛州	四月,贛州民蔡五九聚衆作亂,遠近騷動。					
		畿內、漷州、昌平、香河、寶坻	七月,大雨,水沒民田廬。(紀)	鞏昌、蘭州	夏,旱。(志)			寗都等處 汀州寗化	六月,蔡五九圍寗都,焚四關分掠郡邑,七月遣兵捕五九。八月,官軍擊蔡五九,寗都圍解。五九益修攻具,招集失業之民,勢益張,遂陷汀州寗化縣,遣江浙行省平章章律等率兵討之。					
		全州、永州	江水溢,害稼。(志)	濟寗、益都	六月,亢旱。(志)									
一三一六	仁宗延祐三年	潁州泰和	四月,河溢。(志)	漢陽路	正月,饑。(紀)			大同	三月,鷹坊博囉等擾民於大同。					
		汴梁	六月,河決。(紀)	河間等處	二月,饑。(紀)			河南	四月,河南流民羣聚渡江,所過擾害。					
		婺源州	七月,雨水,溺死者五千三百餘人。	遂陽、蓋州及南豐州	四月,饑。(紀)			橫州	橫州猺蠻爲寇,命湖廣省發兵討捕。					
				衡、永等	五月,饑。(紀)			融、賓	六月,融、賓、柳州猺蠻					

公元	年號	地區	災況	地區	災況	地區	災況	地區	災況	地區	事況		事況		
				路 眞定、保定、大寧路	饑。(紀)						叛。命兵捕之。				
一三一七	仁宗延祐四年	解州鹽池	正月，水。(志)	汴梁等路 德安 饒州路	二月，饑。(紀) 四月，旱。(志) 十一月，大饑。(紀)	成紀	七月，山崩，土石潰徙，壞田稼、廬舍，壓死居民。			雲南 黃州、高郵、眞州、建寧等處	正月，托克托駐雲南，擾害軍民。 五月，流民羣聚，持兵抄掠		四月，達哈遜寇邊。		
一三一八	仁宗延祐五年		正月，河北河南道廉訪副使鄂囉言近年河決杞縣小黃村口，滔滔南流，莫能禦遏，陳、潁瀕河膏腴之地浸沒，百姓流散。今水迫汴城，遠無數里，倘値霖雨水溢，倉猝何以防禦。	眞定、河間、廣平、中山	七月，大旱。(志)	大同路金城	九月，大雨雹。(紀)			西番	四月，耽羅捕獵戶成金等爲寇，敕征東行省督兵捕之。 六月，西番土寇作亂，調兵捕之。				

公曆	年號	天災						人禍						附註
		水災		旱災		其他災		內亂		外患		其他亂		
		災區	災況	災區	災況	災區	災況	亂區	亂情	患區	患情	亂區	亂情	
一三一九	仁宗延祐六年	廬州合肥	四月，大雨水。(志)	濟寗等路	九月，饑。(紀)	大同	六月，雨雹，大如雞卵。(紀)	廣東	正月，廣東南恩新州猺賊龍郎庚等爲寇，命江西行省發兵捕之。			揚州	五月，火燬官廬民舍二萬三千三百餘區。	
		河間路	六月，漳河水溢，壞民田二千七百餘頃。(志)					雲南	二月，雲南蒲蠻阿八剌等並爲寇，命雲南省從宜剿捕。					
		濟寗等路	大水。(志)					唐興州	七月，來安路總管岑世興叛，據唐興州。					
		曹、濮、泰安、高唐等州	大雨水，害稼。(紀)					木邦路	十一月，木邦路帶邦爲寇，敕雲南省招撫之。					
		遼陽、廣寗、瀋陽、永平、開元等路	水。(志)											
		大名路屬縣	水，壞民田一萬八千頃。(志)											
		汴梁、歸德、汝寗、彰德、眞	大雨水。(志)											

	（續）	一三二〇 仁宗延祐七年
水災地區	定、保定、衡輝、南陽等郡	安豐、廬州等 江陵 棣州、德州 汴梁路榮澤等處 上蔡、汝陽、西平等縣 霸州、文安、文成二縣等
水災情況		四月，淮水溢，損禾麥一萬頃。城父縣水。（志） 五月，水。（志） 六月，大雨水，壞田四千六百餘頃。 七月，滎澤縣河決塔海莊堤十步餘，橫堤兩重復決數處。又開封縣蘇村及七黑寺決二處。（紀） 水。（志） 八月，滹沱河溢，害稼。汾州平遙縣水。（志）
旱災地區		大同、豐州諸驛 陳州、嘉定州 黃、蘄二郡及荊門軍
旱災情況		二月，饑。（紀） 三月，饑。（紀） 六月，旱。（志）
其他災地區		京師 泰州成紀、大同猗津
其他災情況		六月，疫。（紀） 十二月，泰州、成紀縣暴雨山崩，大同雨雹，猗津縣隕黑霜。（志）
人禍地區		紹慶路 奉元路 常德澧州 上思州、忠州
人禍情況		四月，洞蠻為寇，命四川行省捕之。 六月，僧圓明為亂，攻奉元路，七月，捕斬之。 九月，洞蠻合諸洞為寇，命土官追捕之。 十二月，上思州猺結交趾，寇忠州。

公曆	年號	天災						人禍						附註
		水災		旱災		其他災		內亂		外患		其他亂		
		災區	災況	災區	災況	災區	災況	亂區	亂情	患區	患情	亂區	亂情	
一三二一	英宗至治元年	霸州	六月，大水渾河溢，被災者三萬餘戶。（志）	蘄州蘄水	正月，饑。（志）	霸州	五月，蝗。（志）							
		薊州、平谷、漁陽、順州、邢臺、沙河、大名、魏縣、永平、石城	七月，大水。（志）	河南汴梁、歸德、安豐等路	二月，饑。（志）	濮、鄆、汴梁等處	六月，蝗。（志）							
		彰德臨漳	漳水溢。（志）	膠州、濮州	五月，饑。（志）	江都、泰興、古城、通許、臨淮、盱眙、清池等縣	七月，蝗。（志）							
		大都、固安州、眞定、元氏、東安、寶坻、淮安。清	雨。（志）	大同路	六月，旱。（志）	甯海州	十二月，蝗。（志）							
				南恩、新州	七月，饑。（志）									
				鞏昌、城州	十一月，饑。（志）									
				慶遠、眞定二路	十二月，饑。（志）									

公元	年號	地區	災況
		河、山陽等縣	
		東平、東昌二路、高唐、曹、濮等州	七月，雨水害稼，乞里吉思部江水溢。（志）
		安陸府	八月，雨七日，江水大溢，被災三千五百戶。（志）
		雷州海康、遂溪二縣	海水溢，壞民田四千頃。（志）
		京山、長壽	九月，漢水溢。（志）
		遼陽、肇慶等郡	十月，水。（志）
一三二二	英宗至治二年	濮州	二月，大水。（志）
		儀封縣	五月，河溢。（志）
		睢陽、亳、社屯	閏五月，大水。（志）
		奉元、鄜	六月，水。（志）
		河南、淮東、淮西諸郡	三月，饑。（志）
		延安、延長、宜川二縣	饑。（志）
		奉元路	饑。（紀）
		汴梁、祥符	蝗。（志）
		辰州	五月辰州、沅陵縣、洞蠻爲寇，遣兵捕之。
		道州	八月，道州、寧遠縣民符翼珍作亂，討擒之。
		遠州	十二月，遠州洞蠻把者爲寇，遣兵討之。

公曆	年號	天災 水災 災區	水災 災況	旱災 災區	旱災 災況	其他災 災區	其他災 災況	人禍 內亂 亂區	內亂 亂情	外患 患區	外患 患情	其他禍 亂區	其他禍 亂情	附註
		縣、邳州新平、上蔡二縣 盧州大安、舒城、二縣 平江路	八月，水。(志) 十一月，大水，損民田四萬九千六百頃。(志)	東昌、霸州 臨安河西 岷州	四月，饑。(志) 九月，饑。(志) 十一月、旱。(志)									
一三二三	英宗至治三年	東安州 眞定武邑 大都永清 漷州 漳州、建昌、南康等郡	五月，水，壞民田一千五百餘頃。(志) 水，害稼。(志) 六月，雨水損田四百頃。(志) 七月，雨水，害稼。(志) 九月，水。(志)	京師 平江、嘉定州、崇明、黃巖二州 順德、眞定、冀甯 鎭江、丹徒、沅州、黔陽縣 歸、澧二州	二月，饑。(志) 三月，饑。(志) 夏，大旱。(志) 十一月，饑。(志) 十二月，饑。(志)	保定路、歸信	五月，蝗。(志) 大風，雨雹。(紀)	邕柳 泉州 西番 甯都 八番、順元、	正月，邕、柳諸獠爲寇，命湖廣行省督兵捕之。 泉州民留應德作亂。命江浙行省遣兵捕之。 三月，西番參卜郎諸族叛，發兵討之。 六月，寇圍甯都。 十月，八番、順元及靜江、大理、威楚諸路猺					

一三二四	
泰定帝泰定元年	
潮州、閩 安州 隴西 龍慶路 益都、濟南、般陽、東昌、東平、濟寧、等郡三十有二、曹、濮、高唐、德州	
五月，水。(志) 大雨水，漂死者五百餘家。(志) 雨水，傷稼。(志) 六月，淫雨，水深丈餘，漂沒田廬。(志)	
惠州、新州、南恩州、信州、上饒、廣德路、廣德、岳州、臨湘、華容等 慶元路等 臨洮、狄道、石州、離石	
正月，饑。(志) 二月，慶元、紹興二路、綏德州米脂、清澗二縣饑。(志) 三月，饑。(志)	
大都、順德、東昌、衛輝、保定、益都、濟寧、彰德、眞定、般陽、廣平、大名、河間等郡	
六月，蝗。(志)	
廣西、橫州 長樂 賓州 雲南 思州	靜江、大理、威楚諸路 廣州路 雲南
三月，廣西、橫州猺寇永淳縣。 五月，循州猺寇長樂縣。 賓州民方二爲寇，有司捕擒之。 六月，雲南、大地路、你囊爲寇。 七月，思州平茶、楊大、車酉、陽州冉再祖寇小石邪凱江等寨，調兵捕之。 十二月，雲南猺阿吾及歪閙爲寇，行省督兵捕之。	兵爲寇，湖廣、雲南二省招撫之。 十一月，廣州路、新會縣民汜長弟作亂，廣東副元帥烏訥爾李兵捕之。 十二月，雲南花腳蠻爲寇。

公曆	年號	天災·水災·災區	天災·水災·災況	天災·旱災·災區	天災·旱災·災況	天災·其他災·災區	天災·其他災·災況	人禍·內亂·亂區	人禍·內亂·亂情	人禍·外患·患區	人禍·外患·患情	人禍·其他·亂區	人禍·其他·亂情	附註
		大同、渾源	六月，河溢。（志）	江陵、荊門、軍監、利縣	四月，饑。（志）				夔路、容米洞蠻田先什用等爲寇，四川行省發兵捕之。					
		陳、汾、順、晉、深、恩六州	雨水，害稼。（志）	贛州、吉安、臨江等郡、崑山、南恩等州	五月，饑。（志）									
		眞定	滹沱河溢，漂民廬舍。（志）	景、清、滄、莫等州、臨汾、涇州、靈臺、壽春、六合等	六月，旱。（志）									
		陝西	大雨，渭水河溢，損民廬舍。（志）	冀寧、延安、江州、安陸、杭州、建昌、常德、全州、桂陽、辰州、南	八月，饑。（志）									
		渠州	江水溢。（志）											
		眞定、河間、保定、廣平等郡三十有七縣	七月，大雨水五十餘日，害稼。（志）											
		大都路、固安州	清河溢。（志）											
		順德路任縣	沙、澧、洺水溢。（志）											
		奉元、朝	河溢。（志）											

		邑、曹州、楚丘、開州、濮陽		安等路					
				屬州					
		延安路	九月，洛水溢。（志）	建昌郡	九月，旱。（志）				
		奉元、長安	大雨，灃水溢。（志）	紹興、南康二路	饑。（志）				
		濮州、館陶	水。（志）	泉州	十一月，饑。				
		杭州、鹽官州	十二月，海水大溢，壞隄塹，侵城郭，有司以石囤木櫃捍之，不止。（志）	中牟、延津	饑。（志）				
一三二五	泰定帝泰定二年	大都、寶坻、肇慶、高要	正月，雨水。（志）	檀州	正月，饑。（志）	鞏昌路、伏羌路	三月，大雨山崩。（紀）		正月，廣西山獠爲寇，命所在有司捕之。
		鞏昌路	水。（志）	祿施、英德二州	饑。（志）	彰德路	五月，蝗。（志）	階州	階州土蕃爲寇，鞏昌縣帥府調兵禦之。
		雄州、歸信	閏正月，大水，被災者萬一千六百五十戶。（志）	河間、眞定、保定、瑞州四郡	閏正月，饑。（志）	德、濮、曹、景等州、歷城、章丘、淄川、柳城、茌平等	六月，蝗。（志）	柳城	二月，廣西猺潘寶陷柳城縣。
		甘州路	二月，大雨水。（志）	鳳翔路	二月，饑。（志）	濟南、歸德等郡	九月，蝗。（志）	廣西	六月，廣西、靜江猺爲寇，宣慰使發兵討捕。既而柳州猺亦謀變，戍兵討斬之。
				薊、灤、徐、邳等州	三月，饑。（志）				

公曆年號	天災						人禍						附註
	水災		旱災		其他		內亂		外患		其他		
	災區	災況	災區	災況	災區	災況	亂區	亂情	患區	患情	亂區	亂情	
	咸平府	三月，淸、寇二河合流失故道，黎堤堰。(志)	濟南、肇慶、江州、惠州	饑。(志)			潯州、平南	潯州、平南縣猺爲寇，					
	涿州、房山、范陽、	四月，水。(志)	杭州、鎮江、寧國、南安、潯州、潭州等路	四月，饑。(志)			播州	七月，播州蠻黎平愛集等集郡夷爲寇，湖廣行省請兵討之。					
	岷、洮、文、階四州	雨水。(志)	潭州、茶陵、興國、永興	五月，旱。(志)			廣西	廣西諸猺寇城邑，遣湖廣行省左丞奇珠、兵部尙書李大成、中書舍人邁闊將兵二萬二千人討之，以諸王鄂爾多罕監其軍。					
	檀州	五月，大水，平地深丈有五尺。(志)	廣德、袁州、撫州	饑。(志)			雲龍州	八月，白夷寇雲龍州。					
	高郵、興化、江陵、公安	水。(志)	寧夏路	六月，饑。(志)			廣西上林	十月，岑世興及子特穆爾率衆寇上林等州，旋結八番蠻班光金等合兵攻石頭等寨，敕調兵禦之。					
	汴梁等	河溢，汴梁被災者十有五縣。(志)	贛州、息州	七月，旱。(志)			廣西	廣西溪洞自岑世興而外，諸猺所在爲寇。					
	冀寧路	六月，汾河溢。(志)	瓊州、成州	九月，饑。(志)									
	潼江府、綿、江中	江水溢，入城深丈餘。(志)	濟南、延川等郡	十二月，饑。(志)									

公元	年號	地區	災情
		衞輝、汲、	雨水。（志）
		歸德宿州	
		濟寧路、	水。（志）
		虞城、碭山、單父、豐、沛五縣	
		睢州	七月，河決。（志）
		霸州、涿州、永清、香河、	八月，大水傷稼九千五百十餘頃。（志）
		開元路	九月，三河溢，沒民田，壞廬舍。（志）
		寧夏、鳴河州	十月，大雨水。（志）
一三二六	泰定帝泰定三年	恩州	正月水。（志）
		歸德府	二月，河決。（志）
		大同	六月，大水。（志）
		汝寧、光州	水。（志）
		河間保定、眞定三路	三月，饑。（志）
		燕南、河南州縣十有四	夏，亢陽不雨。（志）
		東平須城、興國、永興	六月，蝗。（志）
		大名、順德、廣平等路、趙	七月，蝗。（志） 蝗。（志）
		元江路	正月，元江路總管普雙叛。命雲南行省招捕。
		廣西	二月，廣西、全茗州土官許文傑率諸猺以叛，寇茗盈州，殺知事
		思明路	正月，安國阮叩寇思明路，命湖廣行省兵備之。

一一二七

公曆年號	天災						人禍						附註
	水災		旱災		其他災		內亂		外患		其他禍		
	災區	災況	災區	災況	災區	災況	亂區	亂情	患區	患情	亂區	亂情	
	鄭州	七月，河決鄭州，漂沒陽武等縣民一萬六千五百餘家。（志）	大都、永平、奉元	饑。（志）	州、曲陽、湯城、慶都、修武等、淮安、高郵二郡、睢、泗、雄、霸等州			李德卿等，命湖廣行省督兵捕之。					
	東安、檀、順、漷四州	雨，渾河決，溫榆水溢傷稼。（志）	關中	七月，旱。（志）	永平、汴梁、懷慶等郡	八月，蝗。（志）	泉州	三月，泉州民阮鳳子作亂。寇陷城邑。					
	延安路	水，漂民居九十餘戶。（志）	潘陽、大甯、永平、廣甯、金復州、甘肅亦集乃路	十一月，饑。（志）	大都、昌平	大風，壞民居九百家。（志）	長陽	四月，米洞蠻田先什用等結十二洞蠻寇長陽縣，湖廣行省發兵招撫之。					
	鷹、施、鹽官州	八月，大風，海溢，捍海隄崩，廣三十餘里，袤二十里，徙居民千二百五十家以避之。（志）						五月，岑世興及鎮安路岑修文合山獠角蠻六萬餘人爲寇，命湖廣行省招諭之。					
	眞定、蠡州、奉元、蒲城、無爲州、歷	水。（志）					播州	六月，播州蠻黎平愛復叛。					
							道州	道州路櫟所源猺爲寇。命奇珠督兵討之。					
								七月，冉世昌及河慈洞蠻爲亂。					
							甯遠	八月，甯道州洞蠻刁用爲寇。命雲南行省備之。					

陽、舍山等

平遙　九月，汾水溢。（志）

崇明州、三沙鎮　十一月，海溢，漂民居五百家。（志）

遼陽、大寧路、瑞州、亳州　十二月，大水。大水，壞民田五千五百頃，廬舍八百九十所，溺死者百五十人。（志）

亳州　亳州河溢，漂民居八百餘家，壞田二千二百頃。（紀）

廣西　十一月，廣西、透江國猺爲寇。扶蘆、青溪、猺頭等洞蠻爲寇，湖南道諭降之。

公曆	年號	天災						人禍						附註
		水災		旱災		其他		內亂		外患		其他		
		災區	災況	災區	災況	災區	災況	亂區	亂情	患區	患情	亂區	亂情	
一三二七	泰定帝泰定四年	鹽官州	正月，潮水大溢，捍海隄崩二千餘步。（志）四月，復崩十九里，發丁夫二萬餘人以木柵竹落磚石塞之，不止。（志）	遼陽諸郡	正月，饑。（志）	洛陽	五月，蝗（志）	道州、永明	三月，道州、永明縣猺爲寇。					
		大都、東安、固安、通順、薊、檀、漷七州、永清、良鄉、上都、雲州等	六月，雨水。（志）七月，大雨，北山黑水河溢，雲安縣水。（志）	奉元、醴泉、順德、唐山、邠州、淳化等	二月，旱。（志）	冠州、恩州	七月，蝗。（志）八月，蝗。（志）	電白	四月，高州猺寇電白縣。					
		汴梁、扶	八月，河溢，漂	泰符、長清、建康等屬	饑。（志）	通渭	八月，山崩，飛石斃人。	泉州	湖廣猺寇泉州義寧屬縣，命守將捕之。					
				通、薊等州、漁陽等縣	四月，饑。（志）	保定、濟南、衛輝、濟寧、廬州五路、南陽、河南二府	十二月，蝗。（志）	元江路	五月，元江路總管普雙坐贓免，遂結蠻兵作亂，敕復其舊職，未幾，復叛。					
				潞、霍、綏德三州	六月，旱。（志）			廣西	六月，廣西、花脚蠻爲寇，命所部討之。八月，苗人寇李陋寨，命湖廣行省捕之。					
				武昌、江夏	七月，饑。（志）			田州	田州同猺爲寇，道湖廣行省捕之。					
				藤州	八月，旱。（志）			廣西	九月，廣西兩江猺爲寇。					
								平樂	十一月，平樂猺爲寇，湖廣行省督兵捕之。					
								平樂、	十二月，平樂、梧州、靜					

		一三二八
		明宗天曆元年
水災地點	濬、[illegible]陽 濟寧、 虞城 夏邑 汴梁、中牟、開封、陳留歸德、鄧、宿二州	碭山 虞城 鹽官州 南寧、開元、永平等路 河間、林邑 益都、濟南、般陽、濟寧、東平等三
水災	民居一千九百餘家。（志） 河溢，傷稼。（志） 十二月，河溢。（志） 雨水。（志）	河決。（志） 四月，海溢。（志） 六月，水。（志） 雨水。（志） 雨水害稼。（志）
旱饑地點		廣平、彰德等郡 乾州 晉寧、冀寧、奉元、延安等路 保定、東昌、般陽、彰德、大寧五路屬 河南、東十郡、濮、
旱饑		二月，旱。（志） 饑。（志） 三月，饑。（志） 四月，饑。（志） 五月，饑。（志）
蝗雹地點		濬州、涇州 大都、薊州、永平路石城， 鳳翔、岐山 潁州、汲縣 武功 涇川 大寧、永平屬
蝗雹		四月，大雹，傷稼。（志） 蝗。（志） 蝗，無麥苗。 五月，蝗。（志） 六月，蝗。（志） 大雨雹。（志） 雨雹。（志）
人禍地點	梧州 靜江	廣西 大理
人禍	江諸猺並爲寇，湖廣行省督兵捕之。	五月，廣西普寧縣僧陳慶安作亂，僭號改元。 大理怒江阿哀你寇樂、辰諸寨，命雲南行省督兵捕之。 七月，雅克特穆爾聞帝崩，與西安王喇特納實哩謀迎懷王圖卜特穆爾爲帝。於是擒平章政事烏巴圖爾等下獄。迎懷王於江陵。上都、梁王旺沁

一一三一

公曆	年號	天災：水災 災區	水災 災況	旱災 災區	旱災 災況	其他 災區	其他 災況	人禍：內亂 亂區	內亂 亂情	外患 患區	外患 患情	其他 亂區	其他 亂情	附註
		德泰安等九州、廣西、兩江諸州、杭州、嘉興、平江、湖州、建德、鎮江、池州、太平、廣德九郡	七月，水。(志) *八月，水，沒民田萬四千餘頃。(志)	平、大同等郡 威甯、長安、涇州、靈臺 陝西	七月，饑。(志) 八月，大旱，人相食。(志)			薊州、通州、陝州、涿州、檀州等地 潼關、陝州、懷孟、鄧州、襄陽、鎣縣、汴城	及都爾蘇，諸王額森特穆爾，遼東平章圖們岱爾等因之爲亂。雅克特穆爾親與其將薩敦等率兵討之。是役禍及薊州、白浮、通州、昌平、古北口、陂州、保定、涿州、良鄉、蘆溝橋、檀州等地。民兵死無算。至十一月，始平。 九月，清安王庫布哈等亦因雅克特穆爾迎立懷王之故，將陝西兵潛由潼關南水門入，進據陝州，分兵北行渡過河中，以趨懷孟。南行者過武關，殘鄧州，直趨襄陽，攻破郡邑三十餘，所過殺官吏，焚廬舍。民死					

公元	年號	天災地區	天災	人禍地區	人禍
					者不知凡幾。雅克特穆爾遣行院官塔海等與戰於鞏縣、汴城各地，雙方戰死者甚夥，直至十二月始平。
				冀甯	相甯王已喇賓里引兵入冀甯，殺掠吏民。遼王托克托之子巴都聚衆出剽掠，敕宣德府官捕之。
				四川	四川行省平章囊嘉特稱鎮西王。以其省左丞托克托爲平章，殺其省平章寬春等，稱兵燒絕棧道。
一三二九	明宗天曆二年	大都、東安、通、薊、霸四州、河間、靖海	六月，雨水害稼。（志）	京畿	正月，遼陽省、高麗、肇州三萬戶將校從逆舉兵犯京畿。
		永平、昌國諸屯	水。（志）	播州	囊嘉特攻破播、州猫兒埡隘，宣慰使楊雅爾布哈開關納之。
		大同及東勝州、涿州、房山、范陽、眞定、河間、大名、廣平等四州四十一縣	正月，饑。（志） 夏，旱。（志）	烏江峯	播州楊萬戶引四川賊兵至烏江峯，官軍擊敗之。八番元帥圖
		大甯、興中州、懷慶、孟州、廬州、無爲州	四月，蝗。（志）		
		益都、莒、密二州	六月，蝗。（志）		
		大甯、惠州	七月，雨雹。（志）		

公曆	年號	天災						人禍						附註
		水災		旱災		其他災		內亂		外患		其他亂		
		災區	災況	災區	災況	災區	災況	亂區	亂情	患區	患情	亂區	亂情	
				峽州	旱。(志)	眞定、汴梁、永平、淮安、廬州、大寧、遼陽等郡	七月，蝗。(志)		楚兗破烏江北岸賊兵，復奪關口，諸王伊嚕特穆爾統軍五萬五千至烏江與脫出會。靈嘉特焚雞武關大橋，又燒絕棧道。					
				奉元、耀州、乾州、華州及延安、邠寧諸縣	四月，饑。河民數十萬。(志)	冀寧、陽曲	八月，大雹害稼。(志)	金州	二月，靈嘉特據雞武關，奪三義、柴關等驛，又進兵至金州，據白土關。陝西行省督軍禦之。					
				大都、興和、順德、大名、彰德、懷慶、衛輝、汴梁、中興等路，泰安、高唐、曹冠、徐邳等州	饑。(志)			襄陽	靈嘉特分兵逼襄陽。湖廣行省調兵鎮播州及歸州。					
				江東、淛西二道	四月，饑。(志)				九月，都爾蘇又與旺沁舉兵犯闕。					
				浙西、湖州、江東、	八月，旱。(志)			湖廣	十一月，廣源猺寇掠湖廣州縣，命行省招捕之。					

公元	年號	地區	災情	地區	災情	地區	災情	地區	人禍
				池州、饒州、忻州	八月，饑。（志）				
				漢陽、武昌、常德、澧州等路、鳳翔府	十月，大饑。（志）				
				冀甯路	十二月，旱。（志）				
一三三〇	文宗至順元年	大名路、長垣、東明二縣	六月，河決，沒民田五百八十餘頃。（志）	甯海州、文登、牟平	正月，饑。（志）	廣平、大名、般陽、濟甯、東平、汴梁、南陽、河南等郡、輝、德、濮、開、高唐五州	五月，蝗。（志）	中慶路	正月，雲南諸王圖沁及萬戶布呼阿哈等叛，攻中慶路，陷之。
		曹州、高唐州	饑。（志）	懷慶、衡州二路	饑。（志）	灤、薊、固安、博興等州	六月，蝗。（志）	湘鄉州	衡陽猺爲寇，掠湘鄉州。
		河間	七月，海潮溢，漂沒運司鹽二萬六千七百引。（志）	眞定、汝寧、揚、廬、蘄、黃、安豐等郡	饑。（志）	解州、華州及河	七月，蝗。（志）	仁德府	二月，圖沁、布呼等攻陷仁德府，至馬龍州，調八番元帥鄂勒哲將八番達喇罕軍千人，順元土軍五百人禦之。
		平江、嘉興、湖州、	閏七月，大水，壞民田三萬	河南	二月，大饑。（志）			晉甯州	圖沁、布呼等攻晉甯州。圖沁自立爲雲南王。
				東昌等縣	三月，饑。（志）				
				沂、莒等	饑。（志）				

公曆	年號	天災·水災·災區	天災·水災·災況	天災·旱災·災區	天災·旱災·災況	天災·其他·災區	天災·其他·災況	人禍·內亂·亂區	人禍·內亂·亂情	人禍·外患·患區	人禍·外患·患情	人禍·其他·亂區	人禍·其他·亂情	附註
		松江三路一州 杭州、常州、慶元、紹興、鎮江、寧國等路、望江、銅陵、長林、寶應、興化等縣 大都、保定、大寧、益都	六千六百餘頃，被災者四十萬五千五百餘戶。(志) 水沒民田一萬三千五百餘頃。(志) 水。(志)	州 德州、 清平肇州、興州、東勝州、榆次、滏陽等十三縣	 四月，饑。(志) 七月，旱。(志)	內、靈寶、延津二十二縣 順州、東安州、 開元路	 風雹，害稼。(志) 雨雹。(志)	雲南 建昌 順元路	四月，羅羅諸蠻俱叛，與布哈相應。詔江浙、河南、江西三省調兵三萬命諸王運圖斯特穆爾及樞密判官洪浹將之，與湖廣行省平章托歡會兵討雲南。 六月，羅羅斯土官撒加伯合烏蒙蠻兵萬人攻建昌縣。雲南行省右丞躍里特穆爾拒之，斬首四百餘級。四川軍亦敗撒加伯於盧古驛。 七月，雲南圖沁、布呼等勢愈猖獗。烏撒、祿余亦乘勢連約烏蒙、東川、芒部諸蠻，欲令布呼弟拜延順等兵攻順元路。詔四川、雲					

南行省軍分道進討。

閏月，曹通潛結西番欲據大渡河進寇建昌，四川行省調兵一千七百人令萬戶周勘統之，直抵羅羅斯界以控扼西番及諸蠻部。

修仁、荔浦　廣西猺于國安寇修仁荔浦等縣。廣西元帥府發兵捕之，生擒國安。

橫州　十月，廣西猺寇橫州及永淳縣，敕廣西元帥府率兵捕之。

建昌　十一月，羅羅斯、撒加伯、烏撒、阿答等合諸部萬五千人攻建昌，躍里特穆爾等引兵追戰于木托山下，敗

公曆	年號	天災 水災 災區	水災 災況	旱災 災區	旱災 災況	其他災 災區	其他災 災況	人禍 內亂 亂區	內亂 亂情	外患 患區	外患 患情	其他禍 亂區	其他禍 亂情	附註
									之，斬首五百餘級。布呼伏誅，餘兵皆潰，獨祿余據會河江，詔討之。					
一三三一	文宗至順二年	潞州、潞城 河間、莫亭、甯夏、渠河、紹慶、彭水、及德安屯田 彰德、屬縣 江浙 吳江州	四月，大雨水。（志） 五月，水。（志） 六月，漳水決。（志） 八月，水，壞田四十八萬八千餘頃。（紀） 十月，大風，太	集慶、嘉興二郡 及江陰、檀、順、雄、密、昌平五州，霍、隰、石三州，阜城、平地二縣 興和路、高原、咸平等縣 思州、鎮遠府 河南	二月，饑。（志） 旱。（志） 六月，饑。（志） 九月，饑。（志） 十二月，大饑。（志）	冠州 陝州、諸路 孟州、 濟源、河南、閿鄉、奉元、蒲城、白水等 冀甯、清源	三月，有蟲食桑四十萬株。（紀） 三月，蝗。（志） 六月，蝗。（志） 七月，蝗。（志） 十二月，雨雹。（志）	中慶 雲南 海南 海南 順元路 桂陽	二月，紳斯班等與圖沁等戰於中慶 六月，雲南出征軍悉還。烏撒羅羅蠻復殺戍軍黃海潮等，撒加伯又殺掠良民爲亂，命雲南行省討之。 七月，海南黎賊作亂。詔江西、湖廣兩省合兵捕之。 九月，海南賊王周糾率十九洞蠻二萬餘人作亂。 雲南祿余復叛，寇順元路。 十二月，桂陽州民張					

公元	年號	水災地域	水災情形	旱災地域	旱災情形	其他天災地域	其他天災情形	內亂地域	內亂情形
			湖水溢，漂民居一千九百七十餘家。（志）						思進等嘯聚二千餘，衆州縣不能治。廣東宣撫司請發兵捕之。
		深州、晉州	十二月，水。（志）						
一三三二	文宗至順三年	奉元、朝邑	三月，洛水溢。（志）	大理、中慶路	四月，饑。（志）	甘州	五月，雨雹。（志）	廣西	正月，廣西羅阜里叛，寇，馬武中等合龍州、嶺北賊兵萬人攻陷那馬達等砦。命廣西宣撫司嚴軍禦之。
		汴梁	五月，河水溢。（志）	常寧州	五月，饑。（志）			臨水	萬安軍黎賊王奴羅等寇臨水縣。
		江都、泰興、雲夢、應城	水。（志）	滕州	七月，饑。（志）			施州	夔路忠信寨洞主阿具什用合土蠻八百餘人寇施州。
		汾州	六月，大水。（志）	大都寶坻	八月，饑。（志）			會川路等處	二月，通州土官河賽及河西四河勒等與羅羅賊等千五百人寇會川路之卜龍村。又祿余將引兵與芒部合寇羅羅斯，截大渡

公曆	年號	天災・水災・災區	天災・水災・災況	天災・旱災・災區	天災・旱災・災況	天災・其他災・災區	天災・其他災・災況	人禍・內亂・亂區	人禍・內亂・亂情	人禍・外患・患區	人禍・外患・患情	人禍・其他亂・亂區	人禍・其他亂・亂情	附註
									河、金沙江以攻東川、會通等州。					
一三三三	順帝元統元年	汴梁、陽武	五月，河溢，害稼。（志）	紹興	夏，旱。自四月不雨至七月，	紹興、蕭山	三月，大風雨雹，拔木仆屋，殺麻麥，斃傷人民。（志）	道州	十二月，廣西猺寇湖南，陷道州。					
		京畿、關中、	六月，大霖雨，水平地丈餘，	淮東、淮西	淮東、淮西皆旱。（志）									
		河南	河南水災。											
		泉州	霖雨，溪水暴漲，漂居民數百家。（志）											
		潮州	七月，大水。（志）											
一三三四	順帝元統二年	東平須城、濟甯、濟州、曹州、濟陰	正月，水災。（志）	淮西	春，饑。（志）	京師	八月，地震，陷地爲池，人死者衆。（志）	廣西	二月，廣西猺寇邊，殺官吏。					
				湖廣	三月，旱。自是月不雨，至八月。（志）			益都、眞定	盜起。					
				河南	四月，旱。自是			廣西	廣西、慶遠府猺寇全州，特默齊統兵二萬					

公元	年號	地區	水災	地區	旱災	地區	其他	地區	兵禍
		永平路屬	二月，灤河、漆河水溢，永平路屬縣皆水。（志）		月不雨，至於八月。（志）	南康路	蝗（志）		人擊之。
		瑞州路	水。（志）	池州	七月，饑（志）			賀州	八月，猺賊陷賀州，發兵擊之。
		山東	三月，霖雨，水湧。（志）	南康	旱。（志）				
		東平、益都	四月，水。（志）	濟南、萊蕪	十一月，饑。（志）				
		鎮江路	五月，水。（志）						
		宣德府	大水。（志）						
		山陽	六月，淮河漲，漂境內民畜、房舍。（志）						
		吉安路	九月，水。（志）						
一三三五	順帝至元元年	汴梁封丘	六月，大霖雨。（紀）河決。（志）	益都路、沂水、日照、蒙陰、莒及龍興路	春，饑（志）	河州路	三月，大雪十日，深八尺，牛羊駝馬凍死者十九，民大饑。（紀）	廣西	八月，廣西猺反，命湖廣行省左丞鄂勒哲討之。
				河南及邵武	夏，大旱。（志）			西番	十二月，西番賊起，遣兵擊之。
				京師	夏，饑。（志）				
				沅州、道	饑。（志）				

公曆年號	天災：水災 災區	水災 災況	旱災 災區	旱災 災況	其他災 災區	其他災 災況	人禍：內亂 亂區	內亂 亂情	外患 患區	外患 患情	其他禍 亂區	其他禍 亂情	附註
			州、寶慶及邵武、建甯										
一三三六 順帝至元二年	南陽、鄧州	五月，大水。（志）六月，涇水溢。（志）	順州及淮西安豐、浙西松江、浙東台州、江西、江、撫、袁、瑞、湖北沅州盧陽	春至八月，饑。（志）	黃州	七月，蝗。（志）							
	大都至通州	八月，霖雨大水。（志）	薊州、黃	旱。（志）	高郵、寶應	八月，大雨雹，是時淮、浙皆旱，唯本縣瀕河田禾可刈，悉為雹所害。							
			州、浙東衢州、婺州、紹興、江東信州、江西、瑞州等路及陝四										

一三三七	順帝至元三年	紹興	二月，大水。（志）	大都及濟南、蘄州、杭州、平江、紹興、溧陽、瑞州、臨江	饑。（志）	懷慶、溫州、汴梁、陽武	六月，蝗。（志）	廣州	正月，廣州增城縣民朱光卿反。命江西行省左丞錫迪討之。
		廣西賀州	五月，大水，害稼。（志）			河南武涉	七月，蝗。（資）	歸德府鹿邑、陳州	二月，棒胡反，破歸德府、鹿邑，焚陳州，屯營於杏岡。命河南行省左丞慶圖以兵討之。
		衞輝	六月，淫雨至七月，丹、沁二河泛漲，與城西御河通流，平地深二丈餘。漂沒人民房舍，田禾甚衆。民皆棲於樹木，郡守僧家奴以舟載飯食之。月餘水方退。（志）			順州、龍慶州及懷來、宣德府	地震，壞官民房舍，傷人及畜牧，亦如之。（志）	廣西	廣西猺復反。命湖廣行省平章討之。
		汴梁、蘭陽、尉氏二縣及歸德府	皆河水泛溢。（志）					合州	四月，合州大足縣民韜法師反。
		黃州及衞州、常山	大水。（志）					惠州、歸善	四月，惠州歸善縣民聶秀卿、譚景山等造軍器，與朱光卿相結為亂。命江西行省左丞錫迪捕之。
									五月，西番賊起，殺鎮西王子丹巴。

公曆	年號	天災 水災 災區	水災 災況	旱災 災區	旱災 災況	其他災 災區	其他災 災況	人禍 內亂 亂區	內亂 亂情	外患 患區	外患 患情	其他亂 亂區	其他亂 亂情	附註
一三三八	順帝至元四年	吉安、永豐	五月大水。(志)			保安州、及瑞州路新昌州	春，地震。(志)	袁州	六月，袁州民周子旺僭稱周王，伏誅。					
		邵武	六月，大水，城市皆洪流。漂沿溪民居殆盡。(志)			清州、八里塘	四月，雨雹。(志)	漳州	漳州路南勝縣民李志甫聚衆圍漳州城，守將綽斯戩與戰失利。					
								龍溪	賊轉掠龍溪，縣民蕭景茂結鄉兵拒之，戰敗。賊勢益盛。詔江浙平章拜布哈發閩、浙、江西、廣東四省兵討之，不克。					
									十一月，四川散毛洞蠻反，大擾人民。					
一三三九	順帝至元五年	汀州路長汀	五月，大水，平地深三丈許，損民居八百家，壞民田二百頃，溺死者八千餘人。(志)	上都、開平、桓州、興和、寶昌州、濮州之鄄城、冀甯之文城、益都之	饑。(志)	膠州即墨	七月，蝗。(志)							
		沂州	七月，沂、沭二											

公元	年號	地區	災情	地區	災情
		邵武、光澤、常州、宜興	河暴漲，決隄防，害田稼。（志）大水。（志）山水出，勢高一丈，壞民居。（志）	膠、密、莒、濰四州、遼東瀋陽路、湖南衡州、江西袁州、八番、順元等	
一三四〇	順帝至元六年	京畿五州十一縣、及福州路福甯州	二月，大水。（志）	順德之邢臺、南之歷城、大名之元城、德州之清平、泰安之奉符、長清、淮安之山陽及歸德、邳州、益都、般陽、處州、婺州等四郡	饑。（志）
		慶元、奉化州	五月，山崩，水湧出，平地溺死人甚衆。（志）		
		衢州、西安、龍游、處州、松陽、龍泉、遂昌	六月，大水。（志）積雨，水漲入城中，深丈餘，溺死五百餘人。遂昌縣尤甚，平地三丈		

公曆年號	天災						人禍						附註
	水災		旱災		其他災		內亂		外患		其他亂		
	災區	災況	災區	災況	災區	災況	亂區	亂情	患區	患情	亂區	亂情	
		餘，桃源鄉山崩壓溺民居五十三家，死者三百六十餘人。（志）	廣東、南雄路	夏，旱自二月不雨，至於五月，種不入土。（志）									
	延平、南平	七月，淫雨，水泛漲，溺死百餘人。損民居三百餘家，壞民田二頃七十餘畝。											
	奉元路、盩厔	河水溢，漂溺居民。（志）											
	衞輝	八月，大水，漂民居一千餘家。（志）											
	河南府宜陽	十月，大水，漂民居，溺死者衆。（志）											

一三四一	順帝至正元年	汴梁，鈞州	大水。（志）	京畿及眞定、河間、濟南、並湖南	春，饑。（志）			江華、明遠	四月，道州土賊蔣丙等反。破江華縣，掠明遠縣。
		揚州路崇明、通、泰等州	海潮湧溢，溺死一千六百餘人。（志）	溫州及彰德	夏，旱。（志）				十一月，猺賊寇邊，湖廣行省平章袞巴布勒總兵討平之。
				燕南	亢旱。（資）			道州路江華等州	十二月，道州路民何仁甫等兵起，土賊蔣丙等與之合，攻破江華等州縣溪峒，猺二百餘亦相率入邊抄掠。
								山東、燕南等處	山東、燕南強盜縱橫至三百餘處，選官捕之。
一三四二	順帝至正二年	睢州、儀封	四月，大水，害稼。（志）	彰德、大同二郡及冀甯、平晉、榆次、徐溝、汾州、孝義、沂州	皆大旱。自春至秋，不雨。人相食。（志）	冀甯路、平晉	四月，地震。民居皆傾仆。（志）	南丹	七月，慶遠路莫八聚衆反。攻陷南丹左右兩江等處。命托克托赤顏討平之。
		濟南	六月，山水暴漲，衝東西二關，流入文靖河。黑山天麻、石固等寨及臥龍山水，流入大清河。漂	保德州	大饑。（志）	東平路、東阿	五月，雨雹，大如馬首。（志）	京城	九月，京城強賊口起。
						惠州	七月，雨水，羅浮山崩，凡二十七處。壞民居，塞田澗。（志）		

公曆	年號	天災·水災·災區	天災·水災·災況	天災·旱災·災區	天災·旱災·災況	天災·其他災·災區	天災·其他災·災況	人禍·內亂·亂區	人禍·內亂·亂情	人禍·外患·患區	人禍·外患·患情	人禍·其他禍·亂區	人禍·其他禍·亂情	附註
			沒上下民居千餘家。溺死者無算。(志)	衛輝	秋，大旱三月。(志)							杭城	十二月，大火燒官廨、民廬幾盡。(志)	
				興國	秋，大旱。(志)									
一三四三	順帝至正三年	鞏昌寧遠、伏羌、成紀三縣	二月山崩水湧，溺死者無算。(志)	衛輝、冀寧、忻州	大饑，人相食。(志)	東平、陽穀	六月，雨雹。(志)	遼陽	二月沃濟野人叛。	解吉、隰等州	六月，回回、剌里五百餘人渡河寇掠解、吉、隰等州。			
			五月，黃河決白茅山口。(志)	興國路	七月，旱。(資)	秦州、秦安	六月，南坡崩裂，壓死人畜。(志)	兗州	八月山東賊焚掠兗州。					
		汴梁、中牟、扶溝、尉氏、洧川四縣、鄭州、滎陽、汜水、河陰三縣	七月，大水。(志)			鞏昌	七月，山崩，人畜死者衆。		九月，湖廣行省平章袞巴布勒擒道州、賀州猺賊首唐大二、蔣仁五至京師，誅之。					
								連、桂二州	其黨蔣丙攻破連、桂二州。					

一三四四	順帝至正四年	曹州	正月，河決。	福州	大旱自三月不雨，至八月。（志）	歸德府、永城縣及亳州	蝗。（志）	益都	七月，益都郭火你赤作亂。
		汴梁	河決。（資）	興化、邵武、鎮江、及慶元、奉化州	旱。（志）			廣平	八月，郭火你赤上太行，由陵川入壺關至廣平。殺兵馬指揮，復還益都。
		霸州	五月，大水。（志）	霸州	大饑。人相食。			靖州、漵州	十二月，猺賊虜靖州，寇漵州。
			大霖雨二十餘日，黃河暴溢，北決白茅隄。	東平路東阿、陽穀、汶上、平陰四縣	皆大饑。（志）				
		河南、鞏縣	六月，大雨，伊洛水溢。漂民居數百家。（志）	保定、河南	冬，饑。（志）				
		濟寧路、兗州、汴梁、鄢陵、通許、陳留、臨潁等	大水害稼，人相食。（志）						
		永平路	七月，灤河水溢出平地丈餘，永平路禾稼廬舍漂沒甚衆。（志）						

公曆年號	天災						人禍						附註
	水災		旱災		其他災		內亂		外患		其他亂		
	災區	災況	災區	災況	災區	災況	亂區	亂情	患區	患情	亂區	亂情	
	東平路東阿、陽穀、汶上、平陰四縣、衢州西安縣	大水。(志)											
	溫州	颶風大作，海水溢，漂民居。溺死者甚衆。(志)											
	曹、濮、濟、兗州及濟南、河間等處	黃河北決金隄，曹、濮、濟、兗皆被災民老弱昏墊，壯者流離四方。水勢北侵安山，災及濟南、河間等處。(志)											

一三四五	順帝至正五年	濟陰	七月，河決，漂官民亭舍殆盡。（志）十月，黄河泛溢。（志）	東平路須城、東阿、陽穀三縣及徐州	春，大饑，人相食。（志）				
				濟南、汴梁、河南、邠州、瑞州、温州、邵武	夏，饑。（志）				
一三四六	順帝至正六年		五月，黄河決。（紀）	鎮江、慶元、奉化州	旱。（志）	興國	二月，雨雹，大如馬首。（紀）	京畿	三月，京畿盜起。
			六月，羅浮山崩，水湧，溺死百餘人。（紀）	陝西	五月，饑。（志）	山東	地震七日乃止。（紀）	山東	山東盜起。
						高苑	三月，地震，壞民居。（紀）	遼陽	四月，遼陽沃濟野人及碩達勒達皆叛，萬戶遮珠等討之，遇害。
						絳州	五月，雨雹，大者二尺餘。	廣西象州	五月，廣西、象州盜起。
						益都、臨淄	八月，雨雹。（紀）	汀州連城	六月，汀州、連城縣民羅天麟、陳積萬叛，陷長汀縣。
								雲南	雲南賊死可伐盜據一方，侵奪路甸。命伊圖琿爲雲南行省平章政事討之。
								武岡	十月，思靖猺寇武岡，

公曆	年號	天災						人禍						附註
		水災		旱災		其他		內亂		外患		其他		
		災區	災況	災區	災況	災區	災況	亂區	亂情	患區	患情	亂區	亂情	
									湖南詔省臣及湖南宣慰元帥鄂勒哲特穆爾討之，俘斬數百級，猺賊敗走。					
								黔陽	閏月，靖州猺賊吳天保陷黔陽。					
一三四七	順帝至正七年	黃州	五月，大水。（志）	彰德、懷慶、東平、東昌、晉甯等處	饑。（志）	山東臨淄、	二月，地震，壞城郭。（紀）	濟甯、滕、邳、徐州	二月，河南、山東盜蔓延濟甯、滕、邳、徐州等處。					
				河東	四月，大旱，民多饑死。（紀）	河東	五月，地震七日乃止。地坼泉湧，崩城陷屋，傷人民。（紀）	沅州	猺賊吳天保寇沅州。					
				彰德路	六月，大饑，人相食。（紀）			臨清、廣平、灤河等處	臨清、廣平、灤河等處盜起，遣兵捕之。					
								通州、密邇京城	賊盜蜂起。					
								武岡路	五月，猺賊吳天保陷武岡路，討之。					
								沅州等處	七月，猺賊吳天保復寇沅州，陷漵浦、辰溪縣，所在焚掠無遺。					

地區	事件
集慶路	九月，集慶路盜起。鎮南王博囉布哈討平之。
武岡、寶慶	猺賊吳天保復陷武岡，延及寶慶，殺湖廣行省右丞實保於軍中。
	十月，額琳沁濟達勒反。遣兵討之。
西番	西番盜起，凡二百餘所，陷哈剌火州，刼供御蒲萄酒，殺使臣。
沅州	猺賊吳天保復寇沅州。
沿江	十一月，沿江盜起。剽掠無忌。
湖廣、雲南各處	盜賊蜂起，兵費不給。
武岡	猺賊吳天保復陷武岡，討之。
靖州	猺賊吳天保陷靖州，討之。
河南	十二月，河南盜賊出入無常。

公曆	年號	天災						人禍						附註
		水災		旱災		其他災		內亂		外患		其他亂		
		災區	災況	災區	災況	災區	災況	亂區	亂情	患區	患情	亂區	亂情	
一三四八	順帝至正八年	濟寧路	正月，黃河決，遷濟寧路於濟州。(紀)	益都、臨淄	三月，大旱。(志)	永嘉	五月，大風，海舟吹上平陸二三十里，死者千數。(資)		正月，詔湖廣諸將討草蠻洞諸蠻，斬首數百級。其餘二十餘洞縛其洞酋楊鹿五赴京師。					
		平江、松江	四月，大水。(志)	四川	五月，旱。(志)			遼東	三月，遼東索和努反。討擒之。					
		廣西	五月，山崩水湧，離江溢，平地水深二丈餘，屋宇人畜漂沒。(志)	山東	六月，民饑。(紀)			福建	福建盜起。					
		寶慶	大水。					遼陽	遼陽烏延達嚕歡作亂，官軍討斬之。					
		中興路、松滋	六月，驟雨，水暴漲，平地深丈有五尺餘，漂沒六十餘里，死者一千五百人。(志)					沅州	猺賊吳天保復寇沅州。					
		膠州	大水。(志)					遼陽	四月，遼陽董哈喇作亂，討擒之。					
		高密	七月，大水。(志)					海寧州沭陽	海寧州、沭陽縣等處盜起，遣圖沁布哈討之。					
								廣西	湖廣平章巴延引兵捕土寇莫五、萬蠻雷等，已而廣西峒賊乘隙入寇，巴延退走。					

公元	年號	地區	記事
一三四九	順帝至正九年		三月，黃河北潰。
		沛縣	五月，白茅河東注沛縣，遂成巨浸。
		漢陽城	蜀江大溢，浸漢陽城，民大饑。
			七月，大霖雨，水沿高唐州城江漢溢，漂沒民居。
		中興路、	大水。（志）
		膠州	三月，大饑人相食。
		鈞州、新鄭、密縣	饑。（志）
		龍興	二月，大雨雹。（志）
		道州	十月，廣西蠻掠道州。
		全州	十一月，吳天保率衆六萬掠全州。
		台州	台州、黃巖民方國珍入海爲亂。聚衆數千人刼掠漕運，執海道千戶德流于實。事聞，詔江浙參政多爾濟巴勒總舟師捕，反爲所敗。多爾濟巴勒被執。國珍不久請降。
		道州	正月，廣西猺賊復陷道州，萬戶鄭均擊走之。
		沅州	三月，猺賊吳天保復寇沅州。
		辰州	十二月，猺賊吳天保陷辰州。
		冀甯、平遙	冀甯、平遙等縣曹七七反。討平之。

公曆	年號	天災						人禍						附註
		水災		旱災		其他災		內亂		外患		其他亂		
		災區	災況	災區	災況	災區	災況	亂區	亂情	患區	患情	亂區	亂情	
一三五〇	順帝至正十年	公安等縣、沔陽府	大水。（志）	彰德	夏秋，旱。（志）	汾州、平遙	五月，雨雹。（志）	溫州	十二月，方國珍復叛寇溫州。					
		蘄州	夏秋，大水。傷稼。（志）											
		龍興、瑞州	五月大水。（志）											
		霍州、靈巖	六月，雨水暴漲。決隄堰，漂民居甚衆。（志）											
		汾州、平遙	七月，汾水溢。（志）											
		靜江、荔浦	大水。害稼。（志）											
一三五一	順帝至正十一年	龍興、南昌、新建	夏，大水。（志）	鎮江	旱。（志）	冀甯路屬	四月，地震，半月乃止。（志）	潁州	五月，潁州、劉福通爲亂。以紅巾爲號。陷潁州。六月，劉福通，據朱皋，攻破羅山，河北之民					
		安慶、桐城	雨水泛漲，花崖、龍源二山崩，衝決縣東			孟州	地震有聲如雷，圮民屋，壓死者甚衆。							

	大河，漂民居四百餘家。
冀寧路平晉、文水二縣	七月，大水。汾河汎溢。東西兩岸漂沒田禾數百頃。（志）
歸德府永城、靜江路	河決。壞黃陵岡岸。大水，決南北二陡渠。（志）
彰德府	雨雹，形如斧，傷人畜。（志）

	亦多從紅軍。
	方國珍兄弟入海燒掠沿海州郡，官軍無法制止，不久又降。
徐州	蕭縣李二及老彭、趙君用陷徐州。募人爲軍，從之者十餘萬人，四出略地。徐州屬縣皆下。
蘄州	蘄州羅田人徐壽輝舉兵爲亂，安以紅巾爲號。
汝寧府、及息州、光州	九月，劉福通陷汝寧府及息州、光州，衆至十萬。徐壽輝陷蘄水縣及黃州路，衛王發兵擊之，反爲所敗。十月，徐壽輝稱帝於蘄水。
江浙、江西	是歲，盜蔓延於江浙、江西之饒信、徽宣、鉛山、廣德、浙西之常、湖、建德所在不守。
廬州	廬州盜起。

公曆	年號	天災						人禍						附註
		水災		旱災		其他災		內亂		外患		其他亂		
		災區	災況	災區	災況	災區	災況	亂區	亂情	患區	患情	亂區	亂情	
一三五二	順帝至正十二年	中興路、松滋 衢州、安西	六月，雨水暴漲，漂民舍千餘家，溺死七百人。（紀） 七月大水。（志）	台州 大名路 浙東 紹興、蘄、黃二州	自四月不雨至於七月。（志） 六月旱蝗，饑民七十餘萬。（紀） 旱。（志） 蘄、黃二州大旱，人相食。	冀甯、保德州 隴西 龍興	正月，大疫。（志） 三月，隴西地震百餘日，城郭頹移，陵谷遷變。 夏，大疫。（志）	安豐、合肥 襄陽路、中興路、荊門州、南陽縣 漢陽 武昌 安陸府	濟甯路總管董搏霄奉詔從江浙平章嘉運進征安豐、合肥，遇賊大破之。渡肥水擊之，賊大敗。復追殺，相籍而死者二十五里。 正月，竹山縣賊陷襄陽路、中興路、荊門州。妖賊起陷鄧州，抵南陽境南陽縣，達嚕噶齊喜同率義兵與賊死戰，終以無援敗，以身殉國。賊殺其家二十餘人，南陽與之俱亡。 正月，徐壽輝遣其將丁普郎、徐明遠陷漢陽，陷興國府，其將鄒普勝又陷武昌，其將曾法興陷安陸府。徐					

沔陽府、中興路；鄒平；江州、南康路；歸州

壽輝兵陷沔陽府，又陷中興路，武昌既陷，江西大震，賊舳艫蔽江而下，行省總管李黼等奮勇禦賊，賊大敗，逐北六十里，橫屍蔽路，殺獲二萬餘，既而賊由水道進攻，黼帥將士奮擊，發火翎箭射之，焚溺死者無算。

二月，定遠人，郭子興集少年數千人，自稱節制元帥，與壯士結納，與孫德崖及俞某，潘某等以衆攻城。

鄒平縣馬子昭爲亂，官軍捕斬之。

徐壽輝兵陷江州，總管李黼死之。遂陷南康路，時賊勢愈盛。西自荆湖，東際淮甸。守臣往往棄城遁。

房州賊陷歸州。

公曆年號	天災：水災 災區	天災：水災 災況	天災：旱災 災區	天災：旱災 災況	天災：其他 災區	天災：其他 災況	人禍：內亂 亂區	人禍：內亂 亂情	人禍：外患 患區	人禍：外患 患情	人禍：其他 亂區	人禍：其他 亂情	附註
							濠州	郭子興陷濠州，據之。					
							澧州	鄧州賊王權、張椿陷澧州。					
							袁州	徐壽輝將歐尊祥引兵掠江西諸郡縣，攻破袁州，焚室廬，掠人民而去。					
							衡州	三月，徐壽輝將許甲攻衡州。					
							南陽	河南左丞相台哈布哈克復南陽等處。					
							饒州路、信州、徽州	徐壽輝將項普略陷饒州路，遂陷徽州、信州，時官軍多疲懦不能拒。					
								方國珍復亂，入海門州港，犯馬接諸山。					
							吉安路	徐壽輝將陳普文陷吉安路，鄉民羅明遠起義兵復之。					
								四月，江西臨川賊鄧					

建昌路	忠陷建昌路。
武昌、漢陽	湖廣行省參政鐵傑及萬戶陶夢禎復武昌、漢陽，再陷。
邵武路	江西宜黃賊塗佑與邵武建甯賊應必達等攻陷邵武路，總管吳按攤布哈以兵討之。千戶魏淳用計擒佑、必達，復其城。賊自邵武間道逼福甯州。
福甯州、桂陽	永懷縣賊陷桂陽。
峽州	四川行省平章耀珠以兵復歸州，進攻峽州，與峽州總管趙余褫大破賊兵，誅賊將李太素等，遂平之。
襄陽	五月，四川行省平章耀珠復中興路，進攻襄陽。大敗賊兵於襄陽城南。賊以十萬大軍守城不出，乃以計誘，斬賊無算。賊將王權被擒，襄陽遂平。

公曆年號	天災 水災 災區	水災 災況	旱災 災區	旱災 災況	其他災 災區	其他災 災況	人禍 內亂 亂區	內亂 亂情	外患 患區	外患 患情	其他 亂區	其他 亂情	附註
							建昌	建昌民戴良起鄉兵克復建昌路。					
							道州	六月，紅巾周伯顏陷道州。					
							杭州	七月，徐壽輝將項普略引兵自徽、饒犯昱嶺關攻杭州，杭州乃陷。不久，董摶霄從江浙平章嘉運征安豐，乘勝攻濠州。移軍薄杭州，與賊凡七戰。追殺至清河坊，賊奔接待寺，塞其門而焚之，賊皆死，遂復杭州，餘杭、武康、德清次第以平。					
							於潛	賊復自昱嶺關寇於潛，行省乃假摶霄為參知政事，復提兵討之。以大軍進至叫口及虎檻，遇賊皆大破之。追擊至於潛，遂					

昌化 昱嶺關	復其縣治，既又復昌化及昱嶺關，降賊數千。
千秋關	賊又有犯千秋關者。搏霄發兵盡出，斬首數千級，遂復千秋關。復安吉，賊帥梅元等來降。進兵廣德克之，時蘄、饒諸賊復犯
徽州	徽州，搏霄引兵擊之，賊大潰，斬首數萬級，徽州遂平。
寶慶路	湘鄉賊陷寶慶路，湖南元帥副使李兵復之。
福安、甯德	徐壽輝部陷福安、甯德等縣。
台州	八月，方國珍率其衆攻台州，浙東元帥頁特密實、福建元帥赫迪爾擊退之。
荆門州	安陸賊將俞君正復陷荆門州，知州聶炳死之。
岳州	賊將黨仲達陷岳州。

公曆年號	天災：水災：災區	天災：水災：災況	天災：旱災：災區	天災：旱災：災況	天災：其他：災區	天災：其他：災況	人禍：內亂：亂區	人禍：內亂：亂情	人禍：外患：患區	人禍：外患：患情	人禍：其他：亂區	人禍：其他：亂情	附註
							中興	九月，俞君正復陷中興，耀珠率兵與戰，兵敗。中興義士范中等率義兵復中興路，俞君正敗走。					
							徐州	托克托率兵攻徐州，炮攻城破，燒賊積聚之處，追擒其千戶數十人，遂屠其城。芝蔴李遁。不久捕獲送京師誅之。					
							辰州	賊攻辰州，擊走之。					
							湖州、常州	蘄黃賊陷湖州、常州。					
							濠州	徐州既平，彭大、趙郡用率芝蔴李餘黨奔濠州，托克托命賈魯追擊之。					
								江西行省平章政事桑節受命出師討趙普勝、周驢等，時賊號百萬，桑節募兵五十					

千衆爭赴之。乃具舟

銅陵　楫直趨銅陵，克之。又破賊於白馬灣。賊敗，官兵躡之。抵白湄，復乘勝奮擊，奪船六百艘，軍聲大振。

池州、石埭、湖口、江州　遂復池州、石埭諸縣。賊復來攻，官軍殊死戰，又大破之。復湖口，克江州。惟時湖廣已陷，江西被圍。淮、浙亦多故，卒無援之者。賊四集，官軍力窮，死且盡，桑節等均死。所據各地又陷。

江陰州　十月，蘄黃賊陷江陰州，四散抄掠。

安慶　十一月，蘄黃賊悉衆寇安慶。上萬戶蒙古綽斯連破之。

公曆	年號	天災：水災：災區	天災：水災：災況	天災：旱災：災區	天災：旱災：災況	天災：其他災：災區	天災：其他災：災況	人禍：內亂：亂區	人禍：內亂：亂情	人禍：外患：患區	人禍：外患：患情	人禍：其他亂：亂區	人禍：其他亂：亂情	附註
一三五三	順帝至正十三年	薊州豐潤、玉田、遵化、平谷四縣	夏，大水。（志）	蘄州、黃州及浙東慶元、衢州、婺州、江東饒州、江西龍興、瑞州建昌、吉安、廣東南雄、湖南永州、桂陽	大旱。（志）秋，大旱。溪澗皆涸。（志）自六月不雨，	益都、高宛	四月，雨雹傷麥禾及桑。（志）	濠州	十二月，賈魯以兵圍濠州。					
						黃州、饒州	大疫。（志）		三月，賊衆十萬攻池州，布延特穆爾會諸將分番與戰，大敗之。					
						大同路	十一月，疫，死者大半。	饒州	五月，江西行省左丞相策琳沁巴勒等取道自信州，元帥韓邦彥哈密取道自徽州，同復饒州。蘄黃賊聞風皆奔潰。					
								高郵	泰州賊張士誠陷高郵。					
									五月，布延特穆爾敗賊，復江州。					
								泰州	六月，額森布哈討泰					

	一三五四
	順帝至正十四年
	河南府鞏縣 薊州
	六月,大雨。伊、洛水溢。漂沒民居,溺死三百餘人。(志) 秋。大水。(志)
泉州	懷慶、河內、孟州、汴梁祥符、福建泉州、湖南永州、
至于八月。(志) 大饑。死者相枕籍。(志)	大旱。(志)
	薊州 潞州、襄垣、武昌
	七月,大風,拔木偃禾。(志) 武昌自十二年為沔寇所殘燬,民死於兵疫者十六
滁陽道 富州、臨江、瑞州 連江、福州	潁州 廬州 全椒
州。七月,布延特穆爾進兵攻蘄州,擒偽帥魯普恭,遂克其城。進兵蘭溪口。朱元璋率兵略滁陽道,克之。十月,官軍圍滁。十一月,江西右丞和尼齊以兵平富州、臨江,遂復瑞州。江西賊帥王善寇閩,連江、福州相繼陷。	三月,潁州陷。五月,安豐正陽賊圍廬州 郭子興以朱元璋為總管,率兵攻全椒,克之。

公曆	年號	水災 災區	水災 災況	旱災 災區	旱災 災況	其他 災區	其他 災況	内亂 亂區	内亂 亂情	外患 患區	外患 患情	其他 亂區	其他 亂情	附註
							七。（志）	揚州	六月，張士誠寇揚州。達實特穆爾以兵討之，敗績，諸軍皆潰。					
				寶慶、廣西梧州、浙東、台州、江東、饒州、閩、海福州、邵武、汀州、江西、龍興、建昌、吉安、臨江、廣西靜江等郡	大饑。人相食。（志）			盱眙、泗州	趙君用等陷盱眙縣。又陷泗州，官軍皆潰。命刑部尚書阿嚕寡兵討之。					
				京師	大饑。加以疫癘。民有父子相食者。六月，雨雹。（志）			六合	九月，濠州兵陷六合縣。					
								高郵	十一月，托克托與張士誠戰於高郵城外，大敗之。遂遣兵西平六合。朱元璋救之，無功。					
								衡州	十二月，猺賊自耒陽寇衡州，萬戶許托因死之。					
								安東	托克托征高郵，分兵					

一三五五　順帝至正十五年

荆州　六月，大水。（志）

安慶　大雨，江漲，屯田禾半沒。（志）

衛輝　大旱。（志）

平安東等處賊。攻高郵，不克。

沔陽　正月，徐壽輝將倪文俊復陷沔陽。

河南　河南賊數渡河焚掠州縣。

和陽　郭子興、朱元璋等進據和陽。

襄陽　三月，徐壽輝兵破襄陽。

和州　官軍十萬攻和州。朱元璋以萬人拒守，間出奇兵擊之。官軍連敗，死者頗多，乃解去。

中興路　五月，倪文俊自沔陽復破中興路。元帥多爾濟巴勒死之。

采石　六月，朱元璋與將諸取采石，轉取太平路。中丞曼濟哈雅等塞

公曆年號	天災：水災 災區	水災 災況	旱災 災區	旱災 災況	其他災 災區	其他災 災況	人禍：內亂 亂區	內亂 亂情	外患 患區	外患 患情	其他亂 亂區	其他亂 亂情	附註
							太平路	元璋歸路，元帥陳埜先以衆數萬攻太平鎭，戰敗，爲元璋所擒。埜先招所部降。八月，和州鎭撫徐達					
							溧水	軍自太平進克溧水。九月，河南行省平章					
							長葛	達實巴圖爾以兵進次長葛，與劉福通野戰，爲所敗，將士奔潰。劉哈喇布哈來援，大破賊兵。					
							饒州路	十一月，賊陷饒州路。達實巴圖爾攻夾河賊，大破之。					
							懷慶	賊陷懷慶，命右丞布哈討之。十二月，達實巴圖爾					

地點	記事
太康、亳州	調兵進討，大敗劉福通等於太康，遂圍亳州。
汴、鄧、許、嵩、洛、汝甯府、虎牢、盟津、懷州	紅巾賊勢滋蔓，由汴以西，南陷鄧、許、嵩、洛、汝甯府，達嚕噶齊察罕特穆爾轉戰而北，遂戍虎牢，以遏賊鋒。賊北渡盟津，焚掠至懷州，河北震動。察罕特穆爾進戰，大敗之。餘黨殲之無遺類。
滎陽	苗軍以滎陽叛。察罕特穆爾夜襲之，擄其衆幾盡。
汴西中牟	淮右賊衆三十萬，掠汴以西來擣中牟。察罕特穆爾與賊殊死戰，賊不支敗走。追殺十餘里，斬首無算。劉福通每陷一城，以人爲糧食，既盡。復陷一處。故其所過，赤地千里。

公曆	年號	天災：水災區	水災災況	旱災區	旱災災況	其他災區	其他災況	人禍：內亂亂區	內亂亂情	外患患區	外患患情	其他亂區	其他亂情	附註
一三五六	順帝至正十六年	鄭州、河陰 山東	河決，官署民居盡廢，遂成中流。（志） 八月，黃河水決大水。（志）	婺州、處州	大旱。（志）	河南	春，大疫。（志）	常熟 平江路 松江 常州、采石 江陵 襄陽 集慶 鎭江	正月，張士誠弟士德陷常熟。 三月，張士德陷平江路，據之。 苗軍在松江一月，焚刼淫掠，死者塡塞街巷。 張士德圍常州，陷之。常遇春攻官軍於采石，大破之。 朱元璋率諸軍取集慶，自太平水陸並進，至江陵，攻破之。降三萬餘人。 徐壽輝復寇襄陽。倪文俊陷常德路。 朱元璋攻克集慶，官軍悉潰。 朱元璋將徐達進兵，攻克鎭江。苗軍元帥鄂勒哲出走。餘多戰					

死。

湖州、松江　四月，張士誠將趙打虎陷湖州，史文炳陷松江。

澧州路　五月，倪文俊陷澧州路。

辰州　賊寇辰州，守將擊敗之。

廣德路　六月，建康兵取廣德路。

杭州　張士德攻陷杭州。達實特穆爾遁，餘將戰死，鄂勒哲以苗軍及官軍數萬分三路來救，大敗士德，遂復杭州。

泗州　董搏霄與賊爭奪泗州，數戰始定。

賊陷宣州。守將汪澤民死之。

公曆	年號	水災災區	水災災況	旱災災區	旱災災況	其他災區	其他災況	內亂亂區	內亂亂情	外患患區	外患患情	其他亂區	其他亂情	附註
								鎮江	七月，建康諸將奉朱元璋爲吳國公。張士誠以舟師攻鎮江。吳統軍徐達等禦之，士誠中伏大敗。					
								衢州路	倪文俊陷衢州路。					
								嘉興	張士誠將史文炳以水師數萬攻嘉興。楊鄂勒哲大破之，斬首萬七千級，俘者數千。官軍凶肆，掠人貨財婦女。					
								潼關	汝潁賊李武、崔德等破潼關，爲官軍所復。又攻陷，又爲官軍所復。					
								陝州、虢州	賊陷陝州、虢州，詔察罕特穆爾與李思齊					

虢州	往攻之。賊敗，渡河陷平陸，掠安邑，蹂晉南。相持數月，賊勢窮，皆潰。
淮安	十月，趙君用自泗州進陷淮安。
常州	十一月，張士誠將誘降吳兵七千人，以攻徐達，失利。還拒守常州，徐達等進師圍之。
河南、山東、河北	劉福通遣將分略河南、山東、河北，京師大震。
太康	十二月，河南行省平章達實巴圖爾大破劉福通兵於太康，斬首數萬。太康悉平。
岳州路	倪文俊陷岳州路。
廣興府 池州	國甯路長槍元帥謝國璽寇吳廣興府。元帥鄧愈擊敗之。

公曆	年號	水災 災區	水災 災況	旱災 災區	旱災 災況	其他災 災區	其他災 災況	內亂 亂區	內亂 亂情	外患 患區	外患 患情	其他亂 亂區	其他亂 亂情	附註
									趙普勝率衆攻池州城,連戰三日,敗去,未幾又至,相拒二旬始退。					
一三五七	順帝至正十七年	廣平	六月,暑雨,漳河溢。鄆邑皆水。(志)	河南	大饑。(志)	東昌、茌平	蝗。(志)	長興	二月,吳公遣將耿炳文等自廣德取長興。張士誠將趙打虎以三千兵迎戰,敗之,遂克長興。					
		蘄州	秋,大水。(志)			濟南	四月,大風雨雹。(志)	邳州	托克托復邳州,調客省使薩爾達溫等攻黃河南岸賊,大破之。					
		靜江路	十月,山崩地陷,大水。(志)			莒州、蒙陰	六月,大疫。(志)	膠州	劉福通遣其黨毛貴陷膠州。					
								陝州	倪文俊陷陝州。					
								商州、武關、長安、同華諸州	李武、崔德等破商州,攻武關,遂直趨長安。分掠同、華諸州。三輔震恐。察罕特穆爾與李思齊倍道援陝西。入潼關,與賊遇,戰輒					

地區	事件
	勝，殺獲以億萬計。倪俊文破轆轤關。
泉州	三月，義兵萬戶賽甫鼎、阿密勒鼎叛。據泉州。
萊州	毛貴陷萊州。
常州	吳將徐達等克常州。
益都路	毛貴陷益都路。又陷濱州。自是山東都邑皆陷。濟南危殆。
莒州、甯國路	四月，毛貴陷莒州，取甯國路，屬縣相繼下。
武安州	五月，平章政事齊拉袞特穆爾復武安州等二十餘城。
泰興	吳兵攻泰興，克之。
青陽	吳兵取青陽縣。克之。
江陰	六月，吳兵攻江陰，張士誠將屢敗，遂克之。
汴梁	劉福通犯汴梁。
常熟、	七月，吳徐達率兵攻

公曆	年號	天災：水災 災區	水災 災況	旱災 災區	旱災 災況	其他災 災區	其他災 災況	人禍：內亂 亂區	內亂 亂情	外患 患區	外患 患情	其他亂 亂區	其他亂 亂情	附註
								望亭、甘露、無錫	常熟，張士德出戰被擒。遂循望亭、甘露、無錫諸寨下之。					
								徽州路	吳公遣兵取徽州路。守將元帥巴斯爾布哈等拒戰，擊敗之，遂拔其城。屬縣次第皆下。					
								濟甯	義兵萬戶田豐叛，陷濟甯路。孟本周攻之。豐敗，本周遂復濟甯。					
								婺源、徽州	吳元帥胡大海進攻婺源，會揚鄂勒哲率兵十萬，欲復徽州，大海還師與戰於城下，大敗之。					
								歸德、曹州	歸德及曹州俱陷於賊。					
								大名	劉福通兵陷大名路，					

路	遂自曹濮陷衛輝路。
衛輝路	博囉特穆爾與萬戶方托克托出兵擊之。
武康	九月，吳元帥費子賢率兵取武康。
大名路	台哈布哈復大名路，并所屬州縣。
潞州、冀甯	潞州陷，賊攻冀甯。察罕特穆爾遣兵擊走之。
安慶	趙晉勝等兩道攻安慶。十月，徐壽輝將陳友諒攻安慶。
池州	吳大元帥常遇春自銅陵進取池州。
揚州路	吳公命元帥繆大亨率兵攻揚州路，克之。張明鑑等兇暴，屠城中居民爲食。至是，兵大敗，乃出降。

公曆年號			
天災	水旱災	災區	
		災況	
	其他災	災區	
		災況	
人禍	內亂	亂區	興元、秦隴、鞏昌、鳳翔 壺關 重慶路 濟南 棣州
		亂情	關中賊散走南山者。出自興元，陷秦隴，據鞏昌，進圍鳳翔。察罕特穆爾內外合擊之，賊大潰，自相殘蹂，斬首數萬級，伏屍百餘里，餘黨皆遁。關中悉平。 十一月，賊侵壺關，察罕特穆爾以兵大破之。 十二月，徐壽輝將明玉珍陷重慶路。 董搏霄平濟南，殺賊無遺。 義兵千戶余寶叛，據棣州。
	外患	患區	
		患情	
	其他	亂區	
		亂情	
附註			

公元	年號	地區	災況	地區	災況	地區	災況	地區	災況
一三五八	順帝至正十八年	京師	七月，大水。(志)	薊州	春旱。(志)	薊州、遼州、濰州昌邑、膠州高密	夏，蝗。(志)	安慶	正月，趙普勝、陳友諒等陷安慶。守將余闕以孤軍血戰，斬首無算，卒以無援，城陷身死，民不從賊，焚死者以千計。
		蘄州、廣東惠州、廣西賀州	大水。(志)	莒州、濱州、般陽、淄川、霍州、鄜州、鳳翔、岐山	春夏皆大旱。莒州家人自相食。岐山人相食。(志)	汾州	大疫。(志)	常州	張士誠降元後攻常州，爲吳兵所敗。
						大都、廣平、順德、及濰州之北海、莒州之蒙陰、汴梁之陳留、歸德之永城	秋，皆蝗。廣平人相食。(志)	婺源州	吳兵攻克婺源州。守將特穆爾布哈死之。又克高河壘。
						京師	七月，蝗。民大饑。十二月，京師大饑，疫。河南、北，山東郡縣皆被兵。各攜老幼男女避居京師。以故死者相枕籍。(志)	東平路	田豐陷東平路。
								青滄二州	二月，毛貴陷青、滄二州。遂據蘆鎮。
								濟南路	毛貴陷濟南路，守將愛迪戰死。
									山東賊漸逼京畿，詔以台哈布哈率兵討之。
								輝州、東昌	田豐復濟甯，再陷輝州，進陷東昌。
								懷慶路	王士誠自益都犯懷慶路。
								興元路	興元路陷。

公曆年號	天災・水災・災區	天災・水災・災況	天災・旱災・災區	天災・旱災・災況	天災・其他災・災區	天災・其他災・災況	人禍・內亂・亂區	人禍・內亂・亂情	人禍・外患・患區	人禍・外患・患情	人禍・其他亂・亂區	人禍・其他亂・亂情	附註
							般陽路	三月，毛貴陷般陽路。					
							晉寧路	王士誠陷晉寧路。					
							衛輝	劉福通遣兵犯衛輝，河南行省平章博羅特穆爾擊走之，進克濮州。					
							薊州	毛貴陷薊州。					
							河間、直沽、漷州、棗林、柳林	毛貴率衆由河間趨直沽，猲漷州，至棗林。已而略柳林，劉哈喇布哈以兵拒之，戰於柳林，官軍捷，賊退走。					
							建德路	吳公遣兵攻建德路，數戰克之。					
							益都路	田豐陷益都路。					
							太行、上黨、晉寧、雲中、雁門、上郡等地	曹濮賊分道踰太行。焚上黨，掠晉寧，陷雲中、雁門、上郡，烽火數千里。復大掠以南。察罕特穆爾與賊數血戰，擊卻之，河東悉定。					

池州	四月，趙普勝陷池州。
龍興路	陳友諒陷龍興路
廣平路	田豐陷廣平路，大掠，退保東昌。詔元帥托克托以兵復廣平。
瑞州路	陳友諒遣將王奉國陷瑞州路。
鞏昌	詔李思齊等率兵討李喜喜於鞏昌。李喜喜敗入蜀。
汴梁	五月，劉福通攻陷汴梁。
邵武路	陳友諒遣部將邵宗、鄧克明等以兵寇邵武路。
吉安路	陳友諒陷吉安路。
撫州路	陳友諒兵陷撫州路。
石埭	吳謝再興等率兵略石埭縣，與陳友諒兵遇。擊敗之。
遂州	劉福通部將關先生、破頭潘等陷遂州。浩爾齊以兵擊走之。
晉寧	關先生等遂陷晉寧路，

公曆	年號	天災						人禍						附註
		水災		旱災		其他災		內亂		外患		其他		
		災區	災況	災區	災況	災區	災況	亂區	亂情	患區	患情	亂區	亂情	
								汾州	城中死者十三。賊去晉寧，復陷汾州。					
								常熟	張士誠兵寇常熟，吳守將廖永安大破之。					
								懷慶	七月，河南行省平章政事周全叛，附於劉福通。全盡驅懷慶民渡河入汴梁。					
								鄱陽路	布蘭奚以兵復鄱陽路，已而復陷。					
								九華山	吳胡通海等擊破九華山寨。					
								建昌路	八月，陳友諒兵陷建昌路。					
								滕州	義兵萬戶王信以滕州叛，降於毛貴。					
								江陰	張士誠兵寇江陰，吳守將吳良擊走之。					
								保定路、完州、大同、興和	九月，關先生攻保定路，不克。遂陷完州，掠大同、興和塞外諸郡。					

等塞外諸郡平定州	賊兵攻大同路。平定州陷。
贛州路	陳友諒陷贛州路。
蘭溪州	十月，吳將胡大海攻蘭溪州，克之。進攻婺
婺州路	州路。
宜興	吳將徐皆等克宜興。
汀州路	十一月陳友諒陷汀州路。
	田豐陷順德路。民死者衆。
	吳公自將師十萬攻婺州。克之。
上都	十二月，關先生等由大同直犯上都，焚燬宮闕，留七月，乃轉略
遼陽	遼陽。

公曆	年號	天災·水災·災區	天災·水災·災況	天災·旱災·災區	天災·旱災·災況	天災·其他·災區	天災·其他·災況	人禍·內亂·亂區	人禍·內亂·亂情	人禍·外患·患區	人禍·外患·患情	人禍·其他·亂區	人禍·其他·亂情	附註
一三五九	順帝至正十九年		四月，汾水暴漲。(志)	晉甯鳳翔、廣西梧州、蒙州	大旱。(志)	鄜州幷原、莒州沂水、日照及廣東南雄路	春夏，大疫。(志)		正月，陳友諒遣王奉國率兵號二十萬，寇信州路。江東廉訪副使巴延布哈德濟連破之。					
		濟南	九月，河決。(志)					遼陽行省	遼陽行省陷。					
		任城		京師、通州、保定路、濟南、益都之高苑、莒州蒙陰、河南之孟津、新安、黽池等縣	正月至五月，京師大饑，死者無算。通州民殺子而食之。保定路孛死盈道，軍士掠孱弱以爲食。濟南及益都之高苑、莒之蒙陰、河南之孟津、新安、黽池等縣，皆大饑。人相食。(志)	莒州蒙陰	四月，雨雹。(志)	餘杭	吳將邵榮破張士誠兵於餘杭。					
						通州、益都臨朐	五月，雨雹，害稼。(志)	諸暨	吳將胡大海攻克諸暨。					
						山東、河東、河南、及關中等處	五月，飛蝗蔽天，人馬不能行，填溝塹皆盈，平民大饑，人相食。(志)	江陰	二月，張士誠復攻江陰，戰艦蔽江下。吳守將吳良破之。士誠不支敗退，溺死者甚衆。					
						淮安、清河	秋，飛蝗蔽天，自西北來，凡經七日，禾稼俱盡。(志)		吳將邵榮攻湖州，屢敗張士誠兵。					
								辰州	元叛將梁炳攻辰州。守將和尙擊敗之。					
						汴梁	八月，蝗自河北飛渡汴梁，食田禾盡。(志)	薊州	賊由鹽邱犯薊州。					
								山西	台哈布哈之潰兵數刼掠山西。命招撫之。					

衢州、襄陽路	三月，陳友諒遣兵由信州略衢州，復遣兵陷襄陽路。
建德	張士誠兵攻建德。吳兵擊敗之。
太平、陵陽、石埭等縣	陳友諒遣部將趙普勝攻甯國太平縣，爲元兵所敗，復寇陵陽、石埭等縣。又爲元兵所敗。
	四月，賊陷金、復等州。佛嘉努調兵平之。
池州	吳兵復池州，趙普勝部敗走。
紹興	吳胡大海等攻紹興，至蔣家渡，遇張士誠兵，擊敗之。擒士誠卒五十餘人，悉斬之。
建德	張士誠復攻建德，爲吳將朱文忠所敗。士誠復遣兵爭建德，又爲朱文忠將擊破。
甯夏路靈武等處	賊陷甯夏路，遂略靈武等處。

公曆	年號	天災 水災 災區	水災 災況	旱災 災區	旱災 災況	其他災 災區	其他災 災況	人禍 內亂 亂區	內亂 亂情	外患 患區	外患 患情	其他 亂區	其他 亂情	附註
								常州	張士誠兵擊常州，守將湯和擊敗之。					
									五月，察罕特穆爾復汴梁等地，屢與劉福通戰，福通輒敗，衆悉爲所擒。					
								信州	陳友諒弟友德圍攻信州，城內糧盡，人相食。巴延布哈德濟猶大破賊。六月，王奉國來攻，士卒力疲不能支，城陷。					
								諸全州	張士誠將呂珍圍諸全州，胡大海自甯越率兵救之，呂珍敗退。					
								衢州	七月，吳常遇春攻衢州，圍之。					
									詔進征遼陽，時遼陽賊內亂，毛貴早爲趙君用所殺，趙君用又爲毛黨所殺，自相殘					

殺者甚夥。

歸州　八月，倪文俊餘黨陷歸州。

無爲州　吳將朱文遜等取無爲州，克之。

汴梁　察罕特穆爾攻陷汴梁城，河南悉定。

潛山　九月，吳徐遂、張德勝等攻取潛山，克之。

衢州路　吳將常遇春攻陷衢州路，宋巴延布哈被擒。

處州　十一月，吳兵收處州，克之。元兵多戰死。

杉關　陳友諒兵陷杉關。

嚴州、婺州　十二月，張士誠兵數爲寇，吳元帥何世明擊破之，自是士誠不敢窺嚴、婺。

杭州　吳公命常遇春帥師攻杭州，杭民糧盡，餓

公曆	年號	天災：水災：災區	天災：水災：災況	天災：旱災：災區	天災：旱災：災況	天災：其他災：災區	天災：其他災：災況	人禍：內亂：亂區	人禍：內亂：亂情	人禍：外患：患區	人禍：外患：患情	人禍：其他亂：亂區	人禍：其他亂：亂情	附註
									死者十六七。					
								江州	陳友諒盡殺其主徐壽輝所部於江州，以徐壽輝居江州。友諒自稱漢王。					
一三六〇	順帝至正二十年	通州	七月，大水。（志）	通州	旱。（志）	益都、臨朐、壽光、鳳翔、岐山	蝗。（志）	濠、泗、	正月，張士誠破濠州。					
				汾州、介休	自四月至秋不雨。（志）	薊州	五月，雨雹。	徐、邳等州	又破泗、徐、邳等州。					
				廣西	大旱，自閏月	遵化		邵武、汀州、延平諸郡縣	二月，陳友諒兵入杉關，攻邵武、汀州、延平諸郡縣，羣盜乘勢竊發。福建行省參政袁天祿等降於吳。					
				賓州	不雨，至於八月。（志）	紹興、山陰、會稽	大疫。（志）	保定路	三月，田豐陷保定路。					
						蓋都、高苑、陝州、黽池	七月，大雨，害稼。（志）	冀甯路	冀甯路陷。					
									五月，陳友諒將羅忠顯陷辰州。陳友諒兵攻池州，吳將徐達等擊敗之，斬首萬餘級，生擒三千餘人。遇春					

太平　阬殺之。止存三百人）。閏月，陳友諒率舟師攻太平。吳守將花雲、朱文遜均死之。太平遂陷。

建康　陳友諒自采石引舟師東下，建康大震。吳公命常遇春、張德勝等，擊友諒軍，友諒軍披靡不能支，遂大潰，被殺溺死者無算，吳兵俘其卒二萬餘。元

安慶、采石　帥余某等取安慶，德勝追及友諒於慈湖，至采石復戰，德勝死。國勝以軍蹴之，友諒

太平、池州　迎戰，又敗。乃棄太平遁去。達追至池州，余某遂取安慶。

信州路　吳取信州路，克之。

公曆	年號	天災：水災 災區	災況	旱災 災區	災況	其他 災區	災況	人禍：內亂 亂區	亂情	外患 患區	患情	其他 亂區	亂情	附註
								長興	六月，張士誠遣其將呂珍率舟師，分兵三路攻長興，吳守將耿炳文親率精兵擊敗之。					
								臺州	七月，博囉特穆爾敗王士誠於臺州。					
								永平路	八月，永平路陷。					
								孟州、趙州、眞定路	九月，賊陷孟州，又陷趙州，攻眞定路。					
								上都	賊復犯上都，右丞孟克特穆爾引兵擊之，敗績。					
								諸全	張士誠兵侵諸全，吳元帥袁寶戰死。					
								冀寧、	博囉特穆爾與察罕特穆爾爭冀寧而戰。					
								汾州	十一月，博囉侵汾州，察罕拒之。					

				易州	賊犯易州。
				廣平路	十二月，廣平路陷。
				京畿	陽翟王勒呼木特穆爾擁兵數十萬，將犯京畿。帝命圖沁特穆爾等將兵討之，不克。軍士皆潰，圖沁特穆爾走上都。
一三六一	順帝至正二十一年	霸州	饑，民多莩死。(志)	杞縣	正月，河南賊犯杞縣，察罕特穆爾討平之。
		京師	大饑。	伏羌等縣	李思齊進兵平伏羌等縣。
		東平	五月，雨雹害稼。(志)	饒州	吳朱亮祖率兵擊陳友諒平章王溥於饒州。不利而還。
		河南鞏縣	六月，蝗食稼俱盡。(志)	建德等地	吳元帥朱文輝及饒州降將余椿等引兵次池之建德。令元帥羅友賢攻東流賊壘，破之。
		衛輝、汴梁、榮澤、鄭州	七月，蝗。(志)	永平、灤州	二月，特哩特穆爾復永平、灤州等處。
				霍州	察罕特穆爾駐兵霍州攻博囉特穆爾。

公曆年號	天災 水災 災區	水災 災況	旱災 災區	旱災 災況	其他災 災區	其他災 災況	人禍 內亂 亂區	內亂 亂情	外患 患區	外患 患情	其他亂 亂區	其他亂 亂情	附註
							永城	三月，察罕特穆爾調兵討永城縣。又駐兵					
							宿州	宿州，擒賊將梁綿住。					
							嘉定等路	五月，四川明玉珍陷嘉定等路。李思齊遣兵擊敗之。					
							延安	察罕特穆爾以兵侵博囉特穆爾於延安。					
							信州	陳友諒將李明道犯信州、吳夏德潤出兵爭之，戰死。					
							冠州、東昌	六月，察罕特穆爾會師征山東郡賊。復冠州、東昌。					
							利陽鎮、浮梁	吳元帥王思義克鄱陽之利陽鎮。遂令鄧愈兵攻浮梁。					
							信州	李明道攻信州，吳守將胡德濟求援於胡大海。大海兵至，夾擊明道兵，大破之。擒明					

	道等。
安慶	七月，陳友諒將張定邊陷安慶。吳守將余茱戰敗。
浮梁、樂平	八月，吳將鄧愈克浮梁，于光克樂平，友諒守將敗走。
紹興	吳胡大海率兵攻紹興，久不能下。
安慶、湖口、江州	吳公親率舟師溯流征友諒，復安慶。至小孤山，次湖口，追至江州。友諒敗走武昌。公遣徐達追之。
南康、東流、蘄黃、廣濟、饒州	吳遣兵攻南康，克之。又遣兵略各城之未下者。東流、蘄黃、廣濟、饒州相繼降。
濟甯、東平等地	察罕特穆爾討山東，招撫田豐王士誠等。討賊於濟甯、東平等地，斬首萬餘。魯地悉平。
德興	九月，吳將俞茂攻德

公曆年號	天災：水災 災區	天災：水災 災況	天災：旱災 災區	天災：旱災 災況	天災：其他災 災區	天災：其他災 災況	人禍：內亂 亂區	人禍：內亂 亂情	人禍：外患 患區	人禍：外患 患情	人禍：其他亂 亂區	人禍：其他亂 亂情	附註
								興，克之。					
							四川	四川賊兵陷東川郡縣。李思齊調兵擊之。					
							濟南、禹城、齊河、益都	十月，察罕特穆爾進兵克濟南、禹城、齊河等，並攻益都，圍之。					
								十一月，張士誠遣李伯昇以衆十餘萬攻					
							長興	長興，吳將戰多不利。吳公命常遇春率兵救之。					
								吳遣平章吳宏等攻					
							撫州	撫州。鄧愈自臨川間道夜襲，遂克之。					
							長興	吳常遇常兵至長興，李伯昇棄營遁。遇春追擊，俘斬五千餘人。					

一三六二	順帝至正二十二年	邵武、光澤	三月，大水。（志）	河南洛陽、孟津、偃師三縣	大旱，人相食。（志）	紹興路	四月，大疫。（志）	金華	二月，吳金華苗軍元帥蔣英、劉震、李福叛，殺守臣胡大海等。朱文忠聞變，遣元帥何世明等率兵討之。至蘭溪，英等懼，乃驅掠城中子女西走，降於張士誠。
		范陽	七月，河決，漂民居。			衛輝、汴梁、開封、扶溝、洧川、許州、鈞州新鄭、密二縣	蝗。（志）	處州	吳處州苗軍元帥李佑之、賀仁得等亦作亂。殺耿再成等，據其城。朱文忠聞亂，遣元帥王祐等率兵圖之。吳公命平章邵榮率兵討處州。
						南雄	八月，雨雹。（志）	諸全州	三月，張士信率兵萬餘圍諸全州。吳守將謝再興出兵擊，連敗之，斬獲甚衆。
								四川、雲南	明玉珍稱帝，引兵陷雲南省治，屯金馬山。陝西行省參政車力特穆爾等擊敗之。吳視宗、康泰叛，攻陷

公曆年號	天災 水災 災區	天災 水災 災況	天災 旱災 災區	天災 旱災 災況	天災 其他 災區	天災 其他 災況	人禍 內亂 亂區	人禍 內亂 亂情	人禍 外患 患區	人禍 外患 患情	人禍 其他 亂區	人禍 其他 亂情	附註
							洪都府	洪都府，葉琛等死之。徐達等討之。					
							武功	李思齊連兵攻張良弼，至於武功良弼伏兵大破之。					
							處州	四月，吳邵榮等平處州。					
								吳、右丞徐達平洪都府。					
							安州	賊陷安州。					
							福州路	五月，泉州岱布丹據福州路，福建行省平章雅克布哈擊敗之。					
							龍州清川興元鞏昌等路	明玉珍遣僞將楊尙書守重慶，分兵寇龍州、清川，犯興元、鞏昌等路。					
							益都	六月，察罕圖益都未					

下。田豐、王士誠叛。察罕死之。其子庫庫特穆爾力攻益都，益都兵出戰，庫庫生擒六百人，斬首八百餘級。

吉安　八月，陳友諒將熊天瑞寇吉安，吳守將孫本立戰敗，城乃陷。

田豐　九月，劉福以兵援田豐，至火星埠，庫庫特穆爾遣關保邀擊，大破之。

永平　賊雷特穆爾布哈、程思忠等寇永平，知樞密院事伊蘇擊之，賊敗走，追至瑞州，斬獲萬計，命伊蘇據守之，

大甯　賊轉攻大甯，爲守將王聚所敗，衆潰皆西走。

上都　又寇上都，伊蘇命右丞呼哩岱擊破之。

公曆	年號	天災：水災 災區	災況	旱災 災區	災況	其他災 災區	災況	人禍：內亂 亂區	亂情	外患 患區	患情	其他亂 亂區	亂情	附註
									賊又潰。					
								眞定路	十月，博囉特穆爾南侵庫庫特穆爾所守之地，遂據眞定路。					
								池州	吳池州元帥羅友賢作亂。命遇春率兵討之。					
								益都	十一月，庫庫特穆爾復益都，田豐、王士誠黨皆伏誅，遣闕保以					
								莒州	兵復莒州，山東悉平，					
								晉冀	惟博囉特穆爾復以兵爭晉冀。					
								清川	明玉珍兵陷清川。					
								吉安	十二月，吳大都督朱文正遣將復吉安。					

一三六三	順帝至正二十三年
孟州、濟源、溫縣、東平、壽張	水。（志）七月，河決，圮城牆，漂屋廬，人溺死甚衆。（志）
山東濟南、廣西賀州	大旱。（志）
鄜州	五月，雨雹損豆麥。（志）
宜君、京師	七月大雨雹，傷禾稼。（志）
懷慶路、河內、修武、武涉三縣及孟州	七月，淫雨害稼。（志）
京師及隰州永和	大雨雹，害稼。（志）
大甯	正月，大甯陷。
池州	吳常遇春攻池州。
饒州	都昌盜江霄等誘陳友諒攻饒州。吳將于光等出走。
安豐	張士誠攻安豐，城中人相食。劉福通告急於吳，吳兵至，常遇春等擊破呂珍及左君弼軍，俘獲無算。呂珍等走，遂據之。
洪都	四月，陳友諒復大舉圍洪都，吳將朱文正等拒險守。
諸全	吳謝再興以諸全叛。
洪都	陳友諒攻撫州、朱文正督諸將死戰。庫庫特穆爾遣部將以兵擊張良弼。
吉安府	五月，陳友諒將蔣必勝、饒鼎臣等陷吉安府。
臨江府	必勝又破臨江府。
無爲州	陳友諒兵陷無爲州。吳徐達等率兵圍左
蓬州	八月，倭人寇蓬州，守將劉暹擊敗之。自十八年以來，倭人連寇瀕海郡縣，至是，海隅獲安。

公曆年號	天災：水災 災區	水災 災況	旱災 災區	旱災 災況	其他災 災區	其他災 災況	人禍：內亂 亂區	內亂 亂情	外患 患區	外患 患情	其他禍 亂區	其他禍 亂情	附註
							廬州	君弼於廬州。三月不下。					
							彰德、潼關	六月，庫庫特穆爾部與博囉特穆爾衝突於彰德、潼關等地。					
							洪都	陳友諒攻洪都益力，朱文正告急於建康。七月，吳公救洪都，公率諸軍入鄱陽湖，與友諒遇於康郎山，友諒將士死傷無數，大敗走。					
							蘄州、興國、都昌	吳公分兵克蘄州、興國，友諒食盡，遣舟掠糧於都昌，朱文正使人燔其舟，友諒勢益困。					
								八月，庫庫特穆爾兵侵博特囉穆爾所守之地。					
								吳諸全叛將謝再興					

东陽　以張士誠兵犯東陽，朱文忠等擊敗之。李伯昇大舉來寇，兵號六十萬，攻城不克，乃引還。

武昌　十月，吳公至武昌，水陸并進，常遇春率兵於四門絕其後路，又分兵徇漢陽、德安，湖北諸郡悉降於吳。

冀甯　溥囉特穆爾遣兵攻冀甯。庫庫特穆爾大破之。

一三六四　順帝至正二十四年

懷慶路　水。（志）

孟州、河內、武涉、壽光、高密　七月，水。（志）

密州安丘　秋，大雨。（志）

二月，吳王圍武昌，張定邊告急於張必先，必先至，常遇春率精銳五千擊之，敵兵大敗，遂擒必先，陳理出降。

三月，吳中書左丞湯和以舟師徇黃揚山，遇張士誠水軍，擊敗

公曆	年號	天災						人禍						附註
		水災		旱災		其他災		內亂		外患		其他亂		
		災區	災況	災區	災況	災區	災況	亂區	亂情	患區	患情	亂區	亂情	
									之，斬獲甚衆。					
								通州	四月，吳平章俞通海等率兵掠劉家港，進逼通州，擊敗張士誠兵，擒其元帥陳勝等。					
								廬州	吳左丞相徐達等率兵取廬州，左君弼走入安豐，留將守城，徐達督兵圍之。					
								冀甯	五月，庫庫特穆爾討博囉特穆爾，屯兵冀甯，前軍入居庸關，京師大震。					
									七月，吳徐達、常遇春克廬州。					
								新淦、吉安、贛州	八月，吳常遇春、鄧愈等率兵討新淦之沙坑、麻嶺、牛陂諸寨，平之，克吉安，進趨贛州。					

公元	年號	地區	天災	地區	人禍
一三六五	順帝至正二十五年	薊州、東平須城、東阿、平陰三縣	秋，大水。（志）河決小流口，達於清河，壞民居，傷禾稼。（志）	平陽、瑞安	方明善攻平陽，吳參軍胡深遣兵擊敗之，幷下瑞安，進兵温州。
				撫州	十一月，故鄧克明部卒羅五叛，寇撫州，吳守將金大旺討平之。
		鳳翔、岐山	蝗。（志）	長興	吳平章湯和率師救長興，師至，張士信以兵拒戰，十餘日不解，殺傷相當，耿炳文自城中出兵內外夾擊敗之，俘其士卒八千餘人，獲馬二萬餘匹，和乃還。
		東昌、聊城	五月，雨雹，二麥不登。（志）	辰州、衡州	十二月，吳徐達兵克辰州、衡州。
		密州、安丘、潞州	秋，淫雨害稼。（志）	新淦	新淦鄧仲謙作亂，破州治。
				贛州	正月，吳常遇春等克贛州。
					吳徐達遣千戶胡海洋取寶慶路，克之，守將唐龍遁去。
				新淦	吳朱文正遣兵平新

公暦年號	
天災・水災・災區	
天災・水災・災況	
天災・旱災・災區	
天災・旱災・災況	
天災・其他災・災區	汴梁、許州及鈞州之密縣
天災・其他災・災況	
人禍・內亂・亂區	江西 處州 浦城 新城
人禍・內亂・亂情	淦。吳平章湯和、參政鄧愈討江西諸寨，所向皆下。二月，福建行省平章陳友定侵處州，吳參軍胡深率兵往援之，友定遁，深追擊之於浦城，敗之。遂下浦城。張士誠集兵二十萬，遣將李伯昇扶吳叛將謝再興等攻諸全之新城。吳守將胡德濟堅壁拒之，李文忠親率鐵騎驍將救之，會胡深援兵亦至，遂共擊之，士誠兵大潰，逐北十餘里，斬首數萬級，獲其將六百，甲士三千，伯昇、再興僅以身免。
人禍・外患・患區	
人禍・外患・患情	
人禍・其他亂・亂區	
人禍・其他亂・亂情	
附註	

建寧、松溪、大同	四月，吳參軍胡深進攻建寧之松溪，克之。關保等兵進圍大同，入其城。
安陸、襄陽	吳常遇春攻安陸，克之。至襄陽，又克之。
新淦	吳浙東元帥何世明敗張士誠兵於新淦，又敗之於柴溪。
安福州	吳克安福州。饒鼎臣走，與其黨劉顯等仍肆剽掠。鄧愈進兵討之，鼎臣走茶陵。
樂清	吳參軍胡深克溫之樂清。擒方國珍、周清等。
	吳指揮朱亮祖等攻建寧，陳友定將阮德柔堅守，胡深進擊，被圍數重，深突圍出，被擒，死之。
永新	七月，吳湯和進兵攻周安於永新，破其十七寨，擒僞官五十餘

公曆	年號	天災 水災 災區	水災 災況	旱災 災區	旱災 災況	其他災 災區	其他災 災況	人禍 內亂 亂區	內亂 亂情	外患 患區	外患 患情	其他禍亂 亂區	其他禍亂 亂情	附註
									人，遂圍其城。					
								辰州沅陵	吳辰州沅陵縣民向珍八作亂，討平之。					
								辰州	陳友諒故將周文貴攻辰州，何德攻破之，					
								麻陽	又破之於麻陽，文貴遁去。					
								泰州	十月，吳王遣徐達、常遇春、馮國勝等大舉討張士誠，戰於泰州，士誠敗。					
								茶陵	饒鼎臣既走茶陵，復合瀏陽羣盜於南峯山寨，時出侵掠。吳元帥王國寶等率兵擊敗之。					
								饒州	信州盜蕭明率兵攻圍吳饒州，吳兵救之，明敗遁。					
								永新	閏十月，吳平章湯和克永新。					

								泰州、興化	吳徐達等克泰州，虜守將張士誠等，徐達遣劉傑分兵徇興化。
								婺源州	十一月，蕭明寇婺源州。饒鼎臣復行剽掠，吳元帥王國寶出兵邀擊，鼎臣死之，餘悉平。
								宜興	張士誠兵寇宜興，徐達率兵援之，擊敗士誠衆，獲三千餘人。
								高郵	十二月，徐達還兵攻高郵。
一三六六	順帝至正二十六年	東明、曹、濮、濟寧等處	二月，河北徙，上自東明、曹、濮，下及濟寧，皆被其害。（志）			汾州、平遙	六月，雨雹。（志）	江陰	正月，張士誠以舟師窺江陰。吳王親率兵援之，士誠大敗，死者殆盡。
		河南府	六月，大霖雨，瀍水溢四丈餘，漂東關居民數百家。					辰州	二月，吳遣將討辰州周文貴，破其壘，文貴等敗，遁去。
								慶元	福建陳友定等兵攻慶元縣，吳章溢率所

公曆年號	天災：水災災區	水災災況	旱災災區	旱災災況	其他災災區	其他災災況	人禍：內亂亂區	內亂亂情	外患患區	外患患情	其他亂亂區	其他亂亂情	附註
	介休	七月，大水。（志）						部擊走之。					
	薊州、衛、輝、汴梁、鈞州	大水害稼。（志）						庫庫特穆爾與李思齊不協，東西搆兵，相持不解。					
	棣州、濱州	八月，大清河決，濱、棣二州之界，民居漂流無遺。（志）					高郵、淮安	吳徐達、馮國勝克高郵。進取淮安，克之。					
	濟江路肥水、德州齊河	黃水汎溢，漂沒民田禾、民居百有餘里。德州齊河縣境七十餘里亦如之。（志）					徐州、益都	徐州芝麻李據徐州，田豐兵侵益都，詔命王宣父子先後平之，芝麻李遁，田豐退走。					
							沂州、海州	宣掠其旁郡，遂據沂州。又進據海州。					
							興化	吳徐達克興化，淮地悉平。					
							濠州	吳韓政攻濠州城，殺傷相當，張士誠守將李濟出降，遂得濠州。					
							魚臺、邳州等	吳陸聚攻魚臺，下之，又取邳州，諸縣皆降。					
							安豐	吳左丞相徐達克安豐，斬獲甚衆。元珠展					

敗走。

七月，庫庫特穆爾遣關保等討艮弼，良弼與李思齊拒守，關保等戰不利。

八月，吳王命左丞相徐達爲大將軍、平章常遇春爲副將軍，帥兵二十萬，討張士誠。

湖州

大敗士誠於湖州。

九月，張士誠將徐志堅率舟師覘吳師，爲常遇春所敗。志堅被擒。

辰州

周文貴復攻掠辰州諸郡，吳王命楊璟等分兵討之。

十月，常遇春兵攻烏鎮。

桐廬、富陽、

吳朱文忠攻桐廬，克

公曆年號	天災 水災 災區	災況	旱災 災區	災況	其他災 災區	災況	人禍 內亂 亂區	亂情	外患 患區	患情	其他亂 亂區	亂情	附註
							餘杭	之。略富陽，遂圍餘杭。					
							湖州	徐達復與張士誠戰，大敗之，湖州遂下。乃引兵向蘇州，至南潯、吳江，守將相繼降。					
							餘杭	吳朱文忠攻下餘杭，進迫杭州，潘元明等以城降。					
							蘇州	徐達等兵至蘇州城南，擊張士誠，敗之，焚其官渡戰船千餘艘。及積聚甚衆。遂進兵圍其城。					
							永甯	十二月，永甯縣賊饒一等作亂，吳指揮畢榮討之，擒其元帥，餘黨悉平。					

公元	紀年	天災地區	天災	人禍地區	人禍
一六六七	順帝至正二十七年	永州	二月，大雨雹。（志）	關中	正月，庫庫特穆爾與關中構兵不解。
		益都	五月，雨雹。（志）	陵子村	二月，庫庫特穆爾遣左丞李二以徐州兵駐陵子村，吳參政陸聚令指揮傅友德擊敗之，元兵大潰，多溺死。
		彰德路	秋，淫雨害稼。（志）		降賊周瑞卿叛，吳遣將討平之。
		冀寧、徐溝	七月，大風雨雹，拔木害稼。（志）	宿州	吳陸聚遣兵攻宿州。
				沂州	三月，沂州流民千餘家還甕壁、虹縣復業，王信追至宿遷，殺之，因大掠而還。
				松江	四月，吳上海縣民錢鶴皋作亂，據松江府。徐達遣指揮葛俊討平之，賊潰死者不可勝數。
				蘇州	六月，張士誠突圍，常遇春等率衆乘之，士誠兵大敗。人馬溺死沙盆潭甚衆。自是士

公曆年號	天災 水災 災區	災況	旱災 災區	災況	其他災 災區	災況	人禍 內亂 亂區	亂情	外患 患區	患情	其他 亂區	亂情	附註
								誠不敢出。					
							長安	俟巴延達世以兵援庫庫，攻長安愈急。					
							鳳翔、衞輝、彰德、懷慶	七月，庫庫特穆爾檄該摩率兵攻鳳翔，該摩至衞輝，不聽庫庫命。遣部將北奪彰德，西奪懷慶。					
								關保舉兵討庫庫。					
							蘇州	九月，徐達克蘇州，執張士誠。攻城之役，死者甚夥。					
							台州	吳朱亮祖進攻台州，方國珍出師拒戰，亮祖擊敗之，克台州。					
							孟州、沂州、鄜州、眞定	摩該以兵入山西，定孟州、忻州，下鄜州，遂攻眞定。					
							寶慶、新化	吳湖廣行省遣兵取寶慶新化縣。					
							溫州	吳朱亮祖進兵溫州，					

瑞安	克其城，又克瑞安。
慶元、定海、慈溪	十一月，吳征南將軍湯和克慶元，徇下定海、慈谿諸縣。
沂州	吳徐達討沂州，平之。斬王信等。
滕州	吳徐達攻克滕州。
益都	吳徐達攻下益都，平章李老保降，餘均死之。
光澤	吳胡廷瑞率師渡杉關，略光澤，下之。
崇安	十二月，吳廣信衞指揮沐英破汾水關。略崇安縣，克之。
福、泉、漳諸州	吳征南將軍湯和率師克福州，興化、泉、漳諸路，福甯等州縣未附者，分兵略定。

公曆年號	天災						人禍						附註
	水災		旱災		其他		內亂		外患		其他		
	災區	災況	災區	災況	災區	災況	亂區	亂情	患區	患情	亂區	亂情	

公曆	年號	天災：水災 災區	水災 災況	旱災 災區	旱災 災況	其他災 災區	其他災 災況	人禍：內亂 亂區	內亂 亂情	外患 患區	外患 患情	其他亂 亂區	其他亂 亂情	附註
一三六八	明 太祖洪武元年	江西永新州	六月，大風雨，江水入城，高八尺，人多溺死。事聞，使賑之。(志)					建甯	正月，胡萬、何文輝圍建甯。鄧愈帥襄漢兵取南陽以北未附州郡。					明代取材以明紀為主，凡摘錄明紀者皆不加注，採諸其他史籍者，並加注如天災各欄例。
								福建	湯和分兵徇興化、漳州、福甯，進陷延平，福建平。					
								廣東	二月，廖永忠、朱亮祖由海道取廣東。征閩師還，金子隆等復聚衆剽掠，李文忠討擒之。費聚、吳楨剿海盜葉、陳二姓於蘭秀山，平之。					
								山東	常遇春克東昌，山東平。元擴廓帖木兒據太原叛。					
								永州、全州、道州、	三月，楊璟進圍永州，					

公曆	年號	天災·水災·災區	天災·水災·災況	天災·旱災·災區	天災·旱災·災況	天災·其他災·災區	天災·其他災·災況	人禍·內亂·亂區	人禍·內亂·亂情	人禍·外患·患區	人禍·外患·患情	人禍·其他亂·亂區	人禍·其他亂·亂情	附註
								甯州、藍山、武岡州、唐州、南陽、瓦店、隨、葉、舞陽、魯山、	元兵來援，璟擊敗之，俘獲千餘人。遂克全州、道州、甯州、藍州，進克武岡州。鄧愈克唐州，陷南陽。隨、葉、舞陽、魯山諸州縣相繼降。					
								濟南、汴梁	徐達、常遇春會師濟南，擊斬樂安反者，轉趨汴梁，左君弼、竹貞等降。					
								廣東	四月，廖永忠。馳諭九眞日南、朱崖、儋耳三十餘城，皆降。又遣陸仲享略定清遠、英德、連州，廣東悉平。					
								河南	常遇春、徐達自虎牢關進圖河南，元梁王阿魯溫降。宿、陝、陳、汝諸州，以次略定，河南					

	平。
永州	楊璟克永州。
潼關、華州	元李思齊與張思道拒守潼關。明將馮勝陷潼關，取華州，思齊奔鳳翔，思道奔鄜城。
梧州、貴容、鬱林	五月，廖永忠進取廣西，克梧州。尋下貴、容、鬱林諸州。
靖江	六月，朱亮祖、楊璟決濠水，克靖江。復移師
郴州	徇郴州，降兩江土官黄英衍、岑伯顏等。
南甯、象州	七月，廖永忠引兵克南甯，降象州，兩廣悉平。
衛輝、彰德、廣平、德州、通州	閏月，徐達與常遇春會師河陰，遣裨將分道徇河北，連下衛輝、彰德、廣平，陷德州、長蘆、通州。
上都	尋陷上都，元亡。
保定、眞定	九月，常遇春下保定、眞定。

公曆	年號	天災 水災 災區	災況	旱災 災區	災況	其他災 災區	災況	人禍 內亂 亂區	亂情	外患 患區	患情	其他亂 亂區	亂情	附註
一三六九	太祖洪武二年			湖廣、陝西	饑。(志)	慶陽	六月，大雨雹，傷禾苗。(志)		陸聚克車子山、鳳山、城山、鐵山諸寨，分守井陘故關。	山東	正月，倭寇山東濱海郡縣。			
								懷慶、澤州、潞州、平陽、絳州	十月，馮勝與湯和取懷慶，踰太行，克碗子城，取澤、潞，陳德破磨盤寨，遂克平陽、絳州。					
								太原	十二月，徐達克太原，元擴廓帖木兒走甘肅，山西平。					
								山西	正月，常遇春取大同，華雲龍下雲州，傅友德敗賀宗哲於石州，脫列伯於宣府。諸軍分徇未下州縣，金朝取東勝州，山西平。					
								鹿台、奉元	二月，徐達引兵西渡河，取鹿台，郭興等克奉元。					
								鳳翔	三月，常遇春、馮勝合軍，西拔鳳翔，李思濟					

地區	事件
	奔臨洮。
秦州、寧遠、鞏昌、伏羌、臨洮	四月，徐達度隴，克秦州，下伏羌、寧遠，入鞏昌。馮勝逼臨洮，李思齊降。
蘭州	四月，徐達分兵克蘭州。
西寧	徐達擊破元豫王於西寧。
平涼、延安	五月，徐達出蕭關，下平涼。唐勝宗克延安。
涇州	湯和取涇州。
慶陽	張良臣據慶陽叛。常遇春、朱文忠帥步騎九萬發北平，
錦州、全寧	敗敵將汪文清於錦州，敗也速於全寧。
上都	六月，克上都，元帝北走。
原州、涇州	七月，擴廓帖木兒遣韓扎兒破原州、涇州。以爲慶陽聲援。
大同	元扎興、脫列伯以重兵攻大同，李文忠援

公曆年號	天災						人禍						附註
	水災		旱災		其他		內亂		外患		其他		
	災區	災況	災區	災況	災區	災況	亂區	亂情	患區	患情	亂區	亂情	
								之，大敗元兵。					
								八月，李文忠大破元兵於白楊門，擒其將脫列伯，俘斬萬餘人。					
							慶陽	徐達進軍逼慶陽，克之，陝西平。					
							鳳翔	賀宗哲攻鳳翔，金興旺等嬰城固守，敵以久攻不克，引去。					
							靜甯川、	九月，顧時將騎兵略靜甯川。					
							左江、上思州	十月，邱廣、胡海帥兵討左江、上思州變賊黃英傑等，平之。					
							蘭州	十二月，擴廓帖木兒攻蘭州，張溫嬰城堅守。					

公元	年號	地點	記事
一三七〇	太祖洪武三年	溧水	六月，江溢，漂民居。（志）
		蔚州	五月，大雨雹，傷田苗。（志）
		興和	二月，李文忠由居庸出野孤嶺，至興和，降其守將，進兵察罕腦兒，擒元平章竹貞。
		安定	四月，徐達大破擴廓帖木兒兵於安定，擒鄭王、濟王及國公、平章以下文武僚屬千八百六十餘人，將士八萬四千五百餘人。擴廓渡河奔和林。
		興化	五月，徐達取興化。
		開平、應昌	李文忠進克開平、應昌，元嗣君北走。窮追
		北慶州、興州	至北慶州而還，道興州，禽國公江文清等，降三萬七千餘人。
		陽關	五月，傅友德略陽關。
		興元、	馮勝克沔州，友德等攻克興元。鄧愈自臨
		山東、溫、台、明、福建	六月，倭寇山東，轉掠溫、台、明州旁海民，遂寇福建濱海州縣。

公曆	年號	天災 水災 災區	水災 災況	旱災 災區	旱災 災況	其他災 災區	其他災 災況	人禍 內亂 亂區	內亂 亂情	外患 患區	外患 患情	其他禍 亂區	其他禍 亂情	附註
								河州	洮進克河州，河州以西朵甘、烏斯藏諸郡悉歸附。湯和定甯夏，逐北至察罕腦兒。					
								漢中	七月，明昇將吳友仁寇漢中，金興旺禦之，斬數百人。徐達遣將援之，友仁驚遁。興旺悉兵躡之，墜崖谷死者無算。					
								莒州	八月，青州民孫古朴爲亂，襲莒州。十月，楊璟討覃屋，連敗之，屋詐降。周德興帥師討屋，璟亦力攻，屋乃遁。					

一三七一	太祖洪武四年	南甯府	七月，江溢，壞城垣。	陝西、河南、山西、直隸、常州、臨濠、北平、河間、永平	旱。（志）	瞿塘、階州、文州、隆州、綿州	三月，湯和師至夔州，蜀人以兵扼險，楊璟攻瞿塘不利。傅友德抵階州，敗蜀將丁世珍。旋攻破五里關，克文州，下隆州，破綿州。	膠州	六月，倭寇膠州。
		衢州、龍游	大雨水，漂民廬，男女溺死。（志）	陝西	荐饑。（志）	漢川	五月，戴壽、吳友仁西救漢川，傅友德擊敗之。		
						漢州、瞿塘關	六月，傅友德拔漢州，戴壽、大亨走城都，友仁走保甯。湯和軍破鄒興兵，進至瞿塘關。為水阻，明軍乃由陸路攻水陸寨，連破六寨。		
						夔州	遂克夔州。		
						文州	六月，丁世珍陷文州，朱顯忠死之。友德救旋至，世珍走。永忠師舟師直擣重慶，次銅鑼峽，昇乞降。		
						成都	七月，傅友德進圍成都，戴壽降，成都平。朱亮祖分徇州縣未下		

公曆	年號	天災 水災 災區	災況	旱災 災區	災況	其他災 災區	災況	人禍 內亂 亂區	亂情	外患 患區	患情	其他亂 亂區	亂情	附註
									者。					
								高州	八月，高州海寇滑入城爲亂。					
								保寧、秦州	周德興克保寧，執吳友仁。丁世珍集餘衆圍秦州五十日，兵敗，爲部下所殺。					
一三七二	太祖洪武五年	嵊縣、義烏、餘杭	八月，山谷水湧，人民溺死者甚衆。（志）	山東濟南、東昌、等州	夏，旱。大饑，草實樹皮食爲之盡。（志）	濟南原縣及青、萊二府	六月，蝗。（志）	遼東	正月，吳禎畫取遼東未附之地，降平章高家奴等。三月，藍玉敗擴廓帖木兒於土剌河。	福寧	八月，倭寇福寧、福州，衛指揮張赫追寇至琉球大洋，與戰，擒其魁十八人，斬首數十級，獲倭船十餘艘。是時倭寇出沒海島中，乘間輒傳岸剽掠，沿海居民患苦之。赫在海上久，所捕不可勝計。		十二月，鄧愈征吐蕃。	
				濟南、萊州	四月，連歲旱澇，傷禾麥，民食草實樹皮。（紀）	徐州、大同	七月，蝗。（志）	澧州	四月，鄧愈帥楊璟、黃彬出澧州，平散毛等四十九洞蠻寨，捕斬反者。徐達至嶺北，擴廓帖木兒與賀宗哲合兵力拒。五月，達敗		六月，傅友德敗失剌			

纘，死者數萬人。
馮勝敗元兵於掃林
山，友德至甘肅，元將
上都驢降。進至別篤
山，陳德帥兵奮擊俘
斬萬計。岐王朶兒只
巴遁去。
吳良、李伯昇平靖州
蠻。
李文忠大破元兵於
阿魯渾河，虜獲萬計。
七月，湯和與元兵戰
於斷頭山，敗績。
吳良盡平左右兩江，
及五溪之地，移兵入
銅鼓，五開。
八月，收潭溪，殲清洞、
崖山之衆，於是諸蠻
皆震懾內附，粵西遂
平。

永昌

罕於西涼，至永昌，敗
右尉朶兒只巴，獲馬
牛羊十餘萬。

公曆	年號	天災：水災 災區	天災：水災 災況	天災：旱災 災區	天災：旱災 災況	天災：其他 災區	天災：其他 災況	人禍：內亂 亂區	人禍：內亂 亂情	人禍：外患 患區	人禍：外患 患情	人禍：其他 亂區	人禍：其他 亂情	附註
一三七三	太祖洪武六年	崇明 四川、嘉定、龍游、南溪	二月，崇明爲潮所沒。(志) 七月，深、雅二江漲，翌日，南溪縣江漲，俱漂公廨、民居。(志)	蘇州、揚州、眞定、延安	饑。(志)	北平、河南、山西、山東	七月，蝗。(志)	雲內州 婪鳳、安田、泗城州 遼東	元兵侵雲內州，同知黃里帥兵巷戰，死之。 九月，周德興帥兵出南甯，平婪鳳、安田諸州蠻，克泗城州。 十一月，納哈出犯遼東。	雁門 大同、懷柔、白登、	六月，擴廓帖木兒攻雁門，守將吳均拒戰破之。 八月，陳德、郭興敗元兵於答剌海口，斬首六百級。 十一月，擴廓帖木兒攻大同，徐達遣將擊破之於懷柔。 元兵先後攻白登、保			

											保德、河曲、撫寧、瑞州	德、河曲，輒爲守將所敗。獨撫寧、瑞州被殘破。
一三七四	太祖洪武七年	高密	八月，膠河溢，傷禾。（志）	北平及所屬州縣三十三	夏旱饑。（志）	平陽、太原、汾州、歷城、汲縣	二月，蝗。（志）	興和	四月，都督藍玉敗元兵於白酒泉，遂取興和。	登萊	七月，倭寇登萊。	
				平陽、太原、汾州、歷城、汲縣	二月，旱。（志）	懷慶、眞定、保定、河間、順德、山東、山西、陝西、平涼、延安、靖寧、鄜州	六月，蝗。雨雹。（志）	永、道、桂陽	永、道、桂陽諸州蠻竊發，陸齡帥兵討平之。			
								順寧、白登	李文忠遣部將分道出塞，至三不剌川，俘平章陳安禮。至順寧、楊門，斬眞朱驢，至白登，擒太尉不花。			
								大寧、高州	七月，李文忠帥師攻大寧、高州，克之。斬宗王、失朵朵男。追奔至氈帽山，擊斬魯王。			
								豐州	進師豐州，擒元故官十二人。			
								遼陽	十一月，納哈出犯遼陽，吳壽擊走之。			

公曆	年號	水災 災區	水災 災況	旱災 災區	旱災 災況	其他災 災區	其他災 災況	內亂 亂區	內亂 亂情	外患 患區	外患 患情	其他亂 亂區	其他亂 亂情	附註
一三七五	太祖洪武八年	淮安、北平、河南、山東	七月，大水災。（志）			臨洮、平涼、河州	四月，雹傷麥。（志）	貴州	六月，貴州江力、江松、刺同四十餘寨苗把興、播共桶等連結苗獠二千作亂，胡汝討平之。					
		直隸蘇州、湖州、嘉興、松江、常州、太平、甯國、浙江杭州	十二月，水。（志）			北平、眞定、大名、彰德諸府屬縣	夏，蝗。（志）	金州	十二月，納哈出內犯，越蓋州，攻金州，爲明守將所敗。					
								連雲島	復大破之於連雲島，斬獲及凍死者無算，乘勝追至獠兒峪，納哈出僅以身免。					
一三七六	太祖洪武九年	江南、湖北	大水。（志）					延安	七月，伯顏帖木兒侵延安，傅友德破擒之，降其衆。	罕東	八月，西番朵兒只巴寇罕東，河州指揮寧正擊走之。			
		湖廣、山東	十月，大水。（志）											
一三七七	太祖洪武十年	永平	六月，水，沒民廬舍。（志）					威州、茂州	十一月，四川威、茂土酋董貼里叛，丁玉討平之。		三月，吐蕃爲梗，剽貢使。四月，鄧愈帥師討之。九月，愈分兵三道，西略川藏，耀兵崑崙			
		北平	七月，大水壞											

		八府、金華、紹興、衢州	城垣。(志)九月，水災。(志)								山，俘斬萬計。
一三七八	太祖洪武十一年	蘇、松、揚、台四府 蘭陽	七月，海溢，人多溺死。(志) 十月，河決。(志)					靖州	正月，四川都司修灌縣橋梁，汶川土酋孟道貴集部落阻道，胡淵、童勝等討平之。六月，五開蠻吳面兒等作亂，靖州指揮僉事過興與子及兵三百爲賊所殺。辰州指揮楊仲名討平之。		十一月，沐英帥都督藍玉、王弼討西番。
一三七九	太祖洪武十二年	青田 崇明	五月，水浸縣治。(志) 十月，暴潮至，漂廬舍五千八百餘家。(志)					洮州 大甯 眉縣	正月，洮州十八族番叛，命沐英移兵討之。六月，都督僉事馬雲征大甯。眉縣妖人彭普貴作亂，殺知縣顧師勝，焚掠十四州縣。丁玉討平之。	洮州	二月，沐英敗西番於土門峽，進至洮州舊城，葉昇擒其長阿昌失納，餘寇遁去，追斬其魁數人，盡獲畜產。九月，沐英等進擊番寇，大破之，俘斬萬餘人，獲馬牛羊二十餘萬。

公曆	年號	天災						人禍						附註
		水災		旱災		其他		內亂		外患		其他		
		災區	災況	災區	災況	災區	災況	亂區	亂情	患區	患情	亂區	亂情	
一三八〇	太祖洪武十三年	崇明	十一月，潮溢沙岸，人畜多溺死。（志）			海康	七月，大雨，壞縣治。（志）		三月，元國公脫火赤等屯和林，數擾邊。沐英將兵擊之，擒脫火赤，獲其全部以歸。					
								白城	五月，西涼都督濮英進兵白城，獲平章忽都帖木兒，至赤斤站，獲豳王亦憐真及其部曲千四百人，乃還。					
								永平	十一月，元平章完者不花、乃兒不花犯永平，王軫擊擒之。					
									十二月，趙庸討陽春蠻。					
一三八一	太祖洪武十四年	原武	八月，辰河決。（志）			臨洮	七月，大雨雹，傷稼。（志）	全甯	四月，徐達帥諸將出塞，湯和破敵灰山營。沐英克全甯，盡俘其衆，乃還。					
								四川	九月，四川水盡、源通、塔平、散毛諸洞長官					

作亂，周德興討平之。

浙東

十月，浙東山寇葉丁香作亂，唐勝宗討平之，擒賊首併其黨三千人。分兵平安福賊。

東莞、南海、肇慶、翁源、番禺

十一月，海寇攻掠東莞、南海、肇慶、翁源諸府縣，趙庸擊破之。擒賊二萬餘、賊屬八千有奇，斬首五千餘。獲兵器萬九千，船一千二百，招降番禺等縣民三千三百餘戶。

普定、普安、曲靖、中慶、烏撒

十二月，傅友德至湖廣，分遣諸將與西南諸蠻及元兵戰於普定、普安、曲靖、中慶、烏撒等處，大捷，元兵及諸蠻僵屍十餘里。於是東川、烏蒙、芒部諸蠻俱降。

公曆	年號	天災：水災 災區	水災 災況	旱災 災區	旱災 災況	其他災 災區	其他災 災況	人禍：內亂 亂區	內亂 亂情	外患 患區	外患 患情	其他亂 亂區	其他亂 亂情	附註
一三八二	太祖洪武十五年	北平	二月，大水。（志）	河南	饑。（志）			臨安、威楚	正月，曹震、王弼分道取臨安諸路，至威楚，降元平章閭乃馬歹等。					
		河南	河決，命李祺往振。（紀）					大理、鶴慶、麗江、金齒	二月，藍玉、沐英拔大理城，擒其酋段世，分兵取鶴慶，略麗江，破石山關，下金齒。					
		朝邑	三月，河決。（志）						七月，傅友德、沐英擊烏撒蠻，大敗之，斬首三萬餘級，水西諸部皆降。					
		滎澤、陽武、	七月，河溢。（志）						九月，土官楊直集蠻衆二十餘萬作亂，沐英遣兵剿之，斬首六萬餘級，諸部悉定。					
		北平	大水。（志）					廣東	十月，趙庸破廣東盜號鏟平王者，虜賊黨萬七千八百餘人，斬首八千八百餘級，降其民萬三千餘戶，羣盜悉平。					

公元	年號	地區	災情	地區	災情	地區	災情	地區	事件	地區	事件	地區	事件
一三八三	太祖洪武十六年							蒙化、鄧州 永新、龍泉	二月，傅友德、郭英等平蒙化、鄧州，濟金沙江，取北勝、麗江，前後斬首一萬三千餘級。生擒二千餘人。 九月，鄧鎮討永新龍泉山寇，平之。				
一三八四	太祖洪武十七年	開封 河南、北平	八月，河決，橫流數十里。（志） 大水。（志）					亦佐	閏十月，亦佐縣土酋安伯作亂，沐英討降之。 十二月，松潘八積簇、老虎等寨蠻作亂，官兵擊破之。		五月，涼州指揮朱晟討西番叛酋，俘獲萬八千人。		
一三八五	太祖洪武十八年	河南 江浦 大名	八月，水，翊年春民乏食。（志） 水。（志） 水。（志）					思州	四月，思州諸洞蠻作亂，湯和、周德興討之。十月，擒渠魁，餘黨悉定。又擊斬九谿諸處蠻獠，擒吳面兒，俘獲四萬餘人。 十二月，思倫發反，寇景東之北吉寨，都督馮誠擊之，敗績。			京師	三月，戶部侍郎郭桓盜官糧，誅之，自禮部尚書趙瑁，刑部尚書王惠迪，工部侍郎麥至德暨六部左右侍郎下皆死，贓七百萬，詞連直省諸官吏，繫死者數萬人。

公曆	年號	天災：水災 災區	水災 災況	旱災 災區	旱災 災況	其他災 災區	其他災 災況	人禍：內亂 亂區	內亂 亂情	外患 患區	外患 患情	其他亂 亂區	其他亂 亂情	附註
一三八六	太祖洪武十九年			青州	夏，饑。（志）				五月，福建僧彭玉琳在新淦，以白蓮會惑衆作亂，官兵獲殺之。					
一三八七	太祖洪武二十年			山東三府	饑。（志）				二月，元兵屯慶州，藍玉輕騎襲破之，殺平章梁東等。六月，臨江侯陳鏞征元納哈出，與大軍異道相失，陷敵戰死。					
一三八八	太祖洪武二十一年								正月，恩倫發引羣蠻入寇馬龍他郞甸之摩沙勒寨，沐英遣兵擊破之，斬首千五百餘級。三月，沐英大敗恩倫發，斬首四萬餘人。四月，藍玉擊敗元兵，降其衆，元主與太子遁去，獲官屬三千餘					

公元	年號	天災地區	天災	人禍地區	人禍
					人，男女七萬七千餘人，馬牛羊十五萬。又破哈剌章營，獲人畜六萬。
				東川	十月，曹震、葉昇分道討東川蠻平之，俘獲五千餘人。
一三八九	太祖洪武二十二年			普安	正月，阿資等帥衆寇普安，大肆剽掠。友傅德討平之。斬蠻不可勝數，生擒一千三百餘人。
				安福所	二月，湖廣安福所千戶夏德忠誘九溪洞蠻爲寇，討平之。傅友德敗阿資，斬其黨五十餘人。
一三九〇	太祖洪武二十三年	歸德	正月，河決。（志）	貴州	正月，貴州蠻叛，唐勝宗討平之。
		開封、西華	七月，河決。漂沒民舍。（志）	贛州	贛州山賊結湖廣洞蠻爲寇，討平之，俘獲萬七千人。
		湖廣三府二州	饑。（志）		四月，施南、忠建二宣
		山東二十九州縣	十一月，久雨傷麥。（志）	四川	二月，西番入寇四川，燒墨崖關，藍玉擊平之。

公曆	年號	天災：水災 災區	天災：水災 災況	天災：旱災 災區	天災：旱災 災況	天災：其他災 災區	天災：其他災 災況	人禍：內亂 亂區	人禍：內亂 亂情	人禍：外患 患區	人禍：外患 患情	人禍：其他亂 亂區	人禍：其他亂 亂情	附註
一三九一	太祖洪武二十四年	崇明、海門	風雨，海溢，壞官民廬舍，漂溺甚衆。	徐沛二州	饑，民食草實。（志）				撫司蠻叛，藍玉將兵討平之。	遂溪	九月，倭寇雷州遂溪縣。			
		襄陽、沔陽、安陽	水。（志）						四月，燕王棣帥兵出塞，征哈者舍利，追元遼王至黑嶺，大破敵衆而還。					
		原武、黑洋、山東、開封等地	四月，河水暴溢，決原武、黑洋、山東，經開封城北，又東南由陳州、項城、太和、潁州、潁上，東至壽州正陽鎮，全入於淮。（志）					肅州	八月，劉眞、宋晟討元兀納失里，斬國公以下豳王別兒怯帖木兒等一千四百人。					
		北平、河間二府	十月，北平河間二府水。（志）					五開	十一月，五開蠻叛，茅鼎討平之。					
									十二月，阿資復叛，何福討平之。					

一三九二	太祖洪武二十五年	陳州、中牟、原武、封邱、祥符、蘭陽、陳留、通許、太康、扶溝、杞縣	正月,河決陽武,氾陳州、中牟、原武、封邱等十一州縣。(志)	山東	荐饑。(志)		
一三九三	太祖洪武二十六年	兗、青、濟甯三府	十一月,水。(志)		四月,旱。(會要)*	榆社	四月,隕霜損麥。(志)

一三九二	畢節	正月,畢節諸蠻叛,都督陶文擣其巢,擒叛酋戮之。	四月,藍玉平西番罕東之地。
	建昌	四月,建昌衛指揮月魯帖木兒叛,合德祖、會川等部,幷西番土軍萬餘人殺官軍,指揮使安的擊敗之,斬八十餘級。	
	德昌	七月,瞿能帥兵攻雙狼寨,賊衆大潰,俘其衆五百餘人,溺死者千餘。入德昌,復攻天星、飒漂諸寨,皆克之,先後俘斬千八百餘人。	
	柏興州	十一月,藍玉帥兵至柏興州,討殺月魯帖木兒,盡降其衆。	
一三九三			

*明會要。

公曆	年號	天災						人禍						附註
		水災		旱災		其他		內亂		外患		其他		
		災區	災況	災區	災況	災區	災況	亂區	亂情	患區	患情	亂區	亂情	
一三九四	太祖洪武二十七年	甯陽	三月，汶河決。（志）					階、文二州	八月，階、文軍亂，甯正討平之。					
									十一月，阿資叛，沐春、何福率兵討破之。					
一三九五	太祖洪武二十八年	德州	八月，大水，壞城垣。（志）					越州	正月，阿資復叛，沐春擒誅其黨二百四十人，越州平。					
								奉議州、南丹、都康、向武、富勞、上林	十月，楊文督師攻破奉議州，攻南丹、都康、白武、富勞、上林諸州縣，破更吾、蓮花、大藤峽等寨。					
一三九六	太祖洪武二十九年							彬、桂二州	二月，胡冕討平彬、桂二州蠻。			通州	二月，火燔屋千九百餘。（志）	
									三月，燕王棣敗元兵於徹徹兒山，擒其將數十人。					
一三九七	太祖洪武三十年	開封	八月，河決，開封三面皆水，犯倉庫。（志）					略陽	二月，沔縣人高福興、田九成、僧李普治叛亂，敗官軍，陷略陽，焚					

公元	紀年	地區	事項	地區	事項
			徽州、陝、蜀番民皆響應。		
		水西	二月，水西蠻叛。四月，顧成平之。		
		古州、新化	三月，古州上婆洞蠻林寬作亂，犯龍里守禦所、新化，尋潰退。		
一三九八	太祖洪武三十一年		三月，麼些蠻買哈喇据卜木瓦寨叛，徐凱討平之。	寧海州	三月，倭寇山東寧海州，指揮陶鐸擊敗之。
		南甸	四月，沐春令何福等將兵攻南甸，大破之，斬其酋刀名孟。回軍擊景罕寨，不克。五月，沐春往援，大破之，乘勝擊崆峒寨，賊夜潰，前後降者七萬人。	浙江	浙江都指揮言，倭賊二千餘，入寇海澳寨。
一三九九	惠帝建文元年	通州、遵化、密雲、薊州	七月，燕王棣反，陷通州、遵化、密雲、薊州、居庸關。		
		眞定	八月，耿炳文兵次眞定，禦燕兵，爲棣擊敗，將士死者三萬。		

公曆	年號	天災：水災：災區	天災：水災：災況	天災：旱災：災區	天災：旱災：災況	天災：其他：災區	天災：其他：災況	人禍：內亂：亂區	人禍：內亂：亂情	人禍：外患：患區	人禍：外患：患情	人禍：其他：亂區	人禍：其他：亂情	附註
一四〇〇	惠帝建文二年							北平	十一月，燕王棣大破李景隆兵於北平，亡士卒十餘萬。					
								蔚州	正月，燕兵陷蔚州。					
								河間	四月，李景隆出兵河間，爲燕兵所敗，死者數萬，溺死者十餘萬人。					
								德州、濟南	五月，燕兵陷德州，圍濟南。					
								滄州	十月，燕兵破滄州，執徐凱，殺降卒三千人。					
								臨清、濟甯、東昌	十一月，燕兵掠臨清，犯濟甯，進薄東昌。					
一四〇一	惠帝建文三年							威縣、深州	正月，吳傑、平安兵敗於威縣，又敗於深州。		七月，倭寇象山，登岸剽掠。			
								夾河	三月，盛庸與燕兵戰於夾河，庸軍大敗。閏月，吳傑、平安以兵					

	一四〇二
	惠帝建文四年
	京師
	夏，飛蝗蔽天，旬餘不息。（志）
沛、彰德、林縣、北平、昌黎	藁城、東阿、汶上、兗州、東平州沛縣、蕭縣、宿州
襲棣，戰於滹沱河，傑、安敗績。六月，都督袁宇擊燕將李遠，遇伏敗績。七月，棣兵略彰德，下林縣。九月，平安襲北平，與燕兵戰，敗績。十月，都指揮花英與棣戰於峨嵋山，大敗，死者萬人。十一月，楊文與燕軍戰於昌黎，文敗績。	正月，燕將李遠大敗葛進於藁城，斬首四千。棣兵陷東阿、汶上、兗州、東平州。棣兵陷沛縣。二月，棣兵破蕭縣，進攻宿州，陷之。三月，燕將劉江、王眞

公曆	年號	天災						人禍						附註
		水災		旱災		其他災		內亂		外患		其他亂		
		災區	災況	災區	災況	災區	災況	亂區	亂情	患區	患情	亂區	亂情	
								直沽 泗州、盱眙 揚州	擊平安軍於淝河，眞死之。棣引軍迎之，安軍敗。 四月，棣兵敗平安軍，死者二萬人。復敗安軍，人馬死者不知其數，平安等三十七人及大臣多人俱被執，兵士降者十萬餘人。 五月，楊文帥十萬人至直沽，爲燕兵所敗，衆潰敗。 棣兵陷泗州，渡淮陷盱眙。進攻揚州。 棣兵至六合，諸軍迎戰，敗績。 六月，盧庸、徐輝祖等敗棣兵於浦子口，援軍至，敗庸軍。 棣兵破金川門，宮中火起，帝后焚死，殺皇					

公元	年號	地區	災況	地區	災況	地區	災況	地區	事況
								南京	太子及方孝孺等八百七十三人，連坐被誅者不可勝計。
一四〇三	成祖永樂元年	京師	三月，霪雨，壞城西南隅五十餘丈。	北畿、山東、河南、鳳陽、淮安、徐州、上海	饑。（志）	山東、山西、河南	夏，蝗。（志）	廣西	十一月，廣西蠻叛，韓觀、葛森擊殺理、定諸縣山賊千一百八十有奇，擒其酋五十餘人。
		章邱	五月，澤河決岸，傷稼。（志）						
		番禺、南海	潮溢。（志）						
		番禺、建甯衞	七月，霪雨，壞城。（志）						
		安邱	八月，紅河決。（志）						
一四〇四	成祖永樂二年	蘇、松、嘉、湖四府	六月，俱水，饑。（志）					永新	四月，李濬討永新叛寇，平之。
		湖廣、江西	七月，振水災。						
		新安衞	霪雨壞城。						
		開封	八月，霪雨壞城五十餘丈。九月，河決，壞城。（志）						

公曆	年號	天災：水災 災區	水災 災況	旱災 災區	旱災 災況	其他災 災區	其他災 災況	人禍：內亂 亂區	內亂 亂情	外患 患區	外患 患情	其他亂 亂區	其他亂 亂情	附註
一四〇五	成祖永樂三年	溫縣 杭州屬縣	三月,水決隄四十餘丈,濟、澇二水溢。(志) 八月,水,溺男婦四百餘人。(志)			延安、濟南	五月,蝗。(志)							
一四〇六	成祖永樂四年			南畿、浙江、陝西、湖廣十四府、州、縣、衛	饑。(志)					洮州、西都	十二月,張輔師兵討安南,大破賊衆於嘉林江,又大潰賊衆於洮州,俘斬無算,克賊西都。			
一四〇七	成祖永樂五年	河南	七月,河溢。	順天、保定、河間	饑。(志)			馬平、來賓、遷江、賓州、上林、羅城、融縣、武宣、東鄉、桂林、貴平、永福	六月,柳、潯諸蠻叛,韓觀討之。十月,攻破馬平、來賓、遷江、賓州、上林、羅城、融縣。會兵象州,復進武宣、東鄉、桂林、貴平、永福,斬首萬餘級,擒萬三千餘人,羣蠻復定。		正月,張輔破籌江,困枚、萬劫、普賴諸寨,斬首三萬七千餘級,遂定東潮、諒江諸府州。又擊破季犛舟師於木丸江,斬首萬級,禽其將校百餘人,溺死者無算。			

公元	朝代年號	地區	災情			地區	災情	地區	災情	地區	災情
											三月，安南賊入富良江，張輔等擊破之，斬馘數萬。
一四〇八	成祖永樂六年	思明	七月，霪雨壞城。（志）			江西建昌、撫州、福建建寧、邵武	正月，疫死者七萬八千四百餘人。（志）				
一四〇九	成祖永樂七年	安陸州	五月，江溢，決宣馬灘圩岸千六百餘丈。（志）					欽州	四月，海寇犯欽州，李珪擊破之。	慈廉州、遏門江、廣威州、交州、北江、諒江、新安、建昌、鎮蠻諸府	三月，柳升敗倭於青州海中，追至金州白山島而還。四月，簡定立陳季擴為帝，勢張甚。張輔擊破慈廉州、遏門江、廣威州。進軍鹹子關，大破賊兵，斬首三千級，生擒二百餘人。定交州、北江、諒江、新安、建昌、鎮蠻諸府。八月，邱福帥十萬人討本雅失里，至臚朐河南，遇游騎擊敗之。
		壽州	六月，水決城。（志）								
		泰興、固安	江岸淪於江者三千九百餘丈，渾河決。（志）								
		浙江五衛所	九月，颶風驟雨，壞城，漂流房舍。（志）								

公曆	年號	天災·水災·災區	天災·水災·災況	天災·旱災·災區	天災·旱災·災況	天災·其他災·災區	天災·其他災·災況	人禍·內亂·亂區	人禍·內亂·亂情	人禍·外患·患區	人禍·外患·患情	人禍·其他亂·亂區	人禍·其他亂·亂情	附註
											福軺驛追擊，爲伏兵所乘，一軍皆沒。九月，張輔大破賊黨鄧景異於太平海口。			
一四一〇	成祖永樂八年	平度州	五月，濰水及浮糠河決，浸百十三所。			登州、甯海諸州縣	自正月至六月，疫，死者六千餘人。	涼州、永昌	三月，涼州衛千戶虎保、永昌衛千戶亦令眞巴叛，寶璩、陳懷等擊敗之，斬首三百餘級。	東潮州	正月，交趾賊黨阮師檜、杜元措等據東潮州安老縣宜陽社叛，張輔進擊之，斬四千五百餘級，擒其黨二千餘人，悉斬之。			
		平陽	七月，潮溢，漂廬舍。			邵武	比歲大疫，至是年冬，死絕者萬二千戶。（志）	肅州衛	囘囘哈剌馬牙據肅州衛叛，千戶朱迪討平之。	古靈	三月，沐晟追陳季擴至古靈縣，斬首三千餘級。			
		開封	八月，河溢，壞城二百餘丈，民被患者萬四千餘戶。						八月，長沙妖人李法良爲亂，李彬討擒之。	靜虜鎮	五月，帝親征本雅失里，追至斡難河，敗之。六月，大軍次靜虜鎮，與阿魯台戰，大敗之，斬其名王以下百數十人。			
		汴梁	十二月，河決，壞城。（志）											

福州

十一月，倭寇福州。失捏干寇黃河東岸，甯夏都指揮敗歿。

一四一一

成祖永樂九年

揚州五屬縣　六月，江潮漲四日，漂人畜甚衆。（志）

海寧沿海迤北　七月，潮溢，漂溺甚衆。自海門至鹽城百三十里，隄並圮。（志）

八月，漳、衞二水決堤渰田。（志）

雷州、遂溪、海康　九月，颶風暴雨，淹壞田禾八百餘頃，溺死千六百餘人。（志）

浙西　大水。

湖廣、河南、順天、揚州　大水。

河南、陝西　七月，大疫。（志）

正月，李彬、陳瑄帥浙江、福建兵捕海寇。

二月，倭掠廣東，陷昌化千戶所。七月，陳季擴据月常江，張輔率兵擊敗之。張輔聞石竇、福安諸州縣僞龍虎將軍黎蕊等阻生厥江交州後衞道路，遂往捕之。蕊中矢死，斬首千五百級，追殺餘賊殆盡。十一月，福餘、朵顏、泰甯三衞陰附韃靼，掠邊戍。

六月，鄭和還自西洋，經錫蘭山，與其王亞烈苦奈兒戰，擒之并大破其軍。

公曆	年號	水災 災區	水災 災況	旱災 災區	旱災 災況	其他災 災區	其他災 災況	內亂 亂區	內亂 亂情	外患 患區	外患 患情	其他亂 亂區	其他亂 亂情	附註
一四一二	成祖永樂十年	吳橋、東光、興濟、交河、天津	十一月，大水，決堤傷稼。（志）	山東 平陽	饑。 正月，饑。（志）			甘肅 涼州	三月，李彬討甘肅叛寇八耳思朶羅歹。 十月，涼州酋老的罕叛，指揮僉事李英擊之，俘斬三百六十人。	乂安 上黃	八月，張輔擊賊舟於神投海，大破之，擒賊首七十五人。進擊乂安上黃縣。			
一四一三	成祖永樂十一年					湖州三縣 寧波五縣	六月，疫。 七月，疫。（志）			順州	十二月，張輔、沐晟合兵至順州，大敗阮師賊軍，禽賊將五十六人。			
一四一四	成祖永樂十二年	密雲 臨晉 崇明	九月，霪雨壞城。 十月，涑河逆流決姚暹渠堰，流入硝池，渰沒民田將及鹽池。 崇明潮暴至，漂廬舍五千八百餘家（志）	直省州縣二十	饑。（志）	河南一州八縣	四月，雨雹殺麥。（志）	靖州	九月，靖州苗平。		正月，思州苗平。張輔、沐晟進兵至政和縣，追鄧景異衆至暹蠻、蒲昆諸柵，敗之，盡獲其衆。二月，師祐進兵老撾，抵金陵囿，破其三關，賊黨盡奔。三月，獲陳季擴，賊盡平。六月，大明兵至喜川，劉江追敵至康哈里			

公元	年號	地區	災況	地區	災況	地區	災況	地區	事件	地區	事件	事件
												孩，擊斬數十人。帝至忽蘭忽失溫，馬哈木拒戰，帝率鐵騎擊破之，斬王子十餘人，部衆數千級。
一四一五	成祖永樂十三年	北畿、河南、山東	六月，水溢，壞廬舍，沒田禾，臨清尤甚，漳、滏二水漂磁州民舍。（志）	鳳陽、蘇州、浙江、湖廣 順天、青州、開封	旱。（志） 饑。（志）			廣西	三月，廣西蠻叛，指揮同知葛森討平之。	交阯	四月，張輔鎮交阯，餘寇陳月湖等作亂，輔討平之。	七月，蘇門答剌老王子蘇幹剌帥衆數萬擊鄭和，和率衆大破之。
一四一六	成祖永樂十四年	南昌諸府 開封十四州縣 永平 福寧、延平、邵武、廣信、饒州、衢州、金華七府 遼東	夏，江漲，壞民廬舍。 七月，開封州縣十四，河決隄岸。 灤、漆二河溢，壞田禾。 溪水暴漲，壞城垣房舍，溺死人畜甚衆。 遼河、代子河	平陽、大同二府	饑。（志）	畿內、河南、山東州縣	七月，蝗。（志）	廣靈	正月，都督金玉討山西廣靈山妖賊劉子進，平之。			

公曆	年號	天災						人禍						附註
		水災		旱災		其他		內亂		外患		其他		
		災區	災況	災區	災況	災區	災況	亂區	亂情	患區	患情	亂區	亂情	
一四一七	成祖永樂十五年		水溢，浸沒城垣屯堡。(志)							金鄉衛	五月，交阯人叛，土官並反，李彬討破之。六月中官張謙使西洋還，敗倭寇於金鄉衛，俘數十人。十月，李彬敗交阯賊楊進江，斬之。			
一四一八	成祖永樂十六年			陝西	旱。(志)					松門衛 交阯	正月，陳季擴金吾將軍黎利歸正，用為清化府俄樂縣巡檢，尋反放兵肆掠，李彬遣朱廣討平之。正月，倭陷松門衛。二月，交阯四忙縣賊車三叛，李彬擊破之。			

一四一九	一四二〇
成祖永樂十七年	成祖永樂十八年
	仁和、海甯
	夏秋潮湧，堤淪入海者千五百餘丈。(志)
	青、萊二府
	大饑。
	莒、即墨、安邱
	閏正月，蒲臺縣民林三妻唐賽兒作亂，以妖術惑衆，徒衆數千，攻陷莒、即墨，圍安邱。三月，唐賽兒夜刼官軍，軍亂，賽兒解圍遁去，官軍追不及，獲賊
交阯、乂安	
五月，黎利出据可藍柵行刼，李彬等擊破之。六月，倭數寇海上，北抵遼東，南訖福建，瀕海郡邑多被害。劉江擊破之，斬首七百四十二，生禽八百五十七人，自是倭大創。七月，交阯叛，四起作亂，殺將吏，焚廬舍。有楊恭、阮多者，皆自稱王，李彬討平之。八月，乂安土知府潘僚反，各路土官響應為亂，勢尤劇。李彬擊敗之。	正月，黎利數出沒，聚衆磊江，李彬擊敗之。李彬破交阯賊潘僚於農巴林，悉降其衆。十月，李彬敗黎利於老撾。

公曆	年號	天災・水災・災區	天災・水災・災況	天災・旱災・災區	天災・旱災・災況	天災・其他・災區	天災・其他・災況	人禍・內亂・亂區	人禍・內亂・亂情	人禍・外患・患區	人禍・外患・患情	人禍・其他・亂區	人禍・其他・亂情	附註
一四二二	成祖永樂二十年	信豐	正月，雨水壞城。翟城衛亦如之。			南、北畿、山東數十州縣	六月，霪雨傷稼。	安邱	黨男女百餘人而賊攻安邱益急，都指揮僉事衛青帥千騎擊破之，殺賊二千，生禽四千餘，悉斬之，賊遂平。	河西	七月，帝親征，遇兀良哈衆於屈裂兒河，帝親擊敗之，斬部長數十人，狥河西，捕斬甚衆。遣將循河東北捕餘寇，殲之山澤中。			
		廣東諸府	五月，潮溢，漂廬舍，壞倉糧，溺死三百六十餘人。											
		沔陽 河南、北 鳳陽	夏秋江漲。河南、北及鳳陽河溢。(志)											
一四二三	成祖永樂二十一年	六安衛	二月，霪雨壞城。					柳州	二月，都指揮使鹿榮討柳州叛蠻，平之。	車來	正月，陳智追黎利於車來縣，敗之，利復遠竄。			
		建昌、淮安、懷來等衛	建昌守禦所，淮安、懷來等衛皆霪雨壞											

			城。						
		峨嵋	五月，流水漲，溺死百三十人。						
		瓊州府	八月，潮溢，漂溺甚衆。(志)						
一四二四	成祖永樂二十二年	壽州衛	二月，雨水壞城。			浙閩、	五月，浙閩山賊起，旋就撫。	大同	正月，阿魯台犯大同。
		贛州、振武二衛	三月，雨水壞城。			平樂、潯州	十二月，顧興祖破平樂、潯州蠻。	茶籠州	八月，黎利寇茶籠州。
		密雲、薊州	四月，霪雨，壞城。					清化	九月，黎利寇清化，指揮同知陳忠戰死。
		南、北畿、山東州縣	霪雨，傷麥禾。						
		黃巖	七月，潮溢，溺死八百人。						
		開封	九月，河溢。(志)						
一四二五	仁宗洪熙元年		六月，霪雨，白河溢，衛河決河西務、白浮、宋家等口堤岸，臨漳、漳、滏二	北畿	饑。(志)		七月，顧興祖討大藤峽蠻，平之。八月，李英帥兵西入，至雅令關與安定賊遇，大敗之，俘斬千一	茶籠州	三月，交阯黎利再圍茶籠州。
				山東、河南、湖廣及南畿三十四州縣	饑。(志)				

公曆年號	天災						人禍						附註
	水災		旱災		其他災		內亂		外患		其他亂		
	災區	災況	災區	災況	災區	災況	亂區	亂情	患區	患情	亂區	亂情	
	臨漳、眞定	河決堤岸，眞定滹沱河大溢，沒三州五縣田。(志)						百餘人。					
	蘇、松、嘉、湖	夏，積雨傷稼。					思恩	十月，蠻寇覃公旺作亂，據思恩縣大小富龍三十餘峒。十一月，顧興祖督兵攻之，斬公旺并其黨千五十餘人。					
	容城、河北各地	七月，白溝河漲，傷禾稼。渾河決蘆溝橋，東狼窩口，順天、河間、保定、灤州俱水。(志)					宜山	十二月，顧興祖討平宜山蠻。					
	京師	大雨，壞正陽、齊化、順成等門城垣。											
	密雲中衞城	九月，久雨壞城。(志)											

一四二六

宣宗宣德元年

襄陽、穀城、均州、鄖縣　六七月，江水大漲，襄陽等縣緣江民居漂沒者半。

開封十州縣及南陽、汝州、河南、嵩縣　黃、汝二水溢，淹開封十州縣及南陽等地。（志）

江西　夏，旱。

湖廣　夏秋旱。（志）

直省州縣二十九饑。（志）

二月，陳智薄可留關，敗還。三月，又敗於茶籠州。

樂安　九月，宣宗親征高煦，師至樂安，高煦降，廢爲庶人。連誅六百四十餘人，坐死戍邊者千五百餘人。

宣化、太原、黃菴　交趾渠魁未平，小寇蠭起。美留、潘可利助逆，宣化、周莊、太原、黃菴等結雲南、甯遠州紅衣賊大掠。

清化　四月，賊犯清化，都指揮王演擊敗之。

廣威州、東關　七月，都指揮袁亮擊黎利弟善於廣威州，中伏死。都督蔡福守乂安，糧盡，退就東關，行至富良江，陷賊。

昌江　黎利攻昌江，守將李任堅守之，攻愈急，不克，周安謀於內攻賊事洩，自刎死，所部九千餘人悉被殺。

交州　十月，黎善分兵犯交州，爲守將所敗，善夜走，王通出兵擊之，敗賊清威。

清威

甯橋、北江　十一月，王通進師應平之甯橋，伏發，官軍大敗，死者二三萬人。

公曆	年號	天災：水災 災區	水災 災況	旱災 災區	旱災 災況	其他災 災區	其他災 災況	人禍：內亂 亂區	內亂 亂情	外患 患區	外患 患情	其他亂 亂區	其他亂 亂情	附註
											黎利攻北江，進圍東關，又分兵圍隘留關，萬宗擊退之。			
一四二七	宣宗宣德二年			南畿、湖廣、山東、山西、陝西、河南	旱。（志）直省縣十四饑。（志）			松潘、疊溪、威州、武州、綿竹	正月，李匝、黑生番反，陷松潘、疊溪，圍威、武諸州，又掠綿竹諸縣，官署民居皆被焚燬。	交州	二月，黎利攻交州城，王通擊破之，斬首萬餘級。			
								臨桂	柳慶蠻韋朝烈等掠臨桂諸縣。	昌江、諒山	四月，黎利陷昌江，諒山，山城中居民婦女不屈死者數千人。			
										邱溫、開平	七月，黎利陷隘留關，進拔邱溫。敵犯開平，薛祿擊破之。			
											九月，柳升奉命征黎利，師抵隘留關，連破賊寨，抵鎮夷關，官軍為賊所破，或死或走。			
											十二月，王通與黎利引和，言軍還，官吏軍			

公元	年號	地區	天災	地區	天災	地區	天災	地區	人禍	地區	人禍
											民還者八萬六千餘人，其陷於賊及賊所戮者，不可勝計。
一四二八	宣宗宣德三年	邵陽、武岡、湘鄉	五月，邵陽等縣暴風雨七晝夜，山水驟長，平地高六尺，永甯衛大水，壞城四百丈。		直省州縣十五饑。（志）			南安、廣源	正月，山雲討朝烈，破之。賊退保山巔，雲盡破之，南安、廣源諸蠻悉下。	會州、寬河	九月，兀良哈寇會州，帝自將擊之，出喜峯口，遇敵於寬河，奮擊之，兀良哈人馬死者過半。
		北畿七府	七月，俱水。（志）					松潘	吳瑋至松潘，追薄賊巢，一日十數戰，大敗之。		
								忻城	十一月，忻城蠻譚團作亂，山雲討禽之。		
								福建	福建妄男子樓濂詭稱七府小齊王，謀不軌，事覺，械至京，誅其黨數百人。		
一四二九	宣宗宣德四年					順天州縣	六月，蝗。（志）	柳濘	四月，山雲討平柳濘蠻。	開平	五月，敵犯開平，鎮撫張信等戰死。
								維容	九月，維容蠻出掠，山雲遣將破之。		

公曆	年號	天災 水災 災區	水災 災況	旱災 災區	旱災 災況	其他 災區	其他 災況	人禍 內亂 亂區	內亂 亂情	外患 患區	外患 患情	其他 亂區	其他 亂情	附註
一四三〇	宣宗宣德五年	南陽	七月，南陽山水泛漲，衝決堤岸，漂流人畜廬舍。(志)							遼海	十月，阿魯台犯遼東，遼海指揮同知皇甫斌戰死，寇以死傷過多，引退。			
										曲先衛	十二月，史昭討曲先衛，都指揮使散即思擒其將脫脫不花。			
一四三一	宣宗宣德六年	順天、保定、眞定、河間二十九州縣，開封等屬	六月，渾河溢，決徐家等口，順天等縣二十九俱水。河決開封，沒八縣。		直省縣十饑。(志)				七月，松潘、勒都、北定諸族暨空郞、龍溪諸寨番復叛，陳懷戰敗，死者三百餘人。十月，陳懷督兵深入破革兒骨寨，進攻空郞乞兒洞，賊敗，斬首無算。革兒骨賊復聚生苗邀戰，擊破之，剿戮殆盡，羣寇悉平。					
一四三二	宣宗宣德七年	太原	六月，河、汾二水並溢，傷稼。(志)	河南、大名	夏秋旱。(志)									

一四三三	宣宗宣德八年	江西贛江八府	六月，江漲，漂沒民田，溺死男婦無算。（志）
		南、北畿、河南、山東、山西	自春徂夏，不雨。（志）
		清浪衛	四月，鎮溪酉陽蠻酋吳不爾掠清浪衛，總兵官都督蕭授遣將擊破之。賊遁草子坪，結生苗龍不登等攻掠湖廣五寨、白崖諸寨，勢益張。五月，蕭授進攻賊巢，斬吳不爾等五百九十餘級，餘黨悉平。
		宜山	山雲討平宜山蠻。
		涼州	九月，阿魯台部卜寇涼州，總兵官劉廣擊斬之。
一四三四	宣宗宣德九年	沁鄉、獲嘉、新鄉	正月，沁水漲，決馬曲灣，經獲嘉、新鄉，平地成河。（志）
		甯海	五月，潮決，徙地百七十餘頃。（志）
		順天、順德、河間	六月，渾河決，東岸自狠河口至小屯廠。順天、順德、河間俱水。（志）
		遼東	七月，大水。（志）
		南畿、湖廣、江西、浙江、眞定、海南、東昌、兗州、平陽、重慶等府	旱。
		南畿、山東、浙江、陝西、山西、江西、四川、湖廣	饑，湖廣尤甚。（志）
		南畿、山西、山東、河南	七月，蝗蝻覆地尺許，傷稼。（志）
		思恩、潯州、平樂、桂平、宜山、慶遠、鬱林	三月，山雲討廣西叛蠻，先後大戰十餘，斬首萬二千二百六十，降酋三百七十，自是猺獞屏跡，居民安堵。
		任昌、平龍	十月，四川諸番復叛，尋討平之。

公曆	年號	天災：水災 災區	水災 災況	旱災 災區	旱災 災況	其他災 災區	其他災 災況	人禍：內亂 亂區	內亂 亂情	外患 患區	外患 患情	其他亂 亂區	其他亂 亂情	附註
一四三五	宣宗宣德十年			畿輔	旱。（志）	兩京、山東、河南	四月，蝗蝻傷稼。（志）			涼州	十二月，阿台朵兒只伯犯涼州，尋引還。			
				揚、徐、滁、南昌	大饑。（志）									
一四三六	英宗正統元年	順天、眞定、保定、濟南、開封、彰德六府	閏六月，俱大水。					廣西	十二月，廣西蒙顧十六洞蠻與湖廣逃民，相聚蜂起。蕭授討破之。	肅州、甘州、涼州	五月，阿台朵兒只伯寇肅州。八月，屢寇甘、涼。			
		順天、山東、河南、廣東	七月，霪雨傷稼。（志）							莊浪	十二月，阿台犯莊浪，都指揮江源戰死，亡士卒百四十餘人。			
一四三七	英宗正統二年	鳳陽、淮安、揚州諸府、徐、和、滁諸州、河南、開封	四、五月，河、淮泛漲，漂民居禾稼。	河南	春，旱。	北畿、山東、河南	四月，蝗。（志）							
		陽武、原武、滎澤	九月，河決。	順德、兗州	春夏旱。									
		湖廣沿江六縣	大水，決江堤。（志）	平涼等六府	秋，旱。（志）									

一四三八	英宗正統三年			南畿、浙江、湖廣、江西九府 平涼、鳳翔、西安、鞏昌、漢中、慶陽、兗州七府、及南畿三州二縣、江西、浙江六縣	旱。 春，饑。（志）	西、延、平、慶、臨、鞏六府及秦、河、岷、金四州	自夏逮秋，大雨雹。（志）	潞江	十二月，思任發遣衆萬餘奪潞江，又殺甸順江東等處軍，餘殆盡。	寶昌 猿山、石城	正月，楊洪敗寇於伯顏山及寶昌州。三月，王驥敗朵兒只伯於猿山，追抵石城，朵兒只伯依阿台於兀魯，乃使蔣貴輕騎追擊之，潛至其巢，大破之，降其部落。
一四三九	英宗正統四年	京師、順天、眞定、保定三府州縣及開封、衛輝、彰德三府 保定、安州	五月，京師大水，壞官舍民居三千三百九十區。順天、眞定、保定三府州縣及開封、衛輝、彰德三府俱大水。八月，白溝、渾河二水溢，決	直隸、陝西、河南、太原、平陽 直省州縣衛十八及山西隰州、大同、宣府、偏頭諸關	春夏，旱。 饑。（志）			景罕 上江 貴州	正月，方政破賊舊大寨，賊奔景罕，指揮官唐清復擊破之，又追至高黎共山下，共斬三千餘級。乘勝深入，逼任發於下江，爲賊所敗，政一軍皆殞。貴州計砂賊苗金蟲、苗總牌糾洪江生苗作亂。二月，蕭授討平	台州、桃渚、寧波、大嵩、昌國衛	五月，倭船四十艘，連破台州、桃渚、寧波、大嵩二千戶所，又陷昌國衛，大肆殺掠。

公曆	年號	天災：水災：災區	天災：水災：災況	天災：旱災：災區	天災：旱災：災況	天災：其他災：災區	天災：其他災：災況	人禍：內亂：亂區	人禍：內亂：亂情	人禍：外患：患區	人禍：外患：患情	人禍：其他禍：亂區	人禍：其他禍：亂情	附註
		蘇、常、鎮三府及江寧五縣 深州	保定安州堤。蘇、常、鎮三府及江寧五縣俱水，溺死男婦甚衆。九月，滹沱復決，渰百餘里。（志）						之。					
一四四〇	英宗正統五年	南京	二月，大風雨，壞北上門脊，覆官民舟。（志）	江西、南畿、湖廣、四川府五州、衛各一 陝西	夏秋旱。自六月不雨，至於八月。直省十府一州二縣饑。 大饑。（志）	平涼 諸府 山西行都司、蔚州 保定 順天、河間、眞定、順德、廣平、應天、鳳陽、淮安、開封、彰德、兗州	四月，大雨雹，傷人畜田禾。六月，連日雨雹，其深尺餘，傷稼。八月大雨雹，深尺餘，傷稼。夏，蝗。（志）	芒市 景東、孟定、大侯	五月，參將張榮前驅至芒市，賊兵大至，官兵敗績。十一月，沐昂討平師宗叛蠻。十二月，思任發犯景東，剽孟定，殺大侯知州奉漢等十餘人，破孟賴諸寨。					

公元	年號	地區	水災	地區	旱災	地區	蝗災	地區	兵禍	地區	兵禍
一四四一	英宗正統六年	泗州	五月，水溢丈餘，漂廬舍。	陝西	旱。	順天、保定、眞定、河間、順德、廣平、大名、淮安、鳳陽	夏，蝗。（志）	上江	十一月，王驥拔上江，斬首五萬餘級。		
		甯夏	八月，久雨水溢。（志）	南畿、浙江、湖廣、江西十五府、州、縣	春夏，并旱。直省州縣二十六饑。（志）	彰德、衛輝、開封、南陽、懷慶、太原、濟南、東昌、青、萊、兗、登諸府及遼東、廣甯前、中屯二衛	秋，蝗。（志）	騰衝	王驥至騰衝，長驅抵杉木籠山，賊據險拒之，驥大破之。乘勝至馬鞍山，侯璡擊走賊衆三萬於大侯山。十二月，官兵抵賊巢，驥引軍敗其伏兵，方瑛帥兵擊斬賊首數百人，蹦死者無算，又破烏木弄戛邦諸寨，賊焚死無算，溺江死者數萬人，思任發走孟養。同月，李安往擊高黎貢山賊，爲所敗，失士卒千餘人。		
一四四二	英宗正統七年	濟南、青、萊、淮、鳳、徐州	五月至六月，霪雨傷稼。（志）	南畿、浙江、湖廣、江西二十餘州、縣、衛	大旱。（志）	順天、廣平、大名、河間、鳳陽、開封、懷慶、河南	五月，蝗。（志）		四月，王驥討維摩土司韋郎羅，俘其妻子，郎羅走安南。	廣甯	五月，倭陷大嵩所，殺官軍百人，掠三百人。十月，兀良哈犯廣甯。

一二六五

公曆	年號	天災						人禍						附註
		水災		旱災		其他災		內亂		外患		其他亂		
		災區	災況	災區	災況	災區	災況	亂區	亂情	患區	患情	亂區	亂情	
一四四三	英宗正統八年	台州松門、海門	八月，海潮泛溢，壞城郭、官亭、民舍、軍器。(志)	湖南	夏，饑。(志)	邳、海二州	陰霧彌月，夏麥多損。			海寧	五月，倭寇海寧。			
				應天、鎮江、常州三府	秋，饑。(志)	南京	七月，大同巡警軍至沙濤，風雷驟至，裂膚斷指者二百餘人。							
						兩畿	夏，蝗。(志)							
一四四四	英宗正統九年		七月，揚子江沙州潮水溢漲，高丈五六尺，溺男女千餘人。	蘇州府	春，饑。(志)	紹興、寧波、台州	冬，瘟疫大作，死者三萬餘人。(志)		二月，王驥破思任發巢，走之，得其妻子部落以獻。					
		北畿七府及應天、濟南、岳州、嘉興、湖州、台州	閏七月，大水。	雲南、陝西	乏食。(志)									
		河南、開封、懷慶、衞輝、彰德	河南山水灌衞河，沒民舍，壞衞所城。(志)											

公元	年號	地區	水災	地區	旱災	地區	人禍
一四四五	英宗正統十年	延平	夏，福建大水，壞府衛城，沒三縣田禾民舍，人畜漂流無算。	湖廣、陝西、山西	夏，旱。(志)饑。(志)	慶遠	十二月，柳溥討平慶遠叛蠻。
		河南	州縣多大水。				
		延安衛	七月大水，壞護城河堤。				
		廣東衛	九月大水。(志)				
一四四六	英宗正統十一年	江西七府十六縣	春，霪雨，田禾渰沒。	湖廣及重慶等府	夏、秋旱。(志)		
		固安、兩畿、浙江、河南、太原、兗州、武昌	六月，渾河溢，固安、兩畿浙江、河南俱連月大雨水。太原、兗州、武昌亦俱大水。(志)				

公曆	年號	天災						人禍						附註
		水災		旱災		其他		內亂		外患		其他		
		災區	災況	災區	災況	災區	災況	亂區	亂情	患區	患情	亂區	亂情	
一四四七	英宗正統十二年	贛州 吉安 瑞金	春，大水。 五月，江漲淹田。（志） 六月，霪雨，市水丈餘，渰倉庫，溺死二百餘人。	南畿、山西、湖廣等七府 淮安、岳州、襄陽、荊州、彬州	夏，旱。 俱荐饑。（志）	保定、淮安、濟南、開封、河南、彰德 永平、鳳陽	夏，蝗。 秋，蝗。（志）							
一四四八	英宗正統十三年	大名、河南、濟南、青、兗、東昌、鳳州、徽州 寧夏、新鄉、滎澤、曹、濮、東昌	六月，河決，淹三百餘里，壞廬舍二萬區，死者千餘人。河南、濟南、青、兗、東昌亦俱河決。五月至六月，久雨傷稼。 七月，大水，河決漢唐二壩。河決新鄉八柳樹口、滎澤	直隸、陝西、湖廣七府州 寧、紹二府及州、縣七	夏、秋旱。 饑。（志）	陝西	夏、秋霪雨，通渭、平涼、華三縣山傾，軍民壓死者八十餘口。	沙縣 延平 後坪 江西 蘭溪	三月，沙縣人鄧茂七僞稱剷平王，設官屬，聚黨數萬人作亂，陷二十餘縣。處州賊並附茂七，東南騷動。 四月，茂七圍延平。 八月，茂七賊首林宗政等萬餘人攻後坪，丁瑄斬賊二百餘級。 葉宗留自福建犯江西，官軍不利。 遂昌賊蘇牙、俞伯通剽蘭溪，與宗留相應。					

公元		一四四九
年號		英宗正統十四年
地區	寧都	聊城、吉安、南昌
災禍	孫家渡，漫曹、濮，抵東昌。九月，大雨，壞城郭、廬舍，溺死甚衆。(志)	正月，河決。四月，俱水。(志)
地區		順天、保定、河間、眞定
災禍		六月，旱。(志)
地區		順天、永平、濟南、青州
災禍		夏，蝗。(志)
地區	處州、武義、松陽、龍泉、永康、義烏、東陽、浦江、建寧、廣東	延平、崇安、湖廣、貴州
災禍	十一月，處州賊陳鑑胡等以爭忿殺宗留，幷其衆圍處州，掠武義、松陽、龍泉、永康、義烏、東陽、浦江諸縣，茂七迫建寧，官軍奮擊，斬首五百餘。十二月，廣東猺賊作亂。	二月，丁瑄攻延平，斬茂七。尤溪賊首鄭永祖帥四千人攻延平，瑄擊之，斬獲五百有奇。王驥帥軍征思機發，軍至金沙江，思機發於西岸列柵拒守，官軍攻破其柵，賊退至鬼哭山，爲官軍攻破，斬獲無算。四月，處州賊犯崇安。湖廣、貴州諸苗所在蜂起。
地區		大同、遼東、宣府、赤城、甘州、大同、宣府
災禍		六月，大同參將石亨等擊兀良哈盜邊者於箭谿山，禽斬五十人。七月，脫脫不花以兀良哈之衆寇遼東，知院阿剌寇宣府，圍赤城，又遣別騎寇甘州，也先自寇大同。八月，帝次宣府，瓦剌兵突至，靜軍死傷略盡，成國公朱勇、永順伯薛綏帥五萬餘還救，至鷂兒嶺遇伏，一

<table>
<tr><th rowspan="3">公曆年號</th><th colspan="6">天災</th><th colspan="6">人禍</th><th rowspan="3">附註</th></tr>
<tr><th colspan="2">水災</th><th colspan="2">旱災</th><th colspan="2">其他災</th><th colspan="2">內亂</th><th colspan="2">外患</th><th colspan="2">其他</th></tr>
<tr><th>災區</th><th>災況</th><th>災區</th><th>災況</th><th>災區</th><th>災況</th><th>亂區</th><th>亂情</th><th>患區</th><th>患情</th><th>亂區</th><th>亂情</th></tr>
<tr><td></td><td></td><td></td><td></td><td></td><td></td><td></td><td>汀州
甯化
建甯、泉州
辰溪
廣東
廣州
湖廣、貴州
麓川
平越</td><td>五月，沙縣賊陳政景等攻汀州府，王得仁擊敗之，禽政景等八十四人。賊復寇甯化，得仁帥兵往援，斬首甚衆。
賊黨林拾得掠建甯，逼泉州。
六月，靖州苗犯辰溪，都指揮高諒戰死。
八月，廣東賊黃蕭養作亂。
黃蕭養寇廣州，總兵官張安死之。
都督同知陳友討湖廣、貴州叛苗。
王驥等自麓川還，苗躡其後，官軍大敗。
賊圍平越，御史黃鎬固守。</td><td>土木
廣濟、蕭州
紫荆關
居庸關
霸州</td><td>軍盡覆，帝次土木，瓦剌兵大至，遂被圍，明師大潰，死者數十萬人。帝突圍不得出，敵騎擁以去，王振爲亂兵所殺。
脫脫不花至廣濟，尋引退。其犯蕭州者，任禮禦之，再戰再敗，失士馬萬計。
十月，也先破紫荆關，追擊都御史孫祥兵潰，死之。
十月，也先薄都城，連戰連敗，擁上皇由良鄉西去
也先別將攻居庸關，守將羅通追擊破之。
楊洪至霸州，破敵，獲阿歸等四十八人，還返掠人畜萬計。及關，寇返門，殺官軍數百人。</td><td></td><td></td><td></td></tr>
</table>

一四五〇	景帝景泰元年
應天府	七月,大水,沒民廬。(志)
山東、河南、處州、太原、大同	旱。

清流	正月,福建賊破清流縣。
廣東	四月,廣東都指揮李昇、何貴帥兵捕海賊戰死。
平越	平越被圍九月,死者相枕籍。
大洲	五月,董興進至大洲擊賊,殺溺死者萬餘人,黨首及餘黨皆伏誅,與兵所過,村聚多殺掠。
武義	浙江賊陶得二復熾,擁衆犯武義。
平越、新添、都盧、水西、安南衛、清平	貴州副總兵田禮擊叛苗,走之。平越、新添圍並解。侯璡遣兵攻敗都盧、水西諸賊。又調雲南卒,由烏撒會師,開畢節諸路,檄普安士兵援安南衛,自帥師攻紫塘、彌勒等十餘寨,會賊復圍平越,回師擊退之,解清

甯夏	閏正月,瓦剌寇甯夏,郭登帥兵擊敗之,又追敗之栲栳山,斬二百餘級。
朔州、宣府、甯夏、慶陽	三月,瓦剌寇朔州、宣府、甯夏、慶陽。
大同	四月,瓦剌寇大同,官軍擊卻之。
雁門	瓦剌寇雁門,都指揮李端擊卻之。
大同	瓦剌數千騎至大同,郭登設伏,敵敗走,死者甚衆。
河曲、忻州、代州、太原	五月,瓦剌掠河曲及義井堡,殺二指揮。圍忻、代諸州,石亭等不能禦,長驅抵太原北,尋引去。
雁門、威遠衛	瓦剌寇雁門,石亭敗之於威遠衛。
宣府、大同	瓦剌入宣府,朱謙禦之關子口,寇不得入。
	瓦剌數出沒大同、渾

公曆	年號	天災 水災 災區	水災 災況	旱災 災區	旱災 災況	其他災 災區	其他災 災況	人禍 內亂 亂區	內亂 亂情	外患 患區	外患 患情	其他 亂區	其他 亂情	附註
								 清平 長沙、寶慶、武岡	平圍。 七月，尚書侯璡進克賞改諸宕。別賊阿趙僞稱趙王，帥衆掠清平，璡等復討禽之。 十二月，王來、毛福壽等令兵討叛苗，至靖州。賊掠長沙、寶慶、武岡，官軍分道邀擊，俘斬三千餘人。		源，驅掠軍民樵蘇。 六月，瓦剌二千騎寇大同，郭登擊卻之。 瓦剌二千騎寇宣府，朱謙禦戰，寇敗遁。			
一四五一	景帝景泰二年			陝西四府、大寧、大名、廣平、保定、順天、西安、臨洮、太原、大同、解州 福建	旱。饑。（志） 春，夏大旱，斗米二百錢。（圖）			興隆 普定、永甯、畢節	三月，梁黎、王來自沅州進兵，與方瑛破賊於興隆，先後破黎樹、翁滿等三百餘寨。 七月，普定、永甯、畢節諸苗復叛。	宣府	四月，瓦剌寇宣府。			

一四五二	景帝景泰三年	徐州、濟寧 南畿、河南、山東、陝西、吉安、袁州、永平、兗州	八月,平地水高一丈,民居盡圮。(志) 八月大水。(志) 久雨傷禾。大嵩等二十衞所久雨壞城。(志)	江西 淮、徐	旱。(志) 大饑,死者相枕藉。(志)			湖廣 巴馬 松潘 貴州 火州、柳城	三月,毛福壽討湖廣、巴馬諸處苗,克二十餘寨,擒賊首吳奉先等百四十人。 六月,松潘賊首卓勞糾他砦阿兒結等頻爲寇,羅綺禽斬之。 十一月,方瑛平貴州白石崖諸苗,俘斬二千五百人。 十二月,土魯番漸强,侵掠鄰境,火州、柳城皆爲所併。
一四五三	景帝景泰四年	南畿、河南、山東十一府州	自五月至於八月,霪雨傷稼。(志)	南北畿、河南、湖廣 徐州、河南、山東、鳳陽 昆明、姚安	三數月不雨。 饑。(志) 大旱,民多饑死。(圖)	鳳陽、八衞 建昌、武昌、漢陽 山東、河南、浙江、直隸、淮、徐	二、三月雨雪不止,傷麥。 冬,疫。(志) 十一月,大雪數尺,淮東至海,水四十餘里,人畜凍死萬計。(志)	五開、清浪	正月,五開、清浪諸苗復叛。

公曆	年號	天災 水災 災區	水災 災況	旱災 災區	旱災 災況	其他災 災區	其他災 災況	人禍 內亂 亂區	內亂 亂情	外患 患區	外患 患情	其他 亂區	其他 亂情	附註
一四五四	景帝景泰五年	蘇、松、淮、揚、廬、鳳	七月，六府大水。(志)	山東、河南	旱。(志)	江南諸府	正月大雪連四旬，蘇、常凍餓死者無算。羅山大寒。衡州雨雪連綿，傷人甚多，牛畜凍死三萬六千蹄。(志)	南甯、上林、武緣	三月，廣西古丁等洞賊首藍伽、韋萬山等糾合蠻類，刧掠南甯、上林、武緣諸處，御史馬昂勦捕之。			南京	春，火延燒數千家。(志)	
		東、兗、濟	八月，三府大水，河漲渰田。(志)	兩畿十府	饑。(志)	易州	六月雨雹傷稼百二十五里，人馬多擊死。(志)	播州、西平、黃灘	四月，四川草塘苗黃龍、韋保作亂，劇播州、西平、黃灘，方瑛進勦破之，斬首七千餘。					
		杭、嘉、湖	大雨傷苗六旬不止。(志)			甯國、安慶、池州	六月，蝗。(志)	高州、廉州、惠州、肇慶	八月，廣西猺流刧高州、廉州、惠州、肇慶諸府，破城殺吏無虛日。					
		湖州	大水，民相食。(圖)			建昌、武昌、漢陽	二月，疫。(圖)	香山、順德	香山、順德間寇蠭起，新會無賴子羣聚應之，陶魯練兵擊破之。					

公元	年號	地區	水災	地區	旱災	地區	其他災害	地區	人禍			地區	火災	
一四五五	景帝景泰六年	開封、保定	六月，大水。（志）	南畿、山東、山西、河南、陝西、江西、湖廣府三十三，州、衛十五	旱。（志）	西安、平涼	四月，疫。（志）	霍山	四月，霍山民趙玉山，以妖術惑衆爲亂，王竑捕誅之。					
		順天、河間、永平	閏六月，大水，灤河泛溢，壞城垣民舍。河間、永平水患尤甚。（志）	西畿、山東、山西、浙江、江西、湖廣、雲南、貴州	春，畿、蘇、松尤甚。（志）	束鹿	閏六月，雨雹如鷄子。（志）	處州	五月，劉廣衡平處州賊。					
		武昌等府	江溢，傷稼。（志）			嘉興	大疫。（圖）	龍里、新化、銅鼓	十月，湖廣苗賊蒙能攻圍龍里、新化、銅鼓諸城，攻破亮寨、銅鼓、羅圍堡諸城。					
		北畿五府、雲南二府	久雨傷稼，雲南大理諸府如之。（志）											
		鬱林	大水（圖）											
一四五六	景帝景泰七年	博平、茌平、青城、德平	三月，河溢，漫流博平、茌平二縣，墊溺者甚衆。青城、德平大水。（圖）	湖廣、浙江、南畿、江西、山西府十七、北畿、山東、江西、雲南、河南	旱饑，（志）	桂林	五月，病疫，死者二萬餘人。	平溪衛	十一月，方瑛討湖廣苗賊，賊渠蒙能攻平溪衛，官軍擊卻之，能死。			甯府	九月，火，延燒八百餘家。（志）	
		餘杭、蕭山	五月，大水。（圖）	淮安、揚	六月，三府大	畿內	蝗蝻延蔓。（志）	沅州	十二月，方瑛進沅州，連破鬼板等一百六十餘砦。					
		開封、彰德	六月，河決，田廬淹沒。			淮安、揚州、鳳陽	六月，大旱。（志）							
		徐州	六月，大水。			應天、太平七府	九月，蝗。（志）							

公曆	年號	天災 水災 災區	災況	旱災 災區	災況	其他 災區	災況	人禍 內亂 亂區	亂情	外患 患區	患情	其他 亂區	亂情	附註
		畿內、山東	水。(圖)	州、鳳陽	旱、(圖)									
		兩畿、江西、河南、浙江、山東、山西、湖廣共府三十	恆雨滂雨。(志)											
一四五七	英宗天順元年	濟南、德平	大水、饑人相食。(圖)	兩京	夏，不雨。	濟南、杭州、嘉興	七月，蝗。(志)	廣西	二月，廣西大藤峽、荔浦等處賊劫掠縣治，殺擄居民，柳潯勦破之。	寧夏	四月，孛來寇寧夏，參將种興戰死。			
		濟、兗、青	三府大雨閱月，禾盡沒。	杭州、寧波、金華、均州	夏旱。(志)				方瑛與石璞移兵天堂，大破天堂、小坪、壘溪諸砦，克砦二百二十七，禽僞王侯以下一百二人。	威遠衛	五月，孛來犯威遠衛，都督李久帥師敗之。			
		淮安、徐州、懷慶、衛輝	夏大水，河決。(志)	北畿、山東	饑，發瑩墓斫道樹殆盡，父子或相食。(志)				四月，方瑛討蒙能餘黨，克銅鼓、藕洞一百		六月，石彪、楊能矟磨兒山寇千餘騎來襲，彪帥壯士衝擊，斬把禿王，俘斬二百人。			

公元	年號	地區	天災	地區	天災	地區	天災	地區	人禍	地區	人禍
一四五八	英宗天順二年	山東	七月，大水。(圖)	長沙、辰州、永州、常德、岳州五府、及銅鼓、五開諸衛	饑。(志)	濟南、兗州、青州	四月，蝗。(志)		九十餘砦。李震亦克牛欄等五十四砦，斬獲甚多，湖廣苗悉平。	涼州	六月，孛來再入涼州。
				嘉興	大旱。(圖)			南丹州、武州	十一月，廣西田州頭目呂趙僞稱敵國大將軍，帥衆刦掠南丹州，又据武州。	鎮番	八月，孛來寇鎮番。
				漢陽、漢川	大旱，人相食。(圖)			永福	正月，朱瑛攻永福賊寨，破之。		
				慈利	大旱，自五月至九月不雨。(圖)			青陽溝	延綏副總兵楊信破寇青陽溝。		
				醴陵	大旱，饑。(圖)				二月，楊信破寇高家堡。		
								兩廣	八月，西廣猺賊蜂起，列郡咸被害。		
								都勻	十二月，貴州東苗干把豬等僭僞號，攻刦都勻諸衛。		

公曆	年號	天災：水災 災區	天災：水災 災況	天災：旱災 災區	天災：旱災 災況	天災：其他災 災區	天災：其他災 災況	人禍：內亂 亂區	人禍：內亂 亂情	人禍：外患 患區	人禍：外患 患情	人禍：其他禍 亂區	人禍：其他禍 亂情	附註
一四五三	英宗天順三年	穀城、景陵 海鹽	六月，襄水溢泛，傷稼。（志） 海溢，漂溺男女萬餘人。（圖）	南北畿、浙江、湖廣、江西、四川、廣西、貴州	旱。（志）	順天、河間、眞定、保定、廣平、濟南	四月，連日烈風，麥苗盡敗。（志）		正月，韋父强之黨掠旗山，葉禎三百人皆戰死。四月，白圭、方瑛討谷種諸夷，所向皆捷。前後克砦幾二千，俘斬四萬餘。		正月，索來掠安邊營，石彪擊敗之，生禽四十餘人，斬首五百餘級。	肅州	九月，火延燒五千四百餘家，死者六十餘人。（志）	
一四六〇	英宗天順四年	蕭山 湖北 北畿、開封、汝甯 安慶、南陽	四月，大水。（圖） 夏，江漲，淹沒麥禾。 夏，大水。七月，淮水決，沒軍民田廬。 雨，自五月至七月，淹禾苗。（志） 八月，天下大	濟南、青州、登州、肇慶、桂林、甘肅諸府衛 湖廣鎮遠府、都勻、平越諸衛	夏，旱。（志） 饑。（志）	薊州	雷毀倉廒。（志）	梧州 開建 化州、石城	二月，獞陷梧州。九月，李添保逃入苗中，聚衆萬餘，縱兵剽掠，震動遠近。李震進擊，大破之。十月，兩廣猺獞，陷開建，殺官吏。閏十月，都督同知歐信破賊化州之馬里村，再破之石城。貴州西堡蠻賊聚衆焚劫，鄭忠帥兵進勦。	榆林 忻州、代州、朔州、大同	正月，寇二萬騎入榆林，楊信擊卻之。八月，索來入雁門，大掠忻、代、朔諸州。九月，索來圍大同。			

			水，汝南尤甚。（圖）					貴州	十二月至阿果，禽賊首楚得隆等平之。		
		湖州	大水，民饑。（圖）								
一四六一	英宗天順五年		五月，江南、北大水。（圖）	南畿府四州一及錦衣等衛	連月旱傷稼。（志）	陝西、湖廣、興甯	四月，疫。（志）大疫。（圖）	兩廣	二月，兩廣盜蠭起，所至破城殺將。三月，李震勦城步猺、獞，攻破横水、城溪、莫宜、中平諸砦，前後俘斬數千人。	涼州	六月，索來以數萬騎分掠西甯、莊浪、甘肅諸道，入涼州。
		開封	七月，河決，死者無算。								
		襄城	水決，溺死甚衆。	興甯	大旱。（圖）						
		崇明、嘉定、崑山、上海	海潮衝決，溺死萬二千五百餘人。								
		浙江	大水。（志）								
		隨州、黃陂	大水。（圖）								
一四六二	英宗天順六年	淮安	七月，大水，潮溢，溺死鹽丁千三百餘人。（圖）	陝西	饑。（志）				正月，顏彪、葉盛勦大藤峽猺賊，攻破七百二十一寨，斬三千二百七十一級。	固原川、紅崖子川	正月，白圭遇敵固原川，王竑遇敵於紅崖子川，皆破之。
								兩廣	五月，顏彪討平兩廣諸猺。		
								四川	四川山都掌蠻出沒為患，松潘總兵許貴		

公曆	年號	天災						人禍						附註
		水災		旱災		其他災		內亂		外患		其他亂		
		災區	災況	災區	災況	災區	災況	亂區	亂情	患區	患情	亂區	亂情	
									追討，克硬寨四十餘，斬首一千一百餘級。六月李震破猺，俘斬二千八百餘人。					
一四六三	英宗天順七年	密雲 淮、鳳、揚、徐 武昌、漢陽、荆州	七月，山水驟漲，軍器文卷、房屋俱沒。（圖） 大雨，腐二麥。（圖） 大水，廬舍漂沒，民皆依山露宿。（志）	北畿、濟南、青州、東昌、衛輝	旱。（圖） 自正月不雨，至於四月。（志）			貴州洪江 雷州、廉州、高州、肇慶、福建 梧州	七月，貴州洪江賊苗蟲蝦等僞稱侯王，攻刼鎮遠圓寨，總兵官李震討平之。 八月，猺流劫雷州、廉州、高州、肇慶諸府。十月，丁泉伍驥破福建賊李宗政等，俘斬八百餘人。 十一月，大藤峽賊入梧州，刼庫放囚，殺死軍民無算，大掠城中。	永昌、涼州、莊浪	十二月，永昌、涼州、莊浪塞外諸番屢爲邊患。毛忠與衛穎討破之。			

一四六四	英宗天順八年	靜樂	大水，河決隄六十丈，渰民田百頃。（圖）					江西、安遠、閩、廣	三月，廣東賊羅劉寗黨楊輝已撫復叛，攻陷江西安遠、剽閩、廣間。僉事毛吉帥官軍七百人抵賊巢，俘斬千四百人。		
								洮岷	八月，洮岷羌叛，旋降。		
								安岳、成都	十一月，德陽人趙鐸反，漢州諸賊皆歸之，連番衆數陷賊殺將吏，又遣其黨賊掠安岳諸縣，逼成都。		
								湖南	十二月，廣西猺侵湖南，夜入桂陽州大掠，李震連敗之，俘斬千餘人。		
一四六五	憲宗成化元年	惠州	正月，大水。（圖）	兩畿、浙江、河南	饑。（志）			兩畿、川、廣、荆、襄	兩畿、川、廣、荆、襄盜賊大起，道路不通。	遼河	三月，索來誘兀良哈九萬騎入遼河，鄭宏禦卻之。
		直隸、河南、山西、湖廣、江西、浙江	郡縣大水。（圖）	陝西	三月，旱。（圖）			綿竹、彰明	正月，綿竹典吏蕭讓帥兵擊破趙鐸，鐸帥餘賊趨彰明，爲官兵所敗，斬鐸，賊盡平。	延綏	八月，毛里孩犯延綏，總兵官房能敗之。
								泗城、上林	泗城土官岑豹聚衆四萬，攻殺上林長官	延綏	毛里孩大入延綏，復

公曆年號	天災 水災 災區	水災 災況	旱災 災區	旱災 災況	其他災 災區	其他災 災況	人禍 內亂 亂區	內亂 亂情	外患 患區	外患 患情	其他亂 亂區	其他亂 亂情	附註
	山海關、永平、薊州、遵化	六月，大雨水壞山海關、永平、薊州、遵化堡。						司，殺土官，据其境土。		圍黃甫川堡官軍力戰，乃退			
	通州	七月，大水。（圖）					新會、大磴、雲岫山	二月，新會告急，副使毛吉帥軍萬人至大磴，破賊，乘勝追至雲岫山，爲賊所敗，吉戰死。					
	德慶	八月，大雨，壞城及運倉。（志）					四川	三月，四川山都掌蠻亂。					
	靖州	大水。（圖）					西華	四月，西華人劉通妖言惑衆，潛謀倡亂，有石龍者聚衆剽掠，通起兵僭稱漢王。					
							南平	五月，大藤峽賊三千餘，陷南平縣。					
							藤縣、興安、修仁	十月，大藤峽賊入藤縣城。韓雍倍道趣全州，陽峒苗掠興安，擊破之。又破修仁賊，窮追至力山，斬首七千三百級。十二月，韓雍先後破					

公元	年號	天災地區	天災	人禍地區	人禍
				荊、襄、梅溪	石川、林峒、沙田、古營諸賊三百二十四寨，斬首三千二百七級，墜溺死者不可勝計。李震討荊、襄賊，屢敗之。追至梅溪賊巢，官軍不利，死都指揮以下三十八人。
一四六六	憲宗成化二年	順天、保定、開封、青州	七月，四府大水。（圖）	揚州	二月，揚州鹽寇起，守兵失利。
		江、淮	二月，旱人相食。（圖）	南漳	三月，白圭進師南漳，賊迎戰，大破之，擊斬九百有奇。
		南畿	饑。（志）	武岡、沅清、銅鼓、五開	武岡、沅清、銅鼓、五開苗復蠢起，貴州告警。
		河州	四月，大旱，人相食。（圖）	雁坪、後巖山、四川	官軍進破荊、襄賊於雁坪、後巖山，禽劉通等三千五百餘人，石龍轉掠四川。
		宣府	四月，隕霜，殺青苗。（志）	鬱林、陽江、洛容、博白	四月，韓雍分兵擊賊餘黨，鬱林、陽江、洛容、博白次第皆定。
				巫山	六月，石龍流刼至巫山，夔州通判王禎及
				延綏	六月，毛里孩大入延綏，楊信帥兵討之。
				平涼、靈州、固原、靜寧、隆德	七月，敵掠平涼，入靈州，犯固原，長驅至靜寧、隆德諸處，大掠而去。
				寧夏	八月，毛里孩犯寧夏，都指揮焦政戰死。
				孤山	十月，都指揮湯公讓守孤山，會寇大至，公讓戰死。
				浙江義烏	火。（圖）

公曆	年號	天災 水災 災區	水災 災況	旱災 災區	旱災 災況	其他災 災區	其他災 災況	人禍 內亂 亂區	內亂 亂情	外患 患區	外患 患情	其他亂 亂區	其他亂 亂情	附註
								 潯州	部卒六百餘人皆死。十月，朱永、白圭分兵進壁賊石龍降，餘寇悉平。 十二月，斷藤峽殘賊侯鄭昂等七百餘人，夜入潯州，殺掠男婦數十人，參將孫雲帥軍擊斬賊魁。					
一四六七	憲宗成化三年	嘉興	海水溢，溺萬人。(圖)	湖廣、江西、南京十一衞 南昌府屬	旱。(志) 夏，三月不雨，大無禾。(圖)	朔州 開封、彰德、衞輝	五月，地震，壞屋，傷人。 七月，蝗。(志)	洛容、北流、思恩、潯賓、柳城、欽州、化州	二月，廣西賊連陷洛容、北流二縣，韓雍僉發兵積討。時諸賊所在蜂起，思恩、潯賓、柳城悉被擾掠，流劫至廣東欽、化二州，皆應時破殄。李震深入賊境，兩月間，破巢八百，焚廬舍萬三千，斬獲三千三百。而廣西猺獠桂陽者，亦擊斬三千八百	大同 大同 開成 九獮府	正月，毛里奇渡河掠大同。 三月，毛里孩犯大同。 八月，虜破開成縣，知縣于達敎死之。 十月，李秉等分五道出塞，趙輔與秉從撫順深入，連戰大捷。朝鮮王瑈亦遣將統衆萬餘，渡鴨綠、潑豬二江，攻破九獮府諸寨，斬獲甚多。			

一四六八

憲宗成化四年

台州、德安 海溢。（圖）大水入市。（圖）

兩京、湖廣、江西 春、夏不雨，旱。（圖）

兩畿、湖廣、山東、河南 無麥。（圖）

鳳陽、陝西、甯夏、甘涼 饑。（志）

有奇。

合江等九縣 六月，山都掌蠻數叛，陷合江等九縣。十二月，程信與李瑾帥兵破龍背、豹尾諸寨七百五十餘。

大壩 正月，程信軍至大壩，焚寨千四百五十。前後斬首四千五百有奇，俘獲無算。

石城 六月，開城賊滿俊反，自稱招督王，有衆四千，都指揮邢端等禦之，敗績。

關中 七月，滿俊勢盛，關中震動，劉玉帥兵討之。十月，項忠、馬文升、劉玉等屢敗賊，斬獲多。十一月，項忠遣兵薄石城下，擊以銅炮。死者衟衆，急擊下石城，盡獲餘寇。

遼東 十一月，毛里孩之衆犯遼東，指揮胡珍戰沒。

延綏 十二月，復犯延綏，掠孤山堡，都指揮許甯提軍奮擊，三戰三捷。

公曆	年號	水災 災區	水災 災況	旱災 災區	旱災 災況	其他災 災區	其他災 災況	內亂 亂區	內亂 亂情	外患 患區	外患 患情	其他禍 亂區	其他禍 亂情	附註
一四六九	憲宗成化五年	湖廣	大水。（志）	陝西	洊饑。（志）					沙河墩、康家岔	二月，毛里孩復以三千騎入沙河墩，許甯禦之，寇退，復掠康家岔。			
		山西	汾水傷稼。（志）	石門	大旱。（圖）					延綏、榆林	十一月，毛里孩糾三衛犯延綏，榆林大擾。			
		開封	六月，河決。（圖）											
		辰州	大水。（圖）											
一四七〇	憲宗成化六年	嘉興、台州、餘杭	大水，民饑。（圖）	直隸、山東、河南、陝西、四川府、縣、衛	多旱。			南漳、房、內鄉、渭南等縣	十月，劉通黨李原等掠南漳、房、內鄉、渭南諸縣，流民附賊者百萬，官軍屢剿不利。	延綏	正月，王越至榆林，遣許甯戰黎家澗，范瑾戰崖窰州，皆捷，神英又破敵於鎮羌，楊信敗毛里孩於胡柴溝。	江浦	十一月，火，延燒二百六十餘家。（志）	
		北畿	六月大水（圖）	順天、河間、眞定、保定	四府饑，食草木殆盡。					延綏	三月，阿羅出等掠延綏，王越合許甯等擊敗之。			
		餘姚	九月大風海溢，溺死七百餘人。（圖）	山西、兩廣、雲南	並饑。（志）					延綏	五月，王越敗阿羅出於延綏東路。			
				應山	大旱。（圖）					雙山堡、青草溝	七月，朱永敗阿羅出於雙山堡，范瑾等擊敵青草溝，敗之。阿羅出復以萬騎分			

一四七二	一四七一	
憲宗成化八年	憲宗成化七年	
廣州、杭州、紹興、瑞州	山東、浙江杭、嘉、湖、紹	
七月，大雨水。(圖) 大風，海溢，溺死者甚衆。(圖) 大水。(圖) 八月，漢水漲溢，高數十丈，城郭、民居淹沒。(圖)	閏九月，俱海溢，渰田宅人畜無算。(志)	
廣州、順德、眞定、武昌、山東、沁州	揚州	
正月，旱。(圖) 京畿連月不雨，運河水涸。順德、眞定、武昌俱旱。(志) 饑。(志) 旱。(圖)	大旱，運河竭。(圖)	
	青、平	
	疫。(圖)	
	忻州、荊、襄	
	三月，韓雍遣將分道討賊，忻州八砦蠻及諸山猺獞掠州縣者，皆摧破之。十一月，項忠合兵二十五萬，分八道討賊，斬首六百四十，荊、襄平。	
河套、固原、平涼、榆林	懷遠	
正月，癿加思蘭入居河套，與阿羅出合。毛里孩入安邊營。延綏參將錢亮禦之師婁潤，敗績，士卒死者十三四。癿加思蘭犯固原、平涼。九月，趙輔至榆林，敵已深入大掠，不能制。	正月，阿羅出衆大入，許甯等禦之，相持三日夜，敵解去。二月，阿羅出復掠懷遠，諸堡朱永、王越設伏敗之。	五道至朱永、王越等，與戰於開荒川，敵少却，至牛家砦，被官軍擊，敵大敗，斬首一百有六。

公曆	年號	天災 水災 災區	災況	旱災 災區	災況	其他 災區	災況	人禍 內亂 亂區	亂情	外患 患區	患情	其他 亂區	亂情	附註
一四七三	憲宗成化九年	貴州	五月，大水。(圖)	澤州	旱。(圖)	河間	六月，蝗。(志)		八月，四川兵備副使沈琮等敗黑虎寨賊於松溪堡，進勦白馬路、水土茹兒等寨，俱克之。		正月，乩加思蘭入寇，越等擊敗之。			
		廣平、順德、大名、眞定、保定、壞慶府	六月，大雨水。(圖)	彰德、衛輝、平陽	旱。	眞定	七月，蝗。(志)	江西	十一月，江西盜起，官軍捕戮六百餘人，餘悉解散。	遼東、興中、麥州	四月，福餘三衞寇遼東，歐信敗之於興中，追及麥州。			
		畿南五府、懷甯	俱大水。	山東	大饑，骼無餘胔。(志)	山東	八月，蝗。(志)				七月，王辰敗乩加思蘭於榆林澗。			
		山東	八月，大水。(志)	山東	旱。(志)					秦州、安定、會甯	九月，滿都魯、孛羅忽、乩加思蘭大舉深入，王越兵至白鹹灘，薄其營，大破之，禽斬三百五十，滿都魯至秦州、安定、會甯諸州縣，縱橫數千里，劉聚不能禦。			
		衢州、處州	大水。(圖)	靖、荊州	大旱。(圖)						十月，馬文升敗寇黑水口，又敗之湯羊嶺，斬首二百。			

一四七四	憲宗成化十年					鶴慶	九月，地震，壞廨舍、民居，傷人畜。（志）		二月，潯柳諸蠻復叛，參將楊廣尋俘斬九百人。	開原 宣府	二月，朵顏三衛掠開原，參將周俊擊退之。 八月，亦加思蘭擾宣府邊。	杭州	大火，燔六七百里民居三千餘家。（圖）
一四七五	憲宗成化十一年	澤州 湖廣	大水。（圖） 五月，水。（志）			福建、江西	八月，福建大疫，延及江西，死者無算。（志）						
一四七六	憲宗成化十二年	浙江 淮、鳳、揚、徐	風潮大水。 大水。（志）	福建	大旱。（圖）			武岡、詔州、靖州	三月，諸苗犯武岡、詔州，湖湘大擾。李震分兵討之，破六百二十餘砦，俘斬八千五百餘人，獲賊萬計，靖州苗平。 十一月，張瓚督諸軍，攻敗灣溪、天壩千諸苗。凡破山寨十六，斬四百九十六級。				
一四七七	憲宗成化十三年	河南 淮安州縣	閏二月，大水。（圖） 九月，淮水溢，壞淮安州縣官舍、民屋，渰沒人畜甚衆。（志）	京師 眞定、河間、長沙 南畿、山東	四月，旱。 旱。 饑。（志）	湖廣 開原 甯夏	春，大雨冰雹，牛死無算。 四月大雨雪，畜多凍死。 地震。（志）	岷州	四月，岷州栗林羌爲寇，余子俊潛師設伏，擊走之。 十一月，張瓚攻白草壩、西坡、禪定數大砦，斬獲無數。			福州	火，燬還珠門及民廬數百家。（圖）

公曆	年號	天災 水災 災區	天災 水災 災況	天災 旱災 災區	天災 旱災 災況	天災 其他災 災區	天災 其他災 災況	人禍 內亂 亂區	人禍 內亂 亂情	人禍 外患 患區	人禍 外患 患情	人禍 其他 亂區	人禍 其他 亂情	附註
		魚臺	大水，壞民居。(圖)											
		嘉興、會稽	大風雨，海溢，溺民居。(圖)											
一四七八	憲宗成化十四年	陝州	五月大水，人多渰死。	北畿、湖廣、河南、山東、陝西、山西	饑。(志)	四川鹽井衛	七月地連震；廨宇傾覆，人畜多死。(志)	上杭	三月，福建上杭盜起，尋平。	三衛	三月，滿都魯數侵掠三衛。			
		商州	大水民多渰沒。(圖)						六月，張瓚死後破滅五十二砦，諸番盡平。					
		北畿、山東	七月，水。											
		鳳陽	八月大雨，沒城內民居以千計。(志)											
		汴	黃河決。(圖)											
		象山	海溢。(圖)											
		新昌	大水。(圖)											
		嘉魚	大水。(圖)											

公元	年號	地區	水災	地區	旱災	地區	疫	地區	內亂	地區	外患
一四七九	憲宗成化十五年	京畿	四月，大水。（圖）	京畿	大旱。（志）			貴州	五月，貴州西堡、獅子孔洞等苗作亂，總兵官吳經討平之。		
		松陽	大水。（圖）	順德、鳳陽、徐州、濟南、河南、湖廣	旱。（志）			天漂、靖南、安甯	九月，黜土諸番引賓果等攻陷天漂、靖南城堡，圍安甯。		
				江西	饑。（志）						
				縉雲	大旱。（圖）						
				嘉魚	旱。（圖）						
一四八〇	憲宗成化十六年	高要	大水。（圖）	北畿、山東、雲南	饑。（志）	福建長樂	大疫，民多死。（圖）	潯、梧、高、廉	十一月，潯、梧、高、廉賊起，朱英分道擊之，俘斬甚衆。	威甯海子	二月，王越與汪直等率師至大同，聞敵帳在威甯海子，乃盡選宣、大兩鎮兵二萬，進至威甯，掩擊大破之。斬首四百三十餘級。
										大同	十二月，亦思馬因犯大同，朱永帥京軍禦之。
一四八一	憲宗成化十七年	增城	五月，大水。（圖）			彰澤	大疫。（圖）				二月，王越等帥師出大同，適寇入京，追擊至黑石崖，禽斬二百餘人。
		孝義	六月，大水，漂沒南關及鄉村廬舍三十區。（圖）			貴州都勻	大疫。（圖）			赤把都	五月，宣府參將吳鼐等追敵出塞，至赤把都。

公曆	年號	天災 水災 災區	水災 災況	旱災 災區	旱災 災況	其他 災區	其他 災況	人禍 內亂 亂區	內亂 亂情	外患 患區	外患 患情	其他 亂區	其他 亂情	附註
		嘉興、湖州	秋,大水,民饑。(圖)								都,爲所遮,兵分爲三,皆被圍,守備張澄帥兵進,力戰解二圍。			
一四八二	憲宗成化十八年	河南懷慶諸府	夏秋,霪雨三月,塌城垣千一百八十餘丈,漂公署、壇廟、民居三十一萬四千間有奇,渰死一萬一千八百餘人。(圖)	兩京、湖廣、河南、陝西府十五州二 山西 南畿、遼東	旱。 大旱。 饑。(志)						六月,亦思馬因分數道入掠,王越等調兵禦之。	合州	八月,火,延燒千五百餘家。(志)	
		昌平	七月大水,決居庸關水門四十九,城垣、鋪樓、墩台一百二。(圖)							河清堡	十一月,罕東侵河清堡,都指揮梅琛勒兵追之,奪還所掠。			
		清平、天津	八月,衛、漳、滹沱并溢,自清平抵天津。(志)											

		高平	大水。(圖)						
		甯鄉	八月，大水。(圖)						
		嘉興、餘姚	大水。(圖)						
一四八三	憲宗成化十九年			武定	六月，大旱。(圖)	河南	五月，蝗。(志)	桂林、平樂	六月，桂林、平樂猺攻城殺將，朱英、陳政擊破之。
				鳳陽、臨安、揚州	三府饑。(志) 秋，旱饑，人相食。(圖)			大同、渾州、源州、朔州、宣府	七月，小王子犯大同，劉甯、郭鏜及太監蔡新引騎馳擊遇伏大敗，死者千餘人。八月，小王子入順聖川散掠渾、源、朔諸州，以六千騎寇宣府，周玉、秦紘等悉力捍禦寇始退。小王子復入掠，秦紘、周玉、朱永力戰却之。
一四八四	憲宗成化二十年			山東、湖廣、河南、陝西	五月，大旱。饑，道殣相望。				
				畿南、山西	饑。(志) 秋不雨，次年六月始雨，饑				

公曆	年號	天災：水災 災區	水災 災況	旱災 災區	旱災 災況	其他災 災區	其他災 災況	人禍：內亂 亂區	內亂 亂情	外患 患區	外患 患情	其他 亂區	其他 亂情	附註
					莩盈野，人相食。（圖）									
				安陸	大旱，民多殍。（圖）									
一四八五	憲宗成化二十一年			均州	春，旱。（圖）	番禺、南海	三月，風雷大作，飛雹交下，壞民居萬餘，死者千餘人。（志）							
				北畿、山東、河南	饑。（志）									
				莘縣	秋，旱，人相食。（圖）									
				常州	十二月，旱災。（圖）									
					關中連歲大旱，百姓流亡殆盡，人相食，十亡八九。（圖）									

一四八六	憲宗成化二十二年			福建	春、夏連旱，禾苗俱槁，秋復旱，民多流移。（圖）	平陽	三月，蝗。			甘州	七月，小王子犯甘州，指揮姚英等戰死。	
				陝西	六月，旱，蟲鼠食苗稼，凡九十五州縣。	河南	四月，蝗。					
				西安	七月，不雨，大饑，斗米萬錢，死亡載道。	順天	七月，蝗。			臨海	六月，火，延燒千七百餘家。（圖）	
				北畿、江西三府	八月，旱。（圖）	福建古田、連江	大疫。（圖）					
				長沙	旱。（志）							
				諸府、台州、奉化	大旱。（圖）							
一四八七	憲宗成化二十三年			福建	春旱，無麥，秋，大旱，無禾。（圖）			鬱林、陸川	五月，鬱林、陸川賊胡公明等爲亂，陶魯討破之。	大甯、金山	五月，韃靼別部那孩擁衆三萬入大甯、金山，涉老河，掠去人畜以萬計。	
				武功	大饑，民有殺食宿客者。							
				淮北、山東	饑。（志）							

公曆	年號	天災						人禍						附註
		水災		旱災		其他		內亂		外患		其他		
		災區	災況	災區	災況	災區	災況	亂區	亂情	患區	患情	亂區	亂情	
一四八八	孝宗弘治元年			嘉興、諸暨	大旱。(圖)	融縣	三月，雨雹，壞城樓垣及軍、民屋舍，死者四人。(志)	嘉興	五月，嘉興百戶陳輔緣盜販爲亂，陷府城，大掠。	蘭州、山丹、永昌、獨石、馬營、扶風諸縣	三月，小王子寇蘭州，廖斌擊敗之。八月，小王子犯山丹、永昌，又犯獨石、馬營。陝西總兵官周璽討平扶風諸縣回回。			
				祁陽、武昌、常德	祁陽大旱害稼，山竹盡枯。武昌大旱人相食。常德大旱，道殣枕籍。(圖)									
				略陽	夏，大旱，至冬，人相食。(圖)									
				南畿、河應、四川	旱。									
				應天、浙江	饑。(志)									
				武昌、漢陽、辰州、常德、黃陂、德安	旱。(圖)									
				荊州、慈利、華容、安鄉	大旱，人相食。(圖)									

一四八九	孝宗弘治二年	開封、順、永、河、保	五月，河決入沁河，所經州縣多災，省城尤甚。七月，四府州縣大水。（志）	河陽、綿竹	夏，大旱。（圖）大旱。（圖）	華容、賓州、貴州安莊衞	正月，大疫。（圖）三月，雨雹如鷄子，壞廬舍、禾稼。大雷雨雪雹，壞麥苗。（志）						
一四九〇	孝宗弘治三年			兩京、陝西、山東、山西、湖廣、貴州、開封	旱。（志）	北畿	蝗。（志）	竹山、平利	十一月，四川盜野王剛流劫竹山、平利，戴珊討禽之。	大同	五月，小王子以數萬騎牧大同塞下，新甯伯譚祐督京軍征之，敵遁去。		
一四九一	孝宗弘治四年	蘇、松、浙江	八月，水。（志）	浙江府二、廣西府八、及陝西洮州衞	旱。（志）	裕州、汝州、洮州衞、淮安、揚州	三月，雨雹大者如杵，積厚二三尺，壞屋宇、禾稼。四月，雨雹水高三四丈，漫城郭，漂房舍，田苗人畜多渰死。夏，蝗。（志）	德慶	六月，陶魯破德慶猺賊。			金華	火。（圖）

公曆	年號	天災：水災 災區	水災 災況	旱災 災區	旱災 災況	其他災 災區	其他災 災況	人禍：內亂 亂區	內亂 亂情	外患 患區	外患 患情	其他亂 亂區	其他亂 亂情	附註
一四九二	孝宗弘治五年	南畿、浙江、山東	夏、秋，水。(志)	東昌府	正月，旱大饑。(圖)	莒、沂二州，安邱、郯城二縣 嘉興	四月，雨雹，大如酒盃，傷人畜、禾稼。(志) 大疫。(圖)	桂林、古田、臨桂	三月，桂林獞種賊首韋朝威据古田，總督兩廣閔珪帥兵討之，自臨桂深入，遇伏敗退。 十月，貴州都勻黑苗乜富架作亂，湖廣總兵顧溥往征之。					
一四九三	孝宗弘治六年			保定、眞定、河間 北直、山東、河南、山西、襄陽、徐州 山東	三府饑。 旱。 饑。(志)	曲靖 薊州 長子 鄖陽	二月，地震，壞房屋，壓死軍民。 五月，大風雷，拔木偃禾，牛馬有震死者。 八月，雨雹，大者如拳，傷禾稼，人有擊死者。 十一月，大雪，	古田	七月，閔珪復督諸軍討古田叛獞，破其七寨，他賊悉就撫。	甯夏	五月，小王子犯甯夏，殺指揮趙璽。			

年份	年號	地區	水災	地區	旱災	地區	其他災害	地區	兵禍	地區	外患	地區	火災
							雷雹大作，雪積平地三尺，餘人畜多凍死。（志）						
一四九四	孝宗弘治七年	蘇、常、鎮	七月，三府潮溢，平地水五尺，沿江者一丈，民多溺死。	福建、四川、山西、陝西、遼東	旱。（志）	兩畿	三月，蝗。（志）		二月，顧溥、鄧廷瓚等分五路進兵討乜富架，直擣其巢，連破一百十餘寨。			福州	正月，還珠門火，延民居二百餘家。（圖）
		義州等衛	自五月至八月，連雨害稼。（志）	會稽、餘姚	十月不雨，至次年三月。（圖）								
一四九五	孝宗弘治八年	洮州衛	雨雹殺禾稼，水至，人畜多溺死。	潞州、甯鄉	春，大旱。（圖）	永嘉	二月，暴風雨，雹大如鷄卵，小如彈丸，積地尺餘，毀屋殺禾稼禽鳥多死。	府江、永安、象州、修仁、陸峒	七月，府江、永安諸軍亂，閔珪往討，連破山砦百八十，斬首六千有奇。	涼州、抹山墩	正月，小王子犯涼州，總兵官劉甯擊却之。十二月，韃靼數入遼東諸處，殺掠甚衆。亦卜剌因王等入套駐牧，小王子及脫羅干之子火篩相倚日强，爲東西邊患。	浙江龍泉	大火，燔民居二千餘家。（圖）
		潮州諸府	九月，颶風暴雨，壞城垣廬舍。（志）	京畿、陝西、山西、湖廣、江西	大旱。	桐城	三月，雨雹，深五尺，殺二麥。						
				蘇、松、嘉、湖	四府饑。（志）	淮、鳳州縣	暴風雨雹，殺麥。						
						甯夏	地震十二次，聲如雷，傾倒						

公曆	年號	天災：水災 災區	天災：水災 災況	天災：旱災 災區	天災：旱災 災況	天災：其他災 災區	天災：其他災 災況	人禍：內亂 亂區	人禍：內亂 亂情	人禍：外患 患區	人禍：外患 患情	人禍：其他禍 亂區	人禍：其他禍 亂情	附註
一四九六	孝宗弘治九年	山陰、蕭山	六月，山崩水湧，溺死三百餘人。（志）			 常州、泗州、邳州 沂州 榆社、陵川、襄垣、長子、沁源、慶陽、諸府、縣衛、所三十五 甘肅、西寧 榆次	邊牆、墩台、房屋，壓傷人。 四月，雨雹深五尺，殺麥。 雨雹，大者如盤，小者如盌，人畜多擊死。 隕霜殺麥豆桑禾苗。 五月，東南諸省大疫。（圖） 七月，大雨雹。（志） 四月，隕霜殺禾。（志）			宣府、大同	三月，韃靼入宣府、大同黃花鎮。	蘭谿	大火。（圖）	

一四九七	孝宗弘治十年	安陸	七月，霪雨，壞城郭、廬舍殆盡。(志)	順天、淮安、太原、平陽、臨晉、西安、延安、慶陽	旱。(志)	江西新城	二月，雨冰雹，民有凍死者。(志)			潮河川、大同、甘肅	五月，小王子犯潮河川，大同鎮兵敗績。七月，火篩犯甘肅。		
一四九八	孝宗弘治十一年	歸德	七月，長安嶺暴風雨，壞城及廬舍。(志) 河決	河南、山東、廣西、江西、山西	旱。(志)					甘肅	五月，甘肅參將楊翥敗小王子於黑山。七月王越敗小王子於賀蘭山後。	貴州	自春徂夏，大火，燬官、民房舍千八百餘所，死傷者六千餘人。(志)
				台州、衢州	大旱。(圖)					遼東	八月，虜入遼東，都指揮王臣戰死。十二月，虜寇遼東，都指揮劉剛戰死。	福建南平	七月，吏舍火，延燒縣署、儒學、民居。(圖)
				興甯	大旱。(圖)								
				廣西	六月至八月，不雨，大旱饑。								
一四九九	孝宗弘治十二年			河南四府	夏，旱。			田州	四月，岑接、韋祖鋐入田州，殺掠八百餘人，溺水死者無算。濬攻舊田州，據之，殺掠五千餘人，變逃去。九月，普安州土判官隆暢妻米魯與阿保據寨反，官兵不能制。				
				山東	秋，旱。(志)								
				福建	夏秋冬三時不雨，井陂溪塘皆涸。(圖)								

公曆	年號	天災						人禍						附註
		水災		旱災		其他		內亂		外患		其他		
		災區	災況	災區	災況	災區	災況	亂區	亂情	患區	患情	亂區	亂情	
一五〇〇	孝宗弘治十三年			慶陽、太原、平陽、汾、潞、	旱。（志）			平樂府	二月，獞賊刼平樂府。	威遠衛	四月，火篩自大青山數道入威遠衛，游擊將軍王杲出戰中伏，亡軍士千餘，裨將死者五十二人。	餘姚	火，焚民居三千餘家，江北焚二百餘家，死者百有八人。（圖）	
				餘姚	三月不雨，至五月。（圖）					大同	五月火篩入大同，大掠，尋引還。十月，小王子諸部寇大同。十二月，火篩寇大同，南掠百餘里，張俊不能禦。			
				蒙自	旱。（圖）					河套、延綏	小王子部入居河套，犯延綏神木堡。			
一五〇一	孝宗弘治十四年	貴池	五月水漲，淹死二百六十餘人。旁邑十二皆大水。	遼東鎮	春至秋不雨，河溝盡涸。	延安、慶陽二府、同華諸州、咸陽、長安諸縣、潼關諸衛	正月，連日地震，有聲如雷。頻震十七日，城垣民舍多摧，壓死人畜甚衆。	普安	七月，錢鉞及總兵官曹凱等發兵進討米魯，大敗於阿馬坡，都指揮吳遠被擄，普安幾陷。	延綏、甯夏	四月，火篩連小王子諸部大入延綏、甯夏，陳壽擊之，斬獲甚多。	潮河州	興工鑿山，山石崩壓死者數百人。	
		義、錦、廣甯	六月，霪雨，壞城垣、墩堡、倉庫、橋樑，民多	順天、永平、河間、河南四府	饑。			安南	十月，米魯攻圍普安、安南衛城，斷盤江道，	遼東	七月，泰甯衛賊犯遼東，掠門勝諸屯堡。朱暉、苗逵、史琳以五路之師，夜襲小王子			
				遼東	大饑。（志）									

公元	年號	地區	災情	地區	災情	地區	災情	地區	災情	地區	災情
		 廉州 安甯、池、太	壓死者。 七月，海漲，淹死百五十餘人。 八月，四府大水，漂流房屋。（志）	福建 蒙自	大旱，無禾。（圖） 大旱。（圖）	徐州、清河、桃源、宿遷 登、萊 四川	三月，雹平地五寸，夏麥盡爛。 五月，二府雨雹殺禾。 八月，地裂而陷，湧泉數十派，衝壞橋梁、莊舍，壓死人畜甚衆。（志）		勢愈熾。	 鹽城 固原、韋州、環縣、萌城、平涼、慶陽 甯夏 河套	於河套，斬首三級，獲馬駝牛羊千五百而還。 小王子以十萬騎分道而入。都指揮王泰禦之於鹽池，敗死。 八月，火篩諸部犯固原，大掠韋州、環縣、萌城。轉掠平涼、慶陽，殺戮慘酷，關中震動。 火篩諸部犯甯夏。 十二月，遂出河套。
一五〇二	孝宗弘治十五年	南京 南京、鳳陽	七月，江水泛溢，湖水入城五尺餘。（志） 八月，霖雨大風，江溢爲災。	遼東 兗州	荐饑。 饑。（志）	南京、徐州、大名、順德、濟南、東昌、兗州、濮州	九月，地震，壞城垣民舍。濮州尤甚，地裂湧水，壓死百餘人。（志）	貴州 瓊州	七月，王軾至貴州，調官軍八萬人合貴州軍討賊。官軍聚攻馬尾籠寨土官鳳英等，格殺米魯，餘黨遂平。凡用兵五月，破賊砦千餘，斬首四千八百有奇，俘獲一千二百。 十一月，瓊州黎賊符南蛇作亂。	遼東	四月，小王子入遼東清堡河，至雲密。五月，西掠關漏頭。 九月，火篩諸部，復以五千騎犯遼東長安堡，副總兵劉祥禦之，斬首五十一級，敵乃退。

公曆	年號	天災：水災：災區	天災：水災：災況	天災：旱災：災區	天災：旱災：災況	天災：其他：災區	天災：其他：災況	人禍：內亂：亂區	人禍：內亂：亂情	人禍：外患：患區	人禍：外患：患情	人禍：其他：亂區	人禍：其他：亂情	附註
一五〇三	孝宗弘治十六年			京師 蘇、松、常、鎮 浙江、山東	夏，大旱。 夏、秋旱。 饑。（志）			州	六月，符南蛇衆至數萬，總兵討之，不能下。七月，胡富討平之。			遼東鐵嶺衛 廣寧衛 宣府 騰衛	三月，火燒房屋二千五百餘間，死者百餘人。（志） 九月，火燔三百餘家。（志） 十二月，宣府妖人李道明聚衆燒香，千戶黃珍言其將引北寇攻宣府，巡撫都御史劉聰信之，株連數十家。（圖） 正月，火。（圖）	

一五〇四	一五〇五
孝宗弘治十七年	孝宗弘治十八年
星子、德安	
六月，廬山平地水丈餘，溺死星子、德安民，漂沒廬舍甚衆。（志）	
武定州	北京及應天四十衛
自正月不雨，至於九月。（圖）	旱。
淮、陽、廬、鳳	延安諸府
洊饑，人相食，且發瘞胔以繼之。（志）	饑。（志）
天津、青州	
夏，旱。（紀）	
榆次、太谷、蒲州	
自春至秋，不雨，田禾枯死，秋田不種，赤地遍境，米價騰湧，民食不足，有剝樹皮以充饑者。（圖）	
	河州、廣昌
	六月，夜大雷雨，石岸山崩，移七八里，崩處裂爲溝，田廬民畜俱陷。秋，大雨霧，凡二月，民病且死者，相繼不
歸善、上林、武緣、田州	瑞金、廣昌
正月，唐大蠻古三仔等作亂。二月，潘蕃討平之。四月，岑濬掠上林、武緣諸縣，死者不可勝計。又攻陷田州。	正月，江西賊攻陷瑞金縣、廣昌縣。五月，潘蕃帥兩廣、湖廣士卒十萬八千餘人，分六哨進討岑濬，賊分兵阻險拒敵，諸軍圍攻之。六月，濬死，前後斬級四千七百，
大同	靈州、環縣、甯夏、宣府
六月，火篩入大同，指揮鄭瑞力戰死。別部犯宣府及莊浪，守將衛勇、白玉等禦卻之。	正月，小王子諸部三萬人圍靈州，入花馬池，遂掠韋州環縣。小王子陷甯夏清水營，指揮仇鉞總兵李祥擊走之。五月，小王子大入宣
淮安	
四月，火焚五百餘家。（志）	

公曆	年號	天災 水災 災區	水災 災況	旱災 災區	旱災 災況	其他災 災區	其他災 災況	人禍 內亂 亂區	內亂 亂情	外患 患區	外患 患情	其他 亂區	其他 亂情	附註
							絕。（志）	南海、豐湖	盡平其地。蕃還討南海、豐湖賊楊元祖平之。	薊州、廣昌 大同 甘肅 鎮夷 固原	府，連營二十餘里，張俊遣諸將拒之，士馬死亡無算。 六月，寇入薊州、廣昌。 七月，小王子轉掠大同，參將陳雄擊斬八十餘級，還所掠人口二千七百有奇。 十月，小王子犯甘肅，入鎮夷，守禦所指揮劉經死之。 十二月，小王子數萬騎寇固原。			
一五〇六	武宗正德元年	陝西 徽州、鳳陽諸府	六月，河溢漂沒居民孳畜。 七月，大雨，平地水深丈五尺，沒民居五百餘家。（志）	陝西三府 瑞州 黃州	旱。（志） 旱。（圖） 大旱。（圖）	武定 雲南府木密關	四月，隕霜殺麥，寒如冬。 連日地震，木密關地震如雷，壞城垣屋舍，壓傷人。			隆德	正月，寇犯隆德。	鄜陽 臨海 武甯	二月，火燬官舍，延百餘家。 十一月，火延燒數千家。（志） 火城內民居幾盡。（圖）	

公元	紀年	地區	紀事
		宣府	六月，大雨雹，深二尺，禾稼盡傷。
		湖廣	大疫，死者甚衆。
		靖州	大疫。
		建甯、邵武	八月，大疫。
一五〇七	武宗正德二年	固原	六月，河漲，平地水高四尺，人畜溺死。
		武平	七月，大風雨，毀城樓。
		長泰、南靖	大風雨三日夜，平地水深二丈，漂民居八百餘家。（志）
		貴州	旱。（志）
		山西	旱。（圖）
		衡陽	大旱，民皆流移。（圖）
		賀縣	二月，兩廣總督熊繡與毛銳討平賀縣獞。
			七月，雲南師宗州賊阿本等作亂，木崑與巡撫吳久度討破之。
		馬平、	十二月，廣西馬平洛容獞猖獗，陳金、毛銳發兵十三萬征之，俘斬七千餘人。
		甯夏、莊浪、定邊	十二月，韃靼入甯夏、莊浪及定邊後衛諸境。

公曆	年號	天災：水災：災區	天災：水災：災況	天災：旱災：災區	天災：旱災：災況	天災：其他災：災區	天災：其他災：災況	人禍：內亂：亂區	人禍：內亂：亂情	人禍：外患：患區	人禍：外患：患情	人禍：其他禍：亂區	人禍：其他禍：亂情	附註
一五〇八	武宗正德三年	延綏、慶陽	九月，大水。（志）	廬、鳳、淮、揚 湖州、紹興、處州、金華、台州 漢陽、德安、武昌、襄陽、黄州	四府饑。（志） 大旱。（圖） 大旱。（圖）	涇州	四月，雨雹大如鷄卵，壞廬舍、菽麥。（志）	山東	八月，盜起。			台州 福州	大火，燔府廨、民居幾盡。（圖） 還珠門火，延民居廬舍百餘家。（圖）	
一五〇九	武宗正德四年			陝西 蘇、松、常、鎮 袁州、臨江 武昌、衡州、巴陵、臨湘、漢	自三月至七月，旱。 四府饑。（志） 旱，民饑。（圖） 五月，大旱。（圖）	費縣	五月，大雨雹，深一尺，壞麥穀。（志）	南安 樂平 漢中 兩廣、湖廣、陝西	三月，江西盜起，執南安同知，殺官兵。 六月，樂平賊王澄二作亂，執知縣汪和。 七月，四川賊劉烈等轉掠漢中。 十二月，兩廣、湖廣、陝西盜並起。	延綏、隴州	閏九月，小王子犯延綏，圍吳江於隴州城。十一月，犯花馬池，總制尙書方寬戰死。總兵官馬昂與別部亦孛來戰於木瓜山，勝之，斬首三百六十五級。			

公元	年號	地區	災禍
		陽、黃州、荊州、與國、寶慶	
一五一〇	武宗正德五年	安、甯、太、蘇、松、常	九月，三府大水，溺死二萬三千餘人。十一月，三府水。（志）
		山東	饑。（志）
		萬全衛、柴溝堡、秦州	六月，雷震斃四人。山崩，傷室廬禾稼甚衆。（志）
		江西、沔陽、岳州、臨湘、保甯、巴州、陝西、湖廣、川南、江津	三月，江西賊熾。五月，沔陽賊楊清、邱仁等圍岳州，陷臨湘，官軍屢失利。七月，洪鐘及總兵官毛倫等擊破楊清、邱仁於麻穰灘，禽斬七百四十餘人，沔陽賊平。九月，保甯賊藍廷瑞、鄢本恕、廖惠等起寇巴州，又僭稱王，衆十餘萬，蔓延陝西、湖廣之境。都御史林俊討平之。十一月，重慶人曹弼亡命播州，糾衆寇川南。十二月，曹弼陷江津。
		洮西	十二月，亦卜剌竄西海，阿爾禿廝與合，逼脅洮西屬番，屢入寇，邊人苦之。
		瑞州	三月，火。（圖）

公曆	年號	天災 水災 災區	水災 災況	旱災 災區	旱災 災況	其他 災區	其他 災況	人禍 內亂 亂區	內亂 亂情	外患 患區	外患 患情	其他 亂區	其他 亂情	附註
									瀘州賊曹甫據江津，將攻重慶，林俊移師討之。					
一五一一	武宗正德六年		六月，汜水暴漲，溺死百七十六人，毀城垣百七十餘堵。（志）	興國	大旱。（圖）			瀘州、蓬州、劍州	正月，林俊等進圍瀘州，俘斬賊二千有奇。藍廷瑞陷營山，殺官吏。賊縱掠蓬、劍二州。	河套	三月，小王子入河套，犯沿邊諸堡，延綏都御史擊敗之。			
								江西、撫州、南昌、瑞州、贛州、山東	二月，江西盜益熾，官軍累年不能克。劉六等黨日衆，轉寇山東，所至屠城邑，殺將吏。	柴溝	十月，甘肅副總兵白琮敗小王子於柴溝。			
								兗州、大名、眞定、曲阜	三月，劉七掠曲阜，犯闕里，轉入大名、眞定等處。					
								劍州	五月，鄢本恕陷劍州。					
								彰德、河間、山東	馬中賜敗賊於彰德，又敗諸河間。時賊勢					

地區	事件
河南、湖廣、山西、河北	方繼，劉六、劉七等自山東犯河南，南下湖廣，抵山西，復自南而北。楊虎等由河北入山西，縱橫數千里，所過若無人，諸將畏懦，莫敢當賊鋒。
棗強	六月，山西盜起，與楊虎合。賊陷棗强，居民死者七千人。
武安、威曲、周武	楊虎等破武安，掠威曲、周武，城清河故城，
景州	轉入、景州、文安，與劉
文安	六、劉七等合。
瑞州	華林賊陷瑞州。
石泉、漢中	湖廣兵追藍廷瑞於陝西石泉，廷瑞走漢中，尋就撫。
樂陵、益都、郟城、汶上、濬縣	七月，樂陵知縣許逵備戰計，賊至中伏，斬獲無數，賊不敢再犯境。時益都、郟城、汶上、濬縣守皆能抗賊。
	賊合兵犯文安，京師

公曆	年號	天災						人禍						附註
		水災		旱災		其他災		內亂		外患		其他		
		災區	災況	災區	災況	災區	災況	亂區	亂情	患區	患情	亂區	亂情	
									戒嚴，賊就撫未成，焚掠如故。					
								四川	八月，藍廷瑞既入四川，剽掠如故，官軍重圍之，賊不得逸，其黨漸潰，廷瑞、本恕等二十八人悉就禽。其衆聞變，驚潰渡河，鐘遣兵追擊，俘斬七百餘人。					
								固安	劉六犯固安。會副總兵許泰敗楊虎等於					
								霸州	霸州，賊南走，京師解嚴，指揮賀勇再敗賊					
								信安	信安，泰追敗之東光半壁店，副總兵馮禎以所部千五百人追					
								阜城	賊阜城，大敗賊，逐北數十里，俘斬八百六十有奇，遂與泰等分兵追擊。					

滄州	九月，賊東圍滄州，攻七晝夜，不能拔。六、七並中流矢，乃解而南，
威縣、新河	陷山東縣二十，虎亦北殘威縣、新河。
甯羌州	四川賊流入甯羌州。
沔縣、略陽	沔縣諸處賊又陷略陽縣。
新淦	贛州賊犯新淦。
長山、濟甯	十月，賊陷長山，典史李暹戰死。賊圍濟甯，焚運舟千二百艘，轉
曹州	寇曹州，馮禎、許泰、卻永進擊之，擒斬二千餘人，獲其魁朱諒。
南川、綦江	十一月，曹甫黨方四亡命恩南，復攻南川、綦江，以窺瀘州，林俊發兵擊之，賊敗去。
宿遷、沂州、莒州	楊虎陷宿遷。劉六等縱橫沂、莒間，道路梗絕。
濰縣	十二月，卻永敗賊於濰縣。

公曆	年號	天災 水災 災區	水災 災況	旱災 災區	旱災 災況	其他 災區	其他 災況	人禍 內亂 亂區	內亂 亂情	外患 患區	外患 患情	其他 亂區	其他 亂情	附註
								虹縣、永城、虞城、夏邑、歸德州	楊虎連陷虹、永城、虞城、夏邑及歸德州。					
一五一二	武宗正德七年			鳳陽、蘇、松、常、鎮、太原、臨、鞏、嘉興、金、華、溫、台、甯、紹六府	旱。乏食。(志)	騰衝衛	八月，地震雨日，壞城樓官民廨宇，赤水湧出，田禾盡沒，死傷甚衆。	保定 博野、蠡縣、臨城 滕縣 萊州 江西	正月，賊掠保定諸州縣。 賊西掠博野，攻蠡縣、臨城。官軍大敗。 二月，陸完遣郤永追敗劉六於宋家莊。賊南犯滕縣，副總兵劉暉大敗之，賊奔萊雲套，犯萊州。 陳金令張勇、岑塗等，擊賊熟塘，進戰南壤，追敗之赤岸蔭嶺，禽徐仰三、蕺王鈺五等，克柵二百六十五，斬			嶧縣 玉山	三月，火，燬官舍民房千餘間，火逸外城，延及邱木。 九月，火，燔學舍及民居三百餘家。(志)	

	首萬一千六百餘級，俘七百五十餘人。
梁山	梁山縣主薄時植拒賊，斬獲數十。三月，賊又至，城陷。賊劉惠等駐西平，馮禎等擊敗之，賊奔入城，官軍塞城門，乘夜焚死千餘人，斬首稱是，餘賊潰而西。賊招散亡，勢復振，陷鄢陵、滎陽、汜水、鞏，圍河南府。
河南府	
連河	江西參政吳廷擧敗華林賊於連河。
香河、寶坻、玉田、武清、冠縣、平原、沛州、固始	四月，陸完師次平度，分軍邀賊奔逸，賊走，連戰皆大敗之。賊剽香河、寶坻、玉田，轉攻武清，畿輔復震動。五月，賊平，先後禽斬二千六百餘人，六等轉南至冠縣，又敗之平原，賊奔邳州，渡河抵

公曆年號	天災						人禍						附註
	水災		旱災		其他災		內亂		外患		其他亂		
	災區	災況	災區	災況	災區	災況	亂區	亂情	患區	患情	亂區	亂情	
								固始、官軍擊賊於米皐鎭，敗之，賊渡河溺死者二千人，餘衆走光山。					
							姚源	陳金統大軍於姚源，直擣賊巢，俘斬共五千人。					
							南贛	南贛大帽山賊張時旺、黄鏞、劉隆、李四仔等聚衆稱王，攻剽城邑，延及贛、粵之境，數年不靖，官軍討之輒官軍敗。周南集諸道兵擊之，禽時旺，斬鏞於鐵阬。副使楊璋亦擊隆、四仔，禽之，先後斬獲五千人。					
							夏口、漢口	劉六等走湖廣，至夏口，復登陸，焚漢口。					
							河南	河南白蓮賊趙景隆自稱宋王，掠歸德，叢					

	闖擊斬之。
濰縣	賊楊寡婦以千騎犯濰縣，許逵追敗之，先後俘斬二百七十餘人。賊別部犯德平，逵又盡殲之。
江津、綦江、重慶	方四陷江津，破綦江，薄重慶，馬昊夜出百騎擊潰之。
羅田、六安、舒城、光山、商城、鳳陽、泗、宿、睢甯、定遠	彭澤擊劉惠於光山，賊大敗，斬首千四百。湖廣軍破賊於羅田，賊自六安陷舒城，復還光山。至商城，官軍追敗之。劉惠轉掠鳳陽，陷泗、宿、睢甯、定遠，彭澤進禽之，於是河南賊平。
南京	六月，南京告急，官兵禦賊敗績，死者無算。
鶯山	廖麻子及其黨曹甫掠鶯山。
	江西副使王秩等擊大帽山賊，獲何積欽，

公曆	年號	天災						人禍						附註
		水災		旱災		其他		內亂		外患		其他		
		災區	災況	災區	災況	災區	災況	亂區	亂情	患區	患情	亂區	亂情	
一五一三	武宗正德八年	曹、單二州	六月，河決。	畿輔、開封、大同、浙江	三月，旱。（志）	文登、萊陽、平陽、太原、沁、汾諸屬邑	四月，隕霜殺稼。（志）大雨雹，平地水深丈餘，衝毀人畜廬舍。（志）	銅仁、連山	四月，雲南豪自土舍祿祥稱亂，守臣討平之。湖廣巡撫劉丙討銅仁苗龍童保於連山。貴州巡撫沈林帥兵俘斬千七百餘人。周憲勦平馬腦砦及仙女、雞麼嶺諸寨，先後斬獲千餘人。劉七等泊舟孟瀆，陸完引軍蹙之。八月，齊彥名死，完殲其餘衆而還。九月，陳金乘勝擊斬羅光叔、胡雪，華林賊平。十一月，時源、彭澤討四川賊。	四川	四月，亦不剌擁衆入討來川，遣使詣張翼乞邊地駐牧，翼啖以金帛，令遠徙，遂西掠烏斯藏據之，自是洮、岷、松潘無寧歲。			

公元	年號			地區	災況	地區	災況	地區	災況	地區	災況	地區	災況	
						江西	饑。（志）		繼至，連攻破之，前後擒童保等二百人，斬首八百九十餘級。都指揮潘勛又破鎮箄諸寨，擒廝陽等百六十人。十餘年逋寇盡平。	大同	小王子以五萬騎攻大同，趣朔州，掠馬邑。仇鉞擊之，寇乃引去。	饒州、永豐、浮梁	十月，火燔五百餘家。（志）	
						豐城	六月，隕火墜，燔二萬餘家。（志）				八月，拜牙即叛入土魯番，湖速兒遣火者他只丁据哈密。	臨江	火燔官舍，延八百餘家。（志）	
						龍泉	七月，火隕龍泉，焚四千餘家。（志）	中江	廖廝子等圍中江，戰死，餘衆入巴山故巢。					
一五一四	武宗正德九年			順天、河間、保定、廬鳳、淮揚	旱。			開化、玉山、姚源	六月王浩八等流劫浙江。八月，討平之。	宣府、大同、懷安	七月，小王子犯宣府、大同，連營數十，別遣萬騎掠懷安。			
				永平諸府	春，饑，民食草樹殆盡，有闔家死者。（志）			略陽、廣元、通江、巴州	八月，喻思俸出走大安鎮，陝西兵潰，賊遂越甯羌，犯略陽、廣元、通江、巴州等地。	沂州、定襄、甯化	八月，小王子入甯武關，掠忻州、定襄、甯化。			
				關、陝	秋，饑。（志）			東鄉、萬年	俞諫討平東鄉、萬年等賊。		九月，小王子以五萬騎自萬全右衛趨蔚			
								內江	二月，彭澤、時源、馬昊督諸軍圍喻思俸，擒之。內江賊駱松祥及榮昌賊復熾，澤等移師討平之。又平成都之亂。					

公曆	年號	天災・水災・災區	天災・水災・災況	天災・旱災・災區	天災・旱災・災況	天災・其他災・災區	天災・其他災・災況	人禍・內亂・亂區	人禍・內亂・亂情	人禍・外患・患區	人禍・外患・患情	人禍・其他亂・亂區	人禍・其他亂・亂情	附註
一五一五	武宗正德十年					鉅野 蘄州 雲南趙州、永寗衛	四月,陰霧六日,殺穀。(志) 雷火震傷三十餘人。(志) 五月,地震,踰月不止,有一日二三十震	臨川 新淦 建昌、醴源、黃州、德安、九江、安慶、池州、太平 蒼梧	三月,俞諫擊臨川賊,斬其魁。 六月,俞諫遣李隆擊新淦賊,俘斬千七百餘人。 劇賊徐九齡嘯聚建昌、醴源,出沒黃州、德安、九江、安慶、池州、太平凡三十年,悉討平之。 十一月,廣西賊殺指揮使。	蔚州、平虜 花馬池 固原 松潘	州,大掠,又三萬騎入平虜南城。 十一月,小王子入花馬池。 十二月,小王子部下兒孩奔据西海,出沒西北邊。 六月,朵顏都督花當子把兒孫毀鮎魚關,入馬蘭谷大掠,復入板場谷、神山嶺及水開洞。 八月,小王子犯固原。 十二月,亦不剌寇松			

者，黑氣如霧，地裂水湧，壞城垣官廨民居不可勝計，死者數千人，傷倍之。（志）

潘，番人𦕁讓亦少等乘機亂，西土大震。馬昊張倫討平之。

一五一六

武宗正德十一年

北畿、兗州、西安、大同　夏，旱。（志）

順天、河間、河南　大饑。（志）

宣府　六月，大雨雹，禾稼盡死。

貴州　七月，貴州青平苗阿旁作亂，据香鑪山與隆、偏橋、平越、新添、龍里諸衛咸被其患。討平之。四川烏蒙芒部𤡮人子普法惡自稱鑾王，煽諸夷作亂，流民謝文禮、文義應之，都指揮杜琮戰敗。

南贛　八月，南贛盜賊蜂起，謝志山据橫水、左溪、桶岡，池仲容据浰頭，皆稱王，與大庾陳曰能、樂昌高快馬、柳州龔福全等攻剽府縣，

薊州　七月，小王子以七萬騎分道入犯薊州白羊口，張忠、李鉞禦之偏頭關等處，敗之於苛嵐州，斬首八十餘級，獲馬千餘匹。

宣府　宣府總兵官潘浩迎敵於賈家灣，再戰再敗，走居庸，敵遂犯宣府，攻破城堡二十，殺掠人畜數萬。

哈密、沙州　九月，滿速兒取哈密，据沙州，萬騎寇嘉峪關，趙鑑、寫亦虎仙爲其內應，不克而還。

黔陽　八月，火燬城樓官廨，延七百餘家。（志）

公曆	年號	天災						人禍						附註
		水災		旱災		其他災		內亂		外患		其他禍		
		災區	災況	災區	災況	災區	災況	亂區	亂情	患區	患情	亂區	亂情	
一五一七	武宗正德十二年	順天、河間、保定、眞定	大水。(志)			來賓	四月，大風雨雹，毀官民廬舍。	福建	福建大帽山賊詹師富等又起。	瓜州	二月，彭澤帥師征滿速兒。四月，滿速兒還至瓜州。總兵鄭廉合奄克孛剌兵擊敗之，斬七十九級，賊遁去。		五月，瓦剌六卜王破土魯番三城，擄殺以萬計。	
		順天、保定、永平	春，饑。(志)			安肅	五月，大雨雹，平地水深三尺，傷禾，民有擊死者。	大庾、南康、贛州	九月，志山合樂昌賊掠大庾，攻南康、贛州、贛縣。	榆林、陽和、應州	十月，小王子以五萬騎自榆林入寇，掠陽和、應州。至平虜、朔州，官軍先後斬獲十六級，官軍死者數百人。	南昌	八月，火燔三百餘家。	
		鳳陽、淮安、蘇、松、常、鎮、嘉、湖諸府	皆大水，大雨殺麥禾。(志)			泉州	十月，大疫。(志)	華陰	同賊魏景陽作亂，華陰諸縣悉被害，姜奭討之，獲景陽。			建安	九月，火燔二百五十餘家。	
		武城	九月，辛卯河決。					南贛	正月，王守仁至南贛討賊，連破四十餘寨，斬七千有奇，擒詹師富。四月，馬昊進討普法惡，敗之，賊奔青山岩，昊分据水江，絕其汲道，闕南方圍待之。五月，賊突圍南，普法惡死，諸蠻大奔。龔福全稱王，巡撫秦金先復破其八十餘寨，斬首二千級，擒福全及其					

大庾	黨劉福興等。七月，王守仁進兵大庾，謝志山乘間急攻南安，知府擊敗之。
廣西	廣西賊王公珣爲亂，陳金討之，斬七千五百六十餘級。
孝豐	浙江孝豐縣奸民湯痲九反，据深山拒捕，積二十年，莫能制，許廷光出不意擒之。無一脫者。
	十月，王守仁合諸軍會左溪攻賊，克橫水，謝志仁及其黨蕭貴模等皆走桶岡，復前進破桶岡，藍廷鳳等降，凡破巢八十四，俘斬六千有奇。

公曆	年號	天災：水災 災區	水災 災況	旱災 災區	旱災 災況	其他 災區	其他 災況	人禍：內亂 亂區	內亂 亂情	外患 患區	外患 患情	其他 亂區	其他 亂情	附註
一五一八	武宗正德十三年	應天、蘇、松、常、鎮、揚	大雨彌月，漂室廬人畜無算，饑。(志)			遼東	三月，隕霜，禾苗皆死。(會要)		正月，王守仁討擒池仲容等九十三人，遂破賊巢上中下三浰，斬首二千有奇，餘賊奔九連山，復擊之，擒斬無遺，境內大定。二月，軍官破苗賊於香爐山，遂擒阿旁等。復移師討平龍頭都、黎都、闖都、哈密、西大、支、馬羅諸岩，先後斬降無算。			夷陵	二月，火，燔七百餘家。	
		南畿、淮、揚諸府	饑。(志)			衡州	四月，疾風迅雷，雨雹，大如鷄子，稜利刀，碎屋斷樹木為窮。冬，饑。(志)	高州、慶符	十二月，謝文義攻高州及慶符縣，破其城，杜琮帥兵禦之，大敗，死傷七百人。			密雲	四月，帝如密雲黃花鎮，江彬等掠良家女數十車載以隨，有死者。巡按御史劉堯令民間盡嫁其女。帝怒譴之。	
		江西	十二月，大水。(志)					龍州	總督楊旦討平龍州亂，殺趙璋。			延平	八月，火，燔五百餘家。(志)	

一五一九	
武宗正德十四年	
淮、揚	饑人相食。
南康、九江 彭澤、湖口、望江、安慶 安慶、南昌 九江、南康	六月，甯王宸濠反。陷南康、九江。宸濠分兵焚彭澤、湖口、望江，奄至安慶城下，楊銳等禦之。七月，宸濠自帥其衆六萬人蔽江下，舳艫銜六十餘里。攻安慶不下，王守仁進兵南昌，宸濠聞南昌破，解安慶圍，崔文出城擊破之。諸軍遇賊於黃家渡，賊大潰，斬溺萬計。賊盡發九江南康赴軍前，守仁遣知府陳槐取九江、南康，賊復大敗，斬二千餘級。宸濠被俘，乘風縱火，將士焚溺死者三萬餘人，擒其世子、郡王、儀賓，及李士實、劉養正等，諸逋賊走安義，皆被獲無脫者，南康、九江亦下，亂平。
茂州、松潘	五月，馬昊調松潘兵攻小東路番寨，茂州核桃溝、上下關番蠻糾白石羅、打鼓諸寨生番攻圍城堡，參將芮錫等討之，兵敗。總兵張傑擊松潘南北二路，番不利，亡軍士三千餘人。
泰甯	七月，火，燔五千餘家。(志)

公曆	年號	天災						人禍						附註
		水災		旱災		其他		內亂		外患		其他		
		災區	災況	災區	災況	災區	災況	亂區	亂情	患區	患情	亂區	亂情	
一五二〇	武宗正德十五年	江西	五月，大水。	淮、揚、鳳陽州縣三十六 臨鞏、甘州	旱。（志） 旱。（志）				芒部土舍隴壽與弟仇殺，所部阿又磔者、唖者鳩等乘機倡亂，流刼貴州，參政傅習討擒首亂，斬一百十九級。	大同、宣府	七月，小王子犯大同、宣府。	靜樂	五月，火燔八百餘家。（志）	
一五二一	武宗正德十六年	遼陽	七月，大水。（志）	兩京、山東、河南、山西、陝西 遼東	自正月不雨，至於六月。（志） 饑。（志）	華州	狂風壞官民廬舍、樹木無算。（志）	雲南、 四川 甯津	二月，雲南巡撫何孟春等討平彌勒州十八寨叛蠻。 四川高文林稱亂，盛應期討斬之。 七月，甯津盜起，轉掠至德平。	莊浪	七月，小王子犯莊浪，指揮劉爵禦卻之。劉允至烏斯藏，所詔活佛者，恐中國誘害之，匿不出見，將士怒，欲脅以威，番人夜襲允，殺將校數百人。		安南陳暠之弒黎晭，晭臣都力士莫登庸附之，已而起兵討暠，暠敗奔諒山道，据長甯、太原、清都三府自保，登庸等立灝之兄子譓，登庸潛蓄異志，黎氏臣鄭綏發兵攻都城，譓出走，登庸擊破綏兵，攻暠，暠敗走死。	

一五二二	世宗嘉靖元年	南京 廬、鳳、淮、陽四府	七月，暴風雨，江水湧溢，拔樹萬株，江船漂沒甚衆。（志） 大風雨雹，河水泛漲，溺死人畜無算。（志）	南畿、江西、浙江、湖廣、四川、遼東	旱。（志）	陝西 雲南左衛各屬 蓬溪 南京	二月，大疫。（志） 四月，雨雹大如鷄子，禾苗房屋被傷者無數。（志） 五月，雨雹大如鷄子。（志） 七月，暴風雨，拔樹萬餘株。（會要）	甘肅 河南 廣西上思州 青州、東昌、兗州、濟南 延綏 祥符、封邱、徐州	正月，甘肅總兵官李隆殺巡撫都御史許銘，五衛軍大亂。 二月，河南妖人馬隆等爲亂，參議陳鼎督兵誅之。 十月，廣西上思州城黄鏐糾峒兵攻州縣，十一月，總督張嶺討擒之。 十一月，青州礦盜王堂等起顏神鎮，流刼東昌、兗州、濟南，都指揮楊紀及指揮楊浩等擊之，浩死，紀僅身免。 十二月，陝西盜楊錦等剽延綏，李鉞等討擒之。 山東賊王友賢等轉掠祥符、封邱，南抵徐州。	固原、平涼、邠州	七月，韃靼寇固原，旋引去。八月，寇復至，深入平涼、邠州，又敗去。

公曆	年號	天災						人禍						附註
		水災		旱災		其他		內亂		外患		其他		
		災區	災況	災區	災況	災區	災況	亂區	亂情	患區	患情	亂區	亂情	
一五二三	世宗嘉靖二年	揚、徐二州	七月，大水。（志）	兩京、山東、河南、湖廣、江西、嘉興、大同、成都	四月，俱旱，赤地千里，殍殣載道。（志）	鄒城	三月，隕霜殺麥禾。（會要）	考城	正月，山東賊流至考城，官軍出戰大潰，將士死者八百餘人。二月，俞諫、晉綱連營進，山東、河南賊平。		正月，小王子萬餘騎入沙河堡，總兵官杭雄戰卻之。			
		山東	夏、秋大水。（志）	應天、滁州	大饑。（志）	南京	七月，大疫，軍民死者甚衆。（志）				二月，韃靼俺答寇大同。			
		蘇、松、常、鎮四府	八月，大水。（志）	遼東	饑。					新會	佛郎機將別都盧、疏世利等駕五舟擊破巴西國，遂寇新會之西草灣，指揮柯榮、百戶王應恩禦之，轉戰至稍州，生擒別都盧、疏世利等四十二人，斬首三十五級，獲其二舟，餘三舟復接戰，應恩陣亡，賊亦敗遁。			
		開封	大水。（志）							密雲	五月，小王子犯密雲石塘嶺。			
										寧波	六月，日本貢使宗設怨中國，還寧波，所過焚掠，執指揮袁璡，奪船出海。			
										甘肅	韃靼入甘肅。			
										遼東	八月，小王子犯遼東丁字堡。			

公元	紀年			地區	災況	地區	災況	地區	事件	地區	事件
一五二四	世宗嘉靖三年			山東 淮陽、湖廣、河南、大名、臨清 南畿諸郡	旱。 饑。（饑） 大饑，父子相食，道殣相望。（志）	順天、保定、河間、徐州	六月，蝗。（志）	大同 貴州 遼東	七月，大同戍卒郭鑑、柳忠等倡亂出塞，屯焦山墩。 九月，隴壽與支祿倚烏撒土舍安甯等兵相仇殺，壩底參將何卿發土兵二萬五千人進勦，隴政殺官軍，燬房屋甚衆，卿等擊斬二百餘級，降其衆數百，政奔烏撒。 十一月，遼東妖賊陸雄、李眞等作亂，突入山海關。 桂勇捕大同亂卒五十四人，斬首惡郭鑑等十一人，鑑父郭疤子等夜殺勇家人。	肅州	十月，滿速兒擁二萬騎入寇，圍肅州，分兵犯甘州，金獻民督諸軍禦之。 十一月，陳九疇自甘州馳入肅州勦賊，賊分掠甘州者，爲姜奭所敗，滿速兒乃引去。
一五二五	世宗嘉靖四年			河間、瀋陽、大同三衛	饑。（志）	山東	九月，疫死者四千一百二十八人。（志）	大同 水西	三月，郭疤子復潛入大同，蔡天祐閉城大索，獲疤子及其黨三十四人，悉斬以徇。 六月，何卿擒隴政於水西，前後斬六百七	涼州 肅州	正月，西海卜兒孫犯涼州，姜奭等大敗之，斬首百餘級，還所掠人口千二百，畜產二千。 九月，土魯番復犯肅

公曆	年號	天災						人禍						附註
		水災		旱災		其他		內亂		外患		其他		
		災區	災況	災區	災況	災區	災況	亂區	亂情	患區	患情	亂區	亂情	
									十四級，招撫白烏石等四十九砦。		州，援兵至，賊始遁。			
一五二六	世宗嘉靖五年	徐沛	六月，黃陵岡決，河徙不常，上流驟溢，東北至沛縣廟道口，截運河，注雞鳴台口，入昭陽河。汶、泗之水從而東，其出飛雲橋者，漫而北，淤數十里，河水沒豐縣，徙治避之。	北畿、湖廣、河南、山東、山西、陝西	大旱。（志）			田州	十月，田州岑猛叛，沈希義進破定羅丹黎，斬首數千級。					
一五二七	世宗嘉靖六年	陝西五郎壩	六月，大水三丈餘，衝決官舍。	江左、順天、保定、河間三府	大旱。（志）大饑。（志）	遂昌、陝西	七月，雨雹頃刻二尺，大殺麻豆。（志）屢發大風，捲掣廟宇、民居百數十家，了	思恩、鎮雄	三月，岑猛黨盧蘇、王受等借交阯兵二十萬來犯，士卒死者數百人，攻入思恩府。五月，芒部賊沙保等糾衆攻陷鎮雄府，殺	宣府	二月，小王子犯宣府。三月，小王子復犯宣府。七月，吉囊數萬騎渡河，從石臼墩深入。八月，總制王憲督諸			

		曹、單二州	十月，河決城武楊家、梁靖二口、吳士舉莊，衝入鷄鳴台，奪運河，沛北廟道口淤塡數十里，糧艘阻不能進。				無蹤跡。（志）
一五二八	世宗嘉靖七年	湖廣	秋，水。（志）	北畿四府、河南、山西、鳳陽、淮安、遼東	俱旱。（志）遼東大饑。（志）	鎮番衛	六月，大雨雹，殺傷三十餘人。（志）

尋甸	傷數百人。十一月，尋甸土舍安銓作亂，侵掠嵩明、木密、楊林等處，巡撫雲南傅習討之，大敗，賊遂陷尋甸。		軍斷其歸路，寇至青羊嶺，大敗，斬首三百餘級，獲馬駝器仗無算。		
武定	三月，武定土知府鳳詔部諸蠻爲亂，舉兵合犯雲南府，滇中大擾。命御史伍文定討之。六月，沐紹勛破鳳朝文于普渡河，追斬之，又破安銓於尋甸，銓奔茫部，爲土舍祿慶所執，誅之，先後斬二千九百餘級，俘千餘人，雲南蠻平。八月，容美宣撫司等入貢，帥領千人，所過盡爲擾害。	山西、大同	三月，韃靼掠山西。六月，韃靼入大同，參將李蓁禦卻之。十二月，小王子犯大同。滿速兒遣虎力納咱兒引瓦剌二千餘騎犯肅州，彭澤擊破之。		十二月，老撾、木邦、孟養、緬甸、猛密諸酋相仇殺，各訴奏於朝，師宗納樓思陀八寨皆亂久不解，沐紹勛、歐陽重等諭解之。

公曆	年號	天災：水災 災區	災況	旱災 災區	災況	其他災 災區	災況	人禍：內亂 亂區	亂情	外患 患區	患情	其他亂 亂區	亂情	附註
一五二九	世宗嘉靖八年			山西、臨洮、鞏昌	旱。（志）			廣西	王守仁破廣西斷藤峽猺賊。賊奔渡橫石江，溺死者六百餘人，俘斬甚衆，賊潰散，遂順江而下，攻克仙台、花相諸洞，林富帥盧蘇等攻八寨，破石門。九月八寨盡平。	甯夏	二月，韃靼八千騎乘冰犯甯夏。			
				眞定、盧鳳、淮、揚五府、徐、滁、和三州及山	饑。（志）			潞州	十月，河南巡撫潘塤會勦潞州賊陳卿，青陽山平。	靈州	七月，韃靼犯靈州，王瓊等邀斬其七十餘人。			
								宣府	十二月，宣府滴水崖賊郭春据城叛，討平之。	大同	十二月，韃靼寇大同。			
								江陰	七月，江陰賊侯仲金等作亂，討平之。					

				東、河南、湖廣、山西、陝西、四川					
一五三〇	世宗嘉靖九年			應天、蘇、松畿內、河南、湖廣、山東、山西	旱。（志）大饑。（志）	慶元	六月，大霜殺禾。（會要）	岷州	六月，王瓊及劉文、彭棫等招撫諸番，岷州東路若籠族，西路板爾等十五族及岷州剌即等五族恃險不服，乃分兵先攻若籠、板爾二族，覆其巢，剌即諸族震慴乞降，凡斬首三百六十餘級，撫定七十餘族。
一五三一	世宗嘉靖十年	良鄉、涿州、新城、雄縣、河間、青縣	十月，良鄉盧溝河、涿州琉璃河、胡良二河、新城雄縣白溝河、河間沙河、青縣滹沱河下流皆淤。（志）	陝西、山西	大旱。（志）				

公曆	年號	天災：水災 災區	水災 災況	旱災 災區	旱災 災況	其他災 災區	其他災 災況	人禍：內亂 亂區	內亂 亂情	外患 患區	外患 患情	其他禍 亂區	其他禍 亂情	附註
一五三二	世宗嘉靖十一年	魚台	六月，河決。（志）	湖廣、陝西	大旱。（志）			高州	二月，陽春賊趙林花陷高州府。		三月，小王子擁十萬衆入寇，唐龍禦之，頗有斬獲。			
								廣東	六月，廣東海寇陳邦瑞、許折桂等突入波羅廟，欲犯廣州，爲指揮李鰲所擊，邦瑞投水死，折桂受撫。	寧夏	十月，寇掠西海，過寧夏。			
一五三三	世宗嘉靖十二年			北畿、山東	饑。（志）			四川	五月，四川黑虎五砦番反，圍長安諸堡，烏都、鵓鴿諸番繼叛，討平之。	永寧、豐州	十二月，吉囊以五萬騎西襲亦不剌、卜兒孩兩部，大破之，旋竊入宣府永寧境，大掠而去，俺答亦自豐州入河套爲患。		十二月，黎寧爲莫登庸所攻，竄占城界。	
								廣州	趙林花攻廣州，與德慶賊鳳二全相倚爲患，陶諧討破百二十五砦，巢賊平。		十二月，吉囊犯鎮遠關，王效等敗之柳門，又追敗之於蜂窩山，蹙諸河，斬首百四十有奇，溺水死者甚衆。			
								大同	大同戍卒王福勝等作亂。					
								陽和	十一月，劉源清師次陽和，潘倣窮捕亂卒，杖死十餘人，將士妄殺，激變迅速，死者頗多。					

一五三四	世宗嘉靖十三年	濟、徐	十二月，黃河南徙。（志）						正月，卻永敗遁，寇南下。	延綏、靈州	正月，吉囊、俺答犯延綏，梁震敗之黃甫川。三月，吉囊犯響水堡，參將任傑擊敗之。八月，吉囊復以十萬騎入寇花馬池，王效、梁震拒之，不得入，轉掠乾溝，震擊破之。寇掠固原、安定，會甯效破之，再破之于靈州，先後斬首百五十餘級，寇不復輕犯。		
一五三五	世宗嘉靖十四年					漢中、開封、彰德	三月，雨雹，隕霜殺麥。四月，雨雹殺麥。（志）	廣甯	四月，廣甯悍卒于蠻兒等爲亂，執呂經。五月，林庭㭿斬遼軍亂卒趙劓兒及于蠻兒等數十人，遼亂平。	榆林、大同	二月，吉囊寇榆林。六月，吉囊犯大同，昝桐禦卻之		
一五三六	世宗嘉靖十五年			湖廣	大饑（志）	溧陽、順德	二月，雨雹。（會要）雨雹，或如斗，或如蘿，墜水中，沉復浮起。（會要）	貴州	五月，貴州苗王阿向，作亂，據凱口囤，巡撫陳克討平之。十月，諸苗攻奪凱口囤。鎮安土舍岑眞寶爲向武州、黃仲金襲破鎮安。	涼州	三月，吉囊以十萬衆屯賀蘭山，分兵寇涼州，王輔禦之，斬五十七級，他部寇莊浪，姜奭與遇分水嶺，再戰再勝。九月，吉囊復寇，入黑		

公曆	年號	水災災區	水災災況	旱災災區	旱災災況	其他災區	其他災況	內亂亂區	內亂亂情	外患患區	外患患情	其他亂區	其他亂情	附註
										大同	河套，遇創而去，又入萊蘩川寇多死，尋入寇張家塔，復敗，犯甯夏者，爲王效所破。 十一月，吉囊犯大同，入掠宣大塞。韃靼犯大同，梁震破之。			
一五三七	世宗嘉靖十六年	兩畿、山東、河南、陝西、浙江、湖廣 京師	秋，水。（志） 雨，自夏及秋不絕，房屋傾倒，軍民多壓死。（志）								二月，梁震大破寇宣甯灣，又破之紅崖兒，斬獲甚衆。韃靼大入甘州，姜奭不能禦。六月，吉囊寇宣府。八月，復來寇。		二月，安南國黎甯遣國人鄭惟僚等告莫登庸之難，馳書邊臣，俱爲登庸邀殺，乞興師問罪。九月，大軍至，號召國中義士，諸方並起。安南旁近諸國皆聽命助討。	

公元	年號		水災	地區	旱災	地區	其他天災	地區	內亂	地區	外患	地區	其他
一五三八	世宗嘉靖十七年			兩京、山東、陝西、福建、湖廣 北畿、河南、鄖陽、襄陽	夏,大旱。 饑。（志）	吳城 甯夏 陽山	四月,大風雨,雹大如李。（會要） 十二月,災。（志） 雹如斗。（會要）		十二月,張經平定斷藤峽猺。	遼東 宣府 河西	三月,遼東部長巴當孩寇邊,馬永擊斬之,其族屬把孫復爲永所卻,已復入犯,中官王永戰敗。 六月,韃靼犯宣府。 八月,吉囊犯河西,劉天河禦卻之。	安南	二月,汪文盛討安南,莫登庸乞降。
一五三九	世宗嘉靖十八年			遼東 河南	旱,饑。 大饑。（志）	慶都、安肅、河間	五月,雨冰雹,大如拳,平地五寸,人有死傷。（志）	南甯	二月,張經帥翁萬達、王良輔等攻紫荊、石門、海嶺、木昂、藤沖、大坑等巢,高乾攻碧灘、羅梅、上中下洞等巢,南北夾擊,賊大窘,擁衆奔林峒,諸軍合擊大破之,斬千二百級,俘四百五十,招降二千九百有奇。		七月,遼東悍卒餘黨終伏、張鑑等乘旱饑倡衆爲亂,馬永討平之。		
一五四〇	世宗嘉靖十九年		七月,河決野雞岡,由渦河入淮,舊決口俱塞。	畿內	旱。（志）	臨高	十一月,雨雹,大如車輪。（會要）	崖、萬二州	五月,賊黃艮等復起。 十一月,操江王學夔、蘇松副使王儀討賊敗績。 十二月,崖、萬二州黎叛亂,攻掠城邑。	大同 萬全、宣平 平虜	正月,吉囊寇大同。 七月,吉囊入萬全右衛,白爵逆戰于宣平,敗之。又敗之於桑乾河。 八月,韃靼入平虜城。		二月,毛伯溫會柳珣及張經、翁萬達、張岳等,徵兩廣、福建、湖廣狼、土官兵凡十二萬五千餘人,

一三三七

公曆	年號	水災 災區	水災 災況	旱災 災區	旱災 災況	其他災 災區	其他災 災況	內亂 亂區	內亂 亂情	外患 患區	外患 患情	其他亂 亂區	其他亂 亂情	附註
										固原	吉囊寇固原,剽掠且饜,會淫雨,弓矢盡膠。九月,陝西總兵官魏時角寇至黑水苑,寇敗,欲自甯夏去,巡撫楊守禮復邀擊敗之,斬獲四百四十餘級。		自憑祥龍峒思陵州入安南。莫登庸降。	
一五四一	世宗嘉靖二十年			保定、遼東	饑。(志)	南城、鹽山	一月中凍餒死八十人。六月,隕霜殺禾。(會要)			甯夏	正月,韃靼犯甯夏,總兵官李義敗之於鎮朔堡。			
										甘肅、蘭州	三月,吉囊寇甘肅,總兵官楊信敗之,尋寇蘭州。			
										太原、石州、平定、壽陽	七月,俺答、阿不孩、吉囊大擧入犯,俺答下石嶺關趨太原,寇石州。吉囊由平虜衛入掠平定、壽陽諸處。			

一五四二	一五四三
世宗嘉靖二十一年	世宗嘉靖二十二年
順天、永平	
饑。（志）	
	固原
	四月，隕霜殺麥。（志）
思恩、瓊州	湖廣、桂陽
四月，張經平思恩九土司。五月，又平瓊州黎。	三月，貴州平頭苗賊龍桑科作亂，流劫湖廣、桂陽間。
朔州、太原、廣武、沁、汾、襄垣、長子、潞安	延綏、綏德
六月，俺答寇朔州，克郁堡，皆屠之。抵廣武，入雁門關犯太原，巡按御史童漢臣督諸將擊卻之。七月，俺答自太原南下，沁、汾、襄垣、長子皆被殘，寇潞安。	四月，吉囊死，諸子俺答獨盛，數擾延綏諸邊。八月，俺答三萬騎抵綏德，游擊將軍張鵬卻之，吳英、周武復夾擊敗之。十月，朶顏入寇，攻圍墓田谷。王繼祖赴援，擊斬三十餘級。哈舟兒、陳通事者，俱中國人，被擄，遂導之頻入寇。

公曆	年號	天災：水災 災區	水災 災況	旱災 災區	旱災 災況	其他災 災區	其他災 災況	人禍：內亂 亂區	內亂 亂情	外患 患區	外患 患情	其他亂 亂區	其他亂 亂情	附註
一五四四	世宗嘉靖二十三年			湖廣、江西	旱。（志）			銅平	三月，銅平賊龍子賢復叛。	甘州	正月，韃靼入甘州，脅迷貢使九十餘人，總兵官楊信悉驅以禦寇，死者九人。俺答犯黃崖口。二月犯大松谷。三月，俺答犯龍門所，郤永禦之，斬五十一級。			
										大同	七月，俺答數萬騎入大同，詹榮與周尚文破之黑山陽，尚文斬俺答子滿罕歹，追至涼城，斬獲甚多。			
										萬全、蔚州、定縣	十月，俺答寇膳房堡，爲郤永所拒，於萬全右衛毀牆入掠順聖川、蔚州，犯浮屠峪，直抵定縣，列營四十里，京師戒嚴。俺答出大同塞而北，周尚文邀之，不克。			

一五四五	世宗嘉靖二十四年			南北畿、山東、山西、陝西、浙江、江西、湖廣、河南	旱，饑。（志）					遼東	八月，俺答別部犯遼東松子嶺，殺數萬騎。
										大同	犯大同中路，入鐵裹門，張達力戰卻之。又犯鵓鴿谷。
一五四六	世宗嘉靖二十五年			南畿、江西	旱。			元江	正月，雲南元江土舍那鑑殺其土知府那憲叛。	宣府	六月，俺答犯宣府。
				順天、江西	饑。（志）			封川	張岳討破封川獞蘇公樂等。	延安、慶陽	俺答十萬餘騎由甯塞入大掠延安、慶陽境，參將李珍擣寇巢，斬首百餘級，寇始遁。
								四川	二月，四川白草番亂，何卿討之。十月，蜡爾山苗龍許保及其黨吳黑苗復亂。	甯夏	九月，俺答犯甯夏。十月，犯清平堡。
								廣西	張岳討平廣西馬平諸縣猺賊，誅賊魁韋金田等。		
一五四七	世宗嘉靖二十六年	曹縣、金鄉、魚台、定陶、城武、穀亭	河決。水入城二尺，漫金鄉、魚台、定陶、城武，衝穀亭，溺死者甚衆。					四川	四月，巡撫張時徹討平白草番亂，擒渠惡數人，俘斬九百七十有奇，克營砦四十七，毀碉房四千八百，獲		倭人貿易孛逋浙、閩，海防久隳，倭剽掠盛，了無所忌，來者接踵。十一月，海禁既嚴，佛朗機人無所獲利，整

公曆	年號	天災 水災 災區	水災 災況	旱災 災區	旱災 災況	其他 災區	其他 災況	人禍 內亂 亂區	內亂 亂情	外患 患區	外患 患情	其他 亂區	其他 亂情	附註
									馬牛器械儲積各萬計。	漳州、甯波、台州	衆犯漳州之月港，禦卻之。十二月，倭犯甯波、台州，大肆殺掠。			
一五四八	世宗嘉靖二十七年	汧陽	正月，大水沒城。（志）	鞏昌、漢中	大饑。（志）			雙嶼	三月，朱紈討平覆鼎山賊。九月，朱紈討溫盤、南麂諸賊，連戰三月，大破之。還平處州礦盜。	廣甯、大同、永甯、隆慶、懷來	正月，把都兒寇廣甯。八月，俺答犯大同，不克。退攻五堡。轉戰次野口。寇趙山西。禦卻之。九月，寇犯宣府，大掠永甯、隆慶、懷來，軍民死者數萬。			
一五四九	世宗嘉靖二十八年			陝西	二月，饑。	臨清、延川	三月，大冰雹，損房舍禾苗。六月，雨雹如斗，壞廬舍，傷人畜。（志）	欽州、廉州、浙江、瓊州、崖州、感恩、昌化	四月，范子儀剽掠欽、廉，嶺海騷動。提督兩廣歐陽必進等追戰數日，斬首千二百級。七月，浙江海賊起。八月，瓊州五指山熟黎那燕結崖州、感恩、昌化諸黎爲亂。	永昌、鎮羌、宣府、隆慶、鎮番、山丹	正月，套寇自西海還，肆掠永昌、鎮羌，總兵官王繼祖禦卻之。二月，俺答犯滴水崖，南下駐隆慶石河營，遊騎分掠東及永甯、川南及岔道、灰嶺、柳溝、大小紅門諸口關。			

四月，套寇復犯鎮番、山丹諸處。參將蔡勳等三戰皆捷，前後斬首一百四十餘級。

八月，套寇數萬屯甯夏塞外，官軍擊之，斬首六十餘級。

萬全

九月，俺答三萬犯萬全。

遼東

朵顏三衛犯遼東。

南大震。趙國忠擊寇於大凌河，敗之。寇盡走。

一五五〇

世宗嘉靖二十九年

北畿、山西、陝西

旱。（志）

瓊州

三月，歐陽必進等討那燕，直入五指山下。斬那燕及其黨五千四百有奇，俘獲者五之一，招降三千七百人。

大同、宣府、北畿

六月，俺答犯大同。八月，俺答犯宣府。駐大興州，至古北口，達密雲，轉掠懷柔，圍順義，至通州。分兵四掠，焚湖渠馬房，殺掠不可勝計，京師戒嚴。各路軍入援，寇由古北口出塞。

公曆	年號	天災：水災 災區	水災 災況	旱災 災區	旱災 災況	其他災 災區	其他災 災況	人禍：內亂 亂區	內亂 亂情	外患 患區	外患 患情	其他 亂區	其他 亂情	附註
一五五一	世宗嘉靖三十年								四月，那鑑縱兵攻掠，沐朝弼等進破木龍塞，降甘莊。	大同	十一月，俺答犯大同。			
								思州	龍許保等破思州，六月，千戶等邀之，斬獲大半。					
一五五二	世宗嘉靖三十一年	徐州	九月，河決房村集。（志）	宣大、二鎮	大饑，人相食。（志）					大同	正月，俺答犯大同，入宏賜堡。			
										遼東	四月，把都兒辛愛犯遼東新興堡。			
										浙江、黃巖	四月，倭寇浙江。五月，陷黃巖。			
										朔應、山陰、馬邑、甯夏	八月，俺答犯大同，分掠朔應、山陰、馬邑。九月，犯山西三關，及甯夏。			
一五五三	世宗嘉靖三十二年			南畿、廬、鳳、淮、揚、山東、河南、陝西	並饑。（志）			歸德、鹿邑、太康、鄢陵、霍山	七月，河南賊師尙詔反，陷歸德、鹿邑。攻太康，都指揮尙允紹等與戰於鄢陵，敗績。賊走霍山，允紹邀擊之，	溫州	二月，倭犯溫州。			
										宣府	三月，俺答再犯宣府。			
										甯波、紹興	汪直引諸倭大舉入寇，連艦數百，蔽海而			

	賊大潰,禽斬六百餘人。
宿州	八月,師尚詔攻掠宿州,官軍追至五河縣,擊敗之。
松陽、嘉興、蘇、松、甯、紹	至。浙東、西,江南、北瀕海數千里,同時告警。賊陷甯波、昌國衛。四月,陷紹興、臨山衛,轉掠至松陽。尋又犯太倉,陷上海及南滙、吳淞二所,寇嘉興。賊留內地三月餘,蘇、松、甯、紹諸衛、所、州、縣被焚掠者二十餘處。六月,剽掠厭,悉歸。
延綏	七月,河套諸部入延綏,殺掠五千餘人。
渾源、靈邱、廣昌、代、繁峙	俺荅大舉入寇,犯渾源、靈邱、廣昌。急攻插箭、浮圖等峪。分兵東犯蔚,西掠代、繁峙。駐鄜延二十日,延慶諸城屠掠幾徧。
金山衛、崇明、嘉定	八月,倭刼金山衛,及崇明、嘉定。
宣府	小王子犯宣府赤城堡。

公曆	年號	天災：水災 災區	天災：水災 災況	天災：旱災 災區	天災：旱災 災況	天災：其他 災區	天災：其他 災況	人禍：內亂 亂區	人禍：內亂 亂情	人禍：外患 患區	人禍：外患 患情	人禍：其他 亂區	人禍：其他 亂情	附註
一五五四	世宗嘉靖三十三年			兗州、東昌、淮安、揚州、徐州、武昌、順天、榆林	旱，饑。（志）	京師	四月，大疫。			大同	俺答以萬騎入大同，縱掠神池、利民、八角諸堡。			
										寶山、華亭、上海、嘉定、通、泰、嘉善、嘉興、崇明、蘇州、崇德、甯夏、大同、吳江、嘉興、通州、如皋	正月，官軍圍倭於南沙，五閱月，不克。會新倭大至，官軍敗。舊倭潰圍出，移舟寶山。湯克寬追敗之南家嘴，賊轉掠華亭、上海、嘉定。三月，倭犯通、泰。四月，倭陷嘉善，犯寶興。陷崇明。五月，薄蘇州，尋陷崇德。俺答犯甯夏。六月，犯大同。總兵官岳懋力戰死。倭由吳江掠嘉興。還屯柘林，七月，俞大猷敗倭於吳淞所。八月，倭犯嘉定，官軍敗之。九月，破倭於通			

公元	年號	天災地區	天災	天災地區	天災	人禍地區	人禍	人禍地區	人禍
								海門	州,連敗之如皋、海門。圍之猥山,前後斬首九百餘賊潰去。
								薊鎮	俺答、把都兒、打來孫十餘萬騎犯薊鎮,警報日數十至,京師戒嚴。
								嘉善、嘉興、秀水、歸安	十月,倭寇嘉善,圍嘉興,刼秀水,寇歸安。湯克寬等與賊戰,不利,賊入嘉善城,大掠。
一五五五	世宗嘉靖三十四年	陝西五府及太原	旱。(志)	鳳陽、渭南、華州、朝邑、三原、蒲州等處	五月,大冰雹,壞民田舍。(志)十二月,地震,地裂泉湧,或城郭房屋陷入地中,或平地突成山阜,華嶽終南山鳴,河清數日,官吏軍民壓死八十三萬有奇。(志)	貴州、四川、容山、廣西、洪江、四川	二月,貴州臺黎、砦苗倡亂四川。容山、廣西、洪江諸苗應之。遠近騷然。三月,討平之。五月,四川宜賓苗亂。	薊鎮、常熟、江陰、金山、宣府、蘇州、	二月,俺答犯薊鎮。三月,倭掠常熟、江陰。官民兵破其巢於南沙,斬首百五十有奇,焚舟二十七,餘倭皆遁。四月,倭犯金山,俞大猷戰失利,倭犯嘉興。俺答犯宣府。五月,倭突嘉興,俞大

公曆	年號	天災 水災 災區	天災 水災 災況	天災 旱災 災區	天災 旱災 災況	天災 其他 災區	天災 其他 災況	人禍 內亂 亂區	人禍 內亂 亂情	人禍 外患 患區	人禍 外患 患情	人禍 其他 亂區	人禍 其他 亂情	附註
										嘉興 常熟、 江陰、 無錫 吳江	猷、李克寬等引舟師與賊戰，大破之。斬首一千九百餘級，焚溺死者甚衆。時新倭復大至，犯蘇州。延蔓常熟、江陰、無錫之境，出入太湖。俞大猷等大敗賊陸涇壩，賊乃退泊三板沙。他倭犯吳江，大猷等又邀破之，賊走嘉興，官兵追勦之。			
										宣、薊、	七月，俺答數犯宣、薊。			
										杭州、旌德、徽州、蕪湖、溧陽、宜興、	倭登岸刼掠，自杭州西剽淳安，突徽州、歙縣。至績谿、旌德，過涇縣，陷南陵，流刼蕪湖。燒南岸，奔太			

南京	平，犯江甯鎮，徑侵南京。八月，倭在溧水者，流刼溧陽、宜興間。官兵由太湖出，越武進，抵無錫，賊走太湖，追及之，盡殲其衆。
大同、懷來、保安	九月，俺答大舉犯大同、懷來，京師戒嚴，參將馬芳敗寇於保安。
台州	倭出沒台州外海，都指揮王沛敗之。
樂清、黃巖、會稽、奉化、餘姚、甯波	十月，倭自樂清登岸，流刼黃巖、仙居、奉化、餘姚、上虞。被殺擄者無算。掠甯波，犯會稽。歷五十日至嵊縣，始滅。
興化、泉州、舟山	十一月，倭犯舟山，指揮閔溶等敗死。倭犯興化、泉州。

公曆	年號	天災：水災 災區	水災 災況	旱災 災區	旱災 災況	其他 災區	其他 災況	人禍：內亂 亂區	內亂 情況	外患 患區	外患 情況	其他 亂區	其他 情況	附註
一五五六	世宗嘉靖三十五年			山東	夏旱。(志)			高要、陽江	十一月，廣東、新興、新甯、恩平間亡命陳以明等，誘諸猺爲亂，衆至萬餘人。流刼高要、陽江諸縣，數敗官軍。總兵官王瑾等平之。	松江 瓜州、上海、慈谿、乍浦 仙居、台州、彭溪 宣府 遼東 大同 廣甯、青城	正月，官軍擊倭於松江，敗績。 四月，徐海引大隅、薩摩二島倭分掠瓜州、上海、慈谿。自引萬餘人攻乍浦，且刼圖山，無爲州同知齊恩帥舟師擊之。 六月，俞大猷破倭於黃浦。賊陷仙居，趨台州。副總兵盧鏜破之於彭溪。 俺答三餘騎犯宣府。 九月，土蠻犯遼東，指揮劉洪臣等戰死。 十月，俺答掠大同邊，總兵官孫朝禦卻之。 十一月，打來孫十餘萬騎深入廣甯。復以十萬騎屯青城，分遣精騎犯一片石、三道	杭州	九月，大火，延燒數十家。(志)	

公元	年號			地區	天災	地區	天災	地區	人禍	地區	人禍		
										環慶、莊浪	關。總兵官歐陽安拒卻之。十二月，俺答五千騎犯環慶，爲都督袁正所破。其掠莊浪者，守將邀斬百二十人。		
一五五七	世宗嘉靖三十六年			遼東	大饑，人相食。（志）	沂州	三月，雨雹大、如盂，小如鷄卵，平地尺餘，徑八十里，人畜傷損無算。（志）	廣東	三月，廣東扶黎、葵梅諸山峒馮天恩等據險爲寇數十年。王璉督軍分道進勦破巢二百餘。	大同 永平、遷安、延綏 如皋、海門、通州、揚州、高郵、寶應 天長、盱眙、泗州	二月，俺答以二萬騎分掠大同邊，殺守備唐天祿等。 三月，把都兒擁衆數萬，入流河口，犯永平及遷安。副總兵蔣承勛力戰死。別部入灤陽，寇延綏。 四月，倭犯如皋、海門，攻通州。五月，掠揚州、高郵。陷寶應，犯徐州，入山東界。 倭犯天長、盱眙，遂攻泗州。且犯淮安府。六月，賊敗走，死者無算。		

公曆	年號	天災						人禍						附註
		水災		旱災		其他災		內亂		外患		其他亂		
		災區	災況	災區	災況	災區	災況	亂區	亂情	患區	患情	亂區	亂情	
一五五八	世宗嘉靖三十七年	曹縣、碭山	河決，賈魯河故道始淤。			華州	十月，地震，傾陷廬舍甚多。（志）	金山	十一月，軍變。	宣府 應州、朔州 宣、薊 浙江、福建 溫州 遼東 永昌、涼州、甘州 清河	俺荅突犯宣府，馬尾參將祁勉戰死。 九月，俺荅子辛愛入大同右衛境，掠應州、朔州。 正月，辛愛犯宣、薊鎮西部。 四月，倭復大至，分犯浙江、福建，倭陷福清、南安，乘勝犯惠安。 六月，倭犯溫州，義兵擊走之。 閏七月，土蠻犯遼東。 八月，吉能犯永昌、涼州，圍甘州，十四日乃退。又犯宣府、赤城堡。 十月，土蠻犯清河，總兵官楊照禦之，斬首八百餘級。越四日，寇十萬騎薄界嶺口。副			

公元／年號	地點	事件
（續上年）	同安、惠安、南安	將馬茅拒卻之。十一月，倭揚帆南。俞大猷橫擊之，沈其一舟。餘賊泊泉州之浯嶼，掠同安、惠安、南安諸縣。攻福甯州。
一五五九　世宗嘉靖三十八年	遵化、遷安、薊州、玉田	二月，把都兒、辛愛由潘家口入，渡灤河而西。三月，大掠遵化、遷安、薊州、玉田。駐內地五日，京師大震。
	台州	倭自象山突台州。譚綸、戚繼光共破之葛埠南灣。
	崇明	倭泊崇明三沙。唐順之督舟師邀之海外，斬馘一百二十，沈其舟十三。
	通州、海門、淮安	四月，倭數百艘犯通州、海門。進攻淮安，敗走。
	福安、甯德	福建新倭大至。破福安、甯德，遂圍福州，經

公曆	年號	天災：水災 災區	水災 災況	旱災 災區	旱災 災況	其他 災區	其他 災況	人禍：內亂 亂區	內亂 亂情	外患 患區	外患 患情	其他 亂區	其他 亂情	附註
										福州等 大同 土木	月不解。福清、永福諸城，皆被攻燬。 六月，辛愛犯大同，轉掠宣府東西二城。駐內地旬日，會久雨，乃退。 八月，俺答犯土木，遊擊董國忠等戰死。九月，犯宣府。			
一五六〇	世宗嘉靖三十九年			太原、延安、慶陽、西安、順天、永平	旱。饑。（志）			漵浦 博羅 江西 海州	五月，湖廣漵浦猺沈亞當等爲亂，總督石勇等討平之。 盜入廣東博羅縣，殺知縣舒顒。 十二月，閩廣賊犯江西。 土蠻犯海州東勝堡。	宣府 潮州 廣甯 薊西 朔州廣武	正月，俺答犯宣府。 二月，倭犯潮州。 三月，打來孫犯廣甯。 七月，把都兒犯薊西，總督許論等擊破之。 九月，俺答犯朔州廣武，俞大猷拒卻之。			

一五六一	世宗嘉靖四十年	蘇、松、常、鎮、杭、嘉、湖七府	九月，大水。（會要）	保定等六府	旱。（志）	甘肅山丹衛	二月，地震有聲，壞城堡廬舍。（志）	湖廣、貴州	閏五月，播州容山土舍韓甸、張問相攻，甸屢勝，遂糾生苗剽湖廣、貴州境。	仙居、台州	正月，俺答自河西踏冰入寇，守備王世臣等戰死。 四月，倭大掠浙江之桃渚、圻頭。戚繼光急趨寧海，扼桃渚，敗之龍山，追至鴈門嶺，賊遁去。乘虛襲台州。繼光殲賊瓜陵江，盡死。圻頭倭復趨台州，繼光邀擊之仙居，無脫者。先後九戰皆捷，俘馘一千有奇。
				南畿、山西	饑。（志）	寧夏、固原	六月，地震，城垣、墩台、府屋皆摧，地湧黑水，壓死軍民無算，壞廣武、紅寺等城。（志）	饒平	七月，廣東饒平賊張璉數陷城邑，積年不能平，詔俞大猷等討之。		七月，俺答犯宣府，副總兵馬芳等擊斬其部長，七戰皆捷，寇遁。
								建寧	十月，戚繼光擊江西賊，破之。上坊巢賊奔建寧。	居庸	九月，俺答六萬餘騎犯居庸岔道口。
								江西	十二月，閩賊大掠江西之石城、臨川、東鄉、金谿，殺吏民萬計。詔劉顯赴勦。	寧波、溫州	總兵官盧鏜等破倭寧波、溫州。水陸十餘戰，斬首千四百有奇。
										寧夏	十一月，吉囊犯寧夏，進逼固原。
										蓋州	十二月，把都兒犯遼東蓋州。

公曆	年號	天災：水災 災區	水災 災況	旱災 災區	旱災 災況	其他災 災區	其他災 災況	人禍：內亂 亂區	內亂 亂情	外患 患區	外患 患情	其他亂 亂區	其他亂 亂情	附註
一五六二	世宗嘉靖四十一年			西安等六府	旱。（志）			容山	三月，石邦憲再征韓甸，水陸並進，大破賊衆，容山平。	壽甯、政和、甯總、龍巖、松溪、大田、古田	六月，倭大舉犯福建，攻陷壽甯、政和、甯德、元鍾所，延及龍巖、松溪、大田、古田、莆田。閩中連告急。			
								撫順	五月，土蠻入撫順，爲副總兵黑春所敗。尋攻鳳凰城湯站堡，春力戰二日夜，死之。		七月，戚繼光先擊橫嶼賊人，大破其巢，斬首二千六百。乘勝至福清，擣敗牛田賊，覆其巢，餘賊走興化，追斬首千數百級。廣東總兵官劉顯亦屢破賊，閩宿寇殲盡。			
								程鄉、平遠、瑞金	程鄉。賊溫鑑、梁輝等合上杭賊窺江西平遠。知縣王化邀擊之檀嶺，賊敗奔瑞金。副使李佑三戰皆捷，賊間道歸程鄉，討禽之，餘黨悉平。	甯夏	十一月，吉能犯甯夏。趙岢、徐執中等敗之，斬一百十九級。			
										興化	新倭寇福建興化城。			

一五六三	世宗嘉靖四十二年
宣府、隆慶	正月，俺答犯宣府、滴水崖，南掠隆慶。劉漢拒卻之。
福清、政和、壽甯、	四月，新倭犯福清，欲與平海賊合，劉隰及總兵官俞大猷等合擊於遮浪，盡殲之。平海倭陷政和、壽甯。俞大越戚繼光等大破賊，斬二千二百級。還被掠者三千人，遂復興化府及二縣。
浙江	六月，福建殘倭流入浙江，官軍迎戰於連嶼、陡橋、石坪。斬首百餘級，新倭復犯石坪，將士乘勝殲之。
遼東	土蠻數犯遼東。八月，總兵官楊照邀土蠻廣甯塞外，力戰死。
通州	十月，辛愛把都兒自牆子嶺、磨刀峪潰牆入，直抵通州，京師戒嚴。

公曆	年號	天災						人禍						附註
		水災		旱災		其他災		內亂		外患		其他亂		
		災區	災況	災區	災況	災區	災況	亂區	亂情	患區	患情	亂區	亂情	
一五六四	世宗嘉靖四十三年			北畿 山東	大饑。（志）			漳平 嵋峨、昆陽、新化 江西、福建	閏二月，盜據漳平，知縣魏文瑞死之。 十月，楚雄叛蠻阿方等攻易門所，流刼嵋峨、昆陽、新化各州縣。 十二月，廣東田坑賊梁圖相既降復叛。約三圖賊葛鼎榮等分寇江西、福建。	薊鎮 仙游 陝西 山西	正月，土蠻黑石炭寇薊鎮。 二月，倭萬餘，圍仙游。譚綸等大破之。餘賊掠漁舟出海去，福建倭平。 十月，俺答犯陝西，大掠板橋、響閘兒諸處。南詔賊起，守備賀鐸，指揮蔡允元被執，死之。 俺答犯山西。			
一五六五	世宗嘉靖四十四年	沛縣	七月，河決二百餘里，運道俱塞。	京師 順天	正月，饑。 饑。（志）	京師	正月，疫。（志）	福建 大足	四月，吳平復叛，造戰艦數百，聚衆萬餘，築三城守之，行劫濱海諸郡縣。七月，戚繼光襲吳平，平遁保南澳。八月，平犯福建，十二月，戚繼光將陸兵擊吳平於南澳，大破之。 四川大足縣民蔡伯貫作亂。	遼東 薊州 福甯 宣府	三月，土蠻犯遼東甯前小團山，參將線補袞等戰死。 四月，俺答犯薊州，總兵官劉承業禦卻之。 倭自浙江犯福甯，戚繼光等擊敗之。 八月，俺答子黃台吉帥輕騎自宣府洗馬林突入，散掠內地。			

一五六六	世宗嘉靖四十五年	鄖陽	九月，大霪雨，平地水深丈餘，壞城垣、廬舍，人民溺死無算。(志)	淮、徐	饑。六月，旱。(志)(會要)			河源、翁源	二月，廣東河源、翁源賊李亞元等猖獗，吳桂芳請留俞大猷討之。生擒亞元，俘斬一萬一百，奪還男婦八萬餘人。	遼東	四月，俺答犯遼東。
								婺源	浙江、江西礦賊陷婺源。	宣府	七月，辛愛以十萬騎入宣府西路，馬芳大破之。
								南澳	吳平黨林道乾，復窺南澳，李佑等敗之。	定邊、固原	十月，俺答犯定邊、固原，總兵郭江敗死，犯偏頭關。
								新城、臨安	十月，鳳繼祖糾衆攻新城、臨安。詔雲南、四川會兵進剿，討平之。		
一五六七	穆宗隆慶元年	京師、遼東	夏，大水。五月至七月雨不止，壞垣牆、禾黍。(志)六月，新河鮎魚口沉運船數百艘。	蘇、松二府	大饑。(志)	紫荊關	七月，雨雹，殺稼七十里。(志)	廣東	十二月，廣東賊大起。	遼陽	三月，土蠻犯遼陽。
		襄陽、鄖陽	水。							石州、孝義、介休、平遙、文水、交城等	九月，俺答帥衆數萬，寇井坪、朔州、老營偏頭關諸處，陷石州，大掠孝義、介休、平遙、文水、交城、太谷、隰州間，殺男女數萬，所過無孑遺，歷十有四日乃去。
										昌黎、盧龍	土蠻犯薊鎮，掠昌黎、盧龍，遊騎至灤河。總

公曆	年號	天災：水災 災區	水災 災況	旱災 災區	旱災 災況	其他災 災區	其他災 災況	人禍：內亂 亂區	內亂 亂情	外患 患區	外患 患情	其他亂 亂區	其他亂 亂情	附註
											戰於撫寧，京師戒嚴。十月，寇退。			
一五六八	穆宗隆慶二年	台州	七月，颶風，海潮大漲，挾天台山諸水入城，溺死三萬餘人，沒田十五萬畝，壞廬舍五萬區。（志）	浙江、福建、四川、陝西、淮安、鳳陽、湖廣	大旱。（志）饑。（志）	遵化 京師、河南、陝西	三月，冰雹，損麥。（會要） 五月，皆大冰雹。（會要）	澄海 廣州 廉州 福建	三月，廣東賊大起，敗官軍。 六月，曾一本寇廣州。 七月，賊入廉州。 曾一本浮海犯福建，官軍迎擊，大破之。 十一月，南贛萬羊山盜嘯聚千餘人，久乃定。		兵官李世忠援永平 十一月，宣府總兵官馬芳等，出獨石塞外二百里，敗俺答帳於長水海子。	浙江	正月，火災燬室廬、舟艦以千計。（志） 四月，承運庫火，累朝寶器皆燬。（會要）	
一五六九	穆宗隆慶三年	眞定、保定、淮安、濟南、浙江、江南 沛縣、考城、虞城、曹、單、豐、沛、徐州 淮安、邳州	閏六月，俱大水。（志） 七月，河決，壞田廬無算。 九月，淮水溢，自清河至通	山東	閏六月，旱。（會要）	平溪衛 延綏 山東	三月，雨雹，平地水湧三尺，漂沒廬舍。 五月，雨雹，殺稼七十里。 閏六月，蝗。（會要）	廣東	三月，曾一本復犯廣東，陷碣石衛。 四月，遼東寇張擺失等屯塞下，副總兵李成梁迎擊，斬百六十級，餘衆遠徙。 周雲翔等屯平山、大安峒，將寇海豐。五月，廣東總兵官郭成擊	大同等處	正月，大同總兵官趙岢敗俺答於宏賜堡。 四月，吉能犯邊，爲防秋兵所過，移營白子城。雷龍等出花馬池、長城關與戰，大敗之。 九月，俺答犯大同，掠山陰、應州、懷仁、渾源諸處而去。			

		莒州、沂州、郯城	濟閘及淮安，城西淤三十里，決三壩入海，莒、沂、郯城之水又溢出邳州，溺死人民甚衆。（志）						之，斬首千三百餘級。曾一本橫行閩、廣間，俞大猷、李錫等出海禦之，遇賊柘林澳，三戰皆捷。		
								潮州	九月，廣東、潮州諸屬邑，賊巢以百數。郭明據林樟，胡一化據北洋山，陳一義據馬湖，劉紱二十載。郭城督諸軍擊殺明等，俘斬千三百有奇。		
								陝西	賊起。		
一五七〇	穆宗隆慶四年	邳州	八月，河決。（志）			宣府、大同	四月，雨雹，厚三尺餘，大如卵，禾苗盡傷。（志）	永康	三月，廣西忠州土官黃賢相等作亂，永康典史李材計禽之。	廣海衛	正月，倭陷廣東廣海衛，大殺掠而去。
		陝西	九月大水。（會要）					四川	四月，陝西賊流入四川。	宣府、威遠、大同	四月，俺荅寇大同、宣府，轉犯威遠，幾破。陳其學、馬芳軍至，相拒十餘日，寇走。
										大同	八月，俺荅犯大同。
										錦州	辛愛寇錦州。
										平虜	十月，俺荅掠西番，令辛愛將二萬騎入宏賜堡，自帥衆犯平虜城，不利，乃引退。

公曆	年號	天災：水災區	天災：水災況	天災：旱災區	天災：旱災況	天災：其他災區	天災：其他災況	人禍：內亂區	人禍：內亂情	人禍：外患區	人禍：外患情	人禍：其他亂區	人禍：其他亂情	附註
一五七一	穆宗隆慶五年	邳州 山東、河南	四月，河決王家口。自靈壁雙溝而下，北決三口，南決八口。損漕船運舟千計，沒糧四十萬餘石，匙頭灣以下八十里，正河悉淤。 十月，大水。（會要）			京師	四月，大冰雹。（會要）	四川	正月，四川都掌蠻爲亂，命郭成移鎮討之。二月，韋銀豹數反覆，倂其黨黃朝猛等作亂。俞大猷等擊之，斬獲八千四百有奇。	遼東	五月，土蠻犯盤山驛，指揮蘇成勛擊走之。十二月，土蠻大入遼東，李成梁遇之卓山。斬部長二人，斬首五百八十餘級。			
一五七二	穆宗隆慶六年					南宮 祁、定二州	三月，隕霜殺麥。（會要） 八月，大雨雹，傷損禾稼，擊斃三人。（志）	安慶 懷遠	三月，兵變。 十月，猺叛。	電白	閏二月，倭五千攻陷電白，大掠而去。			
一五七三	神宗萬曆元年	荊州、承天	正月，雨雹。（會要） 七月，大水。（志）	淮、鳳二府	四月，旱。（會要） 饑，民多爲盜。（志）			四川	二月，四川都掌蠻阿大、阿二、方三等據九絲山。僭稱王，剽遠近。官軍討之。	桃林	二月，朵顏董狐狸及其兄子長昂謀入犯，戚繼光擊之。三月，董狐狸復犯桃林，長			

公元	年號	地區	事項	地區	事項	地區	事項	地區	事項
		徐州	河決房村。			 姚安	三月，惠潮賊首藍一清黨數萬人叛，官軍擊之，破大小巢七百餘所，禽斬一萬二千有奇。 十二月，姚安鐵索箐爨羅思叛，殺郡守。巡撫都御史鄒應龍及沐昌祚發土、漢兵討之。		昂亦犯界嶺，官軍斬獲多。
一五七四	神宗萬曆二年	永定 淮安、揚州、徐州	六月，大水，溺死七百餘人。 八月，河溢，傷稼。（志）	長汀 杭州	二月，地震裂成坑，陷沒民居。（志） 雨雹。（會要）	潮州、陽江	二月，潮州賊林道乾之黨諸良寶襲殺官軍，掠六百人入海，再犯陽江，敗走，據潮。	 銅鼓、石雙、魚城	正月，長昂復窺諸口，不得入，與董狐狸共逼長禿，令入寇。十月，王杲大舉入邊，大敗，官軍執斬杲。 閏十二月，倭陷銅鼓、石雙、魚城。張元勳大破之儒峒。
一五七五	神宗萬曆三年	淮、揚二府 杭、嘉、寧、紹四府	五月，大水，詔黜陟兩府官吏。（會要） 六月，海湧數丈，沒戰船、廬舍，人畜不計	靜東	六月，大雨雹，圓如車輪，片如開扇。（會要）			瀋陽	十二月，炒花大會黑石炭、黃台吉、卜言台周、以兒鄧、煖兔、拱兔、堵剌兒等二萬餘騎，復平虜堡南掠，副總兵曹簠馳擊之，轉掠

公曆	年號	天災·水災·災區	天災·水災·災況	天災·旱災·災區	天災·旱災·災況	天災·其他災·災區	天災·其他災·災況	人禍·內亂·亂區	人禍·內亂·亂情	人禍·外患·患區	人禍·外患·患情	人禍·其他亂·亂區	人禍·其他亂·亂情	附註
		高郵、碭山 蘇、松、常、鎮四府	其數。（志） 八月，大水。河決高郵、碭山及邵家口、曹家莊。（志） 九月，俱水。（志）								瀋陽，大潰，棄輜重走。			
一五七六	神宗萬曆四年	曹、沛、徐州、睢寗、金鄉、魚臺等	九月，河決崔鎮及韋家樓、沛縣縷水堤、豐曹二縣長堤。豐、沛、徐州、睢寗、金鄉、魚臺、單、曹田廬漂溺無算。			博興 兗州 定襄	四月，大雨雹，如拳如卵，擊死男婦五十餘人，牛馬無算，禾麥毀盡。 相繼損禾。 五月，雨雹大者如卵，禾苗盡損。 （志）	廣東	九月，廣東把總王望高以呂宋番兵討林鳳，平之。	古北口 定海	十月，炒蠻入掠古北口，立功總兵官湯克寬偕參將苑宗儒追出塞，遇伏戰死。 倭犯定海。			

公元	年號	地區	事件	地區	事件	地區	事件	地區	事件	地區	事件
一五七七	神宗萬曆五年	崔鎮、宿、沛等	八月，河復決崔鎮、宿、沛。清桃兩岸多壞，黃河日淤塞，淮水爲河所迫，徙而南。			騰越 蘇松	二月，地震二十餘次，次日復雲山崩水湧，壞廟廡倉舍千餘間，民居圮者十之七，壓死軍民甚衆。（志） 六月，連雨，寒如冬，傷稼。（志）	德慶 松潘	四月，廣東德慶州、羅旁猺，阻深箐，剽掠。官軍討之，四閱月，克巢五百六十，俘斬招降四萬二千八百餘人。 十一月，四川番屢犯松潘，巡撫都御史王廷瞻勦之。	錦州 遼左開原	土蠻大集諸部犯錦州。 十一月，土蠻約泰甯、速把亥分犯遼左、開原，營劈山。
一五七八	神宗萬曆六年							廣西	六月，廣西北三猺譚公柄與義甯、永甯、永福諸獞自相殺掠，官兵勦平之。	耀州	十二月，速把亥、炒花、煖兔、拱兔會土蠻黃台吉、大小委正、卜兒亥、慌忽太等，三萬餘騎，壁遼河，攻東昌堡，深入至耀州。李成梁以銳卒出塞二百餘里，直擣圜山，斬首八百八十四級，獲馬千二百匹。

公曆	年號	天災：水災 災區	水災 災況	旱災 災區	旱災 災況	其他災 災區	其他災 災況	人禍：內亂 亂區	內亂 亂情	外患 患區	外患 患情	其他亂 亂區	其他亂 亂情	附註
一五七九	神宗萬曆七年	蘇、松、鳳、徐	五月，大水。八月，又水。（志）								十月，土蠻以四萬騎自前屯錦川營深入，李成梁擊敗之，獲首功四百七十有奇。			
		浙江	大水。（志）											
一五八〇	神宗萬曆八年	南畿	六月，大水。（會要）					廣西	廣西十寨復聚黨作亂，據民田產，白晝入都市剽掠，攻城劫庫，戕官民。閏四月，總制劉堯誨討平之，斬首一萬六千九百有奇。	遼陽、黃岡嶺	三月，遼東都督王兀堂犯遼陽，及黃岡嶺，李成梁擊走之，追出塞二百里，大敗之，斬首七百五十，盡毀其營壘。			
		淮泗	雨澇，薄淮泗城。							寬佃	九月，王兀堂復犯寬佃，副將姚大節擊破之。			
										錦州、義州	土蠻徵諸部兵分犯錦、義及右屯大凌河，不克。復以二萬餘騎從大鎮堡入攻錦州，分掠小凌河、松山、杏山。			

一五八一	神宗萬曆九年	從化、增城、龍門	五月，從化等地，溪壑泛漲，田禾盡沒，淹死男婦無算。（志）	京師	四月，旱。（會要）	遼東等衛	八月，雨雹，如雞卵，秋禾盡傷，凡百餘里。（會要）	錦州	正月，土蠻復與黑石炭等聚兵寨下，進圍錦州。李成梁大敗土蠻於大寧堡山，先後斬首三百四十。
		福安	七月，福安洪水踰城，漂沒廬舍殆盡。（志）					遼陽	三月，黑石炭入遼陽，大掠人畜而去。
		泰興、海門、如皋	八月，大水，海圩坡埂盡決，溺死者甚衆。（志）						
		揚州	大水。漂沒官、民廬舍凡數千間。（會要）						
一五八二	神宗萬曆十年	淮、揚	正月，淮、揚海漲，浸豐利等鹽場三十，淹死二千六百餘人。（志）	京師	四月，旱。（會要）	京師	四月，疫。（會要）	溫州	三月，倭寇溫州。
		蘇、松六州縣	七月，潮溢，壞田禾十萬頃，	延安、慶陽、平涼、臨洮、鞏昌	大饑。（志）			義州	速把亥等入犯義州，李成梁禦之鎮夷堡，寇大奔，追馘百餘級。速把亥爲遼東患二十年，至是死。
									六月，曾一本黨梁本

公曆			
年號			
天災	水災	災區	
		災況	溺死者二萬人。（志）
	旱災	災區	
		災況	
	其他	災區	
		災況	
人禍	內亂	亂區	
		亂情	
	外患	患區	潭州　瓊崖 騰越、永昌、大理、順甯
		患情	豪竄海中，遠通西洋，結倭兵爲助，總督陳瑞，與總兵黃應甲以水軍討之，大破之石茅州。賊復奔潭州沙灣，諸將合追，先後俘斬千六百有奇，沈其舟二百，餘撫降者二千五百。他倭寇瓊崖。應甲復敗之，斬首二百，奪其舟。江西、岳鳳與其子曩烏結緬甸酋莽瑞體爲亂，結耿馬賊罕虔南甸土舍刀落參等，各帥象兵數十萬，攻雷弄、盞達、千崖、南甸、木邦等處，殺掠無算。復窺騰越、永昌、大理、蒙化、景東鎮、阮元江。陷順甯，破盞。又令曩
	其他	亂區	
		亂情	
附註			

一五八三	
神宗萬曆十一年	
承天 金州 河南	
四月，江水暴漲，漂沒民廬、人畜無算。(志) 河溢沒城。(志) 十月，水災，蠲振有差。	
泰州 寶應	
閏二月，雨雹，如鷄子，殺飛鳥無算。(志)	
四月，廣東、羅定兵變。	
瀋陽	
劉世會等與賊大小十餘戰，積級千六百有奇。 王杲子阿台數犯孤山、汎河。李成梁出塞，遇於曹子谷，斬首一千有奇，獲馬五百。阿台復糾阿海遂兵入抵瀋陽城、南渾河，大掠去。成梁從撫順出塞百餘里，火攻古勒寨，射死阿台，連破阿海寨，擊殺之，獻馘二千三百。杲部遂滅。 鄧子龍與劉綎等大破賊兵，斬首五百餘	烏引緬兵突猛淋，指揮吳繼勳等戰死。車里、八百、孟養等皆以兵助賊，賊益熾。黔國公沐昌祚移駐洱海，巡撫都御史劉世會移楚雄，大徵漢、土軍數萬，分道進擊。

公曆年號	天災：水災災區	水災災況	旱災災區	旱災災況	其他災災區	其他災災況	人禍：內亂亂區	內亂亂情	外患患區	外患患情	其他亂亂區	其他亂亂情	附註
										級。進圍之，岳鳳懼，乃降。北關清嘉砮、楊吉砮藉土蠻、煖兔、慌忽太兵侵邊境。十二月，李松與李成梁計擊敗之，斬首千五百有奇。			
一五八四 神宗萬曆十二年									孟密、五章	劉綎復率兵進緬，攻蠻莫，乘勝掩擊，遂招撫孟養賊，復移師圍孟夏。九月，緬人復大舉寇孟密，圍五章，把總高國春破賊數萬，連摧六營。朵顏長昂導土蠻掠三山、三道溝、錦川諸處。復以千騎犯劉家口，薊鎮千總沈有容擊退之。	鐵嶺衞	五月，火燔鐵嶺衞千餘家。（志）	

公元	年號	地區	災情	地區	災情	地區	災情	地區	人禍	地區	人禍
一五八五	神宗萬曆十三年			京師 湖廣	二月旱。(會要) 自去秋至四月不雨,河井幷涸。(志) 饑。(志)	宛平	五月,大雨雹,傷人畜千計。(志)	茂州	六月,四川楊柳番攻尋安堡,犯歸水崖、石門坎,遂入金瓶堡,殺守將。總兵官李應祥討之,入茂州。十二月,松茂番竊蒲江關,斷牆五哨溝,絕東南舉歸水崖、黃土坎道,築援尋突平夷堡,掠良民。	瀋陽 蒲河	三月,速把亥子把兔兒以兒鄧等以數萬騎入掠瀋陽,駐牧遼河。李成梁與李松出塞擊敗之,斬首八百有奇。 閏九月,土蠻諸部長復犯蒲河,大剽掠,西部銀燈亦竊遼、瀋。李成梁令部將李平胡出塞三百五十里,擣破銀燈營,斬首一百八級。
一五八六	神宗萬曆十四年	江南、浙江、江西、湖廣、廣東、福建、雲南、遼東 舒城	夏,大水。(志) 七月,大雷雨,成水災,山崩田陷,民溺死無算。(志)					歸化	正月,番賊圍蒲江關。五月,四川諸路征番兵悉集,番賊國師喇嘛與瀚仲、占阿等犯歸化,于德誘禽喇嘛、瀚仲,擊斬占阿、克丟骨人、荒沒舌,復連破卜洞王諸砦,遂與朱文達等合攻破蜈蚣、茹兒諸巢,河東平。遂渡河而西,連破西坡、		二月,土蠻部長一克灰正糾把兔兒、炒花、花大等馳遼陽挾賞。李成梁以輕騎出鎮邊堡,擊破之,獲首功九百,斬其長二十四人。 七月,緬入驅象陣大舉復隴土司告急。李林擊敗之。 十月,土蠻七八萬騎,

公曆	年號	水災 災區	水災 災況	旱災 災區	旱災 災況	其他災 災區	其他災 災況	內亂 亂區	內亂 亂情	外患 患區	外患 患情	其他 亂區	其他 亂情	附註
一五八七	神宗萬曆十五年	蘇、松諸府	五月至七月，霪雨、禾麥俱傷。(志)	京師	四月，旱。(會要)	喜峯口	五月大雨雹，如棗栗，積尺餘，田禾瓜果盡傷。(志)		西革、歪地等諸集。六月，斬酋合兒結父子，河西平。		犯鎮夷諸堡。			
		浙江	大水。(志)	富平、蒲城、同官	七月，旱民食草木，有以石爲糧者。(志)		夏，大疫。	山西	盜起。		三月，土蠻東西部入犯。			
		開封、陝州、靈寶	七月，河決。(志)			江北	七月，蝗。(志)	淇縣	七月，淇縣賊王安聚衆流刼，勦平之。		八月，土蠻七八萬騎犯鎮夷堡。			
		杭、嘉、湖、應天、太平	江、湖泛溢，平地水深丈餘，七月終，颶風大作，壞數百里，一望成湖。(志)					羅雄	四月，羅雄蠻寇必大反，參將蔡兆吉討平之。六月，李應祥討西南諸番及大、小七板番等，悉平之。七月，討平建昌越嶲諸番。木瓜夷白祿、雷坡賊楊九乍等數侵掠內地，勢甚猖獗，十一月，徐元泰分三道擊賊，大敗之，射殺白祿。九乍與邛部屬夷撒假等帥萬人據山，播州兵擊走之。		十月，把漢大成糾土蠻十萬騎，由鎮夷大清二堡入犯。			

公元	年號	地區	災情	地區	災情	地區	災情	地區	情形	地區	情形
一五八八	神宗萬曆十六年			河南 蘇、松、湖三府 山東、陝西、山西、浙江	饑，民相食。 饑。 五月，俱大旱。(志)	山東、陝西、山西、浙江	五月，俱大疫。(志)	 甘肅	四月，朱文達、周于德等勦番夷，生擒撤假。五月李應祥督諸軍深入，夷長威降者二千餘人，悉獻還土田，凡斬首一千六百九十餘級，俘獲七百三十三有奇。蜀中劇寇悉平。 九月，甘肅兵變。	河湟、西甯	五月，李成梁帥衆擊北關卜寨，卜寨降。松套賓兔等歷越甘肅，侵擾河湟、青海瓦剌他不囊首犯西甯，守臣不能討，由是益肆侵盜。
一五八九	神宗萬曆十七年	杭、嘉、甯、紹、台屬縣	六月，浙江海沸，廨宇多圮，碎官、民船及戰舸，壓溺者二百餘人。(志)	蘇、松 浙江、湖廣、江西	大旱，震澤爲平陸。 大旱。(志)	蓋州衛	正月，風霾晝晦，壞廨宇廬舍。(志)	太湖、宿松 南雄 姚安、永昌、大理、瀾滄	正月，奸賊劉汝國等作亂，二月，吳淞指揮陳懋功討平之。 三月，姚安兵作亂。 四月，始興妖僧李圖明作亂，犯南雄，有司討誅之。 六月，姚安亂卒鼓行至永昌，趨大理，抵瀾滄，所過剽掠。巡撫蕭彥合土、漢兵擊散之。	義州 瀋陽、蒲河、榆林	三月，寇犯義州，復入太平堡。九月，朵顏等部臘毛大、合白洪大、長昂三萬騎復犯平虜堡。李成梁逐之，大敗，還鋒沒者八百人。 敵大掠瀋陽、蒲河、榆林。

公曆	年號	天災：水災：災區	天災：水災：災況	天災：旱災：災區	天災：旱災：災況	天災：其他：災區	天災：其他：災況	人禍：內亂：亂區	人禍：內亂：亂情	人禍：外患：患區	人禍：外患：患情	人禍：其他：亂區	人禍：其他：亂情	附註
一五九〇	神宗萬曆十八年	徐州	黃河大溢，水積城中者逾年。			臨洮	六月，地震，壞城郭、廬舍，壓死人畜無算。（志）			洮州、河州、臨洮、渭源、海州	六月，火落赤、眞相犯洮州、舊洮州，七月，火落赤、眞相再犯河州、臨洮、渭源，總兵官劉承嗣失利，關中大震。十一月，土蠻族弟土墨台豬借西部青把都，恰不愼及長昂、滾兔十萬騎，深入海州，縱掠而去。			
一五九一	神宗萬曆十九年	蘇、松 甯、紹、蘇、松、常五府 泗州	六月，大水，溺人數萬。（志） 七月，海潮溢，傷稼溺人。（志） 九月，大水，州治浸三尺，淮水高於城。（志）			順德、廣定、大名	夏，蝗。（志）	威、茂	五月，四川威茂諸處四哨番作亂，攻破新橋，乘勢圍普安等堡。巡撫李尙忠檄平之。	鎭羌、西甯、石羊 永昌、騰越、蠻莫	正月，固原總兵官尤繼先等擊敗火落赤衆。他寇犯鎭羌、西甯、石羊，亦俱敗。火落赤遂徙帳西海。莽應裏寇永昌、騰越。四月，莽應裏復圍蠻莫，會裨將萬國春夜馳至，緬人懼而退，追敗其衆。			

一五九二	
神宗萬曆二十年	
畿、順、廣、大四府	夏、秋水。(志)
寧夏河西地	西部人哱拜作亂。三月，殺寧夏巡撫黨馨等，據城反。陷玉泉營、中衛、廣武，取河西四十七堡，惟平虜參將蕭如薰堅守。賊犯花馬池，全陝震動。魏學曾率諸路兵渡河，城遁去，四十七堡皆復。四月，日本平秀吉遣其將清正、行長、義智、僧元、蘇宗逸等將舟師陷朝鮮之釜山鎮，乘勝長驅，五月，渡臨津，掠開城。分陷豐德諸郡。朝鮮王奔平壤，走義州。遣使告急，請內屬。倭遂入王京，追奔至平壤，放兵淫掠。詔命李如松帥兵討哱拜等，寧夏副總兵李昫與賊戰，大敗之，追奔入湖，賊死無算。會官軍糧盡邪引退

公曆	年號	天災 水災 災區	天災 水災 災況	天災 旱災 災區	天災 旱災 災況	天災 其他災 災區	天災 其他災 災況	人禍 內亂 亂區	人禍 內亂 亂情	人禍 外患 患區	人禍 外患 患情	人禍 其他亂 亂區	人禍 其他亂 亂情	附註
											休近堡。五月，哱拜復圍平虜堡，副總兵麻貴擊卻之。復攻寧夏不克，寧夏巡撫朱正色總兵官董一奎及葉夢熊、梅國楨、劉承嗣、李如松先後軍至，遂與蕭如薰等復進攻城。數擊敗賊，斬首數百，獲首級百二十。七月，朝諭暹遣游擊史儒帥師至平壤，副總兵承訓祖統三千人渡鴨綠江爲援，與倭戰大敗，儒等死。承訓僅免。中朝震動。松山、河套寇先入官軍失利。寇數萬，斷大軍糧道，殺戮無算。八月，寧夏賊食盡無援，大崩。內亂互殺死。葉			

	一五九三
	神宗萬曆二十一年
	邳州、高郵、寶應
	五月，大水，決隄。（志）
	武進、江陰
	十月，大雨雹，傷五穀。（志）
	河南
	十二月，礦盜大起。
夢熊自夔州馳至，下令盡誅其黨，及降人二千，九月，亂平。	正月，李如松師克平壤，獲首虜千二百有奇，倭退保風月樓，行長渡大同江，遁還龍山。游擊李甯及參將查大受襲斬虜首三百六十，乘勝逐北。李如柏進復開城，黃海、平安、京畿、江源四道並復。倭清正據咸鏡，亦遁還王京。李如松與倭戰於碧蹄館，失利，退駐開城。二月，李如松遣楊元、李如柏等分守平壤、寶山等處，間道焚倭龍山倉蓄，倭遂乏食。四月，倭請和。五月，倭寇咸安、晉州，逼全羅。
	安南
	正月，莫茂洽子敬邦有衆十餘萬，起京北道，擊走黎黨范拔萃、范百祿諸軍。已黎兵攻南策州，敬邦被殺，莫氏勢衰。

公曆	年號	天災：水災 災區	水災 災況	旱災 災區	旱災 災況	其他 災區	其他 災況	人禍：內亂 亂區	內亂 亂情	外患 患區	外患 患情	其他 亂區	其他 亂情	附註
一五九四	神宗萬曆二十二年	鳳陽、廬州	七月，大水。（志）	河南	大饑。（志）			山東、河南、徐淮	正月，盜賊四起。	遼東	十二月，炒花二千騎入韓家路，遼東總兵官尤繼先擊卻之。			
											七月，卜失兔糾諸部深入，麻貴等乘虛擣其帳於套中，斬首二百五十有奇。還自甯塞。寇留內地久，斬掠至下馬關，官兵擊之失利，貴等赴援，連戰晒馬臺、薛家窪，斬首二百三十有奇，獲畜產萬五千，寇乃退。八月，征倭兵敗，改命邢玠督兵，旋召還。			
										遼東	遼東總兵官董一元，巡撫李化龍大破把兔兒、炒花、花大、煖兔、伯言兒等軍，逐北至			

白沙堝，俘斬五百四十有奇，進擊抵炒花帳，斬首百二十級，獲牛馬甲仗無算，全師而還。虜衆散亂，諸部悉遠遁。

公元	一五九五
年號	神宗萬曆二十三年
地區	泗州
天災	四月，江北大水，淮、泗溢。
地區	畿輔、山東、山西、河南、陝西、四川
內亂	薊州人王森倡白蓮教，自稱聞香教主，其徒蔓延畿輔、山東、山西、河南、陝西、四川。
地區	陝西　錦州、義州　南川　西川
外患	正月，宰僧等犯陝西，葉夢熊擊卻之。五月，朶顏長昂犯錦、義，副總兵李如梅擊卻之。九月，永邵卜寇南川，三邊總督李汶遣將暨馬其撒、卜爾嘉諸番擊敗之，斬首六百八十三級，獲駝馬戎器無算。十月，永邵卜連眞相火落赤諸部，圖番剌卜爾寨，逼西川。參將達雲大敗之。十二月，撦力克弟趕兔犯白馬關及東西暨，薊鎮守備徐光啓擊卻之。

公曆	年號	天災						人禍						附註
		水災		旱災		其他		內亂		外患		其他		
		災區	災況	災區	災況	災區	災況	亂區	亂情	患區	患情	亂區	亂情	
一五九六	神宗萬曆二十四年	杭、嘉、湖三府	秋大水。(志)九月，河決黃堌口。	杭、嘉、湖三府	旱。(志)						卜失兔復入塞，掠八日而還。二月，李汶、麻貴等進討，踰塞六十里，斬四百九級，獲馬畜器械數千。三月，火落赤、眞相、昆部、昝歹成、它卜綖等掠窺內地。劉綎等擊諸莽剌川腦，斬一百三十六級，獲馬牛雜畜二萬。			
										甘肅	五月，河套部把都兒犯甘肅，總兵官楊濬等禦之，斬首六百餘級。			
										平虜	九月，著力兔、阿赤兔、火落赤合兵犯平虜，甯夏總兵官李如柏敗之，斬首二百七十有奇。趕兔、儕部長倒市犯			

	一五九七	一五九八
	神宗萬曆二十五年	神宗二十六年
	嚴州	延安、嚴州
	大風雨，壞田畝萬餘。（圖）	秋，大水。（圖）洪水平地十餘丈。（圖）
		稷山、絳縣、紹興、衢州、金華、台州
		九月，稷山無禾，絳縣大饑，道殣相望。（圖）大旱。（圖）
	大理	四川
	大疫。（圖）	全蜀諸郡邑大疫。（圖）
	貴州、湖廣	
	七月，楊應龍大掠貴州洪頭、高坪、新村諸屯，圍黃平，已又侵湖廣四十八屯。	
廣甯	朝鮮	遼東、松山
黑谷頂，王保再擊敗之，復犯羅文峪，保復擊卻之。炒花犯廣甯，守將擊卻之。	七月，倭入慶州，侵閑山。八月，犯全慶，逼王京。十二月，李如梅破倭，斬首四百有奇。游擊陳寅破倭，斬首六百五十，倭焚死者無算。	四月，土蠻寇遼東，總兵官李如松戰死。十月，達雲復松山，擴地五百里。
	杭州、馬湖、屏山、泗州、盱眙	
	二月，火燒官、民房千三百餘間。火災，延燔八百餘家，死二十四人。三月，大火，燒民房四千餘。火，燔民房百六十餘間，撥漕糧二萬石以振。（志）	

公曆	年號	天災：水災 災區	水災 災況	旱災 災區	旱災 災況	其他災 災區	其他災 災況	人禍：內亂 亂區	內亂 亂情	外患 患區	外患 患情	其他禍 亂區	其他禍 亂情	附註
一五九九	神宗萬曆二十七年	山西山陰	淫雨,壞官民廬舍。(圖)	臨汾、襄陵、太平、汾西、沁州	春大旱,饑。山川草木無有寸遺,至母子夫妻有相抱立斃者。(圖)				二月,楊應龍誘敗官軍,都司楊國柱等死之。		火落赤據賀蘭山,寇鈔不已,達雲擊破之。		四月,馬堂稅臨清,增稅東昌,堂始至,諸亡命衆者數百人,白晝手鋃鐺奪人產,抗者輒以違禁罪之,中人之家,破者大半。遠近爲罷市。事聞,株連甚衆。十二月,陳增黨程守訓、仝治等自江南、北至浙江,大作奸弊,誣大商巨室,所破滅什伯家,殺人莫敢問。	
		滎河	夏大水,東鄉村落盡被沖沒。(圖)	山東	饑。(圖)			綦江	八月,楊應龍犯綦江,盡殺城中人,投屍蔽江,江水爲之赤。	錦州	九月,土蠻犯錦州。			
		鶴慶	大水,無麥,民饑。(圖)											
		永昌	五月,大水。(圖)											
		陝西	大雨,晝夜十日,土窖皆陷。(圖)											

公元	帝號年號	地區	記事	地區	記事	地區	記事	地區	記事	地區	記事	備註
一六〇〇	神宗萬曆二十八年	臨汾、絳州	八月，水溢。(圖)	山東、河間	饑。(志)	山東	六月，大風雹，擊死人畜，傷禾苗。(志)	播州	正月，秦良玉破賊金筑等七寨，劉綎亦督諸將克丁山、銅鼓、嚴村。	遼東	九月，炒花犯遼東，副總兵解生等敗沒。	
		雲南、富民、楚雄、騰越、蒙化、北勝	大水，廬舍、田禾皆沒。(圖)	解州、蒲縣	八月，大饑，多殍。(圖)	河南	雨冰雹，傷禾麥。(志)		六月，李化龍等討平楊應龍，計出師百十有四日，前後數十戰，斬首二萬級，生禽自朝棟以下百餘人。			
				賓州	饑。(圖)			五開、永從	九月，洪州苗吳國佐反，掠屯堡七十餘，焚五開南城，陷永從，圍中潮所。十月，命陳璘移師討之。			
				尋甸	秋，旱，民饑。(圖)							
一六〇一	神宗萬曆二十九年	蘇、松、嘉、湖	春、夏，霪雨傷麥。	昆明	夏、秋不雨，民饑。(圖)	貴州	七月，大饑。(圖)	皮林	正月，陳璘、沈宏猷等討平皮林叛苗。			*按圖書集成：續文獻通考：「五月，初六日禮部奏二月至今，畿輔內外半年不雨，土脉焦枯，河井
		滎河	七月，水溢，沖壞民田。(圖)	畿輔、山東、山西、河南、貴州	旱。			浮梁	十二月，江西浮梁景德鎮民變，焚稅監廠房。			
		永春	霖雨數日，大水自山中發，溢入郡中。(圖)	兩畿*阜平	饑，有食其稚子者。(志)							
		河陽	八月，大水入城。(志)	貴州	五月，大饑，米斗銀四錢。(圖)							

公曆	年號	天災 水災 災區	水災 災況	旱災 災區	旱災 災況	其他 災區	其他 災況	人禍 內亂 亂區	內亂 亂情	外患 患區	外患 患情	其他 亂區	其他 亂情	附註
		開封歸德、商邱 昭化	九月，大水，河漲商邱，決蕭家口。（圖） 秋，水漂民居，湮沒禾稼。（圖）	京房	大旱。（圖）	汾西、汾州諸縣及遼州 永昌	七月，大疫。（圖） 螟，人饑。（圖）							乾涸，二麥盡槁。巡撫何爾健奏阜平縣丈水洞礦夫張世誠饑，將自己六歲小兒殺死煮食。」
一六〇二	神宗萬曆三十年	高平 絳州 京師 紹興 漢陽 臨安	五月，大水。（圖） 六月，大水平地丈餘。（圖） 六月，大水。（志） 颶風海溢，溺死不可勝計。（圖） 大水。（圖） 大水，決河堤。（圖）	崞縣	大饑。（圖）			騰越	三月，騰越民變，燔稅廠，殺委官張安民。		九月，緬阿瓦擁衆犯蠻莫宣撫。			

公元	年號	地點	災況			地點	災況	地點	災況			地點	災況	
一六〇三	神宗萬曆三十一年	汝甯	春，淫雨七旬。（圖）			鳳陽	五月，大雨雹。	播州	三月，賊吳洪等聚衆爲亂，四川總兵官李應祥捕獲之。			處州	大火。（圖）	
		成安、永平、肥鄉、安州、祁州、靜海、深澤	五月，漳、滏、沙、燕河並溢，決堤橫流，圮城垣、廬舍殆盡。			嘉興	大疫。（圖）	睢州	九月，賊楊思敬等作亂，尋討禽之。			澤州	窰火。（圖）	
		泰安	六月，大水，渰人百餘人。											
		甯安	七月，雨六十餘日。（圖）											
		泉州諸府	八月，海水暴漲，溺死萬餘人。（志）											
一六〇四	神宗萬曆三十二年	昌平	六月，大水。			鞏昌、醴泉	閏九月，地一日十餘震，城郭、民居並摧。	桂林平樂	十二月，猺、獞肆亂，總兵官顧寰等進勦，禽斬四百八十四人。				十月，呂宋會大殺華商民，先後死者二萬五千人。	
		臨安	大水，沒田廬。（圖）											
		永平、眞、保三府	七月，俱水，渰男婦無算。											
		濟甯、魚台、單、豐沛	八月，河決蘇莊，渰豐沛，黃水逆流，灌濟甯、魚台、單縣。（志）											

公曆	年號	天災・水災・災區	天災・水災・災況	天災・旱災・災區	天災・旱災・災況	天災・其他災・災區	天災・其他災・災況	人禍・內亂・亂區	人禍・內亂・亂情	人禍・外患・患區	人禍・外患・患情	人禍・其他亂・亂區	人禍・其他亂・亂情	附註
		繁峙、平遙	大水。漂沒民居人口房屋甚多。平遙水泛漲，漂夏秋二禾殆盡。（圖）											
一六〇五	神宗萬曆三十三年	馬邑	五月大雨三日，壞民屋，禾苗皆沒于水。（圖）	解州	夏，無禾，饑。（圖）	陵川	五月，地震有聲、壞城垣、府屋，壓死男婦無算。			鎮番	正月，銀定歹成寇鎮番，達雲馳救，斬首二百有奇。	南昌	火，燬民居千有餘家。（圖）	
				嘉興	大旱。（圖）	瓊州	五月，地震，公署、民房傾倒殆盡，郡城中壓死者數千人。（圖）							
				台州	旱蝗。（圖）	甯安	十一月，地震，城垣、梵宇、官署、民廬傾圮殆盡，死者數千人。（圖）							

一六〇六	神宗萬曆三十四年	東鹿	大雨,滹沱河溢。(圖)	臨汾、猗氏、解州、夏縣、平陸	夏,無禾。(圖)	畿内	五月,大蝗。	貴州	四月,東西路仲家苗盤踞貴龍、平新間剽掠,陳璘討破之,斬首三千餘級。	懷遠	五月,河套部犯安邊、懷遠,總兵官杜松大破之。	二月,指揮賀世勛、韓光大等焚楊榮第,殺之,並殺其黨二百餘人。	
		貴州、永甯、赤水	五月,大水,漂三百餘家。(圖)	興化府	大旱,饑,斗米二百錢。(圖)	衢州	大疫。(圖)	南京	十二月,妖賊劉天緒謀反,伏誅。		十一月,朵顏長昂等入犯,道石門,闖山海關,總兵姜顯謨禦卻之。		
		翼城	六月,大水,漂沒民居。(圖)	嘉興	大旱。(圖)					永甯、赤水、普市、摩尼、鎮羌	十二月,闍宗傳大掠永甯、赤水、普市、摩尼,數百里成邱墟。青海寇大掠鎮羌、黑古城諸堡,柴國柱擊走之。		
		黄岡	大水。(圖)										
		雲南、廣西	大水。(圖)										
一六〇七	神宗萬曆三十五年	武昌、承天、鄖陽、岳州、常德、徽州、甯國、太平、嚴州	六月,大水,漂沒廬舍。徽州、甯國、太平、嚴州四府山水大湧,漂人口甚衆。(志)	臨汾、夏縣、平陸	夏,旱。(圖)			武定、元謀、羅次、嵩明、祿豐	鳳阿克等作亂,陷武定、元謀、羅次、嵩明諸州縣,轉寇祿豐,知縣蘇夢暘力戰卻之。		二月,安南賊武德成犯雲南,總兵官沐叡禦卻之。		
		京師	閏六月,大水,長安街水深五尺。(志)	山東	十月,旱饑。					涼州	四月,銀歹定成犯涼州,逵雲破之,斬首百三十有奇。		
		單縣	河決。(圖)	鍾祥	大饑。(圖)					欽州	十二月,安南賊犯欽州。		

公曆	年號	天災						人禍						附註
		水災		旱災		其他災		內亂		外患		其他亂		
		災區	災況	災區	災況	災區	災況	亂區	亂情	患區	患情	亂區	亂情	
一六〇八	神宗萬曆三十六年	南畿	四月大水。	福建	五月，大饑。(圖)	武定	大疫。(圖)	郴州	七月，礦賊起。					
		杭州、諸暨	大水，沒民饑。(圖)					武定、元謀、羅次、祿豐、嵩明	雲南兵復武定、元謀、羅次、祿豐、嵩明諸州縣，阿克奔四川，尋就擒。					
		雲南	大水沒民居。(圖)											
		南昌府	水，大饑。(圖)											
一六〇九	神宗萬曆三十七年	福建	五月，邵武大水，平地水深三尺。光澤、泰寧亦大水	楚、蜀、河南、山東、山西、陝西	九月，旱。	甘肅	六月，地震江崖、清水諸堡，壓死軍民八百四十餘人，圯邊墩八百七十里，裂東關地。(志)				三月，拱兔攻陷大勝堡，入小凌河，肆焚掠。游擊千守忠大敗，死千餘人。	武昌	三月，火越二日，火，燔二百六十餘家。	
		福建	八月，暴雨山崩，壓死數人。(圖)	山西	饑。(志)	北畿、徐州、山東	九月，蝗。				四月，倭寇溫州。			
		江西、浙江	九月，大水。								冬，沙計等犯波羅、神木，總兵官張承廕擊却之。又犯雙山堡，承廕擊走之。			
											十二月，日本勁兵入琉球，大掠而去。			

公元	年號	地區	水災	地區	旱災	地區	其他災害		內亂	地區	外患		
一六一〇	神宗萬曆三十八年		五月，水漲，漂流人畜，死者千餘。（圖）	濟、青、登、萊	大旱。（志）	貴州	四月，暴雪，民居片瓦無存者。		五月，河南賊陳自管等作亂，討禽之。				
				馬邑	春，大饑。（圖）	崇陽	風損官、民屋無算。（志）						
				四川	荒旱，殍死無數。（圖）	陽曲	大疫。（圖）						
				平陽屬汾、遼、沁	夏，旱饑。（圖）	陝西	民多疫死。（圖）						
				陝西	八月，不雨，至次年四月。（圖）								
一六一一	神宗萬曆三十九年	懷集	五月，大水。（圖）	京師	夏，大旱。（志）	沁州	夏，大疫。（圖）			甘州	二月，河套部犯甘州，官軍禦却之。		
		廣東、廣西	大水。	平陽等三十四州縣	夏，旱。（圖）					清河	十二月，泰甯炒花子內犯，總兵官麻貴擊敗之。復犯清河，亦潰去。		
		徐州、京師等地	六月，自徐州北至京師，大水。河決狠矢溝。	台州	正月至五月不雨。（圖）								
		甯波、縉雲	大水。（圖）	慶陽	大饑。（圖）								

公曆	年號	天災：水災 災區	水災 災況	旱災 災區	旱災 災況	其他災 災區	其他災 災況	人禍：內亂 亂區	內亂 亂情	外患 患區	外患 患情	其他亂 亂區	其他亂 亂情	附註
一六一二	神宗萬曆四十年	徐州	八月，河決。	南畿	洊饑。	西安	春、夏，大疫。（圖）	建昌	十二月，猓亂。	穆家堡	五月，虎墩兔掠穆家堡，廝貴禦之，遁去。			
				鳳陽	饑甚。（志）	嘉興	大疫。（圖）							
一六一三	神宗萬曆四十一年	絳州、平遙	夏，大水，漂沒房地，人死者甚衆。（圖）	山東	夏，大旱。（圖）*	宣府	七月，大雨雹，死禾稼。（志）							*按圖書集成：「山東通志萬曆四十一年夏，大旱，七月七日大風雨，越二日海溢。」
		臨汾、襄陵、洪洞、曲沃、趙城、太平、夏縣、垣曲、吉州、隰州、甯鄉	秋，大水。（圖）	山西蒲州、臨晉、猗氏、滎河、萬泉、安邑、平陸、蒲縣	秋，大旱。（圖）	福建	大疫。（圖）							
		京師	七月，大水。（志）	福建	大旱。（圖）									
		南畿、江西、河南	大水。（志）											
			涇水暴溢，高數十丈，漂沒											

公元	年號	地區	水災	地區	旱災	地區	地震	地區	戰禍
			民居、商貨無算。(圖)						
		山東、廣*西、湖廣	八月，大水。(志)						
		遼東	九月，大水。(志)						
一六一四	神宗萬曆四十二年	福建	秋，大水，平地數尺，田宅丘陵多崩壞，漂棺無數。(圖)	雲南縣	大饑。(圖)	太原、平陽、沁州、武鄉、高平	地震，人民有壓死者。(圖)	建昌	正月，劉綎討建昌叛猓，大小五十六戰，斬首三千三百有奇。
		浙江、江西、兩廣	水。	湖廣、黃州	大旱。(圖)				十二月，猛克什力寇懷遠及保甯，總兵官官秉忠擊破之，斬首二百二十級。
		浙江	霪雨爲災。(志)	羅源	大旱。(圖)				
		岳陽	大水，澗河水漲，沒田畝甚多。(圖)						
		湖廣、沔陽	大水。(圖)						

公曆	年號	天災：水災 災區	水災 災況	旱災 災區	旱災 災況	其他災 災區	其他災 災況	人禍：內亂 亂區	內亂 亂情	外患 患區	外患 患情	其他亂 亂區	其他亂 亂情	附註
一六一五	神宗萬曆四十三年	靜樂 永福 諸暨	八月，大雨四十日，水高丈餘，壞屋舍禾稼甚廣。（圖） 大水，漂流城郭、田園人畜淤死無算。（圖） 大水。（圖）	廣昌 山東 浙江 福建 昆明 山東青州	春旱，自春至夏不雨。（圖） 春夏大旱，千里如焚。 饑。 夏旱。（圖） 大旱。（圖） 七月，旱。（志）	山東 平遙	七月，蝗。（志） 九月地震，壞屋舍甚多。（圖）				八月，河套、吉能、延綏，邊塞諸城堡盡被寇所蹂躪。總兵杜松、杜文煥拒破之。	長甯堡 黃花鎮柳溝	自二月至五月火，死五發，燬房屋人畜無數。 四月，火，延燒數千里。	
一六一六	神宗萬曆四十四年 後金太祖天命元年	江西、南安、贛州* 陳、杞、睢、柘諸州縣 涇陽、三原、雲陽	五月，淫雨。（圖） 六月，河決祥符朱家口，浸陳、杞、睢、柘諸州縣。 大水，漂七十餘村。（圖）	文水、蒲州、安邑、聞喜、稷山、猗氏、萬泉 陝西 廣東 山東 河南、淮、徐	六月旱，春夏不雨。（圖） 旱。 秋、冬大旱。 饑甚，人相食。 饑。（志）	常州、鎮江、淮安、揚州、河南 江甯、廣德 襄陽	七月，蝗。 九月，蝗蝻大起，禾黍竹樹俱盡。（志） 蝗食稼，民饑。（圖）	河南	四月，盜起。		六月，河套諸部要封王，補賞總兵官杜文煥襲其營，破之。			*按圖書集成：「贛州府志：萬曆四十四年五月初一、二、三日淫雨不止，初四日瀧郡城東北街市

		江西、廣東	七月，水。（志）					及灝河室廬，六鄉田禾俱被渰沒，男婦溺死者無算。雲都、信豐亦然。」
		吉安	大水，民饑。（圖）					
一六一七	神宗萬曆四十五年 後金太祖天命二年	恭城	八月，大雨，山澗水湧，連崩一十三嶺，樹木拔折，緣江鱗介之物，死者無算。巨木散材，江涯堆積如山。（圖）	南畿、北畿	夏亢旱。民食草木，逃就食者相望於道。	福建	大疫。（圖）	七月，張鶴鳴剿洪邊十二馬頭賊首老蠟雞授首。
		徐州	河決。（圖）	山東屬邑	多饑。（志）	北畿	蝗。（志）	
				山西河津	夏旱，秋澇，無禾，人相食。（圖）			
				惠州	大饑。（圖）			
				黃安	大旱。（圖）			

公曆	年號	天災 水災 災區	天災 水災 災況	天災 旱災 災區	天災 旱災 災況	天災 其他 災區	天災 其他 災況	人禍 內亂 亂區	人禍 內亂 亂情	人禍 外患 患區	人禍 外患 患情	人禍 其他 亂區	人禍 其他 亂情	附註
一六一八	神宗萬曆四十六年 後金太祖天命三年	潮州 寧波 辰州	八月，海颶大作，溺萬二千五百餘人，壞民居三萬間。（志） 大水。（圖） 大水。（圖）	陝西 梧州	饑。 旱，赤地如焚。*（志）	長泰、同安 陝西 畿南四府 安邑 靖州 貴陽	三月，大雨雹，如斗如拳，擊傷城郭廬舍，壓死者二百二十餘人。 四月，大雨雪，橐駝凍死二千蹄。 蝗。（志） 大疫，死亡相繼。（圖） 大疫。（圖） 大疫。（圖）			撫順 清河堡	四月，清兵克撫順，總兵官張承廕赴援，兵潰，將士死者萬人。 七月，清兵破清河堡，副將鄒儲賢戰死，兵民萬餘殲焉。			*按圖書集成：「廣西通志：全省大旱，民饑。南寧尤甚，死者白骨壘丘。」
一六一九	神宗萬曆四十七年 後金太祖天命	成都	三月，大雨，江漲，堤毀。（圖）	陽城	大饑。（圖）						三月，楊鎬合朝鮮、葉赫等兵，號四十七萬伐清。總兵杜松欲立首功，先期深入，至薩			

公元	年號	地區	災情	地區	災情	地區	災情	地區	兵禍
	三年								爾湖，清合八旗全軍倂力破之，松戰死，一軍盡沒。
									清兵大敗馬林軍於三岔口。
									清兵襲破劉綎營，綎戰死，全軍盡覆。是役文武將吏前後死者三百一十餘人，軍士四萬五千八百餘人。
								開原	六月，清兵陷開原，總兵馬林死之。
								鐵嶺	七月，清兵陷鐵嶺。
一六二〇	光宗泰昌元年 後金太祖天命四年	諸暨	大水。(圖)	遼東	大旱。	文登	七月，大風拔木發屋，壓死人畜甚衆，傷靖海運船七十餘隻。(圖)	蒲河	八月，清兵略蒲河。
		雲南、徽江、姚安、廣西、安甯、富民、新興、十八寨河西	大水。(圖)	湖廣	大饑。(志)	廣通、鎮南、洱海	地陷五十餘丈，傾民居，死者二百餘人。(圖)		
				夏縣	饑。(圖)				
				關中	大饑，十歲兒易一斗粟。(圖)				
				都勻	饑。(圖)				

公曆	年號	天災						人禍						附註
		水災		旱災		其他災		內亂		外患		其他		
		災區	災況	災區	災況	災區	災況	亂區	亂情	患區	患情	亂區	亂情	
一六二一	熹宗天啓元年 後金太祖天命五年	梧州	五月,大水。(圖)	雲南	省城自正月不雨至六月,米價騰踴,新興、十八寨、彌勒大旱。(圖)	順天 鄖縣	七月,蝗。(志) 大疫。(圖)	貴州 重慶、遵義、合江、納溪、瀘州、興文、長甯、成都 新都、內江	五月,紅苗平。 九月,奢崇明、樊龍等據重慶反,襲陷遵義、合江、納溪、瀘州、興文、長甯等地,圍成都。 十月,崇明陷新都、內江,盡據木龍、榫泉諸隘口。	瀋陽 遼陽 臨洺 三府 固原、慶陽、延安	三月,清兵陷瀋陽,總兵官賀世賢死之。 清兵陷遼陽,袁應泰自縊死,將士死者無算。 五月,都指揮陳惑直兵潰於臨洺,甯夏援遼兵潰於三河。 八月,都司毛文龍襲取鎮江城。 九月,套寇入固原、慶陽,圍延安。	杭州	三月,火,延燒六千餘家。七月,復災,城內外延燬萬餘家。	
一六二二	熹宗天啓二年 後金太祖天命六年	處州 鄖陽	大水。(圖) 大水。(圖)	鄖陽	七月,旱。(圖)	濟南、東昌原縣 平涼、隆德諸縣、鎮戎、平虜諸所、馬剛、雙峯諸堡	三月,連日地震約三日久,壞民居無數。 九月,地震如翻,壞城垣七千九百餘丈,屋宇萬一千八百餘區,壓死男婦萬二	遵義、綏陽、湄潭、眞安、桐梓、畢節、安順、平壩、霑益、廣州、尋定	正月,總兵官張彥方等復遵義、綏陽、湄潭、眞安、桐梓諸縣。 二月,安邦彥反,襲陷畢節,都司楊明廷敗沒。分兵陷安順、平壩、霑益。城趨貴州,先後	西平 延安	正月,清兵陷西平,黑雲鶴戰死,羅一貴自刎死。孫得功、祖大壽、祁秉忠、劉渠諸軍遇清兵於平陽橋,敗績。得功降。 河套諸部大掠延安,殺掠居民數萬。			

地點	記事
	千餘口。（志）
新興	疫。（圖）

地點	記事
威清、普安、安南、貴陽	攻陷廣州、普定、威清、普安、安南諸衛，貴陽西數千里，盡爲賊有。
鄆城	徐鴻儒反，五月，陷鄆城縣。
重慶	奢崇明發卒援重慶，同知越其杰迎戰，殺賊萬餘人。遂復重慶，
瀘州	尋復瀘州。
嶧縣、鄒縣、滕縣、沛縣、兗州、鉅野、曲阜、鄒城	六月，徐鴻儒衆至數萬，連陷嶧縣、鄒縣、滕縣。賊攻沛縣、兗州、鉅野，官軍擊敗之。賊圍曲阜、鄒城，旋敗去。
遵義	賊再陷遵義，殺推官馮鳳雛。
貴陽、新添	張彥方、黃運清敗賊於新添，副總兵徐時逢赴援，兵潰，貴陽援絕。

公曆年號	天災 水災 災區	水災 災況	旱災 災區	旱災 災況	其他災 災區	其他災 災況	人禍 內亂 亂區	內亂 亂情	外患 患區	外患 患情	其他亂 亂區	其他亂 亂情	附註
							武邑	于宏志據武邑白家屯，尋敗伏誅。					
							横河、鄒縣	趙彥大敗賊於横河，黃陰、紀王城，圍攻鄒縣。					
							平夷、嵩明、武定、曲靖、陸涼、尋甸	雲南諸土目並起，李賢陷平夷，祿千鍾犯嵩明，張世臣攻武定，邦彥女弟設科掠曲靖，轉寇陸涼。巡撫沈儆炌遣將分討賊，數有功。					
							鄒縣	官軍復鄒縣，禽鴻儒，山東賊平。					
							貴陽	十二月，賊圍貴陽三百日，糧竭，城中戶十萬，僅存千餘人。					

一六二三	熹宗天啓三年 後金太祖天命七年	定遠 徐州	六月，大雨水，溢田禾、廬舍，溺三百餘人，斃牲畜無算。(圖) 九月，河決青田大龍口、徐、邳、靈、睢河，並淤。	吉安	旱，饑。(圖)	雲南江川、通海、河西	四月，地震，壞民居五百餘所。(圖) 大疫。(圖)	龍里、青巖 永寧、遵義 藺州 普安	正月，安邦彥大敗官軍於陸廣，諸苗見王師失利，復蠭起。 四月，朱燮元連破麻塘坎、觀音庵、青山崖、天蓬洞諸砦，進拔永寧，降賊二萬。副總兵秦衍等攻克遵義，賊遁入舊藺州城。 七月，徐如珂奉檄擣藺州土城，安邦彥遣兵來援，覃懋勳大破之，斬首萬餘級。 魯欽等剿何中尉，張彥方追賊鴨池，賊乘間陷普安。閏十月，王三善自將六萬人渡烏江，次黑石，連敗賊。逼漆山，大敗賊，邦彥狼狽走，進抵大方。尋三善爲賊所敗，自刎死。		正月，紅夷荷蘭據澎湖。 七月，安南寇廣西，何士晉禦卻之。

公曆	年號	天災：水災：災區	災況	旱災：災區	災況	其他災：災區	災況	人禍：內亂：亂區	亂情	外患：患區	患情	其他亂：亂區	亂情	附註
一六二四	熹宗天啓四年 後金太祖天命八年	徐州 雲南 武定、岳陽	六月，奎山堤決，水陷城。（圖） 七月，大雨。 大水。沁澗水溺，田畝成渠。（圖）	湖州 靜樂	一歲兩饑。（圖） 大旱，自春至夏不雨。（圖）	忻州 薊州、永平、山海 保定 麗江 大理	春，地震，多毀廬舍。（圖） 二月，地震，壞城郭、廬舍。 六月，地震，壞城郭，傷人畜。（志） 地震如雷，傾廬舍。（圖） 疫。（圖）	杭州 福甯 平茶 普定	三月，兵變。 五月，兵變，撫定之。 十一月，蔡復一遣晉欽及總兵官劉超拔賊巖頭寨，移師克平茶，斬賊衆五百餘。安邦彥犯普定等處，復一遣兵禦之，斬首二千餘級。參政尹伸擣賊巢，斬千二百級，邦彥勢窘，西奔。官軍直擣賊巢，先後斬千餘級，焚賊巢數十里。 十二月，黎維祺發兵擊莫敬寬，克之。		五月，毛文龍遣將沿鴨綠江越長白山，侵清國東偏，爲守將擊敗，衆盡殲。			

一六二五	熹宗天啓五年 後金太祖天命九年			山西、交城	六月饑。(圖)	濟南	六月，飛蝗蔽天，田禾俱盡。(志)	曲靖、尋甸	正月，晉欽等自織金旋師，賊邀擊，諸營盡潰，死者數千人。六月，蔡復一討破烏粟、螺螄、長田及十五砦叛苗，斬七百餘級。復一遣將大敗苗賊於米墩山，先後斬賊魁五十四人，獲首功二千三百五十，破焚百七十四寨。		正月，清兵取旅順，守將朱國祖戰死。	楊漣、左光斗、魏大中、周朝瑞、袁化中先後死獄中。十一月，高第以關外不可守，盡撤錦州、右屯、大小淩河及松山、杏山、塔山守具，驅屯兵入關，委棄米粟十餘萬，死亡載途，哭聲震野。
				冀、順、保、河	三伏不雨，秋復旱。(志)					鎮番	三月，河套、松山諸部犯鎮番，參將官惟賢等大敗之，斬首二百四十餘級。	
				紹興	大旱。(圖)					耀州、柳河	九月，馬世龍遣將襲耀州，兵敗，死者四百餘人。	
一六二六	熹宗天啓六年 後金太祖天命十年	新安鎮、邳、宿	秋，河決匙頭灣，倒入駱馬湖，自新安鎮抵邳、宿，民居盡沒。	江北、山東	六月，旱。	江北、山東	六月，蝗。	貴州	三月，安邦彦大舉寇貴州，晉欽軍潰，苗兵復助逆，全黔震動。	甯遠	正月，清兵圍甯遠，尋引還。	
		順天、永平	大水，邊垣多圮。霪雨，壞山海關內外城垣，軍民傷者甚衆。(志)	開封	十月，旱。(志)	京師、濟南、東昌、河南一州六縣、天津三衛、宣府、大同、靈邱	地震，天津三衛、宣府、大同俱數十震，死傷慘甚。山西靈邱晝夜數震，月餘方止，城郭廬舍并摧，壓死人民無算。	保甯、廣元	八月，陝西流賊起，由保甯犯廣元。	覺華島	清兵略覺華島，殺參將金冠等及軍數萬。	
				富平	饑。(圖)	開封	十月，蝗。(志)		十二月，安邦彦寇雲南，官軍擊却之。	平川	二月，蒙古犯平川山堡，趙率教擊却之。	
				廣東	大饑。(圖)					鎮番	三月，班記剌麻台吉等犯鎮番，官惟賢擊敗之。	
											五月，毛文龍遣兵襲鞍山驛、撒爾河，均爲	

公曆	年號	天災 水災 災區	水災 災況	旱災 災區	旱災 災況	其他 災區	其他 災況	人禍 內亂 亂區	內亂 亂情	外患 患區	外患 患情	其他 亂區	其他 亂情	附註
		東鹿 延長	七月，大水，傷禾稼。（圖） 大水。（圖）								清兵所御。 十二月，銀定歹成等分道入掠，官軍拒却之。			
一六二七	熹宗天啓七年 後金太祖天聰元年	三江 浙江 山東 江南、吳江 餘姚、縉雲	五月，大水，漂沒民房甚衆。（圖） 七月，大水。 積雨傷禾。（志） 十月，颶風大作，太湖水湧，沒吳江千家。（圖） 大水。（圖）	四川	大旱。（志）	襄陽 河曲	大疫。（圖） 地震，壞屋甚多，經二三月方息，（圖）	澄城	二月，關中饑，白水王二鳩衆入澄城，殺知縣張斗耀，是爲流寇之始。 七月，海賊寇廣東。	安州 義州、鐵山 平壤、黃州 錦州、甯遠	二月，清兵入安州，都司王三桂赴援，陣亡。 三月，清兵克義州，分兵擊文龍於鐵山，文龍敗，兵死者千人，朝鮮兵死者六萬。 清兵直抵中和、平壤、黃州，不戰自潰。 銀定賓兔等由黑水河入寇，官惟賢等大破之。 五月，清兵圍錦州，分兵攻甯遠。	甯遠 前屯	十月，火傷男婦二百餘人。（志）	

一六二八	思宗崇禎元年 後金太祖天聰二年	杭、嘉、紹三府、海甯、蕭山	七月，海嘯，壞民居數萬間，溺數萬人。海甯、蕭山尤甚。（志）	畿輔	夏旱，赤地千里。				七月，川湖兵戍甯遠者以缺餉大譁，餘十三營起應之。八月，袁崇煥聞變馳至，討平之。			公安	七月，火燬文廟，延五千餘家。（志）
		清源	大水。（圖）	山西太平、隰州、永和、蒲州	秋，旱。（圖）			錦州	十月，兵變。				
		漢陽	大水。（圖）	懷集	旱。（圖）			府谷、漢南、階州、安塞、宜州、白水、鄜州、延安、固原	十二月，陝西大饑，民苦加派。府谷賊王嘉允、漢南賊王大梁、階州賊周大旺、安塞賊高迎祥、宜州賊王左桂、飛山虎、大紅狼等一時並起，與白水賊王二等相應，分掠鄜州、延安諸處。延綏缺餉，固原兵劫州庫與賊合。迎祥自稱闖王，大梁自稱大梁王。				
				陝西	饑。延、鞏民相聚爲盜。（志）								
				南平	饑。（圖）								
				鄖陽	旱。（圖）								
一六二九	思宗崇禎二年 後金太祖天聰三年	泗州、睢甯	六月，黃河大決，淹泗州，沒睢甯城。	山西、陝西	饑。（志）			白水、漢南、宜州	二月，參政劉應遇擊斬王二、王大梁，洪承疇亦擊破王左桂。賊稍稍懾，而繼起者益衆。	甘肅	二月，套寇大入甘肅，患蹤豆、創環、大黃山，尋引去。		
		紹興	大風雨，海溢。（圖）	饒州	大饑。（圖）					遵化	十月，清兵入龍井關、大安口。十一月，陷遵		
				蘄水、京山	大饑。（圖）								

公曆	年號	天災：水災 災區	水災 災況	旱災 災區	旱災 災況	其他災 災區	其他災 災況	人禍：內亂 亂區	內亂 亂情	外患 患區	外患 患情	其他禍亂 亂區	其他禍亂 亂情	附註
		漢陽	大水。（圖）					薊州	薊州兵久缺餉，大譁。		化，巡撫王元雅等死之。山海關總兵趙率教聞警馳援，敗績，死之，一軍盡沒。總兵官滿桂帥五千騎入衛，			
								三水	閏四月，流賊犯三水，游擊高從龍戰沒。	順義	次順義，與宣府總兵官侯世祿俱戰敗。袁崇煥督祖大壽、何可綱等入援，次薊州。所歷撫甯、永平、遷安、豐潤、玉田諸城皆留兵守。清兵攻永定門，總兵孫祖壽等戰死，京師大震。			
一六三〇	思宗崇禎三年 後金太祖天聰四年	雲南白井	七月，大雨水溢，壞官、民廬舍，漂沒人口千餘。（圖）	河曲	饑，死亡殆盡。（圖）			宜州、韓城	正月，王左桂、王子順、苗美等攻宜州，不克。轉攻韓城，洪承疇禦之，俘斬三百餘人。	遷安、灤州、撫甯	正月，清兵拔遷安，遂下灤州，分兵攻撫甯，			
		山東	大水。（志）					延安、慶陽	二月，王嘉允掠延安、慶陽。	山海關	史可法等堅守，不下。清兵遂向山海關，至			
										鳳凰店	鳳凰店，副總兵官惟賢等拒戰，互有殺傷。			

	三月，王嘉允從神木渡河，犯山西。時秦地所新饑，民大困。又裁驛站。山、陝游民無所得食，俱從賊。
蒲縣	四月，流賊陷蒲縣。五月，流賊破金鎖關，殺都司王廉。
府谷	六月，王嘉允襲破黃甫川、清水、木瓜三堡。陷府谷，杜文煥擊走之。
米脂	張獻忠聚衆據米脂十八寨，稱八大王，以應嘉允。又有神一元、不沾泥、可天飛、郝臨菴、紅軍友、點燈子、李老柴、混天猴、獨行狼諸賊，所在蜂起。
清澗、懷甯	十月，洪承疇、杜文煥敗張獻忠於清澗。十一月，破賊於懷甯。
河曲	山西總兵官王國樑擊王嘉允於河曲，大

昌黎	清兵還攻撫甯及昌黎，俱不下。清兵據府君、玉皇二山，進攻馬蘭城甚急，金日觀堅守不下。
開平	二月，清兵攻開平，邱禾嘉力拒守，乃引去。復攻牛門、水門，又攻鐵廠。
錦州	七月，清兵圍錦州，邱禾嘉等赴救，賊獲全。

公曆	年號	天災 水災 災區	水災 災況	旱災 災區	旱災 災況	其他 災區	其他 災況	人禍 內亂 亂區	內亂 亂情	外患 患區	外患 患情	其他 亂區	其他 亂情	附註
一六三一	思宗崇禎四年 後金太祖天聰五年			山西太平、大里	饑。(圖) 五月,大旱。	襄垣	五月,雨雹,大如伏牛盈丈,小如拳,斃人畜甚衆。(志)		敗。 十二月,神一元陷新安、甯塞、柳樹澗等堡。					
								保安、慶陽、合水	正月,神一元陷保安。二月,其弟一魁圍慶陽,分兵陷合水。三月,張應昌等擊敗神一魁,慶陽圍解。	大凌、錦州	八月,清兵圍大凌城,孫承宗遣兵赴救,與清兵戰於長山、小凌河間,互有損傷。			
								中部、鄜陽、韓城、宜君、維川	四月,張全昌、趙大允等連破點燈子於中部、鄜陽、韓城,又破別城於宜君、維川,降其魁李應龍。	錦州	清兵薄錦州,吳襄、宋偉出戰不勝。張春會襄、偉兵過小凌河,爲大凌聲援,邱禾嘉遣張洪謨、祖大樂、靳國臣、孟道等進薄大凌城。清兵以二萬騎逆戰,明兵大敗,將士死者無算,春、洪謨等三十三人俱被執。			
								米脂、澄城、宜川、耀州、白水	張應昌擊走不沾泥於米脂。時杜文煥等分剿賊澄城、宜川、耀州、白水,斬首千九百有奇。	杏城	十一月,清兵復攻杏城中左所,城上用炮			
								河曲	曹文詔克河曲,王嘉					

允脫走。

陽城　六月，王嘉允轉掠至陽城、南山，曹文詔追及之，其下斬以降。其黨乃推王自用號紫金梁者爲魁，自用結羣賊老狪狪、曹操、八金剛、掃地王、射塌天、閻正虎、滿天星、破甲錐、邢紅狼、上天龍、蝎子塊、過天星、混世王及高迎祥、張獻忠等三十六營，衆二十餘萬，聚山西。米脂人李自成赴從迎祥，號闖將。

鄜州　七月，王承恩敗賊於鄜州，降賊首上天龍。李老柴、獨行狼攻陷中部，

中部　田近菴以六百人守馬蘭山應之。八月，賀虎臣擊斬賊劉六於慶陽。

慶陽　臨洮總兵官曹文詔

擊，乃退。

公曆年號				
天災	水災	災區		
		災況		
	旱災	災區		
		災況		
	其他災	災區		
		災況		
人禍	內亂	亂區		亂情
				連敗點燈子，降者七百人。
				茹成名黨張孟金、黃友才挾神一魁叛，參政張福臻等擊之，斬首千七百餘級。
			中部	練國事、王承恩圍中部久，慶陽城郝臨菴劉道江援之，會曹文詔西旋與張福臻合勦，大破流賊。
			甘泉	閏十一月，陝西降賊復叛，陷甘泉，時延安、慶陽大雪，民饑，賊益熾。
				流賊譚雄陷安塞，王承恩等擊降雄，斬首五百三十餘級。
			陵縣、臨邑、商河、齊東、	孔有德、李九成、李應元等爲亂，連陷陵縣、臨邑、商河、齊東，尋復
	外患	患區		
		患情		
	其他	亂區		
		亂情		
附註				

公元	年號	地區	災情	地區	災情	地區	災情	地區	人禍	地區	人禍
								德平、青城、新城	圍德平，陷青城，屠新城。		
								宜君、葭州	十二月，流賊陷宜君，又陷葭州。		
								綏德、宜君、清澗、米脂、	洪承疇、張福臻、曹文詔等分剿綏德、宜君、清澗、米脂賊，皆大捷，		
								甯鄉、石樓、稷山、聞喜、河津	張獻忠、羅汝才叛入山西，帥羣賊焚掠甯鄉、石樓、稷山、聞喜、河津間。		
一六三二	思宗崇禎五年 後金太宗天聰六年	京師	六月，大水。	杭、嘉、湖三府	自八月至十月，七旬不雨。			登萊、黃縣	正月，孔有德陷登萊，又陷黃縣。	宣府	七月，清兵入宣府。
		孟津	河決。	淮、揚諸府	饑，流殍載道。（志）			旅順	高成友據旅順，黃龍令尙可喜等擊走之。		
		興化、鹽城	八月，建義諸口築塞未成，河水大發，黃、淮奔注，爲壑。海潮復壞范公隄，死者無算。	河曲	冬，饑，人相食。（圖）			宜君	混天猴陷宜君。		
		順天	九月，霪雨傷稼。（志）					新城	山東總兵官楊御蕃與天津總兵王洪帥師討孔有德，遇賊新城鎮，敗績。		
		蒲州、芮城、安邑、	秋，淫雨四十餘日，損屋害					平度	孔有德圍萊州，分兵陷平度。		
								鄜州	二月，混天猴陷鄜州，郭應響戰死。		
								鎮原	三月，紅軍友、李都司、杜三、楊老柴等屯鎮		

公曆年號	天災：水災：災區	水災：災況	旱災：災區	旱災：災況	其他災：災區	其他災：災況	人禍：內亂：亂區	內亂：亂情	外患：患區	外患：患情	其他禍：亂區	其他禍：亂情	附註
	垣曲	稼。（圖）						原。練國事自涇趙固原，檄楊嘉謨、王性善扼之，賊走慶陽。曹文詔與嘉謨、性善合，大戰，斬千級。餘黨掠武安監，陷華亭，攻莊浪屯、張麻村，官軍掩擊，					
	漢陽	大水。（圖）					慶陽						
							高山	賊走高山。王性善等擊賊，敗之咸甯關，又敗之關上嶺，追至隴安，與楊嘉謨、曹變蛟夾擊，復敗之。					
							隴安	張福臻等討不沾泥，擒之。					
							招遠、萊陽	五月，賊破招遠，圍萊陽，知縣梁衡固守，賊敗去。					
							合水	七月，混天猴攻合水，李卑、馬科追至甘泉山，破之。					
							大甯、隰州、	王自用、混世王、姬關鎖、張獻忠、羅汝才、闖					

澤州	塌天等分道四出，陷大甯、隰州、澤州，全晉震動。
萊州、黃縣、登州	八月，靳國臣、祖大弼、祖寬、陳洪範等分兵三路進擊，孔有德大敗之，斬首萬三千，俘八百，逃散及墮海死者數萬。有德竄歸登州。
福建	九月，海盜劉香寇福建，鄭芝龍擊破之。
濟源、清化、懷慶	流賊入河南，掠濟源、清化，圍懷慶，左良玉將兵往勦之。
浙江	十一月，劉香寇浙江。
隴川、平、鳳	曹文詔、張全昌等擊賊隴川、平、鳳間，三戰三敗之。賊黨殺獨行狼、郝臨菴以降，洪承疇戮四百人，餘散遣，關中稍靖。
平陽	流賊竄入平陽，左良玉入山西禦之。
交城、文水、吳城	賊入磨盤山，分衆爲三，闖王虎據交城、文水，窺太原。刑紅狼、上

公曆	年號	天災						人禍						附註
		水災		旱災		其他災		內亂		外患		其他禍		
		災區	災況	災區	災況	災區	災況	亂區	亂情	患區	患情	亂區	亂情	
								沁州、武鄉、遼州	天龍據吳城,窺汾州。王自用、張獻忠突沁州、武鄉,陷遼州。					
一六三三	思宗崇禎六年　後金太宗天聰七年	廣西宣化	七月大水,灌城丈餘,近河民舍漂蕩殆盡。(圖)	芮城、絳州	饑,斗米銀六錢。(圖)	垣曲、陽城、沁	大疫。(圖)	臨城、順德、眞定	二月,流賊犯畿南,據臨城之西山,大掠順德、眞定間,盧象昇擊卻之。	大城	二月,孔有德、耿仲明遁,官軍遂入大城。陳洪範等克水城,俘千餘人,獲王秉忠及僞將七十五人,自縊及投海死者,不可勝計。			
		蒼梧	大水。(圖)	京師	旱。	高平、遂州	大疫。(圖)	邢臺、武安、	賊自邢臺,靡天嶺西下,抵武安,大敗左良玉兵,遂犯輝縣,知縣張克儉乘城固守,賊不能下,引去。	旅順	有德走旅順,黃龍、周文郁邀擊之,斬首一千有奇,山東平。五月,有德、仲明等降於清。			
		江川	大水,湮沒城垣。(圖)	江西	旱。			五臺、盂、定襄、壽陽	曹文詔斬混世王,五臺、盂、定襄、壽陽賊盡平。	靈州	五月,插漢虎墩兔合套寇五萬騎自清水、橫城分道入犯,進薄靈州,甯夏總兵官賀虎臣戰沒。			
				陝西、山西	大饑。			澤州、潞安	三月,賊從河內上太行,曹文詔大敗之,澤州賊走潞安,文詔又破之,斬首千餘。	旅順、廈門、青港、等處	七月,清兵陷旅順。紅夷襲陷廈門,轉掠青港、荊嶼、石灣。			
				淮、揚	洊饑,有夫妻雉經於樹及投河者。(志)			修武	賊再入河內,左良玉擊走之。					

潤城、平順、榆杜、武鄉	四月，賊屯潤城，其他部陷平順。文詔夜半襲潤城，斬賊千五百。王自用、老狪狪自榆杜走武鄉，過天星走高澤山，文詔皆擊敗之。
	五月，盧象昇與總兵官梁甫連敗賊，斬賊魁十一人，殲其黨，收還男女二萬。
懷慶、彰德、衛輝	六月，河南賊勢甚熾，懷慶、彰德、衛輝三府，焚劫殆徧。命左良玉、李卑等合勦，高迎祥、李自成、張獻忠、羅汝才、老狪狪等俱奔河北合營。
官村、沁河、清化、懷慶、濟源	七月，左艮玉、鄧玘破賊於官村、沁河、清化。曹文詔大敗賊懷慶柴陵村，馘其魁滚地龍，又追斬老狪狪於濟源。

公曆	年號	天災：水災 災區	水災 災況	旱災 災區	旱災 災況	其他災 災區	其他災 災況	人禍：內亂 亂區	內亂 亂情	外患 患區	外患 患情	其他亂 亂區	其他亂 亂情	附註
								濟源、河內、永甯、葉縣 平山、臨城 澠池、伊陽、盧氏、南陽、汝甯、棗陽、當陽	九月，左良玉、湯九州與京營兵共擊賊，良玉敗之濟源、河內，又敗之永甯青山嶺、銀洞溝，又自葉縣追至小武當山，皆斬賊魁甚衆。十月，鄧玘移師畿南，敗賊白草關，賊犯平山，玘敗之紅子店馬種川，賊遁青石嶺，敗之紅澗村、醉漢口，犯臨城，敗之桂嶺魚。十二月，流賊渡河陷澠池，連陷伊陽、盧氏，犯內鄉，分略南陽、汝甯，入棗陽、當陽，陷鄖					

一六三四	
思宗崇禎七年 後金太宗天聰八年	
邛、眉諸州 沛縣 饒州 處州、餘姚	
五月，大水，壞城垣、田舍人畜無算。（志） 六月，河決。 夏，大水，害稼。（圖） 大水。（圖）	
京師 太平、蒲縣、安邑、黃泉、絳州、陽城、隰州、垣曲、蒲州、太原	
饑。 饑，人相食。（圖）	
常州、鎮江 陝西	
四月，雨雹傷麥。（志） 冬，地大震，壞屋傷人不計其數。（圖）	
靈寶 襄陽、興安、紫原、平利、白河、房縣、竹溪、保康 巴、夷陵、興山、夔州、巫山、漢中、大甯、太平	鄖西、上津 吳城鎮
正月，張應昌敗賊於靈寶。 賊自鄖陽渡漢犯襄陽，破洵陽，逼興安，連陷紫陽、平利、白河，由荆州入四川。他賊陷房縣、竹溪、保康。 二月，賊犯歸、巴、夷陵諸處，陷興山、夔州、巫山。他部自漢中犯大甯，圍太平。 三月，老𤞑𤞑、過天星、滿天星、闖塌天、混世	西、上津。 郭元默帥湯九州大敗過天天於吳城鎮，斬首千餘。 鑽天哨、開山斧據永甯關，數年不下，陳奇瑜討破之，斬首千六百有奇。
大同、得勝堡、上方堡、宣府、龍門、新城、赤城、保安、應州	
正月，插漢部長及套寇入犯甯夏，參將卜應第大破之，斬首二百有奇。張伯鯨、王承恩等分道擊破於雙山、魚河二堡，斬首三百。 七月，清兵入大同境，攻拔得勝堡、上方堡，至宣府，張全昌嬰城固守。攻圍龍門、新城、赤城，克保安。圍懷仁，進兵應州。 插漢犯棗園堡，馬世	

公曆年號	天災						人禍						附註
	水災		旱災		其他災		內亂		外患		其他亂		
	災區	災況	災區	災況	災區	災況	亂區	亂情	患區	患情	亂區	亂情	
							均州、汧陽、淅川、商南	王五大營，既昭夔州，阻險，復走還湖廣，分為三，一犯均州，往河南。一犯鄖陽，往淅川。一犯金漆坪，渡河犯商南。		龍大敗之，俘斬一千有奇。 閏八月，清兵入宣府境，克萬全左衛。			
							均州	張應昌擊賊均州五嶺山，敗績，退還河南。楊世恩追敗賊於五湖口。					
							鞏昌、秦州、鳳縣、城固、洋縣、寶雞、汧陽、石泉、漢陰、漢興、商雒	四月，賊自四川入陝西者，由陽平關奔鞏昌，洪承疇禦之秦州，賊遂越兩當，擊破鳳縣，分為二，一犯城固、洋縣，一奔寶雞、汧陽，又東下石泉、漢陰，羣賊悉會漢興，窺商、雒。鍾凌秀餘黨潰入長汀，轉掠江西屬邑，芝龍屢敗之。會福建有					

地區	事件
	紅夷之患，劉香乘之，連犯閩、廣沿海邑。
藍田	五月，賀人龍等敗賊於藍田。
竹山、竹溪、白河	六月，陳奇瑜、盧象昇會師於上津，督將士復竹山、竹溪、白河，分道夾擊賊，大破之。別將楊化麟、李任鳳等分道擊賊，斬首五千六百有奇。賀人龍等追賊至紫陽，死者萬餘人。
鳳翔、麟游、寶雞、扶風、汧陽、乾州、涇陽、醴泉、隆德、靜甯州、	七月，李自成大掠鳳翔、麟游、寶雞、扶風、汧陽、乾州、涇陽、醴泉。閏八月，賊陷隆德，圍靜甯州。

公曆	年號	天災						人禍						附註
		水災		旱災		其他災		內亂		外患		其他亂		
		災區	災況	災區	災況	災區	災況	亂區	亂情	患區	患情	亂區	亂情	
一六三五	思宗崇禎八年　後金太宗天聰九年	處州	大水。(圖)	萬泉、安邑、聞喜	大饑，人相食。(圖)	臨晉　臨縣	大疫，三、四兩月尤甚。(圖) 七月，大冰雹三日，積二尺餘，大如鷄卵，傷稼。蝗。(志)	陳州、靈寶	十一月，李自成陷陳州、靈寶。	朔、忻、代三州	七月，清兵略朔州，直抵忻、代，守將屢敗。			
								磁山	十二有，左良玉遇賊於磁山，大戰數十，追奔百餘里。					
								上蔡、汜水、滎陽、固始、下蔡	正月，賊陷上蔡、汜水、滎陽、固始，拔下蔡。					
								霍邱、壽州、潁水、鳳陽、廬州、巢縣、廬江、無爲、鹿邑、柘城、甯陵、桐城、潛山、太湖、宿松	李自成陷霍邱，他賊燔壽州。獻忠陷潁水，民死難者一百三人。壽州賊陷鳳陽，燔公私邸舍二萬二千六百五十，殺軍民數萬人。獻忠圍攻廬州不下，陷巢縣、廬江、無爲。賊分陷鹿邑、柘城、甯陵，別賊圍桐城，官軍覆沒。賊攻潛山、太湖、宿松。					

地區	記事
新蔡、眞陽、羅田	賊陷新蔡，犯眞陽，陷羅田。
隨州	三月，洪承疇令曹文詔擊賊隨州，追斬首三百八十有奇。
	四月，劉香溺死，賊黨千餘人詣浙江降，海寇盡平。
鳳翔、靜甯、秦州	五月，張獻忠等犯鳳翔，曹文詔自漢中馳赴，賊盡向靜甯、秦安、清水、秦州間，衆且二十萬。
	六月，副總兵文萬年等遇李自成於甯州之襄樂，敗績，士卒死者千餘人。
	曹文詔自甯州進，遇賊眞甯之湫頭鎮，敗績，死之。
商、雒諸州	七月，羣賊南入商、雒，張獻忠等由他道轉突朱陽關，徐來朝一

公曆年號	天災·水災·災區	天災·水災·災況	天災·旱災·災區	天災·旱災·災況	天災·其他災·災區	天災·其他災·災況	人禍·內亂·亂區	人禍·內亂·亂情	人禍·外患·患區	人禍·外患·患情	人禍·其他亂·亂區	人禍·其他亂·亂情	附註
								軍盡沒。尤世威等軍大潰。賊遂越盧氏，奔永甯。					
							永壽、咸陽	八月，李自成陷永壽，尋陷咸陽。					
								高迎祥略武功、扶風以西，李自成略富平、同州以東。					
							臨潼、渭南	九月，洪承疇大敗李自成於臨潼、渭南。					
								張全昌追蝎子塊於沈邸、瓦店，敗績。					
							鳳祥、官亭、乾州	十月，曹變蛟等追高迎祥，與戰鳳翔之官亭，斬首七百級。左光先敗迎祥乾州，斬首三百五十級。					

	一六三六
	思宗崇禎九年 清太宗崇德元年
	處州
	大水，壞民居。（圖）
	南陽 福建 南昌 聞喜、絳州、夏縣
	大饑，有母烹其女者。（志） 四月，大饑。（圖） 大饑。（圖） 饑。（圖）
闓鄉、陝州	廬州、含州、和州、滁州、關山、鳳陽、壽州、考城、儀封、裕州、南陽
十一月，張獻忠、李自成攻闓鄉，不克。尋陷陝州。進攻洛陽，左良玉、祖寬援救，賊乃去。	正月，高迎祥、李自成攻圍廬州，不克。分道陷含山，犯和州，知州黎宏業戰死。自成進圍滁州，盧象昇遣祖寬、羅岱援救，大破賊於關山朱龍橋，橫屍枕藉，水爲不流。賊北趨鳳陽，攻壽州，不克，乃掠考城、儀封而西。二月，賊走登封，左良玉敗之於郜城鎮。走石陽關，副將湯九成戰沒。賊分趨裕州、南陽，陳必謙援南陽，斬賊四百餘級。盧象昇援裕州，大破賊七頂山，殲李自成精騎殆盡。甯夏兵變，殺巡撫都
	寶坻、順義、文安、永清、雄、安肅、定興、安州、定州
	七月，清兵入喜峯口，進圍昌平。清兵陷寶坻、順義、文安、永清、雄、安肅、定興諸縣，及安、定二州。

公曆年號	
天災・水災・災區	
天災・水災・災況	
天災・旱災・災區	
天災・旱災・災況	
天災・其他災・災區	
天災・其他災・災況	
人禍・內亂・亂區	光化、鄖、襄、興安、漢中、鞏昌、澄城、安定、會甯、靜甯、固甯、安定、綏德、米脂　盩厔　隴州、慶陽、鳳翔
人禍・內亂・亂情	御史王楫。三月，賊自光化溜渡漢江，入鄖、襄，分部再入陝西。高迎祥趨興安、漢中，李自成走延綏，犯鞏昌北境。五月，延綏總兵官俞霄擊李自成於安定，敗績，死之。自成進圍綏德，西掠米脂。七月，孫傳庭禽高迎祥於盩厔之黑水峪，磔死。賊黨推李自成爲闖王。八月，李自成出汧、隴，洪承疇敗之於隴州，賊走慶陽、鳳翔，渡渭
人禍・外患・患區	
人禍・外患・患情	
人禍・其他亂・亂區	
人禍・其他亂・亂情	
附註	

									河。				
								南陽	十月，河南賊馬進忠等入淅南，孫傳庭、王家禎合剿於南陽，先後斬首千餘級。				
								襄陽	張獻忠、老回回、蝎子塊並犯襄陽，湖廣震動。				
									十一月，羅汝才等大擾蘄、黃間，副將鄧祖禹等力戰死。				
一六三七	思宗崇禎十年　清太宗崇德二年	敘州	八月，大水。民盡沒。（志）	江西	大旱。	山東、河南	六月，蝗。（志）	襄陽、江浦、六合、安慶、石牌、桐城、黃陂	正月，老回回糾張獻忠、羅汝才諸賊自襄陽東下，分犯江浦、六合、安慶、石牌，尋犯桐城，皆爲官軍所敗，賊還走黃陂，入木蘭山。		四月，清兵攻鐵山，襲破皮島城，金日觀陣沒，士卒死傷者萬餘人。		正月，清征朝鮮，列城悉潰，告急明庭。
				浙江	大饑，父子、兄弟、夫妻相食。（志）			涇陽、三原、秦州	李自成犯涇陽、三原，孫傳庭邀擊破之。自成奔秦州。				二月，清兵破江華，李倧出降，朝鮮遂與明絕。
				文水	饑。（圖）			六合、潛山、桐城、廬州	二月，左良玉大破賊於六合。賊犯潛山，史可法等敗之楓香驛。會劉良佐等屢敗賊				
				兩畿、山西	夏，大旱。								

公曆	年號	天災：水災 災區	天災：水災 災況	天災：旱災 災區	天災：旱災 災況	天災：其他 災區	天災：其他 災況	人禍：內亂 亂區	人禍：內亂 亂情	人禍：外患 患區	人禍：外患 患情	人禍：其他 亂區	人禍：其他 亂情	附註
								六安	於桐城、廬州、六安、江北警少息。					
								隨州	賊陷隨州，知州王𦼮自經死。					
								漢中	四月，小紅狼圍漢中。					
								淅川	賊陷淅川。					
								河南、湖廣	閏四月，牟文綬等援桐城，江北賊皆遁。分犯河南，張獻忠入湖廣。					
								南江、通江、	賊陷南江、通江。					
								川北	五月，李自成寇川北。					
								和州、含山、定遠、六合、天長、瓜州、儀眞、盱眙	七月，賊東陷和州、含山、定遠，襲六合，犯天長，分掠瓜州、儀眞，破盱眙。					
								開封	八月，闖塌天犯開封，參將李春桂戰沒。九月，左良玉敗賊於					

一六三八	思宗崇禎十一年 清太宗崇德三年			兩京、山東、山西、陝西、兩京、山東、河南、陽曲	旱。 六月，大旱。（志） 大饑，斗米銀七錢。（圖）	宣府 兩畿、山東、河南	六月，雨雹，擊殺馬贏四十八匹。 蝗。	虹縣	虹縣。	牆子嶺、青山口	九月，清兵入牆子嶺、青山口，副總兵魯宗文力戰死。		
								漢中	洪承疇敗賊於漢中。	易州、雄州、安肅、保定	十一月，清兵分三路南下，一由淶水攻易，一由新城攻雄，一由定興攻安肅，薄保定。		
								甯羌州	賊寇四川，陷甯羌州。	高陽	清兵陷高陽，詔盧象昇督師勤王，象昇拒戰清兵於鉅鹿，以兵		
								川北	十月，李自成自七盤關入，陷昭化、劍州，又分兵趨潼川、江油、緜州，連陷彰明、安縣、羅江、德陽、漢州、鹽亭、黎雅，尋掠郫縣，陷金堂，進薄成都。				
								鄭州	十二月，孫應元等大破賊鄭州，再破之密縣，先首後斬首千七百。				
								梓潼	正月，洪承疇等擊賊梓潼，斬首五百餘級。四川總兵官羅尚文等亦大破過天星等，賊走還陝西。				
								鄖西	左良玉大破賊於鄖西。				
								舞陽、光山、固始	孫應元、黃得功大破賊舞陽、光山、固始間，斬首二千九百有奇。				

公曆	年號	天災：水災 災區	水災 災況	旱災 災區	旱災 災況	其他災 災區	其他災 災況	人禍：內亂 亂區	內亂 亂情	外患 患區	外患 患情	其他 亂區	其他 亂情	附註
								慶陽、寶雞、合水、延安、鳳翔、澄城	二月，賊犯慶陽、寶雞，孫傳庭擊走之。賊趨鳳翔，偪澄城，傳庭大破之，斬首二千餘級。三月，曹變蛟、賀人龍追李自成，大敗之，斬首六千七百有奇，賊走岷州。	鉅鹿	單餉乏，全軍盡沒。			
								岷州、新野、遂平	孫傳庭大敗賊，過天星、混天星並降。六月，孫應元、黃德功破賊新野，又破之遂平，斬獲三千有奇。七月，河南總兵官張任學擊賊，大破之，斬首一千四百有奇。獲黑虎狼、滿天星，賊奔遂平。					
								均、光、固州	九月，左良玉、陳洪範大破賊於雙溝宮，斬首二千餘級。羅汝才走均州，李萬慶走光固。					

一六三九	思宗崇禎十二年 清太宗崇德四年	德安 浙江	六月，大水。（圖） 十二月，霪雨。（志）	畿南、山東、河南、山西、浙江 河南	旱，饑。 大饑，人相食，盧氏、嵩、伊陽三縣尤甚。（志）	白水、同官、雒南、隴西諸邑千里	八月，雨雹半日乃止，損傷田禾。（志）	鄖陽 興山、太平、大甯 葉、沈邱、光山 興安	五月，張獻忠、羅汝才反，鄖陽諸屬邑城郭爲墟。 七月，張獻忠、羅汝才去房縣西走左良玉追擊之，敗績，棄軍資十萬餘，士卒死者萬人。 八月，張獻忠犯興山、太平，窺大甯。 十月，賀一龍等掠葉，圍沈邱，犯光山，副將萬琮擊敗之，斬首千七百五十。 十二月，賀人龍擊張獻忠於興安，大破之。	山東 松山 甯遠	正月，清兵自德州渡河，下山東州縣十六，執德王由樞，布政使張秉文等死之。 三月，清兵出青山口，畿輔解嚴。 清兵攻松山，副總兵金國鳳多方拒守，終不下，閱四月圍解。 十月，清兵攻甯遠，總兵官金國鳳戰死。		
一六四〇	思宗崇禎十三年 清太宗崇德五年	甯池 浙江 福安	四月至七月，霪雨，田半爲壑。 五月大水。（志） 七月，大水，溺漂廬舍人畜無算。（圖）	兩京、登、青、萊三府 北畿、山東、河南、陝西、山西、浙江、三吳	旱。 饑。自淮而北，至畿南，樹皮食盡，發瘞胔以食。*（志）	會甯 兩京、山東、河南、山西、陝西 畿輔 嚴州	四月，隕霜殺稼。 五月，蝗。（志） 大疫。（圖） 大疫。（圖）	歸州	正月，左良玉合諸軍擊賊於枸坪關，張獻忠遁。 二月，左良玉等大敗賊於瑪瑙山，斬首三千六百二十，墜崖澗者無算。良玉兵斬掃地王曹咸等渠魁十	錦州	五月，清兵犯錦州，洪承疇出關駐甯遠。		*按圖書集成：「山東通志：崇禎十三年自六月不雨，至八月蝗，大饑，羣盜蜂

公曆年號	天災：水災：災區	天災：水災：災況	天災：旱災：災區	天災：旱災：災況	天災：其他：災區	天災：其他：災況	人禍：內亂：亂區	人禍：內亂：亂情	人禍：外患：患區	人禍：外患：患情	人禍：其他：亂區	人禍：其他：亂情	附註
	嚴州	霪雨。(圖)	河南	七月，大旱人相食。	河南	七月，蝗。	大甯、大昌、巫山 夔州 開縣	六人，人龍等降賊將二十五人。獻忠走歸州，參將張應元等大敗之。三月，張令、賀人龍等大敗張獻忠於岢家坪，先後斬首千五百級。順天王一條龍等皆降。四月，羅汝才、惠登相等走大甯、大昌，犯巫山。五月，羅汝才犯夔州，秦良玉敗之馬家賽。六月，羅汝才、惠登相犯開縣，秦良玉大敗之譚家坪，又破之仙寺嶺。賀人龍擊之馬溺溪，共斬首千二百。張獻忠、羅汝才渡江，歸、巫間大震。					起，人相食，草根木皮俱盡。益都、沂水、臨淄、昌樂、蒙陰斗粟二千文。奇荒連歲，斗米萬錢，土寇蜂起，路無行人。泗水縣全屬俱見火光，大饑，赤地千里，土寇四起。」又「陝西通志：崇禎十三年秋，全陝大饑，食木皮石麵皆

地區	人禍
關中、河南、長武、新甯、大竹、羅田	關河大旱，人相食。土寇蜂起，陝西賓開遠、河南李際遇爲之魁，衆至數萬。陷長武、新甯、大竹、羅田。
商城	黃得功等大破革裏眼諸賊於商城之板石畈，五營乞降，尋復叛。
興山、巫山	七月，左良玉等大破羅汝才於豐邑坪，斬首二千三百，生禽五百有奇。汝才走巫山。
夔州	八月，張獻忠大敗官軍於夔州。
大昌、開縣、劍州、廣元、綿州、成都	十月，張獻忠陷大昌，屯開縣，秦良玉趨救不克，所部三萬人死傷略盡，賊陷劍州，趨廣元，屠綿州，偪成都。
什邡、綿竹、安縣、金堂、簡州	賊縱掠什邡、綿竹、安縣、德陽、金堂間，全蜀大震。賊由水道下簡州、資陽，陷仁壽。

盡，父子夫婦相割啖，道殣相望，十死八九。」又「山西通志：崇禎十三年襄垣大饑。」又「馬邑縣志：大饑，升米値銀一錢二分。」又「澤州志：夏無麥，秋無禾，人相食，骸骨遍野。」

公曆	一六四一
年號	思宗崇禎十四年 清太宗崇德六年
天災・水災・災區	福建福州 灊安
天災・水災・災況	五月，大水。（圖） 七月，風潮泛溢，漂溺甚衆。（志） 秋，淫雨。（圖）
天災・旱災・災區	兩京、山＊東、河南、浙江 金壇
天災・旱災・災況	六月，大旱。 民於延慶寺近山，見人云此地深入尺餘，其土可食，如言，取之淘磨爲粉粥而食，取者日衆，又長山十里亦出土堪食，其色青白，類茯苓，又石子潤土黃赤，狀
天災・其他災・災區	汝甯 南陽 兩京、山東、河南、浙江 福州 畿輔 兪都 稷山
天災・其他災・災況	夏，大疫。（圖） 五月，大風拔屋。 蝗。（志） 七月，大風，壞官署、民舍。 大疫。 瘟疫盛行。（圖） 疫，死者相枕籍。（圖）
人禍・內亂・亂區	資陽、仁壽、瀘州 宜陽、永甯、偃師 洛陽 襄陽 開封、密縣 樊城、當陽、郟縣、商城、羅山、息縣、
人禍・內亂・亂情	十二月，張獻忠陷瀘州。 李自成由湖廣走河南，陷宜陽、永甯、偃師。 正月，李自成陷洛陽，殺福王常洵。 二月，張獻忠陷襄陽，殺襄王翊銘及貴陽王常法。 自成攻開封，周王恭枵固守，副將陳永福背城而戰，斬賊首二千，游擊高謙亦斬首七百，乃解去，屠密縣。 張獻忠陷樊城、當陽、郟縣，殘商城、羅山、息縣、信陽，固始，分犯茶山、應城。
人禍・外患・患區	錦州 松山
人禍・外患・患情	三月，清兵圍錦州。以洪承疇爲薊遼總督，率兵援錦州，至松山，爲清兵所破，乃入城固守，清兵圍之。 八月，自杏山迤南，沿海東至塔山，爲清兵所邀擊，蹂躪殺溺無算。吳三桂等遁還，先後喪士卒凡五萬三千七百餘人。
人禍・其他亂・亂區	
人禍・其他亂・亂情	
附註	＊按圖書集成：「畿輔通志：崇禎十四年大饑疫，人相食。」又「山東通志：崇禎十四年，城武大饑疫，村絶人煙，麥熟無主。」又一山西通志：崇禎十

德州

如豬，俗呼觀音粉食之多腹痛隕墜卒枕籍以死。斗米千錢，父子相食，行人斷絕。（志）

信陽、固始、茶山、應城、隨州　四月，張獻忠陷隨州，知州徐世淳力戰死。

山東　六月，山東寇李青山等起。

鄧州、應山、鄖陽　七月，李自成攻鄧州，楊文岳等大破之，獲首功千餘級，賊遁去。張獻忠攻應山、鄖陽，皆不克。

麻城　左良玉破張獻忠於麻城，斬首七百。

鄖、信陽　八月，張獻忠拔鄖西，掠地至信陽，左良玉從南陽追擊，大破之，降其衆數萬，獻忠走免。

新蔡　九月，陝西總督傅宗龍與自成戰於新蔡，敗績，死之。

南陽　十一月，李自成陷南陽，殺唐王聿鏌。乘勝

四年春，大饑，自十三年大饑，到處木皮草根剝掘既盡，復食人，至有父子夫、婦兄弟相食者。」又「河南通志：崇禎十四年，汝甯春大饑，夏大疫，人相食。」

公曆	年號	天災 水災 災區	水災 災況	旱災 災區	旱災 災況	其他災 災區	其他災 災況	人禍 內亂 亂區	內亂 亂情	外患 患區	外患 患情	其他禍 亂區	其他禍 亂情	附註
一六四二	思宗崇禎十五年 清太宗崇德七年	開封	九月，河決城圮，溺死士民數十萬。(志)	陽曲、文水	六月，饑，斗米銀七錢。(圖)	保定、廣平	五月，怪風，麥禾俱傷。(志)		連陷十四城。	松山	二月，清兵破松山，洪承疇降。			
		江西	夏，大水。(圖)	嘉興	大饑，斗米銀四錢，殣相望。(圖)	安邑	六月地震，官、民廬舍俱傾。(圖)	含、巢、潛山、亳州、桐城	十二月，革左二賀陷含、巢、潛山諸縣。獻忠陷亳州，攻桐城。	錦州、杏山、塔山	三月，祖大壽以錦州降於清，杏山、塔山連失，京師大震。			
								開封	李自成攻開封。	薊州	十一月，清兵自牆子嶺入塞，陷薊州，連破畿南郡邑。			
								郾城	二月，李自成攻左良玉於郾城。	山東	十二月，清兵趨曹、濮，連下山東州縣。			
								襄城	陝西總督汪喬年與自成戰於襄城，敗績，死之。					
								西華、陳州、睢州、太康、甯陵、考城、歸德	三月，李自成敗秦師，降秦兵數萬，連陷西華、陳州、睢州、太康、甯陵、考城。破歸德，官民死者甚衆。					
								開封	四月，自成圍開封。					
								舒城	張獻忠破舒城。					
								廬州、和州、含山、巢縣、無爲、六安	五月，張獻忠陷廬州，尋陷和州、含山、巢縣、無爲、六安，南京戒嚴。					

廬江	六月，張獻忠陷廬江
朱仙鎮	七月，左良玉兵潰於朱仙鎮。
六安	張獻忠復陷六安，官軍敗績，江南大震。
安慶	八月，安慶兵變，尋討平。
開封	九月，李自成圍開封。城陷。
潛山	黃得功等大破張獻忠於潛山，獻忠走蘄水。
南陽	十月，李自成大敗張傳庭於南陽，喪士卒數千人。
南陽、登封、新安	李自成並陷南陽、登封、新安。
太湖	十一月，張獻忠襲陷太湖。
汝甯	李自成陷汝甯，屠戮士民數萬，焚公私廨舍殆盡。
襄陽、宜城、棗陽	十二月，李自成陷襄陽，分兵徇襄陽屬邑，

公曆	年號	天災・水災・災區	天災・水災・災況	天災・旱災・災區	天災・旱災・災況	天災・其他災・災區	天災・其他災・災況	人禍・內亂・亂區	人禍・內亂・亂情	人禍・外患・患區	人禍・外患・患情	人禍・其他亂・亂區	人禍・其他亂・亂情	附註
								光化、穀城、均州、鄖陽、保康、安陸、荊州	及德安諸州縣。尋破荊門，陷荊州。					
一六四三	思宗崇禎十六年 清太宗崇德八年	蒼梧	大水。(圖)			陝西、米脂	大疫。(圖) 十一月，地震有聲，民居傾圮無數。(圖)	承天、潛江、京山、雲夢、黃陂、孝感、鄖陽	正月，李自成陷承天，分兵旁掠諸州縣，潛江、京山、雲夢、黃陂、孝感皆陷，攻鄖陽，十日不克。	海州、贛榆、沭陽、豐縣	二月，清兵陷海州、贛榆、沭陽、豐縣。			
								廣濟、蘄州	張獻忠陷廣濟、蘄州。	萊陽	清兵攻陷萊陽，知縣陳顯際等死之。			
								蘄水、武岡	三月，張獻忠陷蘄水、武岡。	螺山	四月，清兵北旋，張國維等邀於螺山，敗績。			
								建德、池陽	左良玉潰兵破建德，劫池陽。	甯遠	十月，清兵薄甯遠，李輔明敗績。			
								漢陽	五月，張獻忠陷漢陽。					
								武昌	張獻忠陷武昌，殺楚王華奎，僭號西王。					
								武昌	八月，左良玉等復武昌。					

咸甯、蒲圻、岳州、長沙、衡陽、澧州　寶慶、寶豐、唐縣、郟縣、襄城　潼關　永州、道州　潼關、西安、華陰、渭南、華州、臨潼、商城　常德、宜州、吉安

獻忠陷咸甯、蒲圻，尋陷岳州、長沙、衡陽，破澧州。

九月，張獻忠陷寶慶。孫傳庭破賊寶豐，遂擣唐縣，進攻郟縣，賊大敗，官軍進偪襄城。尋官軍敗績，士卒死者四萬餘人，失亡兵器輜重數十萬，孫傳庭死之。自成進寇潼關。張獻忠陷永州，劉熙祚不屈死。攻道州，不克。

十月，李自成破潼關，陷西安。張獻忠陷常德、宜州、吉安，連陷永新、安福。

公曆年號	天災						人禍						附註
	水災		旱災		其他災		內亂		外患		其他亂		
	災區	災況	災區	災況	災區	災況	亂區	亂情	患區	患情	亂區	亂情	
							永新、安福、延安、綏德、榆林、甯夏、平涼、蘭州、涼州、莊浪、建昌、撫州、萬載、南豐、甘州、肅州、山丹、永昌、鎮番、西甯、青海、	十一月，李自成陷延安，尋陷綏德。李自成陷榆林，城中婦女死義者數千人。賊乘勝陷甯夏，慶王倬漼被執。屠平涼，韓王亶𡐤被執。賊別將賀錦犯蘭州，肅王識鋐被執，宗人皆死，賊渡河降涼州、莊浪二衛。十二月，張獻忠陷建昌、撫州，尋陷萬載、南豐，廣東大震。賀錦陷甘州，殺居民四萬七千餘人，於是肅州、山丹、永昌、鎮番皆降。攻拔西甯，進掠青海，諸酋多降附。賊					

公元	年號					天災地點	天災情況	人禍地點	人禍情況				資料來源
								平陽	長驅而東拔平陽，殺宗室三百餘人。				
一六四四	思宗崇禎十七年 清順治元年					潞安 吳江	大疫。（圖） 春，疫癘大作，有無病而口噴血即斃者，或全家或一巷，士民枕藉而死。（圖）	河津、稷山、滎河 川中郡邑 東陽、義烏、浦江 汾州、河曲、靜樂、太原、 忻州、安邑、汾陽、代州、固關、大名、彰德	正月，李自成陷河津、稷山、滎河。 張獻忠大破川中郡邑。 東陽諸生許都反，連陷東陽、義烏、浦江，尋討平。 二月，李自成陷汾州，徇河曲、靜樂，尋陷太原。 自成攻代州，周遇吉固守，殺賊無算。會食盡援絕，退守甯武關。別賊陷固關、大名、彰德。賊進寇甯武關，周遇吉力戰死之。大同總兵姜瓖、宣府總兵王承允、居庸關守將唐通皆降。				明紀卷五十七：「正月，李自成稱王於西安，僭國號曰大順，改元永昌。」

公曆年號	天災						人禍						附註
	水災		旱災		其他災		內亂		外患		其他		
	災區	災況	災區	災況	災區	災況	亂區	亂情	患區	患情	亂區	亂情	
							昌平、北京	三月，李自成陷昌平，尋陷京師，毅宗自縊於煤山，民死難者甚衆。					

公曆	年號	天災：水災 災區	水災 災況	旱災 災區	旱災 災況	其他災 災區	其他災 災況	人禍：內亂 亂區	內亂 亂情	外患 患區	外患 患情	其他禍 亂區	其他禍 亂情	附註
一六四四	清世祖順治元年 明福王監國崇禎十七年(1)	東陽 邢台	大水。(稿)(2) 大水。(稿)	荊門 蒼梧 郎縣	春，大饑。(稿) 八月，旱。(稿) 冬，大饑。(稿)	鳳陽 棲霞 懷來、龍門、宣化	地震，皇陵附近廬舍人民坍壞尤甚。(3)(本) 大雪，人凍死。(稿) 四月，隕霜殺麥。(稿) 大疫。(稿)	昌平 京師、山東、山西、河南、陝西 四川成都、湖南、湖北、武昌、荊州 揚州、儀眞 海州、宿遷、河南府、彰	三月，兵變，官、民居舍，焚刼一空。(本) 七月，清軍進擊李自成於定州、眞定、平陽、新安、大同、綏德、河南、洛陽、漢中、保甯、潼關、陝州、靈寶。自成遁西安。清軍分循山東濟南、青州。進兵大同、汾州，山西悉平。(本) 八月，張獻忠陷成都，夔州、巫山。命兵部尚書王應熊率師討之，獻忠旋陷湖南。 九月，總兵黃得功趨揚州，高傑以兵襲儀眞，不克。 十一月，清兵克宿遷，遂下江南。十二月，克河南府。下邳州、贛榆、	京師、山海關、直隸、山東、山西、河南、陝西	四月，總兵吳三桂乞師於滿洲，清軍入關，大破李自成於山海關。十月，清軍入京師。(4) 六月，清軍分掠山東、河南、陝西。待時進取。			(1)按是年三月，明北都亡，思宗殉國。五月，福王監國南京。十月，清主入北京，改元順治。 (2)清史稿。 (3)清史紀事本末。 (4)凡摘錄清鑑者皆不注出處。

公曆	年號	天災：水災 災區	水災 災況	旱災 災區	旱災 災況	其他 災區	其他 災況	人禍：內亂 亂區	內亂 亂情	外患 患區	外患 患情	其他 亂區	其他 亂情	附註
								德、衛輝、徐州	豐、沛、淸甯、夏鎭、濟陽、鄆州。					
一六四五	世祖順治二年 明福王弘光元年 唐王隆武元年	萬載 東安、嵊縣、邢台、棗強、雞澤、單陽 正定	河決考城之劉通口，時河北徙，自午溝至徐州，河身漲涸，至四年，決口始塞。（典）* 六月，河決王家圈。（典） 大水淹沒田禾。（稿） 大水。（稿） 滹沱河溢。（稿）	江西 棗陽、光化、宜城	旱。（志） 大饑，人相食。（稿）	文安	四月，大雨雹，傷麥。（稿）	西安、陝州 漢口、蘄州、九江、彭澤 揚州、瓜州、儀眞、淮安、壽春、徐州、泗州、淮州、鎭江、	二月，清軍克西安，靈寶、潼關、德州、綏德、延安、鄜州、商州、襄陽、武昌、河南、南陽、歸德，上蔡、保德。李自成走湖廣，陝西平。旋定河南。 明左良玉舉兵東下，以討馬士英爲名，旋死于九江 清兵克泗州，進陷揚州，史可法死之。五月，克鎭江，明吏走蘇州，總兵鄭鴻逵蹤兵大掠，遁還閩中。明帝奔太平，清兵進陷南京、蕪湖，擒弘光帝，分徇郡縣。江南平。			河間、灤州、遵化	九月，清收河間等府州田，給旗下人耕種。	*：清朝通典。

蘇州、太平、南京、蕪湖、杭州、嘉興

六月，清兵克杭，明兵部尚書張國維等奉魯王以海稱監國于紹興。唐王聿鍵亦遁入閩中，稱帝福州。

陝西

胡守龍等作亂，清軍平之。

吳縣

明吳縣生員陸世鑰等起兵太湖，敗死。

（本）

太湖、白蕩、西山、長興、崇明、蘇州、湖州、常熟、江甯、宜興、溧陽、江陰、無錫、常州、餘姚、松江、紹興、蕭山、海甯

明主事吳易起兵白蕩。巡撫田仰等以舟師駐崇明沙起事。生員吳福之等起兵太湖。金有鑑起兵長興，拔湖州。提督吳志葵等起兵入蘇州。貢生項志甯等起兵常熟。宗室盛瀝等襲江甯，不克，攻宜興、溧陽。貢生黃毓拱等起兵行塘，應援江陰城守。生員顧果起兵無錫。張龍文起兵常州。僉事

公曆年號	天災						人禍						附註
	水災		旱災		其他災		內亂		外患		其他亂		
	災區	災況	災區	災況	災區	災況	亂區	亂情	患區	患情	亂區	亂情	
							海鹽、餘杭、寗波、東陽、崑山、嘉興、太倉	孫嘉績起兵餘姚。侍郎沈猷龍起兵松江。生員鄭遵謙起兵紹興。巡道顯于起兵富陽。員外郎某起兵寗波。尚書張田維起兵東陽。總兵王佐才、生員顧炎武等據崑山城守。進士黃淳耀、吳之蕃先後起兵嘉定拒守。生員王葚起兵太倉，皆敗。（本）					
							徽州、休寗、績溪、寗國、涇縣、貴池、建德、東流、池州、青陽、旌德	明巡撫邱祖德等起兵寗國，御史金聲舉兵績溪。推官溫璜起兵徽州。郎中尹民興起兵涇縣。貢生吳應箕起兵復建德、東流，攻池州。知縣龐昌允起兵青陽，皆敗。（本）					

嘉興、餘杭	明翰林屠象美起兵嘉興，敗死。參將方元章起兵餘杭，敗死。（本）
建昌	明益王據守建昌，清兵破之，城遂陷。（本）
撫州、贛州、泰和、廬陵、信豐、德興、瑞昌、九江、德化、德安、建昌、峽江、袁州、吉安	明主事曾亨起兵撫州。庶子中允揚廷麟起兵贛州。侍郎劉士楨起兵復泰和、廬陵、信豐。知縣胡定安起兵德興。李含福等起兵德化、瑞昌、九江。郭賢掠起兵德安、建昌，皆敗走。（本）
廣德、湖州、溧陽	明太學生吳源長等起兵廣德，復湖州，旋皆敗死。副將錢國華起兵溧陽。（本）
鹽城、淮安、新化	明諸生司石磐起兵鹽城。王趣林起兵新化，皆敗死。（本）

公曆年號	天災：水災 災區	天災：水災 災況	天災：旱災 災區	天災：旱災 災況	天災：其他災 災區	天災：其他災 災況	人禍：內亂 亂區	人禍：內亂 亂情	人禍：外患 患區	人禍：外患 患情	人禍：其他禍 亂區	人禍：其他禍 亂情	附註
							九江、南昌、瑞州、袁州、撫州、贛州	七月，清兵定江西，明永甯王慈炎敗死建昌。明隆武帝出師征江西，以九千人次衢州，遠近響應。					
							松江、嘉定、江陰、金山、衢	八月，清兵克松江，先後克嘉定、江陰諸城，屠戮極慘，死者無算。					
							桂林	明靖江王亨嘉自稱監國，下梧州，幽巡撫瞿式耜，旋爲粵督丁魁楚所攻，敗退，明帝執殺之。					
							浙江	明魯王以海遣兵攻杭州，不克。					
							襄陽、武昌、鄖州、德安、長沙、湘陰、澧州	九月，清兵入湖廣，李自成死，餘衆皆降于明湖廣總督河騰蛟。					

江南　十月，清兵克徽州、績溪、黃山、旌德、寧國、句容、溧水、高淳，江南民兵悉平。

鳳翔、盩厔、鄠、湄、涇陽、三原、臨潼、澄城、白水、寧夏、甘肅、　十一月，明漢中王及陝西都督孫守法等起兵鳳翔，圖西安。（本）

上高、新昌、寧州、萬載、撫州　十二月，明僉都御史陳泰來起兵江西，尋敗死。（本）

福建、江西　明隆武帝出征江西，次建寧，與清兵戰于婺源，敗績。清兵進北至開化，擒其督師黃道周。

一六四六

世祖順治三年　明唐王

直隸成安等七縣水。＊（志）

湖廣興國等十州縣旱。（志）

寧國、華陽、句容、高淳、　正月，明吳漢超襲寧國，金有鑑攻長興，皆敗死。（本）

＊清朝通志

公曆年號	天災						人禍						附註
	水災		旱災		其他災		內亂		外患		其他		
	災區	災況	災區	災況	災區	災況	亂區	亂情	患區	患情	亂區	亂情	
隆武二年 魯王監國元年	直隸任邱	除直隸任邱縣水淹地租。(典)	江西	旱。(志)			溧水、太平、長興、蘄州	二月，明鎮國將軍常粲起兵蘄州，敗死。(本)					
	阜陽、亳州、兗州、沂州、蒙、濱、高平、臨淄	大水。(稿)	平樂、永安州	大旱，二月至八月始雨。(稿)			吉安、贛州	三月，清兵克吉安，圍贛州。下雩都、梅林、東鄉、安仁、貴溪、瑞州、餘干、萬年					
			台州	自三月不雨，至於五月。(稿)			甯州、興安	孫守法復甯州。至四月，清兵襲之于興安，守法敗死。(本)					
			始興府	自四月至八月不雨。(稿)			奉鄉、新城	明監軍道許文龍兵敗于奉鄉。四月，知縣李翱起兵拒守新城，皆敗死。					
			金華府屬	旱。東陽自四月至九月不雨。(稿)			金山衛	明周瑞起兵長白蕩，旋敗死。張飛遠、吳易先後舉事，皆不克。五月，飛遠襲金山衛，又不克。					
			浦江	旱。(稿)									
			南昌各府	自五月至十月不雨，大旱。(稿)									
			萍鄉、萬載	秋，大旱。(稿)									
			太平、瑞安、崇陽	大饑。(稿)									

浙東	六月，清兵克紹興，明魯王以海遁入海，浙東、紹興、台州、東陽、金華、石浦、舟山、衢州以次定。
建寧、仙霞關、汀州、福寧、浦城、延平、福州、安平、金門、贛州	八月，清兵走建寧，進兵入閩。明隆武帝自延平奔汀州。清兵克延平、汀州，明帝死于福州。清兵分下泉、漳，鄭芝龍降，其子成功走入海，福建平。十月，清兵克贛州，屠城。
肇慶、廣州、潮州、惠州	十一月，明兵部尚書丁魁楚等奉桂王由榔稱帝于肇慶，是爲永曆帝。大學士蘇觀生等奉唐王聿鐭稱帝于廣州，改元紹武。永曆帝遣兵攻之，不克。
廣東	十二月，清兵克廣州，執聿鐭，廣東平。永曆

公曆	一六四七
年號	世祖順治四年　明魯王監國二
天災・水災・災區	萬載、平樂、蕭縣、銅山、望江、無爲、
天災・水災・災況	大水。（稿）
天災・旱災・災區	通州　開化、江山　蘇州、震
天災・旱災・災況	夏，旱。（稿）秋，旱。（稿）大饑。（稿）
天災・其他災・災區	陝西西安、延安等府山陽、商州
天災・其他災・災況	雹。（典）六月，雹蝗。（稿）
人禍・內亂・亂區	四川成都、　興國　江陰　江山、永豐
人禍・內亂・亂情	帝奔梧州。清兵至順慶，張獻忠死，其黨孫可望等潰走鹽亭、遵義、馬乾、重慶、洪雅、松茂、夔、萬、納溪、瀘州、茶江、永寧及保寧二郡，獻忠焚殺至慘，川民幾盡。寨寇柯抱冲作亂，清軍平之。黃毓祺襲江陰，不克。（本）方元章餘衆攻江山破永豐。（本）
人禍・外患・患區	肇慶、桂林、梧州、廣州、平樂、
人禍・外患・患情	正月，清兵克肇慶，明永曆帝奔桂林。清兵分下高雷。二月下平樂，永曆帝奔全州。三
人禍・其他亂・亂區	江寧、西安
人禍・其他亂・亂情	給駐防旗員圈地，江寧人六十至五百八十畝，西安二百十五
附註	

年

桂王永曆元年

阜陽、亳州、瑞安、曲阜、沂水、樂安、汶上、昌樂、邱安、高州、高郵、甯陽
即墨

汶水溢。（稿）六月，暴雨連綿，水與城齊，民舍傾頹無算。（稿）

澤、嘉定、太湖、潛山、石埭、建德、宿松、江山、常山

靜樂、靈石

蝗食禾殆盡。（稿）

高州、雷州、潯州、全州

月，清兵攻桂林，不克。

貴州、楚雄、永昌、曲靖、交水、陸涼、宜良、大理、臨安

二月，雲南土官沙定洲作亂，盤據會城，傳檄州縣，全滇震動。孫可望乘機由貴州入滇，敗定洲于草泥關，屠曲靖、交水，入雲南城，分徇東郡。遣李定國攻下臨安，盡掠其子女，所過無不屠滅，殲處諸郡與獻忠同慘。

長沙、衡州、永州、辰州、道州

三月，清兵徇湖南，克長沙、湘陰。五月，克衡州、永州。

至二百四十畝。（本）

公曆年號	天災：水災：災區	天災：水災：災況	天災：旱災：災區	天災：旱災：災況	天災：其他災：災區	天災：其他災：災況	人禍：內亂：亂區	人禍：內亂：亂情	人禍：外患：患區	人禍：外患：患情	人禍：其他：亂區	人禍：其他：亂情	附註
							海澄、九都（本）廣州、順德、潮州、韶州、惠州南澳、海口、漳浦、崇明、福山、福州武岡、柳州、常德興會、	明鄭成功復海澄。四月，明永曆帝爲其將劉承允劫遷于武岡。五月，明陳都彥攻廣州，敗走。明魯王以海走南澳，累犯海澄、漳浦諸縣，至是，攻崇明、福山。七月，攻漳州、福州，陷連江、長樂諸縣。八月，清兵克武岡，由榔奔柳州。明大學士陳子壯以					

潮陽、廣州、增城、永州、永甯、柳州、象州、九都、泉州、福甯、福清、黎平、全州、沅州、潯州、梧州、平樂、松江	兵攻廣州，敗死。清兵克永州。九月，明永曆帝奔象州。八月，明鄭成功攻泉州，不克。（本）十月，明魯王以海取福甯州。清兵克黎平。十一月，克沅州，進攻全州，不克，取梧州。十二月，明永曆帝還桂林，全州諸將以城降於清。提督吳兆勝謀以松江反正，事敗，被殺。（本）

公曆	年號	水災災區	水災災況	旱災災區	旱災災況	其他災災區	其他災災況	內亂亂區	內亂亂情	外患患區	外患患情	其他亂區	其他亂情	附註
								浦城	明岑本高等起兵浦城，敗死。（本）					
								襄陽、鄖陽、房縣	副將王光泰以襄陽反正，敗走四川。（本）					
								建甯、邵武	明鄖西王復建甯、邵武。（本）					
								懷集	明縣丞徐定國復懷集。（本）					
								遵義	明王祥起兵復遵義。（本）					
								瑞安、甯波	明中書舍人陳世亭起兵復瑞安，兵敗被殺。（本）					
									十二月，御史李長祥等謀復甯波，敗死。（本）					

一六四八	世祖順治五年　明魯王監國三年　桂王永曆二年
五河、平原、汶上、平樂、永安、密雲、獻縣、新河、柏鄉、霸州、武強、平鄉、南和、永年、棗強、密雲、晉州、宿松、建德、潁上、亳州、太平、常山	白河決。大水。（稿）
新城	夏，霪雨六十餘日，水沒城及半。（稿）
莒州、武城、沁水	霪雨百日。（稿）
東平、陵川	大雨，渰禾害稼。（稿）

地區	災情
廣州、鶴慶、高明	春，大饑，人相食。（稿）
饒平	夏，旱。（稿）
惠來、大埔、嘉應州、興寧、陽春、梧州、北流	大饑，斗米可易一子。（稿）
四川	冬，全蜀饑。（稿）

地區	災情
山東	蝗。（典）
夏津、海豐	雨雹，損麥。（稿）
嶌山	雨雹，破屋殺畜。（稿）
無爲州	六月，大風，壞屋拔木。（稿）
海豐	八月，颶風，毀廬舍無算。（稿）

地區	人禍
九江、贛州、南昌、雄韶、都昌	正月，清總兵金聲桓復降于明，引兵踰嶺攻雄韶。
夔州、涪州	明朱容藩稱監國于夔州，尋敗死。
雲陽、靈川、南寧、桂林、柳州、永寧、象州	二月，清兵至靈川，明永曆帝奔南寧。明將郝永忠大掠桂林，走柳州。
興化、永福、長樂、建寧等處	三月，清兵克興化，盡復明魯王以海所取三府一州二十七縣地。
九江、南康、饒州、南昌	清兵克九江、南康、饒州，圍南昌，略定旁郡。
天津	婦人張氏，自稱明天啓后，謀起事，捕殺之。

公曆	年號	天災：水災 災區	水災 災況	旱災 災區	旱災 災況	其他災 災區	其他災 災況	人禍：內亂 亂區	內亂 亂情	外患 患區	外患 患情	其他亂 亂區	其他亂 亂情	附註
		句容	大雨，屋舍傾圮無算。（稿）					安慶、潛山、六安、英山、霍山	明兵部尚書周損等起兵六安，旋敗死。（本）					
								四明、寧波、上虞、天台	明主事王翊復起兵四明，浙東震動，數年始衰。（本）					
								廣東、廣西、梧州、湖南	四月，提督李成掠反正，以廣東復附于明。廣西巡撫耿獻忠亦以梧州反正。五月，明兵克全州，進攻永州，克之。永曆帝移駐肇慶。永、全、衡、寶慶、常德、桃源、澧州、臨武、藍山、道州、靖州、荆門、宣城、武岡、靖州、沅州復附於明。					
								福建、同安、詔安、	五月，鄭成功復同安。八月，清兵克之，屠城。鄭成功復詔安。十月，					

一六四九

世祖順治六年
明魯王監國四年
桂王永曆三年

直隸眞定、順德、廣平、大名四府屬、山西太原、平陽、汾、遼、澤五府　水。（典）

吉州　自春徂夏旱。（稿）
四川　全蜀仍饑。（稿）
瀘陽、平陽　大饑。（稿）

江南蘇、揚、淮、滁、鳳各屬州縣、衞所，及河南磁州、羅山、莊浪　大雨雹，傷稼。（本）四月，隕霜殺

霄雲、　復雲霄。（本）
廬州、蘄州、黃州、霍山　九月，明王爀起兵復廬州，攻霍山，不下。（本）
東流、建德、鄱陽、彭澤、池州　明生員金志達起兵東流，取池州，旋敗歿。（本）
十月，明巡撫李虞夔起兵平陸。十一月，大同、源渾州、平陸、潼關、蒲、解、甯武、榆林、安西總兵姜瓖叛清。
蘭州　明遠長王與同人起兵蘭州，敗死。（本）

湘潭　正月，清兵入湘潭，明大學士何騰蛟死之。
南昌、信豐、瑞州、臨江、袁州、贛州、南康　清兵克南昌，屠城，金聲桓敗死。二月，克信豐，李成棟亦敗死。清兵至南雄城下而還。

公曆年號			
天災	水災	災區	州屬 九江、漢陽、鍾祥 阜陽、鹽城、文安、眞定、順德、廣平、大名、河間 沁水
		災況	大水。（稿） 大水。（稿） 霪雨兩月餘，民舍傾倒。（稿） 淮水漲溢。（稿）
	旱災	災區	
		災況	
	其他	災區	定遠廳 陽信 五河 惠來
		災況	麥。風霾殺禾。（稿） 雨雹，傷麥。（稿） 蝗，害稼。（稿） 五月，狂風晝夜不息，大木盡拔。（稿） 八月，颶風大作，四晝夜不息，毀官署、民舍。（稿） 兩當山崩，壓斃人畜無算。（稿）
人禍	內亂	亂區	大同 衡州、廣西、桂西、富州、橫州 分水關、惠來、海澄 福甯、福安、莆田 辰州、寶慶、沅州、臨海、舟山 南雄、韶州、高州 霍山、舒城、潛山
		亂情	二月，多爾袞征大同。秋，城中食盡，兵民多餓死，其部下斬瓖降。 三月，清兵克衡州。明將胡一青退走廣西，堵允錫走桂陽，逃入富川猺洞。 鄭成功屯分水關，遣將收惠來、海澄。（本） 清兵克福安，明魯王以海走南田。 八月，清兵定湖南，班師。 九月，明魯王以海自健跳所入舟山。 十一月，清使孔有德、耿仲明、尚可喜徇兩廣。十二月，克南雄，守將棄韶州走高州。 明侯應龍等兵敗於將軍寨，死之。（本）
	外患	患區	
		患情	
	其他	亂區	
		亂情	
附註			

一六五	世祖順治七年　明魯王監國五年　桂王永曆四年	漢陽、荆陸口、日照、剡城、蒼梧、遂昌、台州、興安、安康、東阿、東明、茌平、昌邑、石城、梁州、恩縣、堂邑、武定、仙居、撫甯、灤城、安邑	九眞山發水。（稿）齊河決，長清河決。（稿）黃河決。大水。（稿）大水。（稿）七月，大雨二十餘日，傾圮民。（稿）	萬泉、榆林、青田、永甯州、襄垣、萍鄉、阜豐	夏，旱。（稿）饑。（稿）秋，大饑。（稿）冬，饑。（稿）	阜陽、襄陽、漳南、靈台、信陽	二月，大風，拔木覆屋。（稿）四月，隕霜殺麥。（稿）雨雹，傷麥。（稿）	潮陽、廣州、廣遠、三水、全州、桂林、鳳陽、濳山、太湖、揭陽、碣石、潮州、雲霄、詔安、金門、廈門、嘉定、遵義、黎州、雲南府、惠來、	正月，清兵克韶州，明永曆帝奔梧州。鄭成功克潮陽。（本）二月，清兵圍廣州，別軍入廣西，陷全州。十一月，陷廣州。明總督王㸌兵敗被執，安徽平。（本）四月，鄭成功克揭陽之新埠寨。（本）六月，鄭成功攻碣石，圍潮州。清兵復詔浦。八月，鄭成功取金、廈。（本）九月，孫可望兵至貴州，復入蜀，據嘉定。十月，清軍陷惠來，鄭

公曆	年號	天災：水災災區	水災災況	旱災災區	旱災災況	其他災災區	其他災災況	人禍：內亂亂區	內亂亂情	外患患區	外患患情	其他亂區	其他亂情	附註
一六五一	世祖順治八年 明魯王監國六年 桂王永曆五年	蘇州、松江等府 石埭 景州 潛山、望江、旌德、高淳、瑞安、烏程、鎮洋、廣宗、南樂、玉田、邢	水。(志) 大水。(稿) 河決。(稿) 大水。(稿)	江南甯國等府 平湖、袁州、萍鄉、萬載 甘泉、延長、安定 崖州 壽陽、靜東	旱。(志) 春，饑。(稿) 自四月至九月，不雨。(稿) 不雨，逾年三月，乃雨。(稿) 夏，饑。(稿)	汾四	雨雹，牛畜皆傷，麥無遺莖。(稿)	銅山、南澳、閩安 桂林、榕江、南甯、潯州、清遠、藤江、賓州 廈門、平海衛、金門 永州 廣信、邵武 貴溪 都昌、九江、星子	成功收銅山諸島。 十一月，清軍克桂林，明留守瞿式耜死之，永曆帝奔南甯就孫可望。亂卒夜掠潯州，火光燭天。 閏二月，清軍襲入廈門。四月，鄭成功復廈門。(本) 三月，明諸生鄧光達起兵，敗死。(本) 明傅鼎銓招兵廣信，被獲，死。(本) 明揭重熙兵潰貴溪。(本) 明生員吳江再起兵敗死。(本)			嵐縣	七月，火焚民房。(稿)	

台、甯河、南和、潞安	五月，霪雨八十餘日，傷禾稼，房舍傾倒甚多。（稿）
江陰	六月，霪雨六晝夜，禾苗爛死。（稿）
漳浦	五月，鄭成功與清軍戰於漳浦之南溪，大勝。（本）
舟山、金門	八月，清軍克舟山，明魯王以海遁入海中。旋去「監國」號，爲鄭成功所沈。
清遼衞	九月，清兵襲清遼衞。（本）
金州、漳浦、漳州、	十一月，鄭成功與清軍戰於小盈嶺，大破之，遂乘勝復漳浦。（本）
湖州之南潯、吳淞、瀏河、白龍橋	十二月，明義師起事南潯，敗潰白龍橋北。（本）

一六五二	世祖順治九年 明魯王監國七年 桂王永曆六年
邳州	河決水，三日即退。（志）
淮、揚	水。（志）
直隸、山東、河南、山西	戶部侍郎王永吉疏「皆報大水。」（本）
江南	旱。（志）
江南、江蘇、湖廣、浙江	王永吉疏「皆稱大旱。」又大學士洪承疇疏亦云。（本）
銅陵、無	春，旱。（稿）
貴池	正月十五日，地震屋瓦皆飛，江波如盪。（稿）
德州	五月，大雨雹，大者如瓜，殺人沈舟。（本）
海澄	正月，鄭成功復海澄。（本）
瀨湍、羅江、廣南	二月，孫可望刼遷明永曆帝于安隆所。
長泰、漳州、	三月，鄭成功復長泰，進攻漳州。（本）

公曆年號	天災：水災 災區	水災 災況	旱災 災區	旱災 災況	其他災 災區	其他災 災況	人禍：內亂 亂區	內亂 亂情	外患 患區	外患 患情	其他 亂區	其他 亂情	附註
	東流	大潦湖水溢。(稿)	爲、廬江、蕪湖、當塗		武清	大雪，人民凍餒。(稿)	平和、詔安、廣信、邵武、	五月，清兵襲明總督揭重熙于廣信，殺之，					
	樂平、岳陽、平陽、滎河、壽光、昌樂、安邱、高苑、蒙陰、秦州、隴西、烏程、鍾祥、開平、普寧、桐鄉	大水。(稿)	蘇州	春，大饑。(稿)	遵化州	大雪，人畜多凍死。(稿)	鉛山	江左全平。					
			黃陂、孝感、天門	夏，饑，民多爲盜。(稿)	嵐縣	大雨雹，傷禾。(稿)	高州、雷州、廉州、瓊州	六月，清軍克高、雷、廉、瓊。					
			上海	五月，亢旱。(稿)	萬全	大疫。(稿)	欽州、桂林、貴州、衡州、嘉定、全州、梧州、辰州、湘州、潭州、武岡、永寧、敘州、遵義	七月，李定國下桂林、湘、潭俱陷。清主遣其親王尼堪爲將征之。十一月，敗定國於衡州。川、楚、粵復大亂。					
	襄陵	霪雨兩匝月，民舍漂没甚多。(稿)	武强	九月，旱。(稿)									
	濟寧、東平	霪雨害稼。(稿)											

一六五三	世祖順治十年 明魯王監國八年 桂王永曆七年	石首、枝江、松滋、沁水、壽陽、興安、欽州、蘇州、蘇州、安定、白河、陽穀、文登、鎮洋、嘉興、等縣。臨清 保定、文安、大城 直隸、京師	大水。（稿） 五月，大雨十晝夜，平地水深二丈。（稿） 六月，大水。京師沿河一帶，房屋田禾被淹。（本）	直隸、山東、浙江、江南、湖廣等處 ＊ 樂亭、興甯、長東、博羅、陽江、陽春 海甯、 高郵 六安	直隸八府屬、山東二十一州縣、浙江二十二州縣、江南五州縣亢旱。（志） 免直隸房山、湖北襄陽、黃州、荊州、德安、湖南常德、岳州、永州、江蘇揚州、淮安、安徽鳳陽、廬州、山東濟南、東昌各府災田本年租。（典） 夏旱。（稿） 夏饑。（稿） 秋旱。（稿） 冬，饑。（稿）	澄海 保安 西甯 崇陽 海甯 永壽	八月，颶風大作，舟吹陸地，屋飛空中，官署、民房盡毀，壓男婦不計其數。從來颶風未有如此甚者。（稿） 冬，大雪匝月，人有凍死者。（稿） 大雪四十餘日，人多凍死。（稿） 雨雹，人畜樹木多傷。（稿） 雨雹，屋無存瓦，樹無存枝。（稿） 雨雹，大傷禾稼。（稿）	崇明、京口等處 海澄 廣東高、廉、肇、雷、衡、永、湖南廣西、柳州及四會、河口、平東等處	三月，鄭成功入長江。十二月又入崇明。（本） 四月，清兵攻海澄，不克。（本） 李定國進兵攻廣東，陷高、雷、廉府。
									＊據清朝通典（食貨十七）湖北旱災區爲襄陽、黃州、荊州、德安。湖南爲常德、岳州、永州。江南爲安徽之鳳陽、廬州等處。

公曆	年號	天災 水災 災區	水災 災況	旱災 災區	旱災 災況	其他災 災區	其他災 災況	人禍 內亂 亂區	內亂 亂情	外患 患區	外患 患情	其他禍 亂區	其他禍 亂情	附註
一六五四	世祖順治十一年 明桂王永曆八年	武昌、沔陽、興甯、龍川、茌平 亳州	六月，河決大王廟。（本） 大水。（稿） 霪雨，壞民廬舍。（稿）	直隸八府、山東二十一州縣、江南五州縣、浙江二十二州縣衛 天台 襄垣、 沁州 武強 臨榆、樂亭、新樂	旱。（志） 四月，大旱。（稿） 七月，旱。（稿） 十一月，旱。（稿） 饑。（稿）	湖廣天門 陝西漢中※ 灤河 太湖 全椒 興安、安康、白河、紫陽、洵陽、蘭州、鞏昌、慶陽等處	蝗。（典） 雹。（典） 大雪，凍死人畜無算。（稿） 二月，大風，毀城內牌坊。（稿） 六月，颶風大作，屋瓦皆飛。（稿） 地震，聲如雷，壞民舍，壓死人畜甚衆。（稿）	廣信 長江、京口、儀眞、吳淞、江甯、金山、鎮江、登萊諸處 廣州、福興、廈門、金門、泉州、漳州、及其屬縣十邑	正月，明進士徐數時等起兵廣信，敗死。（本） 鄭成功水師入長江，至儀眞、鎮江、瀕京口，登燕子磯，遙祭孝陵。又以沙船至登萊各處，抵高麗而還。（本） 十一月，鄭成功應東李定國軍圍廣州，不克。十二月，下漳州十邑、泉州並諸屬縣，清兵出征。			湖南	十二月，大火，延燒民房萬六千餘戶。（本）	※據清朝文獻通考（國用七）漢中作漢陰。

一六五五	
世祖順治十二年 明桂王永曆九年	
江南、浙江、江西、山東、河南、湖廣、峯州	水。（志） 八月，霪雨不止，田中水深三四尺。（稿）
直隸三十六州縣、衛、江南、浙江、江西、山東、河南、湖廣、山西	旱。(1)（典）
順德	正月，大旱。（稿）
金華屬五州	四月，旱。（稿）
鄒平	五月，旱。（稿）
遂安	自夏徂秋，不雨。（稿）
臨川、沁州	夏，饑。（稿）
昌樂、曲江、湖州、衢州、龍門、開化	八月，大旱。禾盡枯。（稿）
江山、武邑、晉甯	秋，饑。（稿）
陝西五府	地震災。（典）
直隸	夏，蝗、雹。（典）
廣東、	正月，李定國自新會敗走高雷，清兵盡失新會、興業、橫州等二州四縣、貫州、南甯及高、雷、廉三府三州十八縣諸地。
仙遊	鄭成功復仙遊，改中左所爲思明州。（本）
吳淞、舟山、	五月，鄭成功克舟山。(2)（本）
鎭江	
揭陽、普甯、安平、漳州、惠安、南安、同安	六月，成功下揭陽、普甯。清兵南下，成功盡毀安平、漳、惠、南、同諸城，同師廈門。（本）

(1)案清朝通典（卷十七食貨十七賑䘏下災䘏）是年直隸等處旱澇爲災，似未可盡列旱災一門，待攷。

(2)清鑑作十一月事。

公曆	年號	天災：水災 災區	水災 災況	旱災 災區	旱災 災況	其他災 災區	其他災 災況	人禍：內亂 亂區	內亂 亂情	外患 患區	外患 患情	其他亂 亂區	其他亂 亂情	附註
一六五六	世祖順治十三年 明桂王永曆十年	河南衛輝府屬、湖南常德府屬	水。（志）	揭陽、全椒	十月旱。（稿）	直隸新樂、河南彰德	蝗。（典）	南寧、安隆、安南衛、雲南	二月，李定國敗走南寧，奔安隆，奉永曆帝奔雲南。					
		湖北武昌	水。（志）	金華、東陽、永康、武義、湯溪	冬，五縣饑。（稿）	山西大同、陝西清水、洛川二縣、靖遠、洮岷、鳳翔、四衛	雹。（典）	廈門、金門、海澄、閩安、福州	四月，清兵攻金、廈，敗還。六月，鄭成功部將黃梧以海澄叛降于清。七月，成功取閩安、福州。（本）					
		武強、湖州、興寧、萬載、萍鄉、寧都、平湖、烏程、天台	大水。（稿）	章邱、潞城、安平、沁水	春旱。（稿）	西寧	大疫。（稿）	四明、江山	八月，明王江起兵四明山，敗死。趙立言復以餘衆攻江山，克之，俄亦敗死。（本）					
				瓊州	饑。（稿）	保寧府、成州、茂州	四月，地大震。（本）	羅源、寧德	十二月，鄭成功攻羅源、寧德，清兵敗績。（本）					
				揭陽	九月，大旱，深潭俱竭。（稿）	玉田、定陶	蝗。（稿）							
				東安	秋，饑。（稿）									
				烏程	冬，饑。（稿）									
				壽光、玉田、定陶	大旱。（稿）									

一六五七	世祖順治十四年 明桂王永曆十一年	武清、漷二縣 太平、石埭、銅陵、望門、高要、安邱	水。（志） 大水。（稿）	京師 蕭縣、 太湖 涇陽、 商南 樂亭	旱。（志） 五月旱，湖井盡涸。（稿） 八月旱。（稿） 饑。（稿）	京師 武強 昌黎、灤州 直隸霸、薊等七州、寶坻等二十一縣、保安等三衛、梁城一所 陽城 平樂 石門	九月，地大震。（本） 大雪四十日，凍死者相繼於途。（稿） 大雪五十餘日，人有陷雪死者。（稿） 雹。（典） 二月，大風，黃霾蔽天，屋瓦皆飛。（稿） 三月，颶風大作，飛石拔木，民房多傾頹。（稿） 六月，大風，毀民居。（稿）	興化、黃巖、台州、天台、太平、閩安、雲南、貴州	七月，鄭成功攻興化、黃巖，下台州。會閩安有警，回師廈門，復鷗汀寨。（本） 九月，孫可望攻明永曆帝於雲南，敗降于清。十二月，命吳三桂取貴州。	清豐	十月二十七日，空中起火，燒民房數百間。（稿）

公曆	年號	水災災區	水災災況	旱災災區	旱災災況	其他災災區	其他災災況	內亂亂區	內亂亂情	外患患區	外患患情	其他亂亂區	其他亂亂情	附註
一六五八	世祖順治十五年 明桂王永曆十二年	山陽 湖北及浙江之甯、紹二府 台州、臨海、歸州、峽江、蘇州、五河、石埭、舒城、婺源 清甯州、萬泉 儋州	河決朱灣、姚家灣，塞之。（志） 水。（志） 大水。（稿） 二月，淫雨傷麥。（稿） 秋，淫雨七晝夜，田禾多沒，城垣傾圯。（稿）	邢台、交河、清河 昌樂 龍州 永平、撫甯、昌黎、慶雲、雞澤、威縣	大旱、蝗，害稼。（稿） 八月，大旱。（稿） 十一月，旱。逾年四月，乃雨。（稿） 饑。（稿）	直隸蠡、雄等八縣、山西五台、陝西潼關、辛莊谷、屯衛、河南杞縣 浙江甯、紹二府 東昌 高唐 甯波 上虞、龍門	雹。（典） 颶風成災。（典） 四月，隕霜殺麥。（稿） 六月，隕霜殺麥。（稿） 大雨雹，擊斃牛羊，桑葉盡折。（稿） 大雨雹，人畜多擊死。（稿）	貴州、雲南 平陽、瑞安、舟山、象山、羊山	五月，清兵入滇，貴州平。十二月，入雲南府、李定國敗走，明永曆帝奔南昌，復走騰越、雲南平。 七月，鄭成功大舉北上，師次舟山，平陽、瑞安皆降。會遇風船沈而止。九月，復象山。（本）					

公元	紀年	地區	水災	地區	旱災	地區	其他	地區	人禍
一六五九	世祖順治十六年 桂王永曆十三年	江南蘇州、揚州、淮安、徐州、鳳陽等屬、湖北天門、等六縣、貴州、等六府、河南、睢甯、等十四州縣衛	水。（典）	江西四十五州縣、湖南澧州等州縣、貴州貴陽等府屬	旱。（志）	滎河	三月，隕霜殺麥。（稿）	永州	三月，清兵克永州，明永曆帝奔緬甸。
		湖州、信宜、衢州、江山、常山、江陵、仙居、通州、延川、望都、獻縣	大水。（稿）	陽信、海豐、莒州	春，大饑。（稿）	蕃縣	大雨雹，殺麥。（稿）	鎮江、南京、崇明、瓜州、湖蕪、徽、甯太平等四府三州二十四縣、廈門	五月，鄭成功取崇明。六月，下鎮江，圍南京，并力猛攻，成功謁孝陵，張煌言別將出蕪湖，取太平、徽州、甯國等處，江南大震。七月，清兵破之于江甯，成功敗還廈門。張煌言亦敗遁浙江、天台入海。八月，清兵入成都。四川平。
		銅山	秋，霪雨三月餘，禾盡爛死。（稿）	惠來、思州、玉屏、安南	五月，旱。（稿）	膠州	雹傷稼。（稿）	重慶、成都、敘州、沅江	十一月，清兵克沅江。
				膠州	夏，饑。（稿）	新河	雨雹，傷數十人。（稿）		

公曆	年號	天災：水災　災區	災況	旱災　災區	災況	其他災　災區	災況	人禍：內亂　亂區	亂情	外患　患區	患情	其他亂　亂區	亂情	附註
		宿州、虹縣、梧州	大雨數十日，田廬漂沒殆盡。（稿）											
一六六〇	世祖順治十七年 明桂王永曆十四年	河南、睢州、杞縣、虞城、柘城、夏邑	河決。（志）	河南彰德府	旱。（典）	山東、淄川等四縣	偏災。（典）							
		直隸曲陽、新安、豐潤等縣	水。（典）	浙江甯波等二十九縣	旱。（典）	萬全	殞霜殺麥。（稿）							
		江南邳州、蕭縣、宿遷、沭陽等處	水。（志）	三水	春，旱，不雨，至小滿乃雨。（稿）									
		江西鄱陽等四縣	水。（志）	遵化州	夏，饑。（稿）									
		湖北沔陽州、黃梅、廣濟、	水。（典）	京師	六月，旱。（志）									
				鎮海、惠州、天台	秋，旱。（稿）									
				獨山州	大饑，民多餓斃。（稿）									
				灤州	冬，饑。（稿）									

公元	年號	地區	災況
		蘄州等縣	
		和平	五月，大雨，平地水深丈餘，漂沒田廬無算。（稿）
		浙江鄞縣	康熙三十八年，除海潮沖沒田賦，三十九年，除鄞縣坍沒田賦。（注，謹案鄞縣十一都三圖近海田坍，舊有塘牐，禦潮蓄水，順治十七年沖沒。（典）
一六六一	世祖順治十八年 明桂王永曆十五年	直隸霸州、保定、新城等州縣，江西鄱陽等縣，湖北沔陽、	水。（志）
		江南青浦、等二十七縣、衛，浙江二十九縣	旱。（志）
		興甯	春，饑。（稿）
		順德、揭陽	大雨雹，傷人畜，屋瓦皆碎。（稿）
		台灣、安平、赤嵌、登州、萊州、沂州、膠州等八邑	三月，鄭成功克赤嵌。十二月，取台灣。（本）十月，登州于七作亂，討平之。
		緬甸木邦、景綫、錫箔、茶山、猛養、緬城、	十二月，吳三桂率兵至緬甸，緬人執獻明永曆帝于清軍，明亡。

公曆	年號	天災 水災 災區	水災 災況	旱災 災區	旱災 災況	其他災 災區	其他災 災況	人禍 內亂 亂區	內亂 亂情	外患 患區	外患 患情	其他禍 亂區	其他禍 亂情	附註
一六六二	聖祖康熙元年	黃梅、廣濟等州縣、龍川、峽江、河源、平樂、蒼梧、武強、淳安、慶元、南昌、各府	大水。（稿）	甯波、東陽	自夏徂秋，不雨。（稿）	西甯、龍門、宣化、赤城、保安州等處	三月初四日，地大震，人皆眩仆。（稿）					孟艮、三宜、六慰、宜昌	大火，延燒民舍千餘間。（稿）	
		孝感	霪雨殺麥。（稿）	海鹽、壽昌、江陰、東阿、蒲州	旱。（稿）	懷安、榆社	五月，大雨雹，人畜有傷。（稿）					黃崗、荊州	大火，燒民房殆盡。	*疑「東」字誤。
		江南鳳陽、泗州等屬、福建閩縣等十二縣、陝西西安、鳳翔、興安等屬	水。（志）	南籠府	夏，旱，大饑。（稿）	欽州、餘姚	大疫。（稿）					興國	十月火，男婦死者以千計。（稿）	
				餘姚、臨嚴、安州	八月，旱。（稿）									
				桐鄉、臨安	秋，饑。（稿）									
				江西、浙江	旱。（志）									
				昌黎	九月旱。（稿）									
				吳川	大饑。（稿）									

延安　六月，霪雨，壞廬舍。（稿）

山西、河南、直隸、　水。（典）

湖北＊車陽、曲沃、吉州、蕭州、猗氏　八月，霪雨二十餘日，壞城垣、廬舍無算。（稿）

四川建昌等衛　水。（典）

大城　霪雨五晝夜，城垣倒壞十之六七，民房坍塌不下數萬間。（稿）

廣州、荷陽、白河、廣陵、鉅鹿、興化、蕭縣、沛縣、甯州、天門、冀州、阜城　大水。（稿）

海甯　八月初三日，颶風，三晝夜。（稿）

公曆	年號	天災·水災·災區	天災·水災·災況	天災·旱災·災區	天災·旱災·災況	天災·其他·災區	天災·其他·災況	人禍·內亂·亂區	人禍·內亂·亂情	人禍·外患·患區	人禍·外患·患情	人禍·其他·亂區	人禍·其他·亂情	附註
一六六三	聖祖康熙二年	直隸	河間等處以夏潦被水。（典）	江西、浙江、湖北	偏災。（典）	甘肅	雹。（典）	福建、延平等處	二月，土匪王鐵佛作亂，討平之。（本）			海陽、	火燒民舍殆盡。（稿）	＊明史之獄。
		雲南、四川、貴州	偏災。（典）	合肥	二月，饑。（稿）	高苑	四月二十三日，殞霜殺麥。（稿）	廈門、浯嶼、金門	耿繼茂、施琅會荷蘭兵攻鄭經于廈門，克之，復誠嶼、金門二島。			黃崗	五月，殺浙江人莊廷鉞株連死者七十餘人。＊	
		漢中、漢江、交河、永安州、平樂、咸甯、大冶、蘄州、江陵、松滋、公安、枝江、宜都、黃岡、鍾祥、麻城、鉅鹿、浦江、當塗、望江、蒲圻、沔陽、天門、郝穴	大水。（稿）	東莞、鄆城	二月，旱。六月，始雨。（稿）	河州	七月，大雷雨，井溝山崩，壓死居民二十餘口。（稿）	廣西	朧納山民人阿仲作亂，討平之。					
				江陰	四月，旱。（稿）									
				萬載、黃州	五月，旱。（稿）									
				懷來	六月，旱。（稿）									
				保定、羅田、蘄縣	八月，旱。（稿）									

一六六四	聖祖康熙三年	松江、上海等處	水。（志）	江西四十一州縣	旱。（典）	新城、鄒平、陽信、長清、章邱、德平	四月二十三日，隕霜殺麥。（稿）					梧州	四月，府城外大火，焚八百餘家。（稿）
			偏閣河水發。	交河、邢台、內邱、	春，旱。（稿）	益都、博興、高苑、甯津、東昌、慶雲	二十四日，隕霜殺麥。（稿）						
		阜城、萬載、海甯、天門、大埔、延安、昌黎、交河、梧州、餘姚、山陰、山陰、仙居、桐鄉、汾州府屬	大水。（稿）	揭陽		雞澤							
				揭陽	饑。（稿）	臨城	四月，大風傷人。（稿）						
				長山、平原、禹城、臨道、武定、阜陽、鄒縣、費縣、定陶、莘縣、華縣、甯海	夏，旱。（稿）	清河	七月，颶風壞廬舍無算。（稿）						
				交河、甯晉	秋，饑。（稿）	晉州	驟寒，人有凍死者。（稿）						
						玉田、邢台、解州、芮城、益都、壽光、昌樂、安邱、諸城	大寒，人有凍死者。（稿）						
						大杏、石埭、南陵、茌平	大雪四十餘日，民多凍餒。（稿）						

公曆	年號	水災災區	水災災況	旱災災區	旱災災況	其他災災區	其他災災況	內亂亂區	內亂亂情	外患患區	外患患情	其他亂區	其他亂情	附註
一六六五	聖祖康熙四年	安東	河決茆良口等處，至十年以次堵塞。（典）	京師、山東、山西	旱。（典）	山東甯海、棲霞各州縣衛	疫。（典）	貴州	二月，吳三桂征貴陽、水西土司、波羅箐、法地屯土、烏撒、比喇、大方，兩平之。			京山、懷遠	火，焚民房各百四五十家。（稿）	※疑「東」字誤。
		阜陽、望都、鳳陽、平定、景州、肥鄉、湖州、麗水、滓鄉、望都、雞澤、天門、高邑、仁化、平樂、梧州	大水。（稿）	東平、正定、日照	大旱，蝗。（稿）	※車陽	五月，大風雹，雨井至，拔木壞屋。（稿）	雲南、新興、易門、昆陽、甯州、江川、通海、宜良、澂江、嶍峨、彌勒、石屏、廣西州、臨安府城	六月，雲南土酋王耀祖、祿昌賢、祿益、趙印、龍韜等作亂，犯諸府州縣，滇南大震，吳三桂討平之。					
				朝城、城武、恩縣、堂邑、夏津、萊州、東明、靈壽、武邑	春，大旱。（稿）	灤州、東安、昌平、順義	四月十五日，地震二次，房垣皆傾。（稿）							
				曹州、兗州、東昌	大饑。（稿）									
				高密	自三月至次年四月，不雨，大旱。（稿）									
				登州府屬	夏，大旱。（稿）									
				惠來	饑。（稿）									
				文水、平定、壽陽、孟縣、代	七月，旱。（稿）									

一六六六	
聖祖康熙五年	
浙江象山等六縣	水。（典）
州、蒲縣 兗州府、濟甯州	八月，旱。（稿）
懷遠	秋，饑。（稿）
烏城	冬，饑。（稿）
湖北沔陽、黃崗等十二州縣、江西甯州等三十五州縣	旱。（志）
日照、江浦	大旱，蝗。（稿）
揭陽	二月，旱。（稿）
三水	三月，旱。（稿）
鍾祥、大冶	五月，旱。（稿）
甯海、衡州	六月，旱。（稿）
宣平、松陽	秋，大旱，至次年四月始雨。（稿）
江南桃源、贛榆	蝗。（典）
陝西鎮原	雹。（典）
甘肅	霜。（典）
任縣	蝗，傷禾。（稿）
虹縣	七月十七日，地震，城傾數十丈，民舍悉壞。（稿）
澄海	八月，颶風傷稼。（稿）
雲南甯州等縣	正月，祿昌賢作亂，吳三桂討平之。
清陽	火，燒民房千餘間。
鍾祥	火，一月兩次，燒民房各數百家，焚死人畜甚多。（稿）
靈川、嚴州	大火，焚民房殆盡。（稿）

公曆	年號	天災						人禍						附註
		水災		旱災		其他		內亂		外患		其他		
		災區	災況	災區	災況	災區	災況	亂區	亂情	患區	患情	禍區	禍情	
一六六七	聖祖康熙六年	懷來、河間、蠡縣、來陽	大水。(稿)	福建龍溪等五縣	旱。(志)	甘肅寧州等六州縣	疫。(典)	貴州烏撒	二月，苗、蠻叛亂，吳三桂平之。由水西進剿烏撒，蠻疆復定。			海陽	正月，城外田廟火起，延燒民房千餘間，死於火者二百餘人。(1)(稿)	(1)「田」字疑「四」字誤。
				杭州、靈壽、高邑	大旱。蝗害稼。(稿)	信宜	四月，大風，牆垣皆頹。(稿)							
				廣州、惠州、海豐、惠來	春旱。(稿)	香河	六月，雨雹，田禾盡傷。(稿)							
				黃州府屬	四月旱。(稿)	保安州	八月，雨雹，傷人畜。(稿)							
				應山、黃安、蘄水、羅田	五月，大旱。(稿)	宣化、懷來	雹傷禾及人畜。(稿)							
				萬載	自夏徂秋，不雨。(稿)									
				應山	饑。(稿)									
一六六八	聖祖康熙七年	桃源	河決桃源之黃家嘴，次年堵塞。(典)	黃安、羅田、懷安、西寧、龍門	六月旱。(稿)	山東棲霞、沂水	大地震。(本)					鄖陽	三月，火，民舍盡燬。(稿)	(2)據傅運森世界大事年表。
		直隸眞定等五	水。(志)	靜海	七月，旱。(稿)	江南	大地震。(2)					大冶	七月，火，延燒百餘家。(稿)	
				無極	大饑。(稿)	新安	雨雹，屋舍禾					宣化	八月，城內火焚	

（續前）	一六六九
	聖祖康熙八年
十州縣、江南淮、揚二府屬越州、臨城、高邑、安平、永年、蠡縣、黃岩、東清、萍鄉、交河、高平、蒼梧　內邱　房縣	清河　陝西南鄭等處　直隸五十州縣
（越州等）大水。（稿）　（內邱）霪雨，淹沒民舍。（稿）　（房縣）霪雨，傷禾。（稿）	河決清河之三池。（志）　水。（志）　水。（典）
	甘肅莊浪等五縣　海臨
	旱。（典）　七月，旱。（稿）
內邱　東陽　湖州、紹興　瑞安　桐鄉、嵊縣　清河、德清	山東諸縣　山西、直隸　陝西平涼、臨洮、
稼盡傷。（稿）　大疫。（稿）　四月，大風雨，壓倒民居七所，拔木無算。（稿）　六月十七日，地震，壓斃人畜。次日，又震。（稿）　七月，大風，毀城垣、廬舍。（稿）　地震，屋瓦皆落。（稿）　十九日，地震有聲，房舍皆傾。（稿）	地震。（典）　雹。（典）　屢年災荒。（典）
	雲南　台灣
	十二月，阿戎作亂，討平之。（本）　施琅、周全斌進兵台灣，不克而歸。（本）
	海陽
千餘家，次日，城外又焚百餘家。（稿）	二月，西北二廂火，焚民房數百間。（稿）
	※據清朝通典（食貨十七）康熙八年「安徽湖廣偏災之

公曆	年號	天災：水災 災區	水災 災況	旱災 災區	旱災 災況	其他災 災區	其他災 災況	人禍：內亂 亂區	內亂 亂情	外患 患區	外患 患情	其他亂 亂區	其他亂 亂情	附註
		衞				樂昌三府								縣各免賦有差。」未註明何種災，亦未詳其地。
一六七〇	聖祖康熙九年	江南淮、揚等處	水。(志)	直隸開州等十四州縣、山東濟陽等二十九州縣	旱。(志)	海甯	蝗，傷稼。(稿)					平樂	南關火，延燒四十餘家。是年十二月至次年四月火災凡四見。(稿)	(2)疑有脫誤。
		河南、安陽、臨漳	水。(志)	江蘇、安徽、浙江、河南、湖北等凡	旱。(志)	安徽、湖廣	偏災。*(典)							
		浙江臨海、天台	水。(志)			山東濰縣	雹。(典)							
		三水、茂名、化州、房縣	大水。(稿)			陽(2)	蝗，害稼。(稿)							
		淮安、揚州	四月，河決歸仁隄，淮州、二府等處田地悉被淹沒。(本)			濟南	蝗，害稼。(稿)							
		清河	河決清河之王家營等處，自上年以來，清河境內屢決口。(典)			靈州	大疫。(稿)							
		直隸博	水。(典)			安縣	六月，大風拔禾，三晝夜乃息。(稿)							

公元	年號	地區	水災	地區	旱災	地區	蝗災
		野等二十九州縣、江南、蘇、松、淮、揚四府屬、浙江、嘉、湖二府屬、山東之濟甯州		五十七州縣			
		鍾陽、應城、蒲圻、崇陽、枝江、鳳陽、鄞、上虞	大水。（稿）	開州、東明、蠡縣、廣平、任縣、武清、大城、梁州、慶雲、靈壽、沙河、滋州、元城	春，大旱，無麥。（稿）		
				東陽	夏，旱。（稿）		
				羅田			
				棗陽、安陸、德安	冬，大旱。（稿）		
一六七一	聖祖康熙十年	淮安、揚州	水。（志）	鳳陽、廬州、安慶、等府	旱。（志）	江甯、徐海等府州	蝗。（典）
		山東、河南、浙江、湖廣、陝西	水。（志）	浙江臨海、太平、平陽、石門、烏程、	頻年荒歉。（典）	直隸文安、安肅、等州縣	秋，蝗。（典）
		直隸文安、安肅等處	秋，水。（志）	溫州		潮州	秋，蟲生，五色，大如指，長三寸，食稼。（稿）
				霸州、公	春，旱。（稿）		

公曆年號	水災 災區	水災 災況	旱災 災區	旱災 災況	其他災 災區	其他災 災況	內亂 亂區	內亂 亂情	外患 患區	外患 患情	其他亂 亂區	其他亂 亂情	附註
	松滋、宜都、沐陽、石首	大水。（稿）	安、石首、龍山、黃安、麻城、廣清	四月，大旱。（稿）									
	桃源縣	冬十月，河決桃源縣，壞民堤縣壞民堤二百五十丈。（本）	海鹽	夏，大饑。（稿）									
			京師、直隸文安、安肅、等州縣	夏，旱。（志）									
			金華府屬六縣	自五月不雨，至於九月。（稿）									
			湖州	大旱，自五月至九月不雨，溪水盡涸。（稿）									
			桐鄉	大旱，地赤千里。（稿）									
			鄞縣、象山、寧海、天台、仙	六月，旱。（稿）									

				居、烏程、蘭溪			
				齊河、東明、邢台、廣平、江浦、蘇州、鎮洋、任縣、成安	七月，旱。（稿）		
				太湖、新城、唐山、西寧、懷安	八月，旱。（稿）		
				紹興屬八縣	九月，大旱。（稿）		
				臨安、東陽	秋，大饑。（稿）		
一六七二	聖祖康熙十一年	高郵、寶應等十八州縣	六月，河決清水潭，高郵、寶應一十八州縣衞被災。（本）	浙江石門、平陽	旱。（志）	文水	三月，大雪，嚴寒，人多凍死。（稿）
				芮城、	春，旱。（稿）		
				解州		樂安	四月，殞霜殺麥。（稿）
				福山	四月，旱。（稿）		
		巴縣、忠州、酆都、遂寧、平	大水。（稿）	高密	五月，大旱。（稿）	通州	五月，殞霜殺麥。（稿）
				臨朐	八月，旱。（稿）	岢嵐州、	七月，殞霜殺

公曆	年號	天災						人禍						附註
		水災		旱災		其他災		內亂		外患		其他亂		
		災區	災況	災區	災況	災區	災況	亂區	亂情	患區	患情	亂區	亂情	
		欒、永安州、任縣、湖州、宜興、英德、杭州、邢台、宜都、潛江、松滋、太平、烏程		永康、峽江、大冶	饑。（稿）	吉州	禾。（稿）							
				遂安、湯溪	秋，大饑。（稿）	武定、陽信	蝗害稼。（稿）							
						榆林	大風，殺稼。（稿）							
						杭州	雨蟲食穗。（稿）							
						瓊州	颶風大作，官署民房悉去、無存，毀城垣十五丈。（稿）							
						吳川	九月，颶風壞城垣廬舍。（稿）							
						昌化	冬，大雪平地深三尺。（稿）							
一六七三	聖祖康熙十二年	直隸霸州、寶坻等十三州縣、江南六安、	水。*（志）	湖南瀏陽等三縣、浙江、	旱。（志）	山西	饑，遣部臣往賑。（典）	貴州、雲南	十一月，吳三桂反于雲南，貴州巡撫曹申吉等響應之。滇督甘文焜馳至鎮遠，爲叛兵所窇，自殺。			宣縣	九月，被火災四次，燬數百家。（稿）	*清朝通典（卷十七食貨十七蠲賑下）載是年
				仙居		壽光	殞霜殺麥。（稿）							
				揭陽	春、秋，旱。（稿）	新城	大疫。（稿）							

公元	年號	地區	記事	附註
		贛榆等州縣、河南輝縣、高要、蒼梧、虹縣、濟南府屬	大水。(稿)	江南水災僅六安、贛榆等七州縣，與清朝通志異。
		高要	六月，霪雨四日，平地水深數尺，民舍傾圮。(稿)	
		惠來	春，旱。(稿)	
		陽信	夏，旱。(稿)	
		高明、興甯	九月，大旱。(稿)	
		樂亭	大饑。(稿)	
		海陽	正月，颶風拔木壞屋。(稿)	
		廬州	二月十二日，地震聲如雷，屋舍傾倒。(稿)	
		萬載	七月，蟲食禾。(稿)	
		京師	十二月，楊起隆起兵復明，事洩，擒其黨數百人，磔之，起隆亡走。	
一六七四	聖祖康熙十三年	揚州、高郵、寶應、泰州、鳳陽、泗洲、滁州等處	水。(志)	(1)清朝通典(食貨十七)康熙十三年「又直隸、江南五十二州縣水。」地名不詳。
		直隸、江南二十五州縣	水。(1)(典)	(2)清朝通典作水災。
		任縣、萬載、瓊州	大水。(稿)	
		門平	六月，霪雨，陷民居。(稿)	
		興甯、鎮平、京山	春，大饑。(稿)	
		樂陵、許州、剡城、費縣	春，旱。(稿)	
		江西、河南十八州縣	旱。(志)	
		山東、泰安等五十二州縣	旱。(2)(志)	
		濟南	四月，旱。(稿)	
		四川、湖南、安徽、江西	正月，吳三桂遣將徇下四川，別軍下湖南四府一州，川湘一帶，俱爲三桂所有。	
		廣西、桂林、柳州等處	二月，廣四將軍孫延齡反，戕巡撫，舉兵。九月，提督馬雄亦附三桂。	
		福建	三月，耿精忠反，舉兵下延平、邵武、福甯、建甯、汀州等地，全閩皆陷。	
		潮州、	四月，潮州總兵劉進	
		興國	五月，唐村火焚，死二百三十七人。(稿)	

公曆年號	天災 水災 災區	水災 災況	旱災 災區	旱災 災況	其他災 災區	其他災 災況	人禍 內亂 亂區	內亂 亂情	外患 患區	外患 患情	其他禍 亂區	其他禍 亂情	附註
	高明	霪雨，傷損禾稼。(縣志)	府屬				浙江、江西	忠以潮州叛降精忠，遣兵進犯浙江、溫、台、處、金、衢，江西廣信、建昌、饒州等處。					
			高郵、館陶、恩縣	六月，旱。(稿)			襄陽	總兵楊來嘉以穀城叛附吳三桂，鄖陽亦叛。					
			鄖陽、黃安、麻城、羅田	七月，旱。(稿)			南康、都昌、袁州、萍鄉	五月，吳三桂分三路北伐，連下江西三十餘城，與耿精忠合。					
							寧羌、略陽、漢中、興安、秦州	十二月，陝西提督王輔臣叛，附吳三桂，還軍掠甘肅諸州縣。					
							泉、漳、潮屬	鄭經遣將取泉、漳、潮各屬。(本)					

一六七五	聖祖康熙十四年	徐州、宿遷	河決徐州之潘家堂，及宿遷之蔡家樓。（志）	海甯	六月，旱。（稿）	武强	二月，大風，殺稼。（稿）	蒙古察哈爾部、	三月，蒙古察哈爾親王布爾尼叛，進軍張家口。命圖海等出征，大破之于達祿，縱兵大掠，班師，蒙古平。		
		淮、揚、徐、	水。（志）	黃安、羅田	七月，旱。（稿）	冀州	三月二十六日，起異風，自巳至戌，黃霾蔽天，屋瓦皆飛。（稿）	潮、惠、漳、泉州	十月，台灣鄭經合耿精忠陷潮、惠，已而內訌，台兵圍漳州。		
		鳳四屬、五河、新城、蠡縣、肅甯、梧州	大水。（稿）	東光	饑。（稿）	平度、掖縣、萊陽、昌樂、安邱、館陶、濱州、蒲台	四月，隕霜殺麥。（稿）	甯夏	十二月，兵變。明年正月，總兵王進寶討平。		
						冠縣	五月，殞霜殺麥。（稿）	高、廉、雷州、肇慶	吳三桂兵襲高、雷、廉，攻肇慶。		
								荊州、武昌	耿精忠兵犯武昌，		
								衢州、溫州、江山、常山	耿精忠將馬九玉、曾養惟敗于衢州，官兵圍溫州。		

公曆	年號	天災：水災：災區	天災：水災：災況	天災：旱災：災區	天災：旱災：災況	天災：其他災：災區	天災：其他災：災況	人禍：內亂：亂區	人禍：內亂：亂情	人禍：外患：患區	人禍：外患：患情	人禍：其他禍：亂區	人禍：其他禍：亂情	附註
一六七六	聖祖康熙十五年	揚、淮、徐所屬	黃水倒灌洪澤湖，決高堰三十四處。時黃、淮合併，東下，漕堤多潰，十七年，次第堵塞。（志）	興甯	春，旱。（稿）	武強	四月，隕霜殺麥。（稿）	蘭州	正月，王輔臣陷蘭州，總兵王進寶復之，與王輔臣戰于西河，大破之。			太平	七月，城內火，燬民房過半。（稿）	
		海甯	五月，霪雨匝月，傷禾。（稿）	大冶	饑。（稿）	澄海	四月至六月，颶風屢作，壞屋拔木。（稿）	廣東	尚之信叛于廣州，督撫俱響應。					
		潛江、穀城、宜城、白河、永安州、平樂、武昌、大冶、蒲圻、黃陂、孝感、沔陽、廣濟、宜城、天門、梧州、黃岡、江	漢水溢，江決。大水。（稿）	遂平	夏，饑。（稿）	同官	七月，濟塞山崩，壓死四十餘人。（稿）	鄖陽	吳三桂犯鄖陽。					
						咸陽	十一月，大雪深數尺，樹裂井凍。（稿）	松滋、平涼、慶陽、固原	五月，圖海降王輔臣，王進寶敗吳三桂將王屏藩于慶陽、固原，克之，關陝悉平。					
								江山、常山、衢州、饒州、廣信、溫州、福州	官軍與耿精忠戰于浙江、江西，累勝。十月，乘耿、鄭內訌，直搗福州。					

		陵、監利、蘇州、青浦、廣濟、懷集、震澤、南樂							
一六七七	聖祖康熙十六年	高郵、銅山、蕭縣、潛江、望江、河間、安邱、任縣、雞澤、欽州、蒼梧、橫州、潯州	七月，堵塞黃、淮各處決口。（水）大水。（稿）	江西新建、浮梁等十六州縣	旱。（志）	清河	春，風霾四十餘日。（稿）	漳州、海澄等十縣	二月，官軍至漳州，復海澄等十縣。
		高密	七月，霪雨二十餘日，田禾淹沒。（稿）	嘉應州、湖州、萬載	春，大饑。（稿）自五月至七月，不雨，大旱。（稿）	臨淄	六月大雪深數尺，樹本凍死。（稿）	興化、泉州、廈門	鄭經敗于興化、泉州，退守廈門。
				鄖縣、鄖陽、鄖西	夏，大饑。（稿）	武鄉	大雨、雪，禾稼凍死。（稿）	江西、吉安	三月，官軍復吉安，江西平。
						沙河	大雪平地深三尺，凍折樹本無算。（稿）	韶州、南安、南雄、肇慶、高州、雷州、廉州、瓊州、潮州	六月，官軍至韶州，分徇諸郡，廣東平。
						上海、青浦、商州	大疫。（稿）	梧州、潯州、鬱林	八月，官軍復梧州。
						東陽	大風，屋瓦皆飛。（稿）		

公曆	年號	天災・水災・災區	天災・水災・災況	天災・旱災・災區	天災・旱災・災況	天災・其他災・災區	天災・其他災・災況	人禍・內亂・亂區	人禍・內亂・亂情	人禍・外患・患區	人禍・外患・患情	人禍・其他禍・亂區	人禍・其他禍・亂情	附註
一六七八	聖祖康熙十七年	金華	五月，霪雨傷稼。(稿)	東流、壽州、全椒、五河、泰安	春，旱。(稿)	碭山、潁上、銅山	春，隕霜殺麥。(稿)	海澄、長泰、同安、泉州、南安、惠安	五月，鄭經復攻略福建沿海諸郡，七月，據同安等處，進攻泉州。					案是年三月吳三桂稱帝于衡陽，八月死，孫世璠繼之。
		碭山、蕭縣	七月，河決碭山縣石將軍廟及蕭縣九里溝二處。(本)	京師	六月，旱。(志)	連山	雨雹，擊死牛畜。(稿)	彬州、永興	六月，吳三桂陷彬州，攻永興。十一月，官軍復彬州。					
		淮、揚、徐各屬	水。(志)	江南鳳、廬、滁三屬	旱。(志)	海鹽	四月初七日，地震，屋瓦傾覆。(稿)							
		龍川、和平、湖州、欽州、惠來、遂州、合江、任縣、邢台、蕭縣、桐山、延安、平樂	大水。(稿)	桐鄉、嘉定、黃岡	夏，旱。(稿)									
		太平	霪雨，民舍傾圮。(稿)	金華、甯州、高淳	八月，旱。(稿)									
		萊州、膠州	大雨，傷稼。(稿)	曲江	秋，饑。(稿)									

公元	年號
一六七九	聖祖康熙十八年

地區	災情
祁州、蕭宣、漢中、潛江	大水。(稿)
曲沃	霪雨二十五日，城垣、廬舍傾倒無算。(稿)
臨晉	雨二十餘日，民舍盡圮。(稿)
夏縣	霪雨月餘，城垣傾倒，民居損壞，田禾淹沒。(稿)
漢中	霪雨四十日，如傾盆者一晝夜，淹沒民居。(稿)
興安	大雨，田禾盡淹。(稿)

地區	災情
蘇、松、府屬	旱。(志)
正定府屬	饑。(稿)
滿城	春，旱。冬，饑。(稿)
杭州	四月，旱。(稿)
黃安、羅田、宜都、麻城、公安	自五月至八月，不雨，大旱。(稿)
蘇州、崑山、上海、青浦、陽湖、宜興	大旱。溪水涸。(稿)
萊州、平度	六月，旱。(稿)
興甯、長樂、嘉應州、平遠	夏，饑。(稿)
合肥、廬江、巢縣、無爲、舒城、當塗	七月，大旱。(稿)

地區	災情
山東、沂州等十三州縣	饑。(典)
無極	三月，殞霜殺麥。(稿)
通州、三河、平谷、香河、武清、永清、寶坻、固安	七月初九日，地大震，聲響如奔車，如急雷，晝晦如夜，房舍傾倒，壓斃男婦無算。地裂湧黑水甚臭。(稿)
襄垣、武鄉、徐溝	九月，地震數次，民舍盡頹。(稿)

地區	事件
岳州、常德、長沙、衡陽、澧州、湘潭、松滋、枝江、宜都	正月，官軍復岳州、長沙、常德諸府。二月，克衡陽，遂復各縣。
海澄、泉、漳	六月，鄭經遣將陷海澄，圍諸府城。
南甯、柳城、桂林	九月，吳世璠走貴陽，廣西旋復。
巴東、鄖陽、漢中、興安	十一月，官軍復漢中，先已下巴東諸城，至是，盡復各縣。

地區	災情
望江	吉水鎮火災，燔百餘家。(稿)

公曆	年號	天災：水災 災區	天災：水災 災況	天災：旱災 災區	天災：旱災 災況	天災：其他 災區	天災：其他 災況	人禍：內亂 亂區	人禍：內亂 亂情	人禍：外患 患區	人禍：外患 患情	人禍：其他 亂區	人禍：其他 亂情	附註
				臨縣	九月，大旱。（稿）									
				合肥、廬江、巢縣、博興、樂安、臨朐、高苑、昌東、壽光	秋，大饑。（稿）									
一六八〇	聖祖康熙十九年	淮、揚、蘇、常、松、鎮等處	水。（志）	直隸、山東、山西	旱。（志）	直隸、山東、山西	雹。（典）	四川	正月，官軍入成都，四川綿竹、廣元、保寧、夔州、重慶、達州以次平定。			平陽	正月十五日，火，燬民居過半。（稿）	
		廣濟、宜都、宜昌、沂水、蒙陰、滕縣、峽江、湖州	太湖溢，大水。（稿）	江夏	春，大饑。（稿）	榆社	四月，隕霜殺菽。（稿）	海澄、金門、廈門	官軍復金、廈、海澄。			海陽	三月初四日，火，延燒百餘家，死者四十餘人。（稿）	
		高郵	霪雨連旬，壞民舍無算。（稿）	蠡縣	夏旱。（稿）	陽曲	雹，擊死人畜甚多。（稿）	柳州、武宣、陶登	三月，馬承蔭復叛，附吳世璠。五月，官軍合兵討平之。			和平	七月，城外火，延燒百餘家。（稿）	
		長子	大雨四十日（稿）	大同、天鎮	饑。（稿）	蘇州、溧水、青浦	大疫。（稿）	象州、夔州、瀘州、永寧	九月，降人譚宏叛。夔州民變。十月，陷涪州。					
				開建、連州、翁源	秋，旱。（稿）	婺源	六月，青蟲害稼。（稿）							
				萬全	十一月，大旱。冬，饑。（稿）									
				遵化州、滄州	冬，饑。（稿）									

公元	年號	水災地區	水災情況	旱災地區	旱災情況	其他災地區	其他災情況	戰亂地區	戰亂情況			火災地區	火災情況	備註
			不止，城垣傾圮。（稿）											
		蒲縣	霪雨四旬，傷禾。（稿）					敘州、涪州、忠州	十二月，官軍敗之于雲陽，各處悉平。					
一六八一	聖祖康熙二十年	常山、封川、昌化、湯溪、江陵、監利、及新建等十四州縣	大水。（稿）	蘇、松、常、鎮府屬	旱。（志）	晉寧、曲陽	大疫。（稿）	貴陽、曲靖、臨安、永順、姚安、大理	三月，官軍復湖南，貴陽，下曲清，吳世璠走雲南，死拒五華山。九月，事敗，世璠自殺，雲南平。※			溫州	八月，火燔民舍五千餘家。	※案自十三年吳三桂反，三藩共舉兵北上，而孫延齡、王輔臣、鄭經父子，先後響應，至是年始平。互歷九年，蔓延雲、貴、兩湖、兩粵、閩、浙、陝、甘、川十二省。
		階州	七月，大雨月餘，傾倒民房千餘間。（稿）	山西	二月，頒發帑銀二十萬兩，賑山西饑民。（本）	江陵	鼠災，食禾殆盡。（稿）					永嘉	九月，城中大火，燎民舍千餘間。（稿）	
				安邱	春，旱。（稿）	鄖陽	蟲災。（稿）					思州	十月，火，延燒五十餘家。（稿）	
				溫州、寧波	夏，旱，井泉涸。（稿）									
				儋州、永嘉	饑。（稿）									
				奉化	秋、冬無雨，井竭。（稿）									
				黃岩、仙居、太平、義烏	旱，井泉涸。（稿）									
一六八二	聖祖康熙二十一年	揚州、高郵、寶應、泰州、興化等處	大水。（志）	桐鄉	春，饑。（稿）	太平	三月，隕霜殺麥。（稿）					濟寧州	春，城內東偏大火，延及西隅民舍皆盡。（稿）	
				遂東	五月，旱。（稿）	榆次	疫。（稿）							
				博田、北流	九月，旱。（稿）	金華	五月，蟲災。（稿）							

公曆年號	天災 水災 災區	水災 災況	旱災 災區	旱災 災況	其他災 災區	其他災 災況	人禍 內亂 亂區	內亂 亂情	外患 患區	外患 患情	其他亂 亂區	其他亂 亂情	附註
	宿遷 秀水、封川、枝江、建德、嚴州府屬六邑、平樂、蒼梧、建德、震澤、太湖、宿松、鄒平 紹興	五月,河決宿遷之徐家灣,塞之。六月,河決宿遷之蕭家渡。(志) 大水。(稿) 霪雨九旬,禾苗盡淹。(稿)	信宜正定保安州	冬,饑。(稿)	介休	十月初十日,地震,民舍多傾倒。(稿)							

一六八三	聖祖康熙二十二年	永安州、蒼梧藁城、單縣、甯(1)蘇州、青浦、陽湖、石門、天台、太平、衢州、嚴州、台州兗州	大水。（稿）恆雨殺麥。（稿）六月，大雨，平地水深三尺，田廬、苗稼盡淹。（稿）	宜興江西分宜等十七縣衛揭陽黃縣、惠來、普甯汶上、鄒縣兗州、曲沃太平單縣	春，饑。（稿）旱。（志）自正月至四月，不雨。（稿）三月，旱。（稿）夏，旱。（稿）七月，旱。（稿）秋，饑。（稿）	蕭縣恩施靜樂宜城定襄保德州巫山太湖	三月，重霧傷麥。（稿）四月，蟲災。（稿）七月，殞霜殺禾。（稿）大疫。（稿）七月初五日，地震壓斃千餘人。（稿）十月初五日，地震人有壓斃者。（稿）大雪，樹多凍死。（稿）大雪，嚴寒人有凍死者。（稿）	台灣澎湖	六月，福建水師提督施琅出海攻澎湖，下之。八月，入台灣，鄭克塽降。(2)	愛琿、雅克薩	俄兵自雅克薩侵我愛琿，我兵船迎擊，俘其全軍。	(1)疑有闕文。(2)案鄭氏自順治十八年，成功逐荷蘭人，據台灣獨立，傳三世，歷二十三年，至是亡，台灣遂入中國版圖，設台灣府，統台灣、諸羅、鳳山三縣。
一六八四	聖祖康熙二十三年	銅陵、東昌、甯州、莘縣、東安、藁城、昌樂	大水。（稿）夏，霪雨害稼。（稿）	直隸邢臺等二十州縣、湖北江夏等十五州縣	旱。（志）	儀徵、靜甯州	四月，殞霜殺麥。（稿）					

公曆	年號	水災災區	水災災況	旱災災區	旱災災況	其他災災區	其他災災況	內亂亂區	內亂亂情	外患患區	外患患情	其他亂亂區	其他亂亂情	附註
		隰州	八月，霪雨五十餘日，壞民舍甚多。（稿）	河南	饑。（本）									
				直隸清甯州、剡州、費縣	春，饑。（稿）									
				彭水、璧山、蓬州等處	自五月至八月不雨。（稿）									
					六月，鄰水、興安、漢陽、安邑、洵陽、綏德州、秦州旱。（稿）									
				邢台、棗强、獲鹿、井陘、鄷都、遂甯、巫山	秋，旱。井涸。（稿）									
				巴縣、江安、羅田	秋，饑。（稿）									
一六八五	聖祖康熙二十四年	直隸河間、獻縣等縣、江	重罹水災。（志）	安定	春，旱。（稿）	定陶	四月，烈風寒雨，人有凍死者。（稿）			雅克薩	正月，我軍規復雅克薩，水陸大勝，毀其城而歸。明年九月，和議			
				瑞安、曲江、樂昌	春、夏不雨，井泉竭。（稿）									

南宿遷、興化、邳州、高郵、鹽城等州縣、山東郯城、魚臺等縣		沛縣	饑。（稿）	成。二十八年，訂尼布楚條約。
		蒙古	饑。（典）	
		淮揚	饑。（本）	
江夏、通城、黃岡、新水、麻城、黃陂、黃梅、廣濟、羅田、鍾祥、沔陽、荊州、江陵、監利、孝感、蒲圻、公安、高苑、安平、武強	大水。（稿）			
靈壽	六月，霪雨害稼。（稿）			
固安	大雨，壞民舍。（稿）			

公曆	年號	天災						人禍						附註
		水災		旱災		其他		內亂		外患		其他		
		災區	災況	災區	災況	災區	災況	亂區	亂情	患區	患情	亂區	亂情	
一六八六	聖祖康熙二十五年	常山、欒安、壽光、昌樂、蓬萊、台州、薊州	大水。（稿）	鳳陽、徐州等處	旱。（志）							六合	四月，南門火，焚市廛數百間。（稿）	
				恭城	自五月至八月不雨。大饑。（稿）									
		宣平	四月，大雨五日，漂沒田廬，溺殺無算。（稿）	沁州、普州城、饒陽	六月，旱。（稿）									
		麗水	大雨四晝夜，漂沒廬舍無算。（稿）	藁城	旱。冬，大饑。（稿）									
		處州	閏四月，大雨，水高於城丈餘。（稿）	孝感、黃安、麻城	七月，旱。（稿）									
		青州	六月，霪雨傷稼。（稿）											
		瓊州	十一月，大雨連日如注，民舍多圮。（稿）											

公元	年號	地區	水災	地區	旱災	地區	其他災害	地區	兵亂			地區	火災
一六八七	聖祖康熙二十六年	直隸霸州、文安、保定、武清、寶坻、玉田、豐潤等州縣、江南淮、揚二府屬	水。(志)	江西宜春等十縣	旱。(志)	平樂、蒼梧	六月，大風，拔木、壞屋。(稿)					平陽	城樓火，燔百餘家。(稿)
		高明、連州、震澤、高苑	大水。(稿)	樂昌	四月，旱。(稿)	蘇州、崑山、武進	七月，大風傷禾。(稿)						
		新城	六月，霪雨害稼。(稿)	嚴州	自五月至八月，不雨，禾苗盡槁。(稿)								
		章邱	七月，霪雨四十日，民舍傾圮千餘間。(稿)	京師	五月，旱。(志)								
				鄱陽	夏、秋大旱。(稿)								
				開建、鶴慶、海豐	七月，旱。(稿)								
				博興	大饑。(稿)								
一六八八	聖祖康熙二十七年	江南興化、亳州、邳州等州縣	水。(志)	瑞安	自夏徂秋，不雨。(稿)	雲南劍川州	地震，屋圮傷人。(典)	武昌、嘉興、咸甯、蒲圻、漢陽、黃州、黃崗	六月，兵變，巡撫、布政使死之，叛兵陷嘉魚、濮等縣。七月，官軍復黃州，與戰，大破之，進攻武昌，擒其首領夏逢龍于黃崗，亂平。(稿)			婺源	八月，火延燒五十餘家。(稿)
		澄海、澤州、定遠、廳	大水。(稿)	湖州、甯州	旱。(稿)	都昌	大雪，寒異常，江水凍合。(稿)						
				蔚州	秋，饑。(稿)	臨潼	三月，隕霜殺麥。(稿)						

公曆	年號	天災：水災 災區	水災 災況	旱災 災區	旱災 災況	其他 災區	其他 災況	人禍：內亂 亂區	內亂 亂情	外患 患區	外患 患情	其他 亂區	其他 亂情	附註
						岳陽	七月，隕霜殺禾。(稿)							
						蘇州、青浦	蟲災。(稿)							
一六八九	聖祖康熙二十八年	江南邳州等九州縣	水。(志)	高邑、文登	春，饑。(稿)	衢州	大雪，寒異常。(稿)							※清史稿災異志：「二十八年，羅田、石首、枝江旱，自五月至九月不雨，宣平自夏徂秋旱，井泉涸。六月，萬全、景州、清苑、新安、獻縣、東光、普州、曲陽、武强、沙河旱。秋，開建、應城旱。河
		永安州、平樂、河源	大水。(稿)	京師暨直隸順天、保定、河間、冀定、順德、廣平、大名及宣化各府屬	六月，旱。(志)	恩縣	五月，異風，損壞城樓，吹倒石坊。(稿)							
		惠來	四月，大雨，廬舍淹沒無算。(稿)	湖北武昌等四府屬二十州縣、四衛、荊州、安陸	旱。(典)									

				等二府屬九州縣四衛、江西甯州、袁州等三十二州縣衛										水涸。
				潛江	夏，大饑。（稿）									
				龍門	秋，饑。（稿）									
一六九〇	聖祖康熙二十九年	江南六合等十五州縣、衛、浙江紹興府屬	水。（志）	山西太原、大同二府屬、河南開封、彰德、衛輝、懷慶四府屬、甘肅涼州等衛	旱。（志）	高淳、武進	大雪，樹多凍死。（稿）	蒙古準噶爾部、內蒙古諸部、科布多	六月，準噶爾部噶爾丹入寇，假索土謝圖汗爲名，詔親征，分兩路出師。準部大舉東侵，距京師僅七百里。八月，大破之于烏蘭布通，噶爾丹謝罪請和。			酆部	七月二十八日，城內大火，民居盡燬。（稿）	
		雲南新興、河陽二縣	水。（稿）	直隸順天、保定、河間、眞定、順德、	災。（典）	廬江	大寒，竹木多凍死。（稿）							
		餘姚、諸暨、上虞、薊州、寶坻	大水。（稿）			當塗	橘橙凍死。（稿）							
		湖州	大雨一月，田			阜陽	大雪，江河凍，舟楫不通，三月始消。							
						宜都	大雪，樹飛鳥墜地死。（稿）							
						竹谿	大雪，平地四五尺，河水凍。（稿）							

公曆	年號	水災 災區	水災 災況	旱災 災區	旱災 災況	其他災 災區	其他災 災況	內亂 亂區	內亂 亂情	外患 患區	外患 患情	其他禍 亂區	其他禍 亂情	附註
			廬俱損。(稿)	廣平大名、宣化各屬湖北	四月，全境旱。(稿)	三水	大雪，樹俱枯。(稿)							
		紹興	七月大雨彌月，平地水深丈餘，漂沒田廬、人畜無算。(稿)	東平	六月，旱。(稿)	海陽	大寒，凍斃人畜。(稿)							
				竹溪	自夏徂秋旱。(稿)	揭陽	大雪，死樹。(稿)							
				黃岡、黃安、羅田、蘄州、黃梅、廣濟	夏，饑。(稿)	澄海	大雨、雪，牛馬凍斃。(稿)							
				襄垣、長子、平順	秋，饑。(稿)	沁水	四月，白黑蟲食禾。(稿)							
						六安	五月二十六日夜，狂風暴起，屋瓦皆飛，大木盡拔。(稿)							
一六九一	聖祖康熙三十年	雲南昆明等十州縣	水。(志)	陝西西安、鳳翔二府屬	旱。(志)	陝西	蝗。(典)			俄儸、向克、喀爾喀、墨爾根、濟農、多論泊及外蒙	噶爾丹復自喀爾喀等處入寇，詔戒備，駐軍張家口及大同。四月，帝巡邊，五日至多論泊，受諸部朝，外蒙悉平。	平樂	十月，火，延燒二百餘家。(稿)	*案清史稿災異志是年霜災，武進、龍川時令倒次，疑原文有脫誤。
		永甯	河決，淹沒田二百餘頃。(稿)	直隸七十七州縣、河南二十三	旱。(典)	江南興化	蝗。(典)							
		介休	霪雨，東城圮			房縣	酷寒，人多凍死。(稿)							
						萬載	三月，青蟲食禾。(稿)							

公元	年號	水災地點	水災情況	旱災地點	旱災情況	其他地點	其他情況
			數十丈。(稿)	州縣			四月，大風，屋瓦皆飛。(稿)
		湖州	霪雨害稼。(稿)	開平、揚陽、代州	春，旱。(稿)	江浦	
				昌邑	饑。(稿)	龍川	六月，龍川殺禾。(稿)
				陽春	自正月至四月，不雨。(稿)	武進	八月，隕霜殺稼。(稿) ※
				介休	五月，旱。(稿)		
				邢台、懷安	七月，旱。(稿)		
				順天府、保安州、正定	秋，饑。(稿)		
							三部
一六九二	聖祖康熙三十一年	沭陽	水。(志)	山西蒲州、解州、等州縣、江南六合等十三州縣、陝西西安、鳳翔、等屬	旱。(志)	山西臨晉、榮陽二縣	雹。(典)
		新城、新安、鄒平、嘉定、眉州、緜州、灌縣、新津、威遠、新市	大水。(稿)	洪洞、臨汾、襄陵	春，饑。(稿)	陝西西安	疫。(典)
		鎮安	霪雨害稼。(稿)	臨潼	三月，旱。(稿)	鄖陽、房縣、廣宗、富平、同官、陝西鳳陽、靜甯	大疫。(稿)
						蓬萊	正月，大風，拔

公曆	年號	天災						人禍						附註
		水災		旱災		其他災		內亂		外患		其他禍		
		災區	災況	災區	災況	災區	災況	亂區	亂情	患區	患情	亂區	亂情	
							禾毀屋。（稿）							
一六九三	聖祖康熙三十二年	直隸順天、保定、河間、永平四府	水。（志）	孝感	夏，旱。（稿）	沛縣	二月，大風拔木毀屋。（稿）					鎮安府	夏，府署火，延燒民居數十間。（稿）	
		陽高、高郵	大水。（稿）	富平、厔盩、涇陽	饑。（稿）	山西平陽、澤州、沁州	蝗。（典）					平陽	九月，東門外火，燔數十家。（稿）	
				清浦	九月，旱。（稿）	德平	大疫。（稿）							
				陝西	秋，饑。（稿）	海豐	三月十九日，地震二十日，又大震，壞民舍。（稿）							
				陝西西安、鳳翔等屬，山西平陽、澤州、沁州屬	旱。（典）	營山	六月，大風拔木，風過林木如焚。（稿）							
				杭州、嘉興、海鹽	自春徂夏大旱，盡稿。（稿）									
				桐鄉	六月，旱。（稿）									
				慶陽	夏，饑。（稿）									
				震澤、崑山、嘉定、青浦、丹陽	七月大旱，河水涸。（稿）									
				湖州	秋，饑。（稿）									

一六九四	聖祖康熙三十三年	福建閩清等縣 銅山、陽湖、高郵、東明 鄒平	水。（志） 大水。（稿） 十月，霪雨害稼。（稿）	直隸安州等十一州縣、湖廣黃州府屬、黃岡等州縣、武昌府屬、江夏等州縣＊ 沙河	旱。（志） 饑。（稿）	懷來 汶上 湖州、桐鄉、瓊州 鄒平	八月，隕霜殺稼。（稿） 雹，擊死數人。（稿） 大疫。（稿） 十月十六日，怪風吹倒城垜六座。（稿）			＊清史稿災異志「三十三年秋，黃岡、蘄水、黃大、廣濟、江夏、武昌、興國、大冶旱。」
一六九五	聖祖康熙三十四年	山西河津、滎河 湖州、桐鄉、澄海、公安、三水、東安、 霑澤、盧龍 房縣 蘇州、青浦	水。（志） 大水。（稿） 四月，大雨，壞城垣百餘丈。（稿） 五月，霜雨傷麥。（稿） 六月，霪雨傷稼。（稿）	山西平陽府屬、江西新淦、建昌、南康等縣 長寧、馬邑 永寧州、臨縣 畢節	旱。（志） 夏，旱。（稿） 秋，旱。（稿） 饑。（稿）	直隸宣化府屬 山西平陽 孟縣、嵐縣、永寧州、中衛、絳縣、垣曲 光化、滕縣、恩縣、邱縣、徐溝、太平、襄陵、孟	霜災。（典） 地震。（典） 隕霜殺禾。（稿） 四月初六日，地大震。其臨汾以下諸邑震尤甚。壞廬舍十之五，壓	巴賴布通	十月，噶爾丹入寇十一日，大軍出科爾沁及甘肅、寧夏。	

公曆	年號	天災						人禍						附註
		水災		旱災		其他災		內亂		外患		其他亂		
		災區	災況	災區	災況	災區	災況	亂區	亂情	患區	患情	亂區	亂情	
						蠡、交城、臨汾、翼城、浮山、安邑、平陸	斃萬餘人。(稿)							
一六九六	聖祖康熙三十五年	長山	春，霪雨害稼。(稿)	台州	四月，旱。(稿)	京師	正月，九月，十二月均地震。(稿)	科圖、克魯倫河、猛納蘭山、巴顏烏蘭、拖諾山、昭莫多	二月，帝親征出獨石北口。五月，大將軍費揚古大破噶爾丹于昭莫多，勒石紀功，自歸化城班師。(稿)			江夏	火，起自火藥庫，死者無算。(稿)	
		定州	大雨八晝夜，傷稼。(稿)	靜樂、	五月，旱。(稿)	靜甯、介休、沁州、沁源、臨縣、陵川、和順、延安	隕霜殺稼。(稿)	台南、新港	吳球肇亂。(全)					
		江南淮、揚、徐等處	黃、淮秋漲水。(志)	衢州、長甯、新安等禾城	夏，饑。(稿)	桐鄉、石門、嘉興、湖州	七月二十三日，颶風大作，民居傾覆壓傷人畜甚多。(稿)							
		直隸三十二州縣，湖北九州縣衛	水。(志)	永安州、平樂、蒼梧	秋，旱。(稿)	海州	八月十一日，海州大風雨，							
		東南海濱	六月，海嘯，七月，大風，壞民居廬舍。(本)	大埔	秋，饑。(稿)									
		新安、即	大水。(稿)											

公元	年號	地區	災況	地區	災況	地區	災況	人禍
		墨、藁城、饒陽、秦州、欽縣、沛縣、遷安、深澤、欒城					民舍盡傾。(稿)	
一六九七	聖祖康熙三十六年	江南山陽、高郵、泗州、潁州等處、江西星子等九縣	水。(志)	直隸霸州等十七州縣	旱。(志)	浙江宣平	雹。(典)	噶爾丹偷渡翁金河不逞。二月，帝復親征。四月，噶爾丹自殺，準部平。
		崑山、臨榆	大水。(稿)	陽江、陽春、永安州、平樂	春，旱。(志)	平樂、平保德州、岳陽、沁、涿、龍門、西鄉	殞霜災殺禾稼。(稿)	
				順德	六月，旱。(稿)	嘉定、介休、青浦、甯州	大疫。(稿)	
				廣甯、連平、龍川、海陽、揭陽、澄海、嘉應州	夏，大饑。(稿)	遵化州	生蟲，似桃蟲而黑，食稼幾盡。(稿)	
				桐廬	八月，旱。(稿)			
				松陽、慶元、龍南、瀋江、西陽、江陵、遂安、	秋，饑。(稿)			

公曆	年號	天災：水災 災區	水災 災況	旱災 災區	旱災 災況	其他災 災區	其他災 災況	人禍：內亂 亂區	內亂 亂情	外患 患區	外患 患情	其他亂 亂區	其他亂 亂情	附註
				荊州、鄖西、江陵、監利										
一六九八	聖祖康熙三十七年	福建台灣地方	水。(志)	直隸豐潤等二十二州縣	旱。(志)	山東、濟南、兗州、東昌三府	賑粟(典)					漢陽、漢口鎮	火，延燒數千家。(稿)	
		淮安、揚州、鳳陽府屬	水。(志)	平定、樂平	春，大饑，人相食。(稿)	陽高	殞霜殺禾。(稿)							
		江南海濱	大風，水猝至，平地丈餘。	豐樂	四月，旱。(稿)	安南	雨雹，麥無收。(稿)							
		婺源、宲邑、東昌、五河、新安、建昌	大水。(稿)	銅陵	五月，旱。(稿)	壽光、昌樂、浮山、隰州	疫。(稿)							
		房縣	八月，霪雨傷稼。(稿)	濟南、甯陽、莒州、沂水	夏，大饑。(稿)									
一六九九	聖祖康熙三十八年	江南海州、泗州、盱眙等州縣、湖北安陸	水。(志)	黃陂	三月，旱。(稿)									
				陵川	春，饑。(稿)									
				杭州、	夏，旱。(稿)									
				桐鄉、婺源、	饑。(稿)									

公元	年號	地區	災情	地區	災情	地區	災情
		府、沔陽州等處		費縣			
		蹻城、泰順、建德、新安、無極、杭州、台州、金華、湯溪、西安、江山、常山、贛縣	大水。（稿）	武昌、陽湖	秋，旱。（稿）		
		桐鄉、石門	八月，霪雨傷稼。（稿）	金華	饑。（稿）		
一七〇〇	聖祖康熙三十九年	江南泗州、盱眙、高郵、清河及潁上、邳州等二十州縣	水。（志）	湖州	二月，旱。（稿）	直隸、浙江、西安	偏災。（典）
		高密	九月，霪雨傷稼。（稿）	沙河	五月，旱。（稿）	貴縣	生蟲，食豆。（稿）
				常山	秋，旱饑。（稿）		
				西安	饑。（稿）		
				江山	饑。（稿）		

<table>
<tr><th rowspan="3">公曆</th><th rowspan="3">年號</th><th colspan="6">天災</th><th colspan="6">人禍</th><th rowspan="3">附註</th></tr>
<tr><th colspan="2">水災</th><th colspan="2">旱災</th><th colspan="2">其他災</th><th colspan="2">內亂</th><th colspan="2">外患</th><th colspan="2">其他亂</th></tr>
<tr><th>災區</th><th>災況</th><th>災區</th><th>災況</th><th>災區</th><th>災況</th><th>亂區</th><th>亂情</th><th>患區</th><th>患情</th><th>亂區</th><th>亂情</th></tr>
<tr><td>一七〇一</td><td>聖祖康熙四十年</td><td>泗州、盱眙、五河</td><td>五月，泗州、盱眙等處水。時修築商家堰，閉塞六壩，從洪澤湖水長泛溢，泗州、盱眙等處被淹。（志）</td><td>甘肅河州、蘭州、隴西、安定等處、西安等二十六州縣衛</td><td>旱。（志）</td><td></td><td></td><td>連州、韶州
台灣諸羅</td><td>十二月，連州猺作亂，官軍進剿，先後平八排諸猺。
劉邦作亂。（全）*</td><td></td><td></td><td>碭山</td><td>九月，火，延燒二百餘家。（稿）</td><td>*清朝全史</td></tr>
<tr><td>一七〇二</td><td>聖祖康熙四十一年</td><td>直隸廣平
廣東南海七縣
山東濟、兗、青三府屬、萊蕪、新泰等州縣、河南永城、虞城、夏邑等</td><td>水。（志）
水。（典）
水。（志）</td><td>党邑
蘭州、河州
瓊州
靖遠
浙江縉雲
高郵
吳川
沂州、郯城、費縣
慶雲
西安</td><td>五月，旱。（稿）
六月，旱。（稿）
九月，旱。（稿）
饑。（稿）
旱。（志）
大旱。（稿）
春，大饑。（稿）
夏，大饑。（稿）
冬，饑。（稿）
饑。（典）</td><td>連州
開平</td><td>疫。（稿）
八月，颶風，拔木倒牆。（稿）</td><td></td><td>二月，官軍擒連州猺首領李貴等九人，亂平。</td><td></td><td></td><td>崖州</td><td>二月，火，傷四人。（稿）</td><td></td></tr>
</table>

公元	年號	地區	災情
		州縣	
		江南亳、沛五州縣衛	水。（典）
		湖北、河陽州衛	水。（典）
		東南濱海	海嘯。
		英山、澄海、甯縣	大水。（稿）
一七〇三	聖祖康熙四十二年	山東九十四州縣	水。（志）
		南樂、甯津、東阿、江陵、監利、湖州、平樂、灕江、平遙、廣平、恩縣、漢中府屬七州縣	大水。（稿）
		霑化	六月，霪雨連
		浙江衢州府屬、湖南長沙等三府屬	旱。（志）
		宣平	三月，旱。（稿）
		橫州	五月，旱。（稿）
		遼州	六月，旱。（稿）
		永年、東明	夏饑。（稿）
		沛縣、亳州、東阿、曲阜、蒲、滕縣	秋，大饑。（稿）
		昭化	有蟲如蠶，食禾。（稿）
		房縣	雨雪，大寒。（稿）
		桐鄉	大雨雹，損萊菽。（稿）
		龍門	雹，壞民居無算。虎豹雉兔斃者甚多。（稿）
		瓊州、靈州、景州、曲阜、東昌、鉅野、	大疫。（稿）
		鎮筸	九月，紅苗叛，討平之。五十一年，招撫之。
		桐鄉	七月十六日，青鎮火，燔民舍一百七十餘家。（稿）

一五〇九

公曆	年號	水災災區	水災災況	旱災災區	旱災災況	其他災區	其他災況	內亂亂區	內亂亂情	外患患區	外患患情	其他亂區	其他亂情	附註
			日，漂沒民舍無算。（稿）	汶上、沂州、莒州、兗州、東昌、鄆城	冬，大饑，人相食。（稿）	文登、潮陽	六月，颶風傷稼。（稿）							
		濰縣、平度、昌邑、掖縣、高密、鄒平、	霪雨害稼。（稿）	直隸二十六州縣、山東十六州縣、江南二州縣、浙江十三州縣、江西六州縣、湖北五州縣、湖南七州縣	間被水旱。（典）									
		齊河	八月，霪雨四十餘晝夜，民舍傾圮無算。（稿）											
		直隸二十六州縣、山東十六州縣、江南二州縣、浙江十三州縣、江西六州縣、湖北五州縣、湖南七州縣	間被水旱。（典）											

公元	年號	地區	災情
一七〇四	聖祖康熙四十三年	湖北荊山、湖南武陵、桃源、廣東南海等六縣、肇慶一衛	水（典）
		景州、漢江、天門、沔陽、監利、遂州、山陽、湖州、漢陽、漢川、邢台	大水。（稿）
		興安	六月，大雨，漂沒田廬。（稿）
		山東歷城等三十一州縣衛	旱。（志）
		泰安	春，大饑。人相食。死者枕藉。（稿）
		青浦、沛縣、沂州、東安、臨朐	春，旱。（稿）
		靜甯州、衢州	五月，旱。（稿）
		絳縣	六月，旱。（稿）
		永平	八月，旱。（稿）
		肥城、東平	大饑，大相食。（稿）
		武定、濱州、商河、陽信、利津、霑化	饑。（稿）
		兗州、登州	大饑，民死大半，至食屋草。（稿）
		蒲縣、定襄	雹，傷禾。（稿）
		南樂、河間、獻縣、荷澤、章邱、東昌、青州、福山、昌樂、羌州、甯海、濰縣	大疫。（稿）
		涇陽	七月十三日，地震，壓斃人畜無數。（稿）
		灌陽	正月二十九日夜，火，焚東門外民舍殆盡。（稿）

公曆	年號	天災：水災 災區	水災 災況	旱災 災區	旱災 災況	其他災 災區	其他災 災況	人禍：內亂 亂區	內亂 亂情	外患 患區	外患 患情	其他亂 亂區	其他亂 亂情	附註
一七〇五	聖祖康熙四十四年		七月，古溝、唐埂、清水溝、韓家莊四處堤岸潰決。(本)	昌邑、即墨、掖縣、高密、膠州	大饑，人相食(稿)	狄道州	隕霜殺禾。(稿)					西藏	拉藏汗攻第巴桑吉，殺之。別立達賴喇嘛，諸部紛爭。*	*據傅運森《世界大事年表》。
		江南江寗、淮安、揚州三府屬、廣東肇慶府屬、湖北沔陽等州縣、湖南岳州等州縣、浙江	水。(志)	湖廣監利	饑。(典)	密雲	雹，傷禾。(稿)							
				福建台灣、鳳山、諸羅三縣	旱。(志)									
				朝陽	夏旱。(稿)									
				羅田、上海	四月，旱。(稿)									
				鉅鹿	九月，旱。(稿)									
				鳳陽府屬	饑。(稿)									

		甯波、紹興二府屬												
		新建、豐城、廬陵、吉水、靑浦、柏鄉、六合、隨州、江夏、嘉興、漢川、潛江、天門、監利、當陽	大水。（稿）											
		萊州、江夏	霪雨，害稼。（稿）											
一七〇六	聖祖康熙四十五年	江蘇海州等十二州縣、安徽潁州等十二州縣衞	水。（志）	湖廣漢川等十五州縣衞	旱。（志）	房縣、蒲圻、棗陽	大疫。（稿）	烏梁海	命散秩大臣祁里德率兵征烏梁海。*			竹溪	四月，火，官署、民房俱燼。（稿）	*據傅運森世界大事年表
		江西淸江、新淦、	水。（志）	瓊州	春，旱。（稿）	房縣	二月，蟲食禾。（稿）	雲南富民	九月，李天極等謀亂，平之。					
				漢川、鍾祥、荊門、江陵、監秋、京山、	饑。（稿）	什邡	六月二十夜，大風自東北來，飛瓦拔木。（稿）							

公曆	年號	天災：水災 災區	水災 災況	旱災 災區	旱災 災況	其他災 災區	其他災 災況	人禍：內亂 亂區	內亂 亂情	外患 患區	外患 患情	其他 亂區	其他 亂情	附註
一七〇七	聖祖康熙四十六年	直隸武清、東安、瑞金、穀城、鍾祥、天門	大水。（稿）	潛江沔陽、鄖縣、鄖西黃岩	五月，旱。（稿）	東明	大雨雹，麥盡傷。（稿）	貴州、普安州	三江苗人黃柱漢作亂，討平之。（本）					
		東莞	六月，暴雨，平地水深五六尺，民居多圮。（稿）	江南、浙江	旱。（志）	平樂、永安州、房縣、公安、沔陽	大疫。（稿）							
		宿州	秋，霪雨連月不止，傷稼。（稿）	江西新喻等四縣、福建台灣等三縣	旱。（典）									
		直隸霸州、等六州縣、山東章邱等七縣	水。（典）	池州、石	夏，旱，河、井皆									
		鶴慶、龍門、河源、蒼梧、鄒	大水。（稿）											

	（續前）	一七〇八
年號		聖祖康熙四十七年
地區	平吳川	江南蘇、松等五府屬、浙江湖州、衢州、台州各屬
災情	九月，大雨四晝夜，傾圮民房無數。(稿)	水。(志)
地區		杭州、高淳、南匯、太平、銅陵、無爲、盧江、巢縣、太湖、南陵、崑山、西安、江陵、當塗、蕪湖、
災情		大水。(稿)
地區	門、湖州、泗。(稿)	東平、平原、霑化、臨朐
災情		夏，旱。(稿)
地區	海鹽、桐鄉	黃崗、恩縣、茌平、臨清
災情		秋，旱。(稿)
地區	臨江府屬、當塗、蕪湖、東流、含山、歷城	平鄉、沙河、鉅鹿
災情	秋，旱。(稿)	饑。(稿)
地區	東流、宿州	湖北、湖南
災情	饑。(稿)	間被水旱。(典)
地區		鶴慶
災情		隕霜殺麥。(稿)
地區		公安、沁源、靈州、武甯、蒲圻、涼州
災情		大疫。(稿)
地區		惠民
災情		五月，颶風大作，毀民舍。(稿)

公曆	年號	水災 災區	水災 災況	旱災 災區	旱災 災況	其他災 災區	其他災 災況	内亂 亂區	内亂 亂情	外患 患區	外患 患情	其他亂 亂區	其他亂 亂情	附註
一七〇九	聖祖康熙四十八年	象山、嘉興	五月，大雨三日，田禾盡沒。(稿)	山東	旱。(志)	太原	四月，大風，毀牌坊。(稿)					獨山州	三月，城內大火，居民無得免者。(稿)	
		海豐	大雨三月，田廬悉被淹沒。(稿)	無爲、宿州	春，饑。(稿)	雞澤	五月十六日，雨雹，傷人百餘。(稿)							
		桐鄉	六月，恆雨傷禾。(稿)	溧水	四月，旱。(稿)									
		杭州	七月，暴風雨，田禾盡淹。(稿)	沂城、剡	夏，饑。(稿)									
		江山	大雨，壞民舍。(稿)											
		湖北、湖南	間被水、旱。(典)											
		直隸武清等十三州縣	水。(志)											
		江南、河南、湖北	水，偏災。(典)											

地區	災情
潁川、阜陽、臨安、	黃河溢，灤河溢。（稿）
慶元、江陵、監利、應城、荊門州、漢陽、漢川、孝感、潛江、光化、婺源、東安、單縣、台州	大水。（稿）
石門	四月，霪雨傷麥。（稿）
宿州	六月，大雨如注，田禾盡沒。（稿）
萊陽、榮成、文登	秋，霪雨害稼。（稿）
東平、汶上	大雨，淹沒田禾。（稿）
茌平	霪雨兩月，民舍傾倒無算。（稿）

地區	災情
城、邢台、平鄉、武進、滿城、清河	秋，旱，饑。（稿）
湖州	冬，旱。（稿）

地區	災情
湖州、桐鄉、象山、高淳、溧水、太湖、青州、潛山、南陵、銅山、無爲、東流、當塗、蕪州及江南各處	大疫。（稿）
定海	八月，大風雨，孔子廟及御書樓皆圮。（稿）
涼州、西寧、固原、寧夏、中衛、靖遠	九月十二日，地震傷人。靖遠大震，塌民舍二千餘間，城牆倒六百六十餘丈。壓斃居民甚多。（稿）
湖州	疫。（稿）

公曆	年號	天災：水災 災區	水災 災況	旱災 災區	旱災 災況	其他災 災區	其他災 災況	人禍：內亂 亂區	內亂 亂情	外患 患區	外患 患情	其他禍 亂區	其他禍 亂情	附註
一七一〇	聖祖康熙四十九年	直隸霸州等七州縣、江南邳州等十三州縣、河南商邱等三十九州縣	水。（志）	福建泉州、漳州等屬	旱。（志）			永春、德化	五月，盜首陳五顯等作亂。			嘉定	八月二十五日，火，延燒七十餘家。（稿）	
			五月，南方霪雨，大水。	揭陽、澄海	二月，旱。（稿）									
		銅陵、無為、舒城、巢縣	大水。（稿）	臨朐、新城、武強	五月，旱。（稿）									
		嵊縣	大水。（稿）	湖州、台州、仙居	秋，旱。（稿）									
		桐鄉	霪雨傷稼。（稿）	阜陽	饑。（稿）									
		東流	大雨，淹沒田禾。（稿）											

公元	紀年	地區	災情	地區	災情	地區	災情	地區	災情	附註
一七一一	聖祖康熙五十年	江蘇海州、等十五州縣衛、山東魚台等四縣、浙江安吉、長興、諸暨三州縣	水。（志）	江南六安等州縣	旱。(1)（志）	郴州	三月，大風，毀南城樓。（稿）	大埔白堠墟、黃岡潭埠	正月，火燬民舍數百家。（稿）五月，火，市居民房蕩然無存。（稿）	(1)案清朝通典（卷十六食貨十六上免科）作安徽六安等九州縣衛，通志紀少一二州縣衛。
		沂水、平陽	大水。（稿）	直隸井陘	旱。（典）				十月，殺翰林院編修戴名世，方苞編旗下，其株連者謫戍有差。方氏族屬，概謫黑龍江。(2)	(2)南山集之獄。
				應城、枝江、德安、羅田	七月，旱。（稿）					
				通州	饑。（稿）					
一七一二	聖祖康熙五十一年			固安、定州、井陘、清苑	五月，旱。（稿）	黃崗	雹，擊斃人畜。（稿）			
				崖州	九月，旱。（稿）					
				古浪	饑。（稿）					
一七一三	聖祖康熙五十二年	廣東三水等縣、福建侯官等縣	水。（志）	浙江臨安、海寧等六縣	旱。（志）	四川茂州及平番等營堡	地震。（典）			
		海陽、興安、鶴慶、石城、贛	大水。（稿）	甘肅靖遠、環縣等十四州縣衛	旱。（志）	化州、陽江、廣寧	大疫。（稿）			
						全州	三月，大風，雨			

公曆	年號	水災災區	水災災況	旱災災區	旱災災況	其他災災區	其他災災況	內亂亂區	內亂亂情	外患患區	外患患情	其他禍亂區	其他禍亂情	附註
		州、台州、廬州		蒼梧	春，饑，死者以千計。（稿）		雹，屋瓦皆飛，大木盡拔。（稿）							
				台州、常山	夏旱至十月，不雨。（稿）	高淳、丹陽	五月，有鼠無數，食禾殆盡。（稿）							
				長寧、連平、合浦、信宜、崖州、柳城	夏，饑。（稿）	潮陽	六月，大風，壞北橋。（稿）							
				奉議州	七月，大雨，二旬始止，官署、民房悉被淹沒。（稿）									
				五河	秋，大旱。（稿）									
一七一四	聖祖康熙五十三年		除浙江奉化縣水沒田賦。（典）(1)	江南上元、桐城等五十四州縣、浙江、錢塘、山陰等十六州縣、湖	旱。（志）	朔平、大衛	雹，傷禾。（稿）					宣化、沙市	九月初八日火，焚千餘家。（稿）	(1)參清朝通典（卷十六食貨十六蠲賑上蠲免科）是歲免奉化水沒田賦，其被水
		石城、蕭(2)	大水。（稿）			陽江	大疫。（稿）							
		遂安	五月，大雨連日，淹沒田禾。（稿）			順義	六月，大風，樹木盡拔。（稿）							

地區	災情
廣嘉魚等十七州縣	
甘肅靖邊等二十八州縣衛所	旱。(典)
河南二十六州縣	旱。(典)
臨朐	春，旱。(稿)
陽江	饑。(稿)
宣平、東明、元氏	五月，旱。(稿)
台州、蘇州、震澤、陽湖	六月，旱。(稿)
景州	夏、秋旱。(稿)
漢陽、漢川、孝感	冬，饑。(稿)

年月不紀，待攷。

(2)「肅」字上疑有闕文。

公曆	年號	天災：水災 災區	水災 災況	旱災 災區	旱災 災況	其他災 災區	其他災 災況	人禍：內亂 亂區	內亂 亂情	外患 患區	外患 患情	其他 亂區	其他 亂情	附註
一七一五	聖祖康熙五十四年	江南太倉、長洲等十四州縣衛、	大水。(志)	甘肅甯州等五州縣衛、靖遠等二十八州縣衛	旱。(典)	蒙古	雪，損傷牲畜。(典)	準噶爾部及哈密	四月，準噶爾策妄阿拉布坦寇哈密，詔外藩兵集歸化城，又馳救哈密兵。			江陵	九月，火延燒二千餘家。(稿)	
		湖廣江夏、嘉魚等州縣、直隸順天、永平、保定、河間、宣化、五府屬、梧州、鎮安府、全州、澄海、海豐、陽信、長山、杭州、枝江、東昌、德平	大水。(稿)	翼城、陽江、解州	春旱。(稿)	東南各省	七月，颶風。(本)							
				銅陵、合肥	六月旱。(稿)	江浦	雹，傷麥。(稿)							
				臨榆	夏，饑。(稿)									
				遵化州	大饑，人食樹皮。(稿)									
				鶴慶	七月，旱。(稿)									
				惠來	自八月歷冬不雨。(稿)									

一七一六	
聖祖康熙五十五年	
江南上元、宣城等州縣衞、浙江衢、嚴二府、金華等三十三縣、廬州等衞	水。（志）
桐鄉	五月，霪雨，淹沒田禾。（稿）
順天、永平所屬大興、宛平、通州、三河、密雲、薊州、遵化、順義、懷柔、昌平、寶坻、平谷、豐潤、玉田、良鄉、涿州、武	雨水過溢，田畝被淹。（典）
畿輔	旱。（志）
海豐、潮陽	二月，旱。（稿）
順天、樂亭	春，饑（稿）
揭陽、福山、密雲、懷柔	五月，旱。（稿）
常山	夏、秋旱。（稿）
高淳	冬，大雪盈丈。（稿）
浮山	雹，田禾盡傷。（稿）
西藏	二月，準噶爾策妄阿拉布坦侵西藏，殺拉藏汗。
江陵	九月，又火，延燒二十餘家，死十一人。（稿）
恩州	府城大火，延燒四十餘家。（稿）

公曆年號	天災：水災 災區	水災 災況	旱災 災區	旱災 災況	其他災 災區	其他災 災況	人禍：內亂 亂區	內亂 亂情	外患 患區	外患 患情	其他禍 亂區	其他禍 亂情	附註
	清、香河、霸州、大城、文安、房山、保定、延慶、盧龍、遷安、樂亭、灤州、撫甯、昌黎等州縣、山海、梁城等衛所黃梅、廣濟、江陵、監利、昌化、常山、甯武、建昌、邱縣、樂安、甯陽、濟甯、	大水。（稿）											

公元	年號	水災地區	水災情況	旱災地區	旱災情況	其他災地區	其他災情況	戰爭地區	戰爭情況			火災地區	火災情況
		汶上、崇陽、黃陵、天門、銅陵、太湖、濟南府屬、淄山											
一七一七	聖祖康熙五十六年	江南沛縣、福建台灣、鳳山、諸羅、三縣	水。（志）	福山	旱。（稿）	天台	疫。（稿）	西藏	策零犯西藏，拉藏汗不敵，退保招中。十月，準噶爾兵陷招城。（本）			丹稜	五月初三日，大火，延燒數百家。（稿）
		香山	大風雨，壞屋舍。（稿）	天台	春，饑。（稿）	掖縣	七月十九日，暴風雨一晝夜，大木盡拔。（稿）						
						鶴慶	蟲食禾。（稿）						
一七一八	聖祖康熙五十七年	江南桐城等三十州縣、廬州等七衛	水。（志）	湖廣武昌、鍾祥等十九州縣衛、甘肅涼州古浪等衛	旱。（志）	陝西平涼、鞏昌府屬	地震。（本）	西藏、青海、伊犁	九月，大軍與準部戰于哈喇馬蘇河，敗績，十月，命王子允禵爲將軍，視師青海。年羹堯爲川陝總督，率兵援藏。			合肥	三月，城內大火，延燒四十餘家。（稿）
		黑龍江索倫	水。（典）	南昌	春，旱。（稿）	湯溪	六月，大風拔巨木，壞廬舍。（稿）					鍾祥	八月初一日，城內火，延燒城外民房數百間。（稿）
		萬全、光化、大埔、旌德、海豐、普甯、	大水。（稿）	臨朐	四月，旱。（稿）	新樂	夏，生蟲青色，傷禾。（稿）						
				崇陽、甯陽	秋，旱。（稿）	日照、黃縣	七月，大風雨一晝夜，大木盡拔。（稿）						

公曆	年號	天災：水災：災區	天災：水災：災況	天災：旱災：災區	天災：旱災：災況	天災：其他災：災區	天災：其他災：災況	人禍：內亂：亂區	人禍：內亂：亂情	人禍：外患：患區	人禍：外患：患情	人禍：其他：亂區	人禍：其他：亂情	附註
		※嘉、夔州黃定崇陽、黃陂		廣濟	饑。（稿）	通州 太湖、潛山 龍川	七月，大雪盈丈。（稿） 十二月，大雪深數尺。（稿） 雹，壞民舍，牛馬斃無算。（稿）							※「嘉」字上下疑有闕文。
一七一九	聖祖康熙五十八年	江南高郵等州縣 清河、福山、日照、濰縣、膠州 萊州 昌樂、諸城、即墨、掖縣 萊陽、	水（志） 大水。（稿） 六月，霪雨，壞民舍無算。（稿） 霪雨害稼，壞民舍。（稿） 大雨水，房舍	甘肅會寧、等十七州縣衞、浙江錢塘等二十一州縣 曲阜 日照 福山、常山、縉雲、峽江 靜寧、環縣	旱。（志） 二月，旱。（稿） 春，饑。（稿） 夏，旱。（稿） 夏，饑。（稿）	蘇州、鎮江、江寧、淮安、安慶 嘉定 太湖、潛山 榆次、懷來 堨陽	正月，命截留漕米四十三萬，賑荒。（本） 嚴寒。（稿） 大雪四十餘日，大寒。（稿） 七月十六日，地震。八月，復震，民居倒壞無數。（稿） 八月十九日夜，颶風大作，							

		文登	田禾盡沒。（稿）	義烏	八月旱。（稿）		風中如燐火，樹木皆枯。（稿）		
		海陽	八月十九日，大雨損房舍無算。（稿）			澄海	颶風大作，民房傾覆，壓倒男婦無數。（稿）		
一七二〇	聖祖康熙五十九年	江南淮、揚二府屬、湖廣漢州、潛江等州縣	水。（志）	山西平陽、汾陽二府屬、陝西宜州等縣衞	旱。（志）	陽春	正月，颶風傷稼。（稿）	西藏	八月，將軍延信、提督岳鍾琪分兵進藏，大破準噶爾兵。策零北遁，西藏悉平。
			七月，黃、淮大水。（本）	臨潼、三原	春，饑。（稿）	直隸慶雲等五州縣	地震。（典）		
			山左東三府水發被淹，黎民饑饉。（本）	東平、岳陽、曲沃、臨汾、湖州、桐鄉、石門	夏，旱。（稿）	安定、德州	隕霜殺禾。（稿）		
		龍川、海陽、澄海、慶元、桐鄉、石首、蒲圻、漢	大水。（稿）	蒲縣	饑。（稿）	雞澤	六月，雹傷禾。（稿）		
				臨朐、沁州	秋，旱。（稿）				

公曆	年號	天災：水災 災區	水災 災況	旱災 災區	旱災 災況	其他災 災區	其他災 災況	人禍：內亂 亂區	內亂 亂情	外患 患區	外患 患情	其他亂 亂區	其他亂 亂情	附註
		陽、橫州、宣化、隆安、永淳、蒼梧												
一七二一	聖祖康熙六十年	直隸大名府長垣等四州縣	黃水漲溢。（本）	江南徽州府歙縣等十二州縣、浙江杭州府仁和等三十九州縣	旱。（典）	福建	颶。（典）	山東	二月，鹽徒王公美等作亂，討平之。			鹽山	四月十八日，縣城火，自學宮延燒東、南、北三門，燬民居數千家。（稿）	＊清朝通志「陝西旱。」
		河南	九月，河決。（本）	興甯、全州、安州、臨安、登州、西安、延安、鳳翔	春旱。＊（稿）	台灣、山東、山西、河南、陝西、福建、浙江	饑。（本）	台灣	六月，台灣民朱一貴作亂，凡七日陷全台。水師提督施世驃等討平之。					
		山東高苑	大雨，田禾盡淹。（稿）	平樂、宮川	春，饑。（稿）	臨朐	隕霜殺麥。（稿）							
						連平	雹，毀民舍。（稿）							
						柏鄉	雹傷禾。（稿）							
						富平、山陽	疫。（稿）							
						澄海	八月，颶風大作，如焚火，毀城垣。（稿）							

地區	記事
懷柔	自春不雨，至五月，二麥無收。（稿）
鶴慶	春、秋旱。（稿）
慶遠府	大旱，自正月至七月不雨，田禾盡槁。（稿）
桐廬	自五月至七月，不雨，禾盡枯。（稿）
橫州	自六月至九月，不雨。（稿）
昌化、桐鄉、海甯	旱，河涸。（稿）
邢台	夏，饑。（稿）
宣平、嵊縣、甯都、黃巖、房縣	七月，旱。（稿）
夏津	八月，旱。（稿）
咸陽	秋，大饑。（稿）
兗州府屬	冬，饑。（稿）

公曆	年號	天災 水災 災區	災況	旱災 災區	災況	其他災 災區	災況	人禍 內亂 亂區	亂情	外患 患區	患情	其他禍 亂區	亂情	附註
一七二二	聖祖康熙六十一年	直隸長垣等州縣，山東壽張等州縣	黃汎驟漲，被水。（志）	直隸贊皇等四十二州縣，山東濟南、兖州、東昌、青州四府屬州縣，湖北鍾祥等州縣	旱。（志）	贛州	雹，傷牲畜。（稿）					無爲州	二月，小西門內火，延燒三十餘家。（稿）	※清史稿災異志「六十一年二月，濟南旱。」
		海州	海溢。（稿）	井陘、曲陽、平鄉、	春，饑。（稿）	桐鄉、嘉興	疫。（稿）							
		齊河	金龍口決。（稿）	邢台、武進、無爲、含山、青城、海甯、湖州、甯津	六月，旱。（稿）	安定	秋，黑鼠爲災，食禾殆盡。有鄉民掘地得一鼠，身後半蝦蟆形，疑其所化也。（稿）							
		欽州	十二月，大風雨，壞城垣二十餘丈。（稿）	祁州	夏、秋旱。（稿）	清澗	黃鼠食苗殆盡。（稿）							
				蒙陰、	夏，饑。（稿）	欽州	十二月，大風雨，吹塌城垣二十餘丈。（稿）							

公元	年號	地區	災情	地區	災情	地區	災情	地區	事件
				沂水、松陽、鍾祥、江陵、荆門	旱。(稿)				
				嘉興、金華	秋，饑。(稿)				
				懷集	冬，饑。(稿)				
一七二三	世宗雍正元年	河南中牟、直隸長垣等州縣	黄水漫溢。(志)	直隸、河南、山東及江南下江蘇、松、常、鎮府屬之太倉、溧陽等州縣、上江廬州府屬之合肥、舒城等縣、浙江仁和、富陽等州縣及台州衛、	旱。(志)	郭爾羅斯、喀喇沁、札嚕特各旗	饑。(典)	西甯、青海準噶爾各部、塘西藏、巴塘、裏塘	青海酋羅卜藏丹津寇西甯。十月，命年羹堯、岳鍾琪率兵進討。
		東流、房縣、海陽、保康、上海、大埔	大水。(稿)			懷安	殞霜殺禾。(稿)		
						秦州	八月，雹，擊斃牛馬鳥雀無算。(稿)		
						東安	雹，傷稼。(稿)		
						平鄉	大疫。(稿)		

公曆	年號	天災 水災 災區	天災 水災 災況	天災 旱災 災區	天災 旱災 災況	天災 其他 災區	天災 其他 災況	人禍 內亂 亂區	人禍 內亂 亂情	人禍 外患 患區	人禍 外患 患情	人禍 其他 亂區	人禍 其他 亂情	附註
				嚴州所 元氏 通州 海甯、湖州、桐鄉、井陘、武進、祁州、莒州、蒙陰、東昌 京師 雞澤、嘉興、蘇州、高淳、崑山 嘉興	 春,旱。(稿) 夏,饑。(稿) 旱。(稿) 五月,旱。(志) 秋,大旱。河水涸。(稿) 秋,饑。(稿)									
一七二四	世宗雍正二年	江、浙沿海州縣 直隸、山東、河南三省州縣	海嘯,潮災。(志) 雨水過多,成災。(志)	直隸 湖廣岳州、臨湘等縣衛 蒲台 鶴慶	旱。(志) 旱。(志) 春,大饑。(稿) 白二月至八	陽信、霑化 江浦 陽信	二月,大風,風中帶火。(稿) 八月,隕霜殺稼。(稿) 大疫。(稿)	青海、莊浪、涼州、西甯	三月,年羹堯、岳鍾琪進剿青海,平之。 五月,番人作亂,年羹堯、岳鍾琪討平之。			沔陽、仙桃州 開化	正月,大火,焚百餘家,死者甚衆。(稿) 十二月初一日,城內火,延燒百餘家。(稿)	

廊城　三月，霪雨傷麥。（稿）

山東　五月，黃水溢發。（志）

饒陽、肅宣、新樂、三河、甯河、澄海、光化、房縣、穀城、潛江、天門、鍾祥、沔陽、江陵、慶元、東阿、即墨　大水。（稿）

海甯、　月，不雨。（稿）　夏，旱。（稿）

嘉興

樂清、金華、嵊縣　饑。（稿）

景州、景津、金州　七月，旱。井泉涸。（稿）

英山　冬，饑。（稿）

西藏　噶布倫作亂，殺貝子康濟鼐，後藏台吉頗羅鼐討平之。

一七二五

世宗雍正三年

直隸霸州、薊州等七十四州縣、衞河南祥符等十九州縣、山東　黃水溢。（志）

山東平原等十七州縣　旱。（志）

衞霑化、莒州　春，旱，河涸。（稿）

夏津　春、夏旱。（稿）

順德、　夏，饑。（稿）

江南睢甯、宿遷二縣　饑。（典）

環縣　十月，地震，壞廬舍。（稿）

馬平　七月，小南門火，延燒三百餘家。（稿）

西征隨筆之獄。　八月，殺浙人汪景祺，其妻子發黑龍江。期服之親，悉遣甯古塔。

公曆	年號	天災：水災：災區	天災：水災：災況	天災：旱災：災區	天災：旱災：災況	天災：其他：災區	天災：其他：災況	人禍：內亂：亂區	人禍：內亂：亂情	人禍：外患：患區	人禍：外患：患情	人禍：其他：亂區	人禍：其他：亂情	附註
		歷城等五十三州縣衛及福建、廣東諸地		膠州、全州、	七月，旱。（稿）									
				邱縣、惠來	冬，饑。（稿）									
		上海	五月，霪雨害稼。（稿）											
一七二六	世宗雍正四年	安徽泗州、舒城、無爲、望江等州縣	水。（志）	壽光	春，旱。（稿）	甘泉	雹，屋舍盡毀。（稿）	貴州	十二月，狆苗作亂，雲貴總督鄂爾泰討平之，旋奏改土歸流之策，十年，苗疆平定。				九月，殺禮部侍郎查嗣庭，並其子，家屬並放流。(2)	(1)「江」字上下疑有闕文。
				嘉應州	饑。（稿）	上元、曲沃、大埔、獻縣	疫。（稿）							(2)江西鄉試之獄。
		震澤	五月，霪雨爲災。（稿）	英山、澄陽、江(1)	五月，旱。（稿）秋，饑。（稿）	灘縣	六月，大風雨，壞民舍十二家。（稿）					平陽	十二月初四日，西門外火，燔百餘家。（稿）	
		浙江仁和等州縣	水。（志）											
		當塗、無爲、灘縣	大雨彌月，田禾盡淹。（稿）六月，大風雨，											

壞民廬舍。(稿)

青浦、蘇州、崑山霪雨十餘日，害稼。(稿)

濟南府屬、大埔、應城、黃梅、黃岡、江陵、監利、蘄州、天門、嘉應、信宜、慶陽、漢陽、漢川、黃陂、江夏、武强、祁州、唐州、黃安、平鄉、饒平、蒼梧、普宣、濟甯州、桐州、兗東、昌鄉、南 大水。(稿)

公曆	年號	天災：水災 災區	水災 災況	旱災 災區	旱災 災況	其他災 災區	其他災 災況	人禍：內亂 亂區	內亂 亂情	外患 患區	外患 患情	其他亂 亂區	其他亂 亂情	附註
		昌、新建、豐城、進賢、清*新淦、建昌、德化、高淳、鷄慶、曹、單、荷澤												*「清」字下疑有缺文。
一七二七	世宗雍正五年	直隸玉田、等二十三州縣	河決水。(志)	慶陽府、江陵、崇陽	六月，旱。冬，饑。(稿)	屯留	大雪，嚴寒，井凍。(稿)	建昌、冕山	十月，川陝總督岳鍾琪剿撫番人。*(本)					*案是年番人作亂，清鑑記爲明年，未知孰是。
		鍾祥縣	二月，雨，至四月不絕。(稿)			揭陽、海陽、澄海、漢陽、黃崗、鍾祥、榆明	疫。(稿)							
		江陵、漢陽等州縣及武昌、荊州等衛	湖北江水溢，被災。(典)			鎭海	七月，颶風大作，毀縣署大堂。(稿)							
		惠來	七月，大雨害稼。(稿)											

一七二八	世宗雍正六年	蒼梧、安南、平昝、慶陽、石城、臨安、孝豐、餘杭、新城、安吉、德清、武康、蘄州、嵊、安肅、容城、霍山、昌邑、高郵、銅陵、廬江、舒城	大水。(稿)	洛川	五月，旱。(稿)	四川建昌鎮屬	災。(典)	四川建昌鎮屬	十月，喇汝窩番人作亂，川陝總督岳鍾琪勦平之。			蒼梧	正月十六日夜，火，延燒民居一百七十餘間。(稿)
		六安州、霍山	霪雨四十餘晝夜。(稿)	興安	自七月旱，至次年二月始雨，竹木盡枯。(稿)	甘泉	七月，隕霜殺禾。(稿)						
		陽信	霪雨七晝夜，民舍傾圮甚多。(稿)										
		浙江江山	水。(志)										
		崇陽、漢陽、潛江	大水。(稿)										

公曆	年號	天災：水災 災區	水災 災況	旱災 災區	旱災 災況	其他災 災區	其他災 災況	人禍：內亂 亂區	內亂 亂情	外患 患區	外患 患情	其他禍 亂區	其他禍 亂情	附註
		平利	大雨，沖塌城垣六十餘丈。（稿）	壽州	饑。（稿）	商南	雨雹，損屋舍。（稿）							
						武進、鎮洋、常山、太原、井陘、沁源、甘泉、獲鹿、枝江、崇陽、蒲圻、荊門、巢縣、山海衛、鄖西	大疫。（稿）							
一七二九	世宗雍正七年	雲南曲靖府屬	水。（志）	元氏	春，旱。（稿）	惠來	四月，雹傷禾。（稿）	伊犁	三月，準噶爾噶爾丹策零入寇，命大軍兩路出征，明年，策零降。				五月，下湖南曾靜於獄，剉呂留良尸，盡誅其族。(1)	(1)呂留良日記之獄
		大庾、南康	大水。（稿）	肥城、武城	夏，饑。（稿）								七月，殺廣西舉人陸生柟。(2)	(2)讀通鑑論之獄。
		陽春	三月，大雨壞民居。（稿）	銅陵	冬，大饑。（稿）									

一七三〇	世宗雍正八年							
	直隸順德、廣平、大名等府	北河溢。(志)	肥城	春，大饑，死者相枕藉。(稿)	京師	地震。(典)	伊犁西路、闊舍圖卡倫	十二月，準噶爾復來犯，劫牧場，總兵樊廷等擊退之。(本)
	日照	五月，霪雨四十餘日。(稿)	莒州、范縣、招遠、文登	饑。(稿)	黑龍江墨爾根各官莊	霜災。(典)		
	山東、河南江南瀕河州縣	水。(典)	章邱、鄒平	夏，大饑。(稿)	陝西西甯蔚州、蔚縣	饑。(典)		
	直隸古城、清河、西甯	水。(典)	東光、滄州	八月，旱。(稿)	安遠	六月，雹擊斃禽畜甚多。(稿)		
	蘇州、震澤、	大水。(稿)	邢台、平鄉、沙河、揭陽、長治	九月，旱。(稿)	沁州	八月，隕霜殺禾稼。(稿)		
	海豐	大水。(稿)	濟南	冬，大饑。(稿)	海甯、沁州	大雨雹，毀屋舍。(稿)		
	東阿、泰安肥城	六月，大雨七晝夜，壞民田廬殆盡。(稿)			江南	十月，地震。(本)		
	昌樂、諸城、掖縣、膠州、濰縣、日照、	霪雨兩月，壞廬舍無算。(稿)						
	萊州邱縣	七月，大雨，傷						

公曆	年號	天災：水災 災區	水災 災況	旱災 災區	旱災 災況	其他災 災區	其他災 災況	人禍：內亂 亂區	內亂 亂情	外患 患區	外患 患情	其他亂 亂區	其他亂 亂情	附註
			禾。（稿）											
一七三一	世宗雍正九年	嘉興 鄒平、銅陵 齊河 濟南 萊州 直隸霸州、文安、大城等六州縣 宜昌 碭山、長山、濟南、	八月，大雨水，害稼。（稿） 霪雨，害稼。（稿） 冬，大風雨傷禾稼。（稿） 小清河決，傷禾稼。（稿） 霪雨兩月，河水暴發，田禾漂沒，民多溺死。（稿） 水，（志） 溪水暴溢，壞民田。（稿） 大水。（稿）		六月，以旱命清獄。（本）	黑龍江墨爾根 連州 沁州	各官莊霜災。（典） 二月，大風雨，拔木、壞屋。（稿） 八月，殞霜殺稼。（稿）	科布多、和通泊爾、歸化城、蒙古三音諸顏汗境 台灣鳳山	六月，噶爾丹策零復叛，襲大軍于和通泊爾。十月，蒙古大破準噶爾于鄂登楚勒河，三音諸顏部自立。 吳福生作亂。（全）					

		鄢平、浦台	六月，霪雨害稼。（稿）										
		普安州	秋，霪雨，至次年春，乃霽。（稿）										
一七三二	世宗雍正十年	江南徐州府屬	水。（志）	山東泰安、滋陽等五十一州縣	旱。（典）	漣州	二月，大雨雹，損麥。（稿）	杭愛山、塔密爾河、額爾德尼昭（光顯寺）	八月，蒙古追擊準噶爾于額爾德尼昭，大破之。			臺灣彰化	兇番滋擾，耕種失時。（典）
		峨眉	大水，冲塌房七十九間，淹斃人口九十五口。（稿）	京師	以旱，命清獄。			哈密	準噶爾兵六千人，從無克克嶺竄入哈密，岳鍾琦軍敗走。			阜陽	五月初三日，西城火，延燒民舍四千六百十一間。（稿）
		富川、榮經、雅安、南昌、南安、撫州、瑞州、吉安、黃崗	大水。（稿）	平原、曲阜、莒州、北鄉	春，旱。（稿）			貴州台拱	台拱九股苗叛，圍大營，斷糧道，援至始解。				
		鎮洋、蘇州、崑山、寶山、嘉定、崇明、青浦	颶風海溢。（稿）	沂州	自正月至六月，不雨。（稿）								
				臨清	六月旱。（稿）								
				福山、崇明、海甯	饑。（稿）								

公曆	年號	天災·水災·災區	天災·水災·災況	天災·旱災·災區	天災·旱災·災況	天災·其他災·災區	天災·其他災·災況	人禍·內亂·亂區	人禍·內亂·亂情	人禍·外患·患區	人禍·外患·患情	人禍·其他·亂區	人禍·其他·亂情	附註
一七三三	世宗雍正十一年	蘇州、松江二府屬之常熟、華亭等二十九州縣	江南海溢。(志)	同官、常山	春,旱。(稿)	桐鄉、嘉興	雨雹傷麥。(稿)					玉屏	七月,鼓樓街災,燒民居數百家。(稿)	案是年始與準噶爾和,至乾隆二年始勘定邊界。自康熙五十六年至是,先後糜餉達七千餘萬。
		直隸薊州、豐潤等處	水。(志)	濟南府屬	八月,旱。(稿)	陽信	八月,雨雹田禾盡損。(稿)							
		剡城、高淳	大水。(稿)	上海、嘉興	冬,饑。(稿)	鎮洋、崑山、上海、寶山	大疫。(稿)							
		景甯	六月二十八日,大雨,橋梁道路,冲塌甚多。(稿)			沂州	大風雨四晝夜。(稿)							
一七三四	世宗雍正十二年	江南徐州府屬州縣	水。(志)	陝西、階州、清遠、環遠及平原所	旱。(志)	湖州	四月,雨雹損麥。(稿)	清江、台拱、黃平州、清平、餘慶、鎮遠、思州、施秉	五月,貴州台拱苗叛,陷貴州諸地,亂氛四起,省城戒嚴。詔張照為撫苗大臣,哈元生、董芳為將軍討之,數月無功,改命張廣泗總理苗疆事務。					
		懷安	大水入城。(稿)	膠州	春,旱。(稿)	江南	七月,大風海嘯。(稿)							
				同官、甘泉	六月,旱。(稿)	泰州	大風,拔木壞屋。(稿)							
				武進	秋,大饑。(稿)									

一七三五	世宗雍正十三年	四川綦江、合江、筠州縣、九姓等土司 江南海州、阜甯、鹽城、興化 陝西武功＊	水。（志） 水。（志） 十年，又除陝西武功縣水冲田賦。（典）	甘肅 夏津、壁山、池州 蒲圻、鍾祥、當陽、宜都、江夏、崇陽、蘄水 慶遠府屬 垣曲	雨澤愆期。（典） 五月，旱，湖水涸。（稿） 七月，旱。（稿） 秋，大饑。（稿） 冬，饑。（稿）	高淳	八月，大風三晝夜。（稿）						十二月，殺曾靜、張熙。時清主弘曆甫即位，追逮二人已赦而殺之，天下大震。明年五月，詔免曾、張戚屬緣坐，其案始結。	＊案清朝通典（卷十六食貨十六蠲賑上免科）記是年免武功田賦，武功被災年月未詳，待攷。
一七三六	高宗乾隆元年	浙江仁和、錢塘等縣、湖北漢川、江陵等縣 雲南、貴州及湖南之沅州府 鄞縣 慶元	水。（志） 災。（本） 海水溢。（稿） 大水。（稿）	巴林四旗 潮陽	旱。（志） 旱。夏，饑。（稿）	平鄉、懷安 文縣	大雨雹，毀房廬，傷田禾。（稿） 鼠害稼。（稿）	貴州牛皮箐、牛盤丹江、古州、都匀八寨、清江、台拱、鎮遠	三月，經略張廣泗圍攻貴州牛皮箐苗寨，大破之，苗亂平。			通州	四月，北郭火，延燒百餘家。	

公曆	年號	天災						人禍						附註
		水災		旱災		其他災		內亂		外患		其他亂		
		災區	災況	災區	災況	災區	災況	亂區	亂情	患區	患情	亂區	亂情	
一七三七	高宗乾隆二年	河南西華等縣	水。（志）	陝西靖邊等八州縣	旱。（典）							鎮安	二月十八日，府城火，燔數百家。（稿）	*「河」字上下疑有闕文。
			七月，永定河決。（本）	會甯、東安	三月旱。無麥。（稿）									
		樂清、永嘉、瑞安、鳳台、黃崗、武强、饒陽、獲鹿、欒城、平山、景州、容城	大水。（稿）	玉田	春，夏大旱。（稿）									
		獻縣、*新樂州、河、	衛河決。（稿）	漢陽、黃陂、孝感、黃崗、麻城	六月旱。（稿）									
		高邑、順天、華縣、東昌		獲鹿、欒城、平山	九月旱。（稿）									
		平陽	八月，大風雨，七晝夜，田禾盡沒。（稿）											
		祁州	霪雨，害稼。											

公元	年號	水災地區	水災情況	旱災地區	旱災情況	其他災區	其他災情	人禍地區	人禍情況					火災地區	火災情況	
		長子	九月，大雨，禾盡沒。（稿）													
一七三八	高宗乾隆三年	河南西華等四縣	水。（典）	江南安徽等處	旱。（志）	甯夏、甯朔、平羅	地震。（典）	貴州定番	五月，州苗滋事，總督張廣泗討平之。							
		寶豐	十一月，水湧新梁，寶豐縣治沈沒。（本）	鹽城	自二月至六月不雨，大旱，赤地千里。九月，復旱。（稿）	陝西靖邊等八州縣	偏災。（典）	台灣	許國珍、楊文隣作亂。（全）							
		黃崗、麻城、柏鄉、肅甯、滄州、武強、東安、新安、饒平、獻縣、遂甯、合江、邢台、深澤、無極	大水。（本）滏河渾河溢。（稿）	震澤、	夏旱。（稿）	江南	蝗，災。（典）									
				清河		白水	四月，大雨雹，傷麥。（稿）									
				武進	九月，旱。（稿）	靖遠、慶陽、甯夏、平羅、中衛	十一月二十五日地震，如奮躍，土皆墳起，地裂數尺，或盈丈，其氣甚熱。壓斃五萬餘人。（稿）									
				平陽	秋，饑。（稿）											
一七三九	高宗乾隆四年	安徽宿鳳等十五州縣、合肥等四州縣	水。（典）	江南江、常、鎮、淮、揚、徐、海七府州	旱，其海、安、蕭、碭四州縣尤重。（志）	安東、泰、豐、沛、海、沭陽	雹。（典）							瑞安	正月十七日，大火，燔百餘家。（稿）	
				葭州	春，饑。（稿）	甘肅	冰雹為災。（本）							鎮安	四月十八日，城內火，延燒八十餘家。	

公曆	年號	天災：水災 災區	水災 災況	旱災 災區	旱災 災況	其他 災區	其他 災況	人禍：內亂 亂區	內亂 亂況	外患 患區	外患 患況	其他 亂區	其他 亂況	附註
		陽穀、壽張、潤德 高要	大水。（稿） 五月，霪雨，壞民房。（稿）	蘄水、高郵 通州、替※山、銅陵、合肥、廬江、清浦、無爲、東流 碭山 漢陽、黄陂、孝感、鍾祥、京山、天門、武昌	旱。（稿） 夏，旱。（稿） 饑。（稿） 秋，旱。（稿）	 通州 富平、臨清 蘇州、崑山	四月，飭直隸、江南捕蝗。（本） 隕霜殺麥。（稿） 雨雹，傷禾。（稿） 大雨雹，損麥。（稿）							※疑係「潛」字誤。
一七四〇	高宗乾隆五年	江蘇豐、沛等十州縣衞 絳縣	水。（志） 七月，大雨，害稼。（稿）	全州 鞏昌、秦州、慶陽等處	六月，旱。（稿） 饑。（稿）	嵊縣 福山 絳縣 清澗	大雨雪，奇寒。（稿） 大寒。（稿） 六月，雨雹，傷禾。（稿） 十一月二十四日，地震，聲	湖南、廣西	十二月，湖南苗匪復亂，張廣泗剿平之，苗疆悉平。			嵊縣	二月，火，延燒二百餘家。（稿）	

							如雹。是夕，連震八九次，屋舍傾圮。（稿）						
一七四一	高宗乾隆六年	江南鳳陽、潁州等府及上元等二十八州縣	水。（志）	嘉應、崖州	春、夏旱。（稿）	廣陵	雹，傷稼。（稿）					梧州	正月初六日，府（城）南門外火，延燒民房三百餘家。（稿）
		湖南湘鄉、臨武二縣	水。（典）	甘肅隴右諸州縣	大饑。（稿）								
		鍾祥、天門、沔陽、龍川、潮陽、甯都、永嘉、瑞州、寶山、蒼梧、湖州	大水。（稿）										
一七四二	高宗乾隆七年	江蘇所屬江浦等州縣、甯、安徽	江南黃、淮交漲，兩江水。（志）	廣甯、鶴慶、龍川、潮陽、饒平、普甯	春旱。（稿）	無爲	疫。（稿）					饒平	二月十四夜，縣城火，延燒大樓房三十餘間，小屋無數。（稿）

公曆	年號	天災						人禍						附註
		水災		旱災		其他災		內亂		外患		其他亂		
		災區	災況	災區	災況	災區	災況	亂區	亂情	患區	患情	亂區	亂情	
		所屬之壽州等州縣衛		陽江	春、夏，旱、（稿）									
		商南	春，霪雨一百餘日。（稿）	山陽	春，饑。（稿）									
		湖北荊州、安陸、漢陽、襄陽、德安五府、湖南長沙、岳州、常德、澧四府州、江西贛州、吉安、南安三府	水。（志）	宜都	夏，饑。（稿）									
		鹽城	五月，霪雨害禾稼。（稿）	亳州	秋，饑。（稿）									
		阜陽	秋，霪雨一百二十餘日。（稿）											

一七四三	高宗乾隆八年	江南	水。※（志）	直隸天津、河間、深州等屬二十八州縣、山東德州等十三州縣	旱。（志）	東光	殞霜殺禾。（稿）
		黃崗、宜都、興國	大水。（稿）	甘肅皋蘭、靖遠、平番等七州縣	旱。（志）	崑山	四月初九日，大雨雹，損麥。（稿）
				壽州	春，旱。（稿）	高苑	七月，大雨雹，傷麥。（稿）
				新安	自春徂夏不雨。（稿）	天津、深州二十八州縣	夏，饑。（稿）
				南昌、饒州、廣信、撫州、瑞州、袁州、贛州	春，各府大饑。（稿）		
				銅陵	四月旱。（稿）		
				藁城	閏四月，旱。（稿）		
				德州、武	六月，旱。（稿）		

※據清朝通典（食貨十六）乾隆十年上諭。

公曆	年號	天災：水災 災區	水災 災況	旱災 災區	旱災 災況	其他災 災區	其他災 災況	人禍：内亂 亂區	内亂 亂情	外患 患區	外患 患情	其他禍亂 亂區	其他禍亂 亂情	附註
一七四四	高宗乾隆九年	浙江三十二州縣二衛三所	水,旱偏災。(典)	強、正定、河間、甯津、衡水、武邑府屬	冬旱。(稿)	瀘、甯、南江	雹。(典)							
		安徽徽州、甯國二屬、浙江紹興、嚴州、衢州三屬	水。(典)	畿輔	自春至夏,雨澤稀少,二麥黃萎,逸遍芒種,旱象顯成。(典)	曲沃	正月,天寒,井中有冰。(稿)							
		直隸河間、天津、霸州三十一州縣	水。(典)	西清、慶平、高邑、	四月,旱。高邑大饑。(稿)									
		四川西昌	水。(典)	甯河武定府屬	七月,旱。(稿)									
				浙江三十二州縣二衛三所	水、旱偏災。(典)									

資陽、仁壽、射洪　六月，暴雨如注，壞民房。（稿）

澄海、東林、大埔、漢川、遂寧、簡州、崇慶、綿州、邛州、成都、華陽、金堂、新都、郫縣、崇寧、温江、新繁、彭水、什邡、羅江、彭山、青神、樂山、當陽、徽、岩、常山、淳安、桐廬、嘉善　大水。（稿）

公曆	年號	天災						人禍						附註
		水災		旱災		其他災		內亂		外患		其他		
		災區	災況	災區	災況	災區	災況	亂區	亂情	患區	患情	亂區	亂情	
一七四五	高宗乾隆十年	安遠 西桂、曾安州、潛江、沔陽等九州縣、滄河、秦州、白沙、隴石、棗陽、江陵、濟南	四月十六日，驟雨平地水高一丈餘，沖倒民房七百餘間。（稿） 大水。（稿）	直隸鹽山、慶雲、寧津 三河 元氏、邢台、棗強、懷來、正定、無極、藁城、欒平、代州、贊皇	旱。（志） 五月，旱。（稿） 秋，旱，晚禾皆秕。饑。（稿）	同官 廣陵 慶陽 棗陽	六月，雨雹，壞廬舍無算。（稿） 七月，隕霜殺禾。（稿） 十二日，百泉山崩，壓斃二十五人。（稿） 八月，大雨雹，傷禾。（稿） 大疫。（稿）					泰安	二月，縣署火，延燒百餘家。（稿）	
一七四六	高宗乾隆十一年	江南沿河州縣及河南、山東、安徽諸省 廣東肇慶、韶州	黃、淮漲。（典） 水。（志）	霑化 雩都 慶雲、寧津	春，饑。（稿） 自五月至七月，不雨。（稿） 夏，饑。（稿）	直隸宣化府 金鄉、魚台、莒州	雹。（典） 四月，雨雹，傷麥。（稿）	四川瞻對	三月，瞻對土苗班滾作亂，六月，討平之。			海豐	六月，龍津橋火，延燒蓬舖四十餘間。（稿）	

公元	年號	地區	災況	地區	災況	地區	災況	地區	災況	地區	災況	地區	災況	
		南雄等州												
		棗陽、潛江、沔陽、袁州、高苑、連州、臨武、江陵、萬城、	大水。（稿）											
		即墨												
		平度	五月，大雨，漂沒田禾。（稿）											
		膠州	霪雨，害稼。（稿）											
		文登	六月，大雨傷禾。（稿）											
		壽光、諸城	霪雨，閏月，田禾盡沒。（稿）											
一七四七	高宗乾隆十二年	山東九十八州縣	水。（志）	即墨、平度	春，旱。（稿）	山東	雹。（典）	四川大小金川	三月，金川土司莎羅奔作亂，命雲貴總督張廣泗爲川陝總督討之。			崖州	十一月初十日，東街火，延燒七十餘家，傷二人。（稿）	
		江蘇崇明、寶山、上海、南匯、鎮洋、	江南海潮溢。（志）	文登	夏，旱。（稿）	直隸天津、浙江杭州、江南徐州	偏災。（典）							
				高密、安邑、垣曲	秋，旱。（稿）	高平、文鎮	六月，大雨雹，傷稼。（稿）							
				曹州、博山、高苑、	饑。（稿）									

一五五三

公曆	年號	天災						人禍						附註
		水災		旱災		其他		內亂		外患		其他		
		災區	災況	災區	災況	災區	災況	亂區	亂情	患區	患情	亂區	亂情	
		常熟、昭文、江陰等縣		昌樂、安邱、諸城、臨朐		安化	七月，雨雹傷禾。（稿）							※「遊」字上有闕文。
		海豐	七月，大風雨，壞城垣數十丈。（稿）			蒙陰	大疫。（稿）							
		平陰、滎城	大風雨，晚禾盡沒。（稿）			崑山、鹽城、清河、福山、棲霞、文登	大風，拔木覆屋。（稿）							
		※遊、應州、渾源、大同、海甯、鎭海、蘇州、常熟、昭文、東陽	大水。（稿）											
一七四八	高宗乾隆十三年	山東鄒平等二十州縣	水。（志）	陝西各屬	旱。（志）	鶴慶、信宜、象州、恩縣、遂安	正月，雨雹傷麥。（稿）	大小金川	金川亂作，張廣泗久戰無功，遣訥親爲經略大臣，又以傅恆代之，免廣泗職，以岳鍾琪爲四川提督。					
		浙江甯海	潮災。（志）	福建	旱。（志）	同官	四月，殞霜殺麥。（稿）							
		潛江、漢	大水。（稿）	臨安	三月，旱。（稿）									
				曲阜、甯陽、清甯、	春，饑。（稿）									

川、天門、　汾水溢。（稿）
沔陽、江陵、監利、太原
鄗西、　大水。（稿）
房縣
清河　四月初五日，大風雨，民舍傾圮無數。
泰州、　（稿）
通州　五月，大風雨，拔木、壞屋。（稿）

日照、沂水
嘉興、石門　五月，旱。（稿）
芮城、懷來　六月，旱。（稿）
福山、棲霞、文登、榮城　夏，饑。棲霞尤甚，鬻男女。（稿）

上海　四月，雨雹，傷麥、豆。（稿）
崑山　大雨冰雹，擊死人畜無算。（稿）
泰州、通州　五月，大雨雹，壞屋。（稿）
滕縣　大雨雹，民舍損壞無算。（稿）
樂平　六月，雹，傷稼。（稿）
懷來、懷安、西寧、蔚州、保安　雨雹成災。（稿）
忠州、西鄉　雨雹，傷禾。（稿）
泰山、曲阜、膠州、東昌、福山、東平　大疫。（稿）

公曆	年號	天災：水災 災區	災況	旱災 災區	災況	其他 災區	災況	人禍：內亂 亂區	亂情	外患 患區	患情	其他 亂區	亂情	附註
一七四九	高宗乾隆十四年	安徽壽州、鳳陽、臨淮、泗州、鳳台、懷遠、五河、霍邱、八州縣、江南鳳陽等州縣 海豐全州、太湖、宜都、沔陽、潛江、天門、江陵、監利、漢川	水。（典） 大水。（稿）	安邱、諸城、黃縣 大同府屬	春大饑，餓殍載道，鬻子女者無算。（稿） 十月旱。（稿）	樂平、稷山 正定府屬 青蒲、武進、永豐、溧水	十月，雨雹傷禾。（稿） 十一月，雨雹，傷稼。（稿） 大疫。（稿）	四川巴朗色爾力	正月，經略傅恒、提督岳鍾琪舉兵入金川，莎羅奔降，金川平。					
一七五〇	高宗乾隆十五年	江蘇安徽二十七州縣 浙江永	水。（志） 水。（典）	惠來 交河、蘄城 連州 廣信	春旱。（稿） 五月旱。（稿） 秋旱。（稿） 饑。（稿）	山西太原、蒲縣、直隸薊州十七	偏災。（典）	西藏	十一月，西藏珠爾默特作亂，岳鍾琪等討平之。					

公元	年號	地區	災情	地區	災情	地區	災情
		嘉、樂清、瑞安、平陽四縣、玉環廳、溫州衛、永嘉場				縣	
		高密	五月，霪雨害稼。（稿）			武昌	三月，暴風起，江中覆舟無數。（稿）
		廊城	六月，大雨連旬，冲塌民房。（稿）			膠州、濱州	六月，大雨雹，傷人畜、禾稼。（稿）
		平遠、樂亭、日照、隨州、富平、容城、鄗州	大水。（稿）			白水	八月，雨雹傷稼。（稿）
						郎縣、房縣	九月，大雨雹，傷人畜。（稿）
一七五一	高宗乾隆十六年	山東嶧等十二州縣	河溢。（本）	浙東五十四州縣	旱。（志）	福建之福安、壽寧	風雨，壞民廬。（典）
		河南、福建	水。（志）	福山、棲霞	春，饑，民多餓死。（稿）	湖南善化	偏災。（典）
		江蘇銅山、邳州、蕭、沛、宿	災。（志）	南昌	夏，饑。（稿）	武強	三月，大霜，平地深尺許，人畜多凍死。（稿）
				廣信、建德、遂	夏、秋不雨。禾		

公曆	年號	天災：水災 災區	水災 災況	旱災 災區	旱災 災況	其他 災區	其他 災況	人禍：內亂 亂區	內亂 亂情	外患 患區	外患 患情	其他 亂區	其他 亂情	附註
		遷、睢寧、安徽之歙縣、績溪、廣德、建平、銅陵、宿州、山西之鳳台、高平、陝西之朝邑、直隸之長垣		安、淳安、	苗盡槁。（稿）	同官	隕霜，殺麥。（稿）							
		福山、棲霞、榮城	霪雨，害稼。（稿）	壽昌、桐廬、分水		龍川	隕霜，殺禾。（稿）							
				溧水、連州、惠來	七月，旱。（稿）	長子	五月十一日，王婆村大風雷，田禾如燕，屋瓦、車輪有飛至數里外者。（稿）							
				建德	冬，饑。（稿）									
一七五二	高宗乾隆十七年	鄖縣、鍾祥、京山等十六州縣，洛川、雷州、文登、榮成、遵化、	大水。（稿）	陝西三十七州縣、甘肅三十九州縣廳	旱。＊（典）	浙江、山東、湖北、	間有偏災。（稿）	四川理番	雜谷土司蒼旺與梭磨土司勒兒瀉、卓克基土司娘兒吉搆釁，聚兵毀梭卓各寨，川督策楞討平之。			漢陽	正月，糧船火，焚數十艘。（稿）	＊清史稿災異志：「十七年春，房縣旱。解州自五月至七月不雨。」
				山西十一州縣	旱。＊（志）	甘肅仁和	八月，蟲食稼。（典）					桐鄉	四月，南柵大火，燬市廛三百餘家。（稿）	
												保昌	五月二十二日，孝悌街火，延燒三十餘家。（稿）	

	一七五三
	高宗乾隆十八年
陵縣、臨邑、仁和、海甯、襄陽、棗陽、宜城、穀城、均州、龍川、桐鄉、南柵 海豐	淮、揚、徐府屬銅山、堤、宿、靈、虹、泗等二十五州縣又江蘇三十二州縣 浙江仁和 峽江、潛江、沔陽、天門、吉
八月，大雨，淹沒田禾。（稿）	黃、淮漲。銅山縣堤決。（典） 鹽場災。（典） 大水。（稿）
海甯、富陽、餘杭、臨安、杭州、雷州、諸城、鄉甯 全州 同官、洵陽、白河 房縣	慶元 桐廬 廣靈 唐山、東清、平陽 鄖縣
旱。（稿） 春，饑。（稿） 夏，饑。（稿）	春，饑。（稿） 春、夏旱，禾苗枯，井泉涸。（稿） 自五月至九月，不雨。（稿） 秋，旱。（稿） 饑。（稿）
	山東掖、濰、昌邑三縣 定番州 諸城
	風災。（典） 四月，大雨雹，壞民舍百餘間。（稿） 大風雨，損禾。（稿）
	廣西陸川 梧州
	七月，大火，燬民居。（稿） 十月，府城外大火，傷二十餘人。（稿）

公曆	年號	天災						人禍						附註
		水災		旱災		其他災		內亂		外患		其他		
		災區	災況	災區	災況	災區	災況	亂區	亂情	患區	患情	亂區	亂情	
		安、蘄水、饒平、海豐、利津、壽光、濱州、霑化、蘭山、郯城、日照、太湖、鳳陽、五河、信宜、慶雲、天門												
一七五四	高宗乾隆十九年	安徽盱眙等縣 山東兗州、沂州、東昌府、濟甯州、東昌衞	江南淮、揚雨潦，下江等處復水。(本) 積水未涸，農田成災。(志)	荆門州 羅田	大旱至二十一年始雨。(稿) 饑。(稿)	台灣、澎湖 雲南易門、石屏 山西陵川	風災。(典) 地震災。(典) 七月，大風，害稼。(稿)	四川墊江	民人陳昆作亂。(本)	緬甸	緬屬之木梳頭土司甕藉牙起兵，王緬甸，脅服諸土司。於是東至整貝、景邁、孟艮、孟勇，西北至蠻暮、木邦、孟拱均爲緬屬，西南邊外騷然，大軍征之不克。(本)	伊犂準噶爾部、杜爾伯特部尼昝特部	準部諸王爭立，互攻，其酋阿睦撤納來奔。	

公元	年號	水災地區	水災情形	旱災地區	旱災情形	其他災害地區	其他災害情形	人禍地區	人禍情形
		石門、桐鄉	八月,大雨,淹禾稼。(稿)						
		嘉興	大風雨一晝夜,傷稼。(稿)						
一七五五	高宗乾隆二十年	江南淮、揚、徐、浙江杭、湖、紹府屬	水。(志)	普甯	三月,旱。(稿)	臨安	春,蟲災。(稿)	伊犂準噶爾、巴里坤、烏里耶蘇台、博羅塔拉河、格登山、烏什、烏倫古河、扎布堪河、崆吉斯吉斬、木齊哈密、	二月,以班第、永常爲將軍,分兩路出師,征準部。五月,班第大破準酋達瓦齊于格登山,俘送京師。又獲青海叛酋羅卜藏丹津,闢地萬餘里,天山北路悉平。十月,準部降將阿睦撒納反,班第、鄂容安死之。
		潛江、沔陽、荊門、江陵、監利、光化、園湖、壽州、鳳陽、潮州、金鄉、魚台	大水。(稿)	梧州	五月,旱。(稿)	蘄州	三月,大風,壞民舍二百餘間,壓斃十餘人。(稿)		
		蘇州	二月至四月,霪雨,麥苗腐。六月,大雨,傷稼。(稿)	黃縣	七月,旱。(稿)	玉屏	四月,大雨雹,壞屋。(稿)		
		蘄州	三月,大風雨,壞民居三百餘家。(稿)	武進、溧水	十一月,旱。(稿)	高平	五月,大雨雹,人有擊斃者。(稿)		
		澄海	五月,狂風驟	通州	饑。(稿)	沂州	七月,蝝生,棉穀不實。(本)秋,禾災。(典)		
						山西岢嵐州	收成歉薄。(典)		
						正甯、葭州	隕霜,殺禾。(稿)		

公曆	年號	天災						人禍						附註
		水災		旱災		其他災		內亂		外患		其他亂		
		災區	災況	災區	災況	災區	災況	亂區	亂情	患區	患情	亂區	亂情	
			雨，冲倒城垣五十七丈，民房三百餘間。（稿）											
一七五六	高宗乾隆二十一年	贛榆	七月，大風雨，害稼。（稿）	青浦、東流、湖州、石門、金華	春，饑。（稿）	潮陽	六月，大雨雹，週遭二十餘里，禾稼多傷。（稿）	吐魯番、伊犂、特克勒河、哈薩哈、和托輝特部、喀爾喀諸部、杭哈獎噶斯	五月，官軍復伊犂。八月，和托輝特部郡王青滾雜卜叛，十二月，擒斬之。					
		石門、桐鄉	霪雨，害稼。（稿）	金華	春、夏旱。（稿）	湖州、蘇州、婁縣、崇明、武進、泰州、通州、鳳陽	大疫。（稿）							
		東明	八月，大風雨，拔木，禾田盡淹。（稿）	桐鄉、天門	五月，旱。（稿）									
		潮州	十月，霪雨損麥。（稿）	沂州	夏，饑。（稿）									
		江南宿、虹、豐沛等十六州縣，山東金鄉、魚台等四州縣衛	水。（志）	武城、濟南府	冬，饑。（稿）									

西曆	年號	地域	災況	地域	災況	地域	災況	地域	事況			地域	災況	附註
一七五七	高宗乾隆二十二年	河南歸德府之夏邑、商邱、永城、虞城等縣並陳、許兩府屬各縣	霪雨被水。(志)	龍川	春，大旱。(稿)	甘肅	雹，偏災。(典)	綽羅斯特、輝特部、哈薩克、巴顏山、博羅塔	二月，綽羅斯特、輝特等部叛，大軍出哈薩克，準部大亂，退守烏魯木齊，連數戰百次，再退特訥格。五月，大軍進剿，阿睦撒納遁			宜昌	十月，東湖火，燔民居無數。(稿)	※案是年河南各縣免賦，其被災年月未詳。
		介休	五月，霪雨，淹田禾六十餘頃。(稿)	惠來	自春徂秋，不雨。(稿)	準噶爾諸部	疫盛行，罹者輒死。							
		曲沃	七月，霪雨數十日，廬舍多壞。(稿)	石門、梧州、桐鄉	夏，旱。(稿)	山西交城等四十州縣	收成歉薄。(典)							
		芮城	霪雨四旬，房舍多圮。(稿)	博白	饑。(稿)									
		和順	霪雨二十餘日，害稼。(稿)											
		直隸、山東諸州縣	漳河暴漲，注衛河。(本)											
		河南夏邑、商邱、虞城、永城※	水淹田畝。(志)											

公曆	年號	天災・水・災區	天災・水・災況	天災・旱・災區	天災・旱・災況	天災・其他・災區	天災・其他・災況	人禍・內亂・亂區	人禍・內亂・亂情	人禍・外患・患區	人禍・外患・患情	人禍・其他・亂區	人禍・其他・亂情	附註
		兩江	水。(典)	掖縣	秋,饑。(稿)	豐潤	正月,雨雪大寒,人畜凍斃。(稿)	拉河、濟爾噶朗、河烏、晉木齊特、訥格、巴雅爾部、巴里坤	俄羅斯境,尋患痘死,準噶爾至是平。兆惠至明年正月,又合圍剿殺,六十餘萬口,靡子遺焉。					
		介休	七月,霪雨,淹田禾八十餘頃,廬舍衝塌大半。(稿)			桐鄉、陵川	大疫。(稿)							
						吳川	六月,颶風,拔木壞屋。(稿)							
						孟縣、樂平	七月,大風傷稼。(稿)							
一七五八	高宗乾隆二十三年	青浦、金鄉、魚台、濟甯州、華甯	大水。(稿)	蕭河	旱。(志)	永平	大雨雹,人有擊斃者。(稿)	天山南路、吐魯番、哈密、和闐、河喇沙爾、烏什、喀什噶爾、庫車、鄂根河	正月,回部和卓木叛,命雅爾哈善率師討之。七月,大軍與和卓木戰於庫車,和卓木遁去。改命兆惠爲定邊將軍,移師鎮之。					
		介休	六月,大雨三日,淹沒田禾。(稿)	東西翁源、蒼梧	春,饑。(稿)	即墨	六月二十九日,大風,一夜大木盡拔。(稿)							
		陵川	霪雨連月不止,房舍多圮。(稿)	東平	三月,旱。(稿)									
		長子	秋,大雨傷禾。(稿)	慶陽	六月,旱。(稿)									
				日照	夏,饑。(稿)									

公元	年號	水災地區	水災情況	旱災地區	旱災情況	其他災地區	其他災情況	人禍地區	人禍情況	附註
一七五九	高宗乾隆二十四年	山東濟寧、魚台	水。(1)(考)(2)	畿輔、甘肅皋蘭等二十五廳州縣	旱。(志)	山西、山東	偏災。(典)	庫車、阿克蘇、烏什、葉爾羌、喀什噶爾、沙雅爾、戈壁北境、喀喇烏蘇（即蔥嶺南河或葉爾羌河）呼拉瑪	正月，將軍兆惠被圍黑水營，（即喀喇烏蘇，）副將軍富德率師援之，三月，圍始解。七月，兆惠拔喀、葉兩城，大、小和卓木遁。十月，巴達克山汗擒斬之，回部平。新疆全省入中國版圖	(1)案清朝文獻通考（田賦四）是年山東水係偏災。(2)清朝文獻通考。
		泰州、臨清衛、太湖、潛山	大水。(稿)	平定、樂平、盂縣	春、夏大旱。(稿)	平定	八月，大風害稼。(稿)			
		即墨	六月二十九日，大風雨，一晝夜，大木盡拔，田禾淹沒。(稿)	枝江、高郵	六月，旱。(稿)	武邑	有蟊蟲食禾根。(稿)			
				太原、代州、翼城、甯州、甯鄉、安邑、絳縣、垣曲、潞安、河津、應州、大同、懷仁、山陰、靈邱、豐鎮、甘泉、新樂	秋，旱。(稿)	永年	冬，大寒。(稿)			
				隴右諸州縣	大饑。(稿)					

公曆	年號	天災						人禍						附註
		水災		旱災		其他災		內亂		外患		其他亂		
		災區	災況	災區	災況	災區	災況	亂區	亂情	患區	患情	亂區	亂情	
一七六〇	高宗乾隆二十五年	山東海豐	水。(志)	平定臨安、長子、長治、和順、天門	饑。(稿)	江南之淮陽、徐、海四州府、山東、湖南、甘肅各州縣	偏災。(考)							
		慶元、洵陽、柏鄉、屏山	大水。(稿)			平定、嘉善、靖遠	大疫。(稿)							
一七六一	高宗乾隆二十六年	河南祥符等縣	久雨，河溢。(志)	江夏、隨州、枝江	夏，饑。(稿)	雲南新興州、江州	地震災。(典)							
		直隸大名、天津、山東德州、曹州	七月，河溢潰楊堤。(本)			潛山	三月，大風，拔木壞屋。(稿)							
		潛江、沔陽等七州縣、南宮、雲夢、峽江、江陵、婁縣、	大水。(稿)			福山	大寒，樹多凍死。(稿)							
						文登、榮成	大雪，寒甚。(稿)							
						婁縣	大寒，河冰塞路。(稿)							
						臨朐	大寒，井水凍。							

公元	年號	地區	災情	地區	災情	地區	災情	地區	災情	地區	災情
		固安、永清、甯河、文安、望都、容城、盧龍、樂陵、金鄉、魚台、甯陽、汶上、壽張、東昌衛、垣曲	秋，霪雨，四晝夜不止，城垣盡圮。（稿）			餘姚	大寒，江水皆冰。（稿）				
一七六二	高宗乾隆二十七年	直隸四十五州縣、江蘇之清河等十一州縣、浙江之仁和等十七州縣、山東三十州縣	霪雨水。（典）	甘肅三十州縣衛 濟南 會甯、 湖州、棗強、慶雲	旱。（典） 春，饑。（稿） 夏，旱。（稿） 饑。（稿）	會甯、正甯 潯州 嘉善	隕霜，殺禾。（稿） 三月十八日，颶風，毀城樓。（稿） 七月，大風，拔木壞屋。（稿）			石門	十月，玉溪鎮火，延燒百餘家。（稿）

公曆	年號	天災：水災 災區	天災：水災 災況	天災：旱災 災區	天災：旱災 災況	天災：其他 災區	天災：其他 災況	人禍：內亂 亂區	人禍：內亂 亂情	人禍：外患 患區	人禍：外患 患情	人禍：其他 亂區	人禍：其他 亂情	附註
		衛												
		蘇州	七月，大風雨，積水經月，田禾盡沒（稿）											
		海鹽	大雨，壞民居。（稿）											
		嘉善	大雨風，拔禾、壞屋。（稿）											
一七六三	高宗乾隆二十八年	山東濟甯等八州縣衛	水。（典）	蔚州	旱。（志）	歙縣	二月，大風，拔木，覆屋，壓斃人畜甚多。（稿）					巴達克山、敖罕、汗國、霍闡城	布哈爾阿富汗等國同盟軍襲殺巴達克山國王，進兵霍闡城。	
		湖北沔陽、天門二州縣衛	水。（考）	甘肅狄道、河州十二廳州縣	旱。（典）	交河	蝗。（典）					慶元	十二月初五日，火，延燒五十餘家。（稿）	
		熱河、承德	霪雨浹旬，河水暴漲。（本）	武昌	旱。（稿）	蔚州	雹。（典）							
		瑞安	潮溢，陸地行舟。（稿）	永年、永昌	夏，大饑。（稿）	雲南江川、通海等五州縣	地震。（典）							
		資陽	大水。（稿）			松江府	暴風，三日夜不息，禾盡堰，諸縣田顆粒							

公元	年號	地區	水災	地區	旱災	地區	其他災害	地區	人禍	地區	火災
							不收，府署自日被				
						和順，	隕霜，殺稼。（稿）				
一七六四	高宗乾隆二十九年	山東濟甯等州縣	水。（考）	甘肅鞏昌等府屬、江蘇江浦、海州等處	旱。（志）	雲南江川等五州縣	地震。（典）			沂水	五月，縣城南關市街火，延燒數百家。（稿）
		廣東、湖北、湖南、	水。（志）	甯津	夏，旱。（稿）	甘肅河東、西	秋間被災，雹水風霜。（考）			婺源	十月，西關外居民失火，延燒數百家。（稿）
		江西南昌、吉安、九江、瀧陽、漢川、武昌、江夏、黃安、黃州、黃岡、蘄水、廣濟、石首、宣平、遂州	洞庭湖漲。大水。（稿）	東光	秋，大饑。（稿）						
一七六五	高宗乾隆三十年	山東濟南等十五州縣、江南安	水。（典）	浙江天台、新昌、甯海等縣，甘肅	旱。（志）	甘肅皋蘭等州縣	地震。（典）	烏什	烏什回人作亂。九月，將軍明瑞討平之。殲其丁壯，徙老弱爲餘口，戍伊犂。		
						樂平	雨雹，傷稼。				

公曆年號	水災 災區	水災 災況	旱災 災區	旱災 災況	其他災 災區	其他災 災況	內亂 亂區	內亂 亂情	外患 患區	外患 患情	其他亂 亂區	其他亂 亂情	附註
	池等五府屬、湖北漢陽等七州縣衛、湖南益陽縣、江西南昌等三縣、薊州、北州	大水。（稿）	河東、西、靖遠等十四州縣 桐廬 洛川 吉安、廣信、袁州、撫州 威遠	 春，饑。（稿） 夏，旱。（稿） 秋，饑。（稿） 冬，饑。（稿）	伏羌 嘉興	（稿） 二月十八日，地大震，倒塌屋舍二萬八千七百餘間，壓斃七百七十餘人。（稿） 十月，蟲災。（稿）							
一七六六 高宗乾隆三十一年	山東章邱等十八州縣、直隸獻縣等十七州縣即墨	水。（典） 六月，大雨三日，西南城垣	甘肅靖遠等十四廳州縣、陝西延安等三府 伊犁屯田回部	旱。（典） 災。（考）	甘肅靖遠等十四廳州縣 江南、浙江、山東、陝西、湖南、江西、	雹霜。（考） 偏災。（典）			九龍江、普洱、永昌邊外	三月，緬甸入寇九龍江，清師敗績。	蒼梧	十一月，戎墟大火三次，共燒民房六百餘家。（稿）	

公元	一七六七	
年號	高宗乾隆三十二年	
地區	下江、上元等十一縣，上江、懷甯等十三州縣＊江西南昌等十三縣、湖北黃梅等十三州縣 南豐	臨邑 黃岩
災情	水。（志） 自正月雨至七月，不絕。（稿）	穎。（稿） 七月，霪雨三晝夜，平地水深數尺，壞民舍無算。（稿） 大雨如注，平地水深丈餘，溺死無算。（稿）
地區	湖州 池州	文登、 欒城、濟南、新城、德州、禹城
災情	旱。（稿） 冬，大饑。（稿）	秋旱。（稿） 饑。（稿）
地區	嘉善	甘肅各州縣
災情	大疫。（稿）	
地區	車里、孟艮、整賣、木邦、景綫、騰衝、鐵壁關、新街、孟密、阿瓦、宛頂、蠻結、革童、天生橋、山梁	
戰事	三月，緬兵陷木邦、景綫，入鐵壁關，襲新街。十二月，將軍明瑞率師征緬，大破之。	
政事	十二月，殺浙江人齊周華，以黨於呂留良故也，並落禮部侍郎齊召南之職。	
附註	＊據清朝通典（卷十七食貨十七賑恤）是歲江南被災縣數凡三十四，清朝通志作二十四。	

公曆	年號	天災						人禍						附註
		水災		旱災		其他災		內亂		外患		其他亂		
		災區	災況	災區	災況	災區	災況	亂區	亂情	患區	患情	亂區	亂情	
一七六八	高宗乾隆三十三年	直隸霸州等五十州廳縣 盛京、永德、遂陽、海成、廣甯及雲南各屬 太原、武清、慶甯、(1)河、南樂、安肅、望都 永昌	水。（典） 水。（典） 大水。（稿） 霪雨五十餘日。（稿）	(2)江蘇、安徽、河南各屬 直隸霸州等五十州縣廳 沂水、日照、石門、嘉善 連州 孝感、安陸、雲夢、應城、應山、武昌、鍾祥、棗陽 泰州	旱。（典） 旱。（志） 六月，旱。沂水、日照大饑。（稿） 夏、秋大旱。（稿） 七月，旱。（稿） 八月，大旱，河竭。（稿）	安邱 瓊州	二月，大風，損麥。（稿） 六月十八日，颶風大作，毀官署、民房無算。（稿）	臺灣 象孔、孟籠、小猛盲、大山土司、蠻化、柱家銀廠、老官屯	民人黃發作亂，明年就擒，亂始平。(3)（本） 明瑞與蠻戰于小猛盲，陷敵死，以傅恒為經略代之。			梧州	正月二十八日，府城外火，延燒三百餘家。（稿）	(1)「河」字上下有闕文。 (2)清史稿災異志「三十三年四月，陽湖、高郵旱。」 (3)台灣黃發之亂，清朝全史記為三十五年事。

一七六九	高宗乾隆三十四年	蒼梧、懷集、新樂、溧水、武進、潛山、湖州、嘉善、江夏、武昌、崇陽、黃陂、漢陽、黃岡、廣濟、江陵、枝江	大水。(稿)	高淳	六月旱，饑。(稿)	東南各處	大風災，臨海居民死者數萬。(稿)				戛鳩江、指木疏、蠻莫、老官屯	十一月，大軍敗緬兵于戛鳩江，十二月，中、緬講和。	
		仁和、海甯	大風雨，淹沒田禾。(稿)	溧水、太湖	饑。(稿)	江南、安徽、浙江、江西、湖北各州縣	偏災。(典)						
						嘉善	秋，大風。禾盡偃。(稿)						
一七七〇	高宗乾隆三十五年	直隸天津、滄州、東安、武清等各屬	水。(志)	浙江十四州縣	災。(典)	直隸薊州、寶坻一帶	蝗。(典)						*清史稿災異志：「三十五年夏，臨潼、扶風旱。」又：「蘭州、鞏昌、秦州各屬大饑。」
		浙江十四州縣	災。(志)	甘肅皋蘭二十八州廳縣	旱。*(典)	蘭州	大疫。(稿)						
		望都、信陽、白河、武甯、鄖	夏，古北口山水暴發。(典)漢水溢。(稿)	常山	七月旱。(稿)								

公曆	年號	水災災區	水災災況	旱災災區	旱災災況	其他災災區	其他災災況	內亂亂區	內亂亂情	外患患區	外患患情	其他亂區	其他亂情	附註
		西、濟南、東昌、壽光	大水。（稿）											
		喀喇河屯廳	大水。（稿）											
		壽光	八月，大風雨害稼。（稿）											
一七七一	高宗乾隆三十六年	山東濟南、武定、東平等府屬	水。（考）		以旱，命清獄。（本）			四川	大、小金川復叛，大軍進討。					
		熱河木蘭	雨水較大。（考）	即墨	二月，旱。（稿）									
		山西薩拉齊通判屬	所屬善岱里、安民等七村水。（考）	五河	夏，旱。（稿）									
		直隸、江蘇、山東、甘肅各屬	災。（典）	會甯	大饑。（稿）									
				肥城、新城、甯陝廳	秋，饑。（稿）									
				瑞安、當陽、宜城	冬，旱。（稿）									

		鳳陽、甯陽、安邱、壽光、博興、五河、鄒平、商河、惠民、東昌、德平	大水。（稿）						
		長子	七月，大雨，傷禾。（稿）						
一七七二	高宗乾隆三十七年	嘉興、石門、桐鄉	六月，大雨，自辰至午，高丈餘。（稿）	甘肅皋蘭等二十五廳州縣	旱。（志）			小金川、打箭爐、汶川、墨壟溝	五月，川督桂林攻小金川，敗績。
				文登	春，旱。（稿）				
				宣平	秋，旱。（稿）				
一七七三	高宗乾隆三十八年	江南淮安、鹽城、安東、山陽、阜甯、清河、沭陽、海州、大河衞	水。（志）	洛川	夏，旱。（稿）	薊州、永年	七月二十九日，大風雨，拔木，熟禾盡損。（稿）	大金川	六月，木果木兵變，小金川地盡失。十月，阿桂平定小金川。
		河南江	災。（典）	壽光、宣平、天津、青縣、靜海、武清、東光、甯津	七月旱。（稿）				
				文登、榮成	秋，饑。（稿）				

公曆	年號	天災						人禍						附註
		水災		旱災		其他災		內亂		外患		其他		
		災區	災況	災區	災況	災區	災況	亂區	亂情	患區	患情	亂區	亂情	
		蘇、安徽、陝西、甘肅各屬山西歸化城之黑河、薩拉齊之善岱	災。（典）											
一七七四	高宗乾隆三十九年	山陽、清河、鹽城、阜甯等縣、淮安、大河二衛直隸霸州二十五州縣、安徽壽州等十州縣桐鄉	黃水驟溢。八月，江南老壩口河溢。（考）水。（典）七月，大風雨，	直隸天津、河間等屬十六州縣甘肅皋蘭等州縣鍾祥、荊門州、應城、黃安、秦州、鎮番、慶雲、南樂、霸州	旱。（志）偏災。（考）七月，旱。（稿）八月，旱。秦州、鎮番大饑。（稿）	江南安徽、河南、湖北、山東東平黃縣、文登、榮成雲和	地震。（典）偏災。（典）二月，雨雹傷麥。（稿）大風連日，麥苗盡損。（稿）六月，大雨，山崩，壓斃四人。（稿）	臨清、壽張、堂邑、陽穀	兗州民王倫滋擾，討平之。					

			壞廬舍無算。(稿)											
一七七五	高宗乾隆四十年	直隸霸州、永清等十四州縣 河津	水。(1)(典) 八月，汾水溢。(稿)	江蘇句容等三十州縣衛、安徽定遠等十二州縣衛及甘肅皋蘭等十八州縣 杭州 房縣、溧水、武進、高郵、文登、榮成、南陵	旱。(志) 六月，旱。九月，兼旬不雨。(稿) 旱。大饑。(稿)	江蘇、河南、湖北、安徽、浙江、雲南 武强	災。(2)(考) 大疫。(稿)	四川黨壩、革布什咱、那穆山、色淜曾嶺、薩斯甲嶺、遜克宗壘、大金川、勒烏圍、黑格山、轉經樓、噶爾厓	八月，阿桂等破大金川，酋索諾木逼。(本)					(1)案清史稿災異志一，是歲直隸水災州縣凡四十，清朝通典作十四。 (2)據清通典(食貨十七)「四十年，酌免江蘇、河南、湖北、安徽、浙江、雲南各水旱被災田賦。」當即此條。又據同上書乾隆四十年旱災區作江蘇二十八州縣衛，甘肅三十一廳州縣，與清朝續文獻通考所載有異，待考。

公曆	年號	水災 災區	水災 災況	旱災 災區	旱災 災況	其他災 災區	其他災 災況	內亂 亂區	內亂 亂情	外患 患區	外患 患情	其他 亂區	其他 亂情	附註
一七七六	高宗乾隆四十一年	江蘇上元等四十六州縣衛、安徽合肥等州縣衛	水。（典）	甘肅皋蘭等三十一州縣	旱。（典）	江蘇、安徽	災。*（考）	噶爾厓西里	二月，金川噶爾厓破，金川平。（本）					*據清朝文獻通考（國用七）當係水災。
		沔陽	四月，湖北沔陽州堤決。（本）	平定、樂平	秋，旱。（稿）									
		海子	山水驟發，漲高丈許，壞城垣、廬舍，人多溺死。											
		代州	秋，秋峪谷口河決，田廬多沒。（稿）											
一七七七	高宗乾隆四十二年			甘肅皋蘭等三十二廳州縣	旱。(1)（志）	安徽宿州等州縣衛	偏災。（考）	甘肅河州	十二月，教匪王伏林作亂，討平之。（本）				十一月，殺新昌舉人王錫侯。江西巡撫、藩、臬以下革職治罪。(2)	(1)據清朝文獻通考是年甘肅災區爲二

				洛川、穀城、歸州、吳川、武甯、宣平	夏旱，洛川饑。（稿）八月旱，（稿）				十七州縣。（2）康熙字典之獄。
一七七八	高宗乾隆四十三年	河南	黃河溢。（志）	河南、山東、京師	雨澤稀少，蒲南之汲、淇、臨漳三縣，被災較重。（考）	房縣	雹，傷人畜無算。（稿）	是歲，一柱樓詩獄成，文字之獄加烈。御史曹一士上疏諫，不報。	曹疏：「比年來小人不識兩朝殛誅之故，往往結睚眦之怨，影響攻訐，指摘字句，有司多方窮鞫。波累師生，株連親故，破家亡命，甚可憫也。臣以為不過詞人習悲，非懷悖逆。請勅直省嗣後凡有舉首者，苟無的蹤，依律反坐，以為誣告者戒。」
		湖北江夏等十八州縣	漢江水漲成災。（考）	太原	自正月至五月不雨。（稿）				
		江蘇江浦等二十六州縣衛	水。（典）	諸城	旱。（稿）				
				嘉興、石門、東平	夏旱，河涸。（稿）				
				江夏、武昌、崇陽、黃陂、漢陽、鍾祥、潛江、保康、枝江	秋旱，江夏、武昌等三十一州縣饑。（稿）				
				九江、武甯	冬旱。（稿）				
				四川	全蜀大饑，立人市，鬻子女。（稿）				

公曆	年號	天災：水災 災區	水災 災況	旱災 災區	旱災 災況	其他 災區	其他 災況	人禍：內亂 亂區	內亂 亂情	外患 患區	外患 患情	其他 亂區	其他 亂情	附註
一七七九	高宗乾隆四十四年	河南儀封、延津等十四州縣 直隸 臨清衛 施南、鍾祥 江陵、宜都、武昌	水。(1)(典) 六月，漳河、河、沙河漫口。(本) 河決，清江水溢。 漢水溢入城，壞民廬舍。 大水。(稿)	南漳、光化、房縣、隨州、枝江 湖州、武城、安郎、泰安、潛山 秦州	春，饑。(稿) 六月，旱。(稿) 夏，州屬饑。(稿)	長沙十五州縣 黃縣	災。(2)(考) 五月，雹傷麥。(稿)					桐鄉	十一月初四日，大火，燔市廛四十餘家。(稿)	(1)據清朝通志是年河南被災州縣凡三。 (2)據清朝通典長沙災在次年。
一七八〇	高宗乾隆四十五年	直隸霸州、文安等二十州縣 常山 江南睢陽	七月，永定河東蔡家莊東省汶河張家油房等處河決。※(志) 六月，大雨，民房多圮。(稿) 郭家渡堤決。(本)	應城、江陵、保康	五月，旱。(稿)秋，饑。(稿)	湖南長沙十五州縣 湖北、江蘇、直隸	災。(2)(典) 偏災。(考)							(1)據清朝通典(食貨十七)「四十五年，直隸水，武清、房山等四十一州縣災。」 (2)據清朝

		山東曹縣、定陶、武城	災。（典）							通典（食貨十七）「四十五年，免湖南長沙十五州縣災田額賦。」災況不明。
		慶元、袁州、義烏、鍾祥、沔陽、潛江、荊州三衛、常山、武清、房山、滕縣、金華	大水。（稿）							
一七八一	高宗乾隆四十六年	江南鳳、泗、邳、睢等州縣	黃水溢南岸，魏家莊漫口，禾稼受傷。（志）	浙江紹興、金華府屬	旱。	直隸、湖北、江蘇	災。(1)（典）	甘肅蘭州、海州、華林寺	正月，蘭州回教徒蘇四十三作亂，陷河州，犯蘭州。六月，討平之	(1)據清朝通典（食貨十七）「四十六年免直隸、湖北、江蘇各被災州縣田賦有差。」災況不明，待考。(2)案清朝通典（食
		文登	正月大風雨，傷稼。（稿）	宣平	四月，旱。（稿）	江南崇明	風潮成災。(2)（典）	蘭州、河州等處	猝被逆回焚掠。（考）	
		山東章邱等十縣衞又鄒縣等七州縣	黃水淹浸。（典）	金華、新城	六月，旱。（稿）			四川梁山、墊江等縣	八月，國匪刼梁山、墊江等縣，討平之。	
			六月，萬舒灘堤潰。（本）							

公曆	年號	天災·水災·災區	天災·水災·災況	天災·旱災·災區	天災·旱災·災況	天災·其他災·災區	天災·其他災·災況	人禍·內亂·亂區	人禍·內亂·亂情	人禍·外患·患區	人禍·外患·患情	人禍·其他亂·亂區	人禍·其他亂·亂情	附註
		濟南	雨水害稼。（稿）											貨十七）「四十六年，江南崇明縣風潮成災，免本年租」，其「四十六年」一字，檢上文爲重複，仍置本年內待攷。
		江蘇邳縣	九月，河溢。（本）冬，青龍岡漫口。（志）											
		宜城、江陵、壽光、博興	大水。（稿）											
一七八二	高宗乾隆四十七年	河南	黃河溢。（志）	文登	春，旱。（稿）	直隸霸州等州縣	災。（典）							
		江南之豐、沛，山東兗、曹、濟各屬	春間，豫省青龍岡漫口合龍未就。（典）	黃縣	五月，旱。（稿）	寶雞	四月，雹傷麥。（稿）							
		山東、江蘇	山東二十州縣，江蘇二十四州縣秋禾災。（典）	羅田	六月，旱。（稿）	文登	五月，大雨雹，傷禾。（稿）							
		中江、三台、射洪、	六月十七日，郪、涪二江漲，	綏德州	秋，旱。（稿）									
				灤州、昌黎、臨榆	饑。（稿）									

		遂安、蓬溪、鹽亭	頃刻水高丈餘，田廬、民舍淹沒殆盡。（稿）								
		江夏、武昌、黃陂、漢陽、安陸、德安、瑞安	大水。（稿）								
		東昌、文登	八月，大雨水，壞民廬舍。（稿）								
一七八三	高宗乾隆四十八年			文登、榮成、綏德州	二月，旱。（稿）	瑞安	五月，大疫。（稿）			慶元	五月，火延燒百餘家。（稿）
				黃縣	春，饑。（稿）	吳川	六月，颶風大作，壞官署、民房及城垣。（稿）				
				菏澤	秋，饑。（稿）						
				綏德州	饑。（稿）						
一七八四	高宗乾隆四十九年	河南、安徽等處	黃河溢大水，河南之商邱、安徽之亳州等州縣最重。（志）	河南衛輝府屬九縣、懷慶、彰德、開封府屬十六	旱。（志）	陝西延、榆、綏三所	災。（典）	西安	甘肅新教回人田五作亂，七月，亂平。	成都	四月朔，大火延燒官署、民舍殆盡。（稿）
		宣平、江	大水。（稿）								

公曆			一七八五
年號			高宗乾隆五十年
天災	水災	災區	夏、黃梅、武昌三衞、黃崗、廣濟
		災況	
	旱災	災區	縣、直隸大名等屬七州縣
		災況	
		災區	甯陽、
		災況	二月，旱。（稿）
		災區	荷澤
		災況	
		災區	葭州
		災況	春，饑。（稿）
		災區	應城
		災況	五月，旱。（稿）
		災區	來鳳
		災況	夏，饑。（稿）
		災區	甯陝廳
		災況	秋，大旱。長安河涸。（稿）
		災區	山東濟南各府屬二十州縣、安徽亳州等八州縣、江蘇淮安等府屬、河南衞輝
		災況	旱。＊（典）
	其他	災區	甘肅
		災況	地震。（典）
		災區	日照
		災況	蝗食稼。（稿）
		災區	青浦
		災況	大疫。（稿）
人禍	內亂	亂區	甘肅
		亂情	逆回滋事，照例給賑。（典）
	外患	患區	
		患情	
	其他	亂區	
		亂情	
附註			＊清史稿災異志「五十年，濟南、荷澤自春徂夏，不雨。夏，鄒平、臨邑、東阿、肥城、滕縣、甯陽、日照、皆大旱，河

府屬五縣及附近延津等九縣、開封、彰德府屬之祥符、內黃等十一州縣、杞縣等十州縣

宜城、光化、隨州、　春，大饑，人食樹皮。（稿）

枝江、江夏、　二月旱。（稿）

武昌、嘉善、桐鄉、宣平、　夏，大旱，河涸。（稿）

蘇州、高淳、武進、甘泉、章邱、鄒平、臨邑、　饑。（稿）

涸。秋，觀城、沂水、壽光、安邱、諸城、博興、昌東、旱。」

公曆	年號	天災：水災災區	水災災況	旱災災區	旱災災況	其他災區	其他災況	人禍：內亂亂區	內亂亂情	外患患區	外患患情	其他亂區	其他亂情	附註
一七八六	高宗乾隆五十一年	安徽安慶等府州縣	夏，雨過多，山水漲發，低地多被淹。（本）	東平	春，旱。（稿）	伊黎	地震。（本）	台灣彰化、諸羅、淡水、鳳山	十月，台灣彰化民林爽文作亂，鳳山莊大田起兵應之，陷諸羅、淡水、彰化。					
		山安、清江、淮關一帶	河決。（本）	山東	各府州縣大饑，人相食。（稿）	通渭	隕霜殺麥。（稿）							
		霑化、崇陽、江陵	大水。（稿）	洮州	五月，旱。（稿）	泰州、通州、合肥、贛榆、武進、蘇州、日照、范縣、莘縣、莒州、昌樂、東光	大疫。（稿）							
				荆門州、松滋	七月，旱。（稿）									
				東阿、肥城、太平、黃縣、壽光、昌樂、安邱、諸城	秋，旱。（稿） 大饑，父子相食。（稿）									

公元	年號	地區	水災	地區	旱災	地區	其他天災	地區	內亂			地區	外患	附註
一七八七	高宗乾隆五十二年	東睢州	下汛十三堡河溢。（本）	黃縣、博興	三月旱。（稿）	宣平	隕霜，殺菽。（稿）	台灣	正月，林爽文犯台灣府，不逞。官軍復彰化、鳳山、諸羅諸縣及鹿仔港竹塹等處。四月，鳳山復陷。					
		江南周家溝等處	河溢。（本）	滕縣	夏，大旱。微山湖涸。（稿）			湖南鳳凰	五月，䴡屬句補寨苗人石滿宜等滋事，討平之。（本）					
		山陽	三月，大雨傾盆，水高丈餘，漂沒人畜無算。（稿）	臨榆	大饑。（稿）									
一七八八	高宗乾隆五十三年	直隸保定府屬之清苑、安州、新安、雄縣、河間府屬之任邱、河間、獻縣、肅甯、阜城、景州、天津府屬之大城、武清、東安、永清	水。（攷）*	黃縣	三月，復旱。（稿）	平度	大旱，蝗，田禾俱盡。（稿）	台灣嘉義（即諸羅）	二月，林爽文就擒，台灣平。			安南	內亂，王族來奔，命大軍出境討之。十一月，復安南。	*《續清朝文獻通考》。

公曆	
年號	
天災 水災 災區	等處 宜昌、常山、慶元、南昌、新建、進賢、九江、臨榆、荊州、枝江、羅田、江夏、漢陽九衛、武昌、黃陂、襄陽、宜城、光化、應城、黃岡、蘄水、廣濟、黃梅、公安、石首、松滋、宜都、江陵、潛江
天災 水災 災況	萬城堤潰。漳河溢，大水。（稿）
天災 旱災 災區	
天災 旱災 災況	
天災 其他 災區	
天災 其他 災況	
人禍 內亂 亂區	
人禍 內亂 亂情	
人禍 外患 患區	
人禍 外患 患情	
人禍 其他 亂區	
人禍 其他 亂情	
附註	

公元	年號	地區	災情	地區	災情	地區	災情	地區	災情
		文登、榮成	秋，霪雨，害稼。大饑（稿）						
一七八九	高宗乾隆五十四年	直隸各府屬	夏、秋，多雨，河漲成災。（攷）	蒙古	左翼蘇尼特札薩克郡王巴勒珠爾雅拉木丕勒、右翼蘇尼特札薩克郡王車凌古木布兩旗兩族遊牧皆被旱乏食。（攷）	雲南通海等九州縣	地震，城垣、官署多有坍壞，民居亦多倒坍，傷斃人口。（攷）	安南	正月，阮文惠襲安南，總督孫士毅敗走，提督許世亨死之。二月，阮光平乞降，更封之爲國王。
		荆江	七月，堤決，府城被淹。	宜都	大旱，自三月至五月，不雨。夏，饑。（稿）	潼關	九月二十日，地震，壞民舍，人有壓斃者。（稿）		
		潼關	霪雨連旬，民居傾圮。（稿）						
一七九〇	高宗乾隆五十五年	通州	四月，大雨，麥盡損。（稿）			平度、鄒平、臨邑、范縣	隕霜，殺麥。（稿）		
		永城、宿州、靈璧等處	六月，王平莊壩決二百八十餘丈，各處田廬被淹。（本）			鎮番、雲南	大疫。（稿）		
		長清、濟州、禹城、	運河決，灤河溢。大水。（稿）						

公曆	年號	天災 水災 災區	水災 災況	旱災 災區	旱災 災況	其他災 災區	其他災 災況	人禍 內亂 亂區	內亂 亂情	外患 患區	外患 患情	其他亂 亂區	其他亂 亂情	附註
		平原、灤州、樂亭、武強、高唐、濟南、臨邑、東昌	七月，大雨，平地水深數尺，禾盡淹。（稿）											
		禹城	秋，饑。（稿）											
一七九一	高宗乾隆五十六年	湖州、	大水。（稿）	應山	五月，大旱。（稿）	壽光、光邱、諸城、	隕霜，殺麥。（稿）			西藏	十一月，廓爾喀入寇後藏，大掠首城札什倫布。	南昌	十二月，火延燒千餘家。（稿）	
		即墨	沽河水溢。（稿）	邢台等八縣	饑。（稿）	平陰、甯津、東光	大旱，蝗，田禾俱盡。（稿）							
		保康	五月，大雨水，冲沒田廬，溺人無算。（稿）											
一七九二	高宗乾隆五十七年	安徽一部	水。（攷）	歷城、霑化、吳縣	春，旱。（稿）	台灣	地震，場屋壓斃人。（攷）			西藏及尼泊爾	四月，大將軍福康安大破廓爾喀兵，盡收藏地。六月，大舉攻入尼泊爾，奪鐵索橋。廓爾喀乞援于英國，援不至，遂降。			※「靜」字上下疑有闕文。
		臨江、吉安、撫州、九江	大水。（稿）	順德、武強、南宮、※靜、慶雲、望都、蠡縣、樂亭、唐山、甯	秋，旱。唐山、甯津、武強、平鄉饑，民多餓斃。（稿）	宜黃	五月，山崩，壓斃數十人。（稿）							
		房縣	六月，霪雨，至九月始止。（稿）			房縣	六月，大寒如冬。（稿）							
						莒州、黃縣	雹，傷禾稼。（稿）							

公元	年號	水災地區	水災情形	旱災地區	旱災情形	其他地區	其他災情
				甯津、平		黃梅	大疫。（稿）
						蘇州	七月，壬戌，大風毀民舍。（稿）
一七九三	高宗乾隆五十八年	青浦、貴定、隨州、黃安、南昌、海鹽、大名、元城	大水。（稿）	陸川	自二月至三月，不雨。（稿）	泰甯一帶	地震。（攷）
				保定、大名、元城、東光	春，旱。	武甯	雨雹，壞民舍。（稿）
				常山	饑。（稿）	嘉興	大疫。（稿）
				德平	七月，旱。（稿）		
一七九四	高宗乾隆五十九年	河南衛輝各屬	水。（攷）	直隸	旱。（攷）	黃州	雨雹，人畜多擊斃。（稿）
			七月，永定河溢。（本）	山東文登	三月，旱。（稿）	桐鄉、湖州、嘉善	七月，桐鄉大風雨竟夜，湖州、嘉善大風，拔木壞屋。（稿）
		東南海濱	大風，海嘯。（本）	榮城、黃縣	秋，不雨，至冬。（稿）		
		武城、襄陽、光化、宜城、黃安、清苑、蠡縣、撫甯	衛河溢。滹沱河溢。大水。（稿）				
		嘉興	大風雨，壞民舍。（稿）				

<table>
<tr><th rowspan="3">公曆</th><th rowspan="3">年號</th><th colspan="6">天災</th><th colspan="6">人禍</th><th rowspan="3">附註</th></tr>
<tr><th colspan="2">水災</th><th colspan="2">旱災</th><th colspan="2">其他災</th><th colspan="2">內亂</th><th colspan="2">外患</th><th colspan="2">其他禍</th></tr>
<tr><th>災區</th><th>災況</th><th>災區</th><th>災況</th><th>災區</th><th>災況</th><th>亂區</th><th>亂情</th><th>患區</th><th>患情</th><th>亂區</th><th>亂情</th></tr>
<tr><td>一七九五</td><td>高宗乾隆六十年</td><td>昌黎、新樂
清苑、望都、蠡縣
江山
麗水、分宜、玉山、潛江、沔陽、松滋</td><td>霪雨害稼。（稿）
饑。（稿）
五月二十一日，大雨一晝夜，壞廬舍，淹斃人畜。（稿）
漢水溢朱家阜堤決。（稿）
大水。（稿）</td><td>鄒平、壽光、昌樂、諸城
蓬萊、黃縣、棲霞、江山、溪陽、麻城
文登
浦江(2)
穀城、麻城</td><td>春，旱。（稿）
五月，旱。春、夏饑。（稿）
秋，不雨。
春，旱。（稿）
五月，旱。（稿）</td><td>瑞安
平度</td><td>大疫。（稿）
正月，蟲災。（稿）</td><td>永綏、平隴、乾州、秀山、銅仁
台灣</td><td>正月，貴州苗石柳鄧叛，陷永綏廳，詔滇川等總督討平之。十一月，苗酋吳八月就擒，亂平。
四月，民人陳周金反，討平之。(1)</td><td></td><td></td><td></td><td></td><td>(1)案陳周金一作陳周，清朝全史載是年台灣有陳光燮之亂，疑陳光燮即陳周金。(2)清史稿災異志「（乾隆）六十一年，春，浦江旱。五月，穀城、麻城旱。」案清高宗乾隆無六十一年，原文誤。</td></tr>
</table>

一七九六	仁宗嘉慶元年	豐、沛、碭山、銅山等縣	江南豐汛六堡隄工漫溢，黃水下注。（攷）	洛川、懷縣 漁陽	夏，旱。（稿） 秋，旱。（稿）	青浦 灤州 永嘉 湖州 桐鄉 瑞安 金華	正月，雨雪大寒，傷果植。（稿） 大寒，井凍，木多萎。（稿） 大風，寒甚，冰凍不解。（稿） 大雪，苦寒殺麥。（稿） 大風雪，寒。（稿） 八月朔，大風，傾覆民舍，壓斃男婦九十一人。（稿） 十二月，大雪，麥幾凍死。（稿）	荆州、枝江、宜都、宜昌、長樂、長陽、襄陽、四川達州、及河南、貴州、湖南、陝西等 四川、陝西、甘肅、河南 湖南平隴等處	正月，湖北白蓮教匪作亂，波及四川之達州及貴州、湖南、陝西各處。命湖廣總督畢沅等率師討之。 二月，川陝白蓮教匪繼起，不數月間，蔓延諸省，幾有席捲西北之勢。四月，川督孫士毅與戰于來鳳縣，會以病卒。 十二月，湖南苗酋石柳鄧父子被擒伏誅。而苗衆紛擾如故，至六年始告肅清。			白蓮教自本年正月起至。七年十二月，川楚大定，餘匪竄入陝甘邊界山林深處者，又二年，始告肅清。歷時九年，費兩萬萬，殺亂民數十萬，官兵，鄉勇傷亡及良民被害者尤過之。
一七九七	仁宗嘉慶二年	東平、良鄉、天津、靜海、青縣、滄州、樂亭、栗清	大水。（稿）	江陵	五月，旱。（稿）	浙江沿海各縣 中部 甯波	颶風塌屋（攷） 雨雹，傷人畜。（稿） 大疫。（稿）	西隆州、亞稿	閏六月，官軍進擊西隆州亞稿苗，亂平。（本）			

公曆	年號	水災災區	水災災況	旱災災區	旱災災況	其他災區	其他災況	內亂亂區	內亂亂情	外患患區	外患患情	其他亂區	其他亂情	附註
一七九八	仁宗嘉慶三年	武進	六月大風雨，拔木壞屋。(稿)	黃安	四月旱。(稿)	臨邑	大疫。(稿)	西安、西鄉、洋縣、鄖州、盩厔、鄖陽	三月，官軍大破教匪于鄖西。					
		甯都	七月，霪雨，水驟發，毀民居瓦房一萬八千九百三十間，竹房一千二百四十五間，淹斃男婦四千三百九十二名。(稿)	青浦	五月，旱。(稿)			巴州、營山、通江	十一月，官軍破教匪于大鵬山，追擊至巴州、通江，盡殲其衆。天理教匪王三槐敗死。					
		山東曹縣等十三州縣衞	水。(攷)	文登、榮成	六月，旱。(稿)									
		武昌、文安	大水。(稿)											

一七九九	仁宗嘉慶四年	江蘇淮、徐、海各屬	洪澤湖決，臨湖河地畝被淹。（攷）	江山	夏，大旱。（稿）	文登	七月，大風雨、雹，傷稼。（稿）	閬州、營山、岳池、廣安、石筍河	三月，官軍敗教匪于岳池，擒斬教首冷天祿。（本）
		東南各省濱海之地	七月，大風雨，海嘯。（本）					廣元、寧羌、階州、鞏昌、秦州及甘肅東南諸地	川北教匪蔓延甘肅東南，川東亦時有竊發，官軍疲于奔命。（本）
		蠡縣、長清	大水。（稿）					巴州、南江	十二月，經略額勒登保擊教首王登廷于巴州，追獲之。（本）
一八〇〇	仁宗嘉慶五年	霸州、河間、任邱、隆平、晉寧、定州	水。（稿）	枝江	春，旱。（稿）	延安	大雨雹，屋瓦皆碎，秋禾無存。（稿）	閩、浙沿海	海寇犯閩、越，以阮元爲浙江巡撫。＊
		金華	六月，大雨三日，傷稼。（稿）	安康	夏，旱。（稿）	宣平	大疫。（稿）	台州	六月，海盜寇台州，總兵李長庚擊走之。（本）
				海陽	饑。（稿）	黃縣	四月，大風，拔木壞屋。（稿）	河南、葉縣、湖南	七月，劉之協自湖南走葉縣，爲布政使誘擒，檻送京師，湖南亂平。
								台灣	汪降作亂。（全）

＊先是安南阮光平父子經營其國，頗得海盜，劫掠商舶，更以內地猾民爲鄉導，至是犯定海。官軍擒斬其將，以所得僞敕印，獻還安南國。

公曆	年號	天災：水災 災區	水災 災況	旱災 災區	旱災 災況	其他災 災區	其他災 災況	人禍：內亂 亂區	內亂 亂情	外患 患區	外患 患情	其他禍 亂區	其他禍 亂情	附註
一八〇一	仁宗嘉慶六年	禹城、長清、觀城、任邱、靜海、黃縣、平鄉、武清、昌平、涿州、薊州、平谷、武强、玉田、定州、南樂、望都、撫甯、南宮、萬全、大興、宛平、香河、雲密、大城、永清、東安金華、義烏、新城、縉雲	運河決，水至城下。滹沱河溢，鎮西堤決。灤河溢，永定河溢。（稿） 大水。（稿）	甘肅皋蘭、狄道等州縣 章邱 榮成、文登	旱。（攷） 春，旱。（稿） 夏、秋，榮成大旱，草木盡枯，饑。（稿）	粵東各屬	颶風成災，淹沒、吹損俱重。（攷）	貴州鳳凰、銅仁、石峴甘州、西鄉、太平、房縣、竹谿、巫山、巴東、平利	四月，貴州石峴苗叛，知府傅鼐討平之。十月，德楞泰擊斬教首龍紹周于平利，楊遇春敗甘州賊，平之。					

		邢台、懷來、甯津	六月，大雨數晝夜，壞廬舍。（稿）						
一八〇二	仁宗嘉慶七年	定海、新城、漢川、沔陽、鍾祥、京山、潛江、天門、江陵、公安、監利、松滋、鄖西	大水。（稿）	京師	四月，旱。（稿）			漢中、平利、通江、南江、紫陽、建州、奉節、竹山、均州	額勤登保追擊教匪于各處，擒其首領張天倫等四人。十二月，川、楚、陝三省肅清。
		義烏	四月，霪雨，禾盡淹沒。（稿）	金華、江山、常山	五月，旱。（稿）			雲南維西、麗江	二月，維西儷傈匪首逆臘者布恆乍綳勾結猓玀滋事，西北路為之梗塞不通。明年十月，滇督瑯玕進討平之。（本）
				武昌、漢陽、黃川、德安、咸甯、黃崗	六月，旱。（稿）			博羅	會匪作亂。（本）
				安陸、宣平、嵊縣、南昌	八月，旱。（稿）			安徽宿州	匪徒滋事，命費淳等討平之。（本）
				臨江、樂亭	饑。（稿）				
一八〇三	仁宗嘉慶八年	東河	東河衡家樓河溢。（本）	江山	自春徂夏，不雨。（稿）	黃縣	二月，大風拔木壞屋（稿）	定海	海盜蔡牽犯浙江，提督李長庚擊，大破之。
		隨州、東阿、東昌	冬，黃河溢。	秦州	夏，州各屬大饑。（稿）				
		蒲台、利	大水。（稿）						

公曆	年號	天災						人禍						附註
		水災		旱災		其他災		內亂		外患		其他禍		
		災區	災況	災區	災況	災區	災況	亂區	亂情	患區	患情	亂區	亂情	
		津、濱州、霑化、雲夢、范縣、觀城												
一八〇四	仁宗嘉慶九年	南昌、撫州、贛州、九江	大水。(稿)	臨朐	二月旱。(稿)	文登	二月，大風，損麥。(稿)	福建、台灣、溫州、定海	蔡牽襲台灣入閩海，與朱濆合。溫州總兵胡振聲戰死浮鷹島洋面。八月，李長庚破之于定海北漁山附近，自是寇勢寖衰，不復犯浙。			定海	七月初三日，城中大火，延燒二百餘家。(稿)	
		桐鄉	三月，恆雨，傷麥。(稿)	滕縣	春，饑。(稿)	洛川	夏，蟲傷禾。(稿)	川、陝邊境	鄉勇羅思蘭、苟文潤等作亂。九月，額勒登保擒斬之，川陝悉平。					
		嘉興、蘇州	五月，霪雨，傷稼。(稿)	漢陽	夏，旱。(稿)									
				定平	秋，旱。(稿)									
一八〇五	仁宗嘉慶十年	奉天、承德、遼陽、廣寧、海城、鐵嶺五州縣沿河各	大雨，水淹。(攷)	章邱	六月，大旱。(稿)	盛京正紅旗界內三家寨等五處村莊	冰雹，損禾。(攷)							
				黃縣、	夏，饑。(稿)	東平、濟	隕霜，殺麥。							
				邢台、江甯、徐、海等屬	旱。(攷)									

	一八〇六
	仁宗嘉慶十一年
族 江蘇淮、揚二府並松、太二屬 直隸 文安、安州、新城、霸州 嘉興、石門	溫州、甯波、鐘祥、珙縣
水。松、太木棉歉收。（本） 永定河決。（本） 大水。（稿） 三月，恆雨，傷麥。（稿）	大水。（稿）
	中部、通渭 泰州 安陸
	春，饑。（稿） 夏，旱。（稿） 冬，饑。（稿）
甯、莘縣 東光、永壽 黃岩	
（稿） 大疫。（稿） 六月，大風雨傷稼。（稿）	
	台灣、南汕、北汕、仔尾、鹿耳門、定海、漁山、福甯 甯陝
	正月，蔡牽寇台灣，二月，李長庚擊牽於鹿耳門，大破之。牽走閩海，嗣長庚復擊牽于定海漁山，大破之，牽受傷遁去。 七月，新兵譁變，陝西提督楊遇春等討平之。

公曆	年號	天災 水災 災區	水災 災況	旱災 災區	旱災 災況	其他災 災區	其他災 災況	人禍 內亂 亂區	內亂 亂情	外患 患區	外患 患情	其他亂 亂區	其他亂 亂情	附註
一八〇七	仁宗嘉慶十二年			武進、黃縣	二月旱。(稿)			綏定	十二月,新兵作亂,川督勒保討平之。					
				樂清	四月旱。(稿)			湖南永綏	叛苗石宗四等作亂,傅鼐擊破之。					
				崇陽、石首	五月旱。(稿)			西鄉	正月,西鄉營新兵作亂,將軍德楞泰討平之。					
				宣平	七月旱。(稿)			甘肅大通	八月,番衆滋事,討平之。(本)					
				灤州	八月,不雨。(稿)			南澳	十二月,李長庚擊蔡牽于南澳洋面,大破之,牽遁安南。					
				薊州、昌黎、永安州	饑。(稿)									
一八〇八	仁宗嘉慶十三年		南河頻溢。(本)	樂清	春,不雨。(稿)	靖遠、樂清	殞霜殺禾。(稿)			廣東	十月,英艦突入省河,佔澳門,聲言防守法蘭西。(本)	濟南府	五月十二夜,西門大火,延燒四百餘家。(稿)	
		江蘇	六月,荷花塘運河溢。七里溝運河溢。	黃安	春、夏旱。(稿)	嘉興、石門	五月大風雨,害稼。(稿)							
		武進、望	大水。(稿)	黃縣	夏,饑。(稿)									

		都、清苑、定州、新城、慶元、南宮、袁州、九江							
一八〇九	仁宗嘉慶十四年	望都、房縣、南宮	大水。（稿）	邢台 應山 甯津、東光、章邱	旱。（稿） 旱。（稿） 秋，饑。（稿）	薊州	雹，傷麥。（稿）	定海	八月，閩、浙水軍擊蔡牽于漁山外洋，牽自沈死，閩海平。朱濆亦戰死，部下皆降。
一八一〇	仁宗嘉慶十五年	吉林 江南 新林、宜城、濟南、南宮、平度、廣元、鹽源、宜城	驟被水災。（攷） 七月，永定河溢。（本）十月，高堰、山盱兩廳隄壩決。（本） 大水。（稿）	山西 安邱 霸州、保定、文安、大城、固安、永清、東安、宛平、涿州、良鄉、雄縣、安州、新安、任邱、蘇州	大旱。（攷） 春、夏，大旱。（稿） 夏，饑。（稿）	宜都	雹，傷麥。（稿）	台灣	許北作亂。（全）

公曆	年號	天災						人禍						附註
		水災		旱災		其他災		內亂		外患		其他禍		
		災區	災況	災區	災況	災區	災況	亂區	亂情	患區	患情	亂區	亂情	
一八一一	仁宗嘉慶十六年	河南永城、下邑、虞城三縣 陝西南山以內(1) 登州 保定、文安、大城、固安、永清、東安、宛平、涿州、良鄉、雄縣、安州、新安、任邱、肥城、即墨、平度、甯海 榮成	江南李家樓漫水下注。(本) 連雨歉收。(孜) 春，府屬大饑。(稿) 大水。(稿) 九月，霪雨害稼。(稿)	京師(2)河南山、東(3) 黃縣 鎮番、永昌等處 臨榆、撫宜 永嘉、麗水、縉雲、景州、嵊縣、鍾祥、房縣、江陵、宜都 樂清	旱。(孜) 春，旱。(稿) 大饑。(稿) 四月，旱。夏，臨榆饑。(稿) 五月，旱。(稿) 冬，饑。(稿)	永昌 靜海 澎湖 打箭鑪百利甘孜綽倭地方	大疫(稿) 六月十二日，大風拔木，折運糧船桅無算。(稿) 風，雨澤愆期。(孜) 八月初十日，地震，壓斃夷民四百八十一人。(稿)	台北拑圍	高夔作亂。(全)					(1)清史稿災異志「十七年春，秦州各屬大饑。」 (2)清史稿災異志「四月，京師旱。」 (3)清史稿災異志「六月，曲陽、蓬萊、掖還、甯海、文登、即墨旱。秋，觀城、臨朐旱。」

一八一二	仁宗嘉慶十七年	南昌、臨江、竹溪、麗水、房縣	大水。（稿）	東河、滕縣、高唐	春，旱。（稿）	宜都、博野	雨雹，成災。（稿）					齊東	春，火，燒死數百人。（稿）	
		嘉興、石門、桐鄉	春，霪雨，傷麥。（稿）											
一八一三	仁宗嘉慶十八年	東河、曹縣	霪雨四十餘日，田禾盡傷。（稿）	肥城、滕縣、諸城	春，饑。（稿）			滑縣、長垣、東明、曹、金鄉、定陶、桃源、輝縣	九月，天理教徒李文成作亂，陷滑縣。于是直隸、山東諸縣皆應之，曹、定陶先後陷。命直督溫承惠等剿辦。十五日，林清犯京師，襲宮城，不克，事敗。十一月，陝西提督楊遇春等率兵至河南，進攻滑縣，破之。殲敵二萬，良民被戮又二萬，賊老幼男婦免者二萬有奇。					*「箱賊」本木工，時陝西南山三才峽木工夫役，以歲饑，罷工掠食，推萬五爲首，集衆數千，焚木廂，遂反，故曰「箱賊」。
				東平、東阿、濟寧、曹縣	旱。東阿、濟寧、曹縣饑。（稿）			陝西峽山、階州及黃官嶺	十二月，陝西箱賊*萬五爲亂，總兵祝廷彪討平之。					
				保康	夏，旱。（稿）									
				鄖縣、廊城、鍾祥、襄陽、棗陽	八月，旱。（稿）									
				樂清、甯津、南樂、清苑、邢台、廣宗、井陘、清豐、武邑、唐山、望都、南宮	九月，旱。（稿）									

公曆	年號	天災：水災 災區	災況	旱災 災區	災況	其他災 災區	災況	人禍：內亂 亂區	亂情	外患 患區	患情	其他禍 亂區	亂情	附註
一八一四	仁宗嘉慶十九年	漢陽	秋，霪雨傷稼。(稿)	宜城、房縣、竹溪、均州、保康	冬，饑。(稿)	招遠、黃縣	秋，大寒，海凍百餘里，兩月始解。(稿)	南陽、汝南、光州、潁州、亳州等處	十一月，河南捻子起事。御史陶澍奏河南捻亂，詔方受疇、胡克家各遴選委員，將爲首之王妃子、李東山、馬大振三犯捕獲。(2)					(1)清史稿災異志「十九年夏，武進、泰州、通州皆大旱，河盡涸。七月，青浦、蘇州、高淳旱。」
				江南(1)	旱。(攷)	望都	殞霜，殺稼。(稿)	江西	民朱毛俚謀逆，建號後明，事覺逃去。(本)					(2)捻亂始。
				應城、鄖縣、蘄水、羅田	春，旱。(稿)	枝江	大疫。(稿)							
				宜城、安樂、保康、麻城、鄖縣	饑。(稿)									
				嘉興、新城、湖州、石門、鍾祥、臨朐、定遠、麗	夏，皆大旱，河盡旱。(稿)									
				襄陽、漢陽、棗陽、南漳	饑。(稿)									
				高淳	秋，饑。(稿)									

公元	朝代年號	地區	災情	地區	災情	地區	災情	地區	人禍	地區	人禍	地區	人禍
一八一五	仁宗嘉慶二十年	黃崗	六月,柳子巷蛟起,傷一百十餘人,沖沒田宅無算。(稿)	嘉興	六月旱。(稿)	河東運城蒲州府、解州及所屬各縣	地震,壓斃人口至數千名。(攷)	四川	中瞻對番布七力作亂,討平之。			蘭州	十二月,西門火,藥局焚軒轅城樓,民舍死者數十人。(稿)
		歷城、長清	大水。(稿)	灤州	七月旱。(稿)	泰州、東阿、東平、宣州、武城	大疫。(稿)	喀什噶爾、塔什密里克	回人孜牙墩作亂,勦平之。				
				清苑	饑。(稿)								
一八一六	仁宗嘉慶二十一年			麗水	九月,大旱。(稿)	內邱	大疫。(稿)						
				武昌縣	饑。(稿)	滕縣	雨雹,禾黍盡傷。(稿)						
						棲霞	雨雹,傷麥。(稿)						
一八一七	仁宗嘉慶二十二年	宜城、穀城、嬰武	大水。(稿)	曲陽	四月,旱。(稿)	涿州、望都	隕霜,殺稼。(稿)	雲南臨安及江外土司地	三月,夷民高羅衣作亂,搶據江外土司地,復渡江窺邊郡。總督伯麟剿擒之。			黃陽	八月,火燒民舍一百餘家。(稿)
				長清、觀城、博興、蘇州、定州、諸苑*、固安、武強、涿州、清苑、無極、廣宗、	秋旱。(稿)								
				固安、武強、內邱	饑。(稿)								

*「苑」字疑誤。

公曆	年號	天災 水災 災區	水災 災況	旱災 災區	旱災 災況	其他 災區	其他 災況	人禍 內亂 亂區	內亂 亂情	外患 患區	外患 患情	其他 亂區	其他 亂情	附註
一八一八	仁宗嘉慶二十三年	河南武陟	沁河溢。(本)			狄道州	七月初五日，東山崩，壓陷田地三十餘畝。(稿)	雲南臨安邊外	夷匪高老五等復聚衆謀亂，官軍討平之。					
		濟南	五月二十日夜，大雨，壞城垣、廬舍，民多溺死。(稿)			諸城	大疫。(稿)							
		文登	六月，大雨，平地水深數尺，民多溺死。(稿)											
一八一九	仁宗嘉慶二十四年	直隸大興	永定河溢，大水。(本)	貴陽、湖州、石門	六月，旱。(稿)	文登	六月，大風雨，害稼。(稿)					青田	閏四月，火，延燒二百餘家。(稿)	
		直隸、山東、河南、安徽各省	水。(攷)	鹽山、麻城	八月，旱。(稿)	平谷	七月初八日，有怪風兼雨，自南來，房舍皆摧折，禾盡偃，其平如掃。(稿)					青浦	五月，青浦城火，延燒七十餘家。(稿)	
		河南蘭陽、儀封	北岸河決。(本)	黃陂	九月，旱。(稿)	南樂	十二月，大雪，平地深數尺，人畜多凍死。(稿)							
		黃縣、唐山、灤州	大水。(稿)			恩施	大疫。(稿)							

一八二〇	仁宗嘉慶二十五年	宣化、甯晉、甯河、寶坻、文安、東安、涿州、高陽、安州、靜海、滄州、埠山、大名、南樂、長垣、保安、全萬、懷安、西甯、懷來、新河、豐潤 麗水 宣平	大水。（稿） 七月，霪雨，壞田禾。（稿）	新城 黃梅 縉雲、水麗、嵊縣、南昌、建昌、臨江、贛州、袁州、武昌、咸甯、崇陽、金華、常山 樂清、 永嘉	自二月至七月，不雨。（稿） 五月，大旱。（稿） 八月，旱。（稿） 饑。（稿）	貴陽 桐鄉、太平、青浦、樂清、永嘉、嘉興	隕霜，殺稼。（稿） 大疫。（稿）	回疆	九月，回人張格爾作亂。※				※回疆之亂始此。

公曆	年號	天災						人禍						附註
		水災		旱災		其他災		內亂		外患		其他亂		
		災區	災況	災區	災況	災區	災況	亂區	亂情	患區	患情	亂區	亂情	
一八二一	宣宗道光元年	甯保、康、隨州、博興、卽墨、濟南、惠民、商河、霑化、潛江、任康 涇州 榮成	大水。（稿） 七月，霪雨，冲沒橋梁、田廬、人畜。（稿） 秋，饑。（稿）	黃岩、龍泉	秋，旱。（稿）	京師 任邱、冠縣、武城、范縣、鉅野、登州府屬、東光、元氏、新樂、通州、齊※南、東阿、武定、滕縣、濟甯州、樂亭、青縣、清苑、定州、灤州、內邱、唐山、蠡縣、望都、臨榆、南	七月，大疫，死者日以千百數。（攷） 大疫。（稿）	雲南永北廳、大姚、永平	二月，夷匪爲亂，總督慶保討平之。					※疑係「濟」字誤。

公元	年號	水災地區	水災	旱災地區	旱災	疫災地區	疫災	兵亂地區	兵亂			火災地區	火災
						宮、曲陽、武強、平鄉、日照、沂水							
一八二二	宣宗道光二年	山東	衞河溢。（本）	江西瑞昌、河南武陟、原武二縣	旱。（敓）	無極、南樂、臨榆、永吉、宜城、安定	大疫。（稿）	克克烏蘇、烏蘭哈達	五月，河北野番爲亂，陝甘總督長齡討平之。			大浦	六月十一日，南門外火，延燒兩晝夜。（稿）
		河南	沁河再溢。（本）	宜都、日照	春，旱。（稿）	金華	六月，大風，壞屋。（稿）	青海	番人蘊依等滋事，陝甘總督長齡討平之。				
		鍾祥、潛江、光化、竹山、鄖縣	漢水溢。（稿）	嘉興、湖州	夏，旱。（稿）	蘄州	七月，大風，拔木，壞民舍。（稿）	河南新蔡	教匪朱獻子滋事，巡撫捕治之。				
		武城、武強、清苑、唐山、蠡縣、任邱、曲陽、定遠廳應城、霑化、東昌衞、長清、日照、荷澤、觀城、鉅野、莘縣	河決，溢。徙駭河溢。大水。（稿） 五月，霪雨，傷稼。（稿）	灤州	饑。（稿）			四川果洛克	番人滋事，官軍討平之。				
								台灣	林永春作亂。（全）				

一六〇九

公曆	年號	水災 災區	水災 災況	旱災 災區	旱災 災況	其他災 災區	其他災 災況	內亂 亂區	內亂 亂情	外患 患區	外患 患情	其他亂 亂區	其他亂 亂情	附註
		章邱、東阿	八月，霪雨四十餘日，壞田廬禾稼。（稿）											
一八二三	宣宗道光三年	江南十七州縣	大水，民饑。（攷）	東阿	春，饑。（稿）	泰州、臨榆	大疫。（稿）							
		石首、江陵、平鄉、固安、武清、平谷、清苑、蠡縣、任邱、青縣、曲陽、玉田、霸州、武城、江山、黃梅、鉅野、通州、東昌衛、蘇州、高淳	大水。（稿）	滕縣	夏，大旱。（稿）									
		昌平	三月，霪雨，傷	曲陽	秋，饑。（稿）									

公元	年號	地區	災情
			麥。（稿）
		嵊縣	四月，霪雨至九月始止。（稿）
		金華、永嘉	五月，霪雨，害稼。（稿）
		直隸	六月，永定河溢。（本）北運河溢。（本）
		河南	七月，漳河溢。（本）
		禮縣	暴雨，漂沒民舍。（稿）
		泰州	平地水深數尺，禾稼盡淹。（稿）
一八二四	宣宗道光四年	大興、宛平等九州縣	水。（稿）
			十二月，黃河泛溢。（本）
		宣城	自四月至六月，不雨。（稿）
		曹縣、房縣、麻城	旱。（稿）
		章邱、榮成	秋，旱。（稿）
		皐蘭、靜	大饑。（稿）
		日照	大雨雹，傷禾。（稿）
		平谷、南樂、清苑	大疫。（稿）
		定遠廳	六月，五塊石山崩，壞市廛、民舍。（稿）

公曆	年號	天災 水災 災區	水災 災況	旱災 災區	旱災 災況	其他災 災區	其他災 災況	人禍 內亂 亂區	內亂 亂情	外患 患區	外患 患情	其他禍 亂區	其他禍 亂情	附註
				甯、西甯、鞏昌、秦州等處		泰州	十一月十二日大風拔木，雨晝夜不止。(稿)							
一八二五	宣宗道光五年			應山	六月旱。(稿)	羅田	雨雹損麥豆無數。(稿)	伊犂、回疆	八月，張格爾復亂，騷掠近塞。參贊永芹縱殺布魯特游牧婦孺百餘人而還，于是其酋襲擊清軍于山谷間，巴彥巴圖全軍盡沒，回疆西部震動。					
				歷城	七月旱。(稿)	滕縣	七月生五色蟲，食禾殆盡。(稿)							
				黃縣、南樂、靜海、文安、大城、寶坻	秋，饑。(稿)									
一八二六	宣宗道光六年	高郵等三十州縣衛	水。(攷)	日照	春，大饑。(稿)	霑化	疫。(稿)	台灣	六月，粵民黃文潤滋事，十一月亂平。(本)					
		宜都	蛟起，壞民居，溺人無算。(稿)	諸城、東阿	旱。(稿)	宜昌	四月初四日，閭家坪地方裂地五尺許，廣四丈餘。(稿)	喀什噶爾、英吉沙爾、葉爾羌、和闐	八月，張格爾陷西四城。					
		宜昌	六月，大雨，連綿十日不止，損田禾。(稿)	永豐、萬安	六月，旱。(稿)	黃岩	七月，大風拔木折屋。(稿)							

一八二七	宣宗道光七年	房縣、西河 蘄州、江陵、枝江、日照、崇陽、潛江 恩施	五月初十日，汪家河蛟起，壞民田無算。西河水溢入城。（稿） 大水，堤潰。（稿） 夏，霪雨傷稼。（稿）	內邱	七月，大旱。（稿）	武城	疫。（稿）	阿克蘇、洋阿巴特、英吉沙爾、葉爾羌、昆拉瑞、和闐	三月，將軍長齡，總督楊遇春復喀城等三城。五月，提督楊芳復和闐，張格爾遁。					
一八二八	宣宗道光八年			太平	饑。（稿）	黃縣	五月二十六日，大風拔木，屋瓦皆飛。（稿）	喀什噶爾、阿古木	正月，官軍擒張格爾，回疆略定。			江山	七月十三日，江郎山火，延燒兩晝夜。（稿）	
一八二九	宣宗道光九年	霑化、長清	大水。（稿）	湖州、宜城	夏、秋，旱。（稿）八月，不雨至於十月。（稿）	青州、臨朐	十月，地震十餘日方止，民舍傾倒，壓死數百人。（稿）							
一八三〇	宣宗道光十年	枝江、宜都 通山、崇陽	大水。（稿） 五月，大雨連旬，漂沒田廬甚多。（稿）	湖州、武強、唐山	夏，旱。（稿）秋，旱。（稿）	元氏、新樂、荷澤、曹縣	四月二十二日，各處同時地震，房舍傾圮，人有壓斃者。（稿）	英吉沙爾、葉爾羌、喀什噶爾阿克蘇烏什	八月，浩罕入寇，回疆復亂。＊			鉛山	八月，石塘火，延燒五百餘家。（稿）	＊回疆兵釁，至次年十月，始與浩罕締和，復許其通

公曆	年號	天災						人禍						附註
		水災		旱災		其他災		內亂		外患		其他亂		
		災區	災況	災區	災況	災區	災況	亂區	亂情	患區	患情	亂區	亂情	
一八三一	宣宗道光十一年	恩施	六月，霪雨，傷稼。(稿)			永嘉	瘟。(稿)	廣東	黎匪作亂，官軍討平之。(本)					商，而浩罕國內大擾，未幾遂有和卓木之亂。
		永嘉	七月十二日，起蛟，裂山而出，漂沒田廬，淹斃人畜無算。(稿)			狄道州	六月，黎家窪山崩，壓斃二十餘人。(稿)	永州、江華	湖南、廣東猺民作亂，焚掠兩河口，殺天理會徒二十餘人，官軍擊散之。					
		宣平	八月，大雨如注，民舍盡漂沒。(稿)											
		江陵	冬，饑。(稿)											
		高郵	湖河溢。(本)											
		貴筑、黃安、黃岡、麻城、蘄水、公安、宜都、石首、雲夢、房縣、安陸、日照、清苑、惠	大水。(稿)											

地區	災情
民、商河、霑化、高淳、武進、鍾祥、黃陂、漢陽、房縣、黃州、應山、武昌、南康、瑞州、袁州、饒州、撫州、文安、清苑	
永嘉	五月，大雨水，歉收。（稿）
宜城、穀城	六月，霪雨二十餘日，傷稼。（稿）
荷澤、滕縣	七月，霪雨百餘日，平地水深數尺。（稿）

公曆	年號	天災						人禍						附註
		水災		旱災		其他		內亂		外患		其他		
		災區	災況	災區	災況	災區	災況	亂區	亂情	患區	患情	亂區	亂情	
一八三二	宣宗道光十二年	桃南廳屬	于家灣河提爲湖民盜決。（本）	昌平	春，大旱，六月，始雨，饑。（稿）	諸城	隕霜，殺麥。（稿）	衡、永、桂、彬、常甯	二月，猺人趙金龍作亂，湖南提督海陵阿往剿，戰死。四月，詔鄂督盧坤等剿平之。					
		松滋、江夏、應山、麻城、鄖縣、玉田、鍾祥、襄陽、宜城、均州、應城、青田、觀城、鉅野、武城	大水。（稿）	內邱、懷來、萬全、望都	旱。（稿）	武昌、咸甯、潛江、蓬萊、黃陂、漢陽、宜都、石首、崇陽、監利、松滋、應城、黃梅、公安	大疫。（稿）	麻岡、藍山、連州、曲江、乳源、賀縣	八月，連州八排猺叛，盧坤討平之。					
		光化	霪雨，自六月至八月，禾苗盡傷。（稿）	紫陽	夏，大饑，人相食。（稿）	公安	夏，大風三晝夜，拔樹無算。（稿）	台灣嘉義	十月，台灣匪陳辦、黃鳳、張丙詹作亂，至明年正月，台亂始敉平。（本）					
		鄖	七月，大雨七晝夜，壞官署、民房大半。（稿）	嘉興、湖州、嵊縣	旱。（稿）									
		房縣	冬，霪雨，害稼。（稿）	東光	七月，旱。（稿）									
				靜海、陵縣、臨邑、鄒平、新城、博興	九月，旱。（稿）									
				鍾祥、潛江、漢城、蘄川、黃梅、江陵、公安、監利、松滋	冬，饑。（稿）									

一八三三	宣宗道光十三年	廣州	大雨，洪水淹沒民房萬餘間。（玫）	武清	春，旱。（稿）	*諸城、乘縣、宜城、永嘉、日照、定海廳	大疫。（稿）	四川越嶲、峨邊	二月，邊夷爲亂，總督那彥寶等討平之。
				諸城、日照	大饑，民流亡。（稿）	定遠廳	四月十八日，漁渡壩地方地陷十餘丈。（稿）		
		平鄉、貴溪、江山、成甯、江夏、黃陂、武昌、公安、宜都、歸州、黃岡、蘄州、黃梅、大興、宛平、望都、撫甯、石首、公安、松滋、麗水、孝義廳、榆林、縉雲	漢江溢。大水。（稿）	皋蘭、狄道州	夏，旱。（稿）				
		湖州	夏，霪雨，害稼。（稿）	保康、鄖縣、房縣	饑，人相食。（稿）				
				灤州、撫甯	秋，饑。（稿）				

*疑有誤。

公曆	年號	天災 水災 災區	天災 水災 災況	天災 旱災 災區	天災 旱災 災況	天災 其他災 災區	天災 其他災 災況	人禍 內亂 亂區	人禍 內亂 亂情	人禍 外患 患區	人禍 外患 患情	人禍 其他亂 亂區	人禍 其他亂 亂情	附註
一八三四	宣宗道光十四年		七月，東河朱家灣漫口。（本）九月，永定河溢。（本）	孝義、歸州、興山、莊浪及秦州各屬、定海、青浦	春，旱。（稿）大饑，人相食。（稿）夏，饑。（稿）秋，旱。冬，饑。（稿）饑。（稿）	三原、諸城、宣平、高淳、臨朐、咸甯、黄岩	雨雹，傷禾、麥。（稿）大疫。（稿）四月，大風，傷禾。（稿）大風雨，拔木壞房。（稿）六月，大風拔木，民居多壞。（稿）	四川峨邊	七月，十三支夷人內雅札等支夷滋事，出巢焚掠。（本）					
一八三五	宣宗道光十五年	洒縣、鍾祥、霑化、蒲台、邢台、即墨、文登、榮城、宜城	漢水溢。大水。（稿）大水。（稿）夏，霪雨，傷稼。（傷）大雨六十餘日。（稿）八月，霪雨，傷稼。（稿）	諸城、元氏、臨胸、枝江、宜都、宜昌、黄岩、縉雲、湖州、永嘉、麗水、嵊縣、宜	春，饑。（稿）自五月至七月，不雨。（稿）自五月至八月，不雨。（稿）夏，旱。（稿）	黄縣、范縣、蓬萊、黄縣、棲霞、招遠、曲陽	隕霜，殺麥。（稿）大疫。（稿）七月，大風三日，大木盡拔。（稿）八月，大風，害稼。（稿）	山西超城、觀城、四川峨邊	三月，山西超城教匪曹順作亂，知縣楊延亮死之。曹順尋伏誅。去年支夷滋事，今夏四月，始告肅清。（本）					

				城、穀城、房縣、黃州、安陸 孝義廳 太平、玉山、武昌	七月旱。（稿） 秋，大饑。 冬，旱。（稿）								
一八三六	宣宗道光十六年	寧海 鍾祥	海溢。（稿） 大水。（稿）	登州府屬 應城、皋蘭、狄道州、孝義廳 太平	春，旱，大饑。（稿） 夏，旱。（稿） 冬，饑。（稿）	灤州 青州、海陽、即墨	六月二十九日，怪風毀南城樓。（稿） 大疫。（稿）	湖南武岡	猺民作亂，官軍剿平之。			雲和	十二月十九日，火，燬民舍八十餘家。（稿）
一八三七	宣宗道光十七年	崇陽、宜城	五月，霪雨害稼。（稿）	臨朐 雷州 元氏、阜城、邢台 即墨	自正月不雨，至於五月。（稿） 六月，旱。（稿） 七月，旱。（稿） 冬，饑。（稿）	平谷	大雨雹，秋禾盡平。（稿）	四川馬邊 四川峨邊	十一月，夷人滋事，涼山夷人亦起事，官軍討平之。（本） 六月，峨邊夷人滋事，官軍討平之。（本）				

公曆	年號	天災：水災 災區	災況	旱災 災區	災況	其他 災區	災況	人禍：內亂 亂區	亂情	外患 患區	患情	其他 亂區	亂情	附註
一八三八	宣宗道光十八年	宜都、南陽、恩施	大水。(稿)	常州、應山、靖遠	夏，旱。(稿)	興安	二月，地陷，水湧如塘。(稿)							
				永年	饑。(稿)	元氏	隕霜，殺禾。(稿)							
				阜陽等二十一州縣	八月，旱。(稿)	灤州	雨雹，大如卵，秋禾盡損。(稿)							
一八三九	宣宗道光十九年	榮成	四月，大雨，至七月不止。(稿)	望都	春、夏，無雨。(稿)	狄道州	隕霜，殺禾。(稿)					江陵、沙市	三月二十日，大火，燔數千百家。(稿)	
		武進	九月，恆雨傷稼。(稿)	武強、懷來	三月，旱。(稿)	雲夢	大疫。(稿)							
				莊浪	秋，大旱。(稿)									
一八四〇	宣宗道光二十年	惠民、霑化、濟甯州	汶水溢，大水，相繼五年。(稿)	皋蘭、狄道州、金縣	旱。(稿)	臨朐	隕霜，殺禾(稿)	貴州	貴州民謝法眞作亂，官軍討平之。(本)	廣州	五月，英兵入犯廣州，不逞，改道北犯。＊(本)			＊中英鴉片之戰始。
		枝江、公安、松滋、鄖西、鍾祥、武昌	漢水溢。(稿)	灤州、樂亭、撫甯	冬，饑。(稿)	黃安、隨州	大雨雹，傷稼(稿)			廈門、定海	六月，英艦犯定海，先是英艦犯廈門不逞，颺去，遂陷定海。(本)			
		宜都、臨邑、陵縣、玉田、靜海、沔縣	大水。(稿)			隨州	正月二十三日，地震，屋瓦皆動。(稿)							
						滕縣	六月十九日，大風自西北來，拔大木數百株。(稿)							

一八四一	宣宗道光二十一年	河南	下南廳祥符汛黃河水漲，漫溢。（本）	甯陽	九月，旱。（稿）	登州府各屬	正月，大雪深數尺，人畜多凍死。（稿）			廣州	正月，英兵犯廣州，陷沙角、大角兩炮台。二月，英兵陷虎門炮台，珠江險要盡入其手。將軍奕山謀襲敵，敗績，英兵圍省城。（本）			
		武昌、黃陂、漢陽、松滋、黃州、鍾祥	大水。（稿）			高淳	冬，大雪，人畜多凍死。（稿）			廈門	七月，英兵陷廈門。（本）			
		武進	二月，恆雨，傷麥。（稿）			黃川、羅田	大雪，民多凍餒。（稿）			定海、鎮海、甯波	八月，英兵陷定海，進陷鎮海、甯波，浙西大震。（本）			
		高淳	夏，饑。（稿）											
		枝江	冬，饑。（稿）											
一八四二	宣宗道光二十二年	江陵、松滋	大水。（稿）			秦州	隕霜殺麥。（稿）	湖北崇陽	正月，民人鍾人杰作亂。討平之。	乍浦、上海、鎮江、江陰、江甯、京口	四月，英兵陷乍浦。五月，陷寶山上海。六月，陷鎮江，都統海齡率民死守，日夜搜捕漢奸，虐殺無算。十三日城破自瓜州至儀徵，江中船舶焚燒一空。英軍進逼江甯，東南大震。（本）	麗水	十月初三日，火，燔一百四十七家。（稿）	*中英江甯條約除割香港、償鴉片價外，另闢上海、福州、廣州、廈門、甯波五口爲商埠。鴉片戰爭終。
		麗水	七月，大雨，漂沒田廬。（稿）			高淳、武昌、蘄州	大疫。（稿）			香港	七月，中英江甯條約成，割香港畀英。（本）*			
		江南桃北廳	八月，河溢。（本）			潛江	八月，狂風大作，風石拔木，壞民居無算。（稿）							
		蘄州	冬，饑。（稿）											

公曆	年號	天災·水災·災區	天災·水災·災況	天災·旱災·災區	天災·旱災·災況	天災·其他·災區	天災·其他·災況	人禍·內亂·亂區	人禍·內亂·亂情	人禍·外患·患區	人禍·外患·患情	人禍·其他·亂區	人禍·其他·亂情	附註
一八四三	宣宗道光二十三年	河南中牟	黃河水漲漫溢。（本）	湖州	七月，旱，饑。（稿）	雲和	雨雹，傷人畜甚多。（稿）	雲南	土匪作亂，官軍討平之。（本）			緬甸	英人兵船侵入緬甸內港，偪都城，緬人割阿薩母、阿羅漢、迭乃式里母地方予英。（本）	
		平度	五月，雹雨，傷田禾。（稿）			隨州	雹，禾稼多傷。（稿）							
						麻城、定南廳、常山	大疫。（稿）							
						甯海	七月，暴風，傷禾。（稿）							
一八四四	宣宗道光二十四年	河南、中牟	黃河堵口復決。（本）	光化	秋、冬，旱。（稿）	山西、河南、陝西、湖北、安徽	雹災。（攷）	台灣	三月，台灣洪協作亂，旋討平之。（本）					
		直隸	六月，永定河溢。（本）					湖南	來陽縣民陽大鵬作亂，旋伏誅。（本）					
		湖北荊州	七月，萬成堤溢。（本）					四川	國匪作亂。					
		嵊縣	初九日，大風雨，堤潰，溺死七十餘人。（稿）											
		江陵、松滋、枝江	大水。（稿）											

公元	年號	地區	災況
		南昌、袁州、饒州、南康、惠民、霑化、蒲台、松陽	冬，大雨連旬，壞田舍無數。（稿）
一八四五	宣宗道光二十五年	棗陽	春，霪雨八十餘日。（稿）
		江蘇中河	六月，桃源汛河溢（本）
		東平、青縣、縉雲、雲和、太平、公安、樂亭	大水。（稿）
		滕縣	大雨，平地水深數尺，人多溺死。（稿）
		青田	六月，旱。（稿）
		縉雲、雲和	七月，旱。（稿）
		安邱	大雨雹，損麥。（稿）
		嵊縣	十月十四日，地震，屋舍動搖。（稿）
		西甯	四月，番人作亂，總兵被戕。

公曆	年號	天災						人禍						附註
		水災		旱災		其他災		內亂		外患		其他亂		
		災區	災況	災區	災況	災區	災況	亂區	亂情	患區	患情	亂區	亂情	
一八四六	宣宗道光二十六年		六月，汶水漲，堤決。灤河溢。（稿）	藍田、三原	六月，大旱。（稿）	景甯	七月十九日，大風雨三晝夜，壞田廬無算。（稿）	雲南永昌	閏五月，回人作亂，			貴陽	五月，火燒民房八百餘家。（稿）	
		枝江、青浦、青縣	青浦大水，漂沒數千家。（稿）	平涼	秋，饑。（稿）			雲南緬甯、雲州	八月，緬甯回賊作亂，官兵進擊，渠魁馬國海亡走，潛結雲州回馬登霄、海連升等刦四亂邊，十一月，官軍進剿平之。					
		光化	大雨，平地水深數尺，三月始退，溺斃人無算。（稿）					陝西蒲城、大荔、臨潼、渭南	十二月，回民作亂，渭南知縣余炳燾先發撲滅之。					
		保康	霪雨兩月，壞田廬無算（稿）											
一八四七	宣宗道光二十七年	鹽山等二十六州縣	大水。（稿）	河南開封等府屬	雨水稀少，二麥歉收。（稿）	永嘉	大疫。（稿）	湖南、廣西灌陽	猺民雷再浩勾衆滋事，湖南團練鄉勇江忠源等平之。（本）	廣州	四月，粵民驅逐在廣英人，英艦自香港入省河，旋退去。（本）			
				宜城	夏，大旱（稿）			雲南	滇中漢回衝突，垂數					

				麗水	秋大旱。（稿）			保山、趙州、永昌、順寧	十年至是，保山、趙州等處有亂，滇督林則徐討平之。
				南樂	饑，人相食。（稿）			喀什噶爾、葉爾羌	八月，七和卓木、加他漢等入寇喀城及葉爾城。十一月，大軍出伊犂，回遁。
								湖南乾州	十二月，乾州苗人滋事，總督裕泰平之。
一八四八	宣宗道光二十八年	江寧三府及湖北全省、湖南武陵等四縣	水。（攷）	永嘉	春，旱。（稿）	永嘉	大疫。（稿）		
		南昌、袁州、饒州、南康、陵縣、高淳、武清	大水。（稿）	昌平	秋，旱。（稿）	通州	六月，颶風大作，毀屋。（稿）		
						永嘉	七月十四日，大風兼雨連旬，毀孔子廟及縣署。（稿）		
						武昌	十月，大風起江中，覆舟人多溺死。（稿）		

<table>
<tr><th rowspan="3">公曆</th><th rowspan="3">年號</th><th colspan="6">天災</th><th colspan="6">人禍</th><th rowspan="3">附註</th></tr>
<tr><th colspan="2">水災</th><th colspan="2">旱災</th><th colspan="2">其他災</th><th colspan="2">內亂</th><th colspan="2">外患</th><th colspan="2">其他</th></tr>
<tr><th>災區</th><th>災況</th><th>災區</th><th>災況</th><th>災區</th><th>災況</th><th>亂區</th><th>亂情</th><th>患區</th><th>患情</th><th>亂區</th><th>亂情</th></tr>
<tr><td>一八四九</td><td>宣宗道光二十九年</td><td>江蘇、浙江、安徽、湖廣
三原、日照
樂亭
江陵、公安、石首、松滋、枝江、宜都
湖州</td><td>大雨五旬，水驟漲，水沒民田，災害爲百年來所未有。（攷）
河溢，大水。（稿）
六月，大雨，傷禾稼。（稿）
夏，大饑，餓死者無算。（稿）
七月，霪雨，傷禾。（稿）</td><td>莊浪
青浦</td><td>七月，大旱。（稿）
冬，饑。（稿）</td><td>興山
麗水</td><td>大雨雹，傷稼。（稿）
大疫。（稿）</td><td>四川
湖南新甯、道州</td><td>中瞻對野番工布朗出巢滋事，五月，平。（本）
十一月，新甯匪李沅發滋事，官兵往勦，焚殺之。</td><td></td><td></td><td></td><td></td><td></td></tr>
<tr><td>一八五〇</td><td>宣宗道光三十年</td><td>青田、東平
兩當</td><td>黃河漲，大水。（稿）
五月二十五日，暴雨，漂沒人畜。（稿）</td><td>湖州、咸甯、崇陽
嵊縣、太平、甯陽、臯蘭</td><td>春，饑。（稿）
夏，旱。（稿）</td><td>四川西昌
黃崗</td><td>地震，城垣、衙署、倉庫、監獄俱坍，壓斃男婦二萬六百餘口。（攷）
雨雹，壞稼、傷</td><td>廣西龍勝、湖南永州</td><td>上年湘亂敉平。沅發弟沅寶仍居五排。五月，擒殺之。湘境肅清。猺衆擾龍勝、永州。五月，提督向榮剿平之。（本）</td><td></td><td></td><td></td><td></td><td>※洪秀全自是年八月起事，迄同治三年八月洪福瑱被擒前</td></tr>
</table>

						灤州	人。(稿) 春,大風傷稼。(稿)	廣西平南、藤縣、鬱林、永安、貴縣、桂平、平南等府、象州	八月,洪秀全起兵廣西之金田村。*(本)					後歷十五年,影響及十六省,經略至六百餘城邑。是爲太平天國。
一八五一	文宗咸豐元年(1)	江南山東二省瀕河州縣魚台、金鄉、濟甯、嘉祥、滕、嶧等 東平、太平、懷州 澧縣	南河豐北廳屬河隄壞,漫口。瀕河州縣,災情尤重。(攷) 大水。(稿) 六月,霪雨四十餘日,傷禾。(稿)			 東光 崇陽	三月,大雨雹,傷人畜,壞屋宇。(2)(稿) 雹傷人畜。(稿) 六月,蟲災。(稿)	廣西永安 潯州	洪秀全破永安,始稱天王,建號太平天國。(本) 清軍擊潯州賊張嘉祥,降之,而太平勢得以坐大。(本)			黑城及黃喀窪 太平	陝甘總督琦善辦回番妄殺雍沙番族頗多,琦善尋革職,充發吉林。 十月,火燔百餘家。(稿)	(1)是歲太平天國建元辛開元年,遂以干支紀年,惟改亥爲開,丑爲好,卯爲榮。 (2)案清史稿災異志一是年雹災,原文未詳何地。
一八五二	文宗咸豐二年	湖北大冶公安等十四州縣	荆江泛漲。(攷)	定海廳 常山全縣	旱。(稿) 夏,大饑。(稿)	甘肅中衛縣*	地震,震倒房舍二萬餘間,壓斃男女大小三百餘口,	陽朔、全州、桂林、興安	四月,太平軍破全州,圍永安。(本)	黑龍江口地	俄佔我黑龍江口地,交涉不還。			*清史稿災異志「四月十八日,中衛地

公曆年號	天災 水災 災區	天災 水災 災況	天災 旱災 災區	天災 旱災 災況	天災 其他 災區	天災 其他 災況	人禍 內亂 亂區	人禍 內亂 亂情	人禍 外患 患區	人禍 外患 患情	人禍 其他 亂區	人禍 其他 亂情	附註
	陝西興安府 福建福州、漳州屬平和、雲霄、長泰等各廳縣 平河、 高陽 青縣 日照	大雨，山水漲，漢江泛溢，衝缺城垣、房屋。（攷） 狂風大雨，溪湖漲發。（攷） 大水。（稿） 大雨，傷禾。（稿） 春，大饑。（稿）			 肅州	受傷者四百餘口。城垣、衙署、倉、獄俱傾壞。（攷） 五月初五日，大風，拔木千餘株。（稿）	台灣 長沙、道州、江華、永明、嘉禾、藍山、桂陽、郴州、長沙、柳州、益陽、岳州、安仁、攸、醴陵、漢陽、武昌、安徽、鹿邑、甯陵、江蘇、沛、豐、山東、曹、單	洪紀作亂，官軍討平之。（本） 五月，太平馮雲山圍長沙，不克，死。洪秀全下道州等地。（本） 七月，太平軍破桂陽、郴州，再圍長沙。（本） 十月，太平蕭朝貴攻長沙，不克，死。洪秀全改趨益陽，渡洞庭湖，下岳州，盡得吳三桂所遺軍械炮位。 十二月，太平軍破漢陽、武昌。（本） 捻犯鹿邑、甯陵，豐、沛、曹、單亦發動。（本）					震，海黑沙，壓斃數百人。」

一八五三
文宗咸豐三年

地區	災情
浙江台州	暴風雨，山水驟漲成災（稿）
麗水、孝義、鄜、嵊縣、太平、左田、如德、保定府屬宜城、均州	大水。（稿）
	漢水溢。（稿）
靜海	四月，霪雨，害稼。（稿）
狄道州、平河	六月，朔，馬銜山裂。平河大雨，山崩，壓斃七十三人。（稿）
保康	大雨十六日，漂沒田舍甚多。（稿）
房縣	霪雨七晝夜不止。壞田舍無算。（稿）
保康	大山崩，移十

地區	災情
宜昌	三月初三日，大風，拔木，民舍折損無算，牛馬有吹去失所在者。（稿）
懷慶	大疫，死者萬餘。（稿）

地區	事件
蘄黃、九江、安慶、太平、蕪湖、江寧、鎮江、揚州、鳳陽	正月，太平軍取安慶等處，皖北糜爛。（本） 洪秀全下江寧，羣下上尊號，定都天京。江寧城破時，死者四萬餘。于是太平兵進江北。
安慶、南昌、九江、湖口	五月，太平軍再克安慶，圍南昌，旋解去，擾江西腹地。（本）
山西平陽、潞城、黎城、直隸	太平軍破平陽府，間道入直隸。（本）
湖北德安、興國、黃州、漢陽	八月，太平軍下黃州、漢陽。（本）
直隸深州、天津、靜海、獨流、楊柳	太平軍攻天津不利，退屯靜海，清軍攻之不勝。（本）

(1)捻子始自山東之

公曆年號	水災災區	水災災況	旱災災區	旱災災況	其他災災區	其他災災況	內亂亂區	內亂亂情	外患患區	外患患情	其他亂亂區	其他亂亂情	附註
		里許。毁田廬無算。(稿)					青等處	(本)					沂、兗、曹、濟，蔓延於河南之南、汝、光、安徽之潁、亳、壽、江南淮、徐、海、湖北之襄、棗、鍾、隨。蠢起于康熙時，至嘉慶中，蠢日益衆。咸豐元年，太平軍興，南陽、壽州、蘭山、海州始以捻亂聞。(2)案是年十一月，閩浙總督王懿德奏克廈門，十二月，克仙游，閩亂始平。
	永嘉	大雨，龍泉村山圮，覆屋，壓傷十九人。(稿)					桐城、舒城、	十月，太平軍下桐、舒。(本)					
	宜城	豐北河工復決。北岸野兔，千百成羣，避遊市上。(稿)					上海	劉麗川據上海。(本)					
	遂州	七月，大雨匝月，壞城垣一百五丈。(稿)					廬州	太平軍下廬州，江忠源死之。(本)					
		霪雨，害稼。(稿)					安徽潁、亳等州	捻子滋事，橫行皖、濟、豫間，襄雉河集，據之，縱橫江、皖、楚、豫。(1)(本)					
							永城、歸德、開封、朱仙鎮、中牟、鄭	太平軍入河南，取歸德，攻開封，不克，退圍懷慶。					
							廈門、同安、漳州、延平、永安、沙縣	民林俊作亂，同、廈失守。林恭等亦作亂，陷永安、沙縣，鎮、道被戕。旋即收復。(2)(本)					
							台灣鳳山	林供作亂。(全)					
							台灣宜蘭	林文美、吳𨔵作亂。(全)					

一八五四	文宗咸豐四年	地區	災情	地區	災情	地區	災情	地區	人禍	地區	人禍
		浙江嘉興等十一廳縣及仁和等五十餘州縣(1)	暴風大雨，山水驟漲成災。（攷）	浙江金華等十一縣(2)	旱，風交至。（攷）	黃安	雨雹，損麥。（稿）	漢陽、黃州、德安、隨州、棗陽	正月，黃州清兵潰，漢陽復失。諸城先後俱破，湖北諸郡皆失守。（本）	黑龍江新疆額爾齊斯河時	俄艦經黑龍江過愛琿，脅我訂盟。又西竄省額爾齊斯河時。
		松陽、廣昌、保定府屬	大水。（稿）	咸甯、保康	七月，旱。（稿）	安福	五月，地陷，廣數丈，深不可測。（稿）	太平、岳州、湘陰、甯鄉、	二月，太平軍克太平，下岳州等處。（本）		
						雲和	七月，山崩，壓斃三十餘人。（稿）	皖北、山東、金鄉、臨清、陽穀、鉅野、鄆城、朝城、冠華等州縣	三月，直隸太平軍敗退，會楊秀清復分兵北上，遂破諸州縣。（本）		
								湘潭	湘軍水陸師敗太平軍于湘潭等處。（本）		
								武昌、華容、岳州、龍陽、常德	六月，太平軍兩克武昌，再破岳州。（本）		
								岳州、常德、崇陽、通城	七月，清軍復岳州、太平等處。（本）		

(1)案是年浙江水災先後于六、七月間成災，據清朝續文獻通考分書兩數十州縣。

(2)清史稿災異志「四年五月，麗水旱。」

公曆	年號	天災·水災·災區	天災·水災·災況	天災·旱災·災區	天災·旱災·災況	天災·其他·災區	天災·其他·災況	人禍·內亂·亂區	人禍·內亂·亂情	人禍·外患·患區	人禍·外患·患情	人禍·其他·亂區	人禍·其他·亂情	附註
一八五五	文宗咸豐五年	河南、直隸、山東各州縣	東河下北蘭陽汛黃水漫口。（攷）	皋蘭	正月旱。四閏月不雨。（稿）	奉天、金州	地震，旗民敢居，未有大傷。（攷）	澧州、太平、武昌、漢陽、黃州、蘄州、大冶、興國	八月，清軍復武昌等處。（本）					(1)雲南回亂自是年十二月起事，至同治十一年始平。蠡陷城池，蹂躪黔南，歷十八年之久。
		麗水、雲和、景寧、黃陂、麻城、黃岡、蘄州、廣濟、鍾祥	大水。（稿）	青縣	四月旱。（稿）	江蘇	地震，迭經正月、九月、十月三次。（本）	台灣嘉義	賴厝作亂。（全）					
		昌平	六月，大雨，傷稼。（稿）	武昌	夏秋旱。（稿）	清水	大疫。（稿）	雲南永昌、蒙化、大理等處	臨安漢、回以爭銅北起釁，亂回杜文秀等遂起兵擾亂各處，羣回嘯聚，蜂起叛亂，朝廷命官不能入滇。(1)					
		景寧	七月初十日，大雨如注，田廬盡壞。（稿）					上海	正月，吉爾杭阿復上海。（本）					
								武漢三鎮	三月，太平軍復下武漢。（本）					
								廣濟、襄河、馮官屯、高唐州、連鎮	四月，僧格林沁敗太平軍于馮官屯、連鎮，決黃水灌馮官屯，太					

一八五六

文宗咸豐六年

河南河南等縣地處低窪，雨水淹沒。(攷)近畿永定河漫溢，各屬成災。(本)嵊縣、太平大水。(稿)

宜城、安陸自夏徂秋，不雨，樹木多枯死。(稿)咸甯、桐鄉、黃陂、五月，大旱，河水涸。(稿)

奉天金州自上年十一月初旬至十二月中旬地震以來，本年正月至三月

平軍盡沒林鳳祥被執，李開芳死之，河北太平軍皆覆滅。

德安　太平軍破德安。(本)

漢口　八月，清軍克漢口。(本)

桐城、開歸、汝甯、信陽、夏邑、亳州、徐州、宿州、曹州等處　張洛行復據雉河集。(2)

通城、崇陽、蒲圻、咸甯　清軍克通城等處。(本)

廬州　十月，清軍復廬州。

含山　(本)

台灣　林房、王辨作亂。(全)

武昌、江西、江甯、　三月，羅澤南攻武昌，敗死。于是太平軍由崇、通入江西，陷江西八府一州五十餘縣。五月，太平軍李秀成

廣州　英軍以亞羅船事件，藉口進兵陷省城，焚綠濠居民數千家。※

安南　法艦駛越，奪順化沿岸砲台，轉攻西貢，越割東南岸地以和。

枝江　十一月，火燔市

(2)清史紀事本末（捻事之起滅）張洛行作張樂行。清史稿洪秀全傳作張落刑。

*中英改訂廣州通商條約後，英人厭惡尋釁，廣督

公曆	
年號	
天災·水災·災區	
天災·水災·災況	
天災·旱災·災區	鍾祥、潛江、隨州 嘉興、蘇州、青浦 黃縣、臨朐 武進、羅田、通州、肥城、陵縣
天災·旱災·災況	閏五月，大旱。至九月，始雨。（稿） 六月，旱。（稿） 夏，饑。（稿） 七月，旱，河水竭。（稿）
天災·其他災·災區	河南商邱等縣、 湖北黃州、襄陽等縣及近畿各屬數縣 咸甯、武昌 來鳳
天災·其他災·災況	間，續有地震。（攷） 飛蝗成災。（攷） 大疫。（稿） 五月初六日，武昌縣，百子畈地裂。（稿） 五月初八日，大𡽱路獨甚山崩，壓斃三百餘人。（稿）
人禍·內亂·亂區	鎮江、丹陽、江甯 潁、徐、陳、宿等處、武昌、漢陽、黃州、興國、蘄州、蘄水、廣濟 雲南、尋甸、東川、大理、永昌、廣西州、邱北、平彝
人禍·內亂·亂情	陳玉成等敗向榮於江甯，江南大營潰。八月，太平天王殺東王楊秀清及其黨二千餘人。尋又殺北王韋昌輝，閉城二十餘日，屠戮至三萬餘人。九月，捻衆西走，復趨潁州、徐州，所過大掠。十一月，清軍復武、漢。 回匪陷大理、廣西州等處。
人禍·外患·患區	
人禍·外患·患情	
人禍·其他亂·亂區	
人禍·其他亂·亂情	燬八百餘家。
附註	葉名琛不爲戰守之備，英人遂以亞羅船事件處置不當，進兵，旋退去，亂民蜂起，焚洋欃，不問其國籍，英人乘機約法、俄、美聯軍入寇，於是有翌年英法聯軍之役。

一八五七	文宗咸豐七年
山東	水。（攷）
省城、松滋、枝江、縉雲、濱州	大水。（稿）
昌平、唐山、望都	春，旱。（稿）
肥城、東平	大饑，死者枕籍。（稿）
清苑、元氏、無極	夏，旱。大饑。（稿）
武邑、永清、廣宗、柏鄉、魚台、日照、臨朐	饑，人相食。（稿）
邢台	蝗，五穀俱盡。（稿）
寧津	六月，大風，傷禾稼。（稿）
蓬萊	十二月二十六日，地震，有聲如雷，自是屢震。（稿）
雲南省城、曲靖、大理	六月，回民肆擾，逼近省城，總督恆春自殺，以吳振棫代之，遂平回亂。
英吉沙爾、喀什噶爾	回人由卡外突入，兩處回城失陷，漢城被圍，九月，官軍收復兩地。
固始、南陽、邳、郯、亳、霍邱、壽、舞陽、葉、內鄉、宜鄉、嵩、廬、巢、商南、滁、大名等地	十月，捻走河南，江南又熾，河南烽火相望。太平軍亦合捻，分擾廬、巢，自霍山、和、滁東西至二千里皆捻。擾及直隸，京師戒嚴。
瓜州、鎮江、句容、溧水	十一月，清軍張國樑等克鎮江、瓜洲。（本）
廣州	十二月，英、法聯軍陷廣州，擄總督葉名琛去，焚省城。＊
皋蘭	五月，西關火，延燒市廛二百餘間。（稿）

＊英法聯軍之役始。

公曆	年號	天災 水災 災區	災況	旱災 災區	災況	其他災 災區	災況	人禍 內亂 亂區	亂情	外患 患區	患情	其他禍 亂區	亂情	附註
一八五八	文宗咸豐八年	江陵、松滋、公安	大水。(稿)	青縣	夏,旱。(稿)	蓬萊	正月二十七日地復震十餘日始止。自七年至八年,凡震三十餘次。(稿)	江甯	二月欽差大臣和春等進圍金陵,大破太平軍,恢復江南大營。	黑龍江北岸地	俄人移住烏蘇里河口,二月,瑷琿條約成。割黑龍江、松花江左岸由額爾古納河至松花江海口地界俄,又允其在內松花江行船。(本)			
		海縣	四月,大雨,損禾苗。(稿)	興山	秋,饑。(稿)	大通	七月,大雪,穀皆凍秕不收。(稿)	江西、浙江	三月太平軍入浙,取江山、常山、開化諸邑。石達開亦自江西規衢州,拔處州。會湘軍至,衢州圍解。(本)	天津、大沽	英法聯軍陷大沽。五月,天津約成,聯軍始退。			
						房縣、保康、黃岩	蝗,害稼。(稿)	九江、湖口、麻城、彭澤、望江、東流、銅陵、荻港	四月,清軍復九江,太平軍死者萬七千餘人。					
								福建邵武等郡縣	五月,太平軍自浙入閩。(本)					
								廬州	七月,太平軍再克廬州。(本)					
								吉安	八月,曾國藩復吉安。(本)					

一八五九
文宗咸豐九年
湖北沔陽州屬一百四十一垸　蘇州
江水潰堤，潰刷民居。（攷）五月，大雨傷禾。（稿）
即墨、臨朐、濰州、黃縣、元氏、灤州
春，旱。（稿）夏，旱。（稿）七月，旱。（稿）
沁源　蘇州
殞霜殺麥。（稿）五月，禾田中出蟲，名曰稻蠶。（稿）
揚州、邵伯、儀徵、六合　太湖、潛山、桐城、舒城　固始、六安、臨淮、全椒、來安、滁、徐、宿、巢、金鄉、商水　雲南省城　廬州、定遠、天長、盱眙　池州　西華、舞陽、定遠　臨淮
九月，太平軍復克揚州，並下六合，江北大營破。（本）太平軍敗清軍于三河，李續賓死之，四縣復失。（本）太平軍合捻破固始、六安，官軍往剿，捻又竄山東。（本）回民復叛，圍巡撫張亮基。（本）清軍潰于廬州。（本）太平守將韋志俊約降清軍，其部將叉走之。（本）二月，捻趨舞陽，旋攻定遠。清軍克臨淮，捻趙頫
五月，英艦寇大沽，砲擊沉數艘，聯軍不逞。＊
＊聯軍再犯畿甸，蓋起因于中國之毀約。是年五月，英法請換約不報，警大沽戒備，英艦來犯，

公曆	年號	天災：水災 災區	災況	天災：旱災 災區	災況	天災：其他災 災區	災況	人禍：內亂 亂區	亂情	人禍：外患 患區	患情	人禍：其他 亂區	亂情	附註
								關、歸德、蘭儀、定陶、東明、潁州、鳳陽府縣 江西南安、崇義、湖南、桂陽、衡州、寶慶、永明、道州 潛山、太湖 新甯、城步、桂林、慶遠	州，清軍克鳳陽府縣。 石達開由江西入湖南，圍寶慶。七月，清軍大破之，圍解。(本) 六月，清軍復潛山、太湖。(本) 九月，石達開攻慶遠。(本)					受重創而去，朝廷遂謂外夷可制，釁由是開矣。

一八六〇	文宗咸豐十年
蘇州 甯津、東光	二月，霪雨閱月。（稿） 六月，大雨，傷稼。（稿）
清豐、萊、皋蘭 青縣	春，旱。（稿） 六月，大旱。（稿）
羅田 麻城 昌平	大雨雹，傷禾無數。（稿） 雨雹，擊斃牛馬。（稿） 二月，怪風，傷人。（稿）
鳳陽、臨淮 甯國、廣德、泗安、湖州、建平、杭州 江甯、丹陽、常州、無錫、蘇州、諸郡縣 甯國、嚴州 清江、浦、河南、鞏、洛 清甯、荷澤、嶧、鉅野	正月，清軍復鳳、淮。 二月，太平軍破杭州，旋退師。（本） 閏三月，清軍江南大營復失，李秀成徇下蘇、常。清軍潰退蘇州，沿途大掠。秀成至，安輯始定。（本） 太平軍自徽州攻破甯國、嚴州。（本） 捻下清江，河南捻入洛，山、陝大震。 九月，捻入清甯，山東大亂。十一月，僧格林沁敗于鉅野。
天津 通州 京師 九龍 烏蘇里江東地	六月，聯軍艦隊入北塘，陷大沽，進陷天津。 八月，聯軍陷通州，帝走熱河，遂入京師，焚圓明園，于是重訂條約，割九龍半島與英。* 中俄北京條約成，割土畀俄，以爲調解聯軍之酬。（約）
*庚申北京條約除償兵費租九龍外，續開天津、九江、漢口、牛莊、登州、台灣（淡水）、潮州、瓊州、江甯爲商埠。英法聯軍之役終。	

公曆	年號	天災 水災 災區	水災 災況	旱災 災區	旱災 災況	其他災 災區	其他災 災況	人禍 內亂 亂區	內亂 亂情	外患 患區	外患 患情	其他亂 亂區	其他亂 亂情	附註
一八六一	文宗咸豐十一年	鍾祥、景甯	大水。(稿)	青縣	春、夏,不雨。(稿)	奉天、金州	地震,震倒旗民住房六百四十間,壓斃人口百十戶。(攷)	鉅野、壽州	正月,僧格林沁敗于鉅野,苗沛霖復叛于壽州。					*疑有誤。
		羅田	十一月,大雨,傷禾。(稿)	太平	七月,旱。(稿)	蒲圻	大雪,凍斃人畜甚多。(稿)	安慶	八月,清軍克安慶及池州、桐城、宿松等地,安慶爲太平軍所佔凡九年。					
				皋蘭、通渭、*秦安	八月,大旱。(稿)	麻城、羅田、宜都	雨雹,傷禾稼,損屋舍。(稿)	杭州、嚴、衢、溫、台、甯波	十一月,太平軍克杭州,釋滿兵不殺,賑卹難民,先下諸郡。(本)					
						即墨、黃縣	大疫。(稿)	金華、黃州、蘄州、德安諸郡	陳玉成自皖入鄂,圖解安慶之圍,不勝,武昌戒嚴。(本)					
								曹州、鄆城、泰安、汶上、青州及河南諸地、鄒、茌平、曲周、	捻北竄,而河南西自南陽,南至海甯,東界淮,北界河,山東、西及浙川,北侵大名皆捻騷擾,滕、嶧一帶警阻,官軍嚴防,于是捻與太平軍合,游弋襄、洛。					

一八六二			
穆宗同治元年			
公安、日照、臨江	樂亭、青縣、孝義廳、皋蘭、華縣、棲霞、咸甯、江夏	廣東省城及近省各屬佛山、新會廳、縣、及虎門、太平墟等處	京師及
大水。(稿)	春饑。(稿)　二月旱。(稿)　六月旱。(稿)　七月旱。(稿)	猝遇風災，漂沒田廬，傷斃人口數萬。(攷)	大疫。(攷)

陝西省城、同州、蒲城、華陰、耀州	浙江開化	上海	威東、清河、登萊、諸州縣、沂州、郯、潁、亳、桐城、英、霍、黃、蘄、德安、隨、撫、徽、饒、信、建、昌、吉、安、瑞、州、南昌、九江
回民滋事，圍攻省城等，命皖撫督師勝保移軍往討。勝保覆軍，漢回衝突，隨在皆起。	正月，浙撫左宗棠與太平將楊輔清戰于開化，破之。(本)	太平軍攻上海。先是	太平軍蹂躪各府州縣，圖解安慶圍師。(本)
越南南圻之嘉定、邊和、定祥			
法越媾和，越割嘉定等外三省畀法。(本)			

公曆年號	水災災區	水災災況	旱災災區	旱災災況	其他災區	其他災況	內亂亂區	內亂亂情	外患患區	外患患情	其他亂區	其他亂情	附註
					江蘇等(1)省			李秀成軍下松江、太倉,追吳淞、高橋,謀攻上海。常勝軍華爾協同英、法海軍與戰敗之,上海解嚴。(本)					(1)清鑑「江南大疫,徽、甯一帶尤甚。清兵病不能軍,金陵圍師亦死者山積。」
					東湖	六月,大雨雹,斃牛馬無算。(稿)	青陽、石埭、太平、涇縣	三月,清軍復太平等四縣。(本)					
					狄道州	雨雹,禾蔬盡傷。(稿)	陝西、河南、湖北各屬	太平軍別軍自河南南陽入陝西武關,偪省城,破渭南,還取閿鄉、澠池。尋攻湖北光化屬之老河口,襲據紫金關,復侵襄陽、德安、安隆各屬。清軍迭敗之於商南、樊城。再入河南,攻鄖陽府城,破房縣,復入陝,破興安。(本)					
					常山、望都、豢北、江陵、東平、日照、靜海、清苑、灤州、甯津、曲陽、東光、臨榆、撫甯、萃縣、臨朐、登州府屬	大疫。(稿)	安徽和州、	曾國藩破太平軍于銅牐,復巢縣、含山城,					
					蓬萊、黃縣、福山、	七月,大風連綿,禾稼盡淹。							

招遠、萊陽、宣海

(稿)

梁山、關、巢縣、含山	殲和州太平軍，取西梁關。(本)
台灣彰化	民人戴萬生作亂，官兵討平之。(2)(全)
蕪湖、金柱關、東梁山、秣稜關、大勝關	曾國藩、彭玉麟等克采石、金柱關，下東梁山，復蕪湖，破秣稜關，取大勝關，遂薄金陵。
廬州、壽州	清軍克廬州，太平軍陳玉成敗走，被擒死。(本)
湖州	五月，太平軍下湖州。(本)
嘉定、松江	太平軍克嘉定，遂圖松江，程學啓力戰却之。(本)
甯國、廣德	清軍復甯國府及廣德州。(本)
陝西紫荆關及商邑一帶	太平軍進圖陝西，清軍擊退之，復紫荆關。(本)

(2)案清史紀事本末台灣亂平在明年十一月。

公曆	年號	天災：水災 災區	天災：水災 災況	天災：旱災 災區	天災：旱災 災況	天災：其他 災區	天災：其他 災況	人禍：內亂 亂區	人禍：內亂 亂情	人禍：外患 患區	人禍：外患 患情	人禍：其他 亂區	人禍：其他 亂情	附註
								慈谿	常勝軍克慈谿，華爾戰死。（本）					
								四川叙州、雲南東川、霑遠、	石達開走四川，入雲南，敗走土司界。					
								宜陽、商州、孝義、固原、華州、棗陽、隨州、京山、應山、大名、鄖陽、山西諸地	捻陷宜陽，途擾諸處。十二月，捻還奔陷隨州等處，湖北大震。復渡漳犯大名，別支走晉、冀，以八百人行腹地二千里，所過無留行。					
								雲南省城	回民復亂，戕總督潘鐸。					

一八六三	穆宗同治二年
湖州	海水溢。(稿)
鍾祥、潛江、保康、公安、鄖西	大水。(稿)
應城	霪雨，傷麥。(稿)
青縣	大雨，傷禾。(稿)
嵊縣	旱。(稿)
孝義廳	春，饑。(稿)
江山、常山	秋，饑。(稿)
元氏	雨雹，禾稼盡，田廬俱損。(稿)
皋蘭、江山、藍田、三原	大疫。(稿)
枝江	二月，大風，覆舟無算。(稿)
漢中、盩厔、甘肅、固原、平涼、甯夏、靈州及丹噶爾城、西安	正月，劉蓉復漢中。二月，甘肅回民攻陷固原等地。五月，西甯花寺回勾結抱罕羌人攻撲丹噶爾城，戎循一帶騷然。官軍往剿，攻克平涼。滇回藍二順犯西安，官兵撲滅之。
喀什噶爾、烏魯木齊、哈密、吐魯番、呼圖壁、庫爾喀喇烏蘇	浩罕別部阿古柏攻陷喀城，次第侵奪南八城，官軍敗績，潰退烏魯木齊。參將索煥章擁陝回妥得璘反，陷滿城，諸城相繼皆失，朝廷派兵出關。
雒河集	張洛行敗死，苗沛霖復叛，官軍收復雒河集。
涇縣	太平軍楊輔清圍涇縣，與鮑超戰于高阻山，大敗，涇圍解。(本)
鳳台、	六月，捻再陷壽州。

公曆	年號	天災						人禍						附註
		水災		旱災		其他災		內亂		外患		其他亂		
		災區	災況	災區	災況	災區	災況	亂區	亂情	患區	患情	亂區	亂情	
								壽州、懷遠、潁、蒙						
								金華、衢州、湯溪、龍游、蘭溪、浦江、諸暨、桐廬	太平侍王李世賢圖衢州。左宗棠馳師往援，大破之，盡克諸地，浙東平。（本）					
								蒙城、亳縣、雉河集、尹家溝等處	僧格林沁大破捻衆于雉河集等處，擒斬捻首張洛行。					
								興安	清軍敗太平軍于興安。（本）					
								雲南	回民叛，總督被執，死之。					
								建平、金壇	鮑超軍連勝于青陽、三山、曹塘，遂復建平、句容、寶堰、金壇、常州。（本）					

地區	事件
四川	太平翼王石達開犯四川，川督駱秉章擒斬之。（本）
長江一帶	清軍彭玉麟復九洑洲，又克浦口、江浦二縣，長江一帶肅清。（本）
江陰	八月，李鴻章復江陰。（本）
嘉定、青浦、松江、蘇州、常熟、太倉、崑山、吳江	十月，常勝軍、淮軍克蘇州等地。（本）
	十一月，官軍討平台灣戴萬生之亂。
無錫	淮軍克無錫。（本）
壽州、蒙城	僧格林沁等大破捻衆於蒙城，擒斬其首領苗沛霖。

公曆	年號	天災：水災 災區	水災 災況	旱災 災區	旱災 災況	其他災 災區	其他災 災況	人禍：內亂 亂區	內亂 亂情	外患 患區	外患 患情	其他亂 亂區	其他亂 亂情	附註
一八六四	穆宗同治三年	浙江金華等處	大水。（攷）	常山	夏旱。（稿）	應山、江山、崇仁、公安	大疫。（稿）	宜興、荊溪、常州	清軍復宜興、荊溪、常州。（本）	新疆額爾齊思河下游一帶及塔什干	九月，中俄塔城條約成，我喪失額河下游一帶地，包括齋桑泊在內，俄又取我塔什干地。	江寧	四月，太平天京城內糧缺，饑民不肯降清，率自殺日數百人。	
		公安、鄖西	大水。（稿）	崇陽、撫寧	秋旱。（稿）	定海	六月初十日，暴風疾雨，壞各埠船，溺殺兵民無算。（稿）	嘉興	二月，清軍克嘉興府，其將程學啓中彈死。（本）					
				保康	饑。（稿）			杭州、富陽、餘杭、海寧、桐鄉、石門	左宗棠克杭州，先後下旁近諸邑。太平守將陳炳文、汪海洋棄餘姚走德清，遂由徽州入江西。					
								漢陰、盩厔	將軍多隆阿剿回，攻滇回藍大順於盩厔城下，多隆阿傷重死。					
								西安及豫、楚邊界	藍大順既敗，藍二順踞山陽，攻西安，騷擾楚、豫邊界，旋爲官軍撲滅。					
								常州、丹陽	四月，清軍克常州、丹陽。（本）					
								江寧	清軍合圍攻江寧，曾國荃以隧道穴火藥					

地區	事件
	攻城，城破時，太平天王洪秀全已自殺，幼主福瑱出走，忠王李秀成死之。城破時，城中皆自殺，妃嬪投御河死者以百十計，將弁三千，軍民十餘萬皆死，無一降者。城郭、宮室延燒三日夜不絕。*
新疆路八城、南北路九城	回首阿渾妥明參將索煥章叛據烏魯木齊，諸路皆應之，勢張甚。
黃安、麻城、蘄水、廣濟、光山、鄧州	太平餘衆合捻犯黃安、麻城等處，清軍潰敗。（本）
雲南尋甸、曲靖	九月，岑毓英攻克尋甸。十月，克曲靖。

*太平天國亡。

公曆	年號	天災						人禍						附註
		水災		旱災		其他		內亂		外患		其他		
		災區	災況	災區	災況	災區	災況	亂區	亂情	患區	患情	亂區	亂情	
一八六五	穆宗同治四年	浙江之杭、嘉、湖、嚴、紹五府屬及江蘇之蘇、松二府、太倉州 公安 萊陽	浙江五府屬大雨，七晝夜不絕。紹興府山水陡發，海塘衝坍。蕭山沿江水與屋齊，居民淹斃萬餘，最爲嚴重。(攷) 大水。(稿) 六月至七月，大雨，平地水深七八尺，禾稼淹沒，房舍傾圮無算。(稿)	蘄水 麻城 高鄉 皖南及江蘇之句容、溧陽、溧水	春，大旱荒，民有鬻子女者。(稿) 秋，旱。(稿) 自冬至次年夏，不雨。(稿) 大饑，民相食，人肉一斤，價至百二十文。	直隸等省 三原 鍾祥、鄖陽 青田、房縣 宜城	雹。(攷) 正月十四日，大風雪，人多凍死。(稿) 十六日，大雪，漢水冰，樹木牲畜多凍死。(稿) 大雨雹，損禾稼。(稿) 正月，大風，覆屋拔木。(稿)	肅州及蘭州西安一帶 河南、山東 城武、永城、宿州	回民據嘉峪關，並陷肅州城。時提督雷正綰部攻金積堡未下，譁變，在固原殺掠，圍涇州，至平涼始綏定。回酋馬化龍亦犯陝，自蘭州至西安，烽火不絕。 捻亂大熾，大股匪張總愚、賴文光等衝突兩省，勾結鄆北伏莽，匪徒麕集。僧格林沁率部進剿，遇伏，敗死于曹州，捻遂北犯畿輔，朝命曾國藩督辦軍務。 捻衆竄淮北，淮軍大破之于雉河集。					

地區	事件
奉天	馬賊作亂，竄京畿，明年五月始平。
江西、福建、廣東	霆軍十八營譁變，由江西入閩、廣。五月中，太平餘衆李世賢、汪海洋下漳州，旋爲左宗棠所破，走永安。汪海洋走粵，敗粵軍于鎮平，合潰卒，命鮑超率師剿平之。
甯夏府城	清軍收復甯夏府城，統軍縱兵搶殺。

一八六六　穆宗同治五年

地區	天災
江北各屬	陰雨連旬，湖河並漲成災。（攷）
公安、德安、崇陽、咸宜	大水。（稿）
魚台	秋，霪雨，水深數尺，傷禾稼。（稿）
江夏	夏，旱。（稿）
江山、崇陽、漢陽	九月，旱。（稿）
蘭州	饑，人相食。（稿）
江陵	大雨雹，損麥。（稿）
永昌	大疫。（稿）

地區	人禍
伊犁九城及塔爾巴哈台、蘭州	正月，安集延攻陷伊犁九城。塔爾巴哈台回民亦戕官據城反。朝命西安將軍庫克吉泰等督師平之。陝、甘標兵以缺餉譁變，督署幕客多見殺。總督楊岳斌馳還，誅首事百數十人，蘭州始定。
河南	清軍大破捻黨于河

地區	事件
安南	法乘柬蒲寨之亂發兵，取下交趾諸州，柬蒲寨亦自請爲法之保獲國。（本）
餘干	十一月，瑞洪鎮火，延燒四百餘家。（稿）

公曆	年號	天災：水災 災區	水災 災況	旱災 災區	旱災 災況	其他災 災區	其他災 災況	人禍：內亂 亂區	內亂 亂情	外患 患區	外患 患情	其他 亂區	其他 亂情	附註
一八六七	穆宗同治六年		七月，永定河溢。（本）	昌平、玉田、黃陂、荊門、德州	夏旱。（稿）	懷來、青縣	大雨雹，秋禾損。（稿）		南，衆潰爲二股，其勢遂衰。朝命李鴻章督師。			江夏	三月，火藥局災，斃者以千計。（稿）	
		羅田、江陵、興山、宜城、襄陽、穀城、定遠廳、沔縣、鍾祥、德安、潛江、臨邑	大水。（稿）	邢台、懷來、武昌、黃州	秋旱。（稿）	黃縣、曹縣、通州、泰安	大疫。（稿）	雲南省城	雲南布政使岑毓英大破叛回，省城略定。			漢陽	五月二十五日，鮑家巷火，燔船隻，傷人口甚衆。（稿）	
		鄖陽	八月，霪雨三晝夜，壞官署、民房甚多。（稿）	莊浪、金縣、皋蘭	饑。（稿）			豫東、陝西	東捻任柱、賴文光等擾豫東，西捻張總愚竄秦中。詔左宗棠督師剿匪。					
								湖北安陸等處	東捻自河南趨湖北，盤踞德安、安陸之間，鮑超大破之，追至河南棗陽、唐縣。會以讒，遂罷兵。					
								西安	劉松山大破西捻于西安。					
								鄠縣、清甯、鉅野、濰、昌樂、膠、萊、安邱、	五月，東捻入山東。					
								滇、黔、	雲南布政使岑毓英					

一八六八

穆宗同治七年

皋蘭、金縣、景甯

五月大雨,至七月乃止。(稿)

七月,黃河南岸滎澤汛十堡漫口。(本)

秋,大雨,傾沒田廬無算。

即墨、孝義、隰、蓋、田、汾縣 春,饑。(稿)

皋蘭 旱。(稿)

涇州 夏,大饑,人相食。(稿)

陵縣 冬,旱。(稿)

平涼、靜 大饑。(稿)

隨州

七月初三日,安金岩地陷,水湧。(稿)

山西、直隸

西捻張總愚入陝,遇阻,由宜州入山西,經絳州、曲沃、垣曲、濟源、原武、新鄉、順德而達定州,京師戒嚴。詔左宗棠等會同剿捻。捻屢敗于海豐、沙河、茌平等處。(2)

吉州

十一月,西捻犯吉州。

雲南猪拱,青海、馬姑、鎮雄州

七月,岑毓英收復鎮雄州,三省邊界悉平。

江蘇、山東、湖北、川三省邊界

攻拔猪拱箐,進平海馬姑諸壘,邊回肅清。劉銘傳破任柱於濰縣之松樹山,又破之于弁山。殘衆由諸城南趨,劉軍尾追至日照,復大破之于贛榆,任柱旋爲其下謀死。賴汶光猶率其殘衆出沒于昌濰、壽光之間,旋走海州,遇阻,南走淮、揚,自投守將死。*

布哈拉

俄取我布哈拉地。

太平

十月,縣城火,燔四百餘家。(稿)

(1)疑係「秦」字誤。

(2)西捻平。

*東捻平。

公曆年號	水災災區	水災災況	旱災災區	旱災災況	其他災區	其他災況	內亂亂區	內亂亂情	外患患區	外患患情	其他亂區	其他亂情	附註
		(稿)八月，永定河溢。(本)	甯、古浪、固原、靈台(1)、秦州、永昌等處				綏德、榆林、靖邊、安定、鎮靖堡	陝西董福祥犯綏德，旋被逼降，陝回肅清。					
							鉅鹿、德州、濬滑、新鄉、延津、封邱、滄州、海豐	二月，捻趨鉅鹿。李鴻章等諸軍既集德州，多掠商市居民，民相約格殺，日有狠鬥死者不計其數。					
							雲南武定、[illegible]羅次、晉甯、澂江等處	杜文秀率數十萬衆東下，陷二十餘城，省[illegible]城戒嚴。岑毓英既克曲靖，回兵敗文秀，遂復呈貢等處。					

一八六九	穆宗同治八年	江、浙、兩湖、安徽、江西	雨水過多，江湖盛漲，田廬被淹。（政）	青縣	春，旱。（稿）	甯遠、秦州、麻城	大疫。（稿）	陝西	陝軍高連陞、劉松山部叛變于楊店及綏德，連陞及其將多部被殺。	阿爾泰泊一帶地（即科布多西北沿邊地）	三月，中俄科布多界約成，吾喪失科布多沿邊地。		
		江夏	春，霪雨，損麥。（稿）	日照	饑。（稿）			貴州鎮遠府衛	席寶田擊敗貴州苗教各衆，克鎮遠府、衛二城。				
		嵊縣	四月，大雨，壞田廬。（稿）					尋甸	五月，官軍收尋甸。				
			六月，永定河溢。（本）					滇東	岑毓英大破省東回壘，克楊林、關山、嵩明州、龍陵驄、白鹽井等處。				
								甘肅靈州	陝甘總督左宗棠大破回衆於靈州，乘勝進攻金積堡。				
								布倫托海	呼圖克圖、棍噶扎勒參驅額魯特人，收復布倫托海				
								勝秉	十月，席寶田克勝秉城。				
								易門、楚雄、南安、定遠、昆明、祿豐	八月，岑毓英克易門及黑琅等處鹽井，回巢並破海口八街之回。十一月，復昆陽。十二月，克祿豐。				

公曆	年號	天災						人禍						附註
		水災		旱災		其他		內亂		外患		其他		
		災區	災況	災區	災況	災區	災況	亂區	亂情	患區	患情	亂區	亂情	
一八七〇	穆宗同治九年	宜城、公安、枝江、歸州、黃岡、黃州、孝義廳、武昌、黃陂	漢水溢。江水暴大水。(稿)	新樂、黃縣	春，旱。(稿)	沁源	隕霜殺麥。(稿)	天津	民人焚燬法國教堂，法領事豐大業被毆死。又誤殺俄商三名，焚英、美教堂各一，天津大擾。					
			六月，永定河溢。(本)	上饒	夏，饑。(稿)	麻城、無極	大疫。(稿)	台拱廳	十月，席寶田克台拱廳城。					
		潛江	霪雨傷稼。(稿)			嘉興府	三月，大風，毀屋。(稿)	金積堡、渭源、鞏昌	劉錦棠大破回兵，執馬化龍父子。					
			滹沱河溢。(稿)			柏鄉	四月，大風，毀屋。(稿)	貴州都勻	劉士奇攻克貴州都勻府城。					
								麗江、劍川、姚州、澂江、新興、鎮南、鶴慶	岑毓英克麗江等南路廳清。十一月，大理北路肅清。十二月，克竹園及澂江附近諸營。					

一八七一	穆宗同治十年	直隸天津等處	水。（攷）	清苑	春，大旱，無麥。（稿）	浙江省城及餘杭、嚴州、金華、紹興、湖州各府	暴風雨雹，倒塌民房，傷斃人口數萬。（攷）	甯夏	官軍平甯夏諸回。	伊犂	俄人藉口伊犂回變中俄商被戕，以兵據伊犂。（本）		
		階州白馬關	五月二十三日，大雨雹，平地水深數尺，淹斃二百餘人。（稿）			孝義廳城	大疫。（稿）	諒山、木馬等處	越南匪徒曾亞治，滋擾諒山、木馬等處，命馮子林督兵進剿。				
			六月，永定河溢。七月，復決，草倉河亦復溢。（本）			湖州	三月，狂風驟雨，拔木、覆舟。（稿）	澂江、臨安	岑毓英克澂江府城及江那土司賓居等處，東南肅清。				
		武清、平谷、公安、泗河	大水，堤潰。（稿）										
		東光、新樂、曲陽	七月，霪雨十餘日。（稿）										
		望都、樂亭	秋，饑。（稿）										
一八七二	穆宗同治十一年	奉天錦州	水（攷）	皋蘭	春、夏旱。（稿）	新城、武昌縣	大疫。（稿）	貴州苗疆	清軍俘苗首張秀眉、金大五，苗疆遂平。自咸豐五年起事，壘陷城池，蹂躪貴東西殆遍，楚、蜀邊境騷然，至是用兵五年餘，拓地			烏程	四月，火，延燒十餘里。
		畿輔各屬及順天	水。（本）			日照	六月二十七日夜，大風雨，偃禾拔木。（稿）					安南河內、南定、河湯、廣安、甯平等處	法艦駛江河，奪河內，併東京。爲劉永福所敗。（本）
		公安、枝	大水。（稿）			唐山	秋，大風，拔木，損禾。（稿）						

公曆	年號	天災・水災・災區	天災・水災・災況	天災・旱災・災區	天災・旱災・災況	天災・其他・災區	天災・其他・災況	人禍・內亂・亂區	人禍・內亂・亂情	人禍・外患・患區	人禍・外患・患情	人禍・其他・亂區	人禍・其他・亂情	附註
		江、高淳、甘泉、臨朐 東平 直隸 青縣	滹沱河溢，（稿） 五月，霪雨傷稼。（稿） 八月，運河堤決。（本） 十一月，大雨，害稼。（稿）					雲南大理、趙州、蒙化、順甯、雲州、騰越、永平、雲南、永昌、興義、新城 台灣	千里，破砦數千，殄苗及百萬。 岑毓英等收復大理等處，杜文秀自殺，滇回亂平。城破時，官軍坑賊萬餘。滇回滋擾十八年，陷城五十三。波及川、黔。至是，亂氛始熄。 廖富作亂。					
一八七三	穆宗同治十二年	畿輔各屬 奉天 公安、臨朐、高淳、青縣、滄江	永定河決。（本） 水。（本） 大水。（稿）	公安、枝江	五月，旱。（稿）	固原 太平 三原	五月初六日，大風，壞城中回回寺。（稿） 七月，大風雨，壞城垣數十丈，民房數百間。（稿） 十一月，大雪	西甯 肅州 騰越、雲州、順甯	左宗棠收復肅州，關隴回悉平。(1) 岑毓英克順甯、雲州、騰越等處，全省肅清。(2)	基華	俄取我基華地。	越南之永隆、安江、河仙等地	法越兵釁，又和，越割永隆等內三省畀法。（本）	(1)伊犂同亂平。 (2)滇回平。

			灤河溢黑港河決。（稿）				六十餘日。（稿）						
		化平廳	八月，霪雨不止，壞民舍。（稿）										
一八七四	穆宗同治十三年	公安、甘泉、孝義廳、潛江、宣平	大水（稿）	江陵、公安、枝江	三月旱。（稿）	廣東沿海	風災。（攷）			台灣	四月，日本藉口琉球民被殺，遣兵據台灣諸生番地。十一月，交涉始退。		
				均州	秋，旱。（稿）	黃岡	雨雹，數十里麥盡損。（稿）						
				雄縣	饑。（稿）	安陸	五月，大風拔木，府學牆頹。（稿）						
				山丹	冬，饑。（稿）	西松	八月十一日，西山崩，走入城中，壓倒城垣二百四十餘丈，民房九十餘處，壓死四十九人。（稿）						
一八七五	德宗光緖元年	永定河南地	河漫口。（本）	京師	大旱。（本）	日照、臨朐	七月，大風，傷稼。（稿）	越南	匪黃崇英作亂，廣西官軍出境平之。	庫頁島	日本據吾庫頁島，而以千島爲其所有，遂以庫頁畀俄。（本）	緬甸	英人攻奪緬甸傅海半國之地。（卽南緬甸）（本）
		青浦、魚台、潛江	河決，大水。（稿）	青縣	夏、秋，旱。（稿）								
		海州	冬，饑。（稿）										

公曆	年號	水災災區	水災災況	旱災災區	旱災災況	其他災區	其他災況	內亂亂區	內亂亂情	外患患區	外患患情	其他亂區	其他亂情	附註
一八七六	德宗光緒二年	福建延平府屬	颶風，大水。（攷）	直隸、山西、河南	旱。＊（攷）	甯津、東光、臨榆	隕霜，殺禾。（稿）	天山北路、烏魯木齊、迪化、五城	陝督左宗棠及劉錦棠等克烏魯木齊，天山北路平。			福建省城	大火。（本）	＊清史稿災異志「二年春，望都、蠡縣、灤州、臨榆旱。」
		廣東省北	大水。（攷）	肥城	五月，旱。（稿）	日照、海陽、灤州	春，饑。（稿）					青浦	七月火，延燒三十餘家。九月又火，東碼頭上下岸俱燼。（稿）	
		南昌、臨江、吉安、撫州、饒州、南康、九江、潛江、青田、宣平、邢台	大水。（稿）	藁城	八月旱。（稿）	甯津	八月，蟲傷稼。（稿）							
		黃岩	六月初八日，大風雨拔木壞屋，田禾淹沒殆盡。（稿）											

一八七七	德宗光緒三年	廣東省北 福建、湖南、廣西 張家口 宣平 高陵	大水，連州居民淹斃萬餘。（效） 水。（效） 兵房土墻爲水沖毀。 大水。（稿） 六月，大雨如注，平地水深三尺，田禾盡沒。大饑，餓斃男婦三千餘人。（稿）	陝西、山西、河南、(1)甘肅(2) 武進、霑化、甯陽、南樂、唐山 應山	苦旱。（效） 四月，旱。（稿） 夏、秋，大旱。（稿）	江蘇、安徽、豫東及畿輔 蘇、浙 三姓地方 河州	蝗蝻。（效） 大風爲災。（效） 風雹。（本） 六月，紅崖山崩，壓斃二百餘人，牲畜無算。（稿）	天山南路吐魯番及喀喇沙爾、庫爾勒、阿克蘇、烏什四城及南路西四城	左宗棠進兵天山南路，回酋阿古柏自殺。九月，復新疆南路東四城，旋劉錦棠等復克西四城，戮誅回酋及悍黨千二百許人。（本）	(1)據清朝續文獻通考載上諭：山西旱災最重，災區達八十餘邑之多。 (2)清史稿災異志「三年，靖遠、平涼、涇州、靈台、禮縣、文縣、合水大饑。」
一八七八	德宗光緒四年	直隸 浙江金華、衢、嚴三府屬 武涉 常山、南昌、臨江、吉安、撫	永定河北六工漫口。（本） 水災。（效） 沁河漫口。（本） 大水。（稿）	東平、三原 內邱、井陘、順天、唐山、平鄉、臨榆 京山 唐縣等四十州縣及莊	春，旱。（稿） 七月，旱。（稿） 八月，旱。（稿） 饑。（稿）	台灣府 臨江 東平	風災。（效） 四月，大風，覆*無算。（稿） 九月，大風雨，傷禾稼。（稿）	新疆玉都巴什	安集延謀襲喀什噶爾，劉錦棠逆襲之于玉都巴什，大破之。	*有闕文。

公曆	年號	天災						人禍						附註
		水		旱		其他		內亂		外患		其他		
		災區	災況	災區	災況	災區	災況	亂區	亂情	患區	患情	亂區	亂情	
		州、南康、九江、饒平、廣信、武昌		泯、階州、成縣、靈州、鞏昌、秦州各屬										
一八七九	德宗光緒五年	廣東省城 直隸 玉田、薊、階州文縣	大水。(攷) 水。(攷) 運河決大水。(稿)	山西及直隸薊州等處	旱。(攷)	陝西、甘肅、四川 三原 甯海、文登、海陽、榮成 萊陽 永嘉	地震。(攷) 五月，鼠食禾殆盡。(稿) 六月十四日，大風，拔木、壞屋。(稿) 二十四日，怪風突起，屋瓦皆飛，民房被揭去樑棟椽柱，不知所之，拔大樹無算。(稿) 二十餘日，大風雨壞官廳民居。(稿)	越南者嚴等處 新疆烏帕爾 四川東鄉	前廣西總兵李揚才叛變，自廣東靈山、欽州等處募勇萬餘出據越南者嚴等處。提督馮子材擒獲之。(本) 布魯特安集延會再內犯，劉錦棠敗之，斬獲二千餘。 人民鬧糧，官兵剿洗，妄殺寨民數百。	伊犂	俄人久佔伊犂，中國要俄退兵，交涉失敗，使臣崇厚下獄。俄亦增兵伊犂，別以軍艦弋海上，聲言決裂。	琉球 阿富汗	日隸琉球于其鹿兒島，發艦入國，執其王以歸，夷琉球為沖繩縣。 英人佔阿富汗國。(本)	

一八八〇	德宗光緒六年	隸	八月，水災。(攷)	順天、直隸諸州縣※	六月，旱災。(攷)									※清史稿「災異志」六年秋，甘泉、魚台、邢台旱。邢台饑」
一八八一	德宗光緒七年	四川鹽垣	雷雨冰雹，水暴漲，傷斃人口千餘。(攷)	通州等州縣	饑。(稿)	甘肅	地震。(攷)							※疑有誤。
		江西廬陵、吉水、太和、永豐四縣	水。(攷)			台灣	地震。(攷)							
		浙江沿海	颶風海嘯。(攷)			※體縣	五月二十五日，地震。震斃四百八十人，傾倒民房四千有奇，牲畜無算。(稿)							
		台灣	颶風大雨，台北兩府水漲，淹斃人口甚衆。(攷)											
一八八二	德宗光緒八年	安徽、浙江、江西、山東	大水。(攷)	均州、雲夢、鶴峯州	六月，旱。(稿)	台灣	九月，颶風大雨成災。(攷)			伊犁河下游一帶地	七月，中俄伊犁界約成，吾喪失伊犁河下流一帶地，並巴爾噶什湖及特穆爾圖泊在內。	四川資州屬	火災。(本)	
		四川敘、永、涪等屬	雨雹，河漲，斃人極多。(攷)			直隸深州等處	地震有聲，斃人無算。(本)					南安	法軍再犯安南，又為劉永福所敗，法人轉攻順化，破之。會安南	

公曆	年號	天災						人禍						附註
		水災		旱災		其他		內亂		外患		其他		
		災區	災況	災區	災況	災區	災況	亂區	亂情	患區	患情	亂區	亂情	
		直隸灤口上游屈律店等處及山東歷城等處 武昌德、安常山宜城	連開四口，歷城等十餘州縣並陷。(攷) 大水。(稿) 秋，霪雨，傷禾稼。(稿)									朝鮮都城	有王位之爭，遂與法人媾和，安南夷爲法之保獲國。(本) 朝鮮新舊黨爭，亂兵舊黨作亂，攻日駐朝使館，於是中日交涉，朝鮮賠款。日本要求駐兵朝都。中國亦執其大院君以歸。	
一八八三	德宗光緒九年	順天、直隸文安等十四州縣、山東歷城等州縣、湖北長陽等州縣	水。(攷) 桃園決口。	鶴峯州	大饑。(稿)	台、廈一帶	颶海風災。(攷)							

		一八八四	一八八五
		德宗光緒十年	德宗光緒十一年
	孝義廳、 皋蘭 化平廳	直隸獻縣 江西浮梁、鄱陽、樂平等縣 山東歷城、齊河等處 直隸東明 太平	廣東、廣西 直隸天津、山東歷城等
	(本) 大水(稿) 六月，大雨，水深四五尺，傷禾稼。(稿)	水。(攷) 水。(攷) 黃河南、北岸漫口。(本) 黃河決口。(本) 十月，大雨，冲沒廬舍。(稿)	大水。(攷) 河堤漫決，山東何王莊、趙莊、騷溝三處
			東光
			秋，旱。(稿)
		廣東順德縣屬 興山	
		風災。(攷) 大雨雹，傷稼。(稿)	
		福建馬尾、福州、澎湖 浙江鎮海 諒山 台灣基隆、滬尾	諒山
		法軍寇閩，陷馬尾砲台，退據澎湖。* 法兵寇鎮海，炮台兵擊退之。 我師敗法兵於諒山。 法軍進據台灣基隆砲台，旋即擊退。	法兵陷諒山，吾師敗績。
		朝鮮 安南北甯、西山 安南北圻	
		正月，新黨金玉均等作亂，駐朝委員袁世凱討平之。(本) 三月，法兵陷北甯、西山。 中法既議和，法兵尋取北圻地。	
		*中法之戰始。	中日天津條約成立，我在韓之宗主權盡失。

公曆	年號	水災災區	水災災況	旱災災區	旱災災況	其他災災區	其他災災況	內亂亂區	內亂亂情	外患患區	外患患情	其他亂區	其他亂情	附註
		處	決口。(本)							文淵州等處	廣西提督馮子材等大破法軍于文淵州，克諒山、谷松、威坡、長慶、船頭。*	安南、東蒲寨	法越天津條約成立。於是安南與東蒲寨悉歸法保護。	*中法媾和。
		江南、安徽、江西	水。(本)									緬甸	十月，英人滅緬甸，以爲其印度帝國之屬土。(本)	
		霑化州	五月，惠民、徒駭河溢，大水，饑。(稿)											
一八八六	德宗光緒十二年	順天、直隸香河、天津、永平、盧龍等屬及奉天各州縣	運河漫口。遼河、巨流河盛漲。(本)			陝西臨潼、藍田	雹。(攷)	瓊州	客、黎作亂，提督馮子材剿平之。(本)					
		山東章邱、濟陽、惠民等縣	河決。(本)											

地區	事項
貴州剝隘等處	水災。（本）
山西	汾河潰溢。（本）

一八八七　德宗光緒十三年

地區	事項
山東濮、范等處及湖北沔陽等四州縣	水。*（攷）
河南鄭州以下黃河沿岸	鄭州黃河決口。（本） 沁河決口。（本）
直隸通州等十六縣	大水。（本）
灤州、洮州	大水。洮州冬饑。（稿）
靖遠、東光	七月，旱。（稿）
永昌	冬，饑。（稿）
雲南	地震，災。（攷）
澳門	中葡會訂徵收洋藥稅釐善後條款成立，割澳門畀葡萄牙國。

*清史紀事本末（卷五十六）「八月，黃河南岸鄭州下汎十堡決口，河南下游被水者十五州縣，待賑者百九十萬人。」

公曆	年號	天災：水災 災區	水災 災況	旱災 災區	旱災 災況	其他災 災區	其他災 災況	人禍：內亂 亂區	內亂 亂情	外患 患區	外患 患情	其他	附註
一八八八	德宗光緒十四年	江蘇、安徽	水。(攷) 秋，永定河堤工漫口。(本)			京師 新樂 泰安	雹。*(本) 大雨雹，三十村禾盡損。(稿) 春，蟲災。(稿)			西藏隆吐山地 西藏咱利、亞東、朗熱等隘 台灣彰化	英兵攻燬我隆吐山卡房，仍交涉稱其地係印度屬，我兵遂撤。(本) 英兵侵藏，藏兵敗績。(本) 施九段作亂。(全)	布丹：英併布丹。(本) 西藏、拉達克：西克教徒（溫都教）西克什米爾東侵拉達克，兩國邊地搆兵。(本)	*據清史紀事本末（卷五十六）是年京師凡兩度雨雹，一在四月，一在六月。
一八八九	德宗光緒十五年	浙江、嘉湖、江蘇、四川、安徽、湖北 德安	重災，各省大雨連四旬，始霽。(攷) 七月二十六日夜，大雨如注，城崩百四十餘丈，淹斃男婦七十餘人。(稿)	魚台 皋蘭	春，饑。(稿) 春、夏旱。(稿)	化平廳 灤州	雨雹，傷禾稼。(稿) 六月十三日，大風，拔木壞屋。(稿)						

一八九〇	德宗光緒十六年	近畿一帶 山丹	雨多成災，永定河工漫口。（本） 六月，驟雨，壞城郭。（稿）	靜甯、合水	旱。（稿）			瞻對 台灣南澳	番目撒拉雍珠與巴宗喇嘛勾結野番滋事，成都將軍岐元遣將討平之。 番民作亂，巡撫劉銘傳剿平之。			哲孟雄 吉林省城 西藏拉達克	中英印藏條約成立，承認哲孟雄爲英屬土。 大火，焚屋千五百餘間。（本） 二月，中英藏印界約成，割拉達克歸英。	
一八九一	德宗光緒十七年	通州 新疆鎮西廳	水。（攷） 大水。（攷）	山西 皋蘭、金華、靜甯、通渭、洮州、安化	大旱。（攷） 六月，旱。（稿）	新疆溫宿州	雨雹。（攷）	雲南富民、祿勸二縣 蒙古及熱河朝陽等州縣 雲南鎮邊地方 貴州下江廳	四川會理民黃子榮糾衆滋事，攻陷雲南州縣，王文韶遣兵剿平之。（本） 熱河等處金丹道教首楊悅春等作戰，竄擾蒙古，並陷朝陽等州縣，奉、直兩省會師剿平之。 新附猓人滋事，官軍剿平之。＊（本） 苗人滋事，官軍剿平之。（本）	帕米爾、坎巨提（即乾竺）、哪格爾	十一月，俄羅斯使帕米爾。英人侵吾坎巨提及哪格爾。			＊雲南猓夷作亂，清鑑作十八年正月。

公曆	年號	天災						人禍						附註
		水災		旱災		其他		內亂		外患		其他亂		
		災區	災況	災區	災況	災區	災況	亂區	亂情	患區	患情	亂區	亂情	
								敖罕之東、翁牛特各旗及敖罕旗貝子廟、下長皋等處	匪首李國珍滋事，據烏丹城北大寺，直隸官軍剿平之。					
一八九二	德宗光緒十八年	順天直隸	永定河工漫口。（本）			京師、江蘇、安徽、山西	蝗。（攷）	廣東	三合會匪譚蓮青等滋事，粵督李瀚章剿平之。	蘇滿	俄爭帕米爾，案懸未決，突以阿富汗兵入蘇滿，脅擄布魯特回人。（本）			
		山東惠民等處	提捻漫溢。（本）											
		南樂	衛河決。（稿）											
		洮州	大水。（稿）											
一八九三	德宗光緒十九年	山西陽曲等縣、湖南醴陵等縣、山東全省、直隸	水。（攷）	太平	五月旱。（稿）	四川打箭鑪屬	地震，死傷漢、夷及喇嘛百七十餘人。（攷）	貴州普安	妖匪劉燕飛滋事，官軍剿平之。	雲南迤西沿邊地、野人山以西南及龍川	正月，中英續議滇緬界約成，吾喪失雲南省迤西沿邊之地。	暹邏	英法維持暹邏自立，脫離屬國。（本）	※初，英人探勘緬甸北界，以我軍所在為我領土，而八莫（新街）、孟拱
						新疆庫車	地連震。（攷）					蘇祿	獨立。（本）	

	一八九四
	德宗光緒二十年
安州等縣	直隸永平、遵化、府州屬、直隸及天津、太平松門、南樂
永定河工漫口。(本)	大風雨，淹沒廬舍民田。(攷) 霪雨，大水。(攷) 水。(稿) 衛河決。(稿)
	太平
	自五月至十月，不雨，大旱。(稿)
西甯 狄道州	
四月十九日，地震，傾圮民房二百餘間，人多壓斃。(稿) 五月，皇后溝山崩，壓斃十三人。(稿)	
	雲南都竜等處 江西永甯 川、滇邊境
	越南游匪竄擾滇邊，官軍擊退之。湖南酃縣會匪鄧世恩等竄擾江西，官軍討平之。雲南永平鹽匪首丁洪貴等滋擾邊境，兩省官軍剿退之。(本)
江潞江下游地 *	朝鮮牙山、成歡 朝鮮平壤
	六月，日艦又襲我運兵艦于豐沖島高陞沉，將士死者千數百人。*(本) 日軍襲我牙山駐軍，我軍應戰，敗退平壤。(本) 日軍進襲平壤，我師敗績。總統葉志超率諸將宵遁，爲日軍要於山隘，槍礮排轟，死者枕籍。(本)
	朝鮮全羅、忠清、慶尙等道 朝鮮
	五月，東學黨作亂，命直隸提督叶志超馳赴助剿。(本) 六月，日兵入韓王宮，幽禁韓王，革其內政。日尋釁于我，運兵赴韓。
皆無我兵，而大金沙江以外邊地及八莫地皆棄于英。已而八莫、野人山外大金沙江內駐軍全撤。於是大金沙江遂棄于英，而野人山亦復不完。至今懸案未決。	*中日之戰起。

公曆年號	天災 水災 災區	水災 災況	旱災 災區	旱災 災況	其他 災區	其他 災況	人禍 內亂 亂區	內亂 亂情	外患 患區	外患 患情	其他 亂區	其他 亂情	附註
									遼東九連、安東等城	九月,日軍寇遼東,陷九連城等。(本)			
									遼東、鳳凰城、寬甸、岫巖、金州、復州及大連灣等	十月,我軍退守摩天嶺,日軍陷鳳凰城等。(本)			
									旅順	日陷旅順。(本)			
									海城、復州、析木城	十一月,日陷海城,遼西大震。營口、牛莊戒嚴。(本)			
									蓋平	十二月,日陷蓋平。(本)			
									山東榮城及威海	日寇山東,陷榮城、威海,旁及文登、甯海等縣。(本)			

一八九五

德宗光緒二十一年

奉天、山東、直隸、順天及湖北鍾祥等縣　水。（攷）

邢台、灤州　春，饑。（稿）

太平　六月，旱。（稿）

京師　疫。（本）

廣州　革命黨起事，事敗，黨人陸皓東死之（本）

甘肅循化、狄道、河州、及巴燕戎、格碾伯各屬　回民作亂，提督董福祥討平之。（1）

劉公島　正月，日軍陷劉公島我海軍遂全被虜。（本）

牛莊、營口　二月，日軍陷牛莊、營口。我師克寬甸、長甸、香爐溝等處。（本）

澎湖　日兵陷我澎湖羣島，尋約成，割讓與日。（本）

台灣　中日馬關條約成。四月，割讓台灣于日本。于是台人自立，推唐景崧爲總統，日人踵至，台民戰不勝，唐景崧、劉永福相繼內渡，台灣遂淪爲日有。（2）

（1）革命黨始起事。

（2）中日馬關條約成立條款割地項下除台灣等外，尚有奉天南部，即遼東半島亦議歸日。後以俄、德、法三國出而干涉，不果割。又開重慶、沙市、蘇州、杭州四口爲商埠。中日休戰。

公曆	年號	天災						人禍						附註
		水災		旱災		其他		內亂		外患		其他		
		災區	災況	災區	災況	災區	災況	亂區	亂情	患區	患情	亂區	亂情	
一八九六	德宗光緒二十二年	甯津	夏,大雨,壞民居。(稿)	太平	夏,饑。(稿)			山東曹、單兩縣	刀匪滋事。(本)	東三省	中俄密約成。俄西伯利亞鐵路遂得延展至吉林琿春及省城,別支至愛琿城而達齊齊哈爾,沿路各站,駐兵又在吉、黑兩省及長白山一帶,稱其自由開鑛。(1)			(1)案中俄密約,俄將租借我膠州灣爲海軍軍港,及德人藉口先據膠澳,于是俄人改租旅大,又築鐵路自鴨綠江至營口,是爲南滿鐵路。
		四川川東一帶、湖北鄖、宜施等屬	秋,雨爲災。(攷)	四川川東一帶、湖北鄖、宜施等屬	冬,旱。(攷)			四川松潘	瞻對番兵出巢滋事,總兵夏毓秀等迭次攻剿。自六月起事,至十月,官軍克上、中、下三瞻,全境始平。	緬甸江洪界內之孟阿一部	法人以索遼邀酬,遂獲滇邊隙地。(2)(本)			(2)法國除獲滇邊之地外,又得雲南兩廣之採鑛權,桂越鐵路之建築權,並開雲南思茅爲商埠。
			永定河工漫口。(本)					羅布卓爾之和兒昂	西甯回首劉四伏竄至和兒昂,新疆官軍討擒之。(本)					

公元	帝號年	地區	災況	地區	災況			地區	情況	地區	情況	地區	情況	附註
一八九七	德宗光緒二十三年	四川夔、綏忠三廳及江蘇徐州、淮安、海州等 江西	水。(攷) 大水。(攷)	甯津	饑。(稿)			德爾武(卽壘蓋)土司	小土司昂翁暨白仁青母子作亂，鹿傳霖討擒之。(本)	雲南邊界 膠州灣	中英續訂緬甸條約十八款成，我割讓科干山一帶地界英，並以那布喀相近三角地一段永租與英，蹙地甚多。* 德人藉口鄉民殺其教士，以兵艦佔我膠州灣及炮台，幽守將章高元。			*案中緬條約附款除定界綫及租地與英外，又議定孟連、江洪地未與英議定前，不得讓與他國。又附專條一，開梧州、三水、江根墟爲商埠。
一八九八	德宗光緒二十四年	河南滑縣等、山東壽張等	水。(攷)	甯津、靖遠、靜甯、莊浪、丹噶爾	九月，旱。冬，饑。(稿)					膠州灣 旅順、	中德膠澳租借條約成立，膠澳百里租期九十九年，並膠濟路及路旁鑛權，悉數讓與。 俄艦襲據旅、大，改訂	老撾(卽南掌國)	法佔老撾。(本)	時意大利亦思染指，向我索租浙江之三門灣，政府力阻，事始

一六七五

公曆	年號	天災：水災 災區	天災：水災 災況	天災：旱災 災區	天災：旱災 災況	天災：其他 災區	天災：其他 災況	人禍：內亂 亂區	人禍：內亂 亂情	人禍：外患 患區	人禍：外患 患情	人禍：其他 亂區	人禍：其他 亂情	附註
										大連灣	新約。（本）			廢。因自闢直隸之秦皇島、江蘇之吳淞口、福建之三都澳等爲商埠，以杜藉口。
										威海衛、九龍	英人以均勢爲說，強租威海衛及九龍，並索廣九路權。（本）			
一八九九	德宗光緒二十五年			安徽鳳、潁等屬	旱。（攷）	海城	雨雹，擊死牛羊一千有餘。（稿）			廣州灣	法艦侵入廣州灣，據之。遂與訂立廣州灣租借條約。＊			＊廣州灣租借條約且劃定雲南、廣西二省不得割讓于他國。
				文縣	秋，饑。（稿）					廣東	二月，允英人承修九廣鐵路，由廣州省城至英租界九龍邊界。（本）			
											十月，中法廣州灣租借條章成。准法橫截雷州半島，與築赤安鐵路，自赤坎至安鋪港。			

公元	年號	水災地區	水災情況	旱災地區	旱災情況
一九〇〇	德宗光緒二十六年	河南、貴州	水。(攷)	陝西	亢旱。(攷)
		直隸濱州等	張肖黨家堤漫口。(本)	涇州、皋蘭、平涼、莊浪、固原、洮州	六月，旱。(稿)
				靖遠	夏，饑。(稿)
				南樂、邢台	閏八月，旱。(稿)

地區	人禍	地區	人禍	地區	人禍	附註
山東、近畿一帶、良鄉、涿州等處	拳匪作亂，巡撫袁世凱驅之出境。(1)山東拳亂既作，旋被剿殺，匪氣漸清，餘黨多竄京、津一帶，以「扶清滅洋」爲號召，愚民翕然從之。朝命大學士剛毅、軍機大臣趙舒翹等出京招撫，編爲義和團。于是兵與匪合，匪勢極盛，所至焚教堂，殺教民，燬鐵絡、電綫，搗洋房學堂，橫暴都下，各國干涉，而亂勢日張。既而回軍殺日本使館書記，武衛軍又殺德使克林德，於是德兵縱火焚總理衙門，戰端以啓。	大沽、天津、楊村、通州、北京及近畿一帶	義和團之亂既熾，使館有警。於是中外宣戰，英、俄、日、法、德、美、奧、意聯軍攻入，陷大沽砲台。(2)六月，聯軍陷天津，提督聶士成戰死，聯軍進撲楊村，陷通州。聯軍犯京師，董福祥迎戰大敗，義和團亦走散。七月二十二，京城破，聯軍自廣渠、朝陽、東便三門入，禁軍皆潰，董軍大掠而西，是日百官無入朝者，聯軍以大礮擊宮城，帝奉太后奔宣化宮，城破，聯軍入大內及頤和園，復分兵西至保定，北至張家口，東至山海關，以擊義和團爲名。時京城火起，一夕數驚，王公士民，四出逃命，婦女懼外	直隸、山西懷來、宣化	車駕西奔，沿途居民鋪戶，皆被匱潰兵搶刦一空。及駐蹕時，萬騎千乘，强買强取，更不堪寓日，駕過後，廑有孑遺焉。(本)	(1)義和團起。(2)八國聯軍之役。
湖北應城、巴東、長樂、安徽	唐才常、秦鼎彝、沈藎等起兵謀光復，聯絡哥老會黨徒，先後于各處發難，事敗被殺。					

公曆年號	天災						人禍						附註
	水災		旱災		其他災		內亂		外患		其他		
	災區	災況	災區	災況	災區	災況	亂區	亂情	患區	患情	亂區	亂情	
							大通、湖北沔陽之新、堤、蒲圻之蕭、櫻岡、湖南臨湘之灘頭及荆州、沙市、嘉魚、廊城等處	事後被逮死者又數百人。秦、沈先後起事，皆敗。鼎彝走日本，盡敗死，長江一帶戒嚴。(本)	保定	兵見辱，自裁者無算。京師盛時，居民殆三百萬，至是經亂，坊市蕭條，狐狸晝出。德軍淫掠殊甚。聯軍既分兵徇保定，入永平，戕藩司及知府。九月，兩宮幸西安。			
							廣東惠州	鄭弼臣起兵惠州，兵敗，走死。	東三省	俄人應聯軍，攻齊齊哈爾，東三省遂全陷。俄人屠戮極慘，被迫死黑龍江中者殆數萬人。俄駐兵十八萬以鎮之。			
							北京	董福祥甘勇入京，與拳匪會，縱火焚掠街市，燬屋萬餘家，煙燄三日不絕，既宣戰，以地雷攻使館，焚翰林院。	東三省	俄人既租旅、大，置關東省，經營東清路，駐兵殘虐華人，死於非命者不可勝計。(本)			

一九〇一	德宗光緒二十七年	山東大、順、廣所屬及江西、安徽、山西、湖北	大水。（攷）	陝西 皋蘭、平涼、莊浪、固原、洮州 洮州、靜寧、靈台	旱。（本） 春，大旱。（稿） 冬，饑。（稿）						辛丑和約成立，除懲兇、論罪及停止河北五省考試外，許各國屯兵自衞，華民不得在區內雜處，又賠兵費銀四億五千萬兩，分三十九年還清，年息四釐，總數至九億八千二百二十三萬八千一百五十兩，燬大沽至京沿路砲台等。*	陝西 河南	和約既成，下詔還都。先命修治蹕路，然後車駕發西安，由河南、直隸入京，所費達一千數百萬。扈從雖力戒婪索，仍不能止，以宮官爲尤甚。陝西、河南兩省官民，幾不聊生。（本）	*拳亂平，中外休戰。
一九〇二	德宗光緒二十八年	山東、四川	水。（本）			莊浪	隕霜，殺禾。（稿）	資陽、南泗、鎭色、柳、慶、恩、溥、木平	土匪蜂起，焚燬教堂，各處皆匪。至明年七月始平。（本）					

公曆	年號	天災						人禍						附註
		水災		旱災		其他災		內亂		外患		其他禍		
		災區	災況	災區	災況	災區	災況	亂區	亂情	患區	患情	亂區	亂情	
一九〇三	德宗光緒二十九年	奉天新民府屬 山東利津	水。(本) 黃河漫口。(本)	洮州	仍饑。(稿)	奉天新民府屬	雹。(攷)	雲南石屏 廣西、 湖南長沙	箇舊居民反對外人修築鐵路，遂起事，陷安甯府、石屏州，觀察使劉春霖討平之。 沿邊遊匪蔓延作亂。 興華會、哥老會黃興、馬福益等謀起事，事敗，逃往日本。(本)	東三省遼河以東地 雲南	日俄開戰，中國無力干涉，任其交戰于境上，不得已，劃遼河以西爲中立地，屯兵備之。(本) 四月，允法人築滇越鐵路，由老開直達雲南箇舊地方，(本)			
一九〇四	德宗光緒三十年	甘肅皋蘭 山東利津	陰雨連綿，河漲成災。(攷) 南岸十六戶埝決。(本) 三月，永定河南四工、南二工、北下汛均漫口。(本)			山丹	大雨雹，傷禾。(稿)	柳、慶諸州	五月，柳州兵變，柳、慶土匪同時起應。官軍攻剿，擒斬萬餘人，至明年九月，始告肅清。	西藏拉薩	俄人唆使藏兵攻吾駐藏大臣衙署，旋藏兵與英人起釁，又敗衄。(本)			

一九〇五	德宗光緒三十一年	江蘇川沙、寶山、南匯、崇明等處 上海	海嘯，沙洲居民淹斃者數千。（攷） 海嘯，水高數尺，租界貨物被漬，損失在千萬金以上。			洮州	雨雹，傷禾。（稿）	廣西柳州 廣東廣州 西藏巴塘	兵匪交結爲變。岑春煊討平之。 洪全福作亂，旋平。 瞻對土司改流，泰甯寺喇嘛藉端煽亂。番人戕駐藏大臣鳳全。六月，川軍剿平之。	庫頁島	七月，日俄樸資茅斯和約成，俄割庫頁島之半予日。＊（本）			＊庫頁島本屬中國，後俄國佔據。至是日俄媾和，俄割該島北緯五十度以南之地與日。
一九〇六	德宗光緒三十二年	廣東廣州等屬 江蘇徐、海、淮 湖南、皖北、浙江湖州屬	大雨連綿，西北兩江水漲漫溢。（攷） 水。（攷） 水。（攷）			香港一帶及潮、高、雷、欽、廉各屬	颶風成災，爲數十年所未有。（攷）	湖南瀏陽、江西萍鄉	革命黨黃興、李燮和起事，江、贛、湘、鄂四省兵擊敗之。					

公曆	年號	天災						人禍						附註
		水災		旱災		其他災		內亂		外患		其他亂		
		災區	災況	災區	災況	災區	災況	亂區	亂情	患區	患情	亂區	亂情	
一九〇七	德宗光緒三十三年	近畿一帶數十州縣	夏、秋大雨，山水暴漲，河流決口。（攷）六月，永定河南五工、北四上汛先後漫口。（本）	近畿州縣	春間亢旱，二麥歉收。（攷）			潮州、惠州、博羅	三月，會黨及革命黨人起事，黄岡戰不勝，旋敗。惠州、博羅響應者咸解散。					
				皋蘭	旱。秋，饑。（稿）			欽、廉、饒平	會黨起事。					
								安徽省城	徐錫麟刺皖撫恩銘，遂據軍械所謀起事，事敗，被殺。（本）					
								廣東欽州	七月，革命黨起事，旋敗。					
								廣西	孫文、黄興攻鎮南關克之，旋敗退。					
								蘇、浙交界	梟匪滋擾，旋自解散。					

一九〇八	德宗光緒三十四年	廣東南海、曲江等縣 湖北黃崗、麻城、黃安、漢陽、荆州、安陸、宜昌等處 湖南澧州、石門、安福等處 安徽各屬	大雨，江水盛漲，衝圍傷民。(攷) 霪潦爲災。(攷) 水。(攷) 水。(攷)	甘肅(1) 西林果勒盟(2)旗、阿巴嘎、阿巴哈那爾、浩齊特、烏珠木沁等八旗	旱。(攷) 旱。(攷)	廣東	風災。(攷)	雲南河口、蒙自 安慶	三月，孫文、黃興遣黨人攻下河口、南溪，旋爲滇督所敗。 皖營隊官熊成基起事，旋敗散。(本)					(1)清史稿「災異志」三十四年八月，蘭州、靜寧大旱。(2)西林果勒盟旗阿巴嘎阿巴哈那爾浩齊特烏珠木沁等八旗旱災，已連遭數歲，是年，又大雪成災。
一九〇九	宣統帝元年	福建漳州、廈門、龍溪、南靖等處 黑龍江墨爾根、東、西布特哈、黑水、大賚	水。(攷) 水。(攷)	甘肅 湖南長沙	全省亢旱。(稿) 旱。※						日本築安東鐵路于我東三省。(本)	皋蘭、蘭州 福建	正月初四日，皋蘭縣災，延燒官舍六十餘間。二月二十六日，蘭州省城院門南街大火，延燒房屋二百另九間。(稿) 沉船舶二千餘	※清鑑宣統二年「湖南長沙自去秋災歉以來，饑民要求平糶，遂致譁變。」

公曆年號	天災 水災 災區	水災 災況	旱災 災區	旱災 災況	其他 災區	其他 災況	人禍 內亂 亂區	內亂 亂情	外患 患區	外患 患情	其他 亂區	其他 亂情	附註
	兩廳										福州	艘，死傷二百餘人。(本)	
	湖北荊州、漢陽、安陸、黃州、枝江等處	大水。(稿)											
	江蘇溧陽、金壇、荊溪、宜興、丹徒、震澤等處	水。(攷)											
	廣東佛山等縣	水。(攷)											
	吉林省城及蟒牛河、新開河、額赫穆等處及雙	大雨，江水陡漲。(攷)											

		岔河、尤家屯等處 閩州 泰安	六月，黃河漲。(稿) 水。(攷)									
一九一〇	宣統帝二年	山東濟南等地 湖南常德府屬 黑龍江嫩江、龍江一帶 皖南南陵、宿州、靈璧等屬 四川綿州等屬縣	黃河暴漲。(攷) 黔省山水暴漲下注被淹。(攷) 大雨，水漲。(攷) 大雨，水漲。堤決淹田。(攷) 水。(攷)	察哈爾右翼四旗 準噶爾旗 綏遠鄂爾多斯郡王暨札薩克、台吉兩旗	旱。(攷) 旱。(攷) 苦旱。(攷)	黑龍江、璦琿河一帶 黑龍江大賚廳、塔子城	雹傷禾稼。(攷) 積雨生蟲，食禾殆盡。(攷)	廣東 湖南長沙 山東萊陽、海陽 山西交城、文水 四川定鄉、雲南中甸 雲南大姚	新軍與巡警衝突，黨人趙聲、倪映典因起事。水師提督李準平之。(本) 饑民暴動，焚燬巡撫署。 縣民抗稅暴動，官兵剿平之。 縣民因禁煙暴動，旋討平之。 定鄉兵變，竄陷中甸，旋爲官軍剿平。 人民暴動，縣城失官，旋爲官軍剿平。			朝鮮 日本併滅朝鮮，韓亡。韓民自殺者甚衆。婦女多閉室自經。(本)外蒙古庫倫攜貳。

公曆	年號	天災·水災·災區	天災·水災·災況	天災·旱災·災區	天災·旱災·災況	天災·其他·災區	天災·其他·災況	人禍·內亂·亂區	人禍·內亂·亂情	人禍·外患·患區	人禍·外患·患情	人禍·其他·亂區	人禍·其他·亂情	附註
一九一一	宣統帝三年	山東南境、兗、沂、曹三府及濟寧州等處	水。(攷)	札哈沁蒙部	旱。(攷)	東三省	疫。	廣州	黃興、趙聲等起事省城，與防軍戰，不利，事敗，死者林時塽等七十二人，世稱黃花崗起事。(本)	雲南騰越土司屬地	正月英兵侵據片馬。(本)	吉林	省城大火，署庫、書館悉焚，民屋毁者二千餘萬，(2)人口遭難者佔全城三分之二。(攷)	(1)據清鑑，是年東南大水，人民被災者達數百萬人。(2)疑有誤。
		浙江各處	水。(攷)			準噶爾旗	大雪，牲畜倒斃殆盡。(攷)	四川	川民爲川漢路商辦事，聚衆要求政府，川督趙爾豐遽令衞兵開槍，斃四十餘人，川亂遂熾。端方奉命率兵入川，近省各縣民團，多爲官兵焚殺，死者甚衆。			漢陽	大火，歷一晝夜，始熄。陸地焚屋八千餘所，舟船被焚一千餘艘。(攷)	
		安徽沿江、河各屬	江潮暴漲。(攷)					武漢三鎮	八月十九夜，民軍起事，推黎元洪爲都督，佔武昌，分兵下漢陽、漢口，立軍政府，出示安民。(本)					
		江蘇各屬	七月，大雨，圩堤潰決。(攷)					長沙	九月，民軍起，下省城，響應武昌。(本)					
		廣東潮州府屬	大雨，山水暴發。(攷)											
		福建龍溪、南靖	河水陡漲，衝決堤岸。(攷)(1)											
		湖南常德府	大風狂雨，水漲及城高。(攷)											

九江	民軍起事，佔府城及砲台。（本）
西安	與漢軍統領張鳳翽據城，宣告安民，並派學生隊說降陝城將軍，旗兵砲斃學生四百餘，於是人情大憤，殘殺旗人。（本）
太原	新軍出防潼關，返兵襲城垣，下之。（本）
雲南	民軍起事。（本）
南昌	民軍獨立。（本）
長沙	民軍兵變，都督焦大峯被戕，譚延闓接任都督事。（本）
貴陽	民軍起。（本）
杭州	民軍起。（本）
上海	民軍佔城。（本）
蘇州	民軍起。（本）
桂林	民軍起。（本）
安慶	民軍起事，宣布獨立。（本）
廣州	民軍起。（本）
福州	民軍起，旗兵縱火漢

公曆年號	天災：水災 災區	水災 災況	旱災 災區	旱災 災況	其他災 災區	其他災 災況	人禍：內亂 亂區	內亂 亂情	外患 患區	外患 患情	其他亂 亂區	其他亂 亂情	附註
								界火勢甚烈。於是新軍立推許崇智爲司令，攻下旗營。（本）					
							山東	海軍歸附民軍，各艦駛往鎭江，附依鎭軍都督。（本）					
							漢口	獨立。（本）					
							南京	清軍焚漢口，火三日夜不絕。（本）					
								蘇、浙、滬民軍會攻南京，清江防會辦張勳疑城內有內應，閉城搜殺，巡士、督署衞隊、良民無辮髮者或身有白布白帶者，悉被殺，不下千人。（本）					
							安徽	兵變，攻諮議局及電報局，皆毁。（本）					
							桂林	兵變，潯軍焚督府，奪軍械局，攻新諮議局，刦庫款，防營復掠富					

	紳及商店。（本）
	九江海軍各艦附民軍。（本）
重慶	獨立。（本）
成都	民軍起事。（本）
漢陽	清軍攻下漢陽。（本）
南京	民軍克南京。防軍死者三千。（本）
成都	兵變，戕官劫庫，焚掠市肆，官民損失，數逾千萬。（本）
太原	山西民軍棄太原，遂潰。（本）
伊犁	民軍起。（本）
甘肅	民軍起事。（本）
庫倫	外蒙古宣布獨立。（本）
河南	民軍起事，旋敗退，民黨被慘殺者極多。（本）
深州	民軍起事。（本）
東三省	民軍起事。（本）

公曆年號	天災						人禍						附註
	水災		旱災		其他災		內亂		外患		其他		
	災區	災況	災區	災況	災區	災況	亂區	亂情	患區	患情	亂區	亂情	

歷代天災人禍統計表

歷代天灾人禍統計表（公曆紀年）

表一

年代	天災：水災	天災：旱災	天災：其他	人禍：內亂	人禍：外患	人禍：其他
二四六—二三七	○	一	二	一三	○	○
二三六—二二七	○	二	一	一一	○	○
二二六—二一七	○	○	○	一一	○	○
二一六—二○七	二	一	○	六一	三	二
二○六—一九七	○	一	○	一五	八	○
一九六—一八七	○	二	一	七	○	○
一八六—一七七	三	一	四	六	三	○
一七六—一六七	○	一	三	一	一	○
一六六—一五七	二	一	一	○	五	○
一五六—一四七	○	一	四	七	一	○
一四六—一三七	二	三	六	一	二	○
一三六—一二七	二	一	五	一	八	一
一二六—一一七	一	一	○	○	一二	二
一一六—一○七	二	三	二	五	五	○

年代	天災：水災	天災：旱災	天災：其他	人禍：內亂	人禍：外患	人禍：其他
一○六—九七	○	三	三	一	五	三
九六—八七	○	二	四	一	四	一
八六—七七	一	一	○	四	三	○
七六—六七	○	二	四	○	二	一
六六—五七	○	○	二	○	二	一
五六—四七	二	一	三	二	○	○
四六—三七	三	一	四	○	一	○
三六—二七	三	二	三	三	一	○
二六—一七	四	一	一	三	○	○
一六—七	○	一	二	二	一	○
六—四	○	二	一	○	○	○
五—一四	一	一	五	八	六	○
一五—二四	四	三	五	三七	三	四

後漢三國

災禍別（數） 年代	天災 水災	天災 旱災	天災 其他	人禍 內亂	人禍 外患	人禍 其他
二五—三四	四	五	二	五五	四	〇
三五—四四	一	二	四	二六	一〇	〇
四五—五四	一	一	四	五	七	〇
五五—六四	二	一	三	〇	六	〇
六五—七四	一	三	一	〇	八	〇
七五—八四	〇	七	一	二	一〇	〇
八五—九四	一	五	五	二	一五	〇
九五—一〇四	六	四	六	二	一〇	一
一〇五—一一四	九	一〇	一八	七	二五	〇
一一五—一二四	六	五	一八	八	三一	〇
一二五—一三四	二	六	五	一	一二	一
一三五—一四四	一	二	九	一一	二五	〇

災禍別（數） 年代	天災 水災	天災 旱災	天災 其他	人禍 內亂	人禍 外患	人禍 其他
一四五—一五四	四	五	九	一〇	四	〇
一五五—一六四	二	三	八	一六	一六	〇
一六五—一七四	三	一	九	五	二〇	〇
一七五—一八四	二	四	一〇	二五	八	〇
一八五—一九四	四	一	一〇	四五	六	一
一九五—二〇四	一	二	二	四五	〇	〇
二〇五—二一四	四	二	三	三二	四	〇
二一五—二二四	二	一	四	三一	二	〇
二二五—二三四	〇	一	一	二七	三	一
二三五—二四四	二	二	〇	一二	〇	一
二四五—二五四	〇	〇	〇	一八	一	〇
二五五—二六四	〇	〇	〇	一七	〇	一

期間	欄1	欄2	欄3	欄4	欄5	欄6
二六五—二七四	三	四	〇	七	三	〇
二七五—二八四	一三	四	一八	八	六	〇
二八五—二九四	五	一一	一四	〇	三	一
二九五—三〇四	七	五	一一	一九	九	二
三〇五—三一四	二	七	二	二四	四七	二
三一五—三二四	六	九	一五	一六	四一	二
三二五—三三四	四	九	三	一一	四七	〇
三三五—三四四	二	六	三	〇	三〇	三

期間	欄1	欄2	欄3	欄4	欄5	欄6
三四五—三五四	四	九	四	九	六一	八
三五五—三六四	二	三	五	三	二九	三
三六五—三七四	〇	六	三	五	三七	一
三七五—三八四	四	六	七	二	四五	二
三八五—三九四	七	八	二	一	八五	二一
三九五—四〇四	五	八	〇	三五	六六	二一
四〇五—四一四	八	二	三	二七	四六	一〇
四一五—四一九	一	二	〇	八	三五	三

統二

期間	欄1	欄2	欄3	欄4	欄5	欄6
四二〇—四二九	一	四	三	〇	三七	九
四三〇—四三九	五	四	一	六	二八	五
四四〇—四四九	七	四	二	六	二五	一二
四五〇—四五九	五	六	四	七	二三	三
四六〇—四六九	七	五	四	一六	一五	三
四七〇—四七九	九	八	四	一〇	一五	五
四八〇—四八九	一〇	八	〇	七	一四	三
四九〇—四九九	四	三	〇	七	二二	二
五〇〇—五〇九	六	一一	三	一六	四七	二

期間	欄1	欄2	欄3	欄4	欄5	欄6
五一〇—五一九	九	一四	二	四	一三	一
五二〇—五二九	三	三	一	一	八二	三
五三〇—五三九	二	七	〇	三	五五	一
五四〇—五四九	一	五	一	一九	二一	一
五五〇—五五九	一	四	二	四九	四〇	六
五六〇—五六九	六	八	一	一〇	一二	二
五七〇—五七九	二	八	二	二	三六	〇
五八〇—五八八	五	七	二	四	一五	一

隋唐

灾祸别 年代	天灾			人祸		
	水灾	旱灾	其他	内乱	外患	其他
五八九—五九八	一	二	一	六	二	〇
五九九—六〇八	三	二	三	四	八	〇
六〇九—六一八	二	四	一	七二	七	二
六一九—六二八	一	五	三	二〇	七三	一
六二九—六三八	七	四	一	一〇	一六	〇
六三九—六四八	七	五	一	四	七	一三
六四九—六五八	一一	一	一	三	一	七
六五九—六六八	一	五	〇	二	二	七
六六九—六七八	七	七	〇	一	三	〇
六七九—六八八	一〇	七	一	六	一五	一
六八九—六九八	七	二	一	〇	八	〇
六九九—七〇八	九	七	二	一	七	一
七〇九—七一八	六	九	三	一	一一	一
七一九—七二八	一三	六	一	三	一五	四
七二九—七三八	五		一	二	一二	四
七三九—七四八	四	一	〇	一	八	二

次灾祸别 年代	天灾			人祸		
	水灾	旱灾	其他	内乱	外患	其他
七四九—七五八	二	二	二	七二	一五	九
七五九—七六八	四	三	二	四八	五九	三
七六九—七七八	四	七	〇	一九	二九	〇
七七九—七八八	六	三	四	五四	一二	四
七八九—七九八	六	八	七	一一	一一	二
七九九—八〇八	八	七	八	一〇	六	二
八〇九—八一八	二二	一一	八	三六	六	三
八一九—八二八	一六	九	一三	三〇	一二	一
八二九—八三八	二三	一一	七	九	八	四
八三九—八四八	六	七	六	八	一五	五
八四九—八五八	一	六	二	一一	五	〇
八五九—八六八	九	六	四	九	一五	〇
八六九—八七八	三	五	五	四七	九	〇
八七九—八八八	二	四	五	一四三	一	一
八八九—八九八	三	二	四	一四九	一	一
八九九—九〇六	三	四	五	九二	一	〇

五代

九〇七—九一六	三	三	〇	一二一	六	〇
九一七—九二六	四	四	一	五三	一五	一
九二七—九三六	一〇	九	〇	三八	一三	二
九三七—九四六	一七	八	三	三七	二〇	二
九四七—九五六	七	六	一	五八	一七	〇
九五七—九五九	一	二	一	一二	三	〇

宋

九六〇—九六九	三二	二八	二七	二九	九	一七
九七〇—九七九	四八	一七	九	二六	七	八
九八〇—九八九	三八	一二	二一	六	二二	四
九九〇—九九九	三九	一七	二七	一七	一三	四
一〇〇〇—一〇〇九	二二	一〇	一三	一三	一七	四
一〇一〇—一〇一九	一九	一七	一九	一	一	六
一〇二〇—一〇二九	一七	一〇	八	〇	一	四
一〇三〇—一〇三九	八	九	七	一	三	六
一〇四〇—一〇四九	四	五	三	二四	一四	四
一〇五〇—一〇五九	七	六	一三	一六	三	三
一〇六〇—一〇六九	二一	六	五	三	二	二
一〇七〇—一〇七九	七	一三	二一	一〇	二〇	六
一〇八〇—一〇八九	一二	九	一〇	五	二六	二
一〇九〇—一〇九九	五	九	四	〇	一三	九
一一〇〇—一一〇九	九	七	九	六	八	三
一一一〇—一一一九	六	七	三	二	五	二〇
一一二〇—一一二九	三	七	一一	六一	一三二	二〇
一一三〇—一一三九	五	一七	一三	三六	七七	一四
一一四〇—一一四九	三	一〇	三	二	五五	一二
一一五〇—一一五九	八	七	四	四	〇	三
一一六〇—一一六九	一九	一九	二三	四	八三	八
一一七〇—一一七九	一八	二〇	二一	八	二	七
一一八〇—一一八九	二四	一九	二〇	六	一	九
一一九〇—一一九九	二九	二三	二四	七	〇	一〇

統三

灾祸别／年代	天灾·水灾	天灾·旱灾	天灾·其他	人祸·内乱	人祸·外患	人祸·其他
一二〇〇—一二〇九	一一	三一	二六	一一	四一	九
一二一〇—一二一九	一六	一六	一〇	一九	一〇七	一五
一二二〇—一二二九	一一	四	一八	一一	七三	一九
一二三〇—一二三九	四	二	一〇	一四	五三	一一
一二四〇—一二四九	二	三	九	〇	一三	二
一二五〇—一二五九	一一	四	二	一二	三三	四
一二六〇—一二六九	六	一一	一三	二	二四	五
一二七〇—一二七九	一一	七	五	〇	五八	〇
一二七六—一二八五	一五	一三	八	一五	五	一〇
一二八六—一二九五	三九	三六	一四	三六	五	八
一二九六—一三〇五	四五	三八	二六	一七	二	一
一三〇六—一三一五	三八	二五	三二	一二	〇	〇
一三一六—一三二五	七三	五五	一七	四二	一	一
一三二六—一三三五	六一	五七	三七	六四	一	〇
一三三六—一三四五	四一	二二	一五	二一	一	一
一三四六—一三五五	三二	二四	二三	一二一	〇	〇
一三五六—一三六五	二二	一三	二八	二五〇	山	〇
一三六六—一三六七	七	〇	四	四二	〇	〇

明

一三六八—一三七七	一五	八	九	七九	八	一
一三七八—一三八七	一七	三	一	三六	四	一
一三八八—一三九七	一二	四	一	二六	三	一
一三九八—一四〇七	一三	三	三	三二	六	〇
一四〇八—一四一七	二五	六	八	一一	二一	二
一四一八—一四二七	二三	九	〇	一二	二四	〇
一四二八—一四三七	一五	一一	四	一三	八	〇
一四三八—一四四七	二一	二一	一四	一三	六	〇
一四四八—一四五七	二八	二三	一六	四五	二二	二
一四五八—一四六七	二九	二〇	八	四九	二〇	二
一四六八—一四七七	二七	二三	九	一四	二三	三
一四七八—一四八七	二〇	三四	一〇	七	一一	二
一四八八—一四九七	一〇	一九	二六	八	九	四
一四九八—一五〇七	一四	三二	一三	一五	二八	一二

一五〇八—一五一七	九	一七	一五	八二	二一	一三
一五一八—一五二七	一四	一六	一四	二九	二〇	六
一五二八—一五三七	六	一〇	六	一八	二〇	三
一五三八—一五四七	二	一一	八	一三	二五	二
一五四八—一五五七	二	九	六	一八	四八	一
一五五八—一五六七	八	一一	五	二一	五二	〇
一五六八—一五七七	一九	五	一七	二三	二一	〇
一五七八—一五八七	二〇	八	七	一一	二六	一
一五八八—一五九七	一二	七	六	一一	三一	五
一五九八—一六〇七	四〇	二三	一四	一四	一四	七
一六〇八—一六一七	三四	三六	二〇	七	一〇	三
一六一八—一六二七	二四	二一	二六	三一	三二	四
一六二八—一六三七	二五	三一	九	一二〇	二三	三
一六三八—一六四三	一二	一三	一九	八三	一八	〇

統四

清

年代	天災：水災	天災：旱災	天災：其他	人禍：内亂	人禍：外患	人禍：其他
一六四四—一六五三	四五	四七	三八	一五四	二	三
一六五四—一六六三	三九	五八	四○	二四	○	八
一六六四—一六七三	三一	六六	五九	八	○	一二
一六七四—一六八三	四○	五八	四一	三七	一	一○
一六八四—一六九三	三六	六○	三九	五	一	七
一六九四—一七○三	四一	五二	三○	九	○	五
一七○四—一七一三	四二	五四	二七	四	○	八
一七一四—一七二三	三三	六八	四五	八	○	九
一七二四—一七三三	五四	四一	三一	一四	○	一二
一七三四—一七四三	三五	四六	二七	五	○	八
一七四四—一七五三	四三	四三	四四	六	○	八
一七五四—一七六三	三九	三七	四三	八	一	五
一七六四—一七七三	二二	三六	二○	六	三	五
一七七四—一七八三	三一	三六	二三	七	○	四

年代	天災：水災	天災：旱災	天災：其他	人禍：内亂	人禍：外患	人禍：其他
一七八四—一七九三	二六	三○	二四	六	一	五
一七九四—一八○三	二九	二八	二一	二三	○	○
一八○四—一八一三	二五	三九	一五	一五	一	二
一八一四—一八二三	三二	二九	二三	一三	○	五
一八二四—一八三三	二九	二八	二○	一三	○	二
一八三四—一八四三	二七	二九	三一	九	七	四
一八四四—一八五三	四五	一七	二一	四○	一	三
一八五四—一八六三	二四	三二	三五	九三	九	三
一八六四—一八七三	四一	二五	二六	五三	五	九
一八七四—一八八三	三三	三一	二六	七	四	八
一八八四—一八九三	三二	九	一五	一○	一四	一二
一八九四—一九○三	一八	一七	五	一七	三二	五
一九○四—一九一三	三四	一○	七	五六	四	七

歷代天災人禍百分比圖

秦漢各種人禍百分比圖

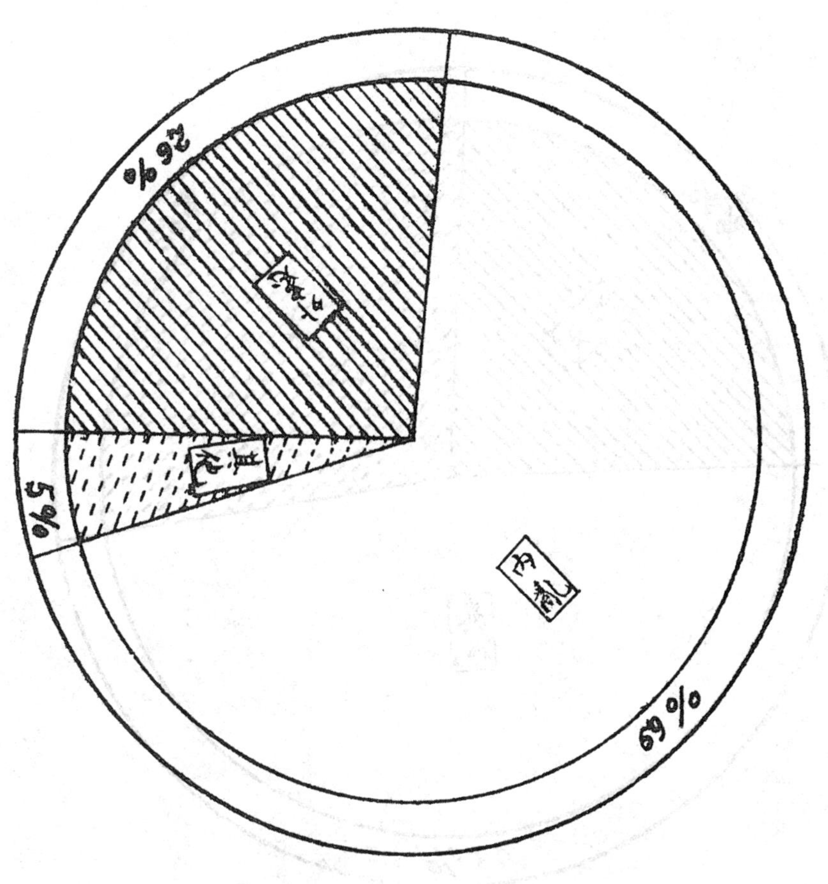

百一

秦漢各種天灾百分比圖

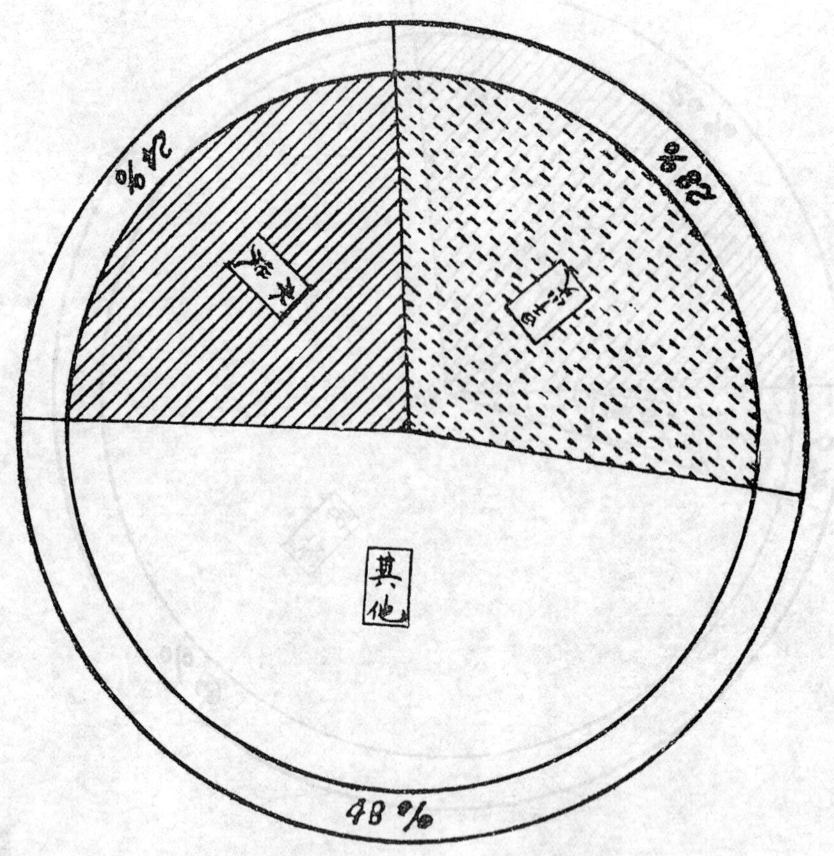

後漢三國各種人禍百分比圖

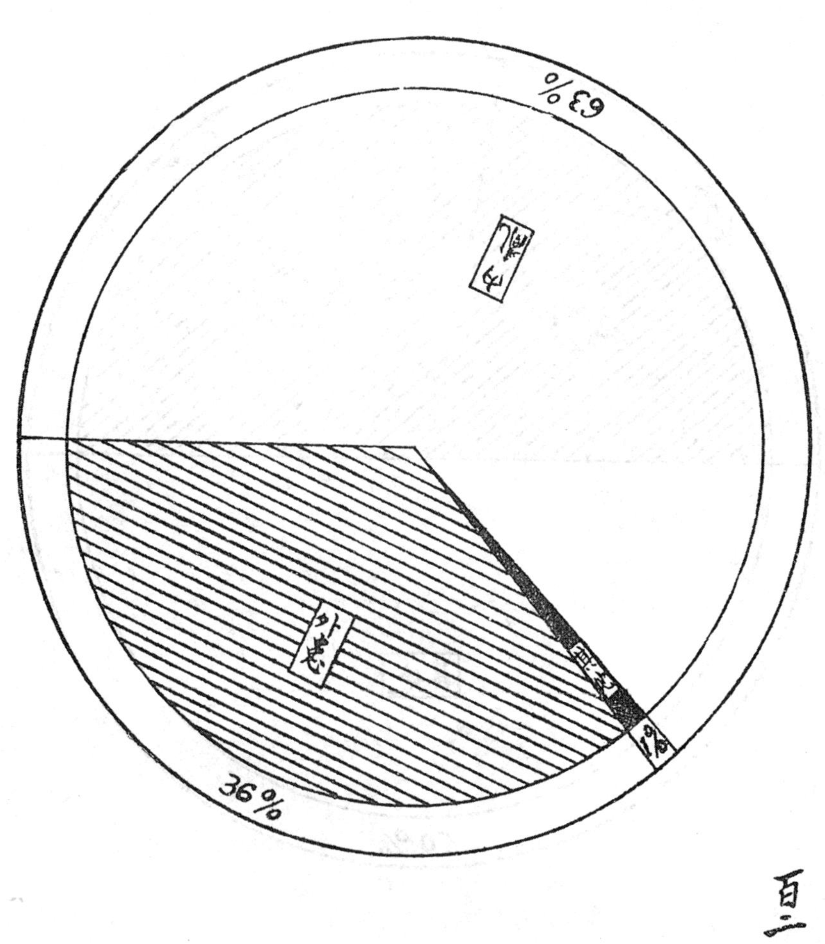

後漢三國各種天災百分比圖

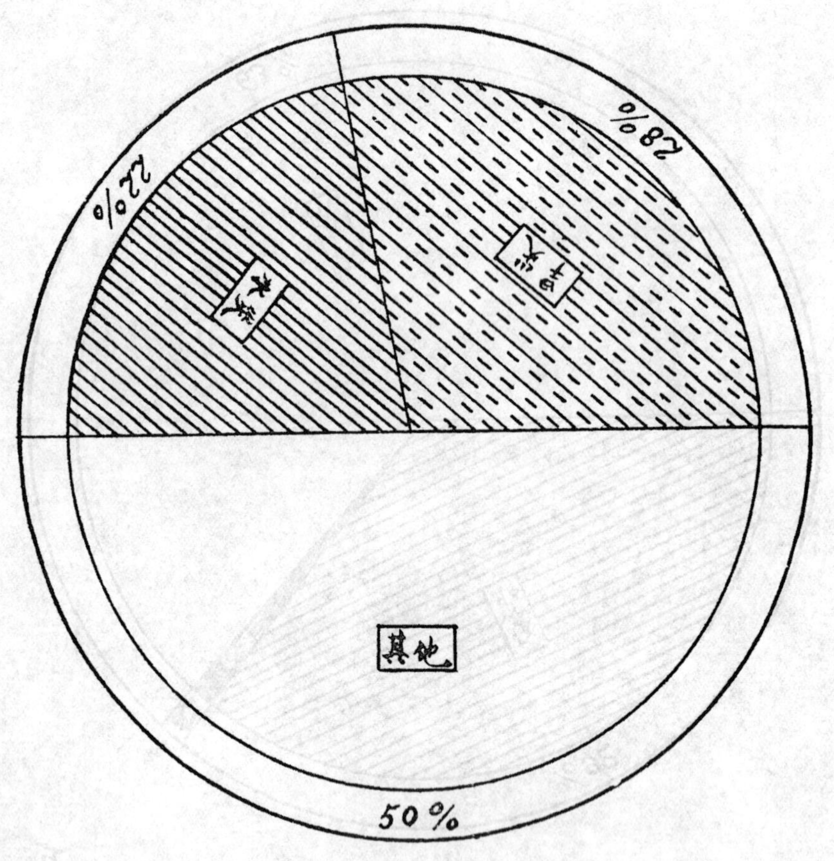

晉代各種人禍百分比圖

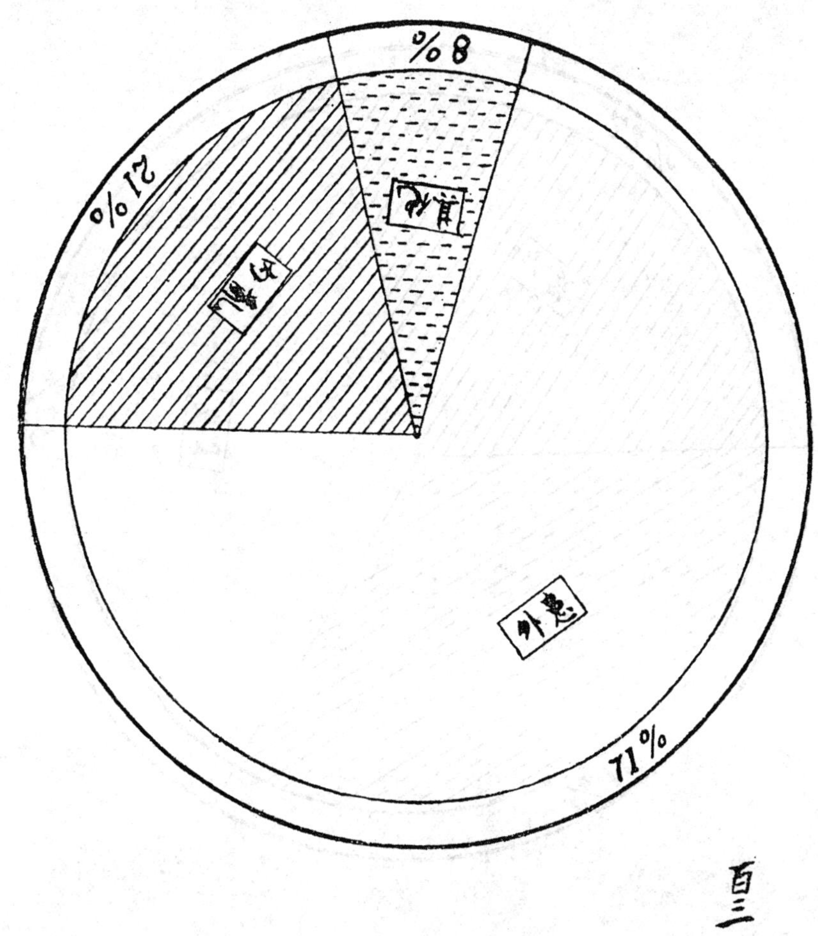

晉代各種天災百分比圖

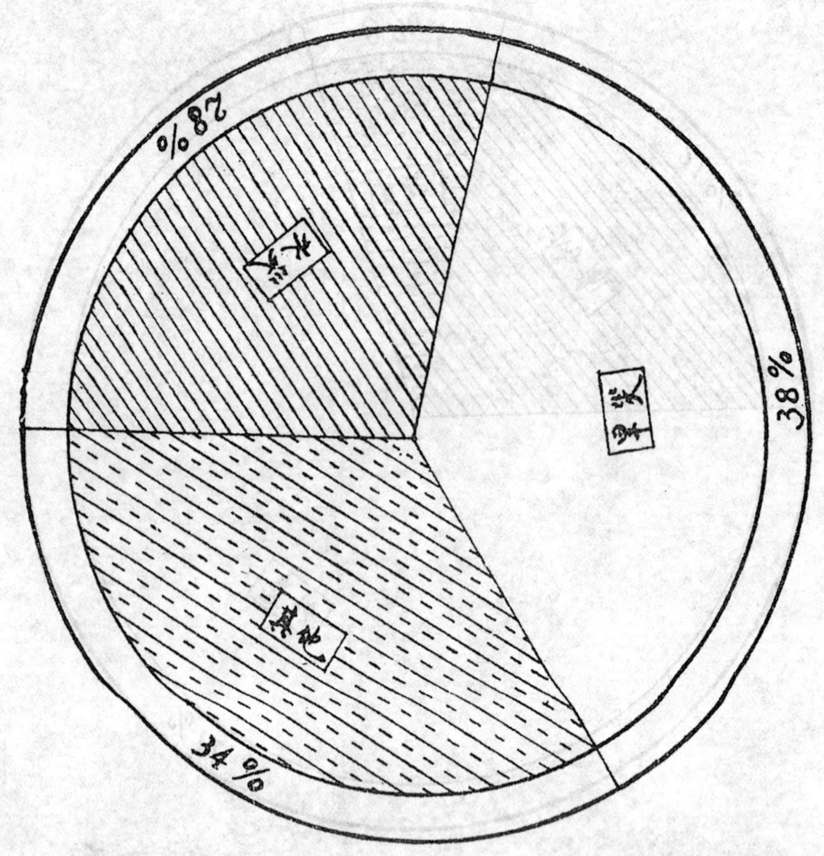

南北朝各種人禍百分比圖

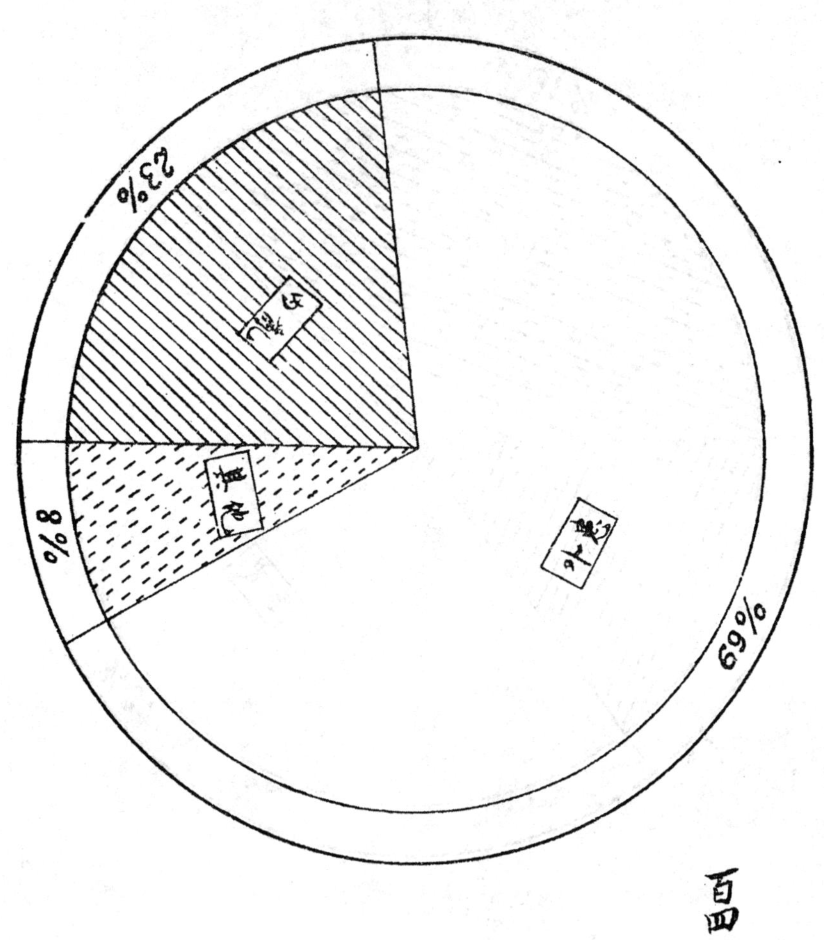

百四

南北朝各種天災百分比圖

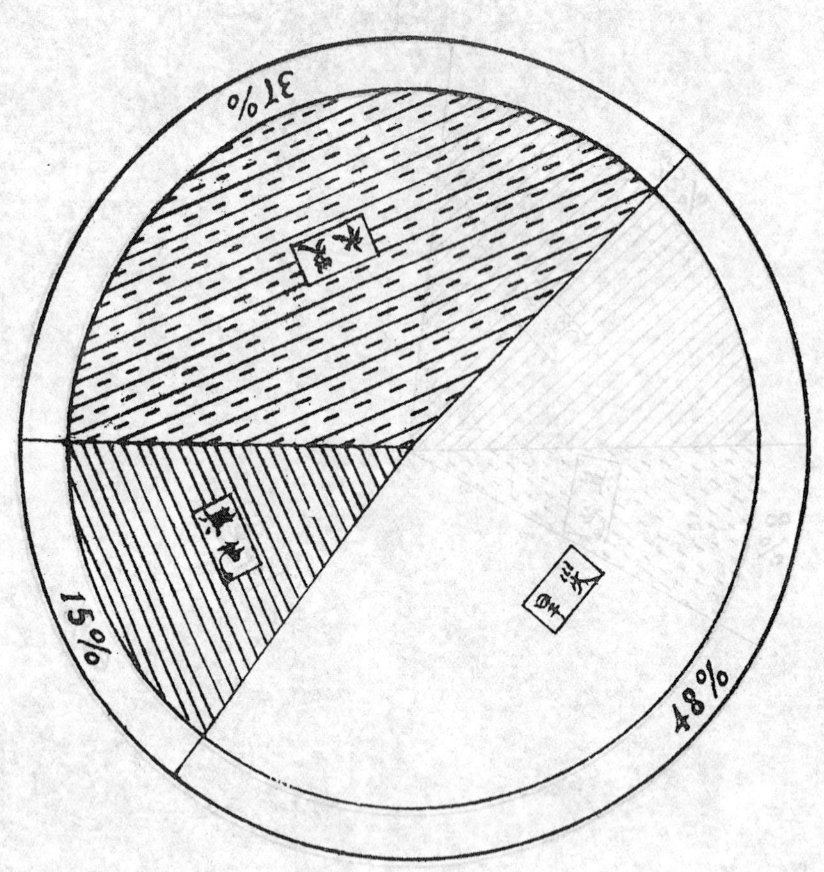

隋唐各種人禍百分比圖

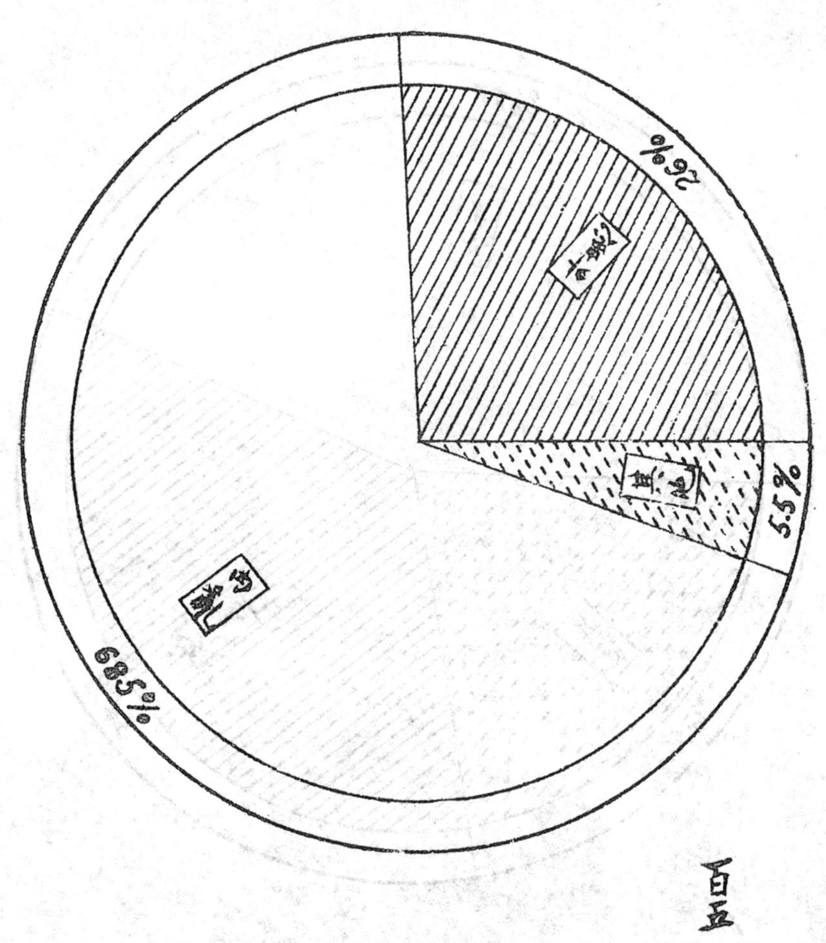

隋唐各種天災百分比圖

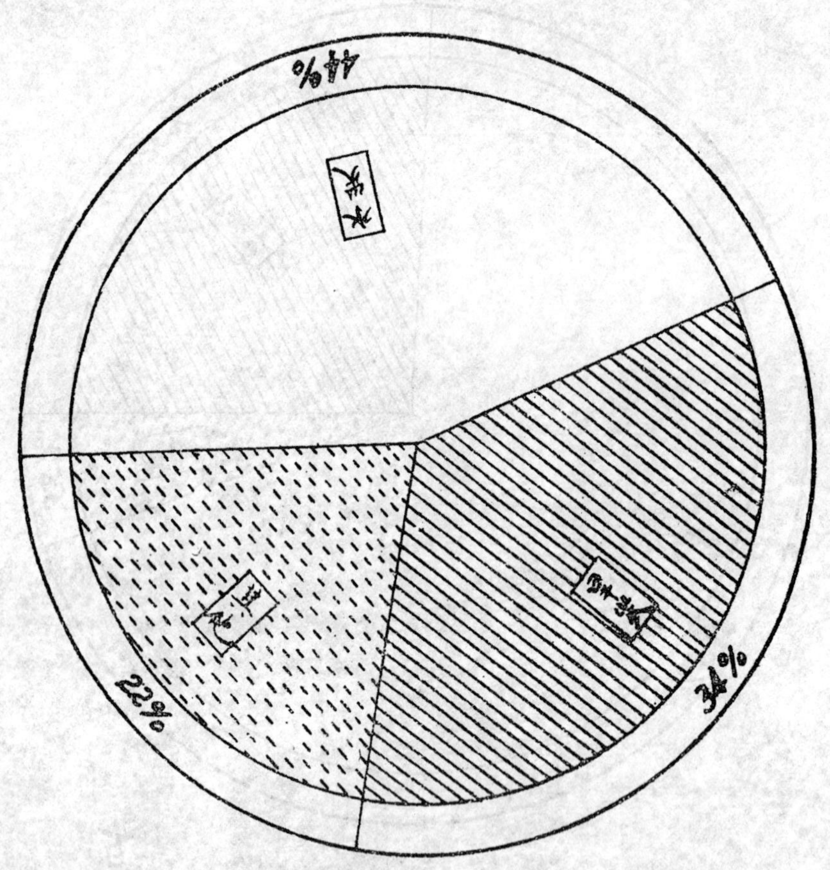

五代各種人禍百分比圖

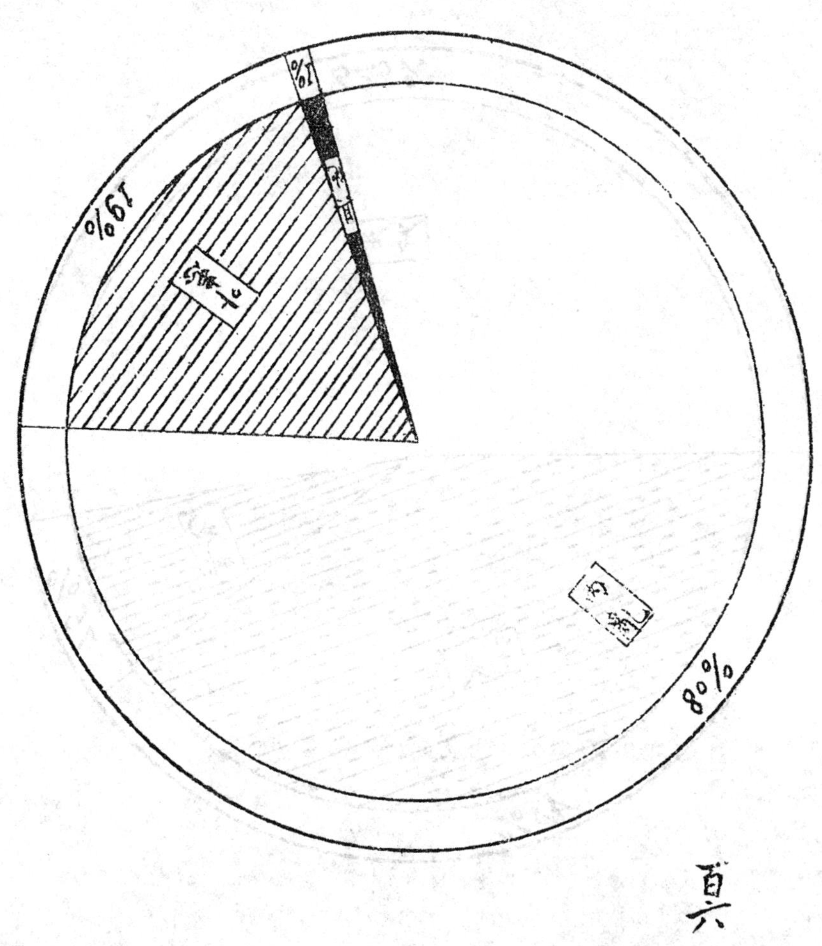

五代各種天災百分比圖

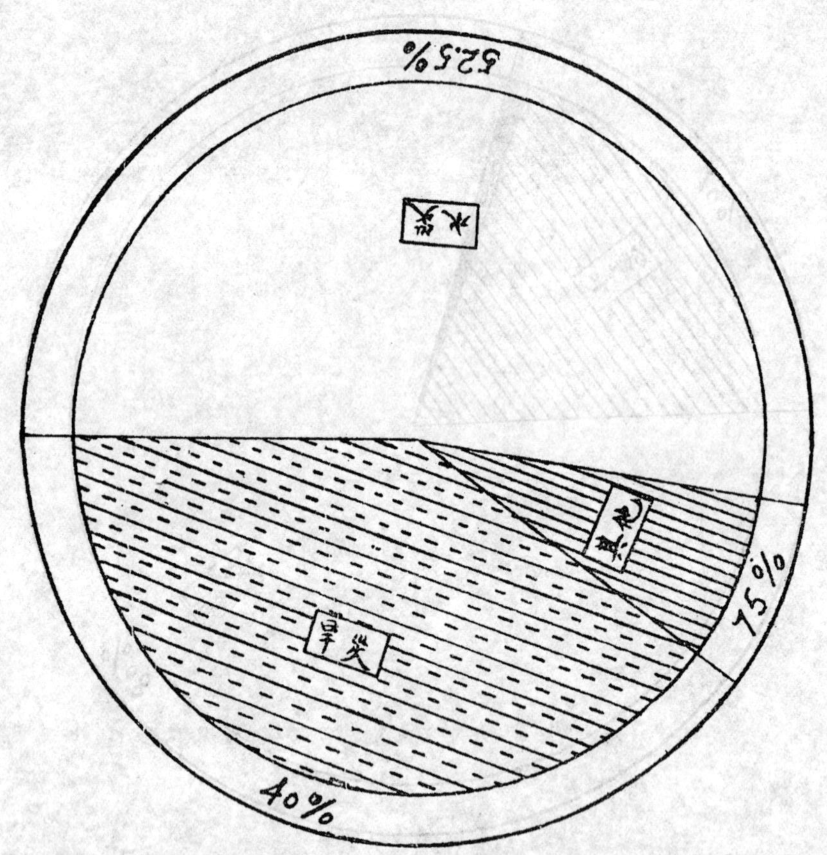

宋代各種人禍百分比圖

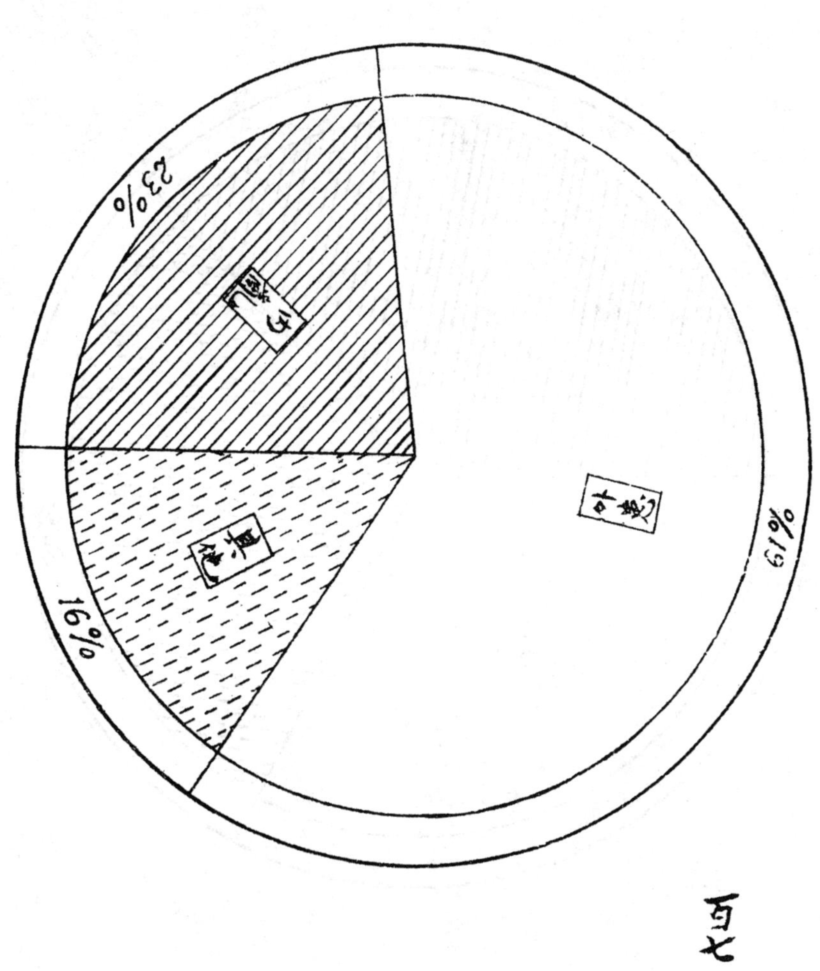

百七

宋代各種天災百分比圖

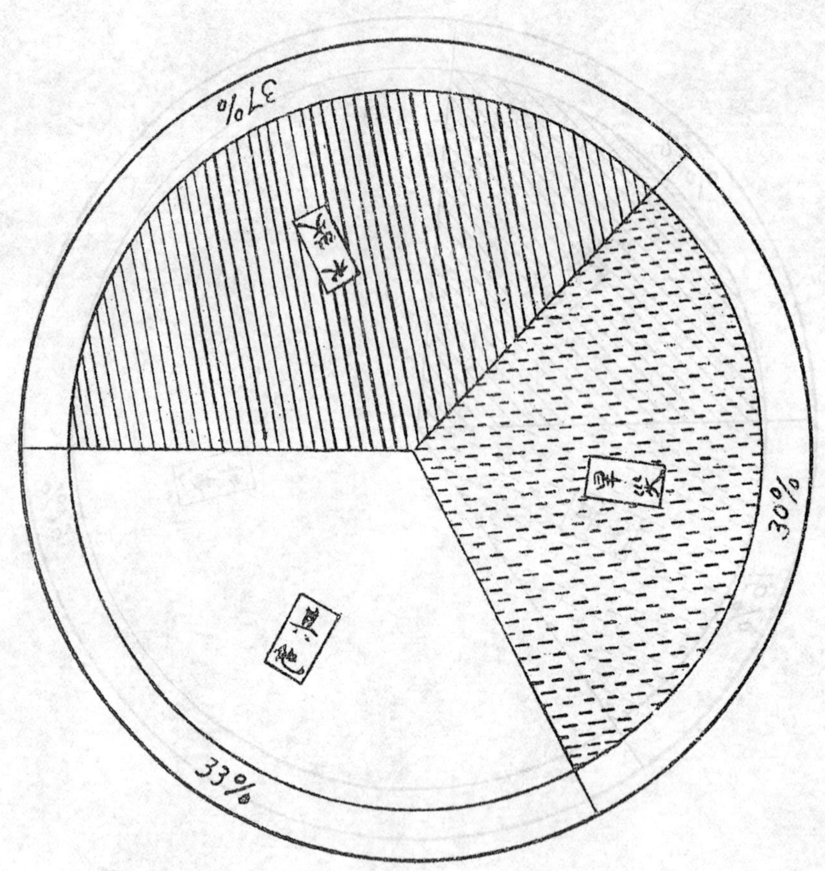

元代各種人禍百分比圖

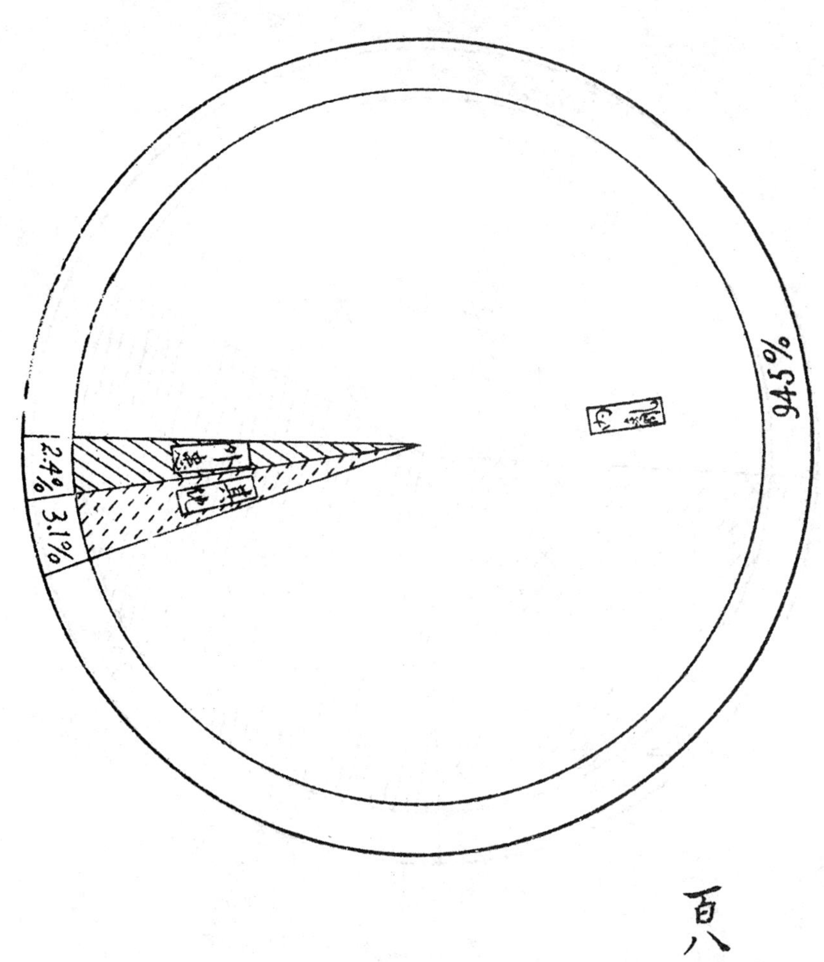

百八

元代各種天災百分比圖

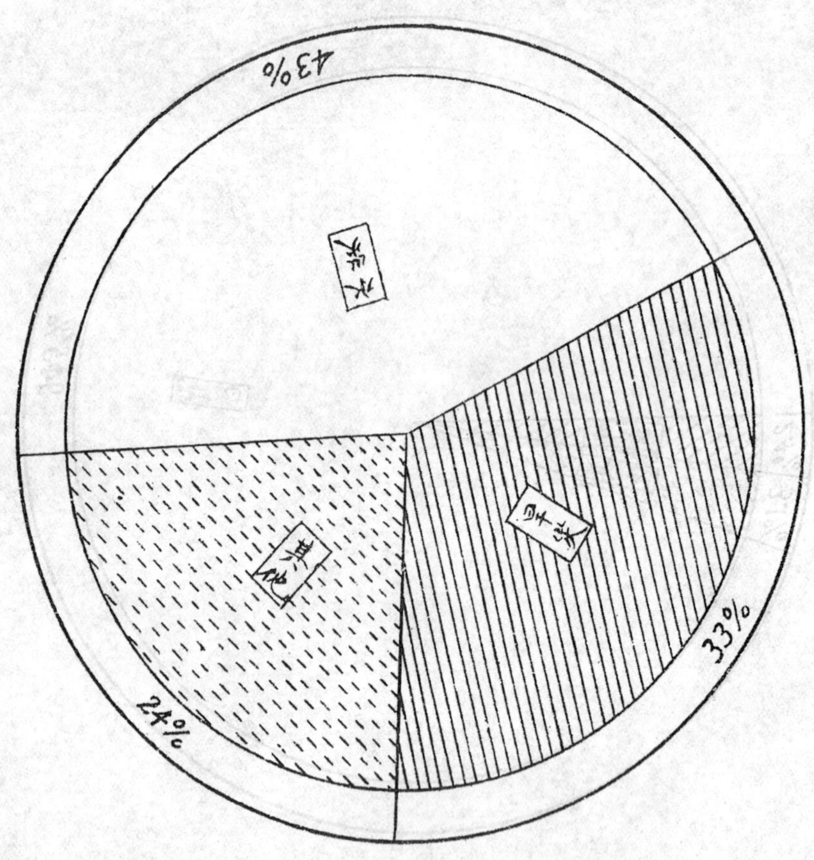

明代各種人禍百分比圖

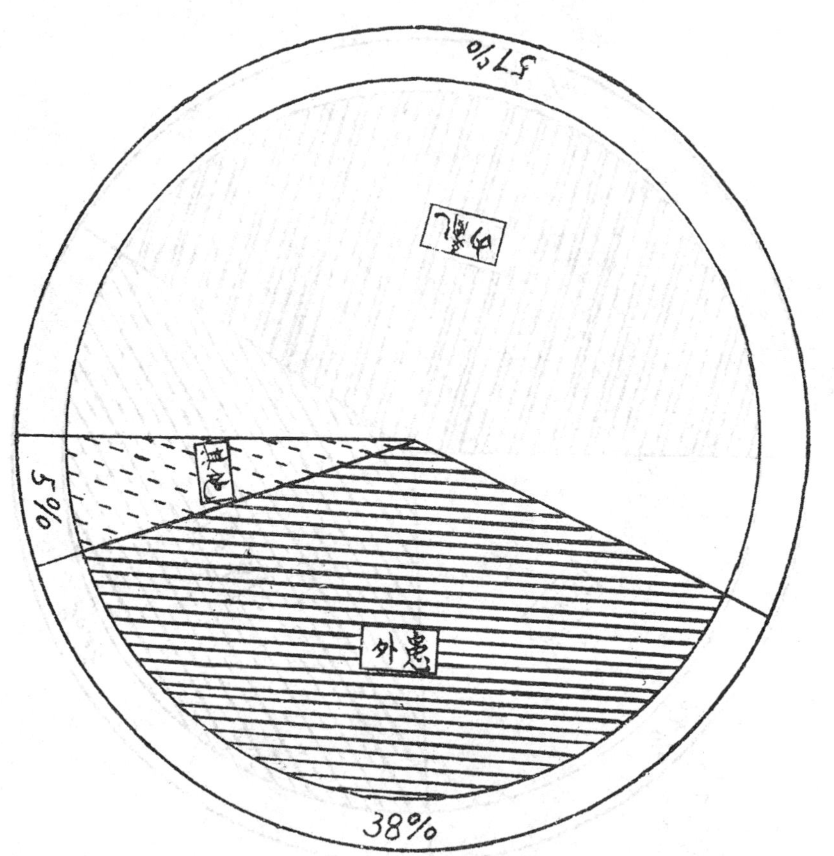

百九

明代各種天災百分比圖

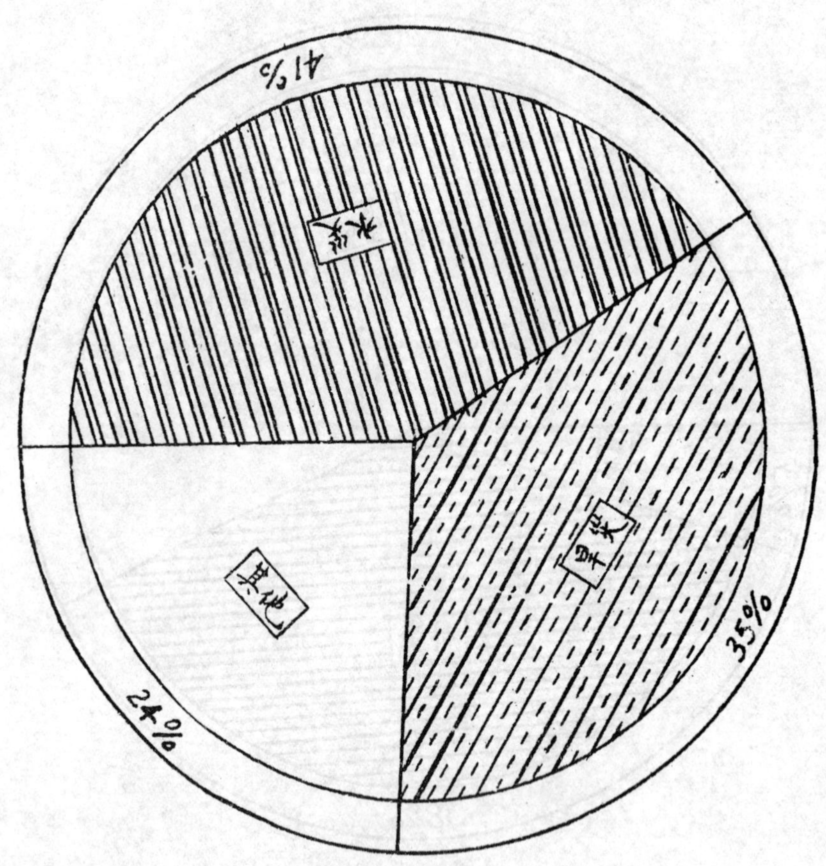

清代各種人禍百分比圖

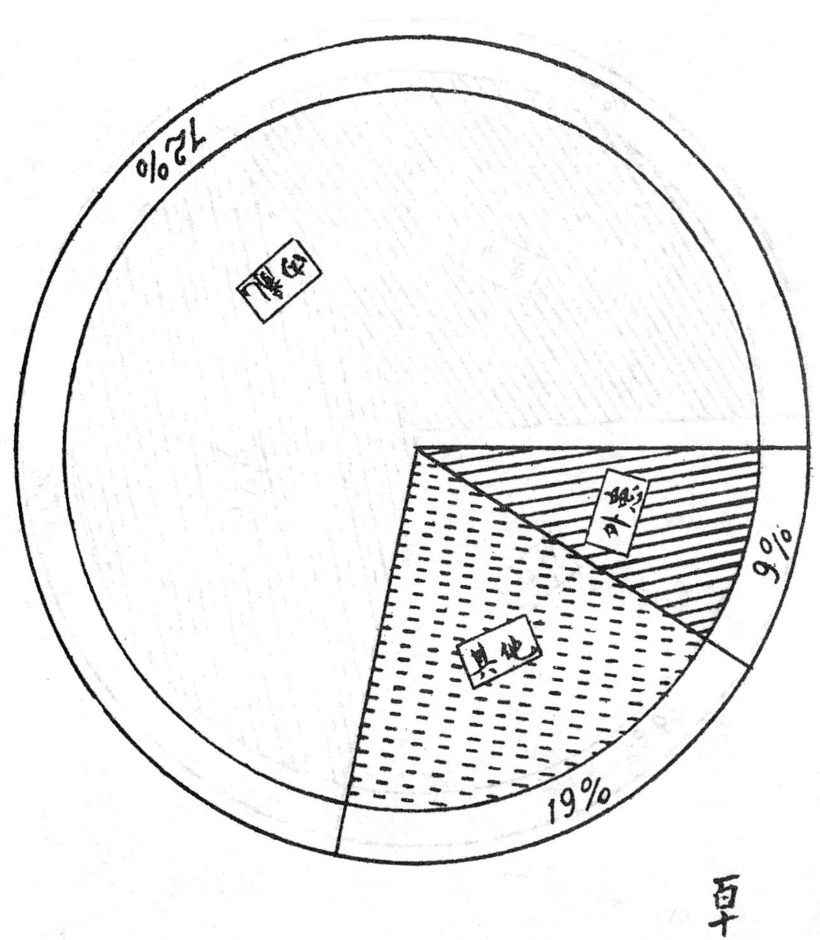

百十

清代各種天灾百分比圖

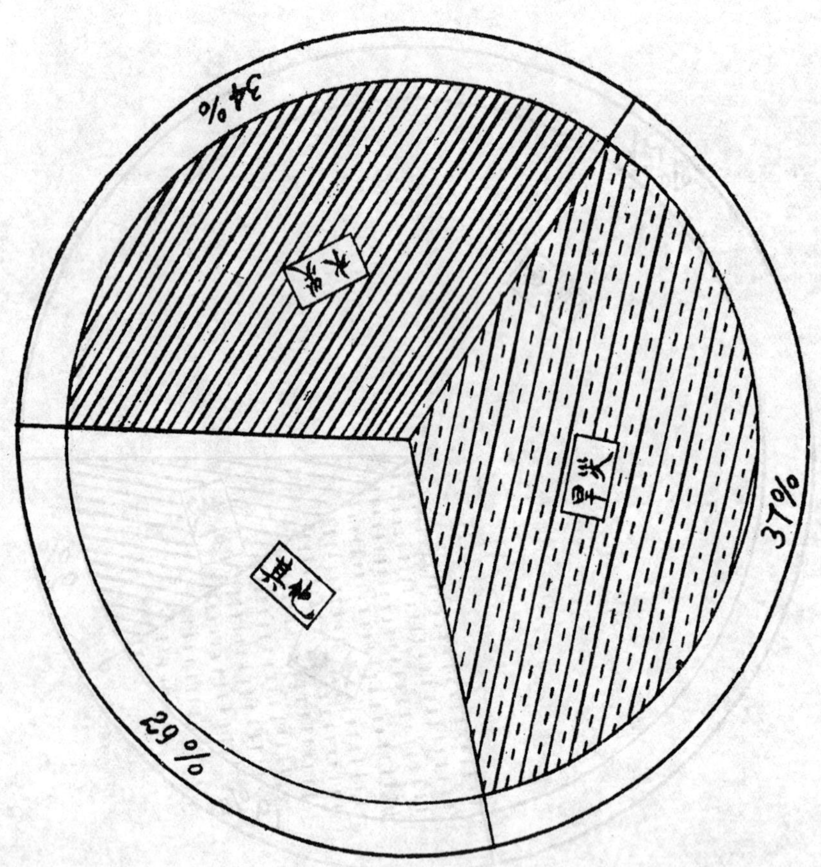

中國歷代天災人禍表

上

陳高傭等◎編

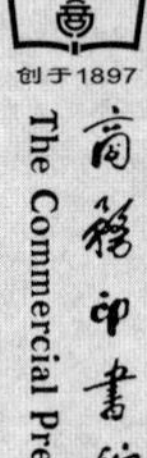

圖書在版編目(CIP)數據

中國歷代天災人禍表：全2册 / 陳高傭等編. — 北京：商務印書館，2020
ISBN 978-7-100-12467-6

Ⅰ. ①中… Ⅱ. ①陳… Ⅲ. ①自然災害－史料－中國②人爲災害－史料－中國 Ⅳ. ①X432②X452

中國版本圖書館CIP數據核字（2016）第185619號

中國歷代天災人禍表
（全二册）
陳高傭等 編

商 務 印 書 館 出 版
（北京王府井大街36號 郵政編碼 100710）
商 務 印 書 館 發 行
三河市尚藝印裝有限公司印刷
ISBN 978-7-100-12467-6

2020年9月第1版 開本 787×1092 1/16
2020年9月第1次印刷 印張 111 3/4 插頁 24

定價：560.00元

讀《中國歷代天災人禍表》

金性堯

近年來對「孤島」時期的文學活動和出版工作，常有記述。實際上，當時的學術界，雖不及文藝界那樣活躍，但在一部分學者的努力下，也有些成果，西諦先生就是著名的一位。自然，西諦先生當時在文藝界也起着重大作用。這里介紹的暨南大學叢書《中國歷代天災人禍表》（下文簡稱《表》），就是「孤島」時期出版的一部學術性的工具書。主持編纂工作的爲暨大教授陳高傭，當時西諦先生正主持暨大的研究委員會。書無版權頁，不能確知其出版年月，但從「編纂緣起」推斷，當在一九四〇年。

全書共四册，綫裝鉛印。起秦始皇元年，終清宣統三年。由於當時人力物力的限制，搜集的資料自很難完備，但兩千年間中國的天災人禍，大體上已有了一個輪廓。這是一種「啃硬骨頭」的工作，我們今天各方面的條件都遠勝當年，尤希望多出版一些無利可圖卻有利學術的「冷門」著作。

因爲本《表》未録先秦，故拙稿於行文之便略補一二，又因舊時所謂「人禍」的含義頗爲複雜，故拙稿只涉及天災，同時還參考了鄧云特的《中國救荒史》。

人類的童年是受苦受難的童年，人類的歷史，實以人和自然斗爭爲序幕。當時我們的祖先處於手無寸鐵的狀態，半天狂風，數道洪峰（「洪」字的初義就是大水），就不知奪走多少生靈。《尚書·堯典》上説的「湯湯洪水方割（害），蕩蕩懷山襄陵，浩浩滔天」那種威力，猶可想見洪水發狂時的無情面目，使人和魚幾乎没有兩樣。神話中的女媧補天，傳説中的夏禹治水，必是經受了大地震大水災的幸存者對現實生活的掠影，經過歷代的口耳相傳，逐漸增添了故事性。

古人也把日食看作一種災難，是上天對人的譴責和警告，因而賦以倫理上的意義，劉向即以春秋時日食三十六附會爲弑君三十六之應。顧炎武《日知録》卷三十一説：「余所見崇禎之世，十七年而八食」。意思是，十七年間日食八次，説明朱明氣數已盡，非亡不可（明亡於崇禎十七年）。但古人只記日食而不記月食，原因是日食表示陽弱陰強，所以是災異的徵象，異便是反常。凡是反自然的現象，古人往往認爲會引起反社會的後果。如唐憲宗元和七年，長安積水丈餘，毁損三座渭橋，南北水道交通斷絶，於是放出宫女兩百車，平民皆可擇取。理由很古怪：水和女人都是陰性，「以水害誡陰盈也」（《舊唐書·五行志》）。爲了消除「陰盈」現象，所以要放出宫女。反過來，要是没有這次水害，這兩百車宫女只能老死深宫之中。我們的祖先，就是在這樣荒唐愚昧的生活中過着日子。

其實，日食和地震、大水不同，它只是天文史上的現象而非天災的特徵。本《表》不列日食一項，足見二十世紀的受過賽先生熏陶的學者，對自然的認識畢竟勝過古人了。

本《表》卷一記漢高后三年夏，江水漢水泛溢，淹没四千餘家。到秋天，伊水洛水又成災。這以後，汝水、沔水也在泛濫，到漢武帝時河南濮陽的瓠子，前後兩次爲黄河所决。這就是災害的積累性，這種積累性的形成，有地理環境等客觀上的原因，但與封建統治者對人民疾苦的態度也有密切關係。這些主客觀原因，非但不能根除災害，甚至反使元氣愈益喪失，危機愈益嚴重，影響了生態平衡，帶來了歉收、疫病等連鎖性的災難。有的治河官僚，則像庸醫投藥，雖志在治病，結果卻使病人喪命。《老殘游記》第十四回《大縣若蛙半浮水面，小船如蟻分送饅頭》中那位史觀察的廢濟陽以下民埝的創議，就是一個例子，因爲他只是捧着一千九百年前一個漢代書生賈讓的《治河策》。鯀和禹是父子，鯀治水不力，被舜殺死，成爲「四兇」之一。禹則治水有功，劉定公乃有「微禹吾其魚乎」之嘆。這雖是傳説，但人的主觀努力，卻和事功大有關係。一切爲人民造福治害的先人，總是永遠爲後人所歌頌，其遺澤也將與江河萬古長流。王安石詩云：「恩澤易行窮苦後，功名常見急難時」，這也是深於治政者的感慨之言。

在舊中國的災害中，蝗蟲也是威脅人民生活的大敵。水旱二災，在空間上到底還有一個範圍，唯有蝗蟲，憑它一雙翅膀就可成群結隊遠走高飛，上窮碧落，人就奈何不得小蟲。孫光憲《北夢瑣言》記宋人比喻不肖子弟有三變：第一變爲蝗蟲，因爲他們會「鬻田而食」。本《表》中第一次記録蝗災爲秦始皇四年七月，這自是體例所限。實際先秦載籍中已有記録，所謂蟊賊之蟊，多半是指蝗蟲。《詩經·小雅·大田》云：「不稂不莠，去其螟螣。及其蟊賊，無害我田穉。田祖有神，秉畀炎火。」末句是説用烈火除蟲，也是先秦時除蝗的方法。但蝗是會飛的，火如何燒着它？舊注没有説清楚。到唐開元年間，姚崇爲宰相，上疏除蝗，疏中即引《詩經》「秉畀炎火」語，后又舉具體措施：「蝗既解飛，夜必赴火。夜中設火，火邊掘坑。且焚且瘞，除之可盡。」（《舊唐書·姚崇傳》）這或許根據飛蛾撲火的原理，但收效不會太大的。

不想就連這樣可憐的辦法，也遭到阻撓。一是汴州刺史倪若水：「除天災者當以德，昔劉聰除蝗不克而害愈甚。」一是黄門監盧懷慎：「凡天災安可以人力制也？且殺蟲多，必戾和氣，願公思之。」他只想爲蝗乞命，卻不想一想因蝗災而使百姓忍饑挨餓，真可説是「蝗道主義」。姚崇回答他們説：「縱使除之不盡，猶勝養以成災。」又説：「若救人殺蟲，因緣致禍，崇請獨受，義不仰關。」史稱姚崇爲良相，就在爲民除害上，確也表現出他的果敢負責的大臣風度。

由於要除蝗，就要出動大批農民，這樣自必影響耕作，加上吏役趁此苛求騷擾，因而又給反對除蝗者以口實。白居易《新樂府》中的《捕蝗》，便是爲了「刺長吏」而作，詩中説「是時粟斗錢三百，蝗蟲之價與粟同」，因此農民自必捕蝗而輟耕。但他的結論是要求「以政驅蝗蝗出境」，也即效法唐太宗的吞蝗故事。此事也見於《貞觀政要》卷八，據説太宗吞蝗之後，「自是蝗不爲災」。太宗的原意無非借此以「示恩」，但在民間，卻因荒年之故，早在以蝗充飢。即使長安的蝗少了，那也是以鄰爲壑，蝗蟲還是要在大唐的原野上擇肥而噬。

大饑之年，人民不但以蝗充飢，甚至還吃人肉。本《表》中曾列歷代人相食的記録，始於漢高帝二年的關中，下迄清同治五年，而在同治四年，皖南及句容等地，人肉一斤，價至一百二十文。「是歲江南旱，衢州人食人」，白居易《輕肥》中說的，原非詩人信筆虛構之詞。《醒世姻緣傳》第三十一回，有一段描寫山東繡江縣明水一帶，因連遭數年饑荒，迫得人吃人的慘劇，讀之尤爲毛骨悚然。《醒世姻緣傳》反映的是晚明的社會生活，而晚明正是各種天災人禍最集中的時代，從本《表》中所列崇禎一朝來看，十七年間，各地人相食的慘劇即達八起，如崇禎四年，南陽大饑，「有母烹其女者」。十年，「父子、兄弟、夫妻相食」。《鳳陽歌》云：「自從出了朱皇帝，十年倒有九年荒」，可見明朝自開國至亡國，一直與饑荒相終始。

讀了這部《表》后，我們得到這樣一點認識：由於封建的生産關係束縛了生產力，所以自秦至清兩千年間，儘管改朝換代，儘管也出了不少志士仁人，但因工業不發達，科學技術的發展就受到極大的局限，天災也就不能消除，反而加重了積累性、連鎖性。

然而水能覆舟也能載舟。大自然能爲禍也能爲福。人是永遠無法和自然分離的，因此，只有多方面地掌握知識，認識自然的規律，請賽先生來制服自然，才能有效地防止災難，逢凶化吉。

另外，本《表》還附録了李四光先生《戰國後中國内戰（意指「人禍」）的統計和治亂的週期》、竺可楨先生《中國歷史上氣候之變遷》兩文。

李、竺兩位，都是我國前輩科學家中的白眉，就其本行來說，一個專攻地質，一個專攻氣象。這兩篇論文，都是他們中年時寫的。可見他們的中國歷史知識又是何等淹博。竺文又引丁文江及美國學者亨丁敦的論説，説明南渡以前，我國文化中心在黄河流域，南渡以後，則移至長江流域，這和雨量、温度、風暴有密切關係。我們由此再想到過去所以稱江浙爲「人文淵薮」，這和地理環境及自然條件也有關係。

從李、竺兩位科學家對中國歷史的精通上，又看到一個共同點，即他們都有古漢語的深厚根柢，因而能讀得通中國的古籍。當前我們的各項建設事業，都要求結合「國情」，體現中國化的特點。對於中青年的科學工作者，也希望在力所能及的範圍内對古漢語和中國歷史多下些功夫，像這部《中國歷代天災人禍表》，看起來也許感到枯燥，但它對研究我國天文、地質、人口、疫病、水利、農業、蟲害這些項目的學者，都能提供一些歷史的綫索，并可以通過統計，探索規律，得到科學的總結。對於研究社會學者，也是很好的參考資料。

飽學使人充實，一顆大樹的成長，除了陽光雨露，還得吸收各種養料。

今天的中國已不存在「人禍」問題，各種天災也將在「四化」推動下逐漸克服，願今後的中國多出幾個李四光、竺可楨那樣的學者，多出幾部《中國歷代天災人禍表》那樣的著作。

目録

國立暨南大學叢書之一

中國歷代天災人禍表

何炳松署簽

序

從鴉片戰爭以來，中國整個社會發生巨大的變動，中國士大夫或智識份子由接受西歐的物質文明進而接受西歐的政治制度，且漸進而使二千餘年來自成體系的學術思想也發生變異。史學是中國學術的一部門，這一部門，從春秋以來，滋榮發育，其歷世的久遠、領域的廣大與成績的優越，不僅在中國學術部門中高據着所謂「乙部」，就在世界文化演進的歷程上也自有其光榮的地位。但自從清末「戊戌政變」前後以來，中國史學，最初受日本「東洋史」研究的影響，後又直接受歐、美史學的影響，於是或多或少發生變異，而逐漸形成與以往史學不同的體系。

這新體系的中國史學，在中、西文化交流融合的洪爐裏，在今日中國的學術界，雖還在變異發展的過程中，還沒有形成和以往史學可以顯然分期的典型，但新體系的史學（或通俗地簡稱爲新史學）與以往的史學（或也通俗地簡稱爲舊史學），在歷史哲學上，在研究方法上，在著述體制上，即章實齋所謂「史意」、「史識」、「史學」、「史法」上，迥然不同，已無可諱言。

這種新舊史學的異同，不是這篇簡短的序文所能暢言，概括地說，在消極方面，新史學與文字學研究的趨勢相似，已脫離舊有經典的羈絆，而勇往發展，頗有「附庸蔚爲大國」之風；在積極方面，由偏重個人、英雄而轉向民族、社會，由偏重政治、戰爭而轉向全部文化，也都是很明顯的特徵。

新史學的最後目的自然在要求產生一部「盡善盡美的」全國國民都應該也都能夠閱讀的通史。但這巨大的文化工作，在今日從事史學研究的人，都知道不是一個人的力量與短促的時期內所能產生；所以近二十餘年來，中國史學家或努力於史料的搜集與整理，或埋頭於專史的計劃與撰寫，而且也都已有不少的成績繼續地向社會呈獻。這種在史學基礎上所做的艱苦的「打樁」的工作，不僅僅是中國史學界進步的現象，而且也十足地表現出整個民族精神的努力向上！

最近我校史學教授陳高傭先生於忙碌的教課的餘暇，和文學院幾位教授計劃商討，又得史地學系多位學生長時期的幫助，完成中國歷代天災人禍表一書。這部書，篇幅的繁重，材料的充實，凡例的縝密與編制的新穎，無論讀者一瞥的翻覽或吟味的通讀，都自能得到深刻的印象，而將不能自已地發爲贊嘆。至於這部書有助於中國社會史、經濟史、民族史、政治史的研究，而必能促「盡善盡美的」中國通史早日產生，更是中國從事史學研究者所曉知，都不待我再費辭多說。

不過我所不能已於言的：自從「八一三」事變爆發，本校黌舍燬於砲火，圖書化爲灰燼，學校局促於上海租界的一角，可謂艱苦萬狀；但全校師生竟能繼續着「絃歌之聲」。而高傭先生和文學院幾位教授以及史地學系多位學生，仍然計劃搜討，編述校印，埋頭努力於本位的文化工作，不問辛苦，無間寒暑，眞使我百感交集！然而，轉念：全國文化工作者殆都具有這種努力向上的民族精神，而謂這民族將要淪於奴役或絕滅，雖極愚騃，也決不相信人世間會有此慘劇，則又不禁「色然以喜」！若干年後，民族復興，國家安定，文化工作日異而月不同，我如能和高傭先生、各位教授以及各位學生，促膝圍坐，清茶淡酒，縱談史學，回話當年，那末，我們目前所身受的一切艱苦都已得到無價的心靈的快慰了！

何炳松　民國廿八年十二月於上海國立暨南大學校長室

編纂例言

一、本表編纂目的有三：(1)從歷史上觀察吾國先民所遭遇之各種天災人禍，以期引起讀者悲天憫人之念，努力征服自然，改造社會，減少災禍之發生，使人類生活漸趨幸福之路。(2)用統計方法觀察歷代天災人禍之高低頻率，以證明人類生活之兩重環境——自然環境與社會環境是否有密切之關係。(3)將歷代天災人禍之事實按年記述，以爲研究中國通史、社會史、經濟史、政治史、民族史、水利史、氣候學者之參考。

二、本表以年爲經，以事爲緯；每代各附統計圖表四種：(1)天災人禍比較圖、(2)各種天災百分比圖、(3)各種人禍百分比圖、(4)天災人禍關係圖。

三、本表上起秦始皇元年，下迄清宣統三年。秦代以前，中國未臻統一，內亂外患甚難分別，且天災一項記載不詳，難以爲據，故本表斷自秦代。民國以後，災禍連年，史料易得，但因客觀環境關係，故暫從闕。

四、本表根據書籍：明代以前以資治通鑑與續資治通鑑爲主，明代以明史與明紀爲主，清代以清史稿、清史紀事本末、清鑑爲主。此外更參考廿五史之本紀、五行志，圖書集成之庶徵典，十通，各朝會典、會要、實錄以及其他各種有關係之史籍。

五、本表所記事實，大體皆節錄所據書籍之原文，凡採諸資治通鑑與續資治通鑑者，皆不註其來源，錄諸他書者，則簡單註一二字以便閱者參看原書。如某條下註一「志」字者，則係採諸某史五行志；註一「紀」字者，則爲某史本紀；註一「圖」字者，則爲圖書集成。如有引用其他各種史籍者，則在每次開始引用之時，於附註欄註出。凡一件事實在各種史料之記載上，有出入差異之處，亦於附註欄內略加說明，以便考證。

六、天災一項祇述其對於民生有直接明顯之影響者，如水、旱、風、雹、蝗、螟、疫癘之類。其餘如二十五史五行志中所載自然現象之變異，如「天雨血」、「天隕星」、「地生毛」、「雨白毛」、「雨肉」之類，對於民生無直接明顯之影響，均闕而不錄。關於地震一項，二十五史五行志中記載甚多，本表亦僅擇其成災者記之。

七、農業社會之天災，水、旱二項最爲重大，故本表將水、旱二災特別各設一欄，至於風、雹、蝗、螟、疫癘、地震等項，則列入天災之其他一欄。

八、天災一項之「饑」，歷代史書大概未書明其原因爲何。按爾雅釋天云：「穀不熟爲饑，蔬不熟爲饉」。然穀之所以不熟，其原因亦可有多種，如水、旱、風、雹、蝗、螟，皆可以致穀不熟，故饑之爲災，究應歸入何欄，頗不易斷定。但吾人從史書記載之前後事實來看，大概同一時期同一地方之旱與饑常有因果關係，所以我們除將少數本有原因說明之「饑」歸入適當之分欄外，其本無原因說明祇書「饑」或「大饑」者，皆歸入旱災欄。

九、人禍一項，內亂外患之分別，有時甚覺困難。例如某種外族起初常在邊疆擾亂，是爲外患；及至後來中國加以征服，並於其地設府置官，是其境可謂中國之境，而其人亦可謂中國之人矣。但是不久之後，該族又生叛變，殺戮中國官吏，侵略中國境地，此種現象究應歸入外患或是內亂，則頗覺困難。又如某種外族侵入中原，建國稱帝，取法漢制，但是未能統一中原，取前朝而代之，因此對立矛盾，以致社會紛擾不安。此種現象究係內亂抑爲外患，亦頗費斟酌。編者對此問題久經考慮，現決定原則如下：(1)凡屬外族反覆無常之擾亂，均歸入外患一欄，因其雖曾一度被中國收服，然與中國民族並未化成一體，吾人固不應即以中國民族視之。(2)凡外族侵入中原，建國稱帝者，即雖取法漢制，儼然如同中國內部之分裂；然其政權未曾統一中國，不能取前朝而代之，僅是割據一方或偏安半壁，吾人仍將其當作外國看，而由其所發生之擾攘，亦仍當作外患看。因此如五胡亂華時之前趙，北涼，夏(匈奴系)，前燕、後燕、南燕、西秦、南涼(鮮卑系)、後趙(羯系)、成漢、前秦、後涼(氐系)、後秦(羌系)，南北朝時代之元魏、北周、北齊(鮮卑系)，宋代之遼(契丹)，金(女眞)，西夏(黨項)等亂都歸入外患。反之如五代時之後唐、後晉、後漢(沙陀族)，雖亦未能統一中國，然其在政權之遞變系統上，確是作到取前朝而代之之地位，吾人便將其所發生之紛亂，歸入內亂一欄。此種區別內亂外患之標準，大體是沿襲舊日史家之傳統觀念。至蒙古民族之於宋，滿洲民族之於明，起初均是外患，然到後來均能統一中國，取前朝政權而代之，所以對於元、清兩代之開始，即沿用一般史家之紀年方法。

十、外患一欄，大體以中國境外異族之擾亂爲主(或在邊疆，或侵入中原)，至於本居中國境內之少數民族，如「蠻」、「夷」、「苗」、「猺」等人，有時因受政治之壓迫，生計之困難或匪徒亂民之煽動而起之叛亂，即歸入內亂一欄。

十一、有一部份事實既非內亂，亦不能名爲外患，而當時一部份人民確不能不受相當災禍，即列入人禍之其他一欄。如外族本未對中國侵擾，而中國爲擴充領土，表揚國威，乃興師遠征；遇有此種事實發生，當時人民無論如何不能不有一部分受到相當影響。又如專制虐政，濫用刑罰，甚至一時殺人數百以至數千。又如黨派之爭，文字之獄，有時亦可牽累多人犧牲。諸如此類，均列入人禍之其他一欄。

十二、火災一項，廿五史列於五行志，圖書集成列於歷象彙編之庶徵典，似均視爲與水、旱、風、雹同類之天災。吾人以爲火災之成因大概由於人事失愼，所以除少數顯係自然現象列入天災其他欄外，其餘均歸於人禍其他欄。

十三、災禍區域凡縣以上之地名皆依照原書所記者摘出，故地名皆爲各該朝代之原來地名，不復改爲今地。

十四、統計圖表中之數字，天災一項，以每記載一次爲一個單位。人禍一項，因每次患亂所經過之時間長短不同，所發生之戰爭次數多寡亦異，且往往此一戰與彼一戰有連續不斷之情形，統計頗爲不易。吾人於此即採用李四光統計中國內亂之方法，以每交鋒一度爲一個單位（李四光文見本書附錄）。

十五、最後附錄近年來各家所著關於研究中國歷代天災人禍之論文數篇，以爲讀者參考。

編纂緣起

這一部書的編纂動機發生於四年以前。當時我在暨南大學擔任中國社會史、中國經濟史及中國民族史等課程。在參考各種史籍之時，常常感覺到天災人禍對於社會治亂、經濟榮枯及民族分合有莫大的影響，而且天災與人禍之間、內亂與外患之間似乎都有互為因果的密切關係。於是便想把中國歷史上曾經發生過的天災人禍作一個詳細的搜集與統計。但因教課與人事的忙碌，未能即時着手進行。

二十四年，何炳松先生來長暨大，竭力提倡研究著述之風。鄭振鐸先生主持研究委員會，決定以充分力量幫助教授之專門研究。適遇教育部亦通令各大學鼓勵教授從事研究著述。我便決心要把這件工作作成。有此決心之後，我就和杜佐周、鄭振鐸、周予同三位先生商酌編纂的計劃。起初本擬以資治通鑑為主，將書中所記的災禍事實，逐條鈔出，以為統計的材料。後來覺着這樣作法太草率，且對於讀者亦無大用，於是改變計劃，決定以年表的方式，用中西歷對照，將各種災禍的事實，按年分欄記出，然後再附以各種統計圖表。這樣不僅可使讀者參考方便，而且天災與人禍、內亂與外患的關係亦可容易看出。

格式決定之後，我便找得暨大同學周渭光君幫助開始編纂。初以為這件工作並不大難，以一二人之精力，至多一年之間可以完成。不意着手以後漸漸感覺並不是這樣容易的事情。各種材料的去取，每件事實的剪裁，天災人禍的歸類，內亂外患的分別，以及古書文字的標點，有時都感覺極大的困難。遇到一個麻煩問題甚至討論旬日而不能決。就是所根據的書籍，僅資治通鑑一書亦絕對不夠，必須再參考二十五史、十通、圖書集成、各朝會典、會要、實錄以及其他有關係的各種史籍，然後能夠得到一個比較詳細確實的記載。因之工作三四個月，成績寥寥無幾。至此始知以一二人的力量從事，短時間內絕無完成的希望。乃又繼續約曁大同學沈明璋、施志剛、閔乃傑、鄒艮、顧貴先、李偉、任德庚諸君參加，共同助理編纂。

正當我們聚精會神整理過去天災人禍之時，八一三事變爆發，上海成爲戰區，學校燬於砲火，國家社會完全走入非常時期，而我們的編纂工作亦因環境所迫，不得不停頓。至此我們覺着這件工作不知何時再能恢復，更不知何日可以完成！

經過一個短時期的停頓，大家一度商議，覺着在此大時代中，我們從事文化教育事業的人更應努力本位工作，以期無愧民族國家，於是決定重理舊業，繼續工作。遭受一次挫折，精神更爲振作，大家無分寒暑，總是埋頭於書堆稿紙之中。直至二十八年夏間，積稿已有一萬餘頁，而全部編纂工作亦算是大體完成。學校方面乃決定印刷出版。不意在開始付印之時，外匯緊縮，物價飛漲，紙張印工的價錢突然比平時高出三四倍，這件工作幾如又遇一大災禍。幸而學校不計一切，排除困難，又費半年的時間，乃能全部出版與世人相見。

總計全書之成，前後費四年餘的光陰，用八九人的精力，經六七位專門學者的討論，參考古今巨著一百多種，中間一再遭遇極大的災禍困難，幸至今日始得出版問世。書的本身價值如何，固有待於讀者評估；惟我們始終不懈，能在極困難的境遇中勉强脫稿完成，總覺是一件意外欣慰之事！現在書雖出版，祇能看爲一種初稿。補訂修正猶有待於他日，尚望讀者隨時有以教正之。

全書編纂：秦、漢、三國、元代，周渭光君助之；兩晉，南北朝，沈明璋君助之；隋、五代，閔乃傑君助之；唐代，顧貴先、閔乃傑二君助之；宋代，鄒良君助之；明代，李偉、任德庚二君助之；清代，施志剛君助之。全書參訂校對，施志剛、沈明璋、周渭光三君之力爲多。圖表數字統計，周渭光君之力爲多。日常啓發鼓勵我的則爲鄭振鐸、周予同、杜佐周、王勤堉、李長傅、周谷城諸先生，在此並識感謝！

陳高傭
二十八年十一月七日於上海國立暨南大學

中國歷代天災人禍表

公曆年	紀元年號	天災 水災 災區	天災 水災 災況	天災 旱災 災區	天災 旱災 災況	天災 其他 災區	天災 其他 災況	人禍 內亂 亂區	人禍 內亂 亂情	人禍 外患 患區	人禍 外患 患情	人禍 其他 亂區	人禍 其他 亂情	附註
前二四六	秦 始皇帝元年							晉陽	晉陽反，蒙驁擊定之					
前二四五	始皇帝二年							卷、繁陽	麃公將卒攻卷，斬首三萬。趙以廉頗爲假相國伐魏。取繁陽。					
前二四四	始皇帝三年				大饑			韓、燕	蒙驁伐韓取十二城。趙王以李牧爲將伐燕，取武遂方城。					
前二四三	始皇帝四年						七月、蝗、疫。	魏	春，蒙驁伐魏，取暘有詭。三月，軍罷。					
前二四二	始皇帝五年							酸棗、燕、等城	蒙驁伐魏取酸棗、燕、虛、長平、雍丘、山陽等三十城。燕王使劇辛將而伐趙、趙龐煖禦之殺劇辛，取燕師二萬。					
前二四一	始皇帝六年							壽陵、函谷、朝歌、濮陽	楚、趙、魏、韓、衞合從以伐秦，楚王爲從長春申君用事。取壽陵至函谷。秦師出，五國之師皆敗走。拔魏朝歌，及衞濮陽。					

一

公曆	年號	水災 災區	水災 災況	旱災 災區	旱災 災況	其他 災區	其他 災況	內亂 亂區	內亂 亂情	外患 患區	外患 患情	其他 亂區	其他 亂情	附註
前二四〇	始皇帝七年							汲	秦伐魏取汲。					
前二三八	始皇帝九年						四月、寒，民有凍死者。	垣、蒲 咸陽	伐魏取垣蒲。 舍人嫪毐爲亂，王使相國昌平君、昌文君發卒攻毐，戰咸陽，斬首數百，毐敗之，獲之。秋九月夷毐三族，黨與皆車裂滅宗，舍人罪輕者，徙蜀，凡四千餘家。					
前二三六	始皇帝十一年							貍陽 鄴、閼與、轑陽、安陽	趙人伐燕，取貍陽，兵未罷。 秦將軍王翦、桓齮、楊端和伐趙，攻鄴，取九城，王翦攻閼與、轑陽，桓齮取鄴、安陽。					
前二三五	始皇帝十二年				自六月不雨至八月。				秦發四郡兵助魏伐楚。					
前二三四	始皇帝十三年							平陽 宜安 肥下	桓齮伐趙，敗趙將扈輒於平陽，斬首十萬，殺扈輒。趙王以李牧爲大將軍，復戰於宜安肥下，秦師敗績，桓齮奔還。					

年代	紀年	地區	天災	地區	天災	地區	人禍
前二三三	始皇帝十四年					宜安、平陽、武城	桓齮伐趙。取宜安、平陽武城。
前二三二	始皇帝十五年					鄴、太原、狼孟、番吾	王大興師伐趙。一軍抵鄴，一軍抵太原，取狼孟、番吾。遇李牧而還。
前二三一	始皇帝十六年			代	代地震，自樂徐以西，北至平陰，臺屋牆垣太半壞。地坼東西百三十步。		
前二三〇	始皇帝十七年	趙	大饑。				內史勝滅韓。
前二二九	始皇帝十八年					井陘、河內	王翦將上地兵下井陘，端和將河內兵共伐趙，趙李牧司馬尙禦之。秦人多與趙王嬖臣郭開金，使毀牧及尙，言其欲反。趙王使趙葱及齊將顏聚代之。李牧不受命，趙人捕而殺之，廢司馬尙。

公曆	年號	天災						人禍						附註
		水災		旱災		其他		內亂		外患		其他		
		災區	災況	災區	災況	災區	災況	亂區	亂情	患區	患情	亂區	亂情	
前二二八	始皇帝十九年							邯鄲	王翦擊趙軍，大破之，殺趙葱、顏聚亡，遂克邯鄲，虜趙王遷，趙公子嘉帥其宗數百人犇代，自立爲代王。					
前二二七	始皇帝二十年							易水之西	燕遣荆軻刺秦王，不利，王於是大怒，益發兵詣趙。就王翦以伐燕。與燕師代師戰于易水之西，大破之。					
前二二六	始皇帝二十一年							薊 荆	十月，王翦拔薊，燕王及太子率其精兵東保遼東。李信急追之。 王賁伐楚，取十餘城。王欲取荆，遂使李信蒙恬將二十萬人伐楚。					
前二二五	始皇帝二十二年							大梁 平輿、寢、鄢、郢、城父、兩壁、	王賁伐魏，引河溝以灌大梁，三月城壞。魏王假降，殺之，遂滅魏。(魏亡) 李信攻平輿，蒙恬攻寢，大破楚軍。信又攻鄢、郢，破之。於是引兵而西，與蒙恬會城父。楚人因隨之，三日三夜不頓舍，大敗李信，李信犇還。王令王翦將六十萬人伐楚。					

公元	紀年	地點	事件	
前二二四	始皇帝二十三年	平輿、蘄南	王翦取陳以南,至平輿,楚人聞王翦益軍而來,乃悉國中兵以禦之。王翦堅壁不與戰,楚人數挑戰,終不出。楚既不得戰,乃引而東,王翦追之,令壯士擊,大破楚師,至蘄南,殺其將軍項燕,楚師遂敗走。王翦因乘勝略定城邑。	
前二二三	始皇帝二十四年		王翦蒙武虜楚王負芻,以其地置楚郡。(楚亡)	
前二二二	始皇帝二十五年	遼東、代	大興兵,使王賁攻遼東,虜燕王喜。(燕亡)王賁攻代,虜代王嘉。(趙亡)王翦悉定荆江南地,降百越之君。	
前二二一	始皇帝二十六年	臨淄	王賁自燕南攻齊,猝入臨淄,民莫敢格者。秦使人誘齊王,約封地,齊王遂降。秦遷之共,處之松柏之間,餓而死。(齊亡,秦統一六國。)	
前二一五	始皇帝三十二年			始皇遣將軍蒙恬,發兵三十萬人,北伐匈奴。

公曆	年號	天災 水災 災區	水災 災況	旱災 災區	旱災 災況	其他 災區	其他 災況	人禍 內亂 亂區	內亂 亂情	外患 患區	外患 患情	其他 亂區	其他 亂情	附註
前二一四	始皇帝三十三年									南越陸梁	發諸嘗逋亡人、贅壻、賈人為兵，略取南越陸梁地。置桂林、南海、象郡，以謫徙民五十萬人戍五嶺，與越雜處。蒙恬斥逐匈奴。收河南地，為四十四縣。築長城，起臨洮至遼東，延袤萬餘里。			
前二一二	始皇帝三十五年												隱宮刑者，七十萬人。因侯生盧生相與譏議，使御史悉案問諸生，諸生傳相告引，乃自除犯禁者四百六十餘人，皆阬之咸陽。	

前二〇九

二世皇帝元年

蘄

七月，陽城人陳勝，陽夏人吳廣，起兵於蘄。陳勝自立爲將軍，吳廣爲都尉，攻大澤鄉，拔之，收而攻蘄，蘄下。乃令符離人葛嬰將兵徇蘄以東，攻銍、酇、苦、柘、譙，皆下之。

陳

行收兵，攻陳，陳守丞與戰譙門中，不勝，守丞死，陳勝乃入據陳。

陳涉（卽勝）遂自立爲王，號張楚。當是時，諸郡縣苦秦法，爭殺長吏以應涉。

滎陽　趙　九江郡

陳王以吳叔爲假王，監諸將以西擊滎陽。令武臣、張耳、陳餘將三千人徇趙，又令汝陰人鄧宗徇九江郡。

魏

陳王令周市北徇魏地。

范陽

武臣行收兵得數萬人，號武信君，下趙十餘城，餘皆城守，乃引兵東北擊范陽。

二世使章邯免驪山徒、人奴產子，悉發以擊楚軍，大

公曆年號	前二〇八年 二世皇帝二年
天災 水災 災區	
天災 水災 災況	
天災 旱災 災區	
天災 旱災 災況	
天災 其他 災區	
天災 其他 災況	
人禍 內亂 亂區	燕 常山 上黨 沛 吳 齊 燕 豐 薛 豐 曹陽 澠池
人禍 內亂 亂情	敗之，張耳陳餘至邯鄲。八月，武信君自立爲趙王，以陳餘爲大將軍，張耳爲右丞相。使韓廣略燕，李良略常山，張黶略上黨。九月沛人劉邦起兵於沛。下相人項梁起兵於吳。狄人田儋起兵於齊。韓廣將兵北徇燕，自立爲燕王。周市迎魏咎於陳，立咎爲魏王。十月，泗川監平將兵圍沛公於豐，沛公出與戰，破之。令雍齒守豐十一月沛公引兵之薛，泗川守壯，兵敗於薛走至戚，沛公左司馬得殺之。周章（陳將）出關，止屯曹陽，二月餘，章邯追敗之，復走澠池，十餘日，章邯擊大
人禍 外患 患區	
人禍 外患 患情	
人禍 其他 亂區	
人禍 其他 亂情	
附註	

	破之，周文（即章）自刎，軍遂不戰。
滎陽	陳王使田臧爲上將，田臧乃使諸將李歸等守滎陽，自以精兵西迎秦軍於敖倉，與戰，田臧死，軍破。章邯進兵擊李歸等滎陽下，破之，李歸等死。
郯	陽城人鄧說將居郯，章邯別將擊破之。
許	銍人伍逢將兵居許。章邯擊破之
太原	趙李良已定常山，還報趙王，趙王復使良略太原，至石邑，秦兵塞井陘，未能前，良得秦將，詐爲二世書，反趙，
邯鄲	趙將兵襲邯鄲，邯鄲不知，竟殺趙王，邵騷張耳陳餘獨得脫。
郯	陳人秦嘉，符離人朱雞石等起兵圍東海守於郯。二世益遣長史司馬欣董翳佐章邯擊盜，章邯已破伍逢，擊陳柱國房君，殺之。

公曆年號	天災 水災 災區	水災 災況	旱災 災區	旱災 災況	其他災 災區	其他災 災況	人禍 內亂 亂區	內亂 亂情	外患 患區	外患 患情	其他 亂區	其他 亂情	附註
								又進擊陳西張賀軍，陳王出監戰，張賀死。臘月，陳王之汝陰，還至下城父，其御莊賈殺陳王以降。					
							新陽	陳王故涓人將軍呂臣爲蒼頭軍，起新陽，攻陳下之，殺莊賈，復以陳爲楚。					
								魏周市將兵略豐沛，使人招雍齒，齒以沛降。沛公攻之，不克。趙張耳陳餘收其散兵，得數萬人，擊李良，良敗走歸邯鄲。正月，耳餘立趙歇爲趙王，居信陽。					
							陳	秦左右校復攻陳，下之。呂將軍走，徵兵復聚，與番盜黥布相遇，攻擊秦左右校，破之靑波，復以陳爲楚。沛公與張良俱見景駒					

碭	下邑	下邳	胡陵	栗	豐

(楚王)欲請兵以攻豐，時章邯司馬𡰱將兵北定楚地，屠相至碭東陽甯君（秦嘉）沛公引兵西，與戰蕭西，不利還。收兵聚留。二月，攻碭，三月拔之。收碭兵得六千人，與故合九千人。三月攻下邑，拔之。還擊豐不下。項梁以八千人渡江而西，聞陳嬰已下東陽，遣使與連和俱西。英布既破秦軍，引兵而東，聞梁西渡淮，布與蒲將軍皆以兵屬焉。項梁衆凡六七萬人，軍下邳。景駒秦嘉軍彭城東，欲以距梁。梁乃進兵擊秦嘉，嘉敗走，追之至胡陵，嘉死，軍降，景駒走死梁地。章邯至栗，項梁使別將朱雞石餘樊君與戰，餘樊君死，朱雞石軍敗亡走胡陵。梁乃引兵入薛。沛公引兵攻豐，拔之。雍齒奔魏。

公曆年號	天災：水災 災區	天災：水災 災況	天災：旱災 災區	天災：旱災 災況	天災：其他 災區	天災：其他 災況	人禍：內亂 亂區	人禍：內亂 亂情	人禍：外患 患區	人禍：外患 患情	人禍：其他 亂區	人禍：其他 亂情	附註
		七月，大霖雨。					襄城	項梁使項羽別攻襄城，襄城堅守不下，已拔者皆阬之。					
							潁川	項梁使良求韓成，立爲韓王，以良爲司徒，與韓王將千餘人西略韓地，得數城，秦輒復取之，往來爲游兵潁川。					
							臨濟	章邯已破陳王，乃進兵擊魏王於臨濟，魏王使周市出請救於齊楚。齊王儋及楚將項它皆將兵隨市救魏。章邯大破齊楚軍於臨濟下，殺齊王及周市，魏王咎自燒殺。其弟豹亡走楚，楚懷王予魏豹數千人，復徇魏地。					
							東阿	齊田榮收其兄儋餘兵，東走東阿，章邯追圍之。					
							亢父	七月，武信君項梁引兵攻亢父，聞田榮之急，迺引兵					

連雨自七月至九月。

地點	事蹟
東阿	擊破章邯軍，東阿下。章邯走而西，田榮引兵東歸齊。
城陽	武信君獨追北，使項羽沛公別攻城陽，屠之。
濮陽	楚軍軍濮陽東，復與章邯戰，大破之。章邯復振，守濮陽。
定陶	沛公項羽走攻定陶。八月，田榮擊逐齊王假，假亡走楚。田榮立儋子市爲齊王。項梁已破章邯於東阿，引兵西北至定陶，再破秦軍。
雍丘	項羽沛公又與秦軍戰於雍丘，大破之，斬李由。二世悉起兵益章邯，擊楚軍，大破之定陶，項梁死。
外黃	項羽沛公攻外黃未下。
陳留	去攻陳留，聞武信君死，士卒恐，乃與將軍呂臣引兵而東。
魏二十餘城	魏豹下魏二十餘城，楚懷王立豹爲魏王。後九月，章邯已破項梁，以

公歷	年號	天災：水災 災區	天災：水災 災況	天災：旱災 災區	天災：旱災 災況	天災：其他 災區	天災：其他 災況	人禍：內亂 亂區	人禍：內亂 亂情	人禍：外患 患區	人禍：外患 患情	人禍：其他 亂區	人禍：其他 亂情	附註
前二〇七	二世皇帝三年						十月項羽曰，今歲饑民貧。	邯鄲 鉅鹿 鉅鹿、棘原 碭 成武 栗	為楚地兵不足憂，乃度河北擊趙，大破之。引兵到邯鄲，皆徙其民河內，夷其城郭。張耳與趙王歇走入鉅鹿，王離圍之。陳餘北收常山兵得數萬人，軍鉅鹿北，章邯軍鉅鹿南棘原，趙數請救於楚。 楚懷王遣沛公西略地，收陳王項梁散卒，以伐秦。沛公道碭，至陽城與杠里，攻秦壁，破其二軍。 十月，齊將田都畔，田榮助楚救趙。沛公攻破東郡尉於成武。 十二月，沛公引兵至栗，遇剛武侯，奪其軍四千餘人，并之。與魏將皇欣武滿軍合攻秦軍，破之。章邯築甬道屬河，餉王離，王離攻鉅					

陳留　開封　潁川　平陰　洛陽　南陽

鹿，鉅鹿城中食盡兵少，項羽遣當陽君蒲將軍，將卒二萬渡河，救鉅鹿，戰少利，絕章邯甬道．王離軍乏食。陳餘復請兵，項羽乃悉引兵渡河，圍王離，與秦軍遇，九戰，大破之。章邯引兵却。諸侯兵乃敢進擊秦軍，遂殺蘇角，虜王離。

二月，沛公北擊昌邑。遇彭越，彭越以其兵從沛公。

沛公下陳留。

三月，沛公攻開封未拔，西與秦將楊熊會戰白馬，又戰曲遇東，大破之。楊熊走之滎陽，二世斬之以徇。

四月，沛公南攻潁川，屠之。因張良遂略韓地，時趙別將司馬卬方欲渡河入關，沛公乃北攻平陰，絕河津南，戰洛陽東。軍不利，南出轘轅，張良引兵從沛公。

六月，沛公與南陽守齮戰犨東，破之，略南陽郡。南陽

<table>
<tr><th rowspan="3">公曆</th><th rowspan="3">年號</th><th colspan="6">天災</th><th colspan="6">人禍</th><th rowspan="3">附註</th></tr>
<tr><th colspan="2">水災</th><th colspan="2">旱災</th><th colspan="2">其他災</th><th colspan="2">內亂</th><th colspan="2">外患</th><th colspan="2">其他亂</th></tr>
<tr><th>災區</th><th>災況</th><th>災區</th><th>災況</th><th>災區</th><th>災況</th><th>亂區</th><th>亂情</th><th>患區</th><th>患情</th><th>亂區</th><th>亂情</th></tr>
<tr><td rowspan="6">前二〇六</td><td rowspan="6">漢
高帝元年</td><td rowspan="6"></td><td rowspan="6"></td><td rowspan="6"></td><td rowspan="6"></td><td rowspan="6"></td><td rowspan="6"></td><td>宛</td><td>守走保城守宛。沛公夜引軍圍宛城三匝。七月，南陽守齮降。引兵西無不下者。至丹水，還攻胡</td><td rowspan="6"></td><td rowspan="6"></td><td rowspan="6"></td><td rowspan="6"></td><td rowspan="6">資治通鑑註：「古有三正，子爲天正，周用之，以十一月爲歲首。</td></tr>
<tr><td>胡陽</td><td>陽。遇番君別將梅鋗，與偕攻析、酈，皆降。項羽使蒲將軍，日夜引兵度三戶。軍漳南，與秦軍戰，再破之，項羽悉引兵擊秦軍汙水上，大破之，章邯降。</td></tr>
<tr><td>武關</td><td>八月，沛公將數萬攻武關，屠之。</td></tr>
<tr><td>藍田</td><td>九月，秦遣將將兵距嶢關，沛公引兵繞嶢關，踰蕢山，擊秦軍，大破之藍田南。遂至藍田，又戰其北，秦兵大敗。</td></tr>
<tr><td>新安</td><td>十月，楚軍夜擊阬秦卒二十萬餘人新安城南。</td></tr>
<tr><td>咸陽</td><td>十二月，項羽引兵屠咸陽，</td></tr>
</table>

公元	年號	地點	記事
			殺秦降王子嬰，燒秦宮室，火三月不滅。
前二〇五	高帝二年	北海	正月項王兵至北海，燒夷城郭室屋，坑田榮降卒，係虜其老弱婦女，所過多殘滅。
		彭城	四月，漢軍敗，相隨入穀泗水，死者十餘萬人。漢卒皆南走山，楚又追擊至靈壁東睢水上，漢軍却，爲楚軍所擠，卒十萬人皆入睢水，水爲之不流。
		關中	六月，大饑，米斛萬錢。人相食。
前二〇四	高帝三年	井陘口	十月，韓信、張耳以兵數萬，擊趙。大破趙軍。

丑爲地正，殷用之，以十二月爲歲首。寅爲人正，夏用之，以十三月爲歲首。秦水德，謂建亥之月水得位，故以十月爲歲首。高祖以十月至霸上，因而不革，至武帝太初元年定歷改用夏正，始以寅爲歲首，至於今因之。

公歷	年號	天災・水災・災區	天災・水災・災況	天災・旱災・災區	天災・旱災・災況	天災・其他災・災區	天災・其他災・災況	人禍・內亂・亂區	人禍・內亂・亂情	人禍・外患・患區	人禍・外患・患情	人禍・其他亂・亂區	人禍・其他亂・亂情	附註
前二〇三	高帝四年							成皋	十月，楚大司馬咎守成皋，漢軍數挑戰，楚軍不出，使人辱之。數日、咎怒，渡兵汜水，					
								汜水	士卒半渡，漢擊之。大破楚軍。					
								梁	項羽下梁地十餘城。聞成皋破，引兵還。漢軍方圍鍾離昧於滎陽東，聞羽至，盡走險阻。羽亦軍廣武與漢相守。					
								滎陽 廣武						
								濰水	十一月，齊楚夾濰水而陳。信使人決壅囊，水大至。龍且軍太半不得渡，即急殺龍且。水東軍散走。齊王廣亡去，信遂追至城陽。虜齊王廣。					
									七月，燕王臧荼反。帝自將征之。					
前二〇二	高帝五年							固陵	十月，漢王追項羽至固陵，與齊王信，魏相國越期會擊楚，信越不至，楚擊漢軍，					

								淮 壽春 六 城父 垓下	大破之。 十一月，劉賈南渡淮，圍壽春，遣人誘楚大司馬周殷，殷畔楚，以舒屠六，並行屠城父。 十二月，項王至垓下，兵少食盡，與漢戰不勝，入壁、漢軍及諸侯兵圍之數重。項王乘其駿馬名騅，麾下壯士騎從者八百餘人。至東城，乃有二十八騎，獨籍所殺漢軍數百人，仍不得脫。項王乃自刎而死，餘騎相蹂踐爭項王，相殺者數十人。項王故將利幾反。帝自將擊破之。					
前二〇一	高帝六年									馬邑 句注、太原等	秋、匈奴圍韓王信於馬邑， 九月，匈奴冒頓引兵南踰句注。攻太原，至晉陽。			
前二〇〇	高帝七年									銅鞮	十月，帝自將擊韓王信，破其軍於銅鞮，斬其將王喜。信亡走匈奴。白土人曼丘臣、王黃等，立趙苗裔趙利為王，復收信敗散兵，與信			

公歷	年號	天災：水災：災區	天災：水災：災況	天災：旱災：災區	天災：旱災：災況	天災：其他：災區	天災：其他：災況	人禍：內亂：亂區	人禍：內亂：亂情	人禍：外患：患區	人禍：外患：患情	人禍：其他：亂區	人禍：其他：亂情	附註
										晉陽 白登 代	及匈奴謀攻漢。匈奴使左、右賢王將萬餘騎與王黃屯廣武以南至晉陽。漢兵擊之。匈奴輒敗走，已復屯聚。漢兵乘勝追之。會天大寒雨雪，士卒墮指者什二三。冒頓縱精兵四十萬騎，圍帝於白登七日。 十二月，匈奴攻代。			
前一九九	高帝八年							東垣 柏人	冬，帝擊韓王信餘寇於東垣。過柏人。		匈奴冒頓數苦北邊。帝患之。			
前一九七	高帝十年							趙代	九月，韓遂與王黃等反。自立爲代王。劫略趙、代。帝自東擊之。					
前一九六	高帝十一年							邯鄲 聊城 太原 代	冬，帝在邯鄲。陳豨將侯敞將萬餘人遊行。王黃將騎千餘軍曲逆。張春將卒萬餘人渡河，攻聊城。漢將軍郭蒙與齊將擊，大破之。太尉周勃道太原，入定代地。					

							馬邑	圍馬邑不下，攻殘之。趙利守東垣，帝攻拔之，於是豨軍遂敗。
前一九五	高帝十二年							七月，淮南王布反。
							蘄西	十月，帝與布軍遇於蘄西。遂大戰。布軍敗走，渡淮，數止戰不利。與百餘人走江南。上令別將追之。
							洮水南北	漢別將擊英布軍洮水南北，皆大破之。
							鴈門、雲中、當城	周勃悉定代郡、鴈門、雲中地，斬陳豨於當城。
前一九三	惠帝二年			夏旱。	隴西	正月，地震，壓四百餘家。		
前一九二	惠帝三年						蜀	是歲蜀湔氐反，擊平之。
前一九〇	惠帝五年			夏，大旱，江河水少。谿谷水絕。				
前一八六	高后二年				武都	正月，地震，至八月迺止。		

公歷	年號	天災：水災災區	水災災況	旱災災區	旱災災況	其他災災區	其他災災況	人禍：內亂亂區	內亂亂情	外患患區	外患患情	其他亂區	其他亂情	附註
前一八五	高后三年	蜀郡、江都、武都、巴郡、閬中、江津 弘農	夏，江水漢水溢，溢四千餘家。秋，伊水洛水溢，流千六百家，汝水溢，流八百餘家。			武都山	崩。壓殺七百六十人。(圖)							
前一八三	高后五年							長沙	春、南越王佗自稱南越武帝，發兵攻長沙，敗數縣而去。					
前一八二	高后六年									狄道、阿陽	四月、匈奴冠狄道，攻阿陽。			

前一八一	高后七年								遣隆慮侯周竈將兵擊南越。	狄道	十二月，匈奴寇狄道，殺略二千餘人。	
前一八〇	高后八年	漢中、南郡 南陽	夏，江漢水溢，流萬餘家。 沔水溢，流萬餘家。(圖)					京都 濟南	呂氏作亂，齊王發兵欲西誅之。 齊舉兵西攻濟南，相國呂產等聞之，乃遣潁陰侯灌嬰將兵擊之。			
前一七九	文帝元年					齊、楚	四月，齊楚地震，二十九山同日崩，大水潰出。	長沙、南郡	南越王發兵於邊。爲寇不止長沙害之。南郡尤甚。※			※帝使陸賈使南越，王賜佗書云。
前一七七	文帝三年				秋，天下大旱。(圖)	壽春	六月，大風毀民室殺人。(圖)	滎陽	濟北王興居反，發十萬軍擊之	上郡	五月、匈奴右賢王入居河南地。使盜上郡保塞蠻夷。殺掠人民。	
前一七五	文帝五年					吳	二月，地震。十月，暴風雨壞城府宮室。					

公曆	年號	天災 水災 災區	水災 災況	旱災 災區	旱災 災況	其他 災區	其他 災況	人禍 內亂 亂區	內亂 亂情	外患 患區	外患 患情	其他亂 亂區	其他亂 亂情	附註
前一七四	文帝六年					彭城	楚都彭城大風，從東南來，毀市門，殺人。（圖）	谷口	十月、淮南厲王令大夫但，士伍開章等七十人與棘蒲侯柴武太子奇謀，以輂車四十乘反谷口。令人使閩越、匈奴，事覺有司治之。					
前一七一	文帝九年				春，大旱。									
前一六九	文帝十一年									狄道	匈奴寇狄道，時匈奴數爲邊患。			
前一六八	文帝十二年	陳留郡之酸棗、東郡白馬界之金堤。（卽千堤里。）	十二月、河決酸棗。東潰金堤。東郡大興卒塞之。											

公元	年號	地區	災害	地區	人禍	附注
前一六六	文帝十四年			安定郡、朝那、蕭關、彭陽	冬，匈奴老上單于十四萬騎入朝那蕭關，殺北地都尉卬，虜人民畜產甚多。遂至彭陽，使奇兵入燒回中宮。候騎至雍甘泉。帝以中尉周舍、郎中令張武爲將軍，發車千乘，騎卒十萬，軍長安旁，以備胡寇。	
前一六二	文帝後二年※			雲中，遼東等地	匈奴連歲入邊，殺略人民畜產甚多。雲中、遼東最甚。	※即十八年，文帝十七年改爲後元年。
前一六一	文帝後三年	藍田	秋，大雨，晝夜不絕三十五日，藍田山水出，流九百餘家，壞民室八千餘所，殺三百餘人。（圖）		四月，再遣公主配單于，賂遺甚厚。匈奴愈驕，侵犯北邊，殺略多至萬餘人，漢連發軍征討戍邊。（圖）	
前一五八	文帝後六年		四月，大旱、蝗，令	上郡、雲中	冬，匈奴三萬騎入上郡，三萬騎入雲中，所殺略甚衆，	

公曆	年號	水災 災區	水災 災況	旱災 災區	旱災 災況	其他災 災區	其他災 災況	內亂 亂區	內亂 亂情	外患 患區	外患 患情	其他 亂區	其他 亂情	附註
					諸侯無入貢。弛山澤，減諸服御，損郎吏員，發倉庾以振民，民得賣爵。						烽火通于甘泉長安。以中大夫令免爲車騎將軍，屯飛狐，故楚相蘇意爲將軍，屯句德，河內太守周亞夫爲將軍，次細柳，以備胡。			
前一五七	文帝後七年						雨雹，如桃李，深者厚三尺。（圖）							
前一五六	景帝二年					衡山	秋，衡山雨雹，大者五寸，深者二尺。							

年代	地點	事件	附記
前一五四　景帝三年	吳、膠東、膠西、菑川、濟南	吳王先起兵，誅漢吏二千石以下。膠東、膠西、菑川、濟南、楚、趙、亦皆反。	吳楚七國之亂始。
	臨菑	膠西王，膠東王爲渠率，與菑川濟南共攻齊，圍臨菑。	
	趙	趙王遂發兵住其西界，北使匈奴與連兵。	
	閩	吳王與少子等皆發，凡二十餘萬人，南使閩、東越，閩、	
	東越	東越亦發兵從。	
	楚、梁、棘壁	吳楚共攻梁，破棘壁，殺數萬人，乘勝而前，銳甚，梁孝王遣將軍擊之，又敗梁兩軍。士卒皆還走梁王城守	
	睢陽	睢陽。上拜中尉周亞夫爲太尉，將三十六將軍，往擊吳楚，遣曲周侯酈寄擊趙，將軍欒布擊齊，復召竇嬰監齊趙兵。	
	淮	亞夫使弓高侯等將輕兵出淮、泗口，絕吳楚兵後，塞其饟道，吳糧絕，卒飢。吳楚士卒多飢死叛散，乃引而	

公曆	年號	天災 水災 災區	水災 災況	旱災 災區	旱災 災況	其他 災區	其他 災況	人禍 內亂 亂區	內亂 亂情	外患 患區	外患 患情	其他 亂區	其他 亂情	附註
前一九四	景帝中元年					衡山、原都	地震，衡山、原都雨雹，大者尺八寸。	邯鄲	去。二月，亞夫出精兵追擊，大破之。吳王濞棄其軍，與壯士數千人夜亡走，楚王戊自殺。膠東王、膠西王、菑川王皆伏誅。酈將軍兵至趙，趙王引兵還邯鄲城守，攻之七月不能下。匈奴聞吳楚敗，亦不肯入邊。欒布破齊還，並兵引水灌趙城，城壞，王遂自殺。					七國反平。
前一四八	景帝中二年										二月，匈奴入燕。			
前一四七	景帝中三年				秋，大旱。（圖）		四月，地震。九月，蝗。							
前一四六	景帝中四年						夏，蝗。							

前一四五	景帝中五年		六月，大水。				地震。						
前一四四	景帝中六年						三月，雨雹。			鴈門、武泉、上郡	六月，匈奴入鴈門，至武泉，入上郡，取苑馬，吏卒戰死者二千人。		
前一四三	景帝後元年					上庸	五月，地震。上庸地震二十二日，壞城垣。						
前一四二	景帝後二年				秋，大旱。		正月，地一日三動。			鴈門	三月，匈奴入鴈門。太守馮敬與戰，死。發車騎、材官屯鴈門。		
前一三八	武帝三年	勃海郡	春，河水溢於平原。		大饑。人相食。				吳王子駒亡走閩越，怨東甌殺其父，常勸閩越擊東甌，閩越從之，發兵圍東甌。				
前一三七	武帝四年				六月、旱。		地動。（圖）						
前一三六	武帝五年						五月，大蝗。						
前一三五	武帝六年					河內	河內失火，延燒千餘家，上使濮	閩越、南越	閩越王郢，興兵擊南越邊邑。南越王守天子約，不敢擅興兵，使人上書告天子，是於天子多南越義，大爲				

公曆	年號	水災 災區	水災 災況	旱災 災區	旱災 災況	其他 災區	其他 災況	內亂 亂區	內亂 亂情	外患 患區	外患 患情	其他 亂區	其他 亂情	附註
						河南	賜汲黯往視之，還報曰「家人失火，屋比延燒，不足憂也，臣過河南，河南貧人傷水旱萬餘家，或父子相食。」		發兵擊閩越。					
前一三四	武帝元光元年					京師	二月，雨雹。(圖)							
前一三三	武帝元光二年										六月，以御史大夫韓安國爲護軍將軍，衛尉李廣爲驍騎將軍，大僕公孫賀爲輕車將軍，大中大夫李息			

	前一三二
	武帝元光三年
	頓丘、濮陽、瓠子、鉅野、等十六郡
	春，河水徙。從頓丘東南流。五月，復決濮陽瓠子，注鉅野，汎郡十六。使汲黯、鄭當時發卒十萬塞之，輒復壞。
武州、亭、雁門	
爲材官將軍，將車騎材官三十餘萬，匿馬邑旁谷中，使人詐匈奴單于。於是單于穿塞，將十萬騎入武州塞。未至馬邑百餘里，見畜布野而無人牧者，乃攻亭，得雁門尉史，欲殺之，尉史乃告單于漢兵所居，單于大驚，乃引兵還出。自是之後，匈奴絕和親，攻當路塞，往往入盜漢邊，不可勝數。	

公曆	年號	天災：水災 災區	水災 災況	旱災 災區	旱災 災況	其他 災區	其他 災況	人禍：內亂 亂區	內亂 亂情	外患 患區	外患 患情	其他 亂區	其他 亂情	附註
前一三一	武帝元光四年						四月，隕霜殺草。五月，地震，赦天下。							
前一三〇	武帝元光五年						七月，大風拔木。							
前一二九	武帝元光六年				夏，大旱。		夏，蝗。			上谷 關市、龍城 漁陽	匈奴入上谷，殺略吏民。遣車騎將軍衞青出上谷，騎將公孫敖出代，輕車將軍公孫賀出雲中，驍騎將軍李廣出鴈門，各萬騎，擊胡關市下，衞青至龍城，得胡首七百人，賀無所得，敖爲胡敗，亡七千騎，廣亦爲胡所敗。秋，匈奴數盜邊，漁陽尤甚。以衞尉韓安國爲材官將軍，屯漁陽。			

公元	年號	天災	地區	人禍
前一二八	武帝元朔元年		遼西、漁陽、鴈門、代	秋，匈奴二萬騎入漢。殺遼西太守，略二千餘人，圍韓安國壁。又入漁陽鴈門，各殺略千餘人。安國病死。車騎將軍衛青將三萬騎出鴈門，將軍李息出代，青斬首虜數千人。
前一二七	武帝元朔二年		上谷、漁陽	匈奴入上谷、漁陽，殺略吏民千餘人。遣衛青、李息出雲中以西至隴西，擊胡之樓煩白羊王于河南，得胡首虜數千，牛羊百餘萬。
前一二六	武帝元朔三年		代、鴈門	匈奴數萬騎入塞殺代郡太守恭，及略千餘人。又入鴈門，殺略千餘人。
前一二五	武帝元朔四年		代郡、定襄、上郡。	夏，匈奴入代郡、定襄、上郡，各三萬騎，殺略數千人。
前一二四	武帝元朔五年	春，大旱。	朔方	匈奴右賢王數侵擾朔方，天子令車騎將軍衛青等俱出右北平凡十餘萬人，擊匈奴右賢王夜逃。得右賢裨王十餘人，衆男女萬五千餘人，畜數十百萬。

公曆年	年號	天災						人禍						附註
		水災		旱災		其他災		內亂		外患		其他亂		
		災區	災況	災區	災況	災區	災況	亂區	亂情	患區	患情	亂區	亂情	
前一二三	武帝元朔六年									代	秋，匈奴萬騎入代，殺都尉朱英，略千餘人。二月，大將軍青出定襄擊匈奴。斬首數千級而還。四月，衛青復擊匈奴，斬首虜萬餘人。右將軍建、前將軍信并三千餘騎，獨逢單于兵，與戰一日餘，漢兵且盡。			
前一二二	武帝元狩元年									上谷	五月，匈奴萬人入上谷，殺數百人。	淮南	淮南王謀反，未成，所與謀反者皆族。凡淮南衡山二獄所連引列侯二千名豪傑等，死者數萬人。	

前一二一	武帝元狩二年			代、鴈門	霍去病爲票騎將軍，將萬騎出隴西，擊匈奴，歷五王國，獲首虜八千九百餘級。過小月氏至祁連山，斬首虜三萬二百級，獲裨小王七十餘人。匈奴入代、鴈門，殺略數百人。
前一二〇	武帝元狩三年	山東諸郡縣	大水，民多飢乏。天子遣使者虛郡國倉廥以振貧民，猶不足。又募豪富吏民能假貸貧民者，以名聞，尚不能相救，乃徙貧民於	右北平、定襄	秋，匈奴入右北平、定襄，各數萬騎，殺略千餘人。

公歷年號	天災 水災 災區	水災 災況	旱災 災區	旱災 災況	其他 災區	其他 災況	人禍 內亂 亂區	內亂 亂情	外患 患區	外患 患情	其他 亂區	其他 亂情	附註
前一一九 武帝元狩四年		關以西,及充朔方以南新秦中七十餘萬口,衣食皆仰給縣官,數歲,假予產業,使者分部護之。								大將軍與匈奴單于戰,捕斬首虜萬九千餘級。又與票騎將軍鹵獲七萬四百四十三級。			資治通鑑注:「是時漢所殺虜匈奴合八九萬,而漢士卒物故亦數萬。」
前一一七 武帝元狩六年												自造白金五銖錢後,郡國吏民	

	前一一五	前一一四	前一一二	前一一一
	武帝元鼎二年	武帝元鼎三年	武帝元鼎五年	武帝元鼎六年
	關東			
	夏,大水,關東餓死者以千數。			
		關東		
		關東郡國十餘饑,人相食。		
		四月,雨雹。		
			南越	越
			南越呂嘉等反。	樓船將軍楊僕入越地。先陷尋陿,破石門。攻敗越人。縱火燒城。南夷且蘭反。漢擊平之。東越反,殺漢三校尉。明年平之。
			故安、抱罕、五原	
			西羌衆十萬人反,與匈奴通使,攻故安,圍抱罕。匈奴入五原,殺太守。	冬,發卒十萬人遣將軍李息、郎中令徐自爲征西羌。平之。
之坐盜鑄金錢死者,數十萬人。其不發覺者,不可勝數。				
				南越亂平。

公歷	年號	天災						人禍						附註
		水災		旱災		其他		內亂		外患		其他		
		災區	災況	災區	災況	災區	災況	亂區	亂情	患區	患情	亂區	亂情	
前一〇九	武帝元封二年	梁、楚	四月，河決瓠子，梁、楚之地，尤被其害。上使汲仁、郭昌二卿，發卒數萬人，塞瓠子決河。天子自臨決河。令羣臣從官自將軍以下，皆負薪，卒塡之。		旱。上以爲憂。						朝鮮怨遼東都尉涉何，發兵襲攻殺何。遣樓船將軍楊僕、右將軍荀彘討朝鮮。			

前一〇八	武帝元封三年						十二月，雷雨雹。大如馬頭。	武都	武都氐反。分徙酒泉。		漢兩將征朝鮮不利，天子使衞山因兵威往諭右渠，右渠見使者，頓首謝願降。旋因互疑，復戰。誅朝鮮大臣成已，遂定朝鮮。爲樂浪臨屯玄菟眞番四郡。			
前一〇七	武帝元封四年				夏，大旱。					朔方	匈奴自衞、霍度幕以來，希復爲寇，於是數使奇兵侵犯漢邊，乃拜郭昌爲拔胡將軍，及浞野侯屯朔方以東備胡。			
前一〇五	武帝元封六年				秋，大旱。		蝗。						漢既通西南夷，開五郡。欲地接，以前通大夏。歲遣使十餘輩出初郡，此皆閉昆明，爲所殺，奪幣	

公歷	年號	天災 水災 災區	水災 災況	旱災 災區	旱災 災況	其他災 災區	其他災 災況	人禍 內亂 亂區	內亂 亂情	外患 患區	外患 患情	其他亂 亂區	其他亂 亂情	附註
													物。於是天子赦京師亡命，令從軍，遣拔胡將軍郭昌將以擊之，斬首數十萬，後復遣使，竟不得通。	
前一〇四	武帝太初元年					關東、燉煌	關東蝗大起飛，西至燉煌。						漢遣將伐宛。	資治通鑑注：「應劭曰、初用夏正，以正月為歲首，故改元為太初。」
前一〇三	武帝太初二年						秋、蝗。				浞野侯擊匈奴，大敗。匈奴又入寇邊。	燉煌	貳師攻宛，因兵飢，大敗，	

公元	紀年													
													回至燉煌，士不及什之一二。	
前一〇二	武帝太初三年									定襄雲中酒泉、張掖、輪臺	秋、匈奴大入定襄，雲中，殺略數千人，敗數二千石而去。行破壞光祿所築城列亭障，又使右賢王入酒泉張掖，略數千人，會軍正任文擊救，盡復失所得而去。漢發惡少年及邊騎，歲餘而出燉煌者六萬人，與貳師合兵，兵多，所至小國莫不迎，至輪臺，不下，攻數日，屠之。伐宛，破之。			
前一〇〇	武帝天漢元年				夏、大旱。									
前九九	武帝天漢二年								東方盜賊滋起，大羣至數千人攻城邑，取庫兵，辱郡太守都尉，殺二千石。小羣以百數，掠鹵鄉里者，不可勝數。道路不通。光祿大夫范昆及故九卿張德等衣繡衣，持節虎符，發兵興擊，	酒泉	五月、遣貳師將軍廣利以三萬騎出酒泉，擊右賢王於天山，得胡首虜萬餘級而還。匈奴大圍貳師將軍，漢軍乏數日，死傷者多。假司馬隴西趙充國，與壯士百餘人潰圍陷陣，貳師引			

公曆	年號	天災：水災 災區	水災 災況	旱災 災區	旱災 災況	其他災 災區	其他災 災況	人禍：內亂 亂區	內亂 亂情	外患 患區	外患 患情	其他亂 亂區	其他亂 亂情	附註
									斬首大郡或至萬餘級。及以法誅通行飲食當連坐者，諸郡甚者數千人，數歲，乃頗得其渠率。散卒失亡，復聚黨阻山川者，往往而羣居，無可奈何，於是作沈命法。		兵隨之，遂得解，漢兵物故什六七。帝拜李陵爲騎都尉，使將丹陽楚人五千人，擊匈奴。數次均殺虜數千人，後以衆寡不敵，降。			
前九八	武帝天漢三年				四月、大旱，赦天下。					鴈門	秋、匈奴入鴈門，太守坐畏愞棄市。			
前九五	武帝太始二年				秋、旱。									
前九二	武帝征和元年				夏、大旱。									
前九一	武帝征和二年						四月、大風發屋折木。八月、地震。		太子反，會戰五日，死者數萬人，血流入溝中。	上谷、五原	匈奴入上谷、五原，殺掠吏民。			是時，方士及諸神巫多聚京師，卒皆左

前九〇

武帝征和三年

秋，蝗。

五原、酒泉

春，匈奴入五原、酒泉，殺兩都尉。三月，遣李廣利將七萬人出五原，商丘成將二

道惑衆，變幻無所不爲，帝疾，祟在巫蠱。於是，上以江充爲使者，治巫蠱獄。民轉相誣以巫蠱，吏輒劾以爲大逆無道。自京師三輔連及郡國，坐而死者前後數萬人

公曆	年號	天災 水災 災區	水災 災況	旱災 災區	旱災 災況	其他災 災區	其他災 災況	人禍 內亂 亂區	內亂 亂情	外患 患區	外患 患情	其他亂 亂區	其他亂 亂情	附註
											萬出西河，馬通將四萬騎出酒泉，擊匈奴，漢勝，匈奴犇走。後貳師憂懼罹罪，深入要功。匈奴單于遂謀執貳師。貳師兵還至燕然山，單于知漢軍勞倦，自將五萬騎遮出貳師，相殺傷甚衆。夜塹漢軍前，深數尺，從後急擊之，軍大亂，貳師遂降，單于以女妻之。			
前八八	武帝後元元年						七月，地震，往往涌泉出。							
前八七	武帝後元二年									朔方	冬，匈奴入朔方，殺略吏民，發軍屯西河。			
前八六	昭帝始元元年						七月，大雨，至于十月，渭橋絕。	益州	夏，益州夷二十四邑三萬餘人皆反。遣水衡都尉呂破胡，往擊大破之。					
前八三	昭帝始元四年							益州	西南夷姑繒葉榆復反。遣水衡都尉呂辟胡將益州					

公元	紀年							地區	事項	地區	事項
									兵擊之。辟胡不進。蠻夷遂殺益州太守，乘勝與辟胡戰。士戰及溺死者四千餘人。冬，遣大鴻臚田廣明擊之。		
前八二	昭帝始元五年							益州	秋，大鴻臚廣明、軍正王平，擊益州，斬首捕虜三萬餘人，獲畜產五萬餘頭。		
前八一	昭帝始元六年				夏，旱。						
前八〇	昭帝元鳳元年							武都	春，武都氐人反，遣執金吾馬適建、龍須侯韓增、大鴻臚田廣明，將三輔太常徒，皆免刑擊之。		是歲，匈奴發左右部二萬騎爲四隊，並入邊爲寇。漢兵追之，斬首獲虜九千人。
前七八	昭帝元鳳三年									張掖 遼東	匈奴入寇張掖，爲漢擊破，得脫者數百人。冬，遼東烏桓反。漢遣兵擊之。
前七六	昭帝元鳳五年				夏，大旱。						
前七五	昭帝元鳳六年										烏桓復犯塞，遣度遼將軍范明友擊之。

公曆年	年號	天災：水災 災區	水災 災況	旱災 災區	旱災 災況	其他災 災區	其他災 災況	人禍：內亂 亂區	內亂 亂情	外患 患區	外患 患情	其他亂 亂區	其他亂 亂情	附註
前七三	宣帝本始元年						四月，地震。							
前七一	宣帝本始三年				大旱。						五月，度遼將軍出塞千二百餘里，斬首捕虜七百餘級。前將軍出塞千二百餘里，斬首捕虜百餘級。蒲類將軍出塞千八百里，斬首捕虜得單于使者蒲陰王以下三百餘級。祁連將軍出塞千六百里，斬首捕虜十九級。虎牙將軍出塞八百餘里，斬首捕虜千九百餘級。於是匈奴遂衰耗。		冬，匈奴單于自將數萬擊烏孫，會天大雨雪，人民畜產凍死，還者不能什一，且又戰敗，匈奴大虛弱。	
前七〇	宣帝本始四年						四月，郡國四十九，同日地震，或山崩，壞							

			城郭室屋，殺六千餘人。	
前六七	宣帝地節三年		九月，地震。雨雹。（圖）	
前六六	宣帝地節四年	山陽，濟陰	五月，山陽濟陰雨雹如鷄子，深二尺五寸，殺二十餘人，蜚鳥皆死。	
前六一	宣帝神爵元年			義渠安國至羌中，召先零諸豪三十餘人，以桀黠者皆斬之。縱兵擊其種人，斬首千餘級，於是諸降羌及歸義羌侯楊王等恐怒，無所信鄉，遂刼略小種，背畔，犯塞攻城邑，殺長吏。安國

公曆	年號	天災：水災 災區	水災 災況	旱災 災區	旱災 災況	其他災 災區	其他災 災況	人禍：內亂 亂區	內亂 亂情	外患 患區	外患 患情	其他亂 亂區	其他亂 亂情	附註
前五八	宣帝神爵四年						河南界中又有蝗蟲。			浩亹	以騎都尉將騎二千屯備，羌至浩亹，爲虜所擊，失亡車重兵器甚衆。先零反，上使趙充國往平之，斬首二千級，降者五千餘人。		河南太守嚴延年，爲治陰鷙酷烈，衆人所謂當死者一朝出之，所謂當生者詭殺之。冬月，傳屬縣囚會	

公元	年號	地區	災情	地區	災情	地區	災情	地區	災情	地區	災情	地區	災情
													論府上，流血數里。河南號曰屠伯。
前五二	宣帝甘露二年								珠厓反，四月，遣護軍都尉張祿將兵擊之。				
前四八	元帝初元元年	關東十一郡國	關東郡國十一大水，饑，或人相食，轉旁郡移穀以相救。				六月，以民疾疫，令太官損膳，減樂府員，省苑馬，以振困乏。						
前四七	元帝初元二年		七月，北海水溢，流殺人民。（圖）	關東	六月，關東饑。齊地人相食。	隴西	二月，隴西地震，敗城郭屋室，壓殺人衆。七月，地復震。		初，武帝滅南越，置珠厓、儋耳郡，民多暴惡，數犯吏禁，率數年壹反，殺吏，漢輒發兵擊定之。二十餘年間，凡六反。至宣帝時又再反。上即位之明年，珠厓山南縣反，發兵擊之。諸縣皆叛，連年不定。				

公曆	年號	天災						人禍						附註
		水災		旱災		其他災		內亂		外患		其他亂		
		災區	災況	災區	災況	災區	災況	亂區	亂情	患區	患情	亂區	亂情	
前四六	元帝初元三年				夏，旱。									
前四三	元帝永光元年						雨，雪隕霜殺桑。九月，隕霜殺稼，天下大饑。							
前四二	元帝永光二年									隴西	七月，隴西羌彡姐旁種反。十月，兵畢至隴西。十一月，並進，羌虜大破，斬首數千級，餘皆走出塞。兵未決間，漢復發募士萬人，拜定襄太守韓安國爲建威將軍，未進，聞羌破而還。			
前四一	元帝永光三年		十一月，雨水。				十一月，地震。							
前三九	元帝永光五年	潁川	秋，潁川水，流殺人民。											

			是歲，河決於清河靈鳴犢口，而屯氏河絕。											
前三七	元帝建昭二年					齊、楚	十一月，齊、楚地震。大雨雪。樹折屋壞。							
前三六	元帝建昭三年										郅支單于爲寇，略吏民。冬，使西域都護騎都尉北地甘延壽、副校尉山陽陳湯，共誅斬郅支單于於康居。			
前三五	元帝建昭四年					藍田	藍田地震山崩，雍霸水。安陵岸崩，雍涇水。涇水逆流。							
前三一	成帝建始二年				夏，大旱。									

公曆	年號	天災：水災：災區	天災：水災：災況	天災：旱災：災區	天災：旱災：災況	天災：其他：災區	天災：其他：災況	人禍：內亂：亂區	人禍：內亂：亂情	人禍：外患：患區	人禍：外患：患情	人禍：其他：亂區	人禍：其他：亂情	附註
前三〇	成帝建始三年		秋，關內大雨四十餘日，京師相驚言大水至。			越巂	地震，越巂山崩。							按漢書五行志三年夏大水，三輔霖雨三十餘日，郡國十九雨，山谷水出，凡殺四千餘人，壞官寺民舍八萬三千餘所。又秋大雨三十餘日。
前二九	成帝建始四年	東郡	大雨水十餘日，河決東郡金隄。十二月，發河南以東船五百㮴。徙民避水居丘陵九萬七千餘口。						南山群盜傰宗等數百人爲吏民害。					

前二七	成帝河平二年				大旱。		四月，楚國雨雹，大如釜，蜚鳥死。（圖）		夜郎王興、鉤町王禹、漏臥侯俞舉兵相攻，爲牂牁太守陳立所誅。興妻父翁指與子邪務，收餘兵，連二十二邑反。至冬，立與都尉長史分將攻翁指等，平之。				
前二六	成帝河平三年	平原 濟南 千乘	河復決平原，流入濟南、千乘，所壞敗者半建始時。			犍爲	二月丙戌，地震，山崩，壅江水，水逆流。						
前二五	成帝河平四年		大水。三月，遣光祿大夫博士嘉等十一人，行舉瀕河之郡，水所毀傷困乏不能										

公歷	年號	天災 水災 災區	水災 災況	旱災 災區	旱災 災況	其他 災區	其他 災況	人禍 內亂 亂區	內亂 亂情	外患 患區	外患 患情	其他 亂區	其他 亂情	附註
			自存者，財振貸。其爲水所流壓死不能自葬，令郡國給槥櫝葬埋。已葬者與錢，人二千。避水它郡國在所冗食之，謹遇以文理，無令失職。(圖)											
前二三年	成帝陽朔二年	關東	秋，關東大水。											

前二二	成帝陽朔三年								潁川	六月，潁川鐵官徒申屠聖等百八十人殺長吏，盜庫兵，自稱將軍，經歷九郡。遣丞相長史、御史中丞逐捕，以軍興從事，皆伏辜。				
前一八	成帝鴻嘉三年				大旱。					廣漢男子鄭躬等，攻官寺，纂囚徒，盜庫兵，自稱山君。				
前一七	成帝鴻嘉四年	勃海、清河、信都	秋，勃海、清河、信都河水湓溢，灌縣邑三十一，敗官亭民舍四萬餘所。上遣使者處業振贍之。						廣漢	廣漢鄭躬黨與寖廣，犯歷四縣，衆且萬人，州郡不能制。冬，以河東都尉趙護爲廣漢太守，發郡中及蜀郡合三萬人擊之，旬平月。				
前一四	成帝永始三年								尉氏	十一月，尉氏男子樊並等十三人謀反，殺陳留太守，劫略吏民，自稱將軍。徒李譚、稱忠、鍾祖、訾順共殺並				

公歷	年號	天災						人禍						附註
		水災		旱災		其他		內亂		外患		其他		
		災區	災況	災區	災況	災區	災況	亂區	亂情	患區	患情	亂區	亂情	
								山陽	以聞。十二月，山陽鐵官徒蘇令等二百二十八人，攻殺長吏，盜庫兵，自稱將軍。經郡國十九，殺東郡太守、汝南都尉。汝南太守嚴訢捕斬令等。					
前一三	成帝永始四年				夏，大旱。									
前一一	成帝元延二年									烏孫	四月，烏孫小昆彌安日爲降民所殺，諸翎侯大亂。詔徵故金城太守段會宗爲左曹中郎將光祿大夫，使安輯烏孫。立安日弟末振將爲小昆彌，定其國而還。			
前一〇	成帝元延三年					蜀郡	正月，蜀郡岷山崩，雍江三日，江水竭。							

前七	成帝綏和二年						九月，地震，自京師到北邊，郡國三十餘處，壞城郭，凡壓殺四百餘人。		
前三	哀帝建平四年				正月，大旱。				
二	平帝元始二年				郡國大旱，青州尤甚，民流亡。		蝗。		
六	王莽居攝元年								是歲西羌龐恬、傅幡等怨莽奪其地，反。攻西海太守程永，永犇走。莽誅永，遣護羌校尉竇況擊之。
七	王莽居攝二年							東郡	東郡太守翟義與東郡都尉劉宇、嚴鄉侯劉信、信弟武平侯劉橫立信爲天子，起義討莽，郡國皆震，比至山陽，衆十餘萬。

公歷	年號	天災：水災 災區	水災 災況	旱災 災區	旱災 災況	其他 災區	其他 災況	人禍：內亂 亂區	內亂 亂情	外患 患區	外患 患情	其他 亂區	其他 亂情	附註
八	新 王莽初始元年						春，地震，大赦天下。	茂陵、汧	莽拜其黨親孫建、王邑、王駿、王況、劉宏、王昌、竇況等七人爲將軍，將關東甲卒發奔命以擊義。與戰，破之，斬劉橫首，因大赦天下。於是吏士積銳，遂攻圍義於圉城，大破之，捕義。三輔聞翟義起，自茂陵以西至汧，二十三縣盜賊並起。槐里男子趙朋、霍鴻等自稱將軍，攻燒官寺，殺右輔都尉及斄令，衆至十餘萬，攻長安。火見未央宮前殿，莽使王級、閻遷爲將軍，西擊朋等。王邑等還京師，西與王級等合擊趙朋、霍鴻。二月，朋等殄滅。					
九	王莽始建國元年					眞定、常山	大雨雹。		四月，徐鄉侯劉快結黨數千人，起兵於其國。快舉兵					

					即墨	攻即墨，吏民拒快，快敗走，至長廣，死。		
一一	王莽始建國三年	魏郡	河決魏郡，泛清河以東數郡。先是莽恐河決，爲元城冢墓害，及決東去，元城不憂水，故遂不堤塞。	灝河郡蝗生。	幷州、平州	吏士屯邊者所在放縱，而內部愁於徵發，民棄城郭，始流亡爲盜賊，幷州、平州尤甚。	雁門、朔方	匈奴單于遣左骨都侯右伊秩訾王呼盧訾及左賢王樂，將兵入雲中益壽塞，大殺吏民。是後單于歷告左右部都尉，諸邊王入塞寇盜，大輩萬餘，中輩數千，少輩數百。殺雁門、朔方太守、都尉。略吏民畜產，不可勝數。緣邊虛耗。
一二	王莽始建國四年					莽誳牂柯大尹周歆詐殺句町王邯。邯弟承起兵殺歆，州郡擊之不能服。		莽又發高句驪兵擊匈奴，高句驪不欲行，郡彊迫，皆亡出塞，因犯灋爲寇。遼西大尹田譚追擊之，爲所殺。濊貉反，詔嚴尤擊之。尤誘高句驪侯騶至而斬焉，傳首長安，莽大說，更名高句驪爲下句驪。於是貉人愈

公歷	年號	天災：水災 災區	水災 災況	旱災 災區	旱災 災況	其他 災區	其他 災況	人禍：內亂 亂區	內亂 亂情	外患 患區	外患 患情	其他 亂區	其他 亂情	附註
一三	王莽始建國五年										犯邊，東北與西南夷皆亂。西域諸國以莽積失恩信，焉耆先叛，殺都護但欽，西域遂瓦解。			
一四	王莽天鳳元年				緣邊大饑，人相食。		四月，隕霜殺草木，海瀕尤甚。七月，大風拔樹，飛北闕直城門屋瓦。雨雹殺牛羊。		益州蠻夷愁擾，盡反，復殺益州大尹程隆。莽遣平蠻將軍馮茂擊之。		單于貪莽賂遺，然內利寇掠，寇虜從左地入不絕。			
一五	王莽天鳳二年	邯鄲	邯鄲以北大雨，水出深者數丈，流殺數千人。					五原、代郡	穀糴常貴，邊兵二十餘萬人，仰衣食縣官。五原、代郡尤被其毒，起爲盜賊，數千人爲輩，轉入旁郡。莽遣孔仁將兵與郡縣合擊，歲餘乃定。					

一六

王莽天鳳三年

長平館西岸崩，壅涇水不流，毀而北行。

二月地震。大雨雪，關東尤甚，深者一丈，竹柏或枯。大疫，平蠻將軍馮茂擊句町。士卒疾疫，死者什六七。冬，更遣寧始將軍廉丹、與庸部牧史熊，大發天水、隴西騎士，廣漢、巴蜀犍爲吏

是歲，莽使王駿等將兵七千餘人，擊焉耆，爲焉耆所殺。

公歷			
年號			
天災	水災	災區	
		災況	
	旱災	災區	
		災況	
	其他災	災區	
		災況	民十萬人，轉輸者合二十萬人擊之。士卒飢疫。就都大尹馮英上言，自西南夷反叛以來，積且十年，郡縣距擊不已，吏士罹毒氣死者什七。
人禍	內亂	亂區	
		亂情	
	外患	患區	
		患情	
	其他禍	亂區	
		亂情	
附註			

一七	一八
王莽天鳳四年	王莽天鳳五年
荆州	
荆州饑饉，民衆入野澤，掘鳧茈而食之。	以大司馬司允費興爲荆州牧，
臨淮、會稽、長州、琅邪、海曲 新市 南郡	莒
莽瀆令煩苛，民搖手觸禁，不得耕桑，繇役煩劇，而枯、旱、蝗虫相因，獄訟不決，吏用苛暴立威，旁緣莽禁，侵刻小民，富者不能自別，貧者無以自存。於是並起爲盜賊，依阻山澤，吏不能禽，而覆蔽之，浸淫日廣。臨淮瓜田儀依阻會稽、長州，琅邪呂母聚黨數千人，殺海曲宰，入海中爲盜，其衆浸多至萬數。新市人王匡、王鳳爲平理諍訟，遂推爲渠帥，衆數百人。於是諸亡命者南陽馬武等皆往從之，共攻離鄉聚，臧於綠林山中，數月間，至七八千人。又有南郡張霸等與王匡俱起，衆皆萬人。	琅邪樊崇起兵於莒，衆百餘人，轉入太山，羣盜以崇勇猛，皆附之，一歲間至萬餘人。崇同郡人逢安、東海
	匈奴入北邊爲寇。

公歷	年號	天災 水災 災區	水災 災況	旱災 災區	旱災 災況	其他 災區	其他 災況	人禍 內亂 亂區	內亂 亂情	外患 患區	外患 患情	其他 亂區	其他 亂情	附註
					見問到部方略。與對曰，荊、揚連年久旱，百姓饑窮，故為盜賊。			青、徐、東海	人徐宣等各起兵，合數萬人，復引從崇共還攻莒，不能下，轉掠青、徐間。又有東海刁子都亦起兵鈔擊徐兗。莽遣使者發郡國兵擊之，不能克。					
一九	王莽天鳳六年			關東	饑旱連年			益州越嶲	更始將軍廉丹擊益州，不能克。益州夷棟蠶若豆等，起兵殺郡守。越嶲夷人大牟亦叛殺略吏人。莽召丹還。更遣大司馬護軍郭興、庸部牧李曄，擊蠻夷若豆等。		匈奴寇邊甚，莽乃大募天下丁男及死罪囚吏民奴，以為銳卒，又博募有奇技術可以攻匈奴者。		青、徐民多棄鄉里流亡，老弱死道路，壯者入賊中。	
二〇	王莽地皇元年		九月，大雨六十餘日。										九月，莽起九廟於長安城南。博徵天下	

工匠及吏民以義入錢穀,助作者駱驛道路,窮極百工之巧。功費數百餘萬,卒徒死者萬數。鉅鹿男子馬適求等謀舉燕、趙兵誅莽,事覺,莽遣三公大夫逮治黨與,連及郡國豪桀數千人。

公曆	年號	天災：水災 災區	水災 災況	旱災 災區	旱災 災況	其他 災區	其他 災況	人禍：內亂 亂區	內亂 亂情	外患 患區	外患 患情	其他 亂區	其他 亂情	附註
二一	王莽地皇二年					關東	秋,隕霜殺菽。關東大饑,蝗。	青、徐 句町等處 秦豐、平原 意陵、雲杜、安陸	莽遣太師羲仲景尙、更始將軍護軍王黨將兵擊青、徐賊,國師和仲曹放助郭興擊句町,皆不能克,軍師放縱,百姓重困。是歲,南郡秦豐聚衆且萬人。平原女子遲昭平亦聚數千人,在河阻中。是歲,荆州牧發犇命二萬人討綠林賊,賊帥王匡等相率迎擊於雲杜,大破牧軍,殺數千人,盡獲輜重。牧欲北歸,馬武等復遮擊之,鈎牧車屏泥,刺殺其驂乘,終不敢殺牧,賊遂攻拔竟陵。轉擊雲杜、安陸。多略婦女,還入綠林中,至有五萬餘口。州郡不能制。				莽既輕私鑄錢之法,犯者愈衆,及伍人相坐,沒入爲官婢奴。其男子檻車,女子步,以鐵瑣琅當其頸,傳詣鍾官,以十萬數,到者易其夫婦,愁苦死者什六七。	

公元	年號	天災	地區	人禍
二二	王莽地皇三年	二月，關東人相食。蝗從東方來，飛蔽天。流民入關者數十萬人，乃置養贍官稟食之。使者監領，與小吏共盜其稟，饑死者什七八。	南郡 南陽 荊州 隨 平林 無鹽	四月，遣太師王匡、更始將軍廉丹，東討衆賊。樊崇等聞太師、更始將討之，恐其衆與莽兵亂，乃皆朱其眉，號曰「赤眉」。匡、丹合將銳士十餘萬人，所過放縱。東方爲之語曰，「寗逢赤眉，不逢太師，太師尙可，更始殺我。」綠林賊遇疾疫，死者且半，乃各分散引去。王常、成丹西入南郡，號「下江兵」，王鳳、王匡、馬武及其支黨朱鮪、張卬等入南陽，號「新市兵」，皆自稱將軍。莽遣司命大將軍孔仁部豫州，納言大將軍嚴尤、秩宗大將軍陳茂擊荊州。七月，新市賊王匡等進攻隨。平林人陳牧、廖湛復聚衆千餘人，號「平林兵」，以應之。冬，無鹽索盧恢等舉兵，反城附賊。廉丹、王匡攻拔之，斬首萬餘級。

公曆	年號	天災·水災·災區	天災·水災·災況	天災·旱災·災區	天災·旱災·災況	天災·其他·災區	天災·其他·災況	人禍·內亂·亂區	人禍·內亂·亂情	人禍·外患·患區	人禍·外患·患情	人禍·其他·亂區	人禍·其他·亂情	附註
二三	淮陽王更始元年	南陽	大雨，湽川盛溢。					聚長、唐子鄉、湖陽	劉縯、劉秀起兵，號漢兵。縯使族人嘉招說新市、平林兵，與其帥王鳳、陳牧西擊長聚，進屠唐子鄉，又殺湖陽尉。					
								宛、淯陽	正月，漢兵與下江兵共攻甄阜、梁丘賜，斬之，殺士卒二萬餘人。王莽納言將軍嚴尤、秩宗將軍陳茂，引兵欲據宛，劉縯與戰於淯陽下，大破之，遂圍宛。					
								舂陵	先是青、徐賊衆雖數十萬人，訖無文書號令旌旗部曲，及漢兵起，皆稱將軍，攻城略地。舂陵戴侯曾孫玄在平林兵中，號更始將軍。時漢兵已十餘萬，諸將議以兵多而無統一，欲立劉氏以從人望，乃去劉玄爲帝。改元「更始」。					

昆陽、定陵、郾

宛城

平襄、雍州、安定、隴西、張掖、

莽赦天下，詔王匡、哀章等討青、徐賊，嚴尤、陳茂等討前隊醜虜。

三月，王鳳與太常偏將軍劉秀等徇昆陽、定陵、郾皆下之。

棘陽守長岑彭，與前隊貳嚴說，共守宛城，漢兵攻之數月，城中人相食，乃舉城降。

劉秀至郾、定陵，悉發諸營兵俱進。與尋、邑戰，破之。斬首數千級。秀復進，斬首數百千級。復與邑、尋戰，尋、邑陳亂，漢兵乘銳崩之，遂殺王尋。莽兵大潰，走者相騰踐，伏尸百餘里。

成紀隗崔、隗義，上邽楊廣，冀人周宗，同起兵以應漢。攻平襄，殺莽鎮戎大尹李育。崔等勒兵十萬，擊殺雍州牧陳慶。安定大尹王白分遣諸將，徇隴西、武都、金城、武威、張掖、酒泉、燉煌皆

公曆	年號	天災：水災（災區）	天災：水災（災況）	天災：旱災（災區）	天災：旱災（災況）	天災：其他（災區）	天災：其他（災況）	人禍：内亂（亂區）	人禍：内亂（亂情）	人禍：外患（患區）	人禍：外患（患情）	人禍：其他（亂區）	人禍：其他（亂情）	附註
								等	下之。					
								漢中	漢兵起，南陽宗成、商人王岑起兵徇漢中以應漢。殺王莽庸部牧宋遵，衆合數萬人。至成都，虜掠暴橫。					
								成都	公孫述等選精兵西擊成等，殺之，并其衆。王莽與漢兵戰，均敗，身死。					
二四	淮陽王更始二年							薊	寇恂、彭寵發步騎三千人，以吳漢行長史，與蓋延、王梁將之，南攻薊，殺王郎大將趙閎。寇恂還，遂與上谷長史景丹及耿弇將兵俱					
								漁陽	南與漁陽軍合。所過擊斬王郎大將九卿校尉以下，凡斬首三萬級。					
								涿郡、中山、鉅鹿等二十二縣	定涿郡、中山、鉅鹿、清河、河間凡二十二縣。四月，留將軍鄧滿守鉅鹿，					

進軍邯鄲，連戰破之。郎乃使其諫大夫杜威請降，不成。

邯鄲　五月，郎少傅李立開門內漢兵，遂拔邯鄲。郎夜亡走，王霸追斬之。

更始遣使立秀爲蕭王，悉令罷兵。蕭王乃辭以河北未平，不就徵，始貳于更始。

是時諸賊銅馬、大彤、高湖、重連、鐵脛、大槍、尤來、上江、青犢、五校、五幡、五樓、富平、獲索等各領部曲衆合數百萬人，所在寇掠。蕭王欲擊之，乃拜吳漢、耿弇俱爲大將軍。

館陶　秋，蕭王擊銅馬於館陶，大破之。受降未盡，而高湖、重連從東南來，與銅馬餘衆合。

蒲陽　蕭王復與大戰于蒲陽，悉破降之。

赤眉別帥與青犢、上江、大彤、鐵脛、五幡十餘萬衆在射犬。蕭王引兵進擊，大破

公曆年號	天災 水災 災區	天災 水災 災況	天災 旱災 災區	天災 旱災 災況	天災 其他 災區	天災 其他 災況	人禍 內亂 亂區	人禍 內亂 亂情	人禍 外患 患區	人禍 外患 患情	人禍 其他 亂區	人禍 其他 亂情	附註
								之。					
							綿竹	更始遣柱功侯李寶、益州刺史李忠將兵萬餘人徇蜀漢。公孫述遣其弟恢擊寶、忠於綿竹，大破走之。述遂自立爲蜀王。					
								隗崔、隗義謀叛歸天水。隗崔告發，隗義伏誅。					
							濟陰、山陽、等二十八城	梁王永據國起兵，招諸郡豪桀沛人周建等，並署爲將帥，攻下濟陰、山陽、沛、楚、淮陽、汝南，凡得二十八城。					
							齊、徐	又招賊帥拜爲將軍，督青、徐二州，與之連兵，遂專據東方。					
							黎丘、宜城等十餘縣	邔人秦豐起兵于黎丘，攻得邔、宜城等十餘縣，有衆萬人，自號楚黎王。					
							夷陵	汝南田戎攻陷夷陵，自稱掃地大將軍，轉寇郡縣，衆數萬人。					

二五

後漢　光武帝建武元年

臨涇　河東、安邑　弘農　蓩鄉　湖　元氏、北平　安次　漁陽

三月，方望與安陵人弓林共立前定安公嬰爲天子，聚黨數千人，居臨涇。更始遣丞相松等擊破，皆斬之。鄧禹至箕關，擊破河東都尉，進圍安邑。赤眉二部，俱會弘農，更始遣討難將軍蘇茂拒之，茂軍大敗。赤眉衆遂大集，乃萬人爲一營，凡三十營。三月，更始遣丞相松與赤眉戰於蓩鄉，松等大敗，死者三萬餘人。赤眉遂轉北至湖。蕭王北擊尤來、大槍、五幡於元氏，追至北平，連破之。又戰於順水北，乘勝輕進，反爲所敗。賊雖勝而憚王威名，夜遂引去，大軍復進至安次，連戰破之。賊退入漁陽，所過虜掠。王遣陳俊將輕騎馳出賊前，視人保壁堅完者，敕令

公歷	年號	天災						人禍						附註
		水災		旱災		其他		內亂		外患		其他		
		災區	災況	災區	災況	災區	災況	亂區	亂情	患區	患情	亂區	亂情	
								浚靡 遼西 遼東	因守，放散在野者，因掠取之，賊至無所得。遂散敗。王復遣吳漢率耿弇、景丹等十三將軍追尤來等，斬首萬三千餘級，遂窮追至浚靡而還。賊散入遼西、遼東，爲烏桓貊人所鈔擊略盡。					
								安邑 解	鄧禹圍安邑，數月未下。更始大將軍樊參將萬人度大陽，欲攻禹，禹逆擊於解南，斬之。王匡、成丹、劉均合軍十餘萬，復共擊禹，禹軍不利。匡悉軍出攻禹，禹令軍中毋得妄動，既至營下，因傳發諸將，鼓而並進，大破之。匡等皆走。禹追斬均及河東太守楊寶，遂定河東。匡等犇還長安，更始朝內大亂。匡卬叛。					
								汾陰	鄧禹自汾陰度河，入夏陽，					

	（續前）	二六
年號		光武帝建武二年
天災地點		三輔
天災		大饑，人相食，城郭皆空，白骨蔽野。
人禍地點	夏陽、衙、長安	鄴、長安、南山、安定、北地、南鄭、漢中、
人禍	更始左輔都尉公乘歙引其衆十萬，與馮翊兵共拒禹於衙，禹復破走之。李松自掫引兵還從更始，與趙萌共攻王匡、張卬於長安，連戰月餘，匡等敗走。更始徙居長信宮，赤眉至高陵，王匡張卬等迎降之。遂共連兵進攻長安東都門，李松出戰，赤眉生得松。九月，赤眉入長安，更始單騎走。上遣岑彭擊荊州羣賊，下犨、葉等十餘城。	帝遣吳漢率王梁等九將軍擊檀鄉賊於鄴東漳水上，大破之。十餘萬衆皆降。長安城中糧盡，赤眉收載珍寶，大縱火燒宮室市里，恣行殺掠，長安城中，無復人行。乃引兵而西，衆號百萬，自南山轉掠城邑，遂入安定、北地。延岑復反，圍南鄭，漢中王嘉兵敗走。岑遂據漢中。進

公曆年號	天災 水災 災區	水災 災況	旱災 災區	旱災 災況	其他 災區	其他 災況	人禍 內亂 亂區	內亂 亂情	外患 患區	外患 患情	其他 亂區	其他 亂情	附註
							武都、天水 鮦陽 虞 沛、楚、臨淮 南陽、新野、淯陽	兵武都，爲李寶所破，岑走天水，與嘉戰，敗。八月，帝自率諸將征五校，丙辰，幸內黃大破五校於鮦陽，降其衆五萬人。蓋延圍睢陽數月，克之。劉永走至虞。虞人反，永與麾下數十人奔譙，蘇茂、佼彊、周建合軍三萬餘人救永，延與戰於沛西，大破之。延遂定沛、楚、臨淮。吳漢徇南陽諸縣，所過多侵暴。破虜將軍鄧奉謁歸新野，怒漢掠其鄉里，遂反，擊破漢軍，屯據淯陽，與諸賊合從。赤眉引兵欲西上隴。隗囂遣將軍楊廣迎擊破之。又追敗之於烏氏涇陽間，赤眉至陽城番須中，逢大雪，坑谷皆滿，士多凍死，乃復					

郁夷

長安、杜陵

漢中

華陰

還。鄧禹遣兵擊之於郁夷，反爲所敗，禹乃出之雲陽。赤眉復入長安。延岑屯杜陵，赤眉將逢安擊之、鄧禹以安精兵在外，引兵襲長安，會謝祿救至，禹兵敗走。延、岑擊逢安大破之，死者十餘萬人。廖湛將赤眉十八萬，攻漢中王嘉，嘉與戰於谷口，大破之。嘉手殺湛。馮異與赤眉遇於華陰，相拒六十餘日，戰數十合，降其將卒五千餘人。

二七

光武帝建武三年

大旱。（圖）

正月，鄧引與賊大戰移日，赤眉陽敗，棄輜重走。車皆載土，以豆覆其上，兵士飢，爭取之，赤眉遂引還擊引。引軍潰亂，異與禹合兵救之，赤眉小卻。異以士卒飢倦可且休，禹不聽，復戰大爲所敗。死傷者三千餘人。閏月，馮異與赤眉約期會戰。使壯士變服與赤眉同伏於道側。旦日，赤眉使萬

七十七

公歷年號	天災 水災 災區	災況	天災 旱災 災區	災況	天災 其他 災區	災況	人禍 內亂 亂區	亂情	人禍 外患 患區	患情	人禍 其他 亂區	亂情	附註
							崤底	人攻異前部，異少出兵以救之，賊見執弱，遂悉衆攻異，異乃縱兵大戰，大破之於崤底，降男女八萬人。					
							宜陽	赤眉餘衆東向宜陽，帝親勒六軍嚴陳以待之。赤眉忽遇大軍，驚而乞降。					
							軹	吳漢率耿弇、蓋延擊青犢於軹西，大破降之。					
							涿郡	涿郡太守張豐反，與彭寵連兵。朱浮以帝不自征彭寵，上疏求救。詔下，令固守。浮城中糧盡，人相食，浮降寵。					
							右北平、上谷	寵自稱燕王，攻拔右北平、上谷數縣，賂遺匈奴，借兵爲助，又南結張步及富平、獲索諸賊，皆與交通。延岑引張邯、任良共擊異，異擊大破之。					
							廣樂	吳漢率驃騎大將軍杜茂等七將軍，圍蘇茂於廣樂。					

				睢陽	周建招集得十餘萬人救之。漢迎與之戰，不利。旦日，蘇茂、周建出兵圍漢，漢奮擊，大破之。
					睢陽人反城迎劉永，蓋延率諸將圍之。
				南陽、穰	延岑攻南陽，得數城，建威大將軍耿弇與戰於穰，大破之。岑走歸秦豐。
				鄧	秦豐拒岑彭於鄧。七月，彭擊破之，進圍豐於黎丘。
				揚州	別遣積弩將軍傅俊將兵江東，揚州悉定。
二八	光武帝建武四年	東郡以北傷水。（圖）		順陽	延岑復寇順陽，遣鄧禹將兵擊破之。
					田戎降後復反，與秦豐合，岑彭擊破之。
				涿郡	帝遣祭遵等爲將軍，討張豐於涿郡，禽之。
					岑彭攻秦豐三歲，斬首九萬級，豐餘兵裁千人，食且盡。
					公孫述聚兵數十萬，積糧漢中。遣將軍李育、程烏將

公曆	年號	天災：水災 災區	水災 災況	旱災 災區	旱災 災況	其他 災區	其他 災況	人禍：內亂 亂區	內亂 亂情	外患 患區	外患 患情	其他 亂區	其他 亂情	附註
二九	光武帝建武五年				四月，旱。		蝗。		數萬衆，出屯陳倉，就呂鮪，將徇三輔。馮異迎擊，大破之，育、烏俱犇漢中。異還擊，破呂鮪營，保降者甚衆。其後公孫述數遣將間出，嚻輒與異合勢，共摧挫之。	九原、五原、朔方、雲中、定襄、鴈門	十二月，李興與盧方俱入塞，都九原縣，掠有五原、朔方、雲中、定襄、鴈門五郡，並置守令，與胡兵侵苦北邊。			
								泰山郡	泰山豪傑多與張步連兵。吳漢薦彊弩大將軍陳俊爲泰山太守，擊破步兵，遂定泰山。					
								平原、勃海	吳漢率耿弇、王常擊富平、獲索賊於平原，大破之。追討餘黨，至勃海，降者四萬餘人。					
								彭城、桃城	平敵將軍龐萌反。襲延軍破之，與董憲連和，自號「東平王」，屯桃鄉之北，攻破彭城，圍桃城。帝率衆軍進救桃城，親自搏戰，大破之。龐萌、蘇茂、佼彊夜走從董憲。					

									耿弇連戰張步，大破之，殺傷無數，溝塹皆滿。弇知步困將退，豫置左右翼爲伏以待之。人定時，步果引去，伏兵起縱擊，追至鉅昧水上，八九十里，僵尸相屬。張步乃降。		
三〇	光武帝建武六年				正月，旱。		九月，大雨連月。(圖)	朐	吳漢等拔朐，斬董憲、龐萌，江淮山東悉平。四月，帝遣將伐蜀。隗囂反，使王元據隴坻，伐木塞道，諸將因與囂戰，大敗。		匈奴與盧芳爲寇不息，帝令歸德侯颯使匈奴以修舊好，單于驕倨，雖遣使報命，而寇暴如故。
								隴	隗囂乘勝，使王元、行巡將二萬人下隴，爲馮異等擊破。王元、行巡皆叛隗囂降。語馮異進軍義渠，擊破盧芳將賈覽、匈奴奧鞬日逐王，北地、上郡、安定皆降。		
三一	光武帝建武七年		六月，雨水，雒水盛溢，至津城門，帝自行					安定、陰槃、隴、汧	秋，隗囂將步騎三萬侵安定，至陰槃，馮異率將拒之。囂又令別將下隴，攻祭遵於汧，並無利而還。		

公曆	年號	天災：水災：災區	天災：水災：災況	天災：旱災：災區	天災：旱災：災況	天災：其他災：災區	天災：其他災：災況	人禍：內亂：亂區	人禍：內亂：亂情	人禍：外患：患區	人禍：外患：患情	人禍：其他亂：亂區	人禍：其他亂：亂情	附註
			水,弘農都尉治折爲水所漂殺,民溺傷稼,壞廬舍。(圖)											
三二	光武帝建武八年		大水。					潁川 河東 安定、北地、天水、隴西	帝親征隗囂。囂大將十三,屬縣十六,衆十餘萬皆降。囂走依楊廣。潁川盜賊羣起,寇沒屬縣,河東守兵亦叛,京師騷動,不久皆降。東郡、濟陰盜賊亦起,帝遣李通、王常擊之,亦降。冬,楊廣死,隗囂復與吳漢等戰,擊敗吳漢等,安定、北地、天水、隴西復反爲囂有。					
三三	光武帝建武九年				春,旱。(圖)			江關、	公孫述遣其翼江王田戎、大司徒任滿、南郡太守程汎,將數萬人下江關,擊破					

								巫、夷道、夷陵	馮駿等軍，遂拔巫及夷道、夷陵。		
								高柳	吳漢率王常等四將軍兵五萬餘人，擊盧芳將賈覽、閔堪於高柳，匈奴救之。漢軍不利，於是匈奴轉盛，鈔暴日增。		
								天水	八月，來歙率馮異等五將軍，討隗純於天水。		
								繁畤	驃騎將軍杜茂與賈覽戰于繁畤，茂軍敗績。		
三四	光武帝建武十年						十月，樂浪、上谷，雨雹傷稼。（圖）		夏，陽節侯馮異等與趙匡、田弇戰，且一年，皆斬之。	高柳 平城	正月，吳漢復率捕虜將軍王霸等四將軍，六萬人出高柳擊賈覽。匈奴數千騎救之，連戰於平城下，破走之。
									十月，來歙與諸將攻破落門，周宗、行巡、苟宇、趙恢等將，隗純降。	金城	先零羌與諸種寇金城、隴西，來歙率蓋延等進擊，大破之，斬首虜數千人。於是開倉廩以賑飢乏，隴右遂安。
三五	光武帝建武十一年								岑彭率軍與田戎等水戰，彭以飛炬焚之，風怒火盛，橋樓崩燒。岑彭悉軍順風	臨洮	夏，先零羌寇臨洮。來歙薦馬援為隴西太守，擊先零羌，大破之。

公曆年號	天災						人禍						附註
	水災		旱災		其他		內亂		外患		其他		
	災區	災況	災區	災況	災區	災況	亂區	亂情	患區	患情	亂區	亂情	
							蜀	並進，所向無前，蜀兵大亂，溺死者數千人。斬任滿，生獲程汎，而田戎走保江州。公孫述以王元爲將軍，使與領軍環安拒河池。		馬成等破河池，遂平武都。先零諸種羌數萬人屯聚寇鈔，成與馬援深入討擊，大破之。徙降羌置天水、隴西、扶風。			
							下辨	六月，來歙與蓋延等進攻元、安，大破之，遂克下辨。乘勝遂進，蜀人大懼，使刺客刺歙。					
							平曲	帝自將征公孫述，岑彭使臧宮將降卒五萬，從涪水上平曲拒延岑，自分兵浮江下，還江州，泝都江而上，襲擊侯丹，大破之。					
							武陽、廣都	因晨夜倍道，兼行二千餘里，徑拔武陽。使精騎馳擊廣都，去成都數十里，勢若風雨，所至皆犇散，蜀地震駭。					
								會帝遣謁者將兵詣岑彭，有馬七百匹，宮矯制以自					

	三六
	光武帝建武十二年
	五月，旱。（圖）
	河南、平陽
	雨雹，大如杯，壞敗吏民廬舍。（圖）
	武陽、廣都、江州
益，晨夜進兵，多張旗幟，登山鼓譟，右步左騎，挾船而行，呼聲動山谷。延岑不意漢軍卒至，登山望之，大震恐，宮因縱擊，大破之，斬首溺死者萬餘人，水爲之濁。延岑犇成都，其衆悉降，自是乘勝追北，降者以十萬數。軍至陽鄉，王元舉衆降。公孫述使人刺死岑彭。十二月，吳漢自夷陵將三萬人泝江而上，伐公孫述。	正月，吳漢破公孫述將魏黨、公孫永於魚淳津，遂圍武陽。述遣子壻史興救之，漢迎擊破之。復進軍攻廣都，拔之。公孫述將帥恐懼，日夜離叛。七月，馮駿拔江州，獲田戎。九月，述使其大司徒謝豐、執金吾袁吉，將十餘萬分爲二十營，出攻。漢使別將將萬餘人刼劉尙，令不得相救。漢與大戰一日，兵敗
	武都
	是歲，參狼羌與諸種寇武都，隴西太守馬援擊破之，降者萬餘人。盧芳與匈奴烏桓連兵，數寇邊。帝遣驃騎大將軍杜茂等，將兵鎮守北邊，治飛狐道，築亭障，修烽燧，凡與匈奴烏桓大小數十百戰，終不能克。

公曆	年號	天災						人禍						附註
		水災		旱災		其他		內亂		外患		其他		
		災區	災況	災區	災況	災區	災況	亂區	亂情	患區	患情	亂區	亂情	
									走入壁，豐因圍之。漢與諸將謀，閉營三日不出，乃多樹旛旗，使煙火不絕，夜銜枚，引兵與劉尚合軍，豐等不覺。明日，乃分兵拒水北，自將攻江南。漢悉兵迎戰，自旦至晡，遂大破之，斬豐、吉。					
								廣都、成都之間	自是漢與述戰於廣都、成都間，八戰八克，遂軍于其郭中。臧宮拔綿竹，破涪城，斬公孫恢，復攻拔繁、郫，與吳漢會於成都。					
								成都	十一月，臧宮軍咸陽門。述自將數萬人攻漢，使延岑拒宮。大戰，岑三合三勝，自旦及日中，軍士不得食，並疲，漢因使護軍高午、唐邯將鋭卒數萬擊之，述兵大亂。高午奔陳刺述，洞胸墮馬，其夜死。明旦，延岑以城					

公元	年號	地區	天災	地區	人禍	地區	人禍
					降。吳漢夷述妻子，盡滅公孫氏幷族延岑，遂放兵大掠，焚述宮室。		
三七	光武帝建武十三年	揚、徐	揚、徐部大疾疫。(圖)			河東	五月，匈奴入寇河東。
三八	光武帝建武十四年	會稽	秋，大疫。				
三九	光武帝建武十五年	鉅鹿	十二月，雨雹傷稼。(圖)			高柳	匈奴寇鈔日盛，州郡不能禁。二月，遣吳漢率馬成、馬武等北擊匈奴，徙鴈門、代郡、上谷吏民六萬餘口，置居庸、常山關以東，以避胡寇。匈奴左部，遂復轉居塞內，朝廷患之。增緣邊兵部數千人。是歲，使騎都尉張堪領杜茂營，擊破匈奴於高柳。拜堪漁陽太守。堪視事八年，匈奴不敢犯塞。
四〇	光武帝建武十六年			交趾麊冷縣	二月，交趾麊冷縣雒將女子徵側與其妹徵貳反，九眞、日南、合浦、蠻俚皆應之，		匈奴貪得財帛，使盧芳入降漢。恨不得財帛，入寇尤深。

公曆	年號	天災						人禍						附註
		水災		旱災		其他		內亂		外患		其他		
		災區	災況	災區	災況	災區	災況	亂區	亂情	患區	患情	亂區	亂情	
四一	光武帝建武十七年	雒陽	暴雨，壞民廬舍，壓殺人畜，傷害禾稼。（圖）					九眞、日南	凡略六十五城自立爲王，都麊泠。	遼東	匈奴、鮮卑、赤山烏桓數連兵入塞，殺略吏民。			
								青、徐、幽、冀	郡國羣盜，處處並起，郡縣追討，到則解散去復屯結。四州尤甚。					
								皖城	妖賊李廣攻沒皖城。遣中郎將馬援、驃騎將軍段志討之。七月，破皖城，斬李廣。					
								交趾	徵側等寇亂連年，拜馬援爲伏波將軍，以扶樂侯劉隆爲副，南擊交趾。					
四二	光武帝建武十八年				五月，旱。			蜀郡	二月，蜀郡守將史歆反，攻太守張穆，穆踰城走宕渠。揚偉等起兵以應歆，帝遣吳漢等將萬餘人討之。吳漢發廣漢、巴蜀三郡兵，圍成都百餘日，七月，拔之，斬史歆等。馬援緣海而進，隨山刊道千餘里，至浪泊上，與徵側					

				等戰，大破之。追至禁谿，賊遂散走。盧芳復反，與閔堪相攻連月，匈奴遣數百騎迎芳出塞。		
四三	光武帝建武十九年		交趾	馬援斬徵側、徵貳。交趾寇悉平。		
			原武	妖賊單臣、傅鎮等相聚入原武城，自稱將軍。詔太中大夫臧宮將兵圍之，數攻不下，士卒死傷。四月，拔原武，斬臣、鎮等。		
				西南夷棟蠶反，殺長吏。詔武威將軍劉尚等討之。		
四四	光武帝建武二十年			劉尚進兵與棟蠶等連戰，皆破之。	上黨、天水、扶風	匈奴寇上黨、天水，遂至扶風。十二月，馬援自請擊之。
四五	光武帝建武二十一年	六月，旱。（圖）	不韋	正月，劉尚追棟蠶等至不韋，斬棟蠶帥。西南諸夷悉平。	代等五郡	烏桓與匈奴、鮮卑連兵爲寇，代郡以東尤被烏桓之害。其居止近塞，朝發穹廬，暮至城郭，五郡民庶，家受其辜。至於郡縣損壞，百姓流亡，邊陲蕭條，無復人迹。

公曆	年號	天災·水災·災區	天災·水災·災況	天災·旱災·災區	天災·旱災·災況	天災·其他·災區	天災·其他·災況	人禍·內亂·亂區	人禍·內亂·亂情	人禍·外患·患區	人禍·外患·患情	人禍·其他·亂區	人禍·其他·亂情	附註
四六	光武帝建武二十二年					青州 匈奴	九月，地震。是歲，蝗。匈奴中連年旱蝗，赤地數千里，人畜饑疫，死耗太半。			遼東 上谷、中山	八月，帝遣馬援與謁者分築保塞，稍興立郡縣，或空置太守令、長，招還人民。援將三千騎擊烏桓無功而還。鮮卑萬餘寇遼東，太守祭肜率數千人迎擊之，自被甲陷陣，虜大犇，投水死者過半。冬，匈奴寇上谷、中山。			

四七	光武帝建武二十三年							南郡	正月，南郡蠻叛，遣武威將軍劉尚討破之。武陵蠻精夫相單程等反。遣劉尚發兵萬餘人，泝沅水入武谿擊之。尚輕敵深入，蠻乘險邀之，尚一軍悉沒。					
四八	光武帝建武二十四年							臨沅　五溪	七月，武陵蠻寇臨沅。遣謁者李嵩、中山太守馬成討之。不克。復遣馬援率中郎將馬武、耿舒等將四萬餘人征五溪。					
四九	光武帝建武二十五年							臨鄉	馬援兵至臨鄉，擊破蠻兵，斬獲二千餘人。		正月，遼東徼外貊人寇邊，太守祭彤招降之。			匈奴此後分爲南北二部。
五〇	光武帝建武二十六年						郡國七大疫。（圖）							
五四	光武帝建武三十年		五月，大水。											
五五	光武帝建武三十一年		五月，大水。				蝗。							
五六	光武帝中元元年						秋，郡國三蝗。							

公曆	年號	天災 水災 災區	天災 水災 災況	天災 旱災 災區	天災 旱災 災況	天災 其他 災區	天災 其他 災況	人禍 內亂 亂區	人禍 內亂 亂情	人禍 外患 患區	人禍 外患 患情	人禍 其他 亂區	人禍 其他 亂情	附註
五七	光武帝中元二年									隴西、允街、允吾	燒當羌豪滇吾與弟滇岸，率衆寇隴西，敗太守劉盱于允街。於是守塞諸羌皆叛。詔謁者張鴻領諸郡兵擊之，戰于允吾，鴻軍敗沒。十一月，復遣中郎將竇固，監捕虜將軍馬武等二將軍四萬人討之。			
五八	明帝永平元年										七月，馬武等擊燒當羌，大破之。餘皆降散。遼東太守祭肜使偏何討赤山、烏桓，大破之，斬其魁帥，塞外震讋。			
六〇	明帝永平三年	京師及郡國七	是歲，京師及郡國七大水。		夏，天旱。		八月，郡國十二，雨雹傷稼。（圖）							
六二	明帝永平五年									五原、雲中	十一月，北匈奴寇五原。十二月，寇雲中，南單于擊卻之。			

六四	明帝永平七年										北匈奴數寇邊。			
六五	明帝永平八年		秋，郡國十四大水。		冬，旱。（圖）						北匈奴雖遣使入貢，而寇鈔不息。			
六七	明帝永平十年						郡國十八雨雹，蝗。（圖）							
六八	明帝永平十一年		八月，旱。（圖）											
七二	明帝永平十五年		八月，旱。（圖）											
七三	明帝永平十六年										二月，大舉伐北匈奴。竇固、耿忠至天山，擊呼衍王，斬首千餘級，追至蒲類海，取伊吾盧地。耿秉、秦彭擊匈林王，絕幕六百餘里，至三木樓山而還。來苗、文穆至匈河水上，虜皆犇走，無所獲。祭肜與南匈奴左賢王信不相得，出高闕塞九百餘里，得小山，			

公歷	年號	天災 水災 災區	水災 災況	旱災 災區	旱災 災況	其他災 災區	其他災 災況	人禍 內亂 亂區	內亂 亂情	外患 患區	外患 患情	其他亂 亂區	其他亂 亂情	附註
										雲中	信妄言以爲涿邪山,不見虜而還。班超定西域諸國。是歲北匈奴大入雲中,雲中太守廉范拒之,斬首數百級,虜自相轔藉,死者千餘人。			
七四	明帝永平十七年										十一月,遣奉車都尉竇固、駙馬都尉耿秉、騎都尉劉張出敦煌昆侖塞擊西域。秉、張皆去符傳以屬固,合兵萬四千騎,擊破白山虜於蒲類海上。遂進擊車師。秉奮身上馬,引兵北入,衆軍並進,斬首數千級,車師前王、後王均降。			
七五	明帝永平十八年			京師及兗、豫、徐三州	是歲,大旱。						北單于遣左鹿蠡王率二萬騎擊車師。耿恭遣司馬將兵三百人救之,皆爲所沒。匈奴遂破殺車師後王			

			柳中	安得，而攻金蒲城。會暴風雨，恭以毒藥傅矢，隨雨擊之，殺傷甚衆。匈奴震怖，遂解去。七月，匈奴復來攻，擁絕澗水，恭得水，以示虜，虜出不意，以爲神，遂引去。焉耆、龜茲攻沒都護陳睦，北匈奴圍關寵於柳中城。會中國有大喪，救兵不至，車師復叛，與匈奴共攻耿恭，恭死守。帝遣耿秉等合共七千餘人救之。
七六	章帝建初元年	大旱。是歲，南部次饑，詔稟給之。山陽、東平地震。	柳中、交河	酒泉太守段彭等兵會柳中，擊車師，攻交河城，斬首三千八百級，獲生口三千餘人。北匈奴驚走，車師復降。
七七	章帝建初二年	大旱。	隴西、漢陽	燒當羌豪滇吾之子迷吾，率諸種俱反。敗金城太守郝崇。詔以武威太守北地傅育爲護羌校尉，自安夷徙居臨羌。迷吾又與封養種豪布橋等五萬人共寇

公歷年	年號	天災						人禍						附註
		水災		旱災		其他災		內亂		外患		其他亂		
		災區	災況	災區	災況	災區	災況	亂區	亂情	患區	患情	亂區	亂情	
七八	章帝建初三年							武陵	武陵漊中蠻反。	臨洮	隴西、漢陽。八月，遣行車騎將軍馬防、長水校尉耿恭，將北軍五校兵及諸郡射士三萬人擊之。馬防等軍到冀，布橋等圍南部都尉於臨洮，防進擊破之，斬首虜四千餘人。遂解臨洮圍，其衆皆降，唯布橋等二萬餘人屯望曲谷，不下。馬防擊布橋，大破之。布橋將種人萬餘降，詔徵防還，留耿恭擊諸未服者。斬首虜千餘人。勒姐、燒何等十三種數萬人皆詣恭降。閏四月，西域假司馬班超，率疏勒、康居、于寘、拘彌兵一萬人，攻姑墨石城，破之。斬首七百級。			

七九	章帝建初四年	夏，旱。（圖）				
八〇	章帝建初五年	春，旱。（圖）	漢中	荊、豫諸郡兵討漢中蠻，破之。		疏勒都尉番辰叛，班超與徐幹擊之，大破，斬首千餘級。
八四	章帝元和元年	春，旱。（圖）				班超發兵擊莎車。
八五	章帝元和二年	夏，旱。（圖）				
八六	章帝元和三年				隴西	燒當羌迷吾，復與弟號吾及諸種反。號吾先輕入寇隴西界，督烽李章追之，生得號吾，
八七	章帝章和元年				大、小榆谷	羌胡不服，復叛出塞，更依迷吾。護羌校尉傅育欲伐燒當羌，請發諸郡兵數萬人共擊羌。羌不設備，迷吾襲擊，育及吏士被殺者八百八十人。羌豪迷吾復與諸種寇金城塞，爲馬防所破，斬迷吾。迷吾子迷唐與諸種解仇結婚交質，據大小榆谷以叛。種衆熾盛，張行、馬防不

公曆	年號	天災 水災 災區	天災 水災 災況	天災 旱災 災區	天災 旱災 災況	天災 其他 災區	天災 其他 災況	人禍 內亂 亂區	人禍 內亂 亂情	人禍 外患 患區	人禍 外患 患情	人禍 其他 亂區	人禍 其他 亂情	附註
										莎車	能制。班超發于窴諸國兵共二萬五千人,擊莎車,斬五千餘級,莎車遂降。			
八八	章帝章和二年			京師	五月旱。	匈奴	北匈奴饑亂,降南部者,歲數千人。			寫谷	故張掖太守鄧訓代張紆為護羌校尉。迷唐率兵萬騎來至塞下,訓發湟中秦胡羌兵四千人出塞,掩擊迷唐於寫谷,破之。迷唐乃去大小榆,居頗巖谷。衆悉離散。			
八九	和帝永元元年		郡國九大水。								迷唐欲復歸故地,鄧訓發湟中六千人,令長史任尚將之,縫革為船,置於箄上,以度河掩擊迷唐,大破之。斬首前後一千八百餘級,獲生口二千人,馬牛羊三萬餘頭,一種殆盡。六月,竇憲、耿秉等出塞,遣將率南匈奴精騎數萬,與			

											北單于戰于稽洛山,大破之。斬名王已下萬三千級,降者二十餘萬人。憲、秉出塞三千餘里。			
九〇	和帝永元二年				郡國十四旱。(圖)						月氏將兵七萬攻班超,班超平之。十月,竇憲遣班固、梁諷擊北單于,夜至圍之,斬首八千級,北單于被創,僅得免。			
九一	和帝永元三年										竇憲以北匈奴微弱,欲遂滅之。二月,遣左校尉耿夔、司馬任尚出塞圍北單于於金微山,大破之,獲其母閼氏,斬名王已下五千餘級,北單于逃走,不知所在。出塞五千里而還。			
九二	和帝永元四年				夏,旱。		郡國十三地震。蝗。		武陵、零陵、澧中蠻叛。竇氏爲亂。	金城	護羌校尉鄧訓卒。迷唐復反,與諸種共生,屠裂氾等,以血盟詛,復寇金城塞。			
九三	和帝永元五年					隴西	地震。六月,郡		武陵郡兵破叛蠻,降之。		護羌校尉貫友,遣譯使搆離諸羌,使其解散,乃遣兵			

公歷	年號	天災						人禍						附註
		水災		旱災		其他		內亂		外患		其他		
		災區	災況	災區	災況	災區	災況	亂區	亂情	患區	患情	亂區	亂情	
九四	和帝永元六年			京師	七月,旱。		國三雨雹。			榆谷	出塞,攻迷唐於大、小榆谷,獲首虜八百餘人。南單于師子立,降胡五六百人夜襲師子,安集掾王恬,將衛護士與戰,破之。於是降胡遂相驚動,十五部二十餘萬人皆反,脅立前單于屯何子薁鞮日逐王逢侯為單于,遂殺略吏民。以光祿勳鄧鴻行車騎將軍事,與越騎校尉等將四萬人討之。十一月,鄧鴻等至美稷,南單于遣子將萬騎及杜崇所領四千騎,與鄧鴻等追擊逢侯於城塞,斬首四千餘級。任尚率鮮卑、烏桓要擊逢侯於滿夷谷,復大破之。前後凡斬萬七千餘級。逢侯遂率衆出塞。			

九五

和帝永元七年

易陽　七月，地裂。

京師　九月，地震。

七月，西域都護班超發龜茲、鄯善等八國兵，合七萬餘人，討焉耆。到其城下，誘焉耆王廣，尉犂王汎等於陳睦故城，斬之。因縱兵鈔略，斬首五千餘級，獲生口萬五千人。更立王，慰撫之。於

公曆	九六
年號	和帝永元八年
天災・水災・災區	
天災・水災・災況	
天災・旱災・災區	
天災・旱災・災況	
天災・其他災・災區	河內 陳留 京師
天災・其他災・災況	五月，蝗。九月，蝗。
人禍・內亂・亂區	
人禍・內亂・亂情	
人禍・外患・患區	
人禍・外患・患情	南匈奴右溫禺犢王烏居戰畔出塞。七月，度遼將軍龐奮、越騎校尉馮柱追擊破之。徙其餘衆及諸降胡二萬餘人於安定、北地。車師後部王涿鞮反。護羌校尉貫友卒。以漢陽太守史充代之。充至，遂發湟中羌、胡出塞擊迷唐，迷唐近敗充兵，殺數百人，充坐徵，以郡太守吳祉代之。
人禍・其他・亂區	
人禍・其他・亂情	是西域五十餘國，悉納質內屬。至于海濱，四萬里外，皆重譯貢獻。
附註	

九七	和帝永元九年				六月，旱。	隴西	三月，地震。蝗。			肥如	八月，鮮卑寇肥如。遼東太守祭參坐沮敗。
										隴西	燒當羌迷唐率衆八千人寇隴西，脅塞內諸種羌，合步騎三萬人擊破隴西兵，殺大夏長。詔遣行征西將軍劉尚、越騎校尉趙世副之，將漢兵羌胡共三萬人討之。迷唐懼，奔入臨洮南，
										臨洮	尚等追至高山大破之，斬虜千餘人。迷唐引去。漢兵死傷亦多，不能復追，乃還。
九八	和帝永元十年	京師	五月，大水。								
			十月，五州雨水。								
一〇〇	和帝永元十二年		六月，大水。(圖)		春，旱。(圖)						迷唐降後復叛，脅將湟中諸胡，寇鈔而去。
		舞陽	六月，大水。(紀)								
		潁川	六月，大水。(志)								
一〇一	和帝永元十三年	荊州	八月，雨水。					南郡	巫蠻許聖以郡收稅不均，怨恨，遂反，寇南郡。	河曲	迷唐復還賜支河曲，將兵向塞，護羌校尉周鮪與金

一〇三

公歷	年號	天災						人禍						附註
		水災		旱災		其他		內亂		外患		其他亂		
		災區	災況	災區	災況	災區	災況	亂區	亂情	患區	患情	亂區	亂情	
											城太守侯霸及諸郡兵屬國羌胡合三萬人至允川，擊破迷唐，種人瓦解，降者六千餘口，分徙漢陽、安定、隴西。			
										右北平、漁陽	鮮卑寇右北平，遂入漁陽，漁陽太守擊破之。			
一〇二	和帝永元十四年		秋，三州大水。						四月，遣使者督荆州兵萬餘人，分道討巫蠻許聖等，大破之。聖等乞降，悉徙置江夏。		春，安定降羌燒何種反，郡兵擊滅之。			
一〇三	和帝永元十五年		秋，四州大水。	丹陽等二十二郡國	旱。(圖)									
一〇四	和帝永元十六年				七月，旱。									
一〇五	和帝元興元年									遼東六縣	春，高句驪王宮入遼東塞，寇略六縣。七月，遼東太守耿夔擊高句驪，破之。			
一〇六	殤帝延平元年		郡國三十七雨。				十月，雨雹。(圖)	西域諸國	西域諸國反，攻都護任尚於疏勒，尚上書求救，詔梁	漁陽	四月，鮮卑寇漁陽，漁陽太守張顯率數百人出塞追			

	一〇七	一〇八
	安帝永初元年	安帝永初二年
		京師及四十郡國
水。九月，六州大水。十月，四州大水。	十月，郡國四十一大水。	六月，京師及郡國四十大水。
	郡國八旱。(圖)	夏，旱。
		京師及四十郡國
雨雹。	六月，郡國十八地震。郡國二十八大風雨雹。	京師及郡國四十大風雨雹。郡國十二地震。
慬將河西四郡羌胡五千騎馳赴之。慬既入龜茲城，遣將急迎段禧、趙博，合軍八九千人。龜茲吏民並叛其王，而與溫宿、姑墨數萬兵反，共圍城。慬等出戰，大破之，連兵數月，胡衆敗走，乘勝追擊，凡斬首萬餘級，獲生口數千人，龜茲乃定。		
	隴道	冀、張掖、姑臧
之，遇虜伏發，卒士悉走，顯兵敗。	滇零與鍾羌諸種，大爲寇掠，斷隴道。持竹竿木枝以代戈矛，郡縣畏懦不能制。	正月，鄧騭至漢陽，諸郡兵未至，鍾羌數千人擊敗騭軍于冀西，殺千餘人。梁慬還至敦煌，逆詔留爲諸軍援。慬至張掖，破諸羌萬餘人，能脫者十二三。進至姑臧，羌大豪三百餘人詣慬降。

公曆年	年號	天災						人禍						附註
		水災		旱災		其他		內亂		外患		其他		
		災區	災況	災區	災況	災區	災況	亂區	亂情	患區	患情	亂區	亂情	
										平襄、湟中諸縣	冬，鄧騭使任尚及從事中郎河內司馬鈞率諸郡兵與滇零等數萬人戰於平襄，尚軍大敗，死者八千餘人。羌衆遂大盛，朝廷不能制。湟中諸縣，粟石萬錢，百姓死亡，不可勝數。			
										北地、武都、參狼、上郡、西河、隴道、三輔、益州、漢中、武功、美陽	滇零自稱天子於北地，招集武都、參狼、上郡、西河諸雜種羌，斷隴道，寇鈔三輔。南入益州，殺漢中太守董炳。梁慬受詔當屯金城，聞羌寇三輔，即引兵赴擊，轉戰武功、美陽間，連破之。羌稍退散。			
一〇九	安帝永初三年	京師及四十一郡國	京師及郡國四十一雨水。	京師	三月，京師大饑，民相食。郡國八旱。(圖)	京師及四十一郡國	京師及郡國四十一，雨雹，大如鴈子，傷	濱海九郡	七月，海賊張伯路等寇濱海九郡，殺二千石、令、長，遣侍御史巴郡龐雄，督州郡兵擊之。伯路等乞降，尋復屯聚。	三輔、破羌、臨洮、隴西	遣騎都尉任仁，督諸郡屯兵救三輔。仁戰數不利。當煎、勒姐羌攻沒破羌縣，鍾羌攻沒臨洮縣，執隴西南部都尉。			

一一〇	
安帝永初四年	
七月，三郡大水。	
	幷、涼二州
夏，旱。	幷、涼二州大飢。人相食。
益州	
三月，郡國九地震。四月，六州蝗。九月，益	稼。十二月，郡國九地震。
張伯路復收郡縣，殺守令，黨衆浸盛。詔遣御史中丞王宗，持節發幽、冀諸郡兵，合數萬人。徵宛陵令扶風法雄爲青州刺史，與宗幷力討之。	
常山 褒中	代郡 上谷 五原 美稷
南單于圍耿種數月，梁慬、耿夔擊斬其別將於屬國故城，單于自將迎戰，慬等復破之。單于遂引還虎澤。二月，南匈奴寇常山。滇零遣兵寇褒中，漢中太	六月，漁陽烏桓與右北平胡千餘寇代郡、上谷。匈奴南單于反。九月，鴈門烏桓率衆王無何允，與鮮卑大人丘倫等，及南匈奴骨都，合七千騎寇五原，與太守戰于高渠谷，漢兵大敗。南單于圍中郞將耿種於美稷。十一月，以大司農陳國何熙行車騎將軍事，中郞將龐雄爲副，將五營及邊郡兵二萬餘人。又詔遼東太守耿夔，率鮮卑及諸郡共擊之。以梁慬行度遼將軍事，雄、夔擊南匈奴薁鞬日逐王，破之。

公曆	年號	天災 水災 災區	水災 災況	旱災 災區	旱災 災況	其他 災區	其他 災況	人禍 內亂 亂區	內亂 亂情	外患 患區	外患 患情	其他 亂區	其他 亂情	附註
							州郡地震。		王宗、法雄與張伯路連戰，破走之。	五原、曼柏、虎澤、襃中	守鄭勤移屯襃中。任尙軍久出無功，民廢農桑。三月，何熙軍到五原、曼柏，暴疾，不能進。遣龐雄與梁慬、耿種將步騎萬六千人攻虎澤，南單于懼而降。先零羌復寇襃中，鄭勤出戰大敗，死者三千餘人。騎都尉任仁與羌戰，累敗。			
一一一	安帝永初五年	郡國八	雨水。		夏，旱。（圖）		正月，郡國十地震。九州蝗。	東萊、上邽、樗泉	海賊張伯路復寇東萊。青州刺史法雄擊破之。賊逃還遼東，爲李久等所斬。漢陽人杜琦及弟季貢同郡王信等與羌通謀，聚衆據上邽城。十二月，杜琦被刺，杜季貢、王信據樗泉。	河東、河內、上黨、樂浪、玄菟	先零羌寇河東，至河內，百姓相驚，多南奔渡河，以避寇難。復任尙爲侍御史，擊羌於上黨羊頭山，破之。夫餘王寇樂浪。高句驪王宮與濊貊寇玄菟。			
一一二	安帝永初六年				五月，旱。（圖）		三月，十州蝗。		侍御史唐喜討漢陽賊王信，斬之，杜季貢亡從滇零。					
一一三	安帝永初七年				夏，旱。（圖）		二月，郡國十八				秋，護羌校尉侯霸、騎都尉馬賢擊先零別部牢羌於			

							地震。蝗。（圖）			安定	安定，獲首虜千人。			
一一四	安帝元初元年			京師及五郡國	京師及郡國五旱。	十五郡國	蝗。郡國十五地震。	陵蠶	蜀郡夷寇蠶陵，殺縣令。	雍城　武都、漢中　隴道、抱罕、狄道	五月，先零羌寇雍城。羌豪號多與諸種鈔掠武都、漢中，巴郡板楯蠻救之。漢中五官掾程信率郡兵與蠻共擊破之。號多走還，斷隴道，與零昌合。侯霸、馬賢與戰於抱罕，破之。涼州刺史皮揚擊羌於狄道，大敗，死者八百餘人。			
一一五	安帝元初二年			京師	五月，旱。	河南及十九郡國	五月，河南及郡國十九蝗。十一月，郡國十地震。	武陵、澧中	十二月，武陵、澧中蠻反，州郡平之討。	無慮　夫犂　勇士　丁奚城	零昌分兵寇益州，遣中郎將尹就討之。八月，遼東鮮卑圍無慮。九月，又攻夫犂營，殺縣令。詔屯騎校尉班雄屯三輔，雄、超之子也。以左馮翊司馬鈞行征西將軍，督關中諸郡兵八千餘人，龐參將羌胡兵七千餘人與鈞分道並擊零昌。參兵至勇士東，為杜季貢所敗。鈞等獨進，攻拔丁奚城。杜季貢率衆偽逃，鈞令右扶風仲光			通鑑胡注：「賢曰，夫犂縣屬遼東屬國，故城在今營州東南。余按兩漢志遼東郡及遼東屬國皆無夫犂縣，今言殺縣令，則嘗為縣矣，未知賢所據者何書也。」

公曆	年號	天災						人禍						附註
		水災		旱災		其他災		內亂		外患		其他		
		災區	災況	災區	災況	災區	災況	亂區	亂情	患區	患情	亂區	亂情	
										陳倉 赤亭	等收羌禾稼，光等違鈎節度，散兵深入，羌乃設伏要擊之。十月，光等兵敗並沒，死者三千餘人。復以馬賢代龐參領護羌校尉，復以任尙爲中郎將，代班雄屯三輔，尙用懷令虞詡之計，遣輕騎擊杜季貢於丁奚城，破之。太后聞虞詡有將帥之略，以爲武都太守，羌衆數千遮詡於陳倉崤谷。詡在路上誘羌，得進，既到郡，兵不滿三千，而羌衆萬衆攻圍赤亭數十日。詡乃令軍中彊弩勿發，而潛發小弩誘羌，羌果并兵急攻，詡於是使二十彊弩共射一人，發無不中，羌大震，詡因出城奮擊，多所傷殺。明日，復陳兵衆誘羌，計羌當退，乃潛遣五百			

										餘人於淺水設伏，候其走路，虜果大犇，因掩擊，大破之，斬獲甚衆，賊散走。
一一六	安帝元初三年			京師	四月，旱。	二月，郡國十地震。十一月，郡國九地震。		正月，蒼梧、鬱林、合浦蠻夷反。二月，遣侍御史任逴督州郡兵討之。至十二月，始降。五月，武陵蠻反，州郡討破之。七月，武陵蠻復反，州郡討平之。	靈州	度遼將軍鄧遵率南單于擊零昌於靈州，斬首八百餘級。六月，中郎將任尚遣兵擊破先零羌於丁奚城。十二月，任尚遣兵擊零昌于北地，殺其妻子，燒其廬舍，斬首七百餘級。
一一七	安帝元初四年	京師及十郡國	七月，京師及郡國十雨水。			六月，三郡雨雹，殺六畜。（圖）郡國十三地震。	益州	十二月，大牛種封離等反，殺遂久令。	遼西　隴右	遼西鮮卑連休等入寇，郡兵與烏桓大人於秩居等共擊，大破之，斬首千三百級。九月，護羌校尉任尚使効功種羌號封刺殺零昌。任尚與騎都尉馬賢共擊先零羌狼莫，追至北地，相持六十餘日，戰于富平河上，大破之，斬首五千級。狼莫逃去，餘衆降，隴右平。

公歷	年號	天災：水災災區	水災災況	旱災災區	旱災災況	其他災區	其他災況	人禍：內亂亂區	內亂亂情	外患患區	外患患情	其他亂區	其他亂情	附註
一一八	安帝元初五年			京師及五郡國	三月，京師及郡國五旱。		郡國十四地震。	永昌、益州、蜀郡	永昌、益州、蜀郡夷皆叛應封離，衆至十餘萬，破壞二十餘縣，殺長吏，焚掠百姓，骸骨委積，千里無人。	玄菟	六月，高句驪與濊貊寇玄菟。代郡鮮卑入寇，殺長吏。發緣邊甲卒，黎陽營兵，屯上谷以備之。十月，鮮卑寇上谷，攻居庸關，復發緣邊諸郡黎陽營兵積射士步騎二萬人，屯列衝要。			按自安帝永初元年羌叛，至是年，前後凡二年，軍旅之費，凡用二百四十餘億，府帑空竭，邊民及內郡死者，不可勝數。并、涼二州，遂至虛耗。及零昌、狼莫死，諸羌始瓦解。
一一九	安帝元初六年			京師	五月，旱。	京師及十二郡國	二月，京師及郡國十二地震。四月，沛國、勃海大風雨雹。秋，郡國八地震。		益州刺史張喬遣從事楊竦將兵至楪榆，擊封離等，大破之，斬首三萬餘級。封離等惶怖，降。三十餘種皆來降。		七月，鮮卑寇馬城塞，殺長吏。度遼將軍鄧遵及中郎將馬續率南單于追擊，大破之。西域諸國既絕於漢，北匈奴復以兵威役屬之，與共為邊寇。敦煌太守曹宗患之，乃上遣行長史索班，將千餘人屯伊吾，以招撫之。於是車師前王及鄯善王復來降。			

一二〇	安帝永寧元年	京師及三十三郡國	京師及郡國三十三大水。		郡國二十三地震。	張掖 金城	北匈奴率車師後王軍就共殺後部司馬及敦煌長史索班等，遂擊走其前王，略有北道。鄯善逼急，求救於曹宗。宗因此請出兵五千擊匈奴，以報索班之恥，因復取西域。公卿多主絕西域。沈氐羌寇張掖。六月，護羌校尉馬賢將萬人討沈氐羌於張掖，破之，斬首千八百級，獲生口千餘人，餘虜悉降。時當煎種大豪飢五等，以賢兵在張掖，乃乘虛寇金城，賢還軍出塞，斬首數千級而還。燒當燒何種聞賢軍還，復寇張掖，殺長吏。
一二一	安帝建光元年	京師及二十七郡國	京師及郡國二十七雨水。	郡國四旱。(圖)	十一月，郡國三十五地震。	玄菟、遼東	護羌校尉馬賢召盧忽斬之，因放兵擊其種人，獲首虜二千餘。忍良等皆亡出塞。幽州刺史巴郡馮煥、玄菟太守姚光、遼東太守蔡諷

公曆	年號	天災						人禍						附註
		水災		旱災		其他		內亂		外患		其他		
		災區	災況	災區	災況	災區	災況	亂區	亂情	患區	患情	亂區	亂情	
										湟中、 金城 諸縣、 牧苑、 令居 武威、 鸞鳥 居庸 關 馬城	等將兵擊高句驪，高句驪王宮遣子遂成詐降，而襲玄菟、遼東，殺傷二千餘人。四月，高句驪復與鮮卑入寇遼東，蔡諷追擊於新昌，戰歿。燒當羌忍良等，以麻奴兄弟本燒當世嫡，遂相結共脅諸種，寇湟中，攻金城諸縣。八月，賢將先零種擊之，戰於牧苑，不利。麻奴等又敗武威、張掖郡兵於令居。因脅將先零、沈氏諸種四千餘戶，緣山西走寇武威。賢追到鸞鳥，招引之。諸種降者數千。麻奴南還湟中。鮮卑其至鞬寇居庸關。九月，雲中太守成嚴擊之，兵敗，功曹楊穆以身扞嚴，與之俱歿。鮮卑於是圍烏桓校尉徐常於馬城。度遼將			

	一二二
	安帝延光元年
	京師及二十七郡國
	京師及郡國二十七雨水。
	京師及四十一郡國、河西　京師及十三郡國
	四月，京師郡國四十一雨雹。河西雹，大者如斗，傷稼。（圖）六月，郡國蝗。七月，京師及郡國十三地震。九月，郡國二十七地震。
玄菟	鴈門、定襄、太原
軍耿夔，與幽州刺史龐參，發廣陽、漁陽、涿郡甲卒救之。鮮卑解去。十二月，高句驪王宮，率馬韓、濊貊數千騎圍玄菟。夫餘王遣子尉仇台，將二萬餘人，與州郡並力討破之。	護羌校尉馬賢，追擊麻奴到湟中，破之。種衆散遁。虔人羌與上郡胡反。度遼將軍耿夔擊破之。鮮卑既累殺郡守，膽氣轉盛，控弦數萬騎。十月，復寇鴈門、定襄。十一月，寇太原。

公歷	年號	天災						人禍						附註
		水災		旱災		其他		內亂		外患		其他		
		災區	災況	災區	災況	災區	災況	亂區	亂情	患區	患情	亂區	亂情	
一二三	安帝延光二年	九月，郡國五雨水。				十二月，京師及郡國三地震。			正月，旄牛夷反，益州刺史張喬擊破之。	河西	北匈奴連與車師入寇河西。帝以班勇爲西域長史，將兵五百人出屯柳中。鮮卑其至鞬自將萬餘騎攻南匈奴於曼柏，奥鞬日逐王戰死，殺千餘人。			
一二四	安帝延光三年	郡國三十六水。				京師及諸郡國二十三地震，三十六雨雹。				玄菟	鮮卑數寇邊。度遼將軍耿夔與溫禺犢王呼尤徽，將新降者連年出塞擊之，使屯列衝要。耿夔徵發煩劇，新降者皆怨恨，大人阿族等遂反。將其衆亡去。中郎將馬翼與胡騎追擊破之。斬獲殆盡。六月，鮮卑寇玄菟。			
一二五	安帝延光四年										七月，西域長史班勇發敦煌、張掖、酒泉六千騎，及鄯善、疏勒、車師前部兵，擊後部王軍就，大破之，獲首虜八千餘人，生得匈奴持節			

						使者。將至索班沒處斬之。
一二六	順帝永建元年	十月，水。（圖）			隴西	隴西鐘羌反。校尉馬賢擊之，戰於臨洮，斬首千餘級，羌衆皆降。
					代郡	八月，鮮卑寇代郡，太守李超戰歿。
						班勇平車師六國後，卽發諸國兵擊匈奴，呼衍王亡走，其衆二萬餘人皆降。
一二七	順帝永建二年		三月，旱。		遼東、玄菟	正月，中郎將張國，以南單于兵擊鮮卑其至鞬，破之。二月，遼東鮮卑寇遼東、玄菟。烏桓校尉耿曄發緣邊諸郡兵及烏桓出塞擊之，斬獲甚衆。鮮卑三萬人詣遼東降。
一二八	順帝永建三年		六月，旱。	正月，京師地震。郡國十二雨雹。	漁陽	九月，鮮卑寇漁陽。
一二九	順帝永建四年	五月，五州雨水。			朔方	十一月，鮮卑寇朔方。

公曆	年號	天災 水災 災區	水災 災況	旱災 災區	旱災 災況	其他 災區	其他 災況	人禍 內亂 亂區	內亂 亂情	外患 患區	外患 患情	其他 亂區	其他 亂情	附註
一三〇	順帝永建五年			京師	四月，旱。	京師及十二郡國	京師及郡國十二蝗。							
一三二	順帝陽嘉元年			京師	春，旱。		郡國十二雨雹，傷秋稼。(圖)	揚州	三月，揚州六郡妖賊章河等，寇四十九縣，殺傷長吏。	遼東	冬，耿曄遣烏桓戎末魔等鈔擊鮮卑，大獲而還。鮮卑復寇遼東屬國，耿曄移屯遼東無慮城以拒之。			
一三三	順帝陽嘉二年				六月，旱。(圖)	京師 維陽	四月，京師地震。 維陽宣德亭地坼長八十五丈。			馬城	三月，使匈奴中郎將趙稠，遣從事將南匈奴兵出塞擊鮮卑，破之。鮮卑寇馬城。代郡太守擊之不克。頃之，其至鞬死，鮮卑由是抄盜差稀。			
一三四	順帝陽嘉三年				春夏連旱，赦天下。					隴西、漢陽	七月，鍾羌良封等復寇隴西、漢陽，詔拜前校尉馬賢為謁者，鎮撫諸種。十月，護羌校尉馬續遣兵擊良封，破之。	閭吾陸谷	四月，車師後部司馬率後王加特奴掩擊北匈奴于閭	

												吾陸谷，大破之。
一三五	順帝陽嘉四年				二月，旱。		十二月，京師地震。			闌池城	春，北匈奴呼衍王侵車師後部。帝令敦煌太守發兵救之，不利。謁者馬賢擊鍾羌，大破之。十月，烏桓寇雲中，度遼將軍耿曄追擊，不利。十一月，烏桓圍曄於闌池城，發兵數千人救之，烏桓乃退。	
一三六	順帝永和元年		大水。（圖）					象林、澧中、漊中	十二月，象林蠻夷反。澧中、漊中蠻各舉種反。			
一三七	順帝永和二年					京師	四月，地震。冬，又震。	充城、象林、交趾、九眞	春，武陵蠻二萬人圍充城，八千人寇夷道。帝遣武陵太守李進擊叛蠻，破平之。象林蠻區憐等攻縣寺，殺長吏，交趾刺史樊演發交趾、九眞兵萬餘人救之。兵士憚遠役，七月，二郡兵反，攻其府，府雖擊破反者，而蠻執轉盛。		二月，廣漢屬國都尉擊破白馬羌。	

公歷	年號	天災						人禍						附註
		水災		旱災		其他		內亂		外患		其他		
		災區	災況	災區	災況	災區	災況	亂區	亂情	患區	患情	亂區	亂情	
一三八	順帝永和三年					京師、金城、隴西 京師	二月,地震。 四月,地震。	吳	五月,吳郡丞羊珍反,攻郡府,太守王衡破斬之。		侍御史賈昌與州郡幷力討區憐,不尅,爲所攻圍,歲餘,兵糧不繼。帝拜祝良爲九眞太守、張喬爲交趾刺史,各招以威信,降者數萬人,由是嶺外復平。 十月,燒當羌那離等三千餘騎寇金城。校尉馬賢擊破之。			
一三九	順帝永和四年			太原	八月,旱。	京師	三月,地震。				三月,燒當羌那離等復反。四月,護羌校尉馬賢討斬之。獲首虜千二百餘級。			
一四〇	順帝永和五年						二月,京師地震。			西河	南匈奴句龍王吾斯車紐等反,寇西河,招誘右賢王,合兵圍美稷,殺朔方、代郡長吏。 五月,度遼將軍馬續與中郎將梁並等發邊兵及羌胡合二萬餘人掩擊破之。吾斯等復更屯聚,攻沒城			

邑。詔續招降畔虜。於是右賢王部抑鞮等萬三千口皆詣續降。

金城、三輔

且凍傅難種羌反，攻金城，與雜種羌胡大寇三輔，殺害長吏。拜馬賢爲征西將軍，以騎都尉耿叔爲副，將左右羽林五校士及諸州郡兵十萬屯漢陽。

武都

且凍羌寇武都，燒隴關。

幷、涼、幽、冀、四州

馬邑

匈奴句龍王吾斯等立車紐爲單于，東引烏桓，西收羌胡等數萬人，攻破京兆虎牙營，殺上郡都尉，及軍司馬，遂寇掠幷、涼、幽、冀四州。乃徙西河治離石，上郡治夏陽，朔方治五原。十二月，遣使匈奴中郎將張耽，將幽州、烏桓諸郡營兵擊車紐等，戰於馬邑，斬首三千級。車紐乞降，而吾斯猶率其部曲與烏桓寇鈔。

一四一年　順帝永和六

荆州

荆州盗賊起，彌年不定。以大將軍從事中郎李固爲

正月，征西將軍馬賢，與且凍羌戰于射姑山，賢軍敗，

公曆	年號	天災：水災 災區	天災：水災 災況	天災：旱災 災區	天災：旱災 災況	天災：其他 災區	天災：其他 災況	人禍：內亂 亂區	人禍：內亂 亂情	人禍：外患 患區	人禍：外患 患情	人禍：其他 亂區	人禍：其他 亂情	附註
									荆州刺史，固到，盜帥夏密等皆降。泰山盜賊亦降。	隴西、三輔	賢及二子皆沒。東西羌遂大合。閏月，鞏唐羌寇隴西，遂及三輔，燒園陵，殺掠吏民。			
											武都太守趙冲追擊鞏唐羌，斬首四百餘級，降二千餘人。詔冲督河西四郡兵爲節度。			
										通天山	夏，使匈奴中郎將張耽、度遼將軍馬續率鮮卑到穀城，擊烏桓於通天山，大破之。			
										北地	鞏唐羌寇北地，北地太守賈福與趙冲擊之，不利。			
										武威	九月，諸羌寇武威。			
一四二	順帝漢安元年									并州	八月，南匈奴句龍王吾斯與莫鞬、臺耆等復反，寇掠并州。			
一四三	順帝漢安二年					涼州	涼州自九月以				四月，護羌校尉趙冲，與漢陽太守張貢，擊燒當羌於			

來，地百八十震，山谷坼裂，壞敗城寺，民厭死者甚衆。

參䜌　參䜌，破之。

阿陽　閏十月，趙沖擊屯當羌于阿陽，破之。

十一月，匈奴中郎將扶風馬實，遣人刺殺句龍吾斯。

一四四

順帝建康元年

京師、太原、雁門　九月，京師及太原、雁門地震。

歷陽　揚、徐盜賊羣起，盤互連歲。八月，九江范容、周生等寇掠城邑，屯據歷陽，爲江、淮巨患。遣御史中丞馮緄督州兵討之。揚州刺史尹耀、九江大守鄧顯，討范容等於歷陽，敗歿。

日南　十月，日南蠻夷復反，攻燒縣邑。交趾刺史九江夏方招誘降之。

當塗　十一月，九江盜賊徐鳳、馬勉攻燒城邑。鳳稱無上將軍，勉稱皇帝，築營於當塗山中，建年號，置百官。

合肥　十二月，九江賊黃虎等攻合肥。

羣盜發憲陵。

護羌從事馬玄，爲諸羌所誘，將羌衆亡出塞。領護羌校尉衛琚追擊玄等，斬首八百餘級。趙沖復追叛羌到建威鸇陰河，軍度竟，所將降胡六百餘人叛走，沖將數百人追之，遇羌伏兵，與戰而歿。沖雖死，而前後多所斬獲，羌遂衰耗。

四月，使匈奴中郎將馬實擊南匈奴左部，破之。於是胡、羌、烏桓悉詣實降。

公歷	年號	天災：水災 災區	水災 災況	旱災 災區	旱災 災況	其他災 災區	其他災 災況	人禍：內亂 亂區	內亂 亂情	外患 患區	外患 患情	其他亂 亂區	其他亂 亂情	附註
一四五	冲帝永嘉元年							廣陵	廣陵賊張嬰，復聚衆數千人反，據廣陵。詔拜滕撫九江都尉，與中郎將趙序助馮緄，各州郡兵數萬人，共討賊。三月，撫等進擊衆賊，大破之，斬馬勉、范容、周生等千五百級。	代郡	六月，鮮卑寇代郡。			
								東城	徐鳳以餘衆燒東城縣。五月，下邳人謝安應募，率其宗親，設伏擊鳳，斬之。					
								尋陽、盱台	秋，廬江盜賊攻尋陽，又攻盱台，滕撫遣司馬王章擊破之。滕撫進擊張嬰，十一月，破嬰，斬獲千餘人。歷陽賊華孟自稱黑帝，攻殺九江太守楊岑，滕撫進擊破之，斬孟等三千八百級，虜獲七百餘人。於是東南悉平。					
								巴郡	巴郡人服直，聚衆數百人，自稱天王，吏民多被傷害。					

一四六	質帝本初元年		夏，海水溢，漂沒民居。		旱。(志)						
一四七	桓帝建和元年			荊、揚	二月，饑。二州人多餓死。(圖)四月，旱。(紀)	京師　京師	四月，地震。九月，地震。				
一四八	桓帝建和二年	京師	七月，大水。							廣漢屬國	白馬羌寇廣漢屬國，殺長吏。益州刺史率板楯蠻討破之。
一四九	桓帝建和三年	京師	八月，大水。		九月，地震二次。						
一五一	桓帝元嘉元年			京師、任城、梁國	四月，京師旱。任城、梁國饑，民相食。	京師	十一月，地震。	武陵	七月，武陵蠻反。	伊吾	北匈奴呼衍王寇伊吾，敗伊吾司馬毛愷，攻伊吾屯城。詔敦煌太守馬達將兵救之，至蒲類海，呼衍王引去。
一五二	桓帝元嘉二年					京師	春，地震。十月，又震。				

公歷	年號	天災 水災 災區	災況	旱災 災區	災況	其他災 災區	災況	人禍 內亂 亂區	亂情	外患 患區	患情	其他禍 亂區	亂情	附註
一五三	桓帝永興元年	冀州	七月，河水溢。百姓饑窮，流冗者數十萬戶，冀州尤甚。				七月，郡國三十二蝗。	武陵	武陵蠻詹山等反。		車師後部王阿羅多與戊部候嚴皓不相得，忿戾而反，攻圍屯田，殺傷吏士。後部侯炭遮領餘民畔阿羅多，詣漢吏降。阿羅多迫急，從百餘騎亡入北匈奴。			
一五四	桓帝永興二年				九月，饑。(紀)	京師	春，地震。夏，蝗。	泰山、琅邪	泰山、琅邪賊公孫舉、東郭竇等反殺長吏。					
一五五	桓帝永壽元年	南陽	六月，大水。	司隸、冀州	二月，饑，人相食。					美稷 龜茲縣	秋，南匈奴左薁鞬臺耆且渠伯德等反，寇美稷。東羌復舉種應之。安定屬國都尉敦煌張奐初到職，即收集兵士，遣將王衞招誘東羌，因據龜茲縣，使南匈奴不得交通。東羌諸豪遂相率與奐共擊薁鞬等，破之。			
一五六	桓帝永壽二年						十二月，地震。	蜀郡、青、兗、徐	三月，蜀郡屬國夷反。公孫舉、東郭竇等聚衆至三萬人，寇青、兗、徐三州，破	遼東	鮮卑寇遼東，屬國都尉段熲率所領馳赴之，誘虜悉斬獲之。			

									壞郡縣。連年討之不能克。拜段熲爲中郎將，擊舉、竇等，大破斬之，獲首萬餘級，餘黨降散。				
一五七	桓帝永壽三年					京師	蝗。	居風、九眞；長沙、益陽	居風令貪暴無度，縣人朱達等與蠻夷同反，攻殺令，聚衆至四五千人。四月，進攻九眞，九眞太守兒式戰死。詔九眞都尉魏朗討破之。長沙蠻反，寇益陽。				
一五八	桓帝延熹元年				六月，旱。	京師	夏，蝗。				十二月，南匈奴諸部並叛。與烏桓、鮮卑寇緣邊九郡。詔拜安定屬國都尉張奐爲北中郎將，以討匈奴、烏桓等。奐因潛誘烏桓，陰與和通，遂使斬匈奴屠各渠帥，襲破其衆，諸胡悉降。		
一五九	桓帝延熹二年	京師	夏，大水。					鬱陵	蜀郡夷寇鬱陵。	鴈門、遼東、隴西、金城	二月，鮮卑寇鴈門。六月，鮮卑寇遼東。冬，燒當、燒何、當煎、勒姐等八種羌寇隴西、金城塞，護羌校尉段熲擊破之，追至		

公歷	年號	天災						人禍						附註
		水災		旱災		其他		內亂		外患		其他		
		災區	災況	災區	災況	災區	災況	亂區	亂情	患區	患情	亂區	亂情	
											羅亭，斬其酋豪以下二千級，獲生口萬餘人。			
一六〇	桓帝延熹三年							益陽、長沙	長沙蠻反，屯益陽、零陵蠻寇長沙。	張掖	西羌餘衆復與燒何大豪寇張掖，晨薄校尉段熲軍，熲下馬大戰，至日中刀折矢盡，虜亦引退。熲追之，且鬬且行，晝夜相攻，割肉食雪，四十餘日，遂至積石山，出塞二千餘里，斬燒何大帥，降其餘衆而還。			
								泰山郡	泰山賊叔孫無忌攻殺都尉侯章，遣中郎將宗資討破之。	積石山				
										允街	勒姐、零吾種羌圍允街，段熲擊破之。			
一六一	桓帝延熹四年				七月，旱。		正月，大疫。	犍爲	犍爲屬國夷寇鈔百姓，益州刺史山昱擊破之。	三輔	零吾羌與先零諸種反，寇三輔。			
						京師	五月，雨雹。			并、涼二州	冬，先零、沈氐羌與諸種羌寇并涼二州，校尉段熲將湟中義從討之，乃爲涼州刺史所害，下獄。以胡閎代爲校尉，胡閎無威略，羌遂陸梁，覆没營塢，轉相連結。			
						京兆、扶風、涼州	六月，地震。							

	一六二
	桓帝延熹五年
	張掖、酒泉
	皇甫規討隴右，軍中大疫，死者十三四。
	長沙、桂陽、蒼梧、零陵、南海　艾、長沙、益陽　零陵　江陵　荊州
	四月，長沙賊起，寇桂陽、蒼梧。長沙、零陵賊入桂陽、蒼梧、南海，交阯刺史及蒼梧太守望風逃奔。遣御史中丞盛脩，督州郡募兵討之，不能克。艾縣賊攻長沙郡縣，殺益陽令，衆至萬人，謁者馬睦，督荊州刺史劉度擊之，軍敗。睦、度奔。零陵蠻反。十月，武陵蠻反，寇江陵，南郡太守李肅奔走。以太常馮緄爲車騎將軍，將兵十餘萬討武陵蠻。十一月，緄軍至長沙，賊聞之，悉詣營乞降。進擊武陵
	張掖、酒泉　漢陽、武威、張掖、酒泉
唐突諸郡，寇患轉盛。詔以皇甫規爲中郎將，持節監關西兵，討零吾等。十一月，規擊羌破之，斬首八百級。先零諸種羌慕規威信，相勸降者十餘萬人。	三月，沈氐羌寇張掖、酒泉，皇甫規發先零諸種羌共討隴右，東羌遣使乞降，沈氐大豪滇昌、飢恬等十餘萬口，復詣規降。秋，烏吾羌寇漢陽、隴西、金城諸郡，兵討破之。眞那羌寇武威、張掖、酒泉。

公曆	年號	天災 水災 災區	天災 水災 災況	天災 旱災 災區	天災 旱災 災況	天災 其他災 災區	天災 其他災 災況	人禍 內亂 亂區	人禍 內亂 亂情	人禍 外患 患區	人禍 外患 患情	人禍 其他亂 亂區	人禍 其他亂 亂情	附註
									蠻夷，斬首四千餘級，受降十餘萬人，荊州平定。					
一六三	桓帝延熹六年							桂陽 武陵	桂陽賊李研等寇郡界。武陵蠻復反。太守陳奉討平之。	遼東	五月，鮮卑寇遼東屬國。			
一六四	桓帝延熹七年					京師	五月，雨雹。	艾	荊州刺史度尚，募諸蠻夷擊艾縣賊，大破之，降者數萬人。		護羌校尉段熲擊當煎羌，破之。			
一六五	桓帝延熹八年					京師	九月地震。	桂陽、零陵 蒼梧	荊州兵朱蓋等叛，與桂陽賊胡蘭等復攻桂陽。太守任胤棄城走，賊衆遂至數萬。轉攻零陵，太守下邳陳球固守拒之。詔以度尚爲中郎將，率步騎二萬餘人救陳球，發諸郡兵，并執討擊，大破之，斬蘭等首三千餘級。胡蘭餘黨南走蒼梧，交阯刺史張磐擊破之。賊復還入荊州。		護羌校尉段熲擊罕姐羌，破之。段熲擊破西羌，進兵窮追，展轉山谷間，自春及秋，無日不戰，虜遂敗散。凡斬首二萬三千級，獲生口數萬人，降者萬餘人。			

一六六	桓帝延熹九年			司隸、豫州	司隸、豫州饑，死者什四五，至有滅戶者。		雨雹。（圖）			武威 張掖	鮮卑聞張奐去，招結南匈奴及烏桓同叛。六月，南匈奴、烏桓、鮮卑數道入塞，寇掠緣邊九郡。七月，鮮卑復入塞，誘引東羌與共同盟，於是上郡、沈氐、安定、先零諸種，共寇武威、張掖。緣邊大被其毒。詔復張奐爲護匈奴中郎將，督幽、幷、涼三州，及度遼、烏桓二營。匈奴、烏桓聞張奐至，相率還降，凡二十萬口。惟鮮卑出塞去。		
一六七	桓帝永康元年		六月，大水，勃海溢。							祋祤 雲陽 鸞鳥 三輔 三輔	正月，東羌先零圍祋祤，掠雲陽。當煎諸種復反，段熲擊之於鸞鳥，大破之。西羌遂定。四月，先零羌寇三輔，攻沒兩營，殺千餘人。十月，先零羌寇三輔，張奐遣司馬尹端、董卓拒擊，大破之。斬其酋豪首虜萬餘人，三州清定。		

公曆	年號	天災						人禍						附註
		水災		旱災		其他		內亂		外患		其他		
		災區	災況	災區	災況	災區	災況	亂區	亂情	患區	患情	亂區	亂情	
一六八	靈帝建寧元年	京師	六月，大水。							高平 奢延澤、落川、令鮮水、靈武谷 涇陽、漢陽 幽、并二州	西羌攻定，而東羌先零等猶未服。度遼將軍皇甫規中郎將張奐，招之連年，既降又叛。熲獻策，帝許之，熲於是將兵萬餘人，齎十五日糧，從彭陽直指高平，與先零諸種戰於逢義山，虜兵盛，熲乃令軍中長鏃利刃，長矛三重，挾以強弩，馳騎於傍，實而擊之，虜衆大潰，斬首八千餘級。 段熲將輕兵追羌出橋門，晨夜兼行，與戰於奢延澤、落川、令鮮水上，連破之。又戰于靈武谷，羌遂大敗。 七月，熲至涇陽，餘寇四千落，悉入散漢陽山谷間。 十二月，鮮卑及濊貊寇幽、并二州，殺略吏民。 烏桓大人上谷難樓，有衆九千餘落。遼西丘力居有			

	一六九	一七〇
	靈帝建甯二年	靈帝建甯三年
	四月，大風，雨雹，霹靂拔大木百餘。	雨雹。（圖）
	江夏　丹陽	
	九月，江夏蠻反，州郡討平之。丹陽山越圍太守陳夤，夤擊破之	
	并州　遼東	
衆五千餘落，自稱王。遼東蘇僕延，有衆千餘落，自稱峭王。右北平烏延，有衆八百餘落，自稱汗魯王。	七月，段熲遣千人於西縣結木爲柵，分遣晏育等將七千人，銜枚夜上西山，結營穿塹，去虜一里許。又遣司馬張愷等將三千人上東山，虜乃覺之。熲因與愷等挾東、西山，縱兵奮擊，破之。追至谷上下門，窮山深谷之中，處處破之，斬其渠帥以下萬九千級，於是東羌悉平。熲凡百八十戰，斬三萬八千餘級，費用四十四億，軍士死者四百餘人。鮮卑寇并州。高句驪王伯固寇遼東，玄菟太守耿臨討降之。	

公曆	年號	天災						人禍						附註
		水災		旱災		其他災		內亂		外患		其他亂		
		災區	災況	災區	災況	災區	災況	亂區	亂情	患區	患情	亂區	亂情	
一七一	靈帝建甯四年						二月，地震。五月，雨雹。(圖)河東地裂十二處，裂合長十里百七十步，廣者三十餘步，深不見底。(志)			并州	鮮卑寇并州。			
一七二	靈帝熹平元年	京師	六月，大水。					會稽、句章	十一月，會稽妖賊許生起句章，自稱「陽明皇帝」，衆以萬數。遣揚州刺史臧旻、丹陽太守陳寅討之。	并州	鮮卑寇并州。			
一七三	靈帝熹平二年						正月，大疫。			幽、并二州	鮮卑寇幽、并二州。			

一七四	靈帝熹平三年					北海	六月,地震。	會稽	吳郡司馬富春孫堅召募精勇得千餘人,助州郡討許生。十一月,臧旻、陳寅大破生於會稽,斬之。	北地 并州	十二月,鮮卑入北地。太守夏育,率屠各追擊破之。遷育爲護烏桓校尉。鮮卑又寇并州。
一七五	靈帝熹平四年		四月,郡國七大水。			弘農、三輔	六月,螟。			幽州	鮮卑寇幽州。
一七六	靈帝熹平五年				旱。			益州	益州郡夷反,太守李顒討平之。	幽州	鮮卑寇幽州。
一七七	靈帝熹平六年				四月,大旱。	京師	七州蝗。冬,地震。				鮮卑寇三邊。八月,遣夏育出高柳,田晏出雲中,匈奴中郎將臧旻,率南單于出雁門,各將萬騎,三道出塞二千餘里。檀石槐命三部大人各帥衆逆戰,育等大敗,喪其節傳輜重,各將數十騎奔還,死者什七八。
一七八	靈帝光和元年						二月,地震。四月,地震。	合浦、交趾、九眞、日南	正月,合浦、交趾烏滸蠻反,招引九眞、日南民攻沒郡縣。	酒泉	鮮卑寇酒泉,種衆日多,緣邊莫不被毒。

公曆年	號	天災						人禍						附註
		水災		旱災		其他		內亂		外患		其他		
		災區	災況	災區	災況	災區	災況	亂區	亂情	患區	患情	亂區	亂情	
一七九	靈帝光和二年						春，大疫。	巴郡	巴郡板楯蠻反，遣御史中丞蕭瑗督益州刺史討之，不克。	幽、并二州	鮮卑寇幽、并二州。			
						京兆	地震。							
一八〇	靈帝光和三年						秋，地震。		四月，江夏蠻反。	幽、并二州	鮮卑寇幽、并二州。			
								巴郡	巴郡板楯蠻反。					
								蒼梧、桂陽	蒼梧桂陽賊攻郡縣，零陵太守楊璇與戰，大破之，追逐傷斬無數，梟其渠帥，郡境以清。					
一八一	帝靈光和四年						六月，雨雹如雞子。	交趾	交趾烏滸蠻久爲亂，牧守不能禁。交趾人梁龍等復反，攻破郡縣。詔拜蘭陵令會稽朱儁爲交阯刺史，擊斬梁龍，降者數萬人，旬月盡定。	幽、并二州	鮮卑寇幽并二州，檀石槐死。			
一八二	靈帝光和五年				四月，旱。		二月，大疫。	巴郡	板楯蠻寇亂巴郡，連年討之，不能尅。					
一八三	靈帝光和六年	金城	秋，金城河水溢出二十		夏，大旱。			青、徐、幽、冀	鉅鹿張角，以邪術惑人，十餘年間，徒衆數十萬，自青、徐、幽、冀、荊、揚、兗、豫八州之					黃巾亂起。

餘里。

荊、揚、兗、豫八州

人，莫不畢應，或棄賣財產，流移奔赴，塡塞道路，未至病死者，亦以萬數，郡縣不敢禁。角置三十六方，方猶將軍也，大方萬餘人，小方六七千，各立渠帥。大方馬元義等，先收荊、揚數萬人，期會發于鄴，元義數往來京師，以中常侍封諝、徐奉等爲內應，約以三月五日內外俱起。

一八四　靈帝中平元年

安平、甘陵

二月，張角自稱天公將軍，角弟寶稱地公將軍，寶弟梁稱人公將軍，皆著黃巾，以爲標幟，時人謂之黃巾賊。所在燔燒官府，刼略聚邑，州郡失據，長吏多逃亡，旬月之間，天下響應，京師震動，安平甘陵人各執其王應賊。帝發天下精兵，遣北中郎將盧植討張角，左中郎將皇甫嵩，右中郎將朱儁，討潁川黃巾。

公曆年號	天災						人禍						附註
	水災		旱災		其他災		內亂		外患		其他		
	災區	災況	災區	災況	災區	災況	亂區	亂情	患區	患情	亂區	亂情	
							南陽	南陽黃巾張曼成，攻殺太守褚貢。					
							潁川	皇甫嵩、朱儁合將四萬餘人，共討潁川。嵩、儁各統一軍，儁與賊波才戰敗，嵩進保長社。					
							邵陵	汝南黃巾敗太守趙謙於邵陵，廣陽黃巾殺幽州刺史郭勳及太守劉衛。					
							長社	波才圍皇甫嵩于長社。嵩使銳士間出圍外，縱火大呼，城上舉燎應之，嵩從城中鼓譟而出，犇擊賊陳，賊驚亂走，會騎都尉曹操將兵適至。五月，嵩、操與朱儁合軍，更與賊戰，大破之，斬首數萬級。					
							宛	張曼成屯宛下百餘日。六月，南陽太守秦頡擊曼成，斬之。					
								皇甫嵩、朱儁乘勝進討汝					

地點	記事	
汝南、陳國	南、陳國黃巾，追波才於陽翟，擊彭脫於西華，並破之。餘賊降散，三郡悉平。	
廣宗	北中郎將盧植連戰破張角，斬獲萬餘人。角等走保廣宗，植築圍鑿塹，造作雲梯，垂當拔之，植爲左豐所害，得罪，減死一等。	
巴郡	巴郡張脩以妖術爲人療病，七月，聚衆反，寇郡縣，時人謂之米賊。	米賊起
蒼亭	八月，皇甫嵩與黃巾戰於蒼亭，獲其帥卜巳。董卓攻張角無功，抵罪，詔嵩討角。	
廣宗	十月，皇甫嵩與張角弟梁戰於廣宗，大破之，斬梁，獲首三萬級，赴河死者五萬許人。角先已病死，剖棺戮屍，傳首京師。	
曲陽	十一月，嵩復攻角弟寶於下曲陽，斬之。斬獲十餘萬人。	
宛城	張曼成餘黨更以趙弘爲帥，衆復盛，至十餘萬人，據宛城。朱儁與荊州刺史徐	

公曆年號	天災						人禍						附註
	水災		旱災		其他		內亂		外患		其他		
	災區	災況	災區	災況	災區	災況	亂區	亂情	患區	患情	亂區	亂情	
								繆等合兵圍之，自六月至八月不拔。儁擊弘，斬之。賊帥韓忠復據宛拒儁。儁鳴鼓攻其西南，賊衆悉赴之，儁自將精卒，掩其東北，乘城而入。忠乃退保小城，惶懼乞降，儁不允，乃死守。儁計誘忠出戰，儁因擊，大破之，斬首萬餘級。南陽太守殺忠，餘衆復奉孫夏爲帥，還屯宛。儁急之，司馬孫堅率衆先登，拔宛城。孫夏走，儁追至西鄂精山，復破之，斬萬餘級。於是黃巾破散。其餘卅郡所誅，一郡數千人。					
							交阯	交阯前後刺史多無清行，吏民怨叛，執刺史及合浦太守來達。三府選京令東郡賈琮爲交阯刺史，到部招撫，誅斬渠帥，歲間蕩定。					

（續前）	一八五
	靈帝中平二年
	三輔
	正月，大疫。四月，大雨雹，傷稼。七月，螟。
北地、抱罕、河關、金城	癭陶
北地先零羌及抱罕。河關羣盜反。共立湟中義從胡北宮伯玉、李文侯爲將軍，殺護羌校尉泠徵。金城人邊章、韓遂素著名西州。羣盜誘而刼之，使專任軍政。殺金城太守陳懿，攻燒州縣。叛羌圍校尉夏育於畜官。漢陽長史敦煌蓋勳與州郡合兵救育，至狐槃，爲羌所敗。勳餘衆不及百人。	自張角之亂，所在盜賊並起，博陵張牛角、常山褚飛燕及黃龍、左校、于氏根、張白騎、劉石、左髭文八、平漢、大計、司隸、緣城、雷公、浮雲、白蕉、楊鳳、于毒、五鹿、李大目、白繞、眭固、苦蝤之徒，不可勝數，大者二三萬，小者六七千人。張牛角、褚飛燕合軍攻癭陶，牛角中流矢，且死，令其衆奉飛燕爲帥，山谷寇賊多附之，部衆寖廣，殆至百萬，號「黑山賊

公歷年	歷年號	天災						人禍						附註
		水災		旱災		其他		內亂		外患		其他		
		災區	災況	災區	災況	災區	災況	亂區	亂情	患區	患情	亂區	亂情	
								河北諸郡縣	」。河北諸郡縣，並被其害，朝廷不能討，燕乞降，遂拜燕爲平難中郎將。					
一八六	靈帝中平三年							三輔	北宮伯玉等寇三輔。詔左車騎將軍皇甫嵩鎮長安以討之。	幽、并二州	十二月，鮮卑寇幽、并二州。			
								涼州	涼州兵亂不止。					
								美陽	張溫將諸郡兵，步騎十餘萬，屯美陽，邊章、韓遂亦進兵美陽，溫與戰，輒不利。十一月，董卓與右扶風鮑鴻等并兵攻章、遂，大破之。					
								榆中	章、遂走榆中，溫遣周慎將三萬人追之。					
								南陽	二月，江夏兵趙慈反，殺南陽太守秦頡。六月，荆州刺史王敏，討趙慈，斬之。					
								武陵	十月，武陵蠻反。郡兵討破之。					

一八七	靈帝中平四年
	二月，滎陽賊殺中牟令。三月，河南尹何苗，討滎陽賊破之。
隴西 狄道、漢陽	韓遂殺邊章及北宮伯玉、李文侯，擁兵十餘萬，進圍隴西。太守李相如叛，與遂連和。涼州刺史耿鄙，率六郡兵討遂。四月，鄙行至狄道，州別駕反應賊。先殺程球，次害鄙，賊遂進圍漢陽。漢陽太守傅燮，臨陣戰歿。耿鄙司馬扶風馬騰，亦擁兵反，與韓遂合，共推王國爲主，寇掠三輔。
右北平、遼東、肥如	張温發幽州烏桓突騎三千以討涼州。故中山相漁陽張純請將之，温不聽，張純忿不得將，乃與同郡故泰山太守張舉，及烏桓大人丘力居等連盟，刼略薊中，殺護烏桓校尉公綦稠、右北平太守劉政、遼東太守陽終等。衆至十餘萬，屯肥如，稱天子，純稱彌天將

公曆	年號	天災：水災 災區	水災 災況	旱災 災區	旱災 災況	其他災 災區	其他災 災況	人禍：內亂 亂區	內亂 亂情	外患 患區	外患 患情	其他禍亂 亂區	其他禍亂 亂情	附註
一八八	靈帝中平五年	郡國七	大水。					長沙	十月，長沙賊區星自稱將軍，衆萬餘人。詔以議郎孫堅爲長沙太守，討擊平之。	并州	三月，屠各胡攻殺并州刺史張懿。			
									十二月，屠各胡反。		詔發南匈奴兵，配劉虞，討張純。單于羌渠遣左賢王將騎詣幽州。國人恐發兵無已，於是右部醯落反，與屠各胡合凡十餘萬人，攻殺羌渠，國人立其子右賢王於扶羅，爲持至尸逐侯單于。			
								太原、河東	黃巾餘賊郭大等，起於河西白波谷，寇太原、河東。					
								緜竹、巴郡、犍爲	益州賊馬相、趙祗等起兵緜竹，自號黃巾。殺刺史郤儉，進擊巴郡、犍爲。旬月之間，破壞三郡，有衆數萬，自稱天子。州從事賈龍，率吏民攻相等，數日破走，州界清靜。					
								徐、青二州	十月，青、徐黃巾復起，寇郡縣。					
								陳倉	十一月，王國圍陳倉。詔復拜皇甫嵩爲左將軍，督前將軍董卓合兵四萬拒之。					
								青、徐、幽、冀四州	張純與丘力居鈔略青、徐、幽、冀四州，詔騎都尉公孫					

公元	年號	天災	地區	人禍	其他
			遼西 陳倉	瓚討之。瓚與戰於屬國石門，純等大破，棄妻子踰塞走，悉得所略男女。瓚深入無繼，爲丘力居等圍於遼西管子城。二百餘日，糧盡衆潰，士卒死者什五六。王國攻陳倉，八十餘日不拔。	
一八九	靈帝中平六年	大水。自六月雨，至十月。	河東	二月，王國衆疲敝，解圍去。皇甫嵩進兵與之連戰，大破之，斬首萬餘級。韓遂等共廢王國，自相爭權利，更相殺害，由是寖衰。白波賊寇河東，董卓遣其將牛輔擊之。	南單于於扶羅既立，國人殺其父者遂叛，共立須卜骨都侯爲單于。於扶羅詣闕自訟，會靈帝崩，天下大亂，於扶羅將數千騎與白波賊合兵寇郡縣。
一九〇	獻帝初平元年			正月，關東州郡皆起兵以討卓，推勃海太守袁紹爲盟主。紹自號車騎將軍，諸將皆板授官號。紹與河內太守王匡屯河內，冀州牧韓馥留鄴，陳留太守張邈、濟北相鮑信與曹操等俱屯酸棗，後將軍袁術屯魯	

公曆年號	天災						人禍						附註
	水災		旱災		其他災		內亂		外患		其他		
	災區	災況	災區	災況	災區	災況	亂區	亂情	患區	患情	亂區	亂情	
								陽，衆各數萬。					
							京雒	董卓以山東兵盛，欲遷都以避之。二月，車駕西遷。董卓收諸富室，以罪惡誅之，沒入其財物，死者不可勝計。悉驅其餘民數百萬口於長安，步騎驅蹙，更相蹈藉，飢餓寇掠，積尸盈路。					
							滎陽 汴水	董卓在雒陽，袁紹等諸軍皆畏其强，莫敢先進。而曹操獨主擊卓，遂引兵西，將據成皋。張邈遣將衛茲分兵隨之。進至滎陽、汴水，遇卓將玄菟徐榮，與戰，操兵敗，爲流矢所中。操到酸棗，復獻計，又不爲衆所納，乃與司馬沛國夏侯惇等，詣揚州募兵，得千餘人，還屯河內。頃之，酸棗諸軍食盡，衆散。王匡屯河陽津，董卓襲擊，大破之。					

一九一

年

獻帝初平二年

六月，地震。

梁、陽人

孫堅移屯梁東，爲卓將徐榮所敗。復收散卒，進屯陽人。卓遣東郡太守胡軫，督五千擊之，以呂布爲騎督。軫與布不相得，堅出擊，大破之，梟其都督華雄。卓遣人與堅說和，堅不允，復進

大谷

軍大谷，距雒九十里。卓自出，與堅戰於諸陵間，卓敗走，却屯澠池，聚兵於陜。堅進至雒陽，擊呂布，復破走。

新安、澠池

分兵出新安、澠池間以要卓。卓引還長安。孫堅修塞諸陵，引軍還魯陽。

東郡、濮陽

黑山于毒、白繞、睦固等，十餘萬衆，略東郡，王肱不能禦。曹操引兵入東郡，擊白繞於濮陽，破之。

勃海

青州黃巾寇勃海，衆三十萬，欲與黑山合。公孫瓚率

東光

步騎二萬人，逆擊於東光南，大破之，斬首三萬餘級。賊棄其輜重，犇走度河，瓚因其半濟薄之，賊復大破，

初、何進遣張楊還幷州募兵，進敗，留上黨，衆數千人。與南單于於扶羅屯漳水。至是，南單于劫張楊以叛。

公曆年號	天災						人禍						附註
	水災		旱災		其他		內亂		外患		其他		
	災區	災況	災區	災況	災區	災況	亂區	亂情	患區	患情	亂區	亂情	
								死者數萬，流血丹水，收得生口七萬餘人。					
							南陽	袁術之得南陽，戶口數百萬，而術奢淫肆欲，徵斂無度，百姓苦之，稍稍離散。既與袁紹有隙，各立黨援，以相圖謀。術結公孫瓚，而紹連劉表，豪傑多附於紹。					
							襄陽	術使孫堅擊劉表，表遣其將黃祖，逆戰于樊、鄧之間，堅擊破之，遂圍襄陽。表夜遣黃祖潛出發兵，祖將兵欲還，堅逆與戰，祖敗走，竄峴山中。堅乘勝夜追祖，祖部曲兵從竹木間暗射堅，殺之。術由是不能勝表。					
							徐州	朝廷以黃巾寇亂徐州，用陶謙爲刺史。謙至，擊黃巾，大破走之。					
							益州	劉焉在益州陰圖異計，以沛人張魯爲督義司馬。張					

公元	年號	地點	記事	備考
			脩爲別部司馬，與合兵，掩殺漢中太守蘇固，斷絕斜谷關，殺害漢使。魯爲太守任岐及校尉賈龍，由此起兵攻焉，焉擊殺岐、龍，焉意漸盛。	
一九二	獻帝初平三年	中牟、陳留、潁川	正月，董卓遣牛輔將兵屯陝，輔分遣校尉北地李傕、張掖郭汜、武威張濟，將步騎數萬，擊破朱儁於中牟，因掠陳留、潁川諸縣，所過殺掠無遺。	董卓忍於誅殺，諸將言語有蹉跌者，便戮於前，人不聊生，王允計殺之。
		界橋	春，袁紹自出拒公孫瓚，與瓚戰於界橋南二十里，瓚軍大敗，紹軍獲甲首千餘級。再戰，瓚復敗，餘衆皆走。	
		內黃	操擊睦固及匈奴於扶羅於內黃，皆大破之。	
		兗州	青州黃巾寇兗州，劉岱與戰，爲賊所殺。	
		壽張	東郡太守曹操大破黃巾於壽張，降之。	
		京師	五月，董卓部曲將李傕、郭汜、樊稠、張濟等反攻京師。六月，陷長安城。大常种拂	

公歷				一九三
年號				獻帝初平四年
天災	水災	災區		
		災況		大雨晝夜二十餘日，漂沒民居。
	旱災	災區		
		災況		
	其他	災區		扶風　京師
		災況		六月，大雨雹。十月，地震。十二月，地震。
人禍	內亂	亂區	龍湊	封丘　鄴城　下邳　朝哥
		亂情	戰死。傕、汜殺太僕晉旭、大鴻臚周奐、城門校尉崔烈、越騎校尉王頎，吏民死者萬餘人，狼籍滿道，傕更殺允等。公孫瓚復遣兵擊袁紹，至龍湊，紹擊破之。	正月，曹操連擊破袁術軍于封丘。術走九江。袁紹與公孫瓚連戰二年。士卒疲困，糧食並盡，互掠百姓，野無青草。三月，魏郡兵反，與黑山賊于毒等數萬人共覆鄴城，殺其太守。下邳闕宣聚衆數千人，自稱天子，陶謙擊殺之。袁紹出軍入朝哥鹿腸山，討于毒。圍攻五日，破之，斬毒，及其衆萬餘級。紹遂尋
	外患	患區		
		患情		
	其他	亂區		
		亂情		
附註				

（續前）	一九四
	獻帝興平元年
	長安
	大旱，自四月不雨，至於七月，穀一斛直錢五十
	六月，地震二次。大蝗。（紀）
常山 彭城 泗水、慮、睢陵、夏丘	琅邪、東海
山北行，進擊諸賊左髭文八等，皆斬之。又擊劉石、青牛角、黃龍左校、郭大賢、李大目等，復斬數萬級。皆屠其屯壁。遂與黑山賊張燕及四營屠各、鴈門烏桓戰於常山，連戰十餘日。燕兵死傷雖多，紹軍亦疲，遂退去。 秋，操引兵擊陶謙，攻拔十餘城，至彭城，大戰，謙兵敗，走保郯。初，京畿遭董卓之亂，民流移東出，多依徐土。遇操至境，殺男女數十萬口於泗水，水爲不流。操攻郯不克，乃去攻取慮、睢陵、夏丘，皆屠之，雞犬亦盡，墟邑無復行人。	三月，韓遂、馬騰與郭汜、樊稠戰於長平觀，遂、騰敗績，左中郎將劉範、前益州刺史种劭戰歿。 曹操復攻陶謙，遂略地至琅邪、東海，所過殘滅。還擊
	八月，馮翊羌寇屬縣。郭汜、樊稠等率衆破之。

公歷	年號	天災 水災 災區	天災 水災 災況	天災 旱災 災區	天災 旱災 災況	天災 其他 災區	天災 其他 災況	人禍 內亂 亂區	人禍 內亂 亂情	人禍 外患 患區	人禍 外患 患情	人禍 其他 亂區	人禍 其他 亂情	附註
					萬，長安城中人相食，白骨委積。(紀)				破劉備于郯東。					
				濮陽	蝗蟲起，百姓大饑。			濮陽	操與呂布戰相守百餘日。布糧食盡乃引去。濮陽為操所得。					
								曲阿	十二月，揚州刺史劉繇與袁術將孫策戰於曲阿。繇軍敗。孫策遂據山東。					
一九五	獻帝興平二年				四月大旱。(紀)			定陶	曹操敗呂布于定陶。					
								三輔	董卓初死，三輔民尚數十萬戶，李傕等放兵刼掠，加以饑饉，二年間民相食略盡。					
									二月，李傕殺樊稠，挾天子，與郭汜相攻數月，死者以萬數。					
								定陶	夏，曹操與呂布戰，復攻拔定陶。					
								弘農	十二月，帝幸弘農。張濟、李傕、郭汜共追乘輿，大戰于弘農東澗。董承、楊奉軍敗，					

年	地點	事蹟
一九六 獻帝建安元年	曹陽、孟津	百官士卒死者不可勝數。帝次曹陽，承、奉密招故白波帥李樂、韓暹、胡才及南匈奴右賢王去卑，並率其衆數千騎來，與承、奉共擊傕等，大破之，斬首數千級。復戰，奉等大敗，死者甚於東澗。帝出孟津渡河，宮女、吏民不得渡者皆爲兵所掠奪，衣服俱盡，凍死者不可勝計。
	雍丘	張超在雍丘，曹操圍之急。臧洪求救于紹，紹不與，雍丘遂潰。超自殺，操夷其三族。洪由是怨紹，絕不與通。紹興兵圍之，洪堅守不降。城中糧盡無復可食者。男女七八千人相枕而死。莫有叛離者。
	鮑丘	袁紹將麴義，與公孫瓚戰于鮑丘，瓚軍大敗，死二萬餘人。
		二月，韓暹攻董承。承犇野王。

公歷	年號	天災						人禍						附註
		水災		旱災		其他		內亂		外患		其他		
		災區	災況	災區	災況	災區	災況	亂區	亂情	患區	患情	亂區	亂情	
一九七	獻帝建安二年		九月，漢水溢。(紀)	江、淮間	饑，民相食。(紀)		五月，蝗。	汝南、潁川	汝南潁川黃巾何儀等，擁衆附袁術，曹操擊破之。					
								徐州、海西	六月，袁術攻劉備，以爭徐州。備連敗，屯於海西。饑餓困蹙。吏士相食，乃請降于呂布。					
									孫策與王朗戰，連破之。朗降。					
									十月，曹操征楊奉，奉南犇袁術，遂攻其梁屯，拔之。					
									呂布與劉備戰，備敗。					
								淯水	正月，曹操與張繡戰于淯水，操敗走。繡率騎來追，爲操所破。繡走還穰，與劉表合。					
								下邳、壽春、鍾離	袁術遣其大將張勳等將數萬趣下邳，七道攻呂布。布與韓暹合兵，並到勳營。勳等散走，布兵追擊。斬其將十人首，所殺傷墮水死者殆盡。布因與暹、奉合軍					

	一九八
	獻帝建安三年
蘄陽　湖陽、舞陰　下邳、徐、揚	穰　沛城　彭城、下邳
向壽春，水陸並進，到鍾離，所過虜掠。九月，曹操東征袁術。術聞操來，棄軍走。留其將橋蕤等於蘄陽以拒操。操擊破蕤等，皆斬之。術走渡淮。時天旱歲荒，士民凍餒。術由是遂衰。十一月，曹操復攻張繡，拔湖陽，禽劉表將鄧濟。又攻舞陰，下之。韓暹、楊奉在下邳、寇掠徐、揚間，軍飢餓。楊奉等與備約斬布，奉爲備所殺。韓暹與十餘騎歸幷州。	四月，遣謁者裴茂，率中郎將段煨討李傕，夷三族。曹操與張繡戰于穰，各有勝敗。呂布攻劉備，破沛城。十月，操屠彭城。廣陵太守陳登，率郡兵爲操先驅，進至下邳，布自將屢與操戰，皆大敗。還保城，不敢出。

公曆	年號	天災						人禍						附註
		水災		旱災		其他		內亂		外患		其他		
		災區	災況	災區	災況	災區	災況	亂區	亂情	患區	患情	亂區	亂情	
一九九	獻帝建安四年							徐州	十二月，曹操擊呂布於徐州，斬之。					
									袁紹仍攻公孫瓚，不能克。					
								易京	三月，袁紹攻公孫瓚于易京，獲之。					
									十二月，孫策與劉表將黃祖、韓晞等戰，大破之，斬晞。祖脫身走。士卒殺溺死者數萬人。					
									操遣將擊劉備，不克。					
二〇〇	獻帝建安五年								正月，曹操擊劉備，破之，獲其妻子。					
								白馬、延津	二月，曹操與袁紹戰。四月，大戰于白馬、延津，曹操使張遼、關羽先擊之，斬袁紹大將文醜、顏良，紹軍大敗。					
								汝南	汝南黃巾劉辟等叛曹操應袁紹。					
								官度	九月，曹操出兵與袁紹戰，不勝。復戰于官度，紹敗走。					

公元	紀年							地點	事件
									隨者八百騎。餘衆降操。操盡阬之。前後所殺七萬餘人。
								皖城	孫權舉兵攻李術於皖城。屠之，梟術首，徙其部曲二萬餘人。
								漢中	張魯據漢中，與劉璋爲敵。
二〇一	獻帝建安六年							倉亭、汝南	四月，操揚兵河上，擊袁紹倉亭軍，破之。操擊劉備于汝南，備奔劉表。
								成都	趙韙引兵數萬圍劉璋於成都。東州人恐見誅滅，相與力戰。韙遂敗退追至江州，殺之。
								江州	
二〇二	獻帝建安七年							葉	五月，袁紹薨。九月，曹操渡河攻紹子譚、尚等，連敗之。劉表遣劉備北侵至葉，擊敗曹操將夏侯惇、于禁等。
二〇三	獻帝建安八年				旱。		蝗。	黎陽	二月，曹操攻黎陽，與袁譚、袁尚戰于城下。譚、尚敗走還鄴。四月，操追至鄴，收其麥。
								鄴	

公歷	年號	天災：水災：災區	天災：水災：災況	天災：旱災：災區	天災：旱災：災況	天災：其他：災區	天災：其他：災況	人禍：內亂：亂區	人禍：內亂：亂情	人禍：外患：患區	人禍：外患：患情	人禍：其他：亂區	人禍：其他：亂情	附註
								西平 平原 建安、漢興、南平	袁尚與袁譚不合，相攻。譚敗，走還南皮。 八月，操擊劉表軍于西平。 袁尚自將攻袁譚，大破之。譚犇平原，嬰城固守。尚圍之，操救之。尚釋平原還鄴。 孫權西伐黃祖，破其舟軍。惟城未克，而山寇復動。令黃蓋等討山越，悉平之。建安、漢興、南平民作亂，聚衆各萬餘人，權將賀齊進討，皆平之。					
二〇四	獻帝建安九年							甘陵、安平、勃海、河間、平原	八月，曹操大破袁尚，士卒死者不可勝數。鄴城中人民餓死者過半。操遂平冀州。尚走故安，從袁熙。 袁譚背約，略取甘陵、安平、勃海、河間，並收尚餘衆，還屯龍湊。 十二月，操軍其門，譚拔平					

									原，走保南皮，臨清河而屯，操入平原，略定諸縣。		
二〇五	獻帝建安十年							南皮	正月，曹操攻南皮，袁譚出戰，士卒多死。操自執桴鼓以率攻者，遂克之。譚出走，追斬之。	獷平	三郡烏桓攻鮮于輔於獷平。八月操率兵渡潞水，救獷平。烏桓走出塞。
								并州	十月，高幹聞操討烏桓，復以并州叛，執上黨太守，舉兵守壺關口。操遣其將樂進、李典擊之。河內張晟衆萬餘人，寇崤、澠間。		
								崤、澠之間	弘農張琰起兵以應之，而郡掾衛固及中郎將范先等復與高幹通謀。曹操使議郎張既，西徵關中諸將馬騰等，皆引兵會擊晟等，破之。斬固、琰等。		
二〇六	獻帝建安十一年								春，曹操自將擊高幹，破之。高幹出走，爲上洛都尉王琰所捕斬。		烏桓乘天下亂，略有漢民十餘萬戶，遼西烏桓蹋頓尤强，爲袁紹所厚，故尙兄弟歸之，數入塞爲寇。欲助尙復故地，曹操擊之。
								武威	七月，武威太守張猛，殺雍州刺史邯鄲商，州兵討誅之。		
									八月，曹操東討海賊管承，		

公歷	年號	天災 水災 災區	水災 災況	旱災 災區	旱災 災況	其他 災區	其他 災況	人禍 內亂 亂區	內亂 亂情	外患 患區	外患 患情	其他 亂區	其他 亂情	附註
									至高于，遣將樂進、李典擊破之。昌豨復叛，操遣于禁討斬之。孫權擊山賊麻保二屯，平之。					
二〇七	獻帝建安十二年		七月，大水。		旱。				黄巾殺濟南王贇。	柳城	八月，曹操大破烏桓於柳城，斬蹋頓、胡、漢降者二十餘萬口。十一月，遼東太守殺袁熙、袁尚。			
二〇八	獻帝建安十三年						疫。	夏口 赤壁	孫權西擊黄祖于夏口，斬之，屠其城。七月，曹操南擊劉表。表子琮降。劉備出走。劉備與孫權合謀攻曹操，孫權以周瑜統兵，進兵，遇曹操軍於赤壁。時操軍衆已有疾疫，初一交戰，操軍不利。引次江北，瑜等屯南					

夷陵

岸，瑜使黃蓋詐降，以火攻曹操船艦。時東南風急，火烈風猛，烟炎張天。曹操軍人馬燒溺，死者甚衆。操引軍從華容道步走。劉備、周瑜水陸並進，追操至南郡。時操軍兼以饑疫，死者太半。留曹仁等守江陵，樂進等守襄陽，引軍北還。＊

周瑜等復與曹仁戰，復大破仁兵於夷陵，獲馬三百匹而還。

丹陽、黟、歙

孫權使威武中郎將賀齊討丹陽、黟、歙賊。黟帥陳僕祖山等二萬戶，屯林歷山。齊引兵登山，擊大破之。

＊赤壁之戰。

二〇九　獻帝建安十四年

荊州　十月，地震。

灊、六　十二月，廬江人陳蘭、梅成據灊、六叛，操遣盪寇將軍張遼討斬之。

周瑜攻曹仁歲餘，所殺甚衆，仁委賊走。

二一〇　獻帝建安十五年

交州　交州刺史朱符爲夷賊所殺，州郡擾亂。孫權以蒼梧士燮爲綏南中郎將。震服

公曆	年號	天災						人禍						附註
		水災		旱災		其他		內亂		外患		其他		
		災區	災況	災區	災況	災區	災況	亂區	亂情	患區	患情	亂區	亂情	
									百蠻。權加燮左將軍。					
二一一	獻帝建安十六年							潼關	三月，馬超、韓遂、侯選等十部衆十萬屯據潼關。曹操遣曹仁督諸將拒之，不與戰。 七月，操自將擊超等。 八月，操至潼關。閏月，操自潼關渡河與超戰。超敗，遣使求和，操不允。九月，操進軍，悉渡渭，攻之，超等大敗。成宜、李堪等爲操軍所斬。遂、超奔涼州。					
								益州	劉備征益州，備將步卒數萬人入州。					
二一二	獻帝建安十七年		七月，大水，洧水、潁水溢。				七月，螟。	河間	河間民田銀、蘇伯反，操遣賈信討之，應時克滅，餘賊千餘人降。					
								藍田	馬超等餘衆屯藍田，夏侯淵擊平之。					
								馮翊	鄜賊梁興寇略馮翊諸縣					

				恐懼。操使夏侯淵助鄭渾討之，遂斬興。餘黨悉平。
二一三	獻帝建安十八年	五月，大雨水。	須口	正月，曹操進軍濡須口，號步騎四十萬，攻破孫權江西營，獲其都督公孫陽，權率衆七萬禦之，相守月餘。操軍還。
			緜竹	劉備進軍，劉璋遣其將劉璝、冷苞、張任、鄧賢、吳懿等拒備，皆敗，退保緜竹。懿詣軍降。璋復遣護軍李嚴、費觀督緜竹諸軍，嚴、觀亦率衆降備。劉璝與張任與璋
			鴈橋	子循退守雒城，備進軍圍之，任勒兵出戰于鴈橋，軍敗，任死。
			隴上、冀城	馬超率羌、胡擊隴上諸郡縣，郡縣皆應之。惟冀城奉州郡以固守。超盡兼隴右之衆，張魯復遣大將楊昂助之，九萬餘人攻冀城。自正月至八月，救兵不至。刺史韋康等以城降。操使夏侯淵救冀，未到而冀敗，與

公曆	年號	天災：水災災區	水災災況	旱災災區	旱災災況	其他災區	其他災況	人禍：內亂亂區	內亂亂情	外患患區	外患患情	其他亂區	其他亂情	附註
二一	獻帝建安十九年		五月，雨水。		四月，旱。			興國	超戰，不利，氐王千萬反應，超屯興國。九月，超兵敗，犇張魯。					
								祁山	馬超從張魯求兵，北取涼州，魯遣超還圍祁山。姜叙告急於夏侯淵。淵使張郃督步騎五千爲前軍，超敗走。					
								略陽、興國	韓遂在顯親，淵襲取之，遂走。淵追至略陽城，淵計攻遂，大破之，進圍興國。氐王千萬犇馬超，餘衆悉降。轉擊高平、屠各皆破之。					
								皖	孫權將呂蒙攻魏廬江太守朱光於皖，大破之，獲光及男女數萬口。					
									諸葛亮留關羽守荊州，與張飛、趙雲將兵泝流克巴東，至江州，破巴郡，獲嚴顏。分遣雲從外水定江陽、犍爲，飛定巴西、德陽。劉備圍					

（上年續）	二一五 獻帝建安二十年
興國、抱罕、湟中城※	
雒城且一年。龐統爲流失所中卒。使書招劉璋降，璋不答。雒城潰，備進圍成都。諸葛亮、張飛、趙雲引兵來會。馬超降於備，備使超引軍屯城北，城中震怖，璋出降。劉備遂主益州。 七月，曹操擊孫權。 抱罕宋建，因涼州亂，自號河首平漢王，改元，置百官，三十餘年。十月，操使夏侯淵自興國討建，圍抱罕，拔之，斬建。淵別遣張郃等渡河入小湟中，河西諸羌皆降，隴右平。※ 十一月，操殺皇室兄弟及宗族百餘人。	三月，曹操自將擊張魯。自武都入氐，氐人塞道，遣張郃、朱靈等攻破之。 四月，操自陳倉出散關，至河池。氐王竇茂衆萬餘人，恃險不服。五月，攻屠之，西平、金城諸將蔣石等共斬
※通鑑胡注：「湟水源出西海鹽池之西北，東至金城允吾縣入河，夾湟兩岸之地，通謂之湟中。又有湟中城在西平、張掖之間，小月氏之地也，故謂之小湟中。」	

公曆	年號	天災						人禍						附註
		水災		旱災		其他災		內亂		外患		其他亂		
		災區	災況	災區	災況	災區	災況	亂區	亂情	患區	患情	亂區	亂情	
								陽平 三巴	韓遂首。七月，操至陽平，張魯欲降，其弟衞不肯，率衆數萬人，拒關堅守橫山築城十餘里。陽平陷，張魯走入巴中，操入南鄭。十一月，魯降。 八月，孫權率衆十萬圍合肥。張遼出戰，權軍無敢當者。權撤軍還。遼步騎奄至，大敗。 劉備以黃權爲護軍，率諸將擊朴胡、杜濩、任約，破之。魏公操使張郃督諸軍徇三巴，欲徙其民於漢中，進軍宕渠。劉備使巴西太守張飛與郃相拒，五十餘日，飛擊郃，大破之。郃走南鄭。					
二一六	獻帝建安二十一年							譙	十月，曹操治兵擊孫權。十一月，至譙。					

二一七	獻帝建安二十二年						大疫。	居巢、濡須、漢中、下辨、丹陽	正月，曹操軍居巢，孫權保濡須。二月，操進攻之。三月，引軍還。權亦詣操降。備率諸將進兵漢中，遣張飛、馬超、吳蘭等屯下辨，操遣都護將軍曹洪拒之。丹陽賊帥費棧作亂，扇動山越。權命陸遜討棧，破之，遂部伍東三郡。					
二一八	獻帝建安二十三年							宛	曹洪擊吳蘭，破斬之。三月，飛與超走。七月，魏王自將擊劉備。九月，至長安。十月，宛守將侯音反。操命曹仁討之。仁軍至，與太守共討之。	代、上谷	四月，代郡、上谷烏桓無臣氏等反。操以其子彰將軍討之。擊代郡烏桓，大破之。斬首獲生以千數。鮮卑大人軻比能，乃請降。北方悉平。			
二一九	獻帝建安二十四年		八月，大霖雨，漢水溢。平地數丈。于禁等七軍皆沒。					宛	正月，曹仁屠宛。斬侯音。劉備使黃忠從定軍山下，攻夏侯淵，淵軍大敗，斬淵。操與備相守積月，魏軍士多亡。五月，操悉引出漢中諸軍還長安，劉備遂有漢中。關羽自率攻曹仁於樊，仁					

公歷	年號	水災 災區	水災 災況	旱災 災區	旱災 災況	其他災 災區	其他災 災況	內亂 亂區	內亂 亂情	外患 患區	外患 患情	其他亂 亂區	其他亂 亂情	附註
								樊	使左將軍于禁等屯樊北，會漢水溢，禁七軍皆沒。禁與諸將登高避水。羽乘大船就攻之，禁等窮迫降。惟龐德不降。羽親殺之。					
								陸渾	陸渾民孫狼等作亂，殺縣主簿，南附關羽。羽授狼印，給兵，還爲寇賊。					
									孫權用呂蒙發兵襲關羽，時羽與操將徐晃戰敗，其將傅方、胡脩皆死，羽遂退。蒙斷關羽歸路，羽與權諸將戰，皆敗走。					
								荆州	十二月，潘璋司馬馬忠，獲羽及其子平於章鄉，斬之，遂定荆州。					

公歷	年號	天災·水災·災區	天災·水災·災況	天災·旱災·災區	天災·旱災·災況	天災·其他·災區	天災·其他·災況	人禍·內亂·亂區	人禍·內亂·亂情	人禍·外患·患區	人禍·外患·患情	人禍·其他·亂區	人禍·其他·亂情	附註
二二〇	三國 魏文帝黃初元年				十二月，旱。		十二月，蝗。	西平、張掖、酒泉	五月，西平麴演，結旁郡作亂，以拒鄒岐。張掖張進，執太守杜通，酒泉黃華，不受太守辛機，皆自稱太守以應演。蘇則與將軍郝昭等降三胡後，與毌丘興擊張進於張掖。麴演聞之，將步騎三千迎則，辭來助軍，實欲爲變。則誘而斬之。出而徇軍，其黨皆散走。則遂與諸軍圍張掖，破之，斬進。黃華懼，乞降。					
								武威	武威三種胡復叛，太守毌丘興告急於蘇則。則與郝昭發兵救武威，降三種胡。					
二二一	文帝黃初二年 蜀昭烈帝章武元年							巫、秭歸	七月，漢主自率諸軍擊孫權。漢主遣將軍吳班、馮習攻破權將李異、劉阿等於巫，進兵秭歸。兵四萬餘人，武陵蠻夷皆遣使往請兵。					

公曆	年號	天災：水災：災區	天災：水災：災況	天災：旱災：災區	天災：旱災：災況	天災：其他災：災區	天災：其他災：災況	人禍：內亂：亂區	人禍：內亂：亂情	人禍：外患：患區	人禍：外患：患情	人禍：其他亂：亂區	人禍：其他亂：亂情	附註
									權以陸遜爲大都督，督將軍朱然、潘璋、宋謙、韓當、徐盛、鮮于丹、孫桓等五萬人拒之。					
二二二	文帝黃初三年　蜀昭烈帝章武二年　吳大帝黃武元年					冀州	七月，大蝗、饑。	涼州、河西各地	十月，涼州盧水胡治元多等反，河西大擾。詔張既討之。十一月，大破之。斬首獲生以萬數。河西悉平。					
								西平	西平麴光反，殺其郡守。既平之。					
								巫峽、建平至夷陵一帶	漢人自巫峽建平連營至夷陵界，立數十屯。以馮習爲大督，張南爲前部督。自正月與吳相拒，至六月不決。漢主常用計誘吳軍，均爲陸遜所識。閏月，遜通率諸軍，同時俱攻，斬張南、馮習及胡王沙摩柯等首。破其四十餘營。漢將杜路、劉甯等降。漢主升馬鞍山，陳					

洞口、濡須　南郡

兵自繞。遂督促諸軍，四面蹙之，土崩瓦解，死者萬數。漢主夜遁，僅得入白帝城。其舟船器械，水軍軍資，一時略盡。尸骸塞江而下。九月，帝命征東大將軍曹休，前將軍張遼，鎮東將軍臧霸出洞口，大將軍曹仁出濡須，上軍大將軍曹眞、征南大將軍夏侯尙、左將軍張郃、右將軍徐晃圍南郡。吳建威將軍呂範督五軍，以舟軍拒休等。左將軍諸葛瑾、平北將軍潘璋、將軍楊粲救南郡，裨將軍朱桓以濡須督拒曹仁。十月，魏吳仍相持。會暴風吹吳呂範等船，綆纜悉斷，直詣休等營下，斬首獲生以千數，吳兵迸散。帝聞之，敕諸軍促渡。軍未時進，吳救船遂至，收軍還江南。曹休使臧霸追之，不利，將軍

公曆年	號	天災						人禍						附註
		水災		旱災		其他		內亂		外患		其他		
		災區	災況	災區	災況	災區	災況	亂區	亂情	患區	患情	亂區	亂情	
									尹盧戰死。十一月,漢漢嘉太守黃元叛。					
二二三	文帝黃初四年 蜀後主建興元年 吳大帝黃武二年		六月,大水。				二月,大疫。	江陵、中洲	正月,曹眞使張郃擊破吳兵,遂奪據江陵、中洲。二月,曹仁率步騎數萬攻濡須城,失利,將軍常雕死,王傑遭擒,將士被殺溺死者千餘人。曹眞等圍江陵,吳朱然以五千餘人拒守,伺間隙,攻破魏兩屯。魏兵圍然凡六月,不能下。三月,漢益州治中從事楊洪啓太子,遣將軍陳曶、鄭綽討黃元,元軍敗,曶、綽生獲斬之。六月,漢雍闓、朱褒、高定等叛,諸葛亮撫之。					

二二四	二二五
文帝黃初五年　蜀後主建興二年　吳大帝黃武三年	文帝黃初六年　蜀後主建興三年　吳大帝黃武四年
	利成　益州、永昌、牂牁、越巂　番陽
	六月，利成郡兵蔡方等反，殺太守徐質，推郡人唐咨爲主。詔屯騎校尉任福等討平之。七月，漢諸葛亮至南中，所在戰捷。亮由越巂入，斬雍闓及高定。使庲降督*益州李恢由益州入，門下督巴西馬忠由牂柯入，擊破諸縣，復與亮合。孟獲收闓餘衆以拒亮，亮七縱七擒之，孟獲心服。益州、永昌、牂牁、越巂四郡皆平。自是終亮之世，夷不復反。十二月，吳番陽賊彭綺攻沒郡縣，衆數萬人。
幽、并二州	
鮮卑軻比能數爲邊寇，幽并苦之。	三月，并州刺史梁習討軻比能，大破之。
	*通鑑胡注：「裴松之曰：訊之蜀人云，庲降，地名，去蜀三千餘里。時未有甯州，號爲南中，立此職以摠攝之。晉泰始中，始分爲甯州平夷縣，屬牂牁郡。余據蜀志，庲降督住平夷，蓋僑治，非庲降之本地也。至馬忠爲庲降督，乃自平夷移住建甯味縣，後遂爲甯州治所。」

公曆年	年號	天災：水災 災區	天災：水災 災況	天災：旱災 災區	天災：旱災 災況	天災：其他災 災區	天災：其他災 災況	人禍：內亂 亂區	人禍：內亂 亂情	人禍：外患 患區	人禍：外患 患情	人禍：其他禍 亂區	人禍：其他禍 亂情	附註
二二六	文帝黃初七年 蜀後主建興四年 吳大黃武五年							江夏	八月，吳王自將攻江夏郡，太守文聘堅守。遣御史荀禹慰勞邊方。禹到江夏，吳王遁走。					
								襄陽、尋陽	吳左將軍諸葛瑾等寇襄陽，司馬懿擊破之，斬其部將張霸。曹眞又破其別將於尋陽。					
								丹陽、吳、會稽	吳丹陽、吳會山民復爲寇，攻沒屬縣。吳王分三郡險地爲東安郡，以綏南將軍全琮領太守，招誘降附。					
								交趾、九眞	吳交州刺史呂岱與校尉陳時，及將軍戴良南入。交趾太守士徽發兵拒之。岱以士燮弟子輔往說徽。徽率其兄弟出降，岱皆斬之。徽大將甘醴及柏治率吏民共攻岱，岱奮擊破之。進討九眞，斬獲以萬數。扶南、林邑、堂明諸王，遣使入貢於吳。					

二二七	明帝太和元年　蜀後主建興五年　吳大帝黃武六年			孟達有歸蜀意，司馬懿乃潛軍進討。吳、漢各遣偏將，向西城安橋木闌塞以救達，懿分諸將以拒之。		
二二八	明帝太和二年　蜀後主建興六年　吳大帝黃武七年	五月，大旱。	新城 郿 天水、南安、安定 街亭 西縣、箕谷 皖	正月，司馬懿攻新城，旬有六日，拔之，斬孟達。諸葛亮揚聲由斜谷道取郿，使鎮東將軍趙雲、揚武將軍鄧芝爲疑兵，據箕谷。帝遣曹眞都督關右諸軍，軍郿。亮身率大軍攻祁山，天水、南安、安定皆叛應亮。關中響震。帝勒兵馬步騎五萬，遣右將軍張郃督之，西拒亮。亮以越巂太守馬謖，督諸軍在前，與張郃戰於街亭。謖無謀，戰大敗，士卒離散。亮進無所據，乃拔西縣千餘衆，還漢中，斬謖。趙雲、鄧芝兵亦敗於箕谷。曹眞討安定等三郡，皆平。吳、魏會戰於皖。曹休與陸	馬城	九月，護烏桓校尉田豫擊鮮卑鬱築鞬，鬱妻父軻比能救之，以三萬騎圍豫於馬城。上谷太守閻志素爲鮮卑所信，往解諭之，乃解圍去。

公歷				二二九
年號				明帝太和三年 蜀後主建興七年 吳大帝黃龍元年
天災	水災	災區		
		災況		
	旱災	災區		
		災況		
	其他	災區		
		災況		
人禍	內亂	亂區	夾石 陳倉	武都、陰平、建威
		亂情	遜戰於石亭，遜自爲中部，令朱桓、全琮爲左右翼，三道並進，衝休伏兵，因驅走之，追亡逐北，徑至夾石，斬獲萬餘，牛馬騾驢車乘萬兩，軍資器械略盡。帝命賈逵引兵東與休合。逵兵至，吳兵乃走。 十二月，諸葛亮引兵出散關，圍陳倉。陳倉已有備，亮不能克。乃進兵攻郝昭，晝夜相攻拒，二十餘日。曹眞遣費耀等救之。帝召張郃於方城，使擊亮。郃晨夜進道，未至，亮糧盡引去，將軍王雙追之。亮擊斬雙。	諸葛亮遣其將陳戒攻武都、陰平二郡，雍州刺史郭淮引兵救之。亮自出至建威，淮退，亮遂拔二郡而歸。
	外患	患區		
		患情		
	其他	亂區		
		亂情		
附註				

二三〇	明帝太和四年 蜀後主建興八年 吳大帝黃龍二年	成固、赤坂 合肥 武陵	七月，曹眞伐漢。漢丞相亮聞魏兵至，次於成固、赤坂以待之，召李嚴使將二萬人赴漢中。會天霖雨三十餘日，九月，詔眞等班師。 十二月，吳犯合肥城，不克而還。 武陵五谿蠻夷叛吳。	
二三一	明帝太和五年 蜀後主建興九年 吳大帝黃龍三年	案中道 木門	二月，吳王使呂岱督軍五萬人討五溪蠻。 亮帥諸軍圍祁山，帝命司馬懿西屯長安，督將軍張郃、費曜、戴陵、郭淮等以禦之。五月，懿乃使張郃攻無當監何平於南圍，自案中道向亮。亮使魏延、高翔、吳班逆戰，魏兵大敗。漢人獲甲首三千。六月，亮以糧盡退軍，懿遣張郃追之。至木門，與亮戰，蜀人乘高布伏，弓弩亂發，飛矢中郃右膝而卒。 十月，吳主使中郎將孫布詐降，以誘揚州刺史王淩。	四年春，吳主使將軍衛溫、諸葛直將甲士萬人浮海求夷洲、亶洲。衛溫、諸葛直軍行經歲，士卒疾疫死者什八九。亶洲絕遠卒

公曆	年號	天災						人禍						附註
		水災		旱災		其他		內亂		外患		其他		
		災區	災況	災區	災況	災區	災況	亂區	亂情	患區	患情	亂區	亂情	
二三二	明帝太和六年 蜀後主建興十年 吳大帝黃龍四年								吳主伏兵於阜陵以俟之,淩單遣一督將步騎七百人往迎之。布夜掩擊督將,迸走死傷過半。				不可得至,得夷洲,數千人而還。	
								遼東	三月,吳主遣將軍周賀、校尉裴潛乘海之遼東,從公孫淵求馬。淵數與吳通。九月,帝使汝南太守田豫督青州諸軍自海道,幽州刺史王雄自陸道進。歲晚風急,魏兵據成山。賀等遇風,還至成山,豫勒兵擊賀等,斬之。					
二三三	明帝青龍元年 蜀後主建興十一年 吳大帝黃龍五年							肥水	吳主出兵,欲圍新城。滿寵潛遣步騎六千伏肥水隱處以待之。吳主上岸耀兵,寵伏兵卒起擊之,斬首數百,或有赴水死者。		鮮卑步度根與泄歸泥部落皆叛出塞,與柯比能合寇邊。帝遣將軍秦朗將討之。鮮卑軻比能走,泄歸泥降。			
								六安	吳主又使全琮攻六安,亦不克。					

南夷豪帥劉冑叛，亮使馬忠討斬之。

二三四

明帝青龍二年

蜀後主建興十二年

吳大帝黃龍六年

四月，大疫。

斜谷　二月，亮悉大衆十萬，由斜谷入寇。遣使約吳同時大舉。

郿　四月，諸葛亮至郿，軍於渭水之南。司馬懿引軍渡渭，背水爲壘以拒之。亮屯五丈原。

五丈原　懿使郭淮屯北原。塹壘未成，漢兵大至，淮逆擊却之。

合肥、新城　五月，吳主入居巢、湖口，向合肥、新城，衆號十萬。又遣陸遜、諸葛瑾將萬餘人入江夏、沔口，向襄陽。將軍孫韶、張承入淮，向廣陵、淮陰。

江夏、沔口、襄陽、廣陵、淮陰　七月，帝東征。吳吏士多疾病，吳主遁走。惟陸遜未還，悉上兵馬以向襄陽。魏人不敢逼。行到白圍，潛遣將軍周峻、張梁等擊江夏、新市、安陸、石陽，斬獲千餘人而還。

江夏、新市、安陸、石陽　司馬懿與諸葛亮相守百

公曆	年號	天災						人禍						附註
		水災		旱災		其他		內亂		外患		其他		
		災區	災況	災區	災況	災區	災況	亂區	亂情	患區	患情	亂區	亂情	
									餘日。亮卒於軍中。漢引兵還。懿追之，姜維計退之。吳潘濬討武陵蠻，數年，斬獲數萬。自是羣蠻衰弱，一方甯靜。					
二三五	明帝青龍三年 蜀後主建興十三年 吳大帝黃龍七年	張掖柳谷口	十一月，水溢涌。											
二三七	明帝景初元年 蜀後主建興十五年 吳大帝黃龍九年	冀、兖、徐、豫	九月，大水。					遼隧	七月，公孫淵反，遣毌丘儉於遼隧。會天雨十餘日，遼水大漲，儉與戰不利，引軍還右北平。淵遣使假鮮卑單于璽，封拜邊民，誘呼鮮卑，以侵擾北方。					

二三八	明帝景初二年　蜀後主延熙元年　吳大帝赤烏元年		遼東　遼隧　襄平、首山	正月，帝召司馬懿於長安，使將兵四萬討遼東。六月，司馬懿至遼東。公孫淵使大將軍卑衍、楊祚將步騎數萬屯遼隧，圍塹二十餘里。懿潛濟水，出其北，直趣襄平。衍等恐，引兵夜走，諸軍進至首山，淵復使衍等逆戰，懿擊大破之，遂進圍襄平。七月，大霖雨，遼水暴漲，難行軍，雨霽，懿乃合圍，作土山地道，晝夜攻之，矢石如雨。淵窘急，糧盡，人相食，死者甚多，其將楊祚等降。八月，襄平潰，淵與子脩將數百騎突圍東南走。大兵急擊之，斬淵父子於梁水之上。懿攻入城，誅其公卿以下及兵民七千餘人。遼東、帶方、樂浪、玄菟四郡皆平。
二三九	明帝景初三年　蜀後主延		帶方、樂浪、玄菟	
			遼東　臨賀、	四月，吳督軍使者羊衜，擊遼東守將，俘人民而去。十二月，吳將廖式殺臨賀

公歷	年號	天災：水災 災區	水災 災況	旱災 災區	旱災 災況	其他災 災區	其他災 災況	人禍：內亂 亂區	內亂 亂情	外患 患區	外患 患情	其他禍 亂區	其他禍 亂情	附註
	熙二年 吳大帝赤烏二年							零陵、桂陽	太守嚴綱等，自稱平南將軍，攻零陵、桂陽，搖動交州諸郡，衆數萬人。吳主拜呂岱爲交州牧，遣諸將唐咨等絡繹相繼，攻討一年，破之，斬式，及其支黨，郡縣悉平。					
二四〇	邵陵厲公正始元年 蜀後主延熙三年 吳大帝赤烏三年				春，旱。冬，饑。				越巂蠻夷數叛漢，殺太守。漢主以巴西張嶷爲越巂太守，張嶷招慰新附，誅討彊猾，蠻夷畏服，郡界悉平。					
二四一	邵陵公正始二年 蜀後主延熙四年 吳大帝赤烏四年							淮南、芍陂、六安、樊、相中	四月，吳全琮略淮南，決芍陂，諸葛恪攻六安，朱然圍樊，諸葛瑾攻相中。征東將軍王淩、揚州刺史孫禮與全琮戰於芍陂，琮敗走，荊州刺史以兵救樊，兵臨圍，城中乃安。					

公元	紀年	地點	事件	其他
二四二	邵陵公正始三年 蜀後主延熙五年 吳大帝赤烏五年		六月，太傅司馬懿督諸軍救樊，吳軍聞之，夜遁，追至三州口，大獲而還。	七月吳主遣將軍聶友、校尉陸凱將兵三萬擊儋耳、珠崖。
二四三	邵陵公正始四年 蜀後主延熙六年 吳大帝赤烏六年	六安	春，吳諸葛恪襲六安，掩其人民而去。	
二四四	邵陵公正始五年 蜀後主延熙七年 吳大帝赤烏七年	漢中、興勢	三月，曹爽西至長安，發卒十餘萬人。與夏侯玄自駱口入漢中，漢守將以漢中兵僅三萬，使護軍劉敏據興勢，以衛漢中。閏月，漢主遣大將軍費禕督諸軍救漢中。	

公曆	年號	天災：水災 災區	水災 災況	旱災 災區	旱災 災況	其他 災區	其他 災況	人禍：內亂 亂區	內亂 亂情	外患 患區	外患 患情	其他 亂區	其他 亂情	附註
									四月，魏大將軍曹爽兵距興勢不得進。關中及氐、羌轉輸不能供，牛馬騾驢多死，民夷號泣道路。五月，引軍還。費禕進據三嶺以截爽，爽爭險苦戰，僅乃得過，失亡甚衆，關中爲之虛耗。					
二四五	邵陵厲公正始六年 蜀後主延熙八年 吳大帝赤烏八年								七月，吳將軍馬茂謀殺吳主及大臣以應魏，事泄，并黨與皆伏誅。					
二四六	邵陵厲公正始七年 蜀後主延熙九年 吳大帝赤烏九年							汶山、平康	二月，吳車騎將軍朱然寇相中，殺略數千人而去。九月，汶山平康夷反。漢涼州刺史姜維討平之。	丸都	幽州刺史毌丘儉，以高句驪王位宮數爲侵叛，督諸軍討之，位宮敗走，儉遂屠丸都。斬獲首虜以千數。未幾，復擊之，過沃沮千有餘里，所誅納八千餘口。			

二四七	邵陵厲公正始八年 蜀後主延熙十年 吳大帝赤烏十年							雍、涼二州、洮西	雍、涼羌、胡叛降漢，漢姜維應之，與雍州刺史郭淮、討蜀護軍夏侯霸戰於洮西。胡王白虎文、治無戴等率部落降維。淮進擊羌、胡餘黨，皆平之。
二四八	邵陵厲公正始九年 蜀後主延熙十一年 吳大帝赤烏十一年							涪陵 交阯、九眞	九月，涪陵夷反，漢車騎將軍鄧芝討平之。 吳交阯、九眞夷賊，攻沒城邑。交部騷動。吳主以衡陽督軍都尉陸胤爲交州刺史安南校尉，胤入境，喻以恩信，降者五萬餘家，州境復清。
二四九	邵陵厲公嘉平元年 蜀後主延熙十二年 吳大帝赤烏十二年							麴城	秋，漢衞將軍姜維寇雍州，依麴山築二城，使牙門將句安、李歆等守之，聚羌、胡質任，侵偪諸郡。征西將軍郭淮與雍州刺史陳泰禦之。淮使泰率討蜀將軍徐質、南安太守鄧艾進兵圍麴城，維引兵救之。出自牛頭山與泰相對，淮趣牛頭

公曆	年號	天災						人禍						附註
		水災		旱災		其他		內亂		外患		其他		
		災區	災況	災區	災況	災區	災況	亂區	亂情	患區	患情	亂區	亂情	
									截維還路，維遁走，安等孤絕，遂降。淮因西擊諸羌。					
二五〇	邵陵厲公嘉平二年 蜀後主延熙十三年 吳大帝赤烏十三年							江陵	十二月，魏遣新城太守南陽州泰襲巫、秭歸，荊州刺史王基向夷陵，征南將軍王昶向江陵，渡水擊吳。吳大將施績夜遁入江陵，昶引致平地與戰，大破之，斬其將鍾離茂、許旻。					
								西平	漢姜維復寇西平，不克。					
二五一	邵陵厲公嘉平三年 蜀後主延熙十四年 吳大帝太元元年								正月，王基、州泰擊吳兵，皆破之，降者數千口。					
二五二	邵陵厲公嘉平四年 蜀後主延熙十五年							南郡、武昌、東興	十一月，帝詔王昶等三道擊吳。十二月，王昶攻南郡，毌丘儉向武昌，胡遵、諸葛誕率衆七萬攻東興。吳太					

吳侯官侯建興元年

傅諸葛恪將兵四萬晨夜兼行，救東興。使冠軍將軍丁奉與呂據、留贊、唐咨爲前部。魏將胡遵輕敵不備，丁奉率兵三千，乘其不備，破魏前屯。呂據等繼至，魏軍驚擾散走，爭渡浮橋，橋壞絕，自投於水，更相蹈藉。前部督韓綜、樂安太守桓嘉等皆沒。死者數萬。

二五三

邵陵厲公嘉平五年　蜀後主延熙十六年　吳侯官侯建興二年

地區	事蹟
新興、雁門	正月，新興、鴈門二郡胡反。王昶、毋丘儉聞東軍敗，各燒屯走。
石營、狄道	四月，漢姜維欲誘羌、胡以爲羽翼，乃將數萬人出石營，圍狄道。
淮南、新城	吳諸葛恪入寇淮南，驅略民人。五月，還軍圍新城，詔司馬孚督軍二十萬往赴之。
關中	司馬師使郭淮、陳泰悉關中之衆，解狄道之圍。陳泰進至洛門，姜維糧盡退還。揚州牙門將張特守新城，

公歷	年號	天災 水災 災區	水災 災況	旱災 災區	旱災 災況	其他災 災區	其他災 災況	人禍 內亂 亂區	內亂 亂情	外患 患區	外患 患情	其他禍 亂區	其他禍 亂情	附註
									吳人攻之連月，城中兵合三千人，疾病戰死者過半，而恪急攻，城將陷，惟特死守，吳兵攻不能下。七月，恪以吳士疲勞，飲水泄下流腫病者大半，死傷塗地，且魏救兵已至，乃引軍擊，士卒傷病，流曳道路，或頓仆坑壑，或見略獲，存亡哀痛。八月，吳軍還建業。					
二五四	高貴鄉公正元元年　蜀後主延熙十七年　吳侯官侯五鳳元年							狄道、河間、臨洮	六月，姜維寇隴西。冬，姜維自狄道進拔河間、臨洮，將軍徐質與戰，殺其盪寇將軍張嶷，漢兵乃還。					
二五五	高貴鄉公正元二年　蜀後主延熙十八年							壽春　樂嘉	正月，毌丘儉與揚州刺史文欽起兵於壽春，以討司馬師。師率中外諸軍討儉、欽。欽與子鴦擊師於樂嘉，					

吳侯官侯五鳳二年

戰不利。乃與驍騎十餘權鋒陷陳，所向皆披靡，遂引去。師以八千騎追之。鴦以匹馬入數千騎中，輒殺傷百餘人乃出，如此者六七，追騎莫敢逼。文欽父子降吳。毋丘儉聞欽敗，恐懼夜走，衆遂潰。

枹罕

八月，漢姜維將數萬人至枹罕，趨狄道，征西將軍陳泰敕雍州刺史王經進屯狄道。經所統諸軍，於故關與漢人戰，不利，又與維戰於洮西，大敗，死者萬計。以萬餘還保狄道城。維進圍狄道，使鄧艾與泰幷力拒維。泰潛行至狄道東南高山上。維不意救兵卒至，緣山急來攻之，泰與交戰，維退。九月，維遁走。

洮西、狄道

二五六

高貴鄉公甘露元年

蜀後主延熙十九年

祁山、南安

七月，姜維復率衆出祁山，聞鄧艾已有備，乃回趨南安，艾據武城山以拒之。維與艾爭險不克，乃東行趨

公曆年	年號	天災						人禍						附註
		水災		旱災		其他災		內亂		外患		其他禍		
		災區	災況	災區	災況	災區	災況	亂區	亂情	患區	患情	亂區	亂情	
	吳侯官侯太平元年							段谷	上邽。艾與戰於段谷，大破之。維敗，士卒星散，死者甚衆。					
二五七	高貴鄉公甘露二年　蜀後主延熙二十年　吳侯官侯太平二年							壽春	魏諸葛誕據壽春附吳。					
								丘頭	六月，司馬昭督諸軍二十六萬進屯丘頭，以討諸葛誕。以鎮南將軍王基與安東將軍陳騫等圍壽春。吳遣朱異率三萬人救壽春圍，數戰不克。					
								陽淵	司馬昭命州泰擊朱異於陽淵，異走，泰追之，殺傷二千。七月，吳復遣朱異等救壽春之圍，州泰又擊破之。壽春內亂，全懌等數千人出降。					
								駱谷、沈嶺	十二月，漢姜維聞魏分關中兵赴淮南，乃率數萬人出駱谷，至沈嶺。征西將軍司馬望及安西將軍鄧艾拒之。維數挑戰，不應。					

二五八	高貴鄉公甘露三年 蜀後主景耀元年 吳景帝永安元年		正月，諸葛誕率衆晝夜攻南圍。圍上諸軍臨高發石車火箭，逆燒破其攻具，矢石雨下，死傷蔽地，血流盈塹。二月，城陷，諸葛誕單騎與麾下突小城欲出，司馬昭奮部兵擊斬之，夷其三族。誕麾下數百人皆死。	
二六〇	魏元帝景元元年 蜀後主景耀三年 吳景帝永安三年		帝（高貴鄉公）率軍誅司馬昭，賈充逆與帝戰於南闕上，成濟刺帝殞于車下。迎燕王宇之子常道鄉公璜於鄴，以爲明帝嗣。成濟兄弟夷族。	兵都尉嚴密建議作浦里塘，會諸軍民就作，功費不可勝數，士卒多死亡，民大愁怨。
二六二	魏元帝景元三年 蜀後主景耀五年 吳景帝永安五年	洮陽、侯和、沓中	十月，漢大將軍姜維入寇洮陽，鄧艾與戰於侯和，破之。維退住沓中。	

公元	年號	天災						人禍						附註
		水災		旱災		其他災		內亂		外患		其他亂		
		災區	災況	災區	災況	災區	災況	亂區	亂情	患區	患情	亂區	亂情	
二六三	魏元帝景元四年 蜀後主炎興元年 吳景帝永安六年							交阯、九眞、日南 陽安 陰平	五月，吳交趾郡吏呂興等殺太守孫諝及察戰鄧荀，遣使來（魏）請太守及兵，九眞、日南皆應之。詔諸軍大舉伐漢。鄧艾督三萬餘人自狄道趣甘松沓中。諸葛緒督三萬餘人自祁山趣武街、橋頭。鍾會統十萬餘衆分從斜谷、駱谷、子午谷趣漢中。衛瓘監艾、會軍事。八月，軍發洛陽。漢人聞魏兵且至，乃遣廖化將兵詣沓中爲姜維繼援。張翼董厥等詣陽安關口，爲諸圍外助。敕諸圍皆不得戰，退保漢、樂二城。翼、厥北至陰平，聞諸葛緒將向建威，留住月餘待之。鍾會率諸軍平行至漢中。九月，使李輔統萬人圍王含於樂城，荀愷圍蔣斌於漢					

彊川口　壽春　沔中、白水　江油　涪　綿竹　巴　武陵　五溪

城。會趣陽安口。使胡烈攻關口，漢蔣舒迎降。鄧艾攻姜維。維引兵還，魏兵追躡於彊川口，大戰。維敗走，緒輒截維，不及。遂還至陰平，退趣白水。遇化、翼、厥等合兵守劍閣。十月，漢人告急於吳，吳使丁奉督軍向壽春、留平.施績屯南郡，丁封、孫異如沔中以救漢。艾進至陰平，緒向白水，檻車徵還，軍悉屬會，艾自陰平行無人之地七百餘里，鑿山通道，至江油，蜀守將馬邈降。諸葛瞻督諸軍拒艾，至涪，破瞻前鋒，瞻退住綿竹。艾更戰斬瞻。入平土，百姓擾擾，皆迸山澤，不可禁制，漢主降。姜維東入于巴。鍾會追維至郪，罷兵降。吳聞蜀已亡，乃罷兵。吳人以武陵、五溪夷與蜀接界，魏以鍾離牧領武陵太守。魏已遣郭純試守武

蜀亡。

公曆年	年號	天災·水災·災區	天災·水災·災況	天災·旱災·災區	天災·旱災·災況	天災·其他災·災區	天災·其他災·災況	人禍·內亂·亂區	人禍·內亂·亂情	人禍·外患·患區	人禍·外患·患情	人禍·其他禍·亂區	人禍·其他禍·亂情	附註
									陵太守，率涪陵民入遷陵界，屯于赤沙，勸誘諸夷，進攻酉陽，郡中震懼。牧帥所領，晨夜進道，緣山險行，垂二千里，斬惡民懷異心者魁帥百餘人及其支黨凡千餘級，純等散走，五谿皆平。					
二六四	魏元帝咸熙元年 吳歸命侯元興元年							成都	正月，鍾會在蜀，謀反，亂兵殺會及姜維。衞瓘部分諸將，數日乃定，殺鄧艾於綿竹。					
								巴東	蜀太守羅憲守巴東。吳人起兵西上，圍巴東。憲告急					
								永安	於魏，協攻永安，大破之。吳復遣陸抗等帥三萬人增之圍，憲被攻凡六月，救援					
								西陵	不到，城中疾病泰半。五月，魏遣胡烈攻以救憲，七月，吳師退。					

				句章	四月，新附督王稚浮海入吳句章，略其長吏及男女二百餘口而還。
二六六	晉 武帝泰始二年 吳歸命侯寶鼎元年			建業、牛屯	十月，永安山賊施但因民勞怨，聚衆數千人，刼吳主庶弟永安侯謙作亂。北至建業，衆萬餘人入城，丁固、諸葛靚發兵逆戰于牛屯，但兵散敗，生獲謙，吳主幷其母及弟浚皆殺之。
二六八	武帝泰始四年 吳歸命侯寶鼎三年	青州、徐州、兗州、豫州	九月，四州大水。	江夏、襄陽	十月，吳主出東關，使其將施績入江夏，萬彧寇襄陽，詔義陽王望統中軍步騎二萬屯龍陂。會荆州刺史胡烈拒績破之，望引兵還。
				交趾、合浦、古城	吳交州刺史劉俊前後三攻交趾，交趾太守楊稷皆拒破之。稷遣毛靈、董元攻合浦，戰於古城，大破吳兵。
				合肥	十一月，吳丁奉、諸葛靚出芍陂，攻合肥，汝陰王駿拒却之。

公歷	年號	天災						人禍						附註
		水災		旱災		其他災		內亂		外患		其他亂		
		災區	災況	災區	災況	災區	災況	亂區	亂情	患區	患情	亂區	亂情	
二六九	武帝泰始五年 吳歸命侯建衡元年	青州、徐州、兗州	二月，三州大水。											
二七〇	武帝泰始六年 吳歸命侯建衡二年							渦口	正月，吳丁奉入渦口，揚州刺史牽弘擊走之。	萬斛堆	六月，胡烈討鮮卑禿髮樹機能於萬斛堆，兵敗被殺。			
二七一	武帝泰始七年 吳歸命侯建衡三年		六月，大雨霖。河、洛、伊、沁皆溢，殺二百餘人，沒秋稼千三百六千餘頃。（志）	雍、涼、秦	五月，三州饑。			九眞 交趾	四月，吳交州刺史陶璜襲九眞，太守董元殺之。五月，吳薛珝與陶璜等兵十萬，共攻交趾，城中糧盡援絕，爲吳所陷。	金城 并州	三月，北地胡寇金城，涼州刺史牽弘討之。衆胡皆內叛，與樹機能共圍弘於靑山，弘軍敗而死。十一月，劉猛寇并州，刺史劉欽擊破之。			

二七二	武帝泰始八年 吳歸命侯建衡四年				五月，旱。		
二七三	武帝泰始九年 吳歸命侯建衡五年				自正月旱，至於六月。(志)		
二七四	武帝泰始十年 吳歸命侯建衡六年				四月，旱。		
二七五	武帝咸甯元年 吳歸命侯天册元年	徐州	九月，大水。(志)			下邳、廣陵	五月，大風，壞千餘家。七月，郡國螟。(志)
						青州	九月，螟。(志)
						洛陽	十二月，大疫，死者以萬數。

公曆年	年號	天災：水災 災區	天災：水災 災況	天災：旱災 災區	天災：旱災 災況	天災：其他災 災區	天災：其他災 災況	人禍：內亂 亂區	人禍：內亂 亂情	人禍：外患 患區	人禍：外患 患情	人禍：其他禍 亂區	人禍：其他禍 亂情	附註
二七六	武帝咸甯二年 吳歸命侯元璽元年	河南、魏郡 荊州	七月，河南魏郡暴水，殺百餘人。（志） 九月，荊州郡國五大水，流四千餘家。		五月，旱，至六月乃澍雨。（志）									
二七七	武帝咸甯三年 吳歸命侯天紀元年	益州、梁州 荊州 始平	六月，益、梁二州郡國八暴水，殺三百餘人。 七月，大水。 九月，大水。			平原、安平、上黨、河間、泰山	八月，四郡霜，害三豆。河間暴風寒冰，郡國五隕霜傷穀。				三月，平虜護軍文鴦，督涼、秦、雍州諸軍討樹機能，破之，諸胡二十萬人來降。			

	二七八	二七九
	武帝咸寧四年 吳歸命侯天紀二年	武帝咸寧五年 吳歸命侯天紀三年
青州、徐州、兗州、豫州、荊州、益州、梁州	司州、冀州、兗州、豫州、荊州、揚州	
九月，七州大水。（志）	七月，司、冀、兗、豫、荊、揚郡國二十大水。	
	司州、冀州、兗州、豫州、荊州、揚州	
	司、冀、兗、豫、荊、揚郡國二十螟，傷稼。	四月，郡國八雨雹，傷秋稼，壞百姓廬舍。
	西陵	廣州、蒼梧、始興
	十月，吳人大佃皖城，欲謀入寇，都督揚州諸軍事王渾，遣揚州刺史應綽攻破之。斬首五千級，焚其積穀百八十餘萬斛，踐稻田四千餘頃。 十一月，杜預爲征南大將軍，至鎮，簡精銳襲吳西陵督張政，大破之。	四月，吳桂林太守脩允卒。督將郭馬聚衆攻殺廣州督虞授，使何典攻蒼梧，王族攻始興。八月，吳主遣將帥萬人從東道討郭馬，又遣徐陵督陶濬將七千人從西道，與交州牧陶璜共擊馬。
	武威	涼州
	六月，揚欣與樹機能之黨若羅拔能等戰于武威，敗死。	正月，樹機能攻陷涼州。十一月，馬隆西渡溫水，樹機能等以衆數萬據險拒之。隆轉戰而前，行千餘里，殺傷甚衆。十二月，隆與樹機能大戰，斬之，涼州平。

公歷	年號	天災						人禍						附註
		水災		旱災		其他		內亂		外患		其他		
		災區	災況	災區	災況	災區	災況	亂區	亂情	患區	患情	亂區	亂情	
二八〇	武帝太康元年 吳歸命侯天紀四年					河東、高平 河南、河內、河東、魏郡、弘農 東平、平陽、上黨、鴈門	三月，霜雹傷桑麥。（志） 四月，雨雹，傷麥豆。（志） 五月，雨雹傷禾麥。（志）	西陵、荊門、夷道、樂鄉、江陵、武昌、建康	晉大舉伐吳，諸軍並進，所向皆克。王濬兵下巴東，擊破吳兵，進克西陵、荊門、夷道。杜預進兵襲樂鄉，虜吳都督孫歆，進克江陵。於是沅湘以南，接於交廣，皆望風降附。濬擊殺吳水軍都督陸景，攻降武昌，長驅直指建康，吳人大震。兵至石頭，吳主皓面縛輿櫬詣軍門降。					吳亡。
二八一	武帝太康二年	泰山、江夏	六月大水。（志）		自去冬旱至是年春。（志）	濟南、琅琊 濟南 上黨	二月，隕霜傷麥。（志） 五月，暴風，傷麥。（志） 六月，郡國十七雨雹。 七月，大		十一月，吳民之未服者，屢為寇亂，揚州刺史周浚討平之。	昌黎	十月，鮮卑涉歸寇昌黎。			

					河東、河南、汲郡、上黨	風，傷秋稼。（志）五月，雨雹傷禾稼。		
二八二	武帝太康三年			四月，旱。（志）			昌黎	三月，安北將軍嚴詢，敗慕容涉歸於昌黎，斬獲萬計。
二八三	武帝太康四年	兗州 河南、荊州、揚州等六州	七月，大水。（志） 十二月，河南及荊、揚六州大水。（志）					
二八四	武帝太康五年	南安	九月，郡國四大水。（志） 南安等五郡大水。（志）	六月，旱。（志）	中山、東平 任城、梁國 南安	七月，雨雹傷秋稼。 暴雨，害豆麥。 九月，南安郡霖雨暴雪，害秋稼。		

公歷	年號	天災						人禍						附註
		水災		旱災		其他災		內亂		外患		其他亂		
		災區	災況	災區	災況	災區	災況	亂區	亂情	患區	患情	亂區	亂情	
二八五	武帝太康六年		四月，郡國十大水，壞百姓廬舍。	青州、梁州、幽州、冀州、濟陰、武陵	三月，青、梁、幽、冀郡國旱。(志)六月，旱，傷麥。(志)	東海、滎陽、汲郡、鴈門	二月，隕霜，傷桑麥。六月，雨雹。			遼西、肥如	涉歸子廆入寇遼西，殺略甚衆。帝遣幽州軍討廆，戰于肥如，廆衆大敗。自是每歲犯邊。	扶餘	慕容廆東擊扶餘，扶餘王依慮自殺，子弟走保沃沮。廆夷其國城，驅萬餘人而歸。	
二八六	武帝太康七年		九月，郡國八大水。(志)		五月，郡國十三大旱。(志)					遼東	夏，慕容廆寇遼東，故扶餘王依慮子依羅，求帥見人還復舊國，請援於東夷校尉何龕。龕遣督護賈沈將兵送之。廆遣其將孫丁，帥騎邀之於路。沈力戰斬丁，遂復扶餘。			
二八七	武帝太康八年	齊國	四月，大水。(圖)六月，郡國八大水(志)	雍州 冀州	饑。(圖) 四月，旱。(志)	魯國	六月，大風，壞廬舍。(圖)							

二八八	武帝太康九年			扶風、始平、安定	六月，郡國三十三旱。（志）旱傷麥。（志）	京都	正月，風雹，發屋拔樹。（志）八月，郡國二十四螟。（志）九月，蟲傷秋稼。（志）
二八九	武帝太康十年				二月，旱。（志）		
二九一	惠帝元康元年			雍州、關中	七月，大旱。饑，米斛萬錢。	雍州	七月，隕霜，疾疫。
二九二	惠帝元康二年		大水。			沛國	八月，雨雹傷麥。十一月，大疫。

公歷	年號	天災·水災·災區	天災·水災·災況	天災·旱災·災區	天災·旱災·災況	天災·其他·災區	天災·其他·災況	人禍·內亂·亂區	人禍·內亂·亂情	人禍·外患·患區	人禍·外患·患情	人禍·其他亂·亂區	人禍·其他亂·亂情	附註
二九三	惠帝元康三年					滎陽 弘農 帶方等六縣	四月，雨雹。 六月，雨雹，深三尺。 九月，帶方等六縣螟，食禾葉盡。（志）							
二九四	惠帝元康四年				八月，大饑。	壽春 上谷	五月，地震，死者二十餘家。 八月，地震，水出，殺百餘人。			上黨	五月，匈奴郝散反，攻上黨，殺長吏。			
二九五	惠帝元康五年	潁川、淮南	五月，大水。			東海	六月，雨雹，深五						十月，武庫火，焚	

		城陽、東莞	六月，大水。（志）			下邳	寸。七月，大風，壞廬舍。（志）						累代之寶，及二百萬人器械。	
		荊州、揚州、徐州、兗州、豫州	六月，五州水。（志）			鴈門、新興、太原、上黨	九月，災風傷稼。							
二九六	惠帝元康六年	荊州、揚州	五月，二州大水。（志）	關中	饑。	關中	大疫。			馮翊、北地、秦州、雍州、涇陽	夏，郝散弟度元，與馮翊、北地馬蘭羌、盧水胡俱反。八月，解系爲郝度元所敗。秦、雍氐羌悉反，立氐帥齊萬年爲帝，圍涇陽。			
二九七	惠帝元康七年			秦州、雍州	七月，二州大旱，疾疫，關中饑，米斛萬錢。（志）九月，郡國五旱。（志）					扶風	正月，齊萬年屯梁山，有衆七萬。梁王肜、夏侯駿使周處以五千兵擊之。處以弦絕矢盡，救兵不至，力戰而死。			

公曆	年號	天災：水災 災區	水災 災況	旱災 災區	旱災 災況	其他災 災區	其他災 災況	人禍：內亂 亂區	內亂 亂情	外患 患區	外患 患情	其他禍 亂區	其他禍 亂情	附註
二九八	惠帝元康八年	荊州、揚州、徐州、冀州、豫州	九月，五州大水。								九月，張華、陳準薦孟觀、沈毅使討齊萬年。觀身當矢石，大戰十數，皆破之。			
二九九	惠帝元康九年									中亭	正月，孟觀大破氐衆於中亭，獲齊萬年。			
三〇一	惠帝永寧元年	南陽、東海	七月，大水。	青州、徐州、幽州、幷州 	自夏至秋，四州旱。 十二月，郡國十二旱。	 梁州、益州、涼州 	郡國六螟。 正月，大風。 七月，三州螟。 八月，郡國三大風。	緜竹、石亭、成都 陽翟	二月，李特、李流怨趙廞殺李庠，引兵歸緜竹。廞遣長史費遠督萬餘人屯緜竹之石亭，李特夜襲遠等軍燒之，死者十八九。特乘勝入成都，縱兵大掠。三月，羅尚至成都，汶山羌反，尚遣王敦討之，為羌所殺。 張泓等進據陽翟，與齊王	涼州	正月，以張軌為涼州刺史。時鮮卑為寇，軌至，以宋配、汜瑗為謀主，悉討破之。			八王之亂，晉書彙敘在一卷，通鑑紀事本末亦另為一條，頭緒繁多，覽者不易了解。今之所記，僅其亂情，欲知八王之亂始末，可參閱二十二史劄記卷八「八王之亂」，最為明瞭。

（續前）	三〇二
	惠帝太安元年
	兗州、豫州、徐州、冀州
	七月，四州水。（志）
南安、巴西、江陽、太原、新興、北海、襄城、河南、高平、平陽	
十月，青蟲食禾葉，甚者十傷五六。風雹，折木傷稼。十二月，郡國六螟。	
潁陰　黃橋	沔陽、梓潼、巴西、葭萌
冏戰，屢破之。四月，冏軍潁陰，泓乘勝逼之，濟潁攻冏營，冏出擊破之，泓等乃退。成都王穎前鋒至黃橋，爲孫會、士猗、許超所敗，殺傷萬餘人。士猗、許超、孫會輕穎而不設備，穎帥軍擊之，大戰于溴水，會等大敗，棄軍南走，穎乘勝長驅濟河。穎使趙驤、石超，助齊王冏討張泓等於陽翟，泓等皆降。自兵興六十餘日，戰鬥死者近十萬人。十月，特分爲二營，繕甲厲兵，戒嚴以待之。冉芝遣廣漢都尉曾元、牙門張顯等，潛帥步騎二萬襲特營。羅尚聞之，亦遣督護田佐助元，特待其衆半入，發伏擊之，死者甚衆。	五月，河間王顒遣衙博討李特。特使其子蕩等襲博，蕩敗博兵於沔陽。蕩進攻博於葭萌，博走，其衆盡降。
	鮮卑宇文單于莫圭部衆彊盛，

公曆年號	天災：水災 災區	水災 災況	旱災 災區	旱災 災況	其他災 災區	其他災 災況	人禍：內亂 亂區	內亂 亂情	外患 患區	外患 患情	其他 亂區	其他 亂情	附註
							成都	特自稱大將軍益州牧。八月，李特攻張微，微擊破之，李蕩引兵救之，遂破微兵。特使李驤軍毗橋，羅尚遣軍擊之，屢爲驤所敗。驤遂進攻成都，李流軍成都之北，尚遣精勇萬人攻驤，驤與流合擊，大破之，還者十一二。			棘城	遣其弟屈雲攻慕容廆。廆擊其別帥素怒延，破之。素怒延恥之，復發兵十萬圍廆於棘城，廆引兵出擊，大破之，追奔百里，俘斬萬計。	
							建甯 朱提	建甯李叡、毛詵逐太守李俊，朱提李猛逐太守雍約以應特，衆各數萬，尋討破之。					
							洛陽	十二月，張方帥兵二萬軍新安，檄長沙王乂使討冏。冏遣董艾襲乂，乂將左右十餘人馳入宮，閉諸門，奉天子攻大司馬府。董艾陳兵宮西，縱火燒千秋神武門。是夕，城內大戰，飛矢雨集，火光屬天，連戰三日，冏衆大敗。大司馬長史趙淵					

年	地區	記事
		殺何勗，因執閻以降。斬閻，同黨皆夷三族，死者二千餘人。
三〇三 惠帝太安二年	益州	二月，羅尚遣兵襲李特營，特兵大敗，斬特及李輔、李遠。三月，羅尚遣何冲、常深攻李流，涪陵民藥紳亦起兵攻流。流與李驤拒紳，何冲乘虛攻北營，會流等破深、紳，引兵還與冲戰，大破之。
	成都	流等乘勝進抵成都。
	義陽	五月，義陽蠻張昌聚黨數千人欲爲亂，諸流民及避戍役者多從之。
	揚州	七月，張昌黨石冰寇揚州，敗刺史陳徽，諸郡盡沒。又
	江州	攻破江州，別將攻武陵、零陵、豫章、武昌、長沙，皆陷之。
	荊州、徐州、洛陽	臨淮人封雲起兵寇徐州以應冰，於是荊、江、徐、揚、豫五州之境，多爲昌所據。劉弘遣陶侃等攻昌於竟陵，劉喬遣其將李楊等向江

公歷	年號	天災						人禍						附註
		水災		旱災		其他災		內亂		外患		其他禍		
		災區	災況	災區	災況	災區	災況	亂區	亂情	患區	患情	亂區	亂情	
三〇四	惠帝永興元年								夏。佩等屢與昌戰，大破之，前後斬首數萬級。		七月，王浚與鮮卑段務勿塵、烏桓羯朱同起兵討穎，			
								洛陽	八月，河間王顒以張方爲都督，將精兵七萬，自函谷東趨洛陽。敗皇甫商於宜陽，乘勝入京城，大掠，死者萬計。					
								洛陽	十月，成都王穎遣將軍馬咸助陸機。長沙王乂、奉帝與機戰于建春門，機軍大敗，赴七里澗，死者如積，水爲之不流。長沙王乂奉帝攻張方。方大敗，死者五千餘人。					
								臨淮　壽春	十一月，議郎周玘起兵江東以討石冰。冰遣其將羌毒帥兵數萬拒玘，玘擊斬之。冰自臨淮趨壽春，陳敏擊走之。					
								渭城	正月，河間王顒頓軍於鄭，聞劉沈起兵，還鎮渭城。遣					

好時

虞夔逆戰於好時，夔兵敗。劉沈渡渭而軍，與顒戰，顒屢敗。後張方夜擊沈軍，沈軍驚潰，執而殺之。

建康、揚州、徐州

三月，陳敏擊石冰，所向皆捷，遂與周玘合攻冰於建康。冰北走封雲，張統斬冰及雲以降，揚、徐二州平。

巴郡

十一月，羅尚移屯巴郡，遣兵掠蜀中。

平棘

穎遣王斌及石超擊之。九月，王浚、東嬴公騰合兵擊王斌，大破之。又敗石超於平棘，王浚乘勝入鄴，士衆暴掠，死者甚衆。

太原、泫氏、屯留、長子、中都、西河、介休

十二月，劉淵遣劉曜寇太原，取泫氏、屯留、長子、中都。又遣喬晞寇西河，取介休。

三〇五

惠帝永興二年

離石

大饑。

鄴

七月，成都王穎故將公師藩等起兵於趙魏，衆至數萬。轉前攻鄴，苟晞、丁紹共擊藩，走之。

許

十月，太宰顒方拒關東，劉喬乘虛襲許，破之。

滎陽、洛陽

十二月，呂郎等東屯滎陽，成都王穎進據洛陽。

滎陽

劉琨乞師於幽州王浚，浚以突騎資之，擊王闡於河上，殺之。琨遂與范陽王虓引兵濟河，斬石超於滎陽，劉喬引退。

廩丘

琨又與田徽，東擊東平王楙於廩丘。琨、徽引兵

涼州

六月，鮮卑若羅拔能寇涼州，張軌遣宋配擊之，斬拔能，俘十餘萬口。

七月，尚書諸曹火，燒崇禮闥。

類別	子目	項目	內容
公曆年			三〇六
年號			惠帝光熙元年
天災	水災	災區	
		災況	
	旱災	災區	寧州 并州
		災況	頻歲饑疫，死者以十萬計。 十二月，饑饉。數爲胡寇所掠，郡縣莫能自保，民亦就食冀州，所餘之戶，不滿二萬。
	其他災	災區	
		災況	
人禍	內亂	亂區	譙 歷陽、揚州、丹陽 臨淄、青州 交州
		亂情	擊劉祐於譙，喬衆遂潰。 十二月，陳敏據歷陽叛。揚州刺史劉機、丹陽太守王曠皆棄城走，敏遂據有江東。太宰顒遣張光，劉弘遣陶侃、苗光等將兵討之。 三月，惤令劉柏根反，衆以萬數，自稱惤公。柏根寇臨淄，青州都督王略使劉暾將兵拒之，暾兵敗犇洛陽，略走保聊城。王浚遣將討柏根，斬之。 三月，五苓夷彊盛，州兵屢敗。吏民流入交州者甚衆，夷遂圍州城。李毅女秀。嬰城固守，城中糧盡，炙鼠拔草而食，伺夷稍怠，輒出兵掩擊破之。 四月，太宰顒遣彭隨、刁默將兵拒祁弘等於湖。五月，弘等擊隨、默，大破之，
	外患	患區	
		患情	
	其他禍	亂區	
		亂情	
附註			

年代	地點	事件
	霸水、長安	遂西入關又敗顒將馬瞻、郭偉於霸水。弘等入長安，所部鮮卑大掠殺二萬餘人。
		八月，郭勱作亂，郭舒討斬之。
三〇七　懷帝永嘉元年	江夏	三月，西陽夷寇江夏。
	成固、漢中	五月，秦州流民鄧定、訇氏等，據成固，寇掠漢中。
	兗州	十二月，頓丘太守魏植，爲流民所逼，衆五六萬，大掠兗州。苟晞出屯無鹽以討之。
	青州、徐州	二月，王彌寇青、徐二州。
	鄴	五月，公師藩既死，汲桑逃還苑中，更聚衆劫掠郡縣。桑大破魏郡太守馮嵩，長驅入鄴。燒鄴宮，火旬日不滅，殺士民萬餘人，大掠而去。
	平原、陽平	七月，石勒與苟晞等相持於平原、陽平間，互有勝負。
	東武陽、清淵	八月，苟晞擊汲桑於東武陽，大破之。桑退保清淵。
	冀州赤橋	九月，苟晞追擊汲桑，破其八壘，死者萬餘人。桑與石勒收餘衆將犇漢，冀州刺史丁紹邀之於赤橋，又破之。
	樂陵	十二月，乞活田甄、田蘭等，起兵爲新蔡王騰報讎，斬汲桑於樂陵。

公曆	年號	天災						人禍						附註
		水災		旱災		其他災		內亂		外患		其他亂		
		災區	災況	災區	災況	災區	災況	亂區	亂情	患區	患情	亂區	亂情	
三〇八	懷帝永嘉二年									常山	二月，石勒寇常山，王浚擊破之。			
										青州、徐州、兗州、豫州	三月，王彌收集亡散，兵復大振。分遣諸將攻掠青、徐、兗、豫四州，所過攻陷郡縣，多殺守令。			
										許昌、洛陽	四月，王彌入許昌，敗官軍于伊北，逼洛陽。王衍等擊走之。			
										河東	五月，北宮純與漢劉聰戰於河東，敗之。			
										平陽	七月，劉淵寇平陽，太守宋抽棄郡走。			
										鄴	九月，王彌、石勒寇鄴，和郁棄城走。			
										壺關、魏郡、汲郡、頓丘	十一月，并州刺史劉琨使劉惇帥鮮卑攻壺關，拔之。石勒、劉靈帥衆三萬寇魏郡、汲郡、頓丘。			
										漢中	十二月，成李鳳屯晉壽，屢寇漢中。			

三〇九

懷帝永嘉三年

五月，大旱。襄平縣梁水、淡池竭。江、漢、河、洛皆竭，可涉。

黎陽、延津	三月，劉淵遣朱誕、劉景將兵攻黎陽，克之。又敗王堪於延津，沈男女三萬餘人於河。
鉅鹿、常山	石勒寇鉅鹿、常山。
壺關、西澗、封田、長平、屯留、長子	劉淵遣王彌、劉聰共攻壺關，劉琨遣黃肅、韓述救之。聰敗述於西澗。勒敗肅於封田。王曠等踰太行，與聰遇，戰於長平之間，曠兵大敗。聰遂破屯留、長子，凡斬獲九千級。
晉陽	劉聰襲晉陽，不克。
宜陽	八月，劉淵命劉聰等進攻洛陽，曹武等拒之，皆爲聰所敗，聰長驅至宜陽。九月，弘農太守垣延，夜襲聰軍，聰大敗而還。王浚遣祁弘與鮮卑段務勿塵、擊
飛龍山、黎陽	石勒於飛龍山，大敗之，勒退屯黎陽。
洛陽、	十月，劉淵復遣劉聰、王彌、劉曜等寇洛陽，不克而還。
信都	十一月，石勒寇信都，殺冀

公曆	年號	天災・水災・災區	天災・水災・災況	天災・旱災・災區	天災・旱災・災況	天災・其他災・災區	天災・其他災・災況	人禍・內亂・亂區	人禍・內亂・亂情	人禍・外患・患區	人禍・外患・患情	人禍・其他禍・亂區	人禍・其他禍・亂情	附註
											州刺史王斌。			
三一〇	懷帝永嘉四年	東江	四月，大水。			幽州、幷州、司州、冀州、秦州、雍州	五月，大蝗。自幽、幷、司、冀至於秦、雍。草木牛馬毛皆盡。	陽羨、大梁、東平、瑯邪、廣宗、南陽	二月，錢璯反，寇陽羨。郭逸與周玘等共討斬之。曹嶷自大梁引兵而東，所至皆下。遂克東平，進攻瑯邪。四月，王浚將祁弘敗劉靈於廣宗，殺之。九月，雍州流民倡亂於南陽。嚴嶷、侯脫各聚衆攻城鎮，殺令長以應之。	徐州、兗州、豫州、冀州、懷、澠池、洛川、倉垣、襄城、襄陽	二月，石勒濟河拔白馬。王彌以三萬衆會之，共寇徐、兗、豫州。勒襲鄄城，拔倉垣。復北濟河，攻冀州諸郡。七月，劉聰、石勒等圍河內太守裴整於懷。宋抽救懷，勒與王桑逆擊抽，殺之。十月，劉曜、王彌等帥衆四萬寇洛陽，敗裴邈於澠池，遂長驅入洛川，掠梁、陳、汝、潁間。圍陳留太守王讚於倉垣，爲讚所敗。十月，石勒引兵濟河，王如、侯脫、嚴嶷等聞之，遣衆一萬屯襄城以拒勒。勒擊之，盡俘其衆。遂南寇襄陽，攻拔江西壘壁三十餘所。	襄城	十一月，火，燒死者三千餘人。	
三一一	懷帝永嘉五年			關西	關西饑饉，白骨			涪城、巴西	正月，李驤拔涪城。李始拔巴西。	江夏、新蔡、許昌	正月，石勒渡沔，寇江夏。二月，石勒攻新蔡，進拔許			

	三一二
	懷帝永嘉六年
蔽野，士民存者百無一二。	
	大疫。（紀）
樂鄉、長沙、零桂、武昌	荆州　沔陽
蜀人李驤聚衆據樂鄉反。杜弢等共擊之。五月，杜弢攻拔長沙分兵南破零桂，東掠武昌。	正月，故新野王歆，聚衆於竟陵，寇掠荆土，自號楚公。十二月，傅密等叛迎杜弢。弢別將王眞襲沔陽，王敦遣陶侃、周訪等共擊弢。
苦縣　洛陽　長安　潼關、下邽　陽夏、蒙城	并州、晉陽　長安
昌。四月，石勒大敗晉兵於苦縣甯平城，將士死者十餘萬人。五月，漢主聰使呼延晏將兵二萬七千寇洛陽，比及河南，晉兵前後十二敗，死者三萬餘人。六月，劉曜、王彌、石勒等引兵攻克洛陽，縱兵大掠，殺太子、王、侯、公、卿、士民三萬餘人。發掘諸陵，焚宮廟官府皆盡。八月，趙染降漢。聰帥騎二萬攻南陽王模於長安，王粲、劉曜帥大衆繼之。染敗模兵於潼關，長驅至下邽。九月，石勒攻王讚於陽夏，擒之，遂襲蒙城。	正月，漢靳冲、卜珝寇并州，圍晉陽。四月，賈疋圍長安數月，劉曜連戰皆敗，驅掠士女八萬餘口，犇於平陽。

公歷年號	天災·水災·災區	天災·水災·災況	天災·旱災·災區	天災·旱災·災況	天災·其他災·災區	天災·其他災·災況	人禍·內亂·亂區	人禍·內亂·亂情	人禍·外患·患區	人禍·外患·患情	人禍·其他禍·亂區	人禍·其他禍·亂情	附註
									三渚	五月，河內王粲攻傅祗於三渚，城陷，掠士民二萬餘于平陽。			
									東燕、棘津、鄴、襄國	七月，石勒自葛陂北行，至東燕，自棘津濟河。遂長驅至鄴，分兵進據襄國。			
									晉陽	八月，河內王粲、中山王曜乘虛襲晉陽，克之。十月，代公猗盧遣其子六脩等，帥衆數萬爲前鋒，以攻晉陽，自帥衆二十萬繼之。大敗劉曜於汾東。			
									晉陽、藍谷	十一月，劉曜棄晉陽北走，猗盧追之，戰於藍谷，漢兵大敗，斬首三千餘級，伏尸數百里。			
									苑鄉	十二月，廣平游綸、張豺擁衆數萬，據苑鄉。石勒遣夔安、支雄等七將攻之，破其外壘。王浚遣王昌、段疾陸眷等攻石勒於襄國，爲勒所敗。			

三一三	愍帝建興元年	幽州	大水，人不粒食。	揚州	六月，旱。				八月，胡亢性猜忌，殺其驍將數人。杜曾懼，潛引王冲之兵使攻亢，亢悉精兵而拒之。城中空虛，曾因殺亢而幷其衆。杜弢攻武昌，陶侃使朱伺逆擊，大破之。	鄴、上白、長安、零武、石梁、河北	四月，劉曜、喬智明寇長安。石勒使石虎攻鄴，鄴潰，劉演犇廩丘。石勒攻李惲於上白，斬之。五月，石勒使孔長擊定陵，殺田徽，薄盛率所部降勒。山東郡縣相繼爲勒所取。十月，劉曜使趙染帥精騎五千襲長安，城陷，殺掠千餘人。麴鑒自阿城帥衆五千救長安，與曜遇於零武，鑒兵大敗。十一月，麴允引兵襲之，漢兵大敗，殺其冠軍將軍喬智明，曜引歸平陽。十二月，中山王曜圍河南尹魏浚於石梁。兗州刺史劉演、河內太守郭默遣兵救之，曜分兵逆戰於河北，敗之。
三一四	愍帝建興二年			襄國	三月，大饑。穀二升，直銀一斤。			漢中	正月，楊虎掠漢中吏民以奔成。張咸等亦起兵逐楊難敵，咸以其地歸成。於是漢嘉、涪陵、漢中之地皆爲	薊、長安	三月，石勒引兵至薊，縱兵大掠，生獲王浚，斬浚於襄國市，殺其麾下精兵萬人。六月，劉曜、趙染寇長安，敗

公曆	年號	天災 水災 災區	水災 災況	旱災 災區	旱災 災況	其他 災區	其他 災況	人禍 內亂 亂區	內亂 亂情	外患 患區	外患 患情	其他 亂區	其他 亂情	附註
									成有。	馮翊	麴允於馮翊。			
三一五	愍帝建興三年					平陽	烈風，拔樹發屋。	林障	四月，杜弢襲陶侃於林障，侃奔灊中。周訪救侃，擊弢兵，破之。	上黨、襄垣、北地、馮翊、上郡	六月，漢大司馬曜攻上黨。八月，敗劉琨之衆於襄垣。九月，漢劉曜寇北地，詔以麴允以禦之。十月，曜進拔馮翊，轉寇上郡。			
								長沙、	六月，陶侃與杜弢相攻，弢衆潰，遁走，道死。侃與應詹進克長沙，湘州悉平。					
								石城、襄陽	六月，杜曾聚兵萬人，與第五猗分據漢沔。陶侃既破杜弢，乘勝進擊曾，圍曾於石城，侃兵敗。曾引兵圍襄陽，不克而還。					
								廣州	梁碩殺交州刺史顧壽，王機求討碩，碩迎前刺史行州事以拒機，謀還襲廣州。陶侃擊破之，廣州平。					
三一六	愍帝建興四年			京師	十月，饑甚，米斗金二兩，人相食，	河東、平陽	七月，大蝗，民流殍者什五六。			廩丘、北地	四月，石虎攻陷廩丘，劉演奔段匹磾。七月，漢大司馬曜圍北地太守麴昌。麴允將步騎三			

三一七	
東晉 元帝建武元年	
七月，河、揚州汾溢，漂千餘家。	
六月，大旱。	死大者半。
司州、冀州、并州、青州、雍州	
七月，大蝗。	
女觀湖、沔口、武當	
九月，趙誘、朱軌反，黃峻與杜曾戰於女觀湖，誘等皆敗死。曾乘勝徑造沔口，威震江、沔。為豫東太守周訪所敗，曾走保武當。	
弘農 南安	
正月，漢兵東略弘農，太守宋哲奔江東。韓璞等至南安，諸羌斷路，相持百餘日，糧竭矢盡，璞殺軍中牛以饗士。令張閬帥金城兵繼至，夾擊，大破	萬救之，曜敗允於磻石谷，允奔還靈武。曜遂取北地，進至涇陽，渭北諸城悉潰。八月，漢大馬司曜逼長安。陷長安外城。麴允、索綝退保小城以自固。內外斷絕。城中饑甚，人相食。死者太半，孝愍帝出降曜，送至平陽。十一月，石勒圍樂平太守韓據於坫城。據請救於劉琨，琨命箕澹帥步騎二萬為前驅，琨屯廣牧為之聲援。勒以孔萇為前鋒都督，大破澹軍，獲鎧馬萬計。澹、雄帥騎千餘，奔代郡。十二月，孔萇攻箕澹于代郡，殺之。
三月，漢主聰殺太弟乂，並誅東宮官屬，及乂素	

公歷	三一八
年號	元帝太興元年
天災・水災・災區	
天災・水災・災況	
天災・旱災・災區	江東三郡
天災・旱災・災況	六月，旱。十二月，饑。
天災・其他災・災區	蘭陵、合鄉、東莞、東海、彭城、下邳、臨淮、冀州、
天災・其他災・災況	六月，蝗。（志）蝗，害苗稼。（志）七月，四郡蝗蟲害禾豆。（志）八月，三
人禍・內亂・亂區	上邽、新陽、沛陽
人禍・內亂・亂情	三月，焦嵩、陳安舉兵逼上邽。遣使告急於張寔。寔遣金城太守竇濤，督步騎二萬赴之，軍至新陽。彭城內史周撫，殺沛國內史周默，以其衆降石勒。詔下邳內史劉遐、領彭城內史與徐州刺史蔡豹、泰山太守徐龕共討之。
人禍・外患・患區	滎陽、臨潁、河東、右北平
人禍・外患・患情	之。斬首數千級。二月，漢主聰使從弟暢、帥步騎三萬攻滎陽太守李矩。矩以倉猝未備，詐降於暢。暢乘其不備，矩選勇敢千人，使郭誦掩擊暢營，斬首數千級。暢僅以身免。八月，漢趙固襲將軍華薈於臨潁，殺之。趙固、郭默侵漢河東，至絳。劉勳追擊，殺萬人，固、默引歸。正月，遼西公疾陸眷卒。其子幼，叔父涉復辰自立。匹磾至右北平，涉復辰發兵拒之。末柸殺涉復辰，迎擊匹磾，敗之。三月，李矩使郭默、郭誦救趙固，屯于洛汭。誦潛遣其將耿稚等夜濟河襲漢營。粲不爲設備，稚等奄至，粲
人禍・其他禍・亂區	
人禍・其他禍・亂情	所親厚，阬士卒萬五千餘人。
附註	

青州、徐州　州蝗。（志）

鹽山

衆驚潰，死傷太半。匹磾疑劉琨，琨之庶長子遵懼誅，與楊橋等閉門自守，匹磾攻拔之。夷、晉以琨死，皆不附匹磾。末柸遣其弟攻匹磾，匹磾帥其衆數千，將犇邵續。勒將石越邀之於鹽山，大敗之。

朔方

七月，劉虎自朔方侵拓跋、鬱律西部，鬱律擊虎，大破之，虎走出塞。從弟路孤帥其部落降于鬱律。

平陽

十二月，靳泰、王騰、靳康等相與殺準，推尚書令靳明爲主，遣卜泰奉傳國六璽降漢。石勒大怒，進軍攻明，明出戰大敗，乃嬰城固守。石虎帥幽、冀之兵，會石勒攻平陽，靳明屢敗，遣使求救於漢，漢主曜使劉雅、劉策迎之。

公曆	年號	天災：水災 災區	天災：水災 災況	天災：旱災 災區	天災：旱災 災況	天災：其他 災區	天災：其他 災況	人禍：內亂 亂區	人禍：內亂 亂情	人禍：外患 患區	人禍：外患 患情	人禍：其他 亂區	人禍：其他 亂情	附註
三一九	元帝太興二年			吳郡、吳興、東陽 上邽	五月，無麥禾，大饑。 大饑。	成都 淮陵、臨淮、淮南、安豐、廬江 徐州、揚州、江西	三月，雨雹殺人。 五月，五郡蝗，食秋麥。 諸郡蝗。	寒山 豫州 泰山	二月，劉遐、徐龕擊周撫於寒山，破斬之。 三月，陳川殺其將李頭，頭黨馮寵降逖。川怒，大掠豫州諸郡，逖遣兵擊破之。 四月，徐龕以泰山叛降石勒。 周訪擊杜曾，大破之。馬雋等執曾以降，訪斬之。	蓬關、浚儀 朔方 幽州 濟岱、東莞 新平、扶風	四月，祖逖攻陳川于蓬關，石虎將兵五萬救之，戰於浚儀，逖兵敗。 石勒遣石虎擊鮮卑日六延於朔方，大破之，斬首二萬級，俘虜三萬餘人。孔萇攻幽州諸郡，悉取之。 六月，徐龕寇掠濟岱，破東莞。 十二月，屠各路松多起兵於新平、扶風，以附晉王保。秦隴氐、羌多應之。劉曜遣將攻之，不克。			
三二〇	元帝太興三年		六月，大水。春，雨至於夏。			海鹽	三月，雨雹。			陳倉、草壁、陰密 厭次	正月，劉曜攻陳倉，王連戰死，曜進拔草壁、陰密，晉王保懼，遷于桑城。 石勒遣石虎將兵圍厭次。孔萇攻邵續別營十一，皆下之。二月，石虎執續，降其城。 六月，趙將解虎謀反，與巴			

三二一	三二二
元帝太興四年	元帝永昌元年
七月，大水。	春，雨四十餘日。
	京都
五月，旱。	夏，大旱。閏十一月，大旱，川谷并竭。
	七月，大風拔木，屋瓦皆飛。八月，暴風壞屋。十月，大疫，死者十二三。
	武昌、吳興、石頭、龍編
	正月，王敦舉兵於武昌，沈充亦起兵於吳興，以應敦。二月，王敦攻石頭，拔之。帝命刁協、劉隗、戴淵帥衆攻石頭。王導等三道出戰，協等皆大敗。十月，王敦使武昌太守王諒，收交州刺史脩湛，新昌太守梁碩殺之。諒誘湛殺之。碩舉兵圍諒於龍編。
關中、遼東、厭次	泰山、上邽、
酋句徐、庫彭等相結事覺，虎伏誅，又殺徐、彭等。於是巴衆盡反，四山氐、羌、巴、羯應之者三十餘萬，關中大亂。游子遠討平之。八月，後趙王勒遣石虎帥步騎四萬擊徐龕，龕乞降。十二月，高句麗寇遼東，慕容仁與戰，大破之。三月，後趙石虎攻幽州刺史段匹磾於厭次。孔萇攻其統內諸城，悉拔之，獲匹磾及文鴦。於是後趙盡得幽、并、冀三州之地。	二月，後趙王勒遣中山公虎，將精兵四萬擊徐龕。七月，中山公虎拔泰山，執徐龕，殺之，阬其降卒三千人。趙主曜自將擊楊難敵，難敵逆戰不勝，退保仇池。秦州刺史陳安求朝於曜，曜辭以疾，安怒，大掠而歸。安遣其弟集帥騎三萬追曜，延瑜逆擊斬之，安乃還上

公曆	年號	天災						人禍						附註
		水災		旱災		其他		內亂		外患		其他		
		災區	災況	災區	災況	災區	災況	亂區	亂情	患區	患情	亂區	亂情	
								隴西、南安	十二月，張茂使將軍韓璞、帥衆取隴西、南安之地，置秦州。	汧城 河南、襄城、城父、譙 陳留 令支	郪。遣將襲汧城，拔之。 十月，祖逖旣卒。後趙屢寇河南，拔襄城、城父，圍譙。豫州刺史祖約不能禦，退屯壽春。後趙遂取陳留。 十二月，慕容廆遣其世子皝襲段末柸，入令支，掠其居民千餘家而還。			
三二三	明帝太甯元年	丹陽、宣城、吳興、壽春	五月，大水。					交州	六月，梁碩據交州。陶侃遣高寶攻碩，斬之。	台登 彭城、下邳 甯州 螗蜋	正月，成李驤、任回寇台登。越巂太守李釗、漢嘉太守王載皆以郡降于成。 三月，後趙寇彭城、下邳。徐州刺史卞敦與征北將軍王敦退保盱眙。 四月，成李驤等進攻甯州，刺史王遜使將軍姚嶽等拒之，戰于螗蜋，成兵大敗。嶽追至瀘水，成兵爭濟，溺死者千餘人。 六月，陳安圍趙將劉貢于	京師 饒安、東光、安陵	正月，火。 三月，饒安、東光、安陵三縣火，燒七千餘家，死者萬五千人。	

三二四

明帝太甯二年

京都　四月，大雨雹。

會稽　正月，王敦遣參軍賀鸞就沈充於吳，盡殺周札諸兄子。進兵襲會稽，札拒戰而

南安、隴城　南安，王石武自桑城引兵趣上邽以救之。與貢合擊安，大破之。安走保隴城。七月，趙主曜自將圍隴城，

上邽、平襄　別遣兵圍上邽。安頻出戰，輒敗。劉幹攻平襄，克之。隴上諸郡悉降。

青州廣固　八月，後趙中山公虎，帥步騎四萬擊曹嶷，青州郡縣多降之。遂圍廣固，嶷出降，送襄國殺之，阬其衆三萬。

涼州　趙主曜自隴上西擊涼州。

冀城、桑壁　遣其將劉咸攻韓璞於冀城，呼延晏攻陰鑒於桑壁，曜自將戎卒二十八萬軍于河上。張茂臨河諸戍，皆望風奔潰，曜揚聲欲百道俱濟，直抵姑臧，涼州大震。楊難敵聞陳安死，大懼，與弟堅頭奔漢中。趙鎮西將軍劉厚追擊之，大獲而還。

下邳、彭城、東莞、東海　正月，後趙石瞻寇下邳、彭城，取東莞、東海。劉遐退保泗口。

公歷	年號	天災：水災 災區	水災 災況	旱災 災區	旱災 災況	其他 災區	其他 災況	人禍：內亂 亂區	內亂 亂情	外患 患區	外患 患情	其他 亂區	其他 亂情	附註
									死。					
三二五	明帝太甯三年				六月，大旱，自正月不雨，至于是月。		四月，大雨雹。			新安	司州刺史石生擊趙河南太守尹平於新安，斬之。掠五千戶而歸。			
										許潁、陽翟、康成	石生寇許、潁，俘護萬計。攻郭誦于陽翟，誦與戰，大破之。生退守康城。			
											二月，後趙王勒加宇文乞得歸官爵，使之擊廆。廆遣世子皝、索頭段國共擊破之。			
										上郡	三月，趙北羌王盆、句除附於趙。後趙將石佗自鴈門出上郡襲之，俘三千餘落，獲牛馬羊百萬而歸。			
										富平	趙主曜遣中山王岳追之，與石佗戰於河濱，斬之。後趙兵死者六千餘人。			
										仇池、	四月，楊難敵襲仇池，克之。			
										鄒山	後趙將石瞻，攻兗州刺史檀斌于鄒山，殺之。			

并州	後趙西夷中郎將王騰，殺并州刺史崔琨、上黨內史王眘，據并州降趙。
河南	五月，後趙將石生屯洛陽，寇掠河南。
孟津、石梁	趙主曜使中山王岳，將兵萬五千人趣孟津，欲會矩默共攻石生。岳克孟津、石梁二戍，斬獲五千餘級。後趙中山公虎，帥步騎四萬，入自成皋關。與岳戰于洛西，岳兵敗，退保石梁。六月，
并州	虎拔石梁，禽岳及其將佐八十餘人，氐、羌三千餘人，皆送襄國，阬其士卒九千人。遂攻王騰於并州，執騰殺之，阬殺其士卒七千餘人。

三二六

成帝咸和元年

五月，大水。

夏、秋旱。

下邳	六月，劉遐卒，子肇尙幼，遐妹夫田防，及故將史迭等，不樂他屬，共以肇襲遐故位而叛。十二月，濟岷太守劉闓等，殺下邳內史夏侯嘉，以下
汝南	四月，後趙石生寇汝南，執內史祖濟。
鄼	十月，趙將黃秀等寇鄼，順陽太守魏該，帥衆奔襄陽。
壽春、逡遒、阜陵	十一月，後趙石聰攻壽春，又寇逡遒、阜陵。殺掠五千

公歷	年號	天災 水災 災區	天災 水災 災況	天災 旱災 災區	天災 旱災 災況	天災 其他 災區	天災 其他 災況	人禍 內亂 亂區	人禍 內亂 亂情	人禍 外患 患區	人禍 外患 患情	人禍 其他 亂區	人禍 其他 亂情	附註
									邳叛降于後趙。	 邾	餘人，建康大震。 十二月，石瞻攻河南太守王瞻于邾，拔之。			
三二七	成帝咸和二年	京都	五月，大水。		四月，旱。			姑孰 宣城、蕪湖	十二月，蘇峻使韓晃、張健等，襲陷姑孰。 宣城內史桓彝起兵以赴朝庭，進屯蕪湖，韓晃擊破之。因進攻宣城，彝退保廣德，晃大掠諸縣而還。	台登 仇池 秦州、令居、振武	正月，朱提太守楊術，與成將羅恆戰于臺登，兵敗術死。 五月，趙將劉朗帥騎三萬襲楊難敵于仇池，弗克。掠三千餘戶而歸。 十月，張駿遣竇濤、張閬、辛巖帥衆數萬，會韓璞攻掠趙秦州諸郡。趙南陽王胤將兵擊之，前逼璞營，璞衆大潰。胤乘勝追奔濟河，攻拔令居，斬首二萬級。進據振武。			
三二八	成帝咸和三年							慈湖 陵口	正月，韓晃襲司馬流於慈湖，流兵敗而死。 蘇峻帥祖渙、許柳等衆二萬人，濟自橫江，登牛渚，軍于陵口。臺	宛 壽春	四月，後趙將石堪攻宛，南陽太守王國降之。 七月，後趙將石聰、石堪引兵濟淮，攻壽春，祖約衆潰，			

	兵禦之，屢敗。
西陵、建康、姑孰、石頭、茄子浦、涇縣、蘭石	二月，詔以卞壼都督大桁東諸軍事，與侍中鍾雅帥郭默、趙胤等軍，及峻戰于西陵，壼等大敗，死傷以千數。遂陷建康。庾亮奔尋陽。五月，陶侃與庾亮、温嶠同趣建康，戎卒四萬。蘇峻聞之，自姑孰還據石頭。陶侃等軍於茄子浦，嶠將毛寶帥千人襲桓撫，斬獲萬計。六月，宣城內史桓彝，屯兵涇縣，遣將俞縱守蘭石。浚遣韓晃攻之，兩城悉陷。
河東、蒲阪、高侯、汲郡、河內、滎陽、石門、金墉、洛陽	奔歷陽。聰等虜壽春二萬戶而歸。後趙中山公虎帥衆四萬，自軹關西入，擊趙河東，進攻蒲阪。趙主曜自將中外精銳，水陸諸軍，以救蒲阪。虎懼引退，曜追之，及於高侯，與虎戰，大破之，枕尸二百餘里。八月，劉曜濟自大陽，攻石生於金墉。分遣諸將攻汲郡、河內，襄國大震。十一月，後趙王勒命石堪、石聰及豫州刺史桃豹等，各統其衆會滎陽。中山公虎進據石門，勒自統步騎四萬趣金墉。十二月，中山公虎引步卒三萬，自城北而西，攻趙中軍。石堪、石聰各以精騎八千，自城西而北，擊趙前鋒。大戰于西陽門，大破趙兵，斬首五萬餘級，曜爲堪所執。

公曆	年號	天災						人禍						附註
		水災		旱災		其他		內亂		外患		其他		
		災區	災況	災區	災況	災區	災況	亂區	亂情	患區	患情	亂區	亂情	
三二九	成帝咸和四年	丹陽、宣城、吳興、會稽	七月大水。(志)	建康	正月大饑，米斗萬錢。(圖)			臺城、石頭、延陵、吳興	正月，蘇逸、蘇碩、韓晃并力攻臺城，焚太極東堂及祕閣。二月，諸軍攻石頭。建威長史滕含擊蘇逸，大破之。蘇碩帥驍勇數百渡淮而戰，溫嶠擊斬之。韓晃等懼，以其衆就張健於曲阿，門隘不得入，更相蹈藉，死者萬數。張健疑弘徽等貳於己，皆殺之。帥舟師自延陵將入吳興，王允之與戰，大破之，獲男女萬餘口。健復與韓晃、馬雄等西趨故鄣，郗鑒遣參軍李閎追之，及於平陵山，皆斬之。	歷陽、關中、長安、上邽、義渠、秦、隴	正月，冠軍將軍趙胤遣甘苗擊祖約于歷陽，約夜帥左右數百人犇後趙。趙太子熙、南陽王胤帥百官奔上邽，諸征鎮亦皆棄所守從之，關中大亂。將軍蔣英、辛恕擁衆數十萬據長安，遣使降于後趙。八月，趙南陽王胤帥衆數萬自上邽趣長安，石生嬰城自守。九月，後趙中山公虎帥騎二萬救之，大破趙兵於義渠。胤還上邽，虎乘勝追擊，伏尸千里。上邽潰，虎執趙太子熙及其將、王、公、卿、校以下三千餘人，皆殺之。徙其臺省文武、關東流民、秦雍大族九千餘人于襄國。又阬五郡屠各五千餘人于洛陽。			

公元	年號					地區		地區		地區	
											進攻集木且羌于河西，破之，俘獲數萬。秦隴悉平。
三三〇	成帝咸和五年				五月，大旱，且饑疫。無麥禾，天下大饑。			豫章	二月，郭默欲據豫章，會太尉侃兵至，默出戰不利，入城固守。五月，默將宋侯縛默父子出降，侃斬默于軍中。	襄陽	五月，趙將劉徵帥衆數千，浮海抄東南諸縣，殺南沙都尉許儒。九月，趙荊州監軍郭敬寇襄陽。南中郎將周撫監沔北軍事，屯襄陽。撫以趙兵大至，奔武昌。敬入襄陽。中州流民悉降於趙。休屠王羌叛趙，趙河東王生擊破之，羌犇涼州。
										巴東、建平	十月，成大將軍壽督費黑等攻巴東、建平，拔之。
三三一	成帝咸和六年				四月，大旱。		三月，雨雹。			婁縣、武進	正月，趙劉徵復寇婁縣，掠武進。郄鑒擊却之。
										陰平、武都	七月，成大將軍壽攻陰平、武都。楊難敵降之。
三三二	成帝咸和七年		五月，大水。			太原、樂平、武鄉、趙郡、廣平	雹起西河介山，大如雞子，平地三尺，洿下丈餘，			襄城	四月，郭敬退戍樊城，晉人復取襄城。敬復攻拔之，留戍而歸。
										江西	七月，趙郭敬南掠江西。太尉侃遣其子斌及桓宣乘虛攻樊城，悉俘其衆。敬旋
										樊城	

<table>
<tr><th rowspan="3">公曆</th><th rowspan="3">年號</th><th colspan="6">天災</th><th colspan="6">人禍</th><th rowspan="3">附註</th></tr>
<tr><th colspan="2">水災</th><th colspan="2">旱災</th><th colspan="2">其他災</th><th colspan="2">內亂</th><th colspan="2">外患</th><th colspan="2">其他禍</th></tr>
<tr><th>災區</th><th>災況</th><th>災區</th><th>災況</th><th>災區</th><th>災況</th><th>亂區</th><th>亂情</th><th>患區</th><th>患情</th><th>亂區</th><th>亂情</th></tr>
<tr><td>三三三</td><td>成帝咸和八年</td><td></td><td></td><td></td><td>七月，旱。</td><td></td><td>行人禽獸死者萬數，歷太原、樂平、武鄉、趙郡、廣平千餘里，樹木摧折，禾稼蕩然。</td><td></td><td></td><td>
新野、襄城
甯州
朱提
廣安
金墉</td><td>救樊，宣與戰于涅水，破之。
侃兄子臻及竟陵太守李陽，攻新野，拔之。敬懼遁去，宣遂拔襄陽。
成大將軍壽寇甯州，以費黑爲前鋒，出廣漢。
正月，成大將軍李壽拔朱提，董炳、霍彪皆降。壽威震南中。
八月，宇文乞得歸爲其東部大人逸豆歸所逐，走死于外。慕容皝引兵討之，軍于廣安。
十月，趙河東王生鎮關中，石朗鎮洛陽，生、朗皆舉兵以討丞相虎。虎將步騎七萬攻朗于金墉，獲朗，刖而</td><td></td><td></td><td></td></tr>
</table>

潼關、澠池　長安、汧、隴　上邽

斬之，進向長安。生軍于蒲阪，郭權與挺戰于潼關，大破之。挺及劉隗皆死。虎蹙奔澠池，枕尸三百餘里。將軍蔣英據長安拒守，虎進兵擊英，斬之。虎分命諸將屯汧隴，遣將軍麻秋討蒲洪，洪降。十二月，郭權據上邽，遣使來降。京兆新平扶風、馮翊、北地皆應之。

三三四

成帝咸和九年

六月，大旱。

徒河　柳城　華陰　北地、馮翊

二月，段遼遣兵襲徒河不克。復遣其弟蘭與慕容翰共攻柳城，蘭等不克而退。三月，趙丞相虎遣其將郭敖帥步騎四萬，西擊郭權于華陰。上邽豪族殺權以降。四月，陳良夫奔黑羌，與北羌王薄句大等侵擾北地馮翊。章武王斌、樂安王韜合擊，破之。句大奔馬蘭山，郭敖乘勝逐北，爲羌所敗，

公曆年	號	天災						人禍						附註
		水災		旱災		其他		內亂		外患		其他		
		災區	災況	災區	災況	災區	災況	亂區	亂情	患區	患情	亂區	亂情	
三三五	成帝咸康元年	長沙、武陵	八月，大水。（志）	揚州會稽、餘姚	二月，諸郡饑。六月，天下普旱，會稽、餘姚特甚，米斗直五百，人有相鬻。（志）					遼東、襄平、彭城、新昌、襄陽	死者什七八。十一月，慕容皝討遼東，至襄平。居就、新昌等縣皆降。十二月，趙徐州從事朱縱，斬刺史郭祥，以彭城來降。趙將王朗攻之，縱奔淮南。慕容仁遣兵襲新昌，督護王寓擊走之。四月，趙石遇攻桓宣於襄陽，不克。九月，趙章武王斌帥精騎二萬，并秦、雍二州兵，以討薄句大，平之。	京師	三月，風火大起。（志）	
三三六	成帝咸康二年				三月，旱。十二月，趙大旱，						正月，慕容皝討慕容仁，大破之。六月，段遼遣李詠襲慕容			

					金一斤，直粟二斗，百姓嗷然。					武興	皝。詠趣武興，都尉張萌擊擒之。		
										柳城、安晉	遼別遣段蘭，將步騎數萬屯柳城。宇文逸豆歸攻安晉以爲蘭聲援。皝帥步騎五萬向柳城，蘭不戰而遁。逸豆歸棄輜重走，皝遣封弈，帥輕騎追擊，大破之。		
										夜郎、興古	十月，廣州刺史鄧岳遣王隨等擊夜郎、興古，皆克之。		
										漢中	十一月，司馬勳將兵安集漢中，成漢王壽擊敗之。		
三三七	成帝咸康三年				六月，旱。					興國	六月，段遼遣其從弟屈雲，將精騎夜襲皝子遵於興國城，遵擊破之。八月，安定侯子光自稱佛太子，聚衆數千人於杜南山。石廣討斬之。		
三三八	成帝咸康四年	蜀	八月，蜀中久雨，百姓饑疫。			成都、冀州	三月，成都大風，發屋折木。五月，冀州八郡大蝗。			幽州、易京	正月，燕王皝遣都尉趙槃，如趙聽師期。會遼遣段屈雲襲趙幽州，幽州刺史李孟退保易京。虎乃出兵以伐遼。		
										令支	三月，燕王皝引兵攻掠令		

公歷年號	
天災 水災 災區	
天災 水災 災況	
天災 旱災 災區	
天災 旱災 災況	
天災 其他災 災區	
天災 其他災 災況	
人禍 內亂 亂區	
人禍 內亂 亂情	
人禍 外患 患區	密雲山　成都
人禍 外患 患情	支以北諸城，段遼追之，皝設伏以待，大破之。斬首數千級，掠五千戶及畜產萬計以歸。段遼以其弟蘭既敗，不敢復戰，棄令支奔密雲山。虎遣將軍郭大、麻秋帥輕騎二萬追遼，獲其母妻，斬首三千級。四月，漢王壽帥步騎萬餘人，自涪襲成都。成主期不意其至，初不設備。壽世子勢開門納之，遂克成都，縱兵大掠，數日乃定。五月，趙王虎以燕王皝不會趙兵攻段遼而自專其利，將兵伐之，燕王皝固守棘城以拒。趙兵四面蟻附緣城，慕輿根等晝夜力戰，凡十餘日，趙兵不能克，引退。皝遣其子恪帥二千騎追擊之，趙兵大敗，斬獲三
人禍 其他 亂區	
人禍 其他 亂情	
附註	

萬餘級。

朔方　五月，趙太子宣帥步騎二萬擊朔方鮮卑斛摩頭，大破之，斬首四萬餘級。

密雲山、三藏口　十二月，段遼自密雲山遣使求迎於趙，既而中悔。趙王虎遣麻秋帥衆三萬迎之。遼密與燕謀覆趙軍。燕遣慕容恪伏精騎七千於密雲山，大敗麻秋於三藏口，死者什六七。

三三九

成帝咸康五年

甯州　三月，廣州刺史鄧岳將兵擊漢甯州。建甯太守孟彦執其刺史霍彪以降。

遼西　四月，燕慕容評等襲趙遼西，俘獲千餘家而去。

荆、揚　八月，趙王虎以夔安爲大都督，帥石鑒、石閔、李農、李菟等五將軍，兵五萬人，寇荆、揚北鄙，二萬騎攻邾城。

邾城　九月，張貉陷邾城，死者六千人。

胡亭、江夏、石城、西陽、義陽　夔安進據胡亭，圍石城，李陽拒戰破之，斬首五千餘級。

公曆	年號	天災						人禍						附註
		水災		旱災		其他		內亂		外患		其他		
		災區	災況	災區	災況	災區	災況	亂區	亂情	患區	患情	亂區	亂情	
三四〇	成帝咸康六年									凡城	十月，趙王虎以李農帥衆三萬，與張舉攻燕凡城。燕王皝以榼盧城大悅綰守凡城。舉等攻之經旬不能克，乃退。			
										巴東	十二月，漢李弈寇巴東，守將勞揚敗死。			
										丹川	三月，漢人攻拔丹川，守將孟彥、劉齊、李秋皆死。			
										薊城、武遂津、高陽	十月，燕王皝帥諸軍襲趙，戍將當道者皆禽之，直抵薊城。趙幽州刺史石光擁兵數萬，閉城不敢出。燕兵進破武遂津，入高陽，所至焚燒積聚，略三萬餘家而去。			
三四一	成帝咸康七年										十月，劉虎寇代西部，代王什翼犍遣軍逆擊，大破之。			
										安平	趙王華帥舟師自海道襲燕安平，破之。			

三四二	成帝咸康八年

丸都

十一月，燕王皝自將伐高句麗，大敗高句麗兵。乘勝入丸都，虜男女五萬餘口，燒其宮室，毀丸都城而還。

十二月，趙王虎作臺觀四十餘所於鄴，又營洛陽、長安二宮。作者四十餘萬人，

公曆	年號	天災 水災 災區	水災 災況	旱災 災區	旱災 災況	其他災 災區	其他災 災況	人禍 內亂 亂區	內亂 亂情	外患 患區	外患 患情	其他禍 禍區	其他禍 禍情	附註
三四三	康帝建元元年				五月，旱。	吳郡	七月，災風。				二月，宇文逸豆歸遣其相莫淺渾將兵擊燕。燕王皝使慕容翰出擊，莫淺渾大敗，僅以身免。八月，趙太子宣擊鮮卑斛穀提，大破之，斬首三萬級。		加之公侯牧宰競營私利，百姓失業愁困。貝丘人李弘謀叛，事發，連坐者數千家。	
三四四	康帝建元二年									遼西	正月，燕王皝自將伐逸豆歸。逸豆歸遣南羅大涉夜干，將精兵逆戰，涉夜干戰死。燕軍乘勝逐之，遂克其			

三四五

穆帝永和元年

五月，旱。

七月，庾翼卒。翼部將干瓚等作亂，殺曹據。李孍與江彪袁眞共誅之。

涼州　丹水　三交城

十二月，張駿伐焉耆，降之。

熊所敗，宣憤卒。

七月，庾翼使梁州刺史桓宣擊趙將李熊於丹水，爲

王擢于三交城。

四月，涼州將張瓘敗趙將

都城。

趙王虎好獵，自靈昌南至滎陽，東極陽都，爲獵場。發諸州二十萬人，修洛陽宮。發百姓牛二萬頭。大發民女三萬餘人，科爲三等以配之。太子諸公私令采發者，又將萬人。郡

公曆			三四六
年號			穆帝永和二年
天災	水災	災區	
		災況	
	旱災	災區	蜀
		災況	饑饉，四境之內，遂至蕭條。
	其他	災區	
		災況	
人禍	內亂	亂區	
		亂情	
	外患	患區	武街、金城 晉壽
		患情	五月，趙將軍王擢擊張重華，襲武街，徙七千餘戶于雍州。將軍孫伏都攻金城，太守張冲請降，涼州震恐。重華使謝艾將兵與趙戰，大破之，斬首五千級。 十月，漢太保李弈自晉壽舉兵反。蜀人多從之，衆至
	其他	亂區	南蘇
		亂情	縣務求美色，多強奪人妻，殺其夫，及夫自殺者三千餘人。 十月，燕王皝使慕容恪攻高句麗，拔南蘇。 正月，燕王皝遣世子儁，帥慕容軍、慕容恪、慕輿根三將，軍萬七
附註			

年代	地點	事件	事件
		數萬。十一月，桓溫帥益州刺史周撫、南郡太守譙王無忌伐漢。	千騎襲夫餘。虜其王玄，及部落五萬餘口而還。
三四七 穆帝永和三年	成都 日南 成都、涪城、枹罕	二月，桓溫大破漢兵，長驅入成都。三月，林邑王文攻陷日南，將士死者五六千。漢鄧定、王潤、隗文等，皆舉兵反，衆各萬餘。桓溫自擊定，使袁喬擊文，皆破之。四月，鄧定、隗文等入據成都。楊謙棄涪城退保德陽。趙涼州刺史麻秋攻枹罕。晉昌太守郎坦禦之。秋衆死傷數萬，趙王虎復遣其將劉渾等，帥步騎二萬會之。璩督諸將力戰，殺二百餘人，趙兵乃退。張重華使謝艾帥步騎三萬進軍臨河。麻秋命黑矟龍驤三千人馳擊之。艾別將張瑁，自	八月，趙王虎使尚書張羣，發近郡男女十六萬人，車十萬乘，運土築華林苑。促張羣使然燭夜作，暴風大雨，死者數萬人。

公歷	年號	天災 水災 災區	天災 水災 災況	天災 旱災 災區	天災 旱災 災況	天災 其他災 災區	天災 其他災 災況	人禍 內亂 亂區	人禍 內亂 亂情	人禍 外患 患區	人禍 外患 患情	人禍 其他 亂區	人禍 其他 亂情	附註
三四八	穆帝永和四年		五月，大水。							河南、晉興、廣武、武街、曲柳、日南、枹罕、涪城、巴西、九真	間道引兵截趙軍後，趙軍退。艾乘勢進擊，大破之。獲首虜萬三千級。五月，麻秋與石甯復帥衆十二萬進屯河南。劉甯、王擢略地晉興、廣武、武街至于曲柳。張重華使將軍牛旋拒之，退守枹罕。七月，林邑復陷日南，殺督護劉雄。趙王虎復遣孫伏都，帥步騎二萬，會麻秋軍長驅濟河，擊張重華。艾進擊秋，大破之。九月，麻秋又襲張重華將張瑁，敗之，斬首三千餘級。十二月，蕭敬文殺楊謙，攻涪城，陷之。自稱益州牧，遂取巴西，通于漢中。四月，林邑寇九真，殺士民什八九。			

三四九

穆帝永和五年

水：五月，大水。

會稽　旱。七月不雨，至於十月。六月，大旱。

鄴　四月，鄴中暴風拔樹，震電雨雹，大如盃升。

益州　四月，益州刺史周撫擊范賁，斬之，益州平。

下辨、長安　正月，高力梁犢叛，帥衆攻拔下辨。敗安西將軍劉甯，遂長驅而東，北至長安，衆已十萬。又敗樂平王苞，乃出潼關，進趣洛陽，大敗虎軍於新安、洛陽。犢遂東掠滎陽、陳留諸郡，後用姚弋仲討平之。

新安、洛陽、滎陽、陳留

始平　始平人馬勗聚兵自稱將軍。趙樂平王苞討滅之，誅三千餘家。

盧容　四月，桓溫遣滕畯帥交廣之兵擊林邑王文於盧容，爲文所敗，退屯九眞。

薊、常山、平棘　沛王沖鎮薊，聞遵殺世自立，帥衆五萬，自薊南下，北至常山，衆十餘萬。遵使武與公閔及李農帥精卒十萬討之，戰於平棘，沖兵大敗，獲沖，賜死，阬其士卒三萬餘人。

魯郡　七月，桓溫屯兵安陸，遣將經營北方，魯郡民五百餘家相與起兵附晉，求援於

鄴　十二月，石閔知胡之不爲己用，令趙人斬一胡首送鳳陽門者，文官進位三等，武官悉拜牙門。一日之中，斬首數萬。閔親帥趙人以誅胡羯，死者二十餘萬。鄴中大火，月餘乃滅。

會稽　六月，火，

公曆年號	天災 水災 災區	天災 水災 災況	天災 旱災 災區	天災 旱災 災況	天災 其他 災區	天災 其他 災況	人禍 內亂 亂區	人禍 內亂 亂情	人禍 外患 患區	人禍 外患 患情	人禍 其他 亂區	人禍 其他 亂情	附註
									代陂 西城 懸鉤、長安、賀城	褚裒。裒遣王龕等將兵三千迎之，趙將李農帥騎二萬，與龕等戰于代陂，龕等大敗，皆沒於趙。 八月，楊初襲趙西城，破之。 九月，司馬勳出駱谷，破趙長城戍，壁于懸鉤。使劉煥攻長安，拔賀城。 十一月，秦、雍流民相帥西歸，路由枋頭，共推蒲洪爲主，衆至十餘萬。 十二月，新興主祇鎮襄國，與姚弋仲、蒲洪連兵，欲共誅閔、農。孫伏都、劉銖等帥衆攻閔、農不克，屯於鳳陽門。閔、農帥衆數千，攻斬伏都等，自鳳陽至琨華，橫尸相枕，流血成渠。		燒數千家，延及山陰倉米數百萬斛。	

三五〇

穆帝永和六年

五月，大水。(志)

夏，旱。

大疫。

滏、陳留、灄頭、枋頭　鄴　薊、范陽　合肥　邯鄲、繁陽

正月，趙大將軍閔，更國號曰衞。汝陰王琨奔冀州，張沈據滏，段龕據陳留，姚弋仲據灄頭，蒲洪據枋頭，衆各數萬，皆不附於閔。王朗、麻秋自長安赴洛陽，秋承閔書，誅朗部胡千餘人。秋帥衆歸鄴，蒲洪使其子雄迎擊，獲之。王琨及張舉帥衆七萬伐鄴，大將軍閔帥騎千餘，與戰於城北，閔操兩刃矛馳騎擊之，所向摧陷，斬首三千級。姚弋仲、蒲洪各有據關右之志。弋仲遣其子襄帥衆五萬擊洪，洪迎擊破之，斬獲三萬餘級。二月，燕王儁自將兵伐趙，拔薊，斬王佗。燕兵至范陽，李產以城降。五月，廬江太守袁眞，攻魏合肥，克之，虜其居民而還。六月，趙汝陰王琨，進據邯鄲，劉國自繁陽會之。魏王

公曆年號	天災 水災 災區	水災 災況	旱災 災區	旱災 災況	其他 災區	其他 災況	人禍 內亂 亂區	內亂 亂情	外患 患區	外患 患情	其他 亂區	其他 亂情	附註
										秦擊琨,大破之,死者萬餘人。			
									廣固	七月,段龕引兵東據廣固,自稱齊王。			
									長安	八月,杜洪據長安,自稱晉征北將軍。			
									潼關、軹關	符健遣弟雄帥衆五千自潼關入,兄子菁帥衆七千自軹關入。杜洪以張琚弟先帥衆萬三千逆戰于潼關之北,先兵大敗,走還長安。洪所部悉降于健,洪乃固守長安。			
									昌城	張賀度、段勤、劉國、靳豚會于昌城,將攻鄴,			
									蒼亭	魏主閔自將擊之,戰于蒼亭,賀度等大敗,死者二萬八千人,			
									陰安	追靳豚於陰安,盡俘其衆而歸。			
									冀州、章武、河間	九月,燕王儁南徇冀州,取章武、河間。			
									長安	十月,符健長驅至長安,杜洪、張琚奔司竹。			

三五一

穆帝永和七年

石頭　七月，濤水入石頭，死者數百人。

中原大亂，因以饑疫，人相食，無復耕者。

武昌　十二月，桓溫聞石氏亂，上疏請出師經略中原，事久不報。溫知朝廷杖殷浩以抗己，甚忿，帥衆四五萬順流而下，軍于武昌，朝廷懼。

上邽　十二月，趙涼州刺史石寧據上邽不下，苻雄擊斬之。

襄國　二月，魏主閔攻圍襄國百餘日。趙主祗危急，乃去皇帝之號，稱趙王。

長蘆　黃丘　三月，姚襄及趙汝陰王琨各引兵救襄國。冉閔遣胡睦拒襄於長蘆，孫威拒琨於黃丘，皆敗還，士卒略盡。冉閔悉衆出與襄、琨戰，悅綰適以燕兵至。於是襄、琨、綰三面擊之，趙王祗自後衝之。魏兵大敗，將士死者凡十餘萬人。

鄴　陽平　趙王祗使其將劉顯帥衆七萬攻鄴，軍于明光宮。魏主閔悉衆出戰，大破顯軍。追奔至陽平，斬首三萬餘級。

五丈原　四月，杜洪、張琚遣使召梁州刺史司馬勳，勳帥步騎三萬赴之。秦王健禦之於五丈原。勳屢戰皆敗，退歸南鄭。

青州、雍州、幽州、荊州　青、雍、幽、荊四州之民，及氐、羌、胡蠻數百萬口，以趙法禁不行，各還本土。道路交錯，互相殺掠，其能達者，什二三。

公曆	年號	天災：水災 災區	水災 災況	旱災 災區	旱災 災況	其他災 災區	其他災 災況	人禍：內亂 亂區	內亂 亂情	外患 患區	外患 患情	其他禍 亂區	其他禍 亂情	附註
三五二	穆帝永和八年			鄴	夏，旱。五月，鄴中大饑，人相食。			許昌、洛陽、涪城	二月，張遇據許昌叛。使其將上官恩據洛陽。八月，桓溫使司馬勳助周撫討蕭敬文於涪城，斬之。	鄴	七月，劉顯復引兵攻鄴。魏主閔擊敗之。			
										中山、趙郡	八月，燕王儁遣慕容恪攻中山。魏中山太守侯龕閉城拒守。恪南徇常山。魏趙郡太守李邽舉郡降。將邽還圍中山，侯龕乃降。			
										常山、襄國	正月，劉顯攻常山。魏主閔自將擊之，大敗顯兵，追奔至襄國。			
										陽平、元城、發干	三月，姚弋仲卒。子襄帥戶六萬南攻陽平、元城、發干。破之，屯于碻磝津。襄與秦兵戰敗，亡三萬餘戶。			
										繹幕	四月，趙將段勤，聚胡羯萬餘人，保據繹幕，自稱趙帝。燕王儁遣慕容恪等擊魏，慕容霸等擊勤。恪破魏兵，執冉閔，斬於龍城。			
										宜秋	五月，秦王健攻張琚於宜秋，斬之。			

許昌

六月，蔣幹帥銳卒五千，及晉兵出戰，慕容評大破之，斬首四千級。

謝尙、姚襄共攻張遇于許昌。秦主健遣平昌王菁略地關東，率步騎二萬救之。戰于潁水之誡橋，尙等大敗，死者萬五千人。十月，謝尙遣王俠攻許昌，克之。

八月，王午聞魏敗，自稱安國王。燕王儁遣慕容恪攻之，不克而還。

無極

十月，蘇林起兵於無極，自稱天子。慕容恪討斬之。

隴西

十一月，秦丞相雄攻王擢于隴西。擢奔涼州。

三五三

穆帝永和九年

三月，旱。

大疫。

歷陽

九月，姚襄屯歷陽，訓厲將士。殷浩在譙，恭其強盛，遣魏憬帥衆五千襲之，襄斬憬幷其衆。

山桑

十月，浩自壽春帥衆七萬北伐。浩以姚襄爲前驅，襄知其詐，縱兵擊之。浩大敗，

龍黎

二月，張重華遣將軍張弘宋修，會王擢帥步騎萬五千伐秦。秦丞相雄拒之，大敗涼兵於龍黎，斬首萬二千級。

上邽

三月，趙故衞尉常山李犢，聚衆數千人叛燕。燕王儁

公歷	年號	天災 水災 災區	災況	旱災 災區	災況	其他 災區	災況	人禍 內亂 亂區	亂情	外患 患區	患情	其他 亂區	亂情	附註
									襄俘斬萬餘。		遣將平之。			
								芍陂	十一月，殷浩使部將劉啓等攻姚益于山桑。姚襄自淮南擊之，啓敗死。襄進據芍陂。		五月，張重華復使王擢帥衆二萬伐上邽。苻願戰敗奔長安。			
										仇池	六月，秦苻飛攻氐王楊初於仇池，爲初所敗。			
										上洛	九月，秦丞相雄遣平昌王菁略定上洛。			
三五四	穆帝永和十年			秦國	秦大饑。米一升，直布一匹。			譙郡	五月，江西流民郭敞等執陳留內史劉仕，降于姚襄。建康震駭。	洛陽	正月，故魏降將周成反，自宛襲洛陽。			
											二月，桓溫統步騎四萬發江陵，水軍自襄陽入均口，至南鄉。步兵自淅川趣武關。			
										魯口	三月，燕衞將軍恪圍魯口拔之。			
										上洛、青泥、陳倉、藍田	桓溫別將攻上洛，進擊青泥，破之。司馬勳掠秦西鄙，攻陳倉以應溫。四月，溫與秦兵戰于藍田，秦兵大敗。			

	三五五
	穆帝永和十一年
	秦國
	二月，秦大蝗。百草無遺，牛馬相噉毛。
	隴西　西平　酒泉
	九月，隴西人李儼據郡叛。西平人衛綝亦據郡叛。張瓘遣弟琚擊綝，敗之。酒泉太守馬基，起兵以應綝。瓘遣張姚等擊斬之。
白鹿原　陳倉　雍	外黃　許昌　枹罕
桓沖又敗秦丞相雄于白鹿原。秦丞相雄帥騎七千襲司馬勳於子午谷，破之。五月，王擢拔陳倉，溫與秦丞相雄等戰于白鹿原。溫兵不利，死者萬餘人，徙關中三千餘戶而歸。秦丞相雄擊司馬勳、王擢於陳倉。溫還。秦太子萇等隨溫擊之，戰至潼關，失亡以萬數。六月，呼延毒帥衆一萬從八月，秦太子萇攻喬秉于雍，斬之，關中悉平。十月，涼王祚遣秦州刺史牛霸等，帥兵三千擊擢，破之。	五月，姚襄攻高季於外黃，會季卒，襄進據許昌。七月，涼王祚惡河州刺史張瓘之彊，遣張掖太守索孚代瓘守枹罕。又遣其將易揣帥步騎萬三千以襲瓘。瓘聞之，斬孚，敗易揣軍。
	秦主生即位未幾，后妃公卿已下，至於僕隸，凡殺五百餘人。

二五五

公歷	年號	天災 水災 災區	天災 水災 災況	天災 旱災 災區	天災 旱災 災況	天災 其他災 災區	天災 其他災 災況	人禍 內亂 亂區	人禍 內亂 亂情	人禍 外患 患區	人禍 外患 患情	人禍 其他亂 亂區	人禍 其他亂 亂情	附註
三五六	穆帝永和十二年					長安	四月大風，發屋拔木。潼關之西，至于長安，虎狼爲暴，專務食人，凡殺七百餘人。			廣固	正月燕太原王恪，引兵濟河。段龕帥衆三萬逆戰，恪大破龕於淄水。龕脫走，還城固守。恪進軍圍之。			
										盧氏	二月，將軍劉度攻秦青州刺史王朗於盧氏。燕將軍慕輿長卿入軹關，攻秦幽州刺史彊哲于裴氏堡。秦主生遣鄧羌拒長卿，大破之，獲長卿，及甲首二千餘級。			
										洛陽	五月，姚襄自許昌攻周成于洛陽。			
										魯陽、戴施	七月，桓溫自江陵北伐，遣高武據魯陽、戴施屯河上，自帥大兵繼進。姚襄拒水而戰，溫結陳而前。襄衆大敗，死者數千人。			
										襄陵	八月，姚襄奔平陽。秦并州刺史尹赤復以衆降襄，襄遂據襄陵。			

	三五七	三五八
	穆帝升平元年	穆帝升平二年
		五月，大水。
	八月，大風。	
廣固	黃落 新興、雁門、西河	太原、上黨 幷州、東燕
十月，趙大司馬恪圍段龕於廣固。龕嬰城自守，樵采路絕，城中人相食。龕悉衆出戰，恪破之於圍裏。	四月，姚襄自北屈進屯杏城，又進據黃落。秦主生遣黃眉等將步騎萬五千以禦之，大破襄兵。 六月，燕主儁殺段龕，阬其徒三千餘人。 十月，張平據新興、雁門、西河之地。平寇略秦境，秦王堅以晉公柳鎮蒲阪以禦之。	二月，秦王堅自將討張平，帥騎五千，軍于汾上。平盡衆出戰，大潰，平請降。 九月，燕主儁使司徒評討張平於幷州，司空陽騖討高昌於東燕，樂安王臧討
	燕主儁遣撫軍將軍垂，中軍將軍虔，帥步騎八萬，攻敕勒於塞北。大破之，俘斬十餘萬。	
	敕勒即元魏高車。	

公歷	年號	天災						人禍						附註
		水災		旱災		其他		內亂		外患		其他		
		災區	災況	災區	災況	災區	災況	亂區	亂情	患區	患情	亂區	亂情	
三五九	穆帝升平三年				十二月,大旱。					濮陽	李歷於濮陽,盡平之。			
										武陽	十月,泰山太守諸葛攸攻燕東郡,入武陽。燕主儁遣大司馬恪將兵以擊之,攸敗。			
										泰山、山茌	燕青州刺史慕容塵遣司馬悅明救泰山,荀羡兵大敗,燕復取山茌。			
										略陽	四月,秦高離據略陽叛。將軍鄧羌、秦州刺史啖鐵討平之。			
										姑臧	五月,涼州牧張瓘徵兵數萬集姑臧。宋混知之,與弟澄帥四十餘騎奄入南城。瓘帥衆出戰,混擊破之,瓘衆悉降。			
										河渚	八月,泰山太守諸葛攸將水陸二萬擊燕軍于河渚。			
										東阿	燕上庸王評等帥步騎五萬,與攸戰于東阿。攸兵大敗。			

三六〇	穆帝升平四年			冬，大旱。			許昌、潁川、譙、沛	十月，謝萬軍下蔡，郗曇軍高平以擊燕。郗曇以病退屯彭城。萬以爲燕兵大盛，故曇退，卽引兵還。於是許昌、潁川、譙、沛諸城，相次皆沒於燕。
三六一	穆帝升平五年	四月，大水。（志）			正月，大風。		河內、野王 許昌、野王 平陽、雁門	三月，燕河內太守呂護欲引晉兵以襲鄴。燕太宰恪將兵五萬，皇甫眞將兵萬人，共討之。 四月，桓溫以弟豁將兵取許昌，破燕將慕容塵。七月，燕人圍野王數月。護食盡，夜悉精銳突圍不得出，太宰恪引兵擊之，護衆死傷殆盡。 九月，張平襲燕平陽，又攻雁門，旣而爲秦所攻，燕弗救，平遂爲秦所滅。
三六二	哀帝隆和元年			夏，旱。			洛陽	三月，燕呂護攻洛陽，河南太守戴施犇宛。桓溫遣庾

公曆	年號	天災						人禍						附註
		水災		旱災		其他		內亂		外患		其他		
		災區	災況	災區	災況	災區	災況	亂區	亂情	患區	患情	亂區	亂情	
										野王、新城	希及竟陵太守鄧遐，帥舟師三千人，助祐守洛陽。七月，燕將段崇收軍北渡，屯于野王。鄧遐進屯新城。			
三六三	哀帝興甯元年							江州	十一月，張駿殺江州督護趙毗，帥其徒北叛。桓沖討斬之。	滎陽、密城、長平、許昌	四月，燕慕容忠攻滎陽太守劉遠，遠奔魯陽。燕人拔密城，劉遠犇江陵。十月，燕慕容塵攻陳留太守袁披于長平。汝南太守朱斌乘虛襲許昌，克之。		代王什翼犍擊高車，大破之。俘虜萬餘口，馬牛羊百餘頭。	
三六四	哀帝興甯二年									許昌、汝南、懸瓠、陳郡	二月，燕太傅評、李洪略地河南。四月，燕李洪攻許昌、汝南，敗晉兵於懸瓠。汝南太守朱斌犇壽春，陳郡太守朱輔退保彭城。燕人拔許昌、汝南、陳郡，徙萬餘戶於幽冀二州。			

										九月，燕悅希引兵略河南諸城，盡取之。			
三六五	哀帝興寧三年				長安	大風震雷，壞屋殺人。	梁州、涪城、成都	十月，梁州刺史司馬勳舉兵反。勳引兵入劍閣，攻涪城，圍益州刺史周楚于成都。	洛陽、崤、澠、杏城、長安	正月，劉衞辰復叛代。代王什翼犍東渡河，擊走之。三月，燕太宰恪、吳王垂共攻洛陽，克之。恪略地至崤、澠，關中大震。七月，曹轂、劉衞辰皆叛秦。轂帥衆二萬寇杏城，秦王堅自將討之。十月，淮南公幼帥杏城之衆，乘虛襲長安。李威擊斬之。			
三六六	廢帝太和元年			四月，旱。			梁州	五月，朱序、周楚擊司馬勳，破之，擒勳及其黨。	荊州、南鄉、安陽、魯、高平、諸郡	七月，秦王猛等帥衆二萬寇荊州，攻南鄉郡。荊州刺史桓豁救之，軍於新野。秦兵掠安陽民萬餘戶而還。十月，燕下邳王厲寇兗州，拔魯高平數郡。			

公曆	年號	天災·水災·災區	天災·水災·災況	天災·旱災·災區	天災·旱災·災況	天災·其他災·災區	天災·其他災·災況	人禍·內亂·亂區	人禍·內亂·亂情	人禍·外患·患區	人禍·外患·患情	人禍·其他禍·亂區	人禍·其他禍·亂情	附註
三六七	廢帝太和二年									略陽 竟陵 大夏、武始、左南、枹罕 宛	三月，王猛克略陽，斂岐奔白馬。 四月，燕慕容塵寇竟陵。太守羅崇擊破之。 張天錫攻李儼，拔大夏、武始二郡。天錫進屯左南，儼退守枹罕。王猛與楊安救枹罕。天錫遣楊遹逆戰於枹罕東，猛大破之，俘斬萬七千級。 六月，荊州刺史桓豁、竟陵太守羅崇攻宛，拔之。 十月，代王什翼犍擊敗劉衛辰，收其部落什六七而還。		七月，燕下邳王厲等破敕勒，獲馬牛數萬頭。	
三六八	廢帝太和三年						四月，雨雹折木。			上邽、安定、蒲阪、陝城	正月，秦王堅遣楊成世、毛嵩分討上邽、安定，王猛、鄧羌攻蒲阪，楊安、張蚝攻陝城。			

上邽：三月，秦王堅復遣王鑒等帥衆二萬討之，大破趙公雙軍，斬獲萬五千級。七月，雙犇上邽。鑒等進攻之，遂拔上邽，盡俘其衆。

蒲阪：九月，王猛等拔蒲阪，斬晉公柳。

陝城：十二月，王猛等拔陝城，獲魏公庾，送長安。

三六九

廢帝太和四年

涼州：春旱至夏。冬，旱。

壽春：十月，桓溫恥北伐喪敗，歸罪於袁眞，眞遂據壽春叛降燕。

三月，大司馬溫自兗州伐燕。

湖陸：六月，桓溫遣檀玄攻湖陸，拔之。燕主暐以下邳王厲帥步騎二萬，逆戰於黃墟，厲兵大敗。

黃墟

襄邑：八月，秦王堅遣茍池、鄧羌，帥步騎二萬以救燕。燕王暐使范陽王德等帥衆五萬以拒溫，大破溫軍於襄邑，斬首三萬級。茍池邀擊溫於譙，又破之，死者復以萬計。

十二月，燕人許割虎牢以西賂秦，晉兵既退，燕人悔

公曆	年號	天災：水災 災區	水災 災況	旱災 災區	旱災 災況	其他 災區	其他 災況	人禍：內亂 亂區	內亂 亂情	外患 患區	外患 患情	其他 亂區	其他 亂情	附註
三七〇	廢帝太和五年							涪城	八月，廣漢人李弘聚衆萬餘人，自稱聖王。隴西人李高攻破涪城，逐梁州刺史楊亮。益州刺史周楚討平之。	洛陽	之。秦王堅大怒，遣王猛等帥步騎三萬伐燕，進攻洛陽。			
										石門、滎陽	正月，燕武威王筑以洛陽降。樂安王臧破秦兵於石門，乘勝進屯滎陽。王猛遣將擊走之。			
										武丘	二月，袁眞卒，子瑾立。三月，燕、秦皆遣兵助瑾，桓溫遣竺瑤等禦之。燕兵至，瑤等戰於武丘，破之。			
										壺關、晉陽	七月，秦王堅遣王猛攻壺關，楊安攻晉陽。王猛克壺關，所過郡縣，皆望風降附，燕人大震。			
										壽春	八月，桓溫帥衆二萬討袁瑾，溫敗瑾於壽春。			
										晉陽	九月，秦楊安攻晉陽，久之未下。王猛引兵助之，遂拔晉陽。			
										潞川	十月，王猛進兵潞川，與慕容評相持。猛遣鄧羌與戰，			

公元	年號	地點	事件
		鄴	大破燕兵，俘斬五萬餘人。乘勝追擊，所殺及降者又十萬餘人。十一月，秦兵長驅而東，進圍鄴。燕餘蔚等五百餘人，夜開鄴北門納秦兵，燕主暐等犇龍城。
三七一	簡文帝咸安元年	石橋	正月，大司馬溫遣桓伊、桓石虔等擊秦武都王鑒於石橋，大破之。
		闌陵	三月，秦將俱難攻闌陵太守張閔子于桃山。大司馬溫遣兵擊却之。
		仇池	四月，秦西縣侯雅、楊安等帥步騎七萬伐仇池公楊纂。纂帥衆五萬拒之，與秦兵戰於峽中，纂兵大敗，死者什三四。楊統以仇池降。
		苑川	十二月，秦益州刺史王統攻隴西乞伏司繁於度堅山。司繁帥騎三萬，拒統於苑川。統潛襲度堅山，司繁部落五萬餘皆降。

公歷	年號	天災：水災·災區	水災·災況	旱災·災區	旱災·災況	其他·災區	其他·災況	人禍：內亂·亂區	內亂·亂情	外患·患區	外患·患情	其他·亂區	其他·亂情	附註
三七二	簡文帝咸安二年			吳郡、吳興、義興	大旱，人多餓死。十月，大旱，饑。			京口	六月，庾希、庾邈聚衆夜入京口城。建康震擾，內外戒嚴。卞耽發諸縣兵二千人擊希，拔其城。					
三七三	孝武帝甯康元年				三月，旱。	京師	三月，風火大起。			仇池、漢川、梁州、益州、隴右	八月，梁州刺史楊亮，遣其子廣襲仇池，與秦梁州刺史楊安戰，廣兵敗，沮水諸戍皆委城奔潰，楊安進攻漢川。十月，秦王堅使王統、朱彤帥卒二萬出漢川，毛當、徐成帥卒三萬出劍門，入寇梁、益。梁州刺史楊亮犇西城。益州刺史周仲孫犇南中，遂失梁、益二州。十二月，鮮卑勃寒掠隴右。秦王堅使乞伏司繁討平之。			
三七四	孝武帝甯康二年										五月，蜀人張育、楊光起兵擊秦。秦王堅遣鄧羌帥甲			

							成都	十五萬討之。七月，張育與張重等爭權，舉兵相攻。秦楊安、鄧羌襲育敗之。
							涪西	八月，鄧羌敗晉兵于涪西。
							成都	九月，楊安敗張重、尹萬於成都南，重死，斬首二萬三千級。
三七五	孝武帝甯康三年			冬，旱。		三月，暴風，飛沙揚礫。		
三七六	孝武帝太元元年					二月，大風折木。閏三月，暴風疾雨，發屋折木。	南鄉	三月，秦兵寇南鄉，拔之。
							涼州	五月，秦步騎十三萬臨西河，堅命苟池、李辯、王統帥三州之衆，爲苟長後繼。張天錫使馬建帥衆二萬拒秦。八月，秦兵入清塞。天錫遣趙充哲帥衆拒之。秦兵
							赤岸	與充哲戰于赤岸，大破之，俘斬三萬八千級。天錫降，涼州郡縣悉降於秦。十月，劉衛辰爲代所逼，求救於秦。秦王堅以幽州刺

公歷	年號	天災						人禍						附註
		水災		旱災		其他		內亂		外患		其他		
		災區	災況	災區	災況	災區	災況	亂區	亂情	患區	患情	亂區	亂情	
											史行唐公洛，帥幽、冀兵十萬擊代。代王什翼犍使白部、獨孤部南禦秦兵，皆不勝。又使南部大人劉庫仁將十萬騎禦之，與秦兵戰於石子嶺，庫仁大敗。			
三七七	孝武帝太元二年						閏三月，暴風，折木發屋。			五原	十二月，劉衛辰恥居人下，殺秦五原太守而叛。庫仁擊衛辰破之。			
三七八	孝武帝太元三年		六月，大水。			長安	六月，大風。			襄陽	二月，秦王堅遣長樂公丕、苟萇等帥步騎七萬寇襄陽。			
										淮陽、盱眙	七月，秦王堅又使俱難、毛盛等帥步騎七萬寇淮陽、盱眙。			
										彭城	八月，秦彭超攻彭城。			
										西城	秦梁州刺史韋鍾，圍魏興太守吉挹於西城。			

三七九

孝武帝太元四年

秦

大饑。

六月，大旱。(志)

三月，大疫。

襄陽、順陽　正月，秦長樂公丕等克襄陽。秦慕容越拔順陽。

盱眙、淮陰　二月，兗州刺史謝玄帥衆萬餘救彭城，軍于泗口。戴逯帥彭城之衆奔玄。彭超遂據彭城。南攻盱眙。俱難克淮陰。

巴西　三月，使毛虎生帥衆三萬擊巴中以救魏興。趙福等至巴西，爲秦將張紹等所敗，亡七千餘人。

成都　蜀人李烏聚衆二萬，圍成都以應虎生。秦王堅使呂光擊滅之。

淮南　四月，秦毛當、王顯帥衆二萬，自襄陽東會俱難、彭超，攻淮南。

盱眙、三阿　五月，難、超拔盱眙。秦兵六萬，圍幽州刺史田洛于三阿，去廣陵百里，朝廷大震，臨江列戍。

堂邑、三阿　秦毛當、毛盛帥騎二萬襲堂邑。謝玄自廣陵救三阿，超戰敗，退保盱眙。六月，謝玄等帥衆五萬，進

公歷	年號	天災						人禍						附註
		水災		旱災		其他		內亂		外患		其他		
		災區	災況	災區	災況	災區	災況	亂區	亂情	患區	患情	亂區	亂情	
										盱眙	攻盱眙。難、超又敗，退屯淮北。玄等追之，戰于君川，復大破之。難、超北遁。			
三八〇	孝武帝太元五年		五月大水。		四月大旱。			交州	十月，九眞太守李遜據交州反。	幽州、和龍	四月，秦幽州刺史行唐公洛叛，帥衆七萬發和龍。秦王堅遣竇衝及呂光帥步騎四萬討之。五月，竇衝等與洛戰于中山，洛兵大敗，生擒洛。石越帥騎一萬襲和龍，斬平規，幽州悉平。			
三八一	孝武帝太元六年	揚州、荊州、江州	六月，三州大水。		無麥禾，天下大饑。			交州	七月，交趾太守杜瑗斬李遜，亂平。	竟陵、管城	十一月，秦荊州刺史都貴，遣閻振、吳仲帥衆二萬寇竟陵。桓沖遣桓石虔、桓石民等帥水陸二萬拒之。十二月，石虔擊振、仲，大破之。振、仲退保管城。石虔進攻之，拔管城。獲振、仲，斬首七千級，俘虜萬人。			

三八二	孝武帝太元七年				幽州	五月，蝗生，廣袤千里。	襄陽	九月，桓沖使朱綽擊秦荊州刺史都貴于襄陽，焚踐沔北屯田，掠六百餘戶而還。
三八三	孝武帝太元八年	始興、南康、廬陵	三月，大水，平地五丈。	六月，旱。			襄陽	五月，桓沖帥衆十萬伐秦，攻襄陽。遣劉波等攻沔北諸城。楊亮攻蜀，拔五城，進攻涪城。郭銓攻武當。
							涪城、武當、筑陽	六月，沖別將攻萬歲、筑陽，拔之。
								八月，秦王堅大舉入寇。詔以謝石、謝安率衆八萬拒之。
							壽陽、鄖城	十月，秦陽平公融等攻壽陽，克之。慕容垂拔鄖城。
								十一月，謝玄遣劉牢之帥精兵五千趣洛澗，梁成阻澗爲陳以待之。牢之直前渡水，擊成，大破之。秦步騎崩潰，爭赴淮水，士卒死者萬五千人。
								秦兵逼肥水而陳，晉兵不得渡。謝玄遣使請秦兵移陳少却，使晉兵得渡以決

公曆	年號	天災						人禍						附註
		水災		旱災		其他		內亂		外患		其他		
		災區	災況	災區	災況	災區	災況	亂區	亂情	患區	患情	亂區	亂情	
											勝負。遂麾兵使却,秦兵逆退,不可復止。謝玄、謝琰、桓伊等引兵渡水擊之,秦兵大敗。自相蹈藉而死者,蔽野塞川,其走者聞風聲鶴唳,皆以爲晉卒且至,草行露宿,重以飢凍,死者什七八。			
三八四	孝武帝太元九年									譙城、魏興、上庸、新城、成固、鄴	正月,慕容垂帥衆二十萬,自石門濟河,長驅向鄴。長樂公丕使石越將步騎萬餘討慕容農。農遣劉木等迎擊,大破秦兵。劉牢之攻秦譙城,拔之。桓冲遣郭寶攻秦魏興、上庸、新城三郡,拔之。楊佺期進據成固,擊秦梁州刺史潘猛,走之。二月,燕王垂率衆二十萬攻鄴,不拔。三月,秦北地長史慕容泓	長安	十二月,鮮卑在長安城中者,猶千餘人。慕容紹之兄肅,與慕容暐陰謀結鮮卑爲亂,事洩。城內鮮卑無	

華陰	亡奔關東，收集鮮卑，衆至數千。還屯華陰，敗秦將强永。	少長男女，皆殺之。
平陽、蒲坂	平陽太守慕容沖亦起兵，於平陽，有衆二萬，進攻蒲坂。堅使竇衝討之。	獪胡王遣其弟吶龍、侯道馗帥騎二十餘萬，并引溫宿、尉頭等諸國兵，合七十餘萬以救龜茲。秦呂光與戰于城西，大破之。
信都	秦冀州刺史侯定，守信都。燕王垂遣將往攻，不克。四月，慕容泓聞秦兵且至，帥衆將奔關東。	
華澤	秦鉅鹿公叡馳兵邀之，戰于華澤，叡兵敗。	
河東	秦竇衝擊慕容沖于河東，大破之。沖帥鮮卑騎八千奔慕容泓。	
襄城	竟陵太守趙統攻襄陽。	
益州	五月，梁州刺史楊亮，帥衆五萬伐蜀。秦益州刺史王廣遣巴西太守康回等拒之。	
	六月，秦王堅自帥步騎二萬，以擊後秦軍于趙氏塢。	
北地	後秦兵屢敗。後秦王萇帥衆七萬擊秦。	

公曆年號	天災						人禍						附註
	水災		旱災		其他災		內亂		外患		其他亂		
	災區	災況	災區	災況	災區	災況	亂區	亂情	患區	患情	亂區	亂情	
										秦王堅遣楊壁等拒之，爲囊所敗。			
									常山、中山	七月，燕慕容麟拔常山，進圍中山，克之。			
									范陽、薊南	秦幽州刺史王永平州刺史苻沖帥二州之衆以擊燕。燕王垂遣平規擊永。永遣昌黎太守宋敞逆戰於范陽，敞兵敗。則進據薊南。			
									鄭西	秦王堅聞慕容沖去長安浸近，乃引兵歸。遣平原公暉配兵八萬以拒沖。沖與暉戰于鄭西，大破秦兵。			
									薊南、唐城	八月，秦幽州刺史王永求救於劉庫仁。庫仁遣其妻兄公孫希帥騎三千救之，大破平規於薊南。乘勝長驅，進據唐城。			

	三八五
	孝武帝太元十年
	五月大水。
	長安
	正月饑，人相食。七月旱，饑。(志)
鄄城　礮磝、滑臺、黎陽　新平　沓口、無極	安定　仇班渠、雀桑、白渠、長安
九月，謝玄使劉牢之攻秦兗州刺史張崇。崇棄鄄城奔燕，牢之據鄄城。十月，謝玄遣劉牢之等據碻磝，濟陽太守郭滿據滑臺，將軍顏肱、劉襲軍于河北。苻丕遣將軍桑據屯黎陽以拒之。後秦王萇自將攻新平。新平太守苟輔憑城固守，後秦之衆死者二萬餘人。十一月，燕慕容農自信都西擊翟遼於沓口，破之。遼退屯無極。十二月，燕慕容麟、慕容農合兵襲翟遼，大破之。	正月，後秦王萇自引兵擊安定嶺北諸城，悉降之。秦王堅與西燕主沖，戰于仇班渠，大破之。戰于雀桑，又破之。戰于白渠，秦兵大敗。沖遣高蓋夜襲長安，入
	正月，國子學生因風放火，焚屋百餘間。

公曆年號	天災						人禍						附註
	水災		旱災		其他災		內亂		外患		其他禍		
	災區	災況	災區	災況	災區	災況	亂區	亂情	患區	患情	亂區	亂情	
			幽州、冀州	大饑，人相食。						其南城，竇衝等擊破之，斬首八百級。高蓋引兵攻渭北諸壘，秦太子宏與戰於成貳壁，大破之，斬首三萬。	新平	四月，新平糧竭，矢盡。苻輔帥民五千口出城，萇圍而阬之，男女無遺。	
									薊、壺關	二月，燕王佐與平規共攻薊。王永帥衆三萬奔壺關。佐等入薊。			
									中山	慕容農引兵會慕容麟於中山，與共攻翟眞，眞走，其衆爭門，自相蹈藉，死者太半。			
									長安、阿城	秦王堅與西燕主沖戰于城西，大破之，追奔至阿城。			
										三月，秦王堅遣楊定擊沖，大破之。虜鮮卑萬餘人而還，悉阬之。			
									黎陽	劉牢之攻燕黎陽太守劉撫於孫就柵。燕王垂自引兵救之。			
									鄴	四月，劉牢之進兵至鄴。燕			

新城	王垂逆戰而敗，退屯新城。牢之引兵追之，至五橋澤，垂邀擊，大破之，斬首數千級。
成都	蜀郡太守任權攻拔成都，斬秦益州刺史李丕，復取益州。
關中	五月，西燕主沖攻長安，沖縱兵暴掠，關中士民流散，道路斷絕，千里無烟。
長安	沖入據長安，縱兵大掠，死者不可勝計。
遼東、玄菟	六月，高句麗寇遼東，陷遼東、玄菟。
枋頭、谷口	七月，長樂公丕帥衆三萬，自枋頭將歸鄴城。檀玄擊之，戰于谷口，玄兵敗。
幽州、薊城、令支	燕餘巖叛，自武邑北趣幽州。巖入薊，掠千餘戶而去，遂據令支。
酒泉	九月，秦涼州刺史梁熙拒呂光，以子胤與姚皓帥衆五萬拒光于酒泉。光遣彭晃等與胤戰于安彌，大破

公曆	年號	天災：水災 災區	水災 災況	旱災 災區	旱災 災況	其他 災區	其他 災況	人禍：內亂 亂區	內亂 亂情	外患 患區	外患 患情	其他 亂區	其他 亂情	附註
											擒之。			
										新平	十月，西燕主沖高遣蓋帥衆五萬伐後秦。戰于新平，蓋大敗。			
										繹幕	十一月，蔡匡據繹幕以叛燕。燕慕容麟、慕容隆共攻之。泰山太守任泰潛師救匡，燕兵釋匡擊泰，大破之，斬首千餘級。			
										遼東、玄菟	慕容農進擊高句麗。復遼東、玄菟二郡。			
										博陵	十二月，慕容麟拔博陵。			
										信都	秦苻定據信都以拒燕。燕王垂以從弟北地王精爲冀州刺史，將兵攻之。			
三八六	孝武帝太元十一年　北魏道武登國元年							泰山	三月，泰山太守張願以郡叛，降翟遼。	南安	正月，南安祕宜帥羌、胡五萬餘人攻乞伏國仁。國仁將兵五千逆擊，大破之。			
										枹罕	翟遼據黎陽。豫州刺史朱序遣秦膺、童斌等共討之。			

枹罕	秦益州牧王廣，引兵攻河州牧毛興於枹罕。興遣衞平帥其宗人一千七百夜襲廣，大破之。
昌松 姑臧	二月，魏安人焦松、齊肅等聚兵數千人，迎大豫爲主，攻呂光昌松郡，拔之。光使杜進擊之，進兵敗大豫，進逼姑臧。
	三月，西燕慕容恆、慕容永襲段隨殺之，帥鮮卑男女四十餘萬口，去長安而東。
姑臧	四月，張大豫進屯姑臧城西王穆，及禿髮思復、奚于帥衆三萬，屯于城南。呂光出擊，大破之，斬奚于等二萬餘級。
彭池、茲川	六月，鄧景擁衆五千據彭池，與竇衝爲首尾，以擊後秦。
安定	七月，秦平涼太守金熙、安定都尉沒弈干與後秦左將軍姚方成戰于孫丘谷。方成兵敗，後秦主萇自將

公曆年號	天災：水災 災區	水災 災況	旱災 災區	旱災 災況	其他 災區	其他 災況	人禍：內亂 亂區	內亂 亂情	外患 患區	外患 患情	其他 亂區	其他 亂情	附註
									南安	至安定，擊熙等，大破之。狄道長苻登帥衆五萬東下隴，攻南安拔之。			
									譙	八月，翟遼寇譙，朱序擊走之。			
									襄陵	十月，西燕慕容永遣使詣秦主丕，求假道東歸，丕弗許。與永戰于襄陵，秦兵大敗。			
									清河	燕寺人吳深，據清河反。燕主垂攻之，不克。			
									秦州 上邽	秦王登既克南安，遂進攻姚碩德于秦州。後秦主萇自往救之，登與萇戰于胡奴阜，大破之，斬首二萬餘級。			
									臨洮、俱城	十一月，張大豫自西郡入臨洮，掠民五千餘戶，保據俱城。			

三八七	
孝武帝太元十二年 北魏道武帝登國二年	
涼州	大饑，米斗直錢五百，人相食，死者大半。
東阿城	正月，燕主垂遣蘭汗、平幼於碻磝西四十里濟河。溫攀、溫楷果走趣城，平幼追擊，大破之。
陳潁	翟遼遣其子釗寇陳、潁。朱序遣秦膺擊走之。
新柵	二月，安次人齊涉，聚衆八千餘家，據新柵降燕。旣而復叛，連張願。願自帥萬餘人，進屯祝阿之瓮口，招翟遼共應涉。燕主垂遣范陽
祝阿	王德、陳留王紹帥步騎二萬，會隆擊願，戰於瓮口，大破之，斬首七千八百。
涇陽	四月，後秦姚碩德爲楊定所逼，退守涇陽。定與秦晉王纂共攻之，戰于涇陽，碩德大敗。
中山	賈鮑招引北山丁零、翟遙等五千餘人，夜襲中山，陷其外郭，章武王宙擊破之。
清河	吳深殺燕清河太守丁國章，王祖殺太守白欽、勃海
高城	人張申，據高城以叛。燕主

公曆年號	天災 水災 災區	天災 水災 災況	天災 旱災 災區	天災 旱災 災況	天災 其他 災區	天災 其他 災況	人禍 內亂 亂區	人禍 內亂 亂情	人禍 外患 患區	人禍 外患 患情	人禍 其他 亂區	人禍 其他 亂情	附註
									彌澤	垂命樂浪王溫討之。七月，燕主垂遣太原王楷將兵助趙王麟擊顯，大破之。魏主珪引兵會麟，擊顯於彌澤，又破之。			
									臨洮	呂光攻張大豫于臨洮，破之。			
									馮翊	八月，秦馮翊太守蘭櫝，帥衆二萬，自頻陽入和甯。西燕主永攻櫝，櫝請救於後秦。			
									淸河、平原、	十月，翟遼復叛燕，遣兵與王祖、張申寇抄淸河、平原。			
									河西	後秦主萇進擊西燕王永於河西，永走。			
									雍州	十二月，後秦姚方成，攻秦雍州刺史徐嵩壘，拔之。方成悉阬其士卒。			
									西平、張掖	西平太守康甯殺湟河太守強禧以叛。張掖太守彭晃亦叛，東結康甯，西通王穆。呂光自將兵討平之。			

三八八	孝武帝太元十三年　北魏道武帝登國三年	石頭	十二月，濤水入石頭，毀大航，殺人。		六月，旱。				平襄　釋幕　廣平、樂陵　廣平	三月，燕趙王麟擊許謙，破之。四月，苑川王國仁，破鮮卑越質叱黎於平襄。八月，燕平幼會章武王宙討吳深，破之。九月，張申攻廣平，王祖攻樂陵。燕高陽王隆將兵討之。十二月，燕太原王楷、趙王麟將兵會高陽王隆於合口，以擊張申。大破王祖兵，張申降。		十二月，延賢堂災，螽斯、黌客館、驃騎庫災。	
三八九	孝武帝太元十四年　北魏道武帝登國四年								滎陽　平涼　大界　隴、冀	四月，翟遼寇滎陽。七月，秦主登攻後秦吳忠等于平涼，克之。八月，秦主登據苟頭原，以逼安定。萇夜帥騎三萬，襲秦輜重于大界，克之。驅掠男女五萬餘口而還。九月，楊定攻隴、冀，殺姚常等。	女水	正月，魏主珪襲高車，破之。二月，魏主珪擊吐突隣部於女水，大破之。秦主登	

公曆	年號	天災：水災 災區	天災：水災 災況	天災：旱災 災區	天災：旱災 災況	天災：其他 災區	天災：其他 災況	人禍：內亂 亂區	人禍：內亂 亂情	人禍：外患 患區	人禍：外患 患情	人禍：其他 亂區	人禍：其他 亂情	附註
三九〇	孝武帝太元十五年 北魏道武帝登國五年	沔中諸郡。 兗州	七月，大水。		七月，旱。	兗州	八月，蝗。			洛陽 扶風	正月，西燕主永引兵向洛陽。朱序自河陰濟河，擊敗之。序追至白水，會翟遼謀向洛陽，序乃引兵還，擊走之。 三月，後秦主萇攻秦扶風太守齊益男於新羅堡，克之。	安定 勿根山	自將輕騎萬餘，攻安定羌密造保，克之。 五月，燕范陽王德、趙王麟擊賀訥，追奔至勿根山。 四月，魏主珪會燕趙王麟於意辛山，擊賀蘭、紇突鄰、紇奚三部，破之。	

	三九一
	孝武帝太元十六年　北魏道武帝登國六年
	堂邑
	五月，飛蝗從南來，集縣界，害禾稼。（志）
安定、涇陽　杏城　廣鄉、鄭縣　鄄城、滑臺　北平、廣都	范氏堡、段氏堡、曲牢　牛都
秦主登攻後秦天水太守張業生于隴東。萇救之，登引去。四月，秦魏揭飛帥氐、胡攻後秦姚當成於杏城，雷惡地叛應之。後秦主萇遣將擊之，斬揭飛及其將士萬餘級，惡地請降。七月，馮翊人郭質起兵於廣鄉，以應秦。鄭縣人苟曜聚衆數千，附於後秦。八月，劉牢之擊翟釗於鄄城，釗走河北。又敗翟遼於滑臺。九月，北平人吳桂聚衆千餘，破北平郡，轉寇廣都，入白狼城。燕幽州牧高陽王隆討平之。	三月，秦主登自雍攻後秦金榮于范氏堡，克之。渡渭水攻京兆太守韋範于段氏堡，不克。進據曲牢。四月，燕閽汗破賀染干於牛都。苟曜有衆一萬，密召
	赤城　安陽城
	六月，燕趙王麟破賀訥於赤城。七月，秦將沒弈

公歷	年號	天災：水災 災區	天災：水災 災況	天災：旱災 災區	天災：旱災 災況	天災：其他 災區	天災：其他 災況	人禍：內亂 亂區	人禍：內亂 亂情	人禍：外患 患區	人禍：外患 患情	人禍：其他 亂區	人禍：其他 亂情	附註
										馬頭原	秦主登許爲內應。登軍于馬頭原,後秦主萇引兵逆戰,登擊破之。		干與金城王乾歸,共擊鮮卑大兜,兜敗走。十月,魏主珪引兵擊柔然,柔然舉部遁走。珪追之,及於大磧南牀山下,大破之,虜其半部。	
										河南	六月,西燕主寇河南,太守楊佺期擊破之。			
										新平	七月,秦主登攻新平,後秦主萇救之,登引去。			
										鄴城	十月,翟釗攻燕鄴城,燕遼西王農擊却之。			
										五原 悅跋城	十一月,劉衛辰遣子直力鞮帥衆八九萬攻魏南部。魏主珪引兵拒之,大破直力鞮於鐵岐山南。魏兵乘勝追之,直抵悅跋城。誅衛辰宗黨五千餘人,皆投尸於河。			
										定安	十二月,秦主登攻安定,後秦主萇擊敗之。登退據路承堡。			

三九二	孝武帝太元十七年　北魏道武帝登國七年	永嘉	六月，潮水湧起，近海四縣人多死。	秋旱至冬。	館陶	二月，翟釗遣其將翟都侵館陶。燕主垂引兵擊之。
		石頭	六月，濤水入石頭，毀大航，漂船舫有死者。		滑臺	六月，燕主垂大破翟釗兵，釗走還滑臺，北濟河，登白鹿山，以糧盡下山，垂還兵掩擊，盡獲其衆。
					安定	七月，秦主登秣馬厲兵，進逼安定。後秦主萇引兵迎擊，登不克而還。三河王光遣其弟寶等，攻金城王乾歸。寶及將士死者萬餘人。
三九三	孝武帝太元十八年　北魏道武帝登國八年	始興、南康、廬陵	六月，大水，深五丈。（志）	七月，旱。	平涼	七月，秦主登攻竇衝於野人堡。後秦主萇遣太子興將兵攻胡空堡，興因襲平涼，大獲而歸。
					潼關	九月，氐帥楊佛嵩叛奔後秦。楊佺期、趙睦追之，敗佛嵩於潼關。後秦姚崇救佛嵩，敗晉兵。
					晉陽、沙亭	十一月，燕主垂發中山，步騎七萬，攻西燕武鄉公友于晉陽，及段平于沙亭。

公曆	年號	天災						人禍						附註
		水災		旱災		其他		內亂		外患		其他		
		災區	災況	災區	災況	災區	災況	亂區	亂情	患區	患情	亂區	亂情	
三九四	孝武帝太元十九年 北魏道武帝登國九年	荊州、徐州	七月大水，傷秋稼。（志）							廄橋 臺壁 晉陽 長子	二月，燕主垂發司、冀、青、兗兵，垂自出沙庭以擊西燕。西燕主永嚴兵分道拒守。四月，秦主登自六陌趣廄橋，後秦姚詳據馬嵬壁以拒之。尹緯據廄橋以待秦，秦兵爭水不得，渴死者什二三。緯與秦戰，秦兵大敗。五月，燕主垂引大軍出滏口，入天井關。永自將精兵五萬以拒之。垂陳于臺壁南，遣慕容國伏千騎於澗下，與永合戰，大破之，斬首八千餘級。永走歸長子。晉陽守將棄城走，丹陽王瓚等，進取晉陽。六月燕主垂進軍圍長子，秦主登遣其子汝陰王宗爲質於河南王乾歸以請救。乾歸遣其將帥騎一萬救之。			

涇陽

七月，秦主登引兵出迎乾歸兵。後秦主興自安定如涇陽，與登戰於山南，執登殺之。

後秦強熙、强多叛，推竇衝爲主，後秦主興自將討平之。

涼州、秦州

十月，秦主崇犇隴西王楊定，定帥衆二萬，與崇共攻乾歸。乾歸遣軻彈等帥騎三萬拒之，大敗定兵，殺定及崇，斬首萬七千級。

廩丘、陽城

十月，燕主垂命遼西王農濟河，與將軍尹國略地青、兗。農攻廩丘，國攻陽城，皆拔之。高平、泰山、琅邪諸郡皆降附。

臨淄

十一月，燕遼西王農，敗辟閭渾於龍水，遂入臨淄。

三九五

孝武帝太元二十年
北魏道武帝登國十年

荊州、徐州

六月，大水。

上邽

四月，天水姜乳襲據上邽。西秦王乾歸遣乞伏益州帥騎六千討之，乳逆擊，大破之。

五月，燕主垂遣太子寶等，帥衆八萬，自五原伐魏。

七月，禿髮烏孤擊乙弗折掘等諸部，皆破降之。

公曆	年號	天災 水災 災區	天災 水災 災況	天災 旱災 災區	天災 旱災 災況	天災 其他 災區	天災 其他 災況	人禍 內亂 亂區	人禍 內亂 亂情	人禍 外患 患區	人禍 外患 患情	人禍 其他 亂區	人禍 其他 亂情	附註
三九六	孝武帝太元二十一年 北魏道武帝皇始元年		五月大水。（志）							魯口、遼西	九月，魏王珪進軍臨河，使陳留公虔將五萬騎屯河東，東平公儀將十萬騎屯河北，略陽公遵將七萬騎塞燕軍之南。十一月，魏主珪引兵濟河，燕選精銳二萬餘騎追之。珪夜部分諸將，掩覆燕軍。燕軍顧見魏兵，士卒大驚擾亂，珪縱兵擊之。燕兵走赴水，人馬相騰躡，壓溺死者以萬數。略陽公遵以兵邀其前，燕兵四五萬人，斂手就擒，盡阬之。二月，平規以博陵、武邑、長樂三郡兵反于魯口。規弟翰亦起兵於遼西以應之。燕主垂遣東陽公根等擊翰，破之。三月，燕主垂引兵密發，踰			

雲中、平城	青嶺，經天門，出魏不意，直指雲中。魏陳留公虔戰敗，死。
廣甯	六月，魏王珪遣將軍王建等擊燕廣甯太守劉亢泥，斬之。
高唐	平規據高唐。燕主寶遣高陽王隆將兵討之。
高唐、濟北	七月，魏王隆進軍臨河，規棄高唐。隆遣將濟河追之，斬規於濟北。
幽州、晉陽、并州、常山	八月，魏王珪大舉伐燕，步騎四十餘萬，南出馬邑，踰句注。別遣將軍封眞等，從東道出軍都，襲燕幽州。九月，魏軍至陽曲，燕遼西王農出戰，大敗，珪遂取并州。十月，魏主珪進攻常山，拔之。自常山以東，諸郡皆附於魏。
鄴、信都、中山	十一月，珪命東平公儀將五萬騎攻鄴，王建、李栗攻信都。珪進軍中山，燕高陽王隆守南郭，帥衆力戰，魏

公曆	年號	天災：水災 災區	水災 災況	旱災 災區	旱災 災況	其他災 災區	其他災 災況	人禍：內亂 亂區	內亂 亂情	外患 患區	外患 患情	其他禍亂 亂區	其他禍亂 亂情	附註
											兵乃退。			
										上邽、略陽	十二月，秦隴西王碩德，攻姜乳於上邽，乳降。彊熙、權千成帥衆三萬，共圍上邽，碩德擊破之。			
										河東	河東太守柳恭等擁兵自守。秦主興遣晉王緒攻之，恭等拒守，緒不得濟。			
三九七	安帝隆安元年 北魏道武帝皇始二年			中山	饑。				王國寶、王緒勸道子翦削藩鎮權。王恭、殷仲堪起兵討之，道子殺國寶、緒以謝，乃罷兵。		正月，燕范陽王德遣桂陽王鎮，帥騎七千，追擊魏軍，大破之。		二月，賀蘭部帥附力眷、紇鄰部帥匿物尼皆舉兵反。南安公順討之不克，後魏王珪平之。 七月，慕	
										金城	禿髮烏孤攻涼金城，克之。			
										街亭	涼王光遣將軍竇苟伐之，戰于街亭，涼兵大敗。			
										博陵、信都	燕主寶使慕輿騰攻博陵，王建等攻信都，六十餘日不下，士卒多死。			
										金城、臨洮、武始、河關	涼王光舉兵伐西秦王乾歸。光軍于長最，遣太原公纂等帥步騎三萬攻金城，拔之。天水公延以枹罕之衆，攻臨洮、武始、河關，皆克			

之。

薊州

二月，燕主寶遣步卒十二萬，騎三萬七千，屯於曲陽之柏肆。寶募勇敢萬餘人襲魏營，募兵因風縱火，魏軍大亂。既而募兵無故自驚，互相斫射。寶兵乘之，縱騎衝之，募兵大敗。寶引兵還中山，魏兵隨而擊之，燕兵屢敗。時大風雪，燕兵凍死者相枕。

三月，魏石河頭引兵追之，及寶於夏謙澤，清河王會等整陳與魏兵戰，魏兵大破，追犇百餘里，斬首數千級。

城龍

清河王會作亂，引兵向龍城，以討慕輿騰爲名，頓兵城下。寶兵向暮出戰，大敗之。會兵死傷太半。

鹿鉅

四月，慕容詳出步卒六千人，伺間襲魏諸屯。魏王珪擊破之，斬首五千。

臨松

涼王光殺張掖盧水胡沮渠羅仇，其弟子蒙遜起兵復仇，攻涼臨松郡，拔之。

怱谷

五月，涼王光遣太原公纂，將兵擊沮渠蒙遜於怱谷，

中山

容詳刑殺無度，所誅王公以下五百餘人。城中饑窘，詳不聽民出采稆，死者相枕。

九月，鮮卑薛勃叛秦。秦主興自將討之，勃敗。

武都

武都氏屠飛、啖鐵等據方山以叛秦。興遣姚紹等討平

公歷	年號	天災 水災 災區	災況	旱災 災區	災況	其他 災區	災況	人禍 內亂 亂區	亂情	外患 患區	患情	其他 亂區	亂情	附註
											破之。		之。	
										樂涫	蒙遜從兄男成爲涼將軍，亦起兵於樂涫。酒泉太守壘澄討男成，兵敗澄死。男成進攻建康。			
										中山	七月，魏王珪軍晉口，遣長孫肥帥騎七千襲中山，入其郛。麟追至泒水，爲魏所敗而還。			
										東苑 休屠	八月，涼郭麐據東苑以叛。太原公纂與西安太守石元良共擊麐，大破之。涼人張捷、宋生等招集戎夏三千人，反於休屠城，與麐合。			
										湖城、上洛、洛陽	九月，秦主興入寇湖城，又進寇上洛，拔之。遣姚崇寇洛陽，不克而還。			
										新市、義臺	慕容麟帥二萬餘人出據新市。魏王珪進軍攻之，珪與麟戰於義臺，大破之，斬首九千餘級。			

年代	地點	事件
三九八 安帝隆安二年 北魏道武帝天興元年		
	湓口 牛渚 白石 石頭、 湖蕪	八月殷仲堪使楊佺期帥舟師五千爲前鋒，桓玄次之，自帥兵二萬，奄至湓口。王愉無備，惶遽奔臨川。九月，譙王尙之大破庾楷於牛渚。楷奔桓玄。桓玄大破官軍於白石。玄與楊佺期進至横江，尙之退走。恢之所領水軍皆沒。楊佺期、桓玄至石頭，殷仲堪至蕪湖。元顯遣王愷等發京邑士民數萬人，據石頭以拒之。十二月，孫泰以妖術聚衆謀作亂，元顯誘斬之。
	陽平、頓丘 支陽、鸇武、允吾 龍城 離石、西河 西郡 張掖 龍城	正月，廣川太守賀賴盧襲王輔殺之。掠陽平、頓丘諸郡。西秦王乾歸，遣乞伏益州攻掠支陽、鸇武、允吾三城，克之。虜萬餘人而去。三月，燕頓丘王蘭汗，陰與段速骨等通謀，引兵攻龍城，破之。縱兵殺掠，死者狼藉。離石胡帥呼延鐵、西河胡帥張崇等，聚衆叛魏。庾岳討平之。五月，涼太原公纂將兵擊楊軌。郭黁救之，纂敗還。段業使沮渠蒙遜攻西郡，克之。六月，楊軌與禿髮利鹿孤共邀擊太原公纂。纂與戰，大破之。涼常山公弘棄張掖，段業追之，大敗而還。七月，太原王奇舉兵叛，勒兵三萬餘人，進至横溝。長
	博陵、勃海、章武 龍支堡	正月，博陵、勃海、章武羣盜並起，略陽公遵等討平之。二月，柔然數侵魏邊，魏將討之，大破柔然。九月，烏孤進擊梁飢，大破之。飢退屯龍支堡，烏孤進攻，拔之。俘斬以萬數。西秦王

公歷	年號	天災·水災·災區	天災·水災·災況	天災·旱災·災區	天災·旱災·災況	天災·其他災·災區	天災·其他災·災況	人禍·內亂·亂區	人禍·內亂·亂情	人禍·外患·患區	人禍·外患·患情	人禍·其他亂·亂區	人禍·其他亂·亂情	附註
										管城 南皮	樂王盛出擊，大破之。八月，鄧啓方、閭丘羨將兵二萬擊南燕，與南燕將戰于管城，啓方等兵敗而還。九月，張驤子超收合三千餘家，據南皮，抄掠諸郡，燕王珪遣將討平之。	度周川	乾歸遣將帥騎二萬，伐吐谷渾。十月，西秦乞伏益州大敗吐谷渾王視羆於度周川。	
三九九	安帝隆安三年 北魏道武帝天興二年	朔州	五月，大水，平地三丈。		冬，旱寒甚。			會稽、吳郡、吳興、義興、臨海、永嘉、東陽、新安	十月，孫恩自海島帥其黨，殺上虞令，遂攻會稽拔之。於是會稽謝鍼、吳郡陸瓌、吳興丘尫凡八郡人，一時起兵殺長吏以應恩。旬日之中，衆數十萬。恩據會稽，逼人士爲官屬，人民有不與之同者，戮及嬰孩，死者什七八。所過掠財物燒邑	日南、九眞 勃海 滑臺	二月，林邑王范達，陷日南、九眞，遂寇交趾。太守杜瑗擊破之。魏庾岳破張超於勃海，斬之。秦王登之弟廣自稱秦王。擊南燕北地王鍾，破之。南燕王德自帥衆討廣，斬之。七月，秦齊公崇、楊佛嵩寇		二月，魏軍大破高車三十餘部。衞王儀別將三萬騎絕漠千餘里，破其	

			江陵	屋，焚倉廩。 十二月，謝琰擊斬許允之，進擊丘尪，破之。與劉牢之轉鬥而前，所向輒克。牢之引兵濟江，恩驅男女二十餘萬口東走，復逃入海島。 桓玄發兵而上，殷仲堪遣殷遹帥水軍七千至江西口，玄使郭銓等擊之，遹等敗走。玄乘勝至零口，去江陵二十里。楊佺期以步騎八千往救，爲玄兵所敗。	幽州、琅邪、莒城、洛陽	洛陽雍州刺史楊佺期遣使求救於魏，魏主珪遣穆崇將六萬騎救之。 八月，南燕王德遣北地王鍾，帥步騎二萬擊幽州刺史辟閭渾。德進據琅邪，復拔莒城。 十月，辛恭靖固守百餘日，魏救未至，秦兵拔洛陽，執恭靖。		七部。 三月，魏主珪遣庾眞擊庫狄、宥連、侯莫陳三部，皆破之。
四〇〇	安帝隆安四年 北魏道武帝天興三年	五月，旱。（志）	餘姚、上虞、刑浦 會稽、臨海 餘姚	五月，孫恩寇浹口，入餘姚，破上虞，進及刑浦。謝琰遣劉宣之擊破之。恩復寇刑浦，官軍失利，恩乘勝徑進，至會稽。恩轉寇臨海，朝廷大震。 十一月，高雅之與孫恩戰於餘姚，雅之敗走，死者什八七。劉牢之帥衆擊恩，恩走入海。	東宛 三堆 張掖、建康 姑臧	三月，大司馬弘以東宛之兵作亂。涼王纂遣其將焦辨擊之，弘衆潰走。纂縱兵大掠，悉以東宛婦女賞軍。 四月，傉檀敗涼兵於三堆，斬首二千餘級。 六月，涼王纂進圍張掖，西掠建康。禿髮傉檀聞之，將萬騎襲姑臧。 七月，西秦王乾歸，使慕兀等屯守秦軍。秦王興引兵救之，乾歸自將輕騎數千，	遼西 新城、南蘇	正月，魏和跋襲盧溥於遼西，克之。 二月，燕王盛自將兵三萬襲高句麗，拔新城、南蘇二城，

公歷	年號	天災 水災 災區	天災 水災 災況	天災 旱災 災區	天災 旱災 災況	天災 其他 災區	天災 其他 災況	人禍 內亂 亂區	人禍 內亂 亂情	人禍 外患 患區	人禍 外患 患情	人禍 其他 亂區	人禍 其他 亂情	附註
										涼興、 燉煌、 晉昌	與秦戰，大敗其部衆三萬六千皆降於秦。 十一月，北涼晉昌太守唐瑤叛，遣宗繇東伐涼興，並擊玉門已西諸城，皆下之。酒泉太守王德亦叛北涼，沮渠蒙遜討之，大破其兵。			開境七百餘里。
四〇一	安帝隆安五年 北魏道武帝天興四年		五月，大水（志）		饑。（紀） 夏秋大旱。（志）			句章 海鹽 滬瀆 丹徒 廣陵 郁洲 滬瀆 海鹽	二月，孫恩出浹口，攻句章，劉牢之擊之，恩走入海。 三月，孫恩北趣海鹽，劉裕屢擊破之。 五月，孫恩陷滬瀆，死者四千人。 六月，孫恩浮海，奄至丹徒，劉裕帥所領奮擊，大破之。尋復整兵，徑向京師。 恩別將攻陷廣陵，殺三千人。 八月，劉裕討孫恩於郁洲，累戰大破之。恩由是衰弱。 十一月，劉裕追孫恩至滬瀆、海鹽，又破之，俘斬以數萬。	許昌、 彭城 姑臧 萬歲 高平 令支	三月，河西王利鹿孤伐涼，與涼王隆戰，大破之。 五月，秦王興帥步騎六萬伐涼，乞伏乾歸帥騎七千從之。 七從，魏兗州刺史長孫肥將步騎二萬南徇許昌，東至彭城。秦隴西公碩德帥軍至姑臧。涼主隆遣龍驤將軍邈等逆戰，碩德大破之，俘斬萬計。 十月，利鹿孤遣張松侯俱延、興城侯文支將騎一萬襲蒙遜，虜其民六千餘戶。	姑臧		八月，慕容國與秦興、段讚謀帥禁兵襲燕王盛，事發，死者五百餘人。 秦隴西公碩德圍姑臧，累月，東方之人

	四〇二
	安帝元興元年 北魏道武帝天興五年
	姑臧 三吳、會稽、臨海、永嘉
	二月，大饑，米斗直錢五千，人相食，餓死者十餘萬口。四月，三吳大饑，戶口減半。會稽減什三四，臨海、永嘉殆盡。
	姑孰、歷陽 建康 臨海 臨海、東陽、永嘉 山陽
	正月，桓玄留桓偉守江陵，抗表傳檄，罪狀元顯，舉兵東下。二月，桓玄至姑孰，使其將馮該等攻歷陽，襄城太守司馬休之嬰城固守。豫州刺史譙王尚之帥步卒九千，陣於洌上，兵潰被獲。玄長驅入建康。三月，孫恩寇臨海，臨海太守辛景擊破之。恩赴水死。五月，孫恩妹夫盧循，自臨海入東陽。使劉裕將兵擊之，循敗走永嘉。十月，劉軌邀司馬休之、劉敬宣、高雅之等共據山陽，欲起兵攻玄，不克而走。
高平 令支	令支 河東 姑臧 乾壁 蒙阬 姑臧
十二月，魏主珪遣常山王遵帥衆五萬襲沒弈干於高平。魏宿沓干伐燕，攻令支，拔之。	正月，燕慕容拔攻魏令支，克之。二月，平陽太守貳塵侵秦河東，長安大震。沮渠蒙遜引兵攻姑臧。呂隆擊破之。五月，秦主興大發諸軍，遣義陽公平等將步騎四萬伐魏，興自將大軍繼之。平攻魏乾壁，拔之。七月，魏主珪帥步騎三萬，逆擊興於蒙阬之南，斬首千餘級。十月，平糧竭矢盡，夜悉衆突西南圍求出，平衆二萬餘人，皆爲魏兵所禽。南涼王傉檀攻呂隆於姑臧。
在城中者，多謀外叛。欲殺涼王隆等，事發，坐死者三百餘家。	正月，魏和突攻黜弗素古延等諸部，破之。柔然社崙遣將往救，和突逆擊，大破之。社崙遠遁漠北，奪高車之地而居之。

公曆年	年號	天災 水災 災區	天災 水災 災況	天災 旱災 災區	天災 旱災 災況	天災 其他 災區	天災 其他 災況	人禍 內亂 亂區	人禍 內亂 亂情	人禍 外患 患區	人禍 外患 患情	人禍 其他 亂區	人禍 其他 亂情	附註
四〇三	安帝元興二年 北魏道武帝天興六年				六月，旱。			東陽 泰山 永嘉、晉安 襄陽	正月，徐道覆寇東陽，劉豫擊破之。四月，泰山賊王始，聚衆數萬，自稱太平皇帝。南燕桂林王鎮討禽之。八月，劉裕破盧循於永嘉，追至晉安，屢破之。九月，新野人庾仄，聞桓偉死，起兵襲雍州刺史馮該於襄陽。石康至州，發兵攻襄陽，仄敗奔秦。				十一月，魏將軍伊謂帥騎二萬，襲高車餘種袁紇烏頻，大破之。	
四〇四	安帝元興三年 北魏道武帝天賜元年	石頭	二月，濤水入石頭，流殺人甚多。					廣陵、歷陽、竹里、京口	二月，徐州刺史毛璩，列玄罪狀，遣巴東太守柳約之、建平太守羅述等擊破桓希等。劉裕、劉毅、何無忌等，相與謀起兵。裕使毅就道規及昶於江北，共殺弘據廣陵。使長民殺刁逵，據歷陽。劉裕軍于竹里，進克京口。三月，裕敗吳甫之兵於江	上邽	八月，楊盛敗乞伏乾歸于上邽西南竹嶺。	廣州	四月，燕王熙於龍騰苑起逍遙宮，盛夏士卒不得休息，渴死者太半。十月，夜	

江乘　乘，進至羅洛橋。皇甫敷帥數千人逆戰，檀憑之敗死。

東陵　桓玄使桓謙、何澹之屯東陵，卞範之屯覆舟山西，衆合二萬。劉裕與劉毅進突謙陳，謙等諸軍大潰，裕長驅入建康。

建康　桓玄西奔尋陽，劉毅帥何無忌等諸軍追之。

歷陽　四月，桓玄兄子歆，引氐帥楊秋寇歷陽，魏詠之等擊破之。

湓口、尋陽　桓玄使庾稚祖、桓道恭帥數千人，就何澹之等，共守湓口。何無忌等進擊，大破之。無忌等克湓口，進據尋陽。劉毅、何無忌、劉道規等帥衆自尋陽西上，與桓玄遇於崢嶸洲，玄兵大敗。

漢中　五月，玄棄江陵西走，將之漢中。毛修之、祐之殺之于枚回洲。六月，毛璩遣將攻漢中，斬桓希，璩自領梁州。

火，焚蕩府舍，燒死萬餘人。十一月，燕王熙與苻后遊畋，北登白鹿山，南臨滄海而還。士卒爲虎狼所殺，及凍死者五千餘人。

公歷	年號	天災：水災：災區	天災：水災：災況	天災：旱災：災區	天災：旱災：災況	天災：其他：災區	天災：其他：災況	人禍：內亂：亂區	人禍：內亂：亂情	人禍：外患：患區	人禍：外患：患情	人禍：其他：亂區	人禍：其他：亂情	附註
四〇五	安帝義熙元年 北魏道武帝天賜二年	石頭	十二月，濤水入石頭。					廣州	十月，盧循寇南海攻番禺，陷廣州城，燒府舍民室俱盡。	漢中	二月，譙縱亂蜀，漢中空虛，氐王楊盛遣其兄子撫據之。		正月，燕王熙伐高句麗。	
								豫章	桓玄兄子亮，自稱江州刺史，寇豫章。敬宣擊破之。	彭城	六月，魏豫州刺史索度眞寇徐州，圍彭城。劉裕遣將救之，魏兵敗走。		乞伏乾歸擊吐谷渾大孩，大破之，俘萬餘口而還。大孩走死胡園。	
								巴陵	十二月，劉毅等進克巴陵。	漢中、成固	秦隴西公碩德伐仇池，屢破楊盛兵。歛俱攻漢中，拔成固。			
								襄陽 江陵	正月，南陽太守魯宗之起兵襲襄陽。宗之擊破振將溫楷于柞溪。振留桓謙、馮該守江陵，引兵與宗之戰，大破之。劉毅等擊破馮該於豫章口，長驅入江陵。					
								成都	二月，毛璩聞桓振陷江陵，帥衆東討。蜀人憚遠征，侯暉與陽昧等共逼縱爲梁秦二州刺史。璩聞變還成都，李騰開城納縱兵，殺璩，滅其家。縱稱成都王。					
								江陵	三月，桓振自鄖城襲江陵，拔之。劉懷肅自雲杜引兵					

								荆州、湘州、江州、豫州	馳赴，與振戰於沙橋，振敗，復取江陵。五月，桓玄餘黨桓亮、符宏等擁衆寇亂郡縣者以十數，劉毅、劉道規、檀祗等分兵討滅之。				
								青州、清河、陽平	北青州刺史劉該反，引魏爲援。清河、陽平二郡太守孫全，聚衆應之。				
四〇六	安帝義熙二年 北魏道武帝天賜三年							白帝	正月，司馬榮期擊譙明子于白帝，破之。	赤泉	六月，禿髮傉檀伐沮渠蒙遜，蒙遜嬰城固守，不克而還。		二月，燕軍行三千餘里，士馬疲凍，死者屬路。攻高句麗木底城，不克而還。
								弋陽	二月，河間王曇之子國璠等，攻陷弋陽。				
									九月，劉裕聞譙縱反，遣毛脩之將兵與司馬榮期、文處茂、時延祖共討之，不克。				
								梁州	十月，梁州刺史劉稚反，劉毅遣將討禽之。				
								歷陽	十二月，桓石綏與司馬國璠、陳襲聚衆胡桃山爲寇，劉毅遣劉懷肅討破之。				
四〇七	安帝義熙三年 北魏道武		五月，大水。（志）						八月，毛脩之與漢嘉太守馮遷合兵擊楊承祖，斬之。劉裕表襄城大守劉敬宣	漢中	四月，楊盛以苻宣爲梁州督護，將兵入漢中。秦梁州別駕呂瑩等起兵應之，刺		

公曆	年號	天災						人禍						附註
		水災		旱災		其他災		內亂		外患		其他亂		
		災區	災況	災區	災況	災區	災況	亂區	亂情	患區	患情	亂區	亂情	
	帝天賜四年								帥衆五千伐蜀。					
										武興	史王敏攻之，壁等求援於盛，敏退屯武興。			
										均石	九月，禿髮傉檀將五萬餘人伐沮渠蒙遜，蒙遜與戰於均石，大破之。			
										支陽	十月，夏主勃勃破鮮卑薛千等部，降其衆以萬數。進攻秦三城已北諸戍。十一月，勃勃帥騎二萬擊傉檀，至于支陽，殺傷萬餘人，驅掠二萬七千餘口。			
										陽武	勃勃於陽武下峽，勒兵逆擊傉檀，大破之。追奔八十餘里，殺傷萬計。			
										青石原	勃勃又敗秦將張佛生於青石原，俘斬五千餘人。			
										西郡	南涼入寇，擊破之。遂攻楊統于西郡，降之。			

四〇八	安帝義熙四年 北魏道武帝天賜五年	石頭	十二月，濤水入石頭。		益州	八月，劉敬宣入峽，討譙縱，縱求救於秦，秦王興遣姚賞等將兵二萬赴之。敬宣與譙道福相持六十餘日，敬宣不得進，食盡，軍中疾疫，死者太半，乃引軍還。	姑臧、朔方、苑川、枹罕	五月，秦主興使其子廣平公弼、斂成、乞伏乾歸帥步騎三萬襲傉檀。弼長驅至姑臧，傉檀嬰城固守，出奇兵擊弼，破之。斂成縱兵鈔掠，傉檀遣將擊之，秦兵大敗。斬首七千餘級。七月，齊難帥騎二萬討夏主勃勃。勃勃退保河曲。齊難縱兵野掠，勃勃潛師襲之，俘斬七千餘人。十月，乞伏熾磐以秦政浸衰，招結諸部二萬餘人，築城于嵻崀山而據之。十二月，乞伏熾磐攻彭奚念於枹罕，爲奚念所敗而還。	
四〇九	安帝義熙五年 北魏明元帝永興元年			閏十一月，大風發屋。			宿、豫、濟南、萬年	二月，南燕將慕容興宗、斛穀提等帥騎寇宿豫，拔之，大掠而去。南燕主超又遣公孫歸等寇濟南，俘男女千餘人而去。馮翊人劉厥聚衆數千，據萬年作亂，太子泓討平之。	慕容氏在魏者百餘家，謀逃去，魏主珪盡殺之。十二月，

公曆年號		天災						人禍						附註
		水災		旱災		其他災		內亂		外患		其他		
		災區	災況	災區	災況	災區	災況	亂區	亂情	患區	患情	亂區	亂情	
										平涼 臨朐、廣固 武城 黃石固、我羅城	四月，夏主勃勃率騎二萬攻秦，掠取平涼雜胡七千餘戶，進屯依力川。 劉裕伐南燕，大破慕容超於臨朐，克廣固。 九月，秦王興自將擊夏王勃勃，秦兵大敗，興還長安。 勃勃復攻秦敕奇堡、黃石固、我羅城，拔之。		柔然侵魏。	
四一〇	安帝義熙六年 北魏明元帝永興二年		五月，大水。				五月，大風。	長沙、南康 豫章 長沙、巴陵	二月，徐道覆說盧循乘虛襲建康，循自始興寇長沙，道覆寇南康，順流而下，詔徵裕還拒之。 三月，何無忌自尋陽引兵拒盧循，敗死。 四月，盧循自將攻湘中諸郡，劉道規遣軍逆戰，敗於長沙。進軍至巴陵。 五月，劉毅帥舟師二萬發姑孰，與循戰于桑落洲，毅	廣固 金城 定陽、清水	二月，南燕賀賴盧爲地道出擊晉兵，不能却。城久閉，城中男女病脚弱者太半。劉裕悉衆攻城，拔之。斬王公以下三千人，沒入家口萬餘。 三月，西秦王乾歸攻秦金城郡，拔之。 夏王勃勃攻拔秦定陽、清水，阬將士四千餘人。略陽大守姚壽都棄城走，勃勃		正月，魏長孫嵩將兵伐柔然。 七月，西秦王乾歸討越質屈機等十餘部，降其衆二萬五千。	

	兵大敗，棄船，以數百人步走，餘衆皆爲循所虜，所棄輜重山積。
	八月，劉豫使孫處、沈田子自海道襲番禺。
洛口、西城	九月，桓石綏因循入寇，起兵洛口。王天恩自號梁州刺史，襲據西城。梁州刺史傅韶討平之。
江陵	十月，徐道覆率衆三萬趣江陵。劉道規使劉遵別爲遊軍，自拒道覆於豫章口，大破之，斬首萬餘級，赴水死者殆盡。
廣州	十一月，孫處攻拔廣州，戮循親黨。
荊州	譙縱以桓謙爲荊州刺史，譙道福爲梁州刺史，帥衆二萬寇荊州。
	十二月，盧循、徐道覆帥衆數萬，塞江而下。劉豫帥衆軍齊力擊之，循兵大敗，所殺及投水死者凡萬餘人。

	徙其民萬六千戶於大城。
臨松	南涼王傉檀遣左將軍枯木等伐沮渠蒙遜，掠臨松千餘戶而還。
顯美	蒙遜伐南涼，至顯美，徙數千戶而去。南涼太尉俱延復伐蒙遜，大敗而歸。
窮泉、姑臧	傉檀自將五萬騎伐蒙遜，戰于窮泉，傉檀大敗。蒙遜乘勝進圍姑臧，夷、夏萬餘戶，降于蒙遜。
馬廟	八月，沮渠蒙遜伐西涼，敗西涼世子歆于馬廟。
略陽、南安、隴西	九月，西秦王乾歸攻秦略陽、南安、隴西諸郡，皆克之。
白狼	十二月，燕廣川公萬泥、上谷公乳陳舉兵叛，燕王跋遣將討平之。

公曆			四一一
年號			安帝義熙七年 北魏明元帝永興三年
天災	水災	災區	
		災況	
	旱災	災區	
		災況	
	其他災	災區	
		災況	
人禍	內亂	亂區	番禺、蒼梧、鬱林、甯浦
		亂情	四月，沈田子引兵救番禺，擊循破之，所殺萬餘人。循走，田子與處共追之，又破循於蒼梧、鬱林、甯浦。循至龍編南津，兵潰，自投於水。
	外患	患區	大蘇、安定、東鄉、姑臧、樂都、嶺南
		患情	正月，夏王勃勃攻秦大蘇，殺姚詳，盡俘其衆。又攻安定，破楊佛嵩于靑石北原，降其衆四萬五千。進攻東鄉，下之。 二月，焦朗據姑臧，沮渠蒙遜攻拔其城。遂伐南涼，圍樂都，三旬不克，南涼王以子爲質而去。 二月，吐谷渾樹洛干伐南涼，敗南涼太子虎臺。 八月，河南王乾歸遣平昌公熾磐等伐南涼。南涼王遣太子虎臺，逆戰于嶺南，南涼兵敗，虜牛馬十餘萬而還。 十月，沮渠蒙遜襲西涼，西涼公暠遣世子歆，帥騎七
	其他禍	亂區	
		亂情	
附註			

					略陽、南平、枹罕	千擊之，蒙遜大敗。十一月，河南王乾歸，攻秦略陽太守姚龍於柏陽堡，克之。進攻南平太守王憬於水洛城，又克之。十二月，西羌彭利髮襲據枹罕，乾歸討之，不克。		
四一二	安帝義熙八年　北魏明元帝永興四年	六月，大水。	江陵	九月，劉道規以病歸，以劉毅鎮江陵。毅剛愎自用，劉裕使王鎮惡爲前鋒，襲克江陵，殺毅。十二月，太尉裕謀伐蜀，以西陽太守朱齡石爲元帥，帥臧熹、蒯恩、劉鍾伐蜀。	枹罕、赤水、白土、大夏、壘蘭、祁山	正月，河南王乾歸討彭利髮。利髮棄衆南走，追至清水，斬之。二月，乾歸擊吐谷渾阿若干於赤水，降之。五月，乞伏熾磐攻南涼三河太守吳陰于白土，克之。七月，乞伏智達等，擊破乞伏公府於大夏，公府奔壘蘭城，智達等攻拔之。十月，仇池公楊盛叛秦，侵擾祁山，敗秦兵。		
四一三	安帝義熙九年　北魏明元帝永興五年	五月，大水。	成都	六月，朱石齡等至白帝，分內外取成都，至彭模，譙縱自縊死。	九眞	三月，林邑范胡達寇九眞，杜慧度擊斬之。河南王熾磐，遣鎮東將軍曇達，將兵東擊休官權小	京師	九月，大火，燒數千家。河南王熾磐遣

<table>
<tr><th rowspan="3">公曆</th><th rowspan="3">年號</th><th colspan="6">天災</th><th colspan="6">人禍</th><th rowspan="3">附註</th></tr>
<tr><th colspan="2">水災</th><th colspan="2">旱災</th><th colspan="2">其他災</th><th colspan="2">內亂</th><th colspan="2">外患</th><th colspan="2">其他</th></tr>
<tr><th>災區</th><th>災況</th><th>災區</th><th>災況</th><th>災區</th><th>災況</th><th>亂區</th><th>亂情</th><th>患區</th><th>患情</th><th>亂區</th><th>亂情</th></tr>
<tr><td></td><td></td><td></td><td></td><td></td><td></td><td></td><td></td><td></td><td></td><td>白石川
樂都</td><td>郎、呂破胡於白石川，大破之，虜其男女萬餘口，進據白石城。南涼王傉檀，伐河西王蒙遜。蒙遜敗之於若厚塢，又敗之於若涼，因進圍樂都，二旬，不克而還。蒙遜遣伏恩將騎一萬，襲卑和、烏啼二部，大破之，俘二千餘落而還。</td><td>泣勤川
長柳川
渴渾川</td><td>烏地延、翟紹擊吐谷渾別統句旁於泣勤川，大破之。七月，魏奚斤等破越勤於跋那山。八月，河南王熾盤，擊吐谷渾于長柳川，虜民五千餘戶。而還。又擊吐谷渾別統掘逵於渴渾川，大破之，虜男女二萬三千。</td><td></td></tr>
</table>

四一四	安帝義熙十年　北魏明元帝神瑞元年	淮北	五月，大水。七月，大水殺人。(志)		九月，旱。十二月，又旱，井瀆多竭。	淮北	七月，大風，壞廬舍。		十二月，河內人司馬順宰自稱晉王，魏人討之，不克。	樂都	五月，秦後將軍斂成討叛羌，為羌所敗。唾契汗乙弗等部皆叛南涼。南涼王傉檀帥騎七千襲乙弗，大破之，獲馬牛羊四十餘萬。熾磐聞傉檀西襲乙弗，帥步騎二萬襲樂都，克之。南涼諸城皆降於熾磐。十二月，柔然可汗大檀侵魏。魏主嗣北擊之，大檀走，遣奚斤等追之，遇大雪，士卒凍死及墮指者什二三。			
四一五	安帝義熙十一年　北魏明元帝神瑞二年	景戍	七月，大水。	河西　雲、代	三月，饑。九月，魏比歲霜旱，雲、代之民多饑死。			三連，破冢，江陵，石城	正月，雍州刺史魯宗之與其子竟陵太守軌，起兵應司馬休之。二月，魯軌襲殺江夏太守劉虔之於三連，又敗徐逵之於破冢。三月，劉裕自將擊司馬休之，大破之，遂克江陵。休之、宗之俱北走。五月，趙倫之等破魯軌於石城，司馬休之、魯宗之、魯	杏城，廣武，上黨，河內，湟河	三月，夏王勃勃攻秦杏城，拔之，阬士卒二萬人。河西王蒙遜攻西秦廣武郡，拔之。西秦王熾磐遣將邀蒙遜於浩亹，蒙遜擊斬之。四月，衆胡相聚於上黨，推胡人白亞栗斯為單于，寇魏河內。魏主嗣遣將討之。五月，西秦王熾磐率衆三萬襲湟河，沮渠漢平拒之，	京都	京都所在，大行火災，吳界尤甚，火防甚峻，猶自不絕。	

公曆	年號	天災：水災 災區	水災 災況	旱災 災區	旱災 災況	其他 災區	其他 災況	人禍：內亂 亂區	內亂 亂情	外患 患區	外患 患情	其他 亂區	其他 亂情	附註
									軌等俱奔秦。		爲熾磐所敗。			
										新平	九月，夏赫連建將兵擊秦，執平涼太守姚軍都，遂入新平。			
										赤水	十一月，西秦王熾磐遣曇達等將騎一萬，擊南羌彌姐康薄於赤水，降之。			
										交州	林邑寇交州，州將擊敗之。			
四一六	安帝義熙十二年　北魏明元帝泰常元年									雍州	正月，秦王興使魯軌引兵入寇雍州，刺史趙倫之擊敗之。			
										漒川	西秦王熾磐攻秦洮陽公彭利和於漒川。			
										上邽	四月，西秦襄武侯曇達等，擊秦秦州刺史姚艾於上邽，破之，徙其民五千餘戶於枹罕。			
										幷州	六月，幷州胡數萬落叛秦，入于平陽。征東將軍姚懿自蒲坂討之，徙其豪右萬五千落于雍州。			

地點	事蹟
祁山、秦州	氐王楊盛攻秦祁山，拔之，進逼秦州。
上邽、陰密	夏王勃勃帥騎四萬襲上邽，殺秦州刺史姚軍都，及將士五千餘人。進攻陰密，又殺秦將姚良子，及將士萬餘人，
雍城、郿城	勃勃據雍，進掠郿城。秦東平公紹等將步騎五萬擊之，大破勃勃於馬鞍阪。
泄陽	夏王勃勃復侵泄陽，秦將姚裕等擊却之。
井州	九月，相州刺史孫建督公孫表等討劉虎，大破之，斬首萬餘級，俘其衆十萬餘口。
許昌	劉裕駐彭城，王鎮惡、檀道濟入秦境，所向皆捷。惟新蔡太守董遵不下，道濟攻拔其城，進克許昌。
	十月，魏主嗣遣延普渡濡水擊庫傉官斌，斬之。
陽城、滎陽	晉兵克陽城、滎陽二城，進至成皋。道濟進逼洛陽，秦

項目			（續前）	四一七
公曆年號				四一七　安帝義熙十三年　北魏明元帝泰常二年
天災	水災	災區		
		災況		
	旱災	災區		
		災況		
	其他	災區		
		災況		
人禍	內亂	亂區		廣州、始興　徐、兗　固山
		亂情		九月，東海人徐道期，聚衆攻陷州城，進攻始興，劉謙之討誅之。十月，刁雍聚衆於河、濟之間，擾動徐、兗。劉裕遣兵討之，不克。雍進屯固山，衆至二萬。
	外患	患區	成皋、洛陽	鄘城　澠池　潼關　蓼泉
		患情	陳留公洸出降，獲秦四千餘人。十二月，丁零翟猛雀驅掠吏民，入白㵎山爲亂。魏張蒲、長孫道生討平之。	正月，征北將軍齊公恢帥安定鎮戶三萬八千，自北雍州趨長安，長安大震，後爲東平公紹所敗。王鎮惡進軍澠池。道濟、林子至潼關，秦魯公紹引兵出戰，道濟等奮擊，大破之，斬獲以千數。姚讚道尹雅將兵，與晉戰於關南，沈林子將銳卒襲讚營，殺其士卒數千人。四月，河西王蒙遜，遣張掖太守沮渠廣宗詐降，以誘涼公歆。蒙遜將兵三萬，伏於蓼泉，大破歆兵於解支。
	其他	亂區		堯杆川
		亂情		二月，西秦將木弈干擊吐谷渾樹洛干，破其弟阿柴於堯杆川，俘五千餘口而還。河西王蒙遜，遣其將襲烏啼部，大破之。
附註				

	四一八
	安帝義熙十四年 北魏明元帝泰常三年
	關中
	正月，沈田子據關中反，殺王鎮惡。王脩復執田子，數以專戮，斬之。十月，劉義眞殺王脩，關中大亂。
青泥 長安 槐里	池陽 乙連城、和龍 長安、咸陽
澗，斬首七千餘級。八月，秦主泓帥步騎數萬，奄至青泥。沈田子等奮擊，秦兵大敗，斬首萬餘級。王鎮惡長驅入長安，執姚泓，送建康斬之。俘虜萬計。九月，羌衆十餘萬口，西犇隴上。沈林子追擊至槐里，十一月，魏叔孫建等討西山丁零翟蜀洛支等平之。	正月，傅弘之大破赫連璝於池陽，又破之於寡婦渡，斬獲甚衆。五月，魏主嗣遣長孫道生、李先帥精騎二萬襲燕。拔乙連城，進攻和龍，不克而還。九月，河西王蒙遜引兵伐涼，芟其秋稼而還。十月，赫連璝夜襲長安，不克。夏王勃勃進據咸陽，劉裕召義眞東歸，以朱齡石代鎮長安。

公歷	年號	天災 水災 災區	水災 災況	旱災 災區	旱災 災況	其他災 災區	其他災 災況	人禍 內亂 亂區	內亂 亂情	外患 患區	外患 患情	其他亂 亂區	其他亂 亂情	附註
四一九	恭帝元熙元年 北魏明元帝泰常四年									青泥 長安	十一月，劉義眞大掠而東，赫連璝帥衆三萬追之，大敗晉兵於青泥。長安百姓逐齡石，齡石犇潼關，勃勃入長安。			
										蒲阪	正月，夏將叱奴侯提帥步騎二萬，攻毛德祖於蒲阪。德祖不能禦，全軍歸彭城。			
											四月，秦將孔子帥騎五千，討吐谷渾覓地於弱水南，大破之。			
										彊川	九月，秦將匹達等將兵討彭利和于彊川，大破之。			

公曆	年號	天災 水災 災區	天災 水災 災況	天災 旱災 災區	天災 旱災 災況	天災 其他 災區	天災 其他 災況	人禍 內亂 亂區	人禍 內亂 亂情	人禍 外患 患區	人禍 外患 患情	人禍 其他 亂區	人禍 其他 亂情	附註
四二〇	宋武帝永初元年 北魏明元帝泰常五年									林邑 張掖、懷城、蓼泉	七月，交州刺史杜慧度擊林邑，大破之。所殺過半，林邑乞降。 七月，河西王蒙遜欲伐涼，先引兵攻秦浩亹。涼公歆欲乘虛襲張掖，蒙遜引兵擊之，戰於懷城，歆大敗。復戰於蓼泉，爲蒙遜所殺。 九月，秦振武將軍王基等襲河西王蒙遜胡園戍，俘二千餘人。			
四二一	武帝永初二年 北魏明元帝泰常六年									敦煌 五澗	正月，河西王蒙遜帥衆二萬攻李恂于敦煌。恂將宋承等擧城降，恂自殺。 六月，河西王蒙遜遣沮渠鄯善等帥衆七千伐秦。秦王熾磐遣木弈干等帥步騎五千拒之，敗鄯善等于五澗，斬首二千而還。	羅川	十二月，秦王熾磐遣征西將軍孔子等，帥騎二萬擊契汗禿眞於羅川。	

公歷	年號	天災						人禍						附註
		水災		旱災		其他災		內亂		外患		其他禍		
		災區	災況	災區	災況	災區	災況	亂區	亂情	患區	患情	亂區	亂情	
四二二	武帝永初三年 北魏明元帝泰常七年									青州	六月，魏將刁雍寇青州，州兵擊破之。	羅川	正月，秦將孔子等大破契汗禿眞。獲男女二萬口，牛羊五十餘萬頭。	※通鑑胡注：「土樓在虎牢東。九域志澶州臨河縣有土樓鎭。」
										五澗	七月，河西王蒙遜遣前將軍沮渠成都帥衆一萬，屯五澗。秦王熾磐遣出連虔帥騎六千擊之。			
										滑臺	十月，魏主遣奚斤等帥步騎二萬濟河，攻滑臺。毛德祖遣司馬翟廣將步騎三千救之。魏尚書滑稽引兵			
										倉垣	襲倉垣，拔之。			
										土樓、虎牢	十一月，斤等進擊翟廣於*土樓，破之。乘勝進逼虎牢，毛德祖與戰，屢破之。於是			
										泰山、高平、金鄉	泰山、高平、金鄉等郡，皆沒於魏。			

四二三	少帝景平元年 北魏明元帝泰常八年			北魏	饑。(圖)		閏正月，武牢士衆大疫，死者什二三。(圖)			金墉 臨淄 虎牢 許昌 河西 許昌、汝陽	正月，魏于栗磾攻金墉王，涓之棄城走。檀道濟軍于彭城，魏叔孫建入臨淄，所向城邑皆潰。以刁雍爲青州刺史，魏兵濟河向青州者，凡六萬騎。三月，魏奚斤、公孫表等共攻虎牢，不克。奚斤將步騎三千，攻李元德於許昌，元德等敗走。公孫表與奚斤合擊德祖，大破之，亡甲士千餘人。叔孫建與奚斤共攻虎牢，虎牢被圍二百日。德祖勁兵戰死殆盡，城陷，德祖被執。八月，柔然寇河西。十一月，魏周幾寇許昌、汝陽，陷之。		
四二四	宋文帝元嘉元年 北魏太武帝始光元年									河西、臨松 雲中	七月，秦王熾磐遣太子暮末等帥步騎三萬，攻河西白草嶺、臨松郡，皆破之，徙民二萬餘口而還。八月，柔然紇升蓋可汗將六萬騎入雲中，殺掠吏民，		四月，秦王熾磐遣吉毗等帥步騎一萬，南伐白

公歷年	年號	天災：水災 災區	水災 災況	旱災 災區	旱災 災況	其他災 災區	其他災 災況	人禍：內亂 亂區	內亂 亂情	外患 患區	外患 患情	其他禍 亂區	其他禍 亂情	附註
											攻拔盛樂宮。十二月，魏主命長孫翰等北擊柔然，柔然北遁，諸軍追之，大獲而還。		荀、車孚、崔提、旁爲四國，皆降之。	
四二五	文帝元嘉二年 北魏太武帝始光二年				夏，旱。					臨松	四月，秦王熾磐遣吐盧犍等襲臨松，徙其民五千餘戶于枹罕。		七月，秦王熾磐遣吉毗等，南擊黑水羌酋丘擔，大破之。十月，魏伐柔然，柔然絕迹北走。	
四二六	文帝元嘉三年 北魏太武帝始光三年				秋，旱。(圖)		九月，蝗。			河西、西安、番禾 苑川、南安	八月，秦王熾磐伐河西，遣募末等帥步騎三萬攻西安、番禾，不克。夏主遣征南大將軍呼盧古將騎二萬攻苑川，韋伐將騎三萬攻南安，拔之。九月，吐谷渾握逵等帥部			

	四二七
	文帝元嘉四年 北魏太武帝始光四帝
	建康
	秋，京都旱。
	建康
	五月，京師疾疫。
蒲阪、陝城 枹罕、湟河、西平 統萬 三輔、蒲阪、長安	
衆二萬落叛秦，犇昂川。魏主遣奚斤帥四萬五千人襲蒲阪，將軍周幾帥萬人襲陝城。十一月，秦曇達與夏呼盧古戰於嵻峎山，曇達兵敗。呼盧古、韋伐進攻枹罕，又攻出連虔于湟河，虔遣乞伏萬年擊敗之。又攻西平，執庫洛干，阬戰士五千餘人，掠民二萬餘戶。魏主帥輕騎二萬濟河，襲統萬，夏主出戰而敗。魏軍分兵四掠，殺獲數萬，得牛馬十餘萬，徙其民萬餘家而還。周幾乘勝長驅，遂入三輔。斤克蒲阪。夏主之弟助興，棄長安，西犇安定。秦、雍氐羌皆詣斤降。	二月，秦王熾磐遣曇達招慰武始諸羌，吉毗招慰洮陽諸羌。吉毗為羌所擊，犇還，士馬死傷者什八九，
	正月，魏主還平城，統萬徙民在

公曆	年號	天災 水災 災區	天災 水災 災況	天災 旱災 災區	天災 旱災 災況	天災 其他 災區	天災 其他 災況	人禍 內亂 亂區	人禍 內亂 亂情	人禍 外患 患區	人禍 外患 患情	人禍 其他 亂區	人禍 其他 亂情	附註
										長安、統萬 雲中 赤水	四月，魏奚斤與夏平原公定相持於長安。魏主乘虛伐統萬，夏主將步騎三萬出城，魏兵決死力戰，夏衆大潰，魏人乘勝逐夏主，死者萬餘人，夏主犇上邽。魏主入城，獲夏王、公、卿、將校及宮人以萬數。 七月，柔然寇雲中。 九月，氐王楊玄遣苻白作圍出連輔政於赤水， 十二月，秦吳漢爲羣羌所攻，帥戶二千，還于枹罕。		道多死，能至平城者，什纔六七。	
四二八	文帝元嘉五年 北魏太武帝神䴥元年	建康	六月，京邑大水。							上邽、平涼、安定 平涼	二月，魏將尉眷攻夏主於上邽，夏主退保平涼。奚斤進軍安定，以馬少糧乏，深壘自固。夏主襲丘惟，惟兵敗。安頡邀二百騎出戰，擒夏主。夏平原王定收其餘數萬，犇還平涼，即皇帝位。 三月，奚斤追夏主於平涼，	建康	正月，京邑大火。	

樂都	夏主前後夾擊之，魏兵大潰，士卒死者六七千人。 六月，蒙遜攻樂都，克外廓，絕其水道，城中饑渴，死者太半。
定州	八月，柔然紇升蓋可汗遣其子將萬餘騎寇魏邊。 十月，魏定州丁零、鮮于、臺陽等二千餘家叛入西山，魏主遣叔孫建討之。
西平	十二月，河西王蒙遜伐秦，秦相國元基等將騎萬五千拒之。蒙遜還攻西平，征虜將軍出連輔政等將騎救之。

四二九

文帝元嘉六年　北魏太武帝神䴥二年

西平	正月，河西王蒙遜拔西平。
枹罕、定連、治城	六月，河西王蒙遜伐秦，至枹罕，遣世子興國攻定連。暮末逆擊興國於治城，擒之。吐谷渾王慕璝遣其弟將騎五千，會蒙遜伐秦。暮末遣段暉等邀擊，大破之。
	五月，魏主自東道向黑山，使長孫翰自西道向大娥山，同會柔然之庭。

公曆年號			
天災	水災	災區	
		災況	
	旱災	災區	
		災況	
	其他	災區	
		災況	
人禍	內亂	亂區	
		亂情	
	外患	患區	
		患情	
	其他	亂區	
		亂情	柔然西黎帥衆欲就其兄,遇長孫翰,翰邀擊,大破之,俘斬甚衆,降者三十萬餘落。八月,魏主襲破高車,迎降者數十萬落,獲牛羊百餘萬,徙其民於漠南。
附註			

四三〇	
文帝元嘉七年 北魏太武帝神䴥三年	
吳興、晉陵、義興	大水。(圖)
	秦自正月不雨，至于九月，民流叛者甚衆。(圖)
定連	六月，吐谷渾王慕璝將其衆萬八千襲秦定連，秦段暉等擊走之。
碻磝、滑臺、虎牢、金墉	帝欲恢復河南地，命到彥之等伐魏。彥之等自淮入泗，水滲，日行纔十里，自四月至秋七月，始至須昌。乃泝河西上，魏碻磝、滑臺、虎牢、金墉皆委城去。諸軍進屯靈昌津，列守南岸，至于潼關。
鄜城	九月，夏主遣弟謂以代伐魏鄜城，魏將隗歸等擊之，殺萬餘人，敗還。夏主自將數萬人伐魏，魏主如統萬。
平涼	遂襲平涼。
金墉	十月，魏安頡自委粟津濟河，攻金墉，杜驥棄城南遁。安頡拔洛陽，將士死者五千餘人。
虎牢	安頡與陸俟攻拔虎牢。
	十一月，夏主自鄜城還安定，將步騎二萬北救平涼。魏主使高車馳擊之，夏兵
	三月，魏有新徙敕勒千餘家，苦於將吏侵漁，謀叛北走。劉絜追討之，走者無食，相枕而死。四月，勑勒萬餘落復叛走，魏主使封鐵追討，滅之。
建康	十二月，京邑火。

公歷	年號	天災 水災 災區	天災 水災 災況	天災 旱災 災區	天災 旱災 災況	天災 其他災 災區	天災 其他災 災況	人禍 內亂 亂區	人禍 內亂 亂情	人禍 外患 患區	人禍 外患 患情	人禍 其他患亂 亂區	人禍 其他患亂 亂情	附註
											大敗,斬首數千級。夏主還走,登鶉觚原,魏武衞將軍丘眷擊之,夏衆大潰,死者萬餘人,夏主西保上邽。			
四三一	文帝元嘉八年 北魏太武帝神䴥四年		二月,魏南鄙大水,民多餓死。	定州、揚州	二月,饑。五月,揚州諸郡旱。					安定	魏兵乘勝進攻安定,夏東平公乙斗棄城犇長安。			
										湖陸	魏叔孫建攻竺靈秀於湖陸,靈秀大敗,死者五千餘人。			
										南安	南安諸羌萬餘人叛秦,帥衆攻南安。暮末請救於氐王楊難當,難當遣將帥騎三千救之,暮末與之合擊諸羌,諸羌潰。			
										滑臺	正月,檀道濟等救滑臺,大破魏軍,進至濟上,二十餘日間,前後與魏三十餘戰,道濟多捷。軍至歷城,以乏食不能進。魏拔滑臺,執朱修之,虜獲萬餘人。道濟食盡引還。			

	四三二
	文帝元嘉九年 北魏太武帝延和元年
	六月，北魏京師水溢，壞民廬舍數百家。
	建康、溧陽、盱眙
	春，京都雨雹，溧陽、盱眙尤甚。
	涪陵、涪城、江陽、遂寧、成都
	七月，益州流民許穆之變姓名稱司馬飛龍，往依氐王楊難當，難當資飛龍以兵，使侵擾益州。攻殺巴興令，逐陰平太守，道濟遣軍擊斬之。趙廣等引兵向廣漢，道濟參軍程展將五百人擊之，皆敗死。趙廣等陷涪城。於是涪陵、江陽、遂寧諸郡守皆棄城走。九月，趙廣進攻成都，刼道人程道養爲蜀王。道濟遣裴方明、任浪之擊之，皆敗還。
南安　九德	帶方、建德、冀陽
夏主擊秦將姚獻，敗之。使北平公韋伐帥衆一萬攻南安。城中大饑，人相食。秦王暮末出降，殺之，及其宗族五百人。六月，夏主自治城濟河，欲擊豪遜而奪其地。吐谷渾王慕璝遣慕利延等帥騎三萬，乘其半濟邀擊，執之。　十二月，林邑王范陽邁寇九德，交州兵擊却之。	八月，燕王使數萬人出戰，魏昌黎公丘等擊破之，死者萬餘人。魏攻羌胡固、帶方、建德、冀陽，皆拔之。九月，魏徙營丘、成周、遼東、樂浪、帶方、玄菟六郡民三萬家於幽州。

公歷	年號	天災						人禍						附註
		水災		旱災		其他		內亂		外患		其他		
		災區	災況	災區	災況	災區	災況	亂區	亂情	患區	患情	亂區	亂情	
四三三	文帝元嘉十年 北魏太武帝延和二年							郪 廣漢	三月，趙廣等自廣漢至郪，周籍之與裴方明等合兵攻郪，克之。進擊廣等於廣漢。	和龍、凡城	六月，魏永昌王健等督諸軍擊和龍。別將樓教將五千騎圍凡城，燕封羽以城降。			
								涪城	五月裴方明進軍向涪城，破張尋、唐頻、擒程道助於是趙廣等皆奔散。	白馬 葭萌	九月，楊難當舉兵襲梁州，破白馬，又攻葭萌，拔之，遂有漢中之地。			
四三四	文帝元嘉十一年 北魏太武帝延和三年	建康	五月，京邑大水。							漢中	正月，楊難當焚掠漢中，引衆西還，留趙溫等守梁州，蕭思話遣蕭承之等擊破走之。思話以南城焚掠殆盡，還治南鄭。			
										陰密	四月，休屠金當川圍魏陰密，魏將常山王素擊之，斬當川。			
											六月，魏主遣撫軍大將軍永昌王健等伐燕，收其禾稼，徙民而還。			
										西河	七月，魏主命陽平公它，督諸軍擊山胡白龍於西河，帝爲所窘，賴陳建以免。九			

四三五	文帝元嘉十二年　北魏太武帝太延元年	丹陽、淮南、吳興、義興	六月，大水。						五原	月，大破胡衆，斬白龍，屠其城。十月，魏人破白龍餘黨於五原，誅數千人。		
									和龍	七月，魏主命樂平王丕、徒河屈垣等帥騎四萬伐燕。至和龍，掠男女六千口而還。		十一月，魏秦州刺史薛謹擊吐沒骨，滅之。
四三六	文帝元嘉十三年　北魏太武帝太延二年							六月，蕭汪之將兵討程道界。道養兵敗，還入郪山。	白狼城	魏娥清、古弼將精騎一萬伐燕。四月，攻燕白狼城，克之。高麗遣其將葛盧孟光將衆數萬，隨陽伊至和龍迎燕王。		
									臨川	葛盧等入臨川大掠城中，焚宮殿，火一旬不滅。燕王帥龍城見戶東徙。七月，楊難當據上邽。魏主遣樂平王丕等督河西、高平諸軍以討之。		
四三七	文帝元嘉十四年　北魏太武帝太延三年							四月，趙廣、張尋等各帥衆降，別將王道恩斬程道養，餘黨悉平。	西河	七月，魏永昌王健等討山胡白龍餘黨於西河，滅之。		

公曆年	號	天災						人禍						附註
		水災		旱災		其他		內亂		外患		其他		
		災區	災況	災區	災況	災區	災況	亂區	亂情	患區	患情	亂區	亂情	
四三八	文帝元嘉十五年 北魏太武帝太延四年			漠北	大旱，無水草，人馬多死。								七月，魏主自五原北伐柔然，以不見柔然而還。	
四三九	文帝元嘉十六年 北魏太武帝太延五年									上洛 姑臧	三月，魏雍州刺史葛那寇上洛，上洛太守鐔長生棄郡走。七月，魏太武自將伐涼，自雲中濟河，至上郡屬國城。八月，永昌王健襲河西畜產二十餘萬。河西王牧犍遣其弟董來將兵萬餘人出戰於城南，軍潰。魏主至姑臧，牧犍嬰城固守，乃分軍圍之。九月，姑臧城潰，牧			

										張掖、樂都、酒泉；懷朔；平城；張掖；上邽	犍請降。魏主遣將克張掖、樂都、酒泉諸郡。柔然敕連可汗聞魏主向姑臧，乘虛入寇，留其兄乞列歸與稽敬相拒於北鎮，（懷朔鎮）自帥精騎深入。會稽敬擊破乞列歸於陰山之北，斬首萬餘級，俘獲五百人。敕連聞之，遂遁去。禿髮保周帥諸部鮮卑，據張掖叛魏。氐王楊難當將兵數萬寇魏上邽，秦州人多應之。魏主責之，難當引還仇池。		
四四〇	文帝元嘉十七年 北魏太武帝太平眞君元年	徐、兗、青、冀	八月，四州大水。		北魏州鎮十五民饑。					酒泉；張掖；番禾	正月，沮渠無諱執元絜，拔酒泉，寇張掖。魏主遣永昌王健督諸將討之。七月，魏永昌王健擊破禿髮保周于番禾，保周走，遣尉眷追之。		
四四一	文帝元嘉十八年 北魏太武帝太平眞君二年		五月，江水汎溢，沒居民，害苗稼。				三月，宋雨雹。（圖）	晉甯；滇中	十二月，晉甯太守爨松子反，甯州刺史徐循討平之。天門蠻田向求等反，破漊中，荊州刺史義季遣曹孫	酒泉	魏遣奚眷擊酒泉。十一月，酒泉城中食盡，萬餘口皆餓死。奚眷拔酒泉，殺沮渠天周，無諱西度流沙，遣弟		四月，沮渠唐兒叛沮渠無諱，無

公歷	年號	天災·水災·災區	天災·水災·災況	天災·旱災·災區	天災·旱災·災況	天災·其他·災區	天災·其他·災況	人禍·內亂·亂區	人禍·內亂·亂情	人禍·外患·患區	人禍·外患·患情	人禍·其他·亂區	人禍·其他·亂情	附註
									念討破之。	葭萌 涪城	安周攻鄯善，不克。 十一月，楊難當傾國入寇，謀據蜀土。遣苻沖出東洛以禦梁州兵，梁、秦二州刺史劉眞道擊沖斬之。難當攻拔葭萌，进圍涪城，難當攻之十餘日，不克，乃還。詔裴方明等討之。		諱引兵擊之，唐兒敗死。	
四四二	文帝元嘉十九年 北魏太武帝太平眞君三年	東都 諸郡	大水。	南兗、豫州	旱。				十二月，劉道產卒，羣蠻作亂，朱脩之討之，不利。詔沈慶之代之，發虜萬餘人。	武興、下辯、白水 濁水 赤亭	五月，裴方明等至漢中，分兵攻武興、下辯、白水，皆取之。方明與苻弘祖戰于濁水，大破之。苻和退出，追至赤亭，又破之。難當犇上邽。七月，魏主使古弼與楊保宗自祁山南入，皮豹子與司馬楚之自散關西入，俱會仇池。又使司馬文恩南趨襄陽，刁雍東趨廣陵，稱爲難當報仇。	敦煌 高昌	四月，沮渠無諱棄敦煌，西滅鄯善，其士卒經流沙，渴死者大半。九月，無諱將衛與奴夜襲高昌，屠其城。	*通鑑胡注：「下辯、漢書作下辨，辨音皮莧反。」

公元	年號	地區	水災	地區	旱災						地點	兵禍		其他	
														爽犇柔然，無諱據高昌。	
四四三	文帝元嘉二十年 北魏太武帝太平眞君四年	東都諸郡	大水，傷稼，民大饑。	南兗、豫州	旱。						樂鄉 下辯 仇池 白崖 仇池	正月，魏皮豹子進擊樂鄉，將軍王奐之等敗沒。魏軍進至下辯，將軍强玄明等敗死。二月，胡崇之與魏戰於濁水，崇之被擒，魏遂取仇池，楊保熾走。四月，苻達、任朏等擧兵，立楊文德爲主，據白崖。分兵取諸戍，進圍仇池。五月，魏古弼發上邽、高平、岍城諸軍，擊楊文德，文德退走。十一月，將軍姜道盛與楊文德合衆二萬，攻魏濁水戍，魏皮豹子，河間公齊救之，道盛敗死。		九月，魏主如漠南，以輕騎襲柔然，柔然遁去。	
四四四	文帝元嘉二十一年 北魏太武帝太平眞君五年	建康	六月，京邑連雨百餘日，大水。									六月，魏北部民殺立義將軍衡陽公莫孤，帥五千餘落北走，遣兵追擊之至漠南，殺其渠帥。魏主使晉王伏羅等，督諸			

公歷	年號	天災 水災 災區	水災 災況	旱災 災區	旱災 災況	其他 災區	其他 災況	人禍 內亂 亂區	內亂 亂情	外患 患區	外患 患情	其他 亂區	其他 亂情	附註
四四五	文帝元嘉二十二年 北魏太武帝太平真君六年								七月,緣沔諸蠻爲寇,武陵王駿遣沈慶之掩擊,大破之。隨郡太守柳元景,邀擊諸蠻,大破之,遂平諸蠻,獲七萬餘口。涓水蠻最彊,沈慶之討平之,獲三萬餘口。	樂都 白蘭 枹罕 杏城、新平、安定、臨晉、巴東、長安、聞喜	軍擊吐谷渾慕利延。伏羅至樂都,引兵從間道襲吐谷渾,慕利延逃奔白蘭,慕利延兄子拾寅奔河西,魏軍斬首五千餘級。四月,魏主遣高涼王那等擊慕利延於白蘭,秦州刺史封敕文等擊慕利延兄子什歸於枹罕。十月,蓋吳聚衆反於杏城,衆十餘萬。十一月,西掠新平、安定,又分兵東掠臨晉、巴東,將軍張直擊破之,溺死於河者三萬餘人。又西掠至長安,叔孫拔與戰於渭北,大破之,斬首三萬餘級。河東蜀*薛永宗聚衆以應吳,襲擊聞喜。魏主使拓跋處直等將二萬騎討薛永宗,乙拔將三萬騎討蓋吳。		四月,魏主使萬度歸發涼州以西兵擊鄯善。八月,萬度歸至敦煌,以輕騎五千度流沙,襲鄯善,鄯善王降。吐谷渾王慕利	*通鑑胡注:「蜀人遷居河東者謂之河東蜀。」

	四四六
	文帝元嘉二十三年 北魏太武帝太平眞君七年
	區粟城　歷城　青州、兗州、冀州
	正月，魏主軍至東雍州，臨晉永宗壘，永宗出戰大敗，死。二月，林邑王范陽邁寇盜不絕，使貢亦薄陋，遣交州刺史檀和之討之。和之圍林邑將范扶龍於區粟城，陽邁遣范毗沙達救之，宗慤擊破之。魏主命永昌王仁等將兵迎杜驥，攻冀州刺史申恬於歷城。杜驥遣夏侯祖歡等，將兵救歷城，魏人遂寇青、兗、冀三州，殺掠甚衆，北邊騷動。魏金城邊冏、天水梁會與
于闐	
延，擁其部落西度流沙，入于闐，殺其王，據其地，死者數萬人。	二月，魏主盡誅長安沙門，焚毁經像。詔令天下有浮圖形像及胡經，皆擊破焚燒，沙門無少長，悉阬之。俟後魏境塔廟，無復子遺。

公歷	年號	天災						人禍						附註
		水災		旱災		其他		內亂		外患		其他		
		災區	災況	災區	災況	災區	災況	亂區	亂情	患區	患情	亂區	亂情	
四四七	文帝元嘉二十四年 北魏太武帝太平眞君八年	青、徐、兗、冀 平州	四州大水。(圖) 七月，大水。			建康	六月，京邑疫癘。(圖)	豫章	十月，胡藩之子誕世殺豫章太守桓隆之，據郡反，欲奉前彭城王義康爲主，檀和之擊斬之。	上邽、 杏城 象浦、林邑 葭蘆	秦、益難民萬餘戶，據上邽東城反，攻逼西城。秦、益二州刺史封敕文討平之。 四月，仇池人李洪聚衆自言應王。梁會誘斬之。 五月，蓋吳屯兵杏城，自稱秦地王。魏主遣永昌王仁等討平之。 檀和之拔區粟，乘勝入象浦。林邑王陽邁傾國來戰，宗慤大破之，遂克林邑。 八月，劉超等聚衆萬餘人反，魏主以陸俟討平之。 正月，魏吐京胡及山胡曹僕渾等反，武昌王提等討平之。 十二月，楊文德據葭蘆城，招誘氐羌，武都等五郡氐皆附之。			

四四八	四四九
文帝元嘉二十五年　北魏太武帝太平眞君九年	文帝元嘉二十六年　北魏太武
山東州郡	
二月，山東民饑。（圖）	
	雍州
	十二月，沔北諸山蠻寇雍州，沈慶之等帥二萬人討之。
葭蘆	
正月，魏仇池鎮將皮豹子帥諸軍擊文德，文德兵敗，棄城犇漢中。	
二月，魏主誅潞縣叛民二千餘家。九月，魏萬度歸擊焉耆，大破之。魏主詔唐和等帥所部兵會度歸討西域，擊波居羅城拔之。十二月，萬度歸西討西域，平之。	九月，魏主伐柔然，高涼

公曆	年號	天災 水災 災區	水災 災況	旱災 災區	旱災 災況	其他 災區	其他 災況	人禍 內亂 亂區	內亂 亂情	外患 患區	外患 患情	其他 亂區	其他 亂情	附註
	帝太平眞君十年												王那出東道,略陽王羯兒出中道。柔然處羅可汗悉國內精兵,圍那數十重,輒為那所敗,乃解圍夜遁。略陽王羯兒收柔然民畜,凡百餘萬。自是柔然衰弱,不敢犯魏塞。	

四五〇
文帝元嘉二十七年　北魏太武帝太平眞君十一年
八月不雨，至明年三月。（圖）
雍州
沈慶之自冬至春，屢破雍州蠻。前後斬首三千級，虜二萬八千餘口，降者二萬五千餘戶，悉徙建康，以爲營戶。
懸瓠　汝陽　虎牢　滑臺
二月，魏主自將步騎十萬南寇。豫州刺史南平王鑠遣陳憲守懸瓠。魏主圍之，晝夜攻城，憲督厲將士苦戰，積屍與城等，魏兵殺傷以萬計，城中死者亦過半。魏主遣永昌王仁將步騎萬餘，驅所掠六郡生口，北屯汝陽。徐州刺史武陵王駿鎭彭城，遣劉泰之帥垣謙之、臧肇之、尹定、杜幼文等直趨汝陽，魏人慮救兵自壽陽來，不備彭城，泰之潛進擊之，殺三千餘人。魏人偵知泰之等兵無繼，復引兵擊之，泰之爲魏人所殺，士卒得免者九百餘人。宋大擧伐魏。宋兵克碻磝、樂安，王玄謨進圍滑臺，梁坦、劉康祖進逼虎牢。九月，魏主引兵南救滑臺，玄謨懼退走，魏人追擊之，死者萬餘人，麾下散亡略盡，委棄軍資器械山積。
魏司徒崔浩刊所譔國史于石，立於郊壇東方百步。浩書魏之先世，事皆詳實，列於衢路，往來見者咸以爲言，北人無不忿恚，魏主以暴揚國惡，使有司案浩。六月，誅淸河崔氏與浩同宗者

公曆年號	
天災　水災　災區	
天災　水災　災況	
天災　旱災　災區	
天災　旱災　災況	
天災　其他災　災區	
天災　其他災　災況	
人禍　內亂　亂區	
人禍　內亂　亂情	
人禍　外患　患區	弘農　陝　潼關　懸瓠、項城
人禍　外患　患情	龐法起等進攻弘農，拔之。進向潼關。魏主使永昌王仁趨壽陽，長孫眞趨馬頭，楚王建趨鍾離，高涼王那趨下邳。柳元景使薛安都、尹顯祖引兵就龐法起等於陝，元景於後督租。陝城險固，諸軍攻之不拔。魏張是連提帥衆二萬，度崤救陝，安都擊破之，魏人死者不可勝數。元景遣柳元怙將步騎二千救安都等，奮擊魏軍，魏衆大潰，斬張是連提及將卒三千餘級，其餘赴河塹死者甚衆，生降二千餘人。遂克陝城，進攻潼關，婁須棄城走，法起等據之。魏永昌王仁攻懸瓠、項城，拔之。劉康祖以八千人引還，仁將八萬騎圍之，康祖
人禍　其他　亂區	
人禍　其他　亂情	無遠近，及浩姻家，范陽盧氏，太原郭氏、河東柳氏，並夷其族。
附註	

四五一	
文帝元嘉二十八年 北魏太武帝正平元年	
三月，大旱。	
建康	
四月，都下疾疫。	
梁鄒	
五月，司馬順則自稱晉室近屬，聚衆號齊王，據梁鄒城。青、冀二州刺史蕭斌討斬之。	
碻磝 盱眙	壽陽 鍾離 彭城、廣陵、山陽、橫江
正月，江夏王義恭以碻磝不可守，召王玄謨還歷城，魏人追擊敗之，遂取碻磝。魏人因攻盱眙，臧質堅守，凡攻之三旬不拔，殺傷萬計，尸與城平。二月，魏人凡破南兗、徐、兗、豫、青、冀六州，殺傷不可勝計，丁壯者即加斬截，嬰兒貫於槊上。所過郡縣赤地無餘。	奮擊，殺魏兵萬餘人。康祖中流矢死，餘衆遂潰，魏人掩殺殆盡。 魏永昌王仁進逼壽陽，焚掠馬頭、鍾離，南平王鑠嬰城固守。 十二月，魏主攻彭城不克，引兵南下，使首秀出廣陵，高涼王那出山陽，永昌王仁出橫江。所過無不殘滅，城邑皆望風奔潰。

公曆	年號	天災						人禍						附註
		水災		旱災		其他災		內亂		外患		其他亂		
		災區	災況	災區	災況	災區	災況	亂區	亂情	患區	患情	亂區	亂情	
四五二	文帝元嘉二十九年 北魏文成帝興安元年	建康	五月，京邑大水。			盱眙	五月，雨雹，大如雞卵。（圖）		十月，西陽五水羣蠻反，自淮、汝至於江、沔咸被其患，使沈慶之討之。	中山 碻磝 歷城 長社、虎牢、洪關 隴西	正月，魏所得宋民五千餘家在中山者謀叛，州軍討誅之。三月，帝聞魏主殂，更遣蕭思話等北伐。劉興祖以河南荒殘，宜直抵中山，因敵取資，帝志在河南，不從。七月，諸軍攻碻磝，累旬不拔，蕭思話自往增兵力攻旬餘不拔。是時青、徐不稔，軍食乏，退屯歷城。魯爽進據長社，逼虎牢。柳元景進據洪關。蕭道成拔武興、臯蘭二戍，聞思話退，皆引還。十一月，隴西屠各王景文叛魏，魏統萬鎮將南陽王惠壽督四州之衆討平之。	建康	三月，京邑大火。	
四五三	文帝元嘉三十年 北魏文成帝興安二年			徐州、青州	正月，饑。（圖）				正月，武陵王駿統諸軍討西陽蠻，軍于五洲。	武都	正月，蕭道成等帥氐、羌攻魏武都，魏荀莫于將突騎二千救之，道成引還南鄭。			

									鑿城 廣州	武陵王駿與沈慶之起兵克鑿城，討誅邵。 南海太守蕭簡據廣州反。詔新南海太守鄧琬、始興太守沈濾之討平之。
四五四	孝武帝孝建元年 北魏文成帝興光元年	會稽	八月，大水，平地八尺。					丞相義宣，與臧質、魯爽謀反，尋討平之。		
四五五	孝武帝孝建二年 北魏文成帝太安元年			三吳	饑。(圖)					
四五六	孝武帝孝建三年 北魏文成帝太安二年								井陘	二月，丁零數千家匿井陘山中爲盜，魏陸眞與州郡合兵討滅之。 八月，魏平西將軍漁陽公尉眷擊伊吾，克其城，大獲而還。

公曆年	年號	天災：水災 災區	天災：水災 災況	天災：旱災 災區	天災：旱災 災況	天災：其他災 災區	天災：其他災 災況	人禍：內亂 亂區	人禍：內亂 亂情	人禍：外患 患區	人禍：外患 患情	人禍：其他亂 亂區	人禍：其他亂 亂情	附註
四五七	孝武帝大明元年 北魏文成帝太安三年	建康、吳興、義興	正月，京邑雨水。五月，大水，民饑。			建康	四月，京邑疾疫。(圖) 十二月，北魏州鎮五，蝗，民饑。(圖)			兗州	二月，魏人寇兗州，向無鹽，敗東平太守劉胡。			
四五八	孝武帝大明二年 北魏文成帝太安四年	襄陽	九月，大水。(圖)	荊州	二月，饑。(圖)				六月，南彭城民高闍謀反，伏誅。	清口、沙溝 青州	十月，殷孝祖築城於清水之東，魏封敕文攻之，傅乾愛拒破之。上遣虎賁主龐孟虯救清口，敗魏兵於沙溝。十一月，魏皮豹子等將三萬騎助封敕文寇青州。		十一月，魏主自將騎十萬擊柔然，柔然處羅可汗遠遁。	
四五九	孝武帝大明三年 北魏文成帝太安五年			雲中、高平	十二月，徧遇旱災，年穀不收。				四月，竟陵王誕知上意忌之，亦潛爲之備，上使兗州刺史垣閬襲誕，爲誕所殺。上大怒，凡誕左右腹心、同籍期親在建康者，並誅之，	高平	正月，魏皮豹子敗兗州兵于高平。			

四六〇	
孝武帝大明四年 北魏文成帝和平元年	
雍州 南徐州、南兗州	
八月，大水。 大水。	
建康	
四月，都邑大疫。(圖)	
	死者以千數。使沈慶之討誕。克廣陵，殺三千餘口，女子以爲軍賞。
河西 北陰平	
二月，魏衛將軍樂安王良討河西叛胡。 三月，魏人寇北陰平，朱提太守楊歸子擊破之。	
西平 南山 高昌	
六月，魏遣征西大將軍陽平王新成等，督軍擊吐谷渾。吐谷渾王拾寅走保南山。九月，魏軍濟河追之，獲雜畜三十餘萬。柔然攻高昌，殺沮渠安周，滅其族。	

公曆	年號	天災 水災 災區	天災 水災 災況	天災 旱災 災區	天災 旱災 災況	天災 其他災 災區	天災 其他災 災況	人禍 內亂 亂區	人禍 內亂 亂情	人禍 外患 患區	人禍 外患 患情	人禍 其他禍 亂區	人禍 其他禍 亂情	附註
四六一	孝武帝大明五年 北魏文成帝和平二年	建康	七月，京邑雨水。		魏大旱。			雍州	四月，雍州刺史海陵王休茂擁雍州反，元慶討斬之。					
四六二	孝武帝大明六年 北魏文成帝和平三年										六月，魏石樓胡賀略孫反，陸眞討平之。氐豪仇傉檀反，平之。		十月，葬宣貴妃於龍山，鑿岡通道數十里，民不堪役，死亡甚衆。	
四六三	孝武帝大明七年 北魏文成帝和平四年				東諸郡大旱，民饑死者什六七。(志)									

公元	年號	地點	水災	旱災	人禍地點	人禍
四六四	孝武帝大明八年 北魏文成帝和平五年	建康	北魏大水。 八月，京邑雨水。	東方諸郡，連歲旱饑，餓死者什六七。 北魏旱。		七月，柔然受羅部眞可汗帥衆侵魏，魏北鎭游軍擊破之。
四六六	明帝泰始二年 北魏獻文帝天安元年	建康	六月，京邑雨水。(圖)	北魏州鎭十一旱，民饑。(圖)	國山、 吳城 義興 晉陵	鄧琬稱說符瑞，帥將佐上尊號於晉安王子勛，卽皇帝位於尋陽，改元義嘉。是歲四方貢計皆歸尋陽，朝廷所保唯丹陽、淮南等數郡。 吳喜所至克捷，至國山，遇東軍，進擊大破之。自國山進屯吳城，劉延熙遣其將楊玄等拒戰，喜奮擊破之。進逼義興，延熙柵斷長橋，保郡自守。二月，吳喜渡水攻郡城，諸壘皆潰，延熙赴水死，遂克義興。 張永進擊孫曇瓘等，曇瓘兵敗棄城走，遂克晉陵。 吳喜軍至錢唐，遣任農夫引兵向黃山浦，東軍據岸

公曆	年號	天災 水災 災區	災況	旱災 災區	災況	其他 災區	災況	人禍 內亂 亂區	亂情	外患 患區	患情	其他 亂區	亂情	附註
								西陵	結塞，農夫等擊破之。吳喜進取西陵，會稽大震。上虞令王晏起兵攻郡，覬逃奔嶠山，王晏入城，縱兵大掠，府庫皆空。					
								赭圻	鄧琬遣孫沖之帥薛常寶，陳紹宗等兵一萬爲前鋒，據赭圻。三月，殷孝祖等率衆軍水陸並進，攻赭圻。陶亮等引兵救之，孝祖爲流矢所中死。江方興代孝祖爲統帥，諸將進戰，大破孫兵。					
									三月，薛索兒將馬步萬餘人，自睢陵渡淮，進逼張永營。					
									沈攸之帥諸軍圍赭圻，薛常寶等糧盡，開城突圍，攸之拔赭圻城，納降者數千人。					
								赭鄞	四月，明僧暠起兵攻沈文					

公元	年號	地區	事件
		琅邪、盤陽、臨濟	秀，以應建康。王玄默據琅邪，王玄邈據盤陽城，劉乘民據臨濟城，並起兵以應建康。
		北海	沈文秀遣解彥士攻北海，拔之。僧嵩、玄默、玄邈、乘民合兵攻東陽城，每戰輒爲文秀所破。
			五月，張永、蕭道成等與薛索兒戰，大破之，索兒退保石梁。
		義陽	六月，田益之帥蠻衆萬餘人圍義陽。鄧琬遣將救之，益之不戰潰去。
四六七	明帝泰始三年 北魏獻文帝皇興元年	梁州、雍州	五月，薛安都子令伯，亡命梁、雍之間，聚黨數千人，攻陷郡縣。七月張敬兒擊斬之。
		彭城 呂梁	正月，張永等棄城夜遁，會天大雪，士卒凍死者太半。尉元邀其前，薛安都乘其後，大破永等於呂梁之東，死者以萬數，枕尸六十餘里。永與沈攸之僅以身免。
		汝陰	二月，魏西河公石自懸瓠引兵攻汝陰太守張超，不克，退屯陳項。
			魏遣長孫陵等將兵赴青

公歷	年號	天災						人禍						附註
		水災		旱災		其他災		內亂		外患		其他亂		
		災區	災況	災區	災況	災區	災況	亂區	亂情	患區	患情	亂區	亂情	
										無鹽、肥城、升城	州，慕容白曜將騎五萬爲之繼援。三月，白曜攻克無鹽。肥城衆潰，遂取垣苗、糜溝二戍。白曜築長圍以攻升城，自二月至于四月乃克之。			
											八月，魏尉元遣孔伯恭帥步騎一萬拒沈攸之，攸之引兵退，伯恭追擊之，攸之大敗。			
										下邳、宿豫、淮陽、歷陽、東陽	魏兵克下邳、宿豫、淮陽。白曜引兵攻崔道固於歷城，遣長孫陵等攻沈文秀於東陽。道固拒守不降，白曜築長圍守之。陵等至東陽，文秀請降，陵等入其西郭，縱兵暴掠，文秀悔怒，擊陵等破之。			
										汝陰	十二月，魏西河公石、復攻汝陰，汝陰有備，無功而還。			

四六八	明帝泰始四年 北魏獻文帝皇興二年		十一月，州鎮二十七水。（圖）			 豫州	六月，天下大疫。（圖） 十月，北魏豫州疫，民死者十四五萬。（圖）	交州 廣州	三月，交州刺史劉牧卒。李長仁殺牧北來部曲，據州反，自稱刺史。 廣州劉思道反，殺刺史羊希，陳伯紹討斬之。	武津 義陽 歷城 東陽 許昌 不其城	正月，魏汝陽司馬趙懷仁帥衆寇武津，申元德擊破之，又斬魏于都公闕于拔於汝陽臺東。魏復寇義陽，孫臺瓘擊破之。 二月，慕容白曜圍歷城經年，拔其東郭。崔道固請降。 三月，白曜進圍東陽。 四月，劉靦敗魏兵於許昌。 八月，沈文靜統高密等五郡軍事，自海道救東陽，至不其城，爲魏所斷，因保城自固。		
四六九	明帝泰始五年 北魏獻文帝皇興三年					建康	四月，京邑雨雹。	臨海、海鹽、鄞	十二月，臨海賊帥田流自稱東海王，剽掠海鹽，殺鄞令，東土大震。	東陽	沈文秀守東陽，魏人圍之三年，外無救援，陷之。於是青、冀之地盡入於魏。		
四七〇	明帝泰始六年 北魏獻文帝皇興四年				北魏州鎮十一民饑。（圖）				周山圖將兵屯浹口，討田流，平之。	武川	柔然部眞可汗侵魏。諸將會魏主於女水之濱，與柔然戰，柔然大敗，斬首五萬級，降者萬餘人。		四月，魏主遣長孫觀擊吐谷渾，與吐谷

公曆	年號	天災						人禍						附註
		水災		旱災		其他災		內亂		外患		其他		
		災區	災況	災區	災況	災區	災況	亂區	亂情	患區	患情	亂區	亂情	
													渾王拾寅戰於曼頭山，拾寅敗走。	
四七一	明帝泰始七年 北魏孝文帝延興元年									沃野、統萬、枹罕、金城 蒙山	四月，諸郡敕勒皆叛，魏主使汝陰王天賜將兵討之。十月，魏沃野、統萬二鎮敕勒叛，遣源賀帥衆討之，降二千餘落。追擊餘黨，至枹罕、金城，大破之，斬首八千餘級，虜男女萬餘口。 垣崇祖自郁洲侵魏至蒙山。十一月，魏于洛侯擊之，崇祖引還。			
四七二	明帝泰豫元年 北魏孝文帝延興二年	安州	六月，水。					武陵	七月，覃蠻大亂，掠抄至武陵城上。張英兒擊破之，誅婁侯立田都，覃蠻乃定。	敦煌 晉昌	二月，柔然侵魏，魏遣將擊之，柔然走東部。 七月，柔然部帥無盧眞將三萬騎寇魏敦煌，鎮將尉多侯擊走之。又寇晉昌，薛			

										五原	奴擊走之。十月，柔然侵魏及五原。上皇自將討之，柔然北遁。		
四七三	後廢帝元徽元年 北魏孝文帝延興三年	壽陽	六月，大水。州鎮十一水。（圖）	建康	魏州鎮十一旱，相州民餓死者二千八百餘人。八月，京都旱。				劉舉聚衆自稱天子。齊州刺史武昌王平原討斬之。	澆河	三月，吐谷渾王拾寅寇魏澆河。魏以長孫觀發兵討之，拾寅請降。十月，魏武都氐反，攻仇池。遣長孫觀討之。		
四七四	後廢帝元徽二年 北魏孝文帝延興四年				北魏州鎮十三大饑。	涇州	四月，大雹傷稼。	尋陽	五月，桂陽王休範反于尋陽，尋討平之。	敦煌	七月，柔然寇魏敦煌，尉多侯擊破之。		
四七五	後廢帝元徽三年 北魏孝文帝延興五年	建康	三月，京師大水。（圖）			建康	五月，京邑雨雹。（圖）					建康 建康	正月，京邑大火。（圖） 三月，京邑大火，燒二岸數千家。（志）

公歷	年號	天災						人禍						附註
		水災		旱災		其他		內亂		外患		其他		
		災區	災況	災區	災況	災區	災況	亂區	亂情	患區	患情	亂區	亂情	
四七六	後廢帝元徽四年 北魏孝文帝承明元年					青、齊、徐、兗 并州 定州	四月，大風雹。(圖) 八月，鄉郡大雹，草木禾稼皆盡。 大雹殺人。	京口	七月，建平王景素據京口起兵，士民赴之者以千數。蕭道成等攻拔京口，擒景素斬之，并其三子。同黨桓祇祖等數十人皆伏誅。					
四七七	順帝昇明元年 北魏孝文帝太和元年	雝州	七月，大水。 十二月，北魏州郡八水。(圖)	雲中	正月，饑。(圖) 十二月，北魏州郡八水旱蝗，民饑。(圖)			江陵、夏口、昝山	十一月，沈攸之舉兵江陵叛。遣孫同等五將以三萬人爲前驅，劉攘兵等五將以二萬人次之，王靈秀等四將分兵出夏口，據昝山。攸之自將大衆東下。	略陽 仇池	正月，略陽民王元壽聚衆五千餘家，自稱衝天王。尉洛侯擊破之。 十月，氐帥楊文度，遣其弟文弘襲魏仇池，陷之。十一月，魏征西將軍皮歡喜等三將軍，率衆四萬擊楊文弘，文弘棄城走。 伊祁苟自稱堯後，聚衆於重山作亂，馮熙討滅之。		蒼梧王驕恣，每出外途逢行人，男女及犬馬牛驢，皆殺之。致民間擾懼，商販皆息，門戶	

晝閉，行人殆絕。鍼椎鑿鋸，不離左右，小有忤意，即加屠剖。一日不殺，則慘然不樂。

四七八

順帝昇明二年

北魏孝文帝太和二年

南豫州、南徐州、南兗州

四月，大霖雨。(圖)

石頭

七月，濤東入石頭，居民皆湮沒。(圖)

北魏州鎮二十餘，旱，人饑。(圖)

郢城

武昌、西陽

魯山

正月，沈攸之攻郢城，柳世隆乘間屢破之。攸之遣其將皇甫仲賢向武昌，公孫方平向西陽，皆克之。豫州刺史劉懷珍，遣建甯太守張謨等，將萬人擊之，方平敗走。攸之素失人心，但刼以威力，帥衆過江，至魯山，軍遂大散。攸之犇江陵，自縊死。

十一月，劉昺坐謀反，與其

公曆年	年號	天災：水災 災區	天災：水災 災況	天災：旱災 災區	天災：旱災 災況	天災：其他災 災區	天災：其他災 災況	人禍：內亂 亂區	人禍：內亂 亂情	人禍：外患 患區	人禍：外患 患情	人禍：其他亂 亂區	人禍：其他亂 亂情	附註
									黨皆伏誅。					
四七九	順帝昇明三年　齊高帝建元元年　北魏孝文帝太和三年	二吳、義興	齊三郡大水。(圖)	雍州	六月，饑。(圖)			梁州	十月，晉壽民李烏奴叛入氐，依楊文弘。引氐兵千餘人寇梁州，陷白馬戍。烏奴輕兵襲州城，玄邈伏兵邀擊，大破之。十一月，謝天蓋欲以州附魏，蕭景先擊破之。		十月，魏遣梁郡王嘉出淮陰，隴西公琛出廣陵，奉丹陽王劉昶入寇。柔然以十餘萬騎寇魏，乃引還。		四月，蕭道成廢宋帝自立，盡殺宋室少長。	

四八〇	高帝建元二年 北魏孝文帝太和四年	丹陽、吳	夏，二郡大水。北魏郡鎮十八水，民饑。(圖)				梁州 武興	四月，李烏奴寇梁州，王圖南與崔慧景共擊烏奴，大破之。八月，崔慧景遣裴叔保攻李烏奴於武興，爲氐王楊文弘所敗。	壽陽、朐山 漣陽、平昌、汶陽、竹邑、 睢陵 五固	正月，魏隴西公琛等攻拔馬頭戍、寇壽陽。圍朐山。九月魏梁郡王嘉帥衆十萬，圍朐山。玄元度大破之。羣蠻聞魏師入寇，盡發民丁，南襄城蠻秦遠，乘虛寇漣陽，殺縣令司州蠻寇平昌。北上黃蠻文勉德寇汶陽。二月，陳靖拔魏竹邑，崔叔延破魏睢陵。十月，桓標之、徐猛子等聚衆保五固。魏遣尉元薛虎子討之。		
四八一	高帝建元三年 北魏孝文帝太和五年				大旱。(圖) 十二月，北魏州鎮十二饑。(圖)			楊文弘進據白水。	淮陽 樊諧城 抱犢固	正月，魏寇淮陽，成買力戰而死。周盤龍父子敗魏師，殺傷萬計，魏師退。李安民等引兵追之，又破之。二月，桓康復敗魏師，進攻樊諧城，拔之。垣崇祖引兵渡淮擊魏，大破之，殺獲千計。四月，淮北民桓磊磈破魏師於抱犢固。		二月，沙門法秀以妖術惑衆，謀作亂於平城，爲苟頹所擒。事連蘭臺御史張求

公歷	年號	天災：水災 災區	天災：水災 災況	天災：旱災 災區	天災：旱災 災況	天災：其他 災區	天災：其他 災況	人禍：內亂 亂區	人禍：內亂 亂情	人禍：外患 患區	人禍：外患 患情	人禍：其他 亂區	人禍：其他 亂情	附註
										五固	九月，魏尉元、薛虎子克五固，東南諸州皆平。		等百餘人，皆以反，法當族，尚書令王叡請誅首惡，宥餘黨，魏主從之。得免於刑戮者千餘人。	
四八二	高帝建元四年 北魏孝文帝太和六年	青州、雍州 徐、兗諸州、平原諸鎮	七月，二州大水，八月，徐東、徐、兗、濟、平、豫、光七州。平原、枋頭、廣阿								九月氐王楊文弘卒，兄子後起爲嗣。既而文弘子集始自立爲王，後起擊破之。			

			臨濟四鎮大水。(圖)								
四八三	武帝永明元年 北魏孝文帝太和七年	冀州、定州	三月，二州饑。(圖) 十二月，北魏州鎮十二饑。(圖)								
四八四	武帝永明二年 北魏孝文帝太和八年	武州	六月，水泛溢，壞民居舍。(圖)		十二月，北魏州鎮十五旱，人饑。(圖)						
四八五	武帝永明三年 北魏孝文帝太和九年	南豫、南州、朔州	九月，二州大水，殺千餘人。		北魏京師及州鎮十三旱，傷稼。			富陽	十二月，唐寓之以妖術惑衆作亂。攻陷富陽。三吳却籍者奔之，衆至三萬。		十二月，柔然犯魏塞，魏王澄帥衆拒之。氐、羌反，王澄討平之。
四八六	武帝永明四年 北魏孝文			汝南、潁川	十二月，大饑。(圖)			錢唐、東陽、山陰	正月，唐寓之稱帝於錢唐。遣將陷東陽寇山陰，至浦陽江，湯休武擊破之。發禁		正月，柔然寇魏邊。

公曆	年號	天災·水災·災區	天災·水災·災況	天災·旱災·災區	天災·旱災·災況	天災·其他災·災區	天災·其他災·災況	人禍·內亂·亂區	人禍·內亂·亂情	人禍·外患·患區	人禍·外患·患情	人禍·其他禍·亂區	人禍·其他禍·亂情	附註
	帝太和十年								兵數千人，東擊寓之，寓之衆烏合，一戰而潰，擒斬之，進平諸郡縣。					
								湘州	四月，湘州蠻反，柳世隆討平之。					
四八七	武帝永明五年 北魏孝文帝太和十一年	吳興、義興	夏水雨傷稼。		魏春、夏大旱，代地尤甚，加以牛疫，民餒死者多。			南陽	正月，荒人桓天生與雍司二州蠻相扇動，據南陽故城。命陳顯達討之。	泚陽 舞陰	正月，桓天生引魏兵萬餘人至泚陽，陳顯達大破之，殺獲萬計。天生退保泚陽，戴僧靜圍之，不克而還。荒人胡丘生起兵懸瓠以應齊，魏人擊破之。天生又引魏兵寇舞陰，殷公愍擊破之。五月，魏公孫邃等寇舞陰，殷公愍擊破之。		八月，柔然寇魏邊。魏以陸叡為都督，擊柔然，大破之。	
四八八	武帝永明六年 北魏孝文帝太和十二年	吳興、義興	二郡大水。（圖）	雍州、豫州	十一月，雍、豫二州人饑。（圖）					隔城	四月，桓天生復引魏兵出據隔城。曹虎督諸軍討之，遇天生遊軍，與戰破之，遂進圍隔城。天生引步騎萬		十二月，魏遣兵擊百濟，為百濟所敗。	

									泚陽	餘人來戰，虎奮擊大破之，俘斬二千餘人。明日攻拔隔城，復俘斬二千餘人。陳顯達侵魏，攻泚陽，不克而還。		
四八九	武帝永明七年 北魏孝文帝太和十三年			四月，北魏州鎮十五大饑。(圖)								
四九〇	武帝永明八年 北魏孝文帝太和十四年									地豆干頻寇魏邊，四月，陽平王頤擊走之。五月，庫莫奚寇魏邊，樓龍兒擊走之。		
四九一	武帝永明九年 北魏孝文帝太和十五年	吳興、義興	八月，大水。							五月，魏長孫百年攻洮陽泥和二戍，克之，俘三千餘人。		
四九二	武帝永明十年 北魏孝文帝太和十六年								漢中	九月，氐王楊集始寇漢中。梁州刺史陰智伯擊破之，俘斬數千人。	八月，魏以王頤、陸叡將步騎十	

公歷	年號	天災						人禍						附註
		水災		旱災		其他災		內亂		外患		其他亂		
		災區	災況	災區	災況	災區	災況	亂區	亂情	患區	患情	亂區	亂情	
四九三	武帝永明十一年 北魏孝文帝太和十七年				旱。(圖)			襄陽	二月，雍州刺史王奐殺劉興祖，敕曹虎從江陵步道會襄陽，奐子彪與虎軍戰，敗還。三月，黃瑤起等於城內起兵攻奐斬之。	秦州	支酉起兵於長安城北石山，王廣亦起兵以應之，衆至十萬。		萬，分為三道以擊柔然，大破柔然而還。	
								徐州	六月，建康僧法智與徐州民周盤龍等作亂，王玄邈討誅之。	雍州	魏河南王幹引兵擊之，幹兵大敗。酉等進向長安，盧淵、薛胤等拒擊大破之，降者數萬口。			
四九四	明帝建武元年 北魏孝文帝太和十八年								七月，西昌侯鸞與蕭諶等引兵入宮，弒帝，立文惠弟二子昭文，改元延興。十月，鸞殺世祖諸子，廢昭文為海陵王，尋殺昭文。		魏大舉入寇。十二月，遣薛眞度向襄陽，劉昶、王肅向義陽，拓跋衍向鍾離，劉溓向南鄭。			

四九五	明帝建武二年　北魏孝文帝太和十九年	吳、晉陵	冬，吳、晉陵二郡水雨傷稼。		大旱。（圖）	鍾離	正月，拓拔衍攻鍾離，蕭惠休乘城拒守，間出襲擊魏兵，破之。
						義陽	劉昶、王肅攻義陽，屢破蕭誕兵。
						義陽	劉昶、王肅衆號二十萬，幷力攻義陽。王廣之引兵救義陽，蕭誕於城中望見援軍至，遣王伯瑜出攻魏柵，因風縱火，魏不能支，解圍去。
						漢中	四月，拓拔英攻梁季羣等營，拔之，生擒梁季羣，斬三千餘級，俘七百餘人。乘勝長驅，進逼南鄭。
						赭陽	魏城陽王鸞等攻赭陽，圍守百餘日，不克而還。
四九六	明帝建武三年　北魏孝文帝太和二十年				北魏州郡旱。	櫟城	四月，魏寇司州櫟城，戍主魏僧珉拒破之。
							十月，魏吐京胡反。奚康生擊叛胡，破之。追至車突谷，又破之，俘雜畜以萬數。
四九七	明帝建武四年　北魏孝文						五月，魏發冀、定、瀛、相、濟五州兵二十萬入寇。
							八月，魏以氐帥楊靈珍爲

公歷	歷年號	天災：水災 災區	天災：水災 災況	天災：旱災 災區	天災：旱災 災況	天災：其他災 災區	天災：其他災 災況	人禍：內亂 亂區	人禍：內亂 亂情	人禍：外患 患區	人禍：外患 患情	人禍：其他禍 亂區	人禍：其他禍 亂情	附註
	帝太和二十一年									武興	南梁州刺史，靈珍降。遣弟襲魏武興王楊集始，集始請降。			
										南陽	九月，魏主引兵向襄陽，留諸將攻赭陽。自引兵南下至宛，夜襲其郛，克之。房伯玉嬰內城拒守。			
										武興 龍門	李崇將兵數萬討楊靈珍。靈珍遣從弟建屯龍門，自帥精勇屯鷲峽。崇遣慕容拒帥衆五千，夜襲龍門，破之。崇自攻鷲峽，靈珍戰敗，遂克武興。梁州刺史陰廣宗將兵救靈珍，崇進擊，大破之。			
										新野	十月，魏軍攻新野。劉恩忌拒守，魏軍不能克，築長圍守之。			
										雍州 虹城	徐州刺史裴叔引兵救雍州，攻虹城，獲男女四千餘人。十二月，王曇紛以萬餘人			

					攻魏南青州黃郭戍。魏戍主崔僧淵破之，舉軍皆沒。將軍魯康祚、趙公政將兵萬餘人侵魏太倉口，魏王蕭使傅永將甲士三千擊之。夜，康祚等引兵斫永營，伏兵夾擊之，康祚等大敗，溺死及斬首數千級。	
四九八	明帝永泰元年　北魏孝文帝太和二十二年	松江、晉陵	四月，王敬則舉兵反，帥甲萬人，過浙江，陷松江。至晉陵，范脩化殺縣令以應之。敬則急攻興盛、山陽二壘，兵敗身死。	新野、宛北城、鄧城、樊城、義陽、渦陽	正月，魏李佐拔新野，沔北大震。命太尉陳顯達救雍州。二月，魏人拔宛北城。三月，崔慧景、蕭衍大敗于鄧城。魏主將十萬衆，以圍樊城，曹虎閉門自守。王肅攻義陽。裴叔業將兵五萬圍孟表于渦陽，以救義陽。魏主使傅永、劉藻、高聰救義陽，叔連進擊大破之。凡斬首萬級，俘三千餘人。蕭撤義陽圍，救渦陽。叔業大敗，殺傷不可勝數，叔業還保渦口。	八月，高車奉袁紇樹者為主，相帥北叛，魏主遣宇文福討之，大敗而還。

公曆年	號	天災						人禍						附註
		水災		旱災		其他災		內亂		外患		其他禍		
		災區	災況	災區	災況	災區	災況	亂區	亂情	患區	患情	亂區	亂情	
四九九	東昏侯永元元年 北魏孝文帝太和二十三年	建康 青、齊諸州	七月,京師大水,死者甚衆。(圖) 北魏青、齊、光、南青、徐、豫、兗、東豫等州鎮十八大水,民饑。(圖)					益州 江州 尋陽	九月,益州刺史劉季連用刑嚴酷,蜀人怨之。趙續伯等皆起兵作亂。 十一月,顯達舉兵於尋陽,敗胡松於采石,建康震恐。	馬圈城 南鄉 順陽	二月,陳顯達圍馬圈城四十日。城中食盡,魏人突圍走,斬獲千計。顯達遣莊丘黑進擊南鄉,拔之。三月,崔慧景攻圍順陽,尋敗退。陳顯達引兵渡水西,與魏戰屢敗。魏元嵩免冑陷陳,將士隨之,齊兵大敗。追奔至淡水而還,士卒死者三萬餘人。			
五〇〇	東昏侯永元二年 北魏宣武帝景明元年	青、齊諸州	七月,青、齊、南青、光、徐、兗、豫、東豫、司州之潁川、汲郡大水,平隰一丈五尺,		北魏十七州大饑。			巴西 建康	巴西民雍道晞聚衆萬餘逼郡城。三月,李奉伯帥衆五千救之,與郡兵合擊道晞,斬之。 崔慧景還兵向建康,江夏王寶元以京口應之。慧景圍宮城,帝密召蕭懿入援,慧景敗死。	壽陽 合肥 建安 壽陽 肥口	三月,崔慧景討壽陽。彭城王勰、王肅擊胡松、陳伯之等,大破之。取合肥、建安等城。 六月,陳伯之再引兵攻壽陽。魏彭城王勰拒之,傅永將郡兵三千救壽陽,共擊伯之於肥口,大破之。斬首九千,俘獲一萬。	建康	七月,宮內火,唯東閣內明帝舊殿數區及太極以南得存,餘皆蕩盡。	

民居全者十四五。

山荏

齊州山荏縣太陰山崩，飛泉湧出，殺一百五十九人。

長風城

八月，軍主吳子陽等出三關，侵魏，與田益宗戰於長風城，子陽等敗還。

五〇一

和帝中興元年
魏宣武帝景明二年

青州、齊州、徐州、兗州

三月，四州大饑，民死者萬餘口。

始平
巴西、巴東
加湖
魯山
郢城

正月，蕭衍發襄陽。魏興太守裴師仁等並不受衍命，舉兵欲襲襄陽。衍弟偉、憺遣兵邀擊於始平，大破之。二月，東昏侯遣羽林兵擊雍州。五月，巴西太守魯休烈等，不從蕭穎胄之命，遣兵擊穎胄。穎胄遣汶陽太守劉孝慶等拒之。七月，蕭衍使王茂、曹仲宗等以舟師襲加湖，加湖潰，將士殺溺死者萬計，俘其餘衆而還。孫樂祖以魯山降，程茂、薛元嗣以郢城降。郢城士民男女近十萬口，被圍二百餘日，疾疫流腫，

赤亭

十一月，魏主遣直寢羊靈引爲軍司，益宗遂入寇。建寧太守黃天賜與益宗戰于赤亭，天賜敗績。

豫章

正月，豫章郡天火，燒三千餘家。

公曆年號	天災						人禍						附註
	水災		旱災		其他災		內亂		外患		其他		
	災區	災況	災區	災況	災區	災況	亂區	亂情	患區	患情	亂區	亂情	
							義陽、安陸 峽口、上明 蕪湖、姑孰 江寧	死者什七八，積尸牀下而寢其上，比屋皆滿。 七月，汝南胡文超起兵於灄陽，以應蕭衍。克義陽、安陸等郡。 八月，魯休烈、蕭瓚破劉孝慶於峽口。休烈等進至上明，江陵大震。 九月，蕭衍軍至蕪湖，申胄軍二萬人棄姑孰走，衍進軍據之。 蕭衍遣曹景宗進頓江寧，大破李居士兵，乘勝而前，徑至皁莢橋。王茂、鄧元起破王道林軍，進據赤鼻邏。陳伯之據籬門，呂僧珍據白板橋。李居士以僧珍衆少，帥銳卒萬人薄壘，僧珍奮擊，大破之。 十月，東昏侯遣王珍國、胡虎牙將精兵十萬餘人，陳					

五〇二

梁　武帝天監元年
北魏宣武帝景明三年

江東　大旱，米斗五千，民多餓死。(紀)

河州　大饑，死者二千餘口。(圖)

建康　於朱雀航南。王茂衝突東軍，曹景宗縱兵乘之，呂僧珍縱火焚其營。珍國等衆軍土崩，赴淮死者無數，積尸與航等。於是東昏侯諸軍望之皆潰，衍軍長驅至宣陽門。十二月，蕭衍進圍建康，王珍國、張稷引兵入殿，弒東昏，送首於衍，衍自爲大司馬。

豫章　二月，梁公稱寶晊謀反，并其弟江陵公寶覽汝南公寶宏皆殺之。六月，陳伯之留唐蓋人守尋陽城，引兵趣豫章，攻鄭伯倫不能下。王茂軍至，伯之表裏受敵，敗走奔魏。

成都　劉季連聚兵反。十二月，遣其將李奉伯等拒鄧元起，元起與戰，互有勝負。元起留輜重於郫，奉伯等間道襲郫，陷之。元起捨郫，徑圍州城。

潁州、湖陽　四月，魯陽蠻魯北鷰等起兵攻魏潁州，圍魏湖陽，李崇將兵擊破之，斬魯北鷰。

淮南　十二月，張囂文侵魏淮南，取木陵戍。魏任城王澄，遣輔國將軍成與擊之，囂之敗走。

公歷	年號	水災災區	水災災況	旱災災區	旱災災況	其他災災區	其他災災況	內亂亂區	內亂亂情	外患患區	外患患情	其他亂區	其他亂情	附註
五〇三	武帝天監二年 北魏宣武帝景明四年	東陽、信安、安豐	六月，三縣大水。(圖)		北魏大旱。(圖)		夏，癘疫。(圖)			梁州	正月，魏梁州氐楊會叛，楊椿等討之。			
											三月，魏任城王澄遣奇道顯入寇，取陰山、白藁二戍。			
										梁州	五月，魏楊椿等大破叛氐，斬首數千級。			
										關要、潁川、大峴、焦城、淮陵	十月，任城王澄分兵寇東關、大峴、淮陵、九山。魏人拔關要、潁川大峴三城。白塔、牽城、清溪皆潰。黨法宗等進拔焦城，破淮陵。			
										東荊州	十一月，魏東荊州蠻樊素安作亂。李崇將步騎討之。			
										成都	鄧元起圍成都。城中食盡，升米三千，人相食。			
五〇四	武帝天監三年 北魏宣武帝正始元年				北魏旱。		疾疫。(圖)			東關	陳祖悅與魏江州刺史陳伯之戰於東關，祖悅敗績。			
										東荊州	正月，魏東荊州刺史楊大眼，擊叛蠻樊素安等，大破之。			
											二月，姜慶眞襲壽陽，據其			

壽陽	外郭。蕭寶寅引兵至，與州軍合擊之，慶眞敗走。
鍾離	任城王澄攻鍾離。張惠紹等與劉思祖戰于邵陽，梁兵大敗。俘惠紹等十將，殺虜士卒殆盡。
樊城	遣曹景宗、王僧炳等帥步騎三萬救義陽。元英遣元逞等據樊城以拒之。三月，大破僧炳於樊城，俘斬四千餘人。
義陽	五月，魏人圍義陽，刺史蔡道恭隨方抗禦，相持百餘日，前後斬獲，不可勝計。七月，魏李崇破東荆叛蠻，生擒樊素安。進討西荆諸蠻，悉降之。
義陽	魏人攻義陽益急。遣馬仙琕救之，仙琕轉戰而前，兵勢甚銳，後爲元英所敗。蔡靈恩以勢窮，降於魏。
沃野、懷朔鎮	九月，柔然侵魏之沃野，及懷朔鎮。

公歷	年號	天災 水災 災區	水災 災況	旱災 災區	旱災 災況	其他 災區	其他 災況	人禍 內亂 亂區	內亂 亂情	外患 患區	外患 患情	其他 亂區	其他 亂情	附註
五〇五	武帝天監四年 北魏宣武帝正始二年	青州、徐州	北魏青徐州大雨霖，海水溢出於青州樂陵之隰沃縣，流漂一百五十二人。（魏）					交州	二月，交州刺史李凱，據州反。李凱討平之。	石亭	魏邢巒至漢中，擊諸城戍，所向摧破。晉壽太守王景胤據石亭，巒遣李義珍擊走之。			
											二月，楊集起、集義聞魏克漢中而懼，帥羣氐叛魏，巒屢遣軍擊破之。			
										深杭、南安、石同、劍閣	四月，邢巒遣王足將兵擊深杭、南安、石同，所至皆捷，遂入劍閣。梁州十四郡，皆入於魏。			
										小峴	六月，王超宗將兵圍魏小峴，魏薛眞度遣將擊之，超宗大敗。			
										雍州	八月，魏中山王英寇雍州。			
											十一月，魏遣楊椿將兵討楊集起。			
										涪城	十一月，魏王足圍涪城，蜀人震恐，益州城戍降魏者什二三。			

五〇六

武帝天監五年

北魏宣武帝正始三年

關城	正月，楊集義圍魏關城。邢巒遣建武將軍傅豎眼討之，集義逆戰，豎眼擊破之。
武興	乘勝逐北，克武興。
	秦州呂苟兒反，改元建明。涇州民陳瞻反，改元聖明。並討平之。
梁城、徐州、淮陽	二月，徐州刺史昌義之與魏陳伯之戰於梁城，義之敗績。將軍蕭昞將兵擊魏徐州，圍淮陽。
膠水	三月，劉思效敗魏青州刺史元繫於膠水。
荆州、河南城	四月，魏中山王英帥衆十萬，以拒梁軍。江州刺史王茂將兵數萬，侵魏荆州，復遣雷豹狼等襲取河南城。魏遣楊大眼督諸軍擊茂，茂戰敗，失亡二千餘人。大眼追至漢水，攻拔五城。
司州	宇文福寇司州，俘千餘口而去。
宿豫	五月，張惠紹等侵魏徐州，拔宿豫。北徐州刺史昌義

公曆年號	天災 水災 災區	天災 水災 災況	天災 旱災 災區	天災 旱災 災況	天災 其他災 災區	天災 其他災 災況	人禍 內亂 亂區	人禍 內亂 亂情	人禍 外患 患區	人禍 外患 患情	人禍 其他 亂區	人禍 其他 亂情	附註
									梁城	之拔梁城。			
									小峴、合肥	豫州刺史韋叡攻魏小峴，拔之。遂進擊合肥，魏將楊靈胤帥衆五萬奄至，叡擊破之。叡使王懷靜築城於岸以守堰，魏攻拔之，城中千餘人皆沒。叡急攻合肥城，守將杜元倫戰死，城潰，俘斬萬餘級。			
									彭城	六月，魏元麗擊王法智，破之，斬首六千級。張惠紹與宋黑水陸俱進，趣彭城，圍高塚戍。魏將奚康生擊破之。			
									兗州、朐城	七月，桓和擊魏兗州，拔朐城。			
									上邽、秦州	呂苟兒率衆十餘萬屯孤山，圍逼秦州，元麗進擊，大破之。			
									陰陵	七月，徐州刺史王伯敖與魏中山王英，戰於陰陵，伯			

										睢口、宿預	散兵敗亡，失五千餘人。將軍藍懷恭與魏邢巒戰于睢口，懷恭敗績。巒進圍宿預，懷恭復於濟南築城，巒與楊大眼合攻拔之，殺獲萬計。
										洛口	九月，臨川王宏以帝弟將兵，軍次洛口。會暴風雨，宏與數騎逃去，將士求宏不得，皆散歸，捐棄病者及老死者近五萬人。
										馬頭、鍾離、義陽	魏主使中山王英乘勝平蕩東南，遂北至馬頭，攻拔之。十月，進圍鍾離。梁兵圍義陽者夜遁，魏婁悅追擊破之。
五〇七	武帝天監六年 北魏宣武帝正始四年	鍾離 建康	四月，北魏鍾離大水。 八月，京師大水。(紀)	敦煌 司州	八月人饑。(紀) 九月，人饑。(紀)					鍾離	正月，魏中山王英與楊大眼等衆數十萬攻鍾離，前後殺傷萬計，魏人死者與城平。二月，韋叡自合肥救之，與曹景宗乘淮水暴漲，以高艦焚魏橋柵，魏軍大

公歷	年號	天災						人禍						附註
		水災		旱災		其他		內亂		外患		其他		
		災區	災況	災區	災況	災區	災況	亂區	亂情	患區	患情	亂區	亂情	
											潰，悉棄其器甲，爭投水死者十餘萬，斬首亦如之。諸軍逐北至濊水上，英單騎入梁城。緣淮百餘里，尸相枕藉，生擒五萬人。			
五〇八	武帝天監七年 北魏宣武帝永平元年	建康	五月，都下大水。		北魏旱。(圖)					冀州 義陽 豫州 懸瓠	八月，魏京兆王愉據冀州反，稱帝，改元建平。李平討擒之。 九月，魏郢州司馬彭珍等叛魏。中山王英將步騎三萬出汝南以救義陽。 十月，魏邢巒將兵擊白早生。早生遣胡孝智將兵七千逆戰，巒奮擊大破之，乘勝長驅至懸瓠。早生出城逆戰，又破之。			
五〇九	武帝天監八年 北魏宣武帝永平二年			武川	北魏旱。(圖) 四月，饑。(圖)					武陽關、平請關、廣硯關	正月，魏中山王英至義陽，將取三關。英至長薄，長薄潰，馬廣遁入武陽，英進圍之，六日而拔，虜士卒七千餘人。進攻廣硯，太子左衛			

										潺溝	率李元履棄城走，又攻西關，馬仙琕亦棄城走。三月，魏元志將兵七萬寇潺溝，雍州刺史吳平侯昺命朱思遠等擊志於潺溝，大破之，斬首萬餘級。
五一〇	武帝天監九年 北魏宣武帝永平三年		七月，北魏州郡二十大水。(圖)	冀州、定州	五月，二州旱。(圖)	會昌、襄陵	平陽郡之會昌、襄陵二縣大疫，自正月至四月，死者二千七百三十人。(圖)	宣城、吳興、新安	六月，宣城吳承伯作亂，攻郡，殺太守朱僧勇。承伯攻吳興，太守蔡撙帥衆出戰，大破之。承伯餘黨入新安，攻陷黟、歙諸縣，臺軍討平之。		
五一一	武帝天監十年 北魏宣武帝永平四年			青、齊、徐、兗	二月，四州民饑。(圖)				三月，王萬壽殺東莞、琅邪二郡太守劉晰，叛降魏。詔馬仙琕討之。	夏州 朐山	二月，魏劉龍駒聚衆反，侵擾夏州。詔薛和發四州之衆以討之。五月，馬仙琕圍朐山。十二月，盧昶引兵先遁，仙琕追擊大破之，二百里間，僵尸相屬。魏兵免者什一二。

公歷	年號	天災：水災 災區	水災 災況	旱災 災區	旱災 災況	其他 災區	其他 災況	人禍：內亂 亂區	內亂 亂情	外患 患區	外患 患情	其他 亂區	其他 亂情	附註
五一二	武帝天監十一年　北魏宣武帝延昌元年		二月，北魏州郡十一大水。		三月，旱。(紀)　北魏亢旱，百姓饑饉。(紀)	恆州、肆州	北魏京師及并、朔、相、冀、定、瀛六州地震。恆州之繁畤、桑乾、靈丘，肆州之秀容、鴈門地震陷裂，山崩泉湧，殺人五千三百一十人，傷者二千七百二十二人。(圖)							

公元	年號	地區	水災	地區	饑荒	地區	內亂	地區	外患
五一三	武帝天監十二年 北魏宣武帝延昌二年	建康 壽春	四月，京邑大水。(紀) 五月，大水。(紀) 夏，北魏州郡十三大水。(紀)	河南 郡 青州	二月，北魏六鎮大饑，民饑餓死者數萬口。(圖) 四月，北魏河南郡民饑。(紀) 六月，饑。(紀)	鬱洲	二月，鬱洲民徐道角等夜襲州城，殺張稷，送其首降魏。北兗州刺史康絢討平之。		
五一四	武帝天監十三年 北魏宣武帝延昌三年			青州	四月，民饑。(圖)				
五一五	武帝天監十四年 北魏宣武帝延昌四年							益州 關城	二月，魏伐蜀，傅豎眼將步兵三萬擊巴北，甯州刺史任太洪招誘氐、蜀，會魏大軍北還，太洪襲破魏東洛除口二戍，進圍關城，姜喜等擊破之，太洪棄關城走。

公曆	年號	天災：水災 災區	水災 災況	旱災 災區	旱災 災況	其他 災區	其他 災況	人禍：內亂 亂區	內亂 亂情	外患 患區	外患 患情	其他 亂區	其他 亂情	附註
五一六	武帝天監十五年 北魏孝明帝熙平元年	徐州	六月大水。(圖) 九月，淮堰破，蕭衍緣淮城戍村落十餘萬口皆	冀州	四月民饑。(圖) 北魏炎旱。(圖)					武興	五月，魏薛懷吉破叛氐於沮水。崔暹又破叛氐解武興之圍。			
										冀州	六月，魏冀州僧濾慶與勃海人李歸伯作亂，自號大乘。元遙討平之。			
										西硤石	九月，趙祖悅襲魏西硤石，據之，以逼壽陽。十二月，魏崔亮至硤石，祖悅戰敗，閉城自守，亮進圍之。			
											二月，魏攻硤石，克其外城。祖悅出降，斬之，盡俘其衆。		柔然伏跋可汗西擊高車，大破之。	
										葭萌	四月，魏元濾僧將兵拒張齊，齊與戰於葭萌。大破之。			
										武興	屠十餘城，遂圍武興，傅豎眼救之，梁兵乃退。			
										白水	六月，張齊數出白水，侵魏葭萌。七月，張齊帥二萬餘人，與			

公元	年號	地點	災情	地點	災情			地點	事件	地點	事件		
			漂入於海。(圖)								傅豎眼戰，齊軍大敗。東益州復入于魏。		
五一七	武帝天監十六年 北魏孝明帝熙平二年	冀、瀛、滄	九月，三州大水。(圖)	光州	饑敝。(圖)			巴州	十一月，巴州刺史牟漢寵叛降魏。	瀛州	正月，魏大乘餘賊復相聚，突入瀛州，尋討平之。		
		幽、冀、滄、瀛	十月，四州大饑。(圖)										
五一八	武帝天監十七年 北魏孝明帝神龜元年			幽州	正月，大饑，民死者三千七百九十九人。(圖)					秦州、東益州、南秦州	魏秦州羌、東益州氐、南秦州氐反。		
					北魏自正月不雨，至於六月。(圖)					河州	七月，魏河州羌却鐵忽反，自稱水池王，尋討平之。		
五一九	武帝天監十八年 北魏孝明帝神龜二年				北魏旱。(圖)								

<table>
<tr><th rowspan="3">公曆</th><th rowspan="3">年號</th><th colspan="6">天災</th><th colspan="6">人禍</th><th rowspan="3">附註</th></tr>
<tr><th colspan="2">水災</th><th colspan="2">旱災</th><th colspan="2">其他災</th><th colspan="2">內亂</th><th colspan="2">外患</th><th colspan="2">其他亂</th></tr>
<tr><th>災區</th><th>災況</th><th>災區</th><th>災況</th><th>災區</th><th>災況</th><th>亂區</th><th>亂情</th><th>患區</th><th>患情</th><th>亂區</th><th>亂情</th></tr>
<tr><td>五二〇</td><td>武帝普通元年
北魏孝明帝正光元年</td><td></td><td>七月,江、淮、海並溢。(圖)</td><td></td><td>北魏旱。</td><td></td><td></td><td></td><td></td><td></td><td></td><td></td><td></td><td></td></tr>
<tr><td>五二一</td><td>武帝普通二年
北魏孝明帝正光二年</td><td>定、冀、瀛、相</td><td>夏,四州大水。(圖)</td><td></td><td>北魏旱。(圖)</td><td></td><td></td><td></td><td></td><td>南秦州
義州

東益州、南秦州</td><td>正月,南秦州氐反,使邴蚪討之。
六月,義州刺史文僧明、邊城太守田守德擁所部降魏。
七月,裴邃督衆軍討義州,破魏封壽於檀公峴,遂圍其城,壽請降,復取義州。
十一月,東益、南秦氐皆反。王琛討之,琛貪暴無所畏忌,大爲氐所敗。</td><td>建康</td><td>五月,琬琰殿火,延燒後宮屋三千間。(紀)</td><td></td></tr>
<tr><td>五二二</td><td>武帝普通三年
北魏孝明帝正光三年</td><td></td><td></td><td></td><td>北魏旱。(圖)</td><td></td><td></td><td></td><td></td><td></td><td>十二月,婆羅門帥部落叛魏,亡歸嚈噠。費穆將兵討之,大破其兵。</td><td></td><td></td><td></td></tr>
</table>

公元	年號	地點	事件	其他
五二三	武帝普通四年　北魏孝明帝正光四年	武州、懷朔	沃野鎮民破六韓拔陵聚衆反，殺鎮將，改元眞王。攻武州、懷朔。北邊華、夷之民，往往響應。	四月，魏遣李崇帥騎十萬擊柔然，阿那瓌聞之北遁。遣于謹帥騎二千追柔然，前後十七戰，屢破之。
五二四	武帝普通五年　北魏孝明帝正光五年	高平 五原 白道 秦州 南秦州	三月，魏以臨淮王彧討破六韓拔陵。四月，赫連恩等反，推胡琛爲高平王。盧祖遷擊破之，琛北走。五月，王彧與破六韓拔陵戰於五原，兵敗。李叔仁又敗於白道，賊勢日盛。六月，薛珍等擒殺秦州刺史李彥，推莫折大提爲帥，魏遣元志討之。南秦州人亦殺	

公歷	年號	天災：水災災區	水災災況	旱災災區	旱災災況	其他災區	其他災況	人禍：內亂亂區	內亂亂情	外患患區	外患患情	其他亂區	其他亂情	附註
											刺史崔遊以應之。大提卒，子念生自稱天子，改元天建。			
										白道	七月，崔暹違李崇節度，與破六韓拔陵戰于白道，大敗。			
											莫折念生遣楊伯年攻仇鳩、河池二戍。魏子建遣伊祥等擊破之，斬首千餘級。			
										涼州	魏涼州幢帥于菩提等執刺史宋穎，據州反。			
										隴口	八月，莫折念生遣其弟高陽王天生將兵下隴。都督元志與戰於隴口，志兵敗，東保岐州。			
										秀容	八月，秀容人乞伏莫干聚衆攻郡，殺太守。			
										盤頭郡	八月，莫折念生攻魏盤頭郡。魏子建遣將擊破之。			
											九月，命裴邃督諸軍伐魏。			

睢陵、壽陽	成景儁拔睢陵。裴邃帥騎三千襲壽陽，克其外郭。以救兵不至，引還。
建陵、琅邪、檀丘、狄城、甓城、曲陽、秦墟	十月，裴邃、元樹攻克魏建陵城。彭寶孫拔琅邪、檀丘。裴邃拔狄城、甓城。曹世宗拔曲陽秦墟。魏將棄城走。
營州	營州民就德興執刺史李仲遵，據城反，自稱燕王。
豳州、夏州、北華州	胡琛遣其將宿勤明達寇豳、夏、北華三州。魏遣北海王顥將兵討之。
夏州	朔方胡反，圍夏州刺史源子雍。
岐州、涇州、豳州	十一月，莫折天生攻陷岐州，又敗薛巒於平涼東。魏以楊昱將兵救豳州，豳州圍解。
雍州	蜀賊張映龍、姜神達攻雍州，刺史元修義擊破之，斬神達，餘黨散走。
郢州	十二月，李國興進圍郢州，裴詢與田朴、魏特表裏以拒之，圍城近百日，不克，引

公歷	年號	天災 水災 災區	天災 水災 災況	天災 旱災 災區	天災 旱災 災況	天災 其他 災區	天災 其他 災況	人禍 內亂 亂區	人禍 內亂 亂情	人禍 外患 患區	人禍 外患 患情	人禍 其他 亂區	人禍 其他 亂情	附註
											還。			
五二五	武帝普通六年 北魏孝明帝孝昌元年									汾州	魏汾州諸胡反，王融將兵討之。			
										涼州	莫折念生遣兵攻涼州，城民趙天安執刺史以應之。			
										南鄉郡、晉城、馬圈、彭陽	正月，柳渾破魏南鄉郡。董當門破魏晉城，又破馬圈、彭陽二城。			
										徐州	魏元法僧殺高諒，稱帝，改元天啓。			
										岐州、雍州、隴東	莫折天生軍於黑水，兵勢甚盛。崔延伯帥衆五萬討之，天生悉衆逆戰，延伯身先士卒，將士盡銳競進，大破之，俘斬十餘萬，追奔至小隴，岐、雍及隴東皆平。			
										新蔡郡、鄭城、壽陽	裴邃拔魏新蔡郡、鄭城，汝潁之間所在響應。魏河間王琛至壽陽，引兵五萬出戰，邃大破之，斬首萬餘級。			
											魏安樂王鑒將兵討元法			

彭城	僧䜣,擊元略於彭城南,略大敗,與數十騎走入城,鑒不設備,法僧出擊,大破之。
仇池郡	二月,莫折念生遣楊鮓等攻仇池郡,魏子建擊破之。
梁州、直城	三月,錫休儒等自魏興侵魏梁州,攻直城,傅豎眼擊破之。
涇州	四月,胡琛據高平,遣萬俟醜奴等寇魏涇州。崔延伯恃其勇,與戰,大敗,死傷近二萬人。延伯自恥其敗,復自安定西進,魏軍又大敗。延伯中流矢卒,士卒死者萬餘人。
小劍	五月,樊文熾、蕭世澄等將兵圍小劍,爲魏淳于誕所破。虜世澄等將吏十一人,斬獲萬計,文熾僅以身免。
彭城	六月,魏兵入彭城,乘勝追擊,復取諸城,至宿預而還。將佐士卒死沒者什七八。
五原	六月,破六韓拔陵圍廣陽王深於五原,深擊破之。柔

公曆年			五二六
號			武帝普通七年 北魏孝明帝孝昌二年
天災	水災	災區		
		災況		
	旱災	災區		
		災況		
	其他	災區		
		災況		
人禍	內亂	亂區		
		亂情		
	外患	患區	 上谷 燕州 西荆、北荆、西郢 淅陽	安州 定州 深井、
		患情	然頭兵可汗大破六韓拔陵，賊前後降附者二十萬人。 八月，杜洛周聚衆反於上谷，改元眞王，攻沒郡縣。 圍燕州刺史崔秉。 十月，二荆、西郢羣蠻皆反、斷三殺路，殺都督，寇掠北至襄城、汝水。 十二月，曹義宗等取順陽馬圈，與裴衍戰於淅陽，義宗等敗退。 山胡劉蠡升反，自稱天子，置百官。	正月，魏安州石離、穴城、斛鹽三戍兵反應杜洛周。 五原降戶鮮于脩禮等帥北鎮流民，反於定州之左城。魏以長孫稚與河間王琛共討之。 二月，魏西部敕勒斛律洛
	其他	亂區		
		亂情		
附註				

河西	陽反於桑乾西，與費也頭牧子相連結，尋討平之。
薊城	四月，杜洛周南出，鈔掠薊城，梁仲禮擊破之。洛周敗李琚於薊城之北。常景帥衆拒之，洛周引還上谷。
五鹿	四月，鮮于脩禮邀擊長孫稚於五鹿。河間王琛與稚有隙，不赴救，稚軍大敗。
絳郡	六月，絳蜀陳雙熾聚衆反，自號始建王，尋降。
薊南	七月，杜洛周將兵掠薊南。
栗園	于榮等擊之於栗園，大破之，斬首三千餘級。洛周帥衆趣范陽，常景等又破之。
恆州、平城	鮮于阿胡擁朔州流民寇恆州，陷平城。
瀛州	九月，葛榮擊殺莊武王融，自稱天子，國號齊，改元廣安。
	常景破杜洛周，斬其武川王賀拔文興等，捕虜四百人。
	十一月，夏侯夔軍入魏境，

公曆	年號	天災						人禍						附註
		水災		旱災		其他		內亂		外患		其他		
		災區	災況	災區	災況	災區	災況	亂區	亂情	患區	患情	亂區	亂情	
五二七	武帝大通元年 北魏孝明帝孝昌三年		秋，北魏京師大水。							壽陽	所向皆下。克壽陽，入據其城。			
										范陽	十一月，杜洛周克范陽。			
										平原	魏劉樹等反，攻陷郡縣，頻敗州軍。元欣討平之。			
										新野	曹義宗據穰城以逼新野，以不利還。			
										殷州、冀州、岐州、北華州、豳州、雍州	正月，葛榮陷殷州，圍冀州。莫折念生進逼岐州，賊帥胡引祖據北華州，叱干麒麟據豳州以應天生。關中大擾。天生乘勝寇雍州。	瀛州	城內大火，燒三千餘家。	
										東豫州、琅邪	湛僧智圍魏東豫州，彭羣圍琅邪。夏侯夔出義陽道，攻魏平靜、穆陵、陰山三關，皆克之。			
										東郡	二月，魏東郡民趙顯德反，自號都督。元斌討平之。			
										彭城	成景儁攻魏彭城，不克。			
										廣川	三月，齊州民劉鈞聚衆反，			
										昌國城	清河民房項據昌國城叛，			

	尋討平之。
臨潼、竹邑、	五月，成景儁攻魏臨潼、竹邑，拔之。
蕭城	蘭欽攻魏蕭城、厥固，拔之。
陳郡	七月，陳郡民劉獲、鄭辯反於西華，改元天授，與湛僧智通謀。曹世表討平之。
鄴	相州刺史樂安王鑒據鄴叛，降葛榮。源子邕等討平之。
廣陵	九月，智湛僧圍魏東豫州刺史元慶和於廣陵，慶和舉城降。
	十月，元顯伯引兵救廣陵，聞城降，宵遁，諸軍追之，斬獲萬計。由是義陽北道遂與魏絕。
渦陽	沈慶之等攻魏渦陽。魏人作十三城，欲以控制梁軍，慶之銜枚夜出，陷其九城，魏兵俘斬略盡，尸咽渦水。
關中	雍州刺史蕭寶寅稱帝，改元隆緒。正平民薛鳳賢反，
河東、	宗人薛脩義亦聚衆河東，

公曆	年號	天災						人禍						附註
		水災		旱災		其他		內亂		外患		其他		
		災區	災況	災區	災況	災區	災況	亂區	亂情	患區	患情	亂區	亂情	
五二八	武帝大通二年 北魏孝莊帝永安元年									鹽池	分據鹽池,攻圍蒲坂,以應寶寅。			
										信都、冀州、相州	十一月,葛榮圍信都,克之。又陷冀州。相州刺史李農撫勉將士,大小致力,葛榮盡銳攻之,卒不能克。			
										潼關、河東	正月,長孫稚克潼關,遂入河東。蕭寶寅遣侯終德擊毛遐,屢爲魏軍所敗。			
										滎陽	二月,羣盜李洪攻燒鞏西關口以東,南結諸蠻,費穆討平之。			
										滄州	三月,葛榮陷魏滄州,執刺史薛慶之,居民死者什八九。			
										毛城、新蔡、南頓、陳項	四月,魏鄀州刺史元顯達請降。夏侯夔進攻毛城,逼新蔡。夏侯夔圍南頓,攻陳項。			
										荊州	五月,曹義宗圍魏荊州,魏以費穆將兵救之。			

五二九

武帝中大通元年　北魏孝莊帝永安二年

地點	記事
建康	六月，都下疫甚。（紀）
北徐州	十二月，妖賊僧強，自稱天子。土豪蔡伯龍起兵應之，衆至三萬，攻陷北徐州。陳慶之討斬之。
沁水	六月，葛榮將兵南掠至沁水。魏以元大穆討之。
北海	河間邢杲，反於青州之北海，自稱漢王，改元天統。魏以李叔仁帥衆討之。
濮陽	七月，光州民劉舉，聚衆反於濮陽，尋平之。
滏口	九月，葛榮引兵圍鄴，衆號百萬。爾朱榮以從子天光留鎭晉陽。自帥精騎七千，以侯景爲前驅。大破葛榮於滏口，擒之。
荊州	十月，費穆敗曹義宗軍，義宗爲魏所擒。
幽州	十二月，葛榮餘黨韓樓復據幽州反。
滎城、梁國、考城	四月，陳慶之與北海王顥乘虛進拔滎城，遂至梁國。顥稱帝，改元孝基。沈慶之拔孝城。
濟南	魏上黨王天穆等破邢杲於濟南。
滎陽、虎牢	五月，沈慶之拔滎陽、虎牢，送顥入洛陽，改元建武，魏

公曆年	號	天災：水災 災區	水災 災況	旱災 災區	旱災 災況	其他災 災區	其他災 災況	人禍：內亂 亂區	內亂 亂情	外患 患區	外患 患情	其他亂 亂區	其他亂 亂情	附註
五三〇	武帝中大通二年　北魏孝莊帝永安三年										主北走。慶之取三十二城，四十七戰皆捷。顥密謀叛梁，尋敗於爾朱榮而死。慶之爲沙門逃歸，所得諸城仍降魏。			
										薊	九月，侯淵討韓樓於薊，擒之，幽州平。			
										東秦州	万俟醜奴攻東秦州，拔之。殺刺史高子朗。			
										東徐州	正月，魏兖、梁二州刺史遣將擊嚴始欣，斬之。蕭玩亦敗死，失亡萬餘人。二月，東徐州民呂文欣據城反。樊子鵠討斬之。			
										岐州、安定、高平	万俟醜奴侵擾關中。爾朱榮遣賀拔岳討之。醜奴自將其衆圍岐州，其將尉遲菩薩降岳，醜奴聞之，棄岐州北走安定。天光自雍至岐，與岳合。醜奴趣高平，賀拔岳追擊大破之。			

高平　六月，万俟道洛掩襲孫邪利，天光帥諸軍赴之，道洛敗走入隴。

水洛城　七月，天光帥諸軍入隴，至水洛城，拔其東城，擒道洛、慶雲，死者萬七千人。於是三秦、河渭、瓜涼、鄯州皆降。

建州　九月，魏主誅爾朱榮、世隆至建州，陸希質閉城拒守，世隆攻拔之，殺城中人無遺類。

晉陽、長子　十月，爾朱兆聞榮死，自汾州帥騎據晉陽。世隆至長子，兆東會之，共推長廣王曄即帝位。

五三一

武帝中大通三年
北魏廢帝中興元年

十月，樂山侯正則招誘亡死，欲攻番禺。廣州刺史元仲景討斬之。

東陽　二月，魏崔祖螭等，聚青州七郡之衆圍東陽。

幽、瀛、滄、冀　劉靈助起兵自稱燕王，幽、瀛、滄、冀之民多從之。尋破斬之。

夏州　四月，爾朱天光出夏州，遣將討宿勤明達，擒之。

東陽　五月，魏僧勗等，討崔祖螭於東陽，斬之。

關右、并、汾、徐、兖　爾朱天光專制關右，爾朱兆奄有并、汾，仲遠擅命徐、兖，所部富室大族，

公曆	年號	天災						人禍						附註
		水災		旱災		其他災		內亂		外患		其他亂		
		災區	災況	災區	災況	災區	災況	亂區	亂情	患區	患情	亂區	亂情	
										信都 殷州 陽平 廣阿 鄴	六月，魏高歡起兵於信都。李元忠舉兵逼殷州，歡令高乾救之，擒斬羽生。於是抗表罪爾朱氏。七月，爾朱兆將步騎二萬出井陘，趣殷州。李元忠棄城奔信都。八月、爾朱仲遠度律將兵討高歡。十月，爾朱仲遠、度律等軍於陽平。爾朱兆出井陘，軍于廣阿。歡大破兆於廣阿，俘其甲卒五千餘人，因攻鄴。		多誣以謀反，籍沒其婦女財物，入私家，投其男子於河。	
五三二	武帝中大通四年 北魏孝武帝永熙元年									鄴 鄴	正月，高歡攻鄴，拔之。閏三月，天光自長安，兆自晉陽，度律自洛陽，仲遠自東郡，皆會於鄴，衆號二十萬。夾洹水而軍。高歡令封隆之守鄴。歡大敗兆等軍。兆還晉陽，仲遠奔東郡。			

	五三三
	武帝中大通五年 北魏孝武帝永熙二年
	建康
	五月，大水。（圖）
	正月，勞州刺史曹鳳、東荊州刺史雷能勝等舉城降魏。
河橋	四月，斛斯椿入據河橋，盡殺爾朱氏之黨。庋律、天光欲攻之，會大雨，引兵西走。
晉陽、并州	七月，高歡引兵入滏口，庫狄干入井陘，擊爾朱兆，又以高隆之帥步騎十萬，會高歡於太原。爾朱兆大掠晉陽，北走秀容，并州平。
青州	魏夏州遷民郭遷據青州反。元巖棄城走。侯景等討之，拔其城。
譙城	魏樊子鵠圍元樹於譙城，拔其城，擒樹及譙州刺史朱文開。
秀容	十二月，爾朱兆至秀容，出入寇抄，高歡遣將討之。
三齊	四月，青州民耿翔聚衆寇掠三齊。斬膠州刺史裴粲，降梁。
青州	六月，魏以樊子鵠、蔡儁等討耿翔，翔棄城奔梁。
雍州	十二月，魏荊州刺史賀拔勝寇雍州，拔下迮戍。廬陵王續遣軍擊之，屢爲所敗。

公歷	年號	天災·水災·災區	天災·水災·災況	天災·旱災·災區	天災·旱災·災況	天災·其他災·災區	天災·其他災·災況	人禍·內亂·亂區	人禍·內亂·亂情	人禍·外患·患區	人禍·外患·患情	人禍·其他·亂區	人禍·其他·亂情	附註
五三四	武帝中大通六年 西魏孝武帝永熙三年 東魏孝靜帝天平元年									馮翊、安定、沔陽、酇城	勝又遣軍攻馮翊、安定、沔陽、酇城，皆拔之。於是沔北蕩爲丘墟矣。			魏自此分爲東西。
										東梁州	二月，東梁州民夷作亂，泉企討平之。			
										略陽、上邽	四月，宇文泰引兵上隴，陳悅退保略陽。泰遣輕騎數百趣略陽，悅退保上邽。			
										潼關、華陰	九月，高歡攻潼關，克之，進屯華陰。歡自發晉陽，至是凡四十啓，魏主皆不報，歡乃東還。			
										荊州	遣侯景等引兵向荊州，敗賀拔勝軍。			
										穰城	十月，侯景引兵逼穰城，東荊州民楊祖歡等起兵以其衆邀馮景昭於路，景昭戰敗。			
										洛陽	高歡至洛陽，立清河王世子善見爲帝，改元天平。			
										潼關	魏宇文泰進軍攻潼關，斬薛瑜，虜其卒七千人，還			

	五三五
	武帝大同元年 西魏文帝大統元年 東魏孝靜帝天平二年
	五月，東魏大旱。
	鄱陽
	鄱陽妖賊鮮于琛，改元上願，有衆數萬人。鄱陽內史陸襄討擒之。
瀨鄉 浙陽郡	靈州 華州 瑕丘 青州
長安。 十二月，元慶和帥衆伐東魏，克瀨鄉而據之。 蠻酋樊五能攻破浙陽郡以應魏。東魏辛纂遣兵攻之，兵敗。	魏李虎等招諭費也頭之衆，共攻靈州。凡四旬，曹泥請降。 正月，東魏丞相歡擊稽胡劉蠡升，大破之。 東魏司馬子如等攻潼關，襲華州，刺史王熊擊走之。 二月，東魏婁昭等攻兗州樊子鵠，昭攻拔之。遂引兵圍瑕丘。 司州刺史陳慶之伐東魏，不利而還。 三月，東魏高歡舉兵襲劉蠡升，蠡升北部王斬蠡升首以降。餘衆復立其子南海王，歡進擊擒之，俘華、夷五萬餘戶。 侯淵反，夜襲青州南郭，劫

公曆	年號	天災						人禍						附註
		水災		旱災		其他災		內亂		外患		其他禍		
		災區	災況	災區	災況	災區	災況	亂區	亂情	患區	患情	亂區	亂情	
五三六	武帝大同二年 西魏文帝大統二年 東魏孝靜帝天平三年			關中	大饑,人相食,死者什七八。					南兗州	掠郡縣。濟州刺史蔡儁討平之。			
				河北	饑。(圖)					南頓	五月,元慶和引兵逼東魏南兗州,洛州刺史韓賢拒之。			
										晉壽	六月,元慶和攻南頓,豫州刺史堯雄破之。			
										南鄭	七月,鄱陽王範等合兵圍晉壽克之。			
											十一月,北梁州刺史蘭欽引兵攻南鄭,魏元羅舉州降。			
										夏州	正月,東魏丞相歡自將萬騎襲魏夏州,克之。			
										靈州	魏靈州刺史曹泥復叛降東魏。魏人圍之,水灌其城。高歡發三萬騎救之,魏師退。			
										楚州	十月,大舉伐東魏。東魏侯景將兵七萬寇楚州,進軍淮上。陳慶之擊破之。			

公元	年號	地區	天災	地區	人禍
五三七	武帝大同三年 西魏文帝大統三年 東魏孝靜帝天平四年	并、肆、汾、建、晉、南、汾、東雍、秦、陝九州	二月，霜旱，人饑。		正月，東魏高歡軍蒲坂，造三浮橋，欲度河。魏宇文泰襲擊竇泰，大破之。
		南兗州	九月，大饑。	盤豆、恆農	八月，魏宇文泰帥李弼等十二將伐東魏。攻拔盤豆、恆農，擒陝州刺史李徽伯，俘其戰士八千。
		建康	十月。京師饑。	沙苑	閏九月，東魏高歡將兵二十萬，自壺口趣蒲津，濟河、泰至沙苑大破東魏兵，得生還者十二萬，棄鎧仗十有八萬。
				潁川	十一月，東魏任祥帥堯雄等攻潁州，丞相泰使宇文貴將步騎二千救之，軍至陽翟。貴趨據潁川，雄等至，合戰，大破之，俘其士卒萬餘人。
				宛陵	祥退保宛陵，貴追及擊之，祥軍大敗。
				東荊州	十二月，魏郭鸞攻東魏慕容儼，儼書夜拒戰，二百餘日，乘間出擊鸞，大破之。

公曆年	號	天災 水災 災區	災況	旱災 災區	災況	其他 災區	災況	人禍 內亂 亂區	亂情	外患 患區	患情	其他亂 亂區	亂情	附註
五二八	武帝大同四年 西魏文帝大統四年、東魏孝靜帝元象元年	定、冀、瀛、滄	四州大水。(圖)	南兗等十二州	八月，饑饉。					南汾州	二月，東魏善無賀拔仁攻魏南汾州刺史韋子粲，降之。			
										淮南	七月，東魏荆州刺史王則，寇淮南。			
										金墉、洛陽	東魏侯景等圍魏獨孤信于金墉，景悉燒洛陽內外官寺，民居存者什二三。			
											八月，魏丞相泰進軍瀍東，擊東魏兵，大破之。東魏兵北走，高敖曹意輕泰，魏人盡銳攻之，一軍皆沒。又殺			
										西兗州	東魏西兗州刺史宋顯等，虜甲士萬五千人，赴河死者以萬數。			
										金墉	九月，東魏高歡攻金墉，長孫子彥棄城走，焚城中室屋俱盡。			
										洛陽	十二月，魏是云寶襲洛陽，東魏王元軌棄城走。都督			
										廣州	趙剛襲廣州，拔之。			

公元	紀年								
五四一	武帝大同七年 西魏文帝大統七年 東魏孝靜帝興和三年							上郡	三月，魏夏州刺史劉平伏據上郡反，于謹討擒之。
五四二	武帝大同八年 西魏文帝大統八年 東魏孝靜帝興和四年	滄州	大水。(圖)			盧陵、豫章、廣州	正月，安成劉敬躬據郡反，改元永漢。進攻盧陵，逼豫章，張綰、王僧辯討平之。十二月，盧子略等攻廣州，陳霸先帥精甲三千討擒之。	玉壁	十月，東魏高歡擊魏，進圍玉壁，凡九日，遇大雪，士卒飢凍，多死者，遂解圍去。
五四三	武帝大同九年 西魏文帝大統九年 東魏孝靜帝武定元年			東魏冬旱。(圖)				柏谷 邙山 陝 九德 清水	二月，魏丞相泰帥諸軍以應高仲密，攻柏谷，拔之。 三月，東魏丞相歡大敗魏宇文泰於邙山，虜魏王侯將佐四十八人，斬首三萬餘級，泰遂入關，屯渭上，歡進至陝。 四月，林邑王攻李賁，賁將范脩破林邑於九德。 清水氐酋李鼠仁作亂，獨孤信屢遣軍擊之，不克。

公歷	年號	天災・水災・災區	天災・水災・災況	天災・旱災・災區	天災・旱災・災況	天災・其他・災區	天災・其他・災況	人禍・內亂・亂區	人禍・內亂・亂情	人禍・外患・患區	人禍・外患・患情	人禍・其他・亂區	人禍・其他・亂情	附註
五四四	武帝大同十年 西魏文帝大統十年 東魏孝靜帝武定二年				東魏旱。					汾州	十一月，東魏丞相歡襲擊山胡，破之，俘萬餘戶。			
五四五	武帝大同十一年 西魏文帝大統十一年 東魏孝靜帝武定三年							朱鳶	六月，交州刺史楊瞟反，陳霸先討李賁，敗賁於朱鳶，又敗於蘇歷江口。					
五四六	武帝中大同元年 西魏文帝大統十二年 東魏孝靜帝武定四年							嘉甯 交州	正月，楊瞟等克嘉甯城，李賁奔新昌。 九月，楊瞟平交州，李賁竄入屈獠洞中。	玉壁	八月，東魏丞相歡悉舉山東之衆，自鄴會兵於晉陽，圍攻玉壁，不克，士卒戰及病死者共七萬人。			

五四七

武帝太清元年
西魏文帝大統十三年
東魏孝靜帝武定五年

冬，東魏旱。

正月，侯景據河南叛歸于魏，潁州刺史司馬世雲以城應之。

潁川　五月，高澄遣文衛將軍元柱等將數萬衆以襲侯景。

潁川　遇景於潁川北，柱等大敗。韓軌圍侯景於潁川，景路魏以求救。

潁川　懸瓠　六月，羊鴉仁遣長史鄧鴻將兵至汝水，李弼引兵還長安。王思政入據潁川，景引共出屯懸瓠。

八月，武州刺史蕭弄璋，攻東魏磧石、呂梁二戍，拔之。

十一月，東魏大將軍澄使大都督高岳救彭城，以慕容紹宗為東南道行臺。紹宗帥衆十萬，據橐駝峴。梁人不用侯景言，乘勝深入，魏兵爭共掩擊之，梁兵大敗，失亡士卒數萬人。紹宗

潼州　進圍潼州。

渦陽　十二月，慕容紹宗引軍擊侯景，景退保渦陽。

廣宗郡　八月，火，燒數千家。

公曆	年號	天災 水災 災區	天災 水災 災況	天災 旱災 災區	天災 旱災 災況	天災 其他 災區	天災 其他 災況	人禍 內亂 亂區	人禍 內亂 亂情	人禍 外患 患區	人禍 外患 患情	人禍 其他 亂區	人禍 其他 亂情	附註
五四八	武帝太淸二年 西魏文帝大統十四年 東魏孝靜帝武定六年				春，東魏旱。(圖)		九月，地震，江左尤甚，壞屋殺人。(圖)	愛州	三月，李賁遁入九眞，收餘兵二萬圍愛州。陳霸先帥衆討平之。		正月，慕容紹宗以鐵騎五千夾擊侯景，景士卒不樂南渡，各帥所部降於紹宗。景衆大潰，爭赴渦水，水爲之不流。景與腹心數騎自硤石濟淮。			
								壽陽、馬頭	八月，侯景反於壽陽，西攻馬頭，遣其將東攻木柵。使鄱陽王範等討景。	懸瓠、項城	羊鴉仁棄懸瓠還義陽，羊思達亦棄項城走。東魏人皆據之。			
								譙州、歷陽	十月，景襲譙州，攻歷陽太守莊鐵。鐵以城降。景以鐵爲導，引兵臨江。	潁川	四月，東魏遣高岳、慕容紹宗等將步騎十萬攻魏王思政於潁川。思政隨方拒守。			
								姑孰	正德遣大船數十艘，詐稱載荻，密以濟景。景分兵襲姑孰，景自慈湖板橋至朱雀桁南，正		八月，東魏大將軍澄還晉陽。遣辛術帥諸將略江、淮之北，凡獲二十三州。			
								建康	德迎之。進圍臺城，朱異使千餘人出戰，鋒未及交，退走爭橋，赴水死者大半。					
								建康	十一月，侯景自往攻東府，宣城王防閤許伯衆潛引景衆登城，克之。殺南浦侯推，及城中戰士三千人。臺城，景屢攻不克，軍中乏食，乃縱士卒掠奪民米及金					

帛子女。是後米一升至七八萬錢，人相食，餓死者什五六。

五四九	
武帝太清三年 西魏文帝大統十五年 東魏孝靜帝武定七年	
九江	七月，大饑，人相食者什四五。(紀)
青塘	正月，韋粲軍至青塘，侯景帥銳卒攻之。粲使鄭逸逆擊，爲景所敗。景乘勝入粲營，粲與子尼及三弟助、警、構等皆戰死，親戚死者數百人。柳仲禮與景戰於青塘，大破之，斬首數百級，沉淮水死者千餘人。鄱陽世子嗣、永安侯確、莊鐵、羊鴉仁、李遷仕、樊文皎將兵度淮，攻東府前柵，焚之。遷仕、文皎帥銳卒五千，獨進深入，所向摧靡，至菰首橋東，景將宋子仙伏兵擊之，文皎戰死。三月，南康王會理，與羊鴉仁、趙伯超等，進營於東府城北。景使宋子仙擊之，趙伯超望風退走。會理等兵大敗，戰及溺死者五千人。侯景決石闕前水，百道攻
潁州	四月，東魏高岳攻魏潁川，不克。
長社	六月，東魏大將軍澄，自將步騎十萬攻長社。長社城中無鹽，人病攣腫，死者什八九。王思政以城降。
隨郡	十二月，魏楊忠拔隨郡。
司州	東魏使潘樂等將兵五萬，襲司州，刺史夏侯強降之。
資治通鑑卷一百六十二："侯景之初圍建康也，城中男女十餘萬，擐甲者二萬餘人，被圍既久，人多身腫氣急，死者什八九。乘城者不滿四千人，率皆羸喘。橫尸滿路，不可瘞埋。"	

公曆年號	天災：水災：災區	天災：水災：災況	天災：旱災：災區	天災：旱災：災況	天災：其他：災區	天災：其他：災況	人禍：內亂：亂區	人禍：內亂：亂情	人禍：外患：患區	人禍：外患：患情	人禍：其他：亂區	人禍：其他：亂情	附註
								城，晝夜不息。董勛、熊曇朗於城西北樓，引景衆登城。永安侯確，力戰不能却，城遂陷。景縱兵掠乘輿、服御宮人皆盡。					
							晉陵	侯景遣徐相攻晉陵，陸經以郡降之。					
							吳郡	侯景遣于子悅等，將羸兵數百，東略吳郡。袁君正以城降。					
								六月，宋子仙圍戴僧逷不克。吳盜陸緝等起兵襲吳郡。湘東世子方等，軍至麻溪，河東王譽，將七千人擊之，方等軍敗溺死。					
							湘州	七月，信州刺史鮑泉將兵伐湘州。					
							吳興	八月，侯景遣侯子鑒等，擊吳興。					
							湘州	鮑泉軍于石槨寺，河東王譽逆戰而敗，又敗于橘洲。戰及溺死者萬餘人，譽退					

（續前）	五五〇
	簡文帝大寶元年 西魏文帝大統十六年 東魏孝靜帝武定八年 北齊文宣帝天保元年
	自春迄夏大旱，人相食，都下尤甚。(紀)*
長沙	南野、南康
江陵、廣平	廣陵
尋陽	
錢塘	
會稽	
會稽	
保長沙。泉引軍圍之。九月，岳陽王詧帥衆二萬，騎二千，伐江陵以救湘州。使薛暉攻廣平，拔之。十月，歷陽太守莊鐵引兵襲尋陽。大心遣其將徐嗣徽逆擊，破之。十一月，宋子仙攻錢塘，戴僧遏降之。子仙乘勝度浙江，至會稽。鄱陽內史侯蕃以兵拒之。十二月，宋子仙攻會稽，南郡王大連棄城走，子仙追及大連於信安。於是三吳盡沒於景。	正月，陳霸先發始興，至大庾嶺。蔡路養將二萬軍于南野，以拒之。路養兵敗，霸先進軍南康。二月，侯景遣任約、于慶等帥衆二萬攻諸藩。侯景遣侯子鑒帥舟師八千，自帥徒兵一萬，攻廣陵，
	安陸 竟陵 石城、江陵
	正月，魏楊忠圍安陸，柳仲禮馳歸救之。魏兵敗仲禮於漴頭，獲仲禮及其弟子禮，盡俘其衆。安陸、竟陵皆降於忠。二月，魏楊忠至石城，欲進逼江陵。湘東王繹遣子方略爲質以求和，魏人許之。
	*資治通鑑卷一百六十三梁紀十九。「江南連年旱蝗，江、揚尤甚，百姓流亡，相與入山谷江湖，采草根木葉菱芡而食之。所在皆盡，死者蔽野，千里烟絕，人迹罕見。白

公曆	年號	水災 災區	水災 災況	旱災 災區	旱災 災況	其他災 災區	其他災 災況	內亂 亂區	內亂 亂情	外患 患區	外患 患情	其他禍 亂區	其他禍 亂情	附註
									三日克之。城中無少長皆射死之。	陽平	東魏行臺辛術將兵入寇。圍陽平，不克。			骨成聚，如丘隴焉。」資治通鑑卷一百六十三梁紀十九：「自晉氏渡江，三吳最爲富庶，貢賦商旅皆出其地。及侯景之亂，掠金帛既盡，乃掠人而食之，或賣於北境，遺民殆盡矣。」
								安吳	宣城內史楊白華，進據安吳。侯景遣于子悅帥衆攻之，不克。					
								三章	三月，鄱陽世子嗣，與任約戰於三章，約敗走。					
								長沙	四月，王僧辯攻長沙，克之，執河東王譽，斬之。					
								吳郡	五月，文成侯甯起兵於吳，有衆萬人，進攻吳郡，侯子榮逆擊殺之。子榮因縱兵大掠郡境。					
								湓城	六月，尋陽王大心遣徐嗣徽夜襲湓城。安南侯恬、裴之橫等擊走之。					
								稽亭	裴之橫攻稽亭，徐嗣徽擊走之。					
									七月，任約略地至湓城，尋陽王大心遣韋質出戰而					

江州、豫章	敗，大心以江州降約。于慶略地至豫章，侯瑱力屈、降之。
新淦	于慶自豫章分兵襲新淦，黃灋氍敗之。邵陵王綸聞任約將至，使蔣思安將精兵五千襲之，約衆潰。
益州	益州沙門孫天英帥徒數千人，夜攻州城，武陵王紀與戰，斬之。
浙東	九月，張彪等起兵於若邪山，攻破浙東諸縣，有衆數萬。
西陽、武昌	任約進寇西陽、武昌，皆拔之。
陽平	十一月，侯景徵租入建康，辛術帥衆度淮斷之。燒其穀百萬石，遂圍陽平。郭元建引兵救之，術引還。徐文盛軍貝磯，任約帥水軍逆戰，文盛大破之。
劍閣	十二月，武陵王紀遣潼州刺史楊乾運、南梁州刺史譙淹合兵二萬討楊法琛，法琛據劍閣以拒之

公歷	年號	天災 水災 災區	災況	旱災 災區	災況	其他 災區	災況	人禍 內亂 亂區	亂情	外患 患區	患情	其他 亂區	亂情	附註
五五一	簡文帝大寶二年 西魏文帝大統十七年 北齊文宣帝天保二年							新吳	正月，余孝頃舉兵拒侯景，景遣于慶攻之，不克。	汝南	二月，楊忠拔汝南，殺邵陵王綸。		六月，鐵勒將伐柔然，突厥酋長土門邀擊破之，盡降其衆五萬餘落。	
								劍閣、南陰平	楊乾運攻拔劍閣，進據南陰平。					
								錢塘、富春	張彪遣趙稜圍錢塘，孫鳳圍富春。侯景遣田遷、趙伯超救之，稜、鳳敗走。					
								南康	二月，李遷仕擊南康，陳霸先遣杜僧明等拒之，斬遷仕。					
								武昌	三月，徐文盛等克武昌，進軍蘆洲。					
								齊安	閏月，侯景發建康，分兵襲破定州刺史田龍祖於齊安。					
								郢州、巴陵	四月，王僧辯等聞郢州已陷，留屯巴陵。景攻不克，士卒死者甚衆，乃退。					
								赤亭	五月，湘東王繹拜胡僧佑為武猛將軍，軍於湘浦。景遣任約帥銳卒五千拒之。					

（續前）	五五二
	孝元帝承聖元年 西魏廢帝元年 北齊文宣帝天保三年
	江東
	江東饑亂，餓死者什八九。
魯山、羅城、湓城、郭默	姑孰、建康、衡州、湘州
僧佑等縱兵擊之，約兵大潰，殺溺死者甚衆。六月，僧辯東下攻克魯山，攻郢州，克其羅城，斬首千級。八月，王僧辯乘勝下湓城，前軍襲于慶。慶棄郭默城走，范希榮亦棄尋陽城走。	二月，湘東王命王僧辯等東擊侯景。陳霸先自江南出湓口，會僧辯於白茅灣。三月，僧辯至姑孰，大敗侯子鑒兵，士卒赴水死者數千人，子鑒僅以身免。王僧辯、陳霸先大破景兵，景棄臺城東走，僧辯入據臺城，不戢軍士，剽掠居民，男女裸露，自石頭至於東城，號泣滿道。六月，衡州刺史王懷明作亂，廣州刺史蕭勃討平之。十月，王僧辯四王琳。琳將陸納等據湘州作亂，襲擊衡州刺史丁道貴於淥口，破之。
	陽平、白馬、歷陽、秦郡、廣陵、魏興、東梁州
	四月，齊主使潘樂與郭元建將兵五萬攻陽平，拔之。楊乾運至劍北，魏達奚武逆擊之，大破乾運於白馬。五月，齊合州刺史斛昭斯攻歷陽，拔之。齊主使潘樂、郭元建將兵圍秦郡。王僧辯使杜崱救之，霸先自歐陽東會，與元建大戰於士林，大破之。斬首萬餘級，生擒千餘人。六月，陳霸先進軍圍廣陵。齊主請釋圍，以歷陽還之。八月，魏黃衆寶反，攻魏興，進圍東梁州。太師泰使王雄與宇文虯討之。
	正月，齊主伐庫莫奚，大破之，俘獲四千人，雜畜十餘萬。突厥土門襲擊柔然，大破之。

公歷年	年號	天災 水災 災區	災況	旱災 災區	災況	其他 災區	災況	人禍 內亂 亂區	亂情	外患 患區	患情	其他 亂區	亂情	附註
五五三	孝元帝承聖二年 西魏廢帝二年 北齊文宣帝天保四年							車輪 長沙	三月，陸納據車輪，使王僧辯、侯瑱爲東西都督討之。五月，王僧辯諸軍水陸齊進，拔其二城，納衆大敗走保長沙。僧辯進圍之。 六月，武陵王紀築連城，攻絕鐵鎖，又遣將軍侯叡將衆七千築壘，與陸灋和相拒。 七月，謝答仁、任約進攻侯叡，破之。紀不獲退，順流東下，樊猛追擊之，紀衆大潰，赴水死者八千餘人。	姑臧 赤泉	四月，吐谷渾可汗夸呂寇掠魏境，宇文泰將騎三萬討之，夸呂請服。既而復通使於齊，史寧襲之於赤泉，破之。			
										成都	八月，魏尉遲迥圍成都五旬，永豐侯撝以城降。			
										青山、陽師	九月，契丹寇齊邊，齊主使潘相樂帥精騎五千，自東道趣青山，使韓軌帥精騎四千，東斷契丹走路。齊主大破契丹軍，虜獲十餘萬口，雜畜數百萬頭。			
										東關	閏十月，南豫州刺史侯瑱，與郭元建戰於東關，齊師大敗，溺死者萬計。			

公元	年號	地點	事件	地點	事件
五五四	孝元帝承聖三年 西魏恭帝元年 北齊文宣帝天保五年	石樓	正月，齊主自離石道討山胡，大破之。男子十三以上皆斬，女子及幼弱以賞軍。	建康	十月，城內火，燒人居數千家。（紀）
		廣陵、涇州、宿預	陳霸先自丹徒濟江，圍齊廣陵。秦州刺史嚴超達自秦郡進圍涇州。三月，齊將王球攻宿預，杜僧明出擊，大破之。柔然可汗菴羅辰叛齊，齊主自將出擊，大破之。		
		肆州	四月，柔然寇齊肆州。齊主自晉陽討之，大破柔然，伏尸二十餘里。獲菴羅辰妻子，虜三萬餘口。五月，魏直州人樂熾、洋州人黃國等作亂。太師泰命李遷哲與賀若敦討熾等，平之。		
		廣武	柔然乙旃達官寇魏廣武，李弼追擊破之。		
		涇州、宿預	六月，齊步大汗薩將兵四萬趣涇州。齊段韶留敬顯攜等圍宿預，自引兵趣涇州。尹令思不意齊師猝至，		

公歷				五五五
年號				敬帝紹泰元年 西魏恭帝二年 北齊文宣帝天保六年
天災	水災	災區		
		災況		
	旱災	災區		
		災況		
	其他	災區		
		災況		
人禍	內亂	亂區		邵陵 京口 吳興、義興
		亂情		正月，宋文徹殺太守劉棻，帥其衆還據邵陵。九月，霸先舉兵於京口，襲僧辯，執僧辯父子，縊殺之。十月，僧辯死，杜龕據吳興拒霸先，義興太守韋載以
	外患	患區	江陵	郢州 皖城、東關
		患情	望風退走，詔進擊破之。九月，魏遣于謹等將兵五萬入寇。十一月，魏軍至黃華，去江陵四十里。至柵下，柵內火焚數千家，及城樓二十五。魏人百道攻城，外柵陷，胡僧祐死之。帝入東閣竹殿，命高善寶焚古今圖書十四萬卷。城陷，帝被執。于謹收府庫珍寶，盡俘王公以下，及選百姓男女數萬口爲奴婢。驅歸長安，小弱者皆殺之，得免者三百餘家。	正月，王僧辯遣侯瑱攻郢州。任約等引兵會之。三月，齊軍司尉瑾等南侵皖城，晉州刺史蕭惪以州降之。齊克東關，斬裴之橫，俘數千人。
	其他	亂區		
		亂情		突厥木杆可汗恃其彊，請盡誅鄧叔子等於魏。
附註				

吳郡

郡應之，吳郡太守王僧智亦據城拒守。譙、秦二州刺史徐嗣徽，密結南豫州刺史任約，將精兵五千，乘虛襲建康。襲據石頭，進逼臺城，侯安都閉門拒守。霸先

建康

卷甲還建康。黄他攻王僧智於吳郡，不克，霸先使裴忌助之，僧智棄郡奔吳興，忌入據之。

治城

十一月，徐嗣徽等攻治城柵，陳霸先將精甲自西明門出擊，嗣徽等大敗。十二月，陳霸先對治城立航，柳達摩等度淮置陳，霸先督兵疾戰，齊兵大敗，爭舟相擠，溺水者以千數。嗣徽與任約還據石頭。霸先遣兵詣江寧，據要險。嗣徽頓江寧浦口，霸先遣侯安都將水軍襲破之。

姑孰

江寧令陳嗣據姑孰反。霸先命侯安都等討平之。

郢州

六月，齊慕容儼始入郢州，而侯瑱等奄至城下，儼隨方備禦，瑱等不能克。乘間出擊瑱等軍，大破之。七月，齊主自將擊柔然，大破之。獲其酋長及生口二萬餘，牛羊數十萬。

姑孰

十一月，齊遣兵五千度江，據姑孰，以應嗣徽、任約。又遣翟子崇、劉士榮、柳達摩將兵萬人於胡墅。陳霸先使侯安都夜襲胡墅，燒齊船千餘艘。

太師泰收叔子以下三千餘人，盡殺之於青門外。

公歷	年號	天災						人禍						附註
		水災		旱災		其他災		內亂		外患		其他亂		
		災區	災況	災區	災況	災區	災況	亂區	亂情	患區	患情	亂區	亂情	
五五六	敬帝太平元年 西魏恭帝三年 北齊文宣帝天保七年 周孝閔帝元年			浙州	年穀不登，民饑饉。（圖）			吳興	正月，陳蒨、周文育合軍攻杜龕於吳興。龕將杜泰斬杜龕以降。	公安	二月，後梁主襲侯平於公安。			
								會稽	二月，東揚州刺史張彪不附霸先。陳蒨、周文育輕兵襲會稽，彪兵敗。	梁山	三月，齊遣蕭軌、庫狄伏連等與任約、徐嗣徽合兵十萬入寇。陳霸先將黃叢逆擊破之。			
								豫章	江州刺史侯瑱擁兵據豫章及江州，不附霸先。霸先以周文育將兵擊之。	魯陽	四月，齊婁叡討魯陽蠻，破之。			
								武陵	七月，樊毅襲武陵，殺武州刺史王譓。潘忠擊之，執毅以歸。	歷陽	侯安都輕兵襲齊馬恭於歷陽，大破之，俘獲萬計。			
										蕪湖、丹陽	五月，齊兵發蕪湖，入丹陽縣，至秣陵故治。陳霸先遣周文育等禦之。			
										建康	六月，陳霸先與吳明徹等衆軍，縱兵大戰，安都自白下引兵，橫出其後。齊師大潰，斬獲數千人，相蹂踐而死者，不可勝計。江乘、攝山鍾山等諸軍，相次克捷。			
										陵州	八月，魏江州刺史陸騰討陵州叛獠，斬首萬五千級，			

										江夏	九月，王琳以舟師襲江夏，曹城侯秦以州降之。 遂平之。		
五五七	陳 武帝永定元年 北齊文宣帝天保八年 周明帝元年						七月，河南、北大蝗。	廣州 石頭 江州	二月，蕭勃起兵於廣州，南江州刺史余孝頃以兵會之。使周文育帥諸軍討之。 四月，蕭孜、余孝頃據石頭，多設船艦，夾水而陳。陳霸先遣侯安都助周文育擊之，蕭孜降，孝頃逃歸新吳。 六月，王琳大治舟艦，將攻陳霸先。陳霸先遣侯安都、周文育帥舟師二萬會武昌以擊之。 十月，王琳遣其將樊猛，襲據江州。 十一月，譙淹帥水軍七千，老弱三萬，自蜀江東下，欲就王琳。周使叱羅暉等擊之，斬淹，盡俘其衆。	涼州、鄯州、河州 合肥	正月，吐谷渾爲寇於周，攻涼、鄯、河三州。 二月，徐度出東關侵齊，至合肥，燒齊船三千艘。	建康	十一月，京師大火。
五五八	武帝永定二年 北齊文宣帝天保九年				夏，北齊大旱。(圖)			長沙、武陵、南平	十二月，後梁主遣其大將軍王操將兵略取王琳之長沙、武陵、南平等郡。				

公曆	年號	天災						人禍						附註
		水災		旱災		其他災		內亂		外患		其他		
		災區	災況	災區	災況	災區	災況	亂區	亂情	患區	患情	亂區	亂情	
	年 周明帝二年													
五五九	武帝永定三年 周明帝武成元年 北齊文宣帝天保十年		六月，北周大雨霖。(圖)		陳旱。(圖)			三陂 金口 大雷 湓城	五月，周文育、周迪、黃法氍共討余公颺，豫章太守熊曇朗引兵會之。文育進屯三陂，王琳遣其將曹慶帥二千人救余孝勱，文育兵敗，退據金口。十一月，王琳寇大雷，詔侯瑱、侯安都將兵禦之。安州刺史吳明徹夜襲湓城，琳遣巴陵太守任忠擊明徹，大破之。琳因引兵東下。	洮陽、洪和	二月，齊斛律光將騎一萬，擊周曹同公斬之。柏谷城主薛禹生棄城走，遂取文侯鎮。三月，吐谷渾寇周邊，遣賀蘭祥擊之。閏四月，周賀蘭祥與吐谷渾戰，破之，拔其洮陽、洪和二城。		七月，齊顯祖將如晉陽，乃盡誅諸元，或祖父爲王，或身嘗貴顯，皆斬於東市。其嬰兒投於空中，承之以矟。前後死者凡七百二十一人，悉棄尸漳水。	

五六〇	文帝天嘉元年 周明帝武成二年 北齊孝昭帝皇建元年							蕪湖 郢州	二月，王琳至柵口，侯瑱督諸軍出屯蕪湖。周人聞琳東下，遣荊州刺史史寧將兵數萬，乘虛襲郢州。琳引兵直趣建康，瑱等徐出蕪湖，躡其後。琳軍大敗，軍士溺死者什二三，餘皆棄船登岸，爲陳軍所殺殆盡。	郢州 武陵 湘州	三月，周軍初至郢州，助防張世貴舉外城以應之，所失軍民三千餘口。周人起土山長梯，晝夜攻之，孫瑒兵不滿千人，身自撫循，士卒皆爲之死戰，卒不能克。八月，周賀若敦帥衆一萬，奄至武陵。武州刺史吳明徹不能拒，引軍還巴陵。九月，太尉侯瑱等將兵逼湘州，賀若敦將步騎救之，乘勝深入，軍于湘川。十月，瑱襲破周將獨盛於楊葉洲。	天池	十一月，齊主自將擊庫莫奚，至天池。庫莫奚出長城北遁，齊主分兵追擊，獲牛羊七萬而還。
五六一	文帝天嘉二年 周武帝保定元年 北齊武成帝太甯元年				北周亢旱。(圖)					湘州、武陵、義陽、河東、宜都	正月，周湘州城主殷亮降，湘州平。賀若敦與侯瑱相持，日久無功，乃引兵北歸。武陵、天門、南平、義陽、河東、宜都諸郡悉平。		
五六二	文帝天嘉三年 周武帝保				北周旱。(圖)			臨川	九月，吳明徹至臨川，攻周迪，不能克。				

公曆	年號	天災：水災 災區	水災 災況	旱災 災區	旱災 災況	其他災 災區	其他災 災況	人禍：內亂 亂區	內亂 亂情	外患 患區	外患 患情	其他禍 亂區	其他禍 亂情	附註
	定二年 北齊武成帝河清元年													
五六三	文帝天嘉四年 周武帝保定三年 北齊武成帝河清二年	兗州、趙州、魏州	十二月，北齊兗、趙、魏三州大水。	井、汾、京、東雍、南汾	北周旱。(圖) 四月，北齊五州蟲旱傷稼。(圖)			臨州	九月，周迪復越東興嶺爲寇，章昭達將兵討之。 十一月，章昭達大破周迪。進軍度嶺，趣建安，討陳寶應。詔余孝頃督會稽、東陽諸軍自東道會之。		十二月，周楊忠拔齊二十餘城，齊人守陘嶺之隘，忠擊破之。			
五六四	文帝天嘉五年 北周武帝保定四年 北齊武成帝河清三年	梁、兗、滄、冀諸州。	三月，北齊西兗、梁、滄、趙州，司州之東郡、陽平、清河、武都、冀州之長樂、渤					東興、晉安、建安	十月，周迪復出東興，吳州刺史陳詳將兵擊之，詳兵大敗。 十一月，陳寶應據晉安、建安二郡以拒章昭達。上遣余孝頃助昭達與戰，寶應大敗，逃至莆口，昭達追擒之。	晉陽、幽州	正月，齊主大破周師。突厥引兵出塞，縱兵大掠，自晉陽以往七百餘里人畜無遺。 八月，突厥寇齊幽州，衆十餘萬，入長城，大掠而還。閏八月，復寇幽州。 十一月，周楊檦出軹關，引兵深入。齊太尉婁叡將兵奄至，大破檦軍。	湓城	正月，江州湓城火，燒死者二百餘家。(圖)	＊資治通鑑卷一百六十五：「齊山東大水，饑。死者不可勝計。」

			海大水。(圖)						洛陽	十二月，周尉遲迥爲土山地道以攻洛陽，三旬不克。晉公護命諸將塹斷河陽路，遏齊救兵，然後同攻洛陽。段韶至太和谷，周軍圍之，以步兵上山逆戰，韶大破之。投墜溪谷死者甚衆。宕昌王梁彌定屢寇周邊，周將田弘討滅之。
五六五	文帝天嘉六年 周武帝保定五年 北齊後主天統元年					北齊河南大疫。(圖)		七月，程靈洗自鄱陽別道擊周迪，破之。		
五六六	廢帝天康元年 周武帝天和元年 北齊後主天統二年				春，北齊旱。(圖) 北周旱。(圖)				白帝 水邏	八月，周信州蠻冉令賢、向五子王等據巴峽反，攻陷白帝。周遣元契、趙剛等前後討之，終不克。九月，使陸騰、王亮、司馬裔討之，騰軍於湯口。令賢於江南據險要置十城，遠結涔陽蠻爲聲援，自帥精卒，固守水邏

公曆	年號	天災：水災 災區	天災：水災 災況	天災：旱災 災區	天災：旱災 災況	天災：其他 災區	天災：其他 災況	人禍：內亂 亂區	人禍：內亂 亂情	人禍：外患 患區	人禍：外患 患情	人禍：其他 亂區	人禍：其他 亂情	附註
										石勝 石墨	城。王亮帥衆度江，旬日拔其八城，捕虜及納降各千計。水邏之旁有石勝城，令賢使其兄子龍眞據之。騰密誘龍眞，龍眞遂以城降。水邏衆潰，斬首萬餘級，捕虜萬餘口，令賢走，追獲斬之。向五子王據石墨城，騰進擊，盡斬諸向酋長，捕虜萬餘口。			
五六七	廢帝光大元年 周武帝天和二年 北齊後主天統三年	山東 并州	九月，齊山東水饑，餓尸滿道。(圖) 汾水溢。(圖) 十月，北齊大雨。(圖)						五月，司徒頊遣吳明徹帥舟師三萬趣郢州，遣淳于量帥舟師五萬繼之，共襲華皎。九月，梁主遣王操將兵二萬助之，周權景宣將水軍，元定將陸軍，與皎俱下。淳于量軍夏口，直詣魯山，使元定以步騎數千，圍郢州。皎軍于白螺，與吳明徹等相持。皎自巴陵與周、					

						梁水軍，順流而下，軍勢甚盛，戰于沌口，爲明徹所敗。吳明徹乘勝攻梁河東，拔之。		
五六八	廢帝光大二年 周武帝天和三年 北齊後主天統四年	六月，北齊大雨。(圖)	北齊自正月不雨，至于五月。(圖)		江陵	三月，吳明徹乘勝進攻江陵，梁將馬武、吉徹擊明徹敗之，明徹退保公安。	梁州	十二月，周梁州恆稜獠叛，趙文表討平之。
五六九	宣帝太建元年 周武帝天和四年 北齊後主天統五年		北齊河北諸州旱。(圖)		衡州	九月，歐陽紇舉兵反，攻衡州刺史錢道戢，詔章昭達討之。		
五七〇	宣帝太建二年 周武帝天和五年 北齊後主武平元年		北周年穀不登，饑。(圖)	六月，大雨雹。(圖)	始興、涯口	二月，昭達至始興，紇出頓涯口，多聚沙石，盛以竹籠，置于水柵以外。昭達令軍人銜刀，潛行水中，以斫籠，籠皆解，因縱大艦隨流突之。紇衆大敗，生擒紇。	宜陽	正月，齊斛律光將步騎三萬救宜陽，屢破周軍，築城而還。周軍追之，光縱擊，又破之。七月，章昭達攻梁，梁主與陸騰拒之，梁主告急，李遷哲將兵救之，首尾邀擊，陳

公曆	年號	天災：水災 災區	天災：水災 災況	天災：旱災 災區	天災：旱災 災況	天災：其他災 災區	天災：其他災 災況	人禍：內亂 亂區	人禍：內亂 亂情	人禍：外患 患區	人禍：外患 患情	人禍：其他亂 亂區	人禍：其他亂 亂情	附註
											兵多死。			
										定陽	十二月，齊斛律光出晉州道，於汾北築華谷龍門二城，進圍定陽。			
五七一	宣帝太建三年 北周武帝天和六年 北齊後主武平二年									汾北	正月，齊斛律光與周韋孝寬戰於汾北，破之。齊公憲督諸將東拒齊師。			
										柏谷城	三月，周齊公憲攻拔斛律光新築五城。齊段韶將兵禦周師，攻柏谷城，拔之而還。			
										宜陽九城	四月，周陳公純取齊宜陽等九城。			
										定陽	五月，段韶引兵襲周師，破之。韶圍定陽城，楊敷固守不下。會城中糧盡，救兵不至，敷突圍夜走，伏兵擊擒之，盡俘其衆。			
										宜陽	六月，齊斛律光與周師戰于宜陽城下，取周建安等四戍，捕虜千餘人而還。			

公元	年號	天災	戰區	戰事
五七二	宣帝太建四年 周武帝建德元年 北齊後主武平三年	北周大旱。(圖)		
五七三	宣帝太建五年 周武帝建德二年 北齊後主武平四年	北周自春末不雨，至於七月，年穀不登，民多乏食。(圖) 北齊山東饑。(圖)	大峴、歷陽、呂梁、瓦梁、陽平、廬江、歷陽、合肥、齊昌、蘄城、譙郡、濡口、合州、涇州、合州、仁州	三月，吳明徹統衆十萬伐齊。明徹出秦郡，都督黃灋氍出歷陽。四月，前巴州刺史魯廣達與齊師戰于大峴，破之。齊遣軍救歷陽，黃灋氍擊破之。吳明徹與齊師戰于呂梁，齊軍大敗。五月，瓦梁、陽平、廬江先後請降。歷陽拒守，灋氍攻克之，盡殺戍卒，進軍合肥。南齊昌太守黃詠，克齊昌外城。廬陵內史任忠進克蘄城，又克譙郡城。六月，郢州刺史李綜克濡口城。任忠克合州外城。程文季攻拔涇州，黃灋氍克合州，吳明徹攻克仁州。

公曆	年號	天災 水災 災區	天災 水災 災況	天災 旱災 災區	天災 旱災 災況	天災 其他 災區	天災 其他 災況	人禍 內亂 亂區	人禍 內亂 亂情	人禍 外患 患區	人禍 外患 患情	人禍 其他 亂區	人禍 其他 亂情	附註
五七四	宣帝太建六年 周武帝建德三年 北齊後主武平五年		七月，北周京師連雨三旬。（圖）		五月，北齊大旱。（圖）	涼州	北周涼州比年地震，城郭多壞，地裂出泉。（圖）			巴州	七月，齊遣陸騫將兵二萬救齊昌，出自巴、蘄，西陽太守周靈間道邀其後，大破之。周靈克巴州。			
										海安、晉州	八月，山陽、盱眙、海安諸城降。侯敬泰等克晉州。			
										壽陽	九月，吳明徹攻壽陽，堰肥水以灌城，城中多病腫泄，死者什六七。明徹攻拔其城，生擒王琳，斬之。			
										潁口、蒼陵、	齊遣兵萬人至潁口，樊毅擊走之。遣兵援蒼陵，又破之。			
										濟陰 徐州	十一月，樊毅克濟陰城。晉廣達攻濟南、徐州，克之。			
										陽曲	二月，齊朔州行臺南安王思好反，進軍至陽曲。使唐邕討之，思好軍敗，投水死。其麾下二千人爲劉桃枝殺盡。			

五七五	五七六
宣帝太建七年 周武帝建德四年 北齊後主武平六年	宣帝太建八年 周武帝建德五年 北齊後主隆化元年
冀、定等六州	
八月，北齊冀、定、趙、幽、滄、瀛六州大水。（圖）	
岐州、甯州	
北齊饑。（圖）民饑。（圖）	七月，北周京師旱。（圖）
河陰、武濟、洛口、金墉、呂梁	晉州、洪洞、永安、平陽、晉陽
八月，周大舉伐齊。周主攻河陰大城，拔之。齊王憲拔武濟，進圍洛口。洛州刺史獨孤永業守金墉，周主自攻之，不克。會周主有疾，引還。齊王憲所向克捷，降拔三十餘城，皆棄而不守。閏九月，吳明徹將兵擊彭城，敗齊兵數萬於呂梁。	十月，周主自將伐齊，至晉州，軍于汾曲。齊主自晉陽帥諸軍趣晉州，周主自汾曲至城下督戰，齊兵大潰，遂克晉州，虜甲士八千人。周齊王憲攻拔洪洞、永安二城。十一月，齊師圍平陽，作地道攻之，不克。十二月，周主至平陽，諸軍總集，凡八萬人。齊主大出兵，陳於塹北。齊主北走，齊師大潰，死者萬餘人，軍資器械，數百里間委棄山積。十二月，周師攻陷晉陽。延

公歷	年號	天災 水災 災區	水災 災況	旱災 災區	旱災 災況	其他 災區	其他 災況	人禍 內亂 亂區	內亂 亂情	外患 患區	外患 患情	其他 亂區	其他 亂情	附註
											宗、敬顯自門入，夾擊之，周師大亂，齊人從後斫刺，死者二千餘人。周主振軍還攻東門，克之。			
五七七	宣帝太建九年 周武帝建德六年 北齊幼主承光元年									鄴	正月，周師圍鄴城，齊人出戰，周師奮擊，大破之。			
										信都	二月，齊廣甯王孝珩至滄州，會任城王湝於信都，共謀匡復。周主使齊王憲擊之，憲至信都，湝與戰，憲擊破之，俘斬三萬人。			
										顯州	周兵擊顯州，執刺史陸瓊，復攻拔諸城。紹義還保北朔州，			
										馬邑	周東平公神舉將兵逼馬邑，紹義敗北。			
										呂梁	十月，吳明徹督諸軍北伐，軍至呂梁，周徐州總管梁士彥帥衆拒戰，明徹擊破之。			

公元	年號	地點	事件	地點	事件
				馬邑	十一月，稽胡叛周，周主使齊王憲督諸軍討之。憲命譙王儉擊天柱，滕王逌擊穆支，並破之，斬首萬餘級。
五七八	宣帝太建十年 北周宣帝宣政元年			彭城、淮口	二月，吳明徹圍周彭城，王軌引兵輕行，據淮口，以遏陳軍歸路。明徹引兵退，王軌引兵圍之，衆潰，明徹爲周人所執，將士三萬并器械輜重皆沒於周。
				幽州	四月，突厥寇周幽州，殺掠吏民。
				范陽	閏六月，幽州人盧昌期起兵據范陽，迎紹義。周遣柱國東平公神舉將兵討昌期，擒之。
				酒泉	十一月，突厥寇周邊，圍酒泉，殺掠吏民。
五七九	宣帝太建十一年 周靜帝大象元年	江曲	十二月，周法尚奔周。上遣樊猛濟江擊之，法尚自保江曲，戰而僞走，伏兵邀之，猛僅以身免，沒者幾八千人。	并州	五月，突厥寇并州。
				壽陽、黃城	十一月，周韋孝寬分遣杞公亮自安陸攻黃城，梁士彥攻廣陵。周軍進圍壽陽。韋孝寬拔壽陽。杞公亮拔

公曆	年號	天災 水災 災區	天災 水災 災況	天災 旱災 災區	天災 旱災 災況	天災 其他 災區	天災 其他 災況	人禍 內亂 亂區	人禍 內亂 亂情	人禍 外患 患區	人禍 外患 患情	人禍 其他 亂區	人禍 其他 亂情	附註
五八〇	宣帝太建十二年 周靜帝大象二年		八月,大雨霖。(圖)		陳春不雨至四月。(圖) 北周旱。(圖)		十月,大雨雹震。(圖)			廣陵 霍州	黃城。梁士彥拔廣陵,又取霍州。			
										譙北、徐州	十二月,周取譙北、徐州。自是江北之地盡沒于周。			
										建州、潞州、恆州、汴州、沂州、曹州、亳州、永州	七月,周青州總管尉遲勤從迴,衆數十萬。迴使石遜攻建州,宇文弁以州降之。遣韓長業攻拔潞州。紇豆陵惡醜陷鉅鹿,遂圍恆州,宇文威圍汴州,烏丸尼等圍沂州,檀讓攻拔曹、亳二州。席毗羅衆號八萬,攻陷昌慮下邑。李惠自申州攻永州,拔之。			
										豫州、荊州、襄州	周豫、荊、襄三州變反,攻破郡縣。			
										始州	八月,周益州總管王謙起巴蜀之兵,以攻始州。			

五八一	宣帝太建十三年　隋文帝開皇元年		九月，大雨雹。(圖)			涼州	八月，吐谷渾寇涼州，元諧帥步騎數萬擊之。諧擊破吐谷渾於豐利山，又敗其太子可博汗於青海，俘斬萬計。
						故墅、江北	九月，周羅睺攻隋故墅，拔之。蕭摩訶攻江北。
五八二	宣帝太建十四年　隋文帝開皇二年	五月，旱。(圖)		甑山	正月，隋元景山出漢口，遣鄧孝儒將卒四千攻甑山。鎭將陸綸以舟師救之，爲孝儒所敗。	雞頭山	四月，隋韓僧壽破突厥於雞頭山。李充破突厥於河北山。
						平州	五月，高寶甯引突厥寇隋平州。
						馬邑　蘭州	六月，隋李光敗突厥於馬邑。突厥又寇蘭州，賀婁子幹敗之於可洛峐。
						周槃	十二月，達奚長儒將兵二千，與突厥沙鉢略可汗遇於周槃。長儒神色慷慨，且戰且行，殺傷萬計，突厥乃解去。
五八三	後主至德元年　隋文帝開皇三年	四月，旱。				臨洮	二月，突厥寇隋北邊。四月，吐谷渾寇隋臨洮，汶州總管梁遠擊走之。
						廓州	又寇廓州，州兵擊走之。

公歷	年號	天災						人禍						附註
		水災		旱災		其他		內亂		外患		其他		
		災區	災況	災區	災況	災區	災況	亂區	亂情	患區	患情	亂區	亂情	
五八四	後主至德二年 隋文帝開皇四年	齊州	正月,水。(圖)	雍、同、華、岐、宜	六月,五州旱。(圖)					白道 和龍 幽州	突厥寇隋,命衞王爽等爲行軍元帥,分八道出塞擊之,李充等出朔州道,與沙鉢略可汗遇於白道,充掩擊,大破之。幽州總管陰壽帥步騎十萬擊高寶甯,寶甯棄城奔磧北,和龍諸縣悉平。 五月,李晃破突厥於摩那度口。隋竇榮定帥步騎三萬出涼州,與突厥阿波可汗相拒於高越原,阿波屢敗。 六月,突厥寇幽州,李崇帥步騎三千拒之,轉戰十餘日,師人多死,遂保砂城,突厥圍之。		四月,賀婁子幹發五州兵擊吐	

													谷渾，殺男女萬餘口。
五八五	後主至德三年　隋文帝開皇五年							建安	三月，豐州刺史章大寶、舉兵反，遣其將楊通攻建安，不克。臺軍將至，大寶衆潰，就擒，夷三族。	和州	九月，將軍湛文徹侵隋和州，費寶首擊擒之。		
五八六	後主至德四年　隋文帝開皇六年	荆、浙	二月，山南七州水。(圖)　七月，河南諸州水。(圖)		八月，關內七州旱。(圖)								
五八八	後主禎明二年　隋文帝開皇八年	石頭	六月，濤水入石頭城，淮渚暴溢，漂沒舟乘。						十月，大舉伐陳。命晉王廣、秦王俊、清河公楊素爲行軍元帥，兵五十一萬八千。東接滄海，西拒巴蜀，旌旗舟楫，橫亘數千里。十二月，楊素引舟師下三峽，將軍戚昕以青龍百餘艘拒之。素夜襲，昕敗走，悉俘其衆。				

公曆	年號	水災 災區	水災 災況	旱災 災區	旱災 災況	其他災 災區	其他災 災況	內亂 亂區	內亂 亂情	外患 患區	外患 患情	其他亂 亂區	其他亂 亂情	附註
五八九	隋 文帝開皇九年							定州	十二月，定州刺史呂子廓據山洞不受命。周法尚擊斬之。					
五九〇	文帝開皇十年							婺州、越州、蘇州、樂安、蔡山、饒州、溫州、泉州、杭州、交州	十一月，婺州汪文進、越州高智慧、蘇州沈玄懀皆舉兵反，自稱天子，署置百官。樂安蔡道人、蔣山李悅、饒州吳世華、溫州沈孝徹、泉州王國慶、杭州楊寶英、交州李春等皆自稱大都督，攻陷州縣。陳之故境，大抵皆反。大者有衆數萬，小者數千，共相影響，執縣令。					
								嶺南、廣州等地	十二月，番禺夷王仲宣反，嶺南首領多應之。引兵圍廣州，諸俚獠多亡叛。					
五九四	文帝開皇十四年			關內諸州	五月，諸州旱。八月，大旱，人饑。(紀)									

五九五	文帝開皇十五年				旱。(圖)				
五九六	文帝開皇十六年					并州	蝗。(志)	會州	十一月，黨項寇會州，詔發隴西兵討降之。
五九七	文帝開皇十七年							南甯州	二月，南甯夷爨翫復叛，左領軍將軍史萬歲帥衆擊之。入自蜻蛉川至于南中，夷人前後屯據要害，萬歲皆擊破之。度西洱河入渠濫川，行千餘里，破其三十餘部，虜獲男女二萬餘口，諸夷大懼，遣使請降。
								桂州	桂州俚帥李光仕作亂。遣王世積與周法尚討之，法尚發嶺南兵，世積發嶺北兵，俱會尹州。光仕戰敗，帥勁兵走保白石洞。
								桂州	七月，李世賢反。
五九八	文帝開皇十八年	河南八州	六月，大水。(志)					遼西	二月，高麗王元帥靺鞨之衆萬餘寇遼西，營州總管韋冲擊走之。帝復遣將攻之。值水潦，軍中乏食，復遇疾疫，船又遇風，多飄沒，師還，死者什八九。

公曆	年號	天災 水災 災區	水災 災況	旱災 災區	旱災 災況	其他災 災區	其他災 災況	人禍 內亂 亂區	內亂 亂情	外患 患區	外患 患情	其他禍 亂區	其他禍 亂情	附註
五九九	文帝開皇十九年									族蠡山 乞伏泊 恆安	四月，高熲使上柱國趙仲卿將兵三千爲前鋒，至族蠡山，與突厥遇，交戰七日，大破之。追奔至乞伏泊，復破之，虜千餘口。突厥復大舉而至，仲卿爲方陳，四面拒戰，凡五日。會高熲大兵至，合擊之，突厥敗走。 十月，達頭騎十萬寇恆安，代州總督韓洪軍大敗。趙仲卿自樂寧鎮邀擊，斬首千餘級。			
六〇〇	文帝開皇二十年					長安	十一月，地震。（紀） 十一月，京都大風，發屋拔樹，秦隴壓死者千餘人。（志）	熙州	二月，熙州人李英林反。三月，以揚州總管司馬河內張衡帥步騎五萬討平之。	靈州道、朔州道	四月，突厥達頭可汗犯塞。詔晉王廣、楊素出靈武道，漢王諒、史萬歲出馬邑道以擊之。長孫晟帥降人爲秦州行軍總管，受晉王節度。突厥夜遁，晟進之，斬首千餘級。達頭引去，萬歲馳追百餘里，縱擊大破之，斬數千級。			

六〇一	文帝仁壽元年						五月，大風。（圖）	潮州、成州	十一月，山獠作亂。潮、成等五州獠反。	恆安	正月，突厥步迦可汗犯塞，敗代州總管韓弘於恆安。
六〇二	文帝仁壽二年	河南、河北	大水。（圖）					交州	十二月，交州俚帥李佛子作亂，據越王故城。遣其兄大權，據龍編城。其別帥李普鼎據烏延城。詔以劉方爲交州道行軍總管統二十七營而進，至都隆嶺，遇賊，擊破之。進軍臨佛子營，佛子請降。	啓民	三月，突厥思力俟斤等南渡河，掠啓民男女六千口，雜畜二十餘萬而去。楊素帥諸軍追擊，大破之。
六〇三	文帝仁壽三年	河南諸州	十二月，水。（紀）								
六〇四	文帝仁壽四年							并州	八月，漢王諒發兵反，從諒反者凡十九州。		八月，突厥寇邊，高祖使漢王諒禦之，爲突厥所敗。
六〇五	煬帝大業元年									營州	八月，契丹寇營州，詔通事謁者韋雲起護突厥兵討之。
六〇七	煬帝大業三年	河南	大水，漂沒三十餘郡。（志）							敦煌	十月，鐵勒寇邊。帝遣將軍馮孝慈出敦煌擊之。

公曆	年號	水災 災區	水災 災況	旱災 災區	旱災 災況	其他災 災區	其他災 災況	內亂 亂區	內亂 亂情	外患 患區	外患 患情	其他亂 亂區	其他亂 亂情	附註
六〇八	煬帝大業四年			燕、代緣邊諸郡	旱。(志)									
六〇九	煬帝大業五年			燕、代、齊、魯諸郡	饑。(志)									
六一〇	煬帝大業六年													正月，帝遣朱寬招撫流求，流求不從，遣虎賁郎將廬江陳稜、朝請大夫同安張鎮周發東陽兵萬餘人，自義安

													泛海擊之，斬流求王渴剌兜，虜其民萬餘口而還。	
六一一	煬帝大業七年	山東、河南諸郡	大水，漂沒三十餘郡，十月，砥柱崩，偃河逆流數十里。					齊郡、濟北、漳南、河曲、清河	十二月，鄒平民王薄擁衆據長白山，剽掠齊、濟之郊。漳南人竇建德與孫安祖集無賴少年入高雞泊中爲羣盜。鄃人張金稱聚衆河曲。蓨人高士達聚衆於清河境內爲盜。					
六一二	煬帝大業八年				大旱，人多死，山東尤甚。（紀）		大疫。（紀）			高麗	三月，帝親征高麗。詔兵總集平壤，造浮橋三道於遼水西岸。高麗兵擊之，隋兵不得登岸，死者甚衆。七月，引還。			資治通鑑卷一百八十二：「初九軍度遼，凡三十萬五千，反還遼東城，唯二千七百人。資儲器械巨萬計，失亡蕩盡。」
六一三	煬帝大業九年							濟陰、齊郡、北海	三月，濟陰孟海公起爲盜，保據周橋，衆至數萬。時所在盜起，齊郡王薄、孟讓，北海郭方預，清河張金稱，平					

公曆	年號	天災 水災 災區	水災 災況	旱災 災區	旱災 災況	其他 災區	其他 災況	人禍 內亂 亂區	內亂 亂情	外患 患區	外患 患情	其他 亂區	其他 亂情	附註
								清河、平原、河間、勃海	原郡孝德，河間格謙，勃海孫宣雅，各聚衆攻剽，多者十餘萬，少者數萬人。					
								黎陽、汲郡、豫州、滎陽	六月，楊玄感與虎賁郎將王仲伯、汲郡贊治趙懷義等反，於汲郡南度河，陷豫州，守慈磵道，取滎陽郡。由是每戰多捷。衆益盛，至十萬人。					
								餘杭、江都	七月，餘杭民劉元進起兵以應玄感。					
								潼關	玄感引兵西趣潼關，爲弘農太守蔡王智積、宇文述、衛文昇等所敗。					
								梁郡、襄城	玄感圍東都時，梁郡民韓相國舉兵應之，玄感以爲河南道元帥。旬月間，衆十餘萬。攻剽郡縣，至襄城。聞玄感敗，衆稍散，爲吏所獲。					
								吳郡、晉陵	吳郡朱燮、晉陵管崇聚衆寇掠江左。					

六一四	煬帝大業十年	
	東海	九月，東海民彭孝才起爲盜，有衆數萬。
	東郡	十月，賊帥呂明星圍東郡，虎賁郎將費青奴擊破之。
	吳郡、丹陽	劉元進帥其衆將度江，會楊玄感敗，朱燮、管崇共迎元進，推以爲主，據吳郡。十二月進攻丹陽，爲王世充所敗。
		扶風桑門向海明自稱彌勒出世。人有歸心者，輒獲吉夢，由是三輔人翕然奉之。因舉兵反，衆至數萬。自稱皇帝，改元白烏。
	章丘、淮南	章丘杜伏威與臨濟輔公祏俱亡命爲羣盜，共舉大義。伏威轉掠淮南，自稱將軍。
	扶風	二月，扶風賊帥唐弼立李弘芝爲天子，有衆十萬，自稱唐王。
	彭城	四月，榆林太守成紀董純，與彭城賊帥張大虎，戰於昌慮，大敗之，斬首萬餘級。

公歷	年號	天災：水災 災區	水災 災況	旱災 災區	旱災 災況	其他災 災區	其他災 災況	人禍：內亂 亂區	內亂 亂情	外患 患區	外患 患情	其他亂 亂區	其他亂 亂情	附註
六一五	煬帝大業十一年							延安	五月，延安賊帥劉迦論自稱皇王，建元大世，有衆十萬，與稽胡相表裏爲寇。	鴈門	八月，突厥圍鴈門，上下惶怖。			
								離石	十一月，離石胡劉苗王反，自稱天子，衆至數萬。將軍潘長久討之，不克。					
								魏郡	汲郡賊帥王德仁擁衆數萬，保林慮爲盜。					
								東海	十二月，東海賊帥彭孝才轉掠沂水。					
								江都	孟讓自長白山寇掠諸郡，至盱眙，衆十餘萬，據都梁宮，阻淮爲固。					
								齊郡	齊郡賊帥左孝友，衆十萬，屯蹲狗山。					
								上谷	二月，上谷賊帥王須拔自稱漫天王，國號燕。賊帥魏刀兒，自稱歷山飛，衆各十餘萬。北連突厥，南寇燕、趙。					
								淮陽	十月，盧明月帥衆十萬寇					

	六一六
	煬帝大業十二年
襄城、南郡、沔陽	平恩武安鉅鹿清河　太原、恆山、高陽　滎陽　鄱陽、豫章、九江、臨川、南康、宜春
陳、汝。城父朱粲亡命聚衆爲盜，謂之可達寒賊，自稱起樓羅王。衆至十餘萬，引兵轉掠荊、沔，及山南郡縣。所過噍類無遺。	三月，張金稱陷平恩，一朝殺男女萬餘口，又陷武安、鉅鹿、清河諸縣。金稱比諸賊殘暴，所過民無孑遺。四月，歷山飛別將甄翟兒，衆十萬寇太原。七月，孫華舉兵爲盜。八月，賊帥趙萬海衆數十萬，自恆山寇高陽。十月，韋城翟讓亡命於瓦崗爲羣盜。破金隄關，攻滎陽諸縣，多下之。鄱陽賊帥操師乞自稱元興王，建元始興。攻陷豫章郡，以其鄉人林士弘爲大將軍。師乞中流矢死，士弘代統其衆。兵大振，至十餘萬人。十二月，士弘自稱皇帝，國號楚，建元太平。遂取九江、臨川、南康、宜春等郡
	晉原
	十二月，突厥數寇北邊。

公曆	年號	天災·水災·災區	天災·水災·災況	天災·旱災·災區	天災·旱災·災況	天災·其他災·災區	天災·其他災·災況	人禍·內亂·亂區	人禍·內亂·亂情	人禍·外患·患區	人禍·外患·患情	人禍·其他·亂區	人禍·其他·亂情	附註
六一七	恭帝義寧元年	河南、山東諸郡	九月，大水，餓殍滿野。開黎陽倉賑之。吏不時給，死者日數萬人。		大旱。(志)				豪傑爭殺隋守令，以郡縣應之。其地北自九江，南及番禺，皆爲所有。	鴈門	二月，突厥助劉武周，立武周爲定陽可汗。			
								河北、饒陽	張金稱、郝孝德、孫宣雅、高士達、楊公卿等寇掠河北，屠陷郡縣。清河郡丞華陰楊善會前後與賊七百餘戰。士達死，竇建德與百餘騎亡去，至饒陽，攻陷之，收兵得三千餘人，還平原，聲勢日盛，勝兵至十餘萬人。	河南	三月，突厥還入。			
								河間	河間賊帥格謙擁衆十餘萬，據豆子䴚。	晉陽	五月，突厥數萬衆寇晉陽，留城外二日，大掠而去。			
								高郵、歷陽	正月，右禦衛將軍陳稜討杜伏威，伏威帥衆拒之，乘勢破高郵，引兵據歷陽，自稱總管。分遣諸將徇屬縣，所至輒下。江、淮間小盜爭附之。					
								河間	竇建德爲壇於樂壽，自稱長樂王，置百官。盧明月轉					

河南、南陽、淮北	掠河南，至於淮北。衆號四十萬，自稱無上王帝。江都通守王世充與戰於南陽，大破之，明月被斬。
朔方	二月，朔方鷹揚郎將梁師都殺郡丞唐世宗，據郡。自稱大丞相，北連突厥。
馬邑	馬邑劉武周殺其郡太守王仁恭，收兵得萬餘人，自稱太守，遣使附於突厥。
陽城、安陸、汝南、淮安、濟陽、河南、	李密、翟讓將精兵七千人，出陽城，北踰方山。自羅口襲興洛倉，破之。後又擊敗河南討捕大使裴仁基等，威聲大振。讓於是推密爲主，上密號爲魏公。設壇場即位，稱元年。於是趙魏以南，江淮以北，羣盜響應。密悉拜官爵，置百營簿以領之。道路降者，不絕如流，衆至數十萬。遣房彥藻將兵東略地，取安陸、汝南、淮南、濟陽、河南郡縣，多陷於密。
鴈門	鴈門郡丞河東陳孝意與

公歷年號	天災						人禍						附註
	水災		旱災		其他災		內亂		外患		其他		
	災區	災況	災區	災況	災區	災況	亂區	亂情	患區	患情	亂區	亂情	
							桑乾、樓煩、定襄、鴈門、雕陰、弘化、延安、鹽川、榆林	虎賁郎將王智辯，共討劉武周，圍其桑乾鎮。武周與突厥合兵擊智辯，殺之。孝意奔還鴈門。三月，武周襲破樓煩郡，進取汾陽宮。並賄突厥始畢可汗，始畢以馬報之。兵勢益振。又攻陷定襄。突厥立武周爲定陽可汗，遣以狼頭纛。武周卽皇帝位，改元天興。引兵圍鴈門，得之。梁師都略定雕陰、弘化、延安等郡。遂卽皇帝位，國號梁，改元永隆。始畢遺以狼頭纛，號爲大度毗可汗，師都乃引突厥居河南之地，攻破鹽川郡。左翊衞蒲城郭子和，坐事遷榆林。會郡中大饑，子和潛結取死士十八人攻郡門。開倉賑施，自稱永樂王，改元丑平，有二					

金城、西平、澆河	千騎，南連梁師都，北附突厥。突厥王始畢以子和爲平楊天子，子和固辭不敢當，乃更以爲屋利設。 汾陰薛舉僑居金城，時隴右盜起。金城令郝瑗，募兵得數千人，使舉將而討之。四月，方授甲置酒饗士，舉與其子仁果及同黨十三人，於座刼瑗發兵。囚郡縣官，開郡賑施，自稱西秦霸王。改元秦興。招撫羣盜，掠官牧馬。並分兵略取西平、澆河二郡。盡有隴西之地，衆至十三萬。
東都	李密以孟讓爲總管齊郡公。讓帥步騎二千入東都外郭，燒掠豐都市，比曉而去、於是東都居民悉遷入宮城，臺省府寺皆滿。鞏縣長柴孝和、監察御史鄭頤以城降密。後裴仁基帥其衆以虎牢降密。密又得秦

公歷	年號	天災						人禍						附註
		水災		旱災		其他災		內亂		外患		其他		
		災區	災況	災區	災況	災區	災況	亂區	亂情	患區	患情	亂區	亂情	
									叔寶及東阿程皎金，並以爲驃騎。羅士信、趙仁基亦皆帥衆歸密。密遣裴仁基孟讓帥二萬餘人，襲回洛東倉，破之，遂燒天津橋，縱兵大掠。					
								西河	六月，李淵使建成、世民將兵擊西河。					
								東都	李密復帥衆向東都，大戰於平樂園。東都兵大敗，密復取回洛倉。					
								武成	七月，武威鷹揚府司馬李軌，結民間豪傑共起兵，執虎賁郎將謝統帥，郡丞韋士政自稱河西大涼王，置官屬。					
								金城	薛擧作亂於金城，自稱皇帝。					
								河間	煬帝詔左禦衛大將軍涿郡留守薛世雄，將燕地精兵三萬討李密。行至河間，爲竇建德所敗，世雄乃與					

霍邑、臨汾、絳郡、龍門、汾陰、文城、韓成、壺口、郃陽　原武　黎陽、武安、永安、義陽、弋陽、齊郡	左右數十騎遁奮涿郡，建德遂圍河間。八月，李淵命軍中曝鎧仗行裝，攻霍邑、臨汾及絳郡，得之。至龍門，劉文靜、康鞘利以突厥兵五百人，馬二千匹來至。淵至汾陰，以書召之。且進軍壺口，孫華自郃陽輕騎渡河見淵。淵將步騎六千自梁山濟，營於河西以待。以任瓌爲招慰大使，瓌說韓城下之。九月，武陽郡丞元寶藏以郡降李密。李密遣徐世勣帥麾下五千人自原武濟河，會元寶藏、郝孝德、李文相，及洹水賊張升，清河賊帥趙君德共襲破黎陽倉，據之。開倉恣民就食。浹旬間，得勝兵二十餘萬。武安永安、義陽、弋陽齊郡相繼降密。竇建德朱粲之徒，亦遣使附密。

公歷年號	天災：水災 災區	水災 災況	旱災 災區	旱災 災況	其他 災區	其他 災況	人禍：內亂 亂區	內亂 亂情	外患 患區	外患 患情	其他 亂區	其他 亂情	附註
							龍泉、文成、	張綸徇龍泉、文成等郡,皆下之。獲文成太守鄭元璹。					
							河東、馮翊、京兆	淵帥諸軍圍河東,自引軍而西。朝邑法曹武功靳孝謨,以蒲津、中潭二城降。華陰令李孝常以永豐倉降,京兆諸縣亦多遣使請降。					
							東郡、箕山、洛口	越王侗使虎賁郎將劉長恭等帥留守兵、龐玉等帥偃師兵,與世充等合十餘萬之衆,擊李密於洛口。與密夾洛水相守,爲密所敗。密衆數十萬,攻陷箕山府。					
							長安	屈突通聞淵西入,署鷹揚郎將湯陰堯君素領河東道守。使守蒲坂,自引兵數萬趣長安,爲劉文靜所遏。					
							河東、長安、	通退保北城。李淵遣其將呂紹宗等攻河東,不能克。旋諸郡守官及關中羣盜					

延安、上郡、雕安	皆請降於淵，淵命劉弘基殷開山，分兵西略扶風。有衆六萬。南渡渭水。屯長安故城。城中出戰，弘基逆擊破之。世民引兵趣司竹，李仲文、何潘仁、向善志皆帥衆從之，頓長安故城。世民帥新附諸軍北屯長安故城。延安、上郡、雕安皆請降於淵。
巴陵、潁川、羅川	巴陵校尉鄱陽董景珍、雷世猛、旅帥鄭文秀、許玄徹、萬瓚等謀據郡叛隋。推羅川令蕭銑爲主。會潁川賊帥沈柳生寇羅川，銑築壇燔燎，自稱梁王改元鳴鳳。
黑石	王世充引兵渡洛，與李密戰，爲密所敗。
長安	十一月，李淵克長安。
扶風	薛舉寇扶風。
廬江	方與賊帥張善安襲陷廬江郡。

公曆年號	天災						人禍						附註
	水災		旱災		其他災		內亂		外患		其他禍		
	災區	災況	災區	災況	災區	災況	亂區	亂情	患區	患情	亂區	亂情	

公曆	年號	天災：水災：災區	天災：水災：災況	天災：旱災：災區	天災：旱災：災況	天災：其他：災區	天災：其他：災況	人禍：內亂：亂區	人禍：內亂：亂情	人禍：外患：患區	人禍：外患：患情	人禍：其他：亂區	人禍：其他：亂情	附註
六一八	唐高祖武德元年			河右	饑，人相食。			洛北 金墉城 林慮山	正月，王世充進擊李密於洛北，敗之。世充命諸軍各造浮橋度洛擊密，虎賁郎將王辯破密外柵，密營中驚擾，將潰，世充不知，鳴角收衆，密因帥敢死士乘之，世充大敗，爭橋溺死者萬餘人，王辯死，世充乃北趣河陽是夜疾風寒雨，軍士涉水沾濕，道路凍死者又以萬數。 密乘勝進據金墉城。未幾，擁兵三十萬陳於北邙，南逼上春門，段達、韋津出兵拒之，達望見密兵盛，懼而還，密縱兵乘之，軍遂潰，韋津死。 二月，賊帥王德仁有衆數萬，據林慮山，四出抄掠，爲數州之患。 三月，扶風司馬德戡、元禮	富平、宜春	四月，稽胡寇富平，將軍王師仁擊破之。又五萬餘人寇宜春，竇軌將兵討之，戰於黃欽山，大破之，虜男女二萬口。	漢川 始州 間	羌豪旁企地以所部附薛舉，薛仁果敗，企地來降，留長安，企地不樂，帥其衆數千叛入南山，出漢川，所過殺掠，龐玉擊之，爲所敗。行至始州，爲所掠女子王氏斬首送梁州。	

公曆	年號	天災：水災 災區	水災 災況	旱災 災區	旱災 災況	其他災 災區	其他災 災況	人禍：內亂 亂區	內亂 亂情	外患 患區	外患 患情	其他亂 亂區	其他亂 亂情	附註
								江都	與直閤裴虔通等使令狐行達弑煬帝於江都。虎賁郎將麥孟才,虎牙郎錢傑與折衝郎將沈光等共謀爲煬帝復讎,糾合恩舊,帥所將數千人,期以晨起將發時襲化及,語洩。德戡引兵入圍之,殺光,其麾下數百人皆鬥死,孟才亦死。					
								餘杭、毗陵、丹陽	武康沈法興,時爲吳興太守,聞宇文化及弑逆,舉兵以討化及爲名。比至烏程,得精卒六萬,遂攻餘杭、毗陵、丹陽,皆下之,據江表十餘郡,自稱江南道大總督。					
								東都	四月,趙公世民自東都引軍還,恐城中出兵追躡,乃設三伏於三王陵以待之,段達果將萬餘人追之,遇伏而敗。世民逐北,抵其城					

，下斬四千餘級，遂罷新安宜陽二郡而還。

冠軍

五月，山南撫慰使馬元規擊朱粲於冠軍，破之。

涇州

六月，薛舉寇涇州，以秦王世民爲元帥，將八總管兵以拒之。

黎陽、倉城

宇文化及使王軌守滑臺，引兵北趣黎陽，李密將徐世勣據黎陽，畏其軍鋒，以兵西保倉城，化及渡河保黎陽，分兵圍世勣、世勣於塹中爲地道，出兵擊之，化及大敗。

童山

七月，李密自僞降皇泰主後，既無西慮，悉以精兵東擊化及。密知化及軍糧且盡，因僞與和，化及大喜，冀密饋兵食，密麾下有人獲罪，亡抵化及，具告其情。化及大怒，其食又盡，乃度永濟渠與密戰於童山之下，

公歷	年號	天災 水災 災區	天災 水災 災況	天災 旱災 災區	天災 旱災 災況	天災 其他 災區	天災 其他 災況	人禍 內亂 亂區	人禍 內亂 亂情	人禍 外患 患區	人禍 外患 患情	人禍 其他 亂區	人禍 其他 亂情	附註
									密中流矢，左右奔散，追兵且至，唯秦叔寶獨捍衛之，獲免。叔寶復收兵與之力戰，化及乃退。					
								高墌、邠州、岐州、淺水原、甯州、涇州	薛舉進逼高墌，遊兵至於邠、岐，會秦王世民得瘧疾，委軍事於劉文靜、殷開山，戒勿與戰。靜等欲耀武以威之，乃陳於高墌西南，恃衆而不設備。舉潛師掩其後，戰於淺水原，八總管皆敗，士卒死者什五六，大將軍慕容羅睺、李安遠、劉弘基皆沒。世民引兵還長安，舉遂拔高墌。八月，薛舉遣其子仁果進圍甯州，刺史胡演擊却之。九月，秦州總管竇軌擊薛仁果不利，驃騎將軍劉感鎮涇州，仁果					

宜川	偃師
圍之，城中糧盡，城垂陷者數矣。會長平王叔良將士至涇州，仁果乃引兵南去。旋遣高墌人僞以城降，叔良遣感帥衆赴之，將近城，仁果兵自南原大下，戰於百里細川，唐兵大敗，感爲仁果所擒，仁果復圍涇州，叔良嬰城固城。隴州刺史常達擊薛仁果於宜川，斬首千餘級。	九月，王世充帥精兵二萬餘擊李密於偃師，密衆大潰，其將張童仁、陳智略皆降密。與萬餘人馳向洛口。世充夜圍偃師，鄭頲守偃師，其部翻城納世充。宇文化及至魏縣，鴆殺秦王浩，僭位於魏縣，國號許，改元天壽。十月，朱粲自稱楚帝於冠

公歷年號	天災						人禍						附註
	水災		旱災		其他		內亂		外患		其他		
	災區	災況	災區	災況	災區	災況	亂區	亂情	患區	患情	亂區	亂情	
							鄧州、南陽	軍改元昌。逵進攻鄧州，圍南陽，鄧州刺史呂子藏帥麾下赴敵而死。俄而城陷，撫慰使馬元規亦死。					
							北海	北海賊帥綦公順帥其徒三萬攻郡城，明經劉蘭成出兵擊之，公順大敗，棄營走。海陵賊帥臧君相聞公順據北海，帥其衆五萬來爭之。蘭城附公順，大破臧君相衆，俘斬數千人，由是公順黨衆大盛。					
							淅州	朱粲寇淅州，遣太常卿鄭元璹帥步騎一萬擊之。					
							高墌	十一月，秦王世民至高墌，仁果使宗羅睺將兵拒之。羅睺數挑戰，世民堅壁不出，相持六十餘日，仁果糧盡，世民使將軍龐玉陳於					

淺水原

淺水原，羅睺併兵擊之，王戰幾不能支，世民引兵自原北出其不意擊之，羅睺士卒大潰，斬首數千級，世民師二千餘騎追之，大軍繼至，遂圍城，仁果計窮出降。得其精兵萬餘人，男女五萬口。

河東

十二月，隋將堯君素守河東。上遣呂紹宗、韋義節、獨孤懷恩相繼攻之，俱不下。久之，倉粟盡，人相食，君素左右薛宗、李楚客殺君素以降。君素遣大夫解人王行本將精兵七百在他所，聞之，赴救不及，因捕殺君素者黨與數百人，復乘城拒守，獨孤懷恩引兵圍之。

商州

太常卿鄭元璹擊朱粲於商州，破之。

幽州

竇建德帥衆十萬寇幽州，薛萬均引兵迎擊，大破之，

霍堡縣

建德竟不能至其城下。乃

公曆	年號	天災：水災 災區	水災 災況	旱災 災區	旱災 災況	其他 災區	其他 災況	人禍：內亂 亂區	內亂 亂情	外患 患區	外患 患情	其他 亂區	其他 亂情	附註
								雍奴縣	分兵掠霍堡及雍奴等縣，羅藝復邀擊敗之。凡相拒百餘日，建德不能克，乃還樂壽。					
								穀州	王世充帥衆三萬圍穀州，刺史任瓌拒却之。					
								桃林	李密叛，據桃林縣城，直趣南山，乘險而東，遣人馳告故將伊州刺史襄城張善相，令以兵應接，行軍總管盛彥師帥師衆踰熊耳山南，據要道，令弓弩夾路乘高刀楯伏於溪谷以待之。李密既度陝，以爲餘不足慮，遂擁衆徐行，果踰山南出，彥師擊之，密首尾斷絕，不能相救，遂斬密及王伯當。隋將軍李景守北平，高開道圍之，歲餘不能克。遂西太守鄧暠將兵救之，景帥					

六一九	高祖武德二年

地點	記事
北平、漁陽	其衆遷於柳城，後將還幽州，於道爲盜所殺，開道遂取北平，進陷漁陽，自稱燕王，改元始興。
懷戎	懷戎沙門高曇晟，與僧五千人擁齋衆士民反，殺縣令及鎮將，自稱皇帝。高道開帥衆五千人歸之。居數月，襲殺曇晟，悉并其衆。
魏州	正月，宇文化及攻魏州總管元寶藏，四旬不克，魏徵往說之，寶藏擧州來降。
魏縣、聊城	淮安王神通擊宇文化及於魏縣，化及不能抗，東走聊城，神通拔魏縣，斬獲二千餘人，引兵追化及至聊城，圍之。
	朱粲有衆二十萬，剽掠漢淮之間，遷徙無常，每破州縣，食其積粟，未盡，復他適，將去，悉焚其餘資，又不務稼穡，民餒死者如積。粲無可復掠，軍中乏食，乃敎士
榆次	四月，劉武周引突厥之衆軍於黃蛇嶺，兵鋒甚盛，齊王元吉使將軍張達以步卒嘗寇，達以兵少不可往，元吉强遣之，至則俱沒，達忿恨，引武周襲榆次，陷之。
石州	五月，隋末離石胡劉龍兒擁兵數萬，虎賁郎將梁德擊斬龍兒。至是其子季眞與弟六兒復擧兵爲亂，引劉武周之衆，攻陷石州，殺刺史王儉。
延州、	八月，梁師都與突厥合數千騎寇延州，行軍總管段

公曆年號	水災 災區	水災 災況	旱災 災區	旱災 災況	其他 災區	其他 災況	內亂 亂區	內亂 亂情	外患 患區	外患 患情	其他 亂區	其他 亂情	附註
							淮原	卒烹婦人嬰兒啖之，曰、肉之美者無過於人，但使佗國有人，何憂於餒。隋著作佐郎陸從典通事舍人顏愍楚，謫官在南陽，粲初引爲賓客，其後無食，闔家皆爲所啖。又稅諸城堡細弱以供軍食，諸城堡相帥叛之。淮安土豪楊士林、田瓚起兵攻粲，諸州皆應之，粲與戰於淮原，大敗，帥餘衆數千奔菊潭。	魏州	德操閉城不與戰，伺師都稍怠，將兵擊之，師都軍潰，逐北二百里，破其魏州，虜男女二千口。			
									岐州、巴蜀、西陵	蕭銑遣楊道生寇峽州，刺史許紹擊破之。銑又遣陳普環帥舟師上峽，規取巴蜀。紹遣其子智仁等追至西陵，大破之，擒普環。			
									相州	竇建德陷相州，殺刺史呂珉。			
								三月，梁師都寇靈州，長史楊則擊走之。					
							穀州	王世充寇穀州，刺史史萬寶戰不利。					
							并州	劉武周寇并州。					
							營州	營州總管鄧暠擊高開道敗之。					
							義州	王世充遣其將高毗寇義州。					

聊城	閏月，竇建德與宇文化及連戰，大破之，化及復保聊城，建德縱兵急攻，王薄開門納之，建德生擒化及，執逆黨宇文智及等斬之，以檻車載化及幷二子至襄國，斬之。
伊州	四月，王充世數攻伊州，總管張善相拒之，糧盡，援軍不至，城陷。
義州、西濟州	五月，王世充陷義州，復寇西濟州。
河西	安興貴與弟脩仁陰結諸胡起兵擊李軌，軌出戰而敗，城中人爭出就與貴，軌計窮，與貴執之以聞。河西悉平。
平遙	劉武周陷平遙。
滄州	六月，竇建德陷滄州。
穀州	七月，王世充遣其將郭士衡寇穀州，刺史任瓌大破之，俘斬且盡。
河陽城	行軍總管劉弘基遣其將种如願襲王世充河陽城，

公歷	年號	天災						人禍						附註
		水災		旱災		其他		內亂		外患		其他		
		災區	災況	災區	災況	災區	災況	亂區	亂情	患區	患情	亂區	亂情	
									毀其河橋而還。					
								洛州	八月，竇建德將兵十餘萬趨洛州，陷之。淮安王神通帥諸軍退保相州。					
								洛陽	將軍秦武通軍至洛陽，敗王世充將葛彥璋。					
								江都	李子通圍陳稜於江都，稜送質求救於沈法興及杜伏威，法興使其子綸將兵數萬與伏威共救之，子通募江南人詐爲綸兵，夜襲伏威營，伏威怒，復遣兵襲綸，由是二人相疑，莫敢先進，子通得盡銳攻江都，克之，稜奔伏威，子通入江都，因縱擊綸，大破之，伏威亦引去，子通卽皇帝位，國號吳，改元明政。					
								介休、度索原	裴寂至介休，宋金剛據城拒之。寂軍於度索原，士卒欲移營就水，金剛縱兵擊					

	之寇擊遂潰，失亡略盡。
太原、晉州、龍門	劉武周據太原，遣宋金剛攻晉州拔之，進逼絳州，陷龍門。
趙州	竇建德陷趙州，執總管張志昂及慰撫使張道源。
	梁師都復寇延州，段德操擊破之，斬首二千餘級。
	十月，李藝破竇建德於衡水。
集州	集州獠反，梁州總管龐玉討平之。
滄州	宋金剛進攻滄州，陷之。
黎陽	竇建德引兵趣衛州，過黎陽三十里，李世勣遣騎將丘孝剛將三百騎偵之，與建德遇，遂擊之，建德敗走，右方兵救之，擊斬孝剛，建德怒，還攻黎陽，克之。虜淮安王神通、李世勣父蓋及魏徵等。
浩州	十一月，劉武周寇浩州，秦王世民引兵自龍門乘冰堅度河屯柏壁，與宋金剛相持。

公曆年號	天災						人禍						附註
	水災		旱災		其他災		內亂		外患		其他亂		
	災區	災況	災區	災況	災區	災況	亂區	亂情	患區	患情	亂區	亂情	
							夏縣	十二月，于筠說永安王孝基急攻呂崇茂，崇茂求救於宋金剛，金剛遣其將尉遲敬德、尋相將兵奄至夏縣，孝基表裏受敵，軍遂大敗。孝基、獨孤懷恩、于筠等皆爲所虜。					
							美良、蒲反、安邑	尉遲敬德、尋相將還澮州，秦王世民遣兵部尙書殷開山、總管秦叔寶等邀之於美良川，大破之，斬首二千餘級。敬德、尋相潛引精騎援王行本於蒲反，世民自將步騎三千從間道夜趨安邑，邀擊大破之，敬德、相僅以身免，悉俘其衆，復歸柏壁。					

六二〇
高祖武德三年
自夏不雨，至于八月。（志）
蒲反：正月，將軍秦武通攻王行本於蒲反，行本出戰而敗，開門出降。
潞州、長子、壺關：二月，劉武周遣兵寇潞州，陷長子、壺關，潞州刺史郭子武不能禦，上以將軍河東王行敏助之。行敏擊破武周。
浩州：三月，劉武周遣其將張萬歲寇浩州，李仲文擊走之，俘斬數千。行軍副總管張綸復敗劉武周於浩州，俘斬千餘人。四月，劉武周數攻浩州，爲李仲文所敗。
信州：冉肇則寇信州，趙郡公孝恭與戰不利，李靖將兵八百襲擊斬之，俘五千人。孝恭又擊蕭銑東平王闍提斬之。
呂州、雀鼠谷：秦王世民追及尋相於呂州，大破之，乘勝逐北，追及金剛於雀鼠谷，一日八戰，皆破之，俘斬數萬人。
介休：于鄯自金剛所逃來，世民
涼州：九月，突厥莫賀咄設寇涼州，總管楊恭仁擊之，爲所敗，掠男女數千人而去。
三月，王世充將帥州縣來降者，時月相繼，世充乃峻其法，一人亡叛，舉家無少長就戮，又使五家爲保，有舉家亡者，四鄰不覺，皆坐誅。諸將出討，亦質其家屬宮中，禁止者常不減萬口，餒死

公曆年號	天災 水災 災區	水災 災況	旱災 災區	旱災 災況	其他 災區	其他 災況	人禍 內亂 亂區	內亂 亂情	外患 患區	外患 患情	其他 亂區	其他 亂情	附註
								引兵趣介休,金剛尙有衆二萬,世民遣總管李世勣與戰,世民帥精騎出其陳後,金剛大敗,斬首三千級。劉武周聞金剛敗,走突厥,州縣皆入於唐。		七月,梁師都引突厥、稽胡兵入寇,行軍總管段德操擊破之,斬首千餘級。		者日有數十。	
							西濟州、九曲	四月,懷州總管黃君漢擊王世充太子玄應於西濟州,大破之。熊州行軍總管史萬寶邀之於九曲,復破之。					
							鄧州	世充陷鄧州。					
							幽州、籠火城	五月,竇建德遣高士興擊李藝於幽州,不克,退軍籠火城,藝襲擊大破之,斬首五千級。					
							夏縣	呂崇茂餘黨據夏縣,拒守,秦王世民引軍自晉州還攻夏縣,屠之。					
							慈澗	七月,羅士信圍慈澗,世充自將兵三萬救之。秦王將輕騎前覘世充,爲世充所					

圍。世民左右馳射，獲其將軍燕琪，世充乃退。世民還，旦日，帥步騎五萬，進軍慈澗。

九月，世民以五百騎行戰地，王世充帥步騎萬餘猝至，圍之。敬德翼世民出圍。世民、敬德更帥騎兵還戰，屈突通引大兵繼至，世充兵敗，僅以身免。擒其大將陳智略，斬首千餘級，獲排矟兵六千。

嵐州　叛胡陷嵐州。

幽州　十月，竇建德帥衆二十萬復攻幽州，薛萬均、萬徹帥敢死士百人從地道出其背，掩擊之，建德兵潰走，斬首千餘級。

襄陽、樊城　王弘烈據襄陽，十一月，上令李大亮攻樊城鎮，拔之，斬其將國大安，下其城柵十四。

瓜州　十二月，瓜州刺史賀拔行

公曆年號	天災						人禍						附註
	水災		旱災		其他災		內亂		外患		其他禍		
	災區	災況	災區	災況	災區	災況	亂區	亂情	患區	患情	亂區	亂情	
							京口、毗陵、丹陽、溧水	威執驃騎將軍達奚暠舉兵反。李子通度江攻沈法興，取京口，法興棄毗陵，奔吳郡。於是丹陽、毗陵等郡皆降於子通。杜伏威攻子通於丹陽，克之。伏威又遣將闞稜、王雄誕擊子通於溧水，大敗之。子通棄江都，保京口。旋法興爲吳郡賊葉孝辯所窘迫死，子通軍勢復振，徙都餘杭。					
六二一 高祖武德四年				自春不雨，至於七月。(志)			梁縣	正月，杜伏威遣陳正通、徐紹宗帥精兵二千來會秦王世民擊王世充，攻梁克之。王世充行臺僕射屈突通守千金堡，世充自來攻堡，通與戰不利。秦王世民救之，世充大敗。獲其騎將葛彥璋，俘		正月，稽胡酋帥劉仚成部落數萬爲邊寇。二月，延州總管段德操擊劉仚成破之，斬首千餘級。三月，太子建成獲稽胡千餘，釋其酋帥數十人，使還召其餘黨，劉仚成亦降，建成詐稱增置州縣，築城邑，			

虎牢　洛陽

斬六千餘人，世充遁歸。二月，王世充太子玄應將兵數千自虎牢運糧入洛陽，李君羨邀擊，大破之，玄應僅以身免。世民移軍青城宮，王世充憑故馬坊垣塹，臨穀水以拒唐兵。世民命屈突通帥步卒五千度水擊之，世民繼與通合，力戰，衆皆披靡，殺傷甚衆，世充死戰不敵始退。世民縱兵乘之，直抵城下，俘斬七千人，遂圍之。世民遂進圍洛陽宮城。旬餘不克，唐將士皆疲弊思歸。三月，唐兵圍洛陽，城中乏食，服飾珍玩，賤如土芥，民食草根木葉皆盡，相與澄取浮泥投米屑作餅食之，皆病身腫脚弱，死者相枕倚於道。皇泰主之遷民入宮城也，凡三萬家，至是無三千家。竇建德所署普樂令平恩

汾陰　鴈門、并州　代州、嶧縣、并州、原州

命降胡年二十以上皆集，以兵圍而殺之，死者六千餘人，侖成亡奔梁師都。突厥寇汾陰。四月，突厥頡利可汗寇鴈門、并州。八月，突厥寇代州，總管李大恩遣王孝基拒之，舉軍皆沒。進縣嶧圍。九月，突厥寇并州、原州。

公曆年號	天災：水災 災區	天災：水災 災況	天災：旱災 災區	天災：旱災 災況	天災：其他 災區	天災：其他 災況	人禍：內亂 亂區	人禍：內亂 亂情	人禍：外患 患區	人禍：外患 患情	人禍：其他 亂區	人禍：其他 亂情	附註
							鄴	程名振來降，上遙除名振永甯令，使將兵徇河北，名振夜襲鄴，俘其男女千餘人。					
							管州、滎陽、陽翟、武牢	竇建德陷管州，又陷滎陽陽翟等縣，秦王世民與李世勣等在武牢東二十餘里，誘敵建德大破之，斬首三百餘級，獲其驍將殷秋、石瓚以歸。					
							武牢	四月，世民帥史大柰、程知節、秦叔寶等與竇建德戰於武牢，建德將士潰敗，斬首三千餘級，車騎將軍楊武擒建德。於是建德將士皆潰去，所俘獲五萬人，世民卽散遣鄉里。					
							洛陽	囚竇建德、王琬、長孫安世、郭士衡至洛陽城下以示世充，世充見建德已擒，已無所恃，乃帥衆詣軍門請降，世民收					

安州	世充之黨罪尤大者段達、王隆、崔洪丹、朱粲等十餘，斬於洛水之上。 六月，黄州總管周法明攻蕭銑安州，拔之，獲其總管馬貴遷。
都州	七月，襄州道安撫使郭行方攻蕭銑都州，拔之。
鄃縣、歷亭、饒陽、藁城	八月，劉黑闥陷鄃縣，魏州刺史權威、貝州刺史戴元詳與戰，皆敗死。黑闥陷歷亭，執屯衛將軍王行敏，殺之。九月，淮安王神通將關內兵至冀州，與李藝兵合，又發邢、洺、相、魏、恆、趙等兵五萬人，與劉黑闥戰於饒陽城南，神通因風反向失利，士馬軍資失亡三分之二。李藝退保藁城，黑闥就擊之，藝亦敗。薛萬鈞、萬徹皆爲所虜，旋還歸。
荆門、宜都、夷陵、	十月，趙郡王孝恭帥戰艦二千餘艘東下，蕭銑以江水漲，不爲備，孝恭等拔其

公曆年號	天災：水災 災區	水災 災況	旱災 災區	旱災 災況	其他災 災區	其他災 災況	人禍：內亂 亂區	內亂 亂情	外患 患區	外患 患情	其他 亂區	其他 亂情	附註
							清江、江陵	荆門、宜都二鎮，進至夷陵。銑將文士弘將精兵數萬屯清江，孝恭擊走之，獲戰艦三百餘艘，殺溺死者萬計。孝恭勒兵圍江陵。蕭銑出降，孝恭送銑於長安，斬於都市。					
							獨松嶺、杭州	十一月，杜伏威使王雄誕擊李子通於獨松嶺，子通懼，走保杭州，雄誕追擊之，又敗之於城下。					
								林州總管劉旻擊劉仚成，大破之，仚成僅以身免，部落皆降。					
							定州	劉黑闥陷定州，					
							恆州、定州、幽州、易州	幽州大飢，高開道許以粟賑之，李藝發人馬往受粟，開道悉留之，告絕於藝，稱燕王。北連突厥，南與劉黑闥相結，引兵攻易州，不克，					

大掠而去，開道與突厥連兵數入爲寇。恆、定、幽、易咸被其患。

冀州

十二月，劉黑闥陷冀州，殺刺史麴稜。黑闥既破淮安王神通，移書趙、魏，故竇建德將卒爭殺唐官吏以應黑闥。

宗城

義安王孝常將兵討黑闥，黑闥將兵數萬進逼宗城。黎州總管李世勣先屯宗城，棄城走保洛州。黑闥追擊世勣等，殺步卒五千人，世勣僅以身免。黑闥引兵

相州、邢州、趙州、魏州、莘州

攻拔相州，執刺史房晃。進陷邢州、趙州、魏州，殺總管潘道毅。又陷莘州。

六二二

高祖武德五年

東鹽州

正月，東鹽州治中王才藝殺刺史田華以城應劉黑闥。

彭城、徐河

幽州總管李藝將所部兵數萬會秦王世民討劉黑

代州、忻州

四月，代州總管定襄王李大恩爲突厥所殺。

五月，突厥寇忻州。

洮州、旭州

六月，吐谷渾寇洮、旭、疊三州，岷州總管李長卿擊破

公歷年號	天災						人禍						附註
	水災		旱災		其他		內亂		外患		其他		
	災區	災況	災區	災況	災區	災況	亂區	亂情	患區	患情	亂區	亂情	
							洛水 遷州 易州 瀛州	闥，遣其弟十善與行臺張君立將兵一萬擊藝於彭城，戰於徐河，十善、君立大敗，所失亡八千人。洛水人李去惑據城來降。二月，劉黑闥攻洛水甚急，世民三引兵救之，黑闥拒之不得進，士信乃代王君廓守城。城陷，士信以身殉。三月，黑闥帥步騎二萬南渡洛水，壓唐營而陳，世民自將精騎擊破之。王小胡遂與黑闥先遁，餘衆不知，獨格戰，守吏決堰，水大至，深丈餘，黑闥衆大潰，斬首萬餘級，溺死數千人。遷州人鄧士政執刺史李敬昂以反。高開道寇易州，九月，劉黑闥陷瀛州，殺刺史馬匡武，鹽州人馬君德	疊州、山東 諸州 定州 岷州 幷州、原州 汾州 廉州、大震關 洮州 三觀山	之。劉黑闥引突厥寇山東，詔燕郡王李藝擊之。突厥寇定州。八月，吐谷渾寇岷州，敗長卿。突厥頡利可汗寇邊。十五萬騎入鴈門，寇幷州。別軍寇原州。幷州大總管襄邑王神符破突厥於汾東。汾州刺史蕭歟破突厥，斬首五千餘級。突厥寇廉州，陷大震關。吐谷渾寇洮州，遣武州刺史賀亮禦之。九月，交州刺史權士通、弘州總管宇文歆、靈州總管楊師道擊突厥於三觀山，破之。宇文歆邀突厥於崇崗鎮，			

地點	内亂	地點	外患
	以城叛附黑闥。		大破之，斬首千餘級。
蠡州	高開道寇蠡州。		定州總管雙士洛擊突厥
鄃州	十月，貝州刺史許善護與		於恒山之南，領軍將軍安
	黑闥弟十善戰於鄃州，善	甘州	興貴擊突厥於甘州，皆破
	護全軍皆沒。		之。
	右武侯將軍桑顯和擊黑	北平	十月，契丹寇北平。
晏城、	闥於晏城，破之。觀州刺史		十一月，道宗爲靈州總管，
觀州	以城叛附黑闥。		梁師都遣其弟洛兒引突
	行軍總管淮揚王道玄與		厥數萬圍之，道宗乘間出
下博	劉黑闥戰於下博，軍敗，爲		擊，大破之。突厥與師都相
	黑闥所殺。		結，遣其郁射設入居故五
洛州	道玄敗，山東震駭，洛州總		原，道宗逐出之，斥地千餘
	管廬江王瑗棄城西走，州		里。
	縣皆叛附於黑闥，旬日間，		
	黑闥盡復故地，進據洛州。		
	十二月，黑闥陷恒州，殺刺		
恒州	史王公政。		
	山東豪傑多殺長吏以應		
山東	黑闥，田留安擊黑闥，破之，		
諸州	獲其莘州刺史孟柱，降將		

公曆年	年號	天災						人禍						附註
		水災		旱災		其他		內亂		外患		其他		
		災區	災況	災區	災況	災區	災況	亂區	亂情	患區	患情	亂區	亂情	
								魏州	卒六千人。井州刺史成仁重擊范願，破之。劉黑闥攻魏州未下，太子建成、齊王元吉大軍至，黑闥兵潰，乃與數百騎亡去。					
六二三	高祖武德六年	關中	久雨。					 文安、晉城 洪州 孫州 夏州	正月，劉黑闥所置饒州刺史諸葛德威執黑闥送詣太子，并其弟十善斬於洺州。 三月，高開道掠文安、晉城，將軍平善政邀擊破之。 前洪州總管張善安反。遣舒州總管張鎮周等擊之。 四月，張善安陷孫州，執總管王戎而去。 鄜州道行軍總管段德操	芳州 洮州、岷州 林州 代州 幽州	四月，吐谷渾寇芳州，刺史房當樹奔松州。 吐谷渾寇洮、岷二州。 五月，梁師都將辛獠兒引突厥寇林州。 苑君彰將高滿政寇代州，將軍林寶言擊走之。 高開道引奚騎寇幽州，長史王詵擊破之。復引突厥來寇，突地稽將兵邀擊破之。			

	擊梁師都，至交州，俘其民畜而還。
南越州、姜州	南州刺史龐孝恭、南越州民甯道明、高州首領馮暄俱反，陷南越州，進攻姜州，合州刺史甯純引兵救之。
儋州	六月，儋州人張護、李通反。
瓜州	七月，張護、李通殺賀拔懷廣，立汝州別駕竇伏明為主，進逼瓜州，長史趙孝倫擊却之。
靈壽、九門、行唐	高開道掠赤岸鎮及靈壽、九門、行唐三縣而去。
新會	崗州刺史馮士翽據新會反，廣州刺史劉感討降之。
海州、壽陽	八月，淮南行台僕射輔公祏反。九月，輔公祏遣其將徐紹宗寇海州，陳政通寇壽陽。
邛州	九月，邛州獠反。遣沛公鄭元璹討之。
渝州	渝州人張大智反，刺史薛敎仁棄城走。
涪州	十月，張大智侵涪州，刺史

河州	吐谷渾及黨項寇河州，刺史盧士良擊破之。
	六月，高滿政夜襲苑君璋，君璋覺，亡奔突厥，滿政殺君璋子及突厥戍兵二百人來降。
匡州	梁師都以突厥寇匡州。
馬邑、臘河谷	七月，苑君璋以突厥寇馬邑，右武侯大將軍李高遷及高滿政禦之，戰於臘河谷，破之。
原州、朔州	突厥寇原州、朔州，李高遷為虜所敗，行軍總管尉遲敬德將兵救之。
眞州、原州、渭州	八月，突厥寇眞州，又寇馬邑、原州。陷原州之善和鎮，旋又寇渭州。
幽州	高開道以奚侵幽州，州兵擊却之。
幽州	高開道復引突厥二萬寇幽州。
定州	十二月，突厥寇定州，州兵擊走之。

公曆	年號	天災 水災 災區	災況	旱災 災區	災況	其他 災區	災況	人禍 內亂 亂區	亂情	外患 患區	患情	其他 亂區	亂情	附註
六二四	高祖武德七年			關內、河東	秋,旱。	巂州	七月,地震山崩過江水。(志)		田世康等討之,大智以衆降。	原州	三月,突厥寇原州。			
								鄒州	正月,鄒州人鄧同穎殺刺史李士衡反。	松州	四月,黨項寇松州。			
								歙州	二月,輔公祏遣兵圍歙州。行軍副總管權文誕破輔公祏之黨於歙州。	朔州	五月,突厥寇朔州。			
								始州	始州獠反。高開道將張金樹殺開道,同時悉收假子斬之,幷殺劉黑闥故將張君立,死者五百餘人,遣使來降。	松州、扶州、岷州、朔州、原州、隴州、陰盤	羌與吐谷渾同寇松州。六月,吐谷渾寇扶州、岷州。七月,苑君璋以突厥寇朔州。突厥寇原州、隴州、陰盤。吐谷渾、黨項寇松州。			
								隆州、晉城	洋集二州獠反,陷隆州晉城。	幷州	突厥吐利設與苑君璋寇幷州。			
									三月,趙郡王孝恭與李靖攻博山、青林兩戍,皆潰,溺死者萬餘人,執公祏,梟首,分捕餘黨悉誅之,江南皆平。	朔州、原州、忻州、幷州、綏州	閏月,苑君璋引突厥寇朔州。八月,突厥寇原州、忻州、幷州,京師戒嚴。突厥寇綏州,都督劉大俱擊破之,			
								方山	五月,黨軛破反獠於方山,俘二萬餘口。	鄯州	吐谷渾寇鄯州。			
								瀧州、扶州	六月,瀧州、扶州獠作亂。	甘州	十月,突厥寇甘州。			
										疊州、合州	吐谷渾及羌寇疊州,陷合州。			

慶州	慶州都督楊文幹反。
甯州	七月，楊文幹襲陷甯州，秦王世民至甯州，其黨皆潰。
日南	九月，日南人姜子路反，交州都督王志遠擊破之。

六二五

高祖武德八年

疊州	正月，吐谷渾寇疊州。
渭州	四月，黨項寇渭州。
涼州	涼州胡睦伽陀引突厥襲都督府，入子城，長史劉君傑擊破之。
靈州	突厥頡利可汗寇靈州。
相州、武興	七月，突厥頡利可汗寇相州，睦伽陀攻武興。
并州、靈州、潞州、沁州、韓州、朔州、太谷	八月，突厥踰石嶺寇并州。又寇靈州及潞、沁、韓三州。頡利可汗將兵十餘萬大掠朔州。并州道行軍總管張瑾與突厥戰於太谷，全軍皆沒，瑾脫身奔李靖，行軍長史溫彥博爲虜所執。
靈武	突厥寇靈武。
綏州	突厥寇綏州。
并州	九月，突厥沒賀咄設陷并州一縣。

公曆	年號	天災：水災 災區	水災 災況	旱災 災區	旱災 災況	其他 災區	其他 災況	人禍：內亂 亂區	內亂 亂情	外患 患區	外患 患情	其他 亂區	其他 亂情	附註
										幽州 蘭州 疊州、岷州 彭州	右領軍將軍王君廓破突厥於幽州，俘斬二千餘人。 突厥寇蘭州。 十月，吐谷渾寇疊州、岷州。 突厥寇彭州。			
六二六	高祖武德九年							眉州、洪州、雅州 靜難鎮 虔州 京師 幽州	二月，益州道行臺尚書郭行方擊眉州叛獠，破之。再擊之於洪、雅二州，大破之。俘男女五千口。 梁師都寇邊，陷靜難鎮。 五月，虔州胡成郎等殺長史，叛歸梁師都，都督劉旻追斬之。 越州人盧南反，殺刺史甯道明。 六月，玄武門之變，秦王世民殺太子建成、齊王元吉。 京師騷亂，旋亂平。 幽州大都督廬江王瑗反，右領軍將軍王君廓殺之。	原州、靈州、涼州、朔州、原州、涇州、西會州、廓州、秦州、蘭州、河州、隴州、渭州、秦州 涇州、武功、高陵	二月，突厥寇原州，遣將軍楊毛擊之。三月，突厥寇靈州、涼州，都督長樂王幼良擊走之。四月，寇朔州、原州、涇州、西會州。 五月，黨項寇廓州。 突厥寇秦州、蘭州。吐谷渾、黨項寇河州。六月，寇隴州、渭州，遣右衛大將軍柴紹擊之。七月，柴紹破突厥於秦州，斬特勒一人，士卒首千餘。 八月，梁師都勸突厥入寇，於是頡利、突利二可汗合兵十餘萬寇涇州，進至武			

公元	年號	地區	災況	地區	災況	地區	災況	地區	事件	地區	事件
										涇陽	功，京師戒嚴。進寇高陵。涇州道行軍總管尉遲敬德與突厥戰於涇陽，大破之，獲其俟斤阿史德烏沒啜，斬首千餘級。
六二七	太宗貞觀元年			山東	夏，旱，免今歲租。			涇州、豳州	正月，燕郡王李藝據涇州反，引兵入豳州，豳州統軍楊岌勒兵攻之，藝衆潰，左右斬之，傳首長安。		
六二八	太宗貞觀二年			關內	三月，旱，饑，民賣子以接衣食。	河南、河北、終南等縣	八月，大霜，人饑。六月，蝗。（會要）			朔方	三月，遣柴紹、薛萬均擊梁師都，又遣劉旻等據朔方東城以逼之。師都引突厥兵宵遁，劉蘭成追擊破之。突厥大發兵救師都，柴紹等未至朔方數十里，與突厥遇，奮擊大破之，遂圍朔方，城中食盡，師都從父弟洛仁殺師都，以城降。九月，突厥寇邊。
六二九	太守貞觀三年	貝州、譙州、鄆州、泗州、沂州	秋，水。（志）		正月，旱。					河西、靈州	十一月，突厥寇河西，肅州刺史公孫武達、甘州刺史成仁重與戰，破之，捕虜千餘口。李勣帥諸道兵分道出擊

公曆	年號	天災：水災 災區	天災：水災 災況	天災：旱災 災區	天災：旱災 災況	天災：其他災 災區	天災：其他災 災況	人禍：內亂 亂區	人禍：內亂 亂情	人禍：外患 患區	人禍：外患 患情	人禍：其他亂 亂區	人禍：其他亂 亂情	附註
六三〇	太宗貞觀四年	徐州、亳州、蘇州、隴州、許州、戴州、集州	秋,水。(志)		旱。(圖)						突厥。任城王道宗擊突厥於靈州,破之。			
										定襄	正月,李靖帥驍騎三千,自馬邑進屯惡陽嶺,夜襲定襄,破之。突厥可汗不意靖猝至,其衆一日數驚,乃徙牙於磧口。			
										白道	李世勣出雲中與突厥戰於白道,大破之。			
										陰山	二月,李靖破突厥頡利可汗於陰山。斬首萬餘級,俘男女十餘萬,獲雜畜數十萬,殺隋義成公主,擒其子疊羅施。頡利帥萬餘人欲度磧,李世勣軍於磧口,頡利至,不得度,其大酋長皆帥衆降,世勣虜五萬餘口而還,斥地自陰山北至大漠。			

六三一	太宗貞觀五年			靈州	二月，靈州斛薛叛，任城王道宗追擊破之。		三月，行軍總管張寶相帥衆奄至沙鉢羅營，俘頡利送京師，漠南之地遂空。
				高州	高州羅竇諸洞獠反，敕總管馮盎帥部落二萬討之，斬首千餘級，獠潰走。		
六三二	太宗貞觀六年			靜州	正月，靜州獠反，將軍李子和討平之。	蘭州	三月，吐谷渾寇蘭州，州兵擊走之。
六三三	太宗貞觀七年	河南、山東	九月，四十餘州水。		五月，行軍總管張士貴討擊反獠，破之。		
六三四	太宗貞觀八年	山東、江、淮諸州	七月大水。(志)			蘭州、廓州、鄯州	三月，吐谷渾寇鄯、蘭、廓三州。六月，西海道行軍總管段志玄將邊兵及契苾、黨項之衆擊吐谷渾。七月，擊吐谷渾破之，追奔八百餘里，去青海卅餘里，吐谷渾驅牧馬而遁。
						涼州	十一月，吐谷渾寇涼州。以李靖帥諸軍幷突厥、契苾之衆擊吐谷渾

公歷	年號	天災：水災 災區	天災：水災 災況	天災：旱災 災區	天災：旱災 災況	天災：其他 災區	天災：其他 災況	人禍：內亂 亂區	人禍：內亂 亂情	人禍：外患 患區	人禍：外患 患情	人禍：其他 亂區	人禍：其他 亂情	附註
六三五	太宗貞觀九年			劍南、關東二十四州	秋旱。(志)					洮州、庫山、曼頭山、牛心堆、赤水源、烏海、赤海、赤水、蜀渾山、	正月，黨項先內屬者皆叛歸吐谷渾。三月，洮州羌叛入吐谷渾，殺刺史。總管高甑生破之。四月，任城王道宗敗吐谷渾於庫山。吐谷渾可汗伏允悉燒野草，輕兵走入磧，李靖與薛萬均、李大亮由北道，侯君集與任城王道宗由南道進兵討之。靖部將薛孤兒敗吐谷渾於曼頭山，斬其名王，大獲雜畜，以充軍食。靖等敗吐谷渾於牛心堆，又敗諸赤水源。侯君集任城王道宗引兵行無人之境，二千餘里。五月，追及伏允於烏海，與戰，大破之，獲其名王，薛萬均薛萬徹又敗天柱王於赤海。赤水之戰，薛萬均、薛萬徹輕騎先進，爲吐谷渾所			

六二六

太宗貞觀十年

關東、淮海二十八州

大水。

突綸川、突倫川

疊州　野狐峽

圍，兄弟皆中槍。失馬步鬥，從騎死者什六七，左領軍將軍契苾何力救之，萬均、萬徹由是得免。李大亮敗吐谷渾於蜀渾山，獲名王二十人。將軍執失思力敗吐谷渾於居茹川。李靖督諸軍經積石山、河源至且末，窮其西境，聞伏允在突倫川，將奔于闐，契苾何力自選驍騎千騎直趣突倫川，萬均引兵從之，襲破伏允牙帳，斬首數千級，獲雜畜廿餘萬，允乞脫身走，俘其妻子。

七月，黨項寇疊州。赤水道行軍總管李道彥襲赤辭，獲牛羊數千頭。於是羣羌怨怒，赤辭擊之，道彥大敗，死者數萬，退保松州。

公曆	年號	天災 水災 災區	天災 水災 災況	天災 旱災 災區	天災 旱災 災況	天災 其他 災區	天災 其他 災況	人禍 內亂 亂區	人禍 內亂 亂情	人禍 外患 患區	人禍 外患 患情	人禍 其他 亂區	人禍 其他 亂情	附註
六三七	太宗貞觀十一年	洛陽 陝州 河北縣、太原、河陽	七月，大雨，穀、洛溢入洛陽宮，壞官寺民居，溺死者六千餘萬人。※ 九月，黃河泛濫，溢壞陝州、河北縣，及太原倉，毀河陽中潭。(會要)											※唐會要卷四十三水災上：「貞觀十一年七月一日黃氣竟天，大雨，穀水溢入洛陽宮，深四尺，壞左掖門，毀宮寺一十九所，漂六百餘家。」
六三八	太宗貞觀十二年				冬，旱。(圖)	松州、叢州	正月二十二日，地震，壞人廬舍。(會要)	巫州 霸州 巴州	二月，巫州獠反。 八月，霸州山獠反，燒殺刺史向邵陵及吏民百餘家。 十月，巴州獠反。	弘州 松州	七月，吐蕃寇弘州。 吐蕃進破黨項、白蘭諸羌，帥衆二十萬屯松州西境，遣使貢金帛，云來迎公主			

（續前）	六三九	六四一
	太宗貞觀十三年	太宗貞觀十五年
		春，霖雨。（志）
	吳、楚、巴、蜀二十六州	
	旱。（圖）十二年，旱，冬不雨，至於今歲五月。（志）	
鈞州 明州 壁州	巴、壁、洋、集四州	羅竇洞
鈞州獠反，遣桂州都督張寶德討平之。 十一月，明州獠反，遣交州都督李道彥討平之。 十二月，左武候將軍上官懷仁擊反獠於壁州，大破之，虜男女萬餘。	四月，武候將軍上官懷仁擊巴、壁、洋、集四州反獠，平之。虜男女六千餘口。	三月，竇州道行軍總管黨仁弘擊羅竇反獠，破俘七千餘口。
尋進攻松州，敗都督韓威。羌酋閻州刺史別叢臥施、諸州刺史把利步利並以州叛歸之，連兵不息。上以吏部尚書侯君集爲當彌道行軍大總管，左武衞將軍牛進達爲闊水道，督步騎五萬擊之。吐蕃攻城十餘日。九月，進達掩其不備，敗吐蕃於松州城下，斬首千餘級。		
		高昌
		五月，侯君集克高昌，虜男女七千餘口。分兵略

公曆	年號	天災 水災 災區	天災 水災 災況	天災 旱災 災區	天災 旱災 災況	天災 其他災 災區	天災 其他災 災況	人禍 內亂 亂區	人禍 內亂 亂情	人禍 外患 患區	人禍 外患 患情	人禍 其他禍 亂區	人禍 其他禍 亂情	附註
												諸眞水、漠北、五臺	地，下其二十二城，戶八千四十六，口一萬七千七百。地東西八百里，南北五百里。十一月，薛延陀眞珠可汗命其子大度設發兵二十萬度漠南，屯白道川，據善	

陽嶺，以擊突厥，俟利苾可汗不能禦，入長城，保朔州，遣使告急，上遣李世勣等討之。十二月，世勣敗薛延陀於諸員水，其衆大潰，副總管薛萬徹帥兵縱擊之，斬首三千餘級，捕虜五萬餘人。

公歷	年號	天災						人禍						附註
		水災		旱災		其他		內亂		外患		其他		
		災區	災況	災區	災況	災區	災況	亂區	亂情	患區	患情	亂區	亂情	
													大度設脫身走，萬徹追之不及，其衆至漢北值大雪，人畜凍死者什八九。李世勣還軍定襄，突厥思結部居五臺者叛走，州兵追之，會世勣軍還夾擊，悉誅之。	

六四二

太宗貞觀十六年

徐州、戴州

秋，大水。（志）

伊州、烏骨、天山

八月，西突厥乙毗咄陸可汗既殺沙鉢羅葉護，并其衆，又擊吐火羅，滅之。自恃彊大，遂驕倨，拘留唐使者，侵暴西域。遣兵寇伊州，郭孝恪將輕騎二千自烏骨邀擊敗之。乙毗咄陸又遣處月

公歷	年號	天災						人禍						附註
		水災		旱災		其他災		內亂		外患		其他亂		
		災區	災況	災區	災況	災區	災況	亂區	亂情	患區	患情	亂區	亂情	
													處密二部圍天山，孝恪擊走之，乘勝進拔處月俟斤所居城，追奔至過索山，降處密之衆而歸。	
六四三	太宗貞觀十七年				春夏旱。(志)									
六四四	太宗貞觀十八年	穀、襄、豫、荊、徐、梓、忠、縣、宋、亳、十州	秋，大水。(志)									焉耆、	九月，詔郭孝恪擊焉耆，大獲首虜七千級。	

十一月，向高麗問罪，以張亮帥兵四萬，募士三千，戰艦五百艘，自萊州泛海趨平壤。又以李世勣帥步騎六萬及蘭、河二州降胡趣遼東，兩軍合勢並進，大集於幽州。

公歷	年號	天災						人禍						附註
		水災		旱災		其他		內亂		外患		其他		
		災區	災況	災區	災況	災區	災況	亂區	亂情	患區	患情	亂區	亂情	
六四五	太宗貞觀十九年	沁州、易州	秋，水害稼。(志)							河南 夏州 茂州	十二月，薛延陀多彌可汗引兵寇河南，中郎將長安田仁會與執失思力合擊之，薛延陀大敗，追奔六百餘里，耀威磧北而還。多彌復發兵寇夏州，薛延陀至塞下，知有備，不敢進。中郎將裴行方討茂州叛羌黃郎弄，大破之，窮其餘黨，西至乞習山，臨弱水而歸。		四月，上親征高麗。諸道出軍，水陸並進。十月，自遼東至於高麗、高麗大捷。凡拔玄菟、橫山、蓋牟、磨米、遼東、白巖、卑沙、麥谷、銀山、後黃十城，徙遼、	

六四六

太宗貞觀二十年

夏州

正月，夏州都督喬師望、右領軍大將軍執失思力等擊薛延陀，大破之，虜獲二千餘人，多彌可汗輕騎遁去。

蓋、嚴三州戶口入中國者，七萬人。新城、建安、駐蹕三大戰，斬首四萬餘，戰士死者幾二千人，戰馬死者什七八，上以不能成功，深悔之。

公曆	年號	天災						人禍						附註
		水災		旱災		其他災		內亂		外患		其他亂		
		災區	災況	災區	災況	災區	災況	亂區	亂情	患區	患情	亂區	亂情	
六四七	太宗貞觀二十一年	河北 驪州	八月,大水。 水。	陝、絳、蒲、夔等州	秋,旱。						六月,李世勣至鬱督軍山,薛延陀咄摩支詣通事舍人蕭嗣業降。其部落猶持兩端,世勣縱兵追擊,前後斬五千餘級,虜男女三萬餘人。八月,江夏王道宗兵既渡磧,遇薛延陀阿波達官衆數萬拒戰,道宗擊破之,斬首千餘級。	南蘇等城	五月,李世勣軍渡遼,歷南蘇等數城,高麗多背城拒戰,世勣擊破其兵,焚其羅郭而還。	

石城　積利城　龜茲

七月，牛進達、李海岸入高麗境，凡百餘戰，無不捷，攻石城，拔之。至積利城下，高麗兵萬餘人出戰，海岸擊破之，斬首二千級。十二月，遣阿史那社爾、契苾何力、郭孝恪等將兵擊龜茲，仍命

公曆	年號	天災 水災 災區	災況	旱災 災區	災況	其他災 災區	災況	人禍 內亂 亂區	亂情	外患 患區	患情	其他禍亂 亂區	亂情	附註
													鐵勒十三州、突厥、吐蕃、吐谷渾連兵進討。	
六四八	太宗貞觀二十二年	瀘、越、徐、交、渝等州	夏,水。(志)	開、萬等州	秋,旱。冬不雨,至於明年三月。	晉州	八月,地震,晉州尤甚,壓殺五千餘人。	雅州、邛州、眉州	四月,右武侯將軍梁建方擊松外蠻,破之,殺獲千餘人,羣蠻震懾。九月,彊僚等發民造船,役及山獠,雅、邛、眉三州獠反。遣茂州都督張士貴、右衛將軍梁建方發隴右、峽中兵二萬餘人擊之。		八月,遣執失思力出金山道,擊薛延陀餘寇。九月,阿史那社爾擊處月處密,破之,餘衆悉降。	易州	烏胡鎮將古神感將兵浮海擊高麗,破之。五月,王玄策與其副蔣師仁帥吐蕃、泥婆二國兵步騎八千餘,進至中	

坌天阿羅那順所居茶鎛和羅城，連戰三日，大破之，斬首三千餘級，赴水溺死者且萬餘人，獲其妃及王子，虜男女二千人。阿史那社爾前後破龜茲大城五，斬首萬餘級，虜男女數萬口。

公曆	年號	天災：水災 災區	天災：水災 災況	天災：旱災 災區	天災：旱災 災況	天災：其他災 災區	天災：其他災 災況	人禍：內亂 亂區	人禍：內亂 亂情	人禍：外患 患區	人禍：外患 患情	人禍：其他亂 亂區	人禍：其他亂 亂情	附註
六四九	太宗貞觀二十三年				旱。(紀)	晉州	八月,地震。壞人廬舍。壓死者五十餘人。三日,又震。十一月五日,又震。(會要)							
六五〇	高宗永徽元年	新豐、渭南、及宣、歙、饒、常等州 齊、定等十六州	六月,新豐、渭南大雨,零口山水暴出,漂廬舍。宣、歙、饒、常等州大雨,水溺死者數百人。 秋,水。(志)					琰州	十二月,梓州都督謝萬歲、兗州都督謝法興與黔州都督李孟嘗討琰州叛獠,萬歲、法興入洞招慰,爲獠所殺。					

六五一	高宗永徽二年	汴、定、亳、濮等州	秋，水。(志)	竇州、義州	十一月，竇州、義州蠻酋李寶成等反，桂州都督劉伯英討平之。	金嶺城、蒲類縣	七月，西突厥沙鉢羅可汗寇庭州，攻陷金嶺城及蒲類縣，殺略數千人。詔左武候大將軍梁建方、契苾何力等發秦、成、岐、雍府兵三萬人及回紇五萬騎討之。	
六五二	高宗永徽三年							正月，梁建方、契苾何力等大破處月朱邪孤注，斬首九千級。
六五三	高宗永徽四年	杭、夔、果、忠等州	水。(志)	桐廬、睦州、於潛、歙州	十月，睦州女子陳碩眞以妖言惑衆，與妹夫章叔胤舉兵反。叔胤陷桐廬，碩眞陷睦州及於潛，進攻歙州，不克。敕揚州刺史房仁裕發兵討之。碩眞黨童文寶將四千人寇婺州，刺史崔義玄發兵拒之，賊衆大潰，斬首數千級。十一月，房仁裕軍合，獲碩眞、叔胤斬之，餘黨悉平。			

公曆	年號	天災：水災 災區	天災：水災 災況	天災：旱災 災區	天災：旱災 災況	天災：其他災 災區	天災：其他災 災況	人禍：內亂 亂區	人禍：內亂 亂情	人禍：外患 患區	人禍：外患 患情	人禍：其他亂患 亂區	人禍：其他亂患 亂情	附註
六五四	高宗永徽五年		閏五月，夜大雨，山水漲溢，衝玄武門。死者三千餘人。(紀) 六月，河北大水。(紀) 六月，滹沱溢，損五千餘家。(志)											

公元	年號	地區	天災	人禍
六五五	高宗永徽六年	洛州	九月，洛水溢。	二月，遣程名振、蘇定方發兵擊高麗，大破之，殺獲千餘人，焚其外郭及村落而還。
		齊州	十月，齊州黃河溢。(紀)	
		括州	六月，大水。	
		冀、沂、密、兗、滑、汴、鄭、婺、洛等州	秋，水，害稼。洛州大水。	
六五六	高宗顯慶元年	杭州	九月，暴風，海溢，溺四千餘家。	七月，程智節擊西突厥，與邏祿、處月二部戰于榆慕谷，大破之，斬首千餘級。周智度攻突厥騎施處木

公歷	年號	天災：水災 災區	水災 災況	旱災 災區	旱災 災況	其他 災區	其他 災況	人禍：內亂 亂區	內亂 亂情	外患 患區	外患 患情	其他 亂區	其他 亂情	附註
六五七	高宗顯慶二年												昆等部於咽城，拔之，斬首三萬級。九月，火焚倉窠、甲仗、民居二百餘家。十二月，蘇定方擊西突厥，殺獲千五百餘人。十二月，蘇定方擊西突厥沙鉢	

六五八

高宗顯慶三年

赤烽鎮

六月，程名振、薛仁貴將兵攻高麗之赤烽鎮，拔之，斬首四百餘級。高麗遣其大將豆方婁帥衆三萬拒之，名振

羅可汗於曳咥河西，大敗之，斬獲數萬人。定方追擊，又斬獲數萬人。

公曆	年號	天災：水災 災區	水災 災況	旱災 災區	旱災 災況	其他災 災區	其他災 災況	人禍：內亂 亂區	內亂 亂情	外患 患區	外患 患情	其他亂 亂區	其他亂 亂情	附註
													以契丹逆擊，大破之，斬首二千五百級。	
六五九	高宗顯慶四年				旱。(紀)									
六六〇	高宗顯慶五年			河北二十二州	春旱。(志)							熊津	八月，蘇定方擊百濟於熊津、江口，破之，百濟死者數千人。定方水陸齊進，直趣其都城，百濟傾國來戰，復大破之，殺萬餘人。	

六六一	高宗龍朔元年	浿江 平壤	三月，百濟僧道琛反，劉仁軌與新羅兵合擊破之，殺溺死者萬餘人。七月，蘇定方破高麗於浿江，屢戰皆捷，遂圍平壤城。
六六二	高宗龍朔二年	天山	三月，鄭仁泰等敗鐵勒於天山。

公曆	年號	天災						人禍						附註
		水災		旱災		其他災		內亂		外患		其他禍亂		
		災區	災況	災區	災況	災區	災況	亂區	亂情	患區	患情	亂區	亂情	
六六三	高宗龍朔三年							柳州	五月，柳州蠻酋吳君解反。	庭州	西突厥寇庭州。			
六六四	高宗麟德元年				五月，旱。冬無雪。(紀)									
六六五	高宗麟德二年	鄜州	六月，大水，壞民廬舍。							于闐	三月，疏勒弓月引吐蕃侵于闐。			
六六七	高宗乾封二年				旱。(紀)			瓊州	海南獠陷瓊州。				九月，薛仁貴將兵擊高麗，大破之，斬首五萬餘級。	

六六八

高宗總章元年

京師、山東、江淮　旱，饑

扶餘城

薛賀水、大行城

二月，薛仁貴將兵三千人與高麗戰於扶餘城，大破之，殺獲萬餘人。泉男建復遣兵五萬人救扶餘城，與李勣等遇於薛賀水，合戰，大破之，斬獲三萬餘人。進攻大行城，拔之。

公歷	年號	天災：水災：災區	天災：水災：災況	天災：旱災：災區	天災：旱災：災況	天災：其他：災區	天災：其他：災況	人禍：內亂：亂區	人禍：內亂：亂情	人禍：外患：患區	人禍：外患：患情	人禍：其他：亂區	人禍：其他：亂情	附註
六六九	高宗總章二年	益州	七月大雨，壞居人屋宇，凡一萬四千二百九十家，害田四千四百九十六頃。	劍南	七月，劍南州十九旱，冬無雪。(志)									*圖書集成：「六月，括州大風雨，海溢，壞永嘉、安固二縣，溺死九千七十人。」又唐會要「九月十八日，括州海水翻上，壞永嘉、安固二縣百姓廬舍六千八百四十三家，溺死人九千七十，牛五百頭，田四千一百五十頃。」
		永嘉、安固	九月，*大風海溢，漂永嘉、安固六千餘家。											
		冀州	大雨，水平地深一丈，壞民居萬家。(志)											

	六七〇	六七一	六七二	六七三
	高宗咸亨元年	高宗咸亨二年	高宗咸亨三年	高宗咸亨四年
		徐州		婺州
	五月，大雨，山水溢，溺死九千餘人。(志)	八月，山水，漂百餘家。(志)		七月，大水，溺死者五千人。
	關中		關中	
	三月，旱。九月，旱，饑。		饑。(會要)	
	河口、大龍川			
	四月，吐蕃陷西域十八州。又與于闐襲龜茲撥換城，陷之。八月，薛仁貴與郭待封征吐蕃軍至大龍川，仁貴帥所部前行擊吐蕃於河口，大破之，斬獲甚衆。進屯烏海，以俟待封。待封未至烏海，遇吐蕃廿餘萬，待封軍大敗，悉棄輜重。仁貴退屯大龍川，吐蕃相論欽陵將兵四十萬就擊之，唐兵大敗，死傷略盡，仁貴與待封等僅以身免。			

公歷	年號	天災						人禍						附註
		水災		旱災		其他災		內亂		外患		其他亂		
		災區	災況	災區	災況	災區	災況	亂區	亂情	患區	患情	亂區	亂情	
六七五	高宗上元二年				旱。(紀)									
六七六	高宗儀鳳元年	青州	八月，*海溢。(紀)					納州	正月，獠反。					*圖書集成：「八月，青州大風，海溢，漂居民五千餘家，齊、淄等七州大水。」
六七七	高宗儀鳳二年			河南、河北	旱。					臨河鎮	五月，吐蕃寇扶州之臨河鎮，擒鎮將杜孝昇。			
六七八	高宗儀鳳三年				旱。(紀)									
六七九	高宗調露元年			關中	饑。(志)				十月，單于大都護府突厥阿史德溫傅、奉職二部俱反，遣都護府長史蕭嗣業及花大智等將兵討之，爲虜所敗，死者不可勝數。					
六八〇	高宗永隆元年	河南、河北	九月，大水，溺死者甚衆。	洛陽	冬，饑。(志)					河源	七月，吐蕃寇河源，左武衛將軍黑齒常之擊却之。			
										雲州	突厥餘衆圍雲州，代州都督竇懷悊等將兵擊之。			

六八一	高宗開耀元年	河南、河北	八月，大水，遣使賑乏絕。（志）							原州、慶州、黑沙、橪水	正月，突厥寇原、慶等州。三月，曹懷舜與裨將竇義昭擊突厥，進至黑沙，無所見，乃引兵還。至長城北，遇阿史德溫傅，小戰，各引兵去，至橪水，遇阿史那伏念，懷舜棄軍走，軍遂大敗，死者不可勝數。	夏州	七月，夏州羣牧使安元壽奏自開露元年九月以來，喪馬一十八萬餘匹，監牧吏卒爲虜所殺掠者八百餘人。	
六八二	高宗永淳元年	洛陽、京師	五月，東都雨霖。洛水溢，溺民居千餘家。六月，京師大雨，水。平地深數尺。	關中	五月，大旱，蝗，饑。上以關中饑饉，米斗三百，將幸東都，發京師。時出幸倉	關中	五月，疾疫。關中先水後旱蝗，繼以疾疫，米斗四百，兩京間死者相枕於			弓月、熱海	四月，阿史那車薄圍弓月城，安西都護王方翼引軍救之，破虜衆於伊麗水，斬首千餘級。俄而三姓咽麪與車薄合兵拒方翼，方翼與戰於熱海，誅胡兵七十餘人，復破車薄、咽麪聯軍，擒其酋長三百人，西突厥遂平。			

公歷	年號	天災						人禍						附註
		水災		旱災		其他災		內亂		外患		其他亂		
		災區	災況	災區	災況	災區	災況	亂區	亂情	患區	患情	亂區	亂情	
		山東諸州	(志) 六月，山東大雨，水，大饑。(志)		猝，匿從之士有飢死於道中者。		路，人相食。			柘州、松州、翼州 黑沙州、并州、單于府、嵐州、雲州 河源	七月，吐蕃將論欽陵寇柘、松、翼等州。 十月，突厥餘黨阿史那骨篤祿、阿史德元珍等招集亡散，據黑沙城，入寇并州及單于府之北境。殺嵐州刺史王德茂。代州都督薛仁貴將兵擊元珍於雲州，大破之，斬首萬餘級，捕虜二萬餘人。 吐蕃入寇河源軍。			
六八三	高宗弘道元年	 恆州	七月，河溢，壞河陽橋。 八月，恆州滹沱河及山水暴溢，害稼。(志)	河南、河北	夏，旱。(志)			綏州、城平、綏德、大斌	四月，綏州步落稽白鐵余以佛迷鄉民，數年間歸信者衆，遂謀作亂，據城平縣，攻綏德、大斌二縣，殺官吏，焚民居。遣右武衛將軍程務挺與夏州都督王方翼討之，擒鐵余，餘黨悉平。	定州、嬀州 蔚州 嵐州	二月，突厥寇定州，復寇嬀州。 三月，阿史那骨篤祿、阿史德元珍圍單于都護府，執司馬張行師殺之。 五月，突厥阿史那骨篤祿等寇蔚州，殺刺史李思儉。 六月，突厥別部寇掠嵐州。			

六八四

則天后光宅元年

溫州　七月，大水，流四千餘家。

括州　八月，大水，流二千餘家。

揚州、潤州、楚州　九月，諸武用事，唐宗室人人自危，會眉州刺史英公李敬業，長安主簿駱賓王等皆坐事貶職。盩州尉魏思溫嘗爲御史，復被黜。皆會於揚州，以匡復廬陵王爲辭，乃舉兵反。陷潤州，執刺史李思文。十一月，江南道大總管黑齒常之討敬業。李孝逸命先引兵擊韋超、敬猷，韋超、敬猷脫身走。敬業勒兵阻溪拒守，後軍總管蘇孝祥夜將五千人以小舟渡溪先擊之，兵敗，孝祥死，士卒赴溪溺死者過半。敬業置陳既久，士卒多疲倦顧望，孝逸進擊之，因風縱火，敬業大敗，斬首七千級，溺死者不可勝記。敬業將王那相斬敬業、敬猷及駱賓王首，來降。餘黨唐之奇、魏思溫皆捕得，傳首神都。揚、潤、楚三州平。

公曆	年號	天災						人禍						附註
		水災區	災況	旱災區	災況	其他災區	災況	內亂區	亂情	外患區	患情	其他亂區	亂情	
六八五	則天后垂拱元年				旱。(紀)				九月，廣州都督王果討反獠，平之。					
六八六	則天后垂拱二年									忻州	三月，突厥寇代州，淳于處平引兵救之至忻州，為突厥所敗，死者五千餘人。九月，突厥復入寇。			
六八七	則天后垂拱三年				天下大饑，山東、關內尤甚。			安南	七月，嶺南俚戶舊輸半課，交阯都護劉延祐使之全輸，俚戶不從，延佑誅其魁首，其黨李思慎等作亂，攻破安南府城，殺延祐。	昌平、朔州	二月，突厥骨篤祿等寇昌平。七月，寇朔州，命黑齒常之擊之，大破之於黃花堆，追奔四十里，突厥走磧北。十月，右監門衛中郎將爨寶璧與突厥骨篤祿元珍戰，全軍皆沒。			
六八八	則天后垂拱四年				二月，山東、河南饑乏。			武水、博州	七月，太后潛謀革命，稍除宗室，絳州刺史韓王元嘉等內不自安，密有匡復之志，乃示意於博州刺史琅邪王沖，沖分告韓、霍、魯、越諸王及貝州刺史紀王慎，令為起兵，共趣神都。太后					

（續前）	六八九	六九二
	則天后永昌元年	則天后如意元年
		河陽
		五月，洛水溢。七月，又溢。八月，河溢，壞河
	旱。(志)	
		江、淮諸州
		五月，禁天下屠殺，及捕魚蝦。江、淮旱，饑。
上蔡　豫州		
命丘神勣討之。沖募兵得五千餘人，欲擊武水，不得進，乃還走博州，爲守門者所殺。凡起兵七日而敗。丘神勣至博州，官吏素服出迎，神勣盡殺之，凡破千餘家。越王貞聞沖起，亦舉兵於豫州，陷上蔡。九月，命麴崇裕及岑長倩將兵以討之。麴崇裕等軍至豫州城東四十里，貞遣少子規及裴守德拒戰，兵潰，貞大懼，乃與規、守德及其妻皆自殺。太后收韓王元嘉、魯王靈夔、通州刺史黃公譔、常樂公主於東都，迫脅皆自殺。		
		*圖書集成：「按五行志：四月，洛水溢，壞永昌橋，漂民居四百餘家。七月，洛水溢，漂民居五千餘家。」

公歷	年號	天災：水災：災區	天災：水災：災況	天災：旱災：災區	天災：旱災：災況	天災：其他災：災區	天災：其他災：災況	人禍：內亂：亂區	人禍：內亂：亂情	人禍：外患：患區	人禍：外患：患情	人禍：其他亂：亂區	人禍：其他亂：亂情	附註
六九八	則天后聖曆元年									嬀州、檀州 飛狐、定州 趙州	八月，武延秀至黑沙南庭，擬納突厥默啜女爲妃，默啜不願以女嫁武氏兒，欲報李氏恩，乃拘延秀於別所，使送行者閻知微爲南面可汗，言欲其主唐氏也，遂發兵進寇嬀、檀等州。總管武重規、沙吒忠義、張仁愿將兵三十萬討突厥默啜，以兵十五萬爲後援。默啜寇飛狐，陷定州，殺刺史及吏民數千人。九月，圍趙州，長史唐般若翻城應之。默啜盡殺所掠趙、定等州男女萬餘。自五回道去，所過殺掠，不可勝記。沙吒忠義等但引兵躡之，不敢逼，狄仁傑將兵十萬追之，無所及。默啜還漠北，擁兵四十萬，據地萬里，西北諸夷皆附之，甚有輕中國之心。			

公元	年號	地區	水災	地區	旱災	地區	兵災	地區	火災	附註
六九九	則天后聖曆二年	濟源*	九月，河溢，漂百姓廬舍千餘家。							*圖書集成：「按五行志：七月丙辰，神都大雨，洛水壞天津橋。秋，水，溢懷州，漂千餘家。」通鑑胡注：「濟源，本春秋時原邑，漢屬河東垣縣界。隋開皇十六年，置濟源縣，屬懷州。」
七〇〇	則天后久視元年	鴻州 洛州	三月，水，漂千餘家，溺死四百餘人。（志） 十月，水。（志）	關內、河東	夏，旱。（志）	涼州、昌松、碎葉	閏七月，吐蕃將麴莽布支寇涼州，圍昌松。隴右諸軍大使唐休璟與戰於港源谷，六戰皆捷，吐蕃大奔，斬首二千五百級。阿悉吉薄露叛，遣左金吾將軍田揚名、殿中侍御史封思業討之。軍至碎葉，薄露夜於城傍剽掠而去。思業將騎追之，反爲所敗。揚名引西突厥斛瑟羅之衆攻其城，不克。九月，薄露詐降，思業誘而斬之，遂俘其衆。	平州	八月，火，燔千餘家。（志）	資治通鑑：「永昌元年十一月庚辰朔，太后始用周正，改永昌元年十一月爲載初元年正月，以十二月爲臘月，夏正月爲一月。」「久視元年十月甲寅，制復以正月[illegible]爲十一月，一月爲正月。」

五二五

公曆	年號	天災：水災 災區	天災：水災 災況	天災：旱災 災區	天災：旱災 災況	天災：其他災 災區	天災：其他災 災況	人禍：內亂 亂區	人禍：內亂 亂情	人禍：外患 患區	人禍：外患 患情	人禍：其他 亂區	人禍：其他 亂情	附註
七〇九	中宗景龍三年	密州	七月，澧水溢，害稼。（志）九月，水，壞民居數萬家。（志）		三月，饑。（志）六月，旱。（紀）									
七一〇	睿宗景雲元年		水災。（志）		旱災。		霜、蝗爲災。			漁陽、雍奴、盧龍	十二月，奚霫犯塞，掠漁陽、雍奴出盧龍塞而去，幽州都督薛訥追擊之，弗克。			
七一二	玄宗先天元年				二月，旱。七月，復旱。（紀）					漁陽	十一月，奚、契丹二萬騎寇漁陽、幽州，都督宋璟閉城不出，虜大掠而去。			
七一四	玄宗開元二年				春，大旱。（志）饑。					北庭	二月，突厥可汗默啜遣其子同俄特勒及妹夫火拔頡利發、石阿失畢將兵圍北庭都護府。都護郭虔瓘擊破之，斬同俄。西突厥十姓酋長都擔叛。三月，磧西節度使阿史那			

七一五	
玄宗開元三年	
河南河北	
水。(志)	
五月，旱。(紀)	
山東諸州	
五月，大蝗，河南、河北之人流亡殆盡。*	
五月，西南蠻寇邊，遣李玄道發戎、瀘、夔、巴、梁、鳳等州兵三萬人討之。	
	臨洮、蘭州、渭源　武街、大來谷、洮水、長堡城
	獻克碎葉等鎮，擒斬都擔，降其部落二萬餘帳。八月，吐蕃將坌達延、乞力徐帥衆十萬寇臨洮，軍蘭州，至於渭源，掠取牧馬。命薛訥爲隴右防禦使，與太僕少卿王晙帥兵擊之。十月，吐蕃復寇渭源。薛訥與吐蕃戰於武街，大破之。羣牧使王晙帥所部二千人與訥會。吐蕃坌達延將十萬屯大來谷，晙襲之，虜驚懼，自相殺傷，死者萬計。訥在武街，去大來谷二十里，虜軍塞其間。晙復夜出襲之，虜大潰，始得與訥軍合。追奔至洮水，復戰於長城堡，大敗之，前後殺獲數萬人。
拔汗那者，古烏孫也。內附歲久。是年，吐	
*舊唐書玄宗本紀：「三年六月，山東諸州大蝗。」	

公歷	年號	天災：水災：災區	天災：水災：災況	天災：旱災：災區	天災：旱災：災況	天災：其他災：災區	天災：其他災：災況	人禍：內亂：亂區	人禍：內亂：亂情	人禍：外患：患區	人禍：外患：患情	人禍：其他亂：亂區	人禍：其他亂：亂情	附註
											州都督許欽澹遣安東都護薛泰與奚王李大酺奉娑固以討之，戰敗，娑固、李大酺皆爲可突干所殺。生擒薛泰。許欽澹移軍入渝關。		部散居受降城側。朔方大使王晙言其陰引突厥，謀陷軍城，乃誘勺磨等宴於受降城，伏兵悉殺之。河曲降戶殆盡。	餘人皆溺死。六月，穀洛溢，入西上陽宮，宮人死者十七八，畿內諸縣田稼廬舍蕩盡，掌用衛兵溺死者千餘人，京師興道坊一夕陷爲池，居民五百餘家皆沒不見。」又唐會要卷四十四水災下：「開元八年六月二十一日，東都穀、洛、瀍三水溢，損居人九百六十一家，溺死八百一十五人。許、衛等州，田廬蕩盡。掌閑兵士溺死者一千一百四十八人。」又舊唐書玄宗本紀：「漂沒九百餘戶，溺死八百餘人。掌閑番兵溺死者千一百餘人。」又玄宗實錄：「漂居人四百餘家。」

七二一	七二二
玄宗開元九年	玄宗開元十年
	虢州、洛州、博州
	五月，伊、汝水溢，漂溺數千家。六月，博州河決。
江夏	
飛蝗害稼。（會要）	
魯、麗、舍、塞、依、契、夏等州	安南　河曲
二月，蘭池州胡康待賓誘諸降戶同反。四月，攻陷六胡州。有衆七萬，進逼夏州。命朔方大總管王晙、隴右節度使郭知運共討之。七月，王晙大破康待賓，生擒之。殺叛胡萬五千人。	八月，安南賊帥梅叔焉等攻圍州縣，遣驃騎將軍楊思勗討之。思勗將蠻兵十餘萬，襲擊大破之，斬叔焉，積尸爲京觀而還。康待賓餘黨康願子反，自稱可汗。張説發兵追討擒之，其黨悉平。徙河曲六州殘胡五萬餘口於許、汝、唐、鄧、仙、豫等州，空河南、朔方千里之地。
	陝州
	正月，運船火燒船二百一十五隻，損米一百萬石，舟人死者六百人，燒商人船數百隻。（會要）八月六日，武庫災，燒二十八間十九架，燒兵器四十七萬件。（會要）
	*舊唐書玄宗本紀：「五月，伊、汝水溢。六月，河決博、棣二州。」圖書集成：「五行志：五月伊水溢，毁東都城東南隅，平地水深六尺，河南許、仙、豫、陳、汝、唐、鄧等州大水害稼，漂沒民居，溺者甚衆。六月，博州、棣州河決。」

公曆	年號	天災						人禍						附註
		水災		旱災		其他		內亂		外患		其他		
		災區	災況	災區	災況	災區	災況	亂區	亂情	患區	患情	亂區	亂情	
七二八	玄宗開元十六年			東都、宋亳等州	旱。(志)			春州、瀧州、廣州	正月,春、瀧等州獠陳行範、廣州獠馮璘、何遊魯反,陷四十餘城。命楊思勗發桂州及嶺北近道兵討之。十二月,楊思勗討陳行範至瀧州,破之,擒何遊魯、馮璘。行範逃於雲際、盤遼二洞,思勗追捕斬之,凡斬首六萬。	曲子城 渴波谷、大莫門城 祁連	正月,安西副大都護趙頤貞敗吐蕃於曲子城。 七月,河西節度使蕭嵩、隴右節度使張忠亮大破吐蕃於渴波谷,忠亮追之,拔其大莫門城,擒獲甚衆,焚其駱駝橋而還。 左金吾將軍杜賓客破吐蕃於祁連城下。			
七二九	玄宗開元十七年	越州	八月,大水,壞越州縣城。(志)					昆明、鹽城	二月,巂州都督張守素破西南蠻,拔昆明及鹽城,殺獲萬人。	石堡城	三月,瓜州都督張守珪、沙州刺史賈師順擊吐蕃大同軍,大破之。朔方節度使信安王禕攻吐蕃石堡城,拔之。			

七三〇	玄宗開元十八年	東都	六月，洛水溢，溺千餘家。	平盧。	六月，可突干寇平盧，先鋒使張掖烏承玼破之於捺祿山。		六月，以單于大都護忠王浚領河北道行軍元帥，以御使大夫李朝隱、京兆尹裴伷光副之。帥十八總管以討奚契丹。
七三一	玄宗開元十九年	河南	秋，水害稼。（志）				
七三二	玄宗開元二十年	宋、滑、兗、鄆四州	九月，以四州水，免今年稅。（志）			白山	三月，信安王褘帥裴耀卿及幽州節度使趙含章分道

公歷	年號	天災						人禍						附註
		水災		旱災		其他		內亂		外患		其他		
		災區	災況	災區	災況	災區	災況	亂區	亂情	患區	患情	亂區	亂情	
七三三	玄宗開元二十一年									都山	閏三月，幽州道副總管郭英傑與契丹戰於都山，敗死。餘衆六千餘人猶力戰不已，虜以英傑首示之，竟不降，盡爲虜所殺。			擊契丹，含章與虜戰於白山，大敗。烏承玼別引兵出其右，擊虜破之。正月，發兵以討勃海王武藝。使新羅發兵擊其南鄙，會大雪丈餘，山路阻險，士卒死者過半，無功而還。

公元	紀年	地區	災情	地區	災情	地區	災情	地區	災情	地區	災情	地區	災情
七三四	玄宗開元二十二年	關輔、河南十餘州	秋，水害稼。(志)			秦州	二月，地連震，壞公私屋殆盡。吏民壓死者四千餘人。				六月，幽州節度使張守珪大破契丹。十二月，守珪斬契丹王屈烈及可突干，傳首。		
七三五	玄宗開元二十三年									北庭、安西撥換城	十月，突騎施寇北庭及安西撥換城。		
七三六	玄宗開元二十四年				夏旱。(志)			醴泉、咸陽	五月，醴泉妖人劉志誠作亂，驅掠路人，將趨咸陽。縣官焚橋斷路以拒之，其衆遂潰。數日，悉擒斬之。		正月，北庭都護蓋嘉運擊突騎施，大破之。三月，張守珪使平盧討擊使安祿山討奚契丹，山祿恃勇輕進，爲虜所敗。		
七三七	玄宗開元二十五年									捺祿山	二月，張守珪破契丹於捺祿山。	青海西	二月，河西節度使崔希逸襲吐蕃，破之於青海西，斬首二千餘級。

公曆	年號	天災·水災·災區	天災·水災·災況	天災·旱災·災區	天災·旱災·災況	天災·其他·災區	天災·其他·災況	人禍·內亂·亂區	人禍·內亂·亂情	人禍·外患·患區	人禍·外患·患情	人禍·其他·亂區	人禍·其他·亂情	附註
七三八	玄宗開元二十六年									河西 安戎城	三月，吐蕃寇河西，節度使崔希逸擊破之。鄯州都督知隴右留後杜希望攻吐蕃新城，拔之，以其地爲威戎軍。七月，杜希望將鄯州之衆，奪吐蕃河橋，築鹽泉城於河左。吐蕃逆戰，大敗之。置鎮西軍於鹽泉。 八月，吐蕃久據安戎城，屢攻之不克。劍南節度使王昱築西城於其側，頓兵蒲婆嶺下，運資糧以逼之。吐蕃大發兵救安戎城，昱大敗，死數千人，糧仗軍資皆棄之。		乞力徐脫身逃，自是復絕朝貢。	

七三九	玄宗開元十七年	澧兗江等州	水。（紀）			
七四〇	玄宗開元二十八年	河南	十月，郡十三水。（志）	安戎城 維州	三月，章仇兼瓊與安戎城中吐蕃翟都局及維州別駕董承晏結謀，開門引內唐兵，盡殺吐蕃將卒。六月，吐蕃圍安戎城。八月，幽州奏破奚契丹。十月，吐蕃寇安戎城及維州，發關中彍騎救之，吐蕃引去。	
七四一	玄宗開元二十九年	東都	七月，洛水溢，溺死者千餘人。	安仁軍 達化縣、石堡城	六月，吐蕃四十萬衆入寇至安仁軍，渾崖峯騎將臧希液帥衆五千擊破之。十二月，吐蕃屠達化縣，陷石堡城，蓋嘉運不能禦。	〈圖書集成：「五行志：伊、洛及支川皆溢，害稼，毀天津橋，及東西漕、上陽宮仗舍，溺死千餘人。是秋，河南、河北郡二十四水害稼。」
七四二	玄宗天寶元年				十二月，隴右節度使皇甫惟明奏破吐蕃大嶺等軍。又破青海道莽布支營三萬餘衆，斬獲五千餘級。河西節度使王倕破吐蕃漁海及遊弈等軍。	

公曆	年號	天災						人禍						附註
		水災		旱災		其他		內亂		外患		其他		
		災區	災況	災區	災況	災區	災況	亂區	亂情	患區	患情	亂區	亂情	
七四三	玄宗天寶二年									洪濟城	三月，皇甫惟明引軍出西平，擊吐蕃，行千餘里，攻洪濟城，破之。			
七四四	玄宗天寶三載＊							台州、明州	二月，海賊吳令光等抄掠台、明，命河南尹裴敦復將兵討之。四月，裴敦復破吳令光，擒之。					＊年改年曰載
七四五	玄宗天寶四載	河南、淮陽、睢揚、譙郡	九月，四郡水。（志）											
七四七	玄宗天寶六載				七月，旱。				十一月，李林甫屢起大獄，所擠陷誅夷者數百家。高仙芝討吐蕃，大破之，斬獲數千人。					

七四九	玄宗天寶八年												四月，哥舒翰攻吐蕃不克，死士卒數萬人。
七五〇	玄宗天寶九載			關中	春，旱。			雲南	鮮于仲通爲劍南節度使，仲通褊急，失蠻夷心。過雲南，又多所徵求，南詔王閣羅鳳不應，雲南太守張虔陀遣人詈之，仍密奏其罪。閣羅鳳忿怨，發兵反，攻陷雲南，殺虔陀，取夷州三十二。				
七五一	玄宗天寶十載	廣陵	八月，海溢。(志)			廣陵	八月，大風架海潮，淪江口大小船數千艘。(志)	瀘南、西洱河	四月，劍南節度使鮮于仲通討南詔蠻，大敗於瀘南。士卒死者六萬人。	恆羅斯城	四月，諸胡皆怨高仙芝欺誘貪暴，石國王子逃詣諸胡，潛引大食，欲共攻四鎮。仙芝聞之，將蕃漢三萬衆擊大食，至恆羅斯城，與大食遇，葛羅祿部衆叛，與大食夾攻唐軍，仙芝大敗，士卒死亡略盡，所餘纔數千人。	陝州	正月，大風，運船火燒二百一十五隻，損米一百萬石，舟人死者六百人，燒商人

公歷	年號	天災·水災·災區	天災·水災·災況	天災·旱災·災區	天災·旱災·災況	天災·其他災·災區	天災·其他災·災況	人禍·內亂·亂區	人禍·內亂·亂情	人禍·外患·患區	人禍·外患·患情	人禍·其他·亂區	人禍·其他·亂情	附註
													船一百隻。(志)四月，募兵討南詔，楊國忠掠人爲兵，兩京及河南、北大擾。安祿山將兵六萬討契丹，契丹與奚夾擊唐兵，殺傷殆盡。	
七五二	玄宗天寶十一載									雲南嶲州等三城	六月，楊國忠奏吐蕃兵六十萬救南詔，劍南兵擊破之於雲南，克故嶲州等三城		三月，安祿山發蕃漢步	

永清柵

城，捕虜六千三百。九月，阿布思入寇，圍永清柵，柵使張元軌拒却之。

騎二十萬擊契丹，以雪去秋之恥。朔方節度副使李獻忠有才略，祿山忌之，至是，奏請獻忠帥同羅數萬騎與俱擊契丹，獻忠恐爲祿山所害，乃帥所部，大掠倉庫，叛歸漠北。

公歷	年號	天災：水災 災區	水災 災況	旱災 災區	旱災 災況	其他災 災區	其他災 災況	人禍：內亂 亂區	內亂 亂情	外患 患區	外患 患情	其他亂 亂區	其他亂 亂情	附註
七五三	玄宗天寶十二載			關中	水旱相繼，大饑。					洪濟、大漠門	五月，隴右節度使哥舒翰擊吐蕃，拔洪濟、大漠門等城，悉收九曲部落。	菩薩勞城	安西節度使封常清擊大勃律於菩薩勞城，受降而還。	
七五四	玄宗天寶十三載	扶風	九月，水。							南詔大和城	六月，劍南留後李宓將兵七萬擊南詔，閤羅鳳誘之深入至大和城，閉壁不戰，宓糧盡，士卒罹瘴疫及饑死什八九，乃引還。蠻追擊之，宓被擒，全軍皆沒。楊國忠益發中國兵討之，前後死者幾萬人。			
七五五	玄宗天寶十四載							范陽、平盧、大同	十一月，安祿山發所部兵及同羅、奚、契丹、室韋凡十五萬衆，反於范陽。諸將皆引兵發，祿山出薊城南，大閱誓衆，以討楊國忠爲名，		四月，安祿山奏破奚契丹。			安史之亂。

靈昌、陳留、滎陽、武牢、東京、陝郡、潼關、東平、濟南
所過州縣，望風瓦解，守令或開門出迎，或棄城竄匿，或爲所擒戮，無敢拒之者。十二月，安祿山陷靈昌郡，所過殘滅。張介然至陳留纔數日，太守郭納以城降，將士降者近萬人，祿山殺之。祿山引兵向滎陽，陷之。范陽平盧節度使封常清屯兵武牢以拒賊，大敗。收餘衆戰於葵園，又敗。戰上東門內，又敗。祿山陷東京，縱兵殺掠，常清敗走。常清餘衆至陝郡，太守竇廷芝已奔河東，吏民皆散。常清命高仙芝引兵先據潼關，保長安。賊尋至，官軍狼狽走，無復部伍，士馬相騰踐，死者甚衆。安祿山以張通儒之弟通晤爲睢陽太守，與陳留長史楊朝宗將胡騎千餘，東略地，郡縣官多望風降走，

公歷年號	天災 水災 災區	災況	旱災 災區	災況	其他災 災區	災況	人禍 內亂 亂區	亂情	外患 患區	患情	其他亂 亂區	亂情	附註
							景城	惟東平太守嗣吳王祗、濟南太守李隨起兵拒之。顏眞卿募兵討祿山。祿山以劉道玄攝景城太守。清池尉賈載、鹽山尉穆甯共斬道玄，得其甲仗五十餘船。					
							河間、博平	饒陽太守盧全誠據城不受代。河間司法李奐殺祿山所署長史王懷忠。李隨遣遊弈將訾嗣賢、濟河殺祿山所署博平太守馬冀，各有衆數千或萬人，共推眞卿爲盟主。					
							饒陽	祿山使張獻誠將上谷、博陵、常山、趙郡文安五郡，團結兵萬人，圍饒陽。					
							振武軍、靜邊軍、雲中、馬邑	祿山將高秀巖寇振武軍，朔方節度使郭子儀擊敗之。乘勝拔靜邊軍。薛忠義寇靜邊軍，子儀使左兵馬					

使李光弼、右兵馬使高濬等逆擊破之，阬其騎七千。進圍雲中，使別將公孫瓊巖將二千騎擊馬邑，拔之。開東陘關。

井陘

顏杲卿以祿山命召李欽湊，使帥衆詣郡受犒賚。欽湊至，杲卿使袁履謙、馮虔等往勞之，并其黨皆大醉，乃斷欽湊首，收其甲兵，盡縛其黨，斬之，悉散井陘之衆。杲卿用何千年策，解饒陽之圍。張獻誠遁去。

博陵、常山

杲卿密使人入范陽招賈循，馬燧說循以范陽歸國，循然之。謀洩，祿山殺循滅其族。史思明、李立節將蕃漢步騎萬人擊博陵、常山，馬燧亡入西山。

七五六

肅宗至德元載

河西

十一月，地震有聲，坼裂，陷廬舍。張掖、酒

濟陰

正月，祿山自稱大燕皇帝，改元聖武。濮陽客尙衡起兵討祿山，攻拔濟陰，殺祿山將邢超然。

朔方

九月，阿史那從禮說誘九姓府六胡州諸胡，數萬衆聚於經略軍北，將寇朔方。上命郭子儀詣天德軍發兵討之。左武鋒使僕固懷

七月，安祿山使孫孝哲殺霍國長公主

公曆年號	天災 水災 災區	災況	旱災 災區	災況	其他 災區	災況	人禍 內亂 亂區	亂情	外患 患區	患情	其他 亂區	亂情	附註
						泉尤甚。明年三月，又震。（會要）	常山	杲卿起兵纔八日，守備未完，史思明、蔡希德引兵皆至常山城下，杲卿告急於王承業，承業擁兵不救，杲卿晝夜拒戰，糧盡矢竭，城陷。賊縱兵殺萬餘人，執杲卿及袁履謙等送洛陽，皆遇害。	越巂、清溪關 河曲	恩破同羅。南詔乘亂陷越巂，據清溪關。十一月，回紇至帶汗谷與郭子儀軍合，與同羅及叛胡戰於榆林河北，大破之，斬首三萬，捕虜一萬，河曲皆平。		及王妃駙馬等於崇仁坊，刳其心以祭安慶宗。凡楊國忠、高力士之黨，及祿山素所惡皆殺之，凡八十三人，或以鐵棓揭其腦蓋，流血滿街。又殺皇孫及郡縣主二十餘人。	
							常山	二月，史思明等圍饒陽，二十九日不下，李光弼將蕃漢步騎萬餘人，至常山，常山團練兵三千人殺胡兵，執安思義出降。思明聞常山不守，解饒陽圍，回救常山，光弼之兵射之，人馬中矢者大半，乃退。賊步兵五千自饒陽來，光弼遣兵掩擊，殺之無遺。	神威、戎威等軍 石堡城、百谷城、雕窠城	十二月，吐蕃陷威戎、神威、定戎、宣威、制勝、金天、天成等軍，及石堡城、百谷城、雕窠城。			
							雍丘	二月，令狐潮引賊精兵攻雍丘，賈賁出戰敗死。張巡力戰却賊，因兼領賁衆，自					

	稱吳王先鋒使。三月，潮復興賊將李懷仙、楊朝宗、謝元同等四萬餘，奄至城下，巡突出衝賊陳，賊遂退，復時伺隙出擊，積六十餘日，大小三百餘戰，帶甲而食，裹瘡復戰，賊遂敗走，獲胡兵二千人。
堂邑	三月，清河客李萼爲郡人乞師於顔眞卿，眞卿命錄事參軍李擇交及平原令范冬馥將其兵，會清河兵四千，及博平兵千人，軍於堂邑西南。袁知泰遣白嗣恭等將二萬餘人來逆戰，三郡兵力戰盡日，魏兵大敗，斬首萬餘級，捕虜千餘人，得馬千匹，軍資甚衆，知泰奔汲郡，遂克魏郡。
信都	北海太守賀蘭進明攻信都郡，克之。
常山、石邑、九門城	三月，李光弼與史思明相守四十餘日，思明絕常山糧道。蔡希德引兵攻石邑，

公曆年號	
天災·水災·災區	
天災·水災·災況	
天災·旱災·災區	
天災·旱災·災況	
天災·其他災·災區	
天災·其他災·災況	
人禍·內亂·亂區	趙郡、博陵、河朔 滍水　南陽
人禍·內亂·亂情	張奉璋拒却之。光弼遣使告急於郭子儀，子儀引兵自井陘出。四月，至常山，與光弼合蕃、漢步騎共十餘萬，與思明等戰於九門城南，思明大敗，中郎將渾瑊射李立節殺之。史思明收餘衆奔趙郡。蔡希德奔鉅鹿。思明自趙郡如博陵，時博陵已降官軍，思明盡殺郡官。河、朔之民，苦賊殘暴，聚衆附官軍。子儀攻趙郡一日，城降，生擒四千人，皆捨之。斬祿山太守郭獻珍。四月，南陽節度史魯炅立柵於滍水之南，安祿山將武令珣、畢思琛攻之。五月，炅衆潰，走保南陽，賊圍之。陳留、譙郡太守虢王巨引兵自藍田出，趣南陽，賊聞
人禍·外患·患區	
人禍·外患·患情	
人禍·其他亂·亂區	
人禍·其他亂·亂情	
附註	

之解，圍走。

常山、行唐、沙河、恆陽、嘉山、漁陽

郭子儀、李光弼還常山。史思明收散卒數萬躡其後，子儀選驍騎更挑戰，賊疲乃退。子儀乘之於沙河。安祿山使蔡希德、牛廷玠將兵五萬餘人助思明。子儀至恆陽，思明隨至，戰於嘉山，子儀等大破之，斬首四萬級，捕虜千餘人。思明奔博陵，光弼就圍之，軍聲大振，於是河北十餘郡皆殺賊守將而降。漁陽路再絕，賊往來者皆輕騎竊過，多爲官軍所獲，將士家在漁陽者，無不搖心，祿山大懼。

潼關、靈寶

六月，哥舒翰屯大軍守潼關。楊國忠趣之戰，翰不得已，引兵出關。遇崔乾祐之軍於靈寶西原。會戰，官軍敗績，死傷二十萬衆。乾祐進陷潼關，翰被執，遂降祿山。

公曆年號	天災：水災 災區	水災 災況	旱災 災區	旱災 災況	其他災 災區	其他災 災況	人禍：內亂 亂區	內亂 亂情	外患 患區	外患 患情	其他亂 亂區	其他亂 亂情	附註
							河東、華陰、馮翊、上洛	潼關既敗，於是河東、華陰、馮翊、上洛防禦使皆棄郡走，所在守兵皆散。楊國忠乃首唱幸蜀之策。					
							長安	六月，帝出奔蜀，獨與貴妃姊妹、皇子、妃主、皇孫、楊國忠、韋見素、魏方進、陳玄禮及親近宦官宮人出延秋門，妃主、皇孫之在外者皆委之而去。是日，百官猶有入朝者，至宮門，猶聞漏聲，三衞立仗儼然。門既啓，則宮中人亂出，中外擾攘，不知上所之。於是王公士民四出逃竄山谷，細民爭入宮禁及王公第舍，盜取金寶，或乘驢至殿，焚左藏大盈庫。車駕至咸陽，命太子留。					
							渭濱	六月，太子至渭濱，遇潼關敗卒，誤與戰，死傷甚衆。					

長安	安祿山遣孫孝哲將兵入長安。旋命搜捕百官、宦者、宮女等，每獲數百人，輒以兵衛送洛陽，王、侯、將相扈從車駕家留長安者，誅及嬰孩。 李光弼圍博陵未下，聞潼關不守，解圍而南，史思明踵其後，光弼擊却之。與郭子儀皆引兵入井陘。
范陽	平盧節度使劉正臣將襲范陽，未至，史思明引兵逆擊之，正臣大敗，棄妻子走，士卒死者七千餘人。
扶風	賊寇扶風，薛景仙擊却之。
雍丘、陳留	七月，令狐潮圍張巡於雍丘，相守四十餘日，潮益兵圍之。巡出戰，擒賊將十四人，斬首百餘級，賊乃遁入陳留。頃之，賊步騎七千餘衆屯白沙渦，巡夜襲擊，大破之。
九門	七月，史思明、蔡希德將兵萬人南攻九門，旬日，九門

公曆年號	天災 水災 災區	水災 災況	旱災 災區	旱災 災況	其他 災區	其他 災況	人禍 內亂 亂區	內亂 亂情	外患 患區	外患 患情	其他 亂區	其他 亂情	附註
								偽降，賊登城，伏兵攻之，思明夜奔博陵。八月，思明再攻九門，陷之，所殺數千人。					
							藁城、趙郡、常山	引兵東陷藁城。九月，史思明圍趙郡，又陷常山，殺數千人。					
							雍丘	十月，令狐潮、王福德復將步騎萬餘攻雍丘，張巡出擊大破之，斬首數千級，賊遁去。					
							陳濤斜	房琯前鋒遇賊將安守忠於咸陽之陳濤斜，琯用車戰，賊縱火焚車，人畜大亂，官軍死傷者四萬餘，存者數千而已。					
							河間、景城	尹子奇圍河間，四十餘日不下，史思明引兵會之。顔眞卿遣將和琳將萬二千人救河間，思明逆擊擒之，遂陷河間，執李奐，殺之。又陷景城。					

平原、清河、博平、信都	史思明將康沒野波將先鋒攻平原，兵未至，顏眞卿知力不敵，棄郡渡河南走，思明卽以平原兵攻淸河博平，皆陷之。引兵圍烏承恩於信都，承恩降。
饒陽	裨將張興守饒陽，賊攻之，彌年不能下，及諸郡皆陷，思明幷力圍之，外救俱絕，城遂陷。賊每破一城，城中衣服、財賄、婦人皆爲所掠，男子壯者使之負担，羸病老幼，皆以刀槊戲殺之。
雍丘	令狐潮帥衆萬餘營雍丘城北，張巡邀擊大破之。
潁川	十二月，安祿山遣兵攻潁川，城中兵少無蓄積，繞城百里，廬舍林木皆盡，期年救兵不至，祿山使阿史那承慶益兵攻之，晝夜死鬥，城陷。
雍丘、甯陵	令狐潮、李庭望攻雍丘，數月不下，乃置杞州，築城於雍丘之北，以絕其糧援。賊

公歷	年號	水災 災區	水災 災況	旱災 災區	旱災 災況	其他災 災區	其他災 災況	內亂 亂區	內亂 亂情	外患 患區	外患 患情	其他亂 亂區	其他亂 亂情	附註
七五七	肅宗至德二載								將楊朝宗帥馬步二萬,將襲甯陵,斷巡後,巡遂拔雍丘,東守甯陵以待之,始與睢陽太守許遠相見。楊朝宗至甯陵城西北,巡、遠與戰,大破之,斬首萬餘級,流尸塞汴而下,賊收兵夜遁。	西平	十月,吐蕃陷西平。		崔器、呂諲上言,諸陷賊官,背國從偽,準律皆應處死,李峴爭之,上從峴議。以六等定罪,重者刑之於市,	
								劍南	正月,劍南兵賈秀等五千人謀反,將軍席元慶、臨邛太守柳奕討誅之。					
								太原、廣陽	史思明自博陵,蔡希德自太行,高秀巖自大同,牛廷介自范陽,引兵共十萬寇太原。李光弼麾下精兵皆赴朔方,餘團練烏合之衆,不滿萬人,光弼於城外鑿壕以自固。思明使胡兵三千取攻具於山東,至廣陽,別將慕容溢、張奉璋邀擊盡殺之。思明圍太原,月餘					

不得下，乃鐃銳爲遊兵，光弼使將詐降，利用地道以陷賊，賊衆驚亂，官兵鼓譟乘之，俘斬萬計。會安祿山死，安慶緒使思明歸守范陽，留蔡希德等圍太原。

睢陽	尹子奇以歸、檀及同羅、奚兵十三萬趣睢陽，許遠告急于張巡，巡自甯陵引兵入睢陽，巡兵與遠兵合六千八百人，賊悉衆逼城，巡督勵將士，晝夜苦戰，凡十六日，擒賊將六十餘人，殺士卒二萬餘，賊夜遁。
河東、安邑	二月，郭子儀自洛交引兵趣河東，分兵取馮翊。河東司戶韓旻等翻河東城迎官軍，殺賊近千人。崔乾祐發城北兵攻城，且拒官軍，子儀擊走之。追擊，斬首四千級，捕虜五千人。乾祐至安邑，安邑人擊之，盡殪。乾祐自白逕嶺亡去，遂平河東。

次賜自盡。於是斬達奚珣等十八人於城西獨柳樹下，陳希烈等七人，賜自盡於大理寺。

公曆年號	天災 水災 災區	災況	旱災 災區	災況	其他 災區	災況	人禍 內亂 亂區	亂情	外患 患區	患情	其他 亂區	亂情	附註
							武功、大和關	二月，安守忠等寇武功，郭英乂戰不利，關內節度使王思禮退軍扶風，賊遊兵至大和關，鳳翔戒嚴。					
								李光弼擊蔡希德，大破之，斬首七萬餘級，希德遁去。					
							瓜步、廣陵、江甯	永王璘起兵謀自立，事敗，伏誅其黨薛鏐等皆伏誅。					
							潼關	郭子儀遣其子旰及大將李韶光、王祚濟河擊潼關，破之，斬首五百級。安慶緒遣兵救潼關，旰等大敗，死者萬餘人，韶光、祚戰死，僕固懷恩抱馬首浮度渭水，退保河東。					
							睢陽	三月，尹子奇復引兵攻睢陽。巡帥諸將直衝賊陳，賊大潰，斬將三十餘人，殺士卒三千餘人，逐之數十里。賊復合，攻圍不輟。					
							河東	安守忠將騎二萬寇河東，					

地點	事蹟
三原、白渠	郭子儀擊走之，斬首八千級，捕虜五千人。四月，以郭子儀爲天下兵馬副元帥，使將兵赴鳳翔，李歸仁以鐵騎五千邀之於三原北，子儀伏兵擊之於白渠留運橋，殺傷略盡，歸仁游水而逸。
潏西、西清渠	子儀與王思禮合軍西渭橋，進屯潏西。安守忠、李歸仁軍於京城西西清渠，持七日。五月，賊詭退，官軍追之，失利，大潰，盡棄軍資器械，子儀退守武功。
南陽、襄陽	五月，山南東道節度使魯炅守南陽，賊將武令珣、田承嗣相繼攻之，城中食盡，一鼠直錢數百，餓死者相枕籍。炅在圍中凡周歲，晝夜苦戰，力竭不能支，開城突圍奔襄陽、承嗣追之，轉戰二日，不能克而還。
睢陽	尹子奇圍睢陽益急，張巡開門突出，斬賊將五十餘

公歷	年號	水災 災區	水災 災況	旱災 災區	旱災 災況	其他災 災區	其他災 災況	內亂 亂區	內亂 亂情	外患 患區	外患 患情	其他禍 禍區	其他禍 禍情	附註
									人，殺士卒五千餘人，南霽雲射子奇，喪其左目，子奇乃退。					
								安邑、陝郡	六月，田乾眞圍安邑，會陝郡賊將楊務欽密謀歸國，河東太守馬承光以兵應之，務欽殺城中諸將不同己者，翻城來降，乾眞解安邑遁去。					
								南充	南充土豪何滔作亂，執本郡防禦使楊齊魯，劍南節度使盧元裕發兵討平之。					
								高密、琅邪	七月，河南節度使賀蘭進明克高密、琅邪，殺賊二萬餘人。					
								蜀郡	蜀郡兵郭千仞等反，六軍兵馬使陳玄禮、劍南節度使李峘討誅之。					
								睢陽	尹子奇復徵兵數萬攻睢陽，睢陽食盡，將士人廩米日一合，雜茶紙樹皮爲食，					

而賊糧運通，兵敗復徵，睢陽將士死不加益，諸軍饋救不至，士卒消耗至千六百人，皆饑病不堪鬥，遂爲賊所圍，張巡乃修具以拒之。

地點	記事
陝郡	賊將安武臣攻陝郡，楊務欽戰死，賊遂屠陝。
靈昌	靈昌太守許叔冀爲賊所圍，救兵不至，拔衆奔彭城。
睢陽	睢陽士卒死傷之餘，纔六百人，不復下城。賊攻城者。巡以逆順說之，往往棄賊來降，爲巡死戰，前後二百餘人。時許叔冀在譙郡，尚衡在彭城，賀蘭進明在臨淮，皆擁兵不救，城中日蹙，乃令南霽雲告急於臨淮，進明不應。霽雲至甯陵，與城使廉坦同將步騎三千人，冒圍至城下大戰，壞賊營，死傷之外，僅得千人入城，賊知援絕，圍之益急。
駱谷	七月，御史大夫崔光遠破

公歷	年號	天災：水災 災區	水災 災況	旱災 災區	旱災 災況	其他 災區	其他 災況	人禍：內亂 亂區	內亂 亂情	外患 患區	外患 患情	其他 亂區	其他 亂情	附註
									賊於駱谷。光遠行軍司馬王伯倫、判官李椿將二千人攻中渭橋殺賊守橋者千人,乘勝至苑門,賊有先屯武功者聞之奔歸,遇於北苑合戰,殺伯倫,擒椿,然自是賊不復屯武功矣。					
								上黨	賊屢攻上黨,常爲節度使程千里所敗,蔡希德兵圍上黨。九月,蔡希德至上黨城下挑戰,千里出戰,爲希德所擒。希德攻城不克。					
								長安	元帥廣平王俶將朔方等軍,及回紇、西域之衆十五萬,號二十萬,發鳳翔。諸軍至長安西,陳於香積寺北,灃水之東,李嗣業爲前軍,郭子儀爲中軍,王思禮爲後軍,賊衆十萬陳於其北,李歸仁出挑戰,官軍逐之,					

潼關、華陰、弘農	翦滅殆盡。嗣業又與回紇出賊陳後，與大軍夾擊，自午至酉，斬首六萬級，塡溝塹死者甚衆，賊遂大潰。郭子儀引蕃、漢兵追賊至潼關，斬首五千級，克華陰、弘農二郡。
武關、上洛郡	十月，興平軍奏破賊於武關，克上洛郡。
	尹子奇久圍睢陽，城中食盡，議棄城東走，張巡、許遠謀，以爲睢陽江淮之保障，決堅守以待援。茶紙既盡，遂食馬，馬盡，羅雀掘鼠，雀鼠又盡。巡出愛妾殺以食士，遠亦殺其奴，然後括城中婦人食之，繼以男子老弱。人知必死，莫有叛者，所餘纔四百人。將士病不能戰，城遂陷，巡、遠俱被執，巡幷南雲霽、雷萬春等三十六人皆斬之，生致許遠於洛陽。巡守睢陽前後大小戰，凡四百餘，殺賊卒十二

公曆年號	天災						人禍						附註
	水災		旱災		其他		內亂		外患		其他		
	災區	災況	災區	災況	災區	災況	亂區	亂情	患區	患情	亂區	亂情	
								萬人。					
							陝郡、洛陽	張通儒收餘衆走保陝。安慶緒悉發洛陽兵，使嚴莊將之，就通儒以拒官軍，并舊兵步騎猶十五萬。郭子儀等與賊遇於新店，初與之戰，不利，回紇自南山襲其背，賊以回紇至，遂驚潰。官軍與回紇夾擊之，賊大敗，僵尸蔽野，莊、通儒等棄陝東走，廣平王俶、郭子儀入陝城。僕固懷恩等分道追之，莊先入洛陽告急，安慶緒遂帥其黨自苑門出走，殺所獲唐將哥舒翰、程千里等三十餘人而去，許遠死於偃師。					
							陳留、穎川	郭子儀遣張用濟、渾釋之將兵取河陽及河內，嚴莊降。陳留人殺尹子奇，舉郡降。田承嗣圍來瑱於穎川，					

	七五八
	肅宗乾元元年
范陽	平原、清河；河內
亦遣使來降。郭子儀應之緩，承嗣復叛，與武令珣皆走河北。十一月，李歸仁精兵曳落河、同羅、六州胡數萬人皆潰歸范陽，所過俘掠人物無遺。史思明因承慶等，遣其將竇子昂奉表，以所部十三郡及兵八萬來降，其河東節度使高秀巖亦以所部來降。子昂至京師，以思明爲范陽節度使。	三月，安慶緒平原太守王暕、清河太守宇文寬皆殺其使者來降。慶緒使其將蔡希德、安太清攻拔之，生擒以歸，咼於鄴市。凡有謀歸者，誅及種族，乃至部曲、州縣官屬，連坐死者甚衆。慶緒聞李嗣業在河內。四月，與蔡希德、崔乾祐將步騎二萬涉沁水攻之，不勝而還。
	廣州；河源軍
	九月，廣州奏大食波斯圍州城，刺史韋見利踰城走，二國兵掠倉庫，焚廬舍，浮海而去。十二月，吐蕃陷河源軍。
	是年復以載爲年；六月，上從李光弼言，使烏承恩陰圖史思明。事洩，思明遂搒殺承恩父子，連坐死者二百餘人。

五六七

公曆年號	天災：水災 災區	水災 災況	旱災 災區	旱災 災況	其他災 災區	其他災 災況	人禍：內亂 亂區	內亂 亂情	外患 患區	外患 患情	其他 亂區	其他 亂情	附註
							獲嘉、衛州、鄴	郭子儀引兵自杏園濟河，東至獲嘉，破安太清，斬首四千級，捕虜五百人。太清走保衛州，子儀進圍之。魯炅自陽武濟，李廣琛、崔光遠自酸棗濟，與李嗣業兵皆會子儀於衛州。慶緒悉舉鄴中之衆七萬救衛州，子儀與戰，慶緒大敗，遂拔衛州。慶緒走，子儀等追之至鄴，許叔冀、王思禮等皆引兵繼至，慶緒收餘兵拒戰於愁思岡，又敗。前後斬首三萬級。慶緒乃入城固守，子儀等圍之。					
							魏州	十二月，史思明乘崔光遠初至魏州，引兵大下，光遠使將軍李處崟拒之。賊勢盛，處崟連戰不利，還趣城，光遠誤聽斬處崟，衆無門志，遠光脫身走還汴州。思明陷魏州，所殺三萬人。					

七五九

肅宗乾元二年

三月，旱。(紀)

鄴城

二月，郭子儀等九節度使圍鄴城，壅漳水灌之。自冬涉春，安慶緒堅守以待史思明。食盡，一鼠直錢四千，淘牆麵及馬矢以食馬。人皆以爲克在朝夕，而諸軍既無統帥，進退無所稟，城中人欲降者，礙水深不得出。城久不下，上下解體。思明自魏州引兵趨鄴，糧道斷絕，諸軍乏食，人思自潰。思明乃引軍直抵城下。三月，官軍步騎六十萬陳於安陽河北，思明直前奮擊。李光弼、王思禮、許叔冀、魯炅先與之戰，死傷相半，魯炅中流矢，郭子儀承其後，未及布陳，大風忽起，吹沙拔木，天地晝晦，咫尺不相辨，官軍潰而南，賊潰而北，棄甲仗輜重委積於路。子儀以朔方軍斷河陽橋，保東京。戰馬萬匹惟存三千，甲仗十萬遺棄殆盡。東京

十一月，第五琦作乾元錢，重輪錢，與開元錢，三品並行，民爭盜鑄，貨輕物重，穀價騰踊，餓殍相望。

公曆	年號	天災 水災 災區	水災 災況	旱災 災區	旱災 災況	其他災 災區	其他災 災況	人禍 內亂 亂區	內亂 亂情	外患 患區	外患 患情	其他亂 亂區	其他亂 亂情	附註
									士民驚駭，散奔山谷。諸節度使各潰歸本鎮，士卒所過剽掠，吏不能止，旬日方定。惟李光弼、王思禮整勒部伍，全軍以歸。子儀退守河陽。尋史思明殺安慶緒，并其四弟及高尙、孫孝哲、崔乾祐，勒兵入鄴城，自稱燕帝。					
								潞城	四月，澤潞節度使王思禮破史思明將楊旻於潞城東。					
								襄州	八月，襄州將康楚元、張嘉延據州作亂，刺史王政奔荆州。					
								荆州、澧州、郎州、郢州、峽州、歸州	九月，張嘉延襲破荆州，荆南節度使杜鴻漸棄城走，澧、郎、郢、峽、歸等州官吏聞之，爭潛竄山谷。					
								河陽	十月，史思明引兵攻河陽，李光弼遣白孝德應戰，孝					

德斬其驍將劉龍仙以歸。

河陽、中潬城、羊馬城、河南

史思明列戰船數百艘，泛大船，欲乘流燒浮橋，光弼以巨木阻火船不得進，自爐發礮石擊戰船，中者皆沈沒，賊不勝而去。思明使將李日越劫光弼，光弼使雍希顥誘之降。思明復攻河陽，光弼使陳鄭節度李抱玉出奇兵，表裏擊之，殺傷甚衆。董秦從思明寇河陽，秦降於光弼。光弼自將屯中潬城。賊將周摯捨南城，併力攻中潬，光弼命荔非元禮出勁卒於羊馬城以拒賊，破之。周摯復收兵趣北城，光弼復遣僕固懷恩前往決戰，萬衆齊進，賊衆大潰，斬首千餘級，捕虜五百人，溺死者千餘人。周摯以數騎遁，擒其大將徐璜玉、李秦授，安太清走保懷州。思明聞摯敗，亦遁去。

公歷	年號	天災·水災·災區	天災·水災·災況	天災·旱災·災區	天災·旱災·災況	天災·其他·災區	天災·其他·災況	人禍·內亂·亂區	人禍·內亂·亂情	人禍·外患·患區	人禍·外患·患情	人禍·其他·亂區	人禍·其他·亂情	附註
七六〇	肅宗上元元年*							邛、簡、嘉、眉、瀘、戎等州	邛、簡、嘉、眉、瀘、戎等州蠻反。十一月，康楚元等衆至萬餘人，商州刺史使充荊襄等道租庸使韋倫發兵討之，生擒楚元，其衆遂潰。	普潤	正月，黨項等羌吞噬邊鄙，將逼京畿。六月，鳳翔節度使崔光遠破黨項於普潤。	京兆	六月，三品錢行，浸久，屬歲荒，米斗至七千錢，人相食。京兆尹鄭叔清捕	*燕大讀史年表：「九月壬寅，去年號，但稱元年。」
								陝州、永甯	十二月，李歸仁將鐵騎五千寇陝州。神策兵馬使衛伯玉以數百騎擊破之於疆子阪，得馬六百匹，歸仁走。旋李忠臣與歸仁等戰於永甯莎柵之間，破之。	涇州	十一月，涇州破黨項。			
								懷州、沁州	二月，李光弼攻懷州，史思明救之。光弼逆戰於沁水之上，破之，斬首三千餘級。三月，李光弼破安太清於懷州城下。	美原、同官	十二月，黨項寇美原、同官，大掠而去。			
								河陽	四月，光弼破史思明於河陽西渚，斬首千五百餘級。	鄜州	吐蕃寇鄜州。			
								襄州	襄州將張維瑾、曹玠殺節度使史翽，據州反。以陝西					

西原

鄭州

懷州

蘇州、宣州、郁墅、湖州、杭州、濠州、楚州、舒州、和州、滁州、廬州

節度使來瑱爲山南東道節度使，至襄州，張維瑾等皆降。

六月，桂州經略使邢濟奏破西原蠻二十萬衆，斬其帥黄乾曜等。

平盧兵馬使田神功奏破史思明之兵於鄭州。

十一月，李光弼攻懷州百餘日，乃拔之，生擒安太清。

十二月，賊帥郭愔等引諸羌、胡敗秦隴防禦使韋倫，殺監軍使。

兗鄆節度能元皓擊史思明，破之。

李峘去潤州，悉以後事授藏用，藏用收散卒得七百人，東至蘇州，募壯士得二千人，立柵以拒劉展。展遣其將傅子昂、宗犀攻宣州，宣歙節度使鄭炅之棄城走，李峘奔淇州。李藏用與展將張景超、孫待封戰於郁墅，兵敗，奔杭州，景超遂

私鑄錢者，數月間，搒死八百餘人，不能禁。乃勅京畿開元錢與乾元小錢皆當十，其重輪錢當三十。諸州更俟進止。是時史思明亦鑄順天得一錢，一當開元錢百，賊中物價尤貴。

公曆年號	天災						人禍						附註
	水災		旱災		其他災		內亂		外患		其他		
	災區	災況	災區	災況	災區	災況	亂區	亂情	患區	患情	亂區	亂情	
							都梁山、天長、廣陵、楚州	據蘇州。待封進陷湖州，景超進逼杭州。展以李晃爲泗州刺史，宗犀爲宣州刺史，傅子昂屯南陵，將下江州，徇江西，於是屈突孝標陷濠、楚州，王晅陷舒、和、滁、廬等州，所向無不摧靡，衆兵萬人，騎三千，橫行江、淮間，壽州刺史崔昭發兵拒之，由是晅不得西，止屯廬州。田神功將所部精兵五千屯任城。鄧景山既敗，遣人求救，許以淮南金帛子女爲賂，神功及所部皆喜，悉衆南下，及彭城，敕神功討劉展。展自廣陵將兵八千拒之，選精兵二千度淮，擊神功於都梁山，展敗走至天長，以五百騎據橋拒戰，又敗，神功入廣陵及楚州，大掠，殺商胡以千數，城中地穿掘略徧。					

七六一

肅宗上元二年

江淮

大饑，人相食。

淮南、杭州

杭州、石夷門、金山、下蜀

正月，張景超引兵攻杭州，敗李藏用將李彊於石夷門。孫待封自武康南出，將會景超攻杭州，溫晁據險擊敗之，待封脫身奔烏程。李可封以常州降。田神功使楊惠元西擊王晅，先遣范知新等將四千人自白沙濟，西趣下蜀，鄧景山將千人自海陵濟，東趣常州，神功與邢延恩將三千人軍於瓜洲，濟江，展將步騎萬餘陳於蒜山。神功以舟載兵趣金山，會大風，不得度，還軍瓜州，而范知新等兵已至下蜀，展擊之不勝，復率衆力戰，將軍賈隱林射殺展，劉殷、許嶧等皆死。楊惠元等擊破王晅於淮南，晅引兵東走，至常熟，乃降。孫待封詣李藏用降。張景超聚兵至七千餘人，聞展死，悉以兵授張濂雷，使攻杭州，景超逃入海。濂雷

寶鷄、大散關、鳳州

二月，奴剌黨項寇寶鷄，燒大散關，南侵鳳州，殺刺史蕭悅，大掠而西，鳳翔節度使李鼎追擊破之。

寶鷄

四月，黨項寇寶雞。

好畤

六月，黨項寇好畤。

公歷	年號	天災：水災：災區	天災：水災：災況	天災：旱災：災區	天災：旱災：災況	天災：其他災：災區	天災：其他災：災況	人禍：內亂：亂區	人禍：內亂：亂情	人禍：外患：患區	人禍：外患：患情	人禍：其他：亂區	人禍：其他：亂情	附註
									至杭州，李藏用擊破之，餘黨皆平。平盧軍大掠十餘日，安史之亂，亂兵不及江淮，至是其民始罹荼毒。					
								河陽、懷州	陝州觀軍容使魚朝恩奏上，勅李光弼等進取東京。僕固懷恩憚光弼，而心惡之，乃附朝恩言東都可取，由是中使相繼督光弼使出師，光弼不得已，使鄭陳節度使李抱玉守河陽，與懷恩將兵會朝恩及神策節度使衛伯玉攻洛陽。陳於邙山，懷恩違光弼命，史思明乘其陳未定，進兵薄之，官軍大敗，死者數千人，軍資器械盡棄之。光弼、朝恩、抱玉等均退走，河陽、懷州皆沒於賊。					
								范陽	三月，史思明常欲殺其子朝義，朝義憂懼不知所爲，					

梓州、綿州、遂州、劍州、綿州、永甯、澠池、福昌、長水、范陽

其部將駱悅、蔡文景等恐禍及已,遂縊殺思明,朝義卽帝位,密使人至范陽殺朝清,及朝清母辛氏,并不附已者數十人。其黨自相攻擊,戰城中數月,死者數千人,范陽乃定。四月,青密節度使尙衡破史朝義兵,斬首五千餘級。兗鄆節度使能元皓又破之。平盧節度使侯希逸擊史朝義范陽兵,破之。梓州刺史段子璋反,東川節度使李奐奏替之。子璋襲奐於綿州,奐戰敗,奔成都。子璋陷劍州。西川節度使崔光遠與李奐共攻綿州,拔之,斬段子璋。建子月,*神策節度使衞伯玉攻史朝義,拔永甯,破澠池、福昌、長水等縣。建丑月,平盧節度使侯希逸與范陽相攻連年,救援既絕,又爲奚所侵,乃悉舉其軍二萬餘人襲李懷仙,破之,因引兵而南。

*資治通鑑胡注:「以其月爲歲首也。」

公歷	年號	天災·水災·災區	天災·水災·災況	天災·旱災·災區	天災·旱災·災況	天災·其他·災區	天災·其他·災況	人禍·內亂·亂區	人禍·內亂·亂情	人禍·外患·患區	人禍·外患·患情	人禍·其他·亂區	人禍·其他·亂情	附註
七六二	肅宗寶應元年					江東	大疫，死者過半。（志）	許州	建寅月，*李光弼拔許州，擒史朝義所署潁川太守李春。朝義將史參救之，戰于城下，又破之。	成固	建寅月，奴剌寇成固。			*資治通鑑胡注：「去年九月勑以建子月爲歲首，而通鑑仍以建寅月爲歲首者，以是年四月制復，月數皆如其舊也。改元亦在是月。」
								申州、汴州	建卯月，淮西節度使王仲昇與史朝義將謝欽讓戰於申州城下，爲賊所虜，淮西震駭。會侯希逸、田神功、能元皓攻汴州，朝義召欽讓兵救之。	梁州	建卯月，奴剌寇梁州。黨項寇奉天。			
								澤州	史朝義遣兵圍李抱玉於澤州，子儀發定國軍救之，乃去。	同官、華原	建寅月，黨項寇同官，華原。			
									建巳月，澤州刺史李抱玉破史朝義兵於城下。					
								宋州	建寅月，史朝義自圍宋州數月，城中食盡，將陷，李光弼至臨淮，徑趣徐州，使兗鄆節度使田神功進擊朝義，大破之。					
								浙東	八月，台州賊帥袁晁攻陷					

諸州　懷州　西原、東京、河陽

浙東諸州，民疲於賦斂者多歸之。李光弼遣兵擊破之於衢州。九月，袁晁陷信、州。十月，陷溫州、明州。官軍至洛陽北郊，取進懷州。官軍陳于橫水，賊衆數萬，立柵自固，僕固懷恩陳於西原以當之，遣驍騎及回紇出柵東北，表裏合擊，大破之。朝義悉其精兵十萬來救，官軍驟擊之，殺傷甚衆，而賊陳不動。魚朝恩遣射生五百人力戰，賊雖多死者，陳亦如初。鎮西節度使馬璘突入萬衆中，賊左右披靡，大軍乘之，賊衆大敗，轉戰於石榴園、老君廟，賊又敗，人馬相蹂踐，塡尚書谷，斬首六萬級，捕虜二萬人。朝義將輕騎數百東走，懷恩進克東京及河

公曆年號	天災						人禍						附註
	水災		旱災		其他		內亂		外患		其他		
	災區	災況	災區	災況	災區	災況	亂區	亂情	患區	患情	亂區	亂情	
							鄭州、汴州、汝州 滑州、衞州、昌樂、魏州	陽城，獲其中書令許叔冀、王伷等。僕固懷恩留回紇可汗營於河陽。使其子及朔方兵馬使高輔成帥步騎萬餘乘勝逐朝義，至鄭州，再戰再捷。朝義至汴州，其陳留節度使張獻誠閉門拒之，朝義奔濮州，獻誠開門出降。回紇入東京，肆行殺略，死者萬計，火累月不滅。朔方、神策軍亦以東京、鄭、汴、汝州皆爲賊境，所過虜掠，三月乃已，比屋蕩然，士民皆衣紙。十一月，朝義自濮州北度河，懷恩進攻滑州，拔之，追敗朝義於衞州。朝義睢陽節度使田承嗣等將兵四萬餘人與朝義合，復來拒戰，僕固瑒擊破之，長驅至					

	七六三
	代宗廣德元年
	九月，大雨，水平地數尺。
臨清、衡水、下博、莫州	歸義
樂昌東，朝義帥魏州兵來戰，又敗走。於是鄴郡、恆陽等節度使相繼來降。史朝義走至貝州，與其大將薛忠義等合。僕固瑒追至臨清，朝義自衡水引兵三萬還攻之，瑒擊走之。回紇又至，官軍益振，大戰于下博東南，賊大敗，積尸擁流而下。朝義奔莫州。懷恩兵馬使薛兼訓、郝庭玉與田神功等會於下博，進圍朝義於莫州。	正月，史朝義屢出戰皆敗，田承嗣言，親往幽州發兵，還救莫州。朝義既去，承嗣即以城降，送朝義母妻子於官軍，於是僕固瑒、侯希逸、薛兼訓等帥衆三萬追之，及於歸義，與戰，朝義敗走。時范陽節度使李懷仙請降，遣李抱忠將兵三千鎭范陽縣，朝義至范陽不得入，東奔廣陽，廣陽不受，
	大震關、河西、隴右、涇州、邠州、奉天、武功、咸陽、盩厔、長安、陜州、
	七月，吐蕃入大震關，陷蘭、廓、河、鄯、洮、岷、秦、成、渭等州，盡取河西、隴右之地。十月，吐蕃之入寇也，邊將告急，程元振皆不以聞。吐蕃寇涇州，刺史高暉以城降之，遂爲之鄉導，引吐蕃深入，過邠州，寇奉天、武功，京師震駭。以雍王适爲關內元帥，郭子儀爲副元帥，出鎭咸陽以禦之。子儀至
	鄂州
	十二月二十五日夜，失火，燒船三千隻。延及岸上居人二千餘家，死者四千餘人。（會要）

五八一

公曆年號	天災						人禍						附註
	水災		旱災		其他		內亂		外患		其他		
	災區	災況	災區	災況	災區	災況	亂區	亂情	患區	患情	亂區	亂情	
								欲北入奚契丹，至溫泉柵，李懷仙遣兵追及之，朝義窮蹙，縊於林中。懷仙取其首，以獻僕固懷恩，與諸軍皆還。	商州、華州	咸陽，吐蕃帥吐谷渾、黨項、氐、羌二十餘萬衆，彌漫數十里，已自司竹園度渭，循山而東，子儀使王延昌入奏，請益兵，程元振遏之，竟不召見。渭北行營兵馬使呂月將將精卒二千破吐蕃於盩厔之西。吐蕃寇盩厔，月將復與力戰，兵盡，爲虜所擒。上方治兵，而吐蕃已度便橋，倉猝幸陝州，官吏藏竄，六軍逃散。子儀聞之，自咸陽歸長安，比至，車駕已去。上纔出苑門，度滻水，射生將王獻忠擁四百騎叛還長安，脅豐王珙等十王西迎吐蕃，遇子儀，子儀責讓之，以兵援送行在。車駕至華州，官吏奔散，無復供擬，扈從將士不免凍餒。上幸魚朝恩營。吐蕃入			
							浙東州縣	四月，李光弼奏擒袁晁，浙東皆平。時晁聚衆近二十萬，轉攻州縣，至是討平之。					
							廣州	十一月，宦官廣州市舶使呂太一發兵作亂，節度使張休棄城奔端州，太一縱兵焚掠，官軍討平之。					

長安，高暉與吐蕃大將馬重英等立故邠王守禮之孫承宏爲帝，蕃兵剽掠府庫市里，焚閭舍，長安市中蕭然一空，六軍散者，所在掠剽，士民避亂，皆入山谷。上至陝，郭子儀使王延昌入商州收六軍逃潰者。子儀比至商州，行收兵幷武關防兵合四千人，軍勢稍振。鄜延節度使白孝德亦引兵赴難，與蒲、陝、商、華合勢進擊，子儀又使左羽林大將軍長孫全緒等分擊吐蕃，吐蕃悉衆遁去。

十一月，吐蕃還至鳳翔，節度使孫志直閉城拒守，吐蕃圍之數日，鎭西節度使馬璘將精騎千餘自河西赴難，轉鬥至鳳翔，值吐蕃圍城，璘帥衆持滿外向，突入城中，不解甲，背城出戰，單騎先士卒奮擊，俘虜千計而歸。明日，虜復逼城請

公曆	年號	天災 水災 災區	水災 災況	旱災 災區	旱災 災況	其他 災區	其他 災況	人禍 內亂 亂區	內亂 亂情	外患 患區	外患 患情	其他 亂區	其他 亂情	附註
										松州、維州、保州、雲山、新築	戰,璘開門待之,虜引退。 十二月,吐蕃陷松、維、保三州,及雲山、新築二城,西川節度使高適不能救,於是劍南西川諸州,亦入於吐蕃。			
七六四	代宗廣德二年	東都、河南 關中	五月,東都大雨,洛水溢。河南諸州水。 九月,霖雨。			關中	九月,蝗,米斗千餘錢。	太原 榆次 榆次	正月,僕固懷恩與河東都將李竭誠潛謀取太原,辛雲京覺之,殺竭誠,乘城設備,懷恩使其子瑒將兵攻之,雲京出與戰,瑒大敗而還,遂兵圍榆次。吐蕃之入長安也,諸軍亡卒及鄉曲無賴子弟相聚爲盜,竄伏南山子午等五谷,所在爲患。以薛景仙爲五谷防禦使以討之。 二月,僕固瑒圍榆次,旬餘	同州、澄城 邠州 當狗城 宜祿	三月,黨項寇同州,郭子儀使李國臣與戰于澄城北,大破之,斬首捕虜千餘人。 九月,郭子儀聞吐蕃逼邠州,遣其子晞將兵萬人救之。 劍南節度使嚴武破吐蕃七萬衆,拔當狗城。 僕固懷恩前軍至宜祿,郭子儀使右兵馬使李國臣將兵爲郭晞後繼,邠甯節度使白孝德敗吐蕃於宜祿。			

	不拔，遣使急發祁縣兵，李光逸盡與之，十將白玉、焦暉及漢卒皆怨瑒，焦暉、白玉帥衆攻瑒，殺之。僕固懷恩聞之，與麾下三百，度河北走。
鹽川、奉天、邠州	嚴武拔吐蕃鹽川城，僕固懷恩與回紇、吐蕃進逼奉天，京師戒嚴。子儀出陳於乾陵之南，虜衆大至，虜始以子儀爲無備，欲襲之，忽見大軍，驚愕，遂不戰而退。子儀使李懷光等將五千騎追虜至麻亭而還。虜至邠州，攻之不克，涉涇而遁。懷恩之南寇也，河西節度使楊志烈發卒五千，使監軍柏文達帥擊摧砂堡、靈武縣，皆下之。進攻靈州，懷恩聞之，自永壽遽歸，使蕃、渾二千騎夜襲文達，大破之，士卒死者殆半。文達將餘衆歸涼州。
南山	十一月，五谷防禦使薛景

邠州	十月，懷恩引回紇、吐蕃至邠州，白孝德、郭晞閉城拒守。
涼州	吐蕃圍涼州，士卒怨楊志烈不爲用，志烈奔甘州，爲沙陀所殺。

公歷年	年號	天災						人禍						附註
		水災		旱災		其他		內亂		外患		其他		
		災區	災況	災區	災況	災區	災況	亂區	亂情	患區	患情	亂區	亂情	
七六五	代宗永泰元年				春不雨，米斗千錢。春夏旱。(志)			挑銃川	仙討南山羣盜，連月不克。命李抱玉討之，賊帥高玉最彊，抱玉遣兵馬使李崇客將四百騎自洋州入襲之於挑銃川，大破之，玉走成固。山南西道節度使張獻誠擒玉，餘盜皆平。	奉天、醴泉、白水、蒲津、澄城	吐蕃十萬衆至奉天，京城震恐。朔方兵馬使渾瑊、討擊使白元光先戍奉天，虜始列營，瑊帥驍騎二百衝之，虜衆披靡。吐蕃進攻瑊，虜死傷甚衆。數日，斂衆還營，瑊引兵夜襲殺千餘人，前後與虜戰二百餘合，斬五千級。會天大雨，虜不能進，吐蕃移兵攻醴泉，黨項西掠白水，東侵蒲津，大掠男女數萬而去，所過焚廬			

地區	記事
鄜州、坊州	舍，蹂禾稼殆盡。周智光引兵邀擊，破之於澄城北，因逐北至鄜州。智光素與杜冕不協，遂殺鄜州刺史張麟，阬冕家屬八十一人，焚坊州廬舍三千餘家。
邠州、奉天、涇陽、靈台、涇州	九月，僕固懷恩誘回紇、吐蕃、吐谷渾、黨項、奴剌數十萬衆俱入寇，令吐蕃大將尚結悉贊磨、馬重英等自北道趣奉天，黨項帥任敷、鄭庭、郝德等自東道趣同州，吐谷渾、奴剌之衆自西道趣盩厔，回紇繼吐蕃之後，懷恩又以朔方兵繼之。十月，吐蕃退至邠州，遇回紇，復相與入寇，至奉天。黨項焚同州官廨民居而去。回紇、吐蕃合兵圍涇陽，郭子儀親身冒險赴回紇營，說服大帥合胡祿、都督藥葛羅，誓盟共擊吐蕃，吐蕃聞之夜遁，葛邏羅帥衆追吐蕃。子儀使白元光與之

公曆年	年號	天災						人禍						附註
		水災		旱災		其他		內亂		外患		其他		
		災區	災況	災區	災況	災區	災況	亂區	亂情	患區	患情	亂區	亂情	
											俱，戰於靈台西原，大破之，殺吐蕃萬計，得所掠士女四千人。又破之於涇州東，懷恩將張休藏等降。			
七六六	代宗大曆元年		七月，洛水溢。（紀）					陝州、同州	周智光聚亡命無賴子弟，衆至數萬，縱其剽掠，擅留關中漕米二萬斛，藩鎭貢獻，往往殺其使者而奪之。十二月，周智光殺陝州監軍張志斌。朝士擧選人畏智光之暴，多自同州竊過，智光遣將兵邀之於路，死者甚衆。					
七六七	代宗大曆二年							潼關、赤水；桂州	正月，華州牙將姚懷、李延俊殺智光以其首來降。淮西節度使李忠臣入朝，以收華州爲名，帥所部兵大掠，自潼關至赤水二百里間，財畜殆盡，官吏有衣紙或數日不食者。山獠陷桂州，逐刺史李良。	靈州、潘原、宜祿；靈州	九月，吐蕃衆數萬圍靈州，遊騎至潘原、宜祿。詔郭子儀自河中帥甲士三萬鎭涇陽。十月，朔方節度使路嗣恭破吐蕃於靈州城下，斬首二千餘級，吐蕃引去。			

七六八	代宗大曆三年							幽州	六月，幽州兵馬使朱希彩與朱泚、朱滔共殺節度使朱懷仙，自稱留後。閏月，成德軍節度使李寶成遣將將兵討希彩，爲希彩所敗，朝廷不得已宥之。	靈武、邠州	八月，吐蕃十萬衆寇靈武邠州，邠甯節度使馬璘擊破之。朔方騎將白元光擊破吐蕃二萬衆於靈武。鳳翔節度使李抱玉使李晟將千人出大震關，至臨洮，屠吐蕃定秦堡，焚其積聚，虜堡帥慕容谷種而還，吐蕃聞之，釋靈州之圍而去。
								上元、楚州	十二月，平盧司馬許杲將卒三千人駐濠州。以和州刺史張萬福討杲。杲移軍上元，又北至楚州大掠，萬福追討之，杲爲其將康自勸所逐，自勸擁兵繼掠，循淮而東，萬福倍道追殺之，免者什二三。	大震關、臨洮、西川	十二月，西川破吐蕃萬餘衆。
七六九	代宗大曆四年	京師	大雨水，米斗直八百，佗物稱是。（會要）							靈州、鳴沙、靈州	九月，吐蕃寇靈州，朔方留後常謙光擊破之。十月，吐蕃寇鳴沙，郭子儀遣兵馬使渾瑊將銳兵五千救靈州，子儀自將進至慶州，聞吐蕃退乃還。
七七〇	代宗大曆五年			京畿	七月，饑，米斗千錢。					永壽	九月，吐蕃寇永壽。

公曆	年號	天災						人禍						附註
		水災		旱災		其他災		內亂		外患		其他亂		
		災區	災況	災區	災況	災區	災況	亂區	亂情	患區	患情	亂區	亂情	
七七一	代宗大曆六年			河北	三月，旱，米斗千錢。春，旱至於八月。(志)			容州、鬱林、番禺、桂州	二月，嶺南蠻酋梁崇牽據容州，與西原蠻張侯、夏永等連兵攻陷城邑。經略使王翃至藤州，斬賊帥歐陽珪。馳詣廣州，與義州刺史陳仁璀、藤州刺史李曉庭等結盟討賊。翃帥三千餘人破賊數萬衆，攻容州，拔之，擒梁崇牽。前後大小百餘戰，盡復容州故地。分命諸將襲西原蠻，復鬱林等諸州。三月，五嶺皆平。					
七七二	代宗大曆七年	杭州	海溢。(紀)		五月，旱。(紀)									
七七三	代宗大曆八年			京兆	大旱。(圖)			嶺南	九月，循州刺史哥舒晃殺嶺南節度使呂崇賁，據嶺南反。	靈武、涇州、邠州、宜祿	八月，吐蕃六萬騎寇靈武，踐秋稼而去。吐蕃衆十萬寇涇邠。郭子儀渾瑊將步騎五千拒之，戰於宜祿，官軍大敗，士卒死者什七八，居民爲吐蕃			

公元	年號	天災地區	天災	人禍地區	人禍	外患地區	外患
						鹽倉、潘原	所掠千餘人。馬璘與吐蕃，戰於鹽倉，又敗。渾瑊復與虜戰，邀之於隘，盡得其所掠馬。璘亦出精兵襲虜輜重於潘原，殺數千人，虜遂遁去。
七七四	代宗大曆九年	京師	六月，旱。	徐州	二月，徐州軍亂，刺史梁乘逾城走。		
七七五	代宗大曆十年			相州、洺州、衛州、磁州 磁州、德州、衛州、冀州	正月，昭義兵馬使裴志清逐留後薛崿，帥其衆歸田承嗣。承嗣復遣大將盧子期取洺州，楊光朝攻衞州。二月，承嗣誘衞州刺史薛雄，雄不從，使盜殺之，屠其家，盡據相、衞四州之地。自置長吏，掠其精兵良馬，悉歸魏州。三月，田承嗣拒命，李寶成、李正己、朱滔、薛兼訓、李忠臣等攻之。五月，承嗣將霍國榮以磁州降。正己攻德州，拔之。忠臣統永平、河陽、懷澤步騎四萬進攻衞州。六月，田承嗣遣其將裴志	臨涇、隴州、普潤、義甯 涇州、百里城 夏州、烏水	正月，西川節度使崔甯奏破吐蕃數萬於西山，斬首萬級，捕虜數千人。八月，吐蕃寇臨涇、隴州及普潤，大掠人畜而去，百官往往遣家屬出城竄匿。鳳翔節度使李抱玉破之於義甯。九月，吐蕃寇涇州，涇原節度使馬璘破之於百里城。十二月，回紇千騎寇夏州，州將梁榮宗破之於烏水。郭子儀遣兵三千救夏州，回紇遁去。

公暦年號	天災 水災 災區	天災 水災 災況	天災 旱災 災區	天災 旱災 災況	天災 其他災 災區	天災 其他災 災況	人禍 內亂 亂區	人禍 內亂 亂情	人禍 外患 患區	人禍 外患 患情	人禍 其他 亂區	人禍 其他 亂情	附註
							磁州、清水、陳留、廣州、容州	清等攻冀州，志清以其衆降李寶臣。承嗣自將圍冀州，寶臣使高陽軍使張孝忠禦之，寶成大軍繼至，承嗣燒輜重而遁。八月，田承嗣遣其將盧子期寇磁州。十月，盧子期攻磁州，城幾陷，李寶臣與昭義留後李承昭共救之，大破子期於清水，擒子期。河南諸將又大破田悅於陳留。十一月，嶺南節度使路嗣恭討哥舒晃，克廣州，斬晃，及其黨萬餘人。容管經略使王翃遣兵助之，西原賊帥覃問乘虛襲容州，翃伏兵擊擒之。					

七七六

代宗大曆十一年

京師

七月，澍雨，平地水尺餘，溝渠漲溢，壞民居千餘家。（志）

河陽

三月，河陽軍亂，逐監軍冉庭蘭，大掠三日，庭蘭戒備而入，誅亂者數十人乃定。

滑州

七月，田承嗣遣兵寇滑州，敗李勉。

鄭州、滎澤、鄆州、濮州、雍丘、汴州、匡城

八月，淮西節度使李忠臣、永平節度使李勉、河陽三城使馬燧討李靈曜。淮南節度使陳少遊、淄青節度使李正已皆進兵助擊。九月，李忠臣、馬燧軍於鄭州，靈曜引兵逆戰，兩軍不意其至，退軍滎澤，淮西軍士潰去者什五六，鄭州士民皆驚走入東都。李正已奏克鄆、濮二州。李僧惠敗靈曜兵於雍丘。十月，李忠臣、馬燧進擊靈曜，屢破靈曜兵於汴南、北。大戰於汴州城西，靈曜敗入城，固守，圍之。田承嗣遣田悅將兵救靈曜，敗永平、淄青兵於匡城，乘勝進軍汴州，忠臣

石門、長澤川

七月，吐蕃寇石門，入長澤川。

方渠、拔谷、坊州

九月，吐蕃八萬衆軍於原州北長澤監，破方渠，入拔谷。郭子儀使裨將李懷光救之。吐蕃寇坊州。

鹽、夏州、長武

十月，吐蕃寇鹽、夏州，又寇長武，郭子儀遣將拒却之。

岷州

十一月，山南西道節度使張獻恭奏破吐蕃萬餘衆於岷州。

正月，西川節度使崔甯奏破吐蕃四節度，及突厥、吐谷渾、氐、羌羣蠻衆二十餘萬，斬首萬餘級。

十二月，崔甯奏破吐蕃十餘萬衆，斬首八千餘級。

公曆	年號	天災						人禍						附註
		水災		旱災		其他		內亂		外患		其他		
		災區	災況	災區	災況	災區	災況	亂區	亂情	患區	患情	亂區	亂情	
七七七	代宗大曆十二年	京畿、宋、亳、滑三州、河南	大雨,水害稼,河南尤甚,平地深五尺,河溢。(志)		六月,旱。冬無雪。(紀)				遣裨將李重倩將輕騎數百,夜入其營,縱橫貫穿,斬數十人而還,大軍乘之,鼓譟而入,悅衆不戰而潰,將士死者相枕籍,不可勝數。靈曜聞之,夜遁,汴州平。至韋城,永平將杜如江擒之。檻送京師。李惠僧與忠臣爭功,忠臣因會擊殺之。	黎州、雅州、方渠、拔谷、坊州、望漢城、鹽州、夏州、長武、岷州	三月,吐蕃寇黎、雅州,西川節度使崔甯擊破之。九月,吐蕃八萬衆軍於原州北長澤監。破方渠,入拔谷,郭子儀使裨將李懷光救之。吐蕃寇坊州。十月,西川節度使崔甯奏大破吐蕃於望漢城。吐蕃寇鹽州、夏州,又寇長武,郭子儀遣將拒却之。十一月,山南西道節度使			

公元	年號	地點	事件
			張獻恭奏破吐蕃萬餘衆於岷州。
			十二月，崔甯奏破吐蕃十餘萬衆，斬首八千餘級。
七七八	代宗大曆十三年	陽曲、羊武谷	正月，回紇寇太原，留後鮑防遣大將焦伯瑜等禦之，戰於陽曲，大敗而還，死者萬餘人，回紇縱兵大掠。二月，代州都督張光晟擊破之於羊武谷。
		靈州	吐蕃馬重英帥四衆萬寇靈州。
		靈州	四月，吐蕃寇靈州，朔方留後常謙光擊破之。
		鹽州、慶州	七月，馬重英寇鹽、慶二州，朔方都虞侯李懷光擊却之。
		銀州、麟州	八月，吐蕃二萬衆寇銀、麟州，略黨項雜畜。李懷光擊破之。
		涇州	九月，吐蕃萬騎下青石嶺，逼涇州，詔郭子儀、朱泚與段秀實共却之。

公歷			七七九
年號			代宗大曆十四年
天災	水災	災區	
		災況	
	旱災	災區	
		災況	
	其他	災區	
		災況	
人禍	內亂	亂區	
		亂情	
	外患	患區	茂州、扶文、黎州、雅州、七盤、維州、
		患情	十月，吐蕃與南詔合兵十萬，三道入寇，一出茂州，一出扶文，一出黎雅。虜連陷州縣，刺史棄城走，士民竄匿山谷。發禁兵四千人，李晟將之，發邠、隴、范陽兵五千，曲環將之，以救蜀。東川出兵，自江油趨白壩，與山南兵合擊吐蕃、南詔，破之。范陽兵追及於七盤，又破之。遂克維、茂二州。李晟追擊於大渡河外，又破之。吐蕃、南詔饑寒隕於崖谷死者八九萬。
	其他	亂區	
		亂情	
附註			

公元	年號						地區	記事					
七八〇	德宗建中元年	幽鎮、魏博	冬，黃河漳沱、易水溢。易水漳沱橫流，自山而下，轉石折木，水高丈餘，苗稼蕩盡。（志）		自五月不雨至於七月。（志）		涇州	四月，劉文喜據涇州叛命朱泚、李懷光討之。五月，朱泚等圍劉文喜於涇州，久不克拔。時吐蕃方睦於唐，不爲發兵，城中勢窮，劉海賓與諸將共殺文喜以降。王國良據縣叛，與西原蠻合，聚衆千人，侵掠州縣，瀕湖千里，咸被其害。詔荆、黔、洪、桂諸道合兵討之，連年不克，曹王皐爲湖南觀察使，國良乃降。				八月振武留後張光晟殺回紇使者董突等九百餘人。	
七八一	德宗建中二年						邢州、邯鄲、臨洺	田承嗣之盜據洺、相二州，朝廷獨得邢、磁二州、及臨洺縣。田悅欲阻山爲境，五月，遣兵馬使康愔將八千人圍邢州，別將楊朝光，將五千人柵於邯鄲西北，以斷昭義救兵，悅自將兵數					

公歷年號	天災						人禍						附註
	水災		旱災		其他		內亂		外患		其他		
	災區	災況	災區	災況	災區	災況	亂區	亂情	患區	患情	亂區	亂情	
							江陵、襄鄧	萬圍臨洺。邢州刺史李共臨、洺將張經堅壁自守。七月，田悅攻臨洺，累月不拔，城中食且盡，士卒多死傷，抱眞告急於朝，詔馬燧等救之。悅方急攻臨洺，分李惟岳兵五千助楊朝光，燧等卽進攻朝光柵，悅將萬餘人救之，燧命大將李自良與悅力戰，悅軍却，燧斬朝光，獲首虜五千餘級。燧等進軍至臨洺，悅悉衆力戰，凡百餘合，悅兵大敗，斬首百餘級。悅遁，邢州圍亦解。八月，梁崇義發兵攻江陵，至四望，大敗而歸，乃收兵					

灓水
疎口

襄鄧李希烈引軍循漢而上，與諸道兵會，崇義遣其將翟暉、杜少誠逆戰於灓水，希烈大破之，追至疎口，又破之，二將請降。

十一月，李納遣王溫會魏博將信都崇慶共攻徐州。李洧遣使詣闕告急。命朔方大將唐朝臣將兵五千與宣武節度使劉洽、神策都知兵馬使曲環、滑州刺史李澄共救之。崇慶、溫攻彭城，納遣其將石隱金將萬人助之。唐朝臣用楊朝晟之謀，擊崇慶等兵大潰，洽等乘之，斬首八千級，渡河溺死者過半。官軍乘勝逐北，至徐州城下，魏博、淄青兵解圍走。

公曆	年號	天災：水災 災區	水災 災況	旱災 災區	旱災 災況	其他災 災區	其他災 災況	人禍：內亂 亂區	內亂 亂情	外患 患區	外患 患情	其他亂 亂區	其他亂 亂情	附註
七八二	德宗建中三年							洹水　魏州	正月，馬燧等諸軍進屯倉口，與悅夾洹水而軍，燧令諸軍潛師循水洹直趨魏州，悅聞之，帥淄青、成德步騎四萬踰橋掩其後，燧縱兵擊之，悅軍大敗。昭義、河陽軍乘勝逐北，悅軍亂赴水溺死不可勝紀，斬首二萬餘級，捕虜三千餘人，尸相枕藉三十餘里。悅收餘兵千餘人，走保魏州，燧等諸軍攻之不克。			長安	四月，兩河用兵，月費百餘萬緡，府庫不支數月。詔借商人錢，令度支條上，判度支杜佑大索長安中商賈所有貨，意其不實，輒加搒捶，人不勝苦，有縊死者，長安囂然，	
								東鹿、深州、趙州	李惟岳遣兵與孟祐守東鹿，朱滔、張孝忠攻拔之，進圍深州。惟岳發成德兵萬人與孟祐俱圍東鹿，朱滔、張孝忠與戰於東鹿城下，惟岳兵大敗，燒營而遁。朱滔等乃屯兵於東鹿。惟岳使步軍使衛常甯與王武俊共擊趙州。					

海州、密州

濮州

趙州

甯普

御河

淮南節度使陳少遊拔海密二州，李納復攻陷之。閏月，王武俊、衞常甯自趙州引兵還，襲惟岳，謝遵、王士眞啓城門內之，遂縊殺惟岳，並收鄭詵、畢華、王它奴等皆殺之。二月，宣武節度使劉洽攻濮州，克其外城，納遂歸鄆州，復與田悅等合。四月，朱滔欲將士共趨魏州，擊破馬燧，衆皆不應，乃誅大將數十人，厚撫循其士卒，分兵營於趙州，以逼康日知。王武俊以其子士眞爲恆、冀、深三州留後，將兵圍趙州。滔將步騎二萬五千發深州，至束鹿，將行，士卒大譁不從，滔卽引軍還深州，誅唱亂者二百餘人，衆懼，乃復引軍而南，進取甯晉。留市以待王武俊。武俊將步騎萬五千取元氏，東趣甯晉。田悅恃援兵

如被寇盜，計所得纔八十萬緡，又括僦櫃質錢，凡蓄積錢帛粟米者，皆借四分之一，封其櫃窖，百姓爲之罷市。

公曆	年號	天災 水災 災區	災況	旱災 災區	災況	其他 災區	災況	人禍 內亂 亂區	亂情	外患 患區	患情	其他 亂區	亂情	附註
									至，遣其將康愔將萬餘人出城西，與馬燧等戰於御河上，大敗而還。					
								濮陽	四月，宣武節度使劉洽攻李納濮陽，降其守將高彥昭。					
								魏州、愜山	五月，朱滔、王武俊自甯晉南救魏州。朔方節度使李懷光將朔方及神策步騎萬五千人東討田悅。懷光軍至魏州，馬燧等盛軍容迎之，滔以爲襲己，遽出陳，懷光勇而無謀，遂擊滔軍於愜山之西，殺步卒千餘人，滔軍崩沮，士卒爭入滔營取寶貨。王武俊引二千騎橫衝官軍，官軍大敗，蹙入永濟渠，溺死者不可勝數，人相踐藉，水爲之不流。滔等復堰永濟渠入王莽河，水深三尺餘，燧等乃涉水而					

	七八三
	德宗建中四年
牢州 趙州、恆州	汝州 尉氏 鄭州 彭婆 郏城、鄧州
西，退保魏縣以拒滔。七月，李納求救於滔等，滔遣魏博兵馬使信都承慶將兵助之，納攻宋州，不克。遣兵馬使李克信、李欽遙戍濮陽、南華，以拒劉洽。神策行營招討使李晟自魏州引兵北趨趙州，王士眞解圍去。晟留趙州三日，與孝忠合兵北略恆州。十月，江賊三千餘衆自湖口入寇江南西道，曹王皐遣伊愼擊破之，斬首數百級而還。	正月，李希烈遣將李克誠襲陷汝州，執別駕李元平。別將董待名等四出抄掠，取尉氏，圍鄭州，官軍數爲所敗，邏騎西至彭婆，東都士民震駭，竄匿山谷。左龍武大將軍哥舒曜將萬餘人討希烈，詔諸道兵共討之。曜行至郏城，遇希烈前鋒將陳利貞，擊破之。
	軍費月需錢百卌餘萬緡，常賦不能供，行磯間法，於是愁怨之聲，盈於遠近。

<table>
<tr><th rowspan="3">公曆年號</th><th colspan="6">天災</th><th colspan="6">人禍</th><th rowspan="3">附註</th></tr>
<tr><th colspan="2">水災</th><th colspan="2">旱災</th><th colspan="2">其他災</th><th colspan="2">內亂</th><th colspan="2">外患</th><th colspan="2">其他禍</th></tr>
<tr><th>災區</th><th>災況</th><th>災區</th><th>災況</th><th>災區</th><th>災況</th><th>亂區</th><th>亂情</th><th>患區</th><th>患情</th><th>亂區</th><th>亂情</th></tr>
<tr><td></td><td></td><td></td><td></td><td></td><td></td><td></td><td>黃梅、黃州、蘄州
襄城、安州
襄城</td><td>希烈使封有麟據鄧州南路，遂絕貢獻，商旅皆不通。二月，克汝州，擒周晃。三月，曹王臯敗李希烈將韓霜露於黃梅，斬之。拔黃州。繼攻蔡山、克之。希烈兵還，救不及，臯遂進拔蘄州。淮甯都虞侯周曾、鎮遏兵馬使王玢、押牙姚憺、韋清密輸款於李勉，李希烈遣曾與十將康秀琳將兵三萬攻哥舒曜，至襄城，曾等密謀還軍襲希烈，奉顏眞卿爲節度使，使玢、憺、清爲內應。希烈知之，遣別將李克城襲殺之，并殺玢、憺及其黨。荆南節度使張伯儀與淮甯兵戰於安州，官軍大敗。四月，李希烈遣其將李光輝攻襄城，哥舒曜擊却之。</td><td></td><td></td><td>長安</td><td>朱泚稱帝使姚令言與源休共掌朝政。誅翦宗室在京城者，以絕人望，殺郡王、王子、王孫凡七十餘人。</td><td></td></tr>
</table>

清苑	五月，李晟謀取涿、莫二州，與張孝忠之子升雲圍清苑，累月不下，滔自將步騎萬五千往救，李晟軍大敗，退保易州。張升雲奔滿城。
襄城、伊闕	八月，李希烈將兵三萬圍哥舒曜於襄城。詔李勉等將兵救之。九月，李勉遣宣武將唐漢臣將兵萬人救襄城，遣神策將劉德信帥諸將家應募者三千人助之。勉奏李希烈精兵皆在襄城，許州空虛，若襲許州，則襄城圍自解，遣二將趣許州，未至數十里，上遣中使責其違詔，二將狼狽而返，無復斥候，克誠伏兵邀之，殺傷大半，漢臣奔大梁，德信奔汝州。希烈遊兵剽掠至伊闕。
長安	十月，發涇原諸道兵救襄城。涇原節度使姚令言將兵五千至京師，軍士冒雨寒甚，多攜子弟而來，冀得

公曆年號	天災						人禍						附註
	水災		旱災		其他災		內亂		外患		其他禍		
	災區	災況	災區	災況	災區	災況	亂區	亂情	患區	患情	亂區	亂情	
							襄城 奉天 醴泉	厚賜遺其家。既至無所得，乃蜂湧入城，喧聲浩浩，不可復遏，百姓狼狽走，上乃與王貴妃及太子、諸王夜行至咸陽，賊與小民入宮盜庫物，賊衆無主，乃迎朱泚入宮，自稱權知六軍。上自咸陽幸奉天，左金吾大將軍渾瑊至奉天，衆心稍安。鳳翔涇原將張廷芝、段誠諫將數千人救襄城，未出潼關，聞朱泚據長安，殺其大將戴蘭，潰歸於泚，泚自謂衆心歸己，謀反遂定。哥舒曜食盡，棄襄城，奔洛陽，李希烈陷襄城。朱泚自將逼奉天，軍勢甚盛。邠甯留後韓遊瓌、廣州刺史論惟明，監軍翟文秀					

見子陵

漠谷、奉天

將三千兵拒泚於便橋，與泚遇於醴泉，遊瓌引兵入奉天，泚亦隨至，官軍出戰不利，泚軍爭門欲入，渾瑊與遊瓌血戰竟日，賊乃退。泚自是日來攻城，瑊、遊瓌等晝夜力戰。幽州兵救襄城者，聞泚反，歸附之，普潤戍卒亦歸之有衆數萬。汝鄭應援使劉德信將子弟軍入援，與泚衆戰於見子陵，破之。朱泚夜攻奉天，渾瑊力戰却之，將軍高重捷與泚將李日月戰於梁山之隅，破之。重捷戰死。十一月，靈武留後杜希全、鹽州刺史戴休顏、夏州刺史時常春、渭北節度使李建徽合兵萬人入援，軍至漠谷，谷道險狹，爲賊所邀，乘高以大弩巨石擊之，死傷甚衆，城中出兵應接，爲賊所敗，退保邠州。

公歷年號	天災						人禍						附註
	水災		旱災		其他災		內亂		外患		其他禍		
	災區	災況	災區	災況	災區	災況	亂區	亂情	患區	患情	亂區	亂情	
							趙州	王武俊、馬寶攻趙州不克。					
							七盤、藍田	神策兵馬使尙可孤討李希烈，將三千人在襄陽，自武關入援，軍於七盤，敗泚將仇敬，遂取藍田。					
							華州	朱泚遣何望之襲華州，刺史董晉棄州走行在，望之據其城。鎭國軍副使元光襲之，望之走還長安，元光遂軍華州。					
							奉天、	朱泚急攻奉天，使僧法堅造雲梯爲攻具，矢石如雨，城中死傷者不可勝數，賊已有登城者，渾瑊力戰，不輟，賊乃引退。於是三門皆出兵，太子親督戰，賊徒大敗，死者數千人。					
							澧泉	李懷光入援，敗泚兵於澧泉，泚聞之懼，引兵遁歸長安。					

公元	年號	地點	記事
七八四	德宗興元元年	劍南	劍南兵馬使張朏作亂，入成都，西川節度使張延賞棄城奔漢州。鹿頭戍將北干遂等討之，斬朏及其黨。
		大梁、襄邑、甯陵	李希烈攻逼汴、鄭，江淮路絕，朝貢皆自宣、饒、荆、襄趣武關。十二月，李希烈攻李勉於汴州，驅民運土木築壘道以攻城，忿其未就，并人塡之，謂之濕薪。勉城守累月，外救不至，將其衆萬餘人奔宋州，希烈陷大梁。劉洽遣其將高翼將精兵五千保襄邑，希烈攻拔之，乘勝攻甯陵，江淮大震。
		壽州、蘄州、黃州	蝗，徧遠近，草木無遺，惟不食稻，大饑，道殣相望。
			正月，李希烈稱帝。遣將杜少誠將步騎萬餘人先取壽州，後之江都，壽州刺史遣其將賀蘭元均等守霍丘秋柵，少誠竟不能過，遂南寇蘄黃，曹王皐遣蘄州刺史伊愼將兵七千拒之，戰於永安戍，大破之，少誠脫身走，斬首萬級。

公曆年號	天災 水災 災區	水災 災況	旱災 災區	旱災 災況	其他 災區	其他 災況	人禍 內亂 亂區	內亂 亂情	外患 患區	外患 患情	其他 亂區	其他 亂情	附註
							鄂州	李希烈使董待襲鄂州，刺史李兼帥士卒出戰，大破之。					
							貝州、武城	朱滔引兵至永濟，遣王郅見田悅，約會館陶度河，悅飾辭不出，滔聞之大怒，即日遣馬寔攻宗城、經城，楊榮國攻冠氏，皆拔之。又縱回紇掠館陶、頓幄帟器皿車牛以去，悅閉城身守。朱滔引兵北圍貝州，引水環之，刺史邢曹俊嬰城拒守，縱范陽及回紇兵大掠諸縣，又拔武城。					
							甯陵	二月，李希烈將兵五萬圍甯陵，濮州刺史劉昌以三千人守之。滑州刺史李澄密遣使請降，希烈聞之，遂解圍去。					
							魏州	朱滔聞悅死，遣鄭景濟等將步騎五千助馬寔合兵					

地點	記事
	萬二千人攻魏州，實軍王莽河，縱騎兵及回紇四出剽掠。
涇陽等十二縣	李懷光怒朱泚無禮，燒營東走，掠涇陽等十二縣，雞犬無遺。
武功	四月，朱泚遣將韓旻攻武功，石鍠以其衆迎降，渾瑊戰不利，收兵登西原，會曹子達以吐蕃至，擊旻，大破之於武亭川，斬首萬餘級，旻僅以身免。
貝州	五月，王武俊反正，與李抱眞共將兵擊朱滔，距貝州三十里而軍，滔引兵三萬人出戰，抱眞、武俊奮擊之，滔兵大敗，死者萬餘人，逃潰者六萬餘人。
藍田	商州節度使尙可孤敗泚將仇敬忠於藍田西，斬之。李晟移軍於光泰門外米倉村，泚驍將張庭芝、李希倩引兵大至，晟命吳詵等縱兵擊之，時華州營在北，

公歷	年號	天災：水災區	天災：水災況	天災：旱災區	天災：旱災況	天災：其他災區	天災：其他災況	人禍：內亂區	人禍：內亂情	人禍：外患區	人禍：外患情	人禍：其他亂區	人禍：其他亂情	附註
								咸陽	兵少，賊併力攻之，晟牙前將李演等帥精兵救之，演等力戰，賊敗走，演等追之，乘勝入光泰門再戰，又破之，官軍屢捷，駱元光敗泚衆於滻西。晟又陳兵於光泰門外，使李渲等將騎兵，史萬頃將步兵，直抵苑牆神麚村，帥衆破牆而入，賊衆大潰，諸軍分道並入，朱泚與姚令言帥餘衆西走，晟遂克清宮禁。渾瑊、韓遊瓌克咸陽，敗賊三千餘衆。					
								安州、應山	七月，曹王皋遣將伊愼、王鍔圍安州，李希烈遣其甥劉戒虛將步騎八千救之，皐將李伯潛逆之於應山，斬首千餘級，生擒戒虛於城下，安州遂降。					
								同州	十月，李懷光將閻晏寇同					

公元		七八五
年號		德宗貞元元年
旱		春，旱，無麥苗，至於八月，旱甚。灞、滻將竭，井皆無水。(志)
風		七月，大風拔樹。(紀)
地點	沙苑 絳州、聞喜、萬泉、虞鄉、永樂、猗氏 陳州 汴州	鄧州
人禍	州，官軍敗於沙苑。馬燧拔絳州，分兵取聞喜、萬泉、虞鄉、永樂、猗氏。 閏十月，李希烈遣其將翟崇暉悉衆圍陳州，久之不克。宋亳節度使劉洽遣劉昌與隴右、幽州行營節度使曲環等救陳州。十一月，敗翟崇暉於州西，斬首三萬五千級，擒崇暉以獻，乘勝進攻汴州，李希烈懼，奔歸蔡州，希烈守將田懷珍以城降劉洽。	三月，李希烈陷鄧州。 八月，馬燧討李懷光，帥諸軍至河西，河中軍士皆易其號。懷光自縊死。

公曆	年號	天災						人禍						附註
		水災		旱災		其他		內亂		外患		其他		
		災區	災況	災區	災況	災區	災況	亂區	亂情	患區	患情	亂區	亂情	
七八六	德宗貞元二年		正月，大雨雪，平地數尺。（志）		饑。（圖）		大雨雹。（圖）	襄州	正月，李希烈將杜文朝寇襄州。二月，山南東道節度使樊澤擊擒之。	涇州 隴州 邠州 寧州	八月，吐蕃尚結贊大舉寇涇、隴、邠、寧，掠人畜，芟禾稼，西鄙騷然。			
		長安	夏，京師通衢水深數尺，溺死者甚衆。（志）					鄭州	三月，李希烈別將寇鄭州，義成節度使李登擊破之。		十月，李晟遣蕃落使野詩良輔，與王佖將步騎五千襲吐蕃。遇吐蕃衆二萬，與戰破之。尚結贊引兵自寧慶北去，軍於合水之北，邠寧節度使韓遊瓌遣將史履程夜襲其營，殺數百人，棄所掠而去。			
		東都、河南、荊南、淮南	江、河泛溢，壞人廬舍。（志）							鹽州 夏州、銀州、麟州	十一月，吐蕃寇鹽州，刺史杜彥光率衆奔鄜州，虜入據之。復寇夏州、銀州，銀州素無城，吏民皆潰，虜去之麟州。馬燧以河東軍擊吐蕃，燧至石州，河曲六胡州皆降，遷於雲朔之間。			

七八七	德宗貞元三年	東都、河南、江陵、汴、揚等州	大水。(志)			巂州	雲南王閤羅鳳陷巂州，獲西瀘令鄭回。	隴州	八月，吐蕃帥羌渾之衆寇隴州。連營數十里，京城震恐。
								汧陽、吳山	九月，吐蕃大掠汧陽、吳山、華亭，老弱者殺之，或斷手鑿目，棄之而去。驅丁壯萬餘，悉送安化峽西。
								華亭、連雲堡	吐蕃寇華亭及連雲堡，皆陷之。盡驅二城之民數千人，及邠涇人畜萬計而去。
								甯州	十月，吐蕃寇豐義城，前鋒至大回原，邠甯節度使韓游瓌擊却之，復寇長武城，城故原州而屯之。
七八八	德宗貞元四年		八月連雨，灞水暴溢，溺殺渡者百餘人。(志)	京師、金、房州	正月朔日夜地震，二日又震，三日又震，十八日又震，十九日又			涇州、邠州、甯州、慶州、鄜州	五月，吐蕃三萬餘騎寇涇、邠、甯、慶、鄜等州，諸州皆城守，無敢與戰者，吐蕃俘掠人畜萬計而去。
								振武	七月，奚室韋寇振武，大掠人畜而去。
								甯州、鄜、坊	九月，吐蕃尚志董星寇甯州，張獻甫擊却之。轉掠鄜、

公曆	年號	天災·水災·災區	天災·水災·災況	天災·旱災·災區	天災·旱災·災況	天災·其他·災區	天災·其他·災況	人禍·內亂·亂區	人禍·內亂·亂情	人禍·外患·患區	人禍·外患·患情	人禍·其他·亂區	人禍·其他·亂情	附註
							震,二十日又震,二十三日又震,二十四日又震,二十五日又震,時金、房州尤甚,江溢山裂,屋宇多壞,人皆露處。至二月三日壬午又震,甲申又震,乙酉又震,丙申又震,			二州	坊而去。			
										西川	吐蕃將寇西川,亦發雲南兵,旋雲南與吐蕃大相猜阻,乃引兵歸國。吐蕃業已入寇,遂分兵四萬攻兩林驃旁,三萬攻東蠻,七千寇清溪關,五千寇銅山。黎州刺史韋晉等破吐蕃於清溪關外。吐蕃恥前日之敗,復以衆二萬寇清溪關,一萬攻東蠻,又敗。			

							三月甲寅又震，乙未又震，庚午又震，辛未又震，五月丁卯又震，八月甲辰又震，其聲如雷。(志)							
七八九	德宗貞元五年							蔚州 瓊州	十月，易定節度使張孝忠襲蔚州，驅掠人畜。 瓊州自乾封中爲山賊所陷。至是嶺南節度使李復遣判官姜孟京與崖州刺史張少遷攻拔之。	嶲州	十月，韋皋遣其將曹有道，將兵與東蠻兩林蠻，及吐蕃青海臘城二節度使戰於嶲州臺登谷，大破之。數年盡復嶲州之境。			
七九〇	德宗貞元六年			關輔、淮南、浙西、福建	春，大旱，無麥，夏，大旱，井泉竭，人暍。(志)	淮南、浙西、福建	四月，大風雨。(圖) 疫。(志)	棣州 冀州、貝州	二月，棣州刺史趙鎬以州降於王武俊，旋以棣州降於李納。三月，武俊使其子士眞擊之，不克。 五月，王武俊屯冀州，將擊趙鎬。鎬帥其屬奔鄆州，李					

公歷	年號	天災：水災 災區	水災 災況	旱災 災區	旱災 災況	其他災 災區	其他災 災況	人禍：內亂 亂區	內亂 亂情	外患 患區	外患 患情	其他亂 亂區	其他亂 亂情	附註
									納分兵據之。田緒使孫光佐如鄆州，矯詔以棣州隸納。武俊怒，遣其子士清伐貝州，取經城等四縣。					
七九一	德宗貞元七年			揚、楚、滁、壽、澧等州	旱。(志)					靈州	八月，吐蕃攻靈州，爲回鶻所敗。	蘇州	四月大火。(會要)	
七九二	德宗貞元八年	河南、河北、江、淮、荊、襄、陳、許等四十餘州	大水，溺死者二萬餘人。(志)				大風。(圖)			靈州 涇州 維州	四月，吐蕃寇靈州，陷水口支渠，敗營田。詔河東振武救之。遣神策六軍二千，戍定遠、懷遠城，吐蕃乃退。 六月，吐蕃千餘騎寇涇州，掠田軍千餘人而去。 八月，韋皋攻維州，(代宗廣德元年維州沒於吐蕃)獲吐蕃大將論贊熱。			
七九三	德宗貞元九年					關輔、河中	地震。*(紀)			鹽州	二月，發兵三萬五千人城鹽州，又詔涇原、山南、劍南各發兵深入吐蕃，以分其			*唐會要卷四十二地震：「貞元九年四月京師地震，有聲

									勢。城二旬而畢，命鹽州節度使杜彥光戍之。朔方都虞侯楊朝晟戍木波堡。由是靈夏河西獲安。韋皋遣大將董勔等，將兵出西山，破吐蕃之衆，拔堡柵五十餘。		如雷。河中、關輔尤甚。壞屋壁廬舍，或地裂，湧出水。」
七九四	德宗貞元十年		自春不雨，至於六月。（紀）	京師四月地震。（志）大風拔木。（圖）	欽、橫、潯、貴等州 雞澤 洺州	四月，欽州蠻酋黃少卿反。七月，陷欽、橫、潯、貴等州，攻孫公器於邕州。九月，王虔休破元誼兵，進拔雞澤。十二月，王虔休乘冰合度壕，急攻洺州，元誼出兵擊之。虔休不勝而返，日暮冰解，士卒死者大半。	峨和城	六月，韋皋奏破吐蕃於峨和城。			
七九五	德宗貞元十一年	朗州、蜀州江溢。＊（紀）秋，大雨。（圖）	旱。（圖）		洺州	閏八月，元誼以洺州詐降，王虔休遣裨將二千人入城，誼皆殺之。	幽州	二月，幽州奏破奚王啜利等六萬餘衆。	昆明	十月，南詔攻吐蕃昆明城，取之。又虜施、順二蠻王。	＊唐會要卷四十四水災下：「十一年，復州竟陵等三縣遭朗、蜀二水泛漲沒溺，損戶一千六百六十五，田四百一十頃。」

公暦	年號	天災 水災 災區	水災 災況	旱災 災區	旱災 災況	其他災 災區	其他災 災況	人禍 內亂 亂區	內亂 亂情	外患 患區	外患 患情	其他禍 亂區	其他禍 亂情	附註
七九六	德貞宗元十二年	福州、建州	大水。（志）		旱。（圖）					慶州	九月，吐蕃寇慶州。			
		嵐州	四月，暴雨，水深二丈。（圖）											
七九七	德宗貞元十三年	亳州	淮水溢。（志）		旱。（圖）					巂州	六月，吐蕃入寇巂州，刺史曹高仕破之於臺登城下。			
七九八	德宗貞元十四年			長安、河北	旱。（圖）饑。（圖）	廣州	八月，大風，壞屋覆舟。（圖）	壽州、霍山	九月，彰武節度使吳少誠遣兵掠壽州霍山，侵地五十餘里，置兵鎮守。	鹽州	十月，夏州節度韓全義奏破吐蕃於鹽州西北。			
								浙東州縣	十月，明州鎮將栗鍠殺刺史盧雲，誘山越作亂，攻陷浙東州縣。					
七九九	德宗貞元十五年	鄭州、滑州	大水。（會要）		饑。（圖）			台州	二月，浙東觀察使裴肅擒栗鍠於台州，斬之。	南詔、巂州	十二月，吐蕃衆五萬分擊南詔及巂州，異牟尋與韋皋各發兵禦之。			
								唐州	三月，吳少誠遣兵襲唐州，殺監軍邵國朝、鎮遏使張嘉瑜，掠百姓千餘人而去。					

年代	地點	事件
	臨潁、許州、西華	八月，吳少誠遣兵掠臨潁，陳州刺史上官涗遣王令忠將兵救之，皆爲少誠所虜。少誠遂圍許州，晝夜急攻。營田副使劉昌裔鑿城出擊，大破之。少誠寇西華，陳許大將孟元陽拒却之。十月，山南東道節度使于頔、安黃節度使伊慎、知壽州事王宗與上官涗、韓弘進擊吳少誠，屢破之。
八〇〇 德宗貞元十六年	廣利原、五樓、溵水	正月，恆冀易定、陳許、河陽四軍與吳少誠戰，皆不利而退。五月，夏綏節度使韓全義統諸軍與吳少誠將吳秀、吳少陽等戰於溵南廣利原，諸軍大潰，全義退保五樓。七月，吳少誠進擊全義，諸軍復大敗，全義夜遁，保溵水縣城。九月，少誠進逼溵水，全義退保陳州。
	涿州	盧龍節度使劉濟弟源爲涿州刺史，不受濟命，濟引兵擊擒之。
	靈州	五月，靈州破吐蕃於烏蘭橋。

公曆	年號	天災：水災 災區	水災 災況	旱災 災區	旱災 災況	其他 災區	其他 災況	人禍：內亂 亂區	內亂 亂情	外患 患區	外患 患情	其他 亂區	其他 亂情	附註
八〇一	德宗貞元十七年						二月七日，大霜。（志）二月五日，大雨雹。十九日，大雨雪雹。（志）			鹽州、麟州　雅州	七月，吐蕃寇鹽州，陷麟州。九月，韋皋奏大破吐蕃於雅州。韋皋屢圍維州及昆明城。			
八〇二	德宗貞元十八年	申、光、蔡等州	大水。（志）	光州、蔡州	旱。（志）		大雨雹。（圖）			維州　昆明	正月，吐蕃遣其節度使論莽熱將兵十萬解維州之圍。西川兵據險設伏以待之。伏發，虜軍大敗，擒論莽熱。維州、昆明竟不下，大兵引還。			
八〇三	德宗貞元十九年		八月，大霖雨。（志）	關輔	自正月大雨至於七月。饑。（志）			鹽州	閏十月，鹽州將李庭俊作亂。左神策兵馬使李興幹戍鹽州，殺庭俊以聞。					
八〇四	德宗貞元二十年				饑。（圖）							洪州	火，燔民舍萬七千家。（志）	

八〇五	順宗永貞元年	朗州武陵縣 京兆府長安等九縣	八月，龍陽江漲，流萬餘家。 十一月，山水泛漲，害田苗。（會要）		旱。（圖）				
八〇六	憲宗元和元年	荆南及壽、幽、徐等州	大水。（志）			夏、鎮、冀三州 鄜、坊等州 浙東	蝗害稼。（志） 雹。（圖） 大疫，死者大半。（志）	梓州 鹿頭山、德陽、漢州、綿州、玄武、神泉	正月，劉闢求兼領三川，上不許，遂發兵圍東川節度使李康於梓州。陷之。三月，高崇文引兵自閬州趣梓州，闢引兵遁去。五月，崇文敗闢於鹿頭關。六月，復連破之於德陽、漢州。嚴礪遣其將嚴秦，破闢衆萬餘於綿州石碑谷。七月，崇文破闢衆萬人於玄武。又敗之於鹿頭關。嚴秦復破之於神泉。鹿頭守將仇良輔以城降於崇文，士卒降者萬計。崇文遂長驅直指成都。

公曆	年號	天災：水災災區	水災災況	旱災災區	旱災災況	其他災區	其他災況	人禍：內亂亂區	內亂亂情	外患患區	外患患情	其他亂區	其他亂情	附註
八〇七	憲宗元和二年	蔡州	六月，大雨，水平地深數尺。(志)			邠、甯等州	七月，霜殺稼。(志)	西原	二月，邕州奏破西原洞蠻黃賊，獲其酋長黃承慶。					
								蘇州、常州、湖州、杭州、睦州	十月，鎮海節度使李錡反。先錡選腹心五人爲所部五州鎮將，各有兵數千，伺察刺史動靜。至是各殺其刺史。遣牙將庾伯良將兵三千治石頭。					
八〇八	憲宗元和三年	京師	大雨水。(會要)	淮南、江南、江西、湖南、廣南、山東、山西	旱。(志)		四月，大風。(紀)					涼州	六月，回鶻攻吐蕃，取涼州。沙陀酋長朱邪盡忠見疑於吐蕃，與其子執宜謀歸唐。帥部落三萬，循烏德	

鞬山而東。吐蕃追及之，自洮水轉戰至石門，盡忠死。士衆死者大半，執宜餘衆詣靈州降。

公元	八〇九
年號	憲宗元和四年
地區	渭南縣
災情	四月，常雨。(圖)七月，暴水泛溢，漂損廬舍二百一十三戶，秋田十有六頃。溺死者千人。
地區	淮南、江西、浙江、江東
災情	春夏大旱。秋，旱。(志)
地區	
災情	
地區	
災情	大風。(圖)
地區	長安
禍情	十月，吐突承璀將神策兵發長安，討王承宗。
地區	安南 拂梯泉 大石谷
禍情	八月，安南都護張舟奏破環王三萬衆。＊ 九月，振武奏吐蕃五萬餘騎至拂梯泉。豐州奏吐蕃萬餘騎至大石谷，掠回鶻入貢還國者。
地區	
禍情	
附註	＊資治通鑑胡注：「林邑國，至德後改號環王。」

公歷	年號	天災						人禍						附註
		水災		旱災		其他		內亂		外患		其他		
		災區	災況	災區	災況	災區	災況	亂區	亂情	患區	患情	亂區	亂情	
		渭南	命京兆府發義倉救之。(會要) 暴水,漂民居二百餘家。(志)											
八一〇	憲宗元和五年						大風。(圖)	恆州 木刀溝	正月,劉濟擊王承宗。拔饒陽、東鹿、河東、河中、振武、義武。河東將王榮拔王承宗洄湟鎮。吐突承璀至行營,與承宗戰,屢敗。 四月,范希朝、張茂昭大破承宗之衆於木刀溝。	靈州	五月,奚寇靈州。			
八一一	憲宗元和六年	黔州	七月,霖雨害稼。(圖) 大水,壞城郭。					辰州、漵州 播州、費州	九月,觀察使竇羣發溪洞蠻以治黔州大水,督役太急,於是辰漵二州蠻反。羣討之,不能定。 閏十二月,辰漵賊帥張伯靖,寇州播、費州。					

公元	年號	地區	災情	地區	災情	地區	災情	地區	災情	地區	災情	附註
八一二	憲宗元和七年	東受降城	正月，振武河溢，毀東受降城。(圖)		春，饑。(圖)			涇州	吐蕃寇涇州，驅掠人畜而去。	鎮州	六月，甲仗庫火，延燒一十三間，兵器皆盡。(會要)	
		饒、撫、虔、吉、信五州	五月，山水暴漲，壞廬舍。虔州尤甚，水深處四丈餘。(志)	夏、揚、潤、等州	旱。(志)							
八一三	憲宗元和八年	陳州、許州	大雨，大隗山摧，水流出，溺死者千餘人。(志)	廣州	饑。(圖)	長安*	六月，大風雨，毀屋揚瓦，人多壓死者。(志)			江陵	大火。(圖)	*唐會要卷四十四火災下：「其年六月庚寅，京師大水，風雨，毀屋揚瓦，人多壓死者。水積於城南，深數丈。辛卯，渭水暴漲，絕濟者一月。時所在霖雨，百源皆發，川流多不由故道。」
		京師*	六月，大水，城南深丈餘，渭水漲，絕濟者一月。(志)	同州、華州	旱。(志)	富平	大風，拔棗木千餘枝。(志)				十月，回鶻發兵度磧南，自柳谷西擊吐蕃。壬寅，振武天德奏回鶻數千騎至鸊鵜泉，邊軍戒嚴。	
		滄州鹽山等縣	水潦。(紀)									

公歷	年號	天災						人禍						附註
		水災		旱災		其他災		內亂		外患		其他禍		
		災區	災況	災區	災況	災區	災況	亂區	亂情	患區	患情	亂區	亂情	
八一四	憲宗元和九年	淮南及岳、安、宣、江、撫、袁等州	秋，大水害稼。（志）	關內	饑。（志）旱。（圖）			舞陽、葉、魯山、襄城	閏八月，彰義節度使吳少陽薨，其子元濟自領軍務，不迎敕使。發兵四出，屠舞陽，焚葉，掠魯山、襄城，關東震駭。	振武	十月，黨項寇振武。			
八一五	憲宗元和十年				旱。（紀）	鄜、坊、等州	風雹害稼。（志）	磁丘、壽州 臨潁、南頓 河陰	正月，吳元濟縱兵侵掠，及於東畿。命宣武等十六道進軍討之。二月，嚴綬擊淮西兵，敗於磁丘，却五十餘里，馳入唐州。壽州團練使令狐通爲淮西兵所敗，走保州城。境上諸柵，盡爲淮西所屠。 三月，李光顏奏破淮西兵於臨潁。李光顏又奏破淮西兵於南頓。 李師道欲援元濟，募東都惡少年數百，刼都市，焚宮闕，使朝廷不暇討蔡。辛亥暮，盜數十人攻河陰轉運					

								時曲	院，殺傷十餘人。燒錢帛三十餘萬緡匹，穀三萬餘斛。五月，李光顏奏敗淮西兵於時曲。八月，李光顏敗於時曲。
								小溵水、固始、	十一月，李光顏、烏重胤敗淮西兵於小溵水，拔其城。李文通敗淮西兵於固始。
								徐州	武寧節度使李愿奏敗李師道之衆。時師道數遣兵攻徐州，敗蕭、沛數縣。愿悉以步騎委都押牙溫人王智興，擊破之。十二月，智興又破師道之衆，斬首二千餘級，逐北至平陰而還。
								平陰	
								幽、滄、定三鎮	十二月，王承宗縱兵四掠，幽、滄、定三鎮苦之。
八一六	憲宗元和十一年	京畿	五月，大雨，害田四萬頃。十二月，復水害苗。昭應尤甚，漂	東都、陳州、許州	饑。(志)	渭南	地震。(圖) 四月，雨雹，人有死者。(紀)	固城、鷄城	二月，昭義節度使郗士美奏破成德兵，斬首千餘級。己未，劉總破成德兵，斬首千餘級。辛酉，魏博奏敗成德兵，拔其固城。又拔其鷄城。
								固始、	三月，壽州團練使李文通

公歷	
年號	
天災・水災・災區	衢州、浮梁、樂平 潤、常、湖、陳、許等州
天災・水災・災況	溺居人。衢州山水害稼，深三丈，壞州城，民多溺死，浮梁樂平溺死者一百七十人，爲水漂流不知所在者四千七百戶。十二月，大水。潤、常、湖、陳、許等州各毀田萬頃。
天災・旱災・災區	
天災・旱災・災況	
天災・其他災・災區	
天災・其他災・災況	
人禍・內亂・亂區	鐵山、朗山 郾城 深州 郾城、鐵城 南宮 殷城光州屬
人禍・內亂・亂情	奏敗淮西兵於固始，拔鐵山。唐鄧節度使高霞寓敗淮西兵於朗山，斬首千餘級，焚二柵。四月，李光顏、烏重胤敗淮西兵於陵雲柵，斬首三千級。劉總破成德兵於深州，斬首二千五百級。義武節度使渾鎬破成德兵於九門，殺千餘人。五月，李光顏、烏重胤敗淮西兵於陵雲柵，斬首二千餘級。六月，高霞寓大敗於鐵城，退保唐州。宣武軍破郾城之衆二萬，殺二千餘人，捕虜千餘人。七月，田弘正奏破成德兵於南宮，殺二千餘人。九月，李光顏、烏重胤拔吳元濟陵雲柵。丁亥，又拔石、
人禍・外患・患區	
人禍・外患・患情	
人禍・其他禍・亂區	
人禍・其他禍・亂情	
附註	

公元	紀年	地區	水災		饑		地震	地區	兵災
		饒州	(會要)大水，漂失四千七百戶。八月，渭水溢，毀中橋。					固始 長河 恆州	越二柵。壽州奏敗殷城之衆，拔六柵。十一月，容管奏黃洞蠻爲寇，擊却之，復賓、巒等州。李文通奏敗淮西兵於固始，斬首千餘級。十二月，程執恭敗成德兵於長河，斬首千餘級。義武節度使渾鎬全師壓恆州境，纔距三十里而軍，與王承宗戰屢勝。承宗懼，潛遣兵入鎬境，焚掠城邑，人心始內顧而搖。會中使督戰，鎬引兵進薄恆州，大敗，奔還定州。
八一七	憲宗元和十二年	京師 河北	六月，大雨，市中水深三尺，壞坊民二千家。(會要)水災，邢、洛尤甚，		饑。(圖)		地震。(紀)	申州 柏鄉 東光	二月，鄂岳觀察使李道古攻申州城中夜出兵擊之，道古之衆驚亂，死者甚衆。三月，郗士美敗於柏鄉，拔營而歸，士卒死者千餘人。王承宗遣兵二萬入東光，斷白橋路。程權不能禦，以衆歸滄州。吳秀琳以文城柵降於李

公歷年號	天災						人禍						附註
	水災		旱災		其他災		內亂		外患		其他禍		
	災區	災況	災區	災況	災區	災況	亂區	亂情	患區	患情	亂區	亂情	
		平地或深二丈。(會要)					郾城	愬。官軍與淮西兵夾溵水而軍。陳許兵馬使王沛度溵水，諸軍相繼皆度，進逼郾城。李光顏敗淮西兵三萬於郾城，殺士卒什二三。董昌齡、鄧懷金舉郾城降李光顏。					
	河南、河北	秋，大雨，水害稼。(志)					爐城	董重質將騾軍守洄曲，吳元濟悉發親近及守城卒，詣重質以拒之。李愬下治爐城。					
	滄州	大水。(志)					西平、楚城	嫣雅、田智榮破西平。兵馬使王義破楚城。					
							朗山	五月，李愬遣柳子野、李忠義襲朗山。遣李榮宗攻青喜城，拔之。自將攻朗山，不利。					
							賈店	八月，李光顏、烏重胤敗於賈店。					
							溵水鎮	九月，淮西兵寇溵水鎮，殺三將，焚芻藁而去。李愬攻					

公元	紀年	災區	天災	其他	地點	人禍	地點	外患
					吳房	吳房，克其外城，斬首千餘級。		
					蔡州	十月，李愬入蔡州，俘吳元濟。申光二州及諸鎮兵二萬餘人，相繼降。		
八一八	憲宗元和十三年		六月，淮水溢，壞入廬舍。(會要)			五月，曹華爲棣州刺史。河陽兵送至滴河，會縣爲平盧兵所陷，華擊却之，殺二千餘人。	河曲、長樂州	十一月，吐蕃寇河曲。夏州、靈武奏破吐蕃長樂州。
		奉先等十一縣	十二月，水害麥田。(會要)		曹州	九月，韓弘自將兵擊李師道，圍曹州。		
					金鄉	十二月，田弘正自楊劉度河，距鄆州四十里築壘。李師道大震。武甯節度使李愬，與平盧兵十一戰皆捷，進克金鄉。		
八一九	憲宗元和十四年			饑。(圖)	考城	正月，韓弘拔考城，殺二千餘人。	河曲	正月，吐蕃寇河曲。
					東阿、陽穀、渾州	田弘正敗淄青兵於東阿，平盧兵於陽穀。二月，克渾州。	慶州	七月，吐蕃寇慶州。
					東海	二月，李聽襲海州，克東海、	鹽州	十月，吐蕃論三摩等將十五萬衆圍鹽州。黨項發兵助之。刺史李文悅拒守不下。靈武牙將史奉敬以兵

公曆	年號	天災：水災 災區	天災：水災 災況	天災：旱災 災區	天災：旱災 災況	天災：其他 災區	天災：其他 災況	人禍：內亂 亂區	人禍：內亂 亂情	人禍：外患 患區	人禍：外患 患情	人禍：其他 亂區	人禍：其他 亂情	附註
八二〇	憲宗元和十五年	長安 宋州、滄州、景州 吉州	二月，大雨。八月，久雨。 宋、滄、景等州大雨，自六月癸酉至於丁亥，廬舍漂沒殆盡。（志） 九月，大水。（會要）		旱。（圖）	京畿 同州	三月，大風。（圖）雹傷麥。（志） 八月，雨雪害稼。（圖）	朐山 沂州、丞縣 安南	朐山、懷仁等縣。 李愬敗平盧兵於沂州，拔丞縣。 十月，容管奏安南賊楊清陷都護府，殺都護李象古，及妻子官屬部曲千餘人。	 靈武、鹽州 涇州 雅州 烏白池	三千，深入吐蕃。虜衆潰去。 二月，吐蕃寇靈武。三月，寇鹽州。 十月，黨項引吐蕃寇涇州。渭州刺史郝玼數出兵襲吐蕃營，所殺甚衆。李光顏發邠、甯兵救涇州。 吐蕃寇雅州。 十二月，吐蕃千餘人圍烏白池。	京師	正月，京師西南火，燒死者甚衆。（會要）	

八二一

穆宗長慶元年

長安

九月，大風雨。（志）

二月，海水冰。八月，雨雪害稼。（圖）

成德　深州　相州　易州　淶水　遂州　貝州　白石嶺　饒陽　南宮　青州

七月，詔田弘正鎮成德。兵馬使王庭湊結牙兵譟於府署。殺弘正及僚佐元從將吏，並家屬三百餘人，自稱留後。復遣人殺冀州刺史王進岌，分兵據之，並圍深州。詔魏博、橫海、昭義、河東、義武諸軍討之。九月，相州軍亂，殺刺史邢濋。朱克融焚掠易州、淶水，遂城、滿城。十月，裴度自將兵出承天軍故關，討王庭湊。庭湊遣兵寇貝州。易州刺史柳公濟敗幽州兵於白石嶺，殺千餘人。橫海節度使烏重胤敗成德兵於饒陽。魏博節度使田布將全軍三萬人，討王庭湊。屯於南宮之南，拔其二柵。十一月，王廷湊收兵七千餘人，徑逼青州、淄青節度

青塞堡　魯州

六月，吐蕃寇青塞堡。十月，靈武節度使李進誠敗吐蕃三千騎於大石山下。

公曆	年號	天災						人禍						附註
		水災		旱災		其他災		內亂		外患		其他禍		
		災區	災況	災區	災況	災區	災況	亂區	亂情	患區	患情	亂區	亂情	
八二二	穆宗帝長慶二年	好時、河南、陳、許	好時山水泛漲，漂損居人三百餘家。河南、陳、許二州尤甚。(志)	江淮	饑。(圖)		六月，大風。(紀)		使薛平與戰，大破之，斬廷凑，其黨死者數千人。	靈州	六月，黨項寇靈州渭北，掠官馬。			
				江州	四月，旱災，田損什九。	夏州	十月，大風。(志)	望都、北平、莫州、清源	義武節度使陳楚敗朱克融兵於望都及北平，斬獲萬餘人。再破莫州、清源等三柵，斬獲千餘。	靈武	吐蕃寇靈武。			
								深州	正月，王庭湊圍牛元翼於深州，官軍救之，乏糧不能進。	鹽州	吐蕃寇鹽州。			
								幽鎮	三月，武甯節度副使王智興，將軍中精兵三千討幽鎮。王智興遣輕兵二千襲					
								濠州	濠州，刺史侯弘度棄城奔壽州。					
								博野	李寰帥衆三千出博野，王庭湊遣兵追之，寰與戰，殺三百餘人，庭湊兵乃還。					
								宋州、甯陵、襄邑	七月，徵李岕爲金吾將軍。岕不奉詔，遣兵二千攻宋州，陷甯陵、襄邑。刺史高承					

								汴州	簡保州之北二城。忠武節度使李光顏討李㝏，屯尉氏。兗海節度使曹華亦發兵逆擊破之。李光顏敗宣武兵於尉氏，斬獲二千餘人。八月，韓充入汴境。王智興、高承簡共破宣武兵，斬首千餘級，餘衆遁去。韓充敗宣武兵於郭橋，斬首千餘級，進軍萬勝。
八二三	穆宗長慶三年			淮南、浙東、江西、宣、歙、洪州	三月，旱。（紀）秋，旱、螟，蝗，害稼八萬頃。（志）		大風。（圖）雨雹。（圖）	陸州、邕州、欽州	四月，安南奏陸州獠攻掠州縣。七月，嶺南奏黃洞蠻寇邕州，破左江鎮。邕州奏黃洞蠻破欽州千金鎮，刺史楊嶼奔石南砦。八月，邕管奏破黃洞蠻。十月，安南奏黃洞蠻爲寇。
八二四	穆宗長慶四年	蘇州、湖州	夏，大雨水。太湖決。			長安	六月，京師雨雹如彈丸。（志）大風。（圖）	欽州	正月，黃洞蠻寇欽州，殺將吏。
		鄆州、曹州	雨水，壞州城、民					陸州	八月，安南奏黃蠻入寇。十一月，黃蠻與環王合兵，攻陷陸州，殺刺史葛維。

公曆	年號	天災：水災 災區	水災 災況	旱災 災區	旱災 災況	其他 災區	其他 災況	人禍：內亂 亂區	內亂 亂情	外患 患區	外患 患情	其他 亂區	其他 亂情	附註
		濮州	居田稼略盡。(志)											
		襄、均、復、郢四州	漢水溢決。(志)											
		河南、及陳許二州	水害稼。(志)											
八二五	敬宗寶曆元年	鄜坊、二州	暴水。(志)	荊南、淮南、浙西、江西、湖南、及宣、襄、鄂等州	旱。(志)		八月，霜殺稼。(圖)							
		兗、海、華州及京畿、奉天等六縣	水害稼。(志) 六月，雨至於八月。(圖)											

八二六	敬宗寶曆二年				旱。（圖）		幽州	五月，幽州軍亂，殺朱克融及其子延齡。
八二七	文宗太和元年			京畿、河中、同州	旱。（志）		橫海	七月，橫海帥李同捷託爲將士所留，不受詔。武甯節度使王智興將本軍討之。八月，命烏重胤、王智興、康志睦、史憲城、李載義、與義成節度使李聽，義務節度使張璠，各帥本軍討之。王庭湊助同捷爲亂。十月，天平橫海節度使烏重胤屢破同捷。
八二八	文宗太和二年	京畿及陳、滑二州 河陽 越州、河南、鄆、曹	水害稼。（志） 水，平地五尺，河決，壞棣州城。（志） 大風海溢。大水。（志）			地震。（圖） 大風。（圖）	棣州 安南 平原 滄州	三月，王智興攻棣州，焚其三門。九月拔之。 容管奏安南軍亂，逐都護韓約。 魏博敗橫海兵於平原，拔之。 十一月，易定節度使柳公濟奏攻李同捷堅固寨，拔之。又破其兵於寨東。

公曆	年號	天災 水災 災區	天災 水災 災況	天災 旱災 災區	天災 旱災 災況	天災 其他 災區	天災 其他 災況	人禍 內亂 亂區	人禍 內亂 亂情	人禍 外患 患區	人禍 外患 患情	人禍 其他 亂區	人禍 其他 亂情	附註
		濮、青、淄、齊、德、兗、海等州 京畿	八月，奉先等十七縣水。(會要)											
八二九	文宗太和三年	同官 宋、亳、徐等州	四月，暴水，漂沒二百餘家。(志) 大水害稼。(志)		旱。(圖)	京畿、奉先等八縣	旱霜殺稼。(志)	貝州 齊州 禹城 長蘆 德州	正月，元志紹與成德合兵掠貝州。義成行營兵三千人自齊州徙屯禹城。中道潰叛，橫海節度使李祐討誅之。李聽、史唐合兵擊元志紹，破之。志紹將其衆五千奔鎮州。李載義奏攻滄州、長蘆，拔之。二月，橫海節度使李祐帥	西川 東川	十一月，西川節度使杜元穎奏南詔入寇。詔發東川、興元、荊南兵以救之。十二月，又發鄂、岳、襄、鄧、陳、許等兵繼之。嵯巔自邛州引兵徑抵成都，陷其外郭。元穎帥衆保牙城以拒之。十二月，南詔寇東川，入梓州西郭。			

	（續前）	八三〇
年號		文宗太和四年
水災地點		夏、鄆、曹、濮四州，蘇、湖※二州，許州
水災情況		雨壞城郭，田廬向盡。水壞六堤，入郡郭，溺廬井。五月，大雨，水深
旱災地點		河北、太原
旱災情況		饑。（志）
其他災地點		鄜、坊等州，淮南
其他災情況		雹。（志）十一月，霜傷稼。（圖）
內亂地點	滄州；魏州	
內亂情況	諸道行營兵擊李同捷，破之。進攻德州。四月，李載義奏攻滄州，破其羅城。李祐拔德州。城中將卒三千餘人，奔鎮州。李同捷請降。 六月，李聽自貝州還軍館陶，遷延未進。史憲誠竭府庫以治行。甲戌，軍亂，殺憲誠。奉兵馬使何進滔知留後。李聽進至魏州，進滔拒之，不得入。七月，進滔出兵擊李聽。聽不爲備，大敗潰走。	
外患地點		成都、幽州
外患情況		正月，南詔寇成都。四月，奚寇幽州，盧龍節度使李載義擊破之，擒其王茹羯以獻。
火災地點		陳州、許州、浙西、揚州、海陵
火災情況		三月，火，燒萬餘家。（志）十月，火。（志）
附註		※唐會要卷四十四水災下：「其年十一月，河南、江南、湖南等道大水害稼。詔本道節度觀察使出官米賑給。」

公歷	年號	天災 水災 災區	水災 災況	旱災 災區	旱災 災況	其他 災區	其他 災況	人禍 內亂 亂區	內亂 亂情	外患 患區	外患 患情	其他 亂區	其他 亂情	附註
			八尺，壞郡郭居民大半。（志）											
		舒州、太湖、宿松、望江	九月大水災，溺民房六百八十。詔本道以義倉斛斗賑貸。（會要）											
		京畿	十一月，大水害稼。（會要）											
八三一	文宗太和五年	蘇州、杭州、湖州	六月三州雨水害稼。明年二月，			京畿、奉先、渭南等縣	夏，雨雹。（志）			巂州	十月，南詔寇巂州，陷三縣。			

（續前）	
	八三二
	文宗太和六年
梓州、羅城、淮西、浙東、浙西、荊襄、岳鄂、東川	徐州
以今歲蘇、湖大水，宜賑貸二十二萬石，以本州常平義倉斛斗充給。（會要）元武江漲，高二丈，溢。大水害稼。（志）	自六月九日大雨至十一日，壞民舍九
	劍南、河東、河南、關輔
	饑。（志）旱。（志）
	劍南、浙西一帶
	大疫。（志）

公曆	年號	天災：水災 災區	水災 災況	旱災 災區	旱災 災況	其他災 災區	其他災 災況	人禍：內亂 亂區	內亂 亂情	外患 患區	外患 患情	其他亂 亂區	其他亂 亂情	附註
		蘇州、湖州	百家。(志) 大水。(志)											
八三三	文宗太和七年	浙西及楊、楚、舒、廬、壽、滁、和、宣等州	大水害稼。(志)		旱。(圖)									
八三四	文宗太和八年	江西、襄州 蘄州 滁州	水害稼。(志) 湖水溢。(志) 大水，溺萬餘戶。(志)	江淮及陝華等州	旱。(志)		暴風。(圖)	幽州 莫州	十月，幽州軍亂，逐節度使楊志誠及監軍李懷仵，推兵馬使史元宗主留務。 十二月，莫州軍亂。			揚州	三月，火，燔民舍千區。十月，火，燔民舍數千區。(志)	

八三五	文宗太和九年			京兆、河南、河中、陝、華、同等州	春，饑，河北尤甚。（志）秋，旱。（志）
八三六	文宗開成元年	鳳翔麟遊縣 鎮州	六月，暴風雨，壞百姓屋三百間，死者百餘人。牛馬不知其數。（志） 滹沱河溢，害稼。（志）		旱。（圖）

公曆	年號	天災：水災 災區	水災 災況	旱災 災區	旱災 災況	其他 災區	其他 災況	人禍：內亂 亂區	內亂 亂情	外患 患區	外患 患情	其他 亂區	其他 亂情	附註
八三七	文宗開成二年	山南東道	八月，諸州大水，田稼漂盡。(會要)	河南、河北、京師	旱、蝗害稼，京師旱尤甚。(志)	河南	雹害稼。(志)			振武	七月，振武奏黨項三百餘帳，剽掠逃去。突厥百五十帳叛，剽掠營田，節度使劉沔擊破之。	徐州	火，延燒民居三百餘家。(志)	
八三八	文宗開成三年	鄭州、滑州	河決，浸鄭滑外城。(志)		旱。(圖)		大風。(圖)			涪州	三月，牂柯寇涪州清溪鎮，鎮兵擊却之。			
		陳、許、鄜、坊、鄂、曹、濮、襄、魏博等州	大水。(志)											
		房、均、荊、襄等州	江、漢漲溢，壞民居及田產殆盡。(志)											
		蘇、湖、處等州	水溢入城，處州平地八尺。(志)											

八三九	八四〇
文宗開成四年	文宗開成五年
西川 滄、景、淄、青、德等州	鎮州 江南
秋，水。(志) 秋，大雨。(志) 水害稼及民廬舍。德州尤甚，平地水深八尺。(志)	七月，霖雨。(志) 水。(志) 水。(志)
溫、台、明等州	
饑。(志) 六月，旱，浙東尤甚。(志)	旱。(圖)
河南 河南、河北 鄭州、滑州	福、建、台、明四州 濮州
黑蟲食苗。蝗害稼都盡，鎮、定等州，田稼既盡，至於野草樹葉細枝亦盡。(志) 七月，風雹。(志)	疫。(志) 六月，雨雹如拳，殺人三十六，牛馬甚衆。(志)
	西城*
	十月，回鶻潰兵侵逼西城。
乾陵 揚州	
十二月，火。火，播民舍數千家。(志)	
	*資治通鑑胡注：「西城，朔方西受降城。」

公曆年	號	天災：水災 災區	天災：水災 災況	天災：旱災 災區	天災：旱災 災況	天災：其他 災區	天災：其他 災況	人禍：內亂 亂區	人禍：內亂 亂情	人禍：外患 患區	人禍：外患 患情	人禍：其他 亂區	人禍：其他 亂情	附註
八四一	武宗會昌元年	襄州、均州	七月，漢水暴溢，壞州郭。(志)			山南、鄧、唐等州	蝗害稼。(志)	盧龍	九月，盧龍軍亂，殺節度使史元忠，推陳行泰主留務。既而復亂，殺陳行泰，立牙將張絳。			潞州市	火。(圖)	
						文登	雨雹，文登尤甚，破瓦害稼。(志)							
八四二	武宗會昌二年							嵐州	六月，嵐州人田滿川據州城作亂，劉沔討誅之。	橫水	三月，回鶻兵至橫水，殺掠兵民。			
										天德	四月，天德防禦使田牟奏回鶻侵擾不已，出兵三千拒之。			
										振武、大同、幽州	五月，那頡啜帥其衆自振武大同，東因室韋黑沙南趣雄武軍，窺幽州。盧龍節度使張仲武遣兵三萬迎擊，大破之，斬首捕虜，不可勝計，悉收降其七千帳。			
										河東	八月，回鶻烏介可汗帥衆			

		過杷頭烽南，突入大同川，驅掠河東雜虜牛馬數萬，轉鬥至雲州城門。
	太原	九月，劉沔、張仲武、李思忠皆會軍於太原。十二月，李忠順擊回鶻破之。
八四三 武宗會昌三年	堯山	七月，王元逵奏拔宣務柵，擊堯山。劉稹遣兵救堯山，元逵擊敗之。
	肥鄉、平恩	九月，何弘敬奏拔肥鄉、平恩。
	安南	十月，安南經略使武渾役將士治城。將士作亂，燒城樓，刼府庫。渾奔廣州。
	澤州、陵川	十二月，王宰進攻澤州，戰不利。劉公直乘勝復天井關。宰復進擊公直，大破之，遂克陵川。
	振武	正月，回鶻烏介可汗帥衆侵逼振武，麟州刺史石雄等襲之，大破回鶻於殺胡山，斬首萬級，降其部落二萬餘人。烏介走保黑車子族，其潰兵多詣幽州降。
	邠寧	十一月，黨項入寇。
	萬年	六月，東市火，燒屋貨財，不知其數。（會要）
		九月，吐蕃內閧，論恐熱屯大夏川，尚婢婢遣其將龐結心及莽羅薛呂將精兵五萬擊

公曆年號	天災						人禍						附註
	水災		旱災		其他災		內亂		外患		其他亂		
	災區	災況	災區	災況	災區	災況	亂區	亂情	患區	患情	亂區	亂情	
												之，恐熱大敗，伏尸五十里，溺死者不可勝數。	
八四四　武宗會昌四年							太原 澤州	正月，揚弁帥其衆剽掠城市，據太原軍府。三月，呂義忠討誅之。 四月，王宰進攻澤州。					
八四五　武宗會昌五年			義武 成德、魏博	春旱，（志） 饑。（志）					邠、甯、鹽州	十二月，黨項攻陷邠、甯、鹽州界城堡屯吐利寨。			

八四六	武宗會昌六年				旱。(圖)					安南	九月，蠻寇安南，經略使裴元裕帥鄰道兵討之。		
八四七	宣宗大中元年				旱。(圖)					河西	五月，幽州節度使張仲武大破諸奚。吐蕃論恐熱誘黨項及回鶻餘衆寇河西。河東節度使王宰將代北諸軍擊之。以沙陀朱邪赤心爲前鋒，自麟州濟河，破恐熱於鹽州。		
										振武	八月，突厥掠漕米及行商，振武節度使史憲宗擊破之。		
八四八	宣宗大中二年									清水	十二月，鳳翔節度使崔珙奏破吐蕃，克清水。		
八四九	宣宗大中三年					京師、振武、天德、靈武、夏州、鹽州、雲迦、荊南	十一月，京師地震，諸州皆奏地大震，壞軍城、廬舍。雲迦鎭使及	徐州	五月，軍亂，逐節度使李廓。	原州、長樂、秦州	六月，涇原節度使康季榮取原州及石門、驛藏、木峽、制勝、六盤、石峽六關。七月，靈武節度使朱叔明取長樂州，邠甯節度使張君緒取蕭關，鳳翔節度使李玭取秦州。詔邠甯節度使移州於甯州，以應接河西。		

公曆	年號	水災 災區	水災 災況	旱災 災區	旱災 災況	其他 災區	其他 災況	內亂 亂區	內亂 亂情	外患 患區	外患 患情	其他 亂區	其他 亂情	附註
						京師、振武、天德、靈武、鹽州、夏州	荊南押防秋兵馬小使並壓死，傔卒死者數十輩。（會要）十月，地震。（紀）			維州	十月，西川節度使杜悰奏取維州。			
八五〇	宣宗大中四年				大旱。（圖）									
八五一	宣宗大中五年			湖南	饑。（紀）			蓬州、果州	十月，蓬、果羣盜，依阻雞山，寇掠三川。以果州刺史王贄弘充三川行營都知兵馬使討之。					

八五二	宣宗大中六年			淮南	饑。(紀)				二月，王贄弘討雞山賊，平之。	昌州、資州	四月，黨項擾邊。八月，獠寇昌資二州。			
八五四	宣宗大中八年				旱。(圖)									
八五五	宣宗大中九年			淮南	饑，民多流亡。(志)			浙東	七月，浙東軍亂，逐觀察使李訥。					
八五七	宣宗大中十一年							嶺南	二月，嶺南溪洞蠻屢爲侵盜。					
								容州	容州軍亂，逐經略使王球。					
八五八	宣宗大中十二年	河南、河北、淮南	大水，徐泗水深五尺，漂沒數萬家。		旱，自上年十月不雨，至於二月。(紀)			嶺南	四月，嶺南都將王令寰作亂，囚節度使楊發。	安南	六月，南詔蠻寇安南。			
								湖南	五月，湖南軍亂，逐觀察使韓悰，殺都押牙王桂直。					
								江西	六月，軍亂，逐觀察使鄭憲。					
								宣州	七月，宣州都將康全泰作亂，逐觀察使鄭薰，薰奔揚州。淮南出兵討之。十月，奏克宣州，斬康全泰及其黨四百餘人。					
								洪州	十二月，韋宙奏克洪州，斬毛鶴及其黨五百餘人。					

公曆年	年號	天災·水災·災區	天災·水災·災況	天災·旱災·災區	天災·旱災·災況	天災·其他·災區	天災·其他·災況	人禍·內亂·亂區	人禍·內亂·亂情	人禍·外患·患區	人禍·外患·患情	人禍·其他·亂區	人禍·其他·亂情	附註
八五九	宣宗大中十三年		夏,大水。(圖)					象山、剡縣	十二月,浙東賊帥裘甫攻陷象山,官軍屢敗,賊進逼剡縣,浙東騷動。觀察使鄭祗德遣劉勍、范居植合台州軍共討之。	播州	南詔陷播州。			
八六〇	懿宗咸通元年	潁州	大水。(志)					台州、婺州、上虞、餘姚、慈溪、甯海、象山	正月,裘甫陷剡縣,衆至數千人,越州大恐。二月,浙東軍與甫戰於剡西,官軍幾盡。於是山海諸盜,及它道無賴亡命之徒,四面雲集,衆至三萬。甫分兵掠衢、婺、明、台州,破唐興,焚掠上虞,入餘姚,殺丞尉。東破慈溪,入奉化,抵甯海,據之。分兵圍象山,所過俘其少壯,餘老弱者蹂踐殺之。詔王式討之,七月,甫平。	播州 交趾	十月,安南都護李鄠,復取播州。 十二月,安南土蠻引南詔兵合三萬餘人,乘虛攻交趾,陷之。都護李鄠與監軍奔武州。			
八六一	懿宗咸通二年			淮南、河南	旱。不雨,至於明年六月。(志)					安南 邕州、嶲州、邛崍關	六月,李鄠自武州收集土軍,攻羣蠻,復取安南。 七月,南詔陷邕州,寇嶲州,攻邛崍關。			

八六二	懿宗咸通三年			淮南、河南	饑。(志)			徐州	七月，軍亂，逐節度使溫璋。	安南	二月，南詔寇安南。發許、滑、徐、汴、荆、襄、潭、鄂等道兵各三萬人以禦之。兵勢既盛，蠻遂引去。十二月，復來寇。
八六三	懿宗咸通四年	東都	閏六月，暴水，漂溺居人。(志)					邕州	南蠻寇左、右江，浸逼邕州。	交趾	正月，南詔陷交趾。荆南、江西、鄂岳、襄州將士四百餘人，走至城東水際，不能渡，遂還入向城，蠻不爲備，荆惟德等縱兵殺蠻二千餘人。逮夜，蠻將楊思縉始自子城出救之，惟德等皆死。
		東都、許、汝、徐、泗等州	大水傷稼。(志)					徐州	三月，羣盜入徐州，殺官吏。刺史曹慶討平之。	涼州	三月，歸義節度使張義潮奏克復涼州。
		孝義	大水深二丈，破武牢關，金城門，汜水橋。(志)								
八六四	懿宗咸通五年					隰、石、汾等州	冬，大雨雪，平地深三尺。(志)			巂州	正月，南詔寇巂州，刺史喻士珍破之，獲千餘人。
										邕州	三月，南詔寇邕州，康承訓遣六道兵拒之，敵至不設備，五

公曆年	號	天災						人禍						附註
		水災		旱災		其他災		內亂		外患		其他亂		
		災區	災況	災區	災況	災區	災況	亂區	亂情	患區	患情	亂區	亂情	
											道兵八千人皆沒，惟天平軍後至得免。諸將夜斫蠻營，斬首五百餘級。			
八六五	懿宗咸通六年	東都	六月，大水，漂十二坊，溺死者甚衆。（志）				大風。（圖）			嶲州	五月，嶲州刺史喻士珍貪獪，掠兩林蠻以易金。南詔復寇嶲州，兩林蠻開門納之。南詔盡殺戍卒，士珍乞降。			
八六六	懿宗咸通七年	江淮	夏，大水。							邠州、甯州	閏三月，吐蕃寇邠、甯，節度使薛弘宗拒却之。			
		河南	秋，大水害稼。（志）							交趾	六月，高駢大破南詔蠻於交趾，殺獲甚衆，遂圍交趾城。			
										廓州	十月，拓跋懷光以五百騎入廓州，生擒論恐熱，斬之。其部衆東奔秦州，尚延心邀擊破之。吐蕃自是衰絕。			
										交趾	高駢克交趾城，殺段酋遷及土蠻爲南詔鄉導者，斬			

公元	年號	地區	水災	地區	旱災	地區	其他天災	地區	內亂	地區	外患
											首三萬餘級，南詔遁去。又破土蠻附南詔者二洞，誅其酋長。土蠻帥衆歸附者萬七千人。
八六七	懿宗咸通八年			懷州	旱。(志)	河中、晉絳	五月，地大震，廬舍莊仆，傷人有死者。	懷州	二月，西川節度使劉潼討六姓蠻，焚其部落，斬首五千餘級。七月，懷州民訴旱，刺史劉仁規揭牓禁之。民怒，相與作亂。	西川	
八六八	懿宗咸通九年		久雨。(圖)	江左、 關內、 東都 江淮	旱。(圖) 饑。東都尤甚。 (志) 旱。(志)	江淮	蝗。(志)	桂州 浙西、淮南	七月，桂州都虞候許佶等作亂，殺都將王仲甫，推糧料判官龐勛爲主。劫庫兵北還，所過剽掠，州縣莫能禦。九月，許佶等泛松江東下，過浙西，入淮南，經泗州、徐城、任山，至符離，逼宿州，官軍潰，遂陷之。彭勛度濉陷羅城、泗州。十一月，破魚台近十縣。民逃宋州磨山者，賊圍之，山泉竭，渴死者數萬人。十二月，陷都梁，淮口漕驛路絕。康承訓自新興退屯宋州，寇徧擾舒、廬、沂、		

六五七

公曆	年號	天災：水災 災區	天災：水災 災況	天災：旱災 災區	天災：旱災 災況	天災：其他 災區	天災：其他 災況	人禍：內亂 亂區	人禍：內亂 亂情	人禍：外患 患區	人禍：外患 患情	人禍：其他 亂區	人禍：其他 亂情	附註
									海、滁、和諸郡，民厭苦之。戴可望將卒三萬渡淮，戰於都梁，官軍敗績。					
八六九	懿宗咸通十年				旱。(圖)			海州、鹿頭、襄城、柳子、芳城、豐縣	正月，徐賊寇海州。二月，康承訓使朱邪赤心將沙陀三千騎爲前鋒討之。賊將王弘立引兵度濉水，圍鹿塘寨，沙陀左右突圍，賊大敗。鹿塘至襄城，伏尸五十里，斬首二萬餘級。三月，官軍進逼柳子，一月之間數十戰。姚周引兵渡渙水，官軍急擊之。遂圍柳子。會大風，四面縱火，賊棄寨走。沙陀以精騎邀之，屠殺殆盡。自柳子至芳城，死者相枕。四月，龐勛夜至豐縣，縱兵圍魏博五寨屯兵，伏兵要路，殺官軍來救者二千人，	西川、巂州、嘉州、陵州、滎州、黎州、雅州	十月，南詔傾國入寇。引數萬衆擊董春烏部，破之。十一月，進寇巂州。定邊都頭安再榮守清溪關，蠻攻之，退屯大渡河北。蠻密分軍開道逾雪波，奄至沐源川。黄卓帥五百人拒之，舉軍覆沒。十二月，蠻陷犍爲，縱兵焚掠陵榮二州之境。進陷嘉州。復陷黎、雅。			

泗州

陝

招義、鍾離、定遠

臨渙、

滕縣、豐、沛、

第城、

宿州

餘皆返走。賊攻寨不克，解圍去。曹翔方圍滕縣，聞魏博敗，引兵退保兗州。馬擧將精兵三萬救泗州，三道度淮圍賊，縱火焚柵，賊衆大敗，斬首數千級。王弘立死，吳迥退保徐城。泗州被圍凡七月，至是圍始解。龐勛至蕭，約襄城留武小睢諸寨兵合五六萬人，攻柳子。襄城等兵先至，遇伏敗走，勛衆不戰而潰。五月，沂州軍圍下邳。六月，陝民作亂，逐觀察使崔蕘。馬擧自泗州引兵攻濠州，拔招義、鍾離、定遠。斬獲數千，平其寨。七月，康承訓克臨渙，殺獲萬人，遂拔襄城留武小睢等寨。曹翔拔滕縣，進擊豐、沛。賊諸寨戍兵，多逃匿據山林。承訓乘勢長驅，拔第城，進抵宿州之西，築城守

公歷年號	天災						人禍						附註
	水災		旱災		其他		內亂		外患		其他		
	災區	災況	災區	災況	災區	災況	亂區	亂情	患區	患情	亂區	亂情	
							徐州、羅城、符離、宋州、亳州、宿遷蕭縣、濠州	之。龐勛使龐舉直、許佶守徐州，引兵而西。八月，張儒等入保羅城，官軍攻之不克。尋張玄稔斬張儒，開門出降，詐爲城陷，引衆趨符離。斬其守將，收其兵，復得萬人，北趨徐州。龐勛將兵二萬，自石山西出，所過焚掠無遺。承訓引步騎八萬西擊之。勛襲宋州，陷其南城，刺史鄭處沖守北城，賊知有備，捨去，度汴，南掠亳州，沙陀追及之。勛引兵循渙水而東，將歸彭城，爲沙陀所逼，至蘄，將濟水，李袞發兵拒之，賊惶惑，官軍大集，縱擊殺賊近萬人，餘皆溺死，降者纔及千人。賊宿遷等諸寨皆殺其守將而降，宋威亦取蕭縣。吳迥獨守濠州不下。十月，官軍圍之，吳迥突圍走。					

八七〇	懿宗咸通十一年				旱。(圖)			兗、鄆、青、齊之間	徐賊餘黨，猶相聚閭里爲羣盜，散居兗、鄆、青、齊之間。	新津、雙流	正月，南詔進軍新津，陷雙流，抵成都城下。二月，盧耽以楊慶復、李驤各帥突將出戰，殺傷蠻二千餘人，焚其攻具三千餘物而還。
八七二	懿宗咸通十三年									甘州	八月，回鶻陷甘州，自餘諸州隸歸義者多爲羌、胡所據。
八七三	懿宗咸通十四年	關東、河南	大水。(志)		旱。(圖)					西川、黔南	五月，南詔寇西川、黔南。黔中經略使秦匡謀兵少不敵，弃城奔荆南。
八七四	僖宗乾符元年				旱。(圖)			徐州、長垣	十二月，感化軍奏羣盜寇掠，州縣不能禁，敕兗、鄆等道出兵討之。濮州人王仙芝，始聚衆數千，起於長垣。	西川、黎州、雅州	十一月，南詔寇西川，濟大度河。黎州刺史黃景復俟其半濟擊之，蠻敗走，復寇大度河，與唐夾水而軍，自上下流潛濟，與景復戰連日。西川援軍不至，蠻衆日益，景復不能支，軍遂潰。乘勝陷黎州，入邛崍關，攻雅州。十二月，黨項、回鶻寇天德軍。

公歷	年號	天災：水 災區	天災：水 災況	天災：旱 災區	天災：旱 災況	天災：其他 災區	天災：其他 災況	人禍：內亂 亂區	人禍：內亂 亂情	人禍：外患 患區	人禍：外患 患情	人禍：其他 亂區	人禍：其他 亂情	附註
八七五	僖宗乾符二年						七月，蝗自東而西，所過赤地。（志） 十二月，雨雹。	蘇、常 二浙、福建 濮州、曹州 淮南 沂州	四月，浙西狼山鎮遏使王郢等劫庫兵作亂，行收黨衆近萬人，攻陷蘇、常。乘舟往來泛江入海，轉掠二浙，南及福建，大爲人患。 六月王仙芝及其黨尙君長，攻陷濮州、曹州，衆至數萬。天平節度使薛崇出兵擊之，爲仙芝所敗。冤句人黃巢亦聚衆數千人應仙芝。 九月，昭義軍亂。 十一月，羣盜浸淫，剽掠十餘州，至於淮南。 十二月王仙芝寇沂州。	成都	正月，高駢至成都，發步騎五千，追南詔至大渡河，殺獲甚衆，擒其酋長數十人。修復邛崍關大渡河諸城柵。又築城於戎州馬湖鎮，沐源川各置兵數千戍之，自是蠻不復入寇。			黃巢亂始。
八七六	僖宗乾符三年	關東	大水。（志）		旱。（圖）	雄州*	六月，雄州地震，裂，水涌。壞州城及公私廬舍俱盡。	原州 沂州 陽翟、郟城 汝州、	四月，原州軍亂。 七月，宋威擊王仙芝於沂州城下，大破之。 八月仙芝陷陽翟、郟城，進逼汝。 九月王仙芝陷汝州，陽武。					*唐會要：「乾符三年，雄州奏：自六月地震至七月不止，壓傷人甚衆。」

公元	年號	地點	事件
		陽武、鄭州、中牟	攻鄭州，昭義監軍判官雷殷符屯中牟，擊仙芝，破走之。
		唐州、鄧州、郢州、復州	十月，仙芝南攻唐、鄧，又陷郢、復二州。
		申州、光州、盧州、壽州、舒州、通州、蘄州	十二月，王仙芝攻申、光、盧、壽、舒、通等州，大掠蘄州。
八七七	僖宗乾符四年	望海鎮、明州、台州	二月，王郢攻陷望海鎮，掠明州，陷台州。
		鄂州	王仙芝陷鄂州。
		鄆州、沂州	黃巢陷鄆州，殺節度使薛崇。三月，陷沂州。
		江西	賊帥柳彥璋剽掠江西。
		陝州	陝州軍亂，逐觀察使崔碣。
		江州	六月，柳彥璋襲陷江州。
		宋州	七月，王仙芝、黃巢攻宋州，忠武兵殺獲二千餘人，遁去。
		安州	八月，王仙芝陷安州。

公歷	年號	天災						人禍						附註
		水災		旱災		其他		內亂		外患		其他		
		災區	災況	災區	災況	災區	災況	亂區	亂情	患區	患情	亂區	亂情	
八七八	僖宗乾符五年		大霖雨。（圖）				大風。（圖）雨雹。（圖）	鹽州	鹽州軍亂。	唐林、崞縣、忻州	五月，沙陀焚唐林、崞縣，入忻州境。			
								隨州、復州、郢州	王仙芝陷隨州，轉掠復、郢。	羅城	七月，沙陀攻岢嵐軍，陷其羅城。敗官軍於洪谷，晉陽閉門城守。			
								河中	十月，河中軍亂，逐節度使劉侔，縱兵焚掠。					
								蘄州、黃州	黃巢寇掠蘄、黃，曾元裕擊破之，斬首四千級，巢遁去。					
								匡城、濮州	十二月，黃巢陷匡城、濮州。					
								荊南	王仙芝寇荊南。					
								羅城	正月，賊陷羅城、襄陽、沙陀縱騎奮擊破之，仙芝焚掠					
								江陵	江陵而去。江陵城下舊三十萬戶，至是死者什三四。招討副使曾元裕大破王					
								申州	仙芝於申州東，所殺萬人，招降散遣者亦萬人。					
								黃梅	二月，曾元裕奏大破王仙芝於黃梅，殺五萬餘人。追斬仙芝，餘黨散去。					
								亳州、	黃巢方攻亳州未下，尙讓					

沂州、濮州	帥仙芝餘衆歸之，推巢爲王，號衝天大將軍，改元王霸，署官屬。巢襲陷沂州、濮州。既而屢爲官軍所敗。
朗州、岳州、宋州、汴州、滑州、葉、陽翟	三月，羣盜陷朗州、岳州，曾元裕屯荆、襄。黃巢自滑州略宋、汴，復攻衞南、葉、陽翟。詔發河陽兵千人赴東都，與宣武、昭義兵二千人共衞宮闕。
洪州、湖南、宣州、潤州	王仙芝餘黨王重隱陷洪州，江西觀察使高湘奔湖口。賊轉掠湖南，別將曹師雄掠宣、潤。湖南軍亂，都將高傑逐觀察使崔瑾。
虔、吉、饒、信等州、湖州	黃巢引兵度江，攻陷虔、吉、饒、信等州。四月，曹師雄寇湖州，鎮海節度使裴璩擊破之。王重隱死，其將徐唐莒據洪州。
饒州	饒州將彭幼璋克復饒州。
浙西	五月，王仙芝餘黨剽掠浙西。
宣州、	八月，黃巢寇宣州，宣歙觀

公歷	歷年號	天災						人禍						附註
		水災災區	水災災況	旱災災區	旱災災況	其他災災區	其他災災況	內亂亂區	內亂亂情	外患患區	外患患情	其他禍亂區	其他禍亂情	
八七九	僖宗乾符六年							歙州、福州、建州	察使王凝拒之，敗於南陵。巢攻宣州不克，乃引兵入浙東，開山路七百里，攻剽福建諸州。					
								晉陽	九月，昭義兵大掠晉陽。坊市民自共擊之，殺千餘人，乃潰。					
								福州	十二月，黃巢陷福州，觀察使韋岫棄城走。					
								洪谷、代州	崔季康及昭義節度使李鈞與李克用戰於洪谷，兩鎮兵敗，鈞戰死。昭義兵還至代州，士卒剽掠，代州民殺之殆盡。餘衆自鴞鳴谷走歸上黨。					
								廣南	正月，鎮海節度使高駢遣張璘、梁纘分道擊黃巢，屢破之。降其將秦彥、畢師鐸、許勍等數十人。巢遂趣廣南。					

靜樂	二月，河東軍至靜樂，士卒作亂。
廣州、嶺南	九月，黃巢攻廣州陷之，轉掠嶺南州縣。
永州、潭州	十月，黃巢自桂州編大桴數十，乘暴水沿湘江而下，歷衡、永州，陷潭州，盡殺戍兵。尚讓乘勝進逼江陵，衆號五十萬。
江陵	王鐸留劉漢宏守江陵，自帥衆趣襄陽。漢宏大掠江陵，焚蕩殆盡，士民逃竄山谷，會大雪，僵尸滿野。後旬餘，賊乃至，漢宏帥其衆北歸爲羣盜。
襄陽、鄂州、信、池、宣、歙、杭等十五州	十一月，黃巢北趣襄陽，劉巨容與江西招討使曹全晸合兵屯荆門以拒之，大破賊衆。乘機逐北比至江陵，俘斬其什七八。賊復攻鄂州，轉掠饒、信、池、宣、歙、杭十五州，衆至二十萬。
柳州	桂陽賊陳彥謙陷柳州。

公歷	年號	天災·水災·災區	天災·水災·災況	天災·旱災·災區	天災·旱災·災況	天災·其他災·災區	天災·其他災·災況	人禍·內亂·亂區	人禍·內亂·亂情	人禍·外患·患區	人禍·外患·患情	人禍·其他禍·亂區	人禍·其他禍·亂情	附註
八八〇	僖宗廣明元年		八月，大霖雨。		大旱。（圖）		大風。（圖）	安南 饒州 宋州、兗州 睦州、婺州、宣州 申州、光州 天長、六合 朔州、蔚州 東都	三月，安南軍亂。 四月，張璘擊賊帥王重霸降之，屢破黃巢軍，巢退保饒州。別將常宏以其衆數萬降。璘攻饒州，克之。 五月，劉漢宏之黨浸盛，使掠宋、兗。 六月，黃巢別將陷睦州、婺州。巢攻陷宣州。劉漢宏南掠申、光。 七月，黃巢自采石度江，圍天長、六合。 李克用自雄武軍引兵還擊高文集於朔州，李可舉遣韓玄紹邀之於藥兒嶺，大破之，殺七千餘人，李盡忠、程懷信皆死。又敗之於雄武軍之境，殺萬人。李琢、赫連鐸進攻蔚州，李國昌戰敗，部衆皆潰。 九月，東都奏汝州所募軍	忻州、代州、晉陽	正月，沙陀入鴈門關，寇忻、代。二月，沙陀二萬餘人逼晉陽，陷太谷。			

	李光庭等五百人,自代州還過東都,燒安喜門,焚掠市肆。
申、潁、宋、徐、兖州等	十月,黃巢陷申州,並入潁、宋、徐、兖之境,所至吏民逃潰。
澧州	羣盜陷澧州。
汝州、東都、虢州、潼關、長安	十一月,河中都虞侯王重榮作亂,剽掠坊市俱空。黃巢入汝州境。陷東都、虢州。十二月,黃巢攻潼關,王師會自殺,張承範變服帥餘衆脫走。博野鳳翔軍爲賊鄉導,以趣長安。黃巢入華州,留其將喬鈐守之。百官聞亂兵入城,布路竄匿。田令孜帥神策兵五百,奉帝出城。黃巢前鋒將柴存入長安,焚市肆,殺人滿街。
河中	黃巢遣其將朱溫自同州,弟黃鄴自黃州,合兵擊河中。王重榮與戰,大破之。

公曆	年號	天災						人禍						附註
		水災		旱災		其他		內亂		外患		其他		
		災區	災況	災區	災況	災區	災況	亂區	亂情	患區	患情	亂區	亂情	
八八一	僖宗中和元年						大風。(圖)	鄧州 鳳翔 長安 汾東 晉陽、陽曲、	三月,朱溫陷鄧州。黃巢將尚讓、王播帥衆五萬寇鳳翔,都統唐弘夫伏兵待之,大敗賊於龍尾陂,斬首二萬餘級,伏尸數十里。弘夫進薄長安,黃巢東走。官軍入城,掠金帛妓妾。賊諷知官軍不整,且諸軍不相繼,引兵還襲,大戰長安中。軍士重負不能走,死者什八九。巢復入長安,怒民之助官軍,縱兵屠殺,流血成川,謂之洗城。於是諸軍皆退,賊勢愈熾。 五月,李克用將兵五萬屯於汾東,縱沙陀剽掠居民,城中大駭。鄭從讜求救於振武節度使契苾璋,璋引突厥吐谷渾救之,破沙陀兩寨。克用追戰至晉陽城南。璋引兵入城,沙陀掠陽				三月,賊陷鳳翔,有書尚書省門爲詩以嘲賊者,尚讓怒,應在省官及門卒,悉抉目倒懸之。大索城中能爲詩者,盡殺之,凡殺三千餘人。	

榆次	曲、榆次而歸。
鄧州	楊復光帥八都與朱溫戰，敗之，遂克鄧州。逐北至藍橋而還。
華州	昭義節度使高潯會王重榮攻華州，克之。
忻州、代州	六月，李克用引兵北還，陷忻、代二州，因留居代州。鄭從讜遣論安軍百井以備之。
興平	黃巢將王播圍興平。邠甯節度使朱玫退屯奉天及龍尾陂。
河陰、鄭州、彭城	八月，武甯節度使支詳遣牙將時溥、陳璠入關討黃巢。溥至東都，與璠合兵屠河陰，掠鄭州而東，及彭城。詳尋爲璠所殺。
壽州、光州	壽州屠者王緒、劉行全，聚衆盜據本州，陷光州。
華州	高潯與黃巢將李詳，戰於石橋，巢敗，奔河中。詳乘勝復取華州。
台州	臨海賊杜雄陷台州。

公曆	年號	天災 水災 災區	天災 水災 災況	天災 旱災 災區	天災 旱災 災況	天災 其他 災區	天災 其他 災況	人禍 內亂 亂區	人禍 內亂 亂情	人禍 外患 患區	人禍 外患 患情	人禍 其他 亂區	人禍 其他 亂情	附註
八八二	僖宗中和二年			關內	大饑。（圖）		七月，大雪，甚寒。（圖）	潞州	昭義十將成麟殺高潯，引兵還據潞州，天井關戍將孟方立起兵攻麟，殺之。					
								溫州	永嘉賊朱褒陷溫州。					
								富平	十一月，孟楷、朱溫襲鄜、夏二軍於富平，二軍敗奔歸本道。					
								處州	遂昌賊盧約陷處州。					
								荊南、朗州、衡州、澧州	十二月，高駢牙將武陵蠻雷滿聚衆千人襲朗州。歲中率三四引兵寇荊南，焚掠而去，大爲荊人之患。陬溪人周岳亦聚衆襲衡州。石門蠻向瓌亦集夷獠數千，攻陷澧州。					
								同州、河中	二月，朱溫取同州，寇河中，王重榮擊敗之。					
								蔚州	李克用寇蔚州。					
								邛州、雅州	三月，邛州牙官阡能亡命爲盜，驅掠良民，不從者舉					

	家殺之。踰月，衆至萬人，殘邛雅二州間，攻陷城邑，所過塗地。
興平	五月，黃巢攻興平。
乾谿	六月，蜀人羅渾擎、句胡僧、羅夫子，各聚衆數千人，以應阡能。楊行遷等與之戰，數不利。戰於乾谿，官軍大敗。行遷等恐無功獲罪，多執村民爲俘，送府，日數十百人，悉斬之。
宜君	七月，尙讓攻宜君寨，會大雪，賊凍死者什二三。
	蜀人韓求聚衆應阡能。
西陵	八月，浙東觀察使劉漢宏遣弟漢宥、都虞侯辛約，將兵二萬營西陵，謀兼幷浙西。杭州刺史董昌遣兵馬使錢鏐拒之，鏐濟江襲其營，大破之，所殺殆盡。
河陽、邢、洺、脩武	魏博節度使韓簡將兵三萬攻河陽，敗諸葛爽於脩武。爽棄城走，簡掠邢、洺而還。

公歷年號	天災：水災：災區	天災：水災：災況	天災：旱災：災區	天災：旱災：災況	天災：其他：災區	天災：其他：災況	人禍：內亂：亂區	人禍：內亂：亂情	人禍：外患：患區	人禍：外患：患情	人禍：其他：亂區	人禍：其他：亂情	附註
							同州	九月，朱溫殺其監軍嚴實，舉州降王重榮。					
							桂州	軍亂。					
							嵐州	十月，嵐州刺史湯羣據城叛，附於沙陀。					
							鄆州	韓簡引兵擊鄆州，節度使曹存實敗死。都將朱瑄收餘衆嬰城拒守。					
							西陵	劉漢宏遣王鎭將兵七萬屯西陵。錢鏐復濟江襲擊，大破之，斬獲萬計。					
							蜀州	十一月，阡能黨侵淫入蜀州境，陳敬瑄以押牙高仁厚將兵五百人往討之。凡六日，賊皆平。					
							嵐州	十二月，河東節度使鄭從讜奏克嵐州。					
							宣州	和州刺史秦彥襲宣州，逐觀察使竇潏。					

八八三	
僖宗中和三年	
乾阬、	二月，李克用進軍乾阬，與河中、易定、忠武軍合。尙讓等將十五萬衆，屯於梁田陂，大戰，賊衆潰，俘斬數萬，伏尸三十里。
華州	黃巢將王璠、黃揆襲據華州，李克用進圍之，黃思鄴、黃揆嬰城固守。克用分騎屯渭北。
藍田道、零口、長安	黃巢兵數敗，食復盡，陰爲遁計，發兵三萬搤藍田道。三月，遣尙讓將兵救華州，李克用、王重榮破之於零口。克用進軍渭橋。
華州	李克用等拔華州，黃揆棄城州。
婺州、越州	劉漢宏分兵屯黃嶺、巖下、貞女三鎭。錢鏐將八都兵自富春擊之，破黃嶺，漢宏走。
渭南、長安	四月，李克用、龐從、白志遷等與黃巢軍戰於渭南。一日三捷，諸軍繼之，賊衆大奔。克用入京師，黃巢焚宮

公曆年號	天災 水災 災區	災況	旱災 災區	災況	其他災 災區	災況	人禍 內亂 亂區	亂情	外患 患區	患情	其他 亂區	亂情	附註
								室遁去，賊死及降者甚衆。					
							蔡州、河南、許、汝、唐、鄧、孟、鄭、汴、曹、濮、徐、兗等州	巢自藍田入商山遁去。五月，黃巢使孟楷將萬人擊蔡州，節度使秦宗權戰敗，降巢。孟楷既下蔡州，移兵擊陳軍於項城，趙犨襲擊之，殺獲殆盡，生擒楷，斬之。巢悉衆屯溵水。六月，與秦宗權合兵圍陳州，百道攻之，陳人大恐，犨開門出擊，破之。巢縱兵四掠，自河南、許、汝、唐、鄧、孟、鄭、汴、曹、濮、徐、兗等數十州，咸被其毒。					
							潞州	十月，李克用遣賀公雅等取潞州，爲昭義節度使孟方立所敗。克用旋遣李克修取潞州。是後克用每歲出兵爭山東，三州之人，半爲俘馘，野無稼穡。					
							許州	十一月，秦宗權圍許州。					
							襄鄧	忠武大將鹿晏弘帥所部					

								金洋、興元	自河中南掠襄、鄧、金洋,所過屠滅。十二月,至興元,逐節度使牛勗。
								鹿邑、亳州	十二月,朱全忠與黃巢黨戰於鹿邑,敗之,斬首二千餘級。巢引兵據亳州。
八八四	僖宗中和四年	故陽里	大雨,平地三尺。	江南	大旱,饑,人相食。(志)	太原	六月,大風雨,拔木千株,害稼百里。(志)	綿州	二月,楊師立舉兵討陳敬瑄,進屯涪城,襲綿州,不克。
								婺州	三月,婺州人王鎮執刺史黃碣,降於錢鏐。劉漢宏遣其將婁賚殺鎮而代之。浦陽鎮將蔣瓌召錢鏐兵共攻婺州。
								舒州、廬州	羣盜陳儒攻舒州,高澞求救於廬州,賊宵遁。羣盜吳迥、李本復攻舒州,澞不能守,棄城走。楊行愍遣陶雅、張訓擊斬迥、本。秦宗權寇廬州,據舒城,楊行愍遣田頵擊走之。
								汴州、尉氏、大梁、中牟、	五月,黃巢與趙犨兄弟大小戰數百,退軍故陽里。黃巢營爲水所漂,且聞李克用將至,遂引兵東北趣汴

公歷	年號	天災						人禍						附註
		水災		旱災		其他災		內亂		外患		其他禍		
		災區	災況	災區	災況	災區	災況	亂區	亂情	患區	患情	亂區	亂情	
								封丘、兗州	州，屠尉氏。尚讓進逼大梁，至於繁臺，宣武將朱珍、龐師古擊却之。全忠復告急於李克用，克用與忠武都監使田從異發許州，追及黃巢於中牟北王滿渡，大破之，殺萬餘人。又破之於封丘。巢收餘衆近千人東奔兗州。時溥遣其將李師悅將兵萬人追黃巢。					
								鹿頭關、梓州	高仁厚陳於鹿頭關城下，鄭君雄等悉衆出戰，大敗，遁歸梓州。陳敬瑄發兵三千以益仁厚軍，進圍梓州。					
								瑕丘	六月，李師悅與尚讓追黃巢至瑕丘，敗之。巢衆殆盡，巢被殺。					黃巢死。
								灄水	七月，朱全忠敗宗權於灄水。					
								襄、鄧、均、房、	十一月，鹿晏弘引兵東出襄州，秦宗權遣其將秦誥、					

廬、壽、許諸州、淮南、江南、襄、鄧、東都、汝、鄭、汴、宋等州

趙德諲將兵會之，共陷襄州。晏弘引兵轉掠襄、鄧、均、房、廬、壽，復還據許州。十二月，秦宗權寇掠鄰道，陳彥侵淮南，秦賢侵江南，秦誥陷襄、唐、鄧，孫儒陷東都、孟、陝、虢，張晊陷汝、鄭，盧瑭攻汴、宋，所至屠翦焚蕩，殆無遺子，其殘暴甚於巢。北至衞滑，西及關輔，東盡青齊，南出江淮，州鎮存者僅保一城，極目千里，無復烟火。

八八五

僖宗光啓元年

荆、襄、

二月，仍歲、蝗，米斗三十千，人相食。（會要）

歸州、虔州、光州、壽州、汀州、漳州、江州、洪州、虔州

正月，郭禹襲據歸州，南康賊帥盧光稠陷虔州。秦宗權責租賦於光州刺史王緒，又發兵擊之，緒懼，悉舉光壽兵五千人，驅吏民渡江，轉掠江、洪、虔州，陷汀、漳二州。

公曆	年號	天災：水災 災區	水災 災況	旱災 災區	旱災 災況	其他災 災區	其他災 災況	人禍：內亂 亂區	內亂 亂情	外患 患區	外患 患情	其他禍 亂區	其他禍 亂情	附註
								潁州、亳州、易州、無極	秦宗權寇潁、亳，朱全忠敗之於焦夷。三月，宗權稱帝。盧龍節度使李可舉遣李全忠將兵六萬攻易州，成德節度使王鎔遣將攻無極。義武節度使王處存告急於克用。					
								荆南	閏三月，秦宗權弟宗言寇荆南。					
								易州、無極、新城	五月，盧龍兵克易州。李克用自將救無極，敗成德兵。成德兵退保新城，克用復大破之，拔新城。成德兵走，追至九門，斬首萬餘級。盧龍兵既得易州，驕怠，復爲王處存所取。					
								幽州	李全忠兵敗，還襲幽州，自爲留後。					
								陳都、東都	六月，陳都留守李罕之與秦宗權將孫儒相拒數月，罕之兵少食盡，棄城西保					

八八六

僖宗光啓二年

荆襄　大饑。（志）

澠池。權宗陷東都。

滄州　七月，軍亂。

東都　孫儒據東都月餘，燒宮室官寺民居，大掠席卷而去，城中寂無雞犬。李罕之復入居之。

八月，秦宗權攻鄰道二十餘州，陷之。

八角　十月，秦宗權敗朱全忠於八角。

同州、長安　十一月，王重榮遣兵攻同州，刺史郭璋敗死。重榮與朱玫等相守月餘，克用兵至，與重榮俱壁沙苑。十二月合戰，玫、昌符大敗，各走還本鎮。潰軍所過焚掠。克用進逼京城，帝幸鳳翔。

常州　正月，鎮海牙將張郁作亂，陷常州。

漢州、成都　三月，遂州刺史鄭君立起兵攻陷漢州，進向成都。敬瑄遣其將李順之逆戰，君立敗死。敬瑄又發維茂羌

公曆	年號	天災 水災 災區	災況	旱災 災區	災況	其他災 災區	災況	人禍 內亂 亂區	亂情	外患 患區	患情	其他禍 亂區	亂情	附註
									軍擊高仁厚,殺之。					
								宋、汴、蔡州、尉氏	五月,秦賢寇宋、汴,朱全忠敗之於尉氏南,又遣都將郭言擊其蔡州。					
								潭州	衡州刺史周岳發兵攻潭州。欽化節度使閔勗,招淮西將黃皓入城共守,皓遂殺勗。岳攻拔州城,擒皓殺之。					
								常州	鎮海節度使周寶遣牙將丁從實襲常州,逐張郁。					
								許州、興州	七月,秦宗權陷許州,殺節度使鹿晏弘。王行瑜進攻興州,感義節度使楊晟棄鎮走據文州。					
								泉州	八月,王潮拔泉州。					
								興州	九月,朱玫將張行實攻大唐峯,李鋋等擊却之。金吾將軍滿存與邠軍戰,破之,復取興州,進守萬仞寨。					
								故鎮、	李克修攻孟方立,擒其將					

武安、臨洺、邯鄲、沙河	呂臻於焦岡，拔故鎮、武安、臨洺、邯鄲、沙河。
	十月，錢鏐將兵自諸暨趨平水，鑿山開道五百里，出曹娥埭，浙東將鮑君福帥衆降之，鏐與浙東軍戰，屢破之，進屯豐山。
蘇州	張雄、馮弘鐸得罪於節度使時溥，聚衆三百，走度江，襲據蘇州。雄聚兵至五萬，戰艦千餘，自號天成軍。
邢州	李克脩攻邢州，不克而還。
越州	十一月，錢鏐克越州，劉漢宏奔台州。
滑州	朱全忠遣其將朱珍、李唐賓襲滑州。
鳳州、京師	十二月，諸軍拔鳳州。王行瑜自鳳州引兵歸京師，擒斬朱玫，並殺其黨數百人，諸軍大亂，焚掠京城，士民無衣凍死者蔽地。
澠池、洛陽	河陽大將劉經引兵鎮洛陽，襲罕之於澠池，爲罕之所敗。經棄洛陽走，罕之追

公歷年號		八八七　僖宗光啓三年
水災　災區		
水災　災況		
旱災　災區		
旱災　災況		
其他災　災區		
其他災　災況		
內亂　亂區	 廬州、舒州、褚城 鄂州 岳州 荆南	羅城 閬州
內亂　亂情	殺殆盡。 壽州刺史張翺遣其將魏虔將萬人寇廬州，虔敗于褚城。滁州刺史許勍襲舒州，刺史陶雅奔廬州。 安陸賊帥周通攻鄂州，岳州刺史杜洪乘虛入鄂，自稱武昌留後，朝廷因以授之。湘陰賊帥鄧進思復乘虛陷岳州。 秦宗言圍荆南二年，張瓌嬰城自守，城中米斗值錢四十緡，食甲鼓皆盡，擊門扉以警夜，死者相枕，宗言竟不能克而去。	三月，軍亂，鎭海節度使周寶奔常州。 利州刺史王建，召募溪洞酋豪，有衆八千，沿嘉陵江
外患　患區		
外患　患情		
其他　亂區		
其他　亂情		
附註		

	而下，襲閬州。
淄州、青州	四月，朱珍至淄青旬日，應募者萬餘人。又襲青州，獲馬千匹。朱全忠自引兵攻秦賢，連拔四寨，斬萬餘級。
廣陵	畢師鐸陷廣陵，大掠其城。
萬勝、赤岡	蔡將盧瑭屯於萬勝，夾汴水而軍，以絕汴州運路。朱全忠乘霧襲之，掩殺殆盡。於是蔡兵皆徙就張晊屯於赤岡，全忠復就擊之，殺二萬餘人。
上元	前蘇州刺史張雄遣其將趙暉入據上元。
汴州	五月，朱全忠以四鎮兵，攻秦宗權於邊孝村，大破之，斬首二萬餘級。宗權宵遁，全忠追之至陽武橋而還。
上元	秦彥將宣歙兵三萬餘人，乘竹筏沿江而下，趙暉邀擊於上元，殺溺殆半。
宣州	六月，秦彥遣畢師鐸、秦稠將兵八千出城西擊楊行

公元	年號	天災 水災 災區	天災 水災 災況	天災 旱災 災區	天災 旱災 災況	天災 其他災 災區	天災 其他災 災況	人禍 內亂 亂區	人禍 內亂 亂情	人禍 外患 患區	人禍 外患 患情	人禍 其他 亂區	人禍 其他 亂情	附註
									密，稠敗死，士卒死者什七八。城中乏食，樵採路絕，宣州軍始食人。					
								陽羨	杜稜等敗薛朗將李君暀於陽羨。					
								曹州、濮州	八月，朱全忠遣其將朱珍、葛從周襲曹州，拔之，殺刺史丘弘禮。又攻濮州，與兗鄆兵戰於劉橋，殺數萬人。					
								廣陵	秦彥悉出城中兵萬二千人，遣畢師鐸、鄭漢章將之，陳於城西，延袤數里，軍勢甚盛。行密縱兵擊之，俘斬殆盡，積尸十里，溝瀆皆滿。					
								濮州、范	九月，朱珍攻濮州，朱瑄遣弟罕，將步騎萬人救之。朱全忠逆擊罕於范，擒斬之。					
								濮州、鄆州	十月，朱珍拔濮州，刺史朱裕奔鄆，珍進兵攻鄆。瑄使裕詐遺珍書，約爲內應，珍					

地點	記事
	夜引兵赴之，瑄開門納汴軍，閉而殺之，死者數千人，汴軍乃退。瑄乘勢復取曹州。
常州	杜稜等拔常州。
廣陵	楊行密圍廣陵且半年，秦彥、畢師鐸大小數十戰，多不利，城中無食，米斗直錢五十緡，草根木實皆盡，餓死者大半。
楊州、宣州、高郵	秦宗權遣其弟宗衡將兵萬人度淮，與楊行密爭楊州，抵廣陵城西，據行密故寨。行密輜重之未入城者，爲蔡人所得。秦彥、畢師鐸至東塘，張雄不納，將度江趣宣州，宗衡召之，乃引兵還，與宗衡合。宗權召宗衡還蔡，拒朱全忠。副將孫儒稱疾不行，宗衡屢促之，儒殺宗衡，分兵掠鄰州，衆至數萬。以城下乏食，與彥、師鐸襲高郵，屠之，高郵殘兵

公曆年號	天災						人禍						附註
	水災		旱災		其他		內亂		外患		其他		
	災區	災況	災區	災況	災區	災況	亂區	亂情	患區	患情	亂區	亂情	
							鄭州、漢州、靈此、德陽、上元、衢州、蘄州、潤州	七百人，潰圍而至，楊行密慮其爲變，分隸諸將，一夕盡阬之。十一月，秦宗權陷鄭州。王建破闕而進，拔漢州，進軍學射山。又敗西川將句惟立於靈此，又拔德陽。趙暉據上元。會周寶敗，浙西潰卒多歸之，衆至數萬，暉遂自驕。張雄在東塘，暉不與通問，雄泝江而上，暉以兵塞其中流。雄攻上元，拔之。暉奔當塗，未至，爲其下所殺，餘衆降，雄悉阬之。十二月，饒州刺史陳儒陷衢州。上蔡賊帥馮敬章陷蘄州。錢鏐以杜稜爲常州制使，命阮結等進攻潤州，克之。劉浩走，擒薛朗以歸。					

公元	年號	地區	事件
八八八	僖宗文德元年	陳州、亳州	正月，蔡將石璠將萬餘人寇陳、亳，朱全忠遣朱珍、葛從周將數千騎擊擒之。
		絳州、晉州、河陽	二月，河陽節度使李罕之悉其衆攻絳州，絳州刺史王友遇降。進攻晉州。護國節度使王重盈密結張全義以圖之，全義潛發屯兵，夜乘虚襲河陽，黎明入三城，罕之踰垣步走。
		滑州、蔡州、白馬、黎陽、臨河、李固、內黃	三月，朱全忠裒糧於宋州，將攻秦宗權，會樂從訓來告急，乃移軍屯滑州。遣都押牙李唐賓等將步騎三萬攻蔡州，遣都指揮使朱珍等分兵救樂從訓。自白馬濟河，下黎陽、臨河、李固三鎮。進至內黃，敗魏軍萬餘人，獲其將周儒等十人。
		河陽	李克用遣將助李罕之攻河陽，張全義嬰城自守。
		彭州、西川	王建攻彭州，陳敬瑄救之，乃去。建大掠西川十二州

公曆年號	天災 水災 災區	水災 災況	旱災 災區	旱災 災況	其他 災區	其他 災況	人禍 內亂 亂區	內亂 亂情	外患 患區	外患 患情	其他 亂區	其他 亂情	附註
							十二州	皆被其患。					
							揚州	四月，孫儒襲揚州，克之，自稱淮南節度使。					
							河陽、溫縣	朱全忠遣其將將兵數萬救河陽。李存孝令李罕之以步兵攻城，自帥其兵逆戰於溫。河東軍敗，安休懼罪奔蔡州。					
							荊南、夔州	歸州刺史郭禹擊荊南，逐王建肇。詔以禹爲荊南留後。秦宗權別將常厚，據夔。禹與其將許存攻奪之。					
							蔡州	五月，朱全忠大發兵擊秦宗權，大破宗權於蔡州之南，宗權屯守中州，全忠分諸將二十八寨以環之。					
							河陽	七月，李罕之引河東兵寇河陽，丁會擊却之。					

蔡州、宣州、池州、九華	八月，朱全忠拔蔡州南城，楊行密帥諸將濟自糝潭，圍宣州。趙鍠兄乾之，自池州帥衆救宣州。行密使其將陶雅擊乾之于九華，破之。乾之奔江西。以雅爲池州制置使。
蘇州	錢鏐遣其弟銶，將兵攻徐約于蘇州。
沛縣、滕縣	十月，徐兵邀朱珍劉瓚不聽前，珍等擊之，取沛、滕二縣，斬護萬計。
遼州	孟方立遣其將奚忠信，將兵三萬襲遼州，李克脩邀擊大破之，擒忠信。
吳康鎮、宿州	十一月，時溥自將步騎七萬屯吳康鎮，朱珍與戰，大破之。朱全忠又遣別將攻宿州，刺史張友降之。
許州	秦宗權別將攻陷許州，執忠武留後王蘊，復取許州。
彭州、新繁	十二月，王建攻西川，田令孜以楊晟已之故將，假威戎軍節度使，使守彭州。王

公曆	年號	天災：水災 災區	水災 災況	旱災 災區	旱災 災況	其他災 災區	其他災 災況	人禍：內亂 亂區	內亂 亂情	外患 患區	外患 患情	其他亂 亂區	其他亂 亂情	附註
八八九	昭宗龍紀元年							夔州	建攻彭州陳敬瑄，眉州刺史山行章，將兵五萬壁新繁以救之。山南西道節度使楊守厚陷夔州。					
								宿遷、呂梁	正月，汴將龐師古拔宿遷，軍於呂梁。時溥逆戰大敗，還保彭城。					
								新繁、三交、行章	王建大破山行章於新繁，殺獲近萬人，行章僅以身免。楊晟懼，徙屯三交，行章屯濛陽，與建相持。					
								蘇州	三月，錢鏐拔蘇州。					
								磁州、洺州、邢州	五月，李克用大發兵，遣李罕之、李存孝攻孟方立。六月，拔磁、洺二州。方立遣大將馬溉、袁奉韜將兵數萬拒之，戰於琉璃陂，方立兵大敗，二將皆爲所擒，克用乘勢進攻邢州。					
								宣州	六月，楊行密圍宣州。城中食盡，人相啗。指揮使周進					

思據城，逐趙鍠。城中執進思以降。

地區	事件
廬州	孫儒遣兵攻廬州，蔡儔以州降之。
蕭縣	朱珍拔蕭縣，據之。與時溥相拒。
常州	十月，楊行密遣馬步都虞侯田頵等攻常州。十一月，田頵爲地道入城。
淮南	朱全忠遣龐師古將兵自潁上趨淮南擊孫儒。
廣都	十二月，王建敗山行章及西川騎將宋行能於廣都，行能奔還成都。行章退守眉州，請降於建。
常州、潤州	孫儒自廣陵引兵渡江，逐田頵、取常州，以劉建鋒守之。還廣陵。建鋒又取潤州。

八九〇

昭宗大順元年

地區	事件
邢州	正月，李克用攻邢州，孟遷執王虔裕及汴兵以降。
邛州	王建攻邛州，楊儒帥所部降之。
天長、	汴將龐師古等，衆號十萬，

公歷	年號	天災：水災 災區	天災：水災 災況	天災：旱災 災區	天災：旱災 災況	天災：其他 災區	天災：其他 災況	人禍：內亂 亂區	人禍：內亂 亂情	人禍：外患 患區	人禍：外患 患情	人禍：其他 亂區	人禍：其他 亂情	附註
								高郵	度淮聲言殺楊行密，攻下天長及高郵。					
								陵亭	二月，龐師古引兵深入淮南，與孫儒戰於陵亭。師古兵敗而還。					
								青城、潤州、武進	楊行密將馬敬言將兵五千，乘虛襲據潤州。李友將兵二萬屯青城，將攻常州。安仁義、劉威、田頵，敗劉建鋒於武進。					
								雲州	李克用將兵攻雲州，克其東城，引兵還。					
								碭山	四月，宿州將張筠逐刺史張紹光附于時溥，朱全忠帥諸軍討之。溥出兵掠碭山，全忠遣朱友裕擊之，殺三千餘人。					
								成都、雅州	六月，茂州刺史李繼昌帥衆救成都。王建擊斬之。制置使謝從本殺雅州刺史張承簡，舉城降建。					

潞州、澤州、晉州	七月，官軍至陰地關，朱全忠遣驍將葛從周自壺關夜抵潞州，犯圍入城。別將李讜、李重胤、鄧季筠將兵攻李罕之於澤州。又遣張全義、朱友裕軍於澤州之北，爲從周應援。張濬亦使孫揆將兵三千，趣潞州。李存孝伏百騎於長子西谷中，伺揆至，突出擒之並牙兵五百餘人。追擊餘衆於刀黄嶺，盡殺之。
潤州	八月，孫儒攻潤州。
懷州、潞州	九月，汴將鄧季筠與李存孝戰，存孝生擒之。李讜、李重胤，收衆遁去。存孝、罕之，隨擊斬獲萬計，至懷州而還。存孝復引兵攻潞州，葛從周，朱崇節棄潞州遁。
蔚州	李匡威攻蔚州，虜其刺史邢善益。赫連鐸引吐蕃黠戛斯衆數萬，攻遮虜軍。克用命李嗣源擊之，克用以大軍繼其後，匡威、鐸皆敗

公歷	年號	天災 水災 災區	天災 水災 災况	天災 旱災 災區	天災 旱災 災况	天災 其他災 災區	天災 其他災 災况	人禍 內亂 亂區	人禍 內亂 亂情	人禍 外患 患區	人禍 外患 患情	人禍 其他亂 亂區	人禍 其他亂 亂情	附註
								常州、蘇州	走，俘斬萬計。閏九月，孫儒遣劉建鋒攻拔常州，圍蘇州。					
								黎陽	十月，朱全忠自黎濟河擊魏。					
								趙城、絳州、晉州等	官軍出陰地關，遊兵至於汾州。李克用遣薛志勤、李承嗣，營洪洞。李存孝營趙城。鎮國節度韓建夜襲存孝營，遇伏失利。靜難鳳翔之兵，不戰而走。河東兵乘勝逐北，抵晉州西門。張濬出戰，又敗。官軍死者近三千人。靜難、鳳翔、保大、定難之軍，先度河西歸。濬獨有禁軍及宣武軍合萬人，與韓建閉城拒守，不敢復出。					
								慈州、隰州	存孝引兵攻絳州。十一月，刺史張行恭棄城走。存孝進攻晉州，得之。大掠慈隰之境。					

								蘇州、潤州	十二月，孫儒拔蘇州，殺李友。安仁義焚潤州廬舍，夜遁。儒使沈粲守蘇州，歸傳道守潤州。				
								黎陽、臨河、淇門、衛縣	汴將丁會、葛從周擊魏，度河取黎陽、臨河。龐師古、霍存下淇門、衛縣。朱全忠自以大軍繼之。				
八九一	昭宗大順二年	黃池	五月，大水。	淮南	大饑。（志）	淮南	疫，死者十三四。（志）	內黃	正月，羅弘信軍於內黃，朱全忠擊之，五戰皆捷，斬首萬餘級。弘信遣使請和。			成都	四月，城中乏食，棄兒滿路。民有潛行入行營販米入城者，韋昭度、陳敬瑄弗之禁，繇是販者浸多。然所致不過斗升，截筒量米
								宣州、東溪、溧水	孫儒將李從立奄至宣州東溪。楊行密使其將臺濛，將五百人屯溪西。儒前軍至溧水，行密使李神福襲之，俘斬千人。				
								棣州	三月，王師範自將攻棣州。				
								雲州	四月，李克用大舉擊赫連鐸，敗其兵於河上，進圍雲州。				
								黃池、和州、滁州	楊行密遣劉威、朱延壽將兵三萬，擊孫儒於黃池。威等大敗。會大水，儒還揚州。使康晊據和州，安景思據滁州。				

公曆年號	天災 水災 災區	災況	旱災 災區	災況	其他 災區	災況	人禍 內亂 亂區	亂情	外患 患區	患情	其他 亂區	亂情	附註
							和州、滁州	行密遣李神福攻和、滁。康暀降，安景思走。				鬻之，直百餘錢，餓殍狼籍。軍民羸弱相陵，將吏斬之不能止。乃更峻立酷法，死者相繼，而人不爲懼。吏民日窘，多謀出降，敬瑄悉捕其族黨殺之，慘毒備之。	
							雲州	七月，李克用急攻雲州，赫連鐸食盡，奔吐谷渾部。					
							揚州	孫儒悉焚揚州廬舍，盡驅丁壯及婦女度江，殺老弱以充食。行密將張訓、李德誠潛入揚州，滅餘火，得穀數十萬斛，以賑饑民。					
							宿州	八月，朱全忠遣其將丁會攻宿州，克其外城。					
							廣德	孫儒自蘇州出屯廣德，楊行密引兵拒之。儒圍其寨，行密將李簡帥百餘人力戰破寨，拔行密出之。					
							成都、新都、西川	王建攻陳敬瑄益急，敬瑄出戰輒敗。巡內州縣率爲建所取。威戎節度使楊晟時饋之食。建以兵據新都，彭州道絕。					
							臨城、	十月，李克用攻王鎔，大破					

元氏、柏鄉、邢州　之於龍尾崗，斬獲萬計，遂拔臨城。攻元氏、柏鄉，李匡威引幽州兵救之。克用大掠而還，軍于邢州。

單州、金鄉　十一月，泰甯節度使朱瑾攻單州。十二月，汴將丁會、張歸霸與朱瑾戰於金鄉，大破之，殺獲殆盡。瑾單騎走免。

蘇州、常州、宣州、梓州　孫儒焚掠蘇、常，引兵逼宣州。錢鏐復遣兵據蘇州。楊守亮攻梓州，顧彥暉求援於王建。建遣華洪、李簡、王宗侃、王宗弼救之。

八九二

昭宗景福元年

徐州、泗州、濠州　水，人死者什六七。

疫。（圖）

堯山　正月，王鎔、李匡威合兵攻堯山。李克用遣李嗣勳擊之，大破幽鎭兵，斬獲三萬。

新繁、漢州、梓州　威戎節度使楊晟與楊守亮等，約攻王建。二月，晟出兵掠新繁、漢州之境，使其將呂堯會楊守厚攻梓州。

公曆年號	天災 水災 災區	天災 水災 災況	天災 旱災 災區	天災 旱災 災況	天災 其他 災區	天災 其他 災況	人禍 內亂 亂區	人禍 內亂 亂情	人禍 外患 患區	人禍 外患 患情	人禍 其他 亂區	人禍 其他 亂情	附註
								建遣李建擊斬堯。					
								朱全忠至衞南。朱瑄將步騎萬人襲斗門，朱友裕棄營走。瑄據其營，全忠不知，引兵趣斗門，至者皆爲鄆人所殺，全忠退軍瓠河。瑄進擊全忠，大破之。					
							宣州、常州、潤州、福州	孫儒圍宣州，行密將張訓取常州，別將又取潤州。王潮攻福州，討范暉。					
							彭州	王建遣王宗裕、華洪等攻彭州。楊晟逆戰而敗，宗裕等圍之。楊守亮遣符昭救之，徑趨成都，營三學山。					
							天長鎮、新市	三月，李克用、王處存合兵攻王鎔，拔天長鎮。鎔與戰於新市，大破之，殺獲三萬餘人。					
							東川、綿州、劍州、	楊晟使楊守貞、楊守忠、楊守厚攻東川，以解彭州之圍。神策督將竇行實戍梓					

鍾陽、銅鉾	州。守厚密誘之爲內應，守厚至涪城，行實事泄，顧彥暉斬之，守厚遁去。守貞、守忠，軍至無所歸，盤桓綿、劍間。王建遣其將吉諫襲守厚破之。西川將李簡邀擊守忠於鍾陽，斬獲三千餘人。四月，簡又破守厚於銅鉾，斬獲三千餘人，降萬五千人。守忠、守厚皆走。
雲、代	四月，李匡威侵雲、代。
楚州	時溥遣兵南侵至楚州，楊行密將張訓、李德誠敗之於壽河，遂取楚州。
廣德等諸縣	楊行密屢敗孫儒兵，破其廣德營。張訓屯安吉，斷其糧道。儒食盡，士卒大疫。遣其將劉建鋒、馬殷分兵掠諸縣。六月，行密縱兵擊之，儒軍大敗。安仁義破儒五十餘寨，田頵陣斬儒，儒衆多降於行密。劉建鋒、馬殷收餘衆七千，南走洪州，推建鋒爲帥，比至江西，衆十

公曆年號	天災：水災 災區	水災 災況	旱災 災區	旱災 災況	其他 災區	其他 災況	人禍：內亂 亂區	內亂 亂情	外患 患區	外患 患情	其他 亂區	其他 亂情	附註
								餘萬。					
							鳳州、興州、洋州	七月，李茂貞克鳳州，感義節度使滿存奔興元。茂貞又取興、洋二州。					
							雲州	八月，李匡威、赫連鐸寇雲州，李克用使李君慶發兵於晉陽出擊匡威等大破之。匡威等燒營而遁，追至天成軍，斬獲不可勝計。					
							興元	李茂貞攻拔興元，楊復恭等奔閬州。					
							濮州	十一月，朱全忠子友裕攻拔濮州。					
							婺州	孫儒將王壇陷婺州。					
							閬州	十二月，華洪破楊守亮於閬州。					

八九三　昭宗景福二年

秋，大旱。（圖）

宿州　正月，時溥遣兵攻宿州，刺史郭言戰死。

利州　王建遣兵敗東川、鳳翔之兵於利州。

邢州　平山　二月，李克用引兵圍邢州，王鎔遣牙將王藏海致書解之。克用斬藏海，進兵擊鎔，敗鎮兵於平山。攻天長鎮，旬日不下，鎔出兵三萬救之。克用逆戰於叱日嶺下，大破之，斬首萬餘級，餘衆潰去。河東軍無食，脯其尸而啖之。

徐州　時溥求救於朱瑾。朱全忠遣霍存將騎兵三千，軍曹州以備之。瑾將兵二萬救徐州，存引兵赴之，與朱友裕合擊徐、兗兵於石佛山下，大破之。瑾遁歸兗州。

彭城　四月，朱全忠拔彭城。

廬州　李神福圍廬州，楊行密自將詣廬州，田頵自宣州引兵會之。

公歷年號	天災 水災 災區	災況	旱災 災區	災況	其他 災區	災況	人禍 內亂 亂區	亂情	外患 患區	患情	其他 亂區	亂情	附註
							福州、汀州、建州	五月，王潮攻下福州，自稱留後。汀建二州降，嶺海間羣盜二十餘輩皆降潰。					
							樂壽、武強	六月李匡籌出兵攻王鎔之樂壽、武強。					
							廬州	七月，楊行密克廬州。					
							歙州	八月楊行密遣田頵將宣州兵二萬攻歙州。					
							兗州	朱全忠命龐師古移兵攻兗州，與朱瑾戰，屢破之。					
							邢州	九月，李克用自引兵攻邢州，掘塹築壘環之。					
							齊州	十二月，汴將葛從周攻齊州。					
							潭州	武安節度使周岳殺閔勖，據潭州。邵州刺史鄧處訥結朗州刺史雷滿，共攻潭州，克之。斬岳，自稱留後。					

八九四	昭甯宗乾元年
魚山	二月，朱全忠自將擊朱瑄，軍于魚山，瑄與朱瑾合兵攻之，兗鄆兵大敗，死者萬餘人。
灃陵、潭州	五月，劉建鋒、馬殷引兵至灃陵，入潭州。
彭州	王建攻陷彭州。
黃州	武昌節度使杜洪攻黃州，楊行密、朱延壽等救之。
蘄州	六月，蘄州刺史馮敬章，邀擊淮南軍。朱延壽攻蘄州，不克。
閬州	七月，李茂貞遣兵攻閬州，拔之。
武州、新州、嬀州、幽州	十一月，李克用大舉攻李匡籌，拔武州，進圍新州。十二月，匡籌步騎數萬救新州，克用逆戰於段莊，大敗之，斬首萬餘級，生擒將校三百人。匡籌復發兵出居庸關，克用夾擊之。幽州兵大敗，殺獲萬計。李匡籌奔滄州，義昌節度使盧彥威要之於景城，殺之，盡俘其
雲州	六月，李克用大破吐谷渾，殺赫連鐸，擒白義誠。

公曆	年號	水災 災區	水災 災況	旱災 災區	旱災 災況	其他 災區	其他 災況	內亂 亂區	內亂 亂情	外患 患區	外患 患情	其他 亂區	其他 亂情	附註
									衆。					
								汀州	黃連洞蠻二萬圍汀州，李承勳擊之。					
八九五	昭宗乾寧二年					蘇州	四月，大雨雪。（圖）	兗州	正月，朱全忠遣朱友恭圍兗州。朱瑄自鄆以兵糧救之，友恭設伏敗之於高梧，盡奪其餉，擒河東將安福順、安福慶。					
								濠州、壽州、漣水	三月，楊行密拔濠州，圍壽州。四月，拔之。又遣兵襲漣水，拔之。					
								鄆州	河東將史儼、李承嗣以萬騎馳入於鄆。朱友恭退歸於汴。					
								浙東	六月，錢鏐發兵擊董昌。					
								絳州、河中、京師、新平、華州	李克用大舉蕃漢兵南下，上表請討王行瑜、李茂貞。又移檄三鎮，克用軍至絳州，刺史王瑤閉城拒之，克用進攻，旬日拔之，斬瑤於					

興平、永壽	軍門，殺城中違拒者千餘人。七月，克用至河中，王珂迎謁於路。匡國節度使王行約敗於朝邑，行約棄同州走。至京師。行約弟行實帥衆與行約大掠西市。右軍指揮使李繼鵬復縱火焚宮門。上奔莎城鎮。李克用入同州，上徙幸石門鎮。李克用攻華州，會李茂貞將兵至盩厔，王行瑜將兵至興平，皆欲迎車駕。克用乃釋華州之圍，移兵營渭橋。進拔永壽。遣史儼將三千騎，詣石門待衞。遣李存信、李存審會保大節度使李思孝，攻王行瑜黎園寨，擒其將王令陶等。
鄆州	九月，全忠朱自將擊朱瑄，戰於梁山。
蘇州	董昌求救於楊行密，行密遣泗州防禦使臺濛，攻蘇州以救之。

公歷	年號	天災：水災：災區	災況	旱災：災區	災況	其他災：災區	災況	人禍：內亂：亂區	亂情	外患：患區	患情	其他禍：亂區	亂情	附註
								黎園、甯州	十月，河東將李存貞敗邠甯軍於黎園北，殺千餘人，黎園閉壁不出。李克用令李罕之、李存信等急攻黎園。城中食盡，棄城走。罕之等邀擊之，所殺萬餘人。克用進屯黎園，王行約、王行實燒甯州遁去。					
								兗州	朱全忠自將圍兗州。					
								杭州、嘉興	楊行密遣田頵、安仁義攻杭州鎮戍，以救董昌。昌使湖州將徐淑會淮南將魏約，共圍嘉興。錢鏐遣武勇都指揮使顧全武救嘉興，破烏墩、光福二寨。					
								龍泉、邠州	王行瑜以精甲五千守龍泉寨，李克用攻之，李茂貞以兵五千救之。李罕之擊鳳翔兵，走之。十一月，拔龍泉寨，行瑜走入邠州。李克用引兵入邠州，行瑜走至					

	慶州境，爲部下所殺。
曹州	十一月，朱瑄遣賀瓌、柳存及河東將薛懷寶將兵萬餘人襲曹州，以解兗州之圍。全忠自中都引兵追之，屠殺殆盡。生擒瓌、存、懷寶，俘士卒三千餘人，盡殺之。
利州	雅州刺史王宗侃攻拔利州，執城刺史李繼顒斬之。
湘潭、邵州	蔣勛與鄧繼崇起兵，連飛山、梅山蠻寇湘潭，據邵州，使其將申德昌屯定勝鎮，以扼潭人。
楸林	十二月，華洪大破東川兵於楸林，俘斬數萬，拔楸林寨。
東川	王建攻東川，別將王宗弼爲東川兵所擒。通州刺史李彥昭將所部兵二千降於建。
桂州	安州防禦使家晟與指揮使劉士政、兵馬監押陳可璠，將兵三千襲桂州，殺經略使周元靜而代之。

公歷	年號	天災 水災 災區	水災 災況	旱災 災區	旱災 災況	其他災 災區	其他災 災況	人禍 內亂 亂區	內亂 亂情	外患 患區	外患 患情	其他 亂區	其他 亂情	附註
八九六	昭宗乾甯三年		河決。(圖)					龍州	正月，西川將王宗夔攻拔龍州，殺刺史田昉。					
								定勝鎮	劉建鋒遣都指揮使馬殷，將兵討蔣勛，攻定勝寨，破之。					
								莘縣	閏正月，李克用遣蕃漢都指揮使李存信，將萬騎假道於魏，以救兗鄆，軍于莘縣。羅弘信發兵襲之，存信軍潰，退保洺州，喪士卒什二三，委棄資糧兵械萬數。					
								石城	二月，顧全武、許再思敗湯臼於石城。					
								鄆州	三月，朱全忠遣龐師古將兵伐鄆州，敗鄆兵於馬頰，遂抵其城下。					
								餘姚	顧全武等攻餘姚，明州刺史黃晟遣兵助之。董昌遣其將徐章救餘姚，全武擊擒之。					
								洹水	四月，李克用擊羅弘信。攻					
								魏州	洹水，殺魏兵萬餘人，進攻					

地區	事件
	魏州。
蘇州	淮南兵與鎮海兵戰於皇天蕩，鎮海兵不利。楊行密遂圍蘇州。
餘姚、越州	袁邠以餘姚降於錢鏐。顧全武、許再思進兵至越州城下。
邵州	五月，張佶代馬殷將兵攻邵州。
蘄州、光州	淮南將朱延壽奄至蘄州，圍其城，數日，大將賈公鐸及刺史馮敬章請降。延壽進拔光州，殺刺史劉存。
黔州、渝州、涪州、	荆南節度使成汭盡取濱江州縣。武泰節度使王建肇棄黔州，收餘衆保豐都。荆南將許存又引兵西取渝涪二州。汭遣兵襲存，存棄城走。
豐都	趙武數攻豐都，王建肇不能守，與存皆降於王建。
越州	顧全武急攻越州。紿出董昌如杭州，至小江南斬之。幷其家二百餘人。

公曆年號	天災 水災 災區	天災 水災 災況	天災 旱災 災區	天災 旱災 災況	天災 其他災 災區	天災 其他災 災況	人禍 內亂 亂區	人禍 內亂 亂情	人禍 外患 患區	人禍 外患 患情	人禍 其他 亂區	人禍 其他 亂情	附註
							魏、博、六州	李克用攻魏博，侵掠徧六州。					
							衛州、澶州、相州、鄆州	朱全忠召葛從周於鄆州，使將兵營洹水，以救魏博，留龐師古攻鄆州。六月，克用引兵擊從周，不利，旋引軍還。葛從周自洹水引兵濟河，屯于楊劉，復擊兗、鄆，河東之兵戰於故樂亭破之。兗、鄆屬城，皆爲汴人所據。屢求救於李克用，克用發兵赴之，爲羅弘信所拒，不得前，兗鄆由是不振。					
							長安	李茂貞引兵逼京畿，覃王與戰於婁館，官軍敗績。七月，茂貞進逼京師，上奔華州。茂貞入長安，自中和以來，所葺宮室市肆，燔燒俱盡。					
							臨清、魏州	九月，河東將李存信攻臨清，敗汴將葛從周於宗城北，乘勝至魏州北門。					

公元	年號	天災	地區	人禍
			魏州	十月，李克用敗魏兵於白龍潭。朱全忠遣葛從周救之，屯于洹水，克用乃還。
			鄆州	十一月，葛從周東會龐師古攻鄆州。
			漢州、眉州、資州、簡州、廣州	十二月，東川兵焚掠漢、眉、資、簡之境。廣州牙將盧琚、譚弘玘據境拒薛王知柔。使弘玘守端州。封州刺史劉隱夜入端州，斬弘玘，遂襲廣州，斬琚。
八九七	昭宗乾寧四年	十一月，大雪寒，(圖)	鄆州	正月，龐師古、葛從周併兵攻鄆州。朱瑄兵少食盡，不復出戰。師古夜登城，瑄奔中都，爲野人所擒。
			婺州、睦州	錢鏐使杜稜救婺州，安仁義移兵攻睦州，不克而還。
			兗州	朱瑾與河東將史儼、李承
			徐州	嗣掠徐州之境，以給軍食。全忠遣葛從周將兵襲兗州，懷貞聞鄆州已失守，汴兵奄至，遂降。二月，從周入兗州，朱瑾帥衆趨沂州，刺

公歷年號	天災：水災 災區	災況	天災：旱災 災區	災況	天災：其他災 災區	災況	人禍：內亂 亂區	亂情	人禍：外患 患區	患情	人禍：其他禍 亂區	亂情	附註
								史尹處賓不納。走保海州爲汴兵所逼，與史儼、李承嗣擁州民度淮，奔揚行密。朱瑾旋爲全忠斬於汴橋。於是鄆、濟、曹、棣、兗、沂、密、徐、宿、陳、許、鄭、滑、濮皆入于全忠。					
							東川、玄武	二月，王建遣華洪、王宗祐攻東川。敗鳳翔將李繼徽等於玄武。					
							渝州、瀘州、梓州	王建使王宗侃將兵趨渝州，王宗阮將兵趨瀘州，皆克之，峽路始通。鳳翔將李繼昭救梓州，留偏將守劍門。西川將王宗播擊擒之。					
							邵州	張佶克邵州，擒鳳勛。					
							張店等地	保義節度使王珙，攻護國節度使王珂。珂求援於李克用，珙求援於朱全忠。宣武將張存敬、楊師厚，敗河中兵於猗氏南。河東將李					

	嗣昭敗陝兵於猗氏，又敗之於張店，遂解河中之圍。
嘉興	四月，錢鏐遣顧全武等自海道救嘉興，大破淮南兵。
泗州、黃州	杜洪爲楊行密所攻，求救於朱全忠。全忠遣聶金掠泗州。朱友恭攻黃州，行密遣馬珣等救黃州。黃州刺史瞿章棄城保武昌寨。
嘉興、湖州	顧全武等破淮南十八營，虜淮南將士魏約等三千人。淮南將田頵屯驛亭埭。兩浙兵乘勝逐之，頵自湖州奔還，死者千餘人。
黃州、梓州	五月，朱友恭攻拔武昌寨，遂取黃州。馬珣等皆敗走。王建攻東川。六月，克梓州南寨，執其將李繼寗。
蘇州、松州、無錫、常熟、	七月，錢鏐遣顧全武取蘇州，拔松江、無錫、常熟、華亭。
幽州	八月，李克用自將擊劉仁恭。
梓州	王建與顧彥暉五十餘戰。九月，圍梓州。

公曆年號	天災 水災 災區	水災 災況	旱災 災區	旱災 災況	其他 災區	其他 災況	人禍 內亂 亂區	內亂 亂情	外患 患區	外患 患情	其他 亂區	其他 亂情	附註
							安塞軍	李克用攻安塞軍。幽州將單可及引騎兵至，河東兵大敗，失亡太半。					
							清口、安豐、宿州	朱全忠大舉擊楊行密，遣龐師古以徐、宿、宋、滑之兵七萬壁清口，將趨楊州。葛從周以兗、鄆、曹、濮之兵壁安豐，將趨壽州。全忠自將屯宿州，淮南震恐。					
							梓州	十月，知遂州侯紹、知合州王仁威、鳳翔李繼溥皆率兵降於王建。建攻克梓州。					
							楚州、清口、壽州等	楊行密與朱瑾、張訓連兵拒汴軍於楚州。龐師古營於清口。十一月，張訓渡淮，汴軍駭亂，行密引大軍濟淮，與瑾等夾攻之，汴軍大敗。斬師古及將士首萬餘級，餘衆皆潰。葛從周營於壽州西北，團練使朱延壽					

八九八　昭宗光化元年

	擊破之，退屯濠州。聞師古敗，奔還。行密、瓘、延壽乘勝追之，及於渒水，殺溺殆盡。
蘇州	三月，淮南將周本救蘇州，兩浙將顧全武擊破之。淮南將秦裴拔崑山。
滄州、景州、德州	劉仁恭子守文將兵襲滄州，義昌節度使盧彥威棄城奔汴州，仁恭遂取滄、景、德三州。
鉅鹿	朱全忠與劉仁恭修好，會魏博兵擊李克用。四月，全忠至鉅鹿城下，敗河東兵萬餘人，逐北至青山口。
洺州	四月，朱全忠遣葛從周攻拔洺州。
邢州、	五月，葛從周攻邢州，刺史馬師素棄城走。
衡州、永州	馬殷遣李瓊攻衡州。引兵趣永州，圍之月餘，唐世旻走死。
唐州、隨州、鄧城	七月，忠義節度使趙匡凝，陰附於楊行密。全忠遣宿州刺史氏叔琮將兵伐之，

公歷	年號	天災						人禍						附註
		水災		旱災		其他		內亂		外患		其他		
		災區	災況	災區	災況	災區	災況	亂區	亂情	患區	患情	亂區	亂情	
									拔唐州。擒隨州刺史趙匡璘，敗襄州兵於鄧城。					
								鄧州	八月，汴將康懷貞襲鄧州，克之。					
								蘇州、崑山	顧全武攻蘇州，克之。追敗周本等于望亭，獨秦裴守崑山不下，全武引水灌之，城壞食盡，裴乃降。					
								邢州	十月，李嗣昭、周德威攻邢州，葛從周出戰，大破之。嗣昭等引兵退入青山，從周追之，將扼其歸路。會李嗣源以所部兵至，從周乃退。					
								河中	王珙引兵寇河中，王珂告急於李克用。克用遣李嗣昭救之，敗汴兵於胡壁。					
								婺州	閏十月，錢鏐遣王球攻婺州。					
								衢州	十一月，衢州刺史陳岌請降于楊行密。錢鏐使顧全武討之。					

八九九

昭宗光化二年

潞州

十二月，李罕之據潞州，請降於朱全忠。克用遣李嗣昭將兵討之。

廣州

韶州刺史曾袞舉兵攻廣州。州將王瓌帥戰艦應之。清海行軍司馬劉隱，擊破之。

濱滄

韶州將劉潼，復據濱滄，隱討斬之。

徐州

正月，楊行密與朱瑾攻徐州，軍於呂梁，朱全忠遣張歸厚救之。

貝州、魏州

劉仁恭發幽、滄等十二州兵十萬，欲兼河朔，攻貝州拔之。城中萬餘戶，盡屠之，投尸清水，由是諸城各堅守不下。仁恭進攻魏州，營于城北。魏博節度使羅紹威，求救於朱全忠。

下邳

朱全忠自將救徐州，楊密聞之，引兵去，汴人追及之於下邳，殺千餘人。全忠行至輝州，聞淮南兵已退，乃還。

內黃、

三月，朱全忠遣其將朱思

公曆年號	
天災・水災・災區	
天災・水災・災況	
天災・旱災・災區	
天災・旱災・災況	
天災・其他・災區	
天災・其他・災況	
人禍・內亂・亂區	繁陽、魏州、臨清　大門、遼州、樂平、榆次、婺州、龍丘、潞州
人禍・內亂・亂情	安、張存敬將兵救魏博，屯於內黃。全忠軍於滑州，劉仁恭子守文及單可及將精兵五萬擊思安於內黃。思安伏兵於清水之右，遂戰於繁陽，伏兵夾擊，幽州兵大敗。斬可及，殺獲三萬人。守文僅以身免。時葛從周自邢州將精騎八百，已入魏州。仁恭攻上水關館陶門，從周與宣義牙將賀德倫出戰。仁恭復大敗。汴、魏乘勝合兵擊仁恭，破其八寨。仁恭父子燒營而遁，汴、魏之人，長驅追之。至臨清，擁其衆入永濟渠，殺溺不可勝記。鎭人亦出兵邀擊於東境。自魏至滄，五百里間，僵尸相枕。仁恭自是不振，而全忠益横矣。葛從周自土門攻河東。拔
人禍・外患・患區	
人禍・外患・患情	
人禍・其他・亂區	
人禍・其他・亂情	
附註	

	承天軍。別將氏叔琮自馬嶺入，拔遼州、樂平。進軍榆次。李克用遣內牙軍副周德威擊之，戰於洞渦，大破叔琮，斬首三千級。叔琮棄營走，德威追之，出石會關，又斬千餘級，從周亦引還。
婺州、龍丘	婺州刺史王壇，爲兩浙所圍，求救於宣、歙觀察使田頵。四月，頵遣康儒等救之。五月，康儒等敗兩浙兵於龍丘，擒其將王球，遂取婺州。
潞州	李克用遣李君慶攻李罕之，圍潞州。朱全忠出屯河陽，遣其將張存敬救之，又遣丁會將兵繼之，大破河東兵。君慶解圍去，克用誅君慶及其裨將伊審。
海州	七月，朱全忠海州戍將陳漢賓請降於楊行密。淮海遊弈使張訓，與漣水防遏使王綰，將兵二千，直趣海州。遂據其城。

公歷年號	天災：水災 災區	天災：水災 災況	天災：旱災 災區	天災：旱災 災況	天災：其他 災區	天災：其他 災況	人禍：內亂 亂區	人禍：內亂 亂情	人禍：外患 患區	人禍：外患 患情	人禍：其他 亂區	人禍：其他 亂情	附註
							道州	馬殷遣李唐攻道州，蔡結伏兵要之，大破唐兵，遂拔道州。					
							澤州、潞州	朱全忠召葛從周於潞州，使賀德倫守之。八月，李嗣昭引兵至潞州，分兵攻澤州。汴將劉玘棄澤州走。河東兵進拔天井關。德倫等棄城宵遁，趣壺關。河東將李存審伏兵邀擊之，殺獲甚衆。					
							密州	十月，楊行密遣臺濛、王綰助淄青節度使王師範，拔密州，歸于師範。攻沂州，不克，引退。					
							郴州、連州	十一月，馬殷遣其將李瓊攻郴州，執陳彥謙，斬之。進攻連州，魯景仁自殺，湖南皆平。					

九〇〇

昭宗光化三年

七月，浙江溢。（志）

旱。（圖）

洛州　七月，大風，拔木發樹。（志）

睦州　德州、滄州、邢州、洛州　正月，宣州將康儒攻睦州。四月，葛從周帥兗、鄆、滑、魏四鎮兵十萬，擊劉仁恭。五月，拔德州，圍劉守文於滄州。仁恭復求援於河東。李克用遣周德威出黃澤攻邢、洛以救之。

邕州　六月，軍亂。

內丘　劉仁恭將幽州兵五萬救滄州，營於乾寧軍。葛從周自將精兵逆戰於老鵶堤，大破仁恭，斬首三萬級。仁恭走保瓦橋。七月，李克用遣李嗣昭，攻邢、洛以救仁恭。敗汴軍於內丘。

洛州　八月，李嗣昭敗汴軍於沙門河，進攻洛州。朱全忠引兵救之。嗣昭拔洛州。九月，葛從周自鄴縣度漳水，營於黃龍鎮。朱全忠自將涉洛水置營。李嗣昭棄城走。從周設伏於青山口，邀擊，大破之。

臨城　九月，朱全忠以王鎔與李

公曆	年號	天災：水災 災區	災況	旱災 災區	災況	其他災 災區	災況	人禍：內亂 亂區	亂情	外患 患區	患情	其他禍 亂區	亂情	附註
								鎮州、瀛州、景州、莫州	克用交通，移兵攻之。下臨城，踰滹沱，攻鎮州。與王鎔連和。全忠尋復遣張存敬會魏博兵擊劉仁恭。拔瀛州。十月，拔景、莫二州。					
								秦城、桂州	十月，馬殷遣秦彥暉、李瓊等擊靜江節度使劉士政。軍至全義、士政遣指揮使王建武屯秦城。彥暉襲秦城，擒建武。瓊勒兵擊可瑤，降其將士二千，皆殺之。引兵趨桂州，自秦城以南二十餘壁，皆望風奔潰。士政降。桂、宜、巖、柳、象五州，皆降於湖南。					
								祁州	張存敬攻劉仁恭，下二十城。引兵西攻易定，拔祁州。					
								定州、新城	張存敬攻定州，義武節度使王郜，遣兵馬使王處直拒之。戰於沙河，易定兵大敗。死者過半。王郜棄城奔					

年份	水災	旱災	其他天災	地點	人禍
					晉陽。存敬進圍定州，郜乃與全忠和。全忠遣張存敬襲劉守光軍於易水之上，殺六萬餘人。
九〇一 昭宗天復元年	八月，久雨。	旱。（圖）	昇州大風，發屋，飛大木。（志）	絳州、晉州	朱全忠遣張存敬自汜水度河。絳州、晉州悉降。
				澤州、河中	二月，河東將李昭嗣攻澤州，拔之。張存敬引兵發晉州。至河中，遂圍之。王珂勢窮，以城授之。
				沁州、澤州、潞州、遼州	三月，朱全忠至大梁，遣氏叔琮等，將兵五萬攻李克用。叔琮入天井關，進軍昂車。沁州降。叔琮拔澤州。進攻潞州。昭義節度使孟遷降之。叔琮進趣晉陽。四月，張歸厚引兵至遼州，遼州降。
				晉陽	氏叔琮等引兵抵晉陽城下。數挑戰，不利。乃退。河東將周德威、李嗣昭，以精騎五千躡之，殺獲甚衆。
				隰州、慈州	六月，李克用遣其將李嗣昭、周德威將兵出陰地關，

公曆	年號	天災						人禍						附註
		水災		旱災		其他		內亂		外患		其他		
		災區	災況	災區	災況	災區	災況	亂區	亂情	患區	患情	亂區	亂情	
									攻隰州、慈州，皆得之。					
								昌州、晉州、合州	閏六月，道士杜從法以妖妄誘昌、晉、合三州民作亂。七月，爲西川龍臺鎭使王宗侃等討平。					
								杭州	八月，楊行密遣步軍都指揮使李神福等將兵取杭州。兩浙將顧全武等列八寨以拒之。十月，神福佯退，伏兵青山下。全武出兵追之，神福等夾擊，大破之。斬首五千級，進攻臨安。					
								京師、邠州、同州、華州	十月，韓全誨勒兵刼上，請幸鳳翔。朱全忠至河中，表請車駕幸東都。十一月，京師諸軍大掠，朱全忠引兵趣同州。復引兵還赤水，至鳳翔。復引兵北趣邠州，破之。攻下盩厔，令崔胤帥百官京城居民遷於華州。					

九〇二

昭宗天復二年

蜀　大水。(圖)

地區	事件
慈州、隰州、絳州、汾州	正月，河東將李嗣昭周德威，攻慈、隰，以分全忠兵勢，二月，下之。並襲取絳州，汴將康懷英復取之。嗣昭屯蒲縣。汴軍十萬營於蒲南，叔琮帥衆斷其歸路而攻其壘，破之，殺獲萬餘人，並乘勝攻河東，圍晉陽，不利，引退。嗣昭復取慈、隰、汾三州。
莫谷	四月，汴將康懷貞擊鳳翔將李繼昭於莫谷，大破之。
宣州	六月，武甯節度使馮弘鐸帥衆南下。聲言攻洪州，實襲宣州。田頵帥舟師逆擊於葛山，大破之。
虢縣、鳳州	李茂貞大出兵自將之。與朱全忠戰於虢縣之北，大敗而還，死者萬餘人。全忠遣其將孔勍出散關，攻鳳州，拔之。
宿州	楊行密攻宿州不克。
成州、隴州	七月，孔勍取成、隴二州。
奉天	李茂貞出兵夜襲奉天。虜

公歷年號	天災·水災·災區	天災·水災·災況	天災·旱災·災區	天災·旱災·災況	天災·其他災·災區	天災·其他災·災況	人禍·內亂·亂區	人禍·內亂·亂情	人禍·外患·患區	人禍·外患·患情	人禍·其他禍·亂區	人禍·其他禍·亂情	附註
								汴將、倪章、邵棠以歸。旋茂貞大出兵，與朱全忠戰，不勝。					
							鳳翔	九月，李茂貞盡出騎兵於鄜州。就蜀糧。朱全忠穿蚰蜒壕，圍鳳翔。設犬鋪鈴架，以絕內外。					
							興州	十月，王建攻拔興州。					
							坊州、鄜州	十一月，朱全忠遣其將孔勍、李暉將兵乘虛襲鄜、坊，拔坊州，抵鄜州城下，鄜人敗。					
							杭州	田頵急攻杭州，錢鏐遣其將盛造、朱郁拒破之。					
							韶州	十二月，虔州刺史盧光稠攻嶺南，陷韶州。且進圍潮州。清海劉隱發兵擊走之。乘勝進攻韶州，光稠自虔州引兵救之。其將譚全播伏精兵萬人於山谷，以羸弱挑戰，大破隱於城南，隱奔還。					

九〇三

昭宗天復三年

浙西

三月大雨雪。(圖)

十一月，大雨雪(圖)

徐州、兗州、河南、華等州、永興、齊州、青州、鄂州、宿州、秦、隴、鄂州

正月，平盧節度使王師範分遣諸將，詐爲貢獻及商販，包束兵仗，載以小車，入汴、徐、兗、鄆、齊、沂、河南、孟、滑、河中、陝、虢、華等州。期以同日俱發，討全忠。事泄，獨行軍司馬劉鄩取兗州。青州牙將張居厚攻華州，不克。楊行密遣將擊杜洪。洪將駱殷，戍永興，棄城走。三月，王師範弟師魯圍齊州，朱友寧引兵擊走之。友寧進攻青州。全忠引四鎮及魏博兵十萬繼之。淮南將李神福圍鄂州。四月，楊行密遣將帥步騎七千救王師範。又遣別將將兵數萬攻宿州，全忠遣將救宿州，淮南兵遁去。王建出兵攻秦、隴。五月，朱全忠遣成汭救杜洪。成汭行未至鄂州，馬殷遣大將許德勳將舟師萬餘人，雷彥威遣其將歐陽

渝關

十一月，契丹王阿保機遣其妻兄阿鉢將萬騎寇渝關。

公曆	年號	天災·水災·災區	天災·水災·災況	天災·旱災·災區	天災·旱災·災況	天災·其他·災區	天災·其他·災況	人禍·內亂·亂區	人禍·內亂·亂情	人禍·外患·患區	人禍·外患·患情	人禍·其他·亂區	人禍·其他·亂情	附註
									思，將舟師三千餘人，會於荆江口，乘虛襲江陵，陷之。盡掠其人及貨財而去。李神福遣其將秦裴、楊戎將衆數千，逆擊汭於君山，大破之。因風縱火，焚其艦，士卒皆潰，汭赴水死，獲其戰艦二百艘。					
								博昌、臨淄、密州等	朱友寧攻博昌，月餘不拔，城陷，盡屠之。進拔臨淄，遣別將攻登、萊，及密州，拔之。					
								蘭溪	七月，睦州刺史陳詢叛錢鏐，舉兵攻蘭溪。					
								青州	八月，朱全忠留齊州刺史楊師厚攻青州。田頵與潤州團練使安仁義同舉兵反楊行密。仁義舉兵襲常州，不克。					
								臨朐	九月，楊師厚屯臨朐，欲攻密州。王師範出兵攻臨朐，楊師厚伏兵奮擊，大破之。					

公元	年號	天災	地點	人禍
				殺萬餘人。
			昇州	田頵襲昇州。
			棣州、兗州	汴將劉重霸拔棣州。王師範將兵五千據兗州。
			廣德、黃池	臺濛與田頵戰於廣德及黃池，頵敗。
			兗州	十月，葛從周急攻兗州。
			荊南	山南東道節度使趙匡凝遣兵襲荊南。
			睦州	錢鏐遣指揮使楊習攻睦州。
			宣州	十一月，臺濛克宣州，田頵死。
九〇四	昭宣帝天祐元年	大饑。（圖） 大風。（圖）		
			夔州	五月，忠義節度使趙匡凝遣水軍上峽攻王建夔州。知渝州王宗阮等擊敗之。
			鄂州	六月，淮南將李神福攻鄂州，不下。
			光州	十月，光州叛楊行密，降朱全忠。
			鄂州、光州、廣陵	十一月，全忠自將兵五萬，自潁州濟淮，軍于霍丘，分兵救鄂州，淮南兵釋光州之圍。還廣陵，按兵不出戰。全忠分命諸將大掠淮南以困之。

公曆	年號	天災 水災 災區	天災 水災 災況	天災 旱災 災區	天災 旱災 災況	天災 其他 災區	天災 其他 災況	人禍 內亂 亂區	人禍 內亂 亂情	人禍 外患 患區	人禍 外患 患情	人禍 其他 亂區	人禍 其他 亂情	附註
九〇五	昭宣帝天祐二年				旱。(圖)			壽州	正月,朱全忠遣諸將進兵逼壽州。					
								睦州	兩浙兵圍陳詢于睦州。楊行密遣西南招討使陶雅將兵救之。					
								壽州	全忠圍壽州,州人閉壁不出。全忠乃自霍丘引歸。					
								鄂州	二月,淮南將劉存攻拔鄂州,執洪延祚及汴兵千餘人,送廣陵,悉誅之。					
								婺州	四月,淮南將陶雅,會衢、睦兵攻婺州,錢鏐使其弟鏢將兵救之。					
								金州	八月,王建遣前山南西道節度使王賀宗等將兵擊昭信節度使馮行襲於金州。					
								襄州	朱全忠遣將將兵擊趙匡凝。					
								溫州	處州刺史盧約使其弟佶攻陷溫州。					

	唐、鄧、復、郢等州	楊師厚攻下唐、鄧、復、郢、隨、均、房七州。
	江陵	九月，楊師厚與趙師凝戰於漢濱，匡凝敗，棄襄陽。朱全忠以楊師厚爲山南東道留後。引兵擊江陵，至樂鄉，荆南降。
	金州	王宗賀等攻馮行襲，所向皆捷。行襲棄金州，奔均州。其將全師朗以城降。
	婺州、暨陽	淮南將陶雅、陳璋拔婺州。璋且攻暨陽，兩浙將方習敗之。習進攻婺州。
	金州、睦州、淮南	十二月，戎昭節度使馮行襲，復取金州。淮南招討使陶雅入據睦州。湖南兵寇淮南。
九〇六 昭宣帝天佑三年	睦州	正月，錢鏐復取睦州。
	歸州	西川將王宗阮攻歸州。
	婺州、衢州	兩浙將方永珍等取婺州，進攻衢州。
	岳州	三月，楊渥遣先鋒指揮使陳知新攻湖南，知新拔岳州。

公曆	年號	天災						人禍						附註
		水災		旱災		其他災		內亂		外患		其他		
		災區	災況	災區	災況	災區	災況	亂區	亂情	患區	患情	亂區	亂情	
								高唐	四月，天雄牙將史仁遇作亂。聚衆數萬，據高唐。天雄巡內諸縣多應之。全忠遣將還攻高唐，至歷亭。魏兵在行營者作亂，與仁遇相應，元帥府左司馬李周彝等擊之，所殺殆半。進攻高唐，克之。城中兵民無少長皆死。					
								貝州、冀州	義昌節度使劉守文，遣兵萬人攻貝州。又攻冀州，拔蓨縣。進攻阜城。					
								江西	五月，楊渥將兵擊鍾匡時於江西。					
								相州	七月，朱全忠克相州。					
								洪州	秦裴圍洪州。					
								衢州	八月，兩浙兵圍衢州，取之。					
								洪州	九月，秦裴拔洪州，虜鍾匡時等五千人以歸。					
								夏州、坊州	靜難節度使楊崇本攻夏州。匡國節度使劉知俊邀					

地區	事件
	擊坊州之兵，斬首三千餘級。
潞州	十月，劉仁恭遣都指揮使李溥將兵三萬詣晉陽。克用遣周德威、李嗣昭將兵與之共攻潞州。
夏州	夏州告急於朱全忠。全忠遣劉知俊等救之，楊崇本大敗，歸于邠州。
荊南	武昌節度使雷彥威寇荊南。
鄜、延五州	十一月，劉知俊等乘勝攻鄜、延等五州。
潞州、澤州	十二月，朱全忠使李周彝將步騎數萬救潞州。河東兵攻澤州，不克。

公曆年號	天災						人禍						附註
	水災		旱災		其他災		內亂		外患		其他禍		
	災區	災況	災區	災況	災區	災況	亂區	亂情	患區	患情	亂區	亂情	

公曆	年號	天災·水災·災區	天災·水災·災況	天災·旱災·災區	天災·旱災·災況	天災·其他災·災區	天災·其他災·災況	人禍·內亂·亂區	人禍·內亂·亂情	人禍·外患·患區	人禍·外患·患情	人禍·其他亂·亂區	人禍·其他亂·亂情	附註
九〇七	梁 太祖開平元年							幽州	三月，梁王以亳州刺史李思安爲北路行軍都統，將兵擊幽州。					
								溫州	鎭海、鎭東節度使吳王錢鏐，遣將討盧佶於溫州。溫州潰，擒佶斬之。					
								潞州	五月，命保平節度使康懷貞，將兵八萬，會魏博兵攻潞州。					
								潭州	弘農王以劉存、陳知新、劉威等，將水軍三萬擊楚。楚王馬殷遣在城都指揮使秦彥暉等，將水軍三百浮江而下，帥戰艦三百，屯瀏陽口，與劉存等戰於越堤北。彥暉大破之，執存及知新等。裨將死者百餘人，士卒死者以萬數，獲戰艦八百艘。威以餘衆遁歸，彥暉遂拔岳州。					
								洪州	六月，楚王殷遣兵會吉州					

公歷	年號	水災	旱災	其他天災	亂區	亂情	外患	其他人禍	附註
						刺史彭玕攻洪州，不克。晉			
					澤州	兵攻澤州。			
					江陵	武貞節度使雷彥恭會楚兵攻江陵。彥恭敗，楚兵亦走。			
					岳州	七月，雷彥恭攻岳州，不克。			
					潞州	晉周德威壁于高河。康懷貞遣騎都秦武將兵擊之，武敗。			
					涔陽	九月，雷彥恭攻涔陽、公安，高季昌擊敗之。			
					朗州	十月，高季昌遣其將倪可福會楚將秦彥暉攻朗州。			
					潞州、	十一月，夾馬指揮使尹皓攻晉江、猪嶺寨拔之。			
					晉州	晉王命李存璋攻晉州，以分上黨兵勢。			
					洺州、	十二月，晉兵寇洺州。淮南			
					信州	兵攻信州。			

九〇八

太祖開平二年

旱。(圖)

甘露鎮	正月，吳越王鏐遣兵攻淮南甘露鎮。以救信州。
歸州	二月，蜀兵入歸州，執刺史張瑭。
石首、馬頭	四月，淮南兵寇石首，襄州兵敗之於濜港。又遣其將李厚將水軍萬五千趣荆南。高季昌逆戰，敗之於馬頭。
澤州	五月，晉兵與梁兵戰於三垂岡下，梁兵大潰，南走。失亡將校士以萬計。晉兵乘勝進趣澤州。
鄂州	楚兵寇鄂州，淮南所署知州秦裴擊破之。
澧州、朗州	雷彥恭引沅江環朗州以自守。秦彥暉頓兵月餘不戰。乘彥恭守備稍懈，攻入城中。楚因得澧、朗二州。
雍州	蜀主遣將會岐兵五萬攻雍州，晉張承業亦將兵應之。
幕谷	六月，劉知俊及佑國節度使王重師大破岐兵于幕

公曆年號	天災：水災 災區	水災 災況	旱災 災區	旱災 災況	其他 災區	其他 災況	人禍：內亂 亂區	內亂 亂情	外患 患區	外患 患情	其他 亂區	其他 亂情	附註
								谷。晉、蜀兵皆引歸。					
							蘇州、東洲	九月，淮南遣步軍都指揮使周本等，圍蘇州。吳越將張仁保攻常州之東洲，拔之，淮南兵死者萬餘人。淮南遣諸將救東洲，大破仁保於魚蕩，復取東洲。					
							晉州	晉周德威等，將兵三萬出陰地關，攻晉州。刺史徐懷玉拒守，帝自將救之。發大梁，至陝州。岐王所署延州節度使胡敬璋寇上平關。劉知俊擊破之。周德威等聞帝將至，退保隰州。					
							昭、賀、梧、蒙、富、龔六州	楚王殷遣步軍都指揮使呂師周等將兵擊嶺南。與清海節度使劉隱十餘戰，取昭、賀、梧、蒙、富、龔六州。					
							雍州	十月，華原賊帥溫韜聚衆嵯峨山，暴掠雍州諸縣。					
							[illegible]丘、	帝從吳越王鏐之請，以亳					

年代	天災	地區	人禍
九〇九 太祖開平三年	久雨。(圖)	廬州、壽州	州團練使寇彥卿爲東南面行營都指揮使，擊淮南。十一月，彥卿帥衆二千襲霍丘，爲土豪朱景所敗。又攻廬、壽二州，皆不勝，引歸。
		幽州	劉守文舉滄德兵攻幽州。敗於盧臺軍及玉田。
		延州	二月，保塞節度使劉萬子，暴虐失衆心，且謀貳於梁。李繼徽使延州牙將李延實圖之。延實攻而殺之，遂據延州。
		坊州	四月，劉知俊移軍攻延州。並遣白水鎮使劉儒分兵圍坊州。
		蘇州	淮南兵圍蘇州，不克。損戰艦二百艘。
		雞蘇	五月，劉守文頻年攻劉守光，不克。乃大發兵屯薊州。守光逆戰於雞蘇，爲守文所敗。
		華州	六月，忠武節度使劉知俊，

公曆年號	天災：水災 災區	天災：水災 災況	天災：旱災 災區	天災：旱災 災況	天災：其他災 災區	天災：其他災 災況	人禍：內亂 亂區	人禍：內亂 亂情	人禍：外患 患區	人禍：外患 患情	人禍：其他 亂區	人禍：其他 亂情	附註
								以同州附於岐，亟遣兵襲華州。					
							鹽州	朔方節度使韓遜奏克鹽州。					
							潼關	楊師厚等討劉知俊，克潼關。至華州，克長安。劉知俊奔岐。					
							洪州	撫州刺史危全諷，帥撫、信、袁、吉之兵，號十萬，攻洪州。					
							丹州	七月，梁兵克丹州，擒王行思。					
							晉州	河東兵寇晉州，抄掠至堯祠而去。					
							袁州、吉州、饒州、信州	危全諷在象牙潭，營柵臨溪，亘數十里。周本隔溪布陳，先使羸兵嘗敵。全諷兵涉溪追之，本乘其半濟，縱兵擊之。全諷兵大潰，自相蹂藉，溺水死者甚衆。本乘勝擒全諷及將士五千人，且克袁州，進攻吉州。歙州					

	刺史陶雅使敬昭、徐章將兵襲饒、信。信州刺史降。饒州刺史棄城走。
房州	八月，均州刺史張敬方奏克房州。
晉州	晉王遣周德威等將兵出陰地關，攻晉州，未克。
襄州	李洪寇荆南，敗。詔馬步都指揮使陳暉將兵會荆南兵討洪。陳暉軍至襄州，李洪逆戰，大敗。
義和	十月，湖州刺史高澧性凶忍，閉城大殺，凡殺三十人。以兵叛。澧附於淮南，舉兵焚義和臨平鎮。
靈州、甯州、衍州、慶州	十一月，岐王欲取靈州，使知俊自將兵攻之。朔方節度使韓遜告急，詔鎮國節度使康懷貞等將兵攻邠、甯以救之。懷貞等所向皆捷，克甯、衍二州，拔慶州。遊兵侵掠至涇州境，劉知俊聞之，解靈州圍，引兵還，與懷貞戰於昇平山口，懷貞

公曆	年號	天災・水災・災區	天災・水災・災況	天災・旱災・災區	天災・旱災・災況	天災・其他災・災區	天災・其他災・災況	人禍・內亂・亂區	人禍・內亂・亂情	人禍・外患・患區	人禍・外患・患情	人禍・其他亂・亂區	人禍・其他亂・亂情	附註
九一〇	太祖開平四年	宋州、梁州、輝州、亳州	久雨。(圖)大水。(志)						大敗，僅以身免。德遇等軍皆沒，岐王以知俊爲彰義節度使，鎮涇州。					
								滄州	十二月，劉守光圍滄州，久不下。執劉守文至城下示之，猶固守。城中食盡，民食堇泥，軍士食人。					
								夏州	三月，夏州都指揮使高宗益作亂。					
								荊南	六月，楚王殷遣將使荊南軍于油口，高季昌擊破之。斬首五千級，逐北至白田而還。					
								吉州	吳水軍指揮使敖駢，圍吉州刺史彭玕弟瑊於赤石。					
								夏州	七月，岐王與邠、涇二帥及晉五振武節度使周德威，合兵五萬衆圍夏州。定難節度使李仁福嬰城拒守。					
								上黨	十月，遣鎮國節度使楊師					

厚等將兵屯澤州，以圖上黨。

真定、趙州

十一月，上遣供奉官杜廷隱等監魏博兵三千，分屯深、冀。廷隱等盡殺趙戍卒，乘城拒守。趙王鎔攻之，不克。乃遣使求援於燕、晉。十二月乃命王景仁等將兵擊之。

湘鄉、武岡、高州、容州

十二月，辰州蠻酋宋鄴寇湘鄉。溆州蠻酋潘金盛寇武岡。劉隱遣弟巖攻高州。劉昌魯大破之。又攻容州，亦不克。昌魯自請歸於楚。

九一一

太祖乾化元年

旱。(圖)

高邑、野河、柏鄉、澶州、魏州、邢州、靖州

正月，梁兵與晉兵戰於高邑南，梁兵退走。晉兵追之。自野河至柏鄉，僵尸蔽地。斬首二萬級，得糧食資財器械，不可勝計。並乘勝趣澶、魏，且攻邢州。呂師周攀藤緣崖，入飛山

平州

八月，契丹陷平州。

公曆年號	天災：水災災區	水災災況	旱災災區	旱災災況	其他災災區	其他災災況	人禍：內亂亂區	內亂亂情	外患患區	外患患情	其他亂亂區	其他亂亂情	附註
								洞，鄜潘金盛，擒送武岡，斬之。					
							魏州	二月，晉王至魏州，攻之不克。					
							蔡州	蔡州右廂指揮使劉行琮作亂，縱兵焚掠。					
							夏津、高唐、東武、朝城、黎陽、新鄉、共城	周德威自臨清攻貝州，拔夏津、高唐。攻博州，拔東武、朝城。攻澶州，刺史張可臻棄城走。德威進攻黎陽，拔臨河、淇門。逼衛州，掠新鄉、共城。					
							長安	三月，岐王以溫韜爲節度使，使帥邠、岐兵寇長安。					
							興元	四月，岐兵寇蜀興元，唐道襲擊却之。					
							興州、明珠曲、鳧口	岐王使劉知俊，李繼崇將兵擊蜀。王宗侃、唐道襲、王宗紹等與之戰於青泥嶺，蜀兵大敗。王宗浩等奔興州，溺死於江。道襲奔興元，					

	知俊、繼崇追圍之。蜀主遣兵救之，與唐道襲合擊岐兵。大破之於明珠曲。
斜谷	十月，蜀主如利州，命太子監國。決雲軍虞候王琮，敗岐兵。執其將李彥太，俘斬三千五百級。破岐二寨，俘斬三千級。王宗侃遣裨將林思諤，自中巴間行至泥溪，見蜀主告急。蜀主命開道都指揮使王宗弼，將兵救安遠，及劉知俊戰於斜谷，破之。
東武	貝州奏晉兵寇東武，尋引去。
鹽州	十一月，保塞節度使高萬興，將兵攻鹽州。刺史高行存降。
金牛	蜀王宗弼，敗岐兵於金牛。
黃牛川、斜谷	拔十六寨，俘斬六千餘級，擒其將郭存等。王宗鐬等，

公歷年號	天災 水災 災區	災況	旱災 災區	災況	其他災 災區	災況	人禍 內亂 亂區	亂情	外患 患區	患情	其他禍 亂區	亂情	附註
							易、定、容城 韶州、容管、高州	敗岐兵於黃牛川。擒其將蘇厚等。蜀主自利州如興元。援軍既集，安遠軍望其旗，王宗侃等鼓譟而出，與援軍夾攻岐兵，大破之，拔二十一寨，斬其將李廷志等。岐兵解圍遁去，唐道襲先伏兵於斜谷，邀擊，又破之。 燕主守光將兵二萬寇易、定，攻容城。 十二月，劉巖發兵攻韶州，破之。攻巖州。殷遣都指揮使許德勳，以桂州兵救之。姚彥章不能守，乃遷容州士民，及其府藏奔長沙。巖遂取容、管及高州。 晉王遣兵三攻燕，以救易、定。					

九一二

太祖帝乾化二年

旱。(圖)

祁溝關、涿州、幽州　正月，周德威東出飛狐，與趙王將王德明等會於易水。三鎮兵進攻燕祁溝關，下之。圍涿州，涿州降。德威至幽州城下。

棗彊　三月，帝引兵趣棗彊，與楊師厚軍合，急攻之。數日不下，死傷者以萬數。旋拔之。無問老幼皆殺，流血盈城。

涿州　周德威遣將攻瓦橋關，其將吏皆降。

宣州　柴再用攻宣州，踰月不克。

瀛州、幽州　四月，李嗣源攻瀛州，刺史趙敬降。燕主守光，遣單廷珪，出戰，與周德威遇於龍頭岡，燕兵大敗，斬首三千級。

懷州　八月，龍驤軍三千人。戍懷州者，潰亂東走，所過剽掠。

河中　九月，康懷貞等，與忠武節度使牛存節，合兵五萬，屯河中城西，攻之甚急。晉王遣其將李存審、李嗣　等將兵救之。敗梁兵于胡壁。

維州　四月，羌胡董琢反。

公歷	年號	天災 水災 災區	天災 水災 災況	天災 旱災 災區	天災 旱災 災況	天災 其他 災區	天災 其他 災況	人禍 內亂 亂區	人禍 內亂 亂情	人禍 外患 患區	人禍 外患 患情	人禍 其他 亂區	人禍 其他 亂情	附註
								解縣	十月，朱友謙告急於晉，晉王自將自澤潞而西，遇康懷貞於解縣，大破之，斬首千級，追至白徑嶺而還。梁兵解圍，退保陝州。					
								武城、臨清	十一月，趙將王德明將兵三萬掠武城，至於臨城，攻宗城下之。楊師厚伏兵唐店，邀擊大破之，斬首五千餘級。					
								岳州	吳淮南節度副使陳璋等將水軍襲楚岳州，執刺史苑玫。					
								文州	十二月，蜀都指揮使王宗汾攻岐文州，拔之，守將李繼變走。					
								襄州	高季昌出兵，聲言助梁伐晉，進攻襄州，山南東道節度使孔勍擊敗之。					

九一三 均王乾化三年	順州	正月，晉周德威拔燕順州。
	荊南	吳陳璋攻荊南，不克而還。
	洛陽	二月，均王以郢王友珪弒先帝，矯詔自立，乃與楊師厚謀討郢王友珪。諸軍十餘萬大掠都市，百司逃散，均王即位。
	檀州	晉李存暉攻燕檀州，刺史陳確以城降。
		三月，晉周德威拔燕盧臺軍。
	武州、儒州	晉李嗣源進攻武州，高行珪以城降。嗣源進攻儒州，拔之。
		吳行營招討使李濤帥衆二萬出千秋嶺，攻吳越衣錦軍。吳越王鏐子傳瓘、傳璙救之。
	平州、營州	四月，晉劉光濬拔燕平州，執刺史張在吉。五月，光濬攻營州，刺史楊靖降。
	趙州、冀州	五月，楊師厚自柏鄉入攻土門，趣趙州。劉守奇自貝州入趣冀州，所過焚掠。

公歷年號	天災						人禍						附註
	水災		旱災		其他災		內亂		外患		其他亂		
	災區	災況	災區	災況	災區	災況	亂區	亂情	患區	患情	亂區	亂情	
							廣德	六月，吳越錢傳瓘拔廣德。					
							莫州	七月，晉軍拔莫州。					
							瀛州	八月，李信拔瀛州。					
							鄂州	楚甯遠節度使姚彥章將水軍侵吳鄂州。					
							順州、常州	九月，燕主守光，復取順州。吳越王鏐遣其子傳瓘、傳璙，及大同節度使傳英，攻吳常州，營於潘葑。徐溫乘其無備擊之。吳越大敗，斬獲甚衆。					
							檀州	十月，燕主守光，帥衆五千夜出，將入檀州，周德威自涿州引兵邀擊，大破之。					
							幽州	十一月，晉王攻幽州，克之。					
							廬州、壽州	以甯國節度使王景仁爲淮南西北行營招討應接使。將兵萬餘侵廬、壽。					
							趙步、霍丘	十二月，吳兵與梁兵遇於趙步。梁兵退，又戰於霍丘，梁兵大敗。					

九一四

均王乾化四年

夔州　正月，高季昌以水軍攻夔州，大敗。

黄州　四月，楚岳州刺史許德勳將水軍巡邊。夜分，南風暴起，都指揮使王環乘風趣黄州。

袞州　五月，吳柴再用等與劉崇景、許貞戰於萬勝岡，大破之。崇景、貞棄袞州遁去。

邢州　七月，晉王會趙王鎔及周德威於趙州，南寇邢州。

階州、固鎮　十二月，蜀興州刺史王宗鐸，攻岐階州及固鎮。破細紗等十一寨，斬首四千級。指揮使王宗儼，破岐長城關等四寨，斬首二千級。

黎州　南詔寇黎州，蜀主遣將敗之於潘倉嶂，又敗之於山口城。十二月，破其武保嶺十三寨。又敗之於大渡河，俘斬數萬級。蠻爭走度水，橋絕，溺死者數萬人。

九一五

均王貞明元年

彭城　二月，牛存節等拔彭城。

魏州　三月，魏兵縱火大掠，圍金波亭。王彥章斬關而走。

臨清　四月，晉王命將自趙州進據臨清。

邠州　五月，岐王遣彰義節度使

公歷年號	天災·水災·災區	天災·水災·災況	天災·旱災·災區	天災·旱災·災況	天災·其他·災區	天災·其他·災況	人禍·內亂·亂區	人禍·內亂·亂情	人禍·外患·患區	人禍·外患·患情	人禍·其他·亂區	人禍·其他·亂情	附註
								劉知俊圍邠州，霍彥威固守拒之。					
							德州	六月，晉王遣騎兵五百，晝夜兼行襲德州，克之。					
							隰州、慈州	七月，晉人夜襲澶州，陷之。絳州刺史尹皓攻晉之隰州。八月，又攻慈州，皆不克。王檀與昭義留後賀瓌攻澶州，拔之。					
							貝州	八月，晉王遣李存審將兵五千擊貝州。					
							秦州、鳳州、固鎮、泥陽、秦州、階州、成州、鳳州	蜀主遣將攻秦州及鳳州。十一月，蜀王宗翰克固鎮，與秦州將郭守謙戰於泥陽，蜀兵敗，退保鹿臺山。會王宗綰、王宗鐸等克階州、成州、鳳州，乘勝趣秦州，秦州迎降。					

九一六

均王貞明二年

地點	記事
魏州	二月，劉鄩引兵攻魏州，大敗。梁步卒凡七萬，晉兵環而擊之，追至河上，殺溺殆盡。
晉陽	匡國節度使王檀發關西兵襲晉陽，城幾陷者四。晉陽救兵至，擊梁兵。梁兵死傷什二三，王檀引兵大掠而還。
衞州、惠州	三月，晉王攻衞州，刺史米昭降。又攻惠州，刺史靳紹走，擒斬之。
洺州	四月，晉人拔洺州。
邢州	六月，晉人攻邢州，保義節度使閻寶拒守。帝遣捉生都指揮使張溫將兵五百救之。溫以其衆降晉。
鳳翔、隴州、邢州、相州	八月，蜀主將兵出鳳州、秦州，以伐岐。晉王自將攻邢州。昭德節度使張筠棄相州走。晉人復以相州隸天雄軍，以李嗣源爲刺史。
滄州	九月，晉人以兵逼滄州。順化節度使戴忠遠棄城奔
蔚州、雲州	八月，契丹王阿保機帥諸部兵三十萬，自麟勝攻晉蔚州，陷之。並進攻雲州，大同防禦使李存璋悉力拒之。

公曆	年號	水災災區	水災災況	旱災災區	旱災災況	其他災區	其他災況	內亂亂區	內亂亂情	外患患區	外患患情	其他亂區	其他亂情	附註
九一七	均王貞明三年							貝州	東都。滄州將毛璋據城降晉;晉人圍貝州踰年,城中食盡,噉人爲糧,降。	新州	三月,盧文進引契丹兵急攻新州,刺史棄城走。晉王使周德威合河東、鎭定之兵攻之,旬日不克。契丹主帥衆三十萬救之。德威衆寡不敵,爲契丹所敗。			
								寶雞	十月,蜀兵出大散關,大破岐兵,俘斬萬計,遂取寶雞。	幽州	契丹乘勝進圍幽州,且二百日,李嗣源率兵救之。八月,契丹解圍去。			
								潁州	吳遣將進圍潁州。					
								甯州、衍州	十二月,慶州叛附於岐,岐將李繼陟據之。賀瓌將兵討之,破岐兵,下甯、衍二州。					
								黎陽	二月,晉王攻黎陽,劉鄩拒之,數日不克而去。					
								楊劉城	十二月,晉王攻楊劉城,拔之。					

公元	年號	地點	事件
九一八	均王貞明四年	楊劉城	二月，謝彥章將兵數萬攻楊劉城。六月，晉王自魏州勞軍於楊劉城，涉水攻之。梁兵大敗，死傷不可勝紀，晉人遂陷濱河四寨。
		信州	七月，吳軍二萬攻信州，刺史周本設計退之。
		古亭	八月，吳劉信遣其將張宣等夜襲楚將張可求於古亭。
		邵州	梅山蠻寇邵州。
		虔州	九月，吳劉信晝夜急攻虔州，十月，克之。
		濮陽	十二月，晉王進攻濮陽，拔之。
九一九	均王貞明五年	興元、鳳州	三月，蜀兵自散關擊岐，度渭水，破岐將孟鐵山，會大雨而還。分兵戍興元、鳳州及威武城。
		通州	詔吳越王鏐大舉討淮南。鏐以傳瓘爲諸軍都指揮使，帥戰艦五百艘，自東州擊吳。吳遣舒州刺史彭彥章及裨將陳汾拒之。兩軍

公歷年號	天災						人禍						附註
	水災		旱災		其他災		內亂		外患		其他亂		
	災區	災況	災區	災況	災區	災況	亂區	亂情	患區	患情	亂區	亂情	
								相遇，戰於狼山江，吳軍大敗。					
							德勝	賀瓌攻德勝南城，晉兵逐之，至濮州而還。					
							復州	五月，楚人攻荊南，高季昌求救于吳，吳遣劉信等帥步兵自瀏陽趣潭州，武昌節度使李簡等帥水軍攻復州。信等至潭州東境，楚兵釋荊南引歸。簡等入復州，執其知州鮑唐。					
							沙山	六月，吳人敗吳越兵于沙山。					
							無錫	七月，吳越王鏐遣錢傳瓘將兵三萬，攻吳常州，徐溫帥將拒之，戰於無錫，吳越兵大敗，斬首萬級。					
							兗州	十月，劉鄩居兗州。					
							安州	十一月，吳武甯節度使張崇寇安州。					
							濮陽	十二月，晉王拔濮陽。					

九二〇

均王貞明六年

金州	正月，蜀桑弘志克金州。
安州	吳張崇攻安州，不克而還。
同州	四月，河中節度使冀王友謙以兵襲取同州。逐忠武節度使程全暉。六月，帝遣將攻同州。閏六月，劉鄩等圍同州，朱友謙求救于晉。
華州	八月，晉人分兵攻華州，壞其外城。李存審等按兵累旬，乃進逼劉鄩營。鄩等悉衆進戰，大敗，收餘衆退保羅文寨。
崇州	河中兵進攻崇州。
隴州	十一月，蜀主遣將，伐岐出故關，壁於咸宜。入良原。敗岐兵於箭筈嶺。蜀兵食盡引還。

公曆	年號	天災·水災·災區	天災·水災·災況	天災·旱災·災區	天災·旱災·災況	天災·其他災·災區	天災·其他災·災況	人禍·內亂·亂區	人禍·內亂·亂情	人禍·外患·患區	人禍·外患·患情	人禍·其他禍·亂區	人禍·其他禍·亂情	附註
九二一	均王龍德元年							大梁	三月，陳州刺史惠王友能反，舉兵趣大梁。詔陝州留後霍彥威等將兵討之。	幽州、涿州、定州	十二月，契丹攻幽州，李紹宏嬰城自守。契丹長驅而南，圍涿州，旬日拔之，擒刺史朱嗣弼。進攻定州。晉王自鎮州將親軍五千救之。			
								趙州	七月，晉兵拔趙州，刺史王鋋降。					
								鎮州	九月，晉兵渡滹沱，圍鎮州。決漕渠以灌之。					
								戚城	十月，晉王命李嗣源伏兵於戚城，李存審屯德勝，先以騎兵誘之。梁兵至，晉王以鐵騎三千奮擊，梁兵大敗，士卒爲晉兵所殺傷，及自相蹈藉，墜河陷冰，失亡二萬餘人。					
								鎮州、定州	十一月，晉王使李存審、李嗣源守德勝，自將兵攻鎮州，張處瑾遣其弟處琪、幕僚齊儉，謝罪請服，晉王不許，盡銳攻之，旬日不克。處瑾使韓正時將千騎突圍出，直趣定州，欲求救於王處直。晉兵追至行唐，斬之。					

公元	年號	地區	人禍
九二二	均王龍德二年	成安、德勝	梁戴思遠西度洹水，拔成安，大掠而還。又將兵五萬，攻德勝北城，重塹複壘，斷其出入，晝夜急攻之，李存審悉力拒守。晉王聞德勝勢危，二月，自幽州赴之，至魏州，思遠聞之，燒營遁還楊村。
		鎮州	二月，閻寶築壘圍鎮州，決呼沱水環之，內外斷絕。城中食盡，遣五百餘人出求食，寶縱其出，欲伏兵取之。其人遂攻壞長圍而出，縱火攻寶營，寶不能拒，退保趙州。
		衛州、淇門、共城、新鄉	八月，段凝與張朗克衛州，凝與戴思遠又攻陷淇門、共城、新鄉。
		鎮州	九月，晉兵克鎮州。
		定州、嬀州、儒州、武州	正月，晉王敗契丹於定州城下，契丹舉衆退保望都。晉代州刺史李嗣肱將兵定嬀、儒、武等州。

公曆	年號	天災：水災 災區	天災：水災 災況	天災：旱災 災區	天災：旱災 災況	天災：其他 災區	天災：其他 災況	人禍：內亂 亂區	人禍：內亂 亂情	人禍：外患 患區	人禍：外患 患情	人禍：其他 亂區	人禍：其他 亂情	附註
九二三	唐 莊宗同光元年				旱。（圖）			鄆州 清丘驛 頓丘、澶州、臨河、相州 中都、曹州、大梁	閏四月，李嗣源拔鄆州牙城。 七月，遊弈將李紹興敗梁遊兵於清丘驛南。 八月，梁段凝將全軍五萬，營於王村。自高陵津濟河，剽掠澶州諸縣，至於頓丘。九月，帝在朝城。梁段凝進至臨河之南。澶西相南日有寇掠。 十月，帝以大軍自楊劉濟河，至鄆州。進軍踰汶，前鋒敗梁兵。至中都，圍其城。王彥章以數十騎走，被擒。李嗣源至大梁，王瓚開門出降。	幽州、易定	三月，契丹寇幽州。四月至易定而還。			

九二四	九二五
莊宗同光二年	莊宗同光三年
雍邱　曹州　鄆州	
七月，大雨風拔樹傷稼。（志）　大水，平地三尺。（志）　八月，大雨，河水溢漫，流入鄆州界。（志）	自六月，雨，罕見日星，江河百川皆溢，凡七十五日乃霽。
旱。（圖）	自春夏大旱，六月壬申始雨。
	鎮、魏、博、徐、宿州
	九月，飛蝗害稼。（志）
潞州	威武城、興州、鳳州、文州、扶州
五月，李嗣源大軍前鋒入潞州。	十月，李紹琛攻蜀威武城。蜀指揮使唐景思將兵出降。紹琛從其敗兵萬餘人逸去。因倍道趣鳳州，王承捷以鳳、興、文、扶四州印節迎降。李紹琛等過長舉與
幽州　新城、幽州　蔚州　嵐州	幽州　涿州
正月，幽州奏契丹入寇至瓦橋。後又奏契丹去，復得新州。　三月，幽州奏契丹寇新城。　五月，契丹屯幽州東南城門之外，虜騎充斥，饋運多爲所掠。　九月，契丹入寇幽州。　十月，契丹入寇。　十一月，契丹入寇蔚州。　十二月，契丹寇嵐州。	正月，契丹寇幽州。二月，李嗣源敗契丹於涿州。
遼東	
七月，契丹主謀入寇，恐勃海掎其後，乃先舉兵擊勃海之遼東。遣其將禿餒及盧文進據營、平等州，以擾燕地。	

公曆年號	水災 災區	水災 災況	旱災 災區	旱災 災況	其他災 災區	其他災 災況	內亂 亂區	內亂 亂情	外患 患區	外患 患情	其他亂 亂區	其他亂 亂情	附註
								州都指揮使程奉璉將所部兵五百來降。紹興等克興州。					
							利州、梓州、綿州、劍州	蜀主聞王宗勳等敗自利州倍道西走，斷桔柏津浮梁。李紹琛晝夜兼行，趣利州。魏王繼岌至興州，梓、綿、劍、龍、普、洋、蓬、壁、梁、開、通、渠、麟、階州皆降。					
							施州	高季興乘唐兵勢，自將水軍上峽取施州。					
							合州、綿州、渝州、漢州、成都	十一月，李紹琛至利州，修桔柏浮梁。林思諤先棄城奔閬州，遣使請降。魏王繼岌至劍州。蜀王宗壽以遂、合、渝、瀘、昌五州降。李紹琛進至綿州，倉庫民居已爲					

蜀兵所燔。又斷綿江浮梁，水深無舟楫可渡。璨乃與李嚴度江，從兵得濟者僅千人，遂入鹿頭關，進據漢州。魏王繼岌至都。李嚴引蜀主及百官儀衞出降於升遷橋。自是蜀亡。

汀州：十二月，汀州民陳本聚衆三萬圍汀州。

九二六

明宗天成元年

饑（闕）

貝州、臨清、永濟、館陶、鄴都：二月，楊仁晸部兵皇甫暉作亂，殺仁晸，奉趙在禮爲帥。焚掠貝州，南趣臨清、永濟、館陶，所過剽掠，且入鄴都，縱兵大掠。

邢州：邢州趙太等四百人，據城自稱安國留後。詔李紹眞討之。

鄴都：上遣李紹榮攻鄴都，未下。復遣李嗣源將親軍討之。

綏、銀：綏、銀軍亂，剽州城。

幽州：契丹寇幽州，命齊州防禦使安審通將兵禦之。

公曆年號	天災·水災·災區	天災·水災·災況	天災·旱災·災區	天災·旱災·災況	天災·其他·災區	天災·其他·災況	人禍·內亂·亂區	人禍·內亂·亂情	人禍·外患·患區	人禍·外患·患情	人禍·其他·亂區	人禍·其他·亂情	附註
							漢州	董璋將兵二萬屯綿州。會任圜討李紹琛，戰於漢州，紹琛大敗，斬首數萬級，自是紹琛入漢州，閉城不出。					
							邢州、鄴都	三月，李紹其克邢州，引兵至鄴都。					
							漢州	漢州無城塹，樹木爲柵。任圜進攻其柵，縱火焚之。李紹琛引兵出戰於金鴈橋，兵敗，與十餘騎奔綿竹。					
							淄州、青州	平盧節度使符習將本軍攻鄴都，聞李嗣源軍潰，引兵歸。至淄州，監軍使楊希望遣兵逆擊之。習懼，復引兵而西。青州指揮使王公儼攻希望，殺之，因據其城。					
							大梁	李嗣源引兵入大梁，據之。					

洛陽	四月，洛陽步兵作亂，大掠都城。嗣源入洛陽，百官請嗣源監國。
	六月，滑州都指揮使于可洪等縱火作亂。攻魏博戍兵三指揮逐出之。
青州	八月，王公儼殺楊希望，據青州，且會將士上表請己爲帥。帝乃徙天平節度使霍彥威爲平盧節度使，聚兵淄州，以圖攻取。彥威至青州，追擒之，并其族黨悉斬之。
福州	十二月，閩王延翰弟延稟、延鈞合兵襲福州。執延翰殺之。

公歷	年號	天災 水災 災區	天災 水災 災況	天災 旱災 災區	天災 旱災 災況	天災 其他災 災區	天災 其他災 災況	人禍 內亂 亂區	人禍 內亂 亂情	人禍 外患 患區	人禍 外患 患情	人禍 其他禍 亂區	人禍 其他禍 亂情	附註
九二七	明宗天成二年				旱。（圖）			夔州、涪州	二月，夔州刺史潘炕罷官。高季興輒遣兵突入州城，殺戍兵而據之。又遣兵襲涪州，不克。帝遣兵征討。高季興求救於吳，吳人遣水軍援之。					
									四月，勅盧臺亂兵在營家屬，並全門處斬。勅至鄴都，闔九指揮之門，驅三千五百家凡萬餘人於石灰窰，悉斬之。永濟渠爲之變赤。					
								江陵	五月，孔循至江陵，攻之不克。引兵還。					
								夔州、忠州、萬州	六月，四方鄴敗荊南水軍於峽中，復取夔、忠、萬三州。					
								大梁	十月，帝至大梁，四面進攻，城中出降。					

九二八

明宗天成三年

大霖雨。（圖）

旱。（圖）

歸州	二月，西方鄴攻拔歸州，未幾，荊南復取之。
岳州	四月，吳苗璘、王彥章將水軍萬人，攻楚岳州，至君山。楚王殷遣許德勳將戰艦禦之。吳軍大敗。
白田	九月，荊南敗楚兵于白田。執楚岳州刺史李廷規歸于吳。十一月，忠州刺史王雅取歸州。十二月，李敬周奏拔慶州。

平州	正月，契丹陷平州。
定州	四月，唐發諸道兵會討定州。王晏球攻定州，拔其北關城。王都以重賂求救於奚酋禿餒。五月，禿餒以萬騎入定州，晏球退保曲陽。
新樂、曲陽	都與禿餒就攻之，晏球與戰於嘉山下，大破之。禿餒奔還定州，晏球進攻得其西關城嗣。王晏球聞契丹發兵救定州。將大軍趣望都，退保新樂。契丹由他道遁入定州，與王都夜襲新樂，破之。王都乘勝，邀晏球等於曲陽。戰於城南，晏球大破之。僵尸蔽野。契丹死者過半，餘衆北走。
唐河	七月，契丹七千騎復至定州。王晏球逆戰於唐河北，大破之。追至易州，時久雨水漲，契丹爲唐所俘斬及

公曆	年號	天災 水災 災區	天災 水災 災況	天災 其他災 災區	天災 其他災 災況	人禍 內亂 亂區	人禍 內亂 亂情	人禍 外患 患區	人禍 外患 患情	人禍 其他禍 亂區	人禍 其他禍 亂情	附註
									陷溺死者，不可勝數。契丹北走，入幽州境，爲趙德鈞精騎邀擊，得脫歸國者，不過數十人。			
九二九	明宗天成四年				旱。(圖)	定州 邵州 石首	正月，定州都指揮使馬讓能開門納官軍。王都舉族自焚，擒禿餒及契丹二千人。 三月，橫州蠻寇邵州。 四月，楚六軍副使王環敗荊南兵于石首。	雲州	四月，契丹寇雲州。五月，契丹復寇雲州。	方渠 青剛峽	十一月，朔方、河西節度使康福行至方渠，羌胡出兵邀福，福擊走之。至青剛峽，遇吐蕃野利、大虫二族數千帳，福掩擊，大破之。	
九三〇	明宗長興元年	鄜州	夏，大水入城。居人溺死。(志)		旱。(圖)	遂州 閬州、遂州、利州	六月，董璋遣兵掠遂、閬鎮戍。八月，反。 九月，董璋攻孟知祥閬州。知祥遣李仁罕、趙廷隱、張業將兵三萬攻遂州。孟思					

	九三一
	明宗長興二年
	棣州、鄆州
	四月，水壞城。黃河水溢，岸闕三十里東流。（志）
	申州
	五月，大水，平地
	旱。（圖）
	恭會董璋陷閬州。
交州	漢主遣梁克貞、李守鄘攻交州，拔之。
夔、徵、合、巴、蓬、果等州	十月，孟知祥以張武將水軍趣夔州，下徵、合、巴、蓬、果五州。
瀘州、黔州、涪州	十一月，張武至渝州，刺史張瓌降之，遂取瀘州，遣先鋒將朱偓分兵趣黔、涪。
劍門	階州刺史王弘贄襲劍門，克之，殺東川兵三千人。
劍州	十二月，石敬瑭至劍門，進屯劍州北山，與趙廷隱戰，敗退劍門。
開州	夔州奏復取開州。
遂州、忠州、萬州、夔州	正月，李仁罕陷遂州。二月，陷忠州。三月，陷萬州、雲安監、夔州。
福州	四月，王延稟將水軍襲福州，事敗。
通州	十月，李進唐攻通州，拔之。
交州	十二月，愛州將楊廷藝舉兵圍交州，城陷。

公歷	年號	天災						人禍						附註
		水災		旱災		其他		內亂		外患		其他亂		
		災區	災況	災區	災況	災區	災況	亂區	亂情	患區	患情	亂區	亂情	
		襄州、均州	深七尺，漢水溢入城，壞民廬舍，又壞均州郛郭，水深三尺。(志)											
		鄆州	十一月，黃河暴漲，漂溺四千餘戶。(志)											
九三二	明宗長興三年	宋、亳、諸州	七月大水。宋、亳、潁尤甚。(志)					壁州	二月，趙季良遣高彥儔將兵攻取壁州。		葉彥稠等奏破黨項十九族，俘二千七百人。			
		秦州	大水溺死居民。(志)					漢州、梓州	四月，董璋會諸將謀襲成都，兵至漢州，潘仁嗣與戰於赤水，大敗，爲璋所擒。璋遂克漢州。旋與孟知祥、趙廷隱等戰於雞蹤橋，東川兵大敗，退保梓州。廷隱等		七月夏州黨項入寇，擊敗之。			

										將兵攻梓州，梓州兵斬璋首，舉城降。				
九三三	明宗長興四年				旱。(圖)			建州	十一月，吳信州刺史蔣延徽不俟朝命，引兵會吳光攻建州。閩主遣使求救於吳越。	夏州	七月，安從進攻夏州。又黨項萬餘騎徜徉四野，抄掠糧餉。			
九三四	潞王清泰元年		九月，連雨害稼。(志)	同、華、蒲、絳等州	秋冬旱，民多流亡，同、華、蒲、絳尤甚。			建州 鳳翔 興元、洋州 成州 文州	正月，吳蔣延徽敗閩兵於浦城，遂圍建州。垂克，聞閩兵及吳越兵將至，引兵歸。閩人追擊，敗之。 三月，諸道兵大集於鳳翔城下，攻之，克東西關城，城中死者甚衆。 蜀將張業將兵入興元、洋州。 五月，蜀人取成州。 六月，文州都指揮使成延龜舉州附蜀。十月，雄武節度使張延廷將兵圍文州。階州刺史郭知瓊拔尖石寨。蜀李延厚將果州兵屯興州。遣范延暉將兵救文州。	雲州等	九月，燕州奏契丹入寇。石敬瑭奏自將兵屯夏以備契丹。又奏振武節度使楊檀擊契丹於境上，却之。			

公曆	年號	天災						人禍						附註
		水災		旱災		其他		內亂		外患		其他		
		災區	災況	災區	災況	災區	災況	亂區	亂情	患區	患情	亂區	亂情	
九三五	潞王清泰二年		久雨。(圖)		旱。(圖)			金州	九月，蜀全師郘寇金州，拔水寨。防禦使馬全節死戰，蜀兵乃退。	新州、振武、應州	五月，契丹寇新州及振武。六月，契丹寇應州。			
九三六	晉 高祖天福元年				旱。(圖)			蒙州、桂州 魏州 晉陽 丹州 同州	四月，漢將孫德威侵蒙、桂二州。 五月，范延光拔魏州。 八月，張敬達築長圍攻晉陽。 十一月，丹州軍亂。 十二月，同州小校門鐸殺節度使楊漢賓，焚掠京城。	應州 燕、雲十六州	八月，應州言契丹攻城。 九月，契丹主將五萬騎自陽武谷而南，直至晉陽，助石敬瑭攻唐，唐大敗。十一月，敬瑭割幽、薊、瀛、莫、涿、檀、順、新、嬀、儒、武、雲、應、寰、朔、蔚十六州以與契丹。			
九三七	高祖天福二年				旱。(圖)			魏州、河陽、洛陽等	六月，吳都押牙孫銳密招澶州刺史馮暉，合謀逼范延光反，遣兵度河，焚草市。詔張從賓發河南兵數千人擊之。延光使人誘從賓同反，殺皇子河陽節度使重信，引兵入洛陽，殺皇子權東都留守重乂。從賓引	雲州	二月，契丹自上黨過雲州，攻之，不克。			

							滑州	兵扼氾水關，將逼汴州。七月，符彥饒叛，右廂都指揮使盧順密等共執之。		
							博州	楊光遠奏知博州張暉舉城降。		
							安州	王暉大掠安州。		
九三八	高祖天福三年	鄆州	大水。（圖）十月，河決。				廣晉	六月，楊光遠攻廣晉，歲餘不下。九月，朱憲諭降之。	廬州	南唐廣濟倉火災。（圖）十一月，火燒居民千餘家。
							交州	十月，楊廷藝故將吳權自愛州舉兵攻皎公羨於交州。羨求救於漢。漢命弘操帥戰艦自白藤江趣交州。權已殺公羨，據交州，引兵逆戰，漢兵大敗，士卒覆溺者太半，弘操死。		
九三九	高祖天福四年	滑州	七月，河決。	旱。（圖）	山東、河南、關西諸郡	七月，蝗害稼。（志）大雪。（圖）	懷遠	三月，靈州戍將王彥忠據懷遠城叛。		
		西京	七月，大水，伊、洛、瀍、澗皆溢。（志）				辰州、澧州	八月，黔南巡內溪州刺史彭士愁引蔣錦州蠻萬餘人寇辰、澧州。		
		博平、甘陵	八月，河決博平、甘陵。				溪州	十一月，劉勍等進攻溪州，彭士愁兵敗，棄州走保山寨。		

公歷	年號	天災 水災 災區 災況	天災 旱災 災區 災況	天災 其他災 災區 災況	人禍 內亂 亂區	人禍 內亂 亂情	人禍 外患 亂區	人禍 外患 亂情	人禍 其他 亂區	人禍 其他 亂情	附註
		甘陵大水。(志)									
九四〇	高祖天福五年	吳越水。(圖)			建州	二月，閩主曦遣統軍使潘師遠、吳行眞將兵四萬擊延政。延政求救於吳越。三月，師遠分兵三千，遣都軍使蔡弘裔將之出戰，延政遣其將林漢徹等敗之於茶山。斬首千餘級。					
					永平、順昌	三月，王延政死士千餘人，夜涉水，潛入潘師遠壘。殺師遠，其衆皆潰。引兵攻吳行眞寨，建人未涉水，行眞及將士棄營走，死者萬人。延政乘勝取永平、順昌二城。					
					安州	六月，唐李承裕入據安州。馬全節自應山進軍大化鎭，與承裕戰於城南，大破之。承裕掠安州南走，全節入安州。安審暉追敗唐兵					

						於黃花谷，段處恭戰死。審暉又敗唐兵於雲夢澤中。虜承裕。唐將張建崇據雲夢橋拒戰。審暉乃還。馬全節斬承裕，及其衆千五百人於城下。		
九四一	高祖天福六年	滑州 兗州、濮州	大水，秦淮溢。（圖） 八月，河決。（志） 為水所漂溺。（志）	旱。（圖） 饑。（圖）	涼州 鄧州、唐州 魏州、趙州	二月，軍亂。 十一月，安從進攻鄧州。威勝節度使安審暉，據牙城拒之。從進不克，退至花山。遇張從恩兵，合戰大敗。 杜重威與安重榮遇於宗城西南。退匿於輜重中。鎮人大潰。斬首萬級，重榮收餘衆走保宗城，官軍進拔之。重榮走還鎮州，會天寒，鎮人戰及凍死者二萬餘人。冀州刺史張連武等取趙州。		
九四二	高祖天福七年		二月，暴雨連日。（圖）	旱。（圖）	鎮州 延州	正月，鎮州牙將，自西郭水碾門導官軍入城。殺守陴民二萬人，執安重榮斬之。傳首契丹。 彰武節度使丁審琪與諸	涇州	三月，張彥澤在涇州擅發兵擊諸胡，兵皆敗沒。

公歷	年號	天災：水災 災區	水災 災況	旱災 災區	旱災 災況	其他 災區	其他 災況	人禍：內亂 亂區	內亂 亂情	外患 患區	外患 患情	其他 亂區	其他 亂情	附註
									胡相結爲亂，攻延州。					
								汀州	六月，閩富沙王延政圍汀州。					
								尤溪	七月，閩富沙王延政攻汀州。四十二戰，不克而歸。					
								潮州、惠州	循州盜賊羣起，奉張遇賢爲主，攻掠海隅，潮、惠二州並陷之。					
								襄州	八月，高行周圍襄州，踰年不下。城中食盡，八月，拔之。安從進舉族自焚。					
								循州	十月，張遇賢陷循州，殺漢刺史劉傳。					
九四三	齊王天福八年		秋冬水。		春夏旱。大饑。(圖)		四月，天下諸州飛蝗害	福州	四月，殷將陳望等攻閩、福州。					
								循州	七月，漢指揮使萬景忻敗					

						田。食草木葉皆盡。(志)	虔州	張遇賢於循州。遇賢聽從神言，帥衆踰嶺趣虔州，攻陷諸縣，再敗州兵，城門晝閉。遇賢作宮室營署於白雲洞，遣將四出剽掠。十月，張遇賢敗，奔別將李台，台執遇賢以降。		
九四四	齊王開運元年	滑州	六月，河決。浸汴、曹、單、濮、鄆五州之境。	大饑。(圖)			階州、棣州、西平、淄州、泉州、福州	二月，蜀人攻階州，楊光遠圍棣州，刺史李瓌出兵擊敗之。三月，秦州兵救階州，出黃階嶺，敗蜀兵於西平。六月，官軍拔淄州。十二月，朱文進遣林守諒、李廷鍔攻泉州。殷主延政遣杜進赴救。留從效與福州兵戰，大破之，斬守諒，執廷鍔。廷政遣吳成義帥戰艦千艘攻福州，朱文進求救於吳越。	貝州、黎陽、太原、博州	正月，契丹前鋒將趙延壽、趙延照將兵五萬入寇，逼貝州。知州吳巒悉力拒之，軍校邵珂引契丹自南門入，契丹遂陷貝州，所殺且萬人。滑州奏契丹至黎陽。帝至澶州。契丹主屯元城。趙延壽屯南樂。契丹寇太原，劉知遠與白承福合兵二萬擊之。遣右武衛上將軍張彥澤等將兵拒契丹於黎陽。太原奏破契丹偉王於秀容，斬首三千級。契丹自鵶鳴谷遁去。刺史周儒以城降契丹。

公曆年號	天災：水災 災區	水災 災況	旱災 災區	旱災 災況	其他 災區	其他 災況	人禍：內亂 亂區	內亂 亂情	外患 患區	外患 患情	其他 亂區	其他 亂情	附註
									鄆州	二月，周儒引契丹將麻荅自馬家口濟河，營於東岸。攻鄆州北津，以應楊光遠。大敗，乘馬赴河，溺死者數千人，俘斬亦數千人。定難節度使李彝殷奏將兵四萬，自麟州濟河，侵契丹之境。			
									戚城	三月，契丹自將兵十餘萬陳於澶州城北。高行周前軍在戚城之南，與契丹戰。互有勝負，兩軍死者，不可勝數。			
									滄、德、冀、深等州	契丹主自澶州北分爲兩軍，一出滄、德，一出深、冀而歸。所過焚掠，方廣千里，民物殆盡。麻荅陷德州，擒刺史尹君瑤。			
									泰州	三月，馬全節攻契丹泰州，拔之。			
									德州	四月，緣河巡檢使梁進以			

			遂城、	鄉社兵復取德州。九月，契丹寇遂城、樂壽。
			樂壽	十二月，契丹復大舉入寇。
			邢州	其前鋒至邢州，大兵繼至，
			恆州	建牙於元氏。
九四五 齊王開運二年	福州	四月，閩張漢眞至福州，攻其東關。黃仁諷聞家夷滅，開門力戰，大破閩兵。	幽州	正月，北面副招討使馬全節等大舉襲幽州。
	建州、汀州	五月，唐兵圍建州，屢破泉州兵。許文稹敗唐兵于汀州。	邢州、洺州、磁州	契丹寇邢、洺、磁三州，殺掠殆盡。入鄴都境，且分兵圍相州，後引去。振武節度使折從遠擊契丹。圍勝州，遂攻朔州。
	鐔州	七月，唐邊鎬拔鐔州。	祁州	二月，契丹自恆州還過祁州城下。刺史沈斌出兵擊之。契丹以精騎奪其城門，攻陷祁州。
	建州	八月，唐克建州。	泰州、陽城、湯城、遂城、陽城	三月，諸軍攻契丹於泰州、湯城、遂城、陽城，契丹大敗而歸。

公曆	歷年號	天災						人禍						附註
		水災		旱災		其他		內亂		外患		其他		
		災區	災況	災區	災況	災區	災況	亂區	亂情	患區	患情	亂區	亂情	
九四六	齊王開運三年		七月大雨水，河決。(圖)	河北	五月，大饑。			泉州	四月，李弘義遣弟弘通將兵萬人伐唐泉州刺史王繼勳。		六月，朔方節度使馮暉將關西兵擊羌、胡。			
		楊劉、朝城、武德	七月，大雨水，河決。(紀)					兗、鄆、滄、貝等州	五月，盜賊蠭起。		八月，李守貞與契丹千餘騎，遇於長城北，轉鬥四十里，斬其酋帥解里，擁餘衆入水，溺死者甚衆。馮暉引兵過旱海，至輝德，糗糧已盡。拓拔彥超衆數萬，爲三陳扼要路，據水泉以待之。軍中大懼，暉引兵擊之，彥超大敗。			
		歷亭	八月，河溢。(紀)					福州	八月，唐攻福州，克其外郭。	河東	九月，契丹三萬寇河東。劉知遠敗之於陽武谷，斬首七千級。			
		懷州、澶州、滑州、臨黄	九月，河決。(紀)					漳州	十月，唐漳州將林贊堯作亂。	定州、泰州	張彥澤敗契丹於定州北，又敗之於泰州，斬首二千級。			
		衞州、原武	十月，河決。(紀)					福州	唐主命董思安及留從效將州兵會攻福州。	恆州、代州、滑州、大梁	十一月，契丹主大舉入寇，自易定趣恆州。十二月，恆州降。契丹並遣兵襲代州，刺史王暉以城降。又遣張			

彥澤取大梁。縱兵大掠皇城。遷帝於開封府。契丹入主大梁。

九四七

漢　高祖天福十二年

固鎮	二月，蜀李繼勳等攻固鎮，拔之。
鳳州	何重建遣崔延深，將兵攻鳳州，不克，退保固鎮。
丹州、福州	三月，高彥詢以丹州來降。吳越遣其將余安自海道救福州。敗唐兵，唐死兵二萬餘人。
鳳州	蜀孫漢韶將兵二萬攻鳳州，軍于固鎮。
襄州、郢州	八月，高從誨聞杜重威叛，發水軍數千襲襄州。山南東道節度使安審琦擊却之。又寇郢州，刺史尹實大破之。乃絕漢，附於唐、蜀。
鄴都	十月，帝親督諸將攻鄴都，士卒傷者萬餘人。死者千餘人。十一月，杜重威舉鄴都降。
鳳翔	十二月，蜀主遣何重建出隴州，以擊鳳翔。

相州	二月，滏陽賊帥梁暉受帝命襲相州，殺契丹數百。
代州	武節部指揮使史弘肇，攻代州拔之，斬王暉。
澶州	賊帥王瓊帥其徒千餘人，夜襲澶州，據南城。北度浮航，縱兵大掠。圍鎮甯節度使邪律郎五於牙城。
宋州、亳州、密州	東方羣盜大起，陷宋、亳、密三州。契丹主亟遣各節度使歸鎮。
徐州	賊帥李仁恕，帥衆數萬，急攻徐州。
相州	四月，契丹主攻相州，克之，悉殺城中男子。
潞州	契丹昭義節度使耿崇美屯澤州，將攻潞州。史弘肇遣馬誨擊破之。
河陽、衛州	五月，崔廷勳、耿崇美、奚王拽剌，合兵逼河陽，張遇帥

公曆	年號	天災						人禍						附註
		水災		旱災		其他		內亂		外患		其他		
		災區	災況	災區	災況	災區	災況	亂區	亂情	患區	患情	亂區	亂情	
										邢州	衆數千救之。七月，洺州防禦使薛懷讓聞帝入大梁，殺契丹麻荅使者，舉州降。帝遣郭從義將兵萬人，會懷讓攻劉鐸於邢州，不克。八月，劉鐸降。			
九四八	高祖乾祐元年	魚池	五月，河決。		旱。(圖)			散關	正月，王景崇帥鳳翔、隴、邠、涇、鄜、坊之兵追敗蜀兵於散關。俘將卒四百人。	定州	三月，耶律忠與麻荅等焚掠定州，棄城北去。			
								河中、永興、鳳翔、潼關	三月，護國節度使李守貞與永興、鳳翔同反。守貞自稱秦王。遣其驍將平陸王繼勳據潼關。					
								散關	八月，王景春復反，蜀兵援王景崇軍于散關。趙暉遣都監李彥從襲擊，破之。蜀兵遁去。					
								賀州、昭州	十二月，南漢主遣將擊楚，攻賀州，拔之。又陷昭州。					

九四九	九五〇
隱帝乾祐二年	隱帝乾祐三
	鄭州
	六月，河決。
幽、定、滄、鸞、深、貝等州	
四月，地震，幽、定尤甚。（志）	
風陽山	福州
三月，楚將徐進敗蠻於風陽山，斬首五千級。	二月，唐永安留後查文徽攻福州，大敗，士卒死者萬人。
河中	益陽
七月，郭威於乾祐元年八月攻河中，至是克之。	六月，馬希萼由僕射洲敗歸，乃以書誘辰、漵州及梅山蠻，欲與共擊湖南。蠻出兵赴之，遂攻益陽。楚王希廣遣指揮使陳璠拒之，戰於淹溪，璠敗死。
僕射洲	迪田
八月，馬希萼悉調朗州丁壯爲鄉兵，作戰艦七百艘，將攻潭州。其弟楚王希廣遣將大破希萼於僕射洲。	七月，馬希萼又遣羣蠻攻迪田，八月破之。
正陽	長沙
十一月，唐兵度淮攻正陽。十二月，潁州將白福進擊敗之。	十二月，朗兵陷長沙，希廣被捕，死。
河北	內丘、饒陽
十月，契丹寇河北，所過殺掠。	十一月，契丹主將數萬騎入寇，攻內丘，五日不克，死傷甚衆。有戍兵五百叛應契丹，引契丹入城屠之。又陷饒陽。

公歷	年號	天災						人禍						附註
		水災		旱災		其他災		內亂		外患		其他亂		
		災區	災況	災區	災況	災區	災況	亂區	亂情	患區	患情	亂區	亂情	
九五一	周太祖廣順元年			湖南	饑饉。			晉州、隰州	正月，北漢主遣步騎萬人寇晉州，焚晉州西城。二月移軍攻隰州。數日不克。死傷甚衆。		十月，契丹遣彰國節度使蕭禹厥將奚、契丹五萬，會北漢兵入寇。			
								虒亭	十月，潞州巡檢陳思讓敗北漢兵於虒亭。					
								岳州	唐武昌節度使劉仁贍帥戰艦二百取岳州。					
								蒙、桂等州	十一月，蒙州刺史許可瓊畏南漢之逼，卽棄蒙州，引兵趣桂州。與楚彭彥暉戰於城中。彥暉敗。可瓊留屯桂州。南漢吳懷恩據蒙州，進兵侵掠，且陷桂州。懷恩因以兵略定宜、連、梧、嚴、富、昭、柳、龔、象等州。					
								郴州	十二月，南漢主遣潘崇徹等將兵攻郴州，拔之。					

九五二

太祖廣順二年

蜀　六月大水，入成都。漂沒千餘家，溺死五千餘人。

大梁　七月，暴風雨。水深二尺，壞牆屋不可勝計。(志)

鄭州、滑州　十二月，河決。

旱。(圖)

府州　正月，北漢遣兵寇府州。防禦使折德扆敗之，殺二千餘人。

桂州　四月，唐主遣統軍使侯訓將兵五千，與張巒合兵攻桂州，唐兵大敗。

兗州　五月，帝克兗州，官軍大掠，城中死者近萬人。

長沙、益陽　十月，朗州劉言將兵分道趣長沙。唐邊鎬遣將屯益陽以拒之。

慶州　十月，野雞族以慶州刺史郭彥欽性貪，遂反，剽掠綱商。帝命甯、環二州合兵討之。*

郴州　十二月，王逵將兵及洞蠻五萬攻郴州。南漢將潘崇徹救之。遇于蠔石，崇徹縱擊，大破之，伏尸八十里。

冀州　九月，契丹將高謨翰以葦栰度胡盧河入寇。至冀州，成德節度使何福進遣將屯貝州以拒之。

*五代會要：「黨項野雞族居慶州北。」

公曆	年號	天災：水災 災區	水災 災況	旱災 災區	旱災 災況	其他災 災區	其他災 災況	人禍：內亂 亂區	內亂 亂情	外患 患區	外患 患情	其他亂 亂區	其他亂 亂情	附註
九五三	太祖廣順三年	諸州	六月，大水漢江漲溢入城。城內水深五尺，倉庫漂盪居人溺者甚衆。（志）		七月，唐大旱，井泉涸，淮水可涉。			朗州	六月，王逵自將兵襲朗州，克之。	定州、鎮州	正月，契丹寇定州，圍義豐軍。定和都指揮使楊弘裕夜擊其營，大獲。契丹遁去。又寇鎮州，本道兵擊走之。			
		青州、徐州、安州、復州、丹州、慈州、貝州、鎮州	九月，大水。					府州	十一月，府州防禦使折德扆奏，北漢將喬贇入寇，擊走之。	樂壽	九月，契丹寇樂壽，齊州戍兵都頭劉漢章謀應契丹。不克，並其黨伏誅。			
								郴州、道州	道州盤容洞蠻酋盤崇聚衆自稱盤容州都督，屢寇郴、道州。					

公元	年號	地區	記事
九五四	太祖顯德元年	湖南	旱。(圖)十一月，大饑。
		潞州	二月，北漢主自將兵三萬與契丹自團柏南趣潞州。與昭義節度使李筠將穆令均戰於太平驛，令均敗死。三月，北漢主乘勝進逼潞州。帝過澤州，北漢主引兵而南，軍於高平之南。大敗北漢，主帥百餘騎由雕窠嶺遁歸。
		汾州、遼州、沁州	四月，王彥超攻汾州，北漢防禦使董希顏降。帝遣萊州防禦使康延沼攻遼州，密州防禦使田瓊攻沁州，皆不下。
		晉陽	二月，契丹應北漢主之請兵。遣其武定節度使令楊袞將萬餘騎如晉陽。
		忻州、代州	五月，契丹數千騎屯忻、代之間，爲北漢之援。遣符彥卿等將步騎萬餘擊之。彥卿入忻州，契丹退保忻口。
九五五	世宗顯德二年	秦州	五月，王景受上命，出兵自散關趣秦州。拔黃牛八寨。
		威武	六月，西師與蜀李廷珪等戰於威武城東，不利。
		白澗、黃花、唐倉	八月，蜀李廷珪遣李進據馬嶺寨。又遣奇兵出斜谷白澗，又分兵出鳳州之北唐倉鎮及黃花谷，絕周糧

公曆年號	天災・水災・災區	天災・水災・災況	天災・旱災・災區	天災・旱災・災況	天災・其他・災區	天災・其他・災況	人禍・內亂・亂區	人禍・內亂・亂情	人禍・外患・患區	人禍・外患・患情	人禍・其他・亂區	人禍・其他・亂情	附註
								道。閏月,王景遣裨將張建雄將兵二千抵黃花,又遣千人趣唐倉,扼蜀歸路。蜀王巒將兵出唐倉,與建雄戰於黃花,蜀兵敗,奔唐倉。遇周兵,又敗,虜巒及其將士三千人。馬嶺、白澗兵皆潰。李廷珪高彥儔等,退保青泥嶺。蜀雄武節度使韓繼勳,棄秦州奔還成都。觀察判官趙玭舉城降。斜谷援兵亦潰。					
							鳳州	十一月,王景等圍鳳州,克之。					
							壽州	十二月,李穀奏,王彥超敗唐兵二千餘人於壽州城上。又奏先鋒都指揮使白延遇敗唐兵千餘人於山口鎭。					

九五六　世宗顯德三年

上窰	正月，李穀奏敗唐兵千餘人於上窰。	陵州、榮州
正陽	李穀因唐劉彥貞引兵救壽州，及戰艦數百趣正陽，故退守浮梁。彥貞直抵正陽。帝遣李重進度淮，逆戰於正陽東，大破之。斬首萬餘級，伏尸三十里。收軍資器械三十餘萬。	
鄂州	詔以武平節度使王逵攻唐鄂州。	
盛唐、滁州	二月，廬、壽、光、黃巡檢使司超奏，敗唐兵三千餘人於盛唐。獲戰艦四十餘艘。趙匡胤襲清流關，皇甫暉等陳於山下，暉敗走，入滁州。匡胤遂克滁州。	
揚州、鄂州	韓令坤至揚州。唐東都營屯使賈崇焚官府民舍，棄城南走。王逵奏拔鄂州長山寨。	
泰州	韓令坤等拔泰州。	
宣州	吳越王弘俶遣路彥銖攻宣州。羅晟帥戰艦屯江陰。	

公曆年號	天災·水災·災區	天災·水災·災況	天災·旱災·災區	天災·旱災·災況	天災·其他·災區	天災·其他·災況	人禍·內亂·亂區	人禍·內亂·亂情	人禍·外患·患區	人禍·外患·患情	人禍·其他·亂區	人禍·其他·亂情	附註
							朗州	唐靜海制置使姚彥洪帥兵民萬人奔吳越。潘叔嗣西襲朗州。王逵聞之，還軍追之，及於武陵城外，與叔嗣戰，逵敗死。叔嗣乃歸岳州。					
							光州、舒州、黃州	三月，光、舒、黃招安巡檢使何超，以安、隨、申、蔡四州兵數萬攻下光州。郭令圖拔舒州。唐蘄州將李福，殺其知州王承雋，舉州來降。遣齊藏珍攻黃州。					
							常州	吳程攻常州，破其外郭。唐遣柴克宏帥兵救之。克宏大破吳越兵，斬首萬級。					
							泰州	四月，唐右衞將軍陸孟俊自常州將兵萬餘人趣泰州。周兵遁去，孟俊復取之。遣陳德誠戍泰州。孟俊進					
							揚州	攻揚州，屯於蜀岡，韓令坤棄揚州走。帝遣張永德將					

地區	事件
	兵救之。令坤復入揚州。又遣趙匡胤屯六合，唐兵趣六合，匡胤奮擊，大破之，殺獲近五千人。餘衆尚萬餘，爭舟走度江，溺殺者甚衆。
福州	五月，唐永安節度使陳誨，敗福州兵於南臺江，俘斬千餘級。
舒州、蘄州、和州	七月，唐將朱元取舒州。刺史郭令圖棄城走。李平取蘄州，唐主以元為舒州團練使，平為蘄州刺史。元又取和州。
盛唐	十月，李重進奏唐人寇盛唐。王彥昇等擊破之，斬首三千餘級。
	十二月，蜀陵、榮州獠反，弓箭庫使趙季文討平之。

公歷	年號	天災：水災 災區	水災 災況	旱災 災區	旱災 災況	其他 災區	其他 災況	人禍：內亂 亂區	內亂 亂情	外患 患區	外患 患情	其他 亂區	其他 亂情	附註
九五七	世宗顯德四年				饑。（圖）			壽春	正月，周兵圍壽春。屢敗唐兵。	潞州	十一月，契丹遣其大同節度使崔勳將兵會北漢入寇南侵潞州，至其城下而還。			
								定遠	五月，唐郭廷謂將水軍斷渦口浮梁，又襲敗武甯節度使武行德于定遠。					
								濠州	十一月，帝自攻濠州，王審琦拔其水寨。焚戰船七十餘艘，斬首二千餘級。又攻拔其羊馬城。					
								楚州	十二月，帝自淮北，趙匡胤自淮南進。諸將以水軍自中流進，共追唐兵。至楚州西北大破之。					
								揚州、泰州	武守琦將騎數百趨揚州。至高郵，唐人悉焚揚州官府民居。驅其人南渡江。後數日，周兵至。城中餘癃病十餘人而已。復拔泰州。					

九五八

世宗顯德五年

大雪。(圖)

楚州　正月，周兵攻楚州，踰四旬，克之。

鄂州　高信融遣指揮使魏璘將戰船百艘東下會伐唐，至於鄂州。

舒州　二月，黃州刺史司超等攻唐舒州。擒其刺史施仁望。

隰州　建雄節度使楊廷璋，奏敗北漢兵於隰州城下。北漢兵遂解去。

東沛州　三月，帝聞唐戰艦數百艘泊東沛州。將趣海口，扼蘇杭路。都虞候慕容延釗，將步騎統軍宋延渥，將水軍。循江而下。延釗大破唐兵於東沛州。李重進將兵趣廬州。

孝義　六月，昭義節度使李筠奏擊北漢石會關，拔其六寨。晉州奏都監李謙溥擊北漢，破孝義。

東城　四月，契丹乘帝南征，入寇。五月，成德節度使郭崇攻契丹東城，拔之。

公曆	年號	天災						人禍						附註
		水災		旱災		其他		內亂		外患		其他		
		災區	災況	災區	災況	災區	災況	亂區	亂情	患區	患情	亂區	亂情	
九五九	世宗顯德六年	原武	六月，河決。		饑。(圖)			遼州	六月，昭義節度使李筠奏擊北漢，拔遼州。獲其刺史張丕。		四月，帝至滄州，卽日帥步騎數萬趨契丹至乾寧軍。契丹寧州刺史王洪舉城降。至益津關，契丹守將終廷輝以城降。趙匡胤先至瓦橋關，契丹守將姚內斌舉城降。契丹莫州刺史劉楚信舉城降。五月，契丹瀛州刺史舉城降。於是關南悉平。			
九六〇	宋太祖建隆元年	厭次、商河 靈河	十月，河決。壞二縣居民廬舍田疇。(志) 河決。	河南諸州	八月，旱(圖) 乏食。(圖)	澤州 臨清	七月，蝗。(志) 十月，雨雹傷稼。	澤州 棣州	四月，周宿將李筠舉兵襲澤州。帝聞變，遣石守信、高懷德率軍進討。五月，石守信等破筠軍三萬餘於澤州，北漢亦敗退。六月，克澤州。筠死，筠子守節獻潞州城。昭義節度使李繼勳焚北漢平遙縣。淮南節度使李重進舉兵反，帝命石守		正月，遼師南下，與北漢合兵。周主命帝率宿衛諸將禦之。四月，遼人侵棣州，何繼筠追破其衆於固安。	宿州	火燔民舍萬餘區。(志)	

公元	年號	水災地區	水災情況	旱災地區	旱災情況	其他天災地區	其他天災情況	戰禍地區	戰禍情況			火災地區	火災情況
									信等討之。十一月，揚州城下，帝入城，戮同謀者數百人。				
九六一	太祖建隆二年	宋州、 孟州 襄州 棣州、滑州	汴河溢。 壞堤。 漢水漲溢數丈。 七月，河決。（志）	金、商、等州 京師 吳越 濠楚 京師	閏三月，民饑。 夏，旱。（志） 自五月不雨至七月。 十一月，民饑。 冬，旱。（志）	商州 范縣 義川、雲山 渭南縣	正月，鼠食苗。 五月，蝗。（志） 七月，大雨雹。（志） 九月，蚄蟲傷稼。（志）	麟州	三月，北漢侵麟州，防禦使楊重勳擊走之。 十一月，北漢來寇，西山巡檢使郭進敗之於汾西。				五月，內酒坊火，燔舍百八十區，酒工死者三十餘人。（志）
九六二	太祖建隆三年			楊泗 京師 河北、河南	正月，饑，民多死。 春夏旱。（志） 大旱，霜州苗皆焦仆。河南河中府、孟津、濮、鄆、齊、	厭次縣 深州 兗州、濟德、磁洺	隕霜殺桑，民不蠶。（志） 七月，蝻虫生。（志） 又蝝生。（志）	潞晉 麟州	三月，北漢侵潞、晉二州，守將擊走之。 四月，北漢攻麟州，防禦使楊重勳擊走之。			滑州 開封府 安州	正月，甲仗庫火，燔儀門及軍資庫一百九十區，兵器錢帛並盡。 通許鎮民家火，燔廬舍三百四十餘區。（志） 二月，牙吏施延業家火，燔民舍廨、顯義軍營六

公曆年	年號	天災 水災 災區	水災 災況	旱災 災區	旱災 災況	其他災 災區	其他災 災況	人禍 內亂 亂區	內亂 亂情	外患 患區	外患 患情	其他亂 亂區	其他亂 亂情	附註
				濟、滑、延、隰、宿等州，並春夏不雨。(志) 沂州 蒲、晉等州 河北、陝西、京東諸州	三月，饑。(志) 十二月，饑。 旱，蝗。							 京師 海州	百餘區。(志) 五月，相國寺火，燔舍數百區。(志) 火，燔數百家。(志)	
九六三	太祖乾德元年	齊州 徐州	八月，河決。(志) 九月，水，損田。(志)	京師 懷州 京師 齊、隰等州	夏秋旱。 旱。(志) 冬，旱。(志) 饑。(志)	澶、濮、曹、絳等州 懷州 海州	六月，蝗。(志) 七月，蝗。(志) 風雹。	潭州 澧州	正月，楊師璠討張文表，遂取潭州，縱火大掠。二月，征周保權，大破其軍于三江口。 三月，張崇富等出軍澧州南，與宋師遇，俘獲甚衆。武	桂陽 江華	八月，南漢人數寇桂陽及江華，潘美擊走之。			

								武陵 樂平 石州	陵人大恐，縱火焚州城。七月，安國節度使王全斌攻北漢。汪端以數萬人寇朗州，都監尹重睿擊走之。八月，谿洞蠻獠，自唐末之亂，頗恣侵掠爲居民患。秦州團練使潘美帥兵深入其巢穴，斬首百餘級，餘黨散潰。王全斌等師攻北漢樂平縣，三戰皆敗之。十二月，曹彬、王繼璹分詣晉潞州，與節度使趙彥徽李繼勳會兵入北漢境，收其邊邑及遼石州。					
九六四	太祖乾德二年	廣陵、揚子 泰山	四月，潮水害民田。(志) 七月，水壞民舍數百區，牛畜死者甚衆。(志)	京師 河南府 河中府 陝州 二十二府州	正月，旱。夏不雨。(志) 陝、虢、鱗、博、靈州旱。(志) 旱蓄。(志) 二月，饑。(志)	陽武 宋州、甯陵 相州 昭慶 河北、河南	四月，雨雹。(志) 風，雨雹，傷民田。(志) 蝻蟲食桑。(志) 五月，蝗。蝗。(志)	遼州 彬州 興州 石圖 魚關 白水閣、三泉山 峽路	正月，李繼勳等攻北漢遼州。九月，潘美等克彬州。十二月，王全斌等攻取興州，又攻石圖、魚關、泉閣二十餘寨，蜀韓保正聞興州破，遂退，崔彥進等逐北過三泉山，殺鹵甚衆。蜀軍燒絕棧道。劉光義等入峽路，殺死者五千餘人。	石州	二月，遼主遣西南面招討使耶律達里率六萬騎援北漢，敗繼勳兵於石州。		遼主失政，黃室韋掠馬牛叛去，統軍楚固貢邀戰敗之，降其衆。未幾，烏庫部叛，掠居民財畜。	

公歷	年號	水災 災區	水災 災況	旱災 災區	旱災 災況	其他災 災區	其他災 災況	內亂 亂區	內亂 亂情	外患 患區	外患 患情	其他禍 亂區	其他禍 亂情	附註
				江南	饑。	陝西諸州、揚州 潞州 同州、邵陽 膚施	暴風，壞軍營舍。(志) 六月，風雹。(志) 七月，雨雹傷稼。(志) 八月，風、雹、霜害民田。(志)	利州	又斬獲水軍六十餘，蜀人悉其精銳來拒，又大破之。大將王昭遠三戰三敗。全斌等入利州。					
九六五	太祖乾德三年	全州 蘄州	二月，大雨水。(志) 七月，大雨水，壞民廬舍。(志)			尉氏、扶溝二縣 揚州	四月，風雹害民田，桑棗十損七八。(志) 六月，暴風，壞軍	劍門、劍州	正月，王全斌等自利州趨劍門，命史延德分兵趨來蘇，至青彊，全斌等遂取劍州，殺蜀軍萬餘人。蜀太子元喆聞劍門已破，棄軍西奔，所過盡焚其廬舍倉廩乃去。全斌等入成都，繼部					

營舍及城上敵棚。（志）

下擄掠子女貨財，蜀人苦之。

地點	災況
開封	河決。（志）
陽武	河水漲。（志）
孟州	孟州壞中潬軍營民舍數百區。
鄆州	河壞堤岸石，又溢於鄆州壞民田。
泰州	潮水損鹽城民田。
淄州、濟州	並河溢，害鄒平、高苑縣民田。（志）

地點	災況
諸路	七月，蝗。（志）

地點	禍況
成都、梓州	二月，盜四起，僞蜀軍聚亡命三千餘衆，劫郫民數萬，夜攻州城。
緜州、彭州	三月，蜀兵作亂，劫屬縣以叛，衆至十餘萬。攻緜州，破彭州，成都十縣皆起兵應，自是爲亂者一十七州。四月，蜀降兵殺死者共二萬七千餘人。
嘉州	六月，劉光義、曹彬等屢破賊，未幾，呂翰又以嘉州叛，曹彬率兵圍嘉州，大破之，殺戮數萬人。
西川	八月，西川兵馬都監康延澤，破劉澤三萬餘衆。
普州	十一月，康延澤入普州，先是州城悉被焚蕩。

地點	禍況
西川	七月，西川行營有大校割民妻乳而殺之者。

公曆	年號	天災						人禍						附註
		水災		旱災		其他		內亂		外患		其他		
		災區	災況	災區	災況	災區	災況	亂區	亂情	患區	患情	亂區	亂情	
九六六	太祖乾德四年	東阿 觀城 靈河縣 滎澤縣 宿州、淄州	河溢損民田。 河決壞民舍廬舍，注大名。 隄壞，水東注衛南縣境，及南華縣城。(志) 七月，河南、北隄壞。(志) 八月，汴水溢，壞堤。清河水溢，壞高苑縣城，溺數	京師 江陵府 華州 漣水軍	春夏不雨。(志) 旱。(志)			靜陽 灌口寨 普州 合州	二月，安國節度使羅彥懷等敗北漢兵於靜陽。 六月王全斌破賊帥全師雄於灌口寨，擒其黨二千人。 十二月，德裕同西川兵馬都監張延通帥師破賊康延澤旣城普州，王可僚復合數州十兵來攻，延澤擊走之，追奔至合州，賊衆悉平。	易州	正月，遼人侵易州，監軍任德義擊却之。	岳州 陳州 潭州 衡州	二月，衙署廩庫火，燔市肆民舍殆盡，官吏踰城僅免。(志) 三月，火，燔民舍數十區。 火，燔民舍五百餘區。四月，民周澤家火，又燔倉廩民舍數百區。死者三十六人。(志) 八月，火，燔公署倉庫民舍千餘區。(志)	

		泗州	百家，及鄒平縣田舍。淮水溢。								
		衡州	大雨水月餘。(志)								
		滑州	八月，河決，壞靈河縣大堤。								
		南華	閏八月，河溢。								
九六七	太祖乾德五年	衛州	八月，河溢，毀州城，沒溺者甚衆。(志)	京師	正月旱。秋復旱。(志)						
九六八	太祖開寶元年	州府二十三	六月，大雨水，江河汎溢，壞民田廬舍。	陝、絳、懷等	正月，饑。旱。(圖)	階州	七月，蚄蟲生。(志)		九月，北漢繼元始立，宋師已入其境。乃遣侍衛都虞候劉繼業領軍至洞過河，與李繼勳等遇，何繼筠以先鋒擊破之，斬二千餘級。	晉、絳二州	七月，西蕃入寇，通遠軍使董遵誨率兵擊走之。十一月，遼兵援北漢，李繼勳等皆引歸北漢，因進掠晉、絳二州之境。

公曆	年號	天災：水災災區	水災災況	旱災災區	旱災災況	其他災區	其他災況	人禍：內亂亂區	內亂亂情	外患患區	外患患情	其他亂區	其他亂情	附註
			（志）											
		泰州	七月，潮水害稼。（志）											
		集州	八月，霖雨河漲，壞民廬舍及城壁公署。（志）											
九六九	太祖開寶二年	下邑	七月，河決。（志）	京師	夏至七月，不雨。（志）		風雹害夏苗。（志）	西寨	三月，北漢人犯西寨，趙贊率衆與戰，北漢人乃退。	汾州	五月，遼分兵由定州來侵，韓重贇大破其衆。		二月，遼主惑女巫肖古言，取人胆合延年藥，殺人頗衆，死者至百餘人。	
		青、蔡、宿、淄、	水。			冀、磁二州	八月，蝗。（志）	太原	閏五月，太原城爲汾水所陷，北漢人潛出宋師擊走之，斬首萬餘級。		四月，帝遣海州刺史孫萬進領軍數千人圍汾州。帝聞遼兵援北漢，乃驛召繼筠，給精兵數千大敗遼兵，斬首千餘級。		十月，相、趙、深三州丁夫死太原城下者三百三十四人。	
		宋諸州、眞定、澶、滑、博、洺、齊、潁、蔡、陳、亳、宿、許州	水害秋苗。（志）											

九七〇	九七一
太祖開寶三年	太祖開寶四年
鄭、澶、鄆、濟、虢、蔡、解、徐、岳等州 甯陵	澶、鄆、濮三州 宋州穀熟縣濟陽鎮
水災害民田。（志） 六月，汴水決。	十一月，河決，壞民田。 六月，汴水決。
京師 邠州	
春夏旱。（志） 夏，旱。（志）	旱。民乏食。（志）
富州、賀州 定州	英、雄、廣三州 邕州
九月，潘美等克富州，宋師圍賀州。南漢主使伍彥柔將兵來援，宋師奇兵猝起，彥柔衆大亂，死者十七八。 十月，潘美等破南漢開建寨，殺數千人。	潘美克英、雄二州。 二月，宋師濟水，植廷曉力戰不勝，南漢兵大敗，乃縱火焚府庫宮殿，一夕皆盡。師至白田，南漢主出降，潘美遂入廣州。 十月，南漢所署知州鄧存忠劫土人二萬衆，攻圍邕
滿城 遂城、連州	易州 晉陽
十一月，遼聚六萬騎攻定州，命田欽祚領兵三千禦之。欽祚與遼戰於滿城，乘勝至遂城，自旦至晡，殺傷甚衆。克連州。 十二月，潘美等長驅至韶州，南漢都統李承渥領兵十餘萬大敗，遂取韶州。南漢主命郭崇岳爲招討使統衆六萬，以抗宋師。	正月，遼兵侵易州，監軍任得義戰卻之。 六月，帝征晉陽，命密州防禦使馬仁瑀率衆巡邊至上谷、漁陽。遼人素聞其名，不敢出，因縱兵大掠而還。

公曆	年號	天災：水災 災區	天災：水災 災況	天災：旱災 災區	天災：旱災 災況	天災：其他災 災區	天災：其他災 災況	人禍：內亂 亂區	人禍：內亂 亂情	人禍：外患 患區	人禍：外患 患情	人禍：其他亂 亂區	人禍：其他亂 亂情	附註
		東阿	鄆州河及汶、清河皆溢，壞倉庫民舍。						州城七十餘日，廣州援兵至，圍解。					
		鄭州、原武	河決。五水並漲，壞廬舍民田。（志）											
		蔡、舒、汝、廬、潁、青、齊州	七月，水傷田。（志）											

九七二
太祖開寶五年
濮陽五月河決。(志) 絳、和、廬、秦、諸州大水。(志) 朝城河決。 陽武六月，河又決開封府陽武縣之小劉村。 宋州、鄆州並汴水決。 忠州江水漲二百尺。(志)
京師春旱。冬又旱。大饑。(志)
正月，北漢攻方山、雅爾兩寨，擊卻之。
忠州七月火，倉庫殆盡。(志)

公歷	年號	天災						人禍						附註
		水災		旱災		其他		內亂		外患		其他		
		災區	災況	災區	災況	災區	災況	亂區	亂情	患區	患情	亂區	亂情	
九七三	太祖開寶六年	鄆州	河決楊劉口。	京師	冬，旱。(志)									
		懷州	河決。											
		獲嘉、潁川	淮溧水溢，渰民舍田疇甚衆。(志)											
		歷亭、單州、濮州	七月，御河決。並大雨。壞州廨、倉、軍營、民舍。(志)											
		大名府、宋、亳、淄、青、汝、澶、滑、諸州	水田傷。(志)											

公元	年號														
九七四	太祖開寶七年	衛、亳二州 泗州 安陽	四月，水。 淮水暴漲入城，壞民舍五百家。 河漲，壞居民廬舍百區。(志)	京師 揚、楚等州、 河南府、晉、解州 滑州	春、夏、冬、旱。(志) 饑。 夏，旱。(志) 秋。旱(志)			池州 銅陵、當塗、蕪湖、采石磯 新寨 新林港	十月，帝發戰艦東下，曹彬等自蘄陽過江破峽口寨，殺守卒八百人，宋師直趨池州。 閏十月，曹彬等及江南兵戰於銅陵，敗之。曹彬等至當塗，宋師先拔蕪湖，又克當塗，遂屯采石磯，敗江南二萬餘衆於采石磯。 十一月，曹彬等敗江南兵於新寨。 十二月，曹彬等破江南兵於新林港。					永城	九月，火，燔民舍一千八百餘區。(志)
九七五	太祖開寶八年	京師 濮州 沂州	五月，大雨水。 河決。(志)六月，河決頓邱。 大雨水入城，壞民舍、田苗。(志)	京師 關中	春，旱。(志) 饑旱甚。(志)	廣州	十月，颶風起一晝夜，雨水二丈餘，海爲之漲，飄失舟檝。(志)	武昌 溧水 白鷺洲	正月，權知池州樊若水敗江南兵四千人於州界，武守謙等敗江南兵於武昌， 田欽祚敗江南兵於溧水。曹彬等進攻金陵，指揮使李漢瓊率所部渡淮，縱火攻之。潘美率所部先濟，大兵隨之，江南兵大敗。 二月，曹彬等敗江南兵於白鷺洲。 三月，曹彬等敗江南兵於					洋州 永城縣	四月，火，燔州廨民舍千七百區。 火，燔軍營民舍千九百八十區，死者九人。(志)

公歷	年號	天災 水災 災區	天災 水災 災況	天災 旱災 災區	天災 旱災 災況	天災 其他 災區	天災 其他 災況	人禍 內亂 亂區	人禍 內亂 亂情	人禍 外患 患區	人禍 外患 患情	人禍 其他 亂區	人禍 其他 亂情	附註
九七六	太宗太平興國元年	京師 淄州	三月，大雨水。 水，害田。 （志）		州府十二饑。	宋州	四月，大風，壞甲仗庫、樓、軍營凡四千五、	 秦淮 武昌 金陵 潤州 金陵 金陵 江州	江中。 四月，曹彬等敗江南兵於秦淮北。 五月，王明破江南兵於武昌。 六月，曹彬等敗江南兵於金陵城下。 八月，丁德裕敗江南兵於潤州城下。 十月，朱全贇自湖口以衆援金陵，號十五萬，行營步軍都指揮使劉遇揮兵急攻之，全贇以火油縱燒，自焚其衆，不戰自潰，金陵愈危。 十一月，金陵城破。 四月，李煜旣降，曹彬獨江州軍校胡則據城不降。曹翰率兵攻之，不克，自冬訖夏，死者甚衆，拔之，遂屠其城，死者數萬人。			貴、德、遂三州	八月，女眞侵遂、貴、德州東境。 九月，女眞襲遂州五寨，剽掠而去。	

九七七	
太宗太平興國二年	
孟州、鄭州、澶州、開封府、忠州	
六月，河溢，壞溫縣堤七十餘步。鄭州壞滎澤縣甯王村堤三十餘步。河漲，壞英公村堤三十步。汴水溢，壞大甯堤，浸害民田。江漲二	
京師、延州	
正月，旱。（志）四月，饑。	
曹州、景城、磁州、鉅鹿、沙門、永定	
六月，大風，壞濟陰縣廨，及軍營。雨雹。（志）青黑蟲羣飛食桑。夜出晝隱，食葉殆盡。（志）七月，步屈蟲食桑麥殆盡。大風雹害稼。	百九十六區。（志）
	太原、忻、代、汾、沁、遼、石等州
	八月，命黨進、潘美、楊光美，率兵分五道伐北漢。師入太原，又命郭進等分攻忻、代、汾、遼、石等州，九月，黨進敗北漢兵於太原城下。
西京	
二月，右監門衛率府副率王繼勳分司西京，遣市民家子女以備給使，少不如意，即殺而食之，所殺婢百餘人。	

公曆年號	天災 水災 災區	水災 災況	旱災 災區	旱災 災況	其他 災區	其他 災況	人禍 內亂 亂區	內亂 亂情	外患 患區	外患 患情	其他 亂區	其他 亂情	附註
		十五丈。(志)			衢州	閏月，蝗生。(志)							
	興州	江漲，毀棧道四百餘間。											
	管城、焦肇	水暴漲。											
	濮州	大水，害民田凡五千七百四十三頃。											
	潁州	潁水漲，壞城門、軍營、民舍。(志)											
	復州	七月，蜀漢江漲，壞城及民田廬舍。											
	集州	江漲，汎嘉川縣。											

公元	年號	地區	事項	地區	事項	地區	事項
		溫縣、滎澤、頓邱、白馬	河決。（志）				
九七八	太宗太平興國三年	獲嘉	五月，河決，北注。	京師	春、夏旱。（志）	泉州	十二月，草寇十餘萬來攻城，城中兵纔三千，何承矩等堅守，圍遂解。
		甯陵	汴水決。（志）				
		泗州	六月，淮漲，入南城，汴水又漲一丈，塞州北門。（志）				
		滑州	十月，靈河已塞復決。（志）				

公曆	年號	天災：水災 災區	水災 災況	旱災 災區	旱災 災況	其他災 災區	其他災 災況	人禍：內亂 亂區	內亂 亂情	外患 患區	外患 患情	其他禍 亂區	其他禍 亂情	附註
九七九	太宗太平興國四年	河南府	三月，水漲七尺，壞民舍。	太平州	饑(志)	泗州	八月，大風。(志)	太原	正月，遣潘美、崔彥進、李漢瓊、曹翰、劉遇，攻太原城。三月，郭進破北漢兵於西龍門砦，遼軍援北漢，進率騎奮擊，大敗之。史業破北漢、鷹揚軍。	沙河	六月，車駕北征。遼北院大王耶律希達，迎戰於沙河，大敗希達軍，城降。遼南院大王耶律色珍誘敵，帝麾兵擊之，斬首千餘級，部分諸將攻城，遼耶律學古救之。七月，帝自督諸將攻城，遼以援師至，戰於高梁河，宋師大敗。	太原	五月，幸太原城北，御沙河門樓，遣使分部徙居民於新、并州，盡焚其廬舍，民老幼趨城門不及，死者甚衆。	
		泰州	雨水害稼。	京師	冬旱。(志)			嵐州	四月，嵐州行營與北漢軍戰，破之，克岢嵐軍，攻隆州，	鎮州	九月，遼南京留守燕王韓匡嗣與耶律沙、耶律休格南伐，以報圍燕之役，鎮州都鈐轄雲州觀察使劉廷翰帥衆禦之。匡嗣敗績，潰兵悉走西山投坑中。追奔至遂城，斬首萬餘級，俘老幼三萬戶。			
		宋城	河決。					隆州	陷之，克嵐州，帝督諸將攻城，城降。八月，北漢將劉繼業素驍勇，及繼元降，繼業猶據城苦戰，帝招降之。					
		汲縣	河決，壞新場堤。(志)											
		梓州	八月，江漲，壞閣道營舍。(志)											
		澶州	九月，河漲。											
		鄆州	濟、汶二水漲。											
		沔陽	湖漲，壞民舍田稼。(志)											

九八〇	太宗太平興國五年	潁州、徐州、復州	五月，潁水溢，壞堤及民舍。徐州白溝河溢，入州城。（志）七月，江水漲，毀民舍堤塘皆壞。（志）	京師	夏秋旱。（志）	冠氏、安豐、濰州	四月，風雹。（志）七月，蚄虫生，食稼殆盡。（志）	交州	七月，侯仁寶等水陸並進討交州。	雁門、莫州	三月，楊業敗遼師於雁門。十一月，宋師夜襲遼營，橫屍徧野，大破契丹萬餘衆，斬首三千餘級。
九八一	太宗太平興國六年	河中府、鄜延二州、甯州	河漲，陷連堤，溢入城，壞民舍百餘區。三河水漲，溢入州城。延州壞民廬舍千六百區，甯州壞	京師	春夏旱。（志）	河南府、宋州、高州	七月，蝗。（志）九月，大風雨，壞民舍五百區。（志）	交州	三月，交州行營言破賊軍於白藤江口，斬首千餘級。	易州	正月，易州破遼兵數千人。九月，易州白繼贇敗遼兵於平塞寨。

公曆	年號	天災						人禍						附註
		水災		旱災		其他		內亂		外患		其他		
		災區	災況	災區	災況	災區	災況	亂區	亂情	患區	患情	亂區	亂情	
			州城五百餘步，民舍五百二十區。(志)											
九八二	太宗太平興國七年	京兆府 耀、密、博、衛、常、潤諸州 均州	三月，渭水漲，壞浮梁，溺死五十四人。(志) 四月，水害稼。(志) 六月，滇水，均水，漢江並漲，壞民舍人畜，死者甚	京師 孟、虢、絳、密、瀛、衛、曹、淄州	春旱。(志) 旱。(志)	宣州 北陽縣 滑州 大名府、陝州、陳州、蕪湖縣、太平州 陽穀縣	三月，霜雪害桑稼。(志) 四月，蝻虫生。(志) 蝗。(志) 五月，雨雹傷稼。(志) 七月，滇虫生。(志)			滿城 唐興、雁門	四月，遼主自將南侵，戰於滿城，敗績。 五月，崔彥進敗遼兵於唐興。潘美敗遼兵於雁門。府州折御卿破遼兵於新澤砦。閏十二月，豐州與遼兵戰，破之。	益州	八月，西倉災。	

衆。

臨邑　河決。

漢陽軍　江水漲五丈。（志）

大名府　七月，御河漲。

劍州　江水漲，壞民舍，一百四十餘區。

京兆府、咸陽　渭水漲，壞浮梁，工人溺死五十四人。（志）

梧州　九月，江水漲三丈入城，壞倉庫及民舍。（志）

武陵　十月，河決，害民田。（志）

瓊州　颶風，壞州城門、署、民舍殆盡。（志）

邠州　九月，虸蚄虫生，食稼。

公歷	年號	天災						人禍						附註
		水災		旱災		其他災		內亂		外患		其他禍		
		災區	災況	災區	災況	災區	災況	亂區	亂情	患區	患情	亂區	亂情	
九八三	太宗太平興國八年 契丹聖宗統和元年	滑、澶、濮、曹、濟諸州	五月，河大決，浸民田，壞居民廬舍，東南流入淮。(志)			相州	五月，風雹害民田。(志)						正月，遼西南面招討使韓德威奏，黨項十五部侵邊，以兵擊破之。	
		陝州	六月，河漲，壞浮梁。			平平軍	九月，颶風拔木，壞廨宇民舍千八十七區。(志)							
		永定	澗水漲，壞民舍軍營千餘區。			雷州	十月，颶風，壞廩庫民舍七百區。(志)							
		鞏縣	洛水漲五丈餘，壞官署、軍營、民舍殆盡。											
		京城	穀、洛、伊、											

渥四水暴漲，壞京城官署、軍營、寺、觀、祠、廟、民舍萬餘區，溺死者以萬計。

河清　又壞河清縣、豐饒務倉庫、軍營、民舍百餘區。

雄州　易水漲，壞民廬舍。鄚河水漲，溢入城，壞官寺民舍四百餘區。

荆門　山水暴

公歷	年號	天災：水災 災區	天災：水災 災況	天災：旱災 災區	天災：旱災 災況	天災：其他災 災區	天災：其他災 災況	人禍：內亂 亂區	人禍：內亂 亂情	人禍：外患 患區	人禍：外患 患情	人禍：其他禍 亂區	人禍：其他禍 亂情	附註
		軍、長林縣	漲，壞民舍五十一區，死五六十人。(志)											
		徐州	八月，清河漲丈七尺，溢出，塞州三面門。(志)											
		宿州、開封、酸棗、武陽、封丘、浚儀、長垣、中牟、尉氏、襄邑、雍丘等縣	九月，睢水漲汎民舍六十里。是夏及秋，河水害民田。(志)											

九八四	太宗雍熙元年 契丹聖宗統和二年	嘉州	七月，江水暴漲，壞官署民舍，溺者千餘人。（志）	京師	夏，旱。（志）	泗州	七月，蝝蟲食桑。（志）	九月，夏州尹憲襲擊李繼遷，斬首五百級。
		延州	八月，南、北兩河漲，溢入東、西兩城，壞官寺民舍。	江南	秋，大旱。（志）	白州	八月，颶風壞官廨，民舍。	
		淄州	霖雨，孝婦河漲溢，壞官寺民田。					
		孟州	河漲，壞浮梁，損民田。					
		雅州	江水漲九丈，壞民廬。					
		新州	江漲，入南砦，壞軍營。（志）					

公曆年	年號	天災：水災 災區	災況	旱災 災區	災況	其他 災區	災況	人禍：內亂 亂區	亂情	外患 患區	患情	其他 亂區	亂情	附註
九八五	太宗雍熙二年 契丹聖宗統和三年	 瀛、莫州	七月，朗江溢，害稼。（志） 八月，大水損民田。（志）	江南 京師	三月，民饑。 冬旱。（志）	天長軍 南康軍	二月，蝗蟲食苗。（志） 冬，大雨雪，江水冰，勝重載。（志）	麟州、銀州	二月，李繼遷率衆攻麟州，襲據銀州。六月，李繼遷圍三族砦，陷之。	鹽城	郭守文與王侁同領邊事與知夏州尹憲擊鹽城蕃焚千餘帳。		九月，楚王元佐宮火，燔舍數百區。（志）	
九八六	太宗雍熙三年 契丹聖宗統和四年	福津 壽州	常陝山圮，雍白江，水逆流高十丈許，壞民田數百里。（志） 六月，大水。（志）	京師	冬旱。（志）					固安、寰、涿、朔、雲、應、蔚等州 安定 五臺	三月，曹彬、田重進、潘美等破遼兵於固安、寰州、涿州、朔州、雲州、應州、蔚州。五月，彬等大軍退至岐溝關，遼兵追及之，南師大敗。人畜相蹂而死者無算。爲遼師衝擊死者數萬人。 七月，遼諸路兵馬都統耶律色珍將兵十萬至安定西，知雄州賀令圖遇之，敗績南奔，色珍追及戰於五			

蔚州、飛狐　寰州

臺，死者數萬人。明日攻陷蔚州，令圖與潘美師往救，與色珍戰於飛狐，南師又敗。於是渾源、應州之兵皆棄城走，色珍乘勝入寰州，殺守城吏卒千餘人。楊業引兵自大石路趨朔州，色珍聞業且至，遣副部署蕭達蘭伏兵於路。業至，色珍擁衆爲戰，業大敗無援，身被數十創，士卒殆盡，業猶手刃數千人。

十一月，遼以休格爲先鋒都統，至唐興縣南軍屯於滹沲橋北，遼選將射之，進焚其橋。

望都

十二月，遼休格敗軍師於望都。時，都部署劉延讓以數萬騎與李敬源合兵，聲言取燕，休格聞之，先以兵扼其要地，進逼瀛州，會太后軍至，戰於君子館。天大寒，宋師不能彀弓弩。遼兵圍延讓數重，敬源戰死，滄

公曆	年號	天災·水災·災區	天災·水災·災況	天災·旱災·災區	天災·旱災·災況	天災·其他·災區	天災·其他·災況	人禍·內亂·亂區	人禍·內亂·亂情	人禍·外患·患區	人禍·外患·患情	人禍·其他·亂區	人禍·其他·亂情	附註
										滄州	州。都部署李繼隆失期不救，退屯樂壽。延讓全軍皆沒，死者數萬人。遼師復自			
										代州	胡谷入薄代州城下，副部署盧漢贇保壁自固，知州張齊賢選廂軍二千出戰，一以當百，遼師大敗，斬首數百級。			
九八七	太宗雍熙四年　契丹聖宗統和五年			京師	冬旱。(志)			關輔	四月，賊首楊拔萃往來關輔間爲寇，朝廷數遣州兵討之。		正月，遼師破束城縣，縱兵大掠。次文安，遣人招降不從，擊破之，盡殺其丁壯，俘其老幼。			
										王亭	三月，安守忠及李繼遷戰於王亭，敗績。			
											五月，李繼遷數寇邊。			
九八八	太宗端拱元年　契丹聖宗統和六年	博州	二月，水，害民田。(志)			霸州	三月，大雨雹，殺麥苗。(志)			涿州	九月，遼師西面攻涿州，城破。遼主旋聞南師退，乃遣耶律色珍等追擊，大敗之。			
		莫州	五月，江								十月，遼師破沙堆驛。奚王			

	九八九
	太宗端拱二年 契丹聖宗統和八年
磁州	
水漲五丈，壞民田及廬舍數百區。（志） 七月，漳、滏二水漲。（志）	
	京師 萊、登、深、冀諸州
	五月旱。七月，十一月，又旱。（志） 旱甚，民多饑死。（志）
鄆州、濮州	施州
閏五月，風雪雨雹傷麥。（志）	七月，虸蚄蟲生，害稼。（志）
岔津關、長城口 滿城、祁州、新樂、小狼山寨、唐河、易州、曹河	易州
籌甯敗南師于岔津關。旋進軍長城口，定州守將李興爲耶律休格所敗。 十一月，遼主自將攻長城口，將士潰圍南走，斬獲殆盡。繼乃拔滿城，下祁州，從兵大掠。繼又拔新樂，破小狼山寨。遼師直抵唐河北，既而陷易州。袁繼忠與李繼隆率軍破之，追擊至曹河。	正月遼主諭諸軍趨易州攻城。 七月，遼裕悅、耶律休格入寇唐州，孔守正禦之。
	衛州
	三月，火，燔州縣官舍、倉庫、軍營三百餘區。（志）

公曆	年號	天災						人禍						附註
		水災		旱災		其他		內亂		外患		其他		
		災區	災況	災區	災況	災區	災況	亂區	亂情	患區	患情	亂區	亂情	
九九〇	太宗淳化元年 契丹聖宗統和九年	吉州	六月，大雨，江漲，漂壞民田廬舍。	河南、鳳翔、大名、京兆等府、許、滄、單、汝、乾、鄭、同等州	正月至四月，不雨。旱。(志)	許州	六月，大風雹，壞軍營民舍千一百五十六區。			夏州	三月，夏州敗李繼遷。			
		黃梅	湖水漲，壞民田廬舍皆盡。	開封、河南等九州	饑。(志)	魚臺	風雹害稼。(志)							
		洪州	江水漲二丈八尺，漲壞州城三十堵，民舍二千餘區，漂二千餘戶。			淄、澶、濮州	七月，有蝗。(志)							
		孟州	河漲。(志)			乾甯軍、滄州	蝗蝻蟲食苗。							
						棣州	飛蝗害稼。(志)							

公元	九九一
紀年	太宗淳化二年 契丹聖宗統和十年
	閏二月，京師春大旱。（志）
	河水湮，汴河決。（圖）
京兆府	四月，河漲。
陝州	河漲，壞大堤。（志）
名山	五月，大風雨，登遼山圮，壅江水逆流入民田，害稼。（志）
浚儀	六月，河溢，壞連堤，浸民田。
宋城	河決。
博州	霖雨，河漲，壞民廬舍八
中都	四月，蝪蟲生。（志）
通利軍	五月，大風害稼。（志）
南京	六月，霖雨傷稼。
單州	七月，蝪蟲生，遇雨死。（志）
	正月，商州團練使翟守素帥兵援趙保忠于夏州。

公歷	年號	天災 水災 災區	天災 水災 災況	天災 旱災 災區	天災 旱災 災況	天災 其他 災區	天災 其他 災況	人禍 內亂 亂區	人禍 內亂 亂情	人禍 外患 患區	人禍 外患 患情	人禍 其他 亂區	人禍 其他 亂情	附註
			百七十區。											
		亳州	河溢東流，汎民田廬舍。（志）											
		齊州	七月，明水漲，壞黎濟砦城百餘堵。											
		許州	沙河溢。											
		雄州	塘水溢，害民田殆盡。											
		嘉州	江水漲溢入州城，毀民舍。											
		復州	蜀、漢二江水漲，											

壞民田廬舍。

招信	大雨，山河漲，浸民田廬，死者二十一人。（志）
藤州	八月，江水漲十餘丈，入州城，壞官署、民田。（志）
邛州	九月，蒲江等縣山水暴漲，壞民舍七十區，死者七十九人。
荊湖北路	秋，江水注溢浸

公歷	年號	天災						人禍						附註
		水災		旱災		其他災		內亂		外患		其他禍		
		災區	災況	災區	災況	災區	災況	亂區	亂情	患區	患情	亂區	亂情	
			田畝甚衆。(志)											
九九二	太宗淳化三年 契丹聖宗統和十一年	河南府 豐饒務 上津縣	七月，洛水漲，壞七里、鎮國二橋。又山水暴漲，壞豐饒務官舍民廬，死者二百四十人。(志)十月，大雨，河水溢，壞民舍，溺者三十七人。(志)	京師 河南府 京東西、河北、河東、陝西及亳、建、淮、陽等二十六州，軍	春，大旱。 冬復大旱。(志) 旱。(志)	京師 京兆府 蔡州 懷慶	六月，有蝗起東北，趣至西南，蔽空如雲翳日。(志)九月，大雪，害苗稼。(志)十月，軍營火燔汝河橋，民居廬舍三千餘區，死者數人。						十二月，遼遣東京留守蕭恆德伐高麗。	

	九九三
	太宗淳化四年 契丹聖宗統和十二年
	隴城 瀘州
（志）	六月，大雨，牛頭河漲二十丈，沒溺居人廬舍。（志） 九月，河漲，衝蹈北城，壞民居、[illegible]舍、官署、倉庫殆盡，民溺死者甚衆。 涪河漲
	京師 河南府及許、汝、亳、滑、商州
	夏不雨。 旱。（志）
	商州 永州
	二月，大雪，民多凍死。（志） 保安津舍火，飛焰過江，燒州門及民屋三百餘家。（志）
	邛、蜀、彭山諸縣 陳、潁、宋、亳 瓊州 江源
	二月，青城縣民王小波聚徒衆起而爲亂，貧民多來附者，遂攻掠邛、蜀諸寇并寇彭山，殺縣令。 九月，陳、潁、宋、亳間盜賊羣起，商旅不行。 閏十月，趙保吉率邊人四十二族寇瓊州，邊將多爲所敗。 十二月，西川都巡檢使張玘與王小波戰于江源縣。
建安軍	
十二月，城西火，燔民舍官廨等殆盡。（志）	

公歷	年號	天災：水災 災區	水災 災況	旱災 災區	旱災 災況	其他災 災區	其他災 災況	人禍：內亂 亂區	內亂 亂情	外患 患區	外患 患情	其他亂 亂區	其他亂 亂情	附註
		玄武	二丈五尺，雍下流入州城，壞官、私廬舍萬餘區。溺死者甚衆。（志）											
		澶州、大名府	十月，河決，水西北流入御河，浸大名府。（志）											
九九四	太宗淳化五年 契丹聖宗統和十二年	京東西 淮南 陝西	水潦。（志）	京師	六月，大旱。（志） 民饑。（志）		六月，都城大疫。（圖）	成都、漢州、彭州、劍門、巫峽、靈州	正月，李順引衆攻成都，燒西郭門，不利去，攻漢州、彭州，連陷之。既而陷成都，遣兵四出侵掠，北抵劍門，南距巫峽，郡邑皆被其害。趙保吉攻圍靈州及通遠					

通遠軍	軍，諸堡塞侵掠居民。帝命李繼隆、尹繼倫討之。又命王繼恩率兵討李順。二月，帝命裴莊竝、劉錫職、周渭自峽路西至西川，王杲帥兵趨劍門，尹元由峽路進討李順。
劍門	李順分遣數千衆北攻劍門，會成都監軍宿翰領麾下投劍門，適與正兵合，遂迎擊賊衆，大破之，斬馘幾盡。
夏州	三月，李繼隆率兵破保吉，保吉遠竄入夏州，擒保忠。
研口 劍州	四月，王繼思破賊於研口寨北，過青彊嶺，遂平劍州。
柳池	又破賊五千衆於柳池驛。
廣安軍	路行營擊走賊衆三千於廣安軍。
綿州、老溪、閬州、巴州	五月，王繼恩克綿州。曹習兵自葭萌趨老溪，破賊萬餘衆，遂克閬州。胡正遠率兵克巴州。繼思至成都，引師攻其城，卽拔之，破賊十餘萬，斬首三餘，擒賊帥李

公曆	年號	天災						人禍						附註
		水災		旱災		其他災		內亂		外患		其他亂		
		災區	災況	災區	災況	災區	災況	亂區	亂情	患區	患情	亂區	亂情	
									順。盧斌得繼恩派兵來援遂破賊數萬衆，斬三千人，					
								蓬州	平蓬州。					
								夔州	白繼贇討遺寇，入夔州出賊不意。與解守容腹背夾擊之，斬首三萬餘級。					
								施州、廣安軍、嘉陵江、合州、西方溪、陵州	六月，賊攻施州，指揮使黃希遜擊走之。峽西行營破賊于廣安軍，又破賊張罕二萬衆于嘉陵江口，又破于合州西方溪，俘斬甚衆。旋而賊攻陵州，知州張旦招集民丁，大破之，斬首五千餘級。					
								眉州	七月，賊攻眉州，知州李簡等堅守踰月，賊引去。					
								雲安軍	八月，峽路行營破賊帥張餘復於雲安軍。					
								京兆	九月，京兆劇賊焦四等嘯聚數百人，劫掠居民。					
									衞紹欽等連破賊衆，遂克					

公元	年號	地區	水災	地區	旱災	地區	疫、蝗	地區	內亂	地區	外患
九九五	太宗至道元年 契丹聖宗統和十三年	虔州	五月，江水漲二丈九尺，壞城，流入，深八尺，毁城門。（志）	京師	春旱。（志）			蜀州 眉州	蜀州 十一月，賊攻眉州，官兵擊敗之。	雄州	正月，遼招討使韓德威率數萬騎自振武南侵，永安節度使折御卿率親騎邀之，大敗其衆于子河汊。四月，遼師侵雄州，知州何承矩擊敗之。八月，清遠軍言李繼遷入寇，率兵擊走之。十二月，永安節度使折御卿病，遼諜知之，韓德威復率衆入邊。
九九六	太宗至道二年 契丹聖宗統和十四年	河南	六月，瀍、澗、洛三水漲，壞鎮國橋。（志）	京師	旱。（志）	江南	頻年多疫疾。（圖）			靈州	五月，西夏寇靈州。
		逮州	七月，溪水漲溢入州城，壞倉庫			亳、宿、密州	六月，蝗生食苗。（志）			烏白池	九月，夏州延州行營言兩路合勢破賊於烏白池，斬首五千級，生擒二千餘人，賊首李繼遷遁去。
						長葛、陽翟	七月，蝻虫食苗。（志）				

公歷	年號	天災 水災 災區	天災 水災 災況	天災 旱災 災區	天災 旱災 災況	天災 其他 災區	天災 其他 災況	人禍 內亂 亂區	人禍 內亂 亂情	人禍 外患 患區	人禍 外患 患情	人禍 其他 亂區	人禍 其他 亂情	附註
			民舍萬餘區。			歷城、長清	蝗。(志)							
		鄆州	河漲，壞連堤四處。			潮州	八月，颶風，壞州廨、營砦。(志)							
		宋州	汴河決。											
		陝州	河漲。			潼、關、靈、夏、環、慶等州	十月，地震，城郭廬舍多壞。(志)							
		廣安	大雨水。				饑。(志)							
		諸州	(志)			代州	十一月，風雹傷田稼。(志)							

九九七	太宗至道三年 契丹聖宗統和十五年			關西	饑。(志)	單州	七月，蝻蟲生。(志)	蜀州、漢州	八月，西川戍卒劉旰叛，攻掠蜀、漢等州。	關西	二月，靈州行營破李繼遷。十月，李繼遷寇靈州，合河都部署楊瓊擊走之。靈州之役，關西民無辜而死者十五萬餘。		正月，遼以河西黨項叛，詔韓德威討之。二月，韓德威破黨項。	
九九八	眞宗咸平元年 契丹聖宗統和十六年	鳳翔府 齊州 寧化軍	七月，山水暴漲，溺死者八人。 清、黃河泛溢，壞田廬。(志) 汾水漲，山石摧圮，軍士有壓死者。(志)	京畿 江、浙、淮南、荆湖四十六軍州	春夏旱。(志) 旱。(志)	涪州 北平	八月，大風，壞城舍。(志) 九月，風雹傷稼。(志)							

公曆	年號	天災						人禍						附註
		水災		旱災		其他災		內亂		外患		其他禍		
		災區	災況	災區	災況	災區	災況	亂區	亂情	患區	患情	亂區	亂情	
九九九	眞宗咸平二年 契丹聖宗統和十七年	靈寶 漳州	七月,暴雨,崖圮壓居民,死者二十二戶。(志) 十月,山水泛溢,壞民舍千餘區,軍民黃孳等十家溺死。(志)	京師 廣南西路、江浙、荆湖、曹、單、嵐州、淮陽	春,旱甚。 旱。(志)	常州	九月,地震,壞民舍甚衆。(志)			 遂城 五合川	九月,遼主以梁王隆慶爲先鋒,率師南伐。傅潛遣先鋒田紹斌、石普等戍保州,及戰,斬首二千餘級。 十月,遼師攻遂城。 十二月,官軍入遼地五合川,拔黃太尉砦,殲其衆。	池州	四月,倉火,燔米八萬七千斛。	
一〇〇〇	眞宗咸平三年 契丹聖宗統和十八年	大澤縣三陽砦 梓州	三月,大雨,崖摧,壓死者六十二人。(志) 江水漲,壞民田。	京師 江南	春,旱。(志) 頻年旱。(志)	京師	四月,雨雹。(志)	益州、漢州、綿州、劍門	正月,益州戍卒趙延順等爲亂,奉王均爲主,率衆陷漢州。王均自漢州引衆攻綿州,趨劍門。李士衡與斐臻逆擊,敗之,斬首數十級。王均復入成都。	瀛州 莫州	正月,遼師至瀛州,范廷召自中山分兵禦敵。遼師圍之數重,殺傷甚衆。廷召大破契丹於莫州。			

（志）

鄆州　五月，河決。（志）

洋州　七月，漢水溢，民有溺死者。（志）

成都、邛蜀州　二月，楊懷忠檄嘉、眉七州調軍士民丁再攻成都。時王均方遣趙延順攻邛、蜀州，懷忠逆擊之，斬首五百餘級。

漢州　綿、漢、龍、劍都巡檢使張思鈞引兵克復漢州。雷有終等與思鈞帥大軍進討，賊衆來襲，有終擊走之。

益州　王均開益州城僞爲遁狀，雷有終等率兵徑入，賊閉官軍，頗爲賊所殺。益州民人迸走郫落，賊皆遣騎追殺。

漢州　有終等復入漢州，賊黨來攻，有終擊敗之，斬首千餘級。

成都　四月，王均自升仙橋分路來襲，官軍雷有終率軍逆擊，大敗之，殺千餘人。八月，王均自升仙橋之敗，墩橋塞門，雷有終等率官軍直抵城下。九月，克城，前

公歷	年號	天災：水災 災區	水災 災況	旱災 災區	旱災 災況	其他災 災區	其他災 災況	人禍：內亂 亂區	內亂 亂情	外患 患區	外患 患情	其他禍 亂區	其他禍 亂情	附註
								 成都	後殺賊三千餘人。 十月，王均自成都趨富順監，所過脅軍民斷橋塞路焚倉而去。懷忠以奇兵取之，斬其首，衆賊走散。					
一〇〇一	眞宗咸平四年 契丹聖宗統和十九年	夏陽	七月，洿谷水溢，溺死者數十人。（志）	京畿	正月至四月，不雨。（志）	成紀 京畿	正月，山摧，壓死者六十餘人。（志） 三月，雪損桑。（志）			清遠軍 長城 靈州	九月，李繼遷陷清遠軍。 十月，遼主南伐，命弟梁王隆慶統先鋒軍以進。北面前陣鈐轄張斌與遼師遇於長城口，斌擊敗之。 十一月，王顯奏前軍與契丹戰，大破之，戮二萬餘人，獲其統軍鐵林。 十二月，李繼遷寇靈州。閏十二月，王超等領步騎六萬援靈州。			
一〇〇二	眞宗咸平五年 契丹聖宗統和二十年	雄、霸、瀛、莫、深、滄諸州、乾甯軍	二月，水壞民田。（志）						正月，環慶部署張凝襲諸蕃焚族帳二百餘，斬首五千餘級。		三月，李繼遷大集蕃部攻陷靈州。 遼遣北府宰相蕭繼遠等率師南下。			

公元	年號	地區	災情	地區	災情	地區	災情	地區	災情	地區	災情	地區	災情
	年	京師 河北、鄭、曹、滑州	六月，大雨，漂壞廬舍，民有壓死者。（志） 饑。（志）							梁門、秦州 麟州	四月，遼撻哩斯與南軍戰於梁門，旋遣蕭撻凜攻秦州。 六月，李繼遷復以二萬騎進圍麟州，詔發并、代、石、隰州兵援之。知州衞居實屢出奇兵突擊，賊皆披靡，自相蹂踐殺傷萬餘人。		
一〇〇三	眞宗咸平六年 契丹聖宗統和二十一年		春正月，京東西，淮南水災。（圖）			京師	四月，暴雨雹如彈丸。（志）		六月，豐州瓦窰沒劑、加羅、昧克等族以兵濟河擊李德明，敗之。	定州 望都 西涼	四月，遼蕭撻凜進攻定州。行營都部署王超先發步兵千五百人逆戰於望都縣，殺戮甚衆。 四月，李繼遷寇洪德砦，蕃官慶香等擊走之。 五月，李繼遷攻西蕃取西涼，府都首領巴勒結僞降，繼遷受之不疑，巴勒結遂集六谷蕃部及結隆族合擊之，繼遷大敗。		
一〇〇四	眞宗景德元年 契丹聖宗統和二十二年	保順軍 宋州	二月，城壕水陷。（志） 九月，汴水決，浸民田壞	京師 江南東、西路	夏，旱，人多渴死。（志） 饑。（志）					威虜、順安軍、定州	九月，遼主與太后大舉南下，以統軍使蘭陵郡王蕭撻凜、奚六部大王蕭觀音努爲先鋒，分兵掠威虜、順安軍，魏能、石普等帥兵禦之，能攻其先鋒。後攻定州，	平虜	軍營火，焚民居廬舍甚衆。（志）

公曆年號	水災 災區	水災 災況	旱災 災區	旱災 災況	其他 災區	其他 災況	內亂 亂區	內亂 亂情	外患 患區	外患 患情	其他 亂區	其他 亂情	附註
		廬舍。								師衆東駐陽城淀。			
	澶州	河決。（志）							草城川	岢嵐軍使賈宗奏敵騎數萬人寇草城川，率兵擊敗之。會高繼勳率兵來援，設伏兵敗之，自相蹂躪者萬餘人。			
									朔州、瀛州	十月，麟府路鈐轄韓守英張志言大破遼兵於朔州界，殺戮甚衆。遼師抵瀛州城下，攻城數十日，多所殺傷，計死者三萬餘人，傷者倍之。			
									澶州、天雄軍、德清軍	十一月，遼師數攻澶州城克。後攻天雄軍，并南攻德清軍，王欽若遣將率精兵追擊，遇伏兵，天雄兵不能進退，孫全照請救之，欽若乃引麾下往援，力戰殺傷遼伏兵甚衆，天雄乃復得還，存者什三四。			

一〇〇五	眞宗景德二年 契丹聖宗統和二十三年	滄州	六月，山水泛溢，壞民舍、軍營，多溺死者。（志）	淮南、兩浙、荆湖北路	饑。（志）	京東諸州 福州	六月，蝻生。（志） 八月，海上有颶風，壞廬舍。（志）				
一〇〇六	眞宗景德三年 契丹聖宗統和二十四年	應天府 亳州 青州	七月，汴水決，南注亳州，合浪宕渠東入於淮。（志） 八月，山水壞石橋。（志）	京師 京東、西、河北、陝西	夏，旱。（志） 饑。（志）	德、博	八月，蝝生。（志）		六月，南平王黎桓卒，諸子爭立，攻戰連月。		
一〇〇七	眞宗景德四年 契丹聖宗統和二十五年	鄭州滎陽縣	六月，索水漲，高四丈許，漂滎陽縣居民四十戶，有溺死者。（志）			京師 大名 唐州	三月，大風，黃塵蔽天，自大名歷京畿，害桑稼，唐州尤甚。（志）	象州	九月，宜州賊圍象州，久不克，曹利用等以大軍擊破之。	鄜州	十一月，火燔倉庫並盡。（志）

公曆	年號	天災						人禍						附註
		水災		旱災		其他		內亂		外患		其他		
		災區	災況	災區	災況	災區	災況	亂區	亂情	患區	患情	亂區	亂情	
		鄧州	江水暴漲，壞營舍。(志)			渭州	七月旱。霜傷稼。(志)							
		成紀縣	七月崖圮，壓死居民。(志)			兗丘、東阿、須城	九月，蝗。(志)							
一〇〇八	眞宗大中祥符元年 契丹聖宗統和二十六年	尉氏	六月，惠民河決。(志)									桂州	正月，甲仗倉災。(志)	
一〇〇九	眞宗大中祥符二年 契丹聖宗統和二十七年	徐、濟、青、淄諸州	七月，大水。(志)	京師	春夏旱。(志)	京師	大風連日不止。(志)					昇州	四月，火燔軍營、民舍殆盡。	
		鳳州	八月，大水。漂溺民居。(志)	河南府、陝西路、潭、邢州	旱。(志)	雄州	五月，蝝蟲食苗。(志)							
		京畿	十月，惠民河決，			無爲軍	九月，城北暴風，晝晦不							

公元	年號	地區	災況	地區	災況	地區	災況					地區	事況	
			壞民田。(志)				可辨，拔木，壞城門、營壘、民舍，壓溺千餘人。(志)							
一〇一〇	眞宗大中祥符三年 契丹聖宗統和二十八年	吉州、臨江軍 河中府	六月，江水泛溢，害民田。(志) 九月，河決。(志)	京師 江南 諸路、宿州、潤州、陝西	夏，旱。(志) 旱。(志) 饑。(志)	陝西 尉氏	四月，民疫。(圖) 六月，蝻蟲生。(志)					三水砦	十一月，遼人舉兵伐高麗，康肇率師禦之，戰敗，退保銅州。肇分兵爲三，隔水而陳，遼師進攻之，屢卻，肇遂有輕敵之心。遼先鋒耶律敏諸率衆擊破三水砦，擒斬肇及副將李立，斬首三萬餘級。	
一〇一一	眞宗大中祥符四年 契丹聖宗統和二十九年	洪、江、筠、袁州 通利軍	七月，江漲，害民田，壞州城。(志) 八月，河	河北 陝西、劍南、京兆	饑。(志) 五月，旱。(圖)	祥符 河南府及京東	六月，蝗。(志) 七月，蝗生，食苗葉。(志)					雄州 徐州	甲仗庫火。(志) 草場火。(志)	

公曆	年號	天災						人禍						附註
		水災		旱災		其他災		內亂		外患		其他亂		
		災區	災況	災區	災況	災區	災況	亂區	亂情	患區	患情	亂區	亂情	
		大名府	御河溢。決。合流壞城害田，人多溺死。(志)			眞定村	地震，壞城壘。(志)							
		溫縣	九月，河溢。			袞州	八月，好蚄蟲生。(志)							
		蘇州	吳江汎溢，壞廬舍。(志)			開封府、祥符、咸平、中牟、陳留、雍丘六縣	蝗。(志)							
		楚、泰州	十一月，潮水害田，人多溺者。(志)											
一〇一二	眞宗大中祥符五年　契丹聖宗開泰元年	棣州	正月，河決。(志)	河北、淮南、江淮、兩浙	畿。(志)　五，月旱。(圖)	京師	八月，雨雹。(志)							
		淮安鎮	七月，山水暴漲，漂溺居民。(志)	淮	八月，淮									

年份	年號	地區	水災	地區	饑	地區	蟲災
							南旱。(圖)
一〇一三	眞宗大中祥符六年 契丹聖宗開泰二年	保安軍	六月,積雨,河溢浸城壘,壞廬舍,兵、民溺死凡六百五十人。(志)			陝西同、華等州	九月,虸蚄蟲食苗。(志)
一〇一四	眞宗大中祥符七年 契丹聖宗開泰三年	泗州、河南府	六月,水害民田。洛水漲,秦州定西砦有溺死者。(志)	淮南、浙江	饑。(志)		
		澶州	八月,河決。(志)				
		濱州	十月,河溢。(志)				

公曆	年號	天災·水災·災區	天災·水災·災況	天災·旱災·災區	天災·旱災·災況	天災·其他災·災區	天災·其他災·災況	人禍·內亂·亂區	人禍·內亂·亂情	人禍·外患·患區	人禍·外患·患情	人禍·其他·亂區	人禍·其他·亂情	附註
一〇一五	眞宗大中祥符八年 契丹聖宗開泰四年	坊州	七月,大雨河溢,民有溺死者。(志)	京師、陝西州府五	旱。(志)畿。(志)							通州 甯州	四月,榮王元儼宮火自三鼓,北風甚,延燔左承天祥符門內藏庫,朝天殿,乾元門,崇文院祕閣,天書法物內香藏庫。(志) 九月,遼師攻高麗之通州,高麗將鄭神勇引兵繞遼師陣後,擊殺七百餘人,神勇戰死。遼師進攻甯州,不克而退。高麗將高積餘追之,敗死,遼師遂取定遠、興化二鎮,城之。	

一〇一六
眞宗大中祥符九年 契丹聖宗開泰五年
秦州 延州 雄、霸、利州
六月，水壞官廨民舍二百九十五區，溺死六十七人。（志） 七月，山水泛溢，壞堤城。（志） 九月，河泛溢利州，水漂機閣萬二千八百間。
京師 大名府 澶州 相州
秋旱。（志） 旱。（志）
京畿、京東、西北、路、江淮、河東 大名、澶、相州
六月，蝗蝻繼生，彌亘郊野，食民田殆盡，入公私廬舍。七月，過京師，羣飛翳空，延至江、淮南趣河東。（志） 十二月，霜害稼。（志）
慶州
五月，夏州蕃騎千五百來寇慶州，內屬蕃部擊走之。
九月，嘉勒斯賚、宗哥等率蕃部兵三萬餘人入寇，至伏羌寨、三都谷，曹瑋擊敗之，逐北二十餘里，斬首千餘級。
郭州
正月，遼耶律世良、蕭庫哩與高麗戰於郭州西，破之，斬首萬餘級。

公曆	年號	天災：水災 災區	水災 災況	旱災 災區	旱災 災況	其他 災區	其他 災況	人禍：內亂 亂區	內亂 亂情	外患 患區	外患 患情	其他 亂區	其他 亂情	附註
一〇一七	眞宗天禧元年 契丹聖宗開泰六年			京師 陝西	春、秋，旱。（志） 夏，旱。（志）饑。（志）	開封府、京東、西、河北、河東、陝西、兩浙、荊湖、百三十州軍 和州 鎮戎軍 京師	二月，蝗蝻復生。（志） 蝗生，卵如稻粒而細。（志） 九月，風雹害民田八百餘畝。（志） 十一月，大雪苦寒，人多凍死。（志）				九月，遼蕭哈繂伐高麗，攻興化城九日不克，高麗將堅一、洪光，高義出戰，斬獲甚衆，遼師敗績。			

公元	年號	地區	災情	地區	災情	地區	災情	地區	災情	地區	災情	地區	災情
一〇一八	眞宗天禧二年 契丹聖宗開泰七年					永州 江陰軍	正月，大風發屋拔木。又大雪六晝夜方止。江陵溪魚皆凍死。(志) 四月，蝻生。(志)					蔡州 興化鎮 王城	二月，火燔數百區。 十一月，遼蕭巴雅爾攻高麗興化鎮，高麗遣其臣姜邯贊、姜民瞻禦之，遼師戰不利，乃由慈州直趨王城，大掠而還。十二月，遼師至茶、陀二河，邯贊等追兵大至，遼師大敗。
一〇一九	眞宗天禧三年 契丹聖宗開泰八年	滑州澶、濮、鄆、濟、單、徐諸州	六月，河決滑州城西南，漂沒公私廬舍，死者甚衆。歷澶、濮、鄆、濟、單、至徐州與清	江浙及利州	饑。(志)	徐州、利國監	五月，大風起西南，壞廬舍二百餘區，壓死十二人。(志)						

公歷	年號	天災：水災 災區	天災：水災 災況	天災：旱災 災區	天災：旱災 災況	天災：其他 災區	天災：其他 災況	人禍：內亂 亂區	人禍：內亂 亂情	人禍：外患 患區	人禍：外患 患情	人禍：其他 亂區	人禍：其他 亂情	附註
			河合浸，城壁不沒者四板。（志）											
一〇二〇	眞宗天禧四年 契丹聖宗開泰九年	滑州	六月，河決滑州，由滑州歷澶、濮、單至徐州，河道既塞，是月，復決於西北。（志）	利路州	春旱。									
				京師	夏旱。（志）									
				淮南江浙和州	春，饑。									
一〇二一	眞宗天禧五年 契丹聖宗太平元年			京師	冬旱。（志）	華州	九月，少華山摧，陷于原坡，東西五里，南							

	一〇二二	（續前）
年號	眞宗乾興元年 契丹聖宗太平二年	
地區	秀州 鹽山、無棣	
災情	正月，水災，民多艱食。（志） 十月，海潮溢，壞公私廬	
		北十里，潰散壞裂，湧起堆阜，各高數十丈，長若隄岸，至陷居民大社，凡數百戶，林木廬舍亦無存者。（志）
地區	永州	
火災	軍營火延民舍數百餘區。（志）	

公曆	年號	天災 水災 災區	天災 水災 災況	天災 旱災 災區	天災 旱災 災況	天災 其他災 災區	天災 其他災 災況	人禍 內亂 亂區	人禍 內亂 亂情	人禍 外患 患區	人禍 外患 患情	人禍 其他禍 亂區	人禍 其他禍 亂情	附註
		京東、淮南	舍，溺死者甚衆。水災。(志)											
一〇二三	仁宗天聖元年 契丹聖宗太平三年	徐州	水災。(志)				五月，大雨雹。(志)							
一〇二四	仁宗天聖二年 契丹聖宗太平四年				春，不雨。(志)		七月，大雨雹。(志)							
一〇二五	仁宗天聖三年 契丹聖宗太平六年	襄州	十一月，漢水壞民田。(志)	晉、絳、陝、解 陝西	饑。(志) 八月，陝西州軍旱災。(圖)							蘄州	二月，權貨務火。(志)	
一〇二六	仁宗天聖四年 契丹聖宗太平五年	劍州、邵武軍	六月，大水，壞官私廬舍七千九百餘區，									甘州	五月，遂命西北路招討使蕭惠將兵伐甘州回鶻。	

			死者百五十餘人。(志)				
		河南府、鄭州	大水。(志)				
		京山縣	十月，山水暴漲，漂死者衆。				
		陳留 京城	汴水溢，決陳留堤。又決京城西賈陂。				
一〇二七	仁宗天聖五年 契丹聖宗太平七年	襄、潁、許、汝等州	三月，水。(志)		夏秋，大旱。	磁州	五月，蟲食桑。(志)
		泰州鹽官鎮	七月，大水，民多溺死。(志)	京兆府	十一月，旱。(志)	邢、洺、趙州	七月，蝗。(志)
						京兆府	十一月，蝗。(志)

公歷	年號	天災 水災 災區	水災 災況	旱災 災區	旱災 災況	其他災 災區	其他災 災況	人禍 內亂 亂區	內亂 亂情	外患 患區	外患 患情	其他禍 亂區	其他禍 亂情	附註
一〇二八	仁宗天聖六年 契丹聖宗太平八年	江甯府、揚、眞、潤三州 雄州 臨潼縣 楚王埽	七月,江水溢,壞官私廬舍。(志) 大水。(志) 八月,山水暴漲,民溺死者甚衆。(志) 河決。(志)		四月,不雨。(志)	京師 河北、京東	雨雹。(志) 五月,蝗。(志)				正月,黨項侵邊界,邊師擊破之。五月,交趾寇邕州,遣人入交趾,諭以利害,李公蘊拜章謝罪。			
一〇二九	仁宗天聖七年 契丹聖宗太平九年	河北 河北	二月,水災。(圖) 六月,大水,壞澶州浮梁。(志)											六月,玉清昭應宮災,初火中祥符元年,詔建宮以藏天書,七年宮始成,凡三千六百一十楹,至是火發。(志)

一〇三〇	仁宗天聖八年 契丹聖宗太平十年									東京	三月，遼都統蕭孝穆圍東京，去城五里四面築城堡，起樓櫓，使內外不相通。八月，東京被圍既久，城中撤屋以爨。賊將楊詳世密送款，夜開南門納遼軍，禽大延琳。			
一〇三一	仁宗天聖九年 契丹聖宗太平十一年				十一月，旱。(圖)									
一〇三二	仁宗明道元年 契丹興宗重熙元年	大名府寇氏等八縣	四月，水浸民田。(志)	畿縣 京東、淮南、江東	五月，久旱傷苗。(志) 饑。(志)								八月，修文德殿成，是夜禁中火，延燔崇德、長春、滋福、會慶、崇徽、天和、承明、延慶八殿。(志)	
一〇三三	仁宗明道二年 契丹興宗重熙二年			南方	七月，旱。(圖) 大旱，種餉皆絕，人多流亡，因饑成疫者十二三。		七月，蝗。(圖)							

公歷	年號	天災						人禍						附註
		水災		旱災		其他		內亂		外患		其他		
		災區	災況	災區	災況	災區	災況	亂區	亂情	患區	患情	亂區	亂情	
一〇三四	仁宗景祐元年 契丹興宗重熙三年	泗州 澶州橫隴埽 洪州分寧縣	閏六月，淮、汴溢。(志) 七月，河決。(志) 八月，山水暴發，漂溺民居二百餘家，死者三百七十餘口。(志)	淮南、江東、西川	官家粥糜以飼之，得食輒死。(圖) 饑。(志)	開封府 淄州 無錫縣	六月，蝗。(志) 諸路募民掘蝗種萬餘石。(志) 大風發屋，民被壓死者衆。(志)			夏州 龍馬嶺	七月，慶州、柔遠蕃部巡檢嵬逋領兵入夏州界，攻破後橋、新修諸堡。是月趙元昊率萬衆來寇，稱報讎。緣邊都巡檢楊遵、柔遠寨監押盧訓以騎七百戰於龍馬嶺，敗績。			

一〇三五	仁宗景祐二年 契丹興宗重熙四年											盤牛城 青唐、安二、宗哥、帶星嶺	十二月，趙元昊遣蘇奴兒將兵二萬五千攻嘉勒斯賚，敗死略盡，蘇奴兒被執。元昊自率衆攻盤牛城，一月不下，既而詐約和，城開乃大縱殺戮。又攻青唐、安二、宗哥、帶星嶺諸城，嘉勒斯賚部將安子羅以兵十萬絕歸路。元昊晝夜戰二百餘日，子羅敗，然兵溺宗哥河及饑死過半。	
一〇三六	仁宗景祐三年 契丹興宗重熙五年	虔、吉諸州	六月，久雨，江溢。壞城廬，人多溺死。	河北	六月，久旱。(志)							澶州	七月，太平興國寺火起閣中，延燔開先殿及寺舍數百楹。(志) 十月，橫龍水口西岸料物場火	

公曆	年號	天災 水災 災區	水災 災況	旱災 災區	旱災 災況	其他災 災區	其他災 災況	人禍 內亂 亂區	內亂 亂情	外患 患區	外患 患情	其他亂 亂區	其他亂 亂情	附註
												瓜、沙、蘭三州 蘭州	焚薪芻一百九十餘萬。(志) 十二月，趙元昊再舉兵攻回紇、瓜、沙、蘭三州，盡有河南故地，將謀入寇，恐嘉勒斯賚擬其後，復舉兵攻蘭州，諸羌南侵至馬銜山築城瓦川會，留兵鎮守，絕吐蕃與中國相通路。	
一〇三七	仁宗景祐四年 契丹興宗重熙六年	杭州	六月，大風雨，江潮溢岸，高六尺，壞堤千餘丈。(志)		五月旱。(圖)	忻、代、并三州	十二月，地震，壞廬舍，覆壓吏民。忻州死者萬九千七百							

		越州	八月,大水,漂溺居民。(志)				四十二人,傷者五千六百五十五人,畜死者五萬餘。代州死者七百五十九人。并州死者千八百九十人。(志)		
一〇三八	仁宗寶元元年　契丹興宗重熙七年	建州	自正月雨至四月不止,谿水大漲入州城,壞民廬舍,溺死者甚衆。(志)			京師	十二月,地震。(圖)	安化	十一月,詔廣西路鈐轄司趣宜、融州進兵討安化蠻,官軍鈐轄張懷志等六人皆死。帝命馮伸已知桂州兼廣西鈐轄,馳至宜州,三路以進衆蠻皆降。

公曆年	年號	天災：水災 災區	水災 災況	旱災 災區	旱災 災況	其他災 災區	其他災 災況	人禍：內亂 亂區	內亂 亂情	外患 患區	外患 患情	其他禍 亂區	其他禍 亂情	附註
一〇三九	仁宗寶元二年 契丹興宗重熙八年			益梓利夔路	饑。(志)		蝗(志)			保安軍 承平塞	十一月，夏人寇保安軍，鄜延鈐轄盧守懃等擊走之。賊又以三萬騎圍承平塞，鄜延副部署許懷德時在城中率勁兵千餘人突圍破賊，賊乃解去。	益州、曹、濮、單三州	六月火，焚民廬舍二千餘區。(志)	
一〇四〇	仁宗康定元年 契丹興宗重熙九年	滑州	九月，大河泛溢，壞民廬舍。(志)							保安 金明寨 延城 金明寨、安遠、塞門、永平等寨 塞門寨 安遠寨 三川寨	正月，元昊乘延州范雍不備，乃舉兵攻保安。自土門路入。又攻金明寨，都監李士彬父子俱被禽，遂乘勝抵延州城下，圍攻凡七日，賊始解去。 二月，元昊既陷金明寨，遂攻安遠、塞門、永平等寨。 五月，元昊陷塞門寨及安遠寨。 九月，夏人寇三川寨，鎮戎軍西路都巡檢楊保吉死之，涇原路都監劉繼宗、李緯、王秉等分兵出戰，皆失利。涇原路都監開封王珪			

将三千騎來援，自瓦亭寨至師子堡，賊圍之數重，珪奮擊，賊披靡，殺賊將二人，獲首級甚多，賊遂留軍縱掠凡三日，官軍戰歿者五千餘人。

一〇四一	
仁宗慶曆元年 契丹興宗重熙十年	

地點	記事
無定河	無定河番部鈔邊，率屬羌討擊，前後斬首數百。
白豹城	環慶副都部署任福等攻夏白豹城，克之，軍還，賊遣百騎躡其後。守神林北路都巡檢開封范全設伏崖險，賊半渡邀擊之，斬首四百級。
張家堡	二月，鎮戎軍西路都巡檢常鼎同巡檢內侍劉肅與賊戰于張家堡南，斬首數百，賊佯北，環慶副部署任福與先鋒桑懌引騎躡其後，朱觀、武英又爲一軍，約會兵進討，不使逸去。福等不知賊之誘，悉力奔逐，至
龍竿	龍竿城北遇賊大軍，士卒多死，懌、肅及福父子均戰死。

公曆	年號	天災 水災 災區	水災 災況	旱災 災區	旱災 災況	其他 災區	其他 災況	人禍 內亂 亂區	內亂 亂情	外患 患區	外患 患情	其他 亂區	其他 亂情	附註
										麟府二州 甯遠砦 豐州	七月，元昊寇麟、府二州，折繼閔敗之。 八月，元昊破甯遠砦，焚倉庫樓櫓。復領兵攻府州，城上矢石亂下，賊死傷殆盡，餘賊乃引退，縱兵四掠。又復圍豐州，陷之。 九月，元昊已破豐州，引兵屯琉璃堡。鄜延都鈐轄張亢乘賊無備，夜引兵襲擊大破之，斬首二百餘級。王信、張岊等各分兵夾擊之，賊潰，斬首數百，自相蹂踐而死者以數千計。			
一〇四二	仁宗慶曆二年 契丹興宗重熙十一年										四月，延州麗籍使部將狄青萬餘人築招安寨於橋子谷旁，卻賊數萬，募民耕植得粟以濟軍，周美襲取承平寨，王信築龍安寨，悉復賊所據故地。 五月，以張亢為高陽關鈐			

柏子寨　轄自護南郊賞物送麟州，賊以兵數萬趨柏子寨斷亢歸路，亢所率將才三千人乘大風力擊之，斬首六萬餘級。乃修建寧寨，賊數

兔毛川　出爭，遂於兔毛川，亢計敗之，賊大潰，復斬首二千餘級。

定川寨　閏九月，涇原副都部署葛懷敏與元昊戰歿于定川寨，曹英等十六將亦皆遇害。

一〇四三

仁宗慶曆三年

契丹興宗重熙十二年

陝西河中、同華等州　春，夏不雨。冬，大旱。饑。

忻州　五月，地大震。（志）

沂州　五月，王倫叛于沂州。

金州　九月，羣盜入金州刼府庫，恣行掠奪。

九月桂陽洞蠻寇邊，湖南提刑募兵，討平之。

光化軍　十月，光化軍員僚邵興率衆盜庫，焚掠居民。

十一月平邵興及其賊衆。

十二月，桂陽監猺賊復寇邊。詔轉運使郭輔之等攻討蠻猺，並就便招撫之。

公歷	年號	天災						人禍						附註
		水災		旱災		其他災		內亂		外患		其他亂		
		災區	災況	災區	災況	災區	災況	亂區	亂情	患區	患情	亂區	亂情	
一〇四四	仁宗慶曆四年 契丹興宗重熙十三年							廣西 三江砦 保州	二月，宜州蠻區作亂。遣王昭明往宜州，召募勇敢入洞，捕擊蠻賊。 三月，涇原副都部署狄青領兵巡邊，蕃部驚擾爭收積聚，殺吏民爲亂。 四月，黨項等部及山西族節度使吉里以五部叛，降西夏。 七月，夷人寇三江砦，清井監官兵擊走之。 八月，保州擁都監韋貴據城叛，令楊懷敏率兵進剿，將其造逆者四百二十九人，悉坑殺之。	青澗	五月，西賊寇青澗城，宣武副都頭劉岳等與戰敗之。		五月，遼都監羅漢努奏所發部兵，與黨項戰不利，元昊敗兵助叛黨。遼徵諸道兵，會西南邊，以討元昊。九月，遼主親征元昊。十月，遼主督數路掩襲，夏人已有備，遼師大潰，蹂踐而死者不可勝計。	
一〇四五	仁宗慶曆五年 契丹興宗重熙十四年				二月，久旱。(圖)				三月，西廣轉運使杜杞勒兵攻破白崖、黃泥、九居山寨及五峒，焚毀積聚，斬首百餘級。又在環州設伏兵，禽誅七十餘人，並得希範，					

公元	年號								
									臨之。十一月，徐州孔直溫謀叛，旋受誅，濮州復有謀叛者，民相搖驚，遣呂居簡馳往，得其首惡誅之。
一〇四六	仁宗慶曆六年 契丹興宗重熙十五年					登州	三月，地震，岠嵎山摧，自是震不已，每震則海底有聲如雷。		二月，朝廷用荆湖南路轉運使周沆策，卒平蠻寇。十月，詔發兵討湖南猺賊。十一月，湖南猺寇英、韶州界。
一〇四七	仁宗慶曆七年 契丹興宗重熙十六年			京師	正月至三月，不雨。			貝州	十一月，貝州宣毅卒王則據城反，僭號東平郡王，以張巒爲宰相，卜吉爲樞密使，建國曰安陽。賈昌朝遣大名府鈐轄郝質，將兵趨貝州。十二月，以王信爲貝州城下招捉都部署。

公歷年	年號	天災 水災 災區	水災 災況	旱災 災區	旱災 災況	其他災 災區	其他災 災況	人禍 內亂 亂區	內亂 亂情	外患 患區	外患 患情	其他亂 亂區	其他亂 亂情	附註
一〇四八	仁宗慶曆八年 契丹興宗重熙十七年	澶州 衛州 河北	六月，河決商胡埽。是月恆雨。七月，大雨水，諸軍走避數日絕食。是歲河北大水。					貝州	正月，明鎬督諸將攻貝州城，久不下，帝憂之，間輔臣策安出，彥博乞自往討賊。官軍攻貝州城，甚急，賊盡銳禦之。閏正月，文彥博選壯士二百，銜枚由地道入。既出，登城殺守陴者，垂絙引官軍。賊縱火牛，官軍稍卻。軍校楊遂以槍中牛鼻，牛還走，賊衆驚潰，王則開東門遁。王信捕得則，餘黨保邨舍，皆焚死。則自反至敗，凡六十五日。			江甯府	正月，火。初李景江南大建宮室府寺，其制多倣帝室。至是一夕而焚，唯燭殿獨存。	
一〇四九	仁宗皇祐元年 契丹興宗重熙十八年	河北 乾甯	二月，河北黃、御二河決，並注於乾甯軍，河朔頻年水災。		五月，遣官祈雨。	河北	二月，疫。(圖)	邕州	二月，淯井蠻寇邊。四月，淯井監夷人平。九月，廣源州蠻寇邕州，詔江南福建等路發兵備之。十二月，遣入內供奉高懷政督捕邕州盜賊。			涼州	九月，遼舉兵討夏人，夏人奄至，士卒死傷不可勝計。十月，遼軍攻夏涼州，至賀蘭山。夏以三千人扼險，力戰破之。	

一〇五〇	仁宗皇祐二年 契丹興宗重熙十九年	鎮定	鎮定復大水,並邊尤被其害。		三月,祈雨。(圖)	秀州	十一月,秀州地震。有聲自西北起如雷。					金肅城 三角州	二月,夏將攻遼金肅城,遼南面林牙杲嘉努等擊破之,斬首萬餘級。三月,遼殿前都點檢蕭迪里特,與夏人戰於三角州,敗之。五月,遼軍入夏境,不見敵,縱掠而還。九月,夏侵遼邊界。漆水郡王耶律達和克遣六院軍將諸里擊敗之。
一〇五一	仁宗皇祐三年 契丹興宗重熙二十年	館陶縣	九月,河決郭固口。		恩、冀諸州旱。三月分遣朝臣詣天下名山大川祠廟祈雨。八月,汴			恩州	八月,明鎬引諸州兵平恩州。				

公曆	年號	天災：水災 災區	水災 災況	旱災 災區	旱災 災況	其他 災區	其他 災況	人禍：內亂 亂區	內亂 亂情	外患 患區	外患 患情	其他 亂區	其他 亂情	附註
一〇五二	仁宗皇祐四年 契丹興宗重熙二十一年	鄜州	八月，大水壞軍民廬舍。		河絕流、京東、淮南、兩浙、荊湖、江南饑。	淮南	七月，大風起西北方拔木。旱蝗。是歲京師飛蝗蔽天。十月，疫。（圖）	邕州、橫州、貴州、龔州、藤州、梧州、封州、康州、端州、廣州、賀州	四月，儂智高等率衆五千，沿鬱江東下，攻破橫山寨。寨主張日新、邕州都巡檢高士安、欽橫州同巡檢吳香，死之。五月，儂智高破邕州。執知州陳珙等。兵死者千餘。智高既爲邕州，即僞建大南國，僭號仁惠皇帝。其後入橫州、貴州、龔州、藤州、梧州、封州、康州、端州、圍廣州。死者甚衆，賊勢益張，命知韶州陳曙領兵討之。七月，廣州被圍五十七日，賊知不可拔，解去。由清遠縣攻賀州不克。					

								昭州 賓州、邕州 金城	九月，儂智高破昭州。 十月，儂智高入賓州，復入邕州。 十二月，廣西鈐轄陳曙，擊儂智高兵敗於金城驛。
一〇五三	仁宗皇祐五年 契丹興宗重熙二十二年				十月，旱。(圖)	建康府	蝗。 十月，蝗。(圖)	廣吳嶺、啞兒峽	正月，狄青討儂智高，大敗之。捕斬二千二百級，其黨黄師宓、儂建中、智忠並僞官屬死者五十七人，生擒五百餘人。 二月，詔廣西都監蔣注等追捕儂智高。 三月，青唐族羌攻破廣吳嶺堡，圍啞兒峽寨，殺官軍千餘人。 閏七月，秦鳳路言部署劉渙等破蕃部，斬首二千餘級。
一〇五四	仁宗至和元年 契丹興宗重熙二十三年					京師	正月，京師大雪，貧弱之民凍死者甚衆。 正月，疫。(圖)		

公歷	年號	天災						人禍						附註
		水災		旱災		其他災		內亂		外患		其他亂		
		災區	災況	災區	災況	災區	災況	亂區	亂情	患區	患情	亂區	亂情	
一〇五五	仁宗至和二年 契丹道宗重熙二十四年					河東	河東自春隕霜殺桑。	蘇茂州	正月邕州言蘇茂州蠻內寇。詔廣西發兵討之。十月下溪州蠻彭仕羲入寇。知長州宋守信,帥兵數千深入討之,官軍戰死者十六七。					
一〇五六	仁宗嘉祐元年 契丹道宗清甯二年	河北	四月,諸路江河決溢,河北尤盛。			京都	正月,大雨雪泥塗盡冰,都民寒餓死者甚衆。							
一〇五七	仁宗嘉祐二年 契丹道宗清甯三年	開封府及京東西河北	六月,開封府界及京東西、河北水潦害民田。自五月大雨不止,水冒安	夔州	七月,夔州路旱。(圖)	雄州幽州	雄州北界,幽州地大震,大壞城郭,覆壓者數萬人。	清井	二月,梓夔路三里郵夷人,寇清井監。澧州、羅城洞蠻內寇,發兵擊走之。四月,火峒蠻儂宗旦聚衆入寇。知桂州、蕭固,獨請以敕招降。轉運使王罕乃領兵次境上,使人招宗旦子日新,謂曰:汝父內爲交					

一〇五八	（續前）
仁宗嘉祐三年 契丹道宗清甯四年	
	京東、西、荊湖北路
七月，索廣濟河溢浸民田。	上門門關折壞官、私廬舍數萬區，城中擊栰渡人。 七月，京東、西、荊湖北路水災，淮水自夏秋暴漲，壞浸泗州城，是歲諸路江河溢決，河北尤甚，民多流亡。
夔州路	
旱。	
夔州路	
饑。	
邵州	
六月，蠻反邵州，殺隊將及其部兵，故委潘鳳經制蠻事。鳳駐兵賁木寨，親督兵援所遣將，破團峒九十餘。	址所仇，外爲邊臣希賞之餌，歸報汝父，可擇利而行，于是宗旦父子皆降，南事遂定。
	五月，幷、代鈐轄管勾麟府軍馬開封郭恩與夏人戰于斷道塢，死之。走馬承受黃道元，府州甯府寨監押劉慶被執，死傷數百人。 七月，知麟州武勘除名江州編管，坐與夏人戰斷道塢而棄軍先入城也。
溫州	
正月，火燔屋萬四千間，死者五十人。	

公曆年	年號	天災						人禍						附註
		水災		旱災		其他災		內亂		外患		其他禍		
		災區	災況	災區	災況	災區	災況	亂區	亂情	患區	患情	亂區	亂情	
一〇五九	仁宗嘉祐四年 契丹道宗清寧五年						四月，雨雹。							
一〇六〇	仁宗嘉祐五年 契丹道宗清寧六年	蘇、湖二州	七月水災。	梓州路	夏秋不雨。		五月，京師民疫。（圖）	邕州	四月，權同判尚書刑部李綖言刑部一歲中殺父母叔伯兄弟之妻殺夫殺妻殺妻之父母凡百四十。劫盜九百七十。 七月，邕州言交址與甲峒蠻合兵寇邊，都巡檢宋士堯拒戰死之。詔發諸州兵討捕。 十二月，蘇茂州蠻寇邕州。					
一〇六一	仁宗嘉祐六年 契丹道宗清寧七年	泗州	七月，泗州淮水溢。											

一〇六二	仁宗嘉祐七年 契丹道宗清寧八年	代州 竇州	六月，大雨，山水暴入城。七月，山水壞城，河決北京第五埽。		三月，旱。									
一〇六四	英宗治平元年 契丹道宗清寧十年	慶、許、蔡、潁、杭諸州 陳州	慶、許、蔡、潁、唐、泗、濠、楚、盧、壽、杭、宣、鄂、洪、施、渝州、光化軍水。 九月，水災。	京師、鄭、滑、蔡、汝、潁、曹、濮、洺、磁、晉、耀、登等州、河中府、慶成軍	春，踰時不雨。旱。					秦、鳳、涇、原	九月，夏數出兵寇秦、鳳、涇、原，殺掠人畜以萬計。			
一〇六五	英宗治平二年 遼道宗咸雍元年	京師	八月，大雨，地上湧水，壞官、私廬舍，漂人		春，不雨。									

公曆	年號	天災·水災·災區	天災·水災·災況	天災·旱災·災區	天災·旱災·災況	天災·其他·災區	天災·其他·災況	人禍·內亂·亂區	人禍·內亂·亂情	人禍·外患·患區	人禍·外患·患情	人禍·其他·亂區	人禍·其他·亂情	附註
			民畜產不可勝數。無主者千五百八十人。											
一〇六六	英宗治平三年 遼道宗咸雍二年									大順城	九月，夏國主諒祚舉兵寇大順城。			
一〇六七	英宗治平四年 遼道宗咸雍三年					漳、泉、建州、邵武、興化軍等處	秋，地震，潮州尤甚。折裂泉、浦，壓覆州郭及兩縣屋宇，士民軍兵死者甚衆。						十二月，睦親宮火，焚九百餘間。	

年代	年號	地區	災情		災情	地區	災情
一〇六八	神宗熙甯元年 遼道宗咸雍四年	霸州、保定軍	秋，霸州山水漲溢，保定軍大水，害稼，壞官私廬舍城壁，漂溺居民。		正月，旱。（圖）	秀州	蝗。
						鄜州	秋，雨雹。
		恩、冀二州	恩、冀河決，漂溺居民。			須城、莫州、瀛州、冀州、滄州、潮州	是歲數路地震。瀛州有一日十數震，有踰半年震不止者。樓櫓民居多摧覆，壓死者甚衆。

公曆	歷年號	天災：水災 災區	天災：水災 災況	天災：旱災 災區	天災：旱災 災況	天災：其他 災區	天災：其他 災況	人禍：內亂 亂區	人禍：內亂 亂情	人禍：外患 患區	人禍：外患 患情	人禍：其他 亂區	人禍：其他 亂情	附註
一〇六九	神宗熙甯二年 遼道宗咸雍五年	滄州 饒安 泉州	八月，河決，漂溺居民。 大風雨，水溢，損田稼，漂廬舍。		三月旱甚。								九月，遼耶律仁先，奉命討準布。大敗之，北邊安。	
一〇七〇	神宗熙甯三年 遼道宗咸雍六年			京畿 衞州、 河北、陝西	諸路旱。 六月旱。 八月旱。 旱。	京師	七月雨雹。				五月，夏人號十萬，築鬧訛堡。知慶州李復圭，出戰大敗。八月，夏人大舉入環慶，攻大順城、柔遠砦、荔原堡、懷安鎮、東谷、西谷二砦。屯榆林，距慶州四十里。游騎至			

										城下，九日乃退。鈐轄郭慶、都監高敏、魏慶宗、秦勃等死之。	
									大順城	十一月，夏人寇大順城，都監燕達等擊走之。	
									鎮戎軍	十二月，夏人寇鎮戎軍、三川砦，巡檢趙普伏兵邀擊，敗之。	
一〇七一	神宗熙甯四年　遼道宗咸雍七年	全州	八月，大水毀城，壞官私廬舍。	河北	旱，饑。		二月，大風異常，百姓驚恐。	三月，慶州軍叛，詔罷西師，棄囉兀城。詔討慶州叛卒，平之。	渝州	正月，韓絳使种諤襲夏人，敗之。渝州部夷梁承秀等叛，命夔州路轉運使孫構討平之。	
									撫甯	三月，夏人陷撫甯諸城，諤在綏德節制諸軍，夏人至，新築諸堡悉陷，將士歿者千餘人。	
一〇七二	神宗熙甯五年　遼道宗咸雍八年			北京	自春至夏不雨。	河北	大蝗。		環慶	二月，夏人數萬集胡盧河，蔡挺出奇兵迎擊之，遂潰。遣四將分路追討，破其七族。夏人復犯諸砦，環慶兵	三月，遼北部叛，烏庫德呼勒部耶律巢率師進討。

公曆	年號	水災 災區	水災 災況	旱災 災區	旱災 災況	其他 災區	其他 災況	內亂 亂區	內亂 亂情	外患 患區	外患 患情	其他 亂區	其他 亂情	附註
											不能禦，遣張玉以萬人往解其圍。慶州兵變，關中大擾，遣討平之。八月，秦鳳路沿邊安撫使王韶引兵城渭源堡。破蒙羅角，遂城乞神平。破抹耳水巴族。羌潰走，遂城武勝。王韶又破瑪爾戩於鞏令城，降其部落二萬餘人。			
一〇七三	神宗熙甯六年 遼道宗咸雍九年					淮南、江東、劍南、西川、閬州 河北諸路 江甯府	饑。 四月，蝗。 飛蝗自江北來。		五月，瀘夷叛。	秦州 河州、宕州、洮州	二月，夏人寇秦州，都巡檢使劉維吉敗之。九月，岷州首領廱琳沁以其城來降。初，王韶既復河州，會降羌叛。韶回軍擊之，吐蕃、瑪爾戩以其間據河州。韶進破訶諾木藏城，穿露骨山，南入洮州境。瑪爾韶留其黨守河州，自將尾官軍，韶力戰破走之，河州復平，進攻宕州，拔之。通洮			

									十月，章惇擊江南蠻，平之。		州路，摩琳沁聞降。詔入岷州，於是疊、洮二州羌酋皆相繼詣軍中，以城聽命。軍行凡五十四日，涉千八百里，得州五，斬首數千級。	
一〇七四	神宗熙甯七年　遼道宗咸雍十年	熙州	六月，大雨，洮河泛溢。	河北、河東、陝西、京東、西、淮南諸路	自春及夏，久旱。九月，諸路復旱，時新復洮河亦旱。羌戶多殍死。	京畿、河北、京東、西淮、西成、鄜利、州、延、常潤、諸州、威勝、保安軍、京師、開封	饑。四、五月，雨雹。夏界府及河北路蝗。		正月，遣大將王宣等率軍進討河陰，賊悉力旅拒，敗之黃葛下。追奔深入，柯陰、鬼、氐、羅、烏蠻、竂乞降，於是諸夷皆求內附。		二月，知河州景思立與青宜結果莊戰於踏白城，敗死，賊遂圍河州。三月，瑪爾戩寇岷州，總管高遵裕遣包順等擊走之。四月，王韶還熙州，以兵循西山，繞出踏白城後，焚賊八千帳，斬首七十餘級，瑪爾戩鈞蘂，率酋長八十餘人，詣軍乃降。	九月，三司火，自巳至戌，焚屋千八百楹，案牘殆盡。十二月，五國穆延部舍音貝勒復叛，遼阿庫納伐之，舍音敗走。
一〇七五	神宗熙甯八年　遼道宗太康元年	潭、衡、邵、道諸州	四月，江水溢，壞官、私廬舍。	眞定府　淮南、兩浙、	四月，大旱。旱。旱。	兩河、陝西、南、淮浙	饑。		閏四月，廣源州蠻劉紀寇邕州、歸化州，儂智會敗之。十一月，渝州南川獠木斗叛，命秦鳳轉運使熊本往	欽州、廉州	十一月，交阯分三道入寇，陷欽州、廉州。	

公曆年	年號	天災：水災 災區	水災 災況	旱災 災區	旱災 災況	其他 災區	其他 災況	人禍：內亂 亂區	內亂 亂情	外患 患區	外患 患情	其他 亂區	其他 亂情	附註
				江南、荊湖等路		鄜州 涇州、淮西、陳、潁二州	夏，雨雹。 八月，蝗蔽野。		安撫之。					
一〇七六	神宗熙寧九年 遼道宗太康二年	太原府 海陽、潮陽	七月，汾河夏秋水霖雨，大漲。十月，海潮溢，壞廬舍，溺居民。	河北、京東、京西、河東、陝西	八月，旱。	雄州 京師 開封府、京畿東、河北、陝西、海陽、潮陽	饑。 二月，雨雹。 夏，蝗。十一月，颶風害民居，田稼。		七月，靜州將楊文緒結蕃部謀叛，王中正斬之以徇。朱崖軍黎賊黃婴入寇，詔廣南西路嚴兵備之。		正月，交阯圍邕州，知州蘇緘悉力拒守，外援不至，城遂陷。交人盡屠其民，凡五萬八千餘口。二月，宗噶爾首領果莊寇五牟谷，蕃官蘭氈、訥克等邀擊，大破之。三月，果莊復寇五牟谷，熙河鈐轄韓存寶敗之。四月，茂州夷寇邊。六月，綿州都監王慶、崔昭用、劉珪、左侍禁張義援茂州，戰死。			

一〇七七	
神宗熙寧十年 遼道宗太康三年	
七月，河決曹村，下埽，澶淵絕流，河南徙，又東匯於梁山張澤濼，	
春，諸路旱。	
漳、泉州、興化軍 武城 鄜州 秦州 溫州	
饑。 夏，雨雹。 大雨雹。 九月，大	
	十一月，包順等破果莊兵于多移谷。果莊寇岷州，种諤以輕兵襲擊于鐵城，敗之。 十二月，郭逵敗交阯于富良江，斬首數千級，賊窮蹙歸命，時兵夫三十萬人冒暑涉瘴地，死者過半。冷雞朴誘山後生羌擾邊，李憲乘諸羌無鬥志擊之，殺獲萬計，並斬冷雞朴。
開封府	
正月，仙韶院火，撤屋二百五十楹。（志） 三月，火。	

公歷	年號	天災						人禍						附註
		水災		旱災		其他災		內亂		外患		其他		
		災區	災況	災區	災況	災區	災況	亂區	亂情	患區	患情	亂區	亂情	
		洺州、河陽、滄州、衛州	凡壞郡縣四十五，官亭、民舍數萬，田三十萬頃。洺州漳河決，注城，大雨水二丈，河陽河水溢漲，壞南倉，溺居民，滄、衛霖雨不止，河、灤暴漲，敗廬舍，損田苗。(志)				風，雨漂城樓官舍。							

一〇七八	神宗元豐元年　遼道宗太康四年	章丘　舒州	河水溢，壞公、私盧舍、城壁、漂溺民居。舒州山水暴漲，浸官，私廬舍，損田稼，溺居民。			河北	饑。	三月，辰、沅猺賊寇邊州，兵擊走之。		邕州	八月，火焚官舍千三百四十六區，諸軍衣萬餘襲、穀、帛、軍器百五十萬。（志）
一〇七九	神宗元豐二年　遼道宗太康五年			河北、陝西、京東、西諸郡	春，旱。			二月，瀘州夷乞弟犯邊，詔王光祖等討之。五月，順州蠻叛，峒州兵討平之。	七月，夏兵犯綏德城，張方平、高永能等擊敗之。八月，夏人寇綏德城，都監李浦敗之。		
一〇八〇	神宗元豐三年　遼道宗太康六年	澶州	七月，河決澶州。（圖）		春，西北諸路旱。			四月，乞弟寇戎州，兵官王宣等戰歿。			

公曆	年號	天災·水災·災區	天災·水災·災況	天災·旱災·災區	天災·旱災·災況	天災·其他災·災區	天災·其他災·災況	人禍·內亂·亂區	人禍·內亂·亂情	人禍·外患·患區	人禍·外患·患情	人禍·其他禍·亂區	人禍·其他禍·亂情	附註
一〇八一	神宗元豐四年 遼道宗太康七年	澶州臨河	四月，小吳河溢，北流漂溺居民。五月，淮東泛漲。			鳳翔府、鳳階州 邕州 河北 泰州 靜海	饑。 六月，颶風壞城樓，官、私廬舍。(志) 蝗。(志) 七月，海風大雨，浸州城，壞公、私廬舍數千間。(志) 大風雨，毀官、私廬舍二千七百六十三		十二月，林廣師次納江，乞弟遣叔父阿汝納降。廣知其有詐，設伏兵擊之。蠻奔潰，斬大酋二十八人，乞弟脫走。		八月，夏人寇臨州堡，詔棟戩會兵伐之。種諤遣諸將出界，遇賊破之，斬首千級。熙河經制李憲，敗夏人於西市新城，獲酋首三人，首領二十餘人，又襲破于女遮谷，斬獲甚衆。九月，李憲復蘭州古城，時五路出師討夏國，自夏人敗創之後，所至部族皆降附。种諤以鄜、延兵分爲七軍，方陳而進，自綏德城出塞，攻圍米脂寨，夏兵救米脂砦，种諤率衆擊破之。又敗夏人于無定川。十月，种諤破米脂援軍。熙	衡州	火燒官舍民居七千二百楹。(志)	

盈。(志)

丹徒、丹陽	大風雨，溺民居，毀廬舍。大風潮，飄蕩沿江廬舍，損田稼。(志)
開封府	秋，蝗。(志)
石州	河兵至女遮谷與夏人遇戰敗之。种諤移軍據石州。涇原兵至磨臍隘，遇夏兵，與戰，敗之。斬獲大首領十五級，小首領二百十九級，擒首領統軍姪吃多理等二十二人，斬二千四百六十級。
夏州、銀州、環慶、通遠軍	种諤入夏州、銀州，環慶行營經略高遵裕復通遠軍。种諤遣曲珍等領兵通黑水、安定堡，路遇夏人，與戰，破之。王中正至宥州，高遵裕至韋州，李憲敗夏人於屈吳山。鄜延路鈐轄曲珍，破夏入於蒲桃山。高遵裕次旱海，林廣軍次土城山，涇原師次靈州。
靈州	十一月，高遵裕與夏人戰於靈州，兵敗。
靈州、黑水、囉逋川	諤駐兵麻家，士卒饑困，死者數千人。王中正還延州，士卒死亡者幾二萬。諸軍合攻靈州，种諤敗夏人于黑水，李憲敗夏人于囉逋

公曆	年號	天災：水災：災區	天災：水災：災況	天災：旱災：災區	天災：旱災：災況	天災：其他：災區	天災：其他：災況	人禍：內亂：亂區	人禍：內亂：亂情	人禍：外患：患區	人禍：外患：患情	人禍：其他：亂區	人禍：其他：亂情	附註
											川。种諤降[illegible]河平人戶，破石堡城，斬獲甚衆。种諤至夏州索家平，兵衆三萬人，以無食而潰。高遵裕以師還，夏人來追，遂潰。			
一〇八二	神宗元豐五年　遼道宗太康八年	陽武、原武	秋，河決，壞田廬。（志）		亢旱	朱崖軍	夏，蝗。六月，颶風毀廬舍。（志）		七月，廣南西知宜州王奇與賊戰，敗績。安化蠻寇宜州，知州王奇死之。	永樂城	三月，鄜延路副總管曲珍敗夏人於金湯。九月，夏人來攻永樂城，夏人傾國而至，號三十萬。夏人縱鐵騎渡水，鄜延選師大敗。將校寇偉、李思古、高世才、夏儼、程博古，及使臣十餘輩，士卒八百餘人盡沒。曲珍與殘兵入城，夏人遂圍城。詔李憲、張世矩將兵救永樂，夏人圍永樂城。將士晝夜血戰，城中乏水已數日，鑿井不得泉，渴死者大半。夏人蟻附登城，尚扶創格鬥。沈括、李憲援兵及饋餉，皆爲游騎所隔。遂陷。			

一〇八三	神宗元豐六年 遼道宗太康九年		汴水溢。(圖)		夏，畿內旱。(圖)	沂州	五月，蝗。夏，又蝗。(圖)			蘭州 麟州	二月，夏人圍蘭州，數十萬衆奄至，已而據兩關。李浩擊之，賊驚潰，爭渡河，溺死者甚衆。三月，夏人復來寇薛義敗夏人於葭蘆西嶺。高永翼敗夏人於眞鄉流部。四月，李浩敗夏人於巴義谿。 五月，夏人寇蘭州，圍九日。夏人寇麟州、神堂砦，知州訾虎督兵出戰，敗之。
一〇八四	神宗元豐七年 遼道宗太康十年	走田 河北東、西路北京	六月，大水損田稼。(志) 七月，水，北東西北京館陶水，河溢入府	河東	饑。					蘭州 延州 順德軍 定西城	正月，夏人寇蘭州，李憲等擊走之。 四月，夏人寇延州，安寨堡將呂眞敗之。 六月，夏人寇順德軍，巡檢王友死之。 夏人圍西定城，燒龕谷族帳，熙河將秦貴敗之。

公曆年號	天災·水災·災區	天災·水災·災況	天災·旱災·災區	天災·旱災·災況	天災·其他災·災區	天災·其他災·災況	人禍·內亂·亂區	人禍·內亂·亂情	人禍·外患·患區	人禍·外患·患情	人禍·其他禍·亂區	人禍·其他禍·亂情	附註
	趙、邢、洺、磁、相諸州 懷州	城，壞官私廬舍。八月，河水汎溢，壞城郭、軍營相州漳河決，溺臨漳縣居民。黃、沁河泛溢，大雨水損稼，壞廬舍、城壁，磁州諸鎮夏秋漳、滏河水泛溢，							熙河 靜邊砦	十月，夏人寇熙河。 夏人寇靜邊砦。涇原鈐轄彭孫敗之。			

			臨漳縣斛律口決，壞官、私廬舍，傷田稼，損居民。（志）											
一〇八五	神宗元豐八年　遼道宗太安元年	大名	十月，河決大名。（志）								四月，知太原府呂惠卿遣步騎二萬襲夏人於聚星泊，斬首六百級。		二月，開寶寺火。（志）	
一〇八六	哲宗元祐元年　遼道宗太安二年	大名　河北	二月，河決大名，壞民田，民艱食者衆。（志）是歲，河北、楚、海諸州水。（志）		春，諸路旱。（志）冬，復旱。（志）									

公曆	年號	天災						人禍						附註
		水災		旱災		其他災		內亂		外患		其他亂		
		災區	災況	災區	災況	災區	災況	亂區	亂情	患區	患情	亂區	亂情	
一〇八七	哲宗元祐二年 遼道宗太安三年				春，旱。(志)					洮東 洮州 鎮戎軍	四月，果莊使其子寇洮東。 五月，夏人圍南川砦。 六月，阿里骨遣果莊率衆竊據洮州，殺掠人畜。 七月，夏人寇鎮戎軍諸堡，劉昌祚等禦之而退。 八月，夏人寇三川諸砦，官軍敗之。 知岷州种誼復洮州，擒果莊青宜結。 九月，夏人寇鎮戎軍。			
一〇八八	哲宗元祐三年 遼道宗太安四年			京師、陝西	諸路旱京師尤甚。(志)				八月，渠陽蠻入寇。		三月，夏人寇德靜砦，將官張誠等敗之。 六月，夏人寇塞門砦。			
一〇八九	哲宗元祐四年 遼道宗太安五年			京師	春，京師及東北旱。(志)									

一〇九〇	哲宗元祐五年　遼道宗太安六年	浙西	水災。(圖)	京北	二月，旱。(圖)四月，旱。(圖)旱。						
一〇九一	哲宗元祐六年　遼道宗太安七年							熙河、蘭岷、鄜延路　懷遠砦　麟、府二州	四月，夏人寇熙河、蘭岷、鄜延路。八月，夏人寇懷遠砦。九月，夏人寇麟、府二州。十二月，夏人犯邊，知太原府范純仁自劾禦敵失策。	兩浙　開封府	七月，火災。(圖)十二月，火。
一〇九二	哲宗元祐七年　遼道宗太安八年							環州	十月，夏人寇環州及永和諸砦，折可適擊之，夏師大敗，死傷不可勝計。		
一〇九三	哲宗元祐八年　遼道宗太安九年	京畿、淮南、河北	自四月雨至八月，晝夜不息，畿內京東、西、淮南、河北諸路大水。		秋，旱。	福建、兩浙　京師	海風駕潮，害民田。十一月，大雪，多流民。			倒塌嶺	十月，遼阿嚕噶古敗于瑪古蘇，準布諸部皆應之，寇倒塌嶺。遼命烏庫節度使愼嘉努率兵援倒塌嶺。

公歷	年號	天災：水災	天災：旱災	天災：其他災	人禍：內亂	人禍：外患	人禍：其他禍	附註
一〇九四	哲宗紹聖元年　遼道宗太安十年	京畿、曹、濮、陳、蔡諸州　七月，京畿久雨，諸州水害稼。（圖）	春，旱。	四月，疫（圖）　蘇湖秀等州　秋，有風害民田。（圖）			正月，準布別部侵遼四捷軍都監特默死之。七月，準布諸部侵遼之倒塌嶺，大掠而返。九月，遼進討準布，斬首千餘級。	
一〇九六	哲宗紹聖三年　遼道宗壽昌二年		江東　大旱，溪澗竭。			義合砦　二月，夏人寇義合砦。 塞門砦　三月，夏人圍塞門砦。 甯順砦　八月，夏人寇甯順砦。 鄜延　十月，夏人大入鄜延。	十二月，遼討準布別部，破之。	
一〇九七	哲宗紹聖四年　遼道宗壽昌三年		兩浙　夏，旱。			綏德城　二月，夏人寇綏德城。 麟州、葭蘆城　三月，夏人犯麟州，至葭蘆城下，折克行破于長波川，斬首二千餘級，獲牛馬倍	五月，遼討準布，破之。 九月，遼討默將濟，捷。	

						洪州、鹽州	之。四月，知保安軍李折伐夏國，破洪州。環慶鈐轄張存入鹽州，俘戮甚衆。	
一〇九八	哲宗元符元年　遼道宗壽昌四年	河北、京東	大水。		旱。	平夏城	十月，夏人寇平夏城，章楶擊之，斬俘甚衆。	
一〇九九	哲宗元符二年　遼道宗壽昌五年	陝西、京西、河北、兩浙、蘇、湖、秀等州	六月，久雨，大水溢，漂人民，壞廬舍。兩浙、蘇、湖、秀等州尤罹水患。	京畿	春，旱饑。			九月，遼討西北邊部之爲寇者，俘獲甚衆。
一一〇〇	哲宗元符三年　遼道宗壽昌六年					鄯州	三月，王贍留鄯州，縱所部剽掠，羌衆攜貳，森摩等結諸族帳謀反，贍擊破之，悉捕斬城中羌，積級如山。沁羅結嘯聚數千人，圍邈川，夏人十萬衆助之。城中危	八月，遼西北諸部寇邊，擊敗之。

公歷	年號	天災·水災·災區	天災·水災·災況	天災·旱災·災區	天災·旱災·災況	天災·其他·災區	天災·其他·災況	人禍·內亂·亂區	人禍·內亂·亂情	人禍·外患·患區	人禍·外患·患情	人禍·其他·亂區	人禍·其他·亂情	附註
一一〇一	徽宗建中靖國元年　遼天祚帝乾統元年			衢州、信州、兩浙、湖南、福建	旱。(圖)旱。(圖)	太原府	十一月，地震，晝夜不止。壞城壁屋宇，人畜多死。				甚，苗履姚雄帥所部兵來援，圍始解。			
						京畿	蝗。							
一一〇二	徽宗崇寧元年　遼天祚帝乾統二年	開封	七月，雨水壞民廬舍。	江、浙、熙、河、漳、泉、潭、衡、郴州、興化軍	饑，旱。	河東、太原等郡	正月與二月，地震，人民震死，動以千數。		十二月，沅州猺入寇。				七月，準布侵遼，遼招討使額特勒戰敗之。十二月，遼命英格捕討哈里。大破其軍。	
						開封府、京東、河北、淮南等路	夏，蝗。							

一一〇三	徽宗崇寧二年 遼天祚帝乾統三年						是歲，諸路蝗。	誠徽、二州 廣西	正月，知荆南府舒亶平辰、沅猺賊，復誠、徽二州。二月，安化蠻人寇廣西，經略使程節敗之	來賓、循化	六月，王厚、童貫率兵馬二萬擊多羅巴，破其部族，進軍至湟州。八月，王厚遇蕃賊三千餘騎，與戰破之。十月，郎阿章領河南部族寇來賓、循化等城。
一一〇四	徽宗崇寧三年 遼天祚帝乾統四年		八月，大雨壞民廬舍。				大蝗。			涇原、平夏	十月，夏人寇涇原，圍平夏城，又入鎮戎軍，掠數萬口而去。
一一〇五	徽宗崇寧四年 遼天祚帝乾統五年	蘇、湖、秀三州	水。（圖）			諸路	連歲大蝗，其飛蔽日，來自山東及府界，河北尤甚。（志）二月，雨雹。			寨門砦、臨宗砦、順甯砦、湟州	三月，夏人攻寨門砦。四月，夏人寇臨宗砦。夏人寇順甯砦，劉延慶擊破之。復攻湟州，辛叔獻等擊却之。

公歷	年號	天災						人禍						附註
		水災		旱災		其他		內亂		外患		其他		
		災區	災況	災區	災況	災區	災況	亂區	亂情	患區	患情	亂區	亂情	
一一〇六	徽宗崇甯五年　遼天祚帝乾統六年	兩浙	大水,(圖)											
一一〇七	徽宗大觀元年　遼天祚帝乾統七年	京畿　河北、京西　蘇、湖二州	夏,京畿大水,詔工部水監疏導,至於八角鎮。河溢,漂溺民戶。十月,水災。	秦鳳	是歲秦鳳旱。			南丹州	五月,安化蠻犯邊,益兵赴廣西討之。十一月,王祖道欲取南丹州,其酋莫公佞阻東蘭州,不令納土,發兵討之,擒公佞。公佞弟公晟結溪峒報復,侵掠城邑,殺刺史。					
一一〇八	徽宗大觀二年　遼天祚帝乾統八年	邢州、鉅鹿	秋,黃河決,陷沒邢州、鉅鹿縣。(圖)	淮南、江東、西	淮南、江東、西諸路大旱。自六月不雨,至于十月。			河東、河北	正月,河東、河北盜起。					

一一〇九	徽宗大觀三年 遼天祚帝乾統九年	冀州 階州	六月，河水溢。七月，階州久雨，江溢。	秦、鳳、階、成、江、淮、荊、浙、福、建	饑。大旱，自六月不雨至十月。	江東	疫。（圖）							
一一一〇	徽宗大觀四年 遼天祚帝乾統十年	鄧州 順陽	夏，大水，漂沒順陽縣。											
一一一一	徽宗政和元年 遼天祚帝天慶元年			淮南	旱。									
一一一三	徽宗政和三年 遼天祚帝天慶三年			江東	旱。	十一月，大雨雪，連十餘日不止，平地八尺餘，冰滑，人馬不能行，飛鳥多死。						蘇州、封州、京師、成都府、溫州、絳州	四月，火延燒公、私屋一百七十餘間。五月，火延燒公私屋六百八十二間。大盈倉火。成都府大慈寺、溫州、絳州皆火。	

公曆	年號	天災：水災 災區	水災 災況	旱災 災區	旱災 災況	其他 災區	其他 災況	人禍：內亂 亂區	內亂 亂情	外患 患區	外患 患情	其他 亂區	其他 亂情	附註
一一一四	徽宗政和四年 遼天祚帝天慶四年			德州	旱,詔賑流民							甯江州	九月,女眞阿古達舉兵伐遼,進軍甯江州,遼軍大奔,踐蹂死者十七八。十一月,遼蕭嗣先等,爲阿古達敗於鴨子河。遼蕭迪等又爲女眞兵所殛,死者甚衆。	
一一一五	徽宗政和五年 遼天祚帝天慶五年 金太祖收國元年	蘇、湖、常、秀	八月,水災。						正月,瀘南晏州夷卜漏等反,攻梅嶺堡,陷之。蜀土大震。愈猖獗,出沒無虛日。十一月,趙遹攻破晏州輪、縛大囤夷賊,卜漏遁去。官軍追獲之。降者相繼而至,諸囤悉平。		童貫等與夏戰於古骨龍,大敗之,斬首三千級。王厚與劉仲武合涇原、鄜延、環慶、秦鳳之師攻夏藏底河城,敗績。死者十四五,秦鳳等三將全軍,餘人皆沒。夏人大掠蕭關而去。	江甯州、太平、宣州	六月,江甯州太平、宣州水災。遼主下詔親征,金進師逼達嚕噶城,金主遣將擊之,遼兵敗,金兵乘勝躡之,遼軍潰圍出,逐北至阿嚕岡,遼步卒盡殪。九月,遼黃龍府陷於金。	

													十一月，遼主自統軍七十萬驅至斡鄰濼，金主自將禦之。遼兵死者相屬百餘里。
一一一六	徽宗政和六年 遼天祚帝天慶六年 金太祖收國二年									涇原、靖夏	十一月，夏人大舉兵攻涇原靖夏城，屠之而去。	廣州、渤海	閏月，遼貴德州守將耶律伊都以廣州、渤海叛，遼討之。四月，遼主親征章嘉努，敗之，誅叛黨。饒州、渤海平。五月，金攻遼陷遼東京州縣。
一一一七	徽宗政和七年 遼天祚帝天慶七年 金太祖天輔元年	瀛、滄二州	瀛、滄州河決，滄州城不沒者三版，民死者百餘萬。			熙河、環慶、涇原	六月，地震經旬，城砦、關堡、壁、樓櫓、官私廬舍並皆摧塌，民居覆					春州	正月，金軍攻遼春州，女古、皮室部及渤海人皆降於金。二月，遼淶水縣賊董龐兒聚衆萬餘，蕭伊蘇等破之。

公曆	年號	水災 災區	水災 災況	旱災 災區	旱災 災況	其他天災 災區	其他天災 災況	內亂 亂區	內亂 亂情	外患 患區	外患 患情	其他人禍 亂區	其他人禍 亂情	附註
							壓，死傷甚衆。					顯州	三月，董龐兒之黨復聚，蕭伊蘇復擊破之。十二月，金攻遼，拔顯州、于是乾、懿、豪、徽、成、川、惠等州皆降於金。	
一一一八	徽宗重和元年 遼天祚帝天慶八年 金太祖天輔二年	江淮荊浙諸路 泗州	夏，大水，京西饑。民流移，溺者衆。 泗州壞官、私廬舍。										正月，遼東路諸州盜賊蠭起，至掠民自隨以充食。五月，遼土賊安生兒、張高兒聚衆二十萬，耶律瑪格等斬生兒於龍化州，高兒亡入懿州，與霍石相合。六月，霍石陷遼之海北州，趙義州，軍帥和勒博	

		一一一九	一一二〇
		徽宗宣和元年 遼天祚帝天慶九年 金太祖天輔三年	徽宗宣和二年 遼天祚帝天慶十年 金太祖天輔四年
		東南州縣	
		五月，大雨，水驟高十餘丈，犯都城。居民死者無數。十一月，東南州縣水災。	
		陳蔡州 淮南 京西、淮東	
		二月，汝、潁、陳、蔡州饑民流移。秋，淮南旱。十二月，京西饑，淮東大旱。	
		十二月，大雨雹。	
			清溪 清溪、睦州、
			十月，睦州清溪民方臘作亂。十一月，方臘自稱聖公，焚室廬，掠金帛子女，誘脅良民爲兵，衆至數萬，陷清溪縣。十二月，方臘陷睦州，殺官
		朔方 震武	
		三月，童貫令熙河經略使劉法取朔方，遇夏主弟察哥，大敗。喪師十萬。察哥乘勝圍震武。四月，童貫以鄜延、環慶兵大破夏人，平其三城。	
	擊敗之。九月，掖庭大火，自夜達曉，大雨如傾，火益熾，凡爇五千餘間，後苑廣聖宮及宮人所居幾盡焚，死者甚衆。		四月，金主自將伐遼，分三路出師，趨上京。五月，金兵至上京，克之。金兵次沃里河，

公曆	年號	天災·水災·災區	天災·水災·災況	天災·旱災·災區	天災·旱災·災況	天災·其他災·災區	天災·其他災·災況	人禍·內亂·亂區	人禍·內亂·亂情	人禍·外患·患區	人禍·外患·患情	人禍·其他禍·亂區	人禍·其他禍·亂情	附註
								壽昌、分水、桐廬、遂安、休甯、歙州、富陽、新城、杭州	兵千人，于是壽昌、分水、桐廬、遂安等縣，皆爲賊據。方臘陷休甯縣。歙州，又陷富陽，新城遂逼杭州，陷之。東南大震。帝命譚稹、童貫率兵十五萬討之。				分兵攻慶州。遼耶律伊都襲金兵於遼河，金兵戰卻之。	
一一二一	徽宗宣和三年　遼天祚帝保大元年　金太祖天輔五年	恩州	六月，河決清河埽。				蝗。(志)	婺州、衢州、旌德縣、處州、杭州	正月，方臘陷婺州，又陷衢州，守臣彭方汝死之。二月，方臘陷旌德縣及處州。王稟復杭州。淮南盜宋江以三十六人橫行河朔，轉掠十郡，官軍莫敢攖其鋒。帝命張叔夜招降之。三月，方臘再犯杭州，王稟等戰於城外，斬首五百級，官軍與賊戰於桐廬，敗之，					

	一一二二	
	徽宗宣和四年 遼天祚帝保大二年 金太祖天輔六年	
	東平府	
	旱。	
	京師	
	二月，雨雹。三月，雨雹。	
遂復睦州。四月，童貫、譚稹平方臘，殺賊七萬餘人，其黨皆潰，臘之亂，凡破六州五十二縣，戕平民二百萬，所掠婦女自賊洞逃出，裸而縊於林中者相望百餘里。		
	良鄉	
	五月，童貫分兵兩道伐遼，敗績。 十月，童貫遣劉延慶將兵十萬出雄州，以郭藥師爲鄉導使攻遼，至良鄉，遼兵來拒，延慶與戰而敗，士卒蹂踐死者百餘里。自熙豐以來，所儲軍實殆盡，退保雄州。 十二月，郭藥師及遼蕭幹戰於永清縣，敗之。	
	高恩、同紇、中京、澤州 北安州 西京	
	正月，金都統杲克遼之高恩、同紇二城，陷遼中京，遂下澤州。伊都引金兵逼遼主行宮，遼主走西京。 二月，金宗翰率偏師趨北安州，取之。 三月，金宗翰與杲會師攻遼，陷西京。 六月，金主自將伐遼。夏人援之，會澗水暴至，夏人漂沒者不可	

公歷	年號	天災：水災：災區	天災：水災：災況	天災：旱災：災區	天災：旱災：災況	天災：其他：災區	天災：其他：災況	人禍：內亂：亂區	人禍：內亂：亂情	人禍：外患：患區	人禍：外患：患情	人禍：其他：亂區	人禍：其他：亂情	附註
一一二三	徽宗宣和五年 遼天祚帝保大三年 金太宗天會元年			秦鳳路 燕山府路 河北、淮南、京東	夏旱。 旱。 饑。					景州、蘇州、燕城、京師	八月，蕭幹出盧龍嶺攻破景州，又敗常勝軍張令徽、劉舜臣於石門鎮，陷蘇州，寇掠燕城。其鋒銳甚，有涉河犯京師之意。童貫移文自京師移文王安中詹度、郭藥師等切責之。已而安		勝計。八月，金主自將精兵萬人襲遼，遼主驚遁，遼兵遂潰。十二月，金主自將伐燕，遼人以勁兵守居庸關，金兵至關，崖石自崩，戍卒多壓死，遼人不戰而潰，金兵渡關而南，遼杲睦等降於金。四月，金主遣宗望、鄂囉襲遼主於陰山。遼耶律達實壁龍門東，金都統鄂囉遣洛索等攻之，生擒達實。	

										平州	中命韓師擊破其衆，乘勝窮追，過盧龍嶺，殺傷大半，從軍之家，悉爲常勝軍所得。十一月，金遣宗望督揀摩攻平州，破之，張轂遁。	興中府 泉濼	耶律紏堅聚衆與中府，亦爲金人所破，紏堅自殺。宗望鄂囉開遼主留輜重於青塚，以兵萬人圍之。遼主以兵五千餘決戰於泉濼，宗望以千兵擊敗之，遼主遁去。
一一二四	徽宗宣和六年 遼天祚帝保大四年 金太宗天會二年	京畿、河北、京東、兩浙	秋，京畿恆雨，河北、京東、兩浙水災，多流移。					河北、山東	河北、山東饑，兵並起爲盜，山東有張萬仙者衆至十萬，又有張迪者衆至五萬，河北有高託山者號三十萬，自餘二三萬者不可勝數。命內侍梁方平討之。	蔚州、飛狐、靈邱、應州	七月，夏人舉兵侵武、朔二州地界，攻蔚州，殺守臣陳翊，陷飛狐、靈邱兩縣，逐應州守臣蘇京等。		正月，遼主趨都統瑪格軍，金人來攻，棄營北遁，瑪格被執。七月，遼主率諸軍出夾山，下灤陽嶺，取天德、東勝軍、甯邊、雲內等州，南下五州，如履無人之境，洛索忽以大兵扼其歸路，急擊之，遂衆大潰。

公歷	年號	天災・水災・災區	天災・水災・災況	天災・旱災・災區	天災・旱災・災況	天災・其他・災區	天災・其他・災況	人禍・內亂・亂區	人禍・內亂・亂情	人禍・外患・患區	人禍・外患・患情	人禍・其他・亂區	人禍・其他・亂情	附註
一一二五	徽宗宣和七年 金太宗天會三年					熙州及河東諸郡	七月，熙河路地震，有裂數十丈者，熙州尤甚，陷數百家，倉庫俱沒。河東諸郡或震裂。(志)			檀州、白河、燕山	十二月，金人破檀州。宗望至三河，蔡靖遣郭藥師及張令徽、劉舜仁帥師四萬五千迎戰於白河，敗績而還。宗望至燕山，藥師率軍郊迎之，執靖及都轉運使呂頤浩，副使李與權以降。于是，燕山府所屬州縣皆爲金有。宗望既得藥師，盡知虛實，因以爲鄉導，懸軍深入矣。		正月，遼主趨天德，過沙漠，金兵忽至，遼主徒步出走。二月，遼主行至應州，新城東六十里，爲金將洛索所執。遼亡。	
										朔、武、二州代州、忻州	金人南侵朔、武之境，朔、武失，又至代州，及至忻州，州守降。			
										保州	金宗望攻保州、安肅軍不克。			
										中山府	金人圍中山府，詹度禦之。			
										慶源府	金人攻慶源府。			
										信德府、太原府	金宗望破信德府，宗翰圍太原府。			

一一二六	欽宗靖康元年　金太宗天會四年
瀘州	八月，瀘州軍亂，殺知州柳庭俊。
湯陰、濬州、陽武縣	正月，金宗弼取湯陰，攻濬州，宋軍望風潰散，守兵在河南者無一人。金人渡河。金宗望軍至京城西北，屯牟駝岡。金人破陽武縣。二月，姚平仲率步騎萬人，劫金營，以敗還。李綱出景陽門與金人鏖戰於幕天坡，斬獲甚衆。三月，宗望攻中山、河間兩鎮，皆固守不下，种師中因進兵以逼之，宗望遂北還。金使尼楚赤圍太原。四月，夏人破鎮威城。五月，种師中與金人戰於榆次縣，死之。八月，綱遣解潛屯威勝軍，劉韐屯遼州，王以甯、折可求、張思正等分屯汾州，范瓊屯南北關。皆去太原三驛，約三道並進。於是，劉韐兵先進，金人併力禦之，韐兵潰。潛與敵遇於關南，亦
京師	十二月，夜尚書省火，延燒禮祠工刑吏部。

公曆年號	天災・水災・災區	天災・水災・災況	天災・旱災・災區	天災・旱災・災況	天災・其他・災區	天災・其他・災況	人禍・內亂・亂區	人禍・內亂・亂情	人禍・外患・患區	人禍・外患・患情	人禍・其他・亂區	人禍・其他・亂情	附註
									文水 隆德府、汾、晉、澤、絳、	大敗。忠正等領兵十七萬與張灝夜襲金洛索軍於文水，小捷，旋大敗，死者數萬人。可求師潰於子夏山。於是威勝軍、隆德府、汾、晉、澤、絳民皆渡河南奔，州縣皆空。			
									雲中、保州、太原府	金人得蕭仲恭所上蠟書，乃決計南伐，以宗翰為左副元帥，宗望為右副元帥，仍分兩道，宗翰發雲中，宗望發保州。九月，金人破太原府。			
									西安州	是月，夏人陷西安州。			
									眞定府	十月，金人破眞定府。			
									汾州	金人攻汾州，知州張克戩畢力扞禦，城破。			
									平定軍	金人攻平定軍。			
									麟州、	遼故將小呼喬攻破麟州。			
									平陽府等處	金人入平陽府、威勝、隆德、澤州皆破。			

懷德軍

汴

懷州、

亳州

十一月，夏人陷懷德軍。金宗翰自太原趨汴。宗望由恩州趨大名。金人破懷州、亳州。京城遂破，軍民數萬斧左掖門，求見天子。帝御樓諭遣之。金人宣言議和，大索金帛，虜二帝北歸。十二月，康王開大元帥府于相州，有兵五萬人分爲五軍而進，既渡河，次于大名。宗澤以二千人與金人力戰，破其三十餘砦，履冰渡河。范致虛與孫昭遠、王似、王倚率步騎號二十萬，命馬祐昌統之以趨汴，以僧趙宗印爲參議官，致虛將大軍遵陸，宗印將舟師趨西京，師出武關，至鄧州千秋鎭，金將洛索以精騎衝之，不戰而潰，死者過半。王似、王倚、孫昭遠等留陝府，致虛將餘兵入潼關。

公曆年	號	水災 災區	水災 災況	旱災 災區	旱災 災況	其他災 災區	其他災 災況	內亂 亂區	內亂 亂情	外患 患區	外患 患情	其他亂 亂區	其他亂 亂情	附註
一一二七	欽宗靖康二年　金太宗天會五年					青城	正月，大雪天寒甚人多凍死。四月，大風吹石折木。			開德　衞南	正月，金人下含輝門，剽掠焚五岳觀。宗澤自大名至開德與金人十三戰皆捷，遂以書勸康王檄諸道兵會京城。澤以孤軍進至衞南，金人大敗，退卻數十里，斬首數千。澤遣兵過大河襲擊，又敗之。二月，金主詔廢帝及上皇爲庶人，且曳之去。四月，金帥宗翰退師，帝北遷，皇后、皇太子皆行，由鄭州路進發，凡法駕鹵簿，皇后以下車輅鹵簿冠服、禮器、法物、八寶、九鼎、圭璧等及官吏內人內侍技藝工匠倡優府庫蓄積爲之一空。		三月，天漢橋火，焚百餘家。都亭驛亦火。